www.kuhminsa.com

한발 앞서는 출판사 구민사

KUH MIN SA

#604, Mullaebuk-ro 116, Yeongdeungpo-gu
Seoul, Republic of Korea

T. 02 701 7421
F. 02 3273 9642

Email kuhminsa@kuhminsa.co.kr

자격증 시험 접수부터 자격증 수령까지

필기원서 접수

큐넷 회원 가입 후
(www.q-net.or.kr)
인터넷 접수만 가능
사진 파일, 접수비
(인터넷 결제) 필요
응시자격 요건
반드시 확인할것

필기시험

입실 시간 미준수 시
시험 응시 불가
준비물 : 수험표,
신분증, 필기구 지참

필기 합격 확인

큐넷 사이트에서 확인
(www.q-net.or.kr)

실기원서 접수

큐넷 회원 가입 후
(www.q-net.or.kr)
응시 자격 서류는
실기시험 접수기간
(4일 내)에 제출
해야만 접수 가능

합격

한 발 앞서나가는 출판사
구민사에서 시작하세요!

실기시험

필답형과 작업형으로 분류. 원서 접수 시 선택한 장소와 시간에 맞게 시험을 봅니다.
준비물 : 수험표, 신분증, 필기구 지참!

최종합격 확인

큐넷 사이트에서 확인
(www.q-net.or.kr)

자격증 신청

방문 or 인터넷 신청 가능. 방문 신청 시 신분증, 발급 수수료 지참할 것

자격증 수령

방문 or 등기 우편 수령 가능. 등기비용을 추가하면 우편으로 받을 수 있습니다.

CONTENTS

제1편 재료역학

제1장 힘과 모멘트의 평형 — 2
1. 물리량과 단위 — 2
2. 한 점에 작용하는 힘의 합성(合成) — 4
3. 한 점에 작용하는 두 힘의 합성 — 5
4. 힘의 평형(平衡) — 6
5. 힘의 모멘트(Moment) — 8
6. 트러스(Truss) — 9
   ◆ 실전연습문제 — 11

제2장 응력(應力)과 변형률(變形率) — 17
1. 응력(應力 ; Stress) — 17
2. 변형률(變形率 ; 변형도 ; Strain) — 18
3. 후크(Hook)의 법칙과 탄성계수(彈性係數) — 20
4. 허용응력(許容應力)과 안전율(安全率) — 22
5. 응력집중(應力集中 ; Stress Concentration) — 23
6. 조합(組合)된 봉의 응력(應力)과 변형량(變形量) — 23
7. 자중(自重)을 고려한 경우의 응력(應力)과 변형량(變形量) — 25
8. 열응력(熱應力 ; Thermal Stress) — 27
9. 탄성(彈性) 에너지(Elastic Strain Energy) — 28
10. 충격응력과 변형량 — 29
11. 내압을 받는 얇은 원통(圓筒) — 31
12. 얇은 회전 원환(圓環)에서 후프 응력 — 32
    ◆ 실전연습문제 — 33

제3장 평면도형(平面圖形)의 성질(性質) — 51
1. 단면(斷面) 1차 모멘트(면적 모멘트, 1차 관성 모멘트) — 51
2. 단면 2차 모멘트(2차 관성 모멘트) — 52
3. 단면 2차 모멘트의 평행축 정리(平行軸 定理) — 53
4. 극단면(極斷面) 2차 모멘트(2차 극관성 모멘트) — 54
5. 단면계수(斷面係數) 및 극단면계수(極斷面係數) — 55
6. 회전반경(回轉半徑 ; Radius of Gyration ; 관성반경, 단면2차 반경) — 56
7. 단면 상승 모멘트(관성 상승 모멘트) — 56
   ◆ 실전연습문제 — 58

제4장 비틀림(Torsion) — 69
1. 원형(圓形) 단면봉의 비틀림(Torsion of Circular Shaft) — 69
2. 축의 비틀림 — 70
3. 코일 스프링(Coil Spring)의 비틀림 — 73
   ◆ 실전연습문제 — 76

제5장 보(Beam)의 굽힘 87

1. 지점(支点)의 종류 87
2. 보의 종류 87
3. 보에 작용하는 하중 88
4. 반력(Reaction) 88
5. 전단력선도와 굽힘 모멘트 선도 90
6. 외팔보의 전단력선도(SFD)와 굽힘 모멘트 선도(BMD) 91
7. 단순보의 전단력선도(SFD)와 굽힘 모멘트 선도(BMD) 95
8. 돌출보의 전단력선도(SFD)와 굽힘 모멘트 선도(BMD) 100
◆ 실전연습문제 102

제6장 보(Beam) 속의 응력(應力) 119

1. 보 속의 굽힘응력 119
2. 보 속의 전단응력 120
3. 굽힘 모멘트와 비틀림 모멘트가 동시에 작용하고 있을 때 축의 직경 121
◆ 실전연습문제 123

제7장 보의 처짐(The Deflection of Beam) 135

1. 탄성곡선(彈性曲線)의 미분방정식 135
2. 면적 모멘트법(Moment Area Method)·모어(Mohr)의 정리 136
3. 탄성 에너지를 이용하는 방법 137
4. 카스틸리아노(Castiliano)의 정리(定理) 138
5. 공액보(Conjugated Beam) 138
6. 중첩법(重疊法) 138
7. 외팔보와 단순보에 하중이 작용할 때 처짐각과 처짐 138
◆ 실전연습문제 144

제8장 기둥(Column) 158

1. 편심하중을 받는 단주 158
2. 장주 159
◆ 실전연습문제 161

제9장 조합응력(組合應力)과 Mohr의 응력원 169

1. 1축응력 169
2. 구형요소에 작용하는 2축응력(Biaxial Stress) 172
3. 구형요소에 작용하는 평면응력(Plane Stress) 177
◆ 실전연습문제 181

제10장 부정정(不靜定)보 193

1. 일단고정 타단지지보   193
2. 양단고정(兩端固定)보   196
   ◆ 실전연습문제   199

제2편 기계제작법

제1장 기계 제작법(機械製作法)의 개요(槪要) 204

1. 기계제작법(機械製作法 ; mechanical technology)이란?   204
2. 비절삭가공(非切削加工)   204
3. 절삭가공(切削加工)   205
4. 특수가공(特殊加工)   205

제2장 목형(木型) 및 주조(鑄造) 206

1. 목형(木型 ; pattern)   206
2. 주조(鑄造 ; casting)   209
3. 주물의 결함(缺陷)   213
4. 특수주조법(特殊鑄造法)   215
   ◆ 실전연습문제   217

제3장 소성가공(plastic working) 224

1. 소성가공(塑性加工)의 개요   224
2. 단조작업   226
3. 압연가공   228
4. 압출가공   230
5. 인발가공   231
6. 전조가공(roll forming)   232
7. 제관가공(製管加工 ; piping)   233
8. 프레스 가공   233
9. 분말야금(粉末冶金 ; power metallurgy)   236
   ◆ 실전연습문제   237

제4장 절삭이론 및 NC가공 251

1. 절삭이론(切削理論)   251
2. NC 가공(加工)   257
   ◆ 실전연습문제   266

제5장 선반가공 — 271

1. 선반(lathe)의 종류와 선반의 크기 — 271
2. 선반의 구조 및 부속장치 — 272
   - ◆ 실전연습문제 — 276

제6장 밀링 머신 가공 — 280

1. 밀링 가공의 분류 — 280
2. 밀링 머신의 종류 — 281
3. 밀링 머신의 크기 — 281
4. 밀링 커터의 종류 — 282
5. 밀링 머신의 부속장치 — 283
6. 상향절삭(up-cutting)과 하향절삭(down cutting) 작업 — 283
7. 이송속도 — 284
8. 기어 가공 — 284
9. 분할판 — 284
   - ◆ 실전연습문제 — 286

제7장 드릴링 머신과 보링 머신 가공 — 288

1. 드릴링 머신 — 288
2. 보링머신 — 290
   - ◆ 실전연습문제 — 291

제8장 셰이퍼, 슬로터, 플레이너 가공 — 293

1. 셰이퍼(shaper) — 293
2. 슬로터(slotter) — 294
3. 플레이너(planer) — 295
   - ◆ 실전연습문제 — 296

제9장 연삭기 가공 — 298

1. 연삭가공의 분류 — 298
2. 연삭기의 종류 — 299
3. 만능 연삭기의 크기 표시 — 300
4. 연삭 숫돌 — 300
5. 연삭숫돌 수정 — 301
6. 기타 — 302
   - ◆ 실전연습문제 — 303

제10장 강의 열처리(熱處理) — 306

1. 열처리 — 306
2. 일반 열처리(계단 열처리) — 306
3. 항온 열처리(恒溫 熱處理 : isothermal heat treatment) — 309
4. 표면 경화법(表面 硬化法) — 312
   ◆ 실전연습문제 — 315

제11장 용접(鎔接 ; welding) — 321

1. 금속 및 비금속을 접합하는 방법 — 321
2. 가스 용접(gas welding) — 323
3. 아크 용접(arc welding) — 326
4. 특수 용접 — 331
5. 전기 저항 용접 — 332
6. 기타 압접 — 333
7. 납땜 — 334
   ◆ 실전연습문제 — 335

제12장 정밀입자 및 특수가공 — 342

1. 정밀입자 가공 — 342
2. 특수가공 — 344
   ◆ 실전연습문제 — 349

제13장 공작물 고정 및 기어 가공 — 356

1. 공작물 고정법 — 356
2. 기어 가공 방법 — 357
   ◆ 실전연습문제 — 359

제14장 측정기(測程器) — 362

1. 측정 — 362
2. 직접 측정기 — 365
3. 비교 측정기 — 368
4. 단면 측정기 — 370
5. 각도 측정기 — 372
6. 면의 측정기 — 374
7. 기타 측정기 — 375
8. 정밀 측정 — 376
   ◆ 실전연습문제 — 377

제15장 수기가공 — 387

1. 금긋기 작업(layout work) — 387
2. 쇠톱 작업 — 388
3. 정 작업 — 389
4. 줄(file) 작업 — 390
5. 스크레이퍼 작업 — 391
6. 리머 작업 — 392
7. 탭과 다이스 작업 — 393
   ◆ 실전연습문제 — 395

제3편 기계요소설계

제1장 나사(screw) — 398

1. 나사(screw) — 398
2. 볼트(bolt)의 설계 — 400
3. 너트의 설계 — 402
4. 삼각나사와 사다리꼴나사 설계 — 403
   ◆ 실전연습문제 — 405

제2장 키, 핀, 코터 — 410

1. 키(key) — 410
2. 핀(pin) — 412
3. 코터(cotter) — 413
   ◆ 실전연습문제 — 415

제3장 리벳 이음(rivet joint) — 418

1. 리벳의 길이 — 418
2. 리벳의 분류 — 418
3. 작업 순서 — 418
4. 리벳의 구조 — 418
5. 리벳 이음의 강도와 효율 — 419
6. 보일러용 리벳 이음 — 420
   ◆ 실전연습문제 — 421

제4장 용접이음(welding) — 423

1. 용접의 특징 — 423
2. 맞대기 이음시 홈(Grove)의 종류 — 423
3. 용접이음 효율 — 423

4. 맞대기 용접이음	424
5. 필릿 용접이음	424
◆ 실전연습문제	425

제5장 축(shaft) — 427

1. 분류	427
2. 축 설계시 고려 사항	427
3. 축 설계 기초 사항	427
4. 축 지름 설계	429
5. 축의 비틀림 강도 및 강성	430
◆ 실전연습문제	432

제6장 축 이음(shaft joint) — 435

1. 축 이음의 분류	435
2. 커플링 설계	435
3. 클러치(clutch) 설계	437
◆ 실전연습문제	440

제7장 베어링(bearing) — 442

1. 베어링의 종류	442
2. 롤링 베어링 설계	442
3. 미끄럼 베어링	444
◆ 실전연습문제	446

제8장 마찰차(friction wheel) — 452

1. 마찰차의 특징 및 종류	452
2. 원통 마찰차의 설계	452
3. 원추 마찰차의 설계	453
◆ 실전연습문제	455

제9장 기어 전동장치(gear drive units) — 457

1. 기어 전동의 특징과 기어의 종류	457
2. 치형곡선	457
3. 스퍼 기어(spur gear)의 설계	458
4. 헬리컬기어의 설계	461
5. 베벨 기어 설계	462
6. 웜과 웜 기어 설계	463
◆ 실전연습문제	464

제10장 감아걸기 전동장치 — 468

1. 벨트 전동장치(belt drive units) — 468
2. 체인 전동장치(chain drive units) — 472
3. 로프 전동 장치 — 473
   ◆ 실전연습문제 — **474**

제11장 브레이크(brake) — 477

1. 힘의 전달 방법에 따른 분류 — 477
2. 마찰 브레이크의 분류 — 477
3. 블록 브레이크(block brake)의 설계 — 477
4. 밴드 브레이크(band brake)의 설계 — 479
5. 기타 — 480
   ◆ 실전연습문제 — **481**

제12장 스프링(spring) — 484

1. 탄성 에너지와 합성 스프링 상수 — 484
2. 코일 스프링 — 485
3. 삼각판 스프링 — 486
4. 겹판 스프링 — 486
5. 기타 — 486
   ◆ 실전연습문제 — **487**

제13장 관, 관이음 및 밸브 — 491

1. 관(pipe) — 491
2. 관이음(pipe joint) — 491
3. 밸브(valve)의 종류 — 492
   ◆ 실전연습문제 — **493**

제4편 기계재료

제1장 금속의 조직 상태도 — 498

1. 기계재료의 특성 — 498
2. 금속재료의 변태와 상태도 — 502
3. 금속의 소성과 회복 — 506
   ◆ 실전연습문제 — **509**

제2장 탄소강의 특성과 용도　　515

1. 철과 강　　515
2. 순철(pure iron)　　516
3. 탄소강(carbon steel)　　516
4. 강의 제조　　520
   ◆ 실전연습문제　　521

제3장 합금강의 특성과 용도　　528

1. 특수강의 종류　　528
2. 합금강에 영향을 주는 원소　　528
3. 구조용 탄소강　　529
4. 구조용 합금강　　529
5. 공구용 합금강　　530
6. 내식·내열 합금강　　531
7. 특수 용도용 합금강　　532
   ◆ 실전연습문제　　534

제4장 주철의 특성과 용도　　540

1. 주철의 특성　　540
2. 주철의 성질　　541
3. 주철의 종류　　542
   ◆ 실전연습문제　　545

제5장 기계재료의 시험법과 열처리　　550

1. 기계재료의 시험법　　550
2. 열처리(熱處理)　　551
   ◆ 실전연습문제　　560

제6장 구리·알루미늄 및 그 합금의 특성과 용도　　565

1. 구리와 그 합금　　565
2. 알루미늄과 그 합금　　568
   ◆ 실전연습문제　　571

제7장 기타 비철금속의 특성과 용도　　575

1. 니켈과 그 합금　　575
2. 마그네슘과 그 합금　　576
3. 기타 합금　　577
   ◆ 실전연습문제　　581

제8장 비금속 재료의 특성과 용도   583

1. 내열재료   583
2. 보온재료   583
3. 합성수지(플라스틱)   584
4. 패킹 재료   585
5. 도료   585
6. 유리   585
    ◆ 실전연습문제   **587**

제9장 신소재   590

1. 초전도 재료(superconducting materials)   590
2. 자성재료(magnetic materials)   592
3. 형상기억합금(shape memory alloy)   593
4. 복합재료(composite materials)   595
5. 세라믹   596
6. 광섬유   597
    ◆ 실전연습문제   **598**

제5편 기구학

제1장 기구학의 기초사항과 링크장치   606

1. 기구학(機構學; kinematics)이란?   606
2. 기계(machine)와 기구(mechanism)   606
3. 기구(mechanism)의 용어   607
4. 체인과 링크   608
5. 기구학적 운동의 종류   610
6. 기동성(자유도의 수)   610
7. 링크 장치   610
8. 기본 링크 장치(4절 링크)   612
9. 이중 슬라이더 크랭크 기구   614
10. 평행 및 직선 운동 기구   614
11. 구면 운동 장치   615
    ◆ 실전연습문제   **616**

제2장 기구의 운동   627

1. 기구의 운동학   627
2. 순간중심   630
    ◆ 실전연습문제   **633**

제3장 구름접촉과 마찰전동기구	638

1. 구름접촉(rolling contact)   638
2. 마찰차   638
    ◆ 실전연습문제   643

제4장 기어 전동기구	650

1. 기어 전동기구의 특징   650
2. 기어 전동기구의 용어   650
3. 이의 크기와 속도비   651
4. 치형곡선   652
5. 인벌류트 표준 기어   654
6. 기어 전동기구의 종류와 설계   656
7. 기어열(gear train)   661
8. 유성 기어 장치(planetary gear)   662
    ◆ 실전연습문제   663

제5장 캠 기구	672

1. 캠의 종류   672
2. 캠의 설계   674
    ◆ 실전연습문제   679

제6장 벨트 및 체인 전동기구	684

1. 벨트 전동기구   684
2. 체인 전동기구   688
    ◆ 실전연습문제   690

제6편 컴퓨터 응용설계 (CAD)

제1장 그래픽의 입·출력장치	698

1. CAD(Computer Aided Design)   698
2. 출력장치(output devices)   699
3. 입력장치(input devices)   707
    ◆ 실전연습문제   711

제2장 컴퓨터 그래픽을 위한 수학적 표현과 도형의 생성	721

1. CAD 시스템의 좌표계   721
2. 도형의 방정식   722

3. 2차함수와 3차함수   725
4. 도형의 벡터와 행렬 표현   726
5. 도형의 좌표변환   732
6. 도형의 정의   740
7. 도형의 작성   741
◆ 실전연습문제   744

제3장 CAD system의 모델링   767

1. 기하학적 형상 모델링   767
2. 와이어 프레임 모델(wire frame model)   770
3. 서피스 모델(surface model)   770
4. 솔리드 모델(solid model)   771
5. parametric, feature-based solid modeling   776
6. half-edge 데이터 구조   776
7. 특징 형상 모델링   777
◆ 실전연습문제   778

제4장 곡선(curve)   788

1. 컴퓨터 기하학   788
2. 직교 좌표계 상의 곡선의 방정식   789
3. 자유곡선(free formed curve)을 표현하는 다항식   791
4. 평면상의 두 점을 잇는 매개변수 곡선의 방정식   791
5. 3차원 공간 곡선의 정의   796
6. NURBS 곡선   800
◆ 실전연습문제   803

제5장 곡면   813

1. 3차원 곡면 기하학   813
2. 회전곡면   814
3. 스위핑   815
4. 자유곡면   816
5. 곡면의 용도에 따른 곡면의 형태의 분류   818
◆ 실전연습문제   819

제6장 CAD 데이터 교환을 위한 표준 파일   823

1. GKS(graphical kernal system)   823
2. PHIGS(programer's hierachical interactive graphics system)   823
3. IGES(initial graphics exchange specification)   824
4. DXF(data exchange file)   825
5. STEP(standard for the exchange of product model data)   826
◆ 실전연습문제   827

제7장 뷰잉, 데이터 구조, 시각적 현실감   831

1. 2차원 뷰잉 연산   831
2. 컴퓨터 그래픽스를 위한 데이터 구조   834
3. 시각적 현실감   836
4. 3차원 컴퓨터 그래픽스   838
   ◆ 실전연습문제   840

부록 최근 기출문제   853

1. 2010년 5월 9일 기출문제   853
2. 2011년 6월 12일 기출문제   869
3. 2012년 5월 20일 기출문제   887
4. 2013년 6월 2일 기출문제   906
5. 2014년 5월 25일 기출문제   922
6. 2015년 5월 31일 기출문제   941
7. 2016년 5월 8일 기출문제   961
8. 2017년 5월 7일 기출문제   980
9. 2018년 4월 28일 기출문제   997
10. 2019년 4월 27일 기출문제   1014
11. 2020년 6월 21일 기출문제   1035
12. 2021년 5월 15일 기출문제   1054
13. 2022년 4월 24일 기출문제   1073

PREFACE

현대 기술 산업 분야는 컴퓨터 기술의 급속한 발전으로 CAD(컴퓨터에 의한 설계)와 CAM(컴퓨터에 의한 생산) 시스템이 일반화 되어 광범위하게 이용되고 있다. 이에 따른 산업체 자체의 생산 제품에 적합한 패키지의 설계, 수정, 보완 및 제품 해석을 담당할 전문 고급 기술 인력이 필요하다. 이와 같은 기술 인력들이 갖고 있어야 할 적합한 자격증이 기계설계(산업)기사이다.

기계설계(산업)기사를 취득하면 기계, 조선, 항공, 전기, 전자, 건설, 환경, 플랜트 분야 등의 컴퓨터 응용 설계, CAD/CAM시스템 회사, 자동차 관련 용품 설계 업체, 금형 설계 및 제조업체, 산업기계설계 생산업체 등의 취업이 가능할 것이다.

본 교재는 기계설계기사 시험을 준비하는 수험생들을 위한 문제집으로, 본인이 다년간 강의해온 내용을 바탕으로 기사 시험의 출제기준에 맞추어 최대의 효과를 거둘 수 있도록 핵심적인 이론과 최적의 문제로 구성하였다. 즉, 각 과목의 핵심 이론을 정리하였고 최적의 실전연습문제를 두어 혼자서도 풀어 보고 시험 대비를 할 수 있도록 최선을 다하였다.

본 서의 특징은 다음과 같다.

- I. 한국산업인력관리공단의 출제기준에 맞추어 내용을 구성하였다.
- II. 출제 과목을 철저히 분석하여 효율적인 내용과 최소의 문제로 최대의 효과를 거둘 수 있도록 하였다.
- III. 각 과목의 이론과 문제들은 혼자서도 충분히 공부할 수 있도록 하였다.
- IV. 최근 기출문제들을 실어 출제경향 분석 및 자기평가를 할 수 있도록 하였다.

본인이 다년간 강의하면서 수험생들에게 늘 하는 말 중에 시험 보기 마지막 일·이주가 중요하다고 강조한다. 이 기간 동안 자기진단(自己診斷)을 충실히 하여 마무리를 한다면 반드시 합격할 수 있기 때문이다. 본 수험서로 공부하면서 시험 보기 일·이주를 집중한다면 좋은 결과가 있을 것이다.

아무쪼록, 본 교재를 통하여 뜻한바 목적을 이루기를 바라며 내용 중 오류 및 잘못된 점이 있다면 수험생들의 기탄없는 충고를 받아드려 베스트 문제집이 될 수 있도록 최선을 다할 것이다.

끝으로 이 책이 출간되기까지 애를 쓰신 도서출판 구민사 조규백 대표님과 임직원들께 감사드립니다.

저자 씀

```
Ⅰ. 한국산업인력관리공단의 출제기준에 맞추어 내용을 구성하였다.
Ⅱ. 출제 과목을 철저히 분석하여 효율적인 내용과 최소의 문제로 최대의 효과를 거둘 수
   있도록 하였다.
Ⅲ. 각 과목의 이론과 문제들은 혼자서도 충분히 공부할 수 있도록 하였다.
Ⅳ. 최근 기출문제들을 실어 출제경향 분석 및 자기평가를 할 수 있도록 하였다.
```

01 핵심 이론 요약

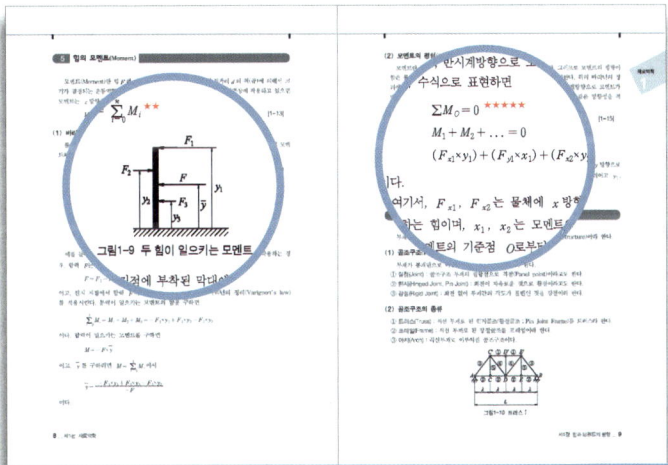

출제 과목을 철저히 분석하여 핵심 이론만을 수록하였습니다.
중요한 이론에는 별(★)의 갯수를 달리하여 중요도를 표시하여 효율적인 학습이 가능합니다.

02 실전연습문제 수록

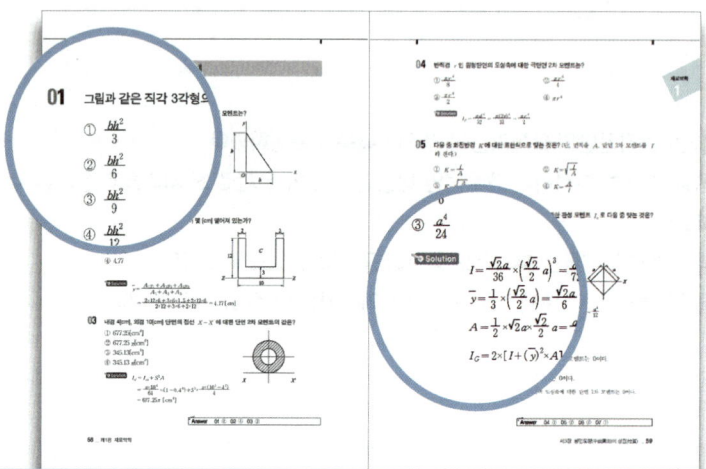

실전연습문제와 해설을 수록하여 앞서 배운 이론을 한 번 더 짚고 넘어갈 수 있도록 하였습니다.

03 최근 기출문제 수록

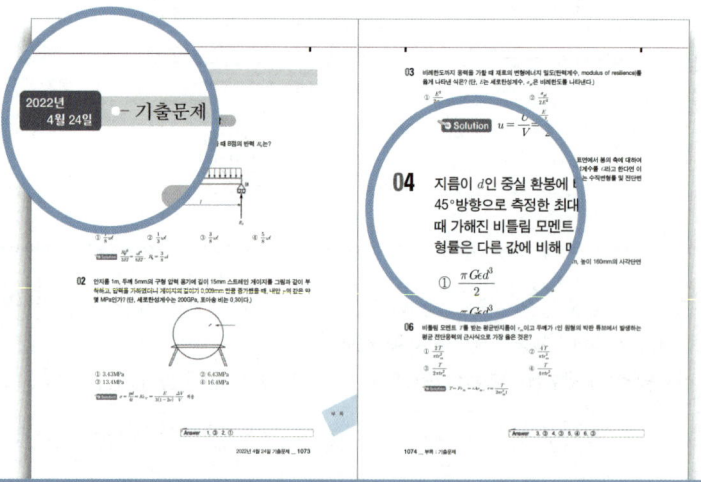

최근 기출문제와 해설을 수록하여 출제경향 분석 및 자기평가를 할 수 있도록 하였습니다.

기계설계기사 필기 출제기준

직무분야	기계	자격종목	기계설계기사	적용기간	2021.1.1~2023.12.31

직무내용: 고객의 요구사항을 분석하여, 요구되는 기계시스템 및 부품을 설계하고 검증하며, 여기에 관련된 지원을 제공하는 등의 직무를 수행

필기검정방법	객관식	문제수	80	시험시간	2시간

필기과목명	문제수	주요항목	세부항목
재료역학	20	1. 개요	1. 힘과 모멘트 2. 평면도형의 성질
		2. 응력과 변형률	1. 응력의 개념 2. 변형률의 개념 및 탄, 소성 거동 3. 축하중을 받는 부재
		3. 비틀림	1. 비틀림 하중을 받는 부재
		4. 굽힘 및 전단	1. 굽힘 하중 2. 전단 하중
		5. 보	1. 보의 굽힘과 전단 2. 보의 처짐 3. 보의 응용
		6. 응력과 변형률 해석	1. 응력 및 변형률 변환
		7. 평면응력의 응용	1. 압력용기, 조합하중 및 응력 상태
		8. 기둥	1. 기둥 이론
기계제작법	20	1. 기계제작법	1. 비절삭가공 2. 절삭가공 3. 특수가공

필기과목명	문제수	주요항목	세부항목
기계설계 및 기계재료	20	1. 기계설계	1. 체결용 기계요소의 설계 2. 축계요소의 설계 3. 전동용 기계요소의 설계 4. 제어용 기계요소의 설계 5. 유체기계 요소의 설계
		2. 기계재료	1. 개요 2. 철과 강 3. 기계재료의 시험법과 열처리 4. 비철금속재료 5. 비금속 재료
기구학 및 CAD	20	1. 기구학	1. 기구학에 대한 개요 2. 기구의 종류 3. 전달장치 4. 캠장치 개요
		2. CAD	1. CAD/CAM 시스템 2. 컴퓨터그래픽 기초 3. 형상모델링

최고의 합격 수험서

김영기 원장님이 제시하는
합격 완벽대비!

기계계열 수험자격 시리즈

일반기계기사 필기
일반기계기사 과년도

일반·건설기계설비기사 필기
일반기계기사·건설기계설비(산업)기사 실기(필답형)

기계설계기사 필기
기계설계산업기사 필기

일반기계공학연습

도서출판 구민사
(07293) 서울특별시 영등포구 문래북로 116, 604호(문래동3가 46, 트리플렉스)
Tel : (02) 701-7421~2 | Fax : (02) 3273-9642

필기 & 실기 완벽대비!
기계공학

일반/건설/기계설계/공조냉동

온라인 동영상 강의 | PC & 스마트폰 수강 가능!

개강 일정

- 1회 시험 대비 | 동계방학과 동시 개강(매년 12월 셋째주 월요일)
- 2회 시험 대비 | 매년 3월 첫째주 월요일 개강
- 3·4회 시험 대비 | 하계방학과 동시 개강(매년 6월 셋째주 월요일)
- 실기대비는 필기시험이 끝나는 주중 또는 주말 개강

개강 안내

- 공기업 대비 특강 | 공기업 대비 전공 필기 완벽 대비!
- 역학 정규반 개강(매월 초 개강/순환식 강의)
  재료역학, 유체역학, 열역학, 기계설계학

특전
- 필기&실기 동시 등록 시 무료 반복 수강
- 동영상 필기 2개월, 실기 1개월 무료 수강
- 오토캐드 2개월 무료 수강

DS 서울덕성기술학원

1호선 대방역 3번 출구 Tel : (02) 2675-4000 | www.duck-sung.co.kr

Part 01

재료역학

제1장 __ 힘과 모멘트의 평형
제2장 __ 응력(應力)과 변형률(變形率)
제3장 __ 평면도형(平面圖形)의 성질(性質)
제4장 __ 비틀림(Torsion)
제5장 __ 보(Beam)의 굽힘
제6장 __ 보(Beam) 속의 응력(應力)
제7장 __ 보의 처짐(The Deflection of Beam)
제8장 __ 기둥(Column)
제9장 __ 조합응력(組合應力)과 Mohr의 응력원
제10장 __ 부정정(不靜定)보

chapter 1 힘과 모멘트의 평형

1 물리량과 단위

(1) 절대단위(絶對單位)

단위란 물리량의 정량적 표현 방법이다. 단위를 표현하기 위한 기본 물리량으로는 질량(Mass), 길이(Length), 시간(Time) 등이 있다.

① C·G·S 단위계 : 기본 물리량의 단위가 길이(cm), 질량(g), 시간(sec)으로 구성된 단위계를 C·G·S단위계라 한다. Newton의 운동 제2법칙으로 힘을 정의하고 C·G·S단위로 힘(Force)의 단위를 표현하면

$$F = ma \qquad [1-1]$$
$$1[\text{dyne}] = 1[\text{g}] \times 1[\text{cm/sec}^2]$$

이다. 여기서, F 는 힘(dyne), m 은 질량(g), a 는 가속도(cm/sec^2)를 나타낸다.

② M·K·S 단위계 : 기본 물리량의 단위가 길이(m), 질량(kg$_m$), 시간(sec)으로 구성된 단위계이다. 힘의 단위를 표현하면

$$1[\text{N}] = 1[\text{kg}_m] \times 1[\text{m/sec}^2] = 1[\text{kg}_m \cdot \text{m/sec}^2]$$

이다. 여기서, N 은 뉴턴(Newton)이다.

(2) 국제단위(國際單位 ; S·I단위 ; System International Units)

절대단위의 M·K·S 단위계가 국제적으로 통일된 단위로 사용되고 있다. 이것을 S·I 단위라 한다.

① 힘의 S·I 단위 표현

$$1[\text{N}] = 1[\text{kg}_m] \times 1[\text{m/sec}^2] = 1[\text{kg}_m \cdot \text{m/sec}^2]$$

② 압력(Pressure)의 S·I 단위 표현 : 압력이란 단위면적당 작용하는 수직력으로 정의할 수 있으므로 S·I 단위로 표현하면 이다.

$$P\,[\text{N/m}^2] = \frac{F\,[\text{N}]}{A\,[\text{m}^2]} \qquad [1-2]$$
$$1[\text{N/m}^2] = 1[\text{Pa}]$$

여기서, P는 압력(N/m²), F는 수직력(N), A는 단위면적(m²)을 의미하고, Pa는 파스칼(Pascal)이다.

(3) 중력단위(重力單位)

물체의 무게는 그 물체에 작용하는 중력의 크기이므로 무게(중량)와 동일한 단위로 힘의 크기를 나타낼 수 있다. 중력 단위계는 질량 1[kg$_m$]가 중력가속도 $g=9.8[m/sec^2]$을 받을 때, 중력을 1[kg$_f$]로 정의하고 기본 물리량과 단위로 길이(m), 중량(kg$_f$), 시간(sec)을 사용하여 표현된 단위계로 공학단위계(工學單位系)라고도 한다.

$$1[kg_f] = 1[kg_m] \times 9.8[m/sec^2] = 9.8[N]$$

여기서, 시간단위 sec는 s로 표현하기도 한다.

(4) 물리량

① 스칼라(Scalar)량 : 크기로만 표시할 수 있는 물리량으로 예를 들면 질량, 시간, 온도 등이 있다. 스칼라량은 방향과 관계없이 항상 일정한 크기를 갖는다.
② 벡터(Vector)량 : 크기와 방향으로 표시할 수 있는 물리량으로 예를 들면 변위, 속도, 가속도, 힘, 운동량 등이 있다.

표1-1 기본단위(基本單位)

量(Quality)	單位(S·I Units)
길이(Length)	m(Meter)
질량(Mass)	kg(Kilogram)
힘(Force)	N(Newton)
시간(Time)	S(Second)

표1-2 10의 지수 크기의 척도와 단위에 사용되는 약자

지수	명칭	약자	지수	명칭	약자
10^{-18}	atto	a	10^{-3}	milli	m
10^{-15}	femto	f	10^{3}	kilo	k
10^{-12}	pico	p	10^{6}	mega	M
10^{-9}	nano	n	10^{9}	giga	G
10^{-6}	micro	μ	10^{12}	tera	T

비고) ① Pa : Pascal-압력의 단위
② 10³[Pa]=kPa, 10⁶[Pa]=MPa, 10⁹[Pa]=GPa

벡터의 3요소라고 하면 작용점, 크기, 방향이다. 이 3요소를 이용한 벡터의 표현은 화살표로 나타낸다.

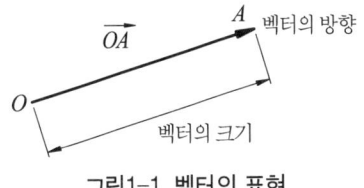

그림1-1 벡터의 표현

표1-3 그리스(희랍) 문자의 기호

A	α	알파(Alpha)	N	ν	누(Nu)
B	β	베타(Bêta)	Ξ	ξ	크사이(Xi)
Γ	γ	감마(Gamma)	O	o	오미크론(Omicron)
Δ	δ	델타(Delta)	Π	π	파이(Pi)
E	ε	입실론(Epsilon)	P	ρ	로우(Rho)
Z	ζ	제타(Zêta)	Σ	σ	시그마(Sigma)
H	η	에타(Eta)	T	τ	타우(Tau)
Θ	θ	세타(Thêta)	Υ	υ	웁실론(Upsilon)
I	ι	이오타(Iôta)	Φ	φ	파히(Phi)
K	κ	카파(Kappa)	X	χ	카이(Chi)
Λ	λ	람다(Lambda)	Ψ	ψ	프사이(Psi)
M	μ	뮤(Mu)	Ω	ω	오메가(Omega)

2 한 점에 작용하는 힘의 합성(合成)

(1) 힘의 분해

2차원 직각 좌표계에서 수평축을 x, 수직축을 y라 할 때, 이 평면상에 작용하는 힘을 F, 수평축과 힘 F와 이루는 각을 θ라 하자. 그 힘 F의 x방향 성분과 y방향 성분의 힘을 각각 F_x와 F_y라하고 표현하면 그림1-2와 같다.

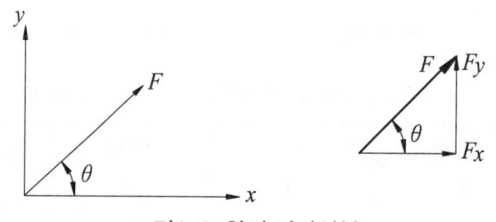

그림1-2 힘의 직각성분

① 힘 F의 벡터 표현식

$$\vec{F} = \vec{F_x} + \vec{F_y} = F_x \vec{i} + F_y \vec{j} \qquad [1-3]$$

여기서, $\vec{i}$와 $\vec{j}$는 각각 x방향과 y방향을 나타내는 단위 벡터(Unit Vector)이다. 단위 벡터란 크기가 1이고 단지 방향만 나타내는 벡터이다.

② 힘 F의 x방향 성분과 y방향 성분

$$F_x = |\vec{F}| \cdot \cos\theta, \ F_y = |\vec{F}| \cdot \sin\theta \qquad [1-4]$$

(2) 힘의 합성(Composition of Force)

그림1-3과 같이 평면상에 두 개의 힘 F_1과 F_2가 작용하고 있다면 이것을 하나의 힘으로 나타낼 수 있다. 즉, 점 O에 각도 θ을 갖게 작용시킨 F_1과 F_2을 일정한 크기의 한 개의 힘으로 모으는 것을 힘의 합성(合成)이라 하고 모아진 한 개의 힘을 힘의 합력(合力)이라 한다.

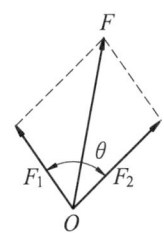

그림1-3 힘의 합성

① 힘의 평행 4변형(Parallelogram of Force) : 그림1-4와 같이 점 O에 F_1, F_2의 두 힘이 작용할 때 F_1, F_2에 상당하는 벡터 $\overrightarrow{OA}$, $\overrightarrow{OB}$를 두 변으로 하는 평행 4변형 $OACB$를 만들면 대각선 $\overrightarrow{OC}$가 합력 F이다. 이와 같이 힘의 합력을 구하는 방법을 평행 4변형법이라 한다.

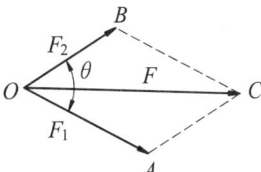

그림1-4 힘의 평행 4변형

② 힘의 3각형(Triangle of Force) : 그림1-5와 같이 임의의 점 O'에서 $\overrightarrow{OA}$에 평행하고 상등한 $\overrightarrow{O'A'}$를 긋고 A'에서 $\overrightarrow{OB}$에 평행하고 상등한 $\overrightarrow{A'C'}$을 그으면 $\overrightarrow{O'C'}$는 합력 $F(\overrightarrow{OC})$와 크기, 방향이 같게 된다. 이와 같이 $\triangle O'A'C'$를 그려 합력을 구하는 방법이 힘의 3각형법이다.

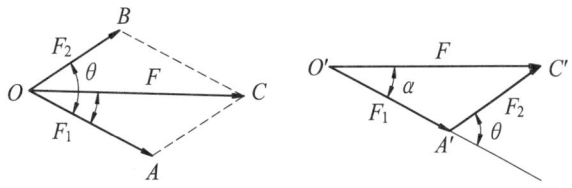

그림1-5 힘의 3각형

3 한 점에 작용하는 두 힘의 합성

그림1-6에서 두 힘 F_1과 F_2의 x방향성분과 y방향성분을 구하면

$$X_1 = F_1\cos\theta_1, \qquad X_2 = F_2\cos\theta_2$$
$$Y_1 = F_1\sin\theta_1, \qquad Y_2 = F_2\sin\theta_2$$

이다. 여기서 F_1과 F_2의 합력을 F라 하고, 힘 F의 직각성분을 F_x, F_y라 하면

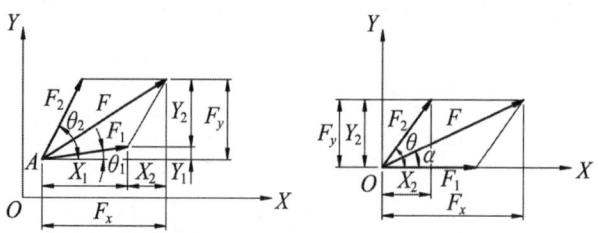

그림1-6 한 점에 작용하는 두 힘의 합성

$$F_x = X_1 + X_2 = F_1\cos\theta_1 + F_2\cos\theta_2$$
$$F_y = Y_1 + Y_2 = F_1\sin\theta_1 + F_2\sin\theta_2$$
$$F = \sqrt{F_x^2 + F_y^2} \tag{1-5}$$

이다.

여기서, 두 힘 F_1과 F_2가 만드는 각을 θ라 하고 F_1과 F_2가 만나는 점(O)을 원점으로 하여 F_1의 방향에 X축을 취하고 이것과 직각인 방향에 Y축을 취하면 합력과 방향은

$$X_1 = F_1, \quad Y_1 = 0$$
$$X_2 = F_2\cos\theta, \quad Y_2 = F_2\sin\theta$$
$$F_x = X_1 + X_2 = F_1 + F_2\cos\theta$$
$$F_y = Y_1 + Y_2 = F_2\sin\theta$$
$$F = \sqrt{F_x^2 + F_y^2} = \sqrt{(F_1 + F_2\cos\theta)^2 + (F_2\sin\theta)^2}$$
$$= \sqrt{F_1^2 + F_2^2 + 2F_1F_2\cos\theta} \tag{1-6}$$
$$\tan\alpha = \frac{F_y}{F_x} = \frac{F_2\sin\theta}{F_1 + F_2\cos\theta} \tag{1-7}$$

이다. α는 합력 F와 F_1이 만드는 각이다.

4 힘의 평형(平衡)

물체에 힘이 작용하면 그 힘이 작용하는 방향으로 물체가 움직일 것이다. 힘의 평형이란 물체에 작용하는 힘에 의해 움직임이 없는 정적인 상태를 유지하고 있는 것을 의미한다. 즉, 미소 변형만 발생할 뿐이지 물체의 운동은 일어나지 않는 조건의 상태이다. 수평방향의 힘은 오른쪽을 향하면 +, 왼쪽을 향하면 -이고 수직방향으로 작용하는 힘은 위를 향하면 +, 아래 방향을 향하면 -이다. 이와 같은 방향성을 고려하여 힘의 평형을 수식으로 표현하면

$$\sum F = 0$$
$$\sum F_x + \sum F_y = 0$$
$$\sum F_x = 0, \quad \sum F_y = 0 \bigstar\bigstar\bigstar\bigstar\bigstar \qquad [1\text{-}8]$$

이다.

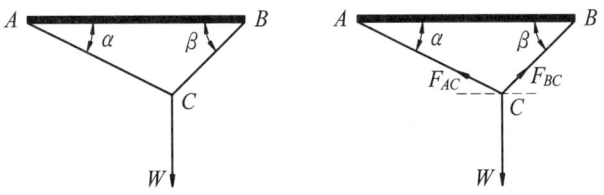

그림1-7 구조물에 물체가 매달려 있는 경우

그림1-7와 같은 구조물의 C 점에 하중 W가 작용할 때, 강선 AC와 BC에는 각각 F_{AC}와 F_{BC}의 힘이 작용하게 된다. 이 힘들을 구하기 위해 힘의 평형을 적용시킨다.

$$\sum F_x = 0$$
$$-F_{AC}\cos\alpha + F_{BC}\cos\beta = 0 \qquad [1\text{-}9]$$
$$\sum F_y = 0$$
$$F_{AC}\sin\alpha + F_{BC}\sin\beta - W = 0 \qquad [1\text{-}10]$$

식 [1-9]과 [1-10]을 연립하여 풀면

$$F_{AC} = \frac{W \cdot \cos\beta}{\sin(\alpha+\beta)}, \quad F_{BC} = \frac{W\cos\alpha}{\sin(\alpha+\beta)} \qquad [1\text{-}11]$$

이다.

이와 같은 문제는 힘의 평형을 적용시켜 풀 수도 있고, 라미의 정리(Lami's law)를 적용시켜 풀 수도 있다. 라미의 정리(定理)란 한 점에 작용하는 세 개의 힘 F_1, F_2, F_3가 있을 때,

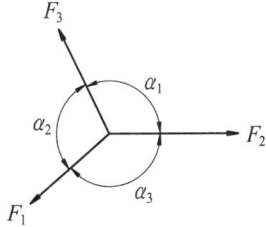

그림1-8 한 점에 작용하는 힘

이 세 힘과 사이각과의 관계를 표현한 것으로 힘의 평형관계를 나타낸다.

$$\frac{F_1}{\sin\alpha_1} = \frac{F_2}{\sin\alpha_2} = \frac{F_3}{\sin\alpha_3} \bigstar\bigstar\bigstar \qquad [1\text{-}12]$$

5 힘의 모멘트(Moment)

모멘트(Moment)란 힘 F와 기준축(점)으로부터 힘까지의 수직거리 d의 적(곱)에 의해서 크기가 결정되는 운동역학적 벡터 물리량이다. 힘과 수직거리가 x, y 평면상에 작용하고 있으면 모멘트는 z 방향을 향한다.

$$M = F \times d \, [\text{kg}_f \cdot \text{cm}, \, \text{N} \cdot \text{m}] \tag{1-13}$$

(1) 바리넌의 정리

물체의 동일 평면에 작용하는 한 점에 대한 분력의 모멘트의 합은 그 점에 관한 합력의 모멘트와 같다. 이것을 바리넌의 정리(Varignon's law)라 한다.

$$M = M_1 + M_2 + \cdots\cdots = \sum_{i=0}^{n} M_i \,★★ \tag{1-14}$$

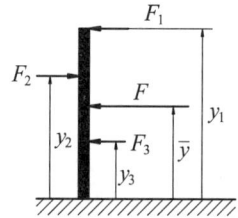

그림1-9 두 힘이 일으키는 모멘트

예를 들어, 그림1-9와 같이 힌지 지점에 부착된 막대에 F_1, F_2, F_3의 힘이 작용하는 경우, 합력 F는

$$F = F_2 - F_1 - F_3$$

이고, 힌지 지점에서 합력 F까지의 거리 $\overline{y}$를 구하려면 바리넌의 정리(Varignon's law)를 적용시킨다. 분력이 일으키는 모멘트의 합을 구하면

$$\sum_{i=0}^{3} M_i = M_1 + M_2 + M_3 = -F_1 \times y_1 + F_2 \times y_2 - F_3 \times y_3$$

이다. 합력이 일으키는 모멘트를 구하면

$$M = -F \times \overline{y}$$

이고, $\overline{y}$를 구하려면 $M = \sum_{i=0}^{3} M_i$에서

$$\overline{y} = \frac{-F_1 \times y_1 + F_2 \times y_2 - F_3 \times y_3}{-F}$$

이다.

(2) 모멘트의 평형(平衡)

모멘트란 물체의 회전성을 나타내는 척도로도 볼 수 있을 것이다. 그러므로 모멘트의 평형이 함은 물체의 회전운동이 없는 정적인 상태를 유지하고 있는 것을 의미한다. 위의 바리넌의 정리에서 적용시킨 것과 같이 모멘트의 방향은 기준 축 O를 기준으로 시계방향으로 모멘트가 발생하면 +, 반시계방향으로 모멘트가 발생하면 −로 놓고 적용하겠다. 이와 같은 방향성을 적용시켜 수식으로 표현하면

$$\sum M_O = 0 \;\; \bigstar\bigstar\bigstar\bigstar\bigstar \qquad [1\text{-}15]$$
$$M_1 + M_2 + \ldots = 0$$
$$(F_{x1} \times y_1) + (F_{y1} \times x_1) + (F_{x2} \times y_2) + (F_{y2} \times x_2) + \ldots = 0$$

이다.

여기서, F_{x1}, F_{x2}는 물체에 x방향으로 작용하는 힘, F_{y1}, F_{y2}는 물체에 y방향으로 작용하는 힘이며, x_1, x_2는 모멘트의 기준점 O로부터 F_{y1}, F_{y2}까지 수직거리이고 y_1, y_2는 모멘트의 기준점 O로부터 F_{x1}, F_{x2}까지 수직거리이다.

6 트러스(Truss)

부재들의 집합체로서 외력에 견딜 수 있는 구조의 물체를 구조물(Structure)이라 한다.

(1) 골조구조(Frame Structure)

부재가 봉재만으로 이루어진 구조물을 골조구조라 한다.
① 절점(Joint) : 골조구조 부재의 집합점으로 격점(Panel point)이라고도 한다.
② 힌지(Hinged Joint, Pin Joint) : 회전이 자유로운 것으로 활절이라고도 한다.
③ 강절(Rigid Joint) : 회전 없이 부재간의 각도가 불변인 것을 강절이라 한다.

(2) 골조구조의 종류

① 트러스(Truss) : 직선 부재로 된 힌지골조(활절골조 ; Pin Joint Frame)를 트러스라 한다.
② 프레임(Frame) : 직선 부재로 된 강절골조를 프레임이라 한다.
③ 아치(Arch) : 곡선부재로 이루어진 골조구조이다.

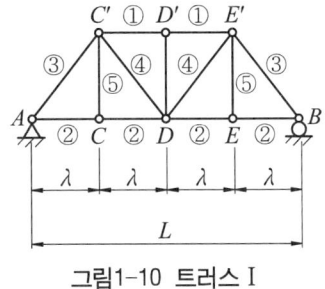

그림1-10 트러스 I

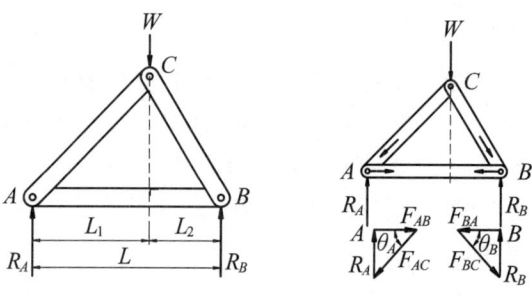

그림1-11 트러스 Ⅱ

그림1-10의 트러스에서 각각의 부재를 ①-상현재, ②-하현재, ③-단주, ④-사재, 그리고 ⑤-직연재라 명하고 λ는 격점간 길이, L은 스팬의 길이이다.

그림1-11은 AB가 수평으로 지지되고 있는 트러스로 절점 C에 연직 방향의 하중 W가 작용하고 있다. 이 트러스에 대한 힘의 평형과 점 A에 대한 모멘트 평형식을 세우면

$$\sum F_y = R_A + R_B - W = 0 \tag{1-16}$$

$$\sum M_A = WL_1 - R_B L = 0 \tag{1-17}$$

이다. 여기서, 절점 A와 B에 발생하는 반력 R_A와 R_B는

$$R_B = \frac{WL_1}{L} \tag{1-18}$$

$$R_A = W - R_B = \frac{W(L_1 + L_2)}{L} - \frac{WL_1}{L} = \frac{WL_2}{L} \tag{1-19}$$

이다. 절점 A에는 반력 R_A만 작용하는 것이 아니라 부재 AC와 AB에도 각각 힘이 발생함으로, 그 힘들을 각각 F_{AC}와 F_{AB}라 하면 절점 A에는 이 세 개의 힘들이 평형을 이루고 있는 상태가 된다. 절점 B에서도 마찬가지로 각각 BA와 BC 부재에 F_{BA}와 F_{BC}가 작용하고 있는 것이고 이 힘들은 반력과 함께 평형 상태를 유지한다. 여기서, AB부재에 작용하는 힘 F_{AB}와 F_{BA}는 크기가 같고 방향이 반대인 관계에 있다. F_{AC}와 F_{BC}는 각각 절점 A와 B에서 힘의 3각형을 만들어 구할 수 있고 정리하면 아래와 같다.

부재 AC와 BC는 절점에서 압축력을 받고 부재 AB는 절점에서 인장력을 받는다. 그래서 AC와 BC 부재는 압축재, AB 부재는 인장재라 한다.

$$R_A = F_{AC} \sin\theta_A, \quad F_{AB} = F_{AC} \cos\theta_A \tag{1-20}$$

$$R_B = F_{BC} \sin\theta_B, \quad F_{BA} = F_{BC} \cos\theta_B \tag{1-21}$$

chapter 1 — 실전연습문제

01 그림과 같은 구조물에서 강선 $\overline{OB}$ 와 $\overline{OA}$ 에 발생하는 장력 F_1 과 F_2 로 다음 중 맞는 것은?

① $F_1 = 43.3[N]$, $F_2 = 2.55[N]$
② $F_1 = 43.3[N]$, $F_2 = 25[N]$
③ $F_1 = 4.42[N]$, $F_2 = 2.55[N]$
④ $F_1 = 4.42[N]$, $F_2 = 25.5[N]$

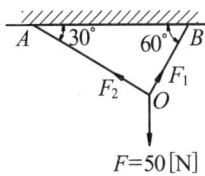

Solution 라미의 정리를 적용시켜 계산한다.

$$\frac{50}{\sin 90°} = \frac{F_1}{\sin 120°} = \frac{F_2}{\sin 150°}$$

$$F_1 = 50 \times \frac{\sin 120°}{\sin 90°} = 43.3[N] = 4.42[kg_f]$$

$$F_2 = 50 \times \frac{\sin 150°}{\sin 90°} = 25[N] = 2.55[kg_f]$$

02 다음 그림에서 $W_A = 20[N]$일 때, 도르래에 매달려 있는 물체의 무게 W_B 를 구한 것으로 맞는 것은? (단, 마찰은 무시한다.)

① $1.02[kg_f]$
② $2.20[kg_f]$
③ $1.20[kg_f]$
④ $2.02[kg_f]$

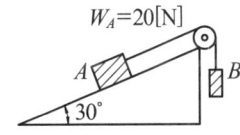

Solution $W_B = W_A \sin 30° = 20 \times \sin 30° = 10[N] = 1.02[kg_f]$

03 그림과 같이 막대가 A 점에 힌지로 연결되어 막대의 무게에 의하여 시계방향으로 회전운동을 할 수 있는 상태인데 막대 끝에 수평력 $F = 10[N]$이 작용하여 평형상태를 유지하고 있다. 그 때 각 θ 는 얼마인가?

① $43.63°$
② $54.36°$
③ $63.43°$
④ $73.43°$

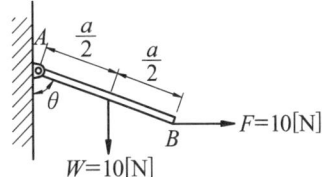

Answer 1 ② 2 ① 3 ③

Solution 힌지 A 지점을 기준으로 한 모멘트 평형식을 세워 풀기로 한다.

$$\sum M_A = W \times \frac{a}{2}\sin\theta - F \times a\cos\theta = 0$$

$$W \times \frac{a}{2}\sin\theta = F \times a\cos\theta$$

$$\tan\theta = \frac{\sin\theta}{\cos\theta} = \frac{2F}{W}$$

$$\theta = \tan^{-1}\left(\frac{2F}{W}\right) = \tan^{-1}\left(\frac{2 \times 10}{10}\right) = 63.43°$$

04 그림과 같은 구조물에 B 점 하단에 980[N]의 물체를 끌어올리려고 한다. 이때 AB 에 작용하는 힘은 몇 [N]인가?

① 980
② 1960
③ 850
④ 1698

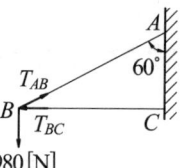

Solution
$$\frac{T_{AB}}{\sin 90°} = \frac{980}{\sin 150°} = \frac{T_{BC}}{\sin 120°}$$

$$T_{AB} = 980 \times \frac{\sin 90°}{\sin 150°} = 1960\,[\text{N}]$$

$$T_{BC} = 980 \times \frac{\sin 120°}{\sin 150°} = 1697.41\,[\text{N}]$$

05 그림과 같은 2개의 봉 AC, BC 를 힌지로 연결한 구조물에 연직하중 $P = 7840[\text{N}]$이 작용할 때, 봉 AC 및 BC 에 작용하는 하중의 크기 T_1, T_2 는 어느 것이 옳은가?

① $T_1 = 6272\,[\text{N}],\ T_2 = 4704\,[\text{N}]$
② $T_1 = 4704\,[\text{N}],\ T_2 = 6272\,[\text{N}]$
③ $T_1 = 7840\,[\text{N}],\ T_2 = 6272\,[\text{N}]$
④ $T_1 = 7840\,[\text{N}],\ T_2 = 4704\,[\text{N}]$

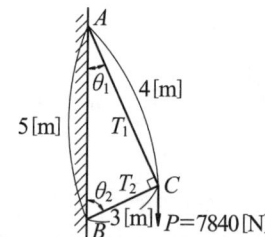

Solution
$\tan\theta_1 = \frac{3}{4}$, $\theta_1 = 36.87°$, $\theta_2 = 53.13°$

$$\frac{T_2}{\sin(90° + \theta_2)} = \frac{P}{\sin 90°} = \frac{T_1}{\sin(90° + \theta_1)}$$

$T_1 = 7840 \times \sin 126.87° = 6272\,[\text{N}]$
$T_2 = 7840 \times \sin 143.13° = 4704\,[\text{N}]$

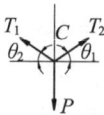

Answer 4 ② 5 ①

06 그림과 같이 집게 끝을 490[N]의 힘으로 누를 때 견딜 수 있는 연결 볼트 A의 알맞은 단면적의 크기는 어느 것인가? (단, 볼트의 허용전단응력은 98[MPa]이다.)

① 0.25[cm²]
② 0.3[cm²]
③ 0.35[cm²]
④ 0.7[cm²]

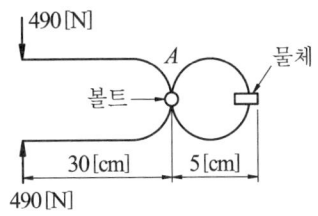

Solution
① 물체를 잡는 힘 F
$\sum M_A = 0$; $490 \times 0.3 = F \times 0.05$, $F = 2940$ [N]
② 볼트가 받는 힘 R
$R = 490 + 2940 = 3430$ [N]
③ 단면적 A
$\tau = \dfrac{R}{A}$; $A = \dfrac{3430}{98 \times 10^6} = 0.35 \times 10^{-4}$ [m²] = 0.35 [cm²]

07 다음 그림은 벨트와 풀리를 보여주고 있다. 벨트 양단의 인장력은 모두 알려져 있다. 이 때 벨트가 풀리에서 미끄러지지 않기 위해서는 마찰계수의 값은 최소한 얼마가 되어야 하는가?

① 0.512
② 0.494
③ 0.488
④ 0.478

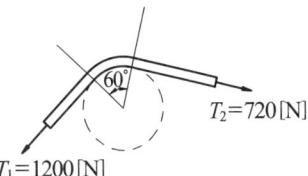

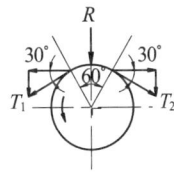

Solution
① 회전력 : $P = T_1 - T_2$
② 벨트가 풀리를 누르는 힘 : $R = T_1 \sin 30° + T_2 \sin 30°$
③ 회전력과 마찰력과의 관계
$P \leq \mu R$
$(1200 - 720) \leq \mu (1200 \times \sin 30° + 720 \times \sin 30°)$
$\mu \geq 0.5$

08 그림과 같은 구조물의 AC 강선이 받고 있는 힘은 얼마인가?

① 490[N]
② 588[N]
③ 294[N]
④ 392[N]

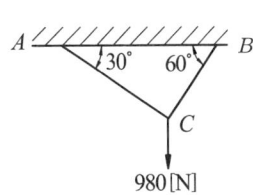

Solution
$\dfrac{980}{\sin 90°} = \dfrac{T_{BC}}{\sin 120°} = \dfrac{T_{AC}}{\sin 150°}$
$T_{AC} = 980 \times \dfrac{\sin 150°}{\sin 90°} = 490$ [N]
$T_{BC} = 980 \times \sin 120° = 848.7$ [N]

Answer 6 ③ 7 ① 8 ①

09 그림과 같이 T형 구조물이 수평력 19.6[N]을 받고 있을 때, B 점의 반력 R_B 는?

① 29.4[N]
② 24.5[N]
③ 1[N]
④ 19.6[N]

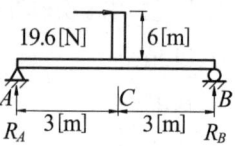

Solution $M_C = 19.6 \times 6 = 117.6$ [N-m]

$\Sigma M_A = M_C - R_B \times L = 0$, $R_B = \dfrac{M_C}{L} = \dfrac{117.6}{6} = 19.6$ [N]

10 그림에서 보여주는 구조물의 부재 AB 에 작용하는 힘은?

① 1127[N]
② 1385.72[N]
③ 1960[N]
④ 2773.4[N]

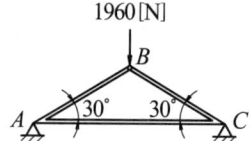

Solution $T_{AB} = \dfrac{1960}{\sin 30° \times 2} = 1960$ [N]

11 그림과 같이 $W = 200$[N]의 강구가 판 사이에 끼여 있을 때, 접촉점 A에서의 반력 R_A는 몇 [N]인가?

① $R_A = 230.94$
② $R_A = 316.54$
③ $R_A = 406.7$
④ $R_A = 491.96$

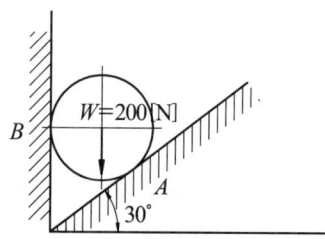

Solution $W = R_A \cos 30°$, $R_B = R_A \sin 30°$

$R_A = \dfrac{200}{\cos 30°} = 230.94$ [N]

$R_B = R_A \sin 30° = 230.94 \times \sin 30° = 115.47$ [N]

12 그림과 같은 구조물의 부재 AC, BC 가 $P = 9800$[N]의 하중을 받고 있을 때, AC 부재가 받고 있는 압축력은 얼마인가?

① 17[kN]
② 13.9[kN]
③ 9.8[kN]
④ 5.7[kN]

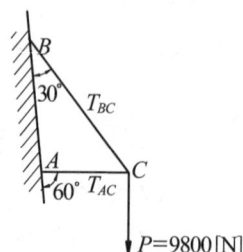

Answer 9 ④   10 ③   11 ①   12 ①

Solution
$$\frac{9800}{\sin 150°} = \frac{T_{BC}}{\sin 90°} = \frac{T_{AC}}{\sin 120°}$$
$T_{AC} = 16.97\,[\text{kN}]$, $T_{BC} = 19.6\,[\text{kN}]$

13 3개의 힘 F_1, F_2, F_3가 평형을 이루고 있다. F_1이 $50(2\hat{i}+\hat{j}-3\hat{k})$이고 F_2가 $30(\hat{i}+2\hat{j}+\hat{k})$라면 F_3는 얼마인가?

① $-10(7\hat{i}-\hat{j}-18\hat{k})$
② $-10(13\hat{i}+11\hat{j}-12\hat{k})$
③ $10(13\hat{i}-\hat{j}+12\hat{k})$
④ $10(7\hat{i}+11\hat{j}+18\hat{k})$

Solution
$\vec{F_1} = 100\hat{i} + 50\hat{j} - 150\hat{k}$
$\vec{F_2} = 30\hat{i} + 60\hat{j} + 30\hat{k}$
$\vec{F_3} = x\hat{i} + y\hat{j} + z\hat{k}$
$\vec{F_1} + \vec{F_2} + \vec{F_3} = 0$
$\sum \vec{F_x} = 0\,;\ 100\hat{i} + 30\hat{i} + x\hat{i} = 0,\ x = -130$
$\sum \vec{F_y} = 0\,;\ 50\hat{j} + 60\hat{j} + y\hat{j} = 0,\ y = -110$
$\sum \vec{F_z} = 0\,;\ -150\hat{k} + 30\hat{k} + z\hat{k} = 0,\ z = 120$
$\vec{F_3} = -130\hat{i} - 110\hat{j} + 120\hat{k}$

14 다음과 같은 구조물의 모멘트는 얼마인가?

① 1470[J]
② 2450[J]
③ 3430[J]
④ 4410[J]

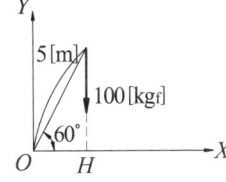

Solution $M_0 = 100 \times 5 \times \cos 60° \times 9.8 = 2450\,[\text{N}-\text{m}]$

15 그림의 트러스 구조물에서 부재 BD의 내력은 몇 [kN]인가? (단, $ABED$ 부분은 정사각형이다.)

① 10[kN]
② $10\sqrt{2}$[kN]
③ $5\sqrt{3}$[kN]
④ 0[kN]

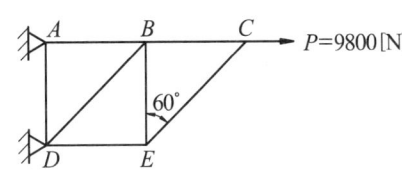

Solution $\sum M_D = 0\,;\ R_A = P = 9800\,[\text{N}],\ R_D = 0$
$F_{BD} = F_{CE} = F_{DB} = 0$

Answer 13 ② 14 ② 15 ④

16 그림과 같은 트러스(Truss) 구조물에서 강재의 허용응력을 58.8[MPa]로 할 때, BC 부재의 단면적은 다음 중 어느 것인가?

① 30[cm²]
② 40[cm²]
③ 50[cm²]
④ 60[cm²]

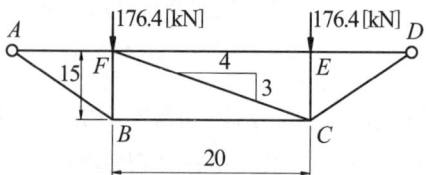

Solution
$$\tan\theta = \frac{3}{4} = \frac{176.4}{F_{BC}}, \quad F_{BC} = 235.2\,[\text{kN}]$$
$$\sigma_a = \frac{F_{BC}}{A}$$
$$A = \frac{235.2}{58.8 \times 10^3} = 0.004\,[\text{m}^2] = 40[\text{cm}^2]$$

17 그림과 같이 1000[N]의 힘이 브래킷의 A에 작용하고 있다. 이 힘의 점 B에 대한 모멘트는 몇 [N·m]인가?

① 160
② 200
③ 238.6
④ 253.2

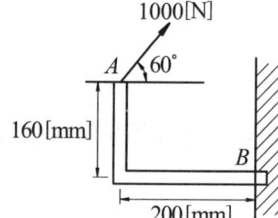

Solution $M = 1000 \times \sin 60° \times 0.2 + 1000 \times \cos 60° \times 0.16 = 253.21\,[\text{N·m}]$

Answer 16 ② 17 ④

chapter 2 응력(應力)과 변형률(變形率)

1 응력(應力 ; Stress)

물체에 작용하는 외력을 하중(Load)이라 하며, 그 외력에 의하여 발생하는 물체내의 단위면적당 저항력(내력)을 응력이라 한다. 여기서, 물체란 대부분 사각단면, 원, 중공단면 등의 봉이나 보(beam)라고 생각하면 된다.

(1) 수직응력(Normal Stress)
봉(물체)의 단면에 수직으로 작용하는 하중에 의해 물체 내부에서 발생하는 응력으로 법선응력이라고도 하며 인장응력과 압축응력 등이 있다.
① 인장응력(Tensile Stress) : 물체(환봉)에 인장하중 작용시 단위면적당 발생하는 응력이다.
② 압축응력(Compressive Stress) : 물체(환봉)에 압축하중 작용시 단위면적당 발생하는 응력이다.

$$\sigma = \frac{P}{A} \quad [\text{N/m}^2,\ \text{Pa},\ \text{kg}_\text{f}/\text{cm}^2] \star \qquad [2\text{-}1]$$

여기서, σ는 수직응력, P는 하중(인장력 또는 압축력), A는 수직하중을 받는 면적으로 직경이 d인 환봉의 경우, 면적 $A = \frac{\pi d^2}{4} = \pi r^2$이다. 직경 d는 반직경 r의 2배이다.

(2) 전단응력(Shearing Stress)
물체에 작용하는 전단력(전단하중)에 의해 전단면의 접선방향으로 발생하는 응력으로 접선응력이라고도 한다.

$$\tau = \frac{P}{A} \quad [\text{N/m}^2,\ \text{Pa},\ \text{kg}_\text{f}/\text{cm}^2] \star \qquad [2\text{-}2]$$

여기서, τ는 전단응력, P는 전단하중, A는 전단면적이다.
중요한 것은 응력에 대한 개념을 정확히 이해하고 있어야 한다는 것이다. 수직응력을 계산할 때 하중을 받는 면적과 수직하중은 항상 직각관계에 있다는 것과 전단응력은 전단하중이 전단면적에 항상 접선방향으로 작용한다는 것을 알고, 문제를 풀 때 적용할 수 있도록 해야 한다.

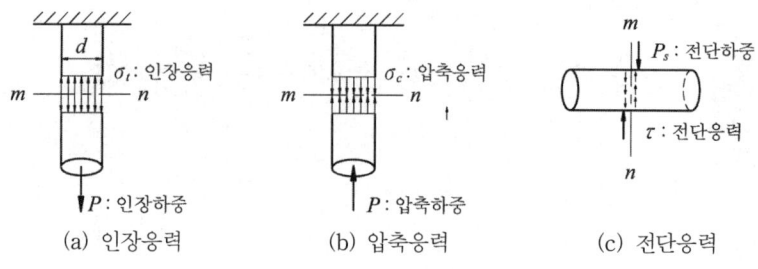

그림2-1 응력의 종류

2 변형률(變形率 ; 변형도 ; Strain)

물체(봉)에 가한 하중에 의하여 발생한 변형량을 원래의 양(변형전의 값)으로 나누어 결정하는 값으로 단위량에 대한 변형량이다. 인장력(하중)이 봉에 가해지면 길이 방향으로는 신장되며 반경방향으로는 줄어든다. 압축력이 가해지면 길이 방향으로는 수축 변형, 반경 방향으로는 신장 변형이 일어난다. 변형률의 값은 백분율(%)로 계산된 값이 아니다. 신장률 또는 수축률을 구할 때는 백분율로 계산해야 하기 때문에 변형률을 구하여 백분율로 표현해주면 되고 변형률은 무차원이다.

(1) 세로변형률(종변형률 ; ε)

물체(봉)에 인장하중이 가해지면 길이방향(세로방향)으로는 늘어나고, 압축하중이 가해지면 줄어든다. 그러므로 변형량은 종변형량, 세로변형량, 신장량, 수축량 등으로 표현 할 수 있다.

$$\varepsilon = \frac{L'-L}{L} = \frac{\delta}{L} \;\star \qquad [2\text{-}3]$$

여기서, L은 원래(세로)길이, L'는 변형후의 길이, δ는 종변형량(세로변형량)이다.

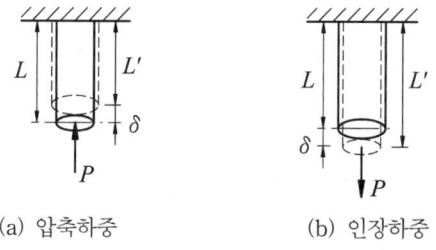

그림2-2 종변형률

(2) 가로변형률(횡변형률 ; ε')

물체(봉)에 인장하중이 가해지면 반경방향(가로방향)으로는 줄어들고, 압축하중이 가해지면 늘어난다. 그러므로 변형량은 횡변형량, 가로변형량, 신장량, 수축량 등으로 표현된다.

$$\varepsilon' = \frac{d'-d}{d} = \frac{\delta'}{d} \;\star \qquad [2\text{-}4]$$

여기서, d은 원래(가로)길이(직경), d'는 변형후의 길이(직경), δ'는 횡변형량(가로변형량, 직경변화량)이다.

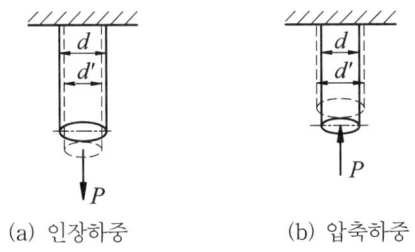

(a) 인장하중   (b) 압축하중

그림2-3 횡변형률

(3) 전단변형률(γ)

그림2-4와 같이 전단응력(전단하중) 상태 하에서 발생하는 전단 변형은 미소 변형이라는 것을 인지하고 육안으로 확인이 가능한 경우는 아니다.

$$\gamma = \frac{\delta_s}{L} = \tan\phi \approx \phi \, [\text{rad}] \, \star \tag{2-5}$$

여기서, γ는 전단변형률, δ_s는 전단변형량, L은 원래의 길이, ϕ는 전단각이다.

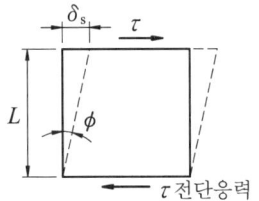

그림2-4 전단변형률

전단각 ϕ는 미소각으로 $\tan\phi$ 값을 전단변형률이라 한다.

(4) 프와송 비(Poisson's ratio)

가로변형률과 세로변형률과의 비이다.

$$\mu = \frac{1}{m} = \frac{\varepsilon'}{\varepsilon} \, \star\star\star \tag{2-6}$$

여기서, μ는 프와송 비(Poisson's ratio), m은 프와송 수(Poisson's Number)이다.

(5) 면적변형률(ε_A)

물체(봉)에 수직하중이 가해지면 횡방향의 변형에 의해 면적 변형이 수반이 된다. 직경이 d인 봉에 인장하중(또는 압축하중)을 가한 경우, 면적변형률에 대한 정의와 표현식은

$$\varepsilon_A = \frac{A'-A}{A} = \frac{\Delta A}{A} = 2\mu\varepsilon \, \star\star \tag{2-7}$$

이다. 여기서, A는 원래의 면적, A'는 변형후 면적, ΔA는 면적 변화량이다. $\varepsilon_A = 2\mu\varepsilon$ 의

관계식을 유도하려면 원래의 면적과 변형후의 면적을 계산하여 원래 면적에 대한 면적 변화량에 대입하여 정리하면 된다.

(6) 체적변형률(ε_V)

물체에 수직하중이 가해지면 가로방향과 횡방향으로 변형이 동시에 수반되어 체적변형이 발생하게 된다. 체적변형률에 대한 정의는

$$\varepsilon_V = \frac{V'-V}{V} = \frac{\Delta V}{V} \text{★★} \tag{2-8}$$

이다. 여기서, V는 원래의 체적, V'는 변형후 체적, ΔV는 체적 변화량이다.

① 모든 방향에서 동일하중(응력)이 작용할 때 체적변형률 : 물체(정육면체)의 x, y, z 방향에서 일정 크기의 인장 또는 압축 하중이 작용하여 각 방향으로 발생한 신장량 또는 수축량이 일정하다라고 하면 변형전 체적과 변형후 체적을 구하여 원래의 체적에 대한 체적변형량에 대입정리하면 체적변형률은 종변형률의 3배로 정리된다.

$$\varepsilon_V = \frac{\Delta V}{V} = \frac{(L \pm \delta)^3 - L^3}{L^3}$$

여기서, L은 정육면체 한 변의 길이이고 δ는 신장량 또는 수축량이다. 이 식을 정리하면

$$\varepsilon_V = \frac{\Delta V}{V} = \pm 3\varepsilon \text{★★} \tag{2-9}$$

이다. 여기서, +는 인장변형, -는 압축변형이다.

② 균일 단면 봉에 인장하중이 작용할 때 체적변형률 : 물체(정육면체)의 수직방향으로만 인장하중을 가한 경우, 수직방향으로는 신장변형이 발생하고, 다른 두 방향으로는 수축변형이 발생한다. 이 때 변형전 체적과 변형후 체적을 구하여 체적변형률 정의에 대입하여 정리하면 체적변형률은

변형 전 체적 : $V = AL = L^3$

변형 후 체적 : $V' = A(1-\mu\varepsilon)^2 \times L(1+\varepsilon)$

$$\varepsilon_V = \frac{\Delta V}{V} = \varepsilon(1-2\mu) \text{★★★} \tag{2-10}$$

이다. 여기서, 프와송의 비 μ가 1/2이면 체적변형률은 0이다. 이와 같은 재료에는 고무 등의 탄성체가 있고 대부분의 재료에 수직하중을 가했을 때 프와송의 비 μ는 1/2 보다 작다.

3 후크(Hook)의 법칙과 탄성계수(彈性係數)

(1) 후크(Hook)의 법칙

탄성을 갖고 있는 물체에 외력을 가해 생긴 변형이 외력을 제거했을 때, 원상태로 회복하는 성질을 탄성이라 하고 탄성체인 물체에 인장하중을 가했을 때, 비례한도 내에서 하중과 신장량(변형량)은 비례관계에 있다는 것이 후크의 법칙(Hooke's law)이다.

(2) 응력 변형률 선도(應力變形率線圖 ; Stress-Strain Diagram)

연강의 시험편을 만들어 암슬러형 만능재료시험기를 이용하여 인장시험을 했을 때, 그림2-5의 응력 변형률 선도를 얻을 수 있다. 탄성영역 내에서는 응력과 변형률이 비례함을 알 수 있다.

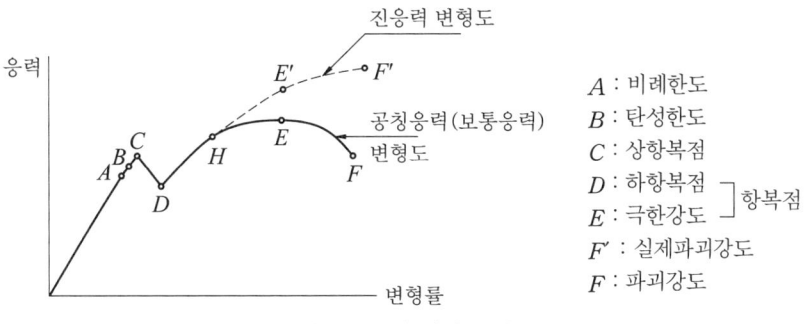

그림2-5 응력 변형률 선도

물체의 변형전 단면적 A 와 물체의 원래길이 L 이 일정할 때, 응력 σ 와 변형률 ε 사이에는 비례관계가 성립함으로 수식으로 표현하면

$$\sigma \propto \varepsilon \tag{2-11}$$

이다.

(3) 종탄성계수

물체에 수직하중이 작용할 때, 수직응력과 종변형률 사이의 비례관계를 규정짓는 비례상수를 종탄성계수라 하고 이것을 수식으로 표현한 후크의 법칙(Hook's law)은

$$\sigma = E \cdot \varepsilon \ \text{★★★★★} \tag{2-12}$$

이다. 여기서, E 는 종(세로, 영)탄성계수 [N/m², Pa, kg_f/cm²]이다.

① 종변형량 : 위의 수직응력과 종변형률의 관계식에서 종변형량을 구하는 식을 얻을 수 있다.

$$\delta = \frac{PL}{AE} = \sigma \frac{L}{E} \ \text{★★★} \tag{2-13}$$

여기서, P 는 수직하중이고 A 는 수직하중을 받는 면적, L 은 물체(봉)의 길이이다.

② 횡변형량 : 위의 후크의 법칙 식에서 종변형률 대신에 프와송의 비와 횡변형률 관계를 적용시키면 횡변형량을 구하는 식을 얻을 수 있다.

$$\delta' = \frac{d\sigma}{mE} \ \text{★★} \tag{2-14}$$

여기서, d 는 봉의 직경이고 m 은 프와송 수이다.

(4) 횡탄성계수

물체에 작용하는 전단하중에 의한 전단응력과 전단변형률 사이에도 후크의 법칙은 성립한다.

$$\tau = G \cdot \gamma \ \text{★★★★★} \tag{2-15}$$

여기서, G 는 횡(전단, 가로)탄성계수 [N/m², Pa, kg_f/cm²], γ 는 전단변형률이다.

(5) 체적탄성계수

수직하중이 물체에 작용하면 물체에는 수직응력과 체적변형이 수반된다. 이들 관계 또한 탄성영역 내에서는 후크의 법칙이 적용된다. 수직응력과 체적변형률 사이의 비례상수를 체적탄성계수라 하고 수식으로 표현하면

$$\sigma_V = K \cdot \varepsilon_V \quad \bigstar\bigstar\bigstar\bigstar\bigstar \qquad [2\text{-}16]$$

이다. 여기서, K는 체적탄성계수 [N/m², Pa, kg_f/cm²]이고 σ_V는 수직응력이다.

① 모든 방향에서 동일하중이 작용할 때 발생하는 체적변형률과 수직응력의 관계

$$\sigma_V = K \cdot \varepsilon_V = K \cdot (\pm 3\varepsilon) \qquad [2\text{-}17]$$

② 균일 단면 봉에 인장하중이 작용할 때 체적변형률과 수직응력의 관계

$$\sigma_V = K \cdot \varepsilon_V = K \cdot \varepsilon(1-2\mu) \quad \bigstar\bigstar\bigstar \qquad [2\text{-}18]$$

(6) 횡탄성계수와 종탄성계수의 관계

횡탄성계수와 종탄성계수의 관계를 정리하면

$$G = \frac{E}{2(1+\mu)} = \frac{mE}{2(m+1)} \quad \bigstar\bigstar\bigstar\bigstar \qquad [2\text{-}19]$$

이다. 이 내용은 조합응력의 순수전단응력 상태로부터 정리 할 수 있으므로 제9장에서 다시 언급하기로 한다.

(7) 체적탄성계수과 종탄성계수의 관계

체적탄성계수와 종탄성계수의 관계를 정리하면

$$K = \frac{E}{3(1-2\mu)} = \frac{mE}{3(m-2)} \quad \bigstar\bigstar \qquad [2\text{-}20]$$

이다. 이들의 관계는 조합응력의 3축응력 상태로부터 정리할 수 있으므로 제9장에서 다시 언급하기로 한다.

4 허용응력(許容應力)과 안전율(安全率)

(1) 허용응력(Allowable Stress)

안전상 허용할 수 있는 최대응력으로 물체에 작용하는 하중에 의하여 발생한 응력이 허용응력을 넘어서게 되면 물체에는 균열과 같은 파괴 및 소성변형 상태로 변해간다는 의미로 받아드려야 한다. 소성변형(Plastic Deformation)이란 하중에 의하여 발생된 변형이 하중을 제거하여도 변형은 처음 상태로 되돌아가지 않고 물체에 변형이 그대로 남아 있는 상태이다.

(2) 안전율(Safety)

안전율은 허용응력(σ_a)에 대한 극한강도(최대인장응력, 인장강도; σ_u)의 비로 정의된다.

$$S = \frac{\sigma_u}{\sigma_a} \;\; ★★★★ \qquad [2\text{-}21]$$

위의 안전율 정의는 부재를 인장 시험을 해서 얻은 결과를 근거로 표현한 것으로 기본 정의로 받아들이면 된다. 그러나, 위의 표현에만 의존하면 안되고 하중으로도 표현할 수 있다. 즉 안전하중에 대한 극한하중으로도 정의될 수 있다.

(3) 사용응력

부재가 하중을 받아서 실제로 물체에서 발생한 응력을 사용응력이라 하고 허용응력보다 작거나 같고, 허용응력은 탄성한도보다 작다.

5 응력집중(應力集中 ; Stress Concentration)

균일단면을 갖고 있는 물체(봉)에 하중이 작용하면 일정한 응력이 발생한다. 그러나 단면에 결함이 있을 때, 결함부에 큰 응력이 발생하게 된다. 이러한 응력 집중 현상을 나타내는 척도가 형상계수(응력집중계수; α_k)이다.

$$\alpha_k = \frac{\sigma_{\max}}{\sigma_{\text{mean}}} \;\; ★ \qquad [2\text{-}22]$$

여기서, $\sigma_{\max}$ 은 최대수직응력, σ_{mean} 은 공칭응력(평균응력)이다.

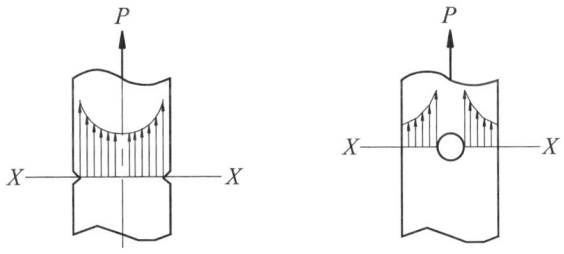

그림2-6 응력집중 현상

6 조합(組合)된 봉의 응력(應力)과 변형량(變形量)

(1) 직렬조합 봉

그림2-7에서 보듯이 단면이 A_1과 A_2인 단붙이 부재에 인장하중이 작용하고 있는 경우를 생각한다. A_1단면과 A_1단면이 받는 하중은 같지만 하중을 받는 면적이 다르므로 응력도 다르다. A_1단면에서 발생하는 응력이 σ_1, A_2단면에 발생하는 응력은 σ_2 로 각각 구해주면 된

다. 하중에 의한 전체 신장량은 L_1부의 신장량에 L_2부의 신장량을 계산하여 더해주면 된다. 즉, 직렬 연결봉의 신장량은 각각 구해서 그 합으로 결정한다.

① 수직응력(인장응력)

$$\sigma_1 = \frac{P}{A_1}, \quad \sigma_2 = \frac{P}{A_2} \qquad [2-23]$$

② 전체 종변형량(신장량)

$$\delta = \frac{PL_1}{A_1 E_1} + \frac{PL_2}{A_2 E_2} \; \star \qquad [2-24]$$

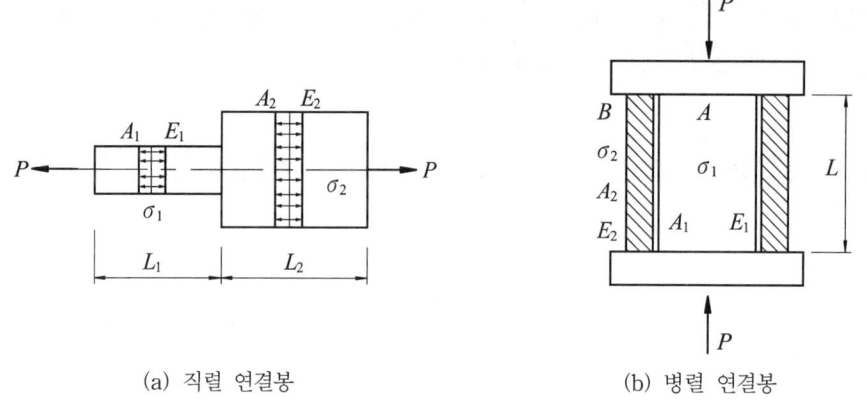

(a) 직렬 연결봉   (b) 병렬 연결봉

그림2-7 조합된 직렬 연결봉과 병렬 연결봉

(2) 병렬조합 부재

그림2-7에서 보듯이 중공단면 A_2 안에 원형단면 A_1 부재가 들어가 있고 위와 아래에 판을 대고 압축하중을 가하면, 두 부재의 수축량이 같으므로 종변형률도 같다. 그 점을 이용하여 각 부재에 발생하는 압축응력과 수축량을 구하여 정리한다.

① 수직응력(압축응력)

$$P = W_1 + W_2 = \sigma_1 A_1 + \sigma_2 A_2$$

$$\varepsilon = \frac{\delta}{L} = \frac{\sigma_1}{E_1} = \frac{\sigma_2}{E_2}$$

여기서, W_1과 W_2는 각각의 부재에서 하중에 대한 저항력(내력)이다. 위의 두 식을 연립하여 정리하면

$$\sigma_1 = \frac{PE_1}{A_1 E_1 + A_2 E_2}, \quad \sigma_2 = \frac{PE_2}{A_1 E_1 + A_2 E_2} \; \star \qquad [2-25]$$

이다.

② 종변형량(수축량)

$$\delta = \frac{PL}{A_1 E_1 + A_2 E_2} \; \star \qquad [2-26]$$

(3) 양단이 벽에 고정된 경우 응력과 변형량

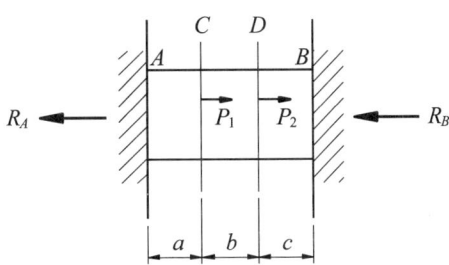

그림2-8 양단이 벽에 고정된 경우 응력과 변형량

그림2-8과 같이 양단이 벽에 고정되어 있는 봉의 C점과 D점에 하중이 작용하면 고정단인 A, B에 반력 R_A와 R_B가 발생하게 된다. 그 반력을 결정하고 나서 AC, CD, DB 구간에 걸리는 응력들과 그 구간에서 각각 변형량 δ를 구하여 그 합으로 전체 변형량을 구한다.

① A단과 B단에 반력

$$R_A = \frac{P_1 \cdot (b+c) + P_2 \cdot c}{a+b+c}$$

$$R_B = \frac{P_1 \cdot a + P_2 \cdot (a+b)}{a+b+c} \; \star\star \qquad [2\text{-}27]$$

② 각 구간의 변형량

$$\delta_1 = \frac{R_A \cdot a}{AE}$$

$$\delta_2 = \frac{(R_A - P_1)b}{AE}$$

$$\delta_3 = \frac{(R_A - P_1 - P_2) \cdot c}{AE} \qquad [2\text{-}28]$$

여기서, δ_1는 AC구간의 변형량, δ_2는 CD구간의 변형량, δ_3는 DB구간의 변형량이다. 전체 변형량 δ는

$$\delta = \delta_1 + \delta_2 + \delta_3 \qquad [2\text{-}29]$$

이다. 그러나 양단이 고정되어 있기 때문에 실제 발생되는 변형량은 아니다.

7 자중(自重)을 고려한 경우의 응력(應力)과 변형량(變形量)

(1) 자중만 고려했을 때 원형 봉의 변형량

직경 d, 길이 L인 환봉(둥근봉)의 상단을 고정시켜 매달아 놓으면 환봉의 자중에 의하여 부재 내부에는 응력과 변형량이 발생한다.

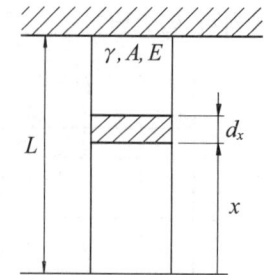

그림2-9 자중을 고려한 응력과 변형량

① 자중을 고려했을 때 봉에서 발생하는 최대 수직응력

$$\sigma = \int_0^L \gamma dx = \gamma L \; ★ \qquad [2\text{-}30]$$

② 자중을 고려했을 때 봉에서 발생하는 변형량

$$\delta = \int_0^L \frac{\gamma x}{E} dx = \frac{\gamma L^2}{2E} \; ★★★ \qquad [2\text{-}31]$$

여기서, γ 는 비중량[N/m³, kg_f/m³]이다.

(2) 균일 단면봉에서 자중과 하중을 둘 다 고려했을 경우 응력과 변형량

① 하중과 자중 둘 다 고려했을 때 최대 수직응력

$$\sigma = \frac{P}{A} + \gamma L \qquad [2\text{-}32]$$

여기서, P 는 수직하중, A 는 수직하중을 받는 단면적이다.

② 하중과 자중 둘 다 고려했을 때 변형량

$$\delta = \frac{PL}{AE} + \frac{\gamma L^2}{2E} \qquad [2\text{-}33]$$

(3) 자중만 고려했을 때 원추형 봉의 변형량

위에서 정리한 직경이 d 인 원형봉에서 원추형 봉을 만들면 자중이 ⅓로 줄어든다. 그러므로 변형량도 자중에 비례해서 감소하게 될 것이다. 직경이 d 인 원추형 봉의 응력과 변형량은

$$\sigma = \gamma L \times \frac{1}{3}$$

$$\delta = \frac{\gamma L^2}{2E} \times \frac{1}{3}$$

$$\sigma = \frac{\gamma L}{3}, \quad \delta = \frac{\gamma L^2}{6E} \; ★★ \qquad [2\text{-}34]$$

이다. 원추형 봉은 원추형 봉이라고도 표현한다.

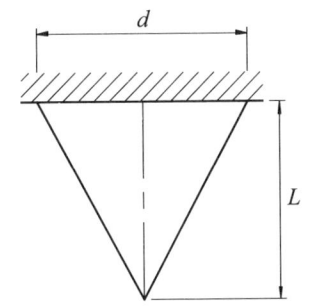

그림2-10 자중만 고려한 원추형 봉

8 열응력(熱應力 ; Thermal Stress)

양단이 고정된 재료를 가열 또는 냉각 등의 온도 변화를 시키면 팽창 또는 수축을 하게 되는데, 이때 발생하는 응력을 열응력(熱應力 ; Thermal Stress)이라 한다.

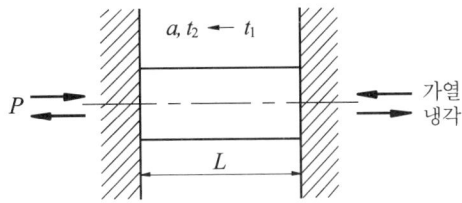

그림2-11 양단을 고정시킨 환봉의 열응력

(1) 변형률

양단을 고정시킨 직경이 d인 원형봉을 가열 또는 냉각시켰을 때, 봉에서 발생하는 변형률은 온도의 역수인 선팽창계수를 이용하여 구한다.

$$\varepsilon = a \cdot \Delta t = \frac{\delta}{L} \quad \text{★★★} \tag{2-35}$$

여기서, a는 선팽창계수[1/℃], Δt는 온도 변화량, L은 봉의 원래의 길이, δ는 종변형량이다.

(2) 신장량

신장량은 종변형률의 정의로부터 결정할 수는 있다. 그러나 양단이 고정되어 있으므로 실제 발생되는 값은 아니다.

$$\delta = La \cdot \Delta t \tag{2-36}$$

(3) 열응력

종변형률이 결정되어 있으므로 열응력은 후크의 법칙(Hooke's law)으로부터 결정한다.

$$\sigma = E \cdot \varepsilon = Ea \cdot \Delta t = \frac{P}{A} \quad \text{★★★★} \tag{2-37}$$

양단이 고정된 재료를 가열할 경우, 재료는 팽창하려 하기 때문에 양단의 고정벽에서는 압축력이, 재료에는 압축응력이 발생하게 된다. 냉각의 경우는 재료가 수축하려하기 때문에 양단 고정벽에서는 인장력이, 재료에는 인장응력이 발생한다. P는 고정단에서 발생하는 수직하중이다.

(4) 가열끼움(Shrinkage Fit)에서 응력과 변형률

링에 봉을 끼우기 위해 링을 가열시켜면 링은 원주방향으로 팽창하게 되고 봉에 끼워져 링이 봉을 조이게 된다. 그러므로 원주방향으로 수직응력이 발생하게 되는데, 이 응력을 후프 응력(Hoop Stress) 또는 원주응력이라 한다.

링의 원주 방향으로 발생한 변형률을 결정하면

$$\varepsilon = \frac{d_2 - d_1}{d_1} \quad [2\text{-}38]$$

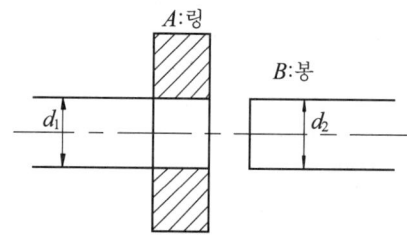

그림2-12 가열끼움시 응력과 변형률

이다. 여기서, d_1은 링의 직경, d_2는 봉의 직경이고 후프 응력은 후크의 법칙으로부터 구하면

$$\sigma = E \cdot \varepsilon = E \cdot \frac{d_2 - d_1}{d_1} \; \bigstar \quad [2\text{-}39]$$

이다.

9 탄성(彈性) 에너지(Elastic Strain Energy)

하중을 받는 물체를 탄성체로 가정한다. 그 물체에 하중을 가하면 변형이 생기고 하중을 제거하면 원상태로 회복한다. 하중과 변형이 비례 관계에 있다는 것은 탄성영역 내에서만 성립함을 앞에서 언급하였다. 탄성 에너지란 변형이 초래된 물체에서 하중을 제거했을 때, 탄성력(복원력)에 의하여 원상태로 회복할 수 있는 능력으로 변형률 에너지라고도 한다. 이 탄성 에너지의 계산은 하중과 변형량이 비례 관계에 있다는 것을 이용하여 다음과 같이 표현한다.

$$U = \frac{1}{2} P\delta \; [\text{N}\cdot\text{m, J, kg}_\text{f}\cdot\text{m}] \; \bigstar\bigstar\bigstar\bigstar \quad [2\text{-}40]$$

여기서, P는 하중(荷重 ; Load), δ는 변형량이다.

(1) 수직하중 상태(수직응력 상태)하의 탄성 에너지

물체(환봉)가 수직하중을 받고 있을 때 탄성에너지를 계산하면

$$U = \frac{1}{2} P\delta = \frac{\sigma^2}{2E} V \qquad [2-41]$$

이다. 여기서, P는 수직하중이고 δ는 종변형량이다. 단위체적당 탄성 에너지로 정의되는 레질리언스 계수(Resilience Coefficient ; 탄성 에너지 계수, 최대 탄성 에너지)를 계산하면

$$u = \frac{U}{V} = \frac{\sigma^2}{2E} \ [N/m^2,\ Pa,\ kg_f/cm^2] \ \text{★★★} \qquad [2-42]$$

이다.

(2) 전단하중 상태(전단응력 상태)하의 탄성 에너지

물체(환봉)가 전단하중을 받고 있을 때 탄성 에너지를 계산하면

$$U = \frac{1}{2} P\delta = \frac{\tau^2}{2G} V \qquad [2-43]$$

이다. 여기서, P는 전단하중이고 δ는 전단변형량이다. 단위체적당 탄성 에너지로 정의되는 레질리언스 계수(Resilience Coefficient ; 탄성 에너지 계수, 최대 탄성 에너지)를 계산하면

$$u = \frac{\tau^2}{2G} \ [N/m^2,\ Pa,\ kg_f/cm^2] \ \text{★★★} \qquad [2-44]$$

이다.

(3) 단위 kg당 최대 탄성 에너지

단위 kg당 최대 탄성 에너지란 단위밀도당 레질리언스 계수로 구하면 된다. 수직하중을 받고 있을 때, 단위 kg당 최대 탄성 에너지는

$$u^* = \frac{\sigma^2}{2E} \cdot \frac{1}{\rho} \ [N \cdot m/kg_m,\ J/kg_m] \ \text{★★} \qquad [2-45]$$

이다. 여기서, ρ는 밀도[kg_m/m^3]이다.

10 충격응력과 변형량

그림2-13에서와 같이 플랜지가 부착된 봉에 추를 떨어뜨려 충격하중을 가하면 추가 낙하하면서 발생된 충격 에너지는 전부 물체 내부로 흡수된다. 충격하중이 한 일량은 물체 내부에서 흡수한 충격 에너지와 같다는 것을 이용하여 충격응력과 변형량을 구한다.

$$\sigma_o = \frac{W}{A}, \quad \delta_o = \frac{WL}{AE} \qquad [2-46]$$

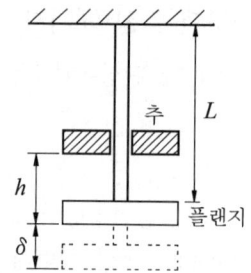

그림2-13 충격하중에 의한 응력과 변형량

여기서, W는 추(낙하 물체)의 무게, σ_0는 W가 봉 끝에서 정하중 상태로 작용할 때 발생하는 수직응력이고 δ_0는 그 때의 변형량이다.

(1) 충격응력(衝擊應力)

$$U = W(h+\delta) = \frac{\sigma^2}{2E} AL \qquad [2\text{-}47]$$

식 [2-47]에 $\delta = \frac{\sigma}{E} L$을 대입시키면 다음과 같이 정리된다.

$$\sigma^2 - 2\frac{W}{A}\sigma - \frac{2E}{AL}Wh = 0 \qquad [2\text{-}48]$$

식 [2-48]를 근의 방정식에 대입 정리하면 충격응력은

$$\sigma = \sigma_o\left(1 + \sqrt{1 + \frac{2h}{\delta_o}}\right) \text{★★} \qquad [2\text{-}49]$$

이다. 여기서, σ_0와 δ_0은 식 [2-48]로 구하면 된다.

(2) 충격변형량(衝擊變形量)

식 [2-49]으로 충격응력을 구해 충격변형량을 구하면 다음과 같이 정리된다.

$$\sigma = E\frac{\delta}{L}, \quad \sigma_0 = E\frac{\delta_0}{L}$$

$$\delta = \delta_o\left(1 + \sqrt{1 + \frac{2h}{\delta_o}}\right) \text{★★} \qquad [2\text{-}50]$$

(3) 추 W를 순간적으로 놓았을 때(갑자기 잡아 당겼을 때, $h \approx 0$) **충격응력과 충격 변형량**

식 [2-49]과 식 [2-50]에 $h=0$을 대입을 시키면

$$\sigma = 2\sigma_0, \quad \delta = 2\delta_0 \qquad [2\text{-}51]$$

이다. 정하중 상태의 응력과 변형량의 2배이다. 로프를 갑자기 당겼을 때도 마찬가지로 로프에 발생한 응력은 정하중으로 당겼을 때 발생한 응력의 2배이다.

11 내압을 받는 얇은 원통(圓筒)

보일러 통과 같은 얇은 원통은 내부 압력 때문에 원주방향과 축방향으로 변형이 발생한다. 변형이 있다는 것은 변형이 생긴 방향으로 하중이 작용하고 있다는 것을 의미한다. 그 하중은 내부 압력에 압력을 받는 원주방향과 축방향의 면적을 곱하여 결정할 수 있다. 이와 같은 하중에 의하여 원주방향과 축방향으로는 원주응력과 축응력이 발생한다.

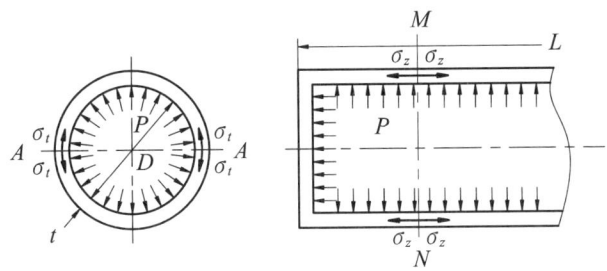

그림2-14 내압을 받는 얇은 원통

(1) **원주응력**(Hoop Stress ; 후프 응력, 인장응력)

원주 방향의 힘의 평형으로부터 원주응력은

$$P \cdot DL = \sigma_t \cdot 2tL$$

$$\sigma_t = \frac{PD}{2t} \;\;\text{★★★★} \quad\quad\quad\quad\quad\quad\quad\quad\quad\quad\quad\quad [2\text{-}52]$$

이다. 여기서, P는 원통의 내압[N/m², kg_f/cm²]이고, D는 원통의 내경[m, cm], t는 원통의 두께[m, cm]이다.

(2) **축응력**(Axial Stress ; 횡방향 응력)

축 방향의 힘의 평형으로부터 축응력은

$$P \cdot \frac{\pi}{4} D^2 = \sigma_z \cdot \pi Dt$$

$$\sigma_z = \frac{PD}{4t} \;\;\text{★★★★} \quad\quad\quad\quad\quad\quad\quad\quad\quad\quad\quad\quad [2\text{-}53]$$

이다.

(3) **강판의 두께**(얇은 파이프의 두께)

얇은 원통의 두께를 결정하려면 우선, 판의 재질을 선택하여 허용 인장응력을 결정한다. 그리고 원주응력을 결정하는 식으로부터 두께 t를 결정한다. 이와 같은 이론적인 내용에 경험치를 적용시켜 얇은 원통의 두께를 결정하면

$$t = \frac{PD}{2\sigma_a \eta} + C = \frac{PDS}{2\sigma_u \eta} + C \;\;\text{★★★★★} \quad\quad\quad\quad\quad\quad [2\text{-}55]$$

이다. 여기서, P는 원통의 내압[N/m², kg_f/cm²], D는 원통의 내경, η는 이음효율, S는 안전율, C는 부식여유, σ_a는 허용인장응력이고 σ_u는 극한강도(인장강도, 최대인장응력)이다.

* 내압을 받는 얇은 구 $\sigma_t = \dfrac{P \cdot D}{4t}$

12 얇은 회전 원환(圓環)에서 후프 응력

반직경이 R이고 두께가 t인 얇은 회전 원환이 중속 이상으로 회전하면, 그 때 발생하는 원심력 때문에 원환은 원주방향으로 팽창하게 된다. 이 원심력 때문에 원주응력이 발생한다.

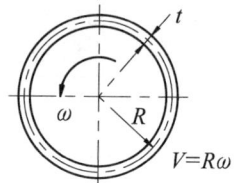

그림2-15 얇은 회전 원환

(1) 원주속도

$$V = R\omega = \dfrac{\pi DN}{60} \text{ [m/sec]} \qquad [2\text{-}55]$$

여기서, R은 원환의 반직경[m], ω는 각속도[rad/sec], D는 원환의 직경[m]이고 N은 분당 회전수[rpm]이다.

(2) 후프 응력(원주응력)

$$F_n = m a_n$$
$$F_n = \dfrac{W}{g} R\omega^2 = \dfrac{\gamma t}{g} R\omega^2$$

여기서, W는 단위길이, 단위폭당 중량[N/m², kg_f/cm²]이고 F_n은 단위길이, 단위폭당 원심력으로 식 [2-52]에 내압 P 대신 대입시키면 후프 응력은

$$\sigma_t = \dfrac{\gamma}{g} R^2 \omega^2 = \dfrac{\gamma V^2}{g} \quad \bigstar\bigstar\bigstar \qquad [2\text{-}56]$$

이다. 여기서, γ는 비중량[N/m³, kg_f/m³], V는 원주속도[m/sec], g는 표준중력가속도[m/sec²]이다. 플라이 휠(Fly Wheel)이나 풀리(Fully)가 회전할 때 발생하는 원주응력을 구하려면 식 [2-56]을 적용하면 된다.

chapter 2 실전연습문제

01 그림과 같이 강봉에 인장하중 98[kN]이 작용할 때, 전체 신장량[mm]은? (단, 재료의 종탄성계수 $E=196.2[GPa]$이다.)

① 0.62
② 0.0062
③ 0.00062
④ 0.000062

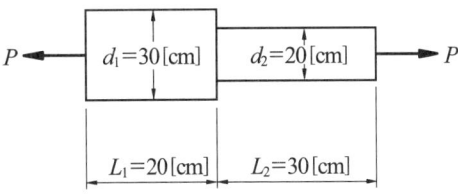

Solution

$$\delta = \frac{PL_1}{A_1 E} + \frac{PL_2}{A_2 E}$$

$$\delta = \frac{98\times 10^3}{196.2\times 10^9} \times \left(\frac{4\times 0.2}{\pi\times 0.3^2} + \frac{4\times 0.3}{\pi\times 0.2^2}\right) = 0.0062\times 10^{-3}[m] = 0.0062[mm]$$

02 스프링강의 탄성한도가 0.74[GPa], 비중이 7.8일 때, 단위질량당 최대탄성 에너지[J/kg_m]는? (단, 세로탄성계수는 215.82[GPa]이다.)

① 162.65 ② 16.6
③ 219 ④ 22

Solution

$$u^* = \frac{\sigma^2}{2E} \cdot \frac{1}{\rho}$$

여기서, ρ 는 밀도[kg_m/m³]이다.

$$u^* = \frac{(0.74\times 10^9)^2}{2\times 215.82\times 10^9 \times 7.8\times 1000} = 162.65\,[N\cdot m/kg_m]$$

03 길이 L인 강봉을 25[℃]에서 양단을 고정하였다. 기온이 −5[℃]로 내려갈 때 이 봉에 생기는 열응력의 종류 및 그 크기로 다음 중 맞는 것은? (단, 종변형계수 $\alpha=1.2\times 10^{-5}[/℃]$, 세로탄성계수 $E=196.2[GPa]$이다.

① 47.09[MPa] – 인장응력
② 70.63[MPa] – 압축응력
③ 47.09[MPa] – 압축응력
④ 70.63[MPa] – 인장응력

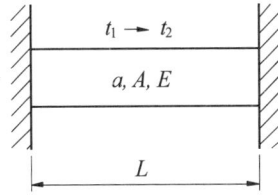

Solution

$\sigma = E\varepsilon = E\alpha\Delta t$

$\sigma = 196.2\times 10^9 \times 1.2\times 10^{-5} \times (-5-25) = -70.63\times 10^6\,[N/m^2]$

$\sigma = 70.63\,[MPa]$ (인장응력)

여기서, −는 냉각을 의미하고, 고정벽에서는 인장력이 발생한다.

Answer 01 ② 02 ① 03 ④

04 강철봉의 길이 300[cm], 단면적 40[cm^2], 980[N]의 추를 10[cm]높이에서 낙하하였을 때 발생하는 충격응력은 몇 [MPa]인가? (단, 종탄성계수 E=196.2[GPa]이다.)

① 56.36[MPa]　　② 56.57[MPa]
③ 56.61[MPa]　　④ 56.86[MPa]

Solution
$$\sigma_o = \frac{W}{A} = \frac{980}{40 \times 10^{-4}} = 0.245 \times 10^6 \, [N/m^2]$$
$$\delta_o = \sigma_0 \frac{L}{E} = 0.245 \times 10^6 \times \frac{3}{196.2 \times 10^9} = 3.746 \times 10^{-6} \, [m]$$
$$\sigma = \sigma_o \left(1 + \sqrt{1 + \frac{2h}{\delta_o}}\right)$$
$$\sigma = 0.245 \times 10^6 \times \left(1 + \sqrt{1 + \frac{2 \times 0.1}{3.746 \times 10^{-6}}}\right) = 56.86 \times 10^6 \, [N/m^2]$$

05 주철재 플라이 휠이 1500[rpm]으로 회전할 때 플라이 휠의 원주응력(MPa)은 얼마인가?
(단. 플라이 휠 직경 100[cm], 주철의 비중량 ρ=7250[N/m^3] 이다.)

① 4.56[MPa]　　② 6.56[MPa]
③ 7.89[MPa]　　④ 8.23[MPa]

$$\sigma_t = \frac{\rho V^2}{g} = \frac{\rho}{g}\left(\frac{\pi DN}{60}\right)^2$$
$$\sigma_t = \frac{7250}{9.8} \times \left(\frac{\pi \times 1 \times 1500}{60}\right)^2 = 4.56 \times 10^6 \, [N/m^2]$$

06 종탄성계수 E, 횡탄성계수 G, 프와송 수를 m이라 할 때, G를 옳게 설명한 식은 다음 중 어느 것인가?

① $G = \dfrac{m+1}{2mE}$　　② $G = \dfrac{mE}{2(m+1)}$
③ $G = \dfrac{3(m+2)}{mE}$　　④ $G = \dfrac{mE}{3(m+2)}$

07 직경이 d인 둥근봉에 축방향으로 작용한 인장하중에 의하여 인장응력 σ가 발생하였다. 이때 직경의 감소량을 나타내는 식은 다음 중 어느 것인가? (단, E는 종탄성계수, m은 프와송 수이다)

① $\dfrac{e\sigma}{md}$　　② $\dfrac{m\sigma}{dE}$
③ $\dfrac{d\sigma}{mE}$　　④ $\dfrac{md}{E\sigma}$

Answer 04 ④ 05 ① 06 ② 07 ③

08 노치(Notch)가 있는 봉이 인장응력을 받을 때, 노치부의 최대 응력이 58.86 [MPa]이었고, 노치부의 공칭응력이 23.544[MPa]이었다면 응력집중계수 a_k는 얼마인가?

① 1.5 ② 2.5 ③ 3.5 ④ 4.5

Solution
$$a_k = \frac{\sigma_{max}}{\sigma_{mean}} = \frac{58.86}{23.544} = 2.5$$

09 내경이 20[cm], 두께 5[mm]의 얇은 원통에 내압 0.98[MPa]이 작용할 때 축방향 응력 σ_z과 원둘레방향의 응력 σ_t는 몇 [MPa]인가?

① σ_t=19.6[MPa], σ_z=9.8[MPa]
② σ_t=9.8[MPa], σ_z=19.6[MPa]
③ σ_t=19.6[MPa], σ_z=39.2[MPa]
④ σ_t=39.2[MPa], σ_z=19.6[MPa]

Solution
$$\sigma_t = \frac{PD}{2t} = \frac{0.98 \times 10^6 \times 0.2}{2 \times 0.005} = 19.6 \times 10^6 \,[\text{N/m}^2]$$
$$\sigma_z = \frac{PD}{4t} = \frac{\sigma_t}{2} = 9.8 \times 10^6 \,[\text{N/m}^2]$$

10 길이 20[cm], 한 변의 길이 4[cm]인 정사각형 단면의 봉에 78.55[kN]의 압축하중이 작용할 때 체적의 변화량은? (단, 프와송비 $\mu = \frac{1}{m} = \frac{1}{4}$, 탄성계수 $E = 196.2[\text{GPa}]$이다.)

① 0.4[cm³]
② 0.04[cm³]
③ 0.004[cm³]
④ 0.0004[cm³]

Solution 체적변화량을 계산할 때 종탄성계수 E=196.2[GPa]로 계산할 것.
$$\varepsilon_V = \frac{\Delta V}{V} = \varepsilon(1-2\mu) = \frac{P}{AE}(1-2\mu)$$
$$\Delta V = \frac{PL}{E}(1-2\mu)$$
$$\Delta V = \frac{78.5 \times 10^3 \times 0.2}{196.2 \times 10^9} \times \left(1 - 2 \times \frac{1}{4}\right) = 0.4 \times 10^{-7}\,[\text{m}^3] = 0.04\,[\text{cm}^3]$$

11 직경 2[cm]의 연강봉에 78.5[kN]의 인장하중을 가하면 어느 정도로 봉이 가늘게 되겠는가?
(단, 프와송비 $\frac{1}{m} = \frac{1}{3}$, E=196.2[GPa]이다.)

① 1.15[cm]
② 1.915[cm]
③ 1.9915[cm]
④ 1.99915[cm]

Solution
$$d' = d - \delta = d - \frac{d\sigma}{mE} = d \times \left(1 - \frac{P}{mEA}\right)$$
$$d' = 0.02 \times \left(1 - \frac{4 \times 78.5 \times 10^3}{3 \times 196.2 \times 10^9 \times \pi \times 0.02^2}\right) = 0.0199915\,[\text{m}] = 1.99915\,[\text{cm}]$$

Answer 08 ②　09 ①　10 ②　11 ④

12 축방향의 단면에 균일한 인장응력 $\sigma=98.1[\text{MPa}]$이 작용하고 있다. 이때의 체적변형률 ε_V는? (단, 프와송비 $\mu=\dfrac{1}{m}=\dfrac{1}{3}$, 탄성계수 $E=196.2[\text{GPa}]$이다.)

① 0.167
② 0.0167
③ 0.00167
④ 0.000167

Solution
$$\varepsilon_V = \varepsilon(1-2\mu) = \dfrac{\sigma}{E}(1-2\mu)$$
$$\varepsilon_V = \dfrac{98.1\times 10^6}{196.2\times 10^9}\times\left(1-2\times\dfrac{1}{3}\right) = 1.67\times 10^{-4}$$

13 그림과 같은 단붙임 둥근봉 끝에 하중 P가 작용하고 있을 때, A부와 B부에 발생하는 인장응력의 비율 의 값은 얼마인가? (단, A, B 봉의 직경의 비 $d_1:d_2=4:3$이고, 봉의 자중은 무시한다.)

① $\dfrac{3}{4}$

② $\dfrac{3}{2}$

③ $\dfrac{9}{16}$

④ $\dfrac{8}{32}$

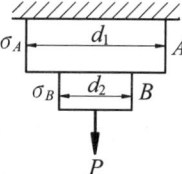

Solution
$$\sigma_A = \dfrac{4P}{\pi d_1^2},\quad \sigma_B = \dfrac{4P}{\pi d_2^2}$$
$$\dfrac{\sigma_A}{\sigma_B} = \dfrac{d_2^2}{d_1^2} = \dfrac{9}{16}$$

14 직경이 $d=3[\text{cm}]$의 재료가 $P=250[\text{kN}]$의 전단하중을 받아서 0.00075의 전단 변형을 발생시켰다. 이 때 재료의 횡탄성계수는 몇 [GPa]인가?

① 877[GPa]
② 977[GPa]
③ 472[GPa]
④ 572[GPa]

Solution
$$\tau = G\cdot\rho$$
$$G = \dfrac{4\times 250\times 10^3}{0.00075\times\pi\times 0.03^2} = 471.57[\text{GPa}]$$

Answer 12 ④ 13 ③ 14 ③

15 단면적이 10[cm²]인 둥근봉이 45[kN]의 압축하중을 받을 때 단면적의 변화량은 얼마인가?

(단, $\mu = \dfrac{1}{m} = 0.25$, 종탄성계수 $E = 200[\text{GPa}]$이다.)

① 0.007525[cm²] 감소 ② 0.007525[cm²] 증가
③ 0.001125[cm²] 감소 ④ 0.001125[cm²] 증가

Solution
$$\varepsilon_A = \frac{\Delta A}{A} = 2\mu\varepsilon = 2\mu\frac{\sigma}{E} = 2\mu\frac{P}{AE}$$
$$\Delta A = 2\mu\frac{P}{E} = 2\times 0.25\times \frac{45\times 10^3}{200\times 10^9} = 0.001125\times 10^{-4}\,[\text{m}^2]$$

16 강선을 자중하에 연직하게 매달려고 할 때, 재료의 비중량 $\rho = 78.4[\text{kN/m}^3]$, 허용인장응력 $\sigma_a = 117.6[\text{MPa}]$이라 하면 얼마나 긴 강선을 매달 수 있는가?

① 1700[m] ② 1500[m]
③ 170[m]   ④ 150[m]

Solution
$\sigma_a = \rho \cdot L$
$117.6\times 10^6 = 78.4\times 10^3 \times L$
$L = 1500[\text{m}]$

17 비중량 ρ, 길이 L, 탄성계수 E인 원추형의 봉이 그림과 같이 연직으로 매달려 있을 때, 자중으로 인한 신장량은?

① $\dfrac{\rho^2}{2E}$

② 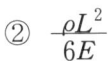 $\dfrac{\rho L^2}{6E}$

③ $\dfrac{\rho L^2}{5E}$

④ $\dfrac{\rho L^2}{8}$

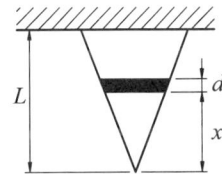

Solution 원통형 봉에서 자중에 의한 신장량 : $\delta = \dfrac{\rho L^2}{2E}$

원추형 봉에서 자중에 의한 신장량 : $\delta = \dfrac{\rho L^2}{2E}\times \dfrac{1}{3} = \dfrac{\rho L^2}{6E}$

Answer 15 ④ 16 ② 17 ②

18 직경 4[cm]인 연강봉의 양단을 20[℃]인 상태에서 벽에 고정하고 가열 후의 온도 40[℃]가 되게 하였다. 연강봉에 발생하는 열응력과 벽에 미치는 힘을 구하면? (단, 선팽창계수 $\alpha=12\times10^{-6}$[/℃], 종탄성계수 $E=210$[GPa]이다.)

① 50.4[MPa], 63.3[kN]　　② 40.5[MPa], 63.3[kN]
③ 50.4[MPa], 36.3[kN]　　④ 40.5[MPa], 36.3[kN]

Solution
$\sigma = E\varepsilon = E\alpha\Delta t = 210\times10^9\times12\times10^{-6}\times20 = 50.4\times10^6 \,[\text{N/m}^2]$
$P = \sigma A = 50.4\times10^6\times\dfrac{\pi}{4}\times0.04^2 = 63.33\,[\text{kN}]$

19 길이 12[cm], 직경 4[cm]의 압축재에 83[N]의 물체를 30[cm] 높이에서 낙하시킬 때 생기는 길이의 줄음은 얼마인가? (단, 탄성계수 $E=210$[GPa]이다.)

① 0.031[cm]　　② 0.024[cm]
③ 0.015[cm]　　④ 0.011[cm]

Solution
$\sigma_0 = \dfrac{W}{A} = \dfrac{4\times83}{\pi\times0.04^2} = 66.05\,[\text{kPa}]$
$\delta_0 = \sigma_0\dfrac{L}{E} = 66.05\times10^3\times\dfrac{0.12}{210\times10^9} = 0.37\times10^{-7}\,[\text{m}]$
$\delta = \delta_o\left(1+\sqrt{1+\dfrac{2h}{\delta_o}}\right) = 0.37\times10^{-7}\times\left(1+\sqrt{1+\dfrac{2\times0.3}{0.37\times10^{-7}}}\right) = 0.00015\,[\text{m}]$

20 직경 5[cm], 길이 2[m]의 영강봉에 98[kN]의 인장하중이 급속하게 가해질 때 생기는 응력은 몇 [MPa]인가?

① 12.62　　② 24.72
③ 45.41　　④ 99.82

Solution
$\sigma = 2\sigma_0 = 2\times\dfrac{4\times98\times10^3}{\pi\times0.05^2} = 99.82\times10^6\,[\text{N/m}^2]$

21 프와송의 비(Poisson's ratio)의 설명이 아닌 것은?

① 항상 $\dfrac{1}{2}$ 보다 작다.
② 가로 변형률을 세로 변형률로 나눈 값이다.
③ 가로 변형량에 비례하고 세로 변형량에 반비례한다.
④ 프와송 수가 클수록 크다.

Solution
$\mu = \dfrac{\varepsilon'}{\varepsilon} = \dfrac{1}{m}$
$\varepsilon_V = \varepsilon(1-2\mu) \to \mu < \dfrac{1}{2},\ \varepsilon_V > 0$

Answer　18 ①　19 ③　20 ④　21 ④

22 원통형 보일러에서 과대한 압력으로 보일러 동판이 터진다면 균열의 방향은 어느 방향이 되기 쉬운가?

① 원주와 45°방향
② 어느쪽이나 같은 확률
③ 길이와 평행한 방향
④ 원주와 평행한 방향

Solution $\sigma_1 > \sigma_2$ 이므로 원주방향의 응력에 의해서 파괴된다.

23 탄성한도 내에서 인장하중을 받는 봉에 발생하는 직경이 2배가되면 단위체적당 저장되는 탄성 에너지는 몇 배가 되는가?

① 1/4배
② 1/2배
③ 2배
④ 1/16배

Solution
$$u_1 = \frac{\sigma^2}{2E} = \frac{P^2}{2EA^2} = \frac{P^2}{2E\left(\frac{\pi d^2}{4}\right)^2}$$

$$u_2 = \frac{\sigma^2}{2E} = \frac{P^2}{2E\left(\frac{\pi (2d)^2}{4}\right)^2} = \frac{1}{16} u_1$$

24 다음은 최대 탄성 에너지를 설명한 것이다. 잘못 설명한 것은?

① 탄성한계까지 변형되었을 때 재료에 축적된 탄성 에너지이다.
② 최대 탄성 에너지가 클수록 재료는 충격력에 강하다.
③ 세로 탄성계수가 적을수록 최대 탄성 에너지는 크다.
④ 탄성한도가 작을수록 최대 탄성 에너지는 크다.

Solution $u = \frac{U}{V} = \frac{\sigma^2}{2E}$
최대 탄성 에너지는 탄성한도 제곱에 비례한다.

25 다음은 탄성을 설명하였다. 옳은 것은?

① 물체의 변형률을 표시하는 것
② 물체에 가해진 외력이 제거되는 동시에 원형으로 되돌아가려는 성질
③ 물체에 영구변형을 일으키려는 성질
④ 물체에 작용하는 외력의 크기

Solution 물체가 외력을 받으면 변형하게 된다. 이 변형이 외력이 제거됨과 동시에 사라지는 기계적 성질을 탄성이라 하고 사라지지 않고 남아있는 경우를 소성이라 한다.

Answer 22 ③ 23 ④ 24 ④ 25 ②

26 그림과 같은 단붙임 원축에서 $d_1 : d_2 = 3 : 2$ 라 하면 d_1 면에 생기는 응력 σ_1 과 d_2 면에 생기는 σ_2 의 비는 다음 중 어느 것인가?

① 2 : 7
② 1 : 5
③ 3 : 8
④ 4 : 9

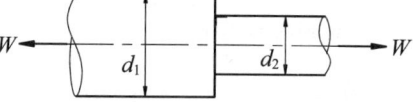

Solution
$\sigma_1 = \dfrac{4W}{\pi d_1^2}$, $\sigma_2 = \dfrac{4W}{\pi d_2^2}$

$\dfrac{\sigma_1}{\sigma_2} = \dfrac{d_2^2}{d_1^2}$

$\sigma_1 : \sigma_2 = d_2^2 : d_1^2 = 4 : 9$

27 직경 20[mm]인 원형단면 축에 온도를 20[℃] 상승시켰다면 온도변화에 따르는 변형률은 얼마인가? (단, 선팽창계수는 6.5×10^{-6}[℃]이다.)

① 1.3×10^{-4}　　② 2.6×10^{-4}
③ 3.9×10^{-4}　　④ 5.2×10^{-4}

Solution $\varepsilon = \alpha \cdot \Delta t = 6.5 \times 10^{-6} \times 20 = 1.3 \times 10^{-4}$

28 다음 중 프와송비(μ)가 옳게 표현된 것은?

① $\mu = \dfrac{d' - d}{L' - L}$

② $\mu = \dfrac{L(d' - d)}{d(L' - L)}$

③ $\mu = \dfrac{L' - d'}{L - d}$

④ $\mu = \dfrac{d(L' - L)}{L(d' - d)}$

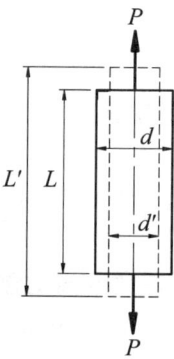

Solution $\mu = \dfrac{\varepsilon'}{\varepsilon} = \dfrac{(d' - d)L}{d(L' - L)}$

Answer 26 ④　27 ①　28 ②

29 그림과 같이 정삼각형 형태의 트러스가 길이 l인 두 개의 봉으로 조립되어 절점 A에서 수직하중 P를 받고 있다. 이 두봉의 탄성계수는 E, 단면적은 A로 일정하다면 A점의 수직변위 δ는?

① $\delta = \dfrac{Pl}{2AE}$

② $\delta = \dfrac{Pl}{AE}$

③ $\delta = \dfrac{2Pl}{AE}$

④ $\delta = \dfrac{3Pl}{AE}$

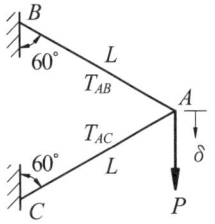

Solution $T_{AB} = P, \quad T_{AC} = P$

$\delta_{AB} = \dfrac{T_{AB}L}{AE} = \dfrac{PL}{AE}$

$\delta_{AC} = \dfrac{T_{AC}L}{AE} = \dfrac{PL}{AE}$

$\delta = \dfrac{\delta_{AC}}{\cos 60°} = \dfrac{\delta_{AB}}{\cos 60°} = \dfrac{2PL}{AE}$

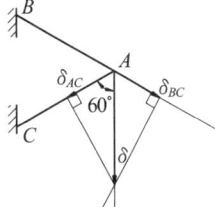

30 탄성계수 $E = 196[\text{GPa}]$, 선팽창계수 $\alpha = 11 \times 10^{-6}[\text{℃}]$인 철도 레일을 15[℃]에서 양단을 고정하였다. 발생응력을 83.3[MPa]로 제한하려 할 때, 열응력에 의한 온도 변화의 허용범위는 다음 중 어느 것인가?

① $-10.2° \sim 50.2°$　　② $20.2° \sim 30.2°$

③ $-23.64° \sim 53.64°$　　④ $-20.2° \sim 30.5°$

Solution $\sigma = E\varepsilon = E \cdot \alpha \Delta t$

$196 \times 10^9 \times 11 \times 10^{-6} \times (t_2 - 15) = 83.3 \times 10^6$

① 가열일 때 : $t_2 = 53.64[\text{℃}]$
② 냉각일 때 : $t_2 = -23.64[\text{℃}]$
$\Delta t = 38.64[\text{℃}]$

31 길이가 L이고 단면적이 A인 봉의 상단은 고정되어 있고 하단에는 P의 하중이 작용하고 있을 때, 자중이 W이고 탄성계수가 E라면 신장을 구하는 식은?

① $\dfrac{L}{AE}(P + W/2)$

② $\dfrac{1}{E}(PL/A + W/2A)$

③ $\dfrac{P}{AE}(1 + W/2)$

④ $\dfrac{1}{E}(PL/A + W/2)$

Solution $\delta = \dfrac{PL}{AE} + \dfrac{\rho L^2}{2E} = \dfrac{PL}{AE} + \dfrac{WL}{2EA} = \dfrac{L}{AE}\left(P + \dfrac{W}{2}\right)$

여기서, ρ는 비중량이다.

$\rho = \dfrac{W}{AL} \; [\text{N/m}^3]$

Answer 29 ③　30 ③　31 ①

32 길이 L, 단면적 A인 무게의 막대를 상단을 고정하여 달아맬 때, 그 내부에 저장되는 단위체적당 변형 에너지를 나타내는 식은? (단, γ은 재료의 비중량, E는 탄성계수, σ는 응력이다.)

① $\dfrac{\gamma^2 L^2}{2E}$ ② $\dfrac{\gamma^2 L^2}{6E}$

③ $\dfrac{\sigma^2}{2E}$ ④ $\dfrac{\sigma^2}{6E}$

Solution
$$U = \int_0^L \frac{1}{2}(\gamma A x) \cdot \frac{\gamma x}{E} dx = \frac{\gamma^2 A}{2E} \int_0^L x^2 dx = \frac{\gamma^2 A L^3}{6E}$$
$$u = \frac{U}{V} = \frac{\gamma^2 L^2}{6E}$$

33 직경 D인 두께가 얇은 링을 수평면 내에서 회전시킬 때 링에 생기는 인장응력을 나타내는 식은 어느 것인가? (단, 링의 단위 길이에 대한 무게를 W, 링의 원주속도를 V, 링의 단면적을 A, 중력가속도를 g라 한다.)

① $\dfrac{WV^2}{DAg}$ ② $\dfrac{WV^2}{Ag}$

③ $\dfrac{WV^2}{Dg}$ ④ $\dfrac{W^2 V}{DAg}$

Solution
$$\sigma_t = \frac{\gamma V^2}{g} = \frac{WV^2}{Ag}, \quad \gamma = \frac{\omega}{A}$$

34 강의 기계적 성질은 탄소량이 증가함에 따라 변화하는데 감소하는 것은 다음 중 어느 것인가?

① 변형률   ② 강도
③ 인장강도   ④ 경도

35 어떤 봉이 인장력 P를 받아서 세로변형률 ε이 0.02가 되었다. 이 봉의 세로탄성계수가 196[GPa]이라면 가로변형률 ε'는? (단, 이 재료의 프와송 수는 3이다.)

① 0.0067   ② 0.0047
③ 0.0078   ④ 0.002

Solution
$$\mu = \frac{1}{m} = \frac{\varepsilon'}{\varepsilon}$$
$$\varepsilon' = \frac{\varepsilon}{m} = \frac{0.02}{3} = 0.0067$$

Answer 32 ②   33 ②   34 ①   35 ①

36 다음 설명 중 틀린 것은?

① 프와송의 비는 가로변형률을 세로변형률로 나눈 값이다.
② 횡탄성계수는 전단응력을 전단변형률로 나눈 값이다.
③ 안전율은 극한 강도를 허용응력으로 나눈 값이다.
④ 열응력은 변형률을 세로탄성계수로 나눈 값이다.

37 단면적 50[cm²]의 연강봉의 온도 변화량이 20[℃]가 되어도 길이가 변하지 않도록 하기 위하여 245[kN]의 힘이 필요하다. 이 재료의 선팽창계수 α의 값은 얼마 정도가 되겠는가? (단, E=196[GPa]이다.)

① 0.8×10^{-5}[/℃]   ② 1.19×10^{-5}[/℃]
③ 1.25×10^{-5}[/℃] ④ 1.9×10^{-5}[/℃]

Solution
$$\sigma = \frac{P}{A} = E\alpha \Delta t$$
$$\frac{245 \times 10^3}{50 \times 10^{-4}} = 196 \times 10^9 \times \alpha \times 20, \quad \alpha = 1.25 \times 10^{-5}[/℃]$$

38 최대 탄성 에너지에 대한 설명이다. 옳은 것은?

① 최대 탄성 에너지가 클수록 재료는 피로에 대하여 강하다.
② 최대 탄성 에너지가 클수록 재료는 충격에 대하여 강하다.
③ 최대 탄성 에너지가 클수록 재료는 편심이 크다.
④ 최대 탄성 에너지가 클수록 탄성계수가 크다.

39 둥근봉을 압축하였더니 길이가 20[cm]로 되었다. 변형율이 0.006일 때 변형전의 길이는 얼마인가?

① 20.14[cm]   ② 20.05[cm]
③ 20.52[cm]   ④ 20.12[cm]

Solution
$$\varepsilon = \frac{L' - L}{L} = \frac{L'}{L} - 1$$
$L = \frac{L'}{1 - \varepsilon}$, 압축하중이 작용하고 있으므로
$$L = \frac{20}{1 - 0.006} = 20.12 \, [cm]$$

Answer 36 ④ 37 ③ 38 ② 39 ④

40 내압 30[kg/cm²], 내경 100[cm]의 보일러의 원통판의 두께는 몇 [mm]인가? (단, 재료의 허용응력을 88.2[MPa]이고 이음 효율은 70[%]라 한다.)

① 32　　　② 24
③ 16　　　④ 8

Solution
$$t = \frac{Pd}{2\sigma_a \eta} = \frac{30 \times 9.8 \times 10^4 \times 1}{2 \times 88.2 \times 10^6 \times 0.7} = 0.024[m] = 24[mm]$$

41 두께 1[cm]의 정사각형 판이 X축 방향의 인장응력 $\sigma_x = 0.14$[GPa]과 Y축 방향의 압축응력 $\sigma_y = -0.14$[GPa]를 받고 있다. 이 판의 부피의 변화량은?

① 0.1　　　② 0
③ -0.2　　　④ 0.2

Solution 2축응력에 의한 변화이며 등방성 재질이라 보면 전체 체적변화량은 0이다.

42 탄성 에너지에 대한 다음 설명 중 맞는 것은?
① 응력의 제곱에 비례하고 탄성계수에 반비례한다.
② 응력의 3제곱에 비례하고 탄성계수에 비례한다.
③ 응력에 비례하고 탄성계수에도 비례한다.
④ 응력에 반비례하고 탄성계수에 비례한다.

Solution
$$U = \frac{P\delta}{2}, \quad u = \frac{U}{V} = \frac{\sigma^2}{2E} = \frac{P^2}{2EA^2}$$

43 상단이 고정된 원추형체의 단위체적에 대한 중량을 γ라고 하고 원뿔의 밑면의 직경이 d, 높이가 L일 때, 이 재료의 최대 인장응력을 나타낸 식은 어느 것인가?

① $\sigma_{max} = \gamma L$

② $\sigma_{max} = \frac{1}{2} \gamma L$

③ $\sigma_{max} = \frac{1}{3} \gamma L$

④ $\sigma_{max} = \frac{1}{4} \gamma L$

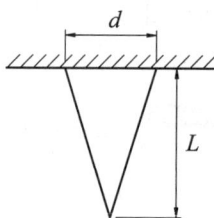

Answer　40 ②　41 ②　42 ①　43 ③

44 고무는 변형 중에 체적 변화 없는 재료이다. 이 재료의 프와송비는 어느 값에 가장 가까운가?

① 0 ② 0.3 ③ 0.5 ④ 1.0

Solution
$\varepsilon_V = \varepsilon(1-2\mu)$
$1-2\mu = 0$
$\mu = \dfrac{1}{2}$

45 직경 2.5[cm]의 원형단면 강봉의 인장 변형률이 0.7×10^{-3}일 때, 이 재료의 걸린 인장력은 약 몇 [kN]인가? (단, 종탄성계수는 $E=210$[GPa]이다.)

① 56.34 ② 63.23 ③ 72.16 ④ 87.98

Solution
$\delta = \dfrac{PL}{AE} = \varepsilon L$

$\dfrac{P}{\dfrac{\pi}{4} \times 0.025^2 \times 210 \times 10^9} = 0.7 \times 10^{-3}$

$P = 72.16 \times 10^3\,[N] = 72.16\,[kN]$

46 그림과 같은 봉재의 단면적 $A=1.5[cm^2]$인 균일 단면의 황동봉이 $P=10$[kg], $Q=5$[kg]의 하중을 받을 때 이 봉의 전신장량을 구하면? (단, 재료탄성계수 $E=90$[GPa]이고, $L_1=L_2=20$[cm]이다.)

① $\delta = 0.037 \times 10^{-2}$[cm]
② $\delta = 0.047 \times 10^{-2}$[cm]
③ $\delta = 0.42 \times 10^{-2}$[cm]
④ $\delta = 0.42 \times 10^{-2}$[mm]

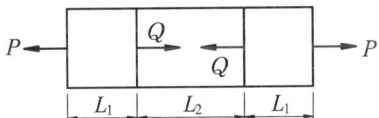

Solution
$\delta = \dfrac{PL_1}{AE} + \dfrac{(P-Q)L_2}{AE} + \dfrac{PL_1}{AE}$

$= \dfrac{10 \times 9.8 \times 0.2 + (10-5) \times 9.8 \times 0.2 + 10 \times 9.8 \times 0.2}{1.5 \times 10^{-4} \times 90 \times 10^9} = 0.037 \times 10^{-2}\,[cm]$

47 고무의 종탄성계수는 $E=2.1$[MPa]이고, 프와송의 비(Poisson's Ratio)는 $\mu=0.5$이다. 이 고무 재료의 전단탄성계수 G의 값은 몇 [MPa]인가?

① 0.35 ② 0.7 ③ 0.8 ④ 0.96

Solution
$G = \dfrac{E}{2(1+\mu)} = \dfrac{2.1}{2 \times (1+0.5)} = 0.7\,[MPa]$

Answer 44 ③ 45 ③ 46 ① 47 ②

48 그림과 같은 볼트에 축하중 Q가 작용할 때 볼트 머리부의 높이 H는 볼트 직경의 몇 배가 되어야 하는가? (단, 볼트 머리부의 전단응력은 볼트축에 작용하는 인장응력의 1/2배까지 허용한다.)

① 1/4배
② 3/5배
③ 3/8배
④ 1/2배

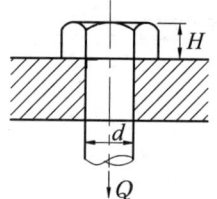

Solution
$\sigma_a = \dfrac{Q}{A} = \dfrac{4Q}{\pi d^2}$, $\tau_a = \dfrac{Q}{\pi dH}$

$\tau_a = \dfrac{1}{2}\sigma_a$; $\dfrac{Q}{\pi dH} = \dfrac{1}{2}\dfrac{4Q}{\pi d^2}$

$H = \dfrac{d}{2}$

49 원뿔대 형태의 주춧돌을 비중량 7500[N/m³]의 콘크리트로 만들었다. 주춧돌에서 바닥으로부터 높이 1[m]되는 부분에 작용되는 수직응력은 몇 [kPa]인가?

① 5.8
② 8.5
③ 9.6
④ 19.2

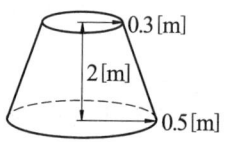

Solution
① 원뿔의 꼭지점에서 반경 0.3[m]까지의 높이를 구하면
$(x+2) : 0.5 = x : 0.3$, $x = 3[m]$
② 바닥에서 1[m]되는 부분의 자중을 구하여야 한다.
$V = \pi \times 0.4^2 \times 4 \times \dfrac{1}{3} - \pi \times 0.3^2 \times 3 \times \dfrac{1}{3} = 0.39[m^3]$
$W = \gamma V = 7500 \times 0.39 = 2925[N]$
$\sigma = \dfrac{W}{A} = \dfrac{4 \times 2925}{\pi \times 0.8^2} = 5.82[kN/m^2]$

50 그림과 같이 탄성 막대 끝에 매달려 있는 스프링에 하중 10[kN]이 작용할 때, 이 시스템 전체에 저장되는 탄성 변형 에너지는? (단, 막대의 단면적은 2[cm²], 탄성계수는 10[GPa], 길이는 0.5[m]이고 스프링의 스프링 상수는 500[kN/m]이다.)

① 37.5[N·m]
② 88.5[N·m]
③ 112.5[N·m]
④ 153.5[N·m]

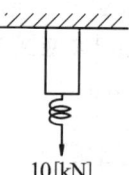

Answer 48 ④ 49 ① 50 ③

Solution ① 봉의 탄성 에너지

$$U = \frac{1}{2}P\delta = \frac{1}{2} \times 10^4 \times \frac{10^4 \times 0.5}{2 \times 10^{-4} \times 10 \times 10^9} = 12.5\,[\text{Nm}]$$

② 스프링의 탄성 에너지

$$U = \frac{1}{2}P\delta = \frac{1}{2} \times 10^4 \times \frac{10^4}{500 \times 10^3} = 100\,[\text{Nm}]$$

③ $U = 12.5 + 100 = 112.5\,[\text{Nm}]$

51 원래 크기가 $a \times 2a$ 인 얇은판에 그림과 같은 균일한 분포력이 작용할 때 AB의 길이는 얼마가 되겠는가? (단, 재료의 탄성계수 E, 프와송 비 ν이다.)

① $a(1-\nu)\dfrac{\sigma}{E}$

② $a\left(1 - \dfrac{1+\nu}{E}\sigma\right)$

③ $a\left(1 - \dfrac{2\nu\sigma}{E}\right)$

④ $a\left(1 - \dfrac{1-\nu}{E}\sigma\right)$

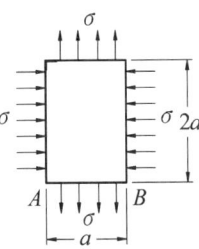

Solution $E_x = \dfrac{\sigma_x}{E} - \nu\dfrac{\sigma_y}{E} = -\dfrac{\sigma}{E}(1+\nu) = \dfrac{a'-a}{a}$, $a' = a\left[1 - \dfrac{\sigma}{E}(1+\nu)\right]$

여기서, ν는 프와송의 비이다.

52 직경 10[cm]인 연강봉(탄성계수 $E_s = 210\,[\text{GPa}]$)이 외경 11[cm], 내경 10[cm]인 구리관(탄성계수 $E_c = 150\,[\text{GPa}]$) 사이에 끼워져 있다. 양단에서 강체 평판으로 10[kN]의 압축하중을 가할 때 연강봉과 구리관에 생기는 응력비 σ_s/σ_c의 값은?

① 5/6
② 5/7
③ 6/5
④ 7/5

Solution $\sigma_s = \dfrac{E_s P}{A_s E_s + A_c E_c}$, $\sigma_c = \dfrac{E_c P}{A_s E_s + A_c E_c}$

$\dfrac{\sigma_s}{\sigma_c} = \dfrac{E_s}{E_c} = \dfrac{210}{150} = \dfrac{7}{5}$

Answer 51 ② 52 ④

53 입방체가 그 표면에 외부로부터 균일한 압력 P를 받고 있을 때, 체적변화율을 표현한 식은? (단, μ는 프와송비, E는 탄성계수이다.)

① $\dfrac{-3(1-\mu)P}{2E}$ ② $\dfrac{-2(1-2\mu)P}{E}$

③ $\dfrac{-3(1-2\mu)P}{E}$ ④ $\dfrac{-3(1-\mu)P}{E}$

Solution
$\varepsilon = \dfrac{\sigma}{E}(1-2\mu)$

$\varepsilon_V = -3\varepsilon = -\dfrac{3\sigma}{E}(1-2\mu)$

응력 σ를 균일 압력 P로 보면 체적변형률을 다음과 같다.

$\varepsilon_V = -\dfrac{3P}{E}(1-2\mu)$

54 중공(中空)의 강 실린더 안에 구리 원통이 들어있고 높이는 500[mm]로 동일하다. 강 실린더의 단면적은 2000[mm²]이고, 구리 원통의 단면적은 5000[mm²]이다. 구리원통이 모든 하중을 받게 하기 위해 필요한 온도상승은 최소 몇 [℃]인가? (단, 하중은 200[kN]이며, 하중을 받는 판은 변형하지 않는다. 구리 $E=120[\text{GN/m}^2]$, $\alpha=20\times10^{-6}[/℃]$, 철 $E=200[\text{GN/m}^2]$, $\alpha=12\times10^{-6}[/℃]$이다.)

① 38
② 40
③ 42
④ 45

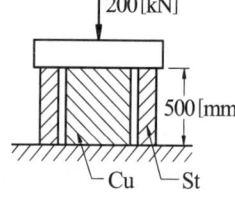

Solution 구리가 철보다 연하므로 신장량이 크다.
$\varepsilon = (\alpha_{cu} - \alpha_{st})\Delta t = \dfrac{\delta}{L}$

$\sigma_{cu} = \dfrac{P}{A_{cu}} = E_{cu}(\alpha_{cu} - \alpha_{st})\Delta t$

$\dfrac{200\times10^3}{5000\times10^{-6}} = 120\times10^9 \times (20-12)\times10^{-6}\times\Delta t$

$\Delta t = 41.67[℃]$

55 그림과 같이 두 가지 재료로 된 봉이 하중 P를 받으면서 강체로 된 보를 수평으로 유지시키고 있다. 강봉에 작용하는 응력이 150[MPa]일 때 알루미늄봉에 작용하는 응력은 몇 [MPa]인가? (단, 강과 알루미늄의 탄성계수의 비 $E_s/E_a = 3$이다.)

① 555
② 875
③ 70
④ 270

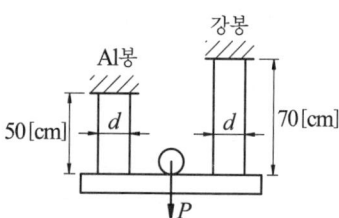

Answer 53 ③ 54 ③ 55 ③

Solution

$$\delta_a = \sigma_a \frac{L_a}{E_a}, \quad \delta_s = \sigma_s \frac{L_s}{E_s}$$

$$\delta_a = \delta_s$$

$$\sigma_a \frac{L_a}{E_a} = \sigma_s \frac{L_s}{E_s}$$

$$\sigma_a \times 0.5 = 150 \times \frac{0.7}{3}, \quad \sigma_a = 70\,[\text{MPa}]$$

56 그림의 구조물이 하중 P를 받을 때, 구조물 속에 저장되는 탄성 에너지는? (단, 단면적 A, 탄성계수 E는 모두 같다.)

① $\dfrac{P^2 h}{4AE}(1+\sqrt{3})$

② $\dfrac{\sqrt{3}P^2 h}{2AE}$

③ $\dfrac{P^2 h}{4AE}$

④ $\dfrac{\sqrt{3}P^2 h}{4AE}$

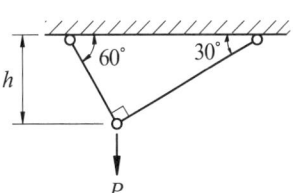

Solution

$$\frac{P}{\sin 90°} = \frac{F_1}{\sin 120°} = \frac{F_2}{\sin 150°}$$

$$F_1 = \frac{\sqrt{3}P}{2}, \quad F_2 = \frac{P}{2}$$

$$L_1 = \frac{2h}{\sqrt{3}}, \quad L_2 = 2h$$

$$\delta_1 = \frac{F_1 L_1}{AE}\sin 60° = \frac{\sqrt{3}Ph}{2AE}$$

$$\delta_2 = \frac{F_2 L_2}{AE}\sin 30° = \frac{Ph}{2AE}$$

$$U = \frac{1}{2}P\delta = \frac{1}{2}P(\delta_1 + \delta_2) = \frac{P^2 h(1+\sqrt{3})}{4AE}$$

57 그림과 같이 하중 P가 작용할 때 스프링의 변위 δ는? (이 때, 스프링 상수는 k이다.)

① $\delta = \dfrac{(a+b)}{bk}P$

② $\delta = \dfrac{(a+b)}{ak}P$

③ $\delta = \dfrac{ak}{(a+b)}P$

④ $\delta = \dfrac{bk}{(a+b)}P$

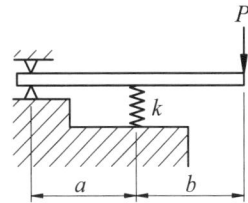

Solution

$$P(a+b) = Wa = k\delta a$$

$$\delta = \frac{P(a+b)}{ak}$$

Answer 56 ① 57 ②

58 그림과 같이 수평 강체봉 AB의 일단을 연직벽에 힌지로 연결하고 죄임봉 CD로 매단 구조물이 있다. 죄임봉의 단면적은 1[cm²]이고 허용인장응력이 100[MPa]이고 탄성계수가 200[GPa]일 때 B단의 최대 안전하중은 몇 [kN]인가?

① 3
② 3.75
③ 6
④ 8.33

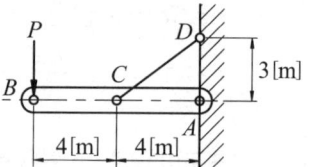

Solution
$\sum M_A = 0$; $P \times 8 = \sigma \cdot A \sin \alpha \times 4$
$\alpha = \tan^{-1}\left(\dfrac{3}{4}\right) = 36.87°$
$P \times 8 = (100 \times 10^6 \times 1 \times 10^{-4}) \times \sin 36.87 \times 4$
$P = 3000 \ [N] = 3 \ [kN]$

59 강체로 된 봉 CD가 그림과 같이 같은 단면적, 같은 재료로 된 케이블 ①, ②와 C점에서 힌지로 지지되어 있다. 힘 P에 의해 케이블 ①에 발생하는 응력(σ_1)은 어떻게 표현되는가?
(단, A는 케이블의 단면적이며 자중은 무시하고, a는 각 지점간의 거리이고 케이블 ①, ②의 길이 ℓ은 같다.)

① $\dfrac{2P}{3A}$
② $\dfrac{P}{3A}$
③ $\dfrac{4P}{5A}$
④ $\dfrac{P}{5A}$

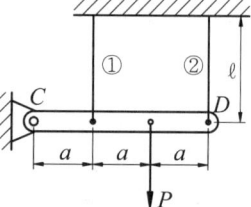

Solution
$M_C = 0$
$P \cdot 2a = P_1 \cdot a + 3P_2 \cdot a = \sigma_1 \cdot A \cdot a + 3\sigma_2 \cdot A \cdot a$

$\sigma = E \cdot \varepsilon$을 적용시키면 $\dfrac{\sigma_1}{\delta_1} = \dfrac{\sigma_2}{\delta_2}$이고

$a : \delta_1 = 3a : \delta_2$에서 $\delta_2 = 3\delta_1$이다.

그러므로 $\sigma_1 = \dfrac{\sigma_2}{3}$이다.

$2P = \sigma_1 \cdot A + 9\sigma_1 \cdot A = 10\sigma_1 \cdot A$

$\sigma_1 = \dfrac{P}{5A}$

Answer 58 ① 59 ④

chapter 3 평면도형(平面圖形)의 성질(性質)

1 단면(斷面) 1차 모멘트(면적 모멘트, 1차 관성 모멘트)

단면1차 모멘트(Geometrical Moment)는 도형의 중심을 결정하기 위한 것으로 도형의 중심을 도심(Centroid)이라 하고 도심을 통과하는 축을 중립축, 면을 중립면이라 한다.

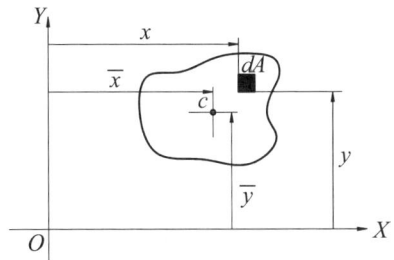

그림3-1 단면 1차 모멘트

(1) X축에 대한 단면1차 모멘트

그림3-1의 X축에서 미소면적 dA까지 거리 y에 1차 면적 적분으로 표현한다.

$$G_x = \int_A y dA = \sum_{i=1}^{n} y_i A_i = \overline{y} A \quad [\text{m}^3, \text{cm}^3] \; ★ \qquad [3\text{-}1]$$

여기서, A는 도형의 전체면적이고 $\overline{y}$는 X축에서 도심까지 수직거리이다.

(2) Y축에 대한 단면1차 모멘트

그림3-1의 Y축에서 미소면적 dA까지 거리 x에 1차 면적 적분으로 표현한다.

$$G_y = \int_A x dA = \sum_{i=1}^{n} x_i A_i = \overline{x} A \; ★ \qquad [3\text{-}2]$$

여기서, $\overline{x}$는 Y축에서 도심까지 수평거리이다.

(3) 도심(圖心)의 위치 ($\overline{x}$, $\overline{y}$)

도심이란 도형의 무게중심을 의미하는 것으로 도심을 지나는 $X-Y$축에 대한 단면 1차 모멘트는 0이다. X축과 Y축으로부터 도심까지의 거리 $\overline{x}$와 $\overline{y}$을 구하면 다음과 같다.

$$\bar{x} = \frac{\sum_{i=1}^{n} x_i A_i}{\sum_{i=1}^{n} A_i} = \frac{x_1 A_1 + x_2 A_2 + \ldots + x_n A_n}{A_1 + A_2 + \ldots + A_n} \;\star\star \qquad [3-3]$$

$$\bar{y} = \frac{\sum_{i=1}^{n} y_i A_i}{\sum_{i=1}^{n} A_i} = \frac{y_1 A_1 + y_2 A_2 + \ldots + y_n A_n}{A_1 + A_2 + \ldots + A_n} \;\star\star \qquad [3-4]$$

2 단면 2차 모멘트(2차 관성 모멘트)

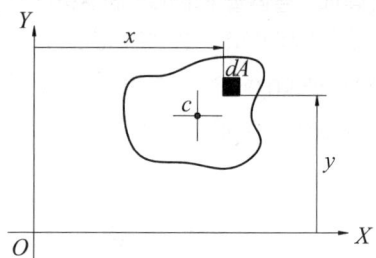

그림3-2 단면 2차 모멘트

단면2차 모멘트(Moment Inertia)와 단면계수(Modulus of Section) 등을 결정하여 재료의 특성과의 반비례 관계로부터 굽힘 모멘트(Bending Moment)를 결정하는데 적용하기 위한 평면도형의 기하학적 특성이다.

단면2차 모멘트는 단면계수를 정의하기 위한 것으로 단면2차 모멘트를 정의하는 표현식과 그림3-3에 주어진 도형들의 도심을 지나는 축에 대한 단면2차 모멘트 값들을 정리하면 아래와 같다.

(1) X축에 대한 단면 2차 모멘트

그림3-2의 X축에서 미소면적 dA까지 거리 y에 제곱의 면적 적분으로 표현된다.

$$I_x = \int_A y^2 dA \;\; [\mathrm{m}^4, \mathrm{cm}^4] \;\star \qquad [3-5]$$

(2) Y축에 대한 단면 2차 모멘트

그림3-2의 Y축에서 미소면적 dA까지 거리 x에 제곱의 면적 적분으로 표현된다.

$$I_y = \int_A x^2 dA \;\; [\mathrm{m}^4, \mathrm{cm}^4] \;\star \qquad [3-6]$$

① 구형단면(구형단면)에서 도심을 지나는 x축과 y축에 대한 단면 2차 모멘트

$$I_{cx} = 2\int_A y^2 dA = 2\int_0^{\frac{h}{2}} y^2 b\, dy = \frac{bh^3}{12} \;\star\star \qquad [3-7]$$

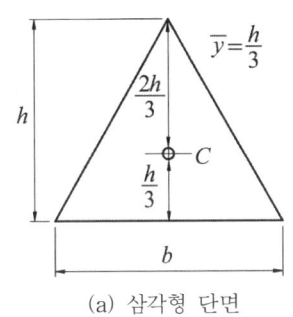
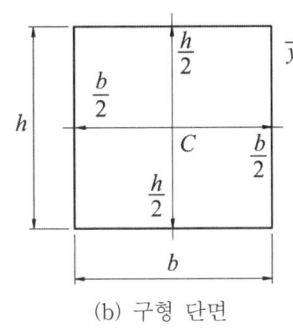
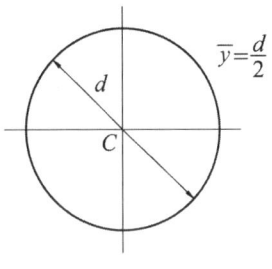

(a) 삼각형 단면　　　　　(b) 구형 단면　　　　　(c) 원형 단면

그림3-3 각 도형의 단면 2차 모멘트

$$I_{cy} = \int_A x^2 dA = 2\int_0^{\frac{b}{2}} x^2 h dx = \frac{b^3 h}{12}$$ [3-8]

② 원형단면에서 도심을 지나는 x축과 y축에 대한 단면 2차 모멘트

$$I_{cx} = 2\int_A y^2 dA = 2\int_0^{\frac{\pi}{2}} 2r^4(\sin\alpha \cdot \cos\alpha)^2 d\alpha = \frac{\pi d^4}{64}$$

$$I_{cx} = I_{cy} = \frac{\pi d^4}{64} \; \bigstar\bigstar\bigstar\bigstar$$ [3-9]

③ 3각형 단면에서 도심을 지나는 x축에 대한 단면 2차 모멘트

$$I_{cx} = \int_A y^2 dA = \frac{bh^3}{36} \; \bigstar\bigstar\bigstar$$ [3-10]

3 단면 2차 모멘트의 평행축 정리(平行軸 定理)

도심을 지나는 중심 축에서 임의의 축(지점)까지 거리를 L 이라 할 때, 임의의 축에 관한 단면 2차 모멘트를 구하는데 평행축 이동정리(Parallel Axis Theorem)를 적용한다.

$$I_{x'} = \int_A y^2 dA = \int_A (\overline{y}+S)^2 dA = \int_A \overline{y}^2 dA + 2S\int_A \overline{y} dA + S^2 \int_A dA$$

여기서, 도심을 지나는 x축에 대한 단면1차 모멘트는 0이므로, 위의 식은 다음과 같이 정리할 수 있다.

$$I_{x'} = I_{cx} + AS_x^2 \; \bigstar\bigstar\bigstar\bigstar$$ [3-11]

여기서, $I_{x'}$는 임의의 축에서 단면2차 모멘트, A는 도형의 전체 단면적, S_x는 중심축에서 y 방향의 임의의 축까지 거리이다.

그림3-4에서는 x축에 대한 평행축 이동정리에 대해서만 언급하였다. y축에 대해서도 똑같이 적용하면 된다. 단지 방향만 고려해서 정리하면

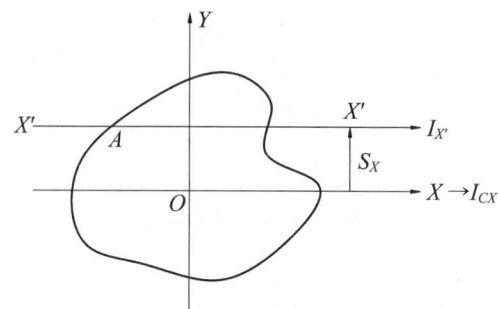

그림3-4 단면2차 모멘트의 평행축 이동정리

$$I_{y'} = I_{cy} + AS_y^2 \qquad [3\text{-}12]$$

이다. 여기서, $I_{y'}$는 임의의 축에서 단면2차 모멘트, A는 도형의 전체 단면적, S_y는 중심축에서 x 방향의 임의의 축까지 거리이다.

4 극단면(極斷面) 2차 모멘트(2차 극관성 모멘트)

극단면2차 모멘트(Polar Moment of Inertia)와 극단면계수(Polar Modulus of Section) 등을 결정하여 재료의 특성과의 반비례 관계로부터 비틀림 모멘트를 결정할 수 있는 평면도형의 기하학적 특성이다.

단면2차 모멘트는 직교 좌표계에서 정의한 것이고 극단면 2차 모멘트는 극좌표계에서 정의한 단면2차 모멘트라 생각할 수 있을 것이다.

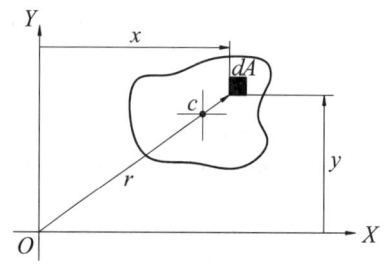

그림3-5 극단면 2차 모멘트

(1) 극단면 2차 모멘트

극단면 2차 모멘트는 아래와 같은 식으로 표현할 수 있다. 계산할 때는 x축과 y축에 대한 단면2차 모멘트를 구하여 더해주면 된다.

$$I_P = \int_A r^2 dA = \int_A (x^2 + y^2) dA = I_x + I_y \quad [\text{m}^4,\ \text{cm}^4] ^\star \qquad [3\text{-}12]$$

원형이나 정사각형의 물체는 x축에 대한 단면2차 모멘트나 y축에 단면2차 모멘트를 구하여 2배 해주면 된다.

$$I_p = 2I_x = 2I_y \qquad [3\text{-}13]$$

① 구형단면에서 도심을 지나는 x축과 y축에 대한 극단면 2차 모멘트

$$I_P = I_{cx} + I_{cy} = \frac{bh(b^2 + h^2)}{12} \qquad [3\text{-}14]$$

② 원형단면에서 도심을 지나는 x축과 y축에 대한 2차 극관성 모멘트

$$I_P = I_{cx} + I_{cy} = \frac{\pi d^4}{32} \;\star\star\star\star \qquad [3\text{-}15]$$

5 단면계수(斷面係數) 및 극단면계수(極斷面係數)

도형의 도심에서 끝단까지의 거리를 S_{ce}로 놓고 x축을 기준으로 단면계수와 극단면계수를 정리하도록 한다. 도심을 지나는 수평축에 대해서 상하가 대칭인 경우, x축에 대한 단면계수와 극단면계수는 하나이나 비대칭인 경우에는 2개의 값이 나온다. y축에 대해서도 마찬가지이다. 여기서는 x축에 대한 단면계수와 극단면계수에 대해서만 정리하기로 한다.

(1) 단면계수(斷面係數 ; Modulus of Section)

$$Z = \frac{I_{cx}}{S_{ce}} \;[\text{m}^3,\ \text{cm}^3] \;\star\star\star \qquad [3\text{-}16]$$

(2) 극단면계수(極斷面係數)

$$Z_P = \frac{I_P}{S_{ce}} \;[\text{m}^3,\ \text{cm}^3] \;\star\star\star \qquad [3\text{-}17]$$

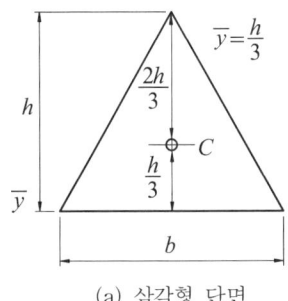
(a) 삼각형 단면

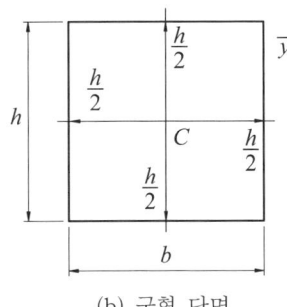
(b) 구형 단면

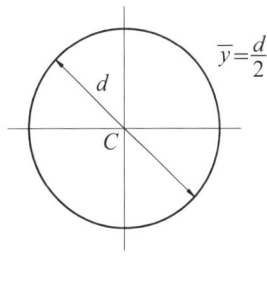
(c) 원형 단면

그림3-6 각 도형의 단면계수와 극단면계수

① 구형단면

$$Z = \frac{I_{cx}}{S_{ce}} = \frac{bh^2}{6} \;\star\star\star\star \qquad [3\text{-}16]$$

$$Z_P = \frac{I_P}{S_{ce}} = \frac{b(b^2 + h^2)}{6} \qquad [3\text{-}17]$$

② 원형단면

$$Z = \frac{I_{cx}}{S_{ce}} = \frac{\pi d^3}{32} \;\;\text{★★★} \qquad [3\text{-}18]$$

$$Z_P = \frac{I_P}{S_{ce}} = \frac{\pi d^3}{16} \;\;\text{★★★★} \qquad [3\text{-}19]$$

③ 삼각형단면

$$Z_1 = \frac{I_{cx}}{S_{ce1}} = \frac{bh^2}{24} \;,\; Z_2 = \frac{I_{cx}}{S_{ce2}} = \frac{bh^2}{12} \qquad [3\text{-}20]$$

삼각형 단면은 상하 비대칭이므로 위에서와 같이 2개의 단면계수가 나온다.

6 회전반경(回轉半徑 ; Radius of Gyration ; 관성반경, 단면2차 반경)

$$k = \sqrt{\frac{I_{cx}}{A}} \;\; [\text{cm, m}] \;\;\text{★★★} \qquad [3\text{-}21]$$

도심을 지나는 x축 단면 2차 모멘트를 이용하여 구형단면과 원형단면의 회전반경을 정리한다.

(1) 구형단면, 원형단면, 삼각형단면의 회전반경

① 구형단면의 회전반경

$$k = \sqrt{\frac{I_{cx}}{A}} = \frac{h}{2\sqrt{3}} \qquad [3\text{-}22]$$

② 원형단면의 회전반경

$$k = \sqrt{\frac{I_{cx}}{A}} = \frac{d}{4} \;\;\text{★★★} \qquad [3\text{-}23]$$

③ 삼각형단면의 회전반경

$$k = \sqrt{\frac{I_{cx}}{A}} = \frac{h}{3\sqrt{2}} \qquad [3\text{-}24]$$

7 단면 상승 모멘트(관성 상승 모멘트)

단면상승 모멘트는 X축에서 미소면적까지의 거리 y와 Y축에서 미소면적까지의 거리 x

와의 곱에 의한 면적 적분으로 표현한다.

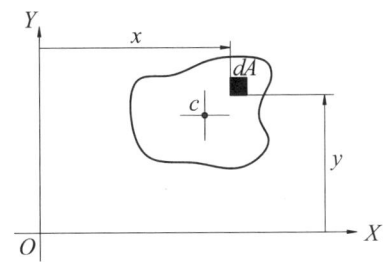

그림3-7 단면상승 모멘트

$$I_{xy} = \int_A xy\,dA = \overline{x}\,\overline{y}\,A \;[\mathrm{m}^4,\; \mathrm{cm}^4] \quad \text{★★★} \tag{3-25}$$

$b \times h$ 의 구형단면에 관한 단면상승 모멘트는

$$I_{xy} = \overline{x}\,\overline{y}\,A = \frac{b^2 h^2}{4} \quad \text{★★} \tag{3-26}$$

이다.

(1) 주축과 주관성 모멘트

① 주축(主軸) : 관성상승 모멘트가 0이 되고 도심을 지나는 직교축으로 관성주축이라고도 한다.

② 단면 상승 모멘트가 0이 되는 xy 의 방향 : 주축의 위치 ($I_{xy} = 0$)

$$\tan 2\theta = \frac{2I_{xy}}{I_y - I_x} = \frac{-2I_{xy}}{I_x - I_y} \tag{3-27}$$

③ 주관성 모멘트 : 주축에서 최대 및 최소 단면 2차 모멘트(관성 모멘트)

$$I_{\max} = \frac{I_x + I_y}{2} + \frac{1}{2}\sqrt{(I_x - I_y)^2 + 4I_{xy}^2} \tag{3-28}$$

$$I_{\min} = \frac{I_x + I_y}{2} - \frac{1}{2}\sqrt{(I_x - I_y)^2 + 4I_{xy}^2} \tag{3-29}$$

chapter 3 실전연습문제

01 그림과 같은 직각 3각형의 밑변에 관한 단면 1차 모멘트는?

① $\dfrac{bh^2}{3}$

② $\dfrac{bh^2}{6}$

③ $\dfrac{bh^2}{9}$

④ $\dfrac{bh^2}{12}$

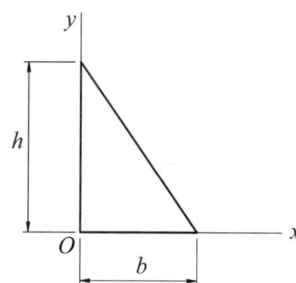

Solution
$G_x = \bar{y}A = \dfrac{h}{3} \times \dfrac{bh}{2} = \dfrac{bh^2}{6}$

02 그림에서 도심 G의 위치는 Z축에서 몇 [cm] 떨어져 있는가?

① 0.00477
② 0.0477
③ 0.477
④ 4.77

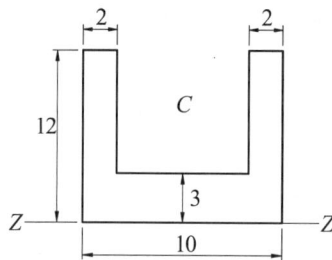

Solution
$\bar{y} = \dfrac{A_1 y_1 + A_2 y_2 + A_3 y_3}{A_1 + A_2 + A_3}$
$= \dfrac{2 \times 12 \times 6 + 3 \times 6 \times 1.5 + 2 \times 12 \times 6}{2 \times 12 + 3 \times 6 + 2 \times 12} = 4.77 \,[\text{cm}]$

03 내경 4[cm], 외경 10[cm] 단면의 접선 $X-X'$에 대한 단면 2차 모멘트의 값은?

① 677.25[cm⁴]
② 677.25 π[cm⁴]
③ 345.13[cm⁴]
④ 345.13 π[cm⁴]

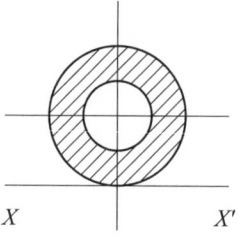

Solution
$I_{x'} = I_{cx} + S^2 A$
$= \dfrac{\pi \times 10^4}{64} \times (1 - 0.4^4) + 5^2 \times \dfrac{\pi \times (10^2 - 4^2)}{4}$
$= 677.25\pi \,[\text{cm}^4]$

Answer 01 ② 02 ④ 03 ②

04 반직경 r인 원형단면의 도심축에 대한 극단면 2차 모멘트는?

① $\dfrac{\pi r^4}{8}$ ② $\dfrac{\pi r^4}{4}$

③ $\dfrac{\pi r^4}{2}$ ④ πr^4

Solution $I_P = \dfrac{\pi d^4}{32} = \dfrac{\pi (2r)^4}{32} = \dfrac{\pi r^4}{2}$

05 다음 중 회전반경 K에 대한 표현식으로 맞는 것은? (단, 면적을 A, 단면 2차 모멘트를 I라 한다.)

① $K = \dfrac{I}{A}$ ② $K = \sqrt{\dfrac{I}{A}}$

③ $K = \sqrt{\dfrac{A}{I}}$ ④ $K = \dfrac{A}{I}$

06 한 변의 길이가 a인 정사각형 단면의 대각선에 관한 관성 모멘트 I_x로 다음 중 맞는 것은?

① $\dfrac{a^4}{6}$ ② $\dfrac{a^4}{12}$

③ $\dfrac{a^4}{24}$ ④ $\dfrac{a^4}{36}$

Solution
$I = \dfrac{\sqrt{2}a}{36} \times \left(\dfrac{\sqrt{2}}{2}a\right)^3 = \dfrac{a^4}{72}$
$\bar{y} = \dfrac{1}{3} \times \left(\dfrac{\sqrt{2}}{2}a\right) = \dfrac{\sqrt{2}a}{6}$
$A = \dfrac{1}{2} \times \sqrt{2}a \times \dfrac{\sqrt{2}}{2}a = \dfrac{a^2}{2}$
$I_G = 2 \times [I + (\bar{y})^2 \times A] = 2 \times \left[\dfrac{a^4}{72} + \dfrac{2a^2}{36} \times \dfrac{a^2}{2}\right] = 2 \times \left[\dfrac{3a^4}{72}\right] = \dfrac{a^4}{12}$

07 단면의 도심에 관한 다음 설명 중 옳은 것은 어느 것인가?

① 도심을 지나는 축에 대한 단면 1차 모멘트는 0이다.
② 도심을 지나지 않는 임의의 축에 대한 단면 1차 모멘트는 0이다.
③ 도심에 대한 단면 2차 극 모멘트는 0이다.
④ 도심을 지나는 축에 대한 단면 2차 모멘트는 0이다.

Solution 도심이란 도형의 무게중심을 의미하며 도심축에 대한 단면 1차 모멘트는 0이다.

Answer 04 ③ 05 ② 06 ② 07 ①

08 단면의 주축에 관한 다음 설명 중 옳은 것은?

① 주축에서는 단면 상승 모멘트가 0이다.
② 주축에서는 단면 상승 모멘트가 최소이다.
③ 주축에서는 단면 상승 모멘트가 최대이다.
④ 주축에서는 단면 2차 모멘트가 0이다.

Solution 주축(主軸) : 관성 상승 모멘트가 0이 되고 도심을 지나는 직교축(관성주축)

09 보에서 원형과 정사각형의 단면적이 같을 때, 단면계수의 비 $\dfrac{Z_1}{Z_2}$ 의 값은? (단, Z_1은 원형 단면계수, Z_2는 정사격형의 단면계수이다.)

① $\dfrac{Z_1}{Z_2} = 0.531$
② $\dfrac{Z_1}{Z_2} = 0.846$
③ $\dfrac{Z_1}{Z_2} = 1.028$
④ $\dfrac{Z_1}{Z_2} = 1.182$

Solution
$A = \dfrac{\pi d^2}{4} = a^2$, $a = \dfrac{\sqrt{\pi}d}{2}$

$Z_1 = \dfrac{\pi d^3}{32}$, $Z_2 = \dfrac{a^3}{6}$

$\dfrac{Z_1}{Z_2} = \dfrac{6 \times \pi d^3}{32 \times a^3} = \dfrac{6 \times \pi d^3}{32 \times \left(\dfrac{\sqrt{\pi}d}{2}\right)^3} = 0.846$

10 다음 그림에서 X축과 Y축에 대한 극단면 2차 모멘트와 관성 상승 모멘트는? (단, 직경은 d이다.)

① $\dfrac{5\pi d^3}{32}$, $\dfrac{\pi d^3}{16}$

② $\dfrac{5\pi d^4}{64}$, $\dfrac{\pi d^4}{32}$

③ $\dfrac{5\pi d^3}{128}$, $\dfrac{\pi d^3}{64}$

④ $\dfrac{5\pi d^4}{32}$, $\dfrac{\pi d^4}{16}$

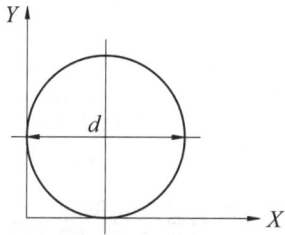

Solution
$I_p = I_x + I_y = 2 \times \left[\dfrac{\pi d^4}{64} + \dfrac{d^2}{4} \times \dfrac{\pi d^2}{4}\right] = 2 \times \dfrac{5\pi d^4}{64} = \dfrac{5\pi d^4}{32}$

$I_{xy} = \overline{x}\,\overline{y}\,A = \dfrac{d}{2} \times \dfrac{d}{2} \times \dfrac{\pi d^2}{4} = \dfrac{\pi d^4}{16}$

Answer 08 ① 09 ② 10 ④

11 그림은 I형, ㄷ형 단면의 중립축 $X-X'$에 대한 단면 2차 모멘트의 설명이다. 다음 중 옳은 것은 어느 것인가?

① I형이 ㄷ형보다 작다.
② I형이 ㄷ형보다 크다.
③ I형과 ㄷ형은 같다.
④ I형과 ㄷ형은 비교 할 수 없다.

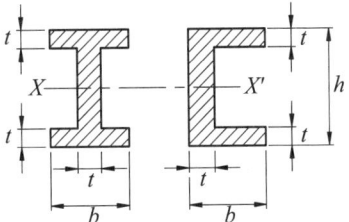

Solution
$$I_{Gx} = \frac{bh^3}{12} - \frac{(b-t) \times (h-2t)^3}{12}$$

12 그림과 같은 L형 단면의 x, y 축에 대한 단면 상승 모멘트(I_{xy})는?

① $I_{xy} = \frac{b^2 h^2}{4} + \frac{h^2(b^2 - h^2)}{4}$
② $I_{xy} = \frac{b^2 h^2}{4} - \frac{h^2(b^2 - h^2)}{4}$
③ $I_{xy} = \frac{b^2 h^2}{4} + \frac{b^2(b^2 - h^2)}{4}$
④ $I_{xy} = \frac{b^2 h^2}{4} - \frac{b^2(b^2 - h^2)}{4}$

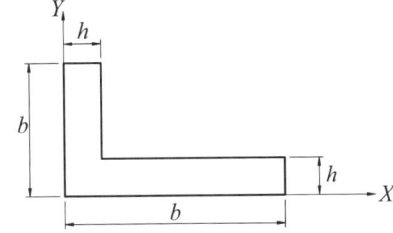

Solution
$$I_{xy} = \frac{b^2 h^2}{4} + \frac{b^2 h^2}{4} - \frac{h^4}{4} = \frac{b^2 h^2}{4} + \frac{h^2}{4}(b^2 - h^2)$$

13 그림과 같은 원에서 접선 $X'-X''$ 축에 대한 원의 관성 모멘트($I_{x'}$)는? (단, 원의 직경 $d=5$[cm]이다.)

① 120.5[cm^4]
② 142.6[cm^4]
③ 168.2[cm^4]
④ 153.4[cm^4]

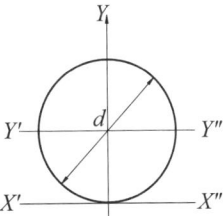

Solution
$$I_p = \left[\frac{\pi d^4}{64} + \frac{d^2}{4} \times \frac{\pi d^2}{4}\right] = \frac{5\pi d^4}{64} = \frac{5 \times \pi \times 5^4}{64} = 153.4 \,[\text{cm}^4]$$

Answer 11 ③ 12 ① 13 ④

14 그림에서 보는 바와 같이 직경 d의 원형 단면에서 단면계수를 최대로 하는 구형 단면(폭×높이 = $b×h$)을 끊어 낼 때, b 및 h를 어떻게 결정하는가?

① $b = \dfrac{d}{\sqrt{3}}$, $h = \sqrt{3}\,d$

② $b = \dfrac{d}{\sqrt{3}}$, $h = \sqrt{\dfrac{2}{3}}\,d$

③ $b = \sqrt{\dfrac{2}{3}}\,d$, $h = \sqrt{3}\,d$

④ $b = \sqrt{\dfrac{2}{3}}\,d$, $h = \dfrac{d}{\sqrt{3}}$

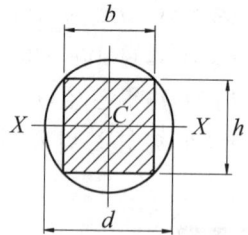

Solution
$d^2 = h^2 + b^2$
$Z = \dfrac{bh^2}{6} = \dfrac{b}{6}(d^2 - b^2)$
$\dfrac{\partial Z}{\partial b} = \dfrac{\partial}{\partial b}\left(\dfrac{d^2}{6}b - \dfrac{b^3}{6}\right) = \dfrac{d^2}{6} - \dfrac{b^2}{2} = 0$ 의 조건을 만족할 때 최대
$b^2 = \dfrac{d^2}{3}$, $b = \dfrac{d}{\sqrt{3}}$
$h^2 = \dfrac{2}{3}d^2$, $h = \sqrt{\dfrac{2}{3}}\,d$

15 높이 h가 다른 변 b의 1.5배의 장방형 단면을 가진 보를 세로로 사용할 때와 가로로 사용할 때의 단면 2차 모멘트의 비는?

① 5.06 : 1
② 3.375 : 1
③ 2.25 : 1
④ 1.5 : 1

Solution
$I_{Gx_1} = \dfrac{b \times (1.5b)^3}{12} = \dfrac{1.5^3 \times b^4}{12}$
$I_{Gx_2} = \dfrac{b^3 \times (1.5b)}{12} = \dfrac{1.5 \times b^4}{12}$
$\dfrac{I_{Gx_1}}{I_{Gx_2}} = \dfrac{1.5^3}{1.5} = 2.25$
$I_{Gx_1} : I_{Gx_2} = 2.25 : 1$

Answer 14 ② 15 ③

16 그림과 같은 빗금친 단면의 X축에 대한 단면 2차 모멘트는?

① $\dfrac{a^4}{4}$

② $\dfrac{a^4}{6}$

③ $\dfrac{a^4}{12}$

④ $\dfrac{a^4}{36}$

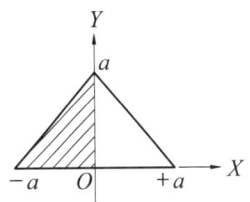

Solution
$$I_x = \frac{a^4}{36} + \left(\frac{a}{3}\right)^2 \times \frac{a^2}{2} = \frac{a^4}{36} + \frac{a^4}{18} = \frac{3a^4}{36} = \frac{a^4}{12}$$

17 한 변이 10[cm]인 정사각형에 그림과 같은 직경 $d=3$[cm]의 구멍이 있고 원의 중심은 AC 대각선의 1/4인 지점에 있다. 도심의 위치는 AC상의 G_1에서 몇 [cm] 떨어진 곳인가?

① 3.27[cm]

② 0.27[cm]

③ 1.27[cm]

④ 0.7[cm]

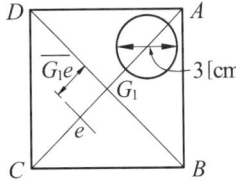

Solution
$\overline{AC} = 10\sqrt{2}, \quad \overline{G_1C} = 5\sqrt{2}$

$y_1 = 5\sqrt{2} \sin 45° = 5 \ [cm], \quad y_2 = \dfrac{3}{4} \times 10\sqrt{2} \sin 45° = 7.5 \ [cm]$

$\overline{y} = \dfrac{A_1 y_1 - A_2 y_2}{A_1 - A_2} = \dfrac{10^2 \times 5 - \pi \times 1.5^2 \times 7.5}{10^2 - \pi \times 1.5^2} = 4.81 \ [cm]$

$\overline{G_1 e} = \overline{G_1 C} - \overline{eC} = 5\sqrt{2} - \dfrac{4.81}{\sin 45°} = 0.27 \ [cm]$

18 그림과 같은 보의 단면의 계수는 얼마인가?

① 72[cm³]

② 78[cm³]

③ 84[cm³]

④ 504[cm³]

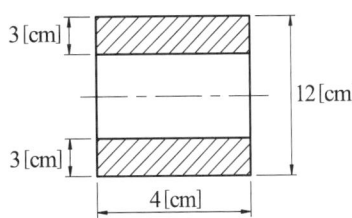

Solution
$$Z = \frac{I_G}{e} = \frac{4 \times (12^3 - 6^3)}{12 \times 6} = 84 \ [cm^3]$$

19 사각형 단면($b \times h$)의 극단면계수 Z_p와 단면계수 Z의 비 $\dfrac{Z_p}{Z}$는 다음 중 어느 것인가? (단, $b = h$ 이다.)

① 1.15 ② 1.5
③ 1.7   ④ 2

Solution

$$Z = \frac{bh^2}{6}, \quad Z_P = \frac{I_p}{e} = \frac{\frac{bh(b^2 + h^2)}{12}}{\frac{h}{2}} = \frac{b}{6}(b^2 + h^2)$$

$$\frac{Z_p}{Z} = \frac{(b^2 + h^2)}{h^2} = 2$$

20 직경 5[cm³]의 원형단면의 단면계수는?

① 12.3[cm³] ② 14.5[cm³]
③ 15.9[cm³] ④ 17.3[cm³]

Solution

$$Z = \frac{\pi d^3}{32} = \frac{\pi \times 5^3}{32} = 12.27 \ [cm^3]$$

21 단면적 A의 중립축에 대한 이 단면의 2차 모멘트를 I_G, 중립축에서 y거리 만큼 떨어진 축에 대한 단면 2차 모멘트를 I라고 하면 다음 중 옳은 것은?

① $I = I_G - Ay^2$ ② $I_G = I + A^2 y^3$
③ $I_G = I - Ay^2$ ④ $I = I_G - A^2 y$

Solution 평행축 이동 정리로부터

$I = I_G + y^2 A$
$I_G = I - y^2 A$

22 외경 $d_2 = 2$[cm], 내경 $d_1 = 1$[cm]인 중공축 단면의 단면 2차 극 모멘트 I_p를 구한 값은?

① 0.68[cm⁴] ② 1.47[cm⁴]
③ 1.37[cm⁴] ④ 2.94[cm⁴]

Solution

$$I_p = \frac{\pi}{32}(d_2^4 - d_1^4) = \frac{\pi}{32}(2^4 - 1^4) = 1.47 \ [cm^4]$$

Answer 19 ④ 20 ① 21 ③ 22 ②

23 그림과 같이 홈이 파인 철판이 있다. 단면에 평행한 도심축에 대한 단면 2차 모멘트는 몇 [cm^4]인가?

① 168373
② 184661
③ 225000
④ 268373

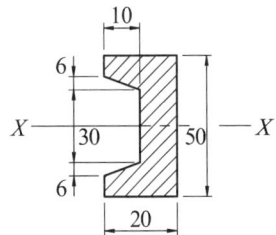

Solution $I_{Gx} = \dfrac{20 \times 50^3}{12} - \dfrac{10 \times 30^3}{12} - 2 \times \left[\dfrac{10 \times 6^3}{36} + 17^2 \times \dfrac{10 \times 6}{2} \right] = 168373.33 \,[\mathrm{cm}^4]$

24 한 변의 길이가 a인 정사각형 단면의 최소단면2차 반직경이 옳은 것은?

① $\dfrac{a}{2}$
② $\dfrac{a}{\sqrt{3}}$
③ $\dfrac{a}{2\sqrt{3}}$
④ $\dfrac{a}{4}$

Solution $K = \sqrt{\dfrac{I}{A}} = \sqrt{\dfrac{a^2}{12}} = \dfrac{a}{2\sqrt{3}}$

25 다음 도형에서 $X-X$ 축에 관한 단면계수는?

① $\dfrac{bh^2}{4}$
② $\dfrac{bh^2}{6}$
③ $\dfrac{bh^2}{12}$
④ $\dfrac{bh^3}{12}$

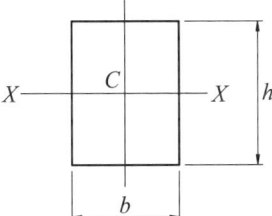

26 폭 b, 높이 h인 사각단면의 도심에 대한 극단면 2차 모멘트를 옳게 나타낸 식은?

① $\dfrac{b^2 h^2 (b+h)}{12}$
② $\dfrac{bh(b^2+h^2)}{12}$
③ $\dfrac{b^2 h^2 (b+h)}{6}$
④ $\dfrac{bh(b^2+h^2)}{6}$

Solution $I_p = I_x + I_y = \dfrac{bh^3}{12} + \dfrac{b^3 h}{12} = \dfrac{bh}{12}(b^2 + h^2)$

Answer 23 ① 24 ③ 25 ② 26 ②

27 단면적이 같은 원과 정사각형의 단면계수 비는 다음 중 어느 것인가?

① 1 : 32 ② 1 : 2.5
③ 1 : 4.6 ④ 1 : 1.18

Solution
$$\frac{\pi d^2}{4} = a^2, \quad a = \frac{\sqrt{\pi}}{2}d$$
$$Z_c = \frac{\pi d^3}{32} = \frac{\pi}{32}\left(\frac{2}{\sqrt{\pi}}a\right)^3 = \frac{a^3}{4\sqrt{\pi}} = \frac{6}{4\sqrt{\pi}} \times \frac{a^3}{6} = 0.85 Z_q$$
$$\frac{Z_c}{Z_q} = 0.85$$
$$Z_c : Z_q = 0.85 : 1 = 1 : 1.18$$

28 직경 d 인 원의 중심에 관한 극 단면2차 모멘트는?

① $\frac{\pi d^3}{64}$ ② $\frac{\pi d^3}{32}$ ③ $\frac{\pi d^4}{64}$ ④ $\frac{\pi d^4}{32}$

Solution
$$I_p = I_x + I_y = 2I_x = 2I_y = 2 \times \frac{\pi d^4}{64} = \frac{\pi d^4}{32}$$

29 그림과 같은 원형단면인 원주의 접선 $X-X$ 축에 대한 단면 2차 모멘트는?

① $I_x = \frac{5\pi r^4}{4}$

② $I_x = \frac{\pi r^4}{16}$

③ $I_x = \frac{\pi r^4}{32}$

④ $I_x = \frac{\pi r^4}{4}$

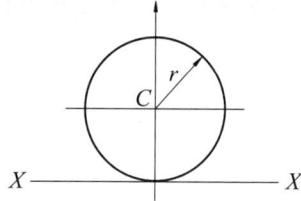

Solution
$$I_x = \frac{\pi d^4}{64} + \left(\frac{d}{2}\right)^2 \times \frac{\pi d^2}{4} = \frac{5\pi d^4}{64} = \frac{5\pi}{65}(2r)^4 = \frac{5\pi r^4}{4}$$

30 그림과 같이 한 변의 길이가 a 인 정4각형 단면에서 도심을 지나는 세 개의 축에 대한 단면 2차 모멘트를 비교한 것으로 맞는 것은?

① $I_x > I_y > I_z$
② $I_x = I_y = I_z$
③ $I_x < I_y < I_z$
④ $I_x = I_y > I_z$

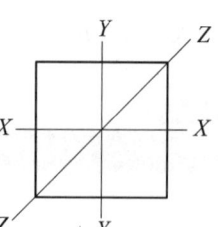

Answer 27 ④ 28 ④ 29 ① 30 ②

31 그림과 같은 삼각형 단면의 밑변에 대한 단면 2차 모멘트를 구하면?

① $\dfrac{bh^3}{12}$

② $\dfrac{bh^3}{36}$

③ $\dfrac{bh^3}{4}$

④ $\dfrac{bh^3}{3}$

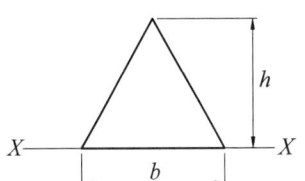

32 평면응력의 경우 훅의 법칙(Hook's law)을 바르게 나타낸 것은? (단, σ_x : 수직응력, ε_x, ε_y : 변형률, ν : 프와송 비, E : 탄성계수이다.)

① $\sigma_x = \dfrac{E}{1-\nu^2}(\varepsilon_x + \nu\varepsilon_y)$

② $\sigma_x = \dfrac{E}{1-\nu^2}(\varepsilon_y + \nu\varepsilon_x)$

③ $\sigma_x = \dfrac{E}{1-2\nu}(\varepsilon_x + \nu\varepsilon_y)$

④ $\sigma_x = \dfrac{E}{1-2\nu}(\varepsilon_y + \nu\varepsilon_x)$

◎ Solution

$\varepsilon_x = \dfrac{\sigma_x}{E} - \mu\dfrac{\sigma_y}{E}$, $\varepsilon_y = \dfrac{\sigma_y}{E} - \mu\dfrac{\sigma_x}{E}$

$\sigma_x = E\varepsilon_x + \mu\sigma_y$, $\sigma_y = E\varepsilon_y + \mu\sigma_x$

위의 두 식을 연립하여 σ_x 를 구하면

$\sigma_x = \dfrac{E(\varepsilon_x + \mu\varepsilon_y)}{1-\mu^2}$, $\sigma_y = \dfrac{E(\varepsilon_y + \mu\varepsilon_x)}{1-\mu^2}$

이다. 여기서, $\mu(\nu)$ 는 프와송의 비이다.

33 수직 변형률 $\varepsilon_x = 200 \times 10^{-6}$, $\varepsilon_y = 50 \times 10^{-6}$, 전단변형률 $\gamma_{xy} = -120 \times 10^{-6}$ 인 평면 변형률 상태의 주변형률은?

① 267×10^{-6}, 16×10^{-6} ② -267×10^{-6}, 16×10^{-6}

③ -221×10^{-6}, 29×10^{-6} ④ 221×10^{-6}, 29×10^{-6}

◎ Solution

$\varepsilon_{1,2} = \left(\dfrac{\varepsilon_x + \varepsilon_y}{2}\right) \pm \sqrt{\left(\dfrac{\varepsilon_x - \varepsilon_y}{2}\right)^2 + \left(\dfrac{\gamma_{xy}}{2}\right)^2}$

$\varepsilon_1 = \left[\left(\dfrac{200+50}{2}\right) + \sqrt{\left(\dfrac{200-50}{2}\right)^2 + \left(\dfrac{-120}{2}\right)^2}\right] \times 10^{-6} = 221 \times 10^{-6}$

$\varepsilon_2 = \left[\left(\dfrac{200+50}{2}\right) - \sqrt{\left(\dfrac{200-50}{2}\right)^2 + \left(\dfrac{-120}{2}\right)^2}\right] \times 10^{-6} = 29 \times 10^{-6}$

Answer 31 ①   32 ①   33 ④

34 그림에서 빗금친 부분의 도심을 구한 것은? (곡선의 방정식은 $y^3 = 2x$ 이고, x, y는 [cm] 단위이다.)

① $\bar{x}$ 1.21 $\bar{y}$ 1.653
② $\bar{x}$ 1.284 $\bar{y}$ 1.724
③ $\bar{x}$ 1.305 $\bar{y}$ 1.983
④ $\bar{x}$ 1.423 $\bar{y}$ 1.724

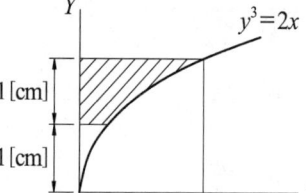

Solution

$$\bar{y} = \frac{A_1 y_1 - A_2 y_2}{A_1 - A_2}$$

$$= \frac{\frac{1}{4} \times 2 \times 4 \times \left(2 \times \frac{4}{5}\right) - \frac{1}{4} \times 1 \times 0.5 \times \left(1 \times \frac{4}{5}\right)}{\frac{1}{4} \times 2 \times 4 - \frac{1}{4} \times 1 \times 0.5} = 1.653 \text{ [cm]}$$

$$\bar{x} = \frac{A_1 x_1 - A_2 x_2}{A_1 - A_2}$$

$$= \frac{\frac{1}{4} \times 2 \times 4 \times \left(4 \times \frac{2}{7}\right) - \frac{1}{4} \times 1 \times 0.5 \times \left(0.5 \times \frac{2}{7}\right)}{\frac{1}{4} \times 2 \times 4 - \frac{1}{4} \times 1 \times 0.5} = 1.2 \text{ [cm]}$$

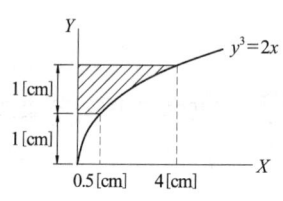

Answer 34 ①

chapter 4 비틀림(Torsion)

1 원형(圓形) 단면봉의 비틀림(Torsion of Circular Shaft)

직경이 d인 봉의 좌측단을 고정시키고 우측단은 자유로운 상태에서 우측단에 우력 모멘트 T를 가하면, 우측단에서는 비틀림 변형이 크게 발생하지만 고정된 좌측단에서는 변형이 생기지 않는다. 우측단 원형단면의 원주상에서는 비틀림 변형이 크게 발생하고 중심에서는 변형이 최소임으로 발생하지 않는 것으로 본다.

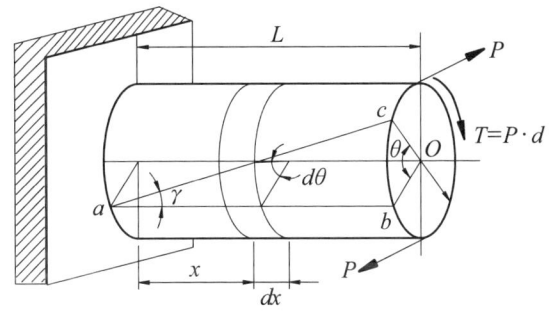

그림4-1 원형 단면 봉의 비틀림

(1) 봉의 비틀림 강도

그림4-1에서와 같이 봉의 우측단에 가해지는 비틀림 모멘트는 미소 모멘트로부터

$$dT = \frac{\tau}{r} \rho^2 dA$$

$$T = \frac{\tau}{r} \int \rho^2 dA = \frac{\tau}{r} \cdot I_P$$

$$T = \tau \cdot Z_p \quad \bigstar\bigstar\bigstar\bigstar\bigstar \tag{4-1}$$

이다. 여기서, T는 비틀림 모멘트(회전 모멘트, 회전 토크)[J, N-m, kg$_f$-m], τ는 비틀림 전단응력[N/m^2, Pa, kg$_f$/cm^2], Z_p는 극단면계수[cm^3, m^3]이다.

(2) 봉의 비틀림각(Angle of Torsion)

그림4-1의 우측 단면의 원주에서는 큰 비틀림 변형이 생기고 중심으로 들어 가면서는 감소

하면서 중앙에서는 변형이 0이다. 이 때 발생하는 비틀림각은

$$\tau = G \cdot \gamma = G \cdot \frac{r\theta}{L}$$

$$\theta = \frac{TL}{GI_p} \, [\text{rad}] \times \frac{180°}{\pi} \, [°] \quad \text{★★★★★} \tag{4-2}$$

이다. 여기서, L은 봉의 길이, G는 전단탄성계수, I_p는 극단면2차 모멘트이다.

단위 길이에 대한 비틀림각(비틀림률, 축의 강성도)은

$$\frac{\theta}{L} = \frac{T}{GI_p} \, [\text{rad}] \times \frac{180°}{\pi} \, [°/\text{m}] \tag{4-3}$$

이다.

2 축의 비틀림

(1) 축의 강도(强度)와 강성도(强性度)

강도(强度 ; Strength)란 물체의 단단하고 센 정도를 나타내는 것으로 물체에 작용하는 하중에 대한 저항으로 표현된다. 강성도(强性度 ; Stiffness)는 물체가 외부로부터 힘을 받아도 변형되지 않고 원래의 모양을 유지하려는 성질로 비틀림이나 층 밀림(전단)에 대한 저항으로 표현하기도 한다.

축 설계를 축의 재료를 선정하여 허용 비틀림 모멘트와 전달동력을 설계조건으로 하여 축의 직경을 결정하는 것이라 한다면 축의 직경을 결정하는 방법에는 축의 강도만을 고려하여 결정하는 경우와 축의 강성도만을 고려하여 결정하는 경우, 강도와 강성도 둘 다 고려하여 결정하는 경우가 있다. 둘 다를 고려할 경우에는 아래의 방법으로 계산하여 큰 값을 선택하도록 한다.

① 강도 위주 축 설계

$$T = \tau \cdot Z_p = \tau \cdot \frac{\pi d^3}{16} \tag{4-4}$$

② 강성도 위주 축 설계

$$\theta = \frac{TL}{GI_p} \times \frac{180°}{\pi} = \frac{TL}{G\frac{\pi d^4}{32}} \times \frac{180°}{\pi} \tag{4-5}$$

여기서, d는 실축의 직경이고 축의 단면이 중공단면일 경우에는 다음과 같이 정리된다.

$$T = \tau \cdot Z_p = \tau \cdot \frac{\pi d_2^3}{16}(1 - x^4), \quad x = \frac{d_1}{d_2} \tag{4-6}$$

$$\theta = \frac{TL}{GI_p} \times \frac{180°}{\pi} = \frac{TL}{G\frac{\pi(d_2^4 - d_1^4)}{32}} \times \frac{180°}{\pi} \tag{4-7}$$

여기서, x는 직경비 또는 내·외경비라 한다.

(2) 축의 전달동력과 전달 토크의 관계

전달동력을 H 라하고 전달 토크를 T, 회전 각속도를 ω 라 하면 이들 사이의 관계는 다음과 같이 정리된다.

$$H = T \cdot \omega = T \cdot \frac{2\pi N}{60} \tag{4-8}$$

전달동력의 단위로는 아래와 같이 3가지가 사용되고 그들간의 관계를 정리하면

$$1[PS] = 75[kg_f \cdot m/sec] = 0.735[kW]$$
$$1[kW] = 102[kg_f \cdot m/sec] = 1.36[PS]$$

이다. 식 [4-8]과 동력의 단위 관계로부터 전달 토크 T를 구하는 식을 표현하면

$$T = 716.2 \frac{H_{PS}}{N} = 974 \frac{H_{kW}}{N} \; [kg_f \cdot m] \; ★★★★★ \tag{4-9}$$

$$T = 716.2 \times 9.8 \frac{H_{PS}}{N} = 974 \times 9.8 \frac{H_{kW}}{N} \; [N\text{-}m, J] \; ★★★★★ \tag{4-10}$$

이다. 여기서, N은 매분당 회전수[rpm], H_{ps}는 전달마력[PS]이고 H_{kW}는 전달동력[kW]이다. 매분당 회전수 N, 각속도 ω 그리고 고유진동수 f와의 관계는 아래와 같다.

① 각속도

$$\omega = \frac{2\pi N}{60} \; [rad/sec] \tag{4-11}$$

② 고유진동수

$$f = \frac{\omega}{2\pi} \; [Hz, cps] \; ★ \tag{4-12}$$

(3) Bach의 축 공식

축의 재질이 연강 일 때는 축의 길이 1[m]에 대하여 비틀림각을 $\frac{1}{4}$°로 제한한다. 축의 강성도를 고려하여 축의 직경을 결정하면 다음과 같은 식으로 정리되고 이것을 Bach의 축공식(축의 재질이 연강일 때만 적용)이라 한다. 연강의 횡탄성계수는 80[GPa]($8 \times 10^5 [kg_f/cm^2]$)이고 직경의 단위는 [m]로 정리하였다.

① 중실축

$$\theta = \frac{TL}{GI_p} \times \frac{180°}{\pi}$$

$$\frac{1}{4}° = \frac{716.2 \times 9.8 \times \frac{H_{PS}}{N} \times 1}{80 \times 10^9 \times \frac{\pi d^4}{32}} \times \frac{180°}{\pi}$$

$$d = 0.12 \sqrt[4]{\frac{H_{PS}}{N}} \; [m] \tag{4-13}$$

$$\frac{1}{4}° = \frac{974 \times 9.8 \times \frac{H_{kW}}{N} \times 1}{80 \times 10^9 \times \frac{\pi d^4}{32}} \times \frac{180°}{\pi}$$

$$d = 0.13 \sqrt[4]{\frac{H_{kw}}{N}} \quad [m] \tag{4-14}$$

② 중공축

$$\frac{1}{4}° = \frac{716.2 \times 9.8 \times \frac{H_{PS}}{N} \times 1}{80 \times 10^9 \times \frac{\pi d_2^4 (1-x^4)}{32}} \times \frac{180°}{\pi}$$

$$d_2 = 0.12 \sqrt[4]{\frac{H_{PS}}{N(1-x^4)}} \quad [m] \tag{4-15}$$

$$\frac{1}{4}° = \frac{974 \times 9.8 \times \frac{H_{kW}}{N} \times 1}{80 \times 10^9 \times \frac{\pi d_2^4 (1-x^4)}{32}} \times \frac{180°}{\pi}$$

$$d_2 = 0.13 \sqrt[4]{\frac{H_{kw}}{N(1-x^4)}} \quad [m] \tag{4-16}$$

(4) 비틀림 하중에 의한 탄성 변형 에너지

그림4-1과 같이 직경이 d 인 봉에 비틀림 모멘트를 가했을 때 발생되는 변형을 나타내는 척도가 비틀림각이다. 비틀림 모멘트와 비틀림각과는 탄성영역 내에서 비례관계에 놓여있다. 그러므로 탄성 에너지를 구하면

$$U = \frac{1}{2} T \cdot \theta \, [\text{kg}_f\text{-m, N-m, J}] \text{★★★} \tag{4-17}$$

$$= \frac{1}{2} \tau \cdot Z_p \cdot \frac{\tau \cdot Z_p \cdot L}{G \cdot I_P}$$

$$= \frac{\tau^2}{4G} \cdot V \tag{4-18}$$

이다. 여기서, T 는 비틀림 모멘트, θ 는 비틀림각, V 는 체적이다.

① 실축에서 단위체적당 탄성 에너지(레질리언스 계수, 최대 탄성에너지)

$$u = \frac{\tau^2}{4G} \, [\text{kg}_f/\text{cm}^2, \text{N/m}^2, \text{Pa}] \text{★★} \tag{4-19}$$

② 중공축에서 탄성에너지계수

$$u = \frac{\tau^2}{4G}[1+x^2], \quad x = \frac{d_1}{d_2} \tag{4-20}$$

여기서, x 는 직경비, d_1 은 중공축의 내경, d_2 는 중공축의 외경이다.

(5) 양단 고정봉의 비틀림

그림4-2와 같이 양단을 고정시키고 봉의 한 지점에 비틀림 모멘트 T를 가하면, 왼쪽 고정단에서는 저항 비틀림 모멘트 T_A가 오른쪽 고정단에서는 T_B의 저항 모멘트(우력 모멘트)가 생긴다. 이와 같은 비틀림 모멘트에 의해서 봉에서는 비틀림 전단응력과 비틀림 변형이 발생한다.

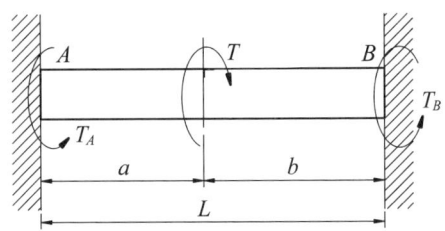

그림4-2 양단 고정봉의 비틀림

① 고정단의 저항 모멘트

$$T = T_A + T_B$$
$$T_A = \frac{bT}{L}, \quad T_B = \frac{aT}{L} \quad \star\star \tag{4-21}$$

여기서, a는 왼쪽 고정단에서 비틀림 모멘트 T가 작용하는 지점까지 수평거리이고 b는 오른쪽 고정단에서 비틀림 모멘트가 작용하는 지점까지 수평거리이다. L은 봉의 길이로 $a+b$이다.

② 고정봉에서 발생하는 비틀림 전단응력

$$\tau_A = \frac{T_A}{Z_p}, \quad \tau_B = \frac{T_B}{Z_P} \tag{4-22}$$

③ 비틀림 모멘트가 발생하는 지점에서 비틀림각

$$\theta = \frac{T_A \cdot a}{GI_P} = \frac{T_B \cdot b}{GI_p} \quad \star \tag{4-23}$$

$$\theta_A = \theta_B$$

3 코일 스프링(Coil Spring)의 비틀림

그림4-3과 같이 원통형 코일 스프링의 상단을 고정시키고 하단에 인장하중 또는 압축하중을 가하면 코일 스프링은 신장 또는 수축 변형된다.

이 때 스프링에서 발생하는 비틀림 전단응력, 변형량, 스프링 상수 등에 관해서 정리한다.

(1) 비틀림 전단응력

① 직접 전단응력

$$\tau_1 = \frac{P}{A}$$

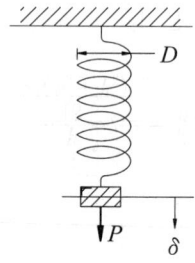

그림4-3 코일 스프링

② 비틀림 전단응력

$$\tau_2 = \frac{T}{Z_P} = \frac{16PR}{\pi d^3}$$

여기서, T는 비틀림 모멘트로 아래와 같다.

$$T = P \cdot R \; \star\star \tag{4-24}$$

③ 최대 전단응력

$$\tau_{max} = \tau_1 + \tau_2 = \frac{P}{A} + \frac{16PR}{\pi d^3} \tag{4-25}$$

$$\tau_{max} \approx K\frac{16PR}{\pi d^3} \; \star\star\star\star \tag{4-26}$$

$$K = \frac{(4C-1)}{(4C-4)} + \frac{0.615}{C}, \quad C = \frac{D}{d} \; \star \tag{4-27}$$

여기서, K는 왈의 응력수정계수, C는 스프링 지수, P는 코일 스프링에 가해지는 하중, R은 코일 스프링의 평균 직경, D는 코일 스프링의 직경, d는 소선(Wire)의 직경이다.

(2) 소선의 총 길이

$$L ≒ 2\pi R \cdot n \; \star \tag{4-28}$$

여기서, n은 유효권수로 L은 무효권수를 뺀 소선의 길이이다.

(3) 비틀림각

$$\theta = \frac{TL}{GI_P} = \frac{64nPR^2}{Gd^4} \; [rad] \tag{4-29}$$

(4) **처짐량**(변형량, 신장량, 수축량)

$$\delta = R \times \theta = \frac{64nPR^3}{Gd^4} \; \star\star\star\star \tag{4-30}$$

여기서, n은 감김수(유효권수), R은 스프링의 평균 반직경, d는 소선의 직경, P는 수직하중, θ는 비틀림각이다.

(5) 후크의 법칙

$$P = k \cdot \delta \quad \star\star\star \tag{4-31}$$

여기서, k는 스프링 상수[kgf/cm, N/m]이다.

(6) 탄성변형 에너지

$$U = \frac{1}{2}P\delta = \frac{32nP^2R^3}{Gd^4} \quad \star\star \tag{4-32}$$

(7) 합성 스프링 상수

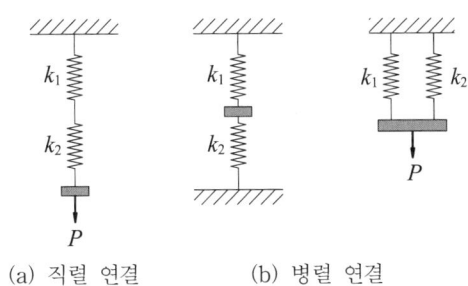

(a) 직렬 연결   (b) 병렬 연결

그림4-4 스프링의 직렬 및 병렬 연결

① 직렬 연결의 경우

$$\frac{1}{k_e} = \frac{1}{k_1} + \frac{1}{k_2} + \ldots \quad \star\star \tag{4-33}$$

② 병렬 연결의 경우

$$k_e = k_1 + k_2 + \ldots \quad \star\star \tag{4-34}$$

여기서, k_e는 합성 스프링 상수[N/m, kgf/cm]이다.

③ 하중과 변형량의 관계 표현

$$P = k_e \delta \quad \star \tag{4-35}$$

chapter 4 — 실전연습문제

01 둥근 중심축의 직경을 2배로 하면 비틀림 강도는 몇 배가되는가?

① 2배　　② 4배
③ 8배　　④ 16배

Solution
$$T_1 = \tau_a Z_p = \tau_a \frac{\pi d^3}{16}$$
$$T_2 = \tau_a \frac{\pi (2d)^3}{16} = 8T_1$$

02 동일 재료로 만든 길이 L, 직경이 d 인 축과 길이 $2L$, 직경 $2d$ 인 축을 같은 각도만큼 비트는데 필요한 비틀림 모멘트의 비 T_1/T_2 의 값은 얼마인가?

① 1/4　　② 1/8
③ 1/16　　④ 1/32

Solution
$\theta_1 = \theta_2$
$$\frac{T_1 L}{G \frac{\pi d^4}{32}} = \frac{T_2 2L}{G \frac{\pi (2d)^4}{32}}$$
$$T_1 = \frac{1}{8} T_2, \quad \frac{T_1}{T_2} = \frac{1}{8}$$

03 직경 d 인 원형 단면축을 외경이 d, 내경이 $d/2$ 인 중공축으로 하면 받을 수 있는 비틀림 모멘트는 몇 [%]감소하는가?

① 6.25
② 12.5
③ 25.0
④ 50.0

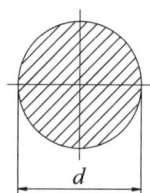

Solution
$$T_a = \tau_a \frac{\pi d^3}{16}$$
$$T_b = \tau_b \frac{\pi d^3}{16}(1-0.5^4)$$
$$\phi = \frac{T_b - T_a}{T_a} \times 100 = [(1-0.5^4) - 1] \times 100 = -6.25[\%]$$

Answer　01 ③　02 ②　03 ①

04 중공축의 외경 12[cm], 내경 6[cm]가 600[rpm]으로 회전할 때, 전달마력은 몇 [kW]인가?
(단, 전단허용응력 $\tau_a = 19.6$[MPa]이다.)

① 125. 63   ② 199.63   ③ 391.89   ④ 516.52

Solution
$$T = 974 \times 9.8 \times \frac{H_{kW}}{N} = \tau_a \frac{\pi d^3}{16}(1-x^4)$$
$$974 \times 9.8 \times \frac{H_{kW}}{600} = 19.6 \times 10^6 \times \frac{\pi \times 0.12^3}{16} \times \left[1-\left(\frac{6}{12}\right)^4\right]$$
$$H_{kW} = 391.89 \,[\text{kW}]$$

05 다음 그림과 같은 풀리(pulley)가 100[rpm]으로 회전할 때, 마력은 얼마로 하면 되겠는가?

① 0.8[PS]
② 1.74[PS]
③ 3.4[PS]
④ 5.9[PS]

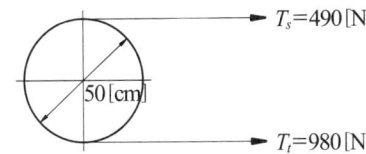

Solution
$$L = FV = (T_t - T_s) \times \frac{\pi DN}{60} = (980-490) \times \frac{\pi \times 0.5 \times 100}{60} = 1.28 \times 10^3 \,[\text{W}]$$
$$L = 1.28 \times 1.36 = 1.74 \,[\text{PS}]$$

06 외경 10[cm], 내경 6.4[cm]의 중공축의 회전수가 120[rpm]이고 축의 허용전단응력이 19.6[MPa]일 때, 전달 마력은 얼마인가?

① 25.67[PS]   ② 39.45[PS]   ③ 54.76[PS]   ④ 72.78[PS]

Solution
$$T = \tau_a Z_p = 716.2 \times 9.8 \frac{H_{ps}}{N} = \tau_a \frac{\pi d_2^3}{16}(1-x^4)$$
$$716.2 \times 9.8 \times \frac{H_{ps}}{120} = 19.6 \times 10^6 \times \frac{\pi \times 0.1^3}{16} \times \left[1-\left(\frac{6.4}{10}\right)^4\right]$$
$$H_{ps} = 54.76 \,[\text{PS}]$$

07 직경 $D = 30$[cm]의 그라인더 휠(Grinder Wheel)이 주속도 $v = 25$ [m/s]로 회전하고 있다. 이 그라인더 동력이 3.8[kW]일 때, 휠 축의 직경[cm]은 얼마인가? (단, 축 재료의 허용전단응력 $\tau_a = 29.4$[MPa]이다.)

① 1.58   ② 0.158   ③ 0.0158   ④ 0.00158

Solution
$$V = \frac{\pi DN}{60} \;;\; N = \frac{60 \times 25}{\pi \times 0.3} = 1592 \,[\text{rpm}]$$
$$T = 974 \times 9.8 \frac{H_{kW}}{N} = \tau_a \frac{\pi d^3}{16}$$
$$974 \times 9.8 \times \frac{3.8}{1592} = 29.4 \times 10^6 \times \frac{\pi d^3}{16}$$
$$d = 0.0158 \,[\text{m}] = 1.58 \,[\text{cm}]$$

Answer   04 ③   05 ②   06 ③   07 ①

08 그림과 같이 양단 고정봉에 비틀림 모멘트 $T=9.8[J]$이 작용할 때 오른쪽 봉에 작용하는 비틀림 모멘트[J]는 얼마인가?

① 1.96
② 3.92
③ 5.78
④ 7.84

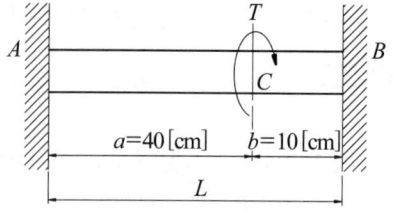

Solution
$T_A = \dfrac{Tb}{L} = \dfrac{9.8 \times 10}{50} = 1.96\,[J]$

$T_B = \dfrac{Ta}{L} = \dfrac{9.8 \times 40}{50} = 7.84\,[J]$

09 그림과 같이 양단이 고정된 단붙임축의 단붙임부에 비틀림 모멘트 T가 작용할 때, 직경 D_1인 축과 직경 D_2인 축에 각각 작용하는 비틀림 모멘트의 비 T_1/T_2의 값은 얼마인가?
(단, $D_1=8[cm]$ $D_2=4[cm]$, $L_1=40[cm]$, $L_2=10[cm]$이다.)

① 1
② 2
③ 3
④ 4

Solution
$\theta = \dfrac{T_1 L_1}{G\dfrac{\pi D_1^4}{32}} = \dfrac{T_2 L_2}{G\dfrac{\pi D_2^4}{32}}$

$\dfrac{T_1}{T_2} = \dfrac{L_2}{D_2^4} \times \dfrac{D_1^4}{L_1} = \dfrac{8^4 \times 10}{4^4 \times 40} = 4$

10 코일 스프링에서 스프링의 평균 직경을 2배로 하면 선재에 생기는 최대 전단응력은 몇 배인가?

① 1   ② 2   ③ 3   ④ 4

Solution
$\tau_1 = \dfrac{T}{Z_p} = \dfrac{16PR}{\pi d^3}$, $\tau_2 = \dfrac{T}{Z_p} = \dfrac{16P(2R)}{\pi d^3} = 2\tau_1$

11 코일 스프링의 평균 직경 D를 2배로 하면 처짐은 몇 배가 되는가?

① 2   ② 4   ③ 8   ④ 16

Solution
$\delta_1 = \dfrac{64nPR^3}{Gd^4}$

$\delta_2 = \dfrac{64nP(2R)^3}{Gd^4} = 8\delta_1$

Answer 08 ④ 09 ④ 10 ② 11 ③

12 평균 직경 25[cm], 코일의 수 10, 소선의 직경 1.25[cm]인 원통형 코일 스프링이 176[N]의 압축 하중을 받을 때, 스프링 상수 k[N/m]는 얼마인가? (단, $G=86.24$ [GPa]이다.)

① 1238.8
② 1684.4
③ 2567.5
④ 2978.7

◎ Solution
$$P = k\delta = k\frac{64nPR^3}{Gd^4}$$
$$k = \frac{Gd^4}{64nR^3} = \frac{86.24\times10^9\times0.0125^4}{64\times10\times0.125^3} = 1684.38 \,[\text{N/m}]$$

13 각속도 ω (rad/min)로 H [PS]를 전달하는 전동축에 작용하는 토크 T [J]의 식은 다음 중 어느 것인가?

① $T = 4410\dfrac{H}{\omega}$
② $T = 44100\dfrac{H}{\omega}$
③ $T = 441000\dfrac{H}{\omega}$
④ $T = 4410000\dfrac{H}{\omega}$

◎ Solution
$$T = \frac{H\times0.735\times10^3\times60}{\omega} = 44100\frac{H}{\omega}$$

14 그림과 같은 타원 단면에 순수 비틀림 모멘트를 주었을 때, 최대 비틀림응력이 일어나는 곳은?

① A
② B
③ E
④ F

15 1470[J]의 비틀림 모멘트를 받는 외경 $d_2 = 100$[mm]의 중공축의 두께는 몇 [mm]인가? (단, 허용 전단응력은 39.2[MPa]이다.)

① 1.0
② 1.5
③ 2.0
④ 2.5

◎ Solution
$$T = \tau_a \frac{\pi d_2^3}{16}(1-x^4)$$
$$1470 = 39.2\times10^6 \times \frac{\pi\times0.1^3}{16}\times(1-x^4), \quad x = 0.95$$
$$d_1 = xd_2 = 0.95\times100 = 95 \,[\text{mm}]$$
$$t = \frac{d_2 - d_1}{2} = \frac{100-95}{2} = 2.5 \,[\text{mm}]$$

Answer 12 ② 13 ② 14 ② 15 ④

16 그림과 같이 3개의 풀리가 각각 마력을 전달하고 있다. 각 풀리축에 발생하는 전단응력을 같게 하기 위한 직경의 비는?

① $d_1 : d_2 = \sqrt{5} : \sqrt{3}$
② $d_1 : d_2 = \sqrt{3} : \sqrt{5}$
③ $d_1 : d_2 = \sqrt[3]{5} : \sqrt[3]{3}$
④ $d_1 : d_2 = \sqrt[3]{3} : \sqrt[3]{5}$

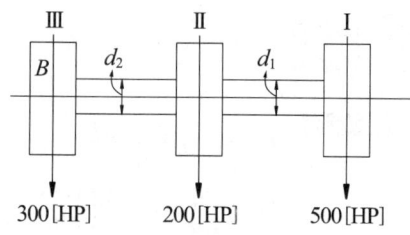

Solution

$T_1 = \tau_a \dfrac{\pi d_1^3}{16} = 716.2 \times 9.8 \times \dfrac{500}{N}$

$T_2 = \tau_a \dfrac{\pi d_2^3}{16} = 716.2 \times 9.8 \times \dfrac{300}{N}$

위의 두 식으로부터 직경비의 관계를 얻을 수 있다.

$\dfrac{d_1^3}{d_2^3} = \dfrac{5}{3}$

$d_1 : d_2 = \sqrt[3]{5} : \sqrt[3]{3}$

17 그림에서의 판 A, B가 기울어지지 않기 위해 스프링 상수 k는 얼마이어야 하는가?

① 7.5[kg/cm]
② 5.0[kg/cm]
③ 12[kg/cm]
④ 10[kg/cm]

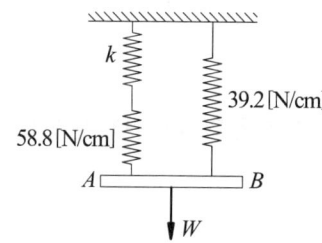

Solution

$\dfrac{1}{39.2} = \dfrac{1}{k} + \dfrac{1}{58.8}$

$k = 117.6\,[\text{N/cm}] = 12\,[\text{kg/cm}]$

18 코일 스프링의 평균직경 $D=5[\text{cm}]$, 소선의 직경 $d=5[\text{mm}]$, 허용 전단응력 686[MPa]일 때, 스프링에 가해지는 하중 P 및 스프링 상수 $k=98[\text{N/cm}]$가 되기 위한 코일의 감김수 n은? (단, $G=80[\text{GPa}]$이다.)

① $P=787.64[\text{N}]$, $n=6.3$
② $P=673.48[\text{N}]$, $n=5.1$
③ $P=587.79[\text{N}]$, $n=4.3$
④ $P=487.51[\text{N}]$, $n=3.3$

Solution

$\tau_a = \dfrac{T}{Z_p} = \dfrac{16PR}{\pi d^3}$

$P = k\delta = k\dfrac{64nPR^3}{Gd^4}$

$n = \dfrac{Gd^4}{64kR^3} = \dfrac{80 \times 10^9 \times 0.005^4}{98 \times 10^2 \times 64 \times 0.025^3}$, $n = 5.1$

$P = \dfrac{\tau_a \pi d^3}{16R} = \dfrac{686 \times 10^6 \times \pi \times 0.005^3}{16 \times 0.025} = 673.48\,[\text{N}]$

Answer 16 ③ 17 ③ 18 ②

19 같은 동력을 전달하는 직경 d인 중실축의 비틀림각 θ_A와 내경이 외경 d의 1/3인 중공축의 비틀림각 θ_B와의 비 θ_A/θ_B는 얼마인가?

① $\dfrac{15}{16}$ ② $\dfrac{26}{27}$ ③ $\dfrac{31}{32}$ ④ $\dfrac{80}{81}$

Solution
$$x = \frac{d_1}{d_2} = \frac{1}{3}$$
$$\theta_A = \frac{TL}{G\frac{\pi d^4}{32}}, \quad \theta_B = \frac{TL}{G\frac{\pi d^4}{32}(1-x^4)}$$
$$\frac{\theta_A}{\theta_B} = 1 - x^4 = 1 - \left(\frac{1}{3}\right)^4 = 1 - \frac{1}{81} = \frac{80}{81}$$

20 원형 극단면계수 $Z_p=60[\text{cm}^3]$인 전동축에 매분 200회전으로 600마력(PS)이 전달될 때, 이 축의 표면에 일어나는 최대 전단응력은?

① 350.94[MPa] ② 458[MPa] ③ 551.8[MPa] ④ 686[MPa]

Solution
$$T = \tau_{\max} Z_p = 716.2 \times 9.8 \frac{H_{ps}}{N}$$
$$716.2 \times 9.8 \times \frac{600}{200} = \tau_{\max} \times 60 \times 10^{-6}$$
$$\tau_{\max} = 350.94 \times 10^6 \,[\text{N/m}^2]$$

21 길이 $L=10[\text{m}]$인 원형 단면 축에 비틀림 모멘트 $T=9800[\text{J}]$을 작용시키려면 축의 비틀림은 얼마인가? (단, 허용전단응력 $\tau_a=49[\text{MPa}]$, 가로탄성계수 $G=80[\text{GPa}]$이다.)

① 6.98° ② 5.46° ③ 4.73° ④ 3.25°

Solution
$$T = \tau_a \times \frac{\pi d^3}{16} \,;\, 9800 = 49 \times 10^6 \times \frac{\pi d^3}{16}$$
$$d = 0.1006\,[\text{m}]$$
$$\theta = \frac{TL}{GI_p} = \frac{32 \times 9800 \times 10}{89 \times 10^9 \times \pi \times 0.1006^4} \times \frac{180°}{\pi} = 6.98°$$

22 연강을 파단될 때까지 비틀었을 때 파단 형태는 다음 중 어느 것인가?

① 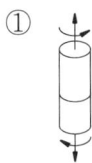 ② 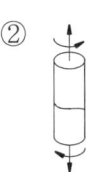 ③ 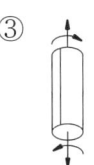 ④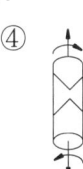

Solution 비틀림에 의하여 봉의 겉 표면에서 최대 변형이 생기며, 봉의 속으로(안으로) 들어가면서 변형은 감소하게 된다.

Answer 19 ④ 20 ① 21 ① 22 ②

23 직경 $d=1[cm]$인 강으로 된 중심축에 A, B에 고정되어 있고 C의 disk가 그림과 같이 고정되어 있다. 만약, 허용전단응력이 70[MPa]일 때, 이 disk에 가할 수 있는 최대허용 비틀림각은? (단, $G=80[GPa]$이다.)

① 2°
② 3°
③ 5°
④ 2.5°

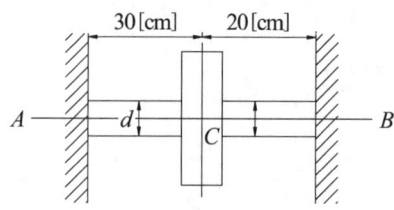

Solution
$$T = \tau_a Z_p = \tau_a \frac{\pi d^3}{16}$$
$$= 70 \times 10^6 \times \frac{\pi \times 0.01^3}{16} = 13.74 [N-m]$$
$$\theta = \frac{TL}{GI_p} = \frac{32 \times 13.74 \times 0.3}{80 \times 10^9 \times \pi \times 0.01^4} \times \frac{180}{\pi} = 3°$$

24 동일한 길이와 동일한 재질로서 만들어진 두 개의 원형단면 실축이 있다. 각각의 직경이 d_1, d_2일 때, 각 축에 저장되는 에너지의 비는? (단, 두 축은 모두 비틀림 모멘트 T를 받고 있다.)

① $u_1/u_2 = (d_2/d_1)^4$
② $u_2/u_1 = (d_2/d_1)^3$
③ $u_1/u_2 = (d_2/d_1)^3$
④ $u_2/u_1 = (d_2/d_1)^4$

Solution
$$U_1 = \frac{\tau_1^2}{4G} A_1 L = \frac{T^2 A_1 L}{4GZ_{P1}^2}, \quad U_2 = \frac{\tau_2^2}{4G} A_2 L = \frac{T^2 A_2 L}{4GZ_{P2}^2}$$
$$\frac{U_1}{U_2} = \frac{d_2^4}{d_1^4}$$

25 원형단면 축이 비틀림 모멘트를 받을 때, 생기는 비틀림각에 대한 설명 중 틀린 것은?

① 비틀림 모멘트에 정비례한다.
② 전단탄성계수에 반비례한다.
③ 극 단면 2차 모멘트에 정비례한다.
④ 축 직경의 네제곱에 반비례한다.

26 내경이 2[cm], 외경이 4[cm]인 속이 빈 봉이 2000[N-m]의 비틀림을 받을 때, 생기는 최대 전단응력은 얼마인가?

① 90[MPa]   ② 70[MPa]   ③ 120[MPa]   ④ 170[MPa]

Solution
$$T = \tau_a \cdot Z_p = \tau_a \frac{\pi d_2^3 (1-x^4)}{16}$$
$$2000 = \tau_a \times \frac{\pi \times 0.04^3}{16} \times \left[1-\left(\frac{2}{4}\right)^4\right], \quad \tau_a = 169.76 \times 10^6 [N/m^2]$$

Answer 23 ② 24 ① 25 ③ 26 ④

27 마력수 H, 회전수 n, 재료의 허용사용응력 τ_s 가 결정되었을 때, 전동축이 동력을 전달할 수 있는 전동축의 직경 d [cm]의 크기를 구하는 식은?

① $d = 57.3 \sqrt[3]{\dfrac{H}{\tau_s n}}$ ② $d = 68.5 \sqrt[3]{\dfrac{H}{\tau_s n}}$

③ $d = 71.5 \sqrt[3]{\dfrac{H}{\tau_s n}}$ ④ $d = 79.2 \sqrt[3]{\dfrac{H}{\tau_s n}}$

Solution
$T = 71620 \dfrac{H}{n} = \tau_s \dfrac{\pi d^3}{16}$, $d = 71.45 \sqrt[3]{\dfrac{H}{n \cdot \tau_s}}$

사용응력 τ_s 가 MPa이라면

$71620 \times 9.8 \times \dfrac{H}{n} = \tau_s \times \dfrac{\pi d^3}{16} \times 10^6 \times 10^{-4}$, $d = 32.94 \sqrt[3]{\dfrac{H}{n \cdot \tau_s}}$

28 원형축의 비틀림에 있어서 전단탄성계수 G, 극관성 모멘트 I_p, 비틀림 모멘트 T, 보의 길이 L, 비틀림각 ϕ(rad)는 어떻게 표시할 수 있는가?

① $\phi = \dfrac{GL}{TI_p}$ ② $\phi = \dfrac{TI_p}{GL}$

③ $\phi = \dfrac{GI_p}{TL}$ ④ $\phi = \dfrac{TL}{GI_p}$

29 그림에서의 판 AB 가 기울어지지 않기 위해 스프링 상수 k 는 얼마이어야 하는가?

① 0.25[N/m]
② 0.49[N/m]
③ 0.71[N/m]
④ 1.86[N/m]

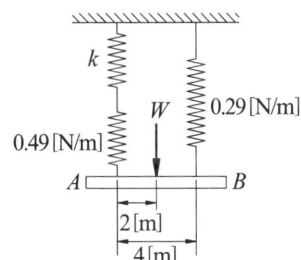

Solution
$\dfrac{1}{0.29} = \dfrac{1}{k} + \dfrac{1}{0.49}$, $k = 0.71$ [N/m]

30 직경이 10[cm]이고 길이가 1[m]인 환봉에 98[N]의 회전력이 작용하고 있다. 이 때 둥근봉에 축적된 탄성 에너지는 몇 [N-m]인가? (단, $G = 0.26 \times 10^9$ [N/m^2]이다.)

① 1.59×10^{-2} ② 2.08×10^{-1}
③ 3.76×10^{-2} ④ 47×10^{-4}

Solution
$U = \dfrac{1}{T} \cdot \theta = \dfrac{1}{2} T \cdot \dfrac{TL}{GI_p}$

$= \dfrac{1}{2} \times (98 \times 0.05)^2 \times \dfrac{32 \times 1}{0.26 \times 10^9 \times \pi \times 0.1^4} = 0.0047$ [N·m]

Answer 27 ③　28 ④　29 ③　30 ④

31 직경 d_1 인 전동축의 동력을 직경 d_2 인 축에 1/8로 감속시켜서 전달하려면 d_2 는 d_1 의 몇 배이어야 하는가? (단, 양 축의 허용전단응력은 같은 것으로 한다.)

① 3배
② 2.5배
③ 2배
④ 1.5배

Solution
$$T_1 = \tau_a \frac{\pi d_1^3}{16} = 716200 \times \frac{HP}{N_1}, \quad T_2 = \tau_a \frac{\pi d_2^3}{16} = 716200 \times \frac{HP}{N_2}$$
$$\frac{T_1}{T_2} = \frac{d_1^3}{d_2^3} = \frac{N_2}{N_1} = \frac{1}{8}$$
$$d_2^3 = 8d_1^3, \quad d_2 = 2d_1$$

32 굽힘 모멘트 M 과 비틀림 모멘트 T 를 동시에 받는 축에서 상당 비틀림 모멘트 T_e 의 식은?

① $T_e = M\sqrt{1 + \left(\frac{T}{M}\right)^2}$
② $T_e = \frac{M}{2}\sqrt{M^2 + T^2}$
③ $T_e = M^2 + T^2$
④ $T_e = \frac{1}{2}\sqrt{M^2 + T^2}$

Solution
$$T_e = \sqrt{M^2 + T^2} = M\sqrt{1 + \left(\frac{T}{M}\right)^2}$$

33 그림과 같이 반직경이 5[cm]인 원형 단면의 ㄱ자 프레임 ABC 에서 A점은 벽에 고정되어 있다. B점에 토크 T 를 가하여 C 점이 아래로 1[mm] 만큼 처지게 하려면, 필요한 토크의 크기는 몇 [N-m]인가? (단, 전단탄성계수는 75[GPa]이다.)

① 73
② 127
③ 184
④ 256

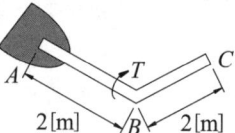

Solution
$$\delta = \theta \cdot L = \frac{TL}{GI_p}L$$
$$0.001 = \frac{32 \times T \times 2^2}{75 \times 10^9 \times \pi \times 0.1^4}, \quad T = 184.08 \, [\text{N}-\text{m}]$$

Answer 31 ③ 32 ① 33 ③

34 반직경 r인 원형축의 양단에 비틀림 모멘트 M_t가 작용될 경우 축의 양단 사이의 최대 비틀림각은? (단, 축의 길이는 L이고, 전단 탄성계수는 G이다.)

① $\dfrac{2M_tL^2}{3\pi^2Gr^2}$

② $\dfrac{3M_tL^2}{4\pi Gr^4}$

③ $\dfrac{M_tL}{\pi^2Gr^2}$

④ $\dfrac{2M_tL}{\pi Gr^4}$

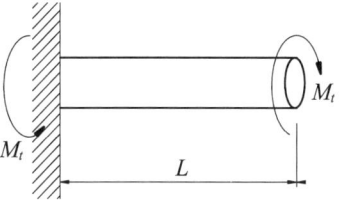

Solution $\theta = \dfrac{M_t}{G}\dfrac{L}{I_p} = \dfrac{2M_tL}{G\pi r^4}$

35 2[Hz]로 돌고 있는 중실 원형축이 150[kW]의 동력을 전달해야 된다고 한다. 허용 전단응력이 40[MPa]일 때 요구되는 최소 직경은 몇 [mm]인가?

① 115   ② 155
③ 210   ④ 265

Solution
$f = 2Hz = 2cps = 2\,[\text{cycle/sec}]$
$\omega = \dfrac{2\pi N}{60} = 2\pi f,\ N = 60f = 120\,[\text{rpm}]$
$T = 974 \times 9.8 \times \dfrac{H_{kW}}{N} = \tau \dfrac{\pi d^3}{16}$
$974 \times 9.8 \times \dfrac{150}{120} = 40 \times 10^6 \times \dfrac{\pi d^3}{16}$
$d = 0.115\,[\text{m}] = 115[\text{mm}]$

36 직경 $d=5$[mm]인 와이어로 제작된 반직경 $R=3$[cm]의 코일 스프링에 하중 $P=1$[kN]이 작용할 때, 와이어 단면에 생기는 비틀림 응력은 몇 [MPa]인가?

① 1222
② 1322
③ 1832
④ 2962

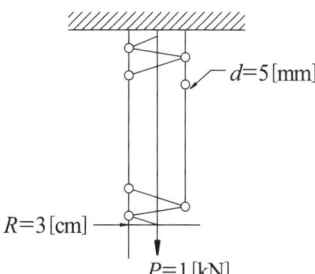

Solution
$C = \dfrac{D}{d} = \dfrac{60}{5} = 12$
$K = \dfrac{4C-1}{4C-4} + \dfrac{0.615}{C} = 1.12$
$\tau = K\dfrac{16PR}{\pi d^3} = 1.12 \times \dfrac{16 \times 10^3 \times 0.03}{\pi \times 0.005^3} = 1369.68\,[\text{MPa}]$
• 왈의 응력수정계수를 무시하면
$\tau = \dfrac{1369.68}{1.12} = 1222.93\,[\text{MPa}]$

Answer 34 ④   35 ①   36 ①

37 내경이 30[mm]이고 외경이 42[mm]인 중공축이 100[kW]의 동력을 전달하는데 이용된다. 전단응력이 50[MPa]을 초과하지 않도록 축의 회전진동수를 구하면 몇 [Hz] 인가?

① 26.6　　　　　　　② 29.6
③ 33.4　　　　　　　④ 37.8

Solution

$$T = 974 \times 9.8 \frac{H_{kW}}{N} = \tau \frac{\pi d_2^3}{16}(1-x^4)$$

$$974 \times 9.8 \times \frac{100}{N} = 50 \times 10^6 \times \frac{\pi \times 0.042^3}{16} \times \left(1 - \left(\frac{30}{42}\right)^4\right)$$

$$N = 1774.13 \,[\text{rpm}]$$

$$\omega = \frac{2\pi N}{60} = \frac{2 \times \pi \times 1774.13}{60} = 185.79 \,[\text{rad/sec}]$$

$$f = \frac{\omega}{2\pi} = \frac{185.79}{2\pi} = 29.57 \,[\text{cycle/sec}]$$

38 아래 그림에서와 같이 단붙이 원형축(Stepped Circular Shaft)의 풀리에 토크가 작용하여 평형상태에 있다. 이 축에 발생하는 최대 전단응력은 몇 [MPa]인가?

① 18.2
② 22.9
③ 41.3
④ 52.4

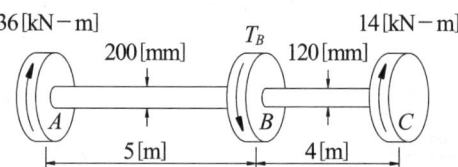

Solution

$$T_A = \tau_{AB} \cdot Z_p \,;\, 36 \times 10^3 = \tau_{AB} \times \frac{\pi \times 0.2^3}{16}$$

$$\tau_{AB} = 22.92 \,[\text{MPa}]$$

$$T_C = \tau_{BC} \cdot Z_p \,;\, 14 \times 10^3 = \tau_{BC} \times \frac{\pi \times 0.12^3}{16}$$

$$\tau_{BC} = 41.3 \,[\text{MPa}] = \tau_{max}$$

Answer　37 ②　38 ③

chapter 5 보(Beam)의 굽힘

1 지점(支点)의 종류

(1) 회전지점(Hinged Support)

힌지 지점으로 되어 있는 보에 하중이 작용하면 힌지 지점에는 수평반력과 수직반력의 미지수만이 발생한다.

(2) 가동지점(Movable Support)

가동지점으로 되어 있는 보에 하중이 작용하면 가동지점에는 수직반력의 미지수만이 발생한다.

(3) 고정지점(Fixed Support)

고정지점으로 되어 있는 보에 하중이 작용하면 고정지점에는 수평반력과 수직반력 그리고 고정단에 저항 모멘트의 미지수가 발생한다.

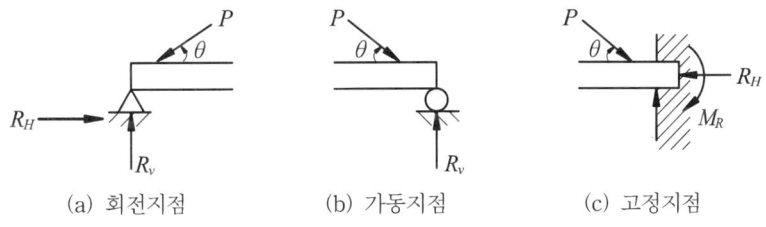

(a) 회전지점   (b) 가동지점   (c) 고정지점

그림5-1 지점의 종류

2 보의 종류

보의 종류는 정정보와 부정정보로 구분된다. 정정보란 지점에 발생하는 미지수들을 힘의 평형과 모멘트 평형만으로 구할 수 있는 보이다. 부정정보는 미지수들을 힘의 평형과 모멘트 평형만으로 구할 수 없어 특수 변형조건을 대입하여 미지수들을 구해야 되는 보이다.

(1) 정정보의 종류

정정보의 종류에는 외팔보(Cantilever), 단순보(Simple Beam), 내다지보(Over Hanging Beam) 등이 있다.

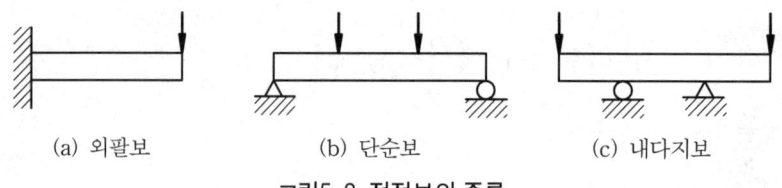

그림5-2 정정보의 종류

(2) 부정정보의 종류

부정정보에는 고정보(Fixed Beam ; 양단고정보), 고정받침보(일단고정 타단지지보), 연속보(Continuous Beam) 등이 있다.

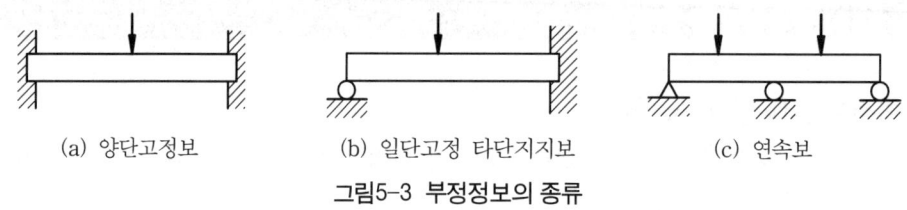

그림5-3 부정정보의 종류

3 보에 작용하는 하중

보에 작용하는 하중으로는 집중하중, 균일 분포하중(등분포하중), 불균일 분포하중(부등분포하중), 이동하중 등이 있다. 이동하중은 기차가 철교 위를 달리는 것 같이 보 위를 이동하는 하중이다. 본 장에서는 이동하중에 대해서는 다루지 않는다.

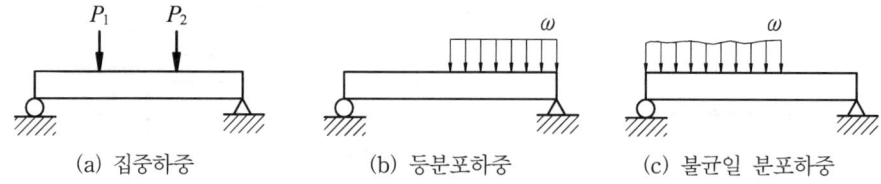

그림5-4 보에 작용하는 하중의 종류

여기서, P는 집중하중[N, kg_f]이고 ω는 분포하중[N/m, kg_f/m]이다. 분포하중이란 단위 길이당 작용하는 하중이다.

4 반력(Reaction)

보에 하중이 작용하면 보는 미소 변형(처짐)을 일으키며 휨(Bending) 현상이 발생하지 움직이지는 않는다. 그러므로 하중이 작용하면 하중이 작용하는 방향과 반대방향으로 저항하는 힘이 발생한다. 이것을 반력이라 한다. 이 반력을 구하기 위해 힘의 평형식과 모멘트 평형식을 세워 연립시켜 계산하면 된다.

(1) 힘의 평형

물체에 작용하는 외력의 합은 0이다. 이것이 정적 힘의 평형식이고 힘은 벡터량이므로 방향성을 가지고 있다. 그러므로 방향성을 고려하여 식을 세워 풀어야 한다.

$$\sum \vec{F} = 0 \quad \text{★★★} \qquad [5-1]$$

$$\sum F_x = 0, \quad \sum F_y = 0 \qquad [5-2]$$

또한, x방향과 y방향의 힘의 평형식을 세울 때, 아래와 같이 (+)와 (−) 방향을 결정하여 식을 세운다.

① 정(+) : ↑, →　　　　　　② 부(−) : ↓, ←

여기서, → 또는 ←은 수평방향(x방향)을 의미하고, ↑ 또는 ↓는 수직방향(y방향)을 나타낸다.

(2) 모멘트 평형

모멘트란 물체의 회전 운동의 크기를 나타내는 척도로 힘과 기준점으로부터 힘까지 수직거리의 곱으로 계산된다. 보에 작용하는 힘이 일으키는 모멘트들과 또 다른 모멘트의 합이 0일 때, 즉 보에 작용하는 모든 모멘트들의 합이 0이면 보는 회전하지 못한다. 이와 같은 관계를 모멘트 평형이라 하고 수식으로 표현하면 아래와 같다.

$$\sum M_o = 0 \quad \text{★★★} \qquad [5-3]$$

여기서, 하첨자 o는 기준점 또는 기준축을 의미하고 식을 세울 때는 회전방향을 고려하여야 한다. 본 교재에서는 시계방향를 (+), 반시계방향를 (−)로 하여 식을 세워 문제를 해결하도록 하겠다.

이상과 같이 힘의 평형식과 모멘트 평형식을 세워 반력을 결정할 수 있다. 예를 들어 그림과 같이 단순보에 2개의 집중하중이 작용하고 있을 때 반력 R_A, R_B를 결정하면

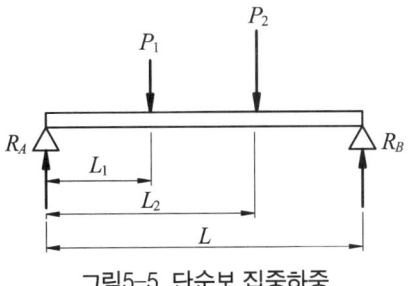

그림5-5 단순보 집중하중

$$\sum F = 0 \; ; \; R_A + R_B - P_1 - P_2 = 0$$

$$R_A + R_B = P_1 + P_2$$

$$\sum M_A = 0 \; ; \; P_1 L_1 + P_2 L_2 - R_B L = 0$$

$$R_B = \frac{P_1 L_1 + P_2 L_2}{L}, \quad R_A = P_1 + P_2 - R_B$$

이다.

5 전단력선도와 굽힘 모멘트 선도

보에 하중이 작용하면 처짐 형태의 변형이 생긴다. 변형이 생기는 보의 임의의 위치 어디에서나 단면의 접선력과 모멘트가 발생하게 된다. 이 때 발생하는 접선력을 전단력이라 하고 모멘트를 굽힘 모멘트라 한다.

전단력 F와 굽힘 모멘트 M은 보의 길이에 따라서 상이한 값을 갖는다. 그러므로 그 크기와 변화 상태를 표시하기 위하여 수직방향(y방향 축)에 전단력 F와 굽힘 모멘트 M의 값을 수평방향(x방향 축)에 보의 단면의 위치(보의 길이)를 취하여 그린 분포선도를 각각 전단력선도(SFD : Shearing Force Diagram) 그리고 굽힘 모멘트 선도(BMD : Bending Moment Diagram)라 한다. 본 교재에서 y축의 방향을 보의 길이 x축을 기준으로 위를 (+), 아래를 (-)로 놓고 선도를 표현하였다.

(1) 전단력과 굽힘 모멘트의 방향

전단력과 굽힘 모멘트 선도를 그리기 위해서는 수평축과 수직축의 방향을 결정해 주어야 한다. 그림5-6과 같이 전단력 F가 보의 좌·우측 단면에 작용하고 있을 때, 좌측 단면에서 상방향으로 우측 단면에서는 하방향으로 작용하면 전단력은 (+)이고 이것과 반대 방향이면 (-)이다. 굽힘 모멘트의 방향은 그림5-6과 같이 보의 좌·우측 단에서 상방향으로 향하며 (+)이고 하방향으로 향하며 (-)이다.

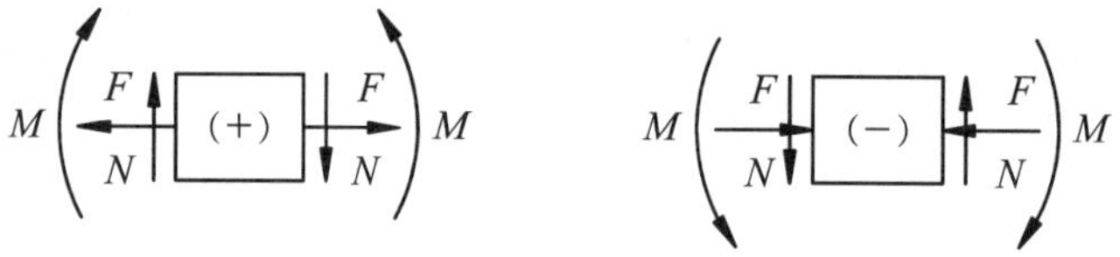

그림5-6 전단력과 굽힘 모멘트의 방향

(2) 하중과 전단력 그리고 굽힘 모멘트의 관계

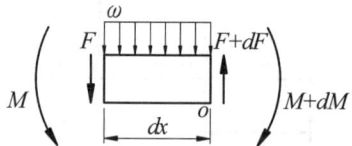

그림5-7 하중과 전단력 그리고 굽힘 모멘트의 관계

그림5-7에서와 같이 분포하중 ω가 작용하고 있는 미소 보의 길이 dx의 좌측단에 전단력 F와 굽힘 모멘트 M이 작용하고 미소 보의 길이 dx를 따라서는 미소 전단력 dF와 미소 굽힘 모멘트 dM의 변화가 생긴다면 우측단에는 전단력 $F+dF$와 굽힘 모멘트 $M+dM$이 작용하는 것으로 판단할 수 있다. 이 상태에서 힘의 평형과 모멘트 평형식을 세워보면 하중과 전단력 그리고 굽힘 모멘트의 관계를 알 수가 있다.

$$\sum P = F + dF - F - \omega dx = 0$$

$$\omega(x) = \frac{dF(x)}{dx} \qquad [5\text{-}4]$$

여기서, ω는 단위길이당 하중(분포하중)이고 전단력 F와 함께 보의 길이에 따라 변화한다는 것을 수식으로 표현한 것이 위의 미분 표현식이다.

$$\sum M_o = M + dM - M - Fdx - \omega \frac{dx^2}{2} = 0$$

여기서, dx^2는 미소 보의 길이의 제곱으로 dx보다 더 작아지므로 무시를 하고 정리하면

$$F(x) = \frac{dM(x)}{dx} \qquad [5\text{-}5]$$

이다. 이 식은 굽힘 모멘트도 보의 길이에 따라 변화한다는 것을 나타내는 미분 표현식이다. 결과적으로 하중과 전단력 그리고 굽힘 모멘트의 관계식은

$$\omega(x) = \frac{dF(x)}{dx} = \frac{d^2M(x)}{dx^2} \quad \text{★★★★} \qquad [5\text{-}6]$$

이다. 이와 같은 관계를 실제 전단력 선도와 굽힘 모멘트 선도를 그리는데 적용시킬 수 있다. 식 [5-6]를 적분식으로 표현할 수도 있다. 굽힘 모멘트를 x에 대하여 1계 미분을 하면 전단력을 구할 수 있고 2계 미분을 하면 분포하중을 구할 수 있다. 예를 들어 굽힘 모멘트의 식이 x의 3차식이라면 식 [5-6]에 의하여 전단력은 2차식, 분포하중은 1차식임을 알 수 있는 것이다. 즉, 보에 작용하는 하중으로부터 전단력 선도와 굽힘 모멘트 선도의 경향을 알 수 있다. 다음과 같은 내용을 잘 적용시켜 수식을 세우지 않고도 전단력선도와 굽힘 모멘트 선도를 그릴 수 있도록 해야 한다.

① 보에 작용하는 하중이 집중하중이면 전단력은 수평선으로 변화하고 굽힘 모멘트는 1차 직선으로 변화한다.
② 보에 작용하는 하중이 등분포하중이면 전단력은 1차 직선으로 변화하고 굽힘 모멘트는 2차 곡선(포물선)으로 변화한다.
③ 보에 작용하는 하중이 경사분포하중이면 전단력은 2차 곡선(포물선)으로 변화하고 굽힘 모멘트는 3차 곡선으로 변화한다.

6 외팔보의 전단력선도(SFD)와 굽힘 모멘트 선도(BMD)

(1) 외팔보 자유단 집중하중

길이가 L인 외팔보의 자유단(A단)에 집중하중 P가 작용하면 고정단(B단)에는 반력과 저항 모멘트가 발생한다. 그리고 전단력의 방향과 굽힘 모멘트의 방향은 (−)이며 전단력의 변화는 보의 길이에 따라 변화 없이 일정하고 굽힘 모멘트의 변화는 자유단에서 고정단으로 1차 직선으로 변화한다. 자유단에서 굽힘 모멘트는 0이고 고정단에서는 최대 굽힘 모멘트가 발생한다.

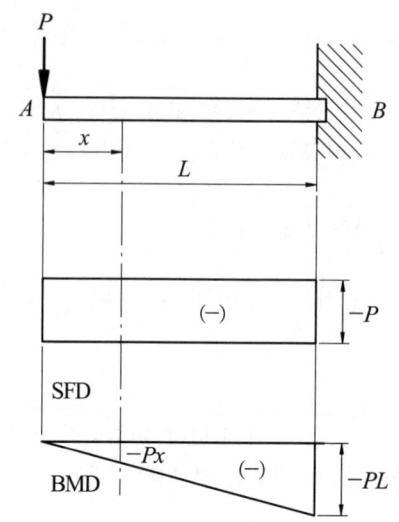

그림5-8 외팔보 자유단 집중하중시 SFD와 BMD

① 고정단 반력

$$R_B = P \tag{5-7}$$

② 최대 전단력

$$F_x = -P$$
$$F_{max} = P = R_B \tag{5-8}$$

③ 최대 굽힘 모멘트

$$M_x = -Px$$
$$M_B = PL = M_{max} \;\star \tag{5-9}$$

여기서, P는 자유단의 집중하중이고 L은 보의 길이이다.

(2) 외팔보 균일 분포하중

길이가 L인 외팔보에 균일 등분포하중 ω가 작용하면 고정단(B단)에는 반력과 저항 모멘트가 발생한다. 그리고 전단력의 방향과 굽힘 모멘트의 방향은 (−)이며 전단력의 변화는 보의 길이에 따라 1차 직선으로 변화하고 굽힘 모멘트의 변화는 자유단에서 고정단으로 2차 곡선(포물선)으로 변화한다. 자유단에서 굽힘 모멘트는 0이고 고정단에서는 최대 굽힘 모멘트가 발생한다.

① 고정단 반력

$$R_B = \omega \cdot L \tag{5-10}$$

② 최대 전단력

$$F_x = -\omega x$$
$$F_{max} = \omega \cdot L = R_B \tag{5-11}$$

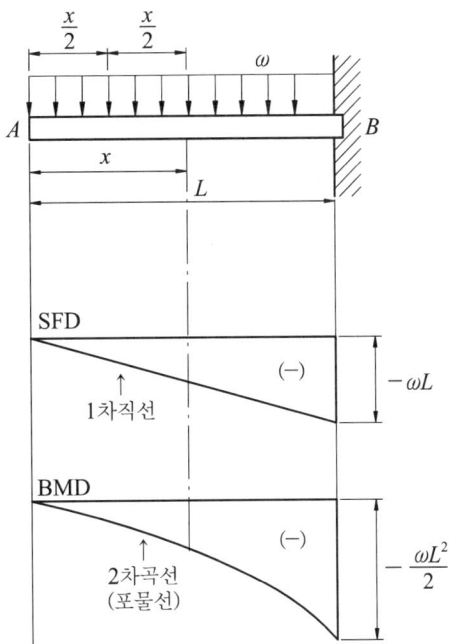

그림5-9 외팔보 균일 분포하중시 SFD와 BMD

③ 최대 굽힘 모멘트

$$M_x = F_x \cdot \frac{x}{2} = -\frac{\omega \cdot x^2}{2}$$

$$M_B = -\frac{\omega \cdot L^2}{2} = M_{max} \quad ★ \qquad [5\text{-}12]$$

여기서, ω 는 단위길이당 하중[N/m, kg$_f$/cm]이다.

(3) 외팔보 경사 분포하중(삼각 분포하중)

길이가 L인 외팔보에 삼각(경사)분포하중 ω_0가 작용하면 고정단(B단)에는 반력과 저항 모멘트가 발생한다. 그리고 전단력의 방향과 굽힘 모멘트의 방향은 (−)이며 전단력의 변화는 보의 길이에 따라 2차 곡선(포물선)으로 변화하고 굽힘 모멘트의 변화는 자유단에서 고정단으로 3차 곡선으로 변화한다. 자유단에서 굽힘 모멘트는 0이고 고정단에서는 최대 굽힘 모멘트가 발생한다.

① 고정단 반력

$$R_B = \frac{\omega_0 \cdot L}{2} \qquad [5\text{-}13]$$

② 최대 전단력

$$F_x = -\frac{\omega_0 \cdot x^2}{2L}$$

$$F_{max} = \frac{\omega_0 \cdot L}{2} = R_B \qquad [5\text{-}14]$$

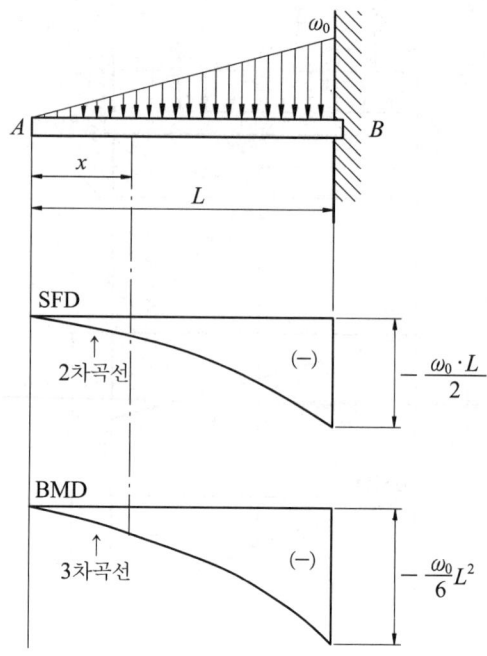

그림5-10 외팔보 3각 분포하중시 SFD와 BMD

③ 최대 굽힘 모멘트

$$M_x = F_x \cdot \frac{x}{3} = -\frac{\omega_0 \cdot x^3}{6L}$$

$$M_B = \frac{\omega_0 \cdot L^2}{6} = M_{max} \;\star \qquad \text{[5-15]}$$

여기서, ω_0는 단위길이당 작용하는 최대 하중[N/m, kgf/cm]이다.

(4) 외팔보 자유단 우력 모멘트

길이가 L인 외팔보의 자유단에 우력 모멘트 M_0가 작용하면 고정단(A단)에는 저항 모멘트만 발생한다. 따라서 전단력은 발생하지 않고 굽힘 모멘트의 방향은 (−)이며 굽힘 모멘트의 변화는 자유단에서 고정단까지 x 축에 M_0로서 평행하게 작용한다.

① 저항 모멘트

$$M_R = M_A = M_0 \qquad \text{[5-16]}$$

② 전단력

$$F = 0 \qquad \text{[5-17]}$$

③ 최대 굽힘 모멘트

$$M_{max} = M_A = M_0 \;\star \qquad \text{[5-18]}$$

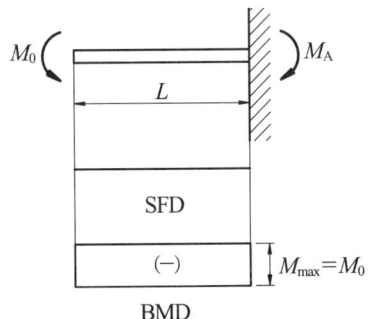

그림5-11 외팔보 자유단에 우력 모멘트 작용시 SFD와 BMD

지금까지 외팔보 중 가장 일반적인 경우를 예로 들어 전단력 선도와 굽힘 모멘트 선도를 정리하였다. 이것을 잘 정리하여 다른 경우의 문제도 해결할 수 있도록 해야 한다. 여기서, 무엇보다도 중요한 것은 최대 굽힘 모멘트가 발생하는 지점과 그 크기이다. 위에서 정리한 4가지 경우의 외팔보에서 최대 굽힘 모멘트가 발생하는 지점은 고정단이다.

7 단순보의 전단력선도(SFD)와 굽힘 모멘트 선도(BMD)

(1) 단순보 중앙 집중하중

길이가 L인 단순보의 A단 힌지지점과 B단 가동지점 사이의 중앙에 집중하중 P가 작용하면 A지점과 B지점에 반력이 발생한다. 그리고 보에 발생하는 전단력은 중앙점을 기준으로 A지점에서 중앙까지는 (+), 중앙에서 B지점까지는 (−)로 보의 길이에 평행선으로 분포하게 된다. 굽힘 모멘트의 방향은 (+)이며 A단과 B단에서는 굽힘 모멘트가 0이고 양단에서 중앙으로 들어오면서 1차 직선으로 굽힘 모멘트는 증가한다. 굽힘 모멘트는 중앙점을 기준으로 좌우 대칭을 이루며 중앙점에서 최대 굽힘 모멘트가 발생한다. 단순보의 경우, 최대 굽힘 모멘트가 발생하는 지점은 전단력이 (+)에서 (−)로 변화하는 지점 즉, 전단력이 0이 되는 지점이고 식 [5-5]로부터 최대 굽힘 모멘트가 발생하는 지점에 관한 문제를 해결할 수 있다.

① 반력

$$R_A = \frac{P}{2}, \quad R_B = -\frac{P}{2} \qquad [5\text{-}19]$$

여기서, 반력 R_A와 R_B의 방향은 반대이고 크기는 같다.

② 최대 전단력

x가 $\frac{L}{2}$보다 작을 때 전단력은

$$F_x = \frac{P}{2} \qquad [5\text{-}20]$$

이고, x가 $\frac{L}{2}$보다 클 때 전단력은

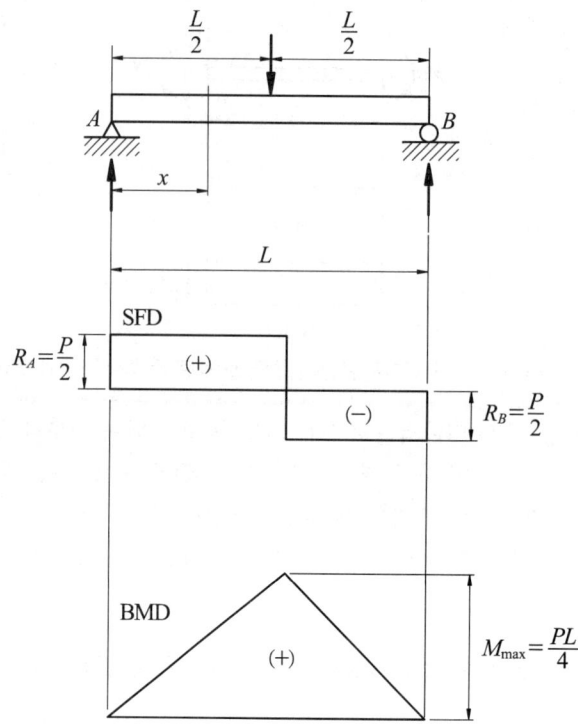

그림5-12 단순보 중앙 집중하중 작용시 SFD와 BMD

$$F_x = -\frac{P}{2} \quad [5-21]$$

이다.

$$F_{max} = \frac{P}{2} \quad [5-22]$$

③ 최대 굽힘 모멘트

$$M_x = F_x \cdot x = \frac{P \cdot x}{2}$$

$$M_C = M_{max} = \frac{P \cdot L}{4} \;\text{★★★} \quad [5-23]$$

(2) 단순보 균일(등)분포하중

길이가 L인 단순보의 A단 힌지지점과 B단 가동지점 사이에 등분포하중이 작용하면 A지점과 B지점에 반력이 발생한다. 그리고 보에 발생하는 전단력은 중앙점을 기준으로 A지점에서 중앙까지는 (+), 중앙에서 B지점까지는 (−)로 1차 직선으로 변화하며 분포하게 된다. 굽힘 모멘트의 방향은 (+)이며 A단과 B단에서는 굽힘 모멘트가 0이고 양단에서 중앙으로 들어오면서 2차 포물선으로 굽힘 모멘트는 증가한다. 굽힘 모멘트는 중앙점을 기준으로 좌·우 대칭을 이루며 중앙점에서 최대 굽힘 모멘트가 발생한다.

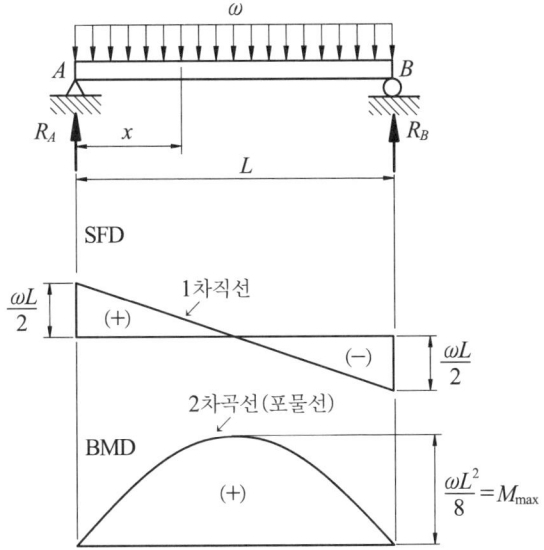

그림5-13 단순보 균일 등분포하중 작용시 SFD와 BMD

① 반력

$$R_A + R_B = \omega \cdot L$$

$$R_A = \frac{\omega \cdot L}{2}, \quad R_B = -\frac{\omega \cdot L}{2} \tag{5-24}$$

② 최대 전단력

$$F_x = \frac{\omega L}{2} - \omega x$$

$$F_{max} = \frac{\omega \cdot L}{2} = R_A = R_B \tag{5-25}$$

③ 굽힘 모멘트

$$M_x = \frac{\omega L}{2} x - \frac{\omega x^2}{2}$$

$$M_C = M_{max} = \frac{\omega \cdot L^2}{8} \quad \text{★★★} \tag{5-26}$$

(3) 단순보 삼각 분포하중

길이가 L인 단순보의 A단 힌지지점과 B단 가동지점 사이에 삼각분포하중이 작용하면 A지점과 B지점에 반력이 발생한다. 그리고 보에 발생하는 전단력은 중앙점을 기준으로 A지점에서 안쪽으로 들어가면서 (+), 안쪽 어떤 지점으로부터 B지점까지는 (-)로 2차 곡선을 그리며 변화하게 된다. 전단력이 (+)에서 (-)로 변화는 지점은 전단력이 0이 되는 점이므로 식 [5-4]로부터 구할 수 있다. 굽힘 모멘트의 방향은 (+)이며 A단과 B단에서는 굽힘 모멘트가 0이고 양단에서 전단력이 0이 되는 지점까지 들어오면서 3차 곡선으로 굽힘 모멘트는 증가한다. 전단력이 0이 되는 지점이 최대 굽힘 모멘트가 발생하는 지점이다.

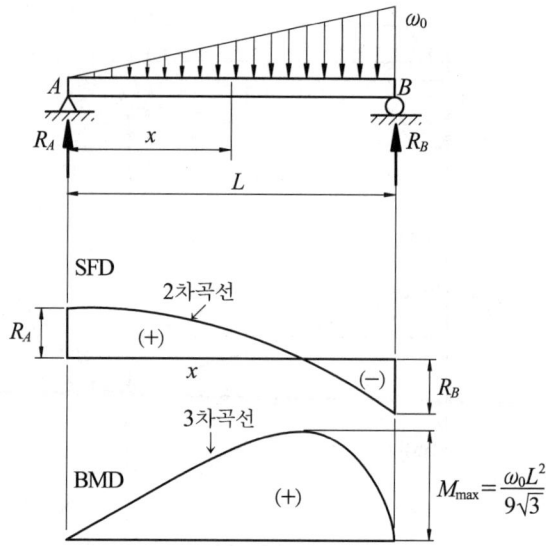

그림5-14 단순보 3각 분포하중 작용시 SFD와 BMD

① 반력

$$R_A + R_B = \frac{\omega_0 \cdot L}{2}$$

$$R_A = \frac{\omega_0 \cdot L}{6}, \quad R_B = -\frac{\omega_0 \cdot L}{3} \quad \quad [5\text{-}27]$$

② 최대 전단력

$$F_x = \frac{\omega_0 \cdot L}{6} - \frac{\omega_0 \cdot x^2}{2L}$$

$$F_{max} = R_B = \frac{\omega_0 \cdot L}{3} \quad \quad [5\text{-}28]$$

③ 전단력이 0인 지점

$$F_x = 0$$

$$x = \frac{L}{\sqrt{3}} \quad \quad [5\text{-}29]$$

④ 최대 굽힘 모멘트

$$M_x = \frac{\omega_0 L}{6} x - \frac{\omega_0 x^3}{6L}$$

$$M_{max} = \frac{\omega_0 \cdot L^2}{9\sqrt{3}} \; \bigstar\bigstar \quad \quad [5\text{-}30]$$

(4) 단순보에 작용하는 우력 모멘트

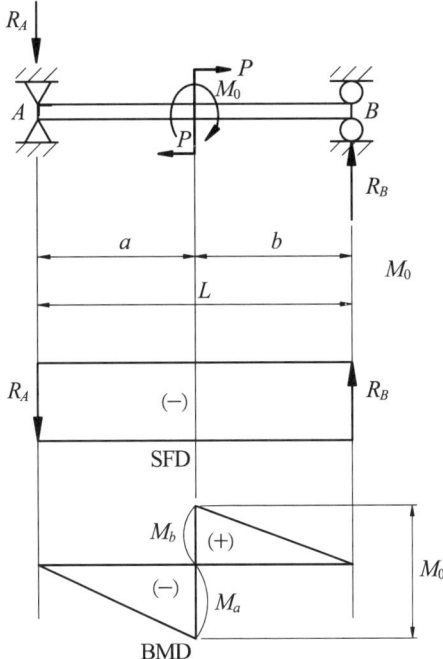

그림5-15 단순보에 작용하는 우력 모멘트 작용시 SFD와 BMD ★★★

길이가 L 인 단순보에 우력 모멘트가 작용하면 전단력의 변화는 보의 길이에 따라 ($-$)방향으로 일정하게 발생하게 되고 굽힘 모멘트는 양단에서 우력 모멘트가 작용하는 지점까지 1차 직선으로 변화한다. A단에서 우력 모멘트 작용점까지는 ($-$)방향으로 변화하고 B 단에서 우력 모멘트 작용점까지는 (+)방향으로 변화한다.

① 반력

$$-R_A + R_B = 0$$
$$\sum M_B = M_0 - R_A L = 0$$
$$R_A = \frac{M_0}{L}, \quad R_B = \frac{M_0}{L} \tag{5-31}$$

② 전단력

$$F_{\max} = \frac{M_0}{L} \tag{5-32}$$

③ 굽힘 모멘트

$$x \leq a, \quad M_x = R_A \cdot x = -\frac{M_0}{L}x, \quad M_a = -\frac{M_0}{L}a \tag{5-33}$$

$$x > a, \quad M_x = R_A \cdot x + M_0 = -\frac{M_0}{L}x + M_0, \quad M_b = \frac{M_0}{L}b \tag{5-34}$$

지금까지 단순보 중 가장 일반적인 경우를 예로 들어 전단력 선도와 굽힘 모멘트 선도를 정리하였다. 외팔보에서 언급한 것처럼 기본적인 것을 잘 정리하여 그것을 응용하여 다른 문제도 해결할 수 있도록 해야 한다. 여기서, 무엇보다도 중요한 것은 최대 굽힘 모멘트가 발생하는 지점과 그 크기이다. 단순보에서 최대 굽힘 모멘트가 발생하는 지점은 전단력이 0인 지점 즉, 전단력이 (+)에서 (-)로 변화하는 지점이다.

8 돌출보의 전단력선도(SFD)와 굽힘 모멘트 선도(BMD)

(1) 돌출보(내다지보) 집중하중

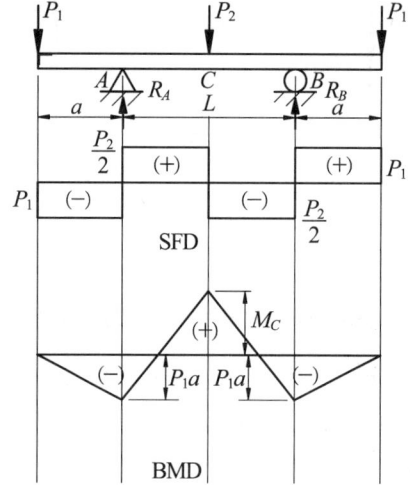

그림5-16 돌출보 집중하중 작용시 SFD와 BMD ★★★

A지점과 B지점에서 양끝으로 a만큼 돌출하여 나간 내다지보의 양끝에 집중하중 P_1과 중앙에 집중하중 P_2가 작용하면 A지점과 B지점에는 반력이 발생하게 된다. 이와 같은 보에서 전단력의 변화는 왼쪽 끝에서 A지점까지는 (-), A지점에서 중앙까지는 (+), 중앙에서 B지점까지는 (-), B지점에서 오른쪽 끝단까지는 (+)로 보의 길이를 기준선으로 표현하면 그 기준선에 평행하게 변화한다. 굽힘 모멘트의 변화는 왼쪽 끝에서 A지점까지는 (-), A지점에서 중앙까지는 (+)방향의 1차 직선으로 변화하게 된다. 오른쪽 끝단에서 중앙까지는 왼쪽끝단에서 중앙까지의 변화와 대칭으로 그림5-16에서 확인할 수 있다.

① 반력

$$R_A = R_B = P_1 + \frac{P_2}{2} \quad [5\text{-}35]$$

② A지점과 B지점에서 굽힘 모멘트

$$M_A = M_B = P_1 a \quad [5\text{-}36]$$

③ 중앙(C) 지점에서 굽힘 모멘트

$$M_C = \frac{P_2 L}{4} - P_1 a \qquad [5\text{-}37]$$

(2) 돌출보(내다지보) 등분포하중

A점과 B 지점에서 양끝으로 a 만큼 돌출하여 나간 내다지보에 등분포하중 ω가 작용하면 A지점과 B 지점에는 반력이 발생하게 된다. 이와 같은 보에서 전단력의 변화는 왼쪽 끝에서 A지점까지는 (−), A지점에서 중앙까지는 (+), 중앙에서 B 지점까지는 (−), B 지점에서 오른쪽 끝단까지는 (+)로 1차 직선형태로 변화한다. 굽힘 모멘트의 변화는 왼쪽 끝에서 A지점까지는 (−), A지점에서 중앙까지는 (+)방향의 2차 직선(포물선)으로 변화하게 된다. 오른쪽 끝단에서 중앙까지는 왼쪽끝단에서 중앙까지의 변화와 대칭으로 그림5-17에서 확인할 수 있다.

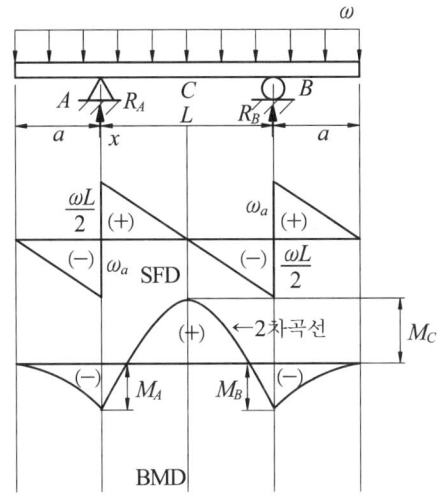

그림5-17 돌출보 등분포하중 작용시 SFD와 BMD ★★★

① 반력

$$R_A = R_B = \omega a + \frac{\omega L}{2} \qquad [5\text{-}38]$$

② A지점과 B지점에서 굽힘 모멘트

$$M_A = M_B = \frac{\omega a^2}{2} \qquad [5\text{-}39]$$

③ 중앙(C) 지점에서 굽힘 모멘트

$$M_C = \frac{\omega L^2}{8} - \frac{\omega a^2}{2} \qquad [5\text{-}40]$$

보의 중앙지점을 기준으로 좌우 대칭일 경우는 중앙지점에서 최대 굽힘 모멘트가 발생한다. 돌출보도 위의 두 가지 내용을 기본으로 하여 다른 문제를 풀 수 있도록 해야 한다.

chapter 5 — 실전연습문제

01 그림과 같이 집중 하중을 받는 양단 지지보에서 A, B 단에 작용하는 반력 R_A 및 R_B 는 각각 몇 [N]인가?

① $R_A = 300\,[\text{N}]$, $R_B = 200\,[\text{N}]$
② $R_A = 200\,[\text{N}]$, $R_B = 300\,[\text{N}]$
③ $R_A = 230\,[\text{N}]$, $R_B = 270\,[\text{N}]$
④ $R_A = 320\,[\text{N}]$, $R_B = 180\,[\text{N}]$

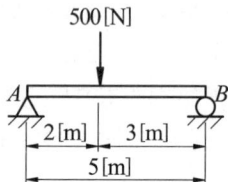

Solution $R_A = \dfrac{500 \times 3}{5} = 300\,[\text{N}]$, $R_B = \dfrac{500 \times 2}{5} = 200\,[\text{N}]$

02 그림과 같이 등분포하중을 받는 양단 지지보에서 반력 R_A, R_B 는?

① $R_A = 300\,[\text{N}]$, $R_B = 200\,[\text{N}]$
② $R_A = 160\,[\text{N}]$, $R_B = 40\,[\text{N}]$
③ $R_A = 40\,[\text{N}]$, $R_B = 160\,[\text{N}]$
④ $R_A = 200\,[\text{N}]$, $R_B = 300\,[\text{N}]$

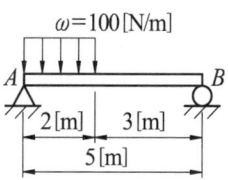

Solution $R_A = \dfrac{(100 \times 2) \times 4}{5} = 160\,[\text{N}]$, $R_B = \dfrac{(100 \times 2) \times 1}{5} = 40\,[\text{N}]$

03 그림과 같은 보에서 최대 굽힘 모멘트가 생기는 점까지의 거리는 A점으로부터 몇 [m]인가? (단, 스팬의 길이 $L = 5\,[\text{m}]$이다.)

① 1.578
② 1.758
③ 1.875
④ 1.965

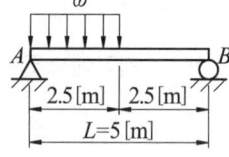

Solution
$$F_x = R_A - \omega x = \dfrac{\dfrac{\omega L}{2} \times \left(\dfrac{L}{4} + \dfrac{L}{2}\right)}{L} - \omega x = \dfrac{3\omega L}{8} - \omega x$$

$F_x = 0$ 인 지점에서 최대굽힘 모멘트가 발생

$x = \dfrac{3L}{8} = \dfrac{3 \times 5}{8} = 1.875\,[\text{m}]$

Answer 01 ① 02 ② 03 ③

04 그림과 같이 3각형 분포하중이 작용하는 단순보의 A, B 단에 작용하는 반력 R_A, R_B는 각각 몇 [N]인가?

① $R_A = 1960$, $R_B = 980$
② $R_A = 1960$, $R_B = 3920$
③ $R_A = 980$, $R_B = 1960$
④ $R_A = 3920$, $R_B = 1960$

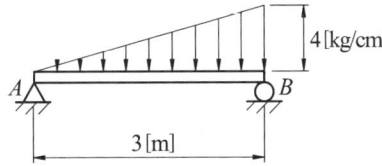

Solution

$$R_A = \frac{\frac{\omega L}{2} \times \frac{L}{3}}{L} = \frac{\omega L}{6} = \frac{4 \times 300}{6} = 200 \,[\text{kg}_f] = 1960[\text{N}]$$

$$R_B = \frac{\omega L}{2} - R_A = \frac{4 \times 9.8 \times 300}{2} - 1960 = 3920\,[\text{N}]$$

05 그림과 같은 보의 굽힘 모멘트 선도는?

①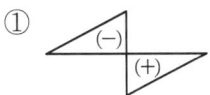
②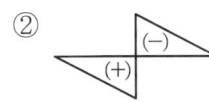

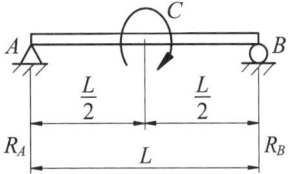

③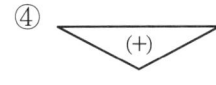
④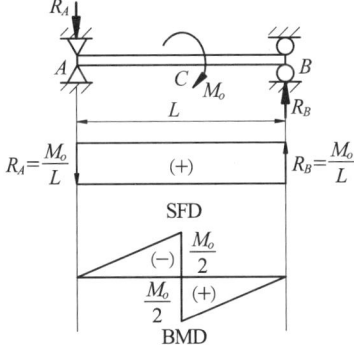

Solution SFD와 BMD ; 이 문제에서는 x축 아래가 (+)이고 위가 (−)이다.

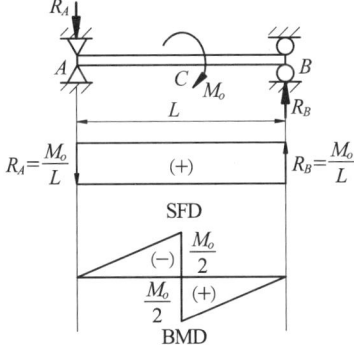

Answer 04 ② 05 ①

06 그림과 같은 보에서 D점의 굽힘 모멘트의 크기는 몇 [J]인가?

① 2.7[J]
② 3.6[J]
③ 5.8[J]
④ 7.2[J]

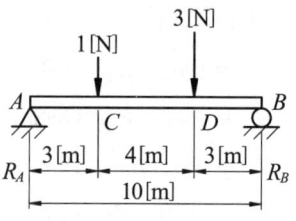

Solution
$R_B = \dfrac{1 \times 3 + 3 \times 7}{10} = 2.4 \text{ [N]}$
$M_D = 2.4 \times 3 = 7.2 \text{ [N·m]}$

07 그림과 같은 보에서의 A지점의 반력[N]은?

① $R_A = M_0$
② $R_A = \dfrac{M_0}{L}$
③ $R_A = \dfrac{M_0^2}{L}$
④ $R_A = \dfrac{M_0^3}{L}$

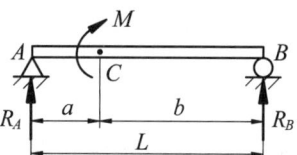

Solution
$\sum M_B = 0$
$R_A L + M_0 = 0$, $R_A = -\dfrac{M_0}{L}$

08 그림과 같은 구조물에서 A지점의 수직 반력[N]은?

① 25[N]
② 50[N]
③ 75[N]
④ 100[N]

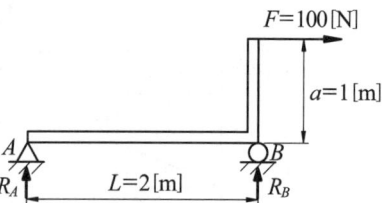

Solution
$\sum M_B = 0$
$R_A L + Fa = 0$
$R_A = -\dfrac{100 \times 1}{2} = -50 \text{ [N]}$

Answer 06 ④ 07 ② 08 ②

09 그림과 같은 보에서 중앙점의 굽힘 모멘트[J]는?

① 3[J]
② 6[J]
③ 9[J]
④ 12[J]

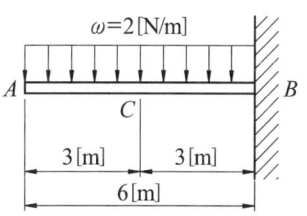

Solution $M_C = 2 \times 3 \times 1.5 = 9\,[\text{N}-\text{m}]$

10 그림과 같은 단순보에서 A지점의 반력은?

① $R_A = \dfrac{\omega b(b+2c)}{6L}$

② $R_A = \dfrac{\omega b(2b+c)}{6L}$

③ $R_A = \dfrac{\omega b(b+3c)}{6L}$

④ $R_A = \dfrac{\omega b(3b+c)}{6L}$

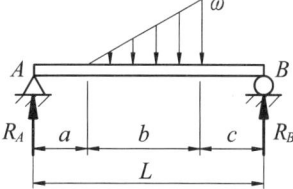

Solution
$$R_A = \dfrac{\dfrac{\omega b}{2} \times \left(\dfrac{b}{3}+c\right)}{L} = \dfrac{\omega b(b+3c)}{6L}$$

11 그림에서 길이 L인 외팔보에 생기는 최대 굽힘 모멘트 $M_{\max}$은?

① $M_{\max} = \dfrac{\omega L^2}{12}$

② $M_{\max} = \dfrac{\omega L^2}{8}$

③ $M_{\max} = \dfrac{\omega L^2}{4}$

④ $M_{\max} = \dfrac{\omega L^2}{2}$

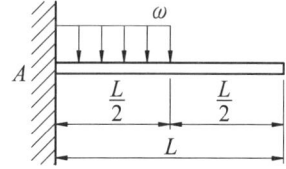

Solution 최대굽힘 모멘트는 고정단에서 발생
$$M_{\max} = \dfrac{\omega L}{2} \times \dfrac{L}{4} = \dfrac{\omega L^2}{8}$$

Answer 09 ③ 10 ③ 11 ②

12 다음 그림과 같은 외팔보에서 지점 반력(N)은?

① $R_x = 39[N]$, $R_y = 86.6[N]$
② $R_x = 50[N]$, $R_y = 66.8[N]$
③ $R_x = 86.6[N]$, $R_y = 50[N]$
④ $R_x = 50[N]$, $R_y = 86.6[N]$

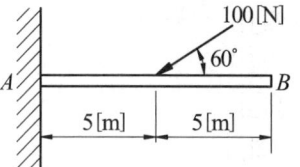

Solution $R_x = 100 \times \cos 60° = 50 \,[N]$
$R_y = 100 \times \sin 60° = 86.6 \,[N]$

13 그림과 같이 균일 분포하중 $\omega = 98[N/cm]$와 집중하중 $P = 4.9[kN]$의 힘이 작용하는 외팔보의 최대 굽힘 모멘트는 몇 [kJ]인가?

① 13.6[kJ]
② 39.2[kJ]
③ 57.3[kJ]
④ 76.4[kJ]

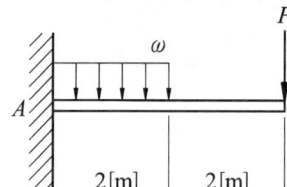

Solution $M_{max} = \dfrac{\omega L}{2} \times \dfrac{L}{4} + PL$
$= 98 \times 200 \times 1 + 4.9 \times 10^3 \times 4$
$= 39.2 \times 10^3 \,[N-m] = 39.2 \,[kJ]$

14 그림에서와 같은 내다지보에서 $\omega L = P$일 때, 이 보의 중앙점의 굽힘 모멘트 M_C가 0이 되기 위한 a/L의 값은 얼마인가?

① $\dfrac{1}{2}$
② $\dfrac{1}{4}$
③ $\dfrac{1}{8}$
④ $\dfrac{1}{16}$

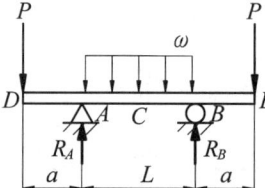

Solution $R_A = P + \dfrac{\omega L}{2}$
$M_C = 0$
$M_C = -P\left(a + \dfrac{L}{2}\right) + \left(P + \dfrac{\omega L}{2}\right)\dfrac{L}{2} - \dfrac{\omega L}{2} \times \dfrac{L}{4}$
$= -Pa - \dfrac{PL}{2} + \dfrac{PL}{2} + \dfrac{\omega L^2}{4} - \dfrac{\omega L^2}{8} = -Pa + \dfrac{\omega L^2}{8}$
$Pa = \dfrac{\omega L^2}{8}$, $\dfrac{a}{L} = \dfrac{1}{8}$

Answer 12 ④ 13 ② 14 ③

15 그림과 같은 스팬(span)의 길이 L에 생기는 최대 굽힘 M은 얼마인가?

① $M_{max} = \dfrac{\omega L^2}{9}$

② $M_{max} = \dfrac{\omega L^2}{6}$

③ $M_{max} = \dfrac{\omega L^2}{3}$

④ $M_{max} = \dfrac{\omega L^2}{24}$

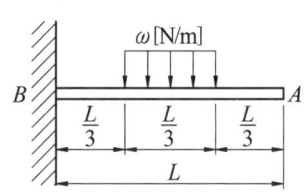

Solution 최대굽힘 모멘트는 고정단에서 발생

$$M_{max} = M_B = \dfrac{\omega L}{3} \times \dfrac{L}{2} = \dfrac{\omega L^2}{6}$$

16 그림과 같은 단순보에 삼각분포하중이 작용할 때, A점의 반력 R_A는?

① $R_A = \dfrac{\omega(L+b)}{6}$

② $R_A = \dfrac{\omega(L+a)}{6}$

③ $R_A = \dfrac{\omega(a+b)}{6}$

④ $R_A = \dfrac{\omega(L+a)}{6}$

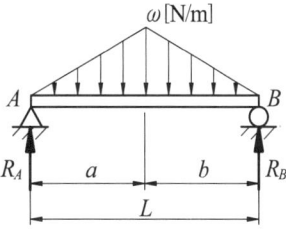

Solution

$$R_A = \dfrac{\dfrac{\omega a}{2} \times \left(\dfrac{a}{3}+b\right) + \dfrac{\omega b}{2} \times \dfrac{2b}{3}}{L} = \dfrac{\omega a(a+3b) + \omega b \times 2b}{6L}$$

$$= \dfrac{\omega}{6} \times \dfrac{a^2+3ab+2b^2}{L} = \dfrac{\omega}{6} \times \dfrac{(a+b)(a+2b)}{L} = \dfrac{\omega}{6} \times (a+2b) = \dfrac{\omega(L+b)}{6}$$

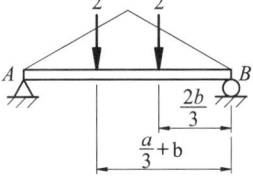

Answer 15 ② 16 ①

17 그림과 같은 내다지보에 집중하중이 A점에 49[kN]과 C점에 58.8[kN]이 작용하고 있을 때, B점의 반력은?

① 88.2[kN]
② 73.5[kN]
③ 58.8[kN]
④ 49[kN]

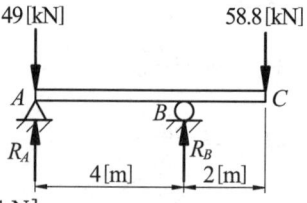

Solution $\sum M_A = 0$; $58.8 \times 6 = R_B \times 4$, $R_B = 88.2$ [kN]

18 길이 1[m]인 단순보가 아래 그림 처럼 $q=4.9$[kN/m]의 균일 분포하중으로 $P=980$[N]을 받고 있을 때, 최대 굽힘 모멘트는 얼마이며 그 발생되는 지점은 A점에서 얼마되는 곳인가?

① 48[cm]에서 236.18[J]
② 58[cm]에서 607.6[J]
③ 48[cm]에서 784[J]
④ 58[cm]에서 824.18[J]

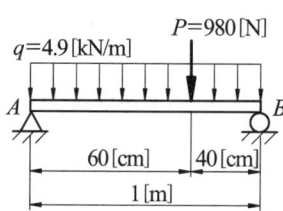

Solution
$R_A = \dfrac{4.9 \times 10^3 \times 1 \times 0.5 + 980 \times 0.4}{1} = 2842$ [N]
$F_x = R_A - qx = 0$; $2842 - 4.9 \times 10^3 \times x = 0$, $x = 0.58$ [m]
$M_{max} = R_A x - qx \cdot \dfrac{x}{2} = 2842 \times 0.58 - 4.9 \times 10^3 \times 0.58 \times \dfrac{0.58}{2} = 824.18$ [N-m]

19 그림과 같이 무게가 20[N]이고 길이가 1[m]인 균일의 철재봉이 두 개의 저울 위에 놓여 있다. 이 때 왼편 저울에서 0.25[m]의 거리에 60[N]의 벽돌을 놓았다면 오른편 저울 눈금은 몇 [N]인가?

① 9.8[N]
② 19.6[N]
③ 29.4[N]
④ 24.5[N]

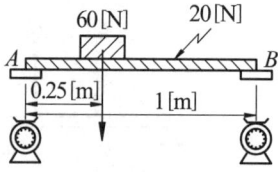

Solution $W_B = 60 \times 0.25 + 10 = 25$ [N]

Answer 17 ① 18 ④ 19 ④

20 그림과 같이 길이 2[m]인 단순보가 sin곡선으로 변하는 분포하중을 받고 있을 때, A점의 반력은 몇 [N]인가?

① 1960[N]
② 2940[N]
③ 3920[N]
④ 4900[N]

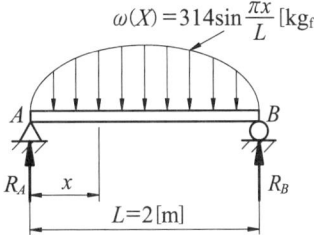

Solution
$$P = \int \omega(x)\,dx = \int_0^L 314\sin\frac{\pi x}{L}\,dx = 2\times 314 \times \frac{2}{\pi} = 400\,[\text{kg}_f]$$
$$R_A = \frac{P}{2} = 200\times 9.8 = 1960\,[\text{N}]$$

21 그림과 같이 외팔보의 자유단 A와 중앙점 C에 각각 3[kN], 5[kN]의 하중이 서로 반대 방향으로 작용할 때, 고정단 B에 생기는 고정 모멘트의 크기와 방향은? (단, 보의 무게는 무시한다.)

① +500[J]
② −500[J]
③ +1000[J]
④ −1000[J]

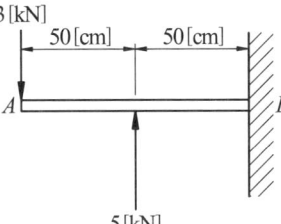

Solution 고정단을 기준으로 모멘트 평형식을 세워 구한다.
$$M_B - 3\times 10^3 \times 1 + 5\times 10^3 \times 0.5 = 0$$
$$M_B = 500\,[\text{N}-\text{m}]\,(-)$$

22 굽힘 모멘트가 $M = ax^3 + bx^2 + c$ 인 곡선으로 표시될 때의 하중 분포는?

① $3(2ax - b)$
② $2(3ax + b)$
③ $2(ax + b)$
④ $2(a + bx)$

Solution
$$\omega = \frac{d^2 M_x}{dx^2} = \frac{d}{dx}(3ax^2 + 2bx) = 6ax + 2b = 2(3ax + b)$$

Answer 20 ① 21 ② 22 ②

23 다음의 전단력 선도를 참조하여 최대 굽힘 모멘트가 일어나는 곳의 A지점에서의 거리를 구하라. (단, $\omega=100[N/m]$이다.)

① 5.5[m]
② 6.5[m]
③ 7[m]
④ 8[m]

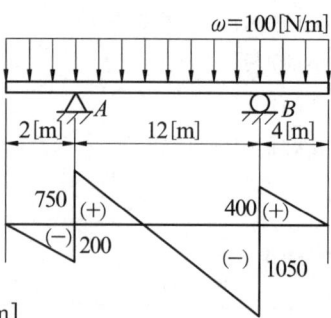

Solution $F_x = 750 - 200 - 100 \times x = 0$, $x = 5.5\,[\mathrm{m}]$

24 그림과 같은 외팔보 (a), (b)에서 최대 굽힘 모멘트의 비 M_A/M_B의 값은?

① 6
② 5
③ 4
④ 3

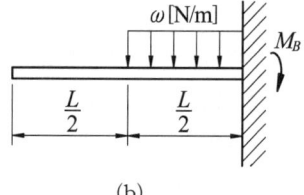

(a)　　　　　(b)

Solution
$M_A = \dfrac{\omega L}{2} \times \dfrac{3L}{4} = \dfrac{3\omega L^2}{8}$

$M_B = \dfrac{\omega L}{2} \times \dfrac{L}{4} = \dfrac{\omega L^2}{8}$

$\dfrac{M_A}{M_B} = 3$

25 그림과 같이 길이가 L인 단순보에 임의의 C점에 우력 모멘트가 작용 할 때, A점의 반력 R_A는 얼마인가?

① $\dfrac{Px}{L}$
② $\dfrac{Pa}{L}$
③ $\dfrac{Pb}{L}$
④ $\dfrac{Pab}{L}$

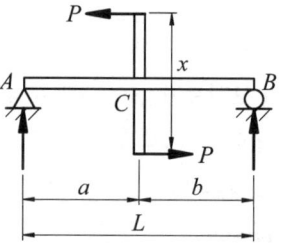

Solution ① 우력 모멘트 $M_0 = Px(-)$
② A지점의 반력
$R_A = \dfrac{M_0}{L} = \dfrac{Px}{L}$

Answer 23 ① 24 ④ 25 ①

26 다음 그림은 단순보의 전단력 선도이다. 이 보의 C점의 하중은 얼마인가?

① 4900[N]
② 9800[N]
③ 14700[N]
④ 2450[N]

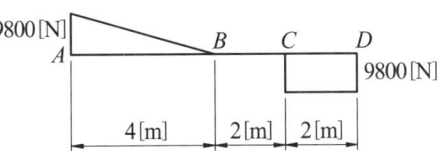

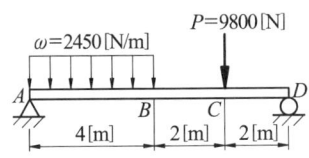

27 그림과 같은 외팔보의 자유단 C점에서 B점까지 균일 분포하중이 작용할 때, 굽힘 모멘트 선도의 모양은?

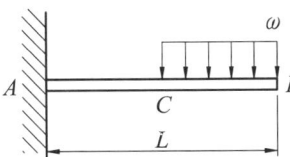

① 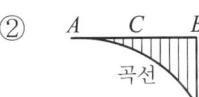 ②
③ 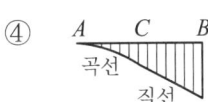 ④

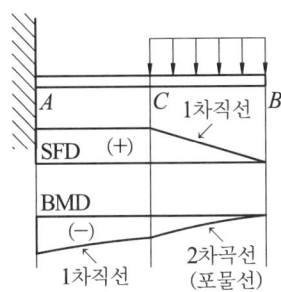

Answer 26 ② 27 ③

28 그림과 같은 하중을 받고 있는 단순보의 최대굽힘 모멘트 값은 얼마인가?

① 313.6[J]
② 628[J]
③ 940.8[J]
④ 1254.4[J]

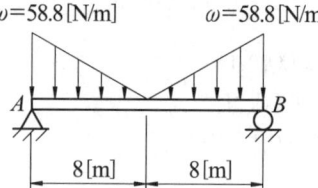

Solution $R_A = R_B = 235.2\,[\text{N}]$
$M_{\max} = 235.2 \times 8 - 235.2 \times 5.33 = 627.98\,[\text{N}-\text{m}]$

29 그림과 같은 보에서 단위 길이 당 P의 균일분포하중이 작용할 때, 지점 A에서 전단력의 크기와 굽힘 모멘트의 절대값을 구하면?

① $F_A = Pa$, $M_A = \dfrac{Pa^3}{2}$

② $F_A = Pa^2$, $M_A = \dfrac{Pa^3}{2}$

③ $F_A = Pa$, $M_A = \dfrac{Pa^2}{2}$

④ $F_A = Pa^2$, $M_A = \dfrac{Pa}{2}$

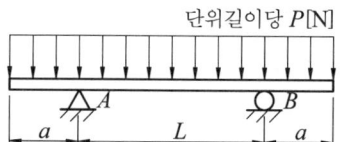

Solution $F_A = Pa$
$M_A = Pa \times \dfrac{a}{2} = \dfrac{Pa^2}{2}$

30 전단력선도(SFD)와 굽힘 모멘트 선도(BMD)의 관계를 가장 타당성 있게 나타낸 것은 다음 중 어느 것인가?

① SFD는 BMD의 미분곡선이다.
② SFD는 BMD의 적분곡선이다.
③ SFD가 기준선에 평행한 직선일 경우 BMD는 포물선이다.
④ SFD와 BMD는 아무런 연관성이 없다.

Answer 28 ② 29 ③ 30 ①

31 동일 평면 내에서 몇 개의 외력이 물체에 작용하며 정지를 유지하고 있다. 이 때 다음 중에서 평형조건이 아닌 것은 어느 것인가?

① $\sum X_i = 0$ (X방향의 힘의 총합은 0이다.)
② $\sum Y_i = 0$ (Y방향의 힘의 총합은 0이다.)
③ $\sum Z_i = 0$ (Z방향의 힘의 총합은 0이다.)
④ $\sum M_i = 0$ (임의의 점 주위에 대한 힘의 모멘트 총합은 0이다.)

Solution 평면에 외력이 작용하므로 2차원 문제
$$\sum F = 0$$
$$\sum F_x + \sum F_y = 0$$
$$\sum M_i = 0$$

32 그림과 같은 돌출보(Overhanging Beam)의 R_A는 얼마인가?

① WL
② $\dfrac{WL}{4}$
③ $\dfrac{WL}{3}$
④ $\dfrac{WL}{2}$

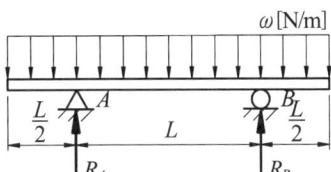

Solution $R_A = R_B = \dfrac{\omega L}{2} + \dfrac{\omega L}{2} = \omega L$

33 그림과 같이 단순보의 1/2의 길이에 균일분포하중이 작용할 때, 이 보에 작용하는 최대 굽힘 모멘트의 크기는 얼마인가?

① $\dfrac{3}{8}\omega L^2$
② $\dfrac{1}{16}\omega L^2$
③ $\dfrac{3}{32}\omega L^2$
④ $\dfrac{9}{128}\omega L^2$

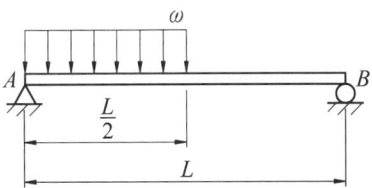

Solution $R_A = \dfrac{\dfrac{\omega L}{2} \times \dfrac{3}{4}L}{L} = \dfrac{3\omega L}{8}$; $F_x = R_A - \omega x = \dfrac{3\omega L}{8} - \omega x = 0$

$x = \dfrac{3L}{8}$, 최대 굽힘 모멘트가 발생하는 지점

$M_{max} = R_A \times \dfrac{3L}{8} - \omega \times \dfrac{3L}{8} \times \dfrac{3L}{2 \times 8} = \dfrac{\omega L^2}{64} - \dfrac{9\omega L^2}{128} = \dfrac{9\omega L^2}{128}$

Answer 31 ③ 32 ① 33 ④

34 그림은 보가 하중을 받고 있는 상태도와 전단력 선도 (빗금친 부분)이다. 전단력 선도에서 반력 R_2의 크기는?

① AE
② BD
③ DE
④ AD

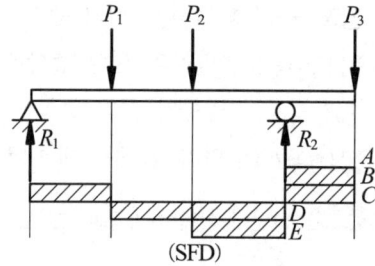

35 그림과 같이 균일 분포하중을 받는 보에 대한 전단력 선도는? (단, 부호에 대한규약은 그림을 참조할 것)

①
②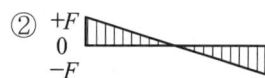
③
④

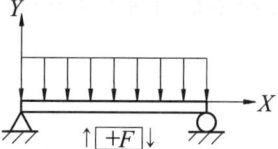

36 그림과 같이 삼각형 분포 하중을 받는 외팔보의 최대 굽힘 모멘트는?

① $\frac{1}{3}\omega_0 L^2$
② $\frac{2}{3}\omega_0 L^2$
③ $\frac{1}{6}\omega_0 L^2$
④ $\frac{1}{9}\omega_0 L^2$

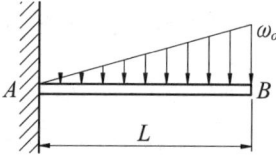

Solution

$$M_{\max} = \frac{\omega_0 L}{2} \times \frac{2L}{3} = \frac{\omega_0 \cdot L^2}{3}$$

Answer 34 ① 35 ② 36 ①

37 길이 L인 단순보에 등분포하중 q가 전 길이에 걸쳐 작용하고 있을 때, 최대 굽힘 모멘트는?

① $\dfrac{qL^2}{8}$ ② $\dfrac{qL^2}{6}$

③ $\dfrac{qL^2}{4}$ ④ $\dfrac{qL^2}{2}$

38 그림과 같은 돌출보의 C점에 100[N], D점에 60[N]의 집중 하중이 작용할 때, A점의 반력은 얼마인가?

① 25[N]
② 45[N]
③ 56[N]
④ 16[N]

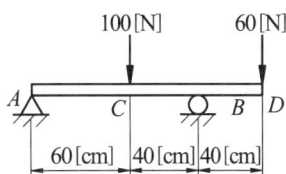

Solution
$\sum M_B = 0$
$R_A \times 100 - 100 \times 40 + 60 \times 40 = 0$
$R_A = 16\,[\mathrm{N}]$

39 그림과 같은 보에서 전단력선도(S.F.D)는 어느 것인가?

①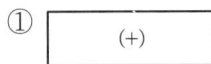
②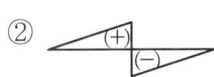
③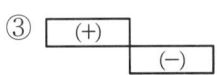
④

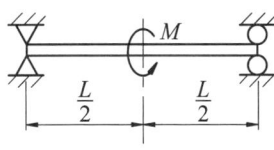

Answer 37 ① 38 ④ 39 ①

40 그림과 같은 굽은 보에서 A점의 굽힘 모멘트는 절대값으로 몇 [kN·m]인가?

① 73.2
② 82.4
③ 63.0
④ 65.7

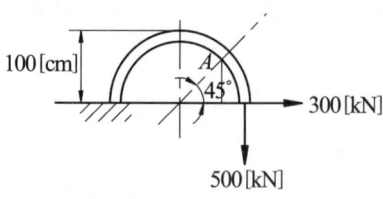

Solution
$M_1 = 500 \times (1 - \cos 45°) = 146.45 \, [\text{kN·m}]$ –시계방향
$M_2 = 300 \times \sin 45° = 212.13 \, [\text{kN·m}]$ –반시계방향
$M_A = |M_2 + M_1| = 65.85 \, [\text{kN·m}]$

41 그림과 같이 일단을 고정한 L형보에 표시된 하중이 작용할 때 고정단에서의 굽힘 모멘트는?

① 300[kN·m]
② 175[kN·m]
③ 105[kN·m]
④ 52.5[kN·m]

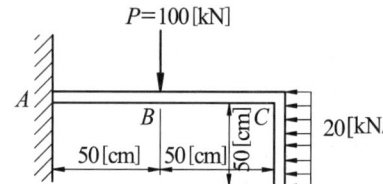

Solution
$M_A = 100 \times 0.5 + 20 \times 0.5 \times 0.25 = 52.5 \, [\text{kN/m}]$

42 다음 그림에 대한 설명 중 틀린 것은?

① A, B, C 점의 기울기는 전부 같다.
② 구간 CD에서의 전단력은 선형으로 변화한다.
③ E 점의 경사각은 0이다.
④ CD 구간에 작용하는 모멘트는 선형으로 변화한다.

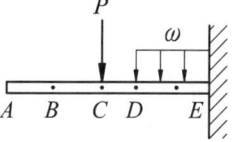

Solution

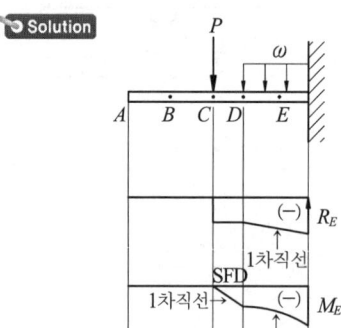

Answer 40 ④ 41 ④ 42 ②

43 그림과 같이 반원부재에 하중 P가 작용할 때 지지점 B에서의 반력은?

① $\dfrac{P}{4}$

② $\dfrac{P}{2}$

③ $\dfrac{3P}{4}$

④ P

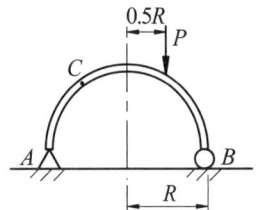

Solution
$\sum M_A = 0$
$R_B \times 2R = P \times \dfrac{3}{2} R$
$R_B = \dfrac{3P}{4}$

44 그림과 같은 돌출보에 집중하중 P가 작용할 때 굽힘 모멘트 선도(B.M.D)로 옳은 것은?

①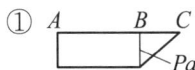

②

③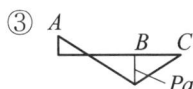

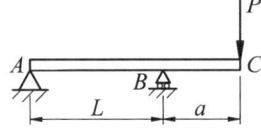

④

Solution
$R_A + R_B = P$
$\sum M_A = 0$
$P(L+a) = R_B L$, $R_B = \dfrac{P(L+a)}{L}$
$R_A = P - R_B = \dfrac{PL - PL - Pa}{L} = \dfrac{Pa}{L}$ (↑)
$M_B = M_{\max} = Pa$

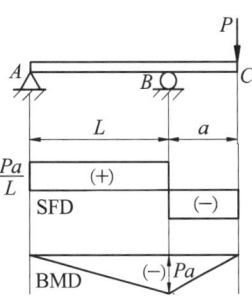

Answer 43 ③ 44 ②

45 다음의 돌출보에 발생하는 최대 굽힘 모멘트는?

① 3[kN·m]
② 6[kN·m]
③ 7.2[kN·m]
④ 9.6[kN·m]

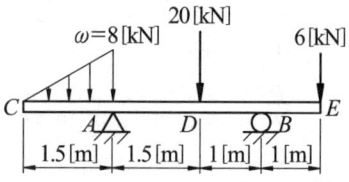

Solution SFD선도와 BMD선도는 다음과 같다.
$\Sigma M_A = 0$

$20 \times 1.5 + 6 \times 3.5 = R_B \times 2.5 + \dfrac{1}{2} \times 8 \times 1.5 \times \dfrac{1.5}{3}$

$R_B = 19.2\,[\text{kN}]$

$M_{\max} = M_D = 6 \times 2 - 19.2 \times 1 = -7.2\,[\text{kN} \cdot \text{m}]$

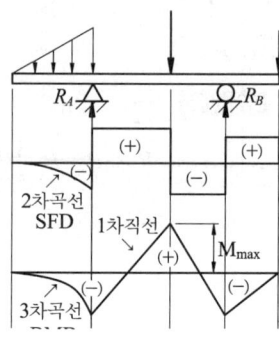

46 그림과 같이 길이 L의 보가 양단에서 같은 거리인 B, C 점에서 지지되고 전 길이에 등분포하중 ω가 작용하고 있다. 보의 중앙에서의 굽힘 모멘트는?

① $\dfrac{\omega L^2}{8} - \dfrac{\omega x L}{4}$

② $\dfrac{\omega L^2}{4} + \dfrac{\omega x L}{8}$

③ $\dfrac{\omega L^2}{4} - \dfrac{\omega x L}{2}$

④ $\dfrac{\omega x L}{4} - \dfrac{\omega L^2}{2}$

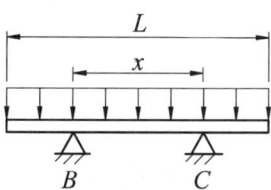

Solution $R_B = \dfrac{\omega x}{2} + \dfrac{\omega}{2}(L - x)$

$M_{중앙} = -R_B \times \dfrac{x}{2} + \dfrac{\omega x^2}{8} + \dfrac{\omega}{2}(L-x) \cdot \left(\dfrac{x}{2} + \dfrac{L-x}{4}\right)$

$= -\dfrac{\omega x^2}{8} + \dfrac{\omega L^2}{8} - \dfrac{\omega x L}{4} + \dfrac{\omega x^2}{8} = -\dfrac{\omega x L}{4} + \dfrac{\omega L^2}{8}$

Answer 45 ③ 46 ①

chapter 6 보(Beam) 속의 응력(應力)

1 보 속의 굽힘응력

굽힘응력이란 굽힘 모멘트 때문에 휨(Bending)으로 인해 한 쪽은 인장변형이 다른 쪽은 압축변형이 동시에 발생하게 하는 수직응력이다. 예를 들어 그림6-1과 같이 굽힘 모멘트를 받으면 물체(보)의 도심을 지나는 축인 중립축을 기준으로 안쪽으로는 압축변형이 바깥쪽으로는 인장변형이 발생한다. 이 때 발생한 압축응력과 인장응력을 굽힘응력이라 한다.

중립축에서 굽힘 응력은 0이고 안쪽에서는 최대 압축응력이 발생하고 바깥쪽에서는 최대 인장응력이 발생하게 된다. 여기서, 최대 인장응력이 최대 굽힘응력이며 최대 압축응력이 최소 굽힘응력이 된다.

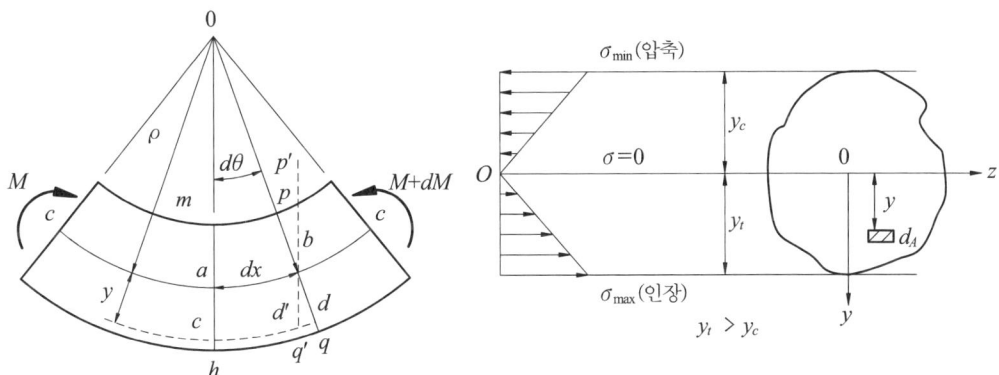

그림6-1 보 속의 굽힘응력

(1) 굽힘응력, 굽힘 모멘트, 곡률과의 관계

그림6-1과 같이 굽힘 모멘트에 의하여 보가 휘었을 때 곡률중심 O에서 보의 중립축까지 수직거리를 곡률 반경이라 하며 곡률 반직경의 역수를 곡률이라 한다. 곡률 반경은 종탄성계수와는 비례관계에 있으며, 굽힘응력과는 반비례, 중립축에서 외단 쪽(바깥쪽)으로 나가는 거리 y와는 비례, 굽힘 모멘트와는 반비례, 보의 단면 중심에서 단면 2차 모멘트에 비례하는 관계를 갖는다. 곡률은 곡률 반직경이 갖고 있는 관계의 반대 관계를 갖는다. 이와 같은 관계는 다음과 같이 정리된다.

$$\varepsilon = \frac{y}{\rho}$$

$$\sigma = E \cdot \varepsilon = E \cdot \frac{y}{\rho}$$

$$M = \int y dF = \int \frac{E}{\rho} y^2 dA = \frac{E}{\rho} I_{cx}$$

$$\frac{E}{\rho} = \frac{\sigma}{y} = \frac{M}{I} \quad \bigstar\bigstar\bigstar \tag{6-1}$$

여기서, ρ는 곡률 반직경, σ는 굽힘응력, M은 굽힘 모멘트, I_{cx}는 도심을 지나는 x축의 단면 2차 모멘트, EI는 굴곡 강성계수이고 y는 중립축으로부터 끝단으로 나오는 거리이다.

(2) 최대 굽힘응력

식 [6-1]에서 y가 중립축에서 외단(끝단)까지 거리이고 굽힘 모멘트가 최대값일 때 굽힘응력을 구하면 식 [6-2]를 얻을 수 있다.

$$\sigma_b = \frac{M_{max}}{Z} \quad \bigstar\bigstar\bigstar\bigstar\bigstar \tag{6-2}$$

여기서, Z는 단면계수[cm^3, m^3]이다.

2 보 속의 전단응력

보 속에서 발생하는 전단응력의 최대값은 도심을 지나는 중립축에서 생기며 외단으로 나가면서는 선형적으로 감소한다.

중립축에서 발생하는 최대 전단응력을 구하면

$$\tau_{max} = \frac{FQ}{bI} \quad \bigstar\bigstar \tag{6-3}$$

이다. 여기서, F는 최대 전단력, I는 도심을 지나는 x축의 단면 2차 모멘트, b는 도심을 지나는 폭, Q는 중립축에 대한 단면1차 모멘트로 음영부분의 면적에 중심축에서 음영부분중심까지 거리의 곱으로 계산하면 된다.

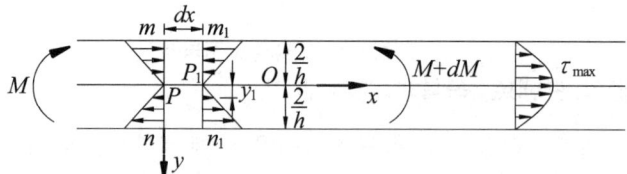

그림6-2 보 속의 전단응력

① 구형단면(斷面)의 도심에서 최대 전단응력

$$\tau_{max} = \frac{FQ}{bI} = \frac{F \cdot \frac{bh}{2} \frac{h}{4}}{b \cdot \frac{bh^3}{12}} = \frac{3}{2} \frac{F}{bh}$$

$$\tau_{\max} = \frac{3}{2}\frac{F}{A} = \frac{3}{2}\tau_{\text{mean}} \quad \bigstar\bigstar\bigstar \qquad [6\text{-}4]$$

여기서, τ_{mean}은 평균 전단응력이라 한다.

② 원형단면(圓形斷面)의 도심에서 최대 전단응력

$$\tau_{\max} = \frac{FQ}{bI} = \frac{F \cdot \dfrac{\pi d^2}{4} \dfrac{2d}{3\pi}}{d \cdot \dfrac{\pi d^4}{64}} = \frac{4}{3}\frac{4F}{\pi d^2}$$

$$\tau_{\max} = \frac{4}{3}\frac{F}{A} = \frac{4}{3}\tau_{\text{mean}} \quad \bigstar\bigstar\bigstar \qquad [6\text{-}5]$$

(a) 구형단면   (b) 원형단면

그림6-2 구형단면과 원형단면에서 최대전단응력

3 굽힘 모멘트와 비틀림 모멘트가 동시에 작용하고 있을 때 축의 직경

하중에 의해서 휨이 발생한 상태에서 회전운동을 하는 기계요소로 축이 있다. 축과 같이 굽힘과 비틀림을 동시에 받는 부재들은 형상단면의 바깥쪽에서 파괴현상이 일어난다. 형상단면의 바깥쪽은 최대 비틀림변형이 생기는 부분인 동시에 최대 굽힘변형이 발생하는 곳이기 때문이다. 이와 같은 경우는 굽힘응력과 비틀림 전단응력을 동시에 받으므로 조합응력 상태이다. 조합응력에 대해서는 9장에서 정리하기로 한다.

(1) 상당 굽힘 모멘트와 허용 굽힘응력

최대 주응력식에 굽힘응력과 비틀림 전단응력의 식을 대입 정리하면 상당 굽힘 모멘트라 하여 식 [6-6]과 같은 식을 얻을 수 있다. 식 [6-6]식을 이용하여 최대 굽힘응력을 구할 수 있고 이 값이 허용 굽힘응력보다 작거나 같아야 안전하다.

$$M_e = \frac{1}{2}(M + \sqrt{M^2 + T^2}) \quad \bigstar\bigstar\bigstar\bigstar \qquad [6\text{-}6]$$

$$\sigma_1 = \frac{\sigma_b}{2} + \sqrt{\left(\frac{\sigma_b}{2}\right)^2 + \tau^2} \qquad [6\text{-}7]$$

여기서, M_e는 상당 굽힘 모멘트, M은 굽힘 모멘트, T는 비틀림 모멘트이다. 그리고 Z는 단면계수이고 σ_1은 최대 주응력인 동시에 허용 굽힘응력으로 놓을 수 있다.

(2) 상당 비틀림 모멘트

최대 전단응력식에 굽힘응력과 비틀림 전단응력의 식을 대입 정리하면 상당 비틀림 모멘트라 하여 식 [6-8]과 같은 식을 얻을 수 있다. 식 [6-8]을 이용하여 최대 비틀림 전단응력을 구할 수 있고 이 값이 허용 비틀림 전단응력보다 작거나 같아야 안전하다.

$$T_e = \sqrt{M^2 + T^2} \quad \bigstar\bigstar\bigstar\bigstar \qquad [6-8]$$

$$\tau_1 = \sqrt{\left(\frac{\sigma_b}{2}\right)^2 + \tau^2} \qquad [6-9]$$

여기서, T_e는 상당 비틀림 모멘트이고 Z_P는 극단면계수, τ_1은 최대 전단응력인 동시에 허용 비틀림 전단응력으로 놓을 수 있다.

(3) 축의 직경 계산

굽힘과 비틀림을 동시에 받고 있는 직경 d인 실축을 설계하고자 하면 가장 먼저 상당 굽힘모멘트와 상당 비틀림 모멘트를 계산하여야 한다.

$$M_e = \sigma_{ba} \cdot Z = \sigma_{ba} \cdot \frac{\pi d^3}{32} \quad \bigstar\bigstar\bigstar\bigstar\bigstar \qquad [6-10]$$

$$T_e = \tau_a \cdot Z_P = \tau_a \cdot \frac{\pi d^3}{16} \quad \bigstar\bigstar\bigstar\bigstar\bigstar \qquad [6-11]$$

그 다음은 식 [6-10]과 식 [6-11]로부터 직경 d를 계산하면 된다. 여기서, σ_{ba}는 허용 굽힘응력이고 τ_a는 허용 비틀림 전단응력이다.

축의 직경을 계산할 때는 다음의 3가지 측면에서 풀도록 한다.
① 비틀림만 고려할 경우는 식 [6-11]만으로 계산한다.
② 굽힘만을 고려할 경우는 식 [6-10]만으로 계산한다.
③ 둘 다 고려할 경우는 식 [6-10]과 식 [6-11]로 계산하여 큰 값이 축의 직경이 된다.

chapter 6 실전연습문제

01 직경 6[mm]인 곧은 강선을 직경 1.2[m]의 원통에 감았을 때, 강선에 생기는 최대 굽힘응력 (MPa)을 구하면? (단, 종탄성계수 $E=19.6$[GPa]이다.)

① 34.512   ② 67.467   ③ 97.512   ④ 104.398

Solution

$$\frac{E}{\rho} = \frac{\sigma_b}{y}$$

$$\frac{19.6 \times 10^9}{0.6 + 0.003} = \frac{\sigma_b}{0.003}, \quad \sigma_b = 97.512 \times 10^6 [\text{N/m}^2]$$

02 그림가 같이 외팔보의 중앙 위치에 집중 하중 $P=980$[N]이 작용하여 최대 굽힘응력 $\sigma_b = 0.49$[MPa]이 생겼다. 이 보의 단면 계수는 얼마인가?

① 100[cm³]
② 1000[cm³]
③ 10000[cm³]
④ 100000[cm³]

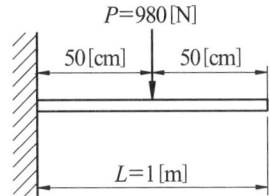

Solution

$$\sigma_b = \frac{M_{max}}{Z} = \frac{PL}{2Z}$$

$$0.49 \times 10^6 = \frac{980 \times 1}{2 \times Z}, \quad Z = 0.001 [\text{m}^3] = 1000 [\text{cm}^3]$$

03 다음 그림과 같은 구형 단면의 외팔보에 생기는 최대전단응력(MPa)은?

① 0.125
② 0.346
③ 0.582
④ 0.739

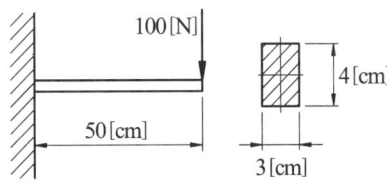

Solution

$$\tau_{max} = \frac{3}{2}\frac{F}{A} = \frac{3 \times 100}{2 \times 0.03 \times 0.04} = 0.125 \times 10^6 [\text{N/m}^2]$$

Answer   01 ③   02 ②   03 ①

04 다음 그림과 같이 균일 분포하중을 받는 양단지지보의 허용굽힘응력을 4.9[MPa]이라 할 때, 이 보가 받을 수 있는 단위길이마다의 하중 ω [N/m]는 얼마인가? (단, 보의 단면은 6[cm]×15[cm]의 구형 단면이다.)

① 245
② 567
③ 725
④ 930

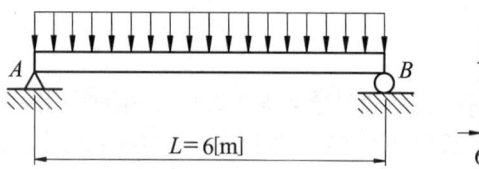

Solution
$$\sigma_b = \frac{M_{max}}{Z} = \frac{6\omega L^2}{8bh^2}$$
$$4.9 \times 10^6 = \frac{\omega \times 6^2 \times 6}{8 \times 0.06 \times 0.15^2}, \quad \omega = 245 \text{ [N/m]}$$

05 539[J]의 굽힘 모멘트와 49[J]의 비틀림 모멘트를 동시에 받는 축의 직경은 몇 [cm]로 하면 되는가? (단, σ_{ba}=58.8[MPa], τ_a=39.2[MPa]이다.)

① 4.13[cm] ② 4.54[cm]
③ 5.45[cm] ④ 6.13[cm]

Solution
$$T_e = \sqrt{M^2 + T^2} = \sqrt{539^2 + 49^2} = 541.22 \text{ [N-m]}$$
$$M_e = \frac{1}{2}(M + T_e) = \frac{1}{2} \times (539 + 541.22) = 540.11 \text{ [N-m]}$$
$$T_e = \tau_a Z_p = \tau_a \times \frac{\pi d^3}{16} \; ; \; 541.22 = 39.2 \times 10^6 \times \frac{\pi d^3}{16},$$
$$d = 0.0413 \text{ [m]} = 4.13 \text{ [cm]}$$
$$M_e = \sigma_{ba} Z = \sigma_{ba} \frac{\pi d^3}{32} \; ; \; 540.11 = 58.8 \times 10^6 \times \frac{\pi d^3}{32},$$
$$d = 0.0454 \text{ [m]} = 4.54 \text{ [cm]}$$

06 전단력 F=39.2[N]이 작용하는 20×30[cm] 구형단면의 단순보에서 중립축의 전단응력 [MPa]은 얼마인가?

① 0.98 ② 0.098
③ 0.0098 ④ 0.00098

Solution
$$\tau_{max} = \frac{3}{2}\frac{F}{A} = \frac{3}{2} \times \frac{39.2}{0.2 \times 0.3} = 980 \text{ [N/m}^2\text{]}$$

Answer 04 ① 05 ② 06 ④

07 높이 30[cm], 폭 20[cm]의 구형 단면을 가진 길이 2[m]의 외팔보가 있다. 자유단에 몇 [kN]의 하중을 가할 수 있는가? (단, 이 재료의 허용굽힘응력 σ_{ba}=11.76 [MPa]이다.)

① 17.64
② 176.40
③ 1764.0
④ 17640.0

Solution

$$\sigma_{ba} = \frac{M_{\max}}{Z} = \frac{6PL}{bh^2}$$

$$11.76 \times 10^6 = \frac{6 \times P \times 2}{0.2 \times 0.3^2}, \quad P = 17.64 \times 10^3 \ [\text{N}]$$

08 그림과 같이 L=50[cm]인 단순보에 균일 분포하중 ω=29.4[N/cm]의 최대전단응력 [MPa]은 얼마인가? (단, 보의 단면의 직경 d=4[cm]인 원형이다.)

① 78
② 0.78
③ 0.078
④ 0.0078

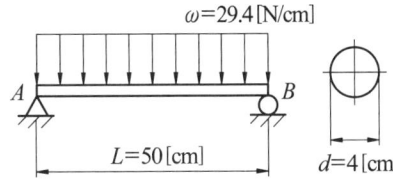

Solution

$$\tau_{\max} = \frac{4}{3} \frac{F}{A}$$

$$= \frac{4}{3} \times \frac{4 \times 29.4 \times 50}{\pi \times 0.04^2 \times 2} = 0.78 \times 10^6 \ [\text{N/m}^2]$$

09 그림과 같이 균일 분포하중 ω=29.4[N/cm]를 받고 있는 길이 1[m]인 외팔보가 있다. 이 보의 단면계수가 187.5[cm³]라면 보에 생기는 최대굽힘응력[MPa]은?

① 0.00784
② 0.0784
③ 0.784
④ 7.84

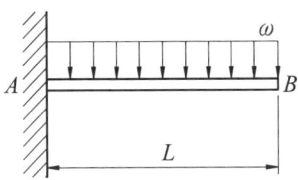

Solution

$$\sigma_b = \frac{M_{\max}}{Z} = \frac{\omega L^2}{2 \times Z}$$

$$= \frac{29. \times 10^2 \times 1^2}{2 \times 187.5 \times 10^{-6}} = 7.84 \times 10^6 \ [\text{N/m}^2]$$

Answer 07 ① 08 ② 09 ④

10 그림과 같은 구형 단면의 단순보 AB에 하중이 작용할 때, A단에서 20[cm] 떨어진 곳의 굽힘응력 σ_b[MPa]는 얼마인가?

① 185
② 0.185
③ 0.0185
④ 0.00185

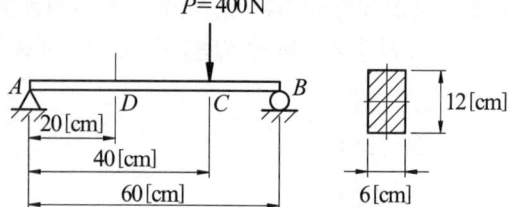

Solution
$R_A = \dfrac{400 \times 20}{60} = 133.33\,[\text{N}]$
$M = 133.33 \times 0.2 = 26.66\,[\text{N}-\text{m}]$
$\sigma_b = \dfrac{M}{Z} = \dfrac{6 \times 26.66}{0.06 \times 0.12^2} = 0.185 \times 10^6\,[\text{N/m}^2]$

11 그림과 같은 단순보의 C점에 있어서 곡률 반직경은 얼마인가? (단, E=5.88[GPa], 자중은 고려하지 않는다.)

① 0.1829[cm]
② 1.829[cm]
③ 18.29[cm]
④ 182.90[cm]

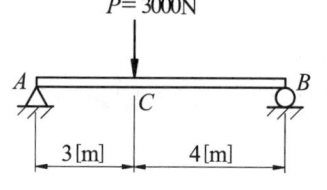 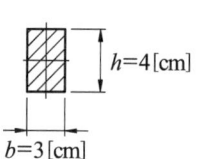

Solution
$R_A = \dfrac{3000 \times 4}{7} = 1714.29\,[\text{N}]$
$\dfrac{E}{\rho} = \dfrac{M}{I}$; $\dfrac{5.88 \times 10^9}{\rho} = \dfrac{12 \times 1714.29 \times 3}{0.03 \times 0.04^3}$
$\rho = 0.1829\,[\text{m}] = 18.29\,[\text{cm}]$

12 단순보(Simple Beam)에 있어서 원형단면에 분포되는 최대전단응력은 평균전단응력의 몇 배가 되는가?

① 1/3배
② 2/3배
③ 1배
④ 4/3배

Solution
$\tau_{\max} = \dfrac{4}{3}\tau_{\text{mean}} = \dfrac{4}{3}\dfrac{F}{A}$

Answer 10 ② 11 ③ 12 ④

13 굽힘 모멘트 M을 받는 직경 d의 원형단면의 보에서 굽힘 정도는 d와 어떤 관계가 있는가?

① 직경의 4승에 비례한다. ② 직경의 3승에 비례한다.
③ 직경의 2승에 비례한다. ④ 직경에 비례한다.

Solution
$$\sigma_a = \frac{M}{Z} = \frac{32M}{\pi d^3} = \text{const}$$
M은 d^3에 비례한다.

14 높이가 20[cm], 폭 15[cm], 스팬이 5[m]인 단순지지보에 4.9[kN/cm]의 균일 등분포하중이 작용할 때, 최대굽힘응력 크기는 얼마인가?

① 2028.6[N/mm^2] ② 1822.9[N/mm^2]
③ 1678.2[N/mm^2] ④ 1531.3[N/mm^2]

Solution
$$\sigma_b = \frac{M_{\max}}{Z} = \frac{6\omega L^2}{8bh^2}$$
$$= \frac{6 \times 4.9 \times 10^3 \times 10^2 \times 5^2}{8 \times 0.15 \times 0.2^2} = 1531.25 \times 10^6 \,[\text{N/m}^2] = 1531.25\,[\text{N/mm}^2]$$

15 보의 재질이 같고 동일한 단면적을 갖는 여러 가지 형상의 보에 굽힘하중을 작용할 때, 가장 강한 보의 모양은 어느 것인가?

① 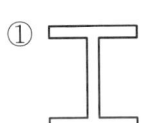 ②

③ ④

Solution 단면계수 값이 작은 보의 단면

Answer 13 ② 14 ④ 15 ①

16 도면에 보인 것과 같은 구형 단면의 나무단순보가 중앙 단면에서 집중하중 P를 받고 있다. 이 재료의 인장 또는 압축에 대한 허용응력은 σ_w =6.86[MPa]이고, 그 세로 섬유에 평행한 전단에 대한 허용사용응력은 τ =0.98[MPa]이다. 하중 P의 안전치를 결정하면?

① 41160[N]
② 44100[N]
③ 35280[N]
④ 37240[N]

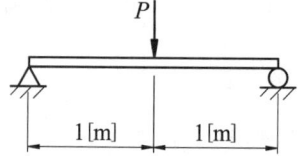
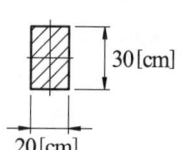

◎ Solution

$$\sigma_w = \frac{M_{max}}{Z} = \frac{6P_1L}{4bh^2} \ ; \ 6.86 \times 10^6 = \frac{6 \times P_1 \times 2}{4 \times 0.2 \times 0.3^2}, \ P_1 = 41160 \, [N]$$

$$\tau = \frac{3}{2} \frac{F}{2} \ ; \ 0.98 \times 10^6 = \frac{3}{2} \times \frac{\frac{P_2}{2}}{0.2 \times 0.3}, \ P_2 = 78400 \, [N]$$

$$P = P_1 = 41160 \, [N]$$

안전하중은 허용 굽힘응력으로부터 결정해야 된다.

17 양단 단순지지의 원형단면의 강재보가 자중에 의하여 항복되는 경우, 보의 길이(L)와 직경(d) 간에는 어떤 관계가 있는가? (단, ρ는 비중량이다.)

① $d = \rho L \sigma_y$
② $d = \rho L / \sigma_y$
③ $d = \rho L^2 / \sigma_y$
④ $d = \rho L^2 \sigma_y$

◎ Solution

$$\sigma_y = \frac{M_{max}}{Z} = \frac{32 \times \omega L^2}{\pi \times d^3 \times 8} = \frac{4 \times \rho \times \frac{\pi d^2}{4} \times L^2}{\pi d^3} = \frac{\rho L^2}{d}$$

18 그림과 같은 보의 단면 중에서 굽힘강도가 가장 큰 것은 어느 것인가?

①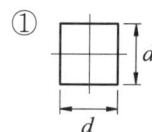
②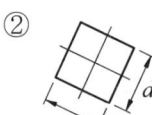
③
④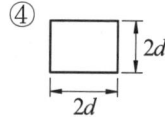

◎ Solution 세로길이가 짧고 단면 계수가 가장 작은 보의 단면에서 굽힘강도가 가장 크다.

$$Z = \frac{bh^2}{6}$$

Answer 16 ① 17 ③ 18 ③

19 그림과 같은 외팔보에서 단면의 폭 b를 결정한 것으로 다음 중 맞는 것은? (단, 허용응력 σ_a=3.53[MPa], 높이 h=10[cm]이다.)

① 5[cm]
② 10[cm]
③ 20[cm]
④ 40[cm]

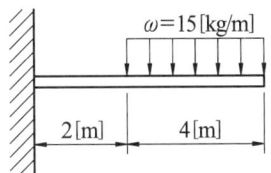

Solution
$M_{max} = 15 \times 9.8 \times 4 \times 4 = 2352 [N-m]$

$\sigma_a = \dfrac{M_{max}}{Z} = \dfrac{6M_{max}}{bh^2}$

$3.53 \times 10^6 = \dfrac{6 \times 2352}{b \times 0.1^2}$, $b = 0.4 [m] = 40[cm]$

20 단면계수 100[cm³]의 4각형 단면의 보가 2[m]의 길이를 가지고 있다. 양단을 고정시킬 때, 중앙에 몇 N의 집중하중을 받칠 수 있겠는가? (단, 재료의 허용응력을 78.4[MPa]이다.)

① 31360[N]
② 45080[N]
③ 56840[N]
④ 78400[N]

Solution
$M_{max} = \dfrac{PL}{8}$

$\sigma_{ba} = \dfrac{M_{max}}{Z}$; $78.4 \times 10^6 = \dfrac{P \times 2}{100 \times 10^{-6} \times 8}$, $P = 31360 [N]$

21 보의 탄성곡선의 곡률 $\left(\dfrac{1}{\rho}\right)$은? (단, M : 굽힘 모멘트, EI : 보의 굽힘강성계수이다.)

① $\dfrac{1}{\rho} = \dfrac{EI}{M}$
② $\dfrac{1}{\rho} = \dfrac{M}{EI}$
③ $\dfrac{1}{\rho} = \dfrac{E}{MI}$
④ $\dfrac{1}{\rho} = \dfrac{I}{ME}$

Solution $\dfrac{E}{\rho} = \dfrac{\sigma}{y} = \dfrac{M}{I}$, ρ : 곡률 반경, $\dfrac{1}{\rho}$: 곡률

Answer 19 ④ 20 ① 21 ②

22 그림과 같은 단순 지지보에서 [m-m] 단면에 생긴 굽힘응력이 36.75[MPa]이었다. 이 보의 단면을 정 4각형이라고 할 때, 한 변의 길이는?

① 25[mm]
② 4[mm]
③ 14[mm]
④ 20[mm]

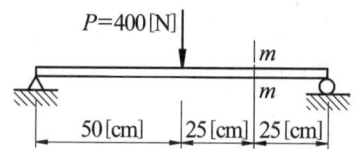

Solution
$R_B = \dfrac{400 \times 0.5}{1} = 200 \,[\text{N}]$
$M_{m-m} = 200 \times 0.25 = 50 \,[\text{N}-\text{m}]$
$\sigma_b = \dfrac{M}{Z} = \dfrac{6M}{a^3}$; $36.75 \times 10^6 = \dfrac{6 \times 50}{a^3}$
$a = 0.02\,[\text{m}] = 20\,[\text{mm}]$

23 그림과 같은 순수 굽힘을 받는 보에 해당되지 않는 특성은?

① 굽힘 모멘트가 일정하다.
② 전단력이 0이다.
③ 전단력이 중앙에서 제일 크다.
④ 곡률이 일정하다.

24 보의 탄성 곡선의 곡률 반경 ρ 를 다음 식으로 표시할 때 옳은 것은? (단, M: 굽힘 모멘트, E: 영률, I: 단면 2차 모멘트이다.)

① $\dfrac{EM}{I}$
② $\dfrac{I}{EM}$
③ $\dfrac{EI}{M}$
④ $\dfrac{E}{MI}$

25 직경 10[cm]의 원형단면의 중심봉이 있다. 이것과 같은 굽힘 강도를 갖는 중공 환봉의 외경은 얼마인가? (단, 중공 환봉의 두께는 내경의 0.8이다.)

① 10.07[cm]
② 11.09[cm]
③ 12.07[cm]
④ 13.01[cm]

Solution
$t = \dfrac{d_2 - d_1}{2} = 0.8 d_1$, $\dfrac{d_2}{2} = 0.8 d_1 + \dfrac{d_1}{2} = 1.3 d_1$
$x = \dfrac{d_1}{d_2} = 0.38$
$M = (\sigma_a Z)_{실축} = (\sigma_a Z)_{중공축}$
$\dfrac{\pi d^3}{32} = \dfrac{\pi d_2^3}{32}(1 - x^4)$
$10^3 = d_2^3 (1 - 0.38^4)$, $d_2 = 10.07\,[\text{cm}]$

Answer 22 ④ 23 ③ 24 ③ 25 ①

26 단순보에 그림과 같은 집중하중이 작용하고 있다. 이 단순보를 만들기 위해 가장 알맞는 단면 형태는 어느 것인가? (단, 허용굽힘응력 σ_w=8.82 [MPa]이다.)

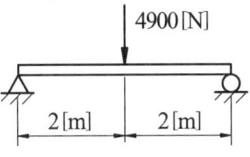

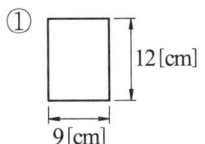
① 9[cm] × 12[cm]

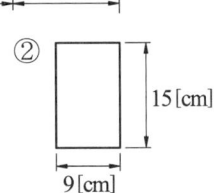
② 9[cm] × 15[cm]

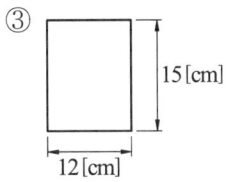
③ 12[cm] × 15[cm]

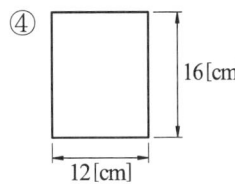
④ 12[cm] × 16[cm]

Solution

$\sigma_w = \dfrac{M_{max}}{Z} = \dfrac{PL}{4Z}$

$8.82 \times 10^6 = \dfrac{4900 \times 4}{4 \times Z}$, $Z = 0.000556 \,[\text{m}^3] = 556 [\text{cm}^3]$

$Z = \dfrac{bh^2}{6}$

$b = 9\,[\text{cm}],\ h = 19[\text{cm}]$
$b = 12\,[\text{cm}],\ h = 16[\text{cm}]$

27 다음과 같은 보에서 최대 굽힘 응력은 얼마인가?

① $\dfrac{PL}{2bh^2}$

② $\dfrac{PL}{4bh^2}$

③ $\dfrac{PL}{bh^2}$

④ $\dfrac{2PL}{bh^2}$

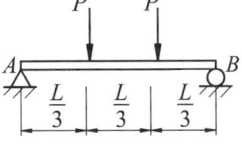
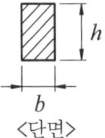
〈단면〉

Solution

$M_{max} = \dfrac{PL}{3}$

$\sigma_b = \dfrac{M_{max}}{Z} = \dfrac{6PL}{3bh^2} = \dfrac{2PL}{bh^2}$

Answer 26 ④ 27 ④

28 그림과 같이 길이 $L=4[m]$의 단순보에 균일 분포하중 W 가 작용하고 있으며 보의 최대굽힘응력 $\sigma_{max}=8.33[MPa]$ 일 때, 최대전단응력은 얼마인가? (단, 보의 횡단면적 $b \times h = 8[cm] \times 12[cm]$이다.)

① 26.5[kPa]
② 172.5[kPa]
③ 250.0[kPa]
④ 347.0[kPa]

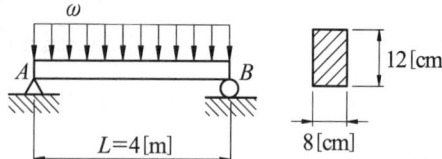

Solution
$M_{max} = \dfrac{\omega L^2}{8}$

$\sigma_{max} = \dfrac{M_{max}}{Z} = \dfrac{6\omega L^2}{8bh^2}$; $8.33 \times 10^6 = \dfrac{6 \times \omega \times 4^2}{0.08 \times 0.12^2 \times 8}$,

$\omega = 799.68 \, [N/m]$

$\tau_{max} = \dfrac{3}{2} \dfrac{F}{A} = \dfrac{3 \times \frac{799.68 \times 4}{2}}{2 \times 0.08 \times 0.12} = 0.25 \times 10^6 \, [N/m^2]$

29 길이 $L=2[m]$인 원형단면의 직경 $d=10[cm]$인 외팔보의 자유단에 2940[N]의 집중하중이 작용할 때, 보 속에 저장되는 변형 에너지는 몇 [J]인가? (단, $E=8.82[GPa]$이다.)

① 266.19[J]   ② 267.34[J]
③ 268.32[J]   ④ 269.30[J]

Solution
$U = \dfrac{1}{2} P\delta = \dfrac{1}{2} P \cdot \dfrac{PL^3}{3EI}$

$= \dfrac{1}{2} \times \dfrac{64 \times 2940^2 \times 2^3}{3 \times 8.82 \times 10^9 \times \pi \times 0.1^4} = 266.19 \, [N-m]$

30 다음 그림에서 축의 직경 10[cm], $P=20[kN]$, $C=13.5[cm]$ 일 때 이 축에 발생되는 최대 굽힘응력은?

① 17.9[MPa]
② 27.5[MPa]
③ 35.8[MPa]
④ 53.7[Mpa]

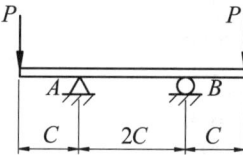

Solution
$M_{max} = P \cdot C = 20 \times 10^3 \times 0.135 = 2700 \, [N-m]$

$\sigma_b = \dfrac{M_{max}}{Z} = \dfrac{32 \times 2700}{\pi \times 0.1^3} = 27.5 \times 10^6 \, [N/m^2]$

Answer 28 ③ 29 ① 30 ②

31 사각형 단면의 전단응력 분포에 있어서 최대 전단응력은 전단력을 단면적으로 나눈 평균 전단응력 보다 얼마나 더 큰가?

① 30[%]
② 40[%]
③ 50[%]
④ 60[%]

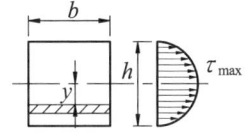

Solution
$\tau_{max} = \dfrac{3}{2}\tau_{mean} = 1.5\tau_{mean}$
τ_{max} 은 τ_{mean} 보다 50[%]가 더 크다.

32 구형 단면(폭 12[cm], 높이 5[cm])이고, 길이 1[m] 인 외팔보가 있다. 이 보의 허용응력이 500[MPa]이라면 높이와 폭의 치수를 서로 바꾸면 받을 수 있는 하중의 크기는 어떻게 변화하는가?

① 1.2배 증가
② 2.4배 증가
③ 1.2배 감소
④ 변화 없다.

Solution
$\sigma_b = \dfrac{M}{Z} = \text{const}$
$Z_1 = \dfrac{12 \times 5^2}{6} = 50 \,[\text{cm}^3]$, $Z_2 = \dfrac{5 \times 12^2}{6} = 120 \,[\text{cm}^3]$
$Z_2 = 2.4 Z_1$

33 직경 10[cm]의 양단 지지보의 중앙에 2[kN]의 집중하중이 작용할 때 최대 굽힘응력이 15[MPa] 이내가 되도록 하려면 보의 길이는 몇 [cm] 이하로 하면 되겠는가?

① 151.5
② 294.5
③ 351.3
④ 224.3

Solution
$\sigma_b = \dfrac{M}{Z} = \dfrac{32PL}{4\pi d^3}$
$15 \times 10^6 = \dfrac{32 \times 2 \times 10^3 \times L}{4 \times \pi \times 0.1^3}$; $L = 2.945\,[\text{m}] = 294.5[\text{cm}]$

Answer 31 ③ 32 ② 33 ②

34 아래 그림과 같은 30[cm]×30[cm]의 정사각형 단면의 그 측면에서 직경 24[cm]인 반원형을 오려내어 I형 단면의 보를 만들었다. 이 재료의 인장 및 압축응력이 $\sigma_\omega = 10$[MPa] 라면 이 보가 안전하게 받을 수 있는 최대 굽힘 모멘트는 몇 [kN·m]인가?

① 24.0
② 240
③ 34.0
④ 340

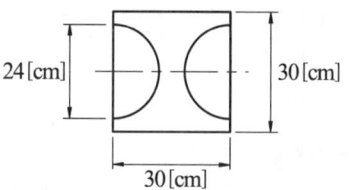

Solution
$$I_G = \frac{0.3^4}{12} - \frac{\pi \times 0.24^4}{64} = 0.00051 \, [\text{m}^4]$$
$$Z = \frac{0.00051}{0.15} = 0.0034 \, [\text{m}^3]$$
$$M_{\max} = \sigma_w \cdot Z = 10 \times 10^3 \times 0.0034 = 34 \, [\text{kN} \cdot \text{m}]$$

35 직경 30[cm]의 원형 단면을 가진 보가 그림과 같은 하중을 받을 때 이 보에 발생 되는 최대 굽힘응력은 몇 [MPa]인가?

① 1.77
② 2.77
③ 3.77
④ 4.77

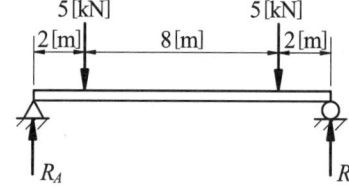

Solution
$$\sigma_{\max} = \frac{M_{\max}}{Z} = \frac{32 \times 5 \times 10^3 \times 2}{\pi \times 0.3^3} = 3.77 \times 10^6 \, [\text{Pa}]$$

Answer 34 ③ 35 ③

chapter 7 보의 처짐(The Deflection of Beam)

1 탄성곡선(彈性曲線)의 미분방정식

직선 보는 굽힘 모멘트와 전단력을 받아 변형하여 곡선으로 되는데 이 곡선을 보의 처짐 곡선 또는 탄성곡선이라 한다. 이 곡선에 대한 미분방정식을 표현하면

$$\frac{d^2y}{dx^2} = \pm \frac{M(x)}{EI} \quad \text{★★★★★} \qquad [7-1]$$

이다. 이 식을 탄성 곡선의 미분방정식 또는 처짐 곡선의 미분방정식이라 한다. 여기서, EI는 강성계수[$N \cdot m^2$, $kg_f \cdot cm^2$]이고, $M(x)$은 보 상에서 임의의 위치 x에서 발생하는 굽힘 모멘트이고 (±)는 곡률이 상향일 때 (+)이고 하향일 때 (−)이다. 이 탄성곡선 미분방정식을 1계 적분을 하면 처짐각(rad)을 구할 수 있고 2계 적분을 하면 처짐량을 결정할 수 있다. 또한 탄성곡선 미분방정식을 한번 더 미분하면(3계 미분) 전단력을 결정할 수 있으며 한번 더 미분하면(4계 미분) 분포하중을 구할 수도 있다.

(1) 처짐각

$$EI\frac{dy}{dx} = -\int M(x)dx \quad \text{★★★} \qquad [7-2]$$

여기서, $\frac{dy}{dx}$가 처짐각 θ이고 단위는 라디안[rad]이다.

(2) 처짐

$$EIy = -\int\int M(x)dx\, dx \quad \text{★★★} \qquad [7-3]$$

여기서, y가 처짐 δ이다.

(3) 굽힘 모멘트

$$EI\frac{d^2y}{dx^2} = -M(x)$$

이 식이 탄성곡선 미분방정식이고 M은 보 상의 어떤 위치에서 굽힘 모멘트이다.

(4) 전단력

$$EI\frac{d^3y}{dx^3} = -\frac{dM(x)}{dx} = -F(x) \qquad [7\text{-}4]$$

탄성곡선 미분방정식을 한번 더 미분하여 전단력을 구할 수 있다.

(5) 하중 및 힘의 세기

$$EI\, y^{(4)} = -\frac{d^2M}{dx^2} = -\frac{dF}{dx} = -\omega(x) \qquad [7\text{-}5]$$

탄성곡선 미분방정식을 2계 미분하면 분포하중을 결정할 수 있다.

2 면적 모멘트법(Moment Area Method)-모어(Mohr)의 정리

(1) **처짐각**(Deflection Angle)

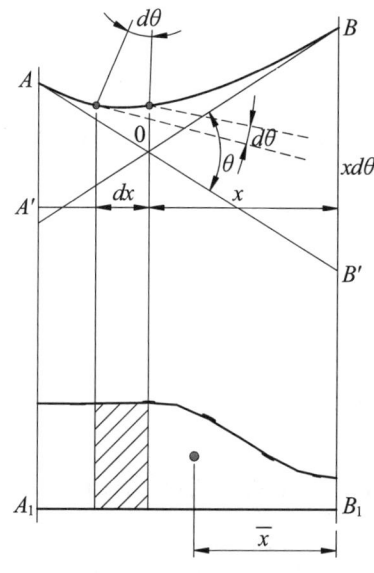

그림7-1 면적 모멘트법

처짐 곡선상의 임의의 두 점 A와 B에서 그은 두 접선 사이의 각 θ는 그 두 점 사이에 있는 굽힘 모멘트 선도(BMD)의 전체 면적을 강성계수 EI로 나눈 값과 동일하다.

$$\theta = \int_A^B \frac{Mdx}{EI}$$

$$A_m = \int_A^B Mdx$$

여기서, A_m은 굽힘 모멘트 선도(BMD)의 전체 면적이다. 그러므로 처짐각은

$$\theta = \frac{A_m}{EI} \text{ [rad]} \quad ★★★★ \tag{7-6}$$

이다.

(2) **처짐량**(Deflection)

A에서의 접선으로부터 이탈한 B점의 처짐량은 A와 B 사이에 있는 굽힘 모멘트 선도의 면적의 B에 관한 1차 모멘트를 강성계수 EI로 나눈 값과 동일하다.

$$\delta = \int_A^B \frac{Mxdx}{EI}$$

$$\int_A^B Mxdx = A_m \bar{x}$$

$$\delta = \frac{A_m}{EI} \bar{x} \quad ★★★★ \tag{7-7}$$

여기서, A_m과 $\bar{x}$는 그림7-2와 같다.

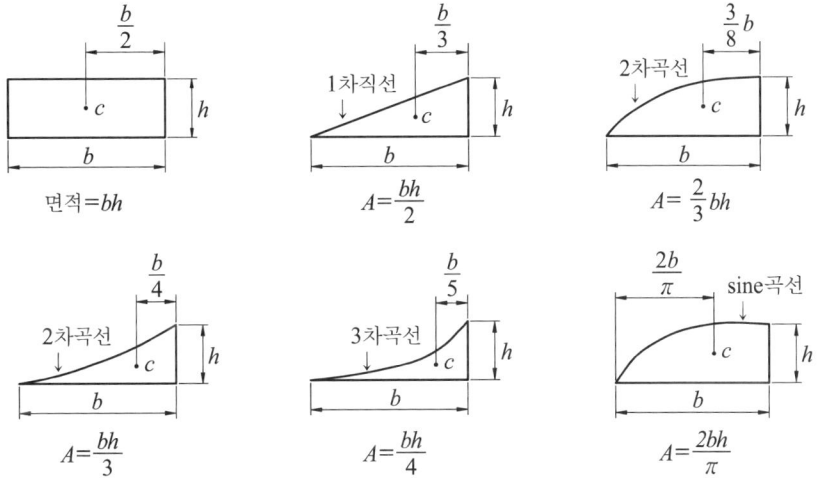

그림7-2 BMD 면적 A_m과 도심까지의 거리 $\bar{x}$

3 탄성 에너지를 이용하는 방법

보에서는 굽힘 모멘트와 전단력에 의하여 변형이 초래되므로 탄성영역 내에서 굽힘 모멘트와 처짐각 사이에는 비례관계가 성립이 된다. 그러므로 탄성 에너지 구하는 식은

① $U = \frac{1}{2} P\delta$

② $U = \frac{1}{2} M\theta$ [7-8]

이다. 여기서 P는 보에 가하는 하중이고 δ는 처짐, M은 굽힘 모멘트, θ는 처짐각이다.

4 카스틸리아노(Castiliano)의 정리(定理)

외력 P_1, P_2, P_3, ········ 가 작용하고 있는 물체에 저장되는 변형 에너지를 U로 나타내면 외력 P_n의 작용점에 대한 외력 방향의 변위(처짐) δ_n는

$$\delta_n = \frac{\partial U}{\partial P_n} = \frac{1}{EI}\int_0^L M_x\left(\frac{\partial M_x}{\partial P_n}\right)dx \qquad [7\text{-}9]$$

이다. 카스틸리아노 정리는 중첩법이 적용되는 탄성계에서 힘들의 2차 함수로 표시된 변형 에너지를 그들 중의 임의의 한 힘에 관해서 편미분하면 그 편도함수는 그 작용점의 그 힘 방향의 변위 성분을 나타낸다.

5 공액보(Conjugated Beam)★★★

공액보란 일명 굽힘 모멘트 분포하중 보라 한다. 즉, 어떤 보에 외력이 작용하여 전단력과 굽힘 모멘트를 발생시키면서 변형하였을 때 그 보의 굽힘 모멘트 선도와 같은 분포하중이 작용한다고 생각하는 가상보가 공액보이다. 이와 같은 공액보를 이용하여 반력과 처짐각 그리고 처짐을 구할 수 있다.

6 중첩법(重疊法)★★★

여러 개의 하중이 작용하는 보가 굽힘을 받고 있을 때 탄성곡선에 대한 선형 미분방정식을 구하여 여러 가지 하중상태에 대한 해들을 중첩하여 처짐각과 처짐을 구하는 방법이다.

7 외팔보와 단순보에 하중이 작용할 때 처짐각과 처짐

지금까지 보에서 처짐을 구하는 여러 가지 방법에 대해서 정리하였다. 이 중에서 면적 모멘트법과 중첩법을 이용하여 다음 10가지 경우의 예를 살펴보기로 한다. 그 10가지 경우를 기본으로 하여 그 외의 많은 문제들도 같은 방법으로 풀 수 있을 것이다.

(1) 외팔보의 자유단에 집중하중 작용시

① 처짐각

$$\theta = \frac{A_m}{EI} = -\frac{PL^2}{2EI} \quad ★★★★★ \qquad [7\text{-}10]$$

② 처짐

$$\delta = \theta \cdot \overline{x} = \frac{PL^2}{2EI} \times \frac{2}{3}L = \frac{PL^3}{3EI} \quad ★★★★ \qquad [7\text{-}11]$$

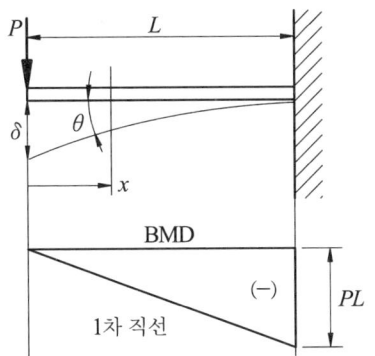

그림7-3 외팔보에 집중하중 작용

(2) 외팔보의 등분포하중 작용시

① 처짐각

$$\theta = \frac{A_m}{EI} = -\frac{\omega L^3}{6EI} \;\;\star\star\star\star\star \tag{7-12}$$

② 처짐

$$\delta = \theta \cdot \overline{x} = \frac{\omega L^3}{6EI} \times \frac{3}{4}L = \frac{\omega L^4}{8EI} \;\;\star\star\star\star\star \tag{7-13}$$

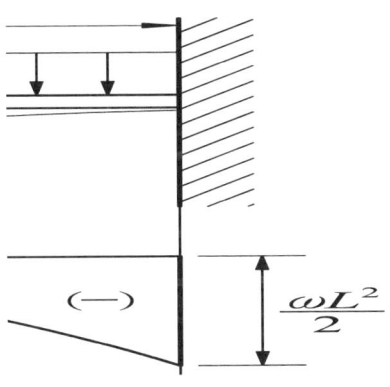

그림7-4 외팔보의 등분포하중

(3) 외팔보 자유단에서 우력 작용시

① 처짐각

$$\theta = \frac{A_m}{EI} = \frac{M_0 L}{EI} \tag{7-14}$$

② 처짐

$$\delta = \theta \cdot \overline{x} = \frac{M_0 L}{EI} \times \frac{L}{2} = \frac{M_0 L^2}{2EI} \tag{7-15}$$

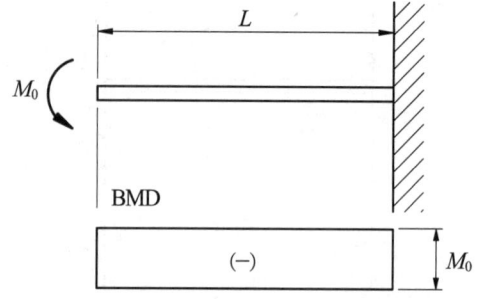

그림7-5 외팔보 자유단에서 우력 작용

(4) 단순보에 중앙 집중하중시

① 처짐각

$$\theta = \frac{A_m}{EI} = \frac{PL^2}{16EI} \;\; ★★★★ \qquad [7\text{-}16]$$

② 처짐

$$\delta = \theta \cdot \overline{x} = \frac{PL^2}{16EI} \times \frac{2}{3} \cdot \frac{L}{2} = \frac{PL^3}{48EI} \;\; ★★★★★ \qquad [7\text{-}17]$$

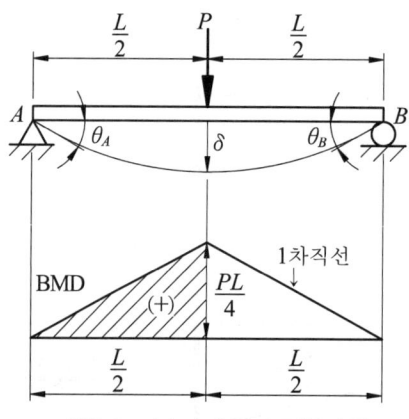

그림7-6 단순보에 중앙 집중하중

(5) 단순보에 등분포하중 작용시

① 처짐각

$$\theta = \frac{A_m}{EI} = \frac{\omega L^3}{24EI} \;\; ★★★★★ \qquad [7\text{-}18]$$

② 처짐

$$\delta = \theta \cdot \overline{x} = \frac{\omega L^3}{24EI} \times \frac{5}{8} \cdot \frac{L}{2} = \frac{5\omega L^4}{384EI} \;\; ★★★★★ \qquad [7\text{-}19]$$

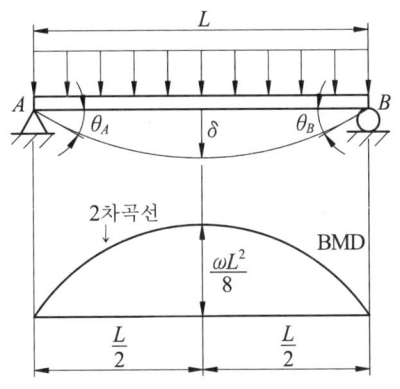

그림7-7 단순보에 등분포하중

(6) 외팔보에 집중하중과 등분포하중이 함께 작용할 경우

그림7-8과 같은 경우 중첩법으로 처짐각과 처짐을 구하면 다음과 같다.

① 처짐각

$$\theta = \frac{PL^2}{2EI} + \frac{\omega L^3}{6EI} \qquad [7-20]$$

② 처짐

$$\delta = \frac{1}{EI}\left(\frac{PL^3}{3} + \frac{\omega L^4}{8}\right) \qquad [7-21]$$

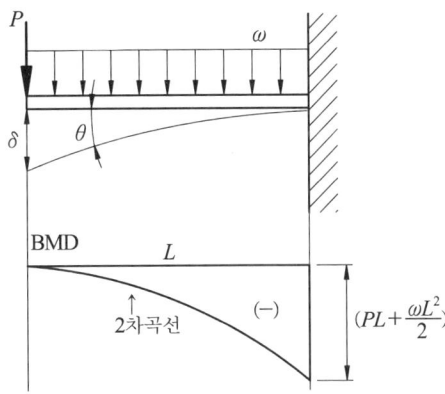

그림7-8 외팔보에 집중하중과 등분포하중이 함께 작용할 경우

(7) 외팔보 중앙에 집중하중 작용시

① 처짐각

$$\theta = \frac{A_m}{EI} = \frac{PL^2}{8EI} \qquad [7-22]$$

② 중앙에서 처짐

$$\delta_c = \theta \cdot \bar{x}_c = \frac{PL^2}{8EI} \times \frac{2}{3} \cdot \frac{L}{2} = \frac{PL^3}{24EI} \quad \star\star \qquad [7-23]$$

③ 자유단에서 최대 처짐

$$\delta = \theta \cdot \bar{x} = \frac{PL^2}{8EI} \times \left(\frac{L}{2} + \frac{2}{3} \cdot \frac{L}{2}\right) = \frac{5PL^3}{48EI} \quad \bigstar \qquad [7\text{-}24]$$

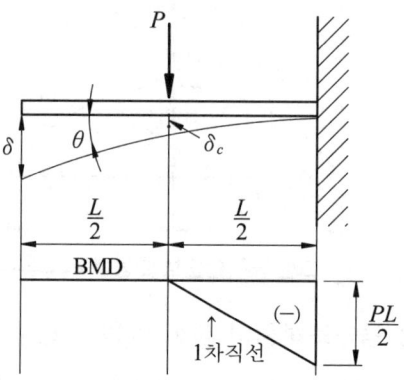

그림7-9 외팔보 중앙에 집중하중 작용

(8) 외팔보 중앙에 등분포하중 작용

① 처짐각

$$\theta = \frac{A_m}{EI} = \frac{\omega L^3}{48EI} \qquad [7\text{-}25]$$

② 중앙에서 처짐

$$\delta_c = \theta \cdot \bar{x}_c = \frac{\omega L^3}{48EI} \times \frac{3}{4} \cdot \frac{L}{2} = \frac{\omega L^4}{128EI} \quad \bigstar\bigstar \qquad [7\text{-}26]$$

③ 자유단에서 최대 처짐

$$\delta = \theta \cdot \bar{x} = \frac{\omega L^3}{48EI} \times \left(\frac{L}{2} + \frac{3}{4} \cdot \frac{L}{2}\right) = \frac{7\omega L^4}{384EI} \quad \bigstar \qquad [7\text{-}27]$$

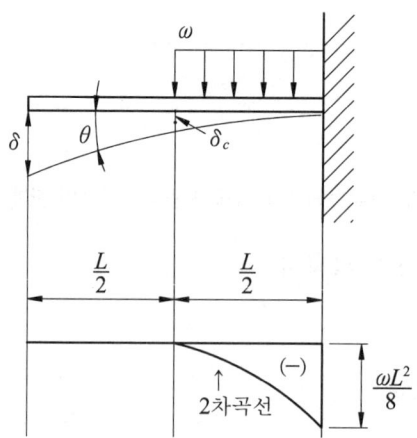

그림7-10 외팔보 중앙에 등분포하중 작용

(9) 단순보에 삼각 분포하중 작용시

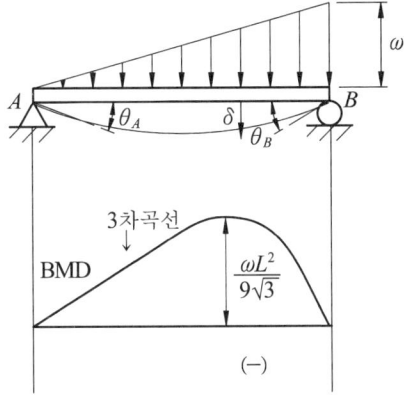

그림7-11 외팔보 3각 분포하중 작용

① 처짐

$$\delta = \frac{5\omega L^4}{384EI} \times \frac{1}{2} = \frac{5\omega L^4}{768EI} \qquad [7\text{-}28]$$

삼각분포하중은 등분포하중의 절반이므로 처짐도 등분포하중의 $\frac{1}{2}$ 이 된다.

(10) 외팔보 일부분에 등분포하중 작용시

① 외팔보 길이 L 에 등분포하중 작용시 처짐

$$\delta_1 = \frac{\omega L^4}{8EI}$$

② 길이 $(L-a)$ 에 등분포하중 작용시 처짐

면적 모멘트법을 적용시켜 처짐을 구하면

$$\delta_2 = \frac{A_m}{EI}\overline{x} = \frac{\omega(L-a)^3}{24EI}(3L+a)$$

이다.

③ 중첩법으로 처짐 결정

$$\delta = \delta_1 - \delta_2 = \frac{\omega L^4}{8EI} - \frac{\omega(L-a)^3}{24EI}(3L+a) \qquad [7\text{-}29]$$

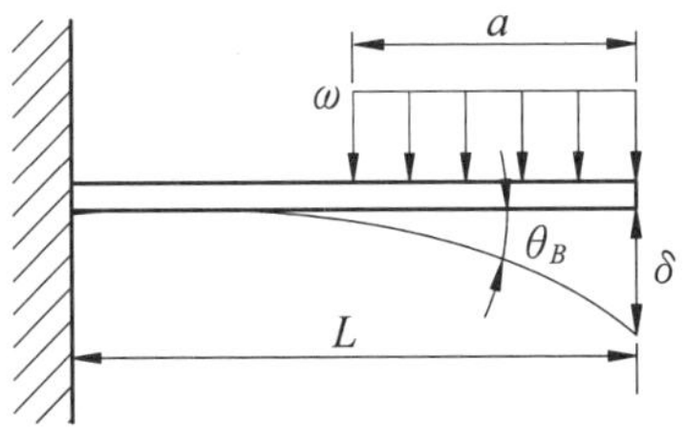

그림7-12 외팔보 일부분에 등분포하중이 작용할 경우

chapter 7 ― 실전연습문제

01 보의 처짐을 작게 하려면 같은 단면적의 단면의 모양을 어떻게 취하는 것이 좋은가?
① 높이가 긴 구형
② 정사각형
③ 사다리형
④ 원형

02 직경 $d=2$[cm], 길이 $L=1$[m]인 외팔보의 자유단에 집중하중 P가 작용할 때, 최대 처짐량이 2[cm]가 되었다. 최대 굽힘응력(MPa)은? (단, 종탄성계수 $E=196$[GPa]이다.)
① 11.765
② 117.65
③ 1176.50
④ 11765.00

◎ Solution
$$\delta = \frac{PL^3}{3EI} \ ; \ 0.02 = \frac{64 \times P \times 1}{3 \times 196 \times 10^9 \times \pi \times 0.02^4}, \ P = 92.4\,[\text{N}]$$
$$\sigma_{max} = \frac{M_{max}}{Z} = \frac{32 \times P \times L}{\pi \times d^3} = \frac{32 \times 92.4 \times 1}{\pi \times 0.02^3} = 117.65 \times 10^6\,[\text{N/m}^2]$$

03 그림과 같은 외팔보의 C점의 처짐각(rad)과 처짐[cm]은 얼마인가?
(단, $E=98$[MPa], $I=10^6$[cm^4]이다.)

① $\theta = 0.00408\,[\text{rad}], \ \delta_C = 10.88\,[\text{cm}]$
② $\theta = 0.0408\,[\text{rad}], \ \delta_C = 0.1088\,[\text{cm}]$
③ $\theta = 0.0408\,[\text{rad}], \ \delta_C = 10.88\,[\text{cm}]$
④ $\theta = 0.0408\,[\text{rad}], \ \delta_C = 0.1088\,[\text{cm}]$

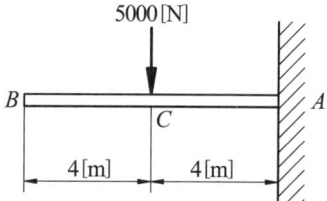

◎ Solution
$$\theta = \frac{PL^2}{8EI} = \frac{5000 \times 8^2}{8 \times 98 \times 10^6 \times 10^6 \times 10^{-8}} = 0.0408\,[\text{rad}]$$
$$\delta_C = \frac{PL^3}{24EI} = \frac{5000 \times 8^3}{24 \times 98 \times 10^6 \times 10^6 \times 10^{-8}} = 0.1088\,[\text{m}] = 10.88\,[\text{cm}]$$

Answer 01 ① 02 ② 03 ③

04 길이 L 인 외팔보의 자유단에 우력 $M_0 = Pa$ 를 작용시킬 때, 자유단의 처짐각과 처짐은 얼마인가?

① $\theta = \dfrac{PaL}{2EI}$, $\delta = \dfrac{PaL}{EI}$

② $\theta = \dfrac{PaL^2}{EI}$, $\delta = \dfrac{PaL^2}{2EI}$

③ $\theta = \dfrac{PaL^2}{EI}$, $\delta = \dfrac{PaL^2}{2EI}$

④ $\theta = \dfrac{PaL}{EI}$, $\delta = \dfrac{PaL^2}{2EI}$

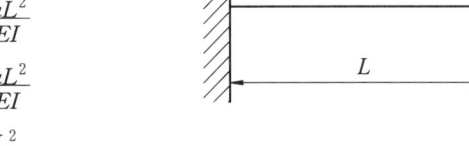

Solution
$\theta = \dfrac{A_m}{EI} = \dfrac{M_0 L}{EI} = \dfrac{PaL}{EI}$
$\delta = \bar{\theta}\bar{x} = \dfrac{PaL}{EI} \times \dfrac{L}{2} = \dfrac{PaL^2}{2EI}$

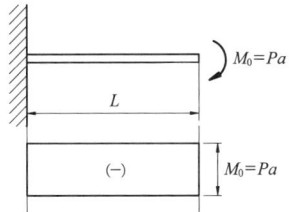

05 그림과 같이 굽힘 강성이 EI 인 균일단면의 외팔보에 강도가 ω 인 등분포하중이 작용할 때, 자유단의 처짐으로 다음 중 맞는 것은?

① $\delta = \dfrac{\omega L^4}{6EI}$

② $\delta = \dfrac{\omega L^4}{8EI}$

③ $\delta = \dfrac{\omega L^4}{24EI}$

④ $\delta = \dfrac{\omega L^4}{48EI}$

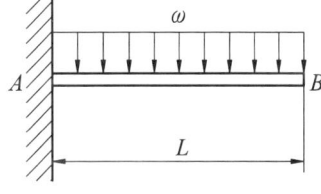

Solution $\delta = \dfrac{A_m}{EI} \cdot \bar{x} = \dfrac{\omega L^3}{6EI} \times \dfrac{3}{4}L = \dfrac{\omega L^4}{8EI}$

Answer 04 ④ 05 ②

06 그림과 같이 집중하중 P와 균일 등분포하중이 동시에 작용할 때, 최대 처짐량은? (단, $P=\omega L$ 이다.)

① $\delta = \dfrac{5\omega L^4}{384EI}$

② $\delta = \dfrac{7\omega L^4}{384EI}$

③ $\delta = \dfrac{11\omega L^4}{384EI}$

④ $\delta = \dfrac{13\omega L^4}{384EI}$

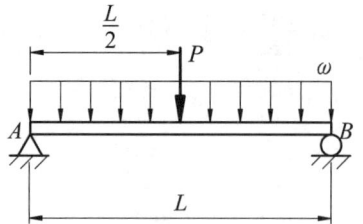

Solution $\delta = \dfrac{PL^3}{48EI} + \dfrac{5\omega L^4}{384EI} = \dfrac{13\omega L^4}{384EI} = \dfrac{13PL^3}{384EI}$

07 그림과 같이 단순보가 전 길이 L[cm]에 걸쳐 균일분포하중 ω [N/cm]를 받고 있을 때, 보의 중앙을 밀어 올려서 양단과 동일한 수준으로 했다면 중앙지점의 지지력은 얼마인가?

① $\dfrac{\omega L}{8}$

② $\dfrac{3\omega L}{8}$

③ $\dfrac{5\omega L}{8}$

④ $\dfrac{7\omega L}{8}$

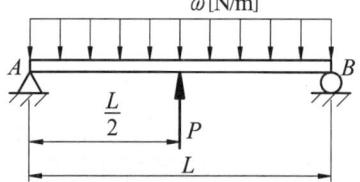

Solution $\delta = \dfrac{5\omega L^4}{384EI} = \dfrac{PL^3}{48EI}$, $P = \dfrac{5\omega L}{8}(\uparrow)$

08 그림과 같이 재질이 동일한 양단 지지보에서 하중 P가 작용할 때 $\delta_{\max 1}$, $\delta_{\max 2}$의 비를 구하여라.

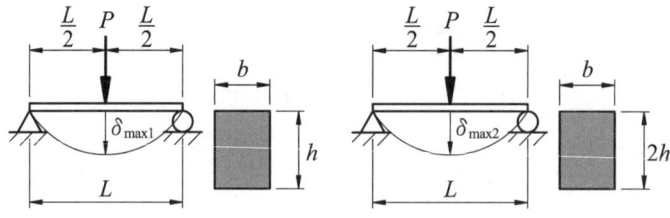

① 4
② 8
③ 16
④ 32

Answer 06 ④ 07 ③ 08 ②

Solution

$$\delta_{max\,1} = \frac{PL^3}{48EI} = \frac{PL^3}{48E} \cdot \frac{12}{bh^3}$$

$$\delta_{max\,2} = \frac{PL^3}{48E} \cdot \frac{12}{b(2h)^3}$$

$$\frac{\delta_{max\,1}}{\delta_{max\,2}} = 8$$

09 동일단면, 동일길이를 가진 다음의 각종 보 중에서 최대의 처짐이 생기는 것은 어느 것인가?

①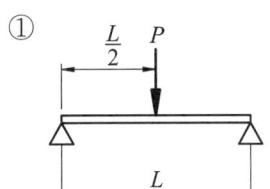

②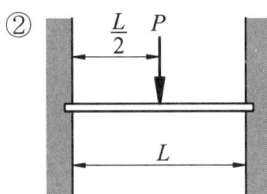

③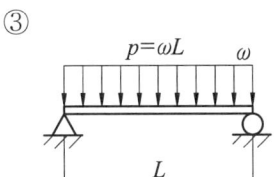

④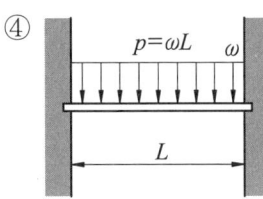

Solution

① 단순보 중앙집중하중 : $\delta = \dfrac{PL^3}{48EI}$

② 양단고정보 중앙집중하중 : $\delta = \dfrac{PL^3}{192EI}$

③ 단순보 등분포하중 : $\delta = \dfrac{5\omega L^4}{384EI} = \dfrac{5PL^3}{384EI}$

④ 양단고정보 등분포하중 : $\delta = \dfrac{\omega L^4}{384EI} = \dfrac{PL^3}{384EI}$

10 길이 1[m]의 원형 단면인 단순보가 $\omega = 49$[N/cm]의 균일 분포하중을 받고 있다. 최대 휨량을 보의 길이의 1/1000로 하려면 직경 d[cm]는 얼마로 해야겠는가? (단, $E=196$[GPa]로 한다.)

① 5.1[cm]   ② 6.2[cm]
③ 7.4[cm]   ④ 8.6[cm]

Solution

$\delta = \dfrac{5\omega L^4}{384EI}$

$\dfrac{1}{1000} = \dfrac{64 \times 5 \times 9 \times 10^2 \times 1^4}{384 \times 196 \times 10^9 \times \pi \times d^4}$, $d = 0.051$[m] $= 5.1$[cm]

Answer　09 ①　10 ①

11 균일 분포하중 88.2[N/cm]를 받고 있는 외팔보가 있다. 자유단에서 처짐이 $\delta=3$[cm]이고, 그 지점에서 탄성곡선의 기울기가 0.01[rad]일 때, 이 보의 길이는 얼마인가? (단, 재료의 탄성계수 $E=205.8$[GPa]이다.)

① 1[m] ② 2[m]
③ 3[m] ④ 4[m]

Solution

$$\delta = \frac{\omega L^4}{8EI}, \quad \theta = \frac{\omega L^3}{6EI}$$

$$\frac{\delta}{\theta} = \frac{6L}{8} \; ; \; \frac{0.03}{0.01} = \frac{6L}{8}, \quad L=4[\text{m}]$$

12 단면이 $b \times h = 4$[cm]×8[cm]인 구형이고 스팬(Span) 2[m]의 단순보의 중앙에 집중하중이 작용할 때, 그 최대 처짐을 0.4[cm]로 제한하려면 하중은 몇 [N]으로 제한하여야 하는가? (단, 탄성계수 $E=196$[GPa]이다.)

① 4229.68[N] ② 6307.28[N]
③ 8028.16[N] ④ 12595.94[N]

Solution

$$\delta = \frac{PL^3}{48EI} \; ; \; 0.4 \times 10^{-2} = \frac{12 \times P \times 2^3}{48 \times 196 \times 10^9 \times 0.04 \times 0.08^3}$$

$$P = 8028.16 \text{ [N]}$$

13 $b \times h = 2$[cm]×4[cm]의 구형 단면을 가진 길이 1[m]되는 외팔보의 자유단에 집중하중을 작용시켰더니 5[mm]의 처짐이 생겼다. 이 보에 발생하는 최대 굽힘응력은 얼마인가? (단, 탄성계수 $E=196$[GPa]이다.)

① 41.2[MPa] ② 58.8[MPa]
③ 61.7[MPa] ④ 70.6[MPa]

Solution

$$\delta = \frac{PL^3}{3EI} = \frac{12PL^3}{3Ebh^3}$$

$$5 \times 10^{-3} = \frac{12 \times P \times 1^3}{3 \times 196 \times 10^9 \times 0.02 \times 0.04^3}, \quad P = 313.6 \text{ [N]}$$

$$\sigma_{\max} = \frac{M_{\max}}{Z} = \frac{6PL}{bh^2} = \frac{6 \times 313.6 \times 1}{0.02 \times 0.04^2} = 58.8 \times 10^6 \text{ [N/m}^2\text{]}$$

Answer 11 ④ 12 ③ 13 ②

14 직경 20[cm], 길이 1000[mm]의 연강봉이 29.4[kN]의 인장하중을 받을 때, 발생하는 신장량의 크기는? (단, $E = 205.8$[GPa]이다.)

① 0.455[mm] ② 455[mm]
③ 0.0455[mm] ④ 0.00455[mm]

Solution
$$\delta = \frac{PL}{AE} = \frac{29.4 \times 10^4 \times 1}{\frac{\pi}{4} \times 0.2^2 \times 205.8 \times 10^9} = 0.00000455 \, [\text{m}] = 0.00455 \, [\text{mm}]$$

15 그림과 같은 외팔보의 자유단에 9.8J의 모멘트가 주어질 때, 자유단에서의 처짐은? (단, 이 보의 굽힘 강성계수는 49[kN-m²]이다.)

① 2.5[mm]
② 5[mm]
③ 25[mm]
④ 50[mm]

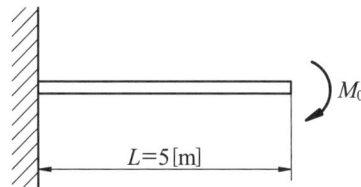

Solution
$$\delta = \frac{M_0 L^2}{2EI} = \frac{9.8 \times 5^2}{2 \times 49 \times 10^3} = 0.0025 \, [\text{m}]$$

16 그림과 같은 단순보(Simple Beam)의 자유단에서 경사각 θ_A 를 구하는 식은? (단, 이 E는 탄성계수, I는 2차 모멘트이다.)

① $\dfrac{M_A L}{2EI}$

② $\dfrac{M_A L}{3EI}$

③ $\dfrac{M_A L}{6EI}$

④ $\dfrac{M_A L}{8EI}$

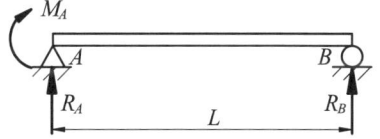

Solution 공액보를 적용시켜 처짐각과 처짐을 구한다.

$$R'_A = \frac{M_A L}{3}, \quad R'_B = \frac{M_A L}{6}$$

$$\theta_A = \frac{R'_A}{EI} = \frac{M_A L}{3EI}, \quad \theta_B = \frac{R'_B}{EI} = \frac{M_A L}{6EI}$$

$$\delta_중 = \frac{M_C}{EI} = \frac{1}{EI}\left(\frac{M_A L^2}{12} - \frac{M_A L^2}{48}\right)$$
$$= \frac{M_A L^2}{16EI}$$

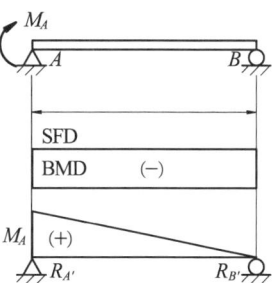

Answer 14 ④ 15 ① 16 ②

17 그림과 같이 주어진 단순보에서 최대 처짐에 대한 설명 중 옳지 않은 것은?

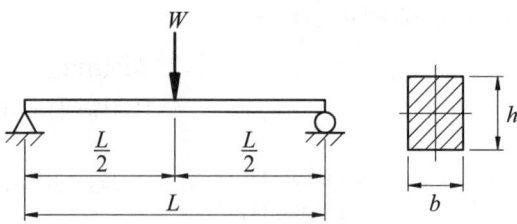

① 하중 (W)에 역비례한다.
② 탄성계수 (E)에 역비례한다.
③ 스팬 (L)의 3승에 정비례한다.
④ 보의 단면높이 (h)의 3제곱에 역비례한다.

Solution
$$\delta = \frac{WL^3}{48EI} = \frac{WL^3}{48E} \times \frac{12}{bh^3}$$

18 그림과 같은 외팔보에서 최대 처짐은 얼마인가? (단, E는 탄성계수이다.)

① $\dfrac{WL^4}{2Ebh^3}$

② $\dfrac{WL^4}{Ebh^3}$

③ $\dfrac{3WL^4}{2Ebh^3}$

④ $\dfrac{WL^4}{Ebh^3}$

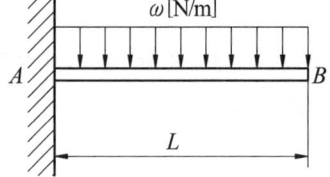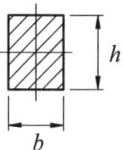

Solution
$$\delta = \frac{WL^4}{8EI} = \frac{WL^4}{8E} \times \frac{12}{bh^3} = \frac{3WL^4}{2Ebh^3}$$

19 외팔보에 집중하중 P가 작용하여 자유단에 처짐량은 2[cm], 처짐각이 0.02[rad]일 때, 보의 길이는 얼마인가?

① 100[cm] ② 150[cm]
③ 200[cm] ④ 250[cm]

Solution
$\theta = \dfrac{PL^2}{2EI}$, $\delta = \dfrac{PL^3}{3EI}$

$\dfrac{\delta}{\theta} = \dfrac{2}{3}L$; $\dfrac{2}{0.02} = \dfrac{2}{3}L$, $L = 150$ [cm]

Answer 17 ① 18 ③ 19 ②

20 그림과 같은 단순보에서 최대처짐에 대한 설명으로 틀린 것은?

① 보의 높이(h)의 제곱에 반비례한다.
② 보의 길이(L)의 세제곱에 비례한다.
③ 작용하는 하중에 정비례한다.
④ 보의 나비(b)에 반비례한다.

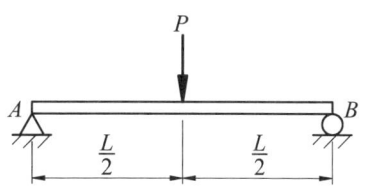

Solution $\delta = \dfrac{PL^3}{48EI}$

21 폭 30[cm], 높이 10[cm], 길이 150[cm]의 외팔보의 자유단에 7840[N]의 집중하중을 작용시킬 때의 최대휨은? (단, $E = 196$[GPa]이다.)

① 0.25[cm] ② 0.20[cm]
③ 0.15[cm] ④ 0.18[cm]

Solution $\delta = \dfrac{PL^3}{3EI} = \dfrac{PL^3}{3E} \times \dfrac{12}{bh^3} = \dfrac{7840 \times 1.5^3 \times 12}{196 \times 10^9 \times 0.3 \times 0.1^3} = 0.0018 \,[\text{m}] = 0.18[\text{cm}]$

22 강성계수가 EI인 단순보의 한 지점에 M_0의 모멘트가 작용할 때 중앙점의 처짐(Deflection)이 옳은 것은?

① $\delta_C = \dfrac{M_0 L^2}{16EI}$

② $\delta_C = \dfrac{M_0 L^2}{6EI}$

③ $\delta_C = \dfrac{M_0 L^2}{32EI}$

④ $\delta_C = \dfrac{M_0 L^2}{48EI}$

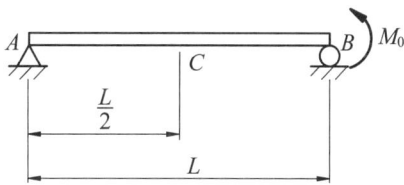

Answer 20 ① 21 ④ 22 ①

23 그림과 같은 외팔보의 임의의 거리 C 되는 점에 집중하중 P가 작용할 때, 최대 처짐량은 얼마인가?

① $\dfrac{PC^2}{3EI}(3L-C)$

② $\dfrac{PC^2}{6EI}(3L-C)$

③ $\dfrac{PC^2}{3EI}\left(L-\dfrac{C}{3}\right)$

④ $\dfrac{PC^2}{6EI}(L-3C)$

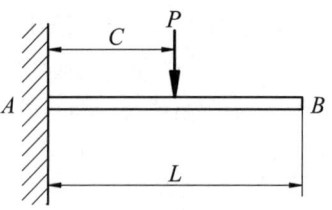

Solution
$\delta = \dfrac{A_m}{EI}\overline{x} = \dfrac{PC^2}{2EI}\left(L-\dfrac{C}{3}\right) = \dfrac{PC^2}{6EI}(3L-C)$

24 다음 그림과 같은 보의 최대 처짐으로 맞는 것은?

① $\dfrac{5}{16EI}PL^3$

② $\dfrac{7}{16EI}PL^3$

③ $\dfrac{9}{16EI}PL^3$

④ $\dfrac{3}{16EI}PL^3$

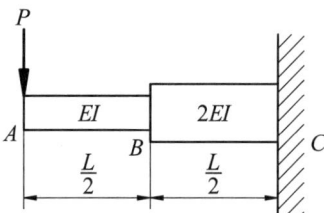

Solution
① AB 구간만 고려했을 때 처짐
$\delta_{AB} = \dfrac{P(L/3)^3}{3EI} = \dfrac{PL^3}{24EI}$

② BC 구간 부재에 발생하는 처짐
$\delta_{BC} = \dfrac{1}{2EI}\left[\dfrac{PL}{2}\cdot\dfrac{L}{2}\cdot\left(\dfrac{L}{2}+\dfrac{L}{4}\right)+\dfrac{1}{2}\cdot\dfrac{PL}{2}\cdot\dfrac{L}{2}\left(\dfrac{L}{2}+\dfrac{L}{2}\cdot\dfrac{2}{3}\right)\right] = \dfrac{14PL^3}{96EI}$

③ A지점에서 최대 처짐
$\delta = \delta_{AB}+\delta_{BC} = \dfrac{3PL^3}{16EI}$

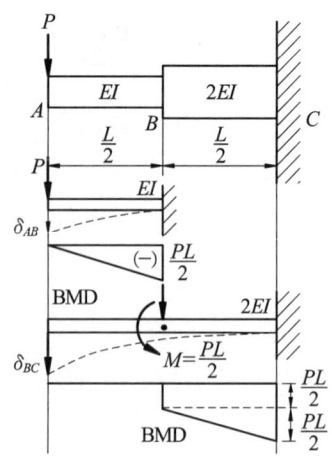

Answer 23 ② 24 ④

25 다음 그림과 같이 B단이 고정된 원호형 외팔보 AB가 그 자유단에 연직하중 P를 받고 있다. 이 보의 중심선은 반직경 R의 4분 원호이다. 이 보의 굽힘 변형만을 고려하면 A점의 연직 처짐량 δ_v를 구하시오.

① $\dfrac{\pi PR^2}{2EI}$

② $\dfrac{\pi PR^3}{2EI}$

③ $\dfrac{\pi PR^2}{4EI}$

④ $\dfrac{\pi PR^3}{4EI}$

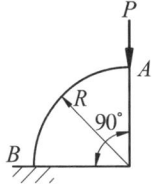

Solution

$\theta = \dfrac{ML}{EI} = \dfrac{MR\alpha}{EI}$, $U = \dfrac{1}{2}M\theta$, $M_\theta = PR\sin\alpha$

$dU = \int_0^{\frac{\pi}{2}} \dfrac{M_\theta^2 R d\alpha}{2EI}$

$\delta = \dfrac{\partial U}{\partial P} = \int_0^{\frac{\pi}{2}} \dfrac{M_\theta}{EI} \dfrac{\partial M_\theta}{\partial P} R d\alpha = \dfrac{PR^3}{2EI}\left[\alpha - \dfrac{1}{2}\sin 2\alpha\right]_0^{\frac{\pi}{2}} = \dfrac{\pi PR^3}{4EI}$

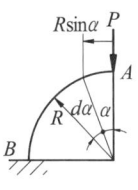

26 길이가 2[m]인 단순보의 중앙에 집중하중을 작용시켜 최대 처짐이 0.2[cm]로 제한하려면 하중은 몇 [N]이하라야 하는가? (단, 단면이 원형이면 직경 $d=10$[cm]이고 재료의 탄성계수 $E=196$[GPa]이다.)

① 9270.8[N]   ② 18453.4[N]
③ 14572.6[N]   ④ 11544.4[N]

Solution

$\delta = \dfrac{PL^3}{48EI}$; $0.2 \times 10^{-2} = \dfrac{64 \times P \times 2^3}{48 \times 196 \times 10^9 \times \pi \times 0.1^4}$

$P = 11545.35$ [N]

27 그림과 같은 외팔보가 $P=9800$[N], $\theta=30°$ 보의 단면 $b \times h = 6 \times 12$[cm], $E=2.06$[GPa], 스팬의 길이 $L=1$[m]일 때, 자유단에서의 수직방향의 처짐량 δ는?

① 160[mm]
② 92[mm]
③ 36[mm]
④ 26[mm]

Solution

$\delta = \dfrac{PL^3}{3EI} = \dfrac{12 \times P\cos\theta \times L^3}{3Ebh^3}$

$= \dfrac{12 \times 9800 \times \cos 30° \times 1^3}{3 \times 2.06 \times 10^9 \times 0.06 \times 0.12^3} = 0.15895$ [m] $= 158.95$[mm]

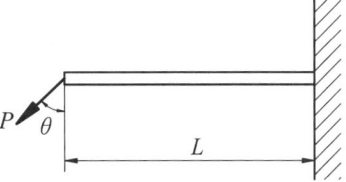

Answer 25 ④ 26 ④ 27 ①

28 외팔보에 그림과 같이 우력 모멘트 M_0=3920[N-m]가 고정점 A에서 80[cm]인 지점에 작용 할 경우, 자유단 B점의 처짐량은 몇 [mm]인가? (단, 재료의 세로 탄성계수 E=196[GPa]이고 보의 단면은 한 면이 10[cm]인 정사각형이다.)

① 1.41
② 1.5
③ 1.75
④ 1.9

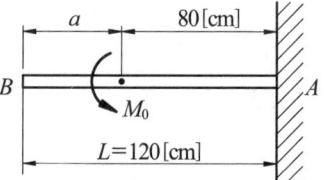

Solution
$$\delta = \frac{A_m}{EI}\bar{x} = \frac{M_0(L-a)}{EI} \times \left[a + \frac{(L-a)}{2}\right]$$
$$= \frac{12 \times 3920 \times (1.2-0.4)}{196 \times 10^9 \times 0.1^4} \times \left(0.4 + \frac{1.2-0.4}{2}\right) = 0.00154\,[\text{m}] = 1.54[\text{mm}]$$

29 등분포하중을 받고 있는 길이 3[m]의 단순보의 최대 직경을 1[cm]로 제한하려면 분포하중은 몇 [kN/m]인가? (단, 구형단면 $b \times h$=10[cm]×10[cm], E=210[GPa]이다.)

① 16.6　　② 22.2　　③ 28.4　　④ 32.6

Solution
$$\delta = \frac{5\omega L^4}{384EI}\ ;\ 0.01 = \frac{12 \times 5 \times \omega \times 3^4}{384 \times 210 \times 10^9 \times 0.1 \times 0.1^3}$$
$$\omega = 16.59 \times 10^3\,[\text{N/m}] = 16.59[\text{kN/m}]$$

30 다음 그림과 같은 균일한 단면의 보 AC가 하중 P를 받고 있을 때, C점에서의 처짐을 길이 L과 굽힘강성 EI의 항으로 구한 것은?

① $\delta = \dfrac{PL^3}{12EI}$

② $\delta = \dfrac{3PL^3}{12EI}$

③ $\delta = \dfrac{5PL^3}{12EI}$

④ $\delta = \dfrac{7PL^3}{12EI}$

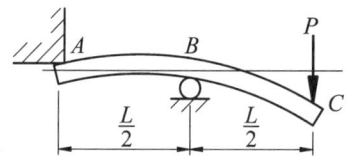

Solution
AB 구간에서 $M_x = -\dfrac{Pa}{L}x$ 이고 BC 구간에서는 $M_x = -Px$ 이다.

$$U = \frac{1}{2}M_x\delta = \int \frac{M_x^2}{2EI}dx = \int_0^L \frac{P^2a^2x^2}{2EIL^2}dx + \int_0^a \frac{P^2x^2}{2EI}dx$$

$$U = \frac{P^2a^2}{6EI}(L+a)$$

$$\delta = \frac{\partial U}{\partial P} = \frac{2Pa^2}{6EI}(L+a) = \frac{Pa^2}{3EI}(L+a)$$

여기서, $L = \dfrac{L}{2}$ 이고 $a = \dfrac{L}{2}$ 이다.

$$\delta = \frac{Pa^2}{3EI}(L+a) = \frac{P\left(\dfrac{L}{2}\right)^2}{3EI}\left(\frac{L}{2}+\frac{L}{2}\right) = \frac{PL^3}{12EI}$$

Answer 28 ② 29 ① 30 ①

31 그림과 같이 외팔보가 자유단에서 시계방향의 우력 M 을 받는 경우, 자유단의 처짐 δ 는?

① $\delta = \dfrac{M^2 l}{2EI}$

② $\delta = \dfrac{Ml^2}{2EI}$

③ $\delta = \dfrac{2Ml^2}{3EI}$

④ $\delta = \dfrac{M^2 l}{6EI}$

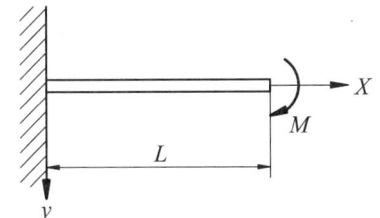

Solution 굽힘 모멘트 선도를 이용한 면적 모멘트 법으로 구한다.
$$\delta = \dfrac{A_m}{EI} \overline{x} = \dfrac{ML^2}{2EI}$$

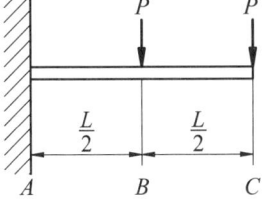

32 다음과 같은 외팔보에서의 최대 처짐량은?

① $\dfrac{5}{48} \dfrac{PL^3}{EI}$

② $\dfrac{11}{48} \dfrac{PL^3}{EI}$

③ $\dfrac{16}{48} \dfrac{PL^3}{EI}$

④ $\dfrac{21}{48} \dfrac{PL^3}{EI}$

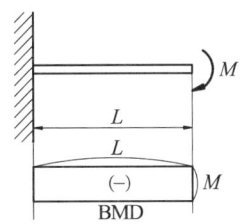

Solution ① 외팔보 자유단에 집중하중 P 가 작용할 때 처짐
$$\delta_1 = \dfrac{PL^3}{3EI}$$
② 외팔보 중앙에 집중하중 P 가 작용할 때 처짐
$$\delta_2 = \dfrac{5PL^3}{48EI}$$
③ 외팔보 자유단과 중앙에 집중하중 P 가 함께 작용할 때 처짐
$$\delta = \delta_1 + \delta_2 = \dfrac{21PL^3}{48EI}$$

Answer 31 ② 32 ④

33 그림과 같이 외팔보에 하중 P가 B점과 C점에 작용할 때, 자유단 B에서의 처짐량은?

① $\dfrac{35}{3}\dfrac{PL^3}{EI}$

② $\dfrac{37}{3}\dfrac{PL^3}{EI}$

③ $\dfrac{41}{3}\dfrac{PL^3}{EI}$

④ $\dfrac{44}{3}\dfrac{PL^3}{EI}$

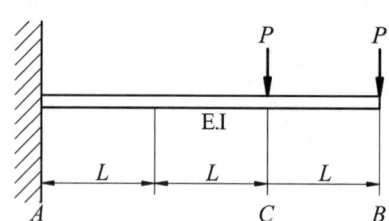

Solution 중첩법으로 풀면 다음과 같다.
① B 지점에만 하중 P가 작용할 때
$$\delta = \frac{P \times (3L)^3}{3EI} = \frac{9PL^3}{EI}$$
② C 지점에만 하중 P가 작용할 때
$$\delta = \frac{A_m}{EI}\bar{x} = \frac{2PL \times 2L \times (L + \frac{2}{3} \times 2L)}{2EI} = \frac{14PL^3}{3EI}$$
$$\delta_B = \frac{9PL^3 \times 3}{3EI} + \frac{14PL^3}{3EI} = \frac{41PL^3}{3EI}$$

34 그림의 보에서 θ_A가 옳게 된 것은? (단, EI는 일정하다.)

① $\dfrac{ML}{2EI}$

② $\dfrac{2ML}{5EI}$

③ $\dfrac{ML}{6EI}$

④ $\dfrac{3ML}{4EI}$

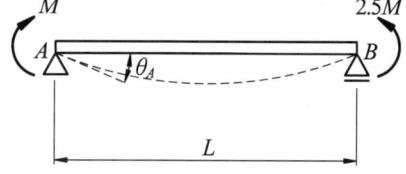

Solution 공액보의 개념을 이용하여 푼다.
$$R_{A'} = \frac{\left(\frac{3.5ML}{2} \times \frac{1.5L}{3.5}\right)}{L} = \frac{1.5ML}{2} = \frac{3ML}{4}$$
$$\theta_A = \frac{R_{A'}}{EI} = \frac{3ML}{4EI}$$

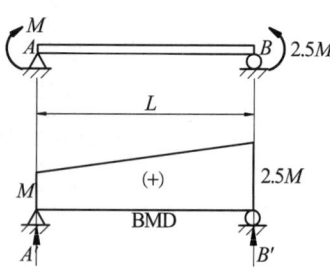

Answer 33 ③ 34 ④

35 그림과 같이 균일단면을 가진 단순보에 균일하중 ω[kN/m]이 작용할 때, 이 보의 탄성 곡선식은?

① $y = \dfrac{\omega}{24EI}(L^3 - Lx^2 + x^3)$

② $y = \dfrac{\omega}{24EI}(L^3x - Lx^2 + x^3)$

③ $y = \dfrac{\omega x}{24EI}(L^3 - 2Lx^2 + x^3)$

④ $y = \dfrac{\omega x}{24EI}(L^3 - 2x^2 + x^3)$

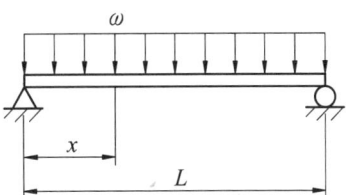

Solution 임의의 위치 x에서 굽힘 모멘트를 구하여 탄성곡선 미분방정식에 대입하여 정리하면 다음과 같고 적분하여 y를 구한다.

$$\frac{\partial^2 y}{\partial x^2} = -\frac{M_x}{EI} = -\frac{1}{EI}\left(\frac{\omega Lx}{2} - \frac{\omega x^2}{2}\right)$$

$$\frac{\partial y}{\partial x} = -\int \frac{M_x}{EI}dx = -\frac{1}{EI}\int\left(\frac{\omega Lx}{2} - \frac{\omega x^2}{2}\right)dx = -\frac{1}{EI}\left(\frac{\omega Lx^2}{4} - \frac{\omega x^3}{6} + C_1\right)$$

$$y = -\frac{1}{EI}\int\left(\frac{\omega Lx^2}{4} - \frac{\omega x^3}{6} + C_1\right)dx = -\frac{1}{EI}\left(\frac{\omega Lx^3}{12} - \frac{\omega x^4}{24} + C_1x + C_2\right)$$

위의 식에서 적분상수를 구하기 위해 경계조건(B/C)을 대입하여 정리한다.

$x = 0$ 일 때 $y = 0$ 에서 $y = C_2 = 0$

$x = L$ 일 때 $y = 0$ 에서 $\dfrac{\omega L^4}{12} - \dfrac{\omega L^4}{24} + C_1L = 0$

$C_1 = -\dfrac{\omega L^3}{24}$

$y = -\dfrac{1}{EI}\left(\dfrac{\omega Lx^3}{12} - \dfrac{\omega x^4}{24} - \dfrac{\omega L^3 x}{24}\right)$

$\delta = y = \dfrac{\omega x}{24EI}(x^3 - 2Lx^2 + L^3)$

Answer 35 ③

기둥(Column)

1 편심하중을 받는 단주

그림8-1과 같이 도심에서 수평으로 a 만큼 편심된 위치에 압축하중 P 가 작용하면 도심을 통과하는 수직축을 기준으로 모멘트 M 이 발생한다. 그러므로 편심하중이 작용하면 도심의 위치에 수직하중 P 와 시계방향으로 굽힘 모멘트 M 이 함께 작용하고 있는 것과 같다.

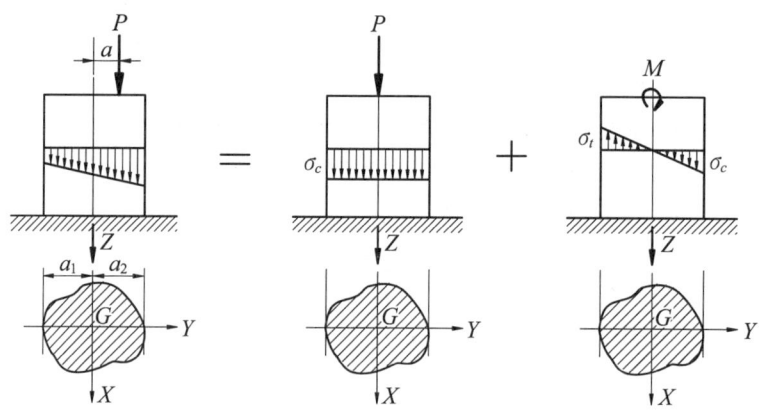

그림8-1 편심하중을 받는 단주

(1) 압축응력(수직응력, 법선응력)

편심하중은 도심에 압축하중과 굽힘 모멘트가 함께 작용하고 있는 것과 같으므로 수직응력을 구하면

$$\sigma = \frac{P}{A} \pm \frac{M}{Z} \qquad [8-1]$$

이다. 여기서, P 는 압축하중, A 는 단면적, M 은 굽힘 모멘트, Z 는 단면계수이다. 편심하중이 작용하는 반대쪽으로는 굽힘 모멘트에 의하여 인장응력이 발생한다. 본 장에서는 압축응력이 (+), 인장응력이 (−)이다.

① 굽힘 모멘트

$$M = Pa \qquad [8-2]$$

② 최대 압축응력

$$\sigma_{max} = \frac{P}{A} + \frac{M}{Z} \ \text{★★★}$$ [8-3]

③ 최소 압축응력

$$\sigma_{min} = \frac{P}{A} - \frac{M}{Z}$$

(2) 단면의 핵(Cone of Section ; 핵심)

기둥은 인장응력에 의해 파괴되기 때문에 도심을 포함한 일정영역의 단면에 압축응력만 일어나고 인장응력은 일어나지 않는 범위를 단면의 핵이라 한다.

$$\sigma = \frac{P}{A} \pm \frac{M}{Z} = \frac{P}{A}\left(1 \pm \frac{ay}{K^2}\right)$$

여기서, K는 회전 반직경이고 y는 도심에서 수평축 외단(끝단)까지 거리이고 핵심범위는

$$a \leq \pm \frac{K^2}{y} \ \text{★★★}$$ [8-4]

이다.

① 구형단면의 핵심

$$1 \pm \frac{6a}{h} \geq 0$$

$$-\frac{h}{6} \leq a \leq \frac{h}{6} \ \text{★★★★}$$ [8-5]

② 원형단면의 핵심

$$1 \pm \frac{8a}{d} \geq 0$$

$$-\frac{d}{8} \leq a \leq \frac{d}{8} \ \text{★★★★}$$ [8-6]

여기서, 핵심 반경은 $\frac{d}{8}$이고 핵심 직경은 $\frac{d}{4}$이다.

2 장주

기둥의 좌굴(Buckling)이란 축 압축력에 의한 휨으로 인하여 파괴되는 현상이다. 이 때의 하중을 좌굴하중(임계하중)이라 하며 좌굴현상을 일으키는 최대응력을 좌굴응력(임계응력)이라 한다.

그 좌굴하중과 좌굴응력은 경험식으로 결정하는 것이 보통이며 여기서는 압축변형은 무시하고 굽힘변형을 고려하는 조건의 오일러 식(Euler's Formula)을 이용하여 계산한다. 압축력과 굽힘을 둘 다 고려하면 골든-랭킨식을 적용시켜야 한다.

(1) **세장비**(細長比 ; Slenderness Ratio)

세장비란 기둥의 가느다란 정도를 표시하는 척도로 다음과 같이 정의된다.

$$\lambda = \frac{L}{K}, \quad K = \sqrt{\frac{I}{A}} \quad ★★ \tag{8-7}$$

여기서, λ가 세장비이고 L은 기둥의 길이, K는 회전 반경이다. 기둥의 지지 조건을 고려하여 유효 세장비를 구하면

$$L_k = \frac{L}{\sqrt{n}}$$

$$\lambda_e = \frac{L_k}{K} \quad ★★ \tag{8-8}$$

이다. 여기서, λ_e가 유효 세장비(有效細長比 ; Effective Slenderness Ratio)이고 L_k는 기둥의 수정된 길이(좌굴길이)라 한다.

① 단주(短柱) : $0 < L/K < 50$
② 중간주(중간주) : $50 < L/K < 100$
③ 장중(장주) : $100 < L/K$

(2) **임계하중**(좌굴하중)

Euler의 임계하중 P_{cr}은

$$P_{cr} = \frac{n\pi^2 EI}{L^2} \quad ★★★ \tag{8-9}$$

이다. 여기서, n은 단말계수(고정계수), E는 종탄성계수, I는 도심에 대한 최소 단면 2차 모멘트이다. 단말계수는 기둥의 조건에 따라 다음과 같이 4가지 경우가 있다.

① 일단고정 타단자유 기둥 : $n = \frac{1}{4}$
② 양단회전 기둥 : $n = 1$
③ 일단고정 타단회전 기둥 : $n = 2$
④ 양단고정 기둥 : $n = 4$

(3) **임계응력**(좌굴응력)

Euler의 임계응력 σ_{cr}은

$$\sigma_{cr} = \frac{P_{cr}}{A} = \frac{n\pi^2 E}{\lambda^2} \quad ★★★★ \tag{8-10}$$

이다.

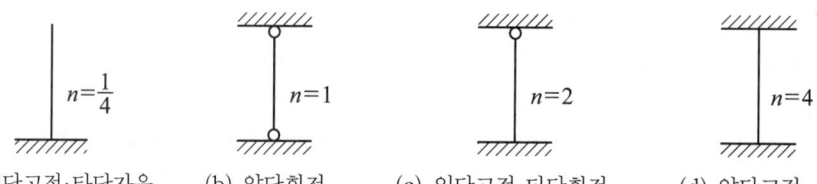

(a) 일단고정·타단자유 (b) 양단회전 (c) 일단고정·타단회전 (d) 양단고정

그림8-2 기둥의 종류와 단말계수

chapter 8 실전연습문제

01 양단회전의 기둥에서 단말계수 n의 값은 얼마인가?

① 1/4　　　　　　　　　　② 1
③ 2　　　　　　　　　　　④ 4

Solution
① 일단고정 타단자유 : $n=\dfrac{1}{4}$
② 일단고정 타단자유 : $n=2$
③ 양단회전 : $n=1$
④ 양단고정 : $n=4$

02 그림과 같은 단주에 편심거리 e에 압축하중 P=8000[N]이 작용할 때, 단면에 인장력이 생기지 않기 위한 e의 한계는?

① $-5 \leq e \leq 5$
② $-10 \leq e \leq 10$
③ $-15 \leq e \leq 15$
④ $-20 \leq e \leq 20$

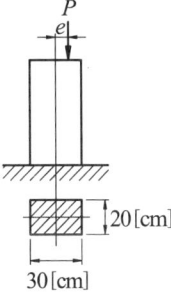

Solution
① $-\dfrac{h}{6} \leq e \leq \dfrac{h}{6}$; $-5 \leq e \leq 5$
② $-\dfrac{b}{6} \leq e \leq \dfrac{b}{6}$; $-3.33 \leq e \leq 3.33$

03 일단고정, 타단회전의 장주가 있다. 단면 15×10[cm]인 사각형, 길이 L=3[m], E=9.8[GPa]이다. 이 때 안전율 S=10으로 할 때, 오일러의 공식에 의한 최대 안전 압축하중 [kN]은 얼마인가?

① 26.87　　　　　　　　② 268.7
③ 2687.0　　　　　　　　④ 0.2687

Solution
$P_{cr} = S \cdot P = \dfrac{n\pi^2 EI}{L^2}$
$10 \times P = \dfrac{2 \times \pi^2 \times 9.8 \times 10^9 \times 0.15 \times 0.1^3}{3^2 \times 12}$, $P=26.87\,[\text{kN}]$

Answer　01 ②　02 ①　03 ①

04 직경이 8[cm]인 원형 단면의 핵심의 반경은?

① 1[cm]   ② 2[cm]
③ 3[cm]   ④ 4[cm]

Solution 원형 단면의 단주에서 핵심
$$-\frac{d}{8} \leq e \leq \frac{d}{8} \; ; \; -1 \leq e \leq 1$$
① 핵심 반경 : 1[cm]
② 핵심 직경 : 2[cm]

05 그림과 같이 구형 단면의 단주에 4[mm]의 편심 거리를 가지고 98[kN]의 압축하중을 가했을 때, 생기는 최대 응력은 몇 [MPa]인가?

① 15.37
② 153.66
③ 1536.6
④ 15366

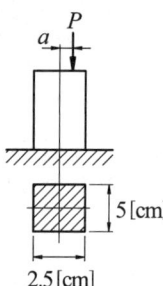

Solution
$$\sigma_{max} = \frac{P}{A} + \frac{M}{Z}$$
$$= \frac{98 \times 10^3}{0.05 \times 0.025} + \frac{98000 \times 0.004}{\frac{0.05 \times 0.025^2}{6}} = 153.66 \times 10^6 \, [\text{N/m}^2]$$

06 한 변의 길이 3[cm]인 정방형 단면을 가진 기둥이 양단 회전단으로 지지되어 있다. 이 기둥의 좌굴하중 산출에 오일러의 공식을 적용할 수 있으려면 기둥의 길이가 몇 [cm] 이상 되어야 하는가? (단, 세장비 $\lambda = \frac{L}{K} = 100$ 으로 한다.)

① 43[cm]   ② 57[cm]
③ 72[cm]   ④ 87[cm]

Solution
$$K = \sqrt{\frac{I}{A}} = \sqrt{\frac{a^4}{12a^2}} = \frac{L}{\lambda}$$
$$L \geq \sqrt{\frac{a^2}{12}} \lambda, \; L \geq \sqrt{\frac{9}{12}} \times 100 = 86.6 \, [\text{cm}]$$

Answer 04 ① 05 ② 06 ④

07 직경 $d=20$[cm]인 원형단면의 기둥길이를 L_1, 12[cm]×20[cm]인 구형 단면의 기둥의 길이를 L_2라 하고 세장비가 같다고 하면, 두 기둥의 길이의 비 L_2/L_1는 얼마인가?

① 0.34　　　　　　　　　② 0.69
③ 0.92　　　　　　　　　④ 1.25

Solution
$$K_2=\sqrt{\frac{I}{A}}=\sqrt{\frac{b^3\times h}{b\times h\times 12}}=\sqrt{\frac{b^2}{12}}=\frac{b}{2\sqrt{3}}$$
$$K_1=\frac{d}{4},\ \lambda_1=\lambda_2,\ \frac{L_1}{K_1}=\frac{L_2}{K_2}$$
$$\frac{L_1}{L_2}=\frac{K_1}{K_2}=\frac{4b}{d\sqrt{12}}=\frac{4\times 12}{20\times\sqrt{12}}=0.69$$

08 원형단면의 직경이 15[cm], 길이가 4.5[m]인 기둥의 세장비는 얼마인가?

① 50　　　　　　　　　② 70
③ 100　　　　　　　　　④ 120

Solution
$$\lambda=\frac{L}{K}=\frac{L}{\frac{d}{4}}=\frac{4\times 4.5\times 100}{15}=120$$

09 내경 $d=4$[cm], 외경 $D=5$[cm], 길이 $L=2$[m]의 연강제 원형 기둥에 대한 세장비는?

① 20　　　　　　　　　② 50
③ 90　　　　　　　　　④ 125

Solution
$$K=\sqrt{\frac{I}{A}}=\left[\frac{\pi(D^4-d^4)}{\frac{\pi}{4}(D^2-d^2)\times 64}\right]^{1/2}=\left[\frac{(D^2+d^2)}{16}\right]^{1/2}$$
$$K=\sqrt{\frac{5^2+4^2}{16}}=1.6\,[\text{cm}],\ \lambda=\frac{L}{K}=\frac{200}{1.6}=125$$

10 편심하중을 받는 단주에서 핵심 밖에 하중이 걸리면 나타나는 응력분포는?

①　②　③　④

Solution
㉮ 단면 중심에 압축하중 작용
㉯ 핵심 내부에 압축하중 작용
㉰ 핵심에 압축하중 작용

Answer　07 ②　08 ④　09 ④　10 ④

11 내경 $d=8$[cm], 외경 $D=12$[cm]의 주철제 중공원형 기둥에 $P=0.9$[MN]의 하중이 작용한다. 이 기둥의 양단이 핀(pin) 이음으로 되어 있을 때, 오일러 공식의 좌굴상당 길이는 몇 [cm]인가? (단, 종탄성계수 $E=210$[GPa]이다.)

① 4.337　　② 43.37　　③ 433.7　　④ 4337.0

Solution
$$P_{cr} = \frac{n\pi^2 EI}{L^2}, \quad L_K = \frac{L}{\sqrt{n}} = L$$
$$0.9 \times 10^6 = \frac{1 \times \pi^2 \times 210 \times 10^9 \times \pi \times (0.12^4 - 0.08^4)}{L^2 \times 64}$$
$$L = 4.337\,[\text{m}] = 433.7[\text{cm}]$$

12 3[cm]×6[cm]의 구형 단면인 양단고정의 기둥에서 오일러의 식을 적용시킬 수 있는 최소길이는 얼마인가? (단, $E=19.6 \times 10^4$[N/mm²], $\sigma_{cr}=196$[N/mm²]이다.)

① 172[cm]　　② 163[cm]　　③ 156[cm]　　④ 148[cm]

Solution
$$\sigma_{cr} = \frac{P_{cr}}{A} = \frac{n\pi^2 EI}{AL^2}$$
$$196 \times 10^6 = \frac{4 \times \pi^2 \times 19.6 \times 10^4 \times 10^6 \times 0.06 \times 0.03^3}{0.03 \times 0.06 \times L^2 \times 12}$$
$$L = 1.72\,[\text{m}] = 172[\text{cm}]$$

13 연강에서 오일러 공식에 적용시킬 수 있는 세장비 한계값에 가장 가까운 것은?

① 100　　② 90　　③ 80　　④ 70

Solution 연강 $\lambda \approx 102$

14 그림과 같은 Clamp에서 $m-n$ 단면의 높이 h는 얼마인가? (단, $P=1960$[N], $b=1$[cm], $e=6$[cm], $\sigma_w=156.8$[MPa]이다.)

① 1.5[cm]
② 2.2[cm]
③ 2.4[cm]
④ 3.5[cm]

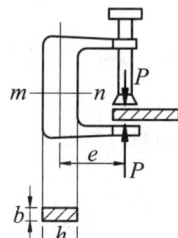

Solution
$$\sigma_b = \frac{P}{A} + \frac{M}{Z} = \frac{P}{bh} + \frac{6Pe}{bh^2}$$
$$156.8 \times 10^6 = \frac{1960}{0.01 \times h} + \frac{6 \times 1960 \times 0.06}{0.01 \times h^2}$$
$$156.8 \times 10^6 \times h^2 - 196 \times 10^3 \times h - 70560 = 0$$
$$h = \frac{196 \times 10^3 + \sqrt{(196 \times 10^3)^2 + 4 \times 156.8 \times 10^6 \times 70560}}{2 \times 156.8 \times 10^6} = 0.0218\,[\text{m}] = 2.18[\text{cm}]$$

Answer　11 ③　12 ①　13 ①　14 ②

15 길이가 L인 장주의 재질과 단면적이 동일할 때, 축압력이 그림과 같이 작용할 때 가장 먼저 좌굴이 일어나는 것은 어느 것인가?

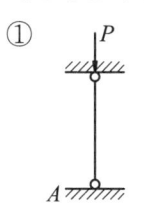 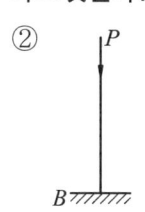 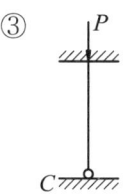 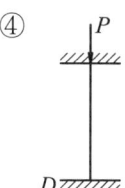

Solution 단말계수는 각각 다음과 같고, 그 단말계수가 가장 작은 기둥에서 먼저 좌굴 발생

① $n=1$ ② $n=\frac{1}{4}$ ③ $n=2$ ④ $n=4$

$$P_{cr} = \frac{n\pi^2 EI}{L^2}$$

16 그림과 같이 일단고정이고, 타단 힌지로 된 길이 2.5[m]인 주철재 기둥의 유효 세장비는 얼마가 옳은가? (단, 단말계수 $n=2$이며, 하중 $W=29.4$[kJ]이다.)

① 50.5
② 76.53
③ 108.3
④ 125.4

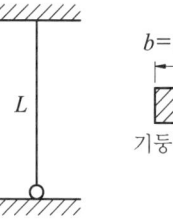

Solution
$$K = \sqrt{\frac{I}{A}} = \sqrt{\frac{h^2}{12}} = \sqrt{\frac{8^2}{12}} = 2.31 \,[\text{cm}]$$
$$L_K = \frac{L}{\sqrt{n}} = \frac{250}{\sqrt{2}} = 176.78 \,[\text{cm}]$$
$$\lambda = \frac{L_K}{K} = \frac{176.78}{2.31} = 76.53$$

17 일단고정, 타단자유의 기둥을 모든 조건은 그대로 두고 양단 회전의 기둥으로 만들었다면 몇 배의 안전하중을 가할 수 있는가?

① 1/16배
② 1/4배
③ 4배
④ 16배

Solution ① 일단고정·타단자유의 단말계수 : $n=\frac{1}{4}$
② 양단회전의 단말계수 : $n=1$

Answer 15 ② 16 ② 17 ③

18 같은 조건 밑에서 양단고정의 기둥은 일단고정·타단자유의 기둥보다 몇 배의 안전하중을 가할 수 있는가?

① 2배 ② 4배
③ 8배 ④ 16배

Solution
① 일단고정·타단자유의 단말계수 : $n = \dfrac{1}{4}$
② 양단고정의 단말계수 : $n = 4$

19 오일러의 식에서 탄성 좌굴하중에 대한 설명 중 맞는 것은?

① 탄성계수에 반비례한다.
② 단면 2차 모멘트에 정비례한다.
③ 좌굴 길이의 제곱에 비례한다.
④ 단말계수(n)에 반비례한다.

20 다음 그림의 기둥들에 대한 오일러 하중의 대소 관계를 나타내면 아래의 부등식과 같다. 맞는 것은? (단, 기둥의 단면적과 강성계수는 서로 같다고 한다.)

① $P_A > P_B > P_C$
② $P_A < P_B < P_C$
③ $P_B < P_A > P_C$
④ $P_C > P_A > P_B$

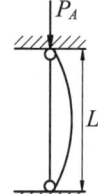

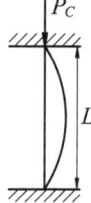

Solution
① $n = 1$, ② $n = \dfrac{1}{4}$, ③ $n = 4$

21 길이가 1.5[m], 직경 30[mm]의 원형단면을 가진 일단고정 타단자유인 기둥의 좌굴하중을 오일러의 공식으로 구하면 몇 [N]인가? (단, 탄성계수 $E = 196$[GPa]이다.)

① 8546.11[N] ② 8094.8[N]
③ 7693[N] ④ 6831[N]

Solution
$P_{cr} = \dfrac{n\pi^2 EI}{L^2} = \dfrac{\pi^2 \times 196 \times 10^9 \times \pi \times 0.03^4}{4 \times 1.5^2 \times 64} = 8546.11\,[\text{N}]$

Answer 18 ④ 19 ② 20 ④ 21 ①

22 단면적 A, 단면 2차 모멘트 I, 단면 2차 회전반경 k, 길이 L인 장주의 세장비는?

① $\dfrac{k}{L}$ ② $\dfrac{L}{A}$ ③ $\dfrac{A}{I}$ ④ $\dfrac{L}{k}$

23 오일러 공식을 표시한 다음 식 중에서 옳은 것은? (단, W_B=좌굴하중, n=단말계수, k=회전반경, E=종탄성계수이다.)

① $W_B = \dfrac{n\pi^2 E}{L^2}$ ② $W_B = \dfrac{n\pi L^2}{E}$ ③ $W_B = \dfrac{n\pi^2 EI}{L^2}$ ④ $W_B = \dfrac{n\pi E L^2}{k}$

24 유효직경 40[mm], 높이 500[mm]의 하단은 고정되고 상단은 자유인 기둥이 있다. 유효 세장비(effective slenderness ratio)는 얼마인가?

① 60 ② 80 ③ 90 ④ 100

Solution
$$L_k = \dfrac{L}{\sqrt{n}} = \dfrac{500}{\sqrt{1/4}} = 1000\,[\text{mm}]$$
$$\lambda = \dfrac{L_k}{K} = \dfrac{L_k}{\dfrac{d}{4}} = \dfrac{4 \times 10^3}{40} = 100\,[\text{mm}]$$

25 동일한 재질과 단면을 갖고 길이가 다른 두 개의 기둥이 하나는 양단이 핀 지지되어 있고, 다른 하나는 양단이 고정된 채, 길이방향의 압축하중을 받고 있다. 두 기둥의 좌굴에 관한 임계하중이 같다고 하면, 핀 지지 기둥 길이 (L_1) 와 고정 기둥의 길이 (L_2) 의 비 L_1/L_2는?

① 0.25 ② 0.5 ③ 1.0 ④ 1.25

26 그림과 같은 구형 단면의 짧은 기둥에서 점 P에 압축력 100[kN]을 받고 있다. 단면에 발생하는 최대 압축응력은 몇 [MPa]인가?

① 0.83
② 8.3
③ 83
④ 0.083

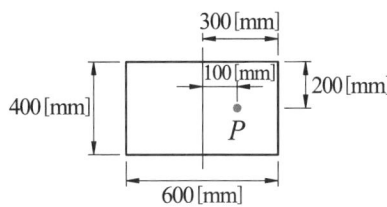

Solution
$$\sigma_{max} = \dfrac{P}{A} + \dfrac{M}{Z}$$
$$= \dfrac{100 \times 10^{-3}}{0.4 \times 0.6} + \dfrac{6 \times 100 \times 0.1 \times 10^{-3}}{0.4 \times 0.6^2} = 0.83\,[\text{MPa}]$$

Answer 22 ④ 23 ③ 24 ④ 25 ② 26 ①

27 다음 중 틀린 것은?

① 좌굴응력은 좌굴을 일으키는 최대의 응력이다.
② 수직응력은 압축응력과 인장 응력으로 분류된다.
③ 굽힘응력은 인장응력과 압축 응력의 조합이다.
④ 비틀림응력은 인장응력의 일종이다.

28 장주에서 오일러(Euler)의 좌굴하중 크기를 결정하는 요소가 아닌 것은?

① 전단력　　　　　　　　② 탄성계수
③ 단면2차 모멘트　　　　④ 기둥의 길이

Solution
$P_{cr} = \dfrac{n\pi^2 EI}{L^2} = \sigma_{cr} \cdot A$

29 한 변의 길이 10[cm]인 정사각형 단면봉이 그림과 같이 하중을 받고 있다. 봉에 발생하는 최대 인장응력은 몇 [MPa]인가?

① 0.5
② 2.2
③ 3.5
④ 7.2

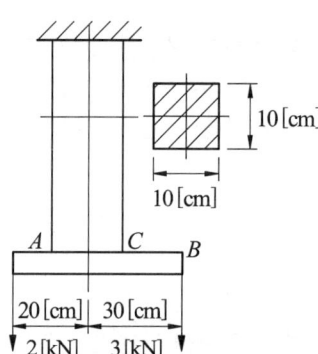

Solution
$\sigma_{\max} = \dfrac{P}{A} + \dfrac{M}{Z}$
$= \dfrac{5 \times 10^3}{0.1^2} + \dfrac{6 \times (3 \times 0.3 - 2 \times 0.2) \times 10^3}{0.1^3} = 3.5 \times 10^6 \,[\text{N/m}^2]$

Answer　27 ④　28 ①　29 ③

chapter 9 조합응력(組合應力)과 Mohr의 응력원

1 1축응력

    직경이 d인 원형단면의 봉에 축하중 P가 작용할 때, $m-n$ 횡단면에 발생하는 응력은 인장응력 σ_x이다. 이와 같은 1축응력(단축응력)에 의해 $m-n$ 횡단면을 기준으로 반시계 방향으로 θ만큼 경사진 $p'q'$ 단면에 발생하는 법선응력과 전단응력을 결정하고자 한다. 짧은 주철의 경우 σ_x의 단축응력(1축응력)을 받으면 $p'q'$의 경사단면으로 균열이 발생하며 파괴되는데 이것은 조합응력 때문에 나타나는 결과이다.

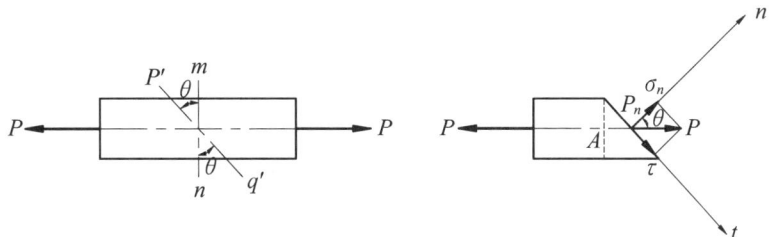

그림9-1 1축응력 상태하의 경사단면에서 법선응력과 전단응력

(1) 1축응력 작용시 경사단면에서 발생하는 법선응력

① 수직단면(횡단면)에서 발생하는 수직응력

$$\sigma_x = \frac{P}{A} \qquad [9-1]$$

여기서, A는 부재의 단면적(횡단면적)이고 P는 축하중이다.

② 경사단면($p'q'$ 단면)에서 발생하는 법선응력

$$\sigma_n = \frac{P_n}{A_n}$$

$$\sigma_n = \sigma_x \cos^2\theta \text{★★} \qquad [9-2]$$

여기서, θ는 경사각으로 횡단면을 기준으로 반시계 방향의 각도이다.

③ 법선응력의 최대값 $(\sigma_n)_{max}$과 최소값 $(\sigma_n)_{min}$: 법선응력은 코사인 함수이므로 코사인의

최대값은 0° 일 때 +1이고 최소값은 180° 일 때 -1이다. 그러나, 1축 응력에서는 법선응력이 $\cos^2\theta$ 로 정리됨으로 코사인값이 +1이든 -1이든 제곱을 하면 양의 값이 됨으로 경사각 θ 가 0° 또는 180° 일 때 최대값이 발생한다. 최대값과 최소값을 정리하면 다음과 같다.

$(\sigma_n)_{max} = \sigma_x$; 경사각 θ 가 0° 또는 180° 일 때

$(\sigma_n)_{min} = 0$; 경사각 θ 가 90° 일 때

(2) 1축응력 작용시 경사단면($p'q'$ 단면)에서 발생하는 전단응력

$$\tau = \frac{P_s}{A_n}$$

$$\tau = \frac{\sigma_x}{2} \sin 2\theta \quad ★★ \qquad [9\text{-}3]$$

① 전단응력의 최대값과 최소값 : 전단응력은 사인함수이므로 사인의 최대값은 90° 일 때 +1이고 최소값은 270° 일 때 -1이다. 그러나, 경사단면에 발생하는 전단응력은 $\sin 2\theta$ 의 함수이므로 45° 일 때 최대, 135° 일 때 최소 상태이다. 최대값과 최소값을 정리하면 다음과 같다.

$\tau_{max} = \dfrac{\sigma_x}{2}$; 경사각 θ 가 45° 일 때

$\tau_{min} = -\dfrac{\sigma_x}{2}$; 경사각 θ 가 135° 일 때

(3) 공액응력(Complementary Stress ; 공칭응력)

서로 직교하는 단면상에 작용하는 두 응력으로 90°의 위상차를 갖는다.

① 경사단면과 직교하는 단면에서 발생하는 법선응력

$$\sigma_n' = \sigma_x \cos^2(\theta + 90°) = \sigma_x \sin^2\theta$$

② 경사단면과 직교하는 단면에서 발생하는 전단응력

$$\tau' = \frac{1}{2}\sigma_x \sin 2(90° + \theta) = -\frac{1}{2}\sigma_x \sin 2\theta$$

③ 공액응력의 합

σ_n 의 공액응력 σ_n', τ 의 공액응력 τ' 의 합을 구하면

$$\sigma_n + \sigma_n' = \sigma_x \quad ★ \qquad [9\text{-}4]$$

$$\tau + \tau' = 0 \quad ★ \qquad [9\text{-}5]$$

이다.

(4) Mohr의 응력원

x 축을 수직응력(법선응력), y 축을 접선응력(전단응력)으로 하여 공칭응력 관계를 나타낸 원(Circle)이다. 모어원을 그릴 때, 그림9-2]와 같이 먼저 법선응력의 최대값과 최소값을 직경

으로 하는 원을 그리고 나서 법선응력의 최대값과 최소값의 위치를 잡아 θ가 0인 지점을 기준으로 반시계 방향으로 2θ만큼 회전시켜 임의의 경사단면을 잡아준다. 그리고, 그 지점에서 법선응력과 전단응력을 표시해 주고 나서 공액단면을 잡아 공액응력을 나타내 준다. 공액단면은 경사단면과 90°의 위상차를 가지므로 모어원에서는 경사단면을 기준으로 180° 회전시켜 공액단면을 잡아 준다. 마지막으로 최대·최소 전단응력의 위치를 잡아 표시해 주면 된다.

① 중심좌표

$$\left(\frac{\sigma_x}{2}, \ 0\right)$$

② 반직경

$$R = \frac{\sigma_x}{2} = \tau_{\max}$$

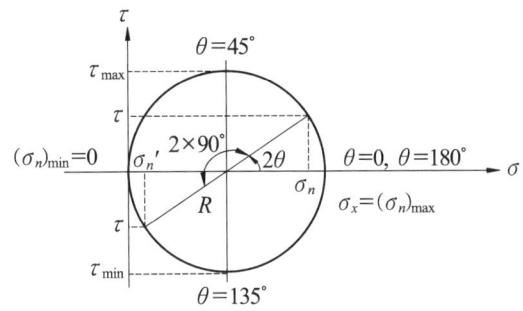

그림9-2 1축응력 상태하에서 Mohr의 응력원

(5) 경사단면상에서 법선응력과 전단응력의 크기가 같은 위치(단면)

① $\sigma_n = \tau$의 위치

$$\sigma_n = \sigma_x \cos^2\theta, \quad \tau = \frac{\sigma_x}{2} \sin 2\theta$$

$$\cos^2\theta = \frac{1}{2}\sin 2\theta = \frac{1}{2} \times 2\sin\theta \cos\theta$$

$$\cos\theta = \sin\theta \ \Rightarrow \ \theta = 45° \fallingdotseq \frac{\pi}{4} \ rad$$

② $\sigma_n' = \tau'$의 위치

$$\sigma_n' = \sigma_x \sin^2\theta, \quad \tau = -\frac{\sigma_x}{2}\sin 2\theta$$

$$\sin^2\theta = -\frac{1}{2}\sin 2\theta = -\frac{1}{2} \times 2\sin\theta \cos\theta$$

$$\sin\theta = -\cos\theta \ \Rightarrow \ \theta = 135° \fallingdotseq \frac{3\pi}{4} \ [rad]$$

2 구형요소에 작용하는 2축응력(Biaxial Stress)

1. 이축응력의 개념

그림9-3과 같이 구형요소(矩形요소)의 x 단면과 y 단면에 수직하중이 작용하여 각각 x 단면에는 σ_x의 인장응력이 발생하고 y 단면에는 σ_y의 인장응력이 작용하고 있을 때, 횡단면(x 단면)을 기준으로 반시계 방향으로 θ만큼 경사진 단면에 발생하는 법선응력 σ_n과 접선응력(전단응력) τ를 구하고자 한다.

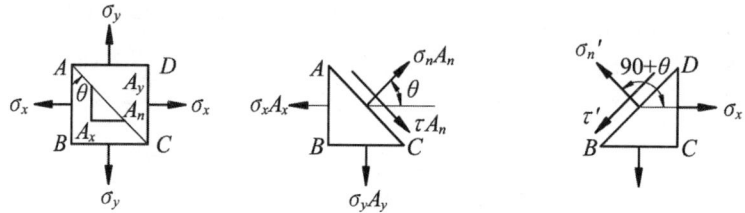

그림9-3 2축응력 상태에서 법선응력과 전단응력

(1) 경사단면에서 발생하는 법선응력

① 법선응력

$$\sum F_n = 0$$
$$\sigma_n A_n = \sigma_x A_x \cos\theta + \sigma_y A_y \sin\theta$$
$$\sigma_n = \frac{\sigma_x + \sigma_y}{2} + \frac{\sigma_x - \sigma_y}{2} \cos 2\theta \quad ★★★ \qquad [9\text{-}6]$$

여기서, σ_x는 구형요소의 횡단면에 작용하는 인장응력이고 σ_y는 구형요소의 종단면에 작용하는 인장응력이다. 그리고 θ는 횡단면을 기준으로 반시계 방향의 경사각이다.

② 법선응력의 최대값과 최소값

$$(\sigma_n)_{max} = \sigma_x \Rightarrow 경사각\ \theta 가\ 0°\ 일\ 때$$
$$(\sigma_n)_{min} = \sigma_y \Rightarrow 경사각\ \theta 가\ 90°\ 일\ 때$$

(2) 경사단면에서 발생하는 전단응력

① 전단응력

$$\sum F_t = 0$$
$$\tau A_n + \sigma_y A_y \cos\theta = \sigma_x A_x \sin\theta$$
$$\tau = \frac{\sigma_x - \sigma_y}{2} \sin 2\theta \quad ★★★ \qquad [9\text{-}7]$$

② 전단응력의 최대값과 최소값

$$\tau_{max} = \frac{\sigma_x - \sigma_y}{2} \Rightarrow 경사각 \ \theta 가 \ 45° 일 \ 때$$

$$\tau_{min} = -\frac{\sigma_x - \sigma_y}{2} \Rightarrow 경사각 \ \theta 가 \ 135° 일 \ 때$$

(3) 주평면과 주응력★★★★

① 주평면(Principal Plane ; 주면) : 전단응력이 작용하지 않고 수직응력만 존재하는 평면이다.
② 주응력(Principal Stress) : 주평면상에 작용하는 수직응력을 주응력이라 한다.

$$\sigma_1 = (\sigma_n)_{max} = \sigma_x \qquad [9-8]$$
$$\sigma_2 = (\sigma_n)_{min} = \sigma_y \qquad [9-9]$$

여기서, σ_1는 최대 주응력, σ_2는 최소 주응력이다.

(4) 공액응력(공칭응력)

서로 직교하는 단면상에 작용하는 두 응력으로 90°의 위상차를 갖는다.
① 경사단면과 직교하는 단면에서 발생하는 법선응력

$$\sigma_n' = \frac{\sigma_x + \sigma_y}{2} - \frac{\sigma_x - \sigma_y}{2} \cos 2\theta$$

② 경사단면과 직교하는 단면에서 발생하는 전단응력

$$\tau' = -\frac{\sigma_x - \sigma_y}{2} \sin 2\theta$$

③ 공액응력의 합 : σ_n의 공액응력 σ_n', τ의 공액응력 τ'의 합을 구하면

$$\sigma_n + \sigma_n' = \sigma_x + \sigma_y = (\sigma_n)_{max} + (\sigma_n)_{min} = \sigma_1 + \sigma_2 \ \text{★★★} \qquad [9-10]$$
$$\tau + \tau' = \tau_{max} + \tau_{min} = \tau_1 + \tau_2 = 0 \ \text{★★★} \qquad [9-11]$$

이다. 최대·최소 법선응력도 90°의 위상차를 가지므로 공액응력의 관계에 있으며 또한 최대·최소 전단응력도 90°의 위상차를 갖는다. 그러므로 공액응력의 합은 위와 같이 표현할 수 있는 것이다.

(5) Mohr의 응력원

그림9-4와 같이 먼저 법선응력의 최대값과 최소값을 직경으로 하는 원을 그리고 나서 법선응력의 최대값과 최소값의 위치를 잡아 θ가 0인 지점을 기준으로 반시계 방향으로 2θ만큼 회전시켜 임의의 경사단면을 잡아준다. 그리고, 그 지점에서 법선응력과 전단응력을 표시해 주고 나서 공액단면을 잡아 공액응력을 나타내 준다. 공액단면은 경사단면과 90°의 위상차를 가지므로 모어원에서는 경사단면을 기준으로 180° 회전시켜 공액단면을 잡아 준다. 마지막으로 최대·최소 전단응력의 위치를 잡아 표시해 주면 된다.

① 중심좌표 : $\left(\dfrac{\sigma_x+\sigma_y}{2},\ 0\right)$

② 반직경 : $R=\dfrac{\sigma_x-\sigma_y}{2}=\tau_{\max}$

③ 평균응력 : $\sigma_{\mathrm{mean}}=\dfrac{\sigma_x+\sigma_y}{2}$

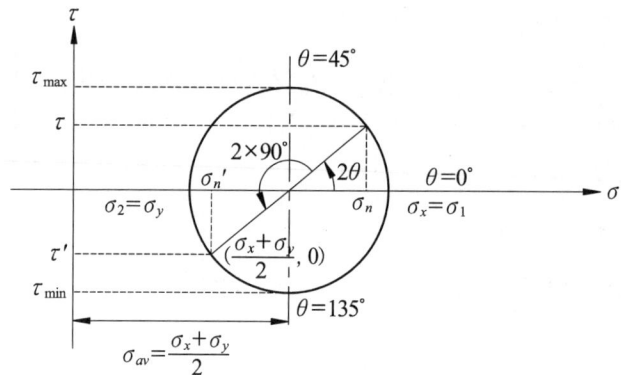

그림9-4 2축응력 상태하에서 Mohr의 응력원

2. $\sigma_x = \sigma_y$의 이축응력 상태

구형요소에 작용하는 응력 σ_x와 σ_y는 둘 다 인장응력으로 그 크기가 동일한 상태의 이축응력을 생각해 본다.

(1) 경사단면에 발생하는 법선응력

$$\sigma_n = \dfrac{\sigma_x+\sigma_y}{2}+\dfrac{\sigma_x-\sigma_y}{2}\cos 2\theta$$
$$\sigma_n = \sigma_x = (\sigma_n)_{\max} = \sigma_1$$
$$\sigma_n' = \sigma_x = (\sigma_n)_{\min} = \sigma_2 \qquad [9\text{-}12]$$

(2) 경사단면에 발생하는 전단응력

$$\tau = \dfrac{\sigma_x-\sigma_y}{2}\sin 2\theta$$
$$\tau = \tau_{\max} = \tau_1 = 0$$
$$\tau' = \tau_{\min} = \tau_2 = 0 \qquad [9\text{-}13]$$

이와 같은 경우, 경사단면에 발생하는 전단응력은 0이고 법선응력은 최대·최소 주응력과 같으므로 모어의 응력원(Mohr's Circle)은 한 점으로 표현된다.

3. $\sigma_x = -\sigma_y$, $\theta = 45°$ 상태의 이축응력★★★

구형요소의 x방향으로 인장응력 σ_x, y방향으로 σ_y의 압축응력이 작용하고 횡단면을 기준으로 반시계 방향으로 45° 기울어진 경사면에 발생하는 법선응력과 전단응력을 구해 본다.

(1) 경사단면에 발생하는 법선응력

$$\sigma_n = \frac{\sigma_x + \sigma_y}{2} + \frac{\sigma_x - \sigma_y}{2}\cos 2\theta$$

$\sigma_n = 0$, $\sigma_n{'} = 0$

$(\sigma_n)_{max} = \sigma_1 = \sigma_x$, $(\sigma_n)_{min} = \sigma_2 = -\sigma_x = \sigma_y$ [9-14]

(2) 경사단면에 발생하는 전단응력

$$\tau = \frac{\sigma_x - \sigma_y}{2}\sin 2\theta$$

$\tau = \tau_{max} = \sigma_x = -\sigma_y = \sigma_1$

$\tau{'} = \tau_{min} = -\sigma_x = \sigma_y = \sigma_2$ [9-15]

이와 같은 경우, 경사단면에 발생하는 전단응력은 주응력과 같고 법선응력은 0이며 최대·최소 주응력은 σ_x와 $-\sigma_x$로 모어의 응력원(Mohr's Circle)은 직경이 $2\sigma_x$인 원으로 표현된다.

(3) 순수전단

$\sigma_x = -\sigma_y$, $\theta = 45°$인 경사단면 위에서 법선응력은 0이고 전단응력만이 존재한다. 이와 같이 법선응력은 작용하지 않고 발생하는 전단응력의 크기가 주응력의 크기와 같은 상태를 순수전단(Pure Shear) 상태라 한다. 이와 같은 경우 주응력이 작용하고 있는 면을 기준으로 45° 경사진 단면에는 전단응력만 작용한다.

(4) Mohr의 응력원

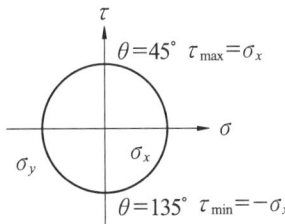

그림9-5 순수전단 상태에서 Mohr의 응력원

4. 조합응력을 받고 있는 부재의 변형률

(1) 3축응력 상태에서의 변형률

육면체의 x, y, z 단면에 각각 σ_x, σ_y, σ_z의 인장응력이 작용할 때, 각 방향의 종변형률

은

$$\varepsilon_x = \frac{1}{E}[\sigma_x - \mu(\sigma_y + \sigma_z)] \quad ★★★ \qquad [9-16]$$

$$\varepsilon_y = \frac{1}{E}[\sigma_y - \mu(\sigma_z + \sigma_x)] \quad ★★★ \qquad [9-17]$$

$$\varepsilon_z = \frac{1}{E}[\sigma_z - \mu(\sigma_x + \sigma_y)] \quad ★★★ \qquad [9-18]$$

이다.

(2) 균일 응력 상태하에서 변형률

균일응력 상태하에서 응력은 $\sigma_x = \sigma_y = \sigma_z$ 이며 변형률은 $\varepsilon_x = \varepsilon_y = \varepsilon_z$ 이다. 여기서, $\sigma_x = \sigma_y = \sigma_z$ 는 σ 로 $\varepsilon_x = \varepsilon_y = \varepsilon_z$ 는 ε 으로 놓으면 종 변형률은

$$\varepsilon = \frac{\sigma}{E}(1 - 2\mu) = \frac{\sigma}{E}\left(1 - \frac{2}{m}\right) \qquad [9-19]$$

이다.

① 체적탄성계수와 종탄성계수의 관계

$$\varepsilon_V = 3\varepsilon = \frac{3\sigma}{E}(1 - 2\mu) = \frac{\sigma}{K}$$

$$K = \frac{E}{3(1 - 2\mu)} = \frac{mE}{3(m-2)} \qquad [9-20]$$

여기서, ε_V는 체적 변형률, σ는 수직응력이다.

② 2축응력 상태에서 변형률(Strain)과 응력(Stress)의 관계

$$\varepsilon_x = \frac{1}{E}(\sigma_x - \mu\sigma_y)$$

$$\varepsilon_y = \frac{1}{E}(\sigma_y - \mu\sigma_x)$$

위의 두 식을 연립하여 정리하면

$$\sigma_x = \frac{E(\varepsilon_x + \mu\varepsilon_y)}{1 - \mu^2} \quad ★★★★ \qquad [9-21]$$

$$\sigma_y = \frac{E(\mu\varepsilon_x + \varepsilon_y)}{1 - \mu^2} \quad ★★★★ \qquad [9-22]$$

이다.

③ 종 탄성계수와 횡 탄성계수의 관계 : $\sigma_x = -\sigma_y$ 이고 $\theta = 45°$ 일 때, 전단응력은 $\tau = \sigma_1 = \sigma_x = -\sigma_y$ 인 순수전단 상태에서 변형률은

$$\varepsilon_x = \frac{\sigma_x}{E}(1 + \mu), \quad \varepsilon_y = -\frac{\sigma_y}{E}(1 + \mu) \qquad [9-23]$$

이다. 일반적으로 종변형률은 전단변형률의 ½배인 관계와 순수전단 상태에서 법선응력의 크기와 전단응력의 크기가 같다($\sigma = \tau$)는 것을 적용하면

$$\varepsilon = \frac{\gamma}{2} = \frac{\tau}{2G} = \frac{\sigma}{E}(1+\mu)$$

$$G = \frac{E}{2(1+\mu)} = \frac{mE}{2(m+1)}$$

[9-24]

이다. 여기서, γ 는 전단변형률이다.

5. 내압을 받고 있는 얇을 원통(보일러 물통)의 이축응력과 변형률

내압을 받는 얇은 원통에서는 내부 압력 때문에 원주응력과 축응력이 발생함으로 조합응력 상태이다. 원주응력을 받는 면을 기준으로 반시계 방향으로 θ만큼 경사진 단면에서 발생하는 법선응력과 전단응력, 그리고 이축응력 상태에서 변형률을 구해본다.

(1) 원주응력과 축응력

$$\sigma_t = \frac{PD}{2t}, \quad \sigma_z = \frac{PD}{4t}$$

(2) 임의의 경사단면에서 법선응력과 전단응력

$$\sigma_n = \frac{\sigma_t + \sigma_z}{2} + \frac{\sigma_t - \sigma_z}{2}\cos 2\theta \qquad [9\text{-}25]$$

$$\tau = \frac{\sigma_t - \sigma_z}{2}\sin 2\theta \qquad [9\text{-}26]$$

(3) 최대 전단응력

$$\tau_{\max} = \frac{\sigma_t - \sigma_z}{2} = \frac{1}{2}\left[\left(\frac{PD}{2t}\right) - \left(\frac{PD}{4t}\right)\right] \;\star\star \qquad [9\text{-}27]$$

(4) 원주방향과 축방향의 변형률

$$\varepsilon_t = \frac{1}{E}(\sigma_t - \mu\sigma_z) \qquad [9\text{-}28]$$

$$\varepsilon_z = \frac{1}{E}(\sigma_z - \mu\sigma_t) \qquad [9\text{-}29]$$

3 구형요소에 작용하는 평면응력(Plane Stress)

그림9-6과 같이 구형요소에 작용하는 이축응력 상태에서 횡 단면과 종 단면에 전단응력이 함께 작용하고 있는 응력상태를 평면응력이라 한다.

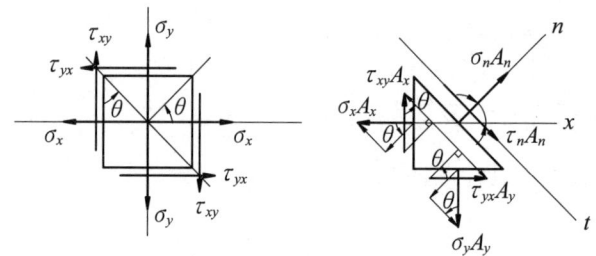

그림9-6 구형요소에 작용하는 평면응력

(1) 경사면에 작용하는 법선응력

종 단면과 횡 단면에 수직응력(인장응력)과 전단응력이 함께 작용하고 있는 상태에서 횡 단면을 기준으로 θ만큼 경사진 단면에 발생하는 법선응력을 구하면

$$\sigma_n = \frac{\sigma_x + \sigma_y}{2} + \frac{\sigma_x - \sigma_y}{2}\cos 2\theta - \tau_{xy}\sin 2\theta \;\;^{\bigstar\bigstar} \qquad [9\text{-}30]$$

이다. 여기서, τ_{xy}는 횡 단면에 작용하는 전단응력이고 τ_{yx}는 종 단면에 작용하는 전단응력이다. 그리고 $\tau_{xy} = -\tau_{yx}$이다.

(2) 경사면에 작용하는 전단응력

종 단면과 횡 단면에 수직응력(인장응력)과 전단응력이 함께 작용하고 있는 상태에서 횡 단면을 기준으로 θ만큼 경사진 단면에 발생하는 전단응력을 구하면

$$\tau = \frac{\sigma_x - \sigma_y}{2}\sin 2\theta + \tau_{xy}\cos 2\theta \;\;^{\bigstar\bigstar} \qquad [9\text{-}31]$$

이다.

(3) 최대 법선응력이 작용하는 위치 ; 최대 주응력이 발생하는 단면(주평면의 위치)

평면응력 상태의 경사단면에서 발생하는 법선응력을 구하는 식을 보면 사인함수와 코사인 함수가 혼합되어 있으므로 쉽게 최대·최소값의 위치를 알기가 어렵다. 그러므로 최대 법선응력이 작용하는 단면을 찾기 위해서는 $\frac{\partial \sigma_n}{\partial \theta} = 0$ 으로 놓고 θ를 구하면

$$\tan 2\theta = -\frac{2 \cdot \tau_{xy}}{\sigma_x - \sigma_y} \;\;^{\bigstar\bigstar\bigstar} \qquad [9\text{-}32]$$

$$\theta = \frac{1}{2}\tan^{-1}\left[-\frac{2 \cdot \tau_{xy}}{\sigma_x - \sigma_y}\right] \qquad [9\text{-}33]$$

이다. 최소 법선응력이 발생하는 위치를 찾을 때는 최대 법선응력의 공액응력이 최소 법선응력임을 적용시켜 최소 법선응력의 위치는 최대 법선응력의 위치에 90°를 더해주면 된다. 즉, 최소 법선응력이 작용하는 단면은

$$\theta = \frac{1}{2}\tan^{-1}\left[-\frac{2 \cdot \tau_{xy}}{\sigma_x - \sigma_y}\right] + 90° \qquad [9\text{-}34]$$

이다.

(4) 최대 전단응력이 작용하는 단면

평면응력 상태의 경사단면에서 발생하는 전단응력을 구하는 식을 보면 사인함수와 코사인함수가 혼합되어 있으므로 쉽게 최대·최소값의 위치를 알기가 어렵다. 그러므로 최대 전단응력이 작용하는 단면을 찾기 위해서는 $\frac{\partial \tau}{\partial \theta} = 0$으로 놓고 θ를 구하면

$$\cot 2\theta = \frac{2\tau_{xy}}{\sigma_x - \sigma_y} \quad [9-35]$$

$$\theta = \frac{1}{2} \cot^{-1}\left[\frac{2 \cdot \tau_{xy}}{\sigma_x - \sigma_y}\right] \quad [9-36]$$

이다. 최소 전단응력이 발생하는 위치를 찾을 때는 최대 전단응력의 공액응력이 최소 전단응력임을 적용시켜 최소 전단응력의 위치는 최대 전단응력의 위치에 90°를 더해주면 된다. 즉, 최소 전단응력이 작용하는 단면은

$$\theta = \frac{1}{2} \cot^{-1}\left[\frac{2 \cdot \tau_{xy}}{\sigma_x - \sigma_y}\right] + 90° \quad [9-37]$$

이다.

(5) 최대·최소 주응력

경사단면에서 발생한 법선응력의 최대·최소 법선응력을 최대·최소 주응력이라 한다. 그러므로 법선응력을 결정하는 식에 최대 주응력이 작용하는 위치 θ를 대입시키면 최대 주응력을 구할 수 있고, 최소 주응력도 같은 방법으로 구한다. 이렇게 해서 구한 최대·최소 주응력은

$$\sigma_{1,2} = \frac{\sigma_x + \sigma_y}{2} \pm \sqrt{\left(\frac{\sigma_x - \sigma_y}{2}\right)^2 + \tau_{xy}^2} \quad \text{★★★★★} \quad [9-38]$$

이다. 여기서, σ_1은 최대 주응력, σ_2는 최소 주응력이다.

(6) 최대·최소 전단응력

경사단면에서 발생한 전단응력의 식에 최대 전단응력이 작용하는 위치 θ를 대입시키면 최대 전단응력을 구할 수 있고, 최소 전단응력도 같은 방법으로 구한다. 이렇게 해서 구한 최대·최소 전단응력은

$$\tau_{1,2} = \pm\sqrt{\left(\frac{\sigma_x - \sigma_y}{2}\right)^2 + \tau_{xy}^2} \quad \text{★★★★★} \quad [9-39]$$

이다. 여기서, τ_1은 최대 전단응력, τ_2은 최소 전단응력이다.

(7) 공액응력

평면응력 상태의 공액응력 문제는 이축응력의 공액응력의 관계를 그대로 적용시켜 구한다.

$$\sigma_n + \sigma_n{}' = \sigma_x + \sigma_y = (\sigma_n)_{max} + (\sigma_n)_{min} = \sigma_1 + \sigma_2 \quad \text{★★★} \quad [9-40]$$

$$\tau + \tau' = \tau_{max} + \tau_{min} = \tau_1 + \tau_2 = 0 \quad \text{★★★} \quad [9-41]$$

(8) Mohr의 응력원

그림9-7과 같이 먼저 최대·최소 주응력을 직경으로 하는 원을 그리고 나서 법선응력의 최대값과 최소값의 위치를 잡아 θ가 0인 지점을 정하고 구형요소의 횡 단면과 종 단면에 작용하는 수직응력과 전단응력을 표시한다. 그리고 θ가 0인 지점을 기준으로 반시계 방향으로 2θ 만큼 회전시켜 임의의 경사단면을 잡아준다. 그 지점에서 법선응력과 전단응력을 표시해 주고 나서 공액단면을 잡아 공액응력을 나타내 준다. 공액단면은 경사단면과 90°의 위상차를 가지므로 모어원에서는 경사단면을 기준으로 180° 회전시켜 공액단면을 잡아 준다. 마지막으로 최대·최소 전단응력의 위치를 잡아 표시해 주면 된다.

① 중심좌표

$$\left(\frac{\sigma_1 + \sigma_2}{2},\ 0\right)$$

② 반직경

$$R = \tau_1 = \tau_{\max}$$

③ 평균응력

$$\sigma_{mean} = \frac{\sigma_1 + \sigma_2}{2}$$

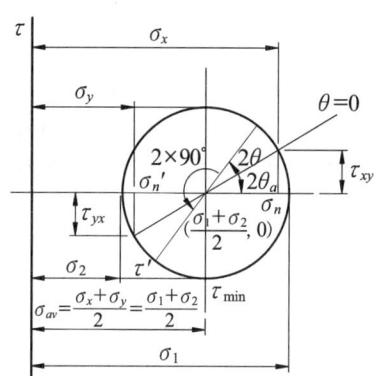

그림9-7 평면응력 상태에서 Mohr 원

(9) 최대·최소 변형률

① 최대·최소 종 변형률(주변형률) : 후크의 법칙과 최대·최소 주응력의 관계를 연립하여 최대·최소 주변형률을 구하면

$$\varepsilon_{1,2} = \frac{\varepsilon_x + \varepsilon_y}{2} \pm \sqrt{\left(\frac{\varepsilon_x - \varepsilon_y}{2}\right)^2 + \left(\frac{\gamma_{xy}}{2}\right)^2} \quad \bigstar\bigstar\bigstar\bigstar \qquad [9\text{-}42]$$

이다. ε_1은 최대 주변형률, ε_2은 최소 주변형률이다.

② 최대·최소 전단변형률 : 후크의 법칙과 최대·최소 전단응력, 전단탄성계수와 종 탄성계수의 관계를 연립하여 최대·최소 전단변형률을 구하면

$$\gamma_{1,2} = \pm\sqrt{(\varepsilon_x - \varepsilon_y)^2 + \gamma_{xy}^2} \quad \bigstar\bigstar\bigstar\bigstar \qquad [9\text{-}43]$$

이다. 여기서, γ_{xy}는 전단변형률이고 γ_1은 최대 전단변형률, γ_2는 최소 전단변형률이다.

chapter 9 ─ 실전연습문제

01 σ_x의 단축응력 상태에서 모어의 원(Mohr's circle)의 설명 중 옳은 것은?

① 모어원의 중심 위치는 σ_x의 크기를 갖는다.

② 모어원의 직경은 σ_x의 크기와 같다.

③ 모어원의 직경은 $\dfrac{\sigma_x}{2}$의 크기와 같다.

④ 최대 전단응력은 모어원의 직경과 같다.

02 다음 그림과 같은 균일단면봉에 인장하중 P가 작용할 때, 가로 단면과 45°의 각도를 이루는 경사단면에 생기는 수직응력 σ_n와 전단응력 τ 사이에는 다음 중 어느 관계가 성립하는가?

① $\sigma_n = 1/2\tau$

② $\sigma_n = \tau$

③ $\sigma_n = 2\tau$

④ $\sigma_n = 3/2\tau$

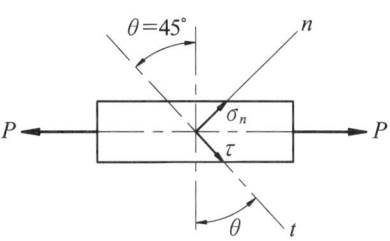

◎ Solution

$$\sigma_n = \sigma_x \cos^2\theta = \frac{\sigma_x}{2}$$
$$\tau = \frac{\sigma_x}{2}\sin 2\theta = \frac{\sigma_x}{2}$$
$$\sigma_n = \tau$$

03 2축 응력이 작용하고 Mohr원에서 σ_x가 인장응력이고, σ_y가 압축응력이며 서로 수직으로 작용할 때, $|\sigma_x| = |-\sigma_y|$이면 Mohr원의 직경은 얼마인가?

① 0

② $\dfrac{\sigma_x}{2}$

③ $2\sigma_x$

④ σ_x

◎ Solution

$$\sigma_n = \frac{\sigma_x + \sigma_y}{2} + \frac{\sigma_x - \sigma_y}{2}\cos 2\theta$$
$$(\sigma_n)_{max} = \sigma_x$$
$$(\sigma_n)_{min} = -\sigma_x$$

Answer　01 ②　02 ②　03 ③

04 그림과 같이 단면의 치수가 5[mm]×20[mm]인 강판에 인장력 P=4,900[N]이 작용하고 있다. 30° 경사진 AB 면에 작용하는 전단응력은 몇 [MPa]인가?

① 11.12
② 21.22
③ 31.21
④ 41.32

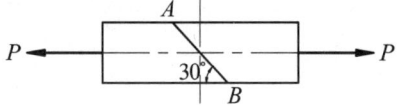

Solution
$$\tau = \frac{\sigma_x}{2}\sin 2\theta = \frac{1}{2} \times \frac{4900}{0.005 \times 0.02} \times \sin 120° = 21.22 \times 10^6 \ [N/m^2]$$

05 σ_x=73.5[MPa], σ_y=-34.3[MPa]이 작용할 때, θ=60°의 경사평면상에 발생하는 수직응력 σ_n[MPa]과 전단응력 τ[MPa]는 얼마인가?

① -7.35, 46.68
② 46.68, -7.35
③ 7.35, -46.68
④ -46.68, 7.35

Solution
$$\sigma_n = \frac{\sigma_x + \sigma_y}{2} + \frac{\sigma_x - \sigma_y}{2}\cos 2\theta$$
$$= \frac{73.5 - 34.3}{2} + \frac{73.5 + 34.3}{2} \times \cos 120° = -7.35 \ [MPa]$$
$$\tau = \frac{\sigma_x - \sigma_y}{2}\sin 2\theta = \frac{73.5 + 34.3}{2} \times \sin 120° = 46.68 \ [MPa]$$

06 σ_x=19.6[MPa], σ_y=-29.4[MPa]이 작용할 때, 최대전단응력[MPa]의 크기와 각도로 다음 중 맞는 것은?

① τ_{max} = 24.5, θ = 90°
② τ_{max} = 49, θ = 45°
③ τ_{max} = 49, θ = 90°
④ τ_{max} = 24.5, θ = 45°

Solution
$$\tau = \frac{\sigma_x - \sigma_y}{2}\sin 2\theta$$
θ=45° 일 때, $\tau_{max} = \frac{\sigma_x - \sigma_y}{2}$
$$\tau_{max} = \frac{19.6 + 29.4}{2} = 24.5 \ [MPa]$$

Answer 04 ② 05 ① 06 ④

07 평면응력상태에 있는 재료 내의 주평면 위에 작용하는 전단응력 τ를 나타내는 식은 다음 중 어느 것인가?

① $\tau = \dfrac{1}{2}(\sigma_x - \sigma_y)$
② $\tau = \dfrac{1}{2}\tau_{xy}$

③ $\tau = 0$
④ $\tau = \dfrac{1}{2}(\sigma_x + \sigma_y) + \tau_{xy}$

Solution 주평면 : 전단응력이 0이고 법선응력만 작용하는 평면

08 수직응력 $\sigma_x = 4.9$[MPa], $\sigma_y = 14.7$[MPa], 전단응력 $\tau_{xy} = 9.8$[MPa] 일 때, 최대·최소 주응력 σ_1과 σ_2는 각각 몇 [MPa]인가?

① $\sigma_1 = 20.76$, $\sigma_2 = 1.16$
② $\sigma_1 = -1.16$, $\sigma_2 = 20.76$
③ $\sigma_1 = 20.76$, $\sigma_2 = -1.16$
④ $\sigma_1 = -1.16$, $\sigma_2 = -20.76$

Solution
$$\sigma_1 = \frac{\sigma_x + \sigma_y}{2} + \sqrt{\left(\frac{\sigma_x - \sigma_y}{2}\right)^2 + \tau_{xy}^2}$$
$$= \frac{4.9 + 14.7}{2} + \sqrt{\left(\frac{4.9 - 14.7}{2}\right)^2 + 9.8^2} = 20.76 \,[\text{MPa}]$$
$$\sigma_2 = \frac{\sigma_x + \sigma_y}{2} - \sqrt{\left(\frac{\sigma_x - \sigma_y}{2}\right)^2 + \tau_{xy}^2}$$
$$= \frac{4.9 + 14.7}{2} - \sqrt{\left(\frac{4.9 - 14.7}{2}\right)^2 + 9.8^2} = -1.16 \,[\text{MPa}]$$

09 σ_x, σ_y, τ_{xy}가 작용하고 있는 상태에서 최대 주응력의 크기를 구하기 위하여 모어의 응력원을 그렸을 때, 그림에서 최대 주응력의 크기를 나태내는 것은 어느 것인가?

① AD
② BC
③ OB
④ OD

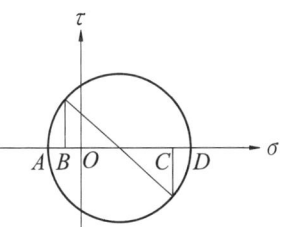

Answer 07 ③ 08 ③ 09 ④

10 평면응력 상태에 있는 재료의 내부에 생기는 최대 및 최소 주응력을 σ_1 과 σ_2 라고 하면 이들의 관계를 옳게 나타낸 식은 다음 중 어느 것인가?

① $\sigma_1 + \sigma_2 = \sigma_x + \sigma_y$
② $\sigma_1 + \sigma_2 = \frac{1}{2}(\sigma_x + \sigma_y)$
③ $\sigma_1 + \sigma_2 = \sigma_x + \sigma_y + 2\tau_{xy}$
④ $\sigma_1 + \sigma_2 = \frac{1}{2}(\sigma_x + \sigma_y) + 2\tau_{xy}$

Solution 공액응력의 관계
$$\sigma_n + \sigma_n' = \sigma_x + \sigma_y = (\sigma_n)_{max} + (\sigma_n)_{min} = \sigma_1 + \sigma_2$$
$$\tau + \tau' = \tau_{max} + \tau_{min} = \tau_1 + \tau_2 = 0$$

11 그림과 같이 재료에 전단응력 τ 가 xy 방향으로 작용할 때 x 축과 45° 방향에 수직인 단면($z-z$)에 생기는 수직응력 σ_n 과 전단응력 τ_n 으로 다음 중 맞는 것은?

① $\sigma_n = \tau$, $\tau_n = 0$
② $\sigma_n = 0$, $\tau_n = \tau$
③ $\sigma_n = 0$, $\tau_n = 0$
④ $\sigma_n = \tau$, $\tau_n = \tau$

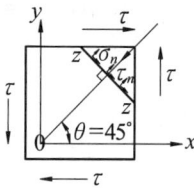

Solution
$$\sigma_n = \frac{\sigma_x + \sigma_y}{2} + \frac{\sigma_x - \sigma_y}{2}\cos 2\theta - \tau_{xy}\sin 2\theta = \tau \times \sin 90° = \tau$$
$$\tau_n = \frac{\sigma_x - \sigma_y}{2}\sin 2\theta + \tau_{xy}\cos 2\theta = -\tau \times \cos 90° = 0$$

12 그림과 같이 횡단면과 각 θ 를 이루는 경사면 위에 수직응력 $\sigma_n = 176.4$[MPa] 전단응력 $\tau = 39.2$[MPa]이 작용하고 있을 때, 경사각 θ 는 얼마인가?

① $\tan^{-1}\frac{1}{4.5}$
② $\cos^{-1}\frac{1}{4.5}$
③ $\tan^{-1}\frac{1}{2}$
④ $\sin^{-1}\frac{1}{2}$

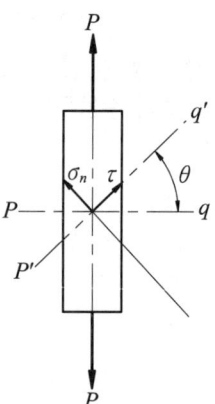

Solution
$$\tan\theta = \frac{\tau}{\sigma_n} = \frac{39.2}{176.4} = \frac{1}{4.5}$$
$$\theta = \tan^{-1}\left(\frac{1}{4.5}\right)$$

Answer 10 ① 11 ① 12 ①

13 그림과 같은 10[mm]×10[mm]의 정사격형 단면을 가진 강봉이 축력 $P=58.8$[kN]을 받고 있다. 구형요소가 30° 기울어졌을 때, 그 표면에서 발생하는 법선응력의 값을 얼마인가?

① -55[MPa]
② -110[MPa]
③ -220[MPa]
④ -441[MPa]

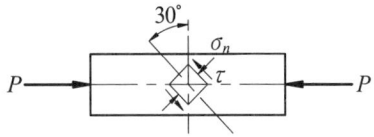

Solution
$$\sigma_n = \sigma_x \cos^2\theta = \frac{58.8 \times 10^{-3}}{0.01 \times 0.01} \times (\cos 30°)^2 = 441 \,[\text{MPa}]$$

14 그림과 같이 정사각형 단면에 $\sigma_x=0$, $\sigma_y=0$, $\tau_{xy}=14.7$[MPa]이 작용할 때 주응력의 값을 계산한 것으로 다음 중 맞는 것은?

① 14.7[MPa], 0[MPa]
② 29.4[MPa], 14.7[MPa]
③ 14.7[MPa], -14.7[MPa]
④ 7.35[MPa], -7.35[MPa]

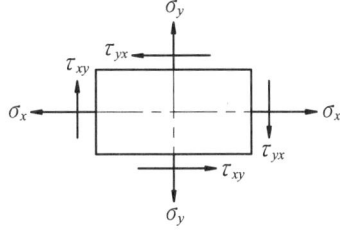

Solution
$\sigma_1 = \tau_{xy} = 14.7\,[\text{MPa}]$
$\sigma_2 = -\tau_{xy} = -14.7\,[\text{MPa}]$

15 단면적이 20[cm²] 균일단면 봉에 인장하중 980[N]이 작용하고 있다. 임의로 서로 직교하는 두 경사면 위에 작용하는 수직응력의 합은 얼마인가?

① 0.49[MPa]
② 0.55[MPa]
③ 0.6[MPa]
④ 0.65[MPa]

Solution
$$\sigma_n + \sigma_n' = \sigma_x = \frac{P}{A} = \frac{980}{20 \times 10^{-4}} = 0.49 \times 10^6 \,[\text{N/m}^2]$$

16 주평면에 대한 다음 설명 중 옳은 것은 어느 것인가?
① 주평면에서는 전단응력의 최대값은 주응력의 최대값과 같다.
② 주평면에서 수직응력은 작용하지 않고 최대 전단응력만 작용한다.
③ 주평면은 반드시 한 개의 평면만으로 이루어진다.
④ 주평면에는 전단응력은 작용하지 않고 주응력만이 작용한다.

Solution 주평면 : 전단응력이 0이고 법선응력만 작용하는 평면

Answer 13 ④ 14 ③ 15 ① 16 ④

17 그림과 같이 모어의 원(Mohr's Circle)에서 σ 축 위에 하나의 원으로 나타나는 평면응력상태(平面應力狀態)는 어느 것인가?

① σ_0로서 이축압축
② σ_0로서 이축인장
③ σ_0로서 단축인장
④ σ_0로서 단축압축, $\tau_0 = \sigma_0$로서 전단

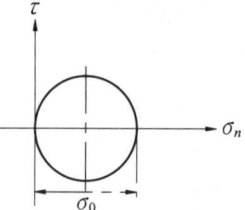

18 다음 중 공액응력의 성질을 옳게 나타낸 수식은 어느 것인가?

① $\sigma_n - \sigma_n' = $ 일정
② $\sigma_n + \sigma_n' = 2\sigma_x$
③ $\tau = \tau'$
④ $\tau' = -\tau$

Solution 공액응력의 관계
$$\sigma_n + \sigma_n' = \sigma_x + \sigma_y = (\sigma_n)_{max} + (\sigma_n)_{min} = \sigma_1 + \sigma_2$$
$$\tau + \tau' = \tau_{max} + \tau_{min} = \tau_1 + \tau_2 = 0$$

19 주응력상태에서 $|\sigma_x = -\sigma_y|$일 때 전단응력의 최대값은?

① σ_x
② $\sigma_x + \sigma_y$
③ $\sigma_x + \sigma_y$
④ $2(\sigma_x + \sigma_y)$

Solution
$$\tau_{max} = \frac{\sigma_x - \sigma_y}{2} = \sigma_x$$

20 단면적이 20[m²]인 균일 단면봉에 인장하중 980[N]이 작용하고 있다. 임의의 서로 직교하는 두 경사면 위에 작용하는 수직응력[N/m²]의 합은?

① 49
② 53.9
③ 58.8
④ 63.7

Solution
$$\sigma_n + \sigma_n' = \sigma_x = \frac{P}{A} = \frac{980}{20} = 49 \, [N/m^2]$$

Answer 17 ③ 18 ④ 19 ① 20 ①

21 1.47[MPa]의 내압을 받고 있는 직경 100[cm], 두께 1.5[cm]의 얇은 원통이 있다. 원통에 발생되는 최대전단응력은 얼마인가?

① 10.3[MPa] ② 11.3[MPa]
③ 9.8[MPa]   ④ 12.3[MPa]

Solution
$$\tau_{max} = \frac{\sigma_t - \sigma_z}{2} = \frac{1}{2}\left(\frac{Pd}{2t} - \frac{Pd}{4t}\right)$$
$$= \frac{1}{2} \times \left(\frac{1.47 \times 1}{2 \times 0.015} - \frac{1.47 \times 1}{4 \times 0.015}\right) = 12.25 \,[MPa]$$

22 그림의 2축 응력 상태에 있어서 최대 전단응력의 값은 얼마이겠는가?

① 19.6[MPa]
② 39.2[MPa]
③ 68.6[MPa]
④ 137.2[MPa]

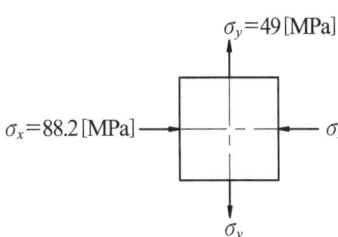

Solution
$$\tau_{max} = \frac{\sigma_x - \sigma_y}{2} = \frac{-88.2 - 49}{2} = -68.6 \,[MPa]$$

23 축방향에 하중이 작용할 때 θ 만큼 경사된 단면에 생기는 수직응력 중에서 최대 값의 설명으로 옳은 것은?

① $\theta = 45°$의 단면에 생긴다.
② $\theta = 90°$의 단면에 생긴다.
③ $\theta = 30°$의 단면에 생긴다.
④ $\theta = 0°$의 단면에 생긴다.

24 미소 입방체의 x 방향에 σ_x의 인장력이 있고, z 방향은 변형이 자유로우나 y 방향은 구속되어 있어서 움직이지 못할 때 σ_x/ε_x의 계산이 옳은 것은?

① $\dfrac{\sigma_x}{\varepsilon_x} = \dfrac{E}{1-\mu^2}$

② $\dfrac{\sigma_x}{\varepsilon_x} = \dfrac{1-\mu^2}{E}$

③ $\dfrac{\sigma_x}{\varepsilon_x} = \dfrac{\mu}{(1-\mu^2)E}$

④ $\dfrac{\sigma_x}{\varepsilon_x} = \dfrac{(1-\mu^2)E}{\mu}$

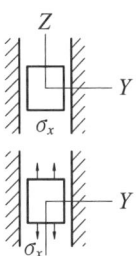

Answer 21 ④ 22 ③ 23 ④ 24 ①

Solution 방향은 무시

$$\varepsilon_x = \frac{\sigma_x}{E} - \mu\frac{\sigma_y}{E}, \quad \varepsilon_y = \frac{\sigma_y}{E} - \mu\frac{\sigma_x}{E} = 0$$

$$\sigma_y = \mu\sigma_x$$

$$\varepsilon_x = \frac{\sigma_x}{E}(1-\mu^2), \quad \frac{\sigma_x}{\varepsilon_x} = \frac{E}{(1-\mu^2)}$$

25 변형체 내부의 한 점이 3차원 응력 상태에 있고 $\sigma_x = 25[\text{MPa}]$, $\sigma_y = 30[\text{MPa}]$, $\tau_{xy} = -15[\text{MPa}]$인 평면응력 상태에 있다면, 이 점에서 절대 최대전단 응력의 크기는 몇 [MPa]인가?

① 8.3
② 15.2
③ 21.4
④ 42.7

Solution 3차원 평면응력

평면응력 상태에 놓여 있는 물체에 있어서 물체 내의 한 점에 작용하는 최대 전단응력 성분은 법선응력이 작용하는면과 45° 경사를 이루는 면상에서 발생한다. 아래의 응력선도를 참고로 하여 최대 전단응력의 크기를 결정한다.

$$\sigma_1 = \frac{\sigma_x + \sigma_y}{2} + \sqrt{\left(\frac{\sigma_x - \sigma_y}{2}\right)^2 + \tau_{xy}^2}$$

$$= \frac{25+30}{2} + \sqrt{\left(\frac{25-30}{2}\right)^2 + (-15)^2}$$

$$= 42.7[\text{MPa}]$$

$$\tau_{max} = \frac{\sigma_1}{2} = 21.35\,[\text{MPa}]$$

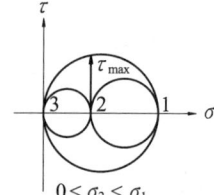

3차원 평면응력 상태의 모어 원

26 그림과 같이 직경 50[mm]의 연강봉의 일단을 벽에 고정하고, 자유단에 600[N]의 하중을 작용시킬 때 발생하는 주응력과 최대 전단응력은 각각 몇 [MPa]인가?

① 주응력 : 51.8, 최대전단응력 : 27.3
② 주응력 : 27.3, 최대전단응력 : 51.8
③ 주응력 : 41.8, 최대전단응력 : 27.3
④ 주응력 : 27.3, 최대전단응력 : 41.8

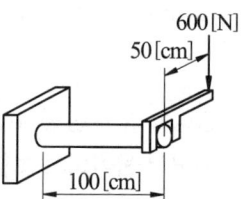

Solution
$M = 600 \times 1 = 600\,[\text{N}\cdot\text{m}]$
$T = 600 \times 0.5 = 300\,[\text{N}\cdot\text{m}]$
$T_e = \sqrt{M^2 + T^2} = \sqrt{600^2 + 300^2} = 670.82\,[\text{N}\cdot\text{m}]$
$M_e = \frac{1}{2}(M + T_e) = \frac{1}{2}\times(600 + 670.82) = 635.41\,[\text{N}\cdot\text{m}]$
$\sigma_1 = \frac{M_e}{Z} = \frac{32 \times 635.41}{\pi \times 0.05^3} = 51.78 \times 10^6\,[\text{N/m}^2]$
$\tau_1 = \frac{T_e}{Z_p} = \frac{16 \times 670.82}{\pi \times 0.05^3} = 27.33 \times 10^6\,[\text{N/m}^2]$

Answer 25 ③ 26 ①

27 반직경이 r이고 벽 두께가 t인 얇은벽의 구형 용기가 P의 균일분포 내압을 받고 있을 때 그 벽 속에 발생하는 막응력(membrane stress)은 얼마인가?

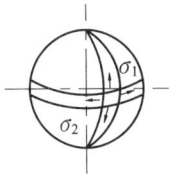

① $\dfrac{Pr}{t}$

② $\dfrac{Pr}{2t}$

③ $\dfrac{Pr}{4t}$

④ $\dfrac{2Pr}{t}$

Solution 내압을 받고 있는 용기의 벽 두께가 주곡률 반지름에 비하여 매우 작으면 그 벽은 굽힘 작용에 대하여 저항하지 못하며 실질적으로 얇은 막의 역할을 하게 된다. 그 내부의 응력들은 그 벽의 중앙면 접선방향으로 작용하고 그 두께 위에 균일하게 분포하게 된다. 이와 같은 응력들을 막응력(membrane stress)이라 한다.

$$\frac{\sigma_x}{r_1} + \frac{\sigma_y}{r_2} = \frac{P}{t}$$

$$\frac{\sigma}{r} + \frac{\sigma}{r} = \frac{P}{t}$$

$$\sigma = \frac{Pr}{2t}$$

28 변형율 성분이 $\varepsilon_x = 900 \times 10^{-6}$, $\varepsilon_y = -100 \times 10^{-6}$, $\gamma_{xy} = 600 \times 10^{-6}$일 때, 면내 최대 전단 변형률의 값은?

① 400×10^{-6}
② 583×10^{-6}
③ 983×10^{-6}
④ 1166×10^{-6}

Solution

$$\varepsilon_x = \frac{\sigma_x}{E} - \frac{\mu\sigma_y}{E}, \quad \varepsilon_y = \frac{\sigma_y}{E} - \frac{\mu\sigma_x}{E}$$

$$G = \frac{E}{2(1+\mu)}$$

$$\tau_{xy} = G\gamma_{xy} = \frac{E}{2(1+\mu)}\gamma_{xy}$$

$$\sigma_x = \frac{E}{1-\mu^2}(\varepsilon_x + \mu\varepsilon_y), \quad \sigma_y = \frac{E}{1-\mu^2}(\varepsilon_y + \mu\varepsilon_x)$$

$$\tau_{max} = \sqrt{\left(\frac{\sigma_x - \sigma_y}{2}\right)^2 + \tau_{xy}^2} = \frac{E}{2(1+\mu)}\sqrt{(\varepsilon_x - \varepsilon_y)^2 + \gamma_{xy}^2}$$

$$\gamma_{max} = \sqrt{(\varepsilon_x - \varepsilon_y)^2 + \gamma_{xy}^2}$$

$$= \sqrt{(900 \times 10^{-6} + 100 \times 10^{-6})^2 + (600 \times 10^{-6})^2} = 1166 \times 10^{-6}$$

Answer 27 ② 28 ④

29 한 점에서의 미소요소가 $\varepsilon_x = 340 \times 10^{-6}$, $\varepsilon_y = 110 \times 10^{-6}$, $\gamma_{xy} = 180 \times 10^{-6}$ 인 평면 변형률을 받을 때 이 점에서의 주 변형률은?

① 521×10^{-6}
② 437×10^{-6}
③ 371×10^{-6}
④ 146×10^{-6}

Solution

$$\varepsilon_1 = \frac{\varepsilon_x + \varepsilon_y}{2} + \sqrt{\left(\frac{\varepsilon_x - \varepsilon_y}{2}\right)^2 + \left(\frac{\gamma_{xy}}{2}\right)^2}$$

$$= \frac{(340+110) \times 10^{-6}}{2} + \sqrt{\left(\frac{(340-110) \times 10^{-6}}{2}\right)^2 + \left(\frac{180 \times 10^{-6}}{2}\right)^2}$$

$$= 371 \times 10^{-6}$$

30 주철제 둥근봉이 축방향 압축응력 40[MPa]과 모든 반경 방향으로 압축응력 10[MPa]를 받는다. 탄성계수 $E = 100$[GPa], 프와송비 $\nu = 0.25$, 둥근봉의 직경 $d = 120$[mm], 길이 $L = 200$[mm]일 때 실린더 부피의 변화량 ΔV는 몇 [mm³]인가?

① -679
② -428
③ -254
④ -121

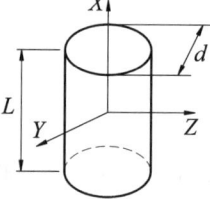

Solution

$$\varepsilon_V = \frac{\Delta V}{V} = \varepsilon_x + \varepsilon_y + \varepsilon_z$$

$$\varepsilon_x = \frac{\sigma_x}{E} - \mu \frac{\sigma_y}{E} - \mu \frac{\sigma_z}{E}$$

$$= \frac{(-40 + 2 \times 0.25 \times 10) \times 10^6}{100 \times 10^9} = -0.00035$$

$$\varepsilon_y = \frac{\sigma_y}{E} - \mu \frac{\sigma_z}{E} - \mu \frac{\sigma_x}{E}$$

$$= \frac{(-10 + 0.25 \times 10 + 0.25 \times 40) \times 10^6}{100 \times 10^9} = 0.000025$$

$$\varepsilon_z = \varepsilon_y$$

$$\Delta V = V(\varepsilon_x + \varepsilon_y + \varepsilon_z)$$

$$= \frac{\pi}{4} \times 120^2 \times 200 \times (-0.00035 + 0.000025 \times 2) = -678.58 \, [\text{mm}^3]$$

Answer 29 ③ 30 ①

31 전단 탄성계수가 80[GPa]인 재료에 직교하는 2축 응력 σ_x=200[MPa], σ_y=-200 [MPa]이 작용할 때, 그림과 같은 미소요소 a, b, c, d의 전단변형률 γ의 크기는? (단, 경사각 ϕ는 45° 이다.)

① 3.125×10^{-3}
② 2.5×10^{-3}
③ 1.875×10^{-3}
④ 1.25×10^{-3}

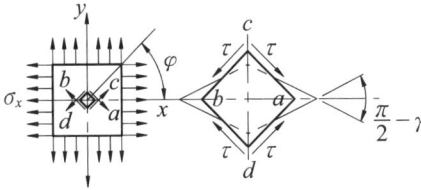

Solution $\tau = \sigma_1 = \sigma_x = 200\,[\text{MPa}]$
$\gamma = \dfrac{\tau}{G} = \dfrac{200}{80\times10^3} = 0.0025$

32 두께가 t인 원통형 탱크를 만들어 내압 P가 가해졌을 때, 탱크에서 발생한 평면 응력 상태에서의 최대 전단 변형률이 $\gamma_{\max}$이라 하면 이 탱크의 직경은 얼마인가? (단, 탱크 재료의 탄성계수는 E이고 프와송 비는 ν이다)

① $d = \dfrac{Et\gamma_{\max}}{(1+\nu)P}$
② $d = \dfrac{2Et\gamma_{\max}}{(1+\nu)P}$
③ $d = \dfrac{4Et\gamma_{\max}}{(1+\nu)P}$
④ $d = \dfrac{Et\gamma_{\max}}{2(1+\nu)P}$

Solution $\tau_{\max} = G\cdot\gamma_{\max} = \dfrac{1}{2}(\sigma_t - \sigma_z)$
$\dfrac{E}{2(1+\nu)}\cdot\gamma_{\max} = \dfrac{Pd}{4t} - \dfrac{Pd}{8t} = \dfrac{Pd}{8t}$
$d = \dfrac{4tE\gamma_{\max}}{(1+\nu)P}$

33 탄성계수 E, 프와송 비 ν, 한 변의 길이가 a인 정육면체의 탄성체를 강체인 동일형태의 구멍에 넣어 압력 P를 가한다. 탄성체와 구멍 사이의 마찰을 무시하면 탄성체의 윗면의 변위 δ는?

① $\dfrac{1-\nu+4\nu^2}{1-\nu}\cdot\dfrac{aP}{E}$
② $\dfrac{1-\nu-2\nu^2}{1-\nu}\cdot\dfrac{aP}{E}$
③ $\dfrac{1-\nu-4\nu^2}{1-\nu}\cdot\dfrac{aP}{E}$
④ $\dfrac{1-\nu+2\nu^2}{1-\nu}\cdot\dfrac{aP}{E}$

Answer 31 ② 32 ③ 33 ②

> **Solution** 수직방향으로 압력 P를 가하면
> $\varepsilon_x = 0$, $\varepsilon_z = 0$
> $\varepsilon_x = \dfrac{\sigma_x}{E} + \mu\dfrac{P}{E} - \mu\dfrac{\sigma_z}{E} = 0$
> 여기서, $\sigma_x = \sigma_z = \sigma$ 이면
> $\sigma = -\dfrac{\mu P}{(1-\mu)}$ 이고 $\varepsilon_y = \dfrac{\delta}{L}$ 이므로
> $\varepsilon_y = -\dfrac{P}{E} - 2\mu\dfrac{\sigma}{E} = -\dfrac{\delta}{a}$
> $-\dfrac{P}{E} + \dfrac{2\mu^2 P}{E(1-\mu)} = -\dfrac{\delta}{a}$
> $\dfrac{-P(1-\mu) + 2\mu^2 P}{E(1-\mu)} = -\dfrac{\delta}{a}$
> $\delta = \dfrac{aP}{E} \cdot \dfrac{(1-\mu-2\mu^2)}{(1-\mu)}$
> 여기서, μ는 프와송의 비이고 문제에서는 ν로 놓았다.

34 평면응력의 경우 훅의 법칙(Hook's law)을 바르게 나타낸 것은? (단, σ_x : 수직응력, ε_x, ε_y : 변형률, ν : 프와송 비, E : 탄성계수이다.)

① $\sigma_x = \dfrac{E}{1-\nu^2}(\varepsilon_x + \nu\varepsilon_y)$ ② $\sigma_x = \dfrac{E}{1-\nu^2}(\varepsilon_y + \nu\varepsilon_x)$

③ $\sigma_x = \dfrac{E}{1-2\nu}(\varepsilon_x + \nu\varepsilon_y)$ ④ $\sigma_x = \dfrac{E}{1-2\nu}(\varepsilon_y + \nu\varepsilon_x)$

> **Solution**
> $\varepsilon_x = \dfrac{\sigma_x}{E} - \mu\dfrac{\sigma_y}{E}$, $\varepsilon_y = \dfrac{\sigma_y}{E} - \mu\dfrac{\sigma_x}{E}$
> $\sigma_x = E\varepsilon_x + \mu\sigma_y$, $\sigma_y = E\varepsilon_y + \mu\sigma_x$
> 위의 두 식을 연립하여 σ_x를 구하면
> $\sigma_x = \dfrac{E(\varepsilon_x + \mu\varepsilon_y)}{1-\mu^2}$, $\sigma_y = \dfrac{E(\varepsilon_y + \mu\varepsilon_x)}{1-\mu^2}$
> 이다. 여기서, μ는 프와송의 비이다.

Answer 34 ①

10 chapter 부정정(不靜定)보

1 일단고정 타단지지보

(1) 중앙집중하중(中央集中荷重)

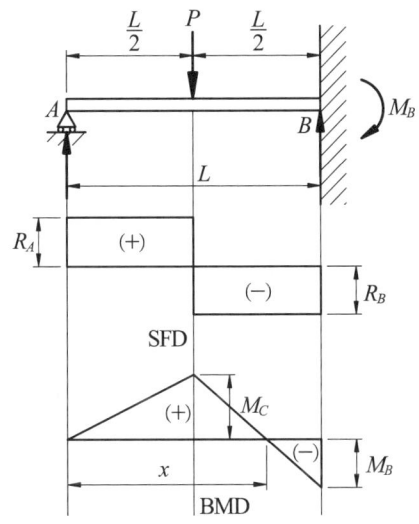

그림10-1 일단고정 타단지지보 중앙집중하중

일단고정 타단지지보에 중앙집중하중이 작용하면 A 지점과 B 지점에 반력이 발생하며 고정단에는 저항 모멘트가 생긴다.

① 반력 : 일단고정 타단지지보는 두 개의 외팔보의 합으로 표현할 수 있다. 중앙집중하중이 작용하고 있는 외팔보와 자유단의 상방향으로 반력 R_A의 하중이 작용하고 있는 외팔보의 합으로 표현된다. 그 두 외팔보를 결합시켰을 때 실제로는 A지점에 처짐은 0이다. 이 점을 이용하여 반력 R_A를 결정할 수 있으며 힘의 평형식을 적용하면 반력 R_B도 구할 수 있다. 이와 같이 해서 반력을 구하면 다음과 같이 정리된다.

$$\frac{R_A L^3}{3EI} = \frac{5PL^3}{48EI}$$

$$R_A = \frac{5P}{16}, \; R_B = \frac{11P}{16} \; \star \qquad\qquad [10\text{-}1]$$

이다.

② 고정단 저항 모멘트 : 고정단을 모멘트의 기준점으로 삼아 모멘트 평형식을 세우면 고정단의 우력 모멘트를 구할 수 있다. 고정단의 저항 모멘트를 구하면

$$M_B = P \times \frac{L}{2} - \frac{5P}{16} \times L = \frac{3PL}{16} \quad ★ \qquad [10\text{-}2]$$

이다.

③ 굽힘 모멘트가 0인 지점 : A지점을 기준으로 임의의 지점에 대한 굽힘 모멘트의 일반식을 세워 그것을 0으로 놓고 x를 구하면 된다. 이 지점이 굽힘 모멘트가 0인 지점이며 x는

$$x = \frac{8L}{11} \qquad [10\text{-}3]$$

이다.

④ 중앙에서 처짐 : 굽힘 모멘트의 일반식을 탄성곡선 미분방정식에 대입시켜 보의 길이 x에 대하여 두 번 적분을 하면 처짐을 구할 수 있다. 그 처짐을 구한 일반식에 $x = \frac{L}{2}$를 대입시키면 중앙에서의 처짐은

$$\delta_C = \frac{7PL^3}{768EI} \quad ★★ \qquad [10\text{-}4]$$

이다.

(2) 균일 등분포하중(等分布荷重)을 받는 경우

① 반력 : 등분포하중이 작용하고 있는 외팔보와 자유단의 상방향으로 반력 R_A의 하중이 작용하고 있는 외팔보의 합으로 표현될 수 있는 보이다. 그 두 외팔보를 결합시켰을 때 실제로는 A지점에 처짐은 0이다. 이 점을 이용하여 반력 R_A를 결정할 수 있으며 힘의 평형식을 적용하면 반력 R_B도 구할 수 있는 것이다. 이와 같이 해서 반력을 구하면

$$\frac{\omega L^4}{8EI} = \frac{R_A L^3}{3EI}$$

$$R_A = \frac{3}{8}\omega L, \quad R_B = \frac{5}{8}\omega L \quad ★★ \qquad [10\text{-}5]$$

이다.

② 고정단 저항 모멘트 : 고정단을 모멘트의 기준점으로 삼아 모멘트 평형식을 세우면 고정단의 우력 모멘트를 구할 수 있다. 고정단의 저항 모멘트를 구하면

$$M_B = -\frac{3\omega}{8}L^2 + \frac{\omega L^2}{2} = \frac{\omega L^2}{8} \quad ★★ \qquad [10\text{-}6]$$

이다.

③ 전단력이 0인 지점 : A지점을 기준으로 임의의 지점에 대한 전단력의 일반식을 세워 그것을 0으로 놓고 x_1를 구하면 된다. 이 지점이 전단력이 0인 지점이며 x_1은

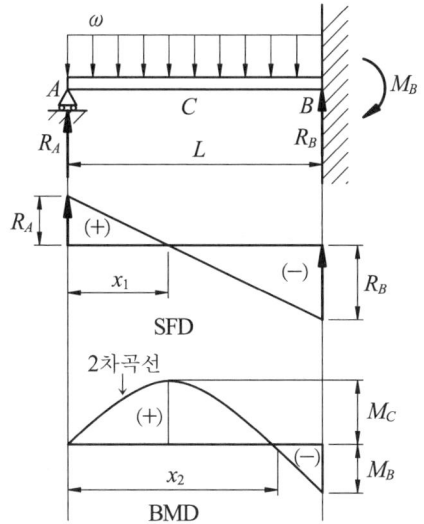

그림10-2 일단고정 타단지지보 균일분포하중

$$F_x = \frac{dM_x}{dx} = \frac{3}{8}\omega L - \omega x = 0$$

$$x_1 = \frac{3L}{8} \quad [10\text{-}7]$$

이다.

④ 굽힘 모멘트가 0인 위치 : A 지점을 기준으로 임의의 시점에 대한 굽힘 모멘트의 일반식을 세워 그것을 0으로 놓고 x_2를 구하면 된다. 이 지점이 굽힘 모멘트가 0인 지점이며 x_2는

$$M_x = \frac{3}{8}\omega Lx - \frac{\omega}{2}x^2 = 0$$

$$x_2 = \frac{3L}{4} \quad [10\text{-}8]$$

이다.

⑤ 전단력이 0인 지점에서 굽힘 모멘트 : 굽힘 모멘트를 결정하는 일반식에 식 [10-7]를 대입하여 굽힘 모멘트를 구하면

$$M_x = \frac{3}{8}\omega Lx - \frac{\omega}{2}x^2$$

$$M = \frac{3}{8}\omega L \times \frac{3}{8}L - \frac{\omega}{2} \times \frac{9L^2}{64} = \frac{9\omega L^2}{128} \;\star\star \quad [10\text{-}9]$$

이다.

⑥ 중앙점에서의 처짐 : 굽힘 모멘트의 일반식을 탄성곡선 미분방정식에 대입시켜 보의 길이 x에 대하여 두 번 적분을 하면 처짐을 구할 수 있다. 처짐을 구하는 일반식에 $x = \frac{L}{2}$를 대입시키면 중앙에서의 처짐을 구할 수 있고 정리하면

$$\delta = \frac{\omega L^4}{192EI} \quad \text{★★★} \tag{10-10}$$

이다.

2 양단고정(兩端固定)보

(1) 중앙에 집중하중을 받는 경우

양단고정보에 중앙집중하중이 작용하면 A지점과 B지점에 반력과 우력 모멘트가 생기며 중앙점을 기준으로 좌우는 대칭이므로 좌우 고정단의 반력과 저항 모멘트는 같다.

① 반력과 우력 모멘트 : 양단고정보는 두 개의 단순보의 합으로 표현할 수 있다. 중앙집중하중이 작용하고 있는 단순보와 양단에서 아래방향으로 우력 모멘트가 작용하고 있는 단순보의 합으로 표현된다. 그 두 단순보를 합쳤을 때 실제로는 양단의 고정 지점의 처짐각은 0이다. 이 점을 이용하여 고정단의 저항 모멘트를 결정할 수 있으며 힘의 평형식을 적용하여 반력들을 구할 수 있다. 이와 같이 해서 반력과 우력 모멘트를 구하면

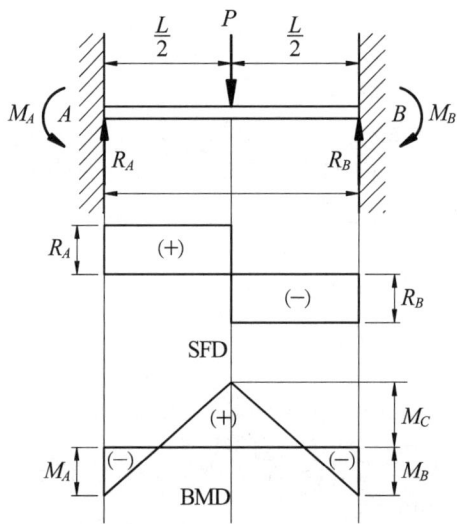

그림10-3 양단고정보의 중앙집중하중

$$R_A = R_B = \frac{P}{2} \tag{10-11}$$

$$\frac{PL^2}{16EI} = \frac{M_0 L}{2EI}$$

$$M_0 = \frac{PL}{8} = M_A = M_B \quad \text{★★} \tag{10-12}$$

이다.

② 중앙지점에서 굽힘 모멘트

$$M_x = \frac{Px}{2} - \frac{PL}{8}$$

$$M_C = \frac{PL}{8} \quad \bigstar\bigstar \qquad [10\text{-}13]$$

③ 최대 처짐 : 최대 처짐은 중앙에서 발생하므로 두 개의 단순보로 나누어 중앙에서의 처짐을 각각 구해 더하는 중첩법의 방법으로 구하면

$$\delta_{max} = \frac{PL^3}{48EI} - \frac{PL^3}{64EI} = \frac{PL^3}{192EI} \quad \bigstar\bigstar\bigstar \qquad [10\text{-}14]$$

이다.

(2) 균일 등분포하중을 받는 경우

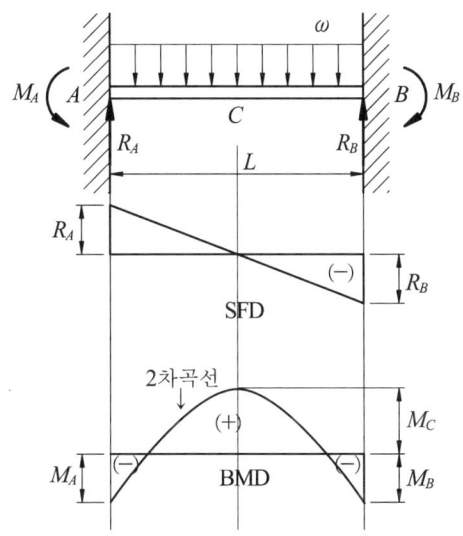

그림10-4 양단 고정보의 균일 등분포하중

양단고정보에 등분포하중이 작용하면 A 지점과 B 지점에 반력과 우력 모멘트가 생기며 중앙점을 기준으로 좌우는 대칭이므로 좌우 고정단의 반력과 우력 모멘트는 같다.

① 반력과 우력 모멘트 : 양단고정보는 두 개의 단순보의 합으로 표현할 수 있다. 등분포하중이 작용하고 있는 단순보와 양단에서 아래 방향으로 우력 모멘트가 작용하고 있는 단순보의 합으로 표현된다. 그 두 단순보를 합쳤을 때 실제로는 양단의 고정 지점의 처짐각은 0이다. 이 점을 이용하여 고정단의 저항 모멘트를 결정할 수 있으며 힘의 평형식을 적용하여 반력들을 구할 수 있다. 이와 같이 해서 반력과 우력 모멘트를 구하면

$$R_A = R_B = \frac{\omega L}{2} \qquad [10\text{-}15]$$

$$\frac{\omega L^3}{24EI} = \frac{M_0 L}{2EI}$$

$$M_0 = M_A = M_B = \frac{\omega L^2}{12} \; \text{★★}$$ [10-16]

이다.

② 보의 중앙에서 굽힘 모멘트 : 보의 중앙에서 굽힘 모멘트는 보의 절반만 가지고 구하면 되므로 중앙에서 좌측 A 지점까지의 보에 작용하는 하중과 반력 그리고 우력 모멘트로 중앙점의 모멘트를 구하면

$$M_x = \frac{\omega L}{2} x - \frac{\omega L^2}{12} - \frac{\omega}{2} x^2$$

$$M_C = \frac{\omega L^2}{24} \; \text{★★}$$ [10-17]

이다.

③ 최대 처짐 : 최대 처짐은 중앙에서 발생하므로 두 개의 단순보로 나누어 중앙에서의 처짐을 각각 구해 더하는 중첩법의 방법으로 구하면

$$\delta_{max} = \frac{5\omega L^4}{384EI} - \frac{\omega L^4}{96EI} = \frac{\omega L^4}{384EI} \; \text{★★★}$$ [10-18]

이다.

(3) 연속보

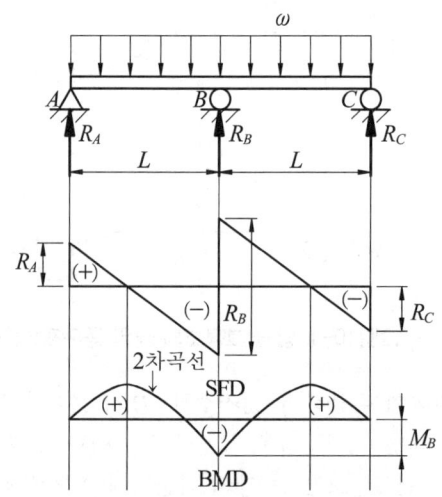

그림10-5 연속보의 등분포하중

① 반력 : 그림10-5에서 A, B, C 지점의 반력을 구하면

$$R_A = R_C = \frac{3\omega L}{8}, \; R_B = \frac{5\omega L}{4} \; \text{★★★}$$ [10-19]

이다.

② 굽힘 모멘트 : 그림10-5에서 B 점의 굽힘 모멘트를 구하면 다음과 같다.

$$M_B = -\frac{\omega L^2}{8} \; \text{★★★}$$ [10-20]

chapter 10 실전연습문제

01 양단 고정보의 중앙에서 집중하중 W 가 작용할 때, 굽힘 모멘트 선도(BMD)의 모양은 다음 중 어느 것인가?

①    ②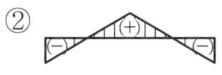
③    ④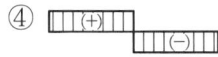

02 그림과 같은 일단고정, 일단 롤러로 지지된 부정정보가 등분포하중을 받고 있다. 롤러로 지지된 B 점의 반력 R_B 는?

① $1/8\ WL$
② $1/3\ WL$
③ $3/8\ WL$
④ $5/8\ WL$

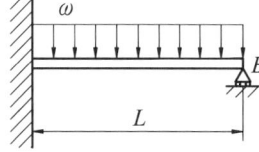

 $R_A = \dfrac{5WL}{8}$, $R_B = \dfrac{3WL}{8}$

03 정역학적으로 부정정보인 구조물에 대하여 다음과 같이 말할 수 있다. 맞는 것은?

① 적용할 수 있는 정역학적의 평형방정식의 수 보다 미지력의 수가 적다.
② 적용할 수 있는 정역학의 평형방적식의 수 보다 미지력의 수가 많다.
③ 적용할 수 있는 정역학의 평형방정식의 수와 미지력 수가 같다.
④ 트러스 구조물은 정역학적으로 부정정이다.

04 길이가 5[cm]인 양단고정보의 중앙에서 집중하중이 작용할 때 최대 처짐이 1.076[cm] 발생하였다면 같은 조건에서 양단 지지보로 하면 처짐은 얼마인가?

① 2.152[cm]   ② 3.228[cm]
③ 2.69[cm]   ④ 4.304[cm]

Answer   01 ②   02 ③   03 ②   04 ④

> **Solution**
> ① 양단고정보 : $\delta_1 = \dfrac{PL^3}{192EI}$
> ② 단순보 : $\delta_2 = \dfrac{PL^3}{48EI}$
> $\delta_2 = 4\delta_1 = 4 \times 1.076 = 4.304 \,[\text{cm}]$

05 다음 그림과 같은 양단 고정보 AB가 집중하중 $P = 13720[\text{N}]$이 작용할 때, B점의 반력 R_B는 얼마인가?

① 7899[N]
② 9065[N]
③ 10163[N]
④ 10858[N]

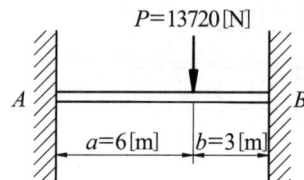

> **Solution**
> $R_A = \dfrac{Pb^2}{L^3}(3a+b)$, $R_B = \dfrac{Pa^2}{L^3}(a+3b)$
> $M_A = \dfrac{-Pab^2}{L^2}$, $M_B = \dfrac{-Pa^2 b}{L^2}$

06 길이가 L인 양단 고정보의 중앙점에 집중하중 P가 작용할 때 중앙점의 최대 처짐은?
(단, E : 탄성계수, I : 단면 2차 모멘트이다.)

① $\dfrac{PL^3}{384EI}$ ② $\dfrac{PL^3}{48EI}$
③ $\dfrac{PL^3}{96EI}$ ④ $\dfrac{PL^3}{192EI}$

> **Solution** 중앙에서 발생하는 최대 처짐은
> $\delta = \dfrac{PL^3}{192EI}$ 이다.

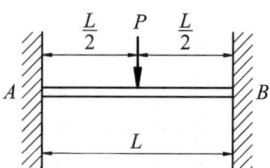

07 다음 그림과 같이 연속보가 균일 분포하중 (q)을 받고 있을 때 A점의 반력은?

① $\dfrac{1}{8}qL$
② $\dfrac{1}{4}qL$
③ $\dfrac{3}{8}qL$
④ $\dfrac{1}{2}qL$

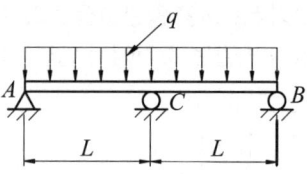

Answer 05 ③ 06 ④ 07 ③

> **Solution** 연속보
>
> ① A지점의 반력 : $R_A = \dfrac{3\omega L}{16}$
>
> ② C지점의 반력 : $R_C = \dfrac{5\omega L}{8}$
>
> ③ B점의 반력 : $R_B = \dfrac{3\omega L}{16}$
>
> 본 문제에서는 보의 길이가 $2L$이므로
> $R_A = \dfrac{3q(2L)}{16} = \dfrac{3qL}{8}$ 이다.

08 그림과 같은 길이 3[m]의 양단 고정보가 그 중앙점에 집중하중 10[kN]을 받는다면 중앙점에서의 굽힘응력은?

① 15.2[MPa]
② 1.25[MPa]
③ 12.5[MPa]
④ 1.52[MPa]

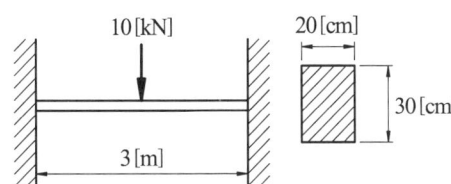

> **Solution**
> $M_C = \dfrac{PL}{8} = \dfrac{10 \times 10^3 \times 3}{8} = 3.75\,[\text{kNm}]$
>
> $\sigma_C = \dfrac{M_C}{Z} = \dfrac{3.75 \times 10^3 \times 6}{0.2 \times 0.3^2} = 1.25 \times 10^6\,[\text{Pa}]$

09 다음 그림과 같이 균일분포하중(ω)을 받는 고정지지보에서 최대 처짐 δ_{max} 는 얼마 정도인가? (단, ℓ은 고정지지보의 길이, E는 탄성계수[N/m^2], I는 단면 2차 모멘트[m^4]이다.)

① $\delta_{max} = 0.0052 \dfrac{\omega l^3}{EI}$

② $\delta_{max} = 0.0054 \dfrac{\omega l^4}{EI}$

③ $\delta_{max} = 0.0048 \dfrac{\omega l^3}{EI}$

④ $\delta_{max} = 0.0026 \dfrac{\omega l^4}{EI}$

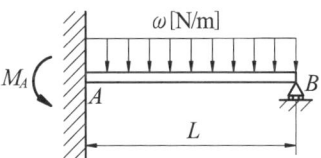

> **Solution** 일단고정 타단지지보
>
> ① 최대 처짐각 : $\theta_{max} = \dfrac{\omega L^3}{48EI}$
>
> ② 중앙에서 처짐 : $\delta_{x=\frac{1}{2}} = \dfrac{\omega L^4}{192EI}$
>
> ③ 최대처짐 : $\delta_{max} = 0.0054 \dfrac{\omega L^4}{EI}$

Answer　08 ②　09 ②

10 그림과 같은 보에서 B 지점에서의 반력 R_2 를 구하면?

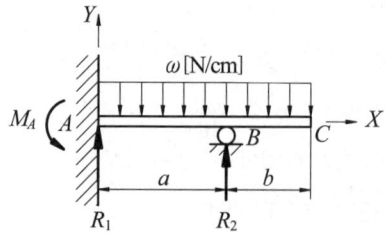

① $\dfrac{3}{8}\omega a - \omega b + \dfrac{3\omega b^2}{4a}$ 　　② $\dfrac{5}{8}\omega a + \dfrac{3\omega b^2}{4a}$

③ $\dfrac{3}{8}\omega a + \omega b + \dfrac{3\omega b^2}{4a}$ 　　④ $\dfrac{5}{8}\omega a - \dfrac{3\omega b^2}{4a}$

Solution 부정정보는 2개의 정정보의 합으로 표현된다.

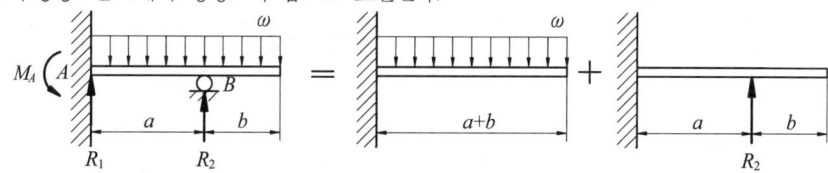

① 위 보의 처짐 일반식을 표현하면 다음과 같다.

$$\delta = \dfrac{\omega}{24EI}(x^4 - 4L^3x + 3L^4)$$

② B 점에서의 처짐

$$\delta_{B1} = \dfrac{\omega}{24EI}[b^4 - 4(a+b)^3b + 3(a+b)^4]$$

$$= \dfrac{\omega}{24EI}(3a^4 + 8a^3b + 6a^2b^2)$$

③ R_2 집중하중 작용시 B 점에서 처짐

$$\delta_{B2} = \dfrac{R_2 a^3}{3EI}$$

④ 실제 B 점에서 처짐은 0이므로 다음과 같다.

$$\delta_{B1} = \delta_{B2}$$

$$\dfrac{\omega}{24EI}(3a^4 + 8a^3b + 6a^2b^2) = \dfrac{R_2 a^3}{3EI}$$

$$R_2 = \dfrac{3\omega a}{8} + \omega b + \dfrac{3\omega b^2}{4a}$$

Answer　10　③

Part 02

기계 제작법

제1장 __ 기계 제작법(機械製作法)의 개요(概要)
제2장 __ 목형(木型) 및 주조(鑄造)
제3장 __ 소성가공(plastic working)
제4장 __ 절삭이론 및 NC가공
제5장 __ 선반가공
제6장 __ 밀링 머신 가공
제7장 __ 드릴링 머신과 보링 머신 가공
제8장 __ 셰이퍼, 슬로터, 플레이너 가공
제9장 __ 연삭기 가공
제10장 __ 강의 열처리(熱處理)
제11장 __ 용접(鎔接 ; welding)
제12장 __ 정밀입자 및 특수가공
제13장 __ 공작물 고정 및 기어 가공
제14장 __ 측정기(測程器)
제15장 __ 수기가공

chapter 1 기계 제작법(機械製作法)의 개요(概要)

1 기계제작법(機械製作法 ; mechanical technology)이란?

기계적인 힘 또는 열을 가하여 재료를 원하는 형상으로 만들거나 기계적 성질을 변경시키는 방법으로 비절삭가공분야와 절삭가공분야로 나눈다.

2 비절삭가공(非切削加工)

금속재료가 가지는 가용성(可融性)과 전성(展性)을 이용한 가공이다. 가용성을 이용한 가공으로는 주조(鑄造)와 용접(鎔接)가공이 있고 전성을 이용한 가공에는 소성가공(塑性加工)이 있다. 이와 같은 비절삭가공에 사용되는 기계를 금속가공기계라 한다.

(1) 가용성(可融性)

금속의 녹는 성질로 용융점이 200[℃]이하로 아주 낮은 합금을 총칭하여 가용합금(可融合金 ; fusible alloy) 또는 이융합금(易融合金)이라 한다.

(2) 전성(展性 ; malleability)

두드리거나 압착하면 얇게 펴지는 금속의 성질로 가전성(可展性)이라고도 표현하며 주로 금, 은, 구리 등에서 두드러지게 나타나는 성질이다.

(3) 연성(軟性)

무르거나 부드럽고 약한 금속의 성질이다.

(4) 접합성(接合性)

한데 이어 붙이거나 서로 닿아서 맞붙이는 금속의 성질이다.

3 절삭가공(切削加工)

금속재료의 절삭성(切削性)을 이용한 가공방법으로 절삭가공(切削加工)과 연삭가공(硏削加工)으로 분류된다. 절삭가공에 사용되는 기계를 공작기계(工作機械 ; machine tool)라 한다.

(1) 절삭공구에 의한 가공

선반, 밀링, 드릴링, 셰이퍼, 플레이너 등의 공작기계로 이루어지는 가공이다.

절삭성(切削性) : 금속을 자르거나 깎는 성질로 공작기계에서 절삭공구를 이용하여 금속을 절삭할 때 발생하는 금속 조각을 칩(chip)이라 한다.

(2) 연삭공구에 의한 가공

연삭기(grinding), 호닝(honing), 슈퍼 피니싱(super finishing), 래핑(lapping) 등에 의한 가공이다.

연삭성(硏削性) : 경도가 높은 광물의 입자나 숫돌로 물체의 표면을 갈아 광택을 내는 금속의 성질로 연삭을 연마(硏磨)라고도 표현한다.

4 특수가공(特殊加工)

전해연마, 전해연삭, 방전가공, 초음파가공, 전해가공, 레이저 가공, 숏 피닝(shot peening), 배럴 가공, 버니싱 가공 등이 있다.

chapter 2 목형(木型) 및 주조(鑄造)

용해된 금속을 일정한 형(型)에 주입시켜 필요한 모양을 만드는 작업을 주조(鑄造 ; casting)라 하고 이와 같은 방법으로 완성된 제품을 주물(鑄物) 또는 주조품(鑄造品)이라 한다. 이러한 제품의 예로는 밥솥, 밸브나 콕, 자동차의 엔진 등이 있고 주물 작업공정 및 제조공정은 주조방안 결정 → 모형(목형)제작 → 주형제작 → 용융금속 → 주입 → 주물 등의 순이다.

1 목형(木型 ; pattern)

1. 목재의 건조법*

부패, 충해의 방지, 강도의 증대, 중량을 경감시키기 위해 필요하다. 목형의 수축 원인 중 가장 큰 영향을 주는 것은 수분이기 때문에 수분을 제거하는 것이 가장 중요한 작업이다.

(1) 자연 건조법

① 야적법 : 원목 건조
② 가옥적법 : 판재나 할재 건조

(2) 인공 건조법

① 증재법 : 원목을 증기를 이용하여 건조시키는 방법이다.
② 침재법 : 원목을 침재시키는 방법이며 균열과 변형을 방지하기 위해 목재를 담그는 것을 침수 시즈닝(seasoning)이라 한다.
③ 자재법 : 용기 속에 목재를 넣고 수증기를 불어 목재의 수액을 제거시킨 후 건조하는 방법이다.
④ 훈재법 : 가스를 목재에 불어서 건조시키는 방법이다.
⑤ 열기건조법 : 목재를 건조실에 넣고 열풍을 불어넣어 건조시키는 방법이다.
⑥ 진공건조법 : 열원을 이용하여 진공상태에서 건조시키는 방법이다.
⑦ 전기건조법 : 전기저항열 또는 고주파열을 이용하여 건조시키는 방법이다.
⑧ 약재건조법 : 밀폐된 건조실에서 건조재를 이용하여 건조시키는 방법이다.

2. 목재 방부법

목재는 부패하기 쉬우므로 부패 방지를 위한 방법이다.

(1) 도포법
목재 표면에 크레졸(Cresol) 주입 또는 페인트를 도포하는 방법이다.

(2) 자비법
끓인 방부제를 침투시키는 방법이다.

(3) 침투법
염화아연, 유산동, 황산 등의 수용액을 침투시키는 방법이다.

(4) 충진법
구멍을 뚫어 방부제를 침투시키는 방법이다.

3. 목형의 종류★★★

(1) 현형
제품 치수에 가공여유, 수축여유, 테이퍼 등을 고려하여 실제 제품과 동일한 모양으로 만든 목형이다.
① 단체목형 : 단순한 주물(단일체로 제작한 모형)-레버, 뚜껑, 화격자
② 분할목형 : 복잡한 주물
③ 조립목형 : 분할목형 보다 복잡한 주물-상수도관용 밸브 제작

(2) 부분목형
대칭이 되는 대형 주물-대형 기어, 프로펠러, 톱니바퀴

(3) 회전목형
회전체 모양의 소량 주물 생산에 적합-벨트 풀리, 단차

(4) 고르게 목형(긁기형 목형)
단면이 일정하며 가늘고 굽은 파이프 제작-밴드 파이프 제작
고르개 : 흙손과 같이 편평하게 하는 도구(긁기판)

(5) 골격목형
구조가 간단하며 골격만 목재로 대형 주물 생산-대형 파이프, 큰 곡관 제작

(6) 코어 목형
속이 빈 중공 주물 제작-파이프, 수도꼭지

(7) 매치 플레이트(match plate)

소형 주물을 대량 생산하고자 할 때 사용—여러 개의 주형을 동시 제작 가능
① 패턴 플레이트(pattern plate) : 정반에 한 면만 붙인 것.
② 매치 플레이트(match plate) : 정반의 양면에 붙인 것.

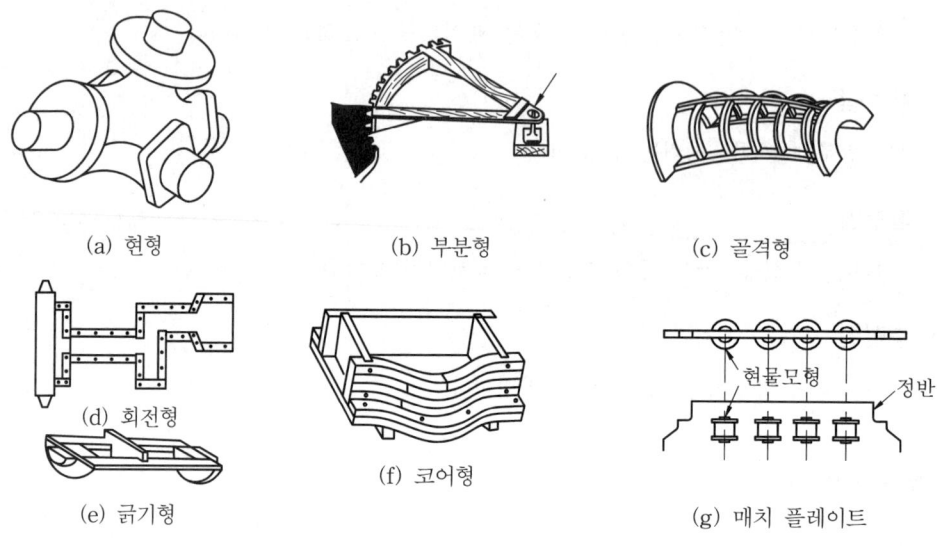

그림2-1 목형의 종류

(8) 잔형 : (loose piece)

주형에서 목형을 뽑기 곤란한 부분을 왁스로 별도로 만들어 주형 속에 남겨 놓은 부분

4. 목형 제작시 유의사항★★★

(1) 수축여유

수축 보정량이라고도 한다.
① 주물자 : 금속의 수축을 고려하여 만든 자-주물의 재료로 결정
② 1[m] 주물자의 실제길이
  ㉠ 주철 : 1008[mm]
  ㉡ 주강 : 1020[mm]
  ㉢ 황동 : 1014~1015[mm], 청동 : 1012~1015[mm]
  ㉣ 알루미늄 : 1010~1020[mm]
③ 주물금속의 중량 계산식

$$\frac{W_m}{W_p} = \frac{S_m}{S_p} \quad [2-1]$$

W_m, S_m : 주물의 중량 및 비중
W_P, S_P : 목형의 중량 및 비중

(2) 가공여유

주물 표면의 다듬질 가공을 위한 여유이다.
① 거치른 다듬질 : 1~5[mm]
② 중간 다듬질 : 3~5[mm]
③ 정밀 다듬질 : 5~10[mm]

(3) 목형 기울기(구배)

목형을 쉽게 빼내기 위해 주는 기울기이다.
① 1[m] 길이에 대해 6~10[mm] 정도 기울기
② 1[m]에 대해 1~2° 정도 기울기

(4) 라운딩

응고시 취약해지기 쉬운 목형의 모서리를 둥글게 하는 것이다.

(5) 덧붙임

두께가 일정하지 않으면 응고시 변형이 발생함으로 이것을 방지하기 위한 보강대이다.

(6) 코어 프린트

코어 고정 및 코어에서 발생되는 가스 배출을 위해 목형에 덧붙인 돌기부이다.

5. 목형의 도장

래커, 니스, 알루미늄 분말 등을 사용하여 도장함으로써 수분으로 인한 목형의 변형을 방지하고 주물사와 잘 분리되도록 하는 것이 도장의 역할이다.

2 주조(鑄造 ; casting)

1. 주물사★★★★★

(1) 주물사의 구비조건

① 성형성이 양호할 것.
② 적당한 강도가 있을 것.
③ 내화성이 클 것.
④ 화학적 변화가 없을 것.
⑤ 통기성이 양호 할 것.
⑥ 보온성이 있을 것.
⑦ 아름답고 매끈한 주물 표면을 얻을 것.

(2) 주물사의 주성분

주물사란 주형을 만드는 재료로 주 성분은 석영, 장석, 운모, 점토이다.

강철용 주물사의 주성분 : 규사(SiO_2)-내열성 증가

(3) 주철용 주물사

① 신사(생사 ; green sand) : 산이나 바다 모래
② 건조사(규사 ; dry sand) : 신사＋톱밥, 코크스, 흑연, 하천 모래 등을 혼합한 것으로 신사보다 통기성 증가, 대형 주물 및 고급 주물에 사용된다.

(4) 주강용 주물사

규사(SiO_2 ; 건조사)＋점토(점결재) : 내화성이 크고 통기성 양호

(5) 비철 합금용 주물사

내화성, 통기성 보다는 성형성이 좋다.
① 일반 주물 : 주물사＋소금
② 대형 주물 : 신사＋점토

(6) 표면사

주물과 접촉하는 부분에 사용하는 모래로 주물 표면을 깨끗하게 해준다.

(7) 분리사

주형상자의 분리를 원활하게 하기 위해, 위·아래 주형상자 사이에 점토분이 없는 건조된 새 모래를 뿌려준다. 이것을 분리사라 한다.

2. 배합제

(1) 배합제의 종류

① 당밀, 유지, 인조수지 : 모래의 강도와 통기성 증가
② 톱밥, 볏짚, 왕겨, 수모, 마분 : 균열 방지, 통기성 향상
③ 흑연, 석탄, 코크스 : 주물 표면을 깨끗하게
④ 점토 : 성형성 및 점결성 향상

3. 주물사 시험★★

(1) 통기도

$$K = \frac{Qh}{PAt} \ [cm/min] \qquad [2-2]$$

Q : 시험편을 통과한 공기량(2000[cc])
h : 시험편 높이(cm)
P : 공기압력(수주의 높이 : cmAq)
A : 시험편의 단면적(cm^2)
t : 통과 시간(min)

(2) 통기도를 높이기 위한 방법

① 주형을 건조
② 가급적 다짐 정도를 작게 한다.
③ 점토의 량을 줄여 본다.

(3) 입도

메시(Mesh) : 길이 1inch 내에 있는 체의 눈수 → 입도를 나타내는 척도

4. 주형제작

(1) 주형상자에 따른 분류

① 바닥주형법 : 주형 공장 바닥에 있는 모래에 목형을 집어넣고 다져 주형을 제작하는 방법
② 조립주형법 : 주형 도마 위에 주형상자를 2개 또는 3개를 겹쳐 올려놓고 주형을 제작하는 방법
③ 혼성주형법 : 바닥주형법과 조립주형법의 혼합형으로 주형을 제작하는 방법

(2) 주형 상자를 이용한 주형제작법

① 졸트법 : 주형상자에 모래를 넣고 압축 공기를 이용하여 상하로 진동시켜 제작
② 스퀴이즈법 : 주형 상자 속의 모래에 압력을 가하여 상하 압축시켜 제작
③ 슬링거법 : 회전 임펠러(impeller)에 의해 주형 상자에 모래를 고르게 뿌리며 다져 제작
④ 블로우법 : 코어를 만들 때 이용하는 방법
⑤ 스트립법 : 주형 상자에서 모형을 뽑기 위해 주형상자를 위로 밀어 올리는 방법
⑥ 드로우법 : 주형 상자에서 모형을 위로 뽑아 올려 꺼내는 방법-스트립법의 반대

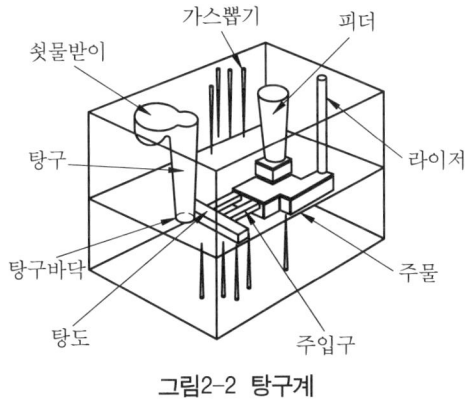

그림2-2 탕구계

(3) 탕구계★★

쇳물을 주형에 주입하기 위해 만든 통로로 주조 방안 결정시 중요한 설계 사항이 된다.
① 구성요소 : 쇳물받이, 탕구, 탕도, 주입구

② 탕구비

$$탕구비 = \frac{탕구봉\ 단면적}{탕도\ 단면적}$$ [2-3]

③ 주입시간

$$t = S\sqrt{W}\ [\text{sec}]$$ [2-4]

W : 주물의 중량
S : 주물 두께에 따른 계수

④ 응고시간

$$t \propto \left(\frac{V}{S}\right)^2$$ [2-5]

S : 주물의 표면적
V : 주물의 체적

(4) 덧쇳물(압탕 ; feeder or riser)★★★

쇳물의 부족한 양을 보급하기 위한 것이다.
① 주형내의 공기 및 가스 제거
② 금속 응고시 쇳물의 부족 양을 보충
③ 주형내 쇳물에 압력을 가해 줌
④ 주형내의 불순물과 용재의 제거

(5) 플로우 오프(flow off)★★

주형내 쇳물을 관찰하기 위한 구멍으로 피이너 가스빼기의 역할을 한다.

(6) 중추★

주물의 압력으로 윗 상자가 뜨는 것을 방지하기 위한 것이다.
① 압상력의 3배가 중추의 무게
② 쇳물의 압상력

$$P = AH\gamma\ [\text{kg}]$$

③ 코어를 포함하고 있는 경우

$$P = AH\gamma + \frac{3}{4}V\gamma\ [\text{kg}]$$

P : 압상력
A : 주물을 위에서 본 면적
H : 주물의 표면에서 주입구 표면까지 높이
γ : 주입금속의 비중량
V : 코어의 체적

5. 용해로(鎔解爐)

(1) 용광로

철광석을 용해하여 선철을 만드는 로(爐). 용량 : ton/day

(2) 큐폴러(cupla ; 용선로)★★

① 주철 용해
② 용량 : ton/hr
③ 주철 : 탄소(C) + 규소(Si) 성분

(3) 도가니로★★

① 경합금, 동합금, 합금강 용해
② 용량 : 1회 용해할 수 있는 구리의 중량(ton/rev)
③ 도가니로의 규격 : 1회 용해할 수 있는 금속(구리)의 중량을 번호로 표시

(4) 전기로

① 제강, 특수 주철 용해
② 용량 : ton/rev

(5) 평로

① 선철, 고철 용해
② 용량 : ton/rev

(6) 전로

① 주강 용해
② 용량 : ton/rcv

(7) 반사로

① 가단주철 용해
② 용량 : ton/rev (1회 장입량)

3 주물의 결함(缺陷)★★

1. 수축공(shrinkage hole)★

수축으로 인해 쇳물이 부족하게 되어 공간이 생기는 결함이다.

(1) 방지법

① 쇳물 아궁이를 크게 만든다.
② 덧쇳물을 붓는다.

2. 기공(blow hole)

가스가 외부로 배출되지 못해 생기는 결함이다.

(1) 방지법

① 통기성 양호하게
② 쇳물 아궁이 크게
③ 쇳물 주입 온도를 적당하게
④ 주형의 수분을 제거

3. 편석

용융 금속에 불순물이 있을 때 발생하는 결함이다.

(1) 성분편석

주물의 부분적 위치에 따라 성분의 차가 있는 것.

(2) 중력편석

비중 차에 의하여 불균일한 합금이 되는 것.

(3) 정상편석

응고 방향에 따라 용질이 액체 중에 이동하여 그 결과 주물의 중심부에 용질이 모이게 되며 응고 시간이 길수록 성분 함량이 많게되는 편석이다.

(4) 역편석

청동 주조를 위하여 주입할 때 두드러지게 나타나는 편석이다.

4. 균열(crack)

불균일한 수축으로 인하여 응력이 발생하고, 이 응력에 의하여 주물에 균열이 발생하는 현상

(1) 방지법

① 각부의 온도차를 줄일 것.
② 주물을 급랭시키지 말 것.
③ 주물의 두께 차를 두지 말 것.
④ 각이진 모서리는 둥글게 할 것 : 라운딩을 줄 것.

5. 핀(fin)

주형을 만들 때 상형과 하형의 밀착부족으로 인하여 발생하는 결함이다.

6. 블래스팅(blasting)

흑연 또는 석탄 분말을 주형에 블래스팅 하는 것-주물청소

(1) 특징
① 주물의 표면이 깨끗해진다.
② 모래가 주물 표면에서 잘 떨어진다.
③ 내열성, 통기성이 좋고 고온에서 잘 타지 않는다.

4 특수주조법(特殊鑄造法)★

1. 원심 주조법★★★★

주형을 고속 회전(300~3000[rpm])을 시켜 원심력을 이용 중공 주물을 생산하는 방법이다.

(1) 주물
파이프, 피스톤 링, 실린더 라이너 등

2. 셀(몰드) 주조법

주형을 규소(Si)모래, 열 경화성의 합성수지를 배합한 분말을 가열된 금형에 뿌려서 만듦

(1) 특징
① 주물 표면이 깨끗하다.
② 정밀도가 높다.
③ 기계가공이 필요치 않음
④ 주형을 신속히 대량 생산 가능

3. 인베스트먼트 주조법(investment casting)★★★

(1) 모형재료
왁스, 파라핀-가열하여 녹여서 제거

(2) 특징

① 주물 치수가 매우 정확하다.
② 주물 표면이 깨끗하다
③ 모형 재료의 특성상 복잡한 형상의 제품도 만들기 쉽다
④ 정밀 주조법에 해당한다.

4. 이산화 탄소법

탄산가스를 주형 내에 불어넣어 주형을 경화시키는 방법

5. 진공 주조법

금속을 진공 중에서 용해하고 주조하는 방법

6. 칠드(chilled) 주조법(냉간 주조법)★★★

사형, 열도전율이 큰 급냉으로 주형을 완성하여 주조한다. 특별한 기계적 성질을 가진 주철 주물을 얻고자 할 때 사용한다. 주물 표면은 경도가 높고 내부는 경도가 낮은 주조법이다.

7. 다이 캐스팅(die casting)★★★★★

용해 금속을 금형에 고압으로 주입시켜 주조하는 방법

(1) 특징

① 주물 표면이 깨끗하다.
② 정밀도가 높다.
③ 기계가공이 필요치 않다.
④ 단 시간내 대량 생산 가능
⑤ 아연, 알루미늄, 구리 등의 합금 : 다이 캐스팅이 가능한 금속
⑥ 기화기, 광학기계 등의 주조품 생산
⑦ 다이 분할면에 슬릿을 마련해 두어 공기를 배제한다.
⑧ 슬릿 : 공기제거를 위한 홈으로 폭 25~38[mm], 깊이 0.08~0.13[mm] 정도이다.

chapter 2 실전연습문제

01 칠드 주조(chilled cast iron)란 무엇인가?

① 강철을 담금질하여 경화한 것.
② 주철의 조직을 마텐자이트로 한 것.
③ 용융주철을 급냉하여 표면을 시멘타이트 조직으로 만든 것.
④ 미세한 펄라이트 조직의 주물

Solution 칠드 주조
사형과 금형을 사용하여 주철이 급랭되면 표면은 단단한 백주철이 되고 내부는 연한 회주철이 되도록 한 주조 방법

02 목형의 중량이 3[N], 비중이 0.6인 적송일 때, 주철 주물의 무게는 약 몇 [N]인가? (단, 주철의 비중은 7.2이다.)

① 27
② 32
③ 36
④ 40

Solution
$$\frac{W_p}{W_m} = \frac{S_p}{S_m}$$
$$\frac{3}{W_m} = \frac{0.6}{7.2}, \quad W_m = 36 \ [N]$$

03 주물자를 선택할 때 무엇을 기준으로 하는가?

① 목재의 재질
② 주물의 가열온도
③ 목형의 중량
④ 주물의 재질

Solution (1) 주물자 : 금속의 수축을 고려하여 수축량만큼 크게 만든 자
(2) 1[m] 주물자의 실제 길이
① 주철 : 1008[m]
② 황동, 청동 : 1015[mm]
③ 주강 : 1020[mm]
④ 알루미늄 : 1020[mm]

Answer 01 ③ 02 ③ 03 ④

04 주물사의 시험에 속하지 않는 것은?

① 통기도 시험
② 내화도 시험
③ 점착력 시험
④ 피로 시험

> **Solution** 주물사의 시험
> ① 압축강도 시험법
> ② 입도 시험법
> ③ 통기도 시험법
> ④ 내화도 시험법
> ⑤ 점착력 시험법

05 압탕의 역할로서 옳지 않은 것은?

① 균열이 생기는 것을 방지한다.
② 주형내의 쇳물에 압력을 준다.
③ 주형내의 용재를 밖으로 배출시킨다.
④ 금속이 응고할 때 수축으로 인한 쇳물 부족을 보충한다.

06 목형 재료로서 목재에 대한 특징의 설명 중 틀린 것은?

① 영구적으로 쓸 수 있다.
② 열의 불양도체이고 팽창계수가 작다.
③ 가공이 용이하다.
④ 가볍다.

> **Solution** 목재의 특징
> ① 가벼워 취급하기 쉽다.
> ② 가공하기 용이하다.
> ③ 불양도체이고 팽창계수가 작다.
> ④ 가격이 저렴하다.
> ⑤ 변형되기 쉽다.
> ⑥ 손상되거나 훼손이 쉽다.
> ⑦ 가공면이 금속보다 거칠다.
> ⑧ 부패하기 쉽다.

07 왁스와 같은 재료로 모형을 만들고, 여기에 주형재를 부착시켜 굳힌 후 가열하여 왁스를 녹여서 제거하고, 여기에 쇳물을 주입하여 주물을 만드는 방법으로, 주물의 치수가 정확하고, 표면이 깨끗하며, 복잡한 형상을 만드는데 사용하는 주조법은?

① 원심 주조법
② 인베스트먼트 주조법
③ 다이 캐스팅
④ 셸 주조법

Answer 04 ④ 05 ① 06 ① 07 ②

08 주물의 일부분에 불순물이 집중하여 석출(析出)되든가, 가벼운 부분이 위에 뜨고 무거운 부분이 밑에 가라앉아 굳어지든가 또는 처음 생긴 결정과 후에 생긴 결정의 배합이 달라질 때가 있다. 이 현상을 무엇이라 하는가?

① 편석
② 변형
③ 기공
④ 수축공

> **Solution** 주물의 결함
> ① 수축공(shrinkage hole) : 수축으로 쇳물이 부족해 생긴 구멍
> ② 기공(blow hole) : 가스가 외부로 배출되지 못해 생긴다.
> ③ 편석(segregation) : 용해금속에 불순물이 함유되어, 이것이 모여 석출되는 현상
> ④ 균열(crack) : 불균일한 수축으로 인하여 주물에 금이 가는 현상

09 매치 플레이트(match plate)에 대한 설명 중 맞는 것은?

① 주형에서 소형 제품을 대량으로 생산할 때 사용된다.
② 목형의 평면을 깎을 때 사용된다.
③ 주형을 다져 목형을 만들 때 사용된다.
④ 주물사의 입도를 분류할 때 사용된다.

10 목형 제작에서 주물자(shrinkage scale)를 사용하는 이유는?

① 주형을 만들 때 흙이 줄기 때문에
② 쇳물이 굳을 때 줄기 때문에
③ 주형을 뽑을 때 움직이기 때문에
④ 나무가 줄기 때문에

> **Solution** 주물자(shrinkage scale)
> 금속의 수축을 고려하여 수축량만큼 크게 만든 자

11 주물사의 구비조건으로 틀린 것은?

① 양호한 열전도성
② 성형성
③ 내화성
④ 통기성

> **Solution** 주물사의 구비조건
> ① 내화성이 클 것.
> ② 성형성, 통기성, 보온성 등이 양호할 것.
> ③ 적당한 강도를 가질 것.
> ④ 화학적 변화가 없을 것.
> ⑤ 아름답고 매끈한 주물표면이 얻어질 수 있을 것.

Answer   08 ①   09 ①   10 ②   11 ①

12 라이저(riser)의 목적과 관계가 가장 먼 것은?

① 주물의 흔들림을 방지한다.
② 수축으로 인한 쇳물의 부족을 보충한다.
③ 주형내의 공기 및 가스의 배출을 한다.
④ 주물내의 기공, 수축성, 편석을 방지한다.

Solution 압탕의 목적(덧쇳물, feeder, riser)
① 주형내의 공기 및 가스 제거
② 금속응고시 쇳물의 부족양을 보충
③ 주형내 쇳물에 압력을 가해 준다.
④ 주형내의 불순물과 용재의 제거

13 모형을 왁스(wax) 같은 재료로 만들어서 매우 복잡한 주물을 제작할 때 가장 좋은 주조법은?

① 탄산가스 주조법(CO_2-process)
② 인베스트먼트 주조법(investment process)
③ 다이 캐스팅 주조법(die casting process)
④ 원심 주조법(centrifugal casting process)

Solution ① 탄산가스 주조법 : 규사에 규산 나트륨을 첨가 배합하여 주형 내에 불어 넣어 주형을 경화시키는 방법
② 다이 캐스팅 주조법 : 금형에 용융금속을 고압·고속으로 주입시켜 표면이 깨끗한 정밀한 주물을 대량생산할 수 있다.
③ 원심주조법 : 주형을 고속으로 회전시키며 용융금속을 주입하여 원심력을 이용한 주조법이다.

14 W_m은 주물의 중량, S_m은 주물의 비중이고, W_p는 목형의 중량, S_p는 목형의 비중이라 할 때 옳은 관계식은?

① $W_m \fallingdotseq \dfrac{S_m}{S_p} \cdot W_p$
② $W_m \fallingdotseq \dfrac{S_p}{S_m} \cdot W_p$
③ $W_m \fallingdotseq \dfrac{S_p}{W_p} \cdot S_m$
④ $W_m \fallingdotseq \dfrac{W_p}{S_m S_p}$

Solution $W_m : S_m = W_p : S_p$
$W_m = \dfrac{S_m}{S_p} W_p$

Answer 12 ① 13 ② 14 ①

15 주물사의 구비조건 중 틀린 것은?
  ① 적당한 강도를 가질 것.
  ② 내화성이 클 것.
  ③ 통기성이 좋을 것.
  ④ 열전도성이 좋을 것.

  > **Solution** 주물사의 구비조건
  > ① 성형성이 양호할 것.
  > ② 적당한 강도가 있을 것.
  > ③ 내화성이 클 것.
  > ④ 화학적 변화가 없을 것.
  > ⑤ 통기성이 양호할 것.
  > ⑥ 보온성이 있을 것.
  > ⑦ 깨끗한 표면을 얻을 수 있을 것.

16 다이 캐스팅(die casting) 주조법에 관한 설명이다. 옳지 않은 것은?
  ① 용융금속을 강철로 만든 금속 주형중에서 대기압 이상의 압력으로 압입하는 방법이다.
  ② 금속형(die)의 주성분은 Cr−Mo−V 강철이다.
  ③ 제품의 표면이 매끈하고 또한 두께가 얇아 중량을 가볍게 할 수 있다.
  ④ 주철관(鑄鐵管), 주강관(鑄鋼管), 실린더 라이너(cylinder liner) 등의 제조에 사용된다.

  > **Solution** 원심 주조법
  > 주형을 300~3000[rpm]으로 고속회전시켜 발생하는 원심력을 이용하여 속이 빈 중공제품을 얻는 방법이다. 주철관, 주강관, 실린더 라이너 등의 제종 사용된다.

17 목형의 종류 중 대형이고 제작 수량이 적은 주물에서 재료와 공사비를 절약하기 이해 골격만 목재료 만드는 것은?
  ① 코어 목형(core pattern)
  ② 부분 목형(section pattern)
  ③ 긁기 목형(strickle pattern)
  ④ 골격 목형(skeleton pattern)

18 목형의 종류 중 현형의 종류가 아닌 것은?
  ① 단체 목형
  ② 분할 목형
  ③ 부분 목형
  ④ 조립 목형

Answer 15 ④ 16 ④ 17 ④ 18 ③

19 도가니로의 규격 표시법은 무엇인가?
  ① 1회에 용해할 수 있는 구리의 중량으로 표시
  ② 1시간에 용해할 수 있는 최대량으로 표시
  ③ 1일에 용해할 수 있는 최대량으로 표시
  ④ 1[kW]로 용해할 수 있는 알루미늄의 중량으로 표시

20 다이 캐스팅에 일반적으로 많이 사용되는 금속은?
  ① 아연, 알루미늄의 합금   ② 구리, 코발트의 합금
  ③ 아연, 텅스텐의 합금   ④ 스테인레스, 아연의 합금

21 주물에 기포(또는 기공)가 생기게 하는 가장 큰 원인은?
  ① 너무 높은 주입 온도   ② 가스배출의 불충분
  ③ 너무 빠른 주입 속도   ④ 주형의 표면 줄량

22 공기 통과량 $Q = 2,000$[cc], 통과 시간 $t = 15$[min], 수주의 압력차는 $p = 10$[mm], 시편의 지름 $d = 50$[mm], 시편의 높이 $h = 50$[mm]일 때, 통기도 K 값은 몇 [cm/min] 정도인가?
  ① 34[cm/min]   ② 86[cm/min]
  ③ 38[cm/min]   ④ 40[cm/min]

  Solution $K = \dfrac{Q \cdot h}{pAt} = \dfrac{4 \times 2000 \times 5}{1 \times \pi \times 5^2 \times 15} = 34$ [cm/min]

23 용해할 수 있는 구리 중량으로 규격을 표시하고, 흑연 또는 내화점토로 만드는 노는?
  ① 전기로(electric furnace)   ② 도가니로(crucible furnace)
  ③ 평로(open hearth)   ④ 용선로(cupola)

24 큐폴러(cupola) 용량의 기준은?
  ① 1회 용출되는 최대량   ② 큐폴러의 내부용적
  ③ 매 시간당 용해량   ④ 1회에 장입할 수 있는 최대량

Answer   19 ①   20 ①   21 ②   22 ①   23 ②   24 ③

25 주물제작 과정에서 목재의 수축원인 중 가장 중요한 것은?

① 햇빛 ② 바람
③ 수분 ④ 섬유조직

26 실린더 라이너의 피스톤 링을 만들 때, 어떤 주조법으로 만드는 것이 가장 좋은가?

① 원심 주조법 ② 셀 몰드법
③ 다이 캐스팅법 ④ 인베스트먼트법

27 주물이 500×500[mm]의 각재이고 쇳물 아궁이의 높이가 100[mm], 주철의 비중량이 7,200[kg/m³]일 때 상형(上型)을 들어 올리는 힘(압상력)은?

① 18[kg] ② 180[kg]
③ 1,800[kg] ④ 1.8[kg]

Solution $p = \gamma h A = 7200 \times 0.1 \times 0.5 \times 0.5 = 180\,[kg]$

28 기공의 방지법에 해당하지 않는 것은?

① 쇳물주입 온도를 필요 이상 높게하지 말 것.
② 통기성을 좋게 할 것.
③ 쇳물 아궁이를 크게하고 또한 덧쇳물을 부어 용융금속에 압력을 가할 것.
④ 주형내의 수분을 많게 할 것.

29 목형이 크고 모양이 대칭이거나 같은 모양의 부분이 연속하여 전체를 구성하고 있을 때, 어느 종류의 목형을 택하는가?

① 형형(solid pattern) ② 부분형(section pattern)
③ 회전형(sweep pattern) ④ 긁기형(strickle pattern)

30 보통 주철의 수축여유(shrinkage allowance)는 길이 1[m]당 얼마인가?

① 8[mm/m] ② 10[mm/m]
③ 14[mm/m] ④ 20[mm/m]

Answer 25 ③ 26 ① 27 ② 28 ④ 29 ② 30 ①

chapter 3 소성가공(plastic working)

1 소성가공(塑性加工)의 개요

1. 소성 변형

소성이란 소재에 가했던 외력을 제거해도 영구 변형되는 재료의 특성을 의미한다.

(1) 탄성(elasticity) 변형

소재에 가했던 외력을 제거하면 변형되었던 것이 원래 상태로 돌아오는 재료의 특성이다.

(2) 소성가공에 이용되는 성질★

① 가단성
② 가소성
③ 접합성
④ 연성

(3) 소성가공의 특징★

① 주물에 비하여 치수가 정확하다.
② 금속의 조직이 치밀해 진다.
③ 복잡한 형상 가공은 어렵다.
④ 다량생산으로 균일한 제품을 얻는다.
⑤ 경도와 강도는 커진다.

(4) 바우싱거 효과(bauschinger effect)★

금속 재료가 먼저 받은 것과 반대방향에 대하여는 탄성한도나 항복점이 현저히 저하되는 현상이다.

2. 가공경화와 재결정

(1) 가공경화(strain hardening)★★★

재료에 외력을 가하여 변형시키면 원래의 재료보다 강해지는 현상
① 강도, 경도 증가
② 연신율, 단면 수축률 감소
③ 내부응력 증가

(2) 재결정온도★★★★★

가열된 금속이 새로운 결정입자의 조직을 형성하는 현상을 재결정(recrystallization)이라 하고, 이 때의 온도를 재결정온도라 한다.

표3-1 재결정 온도

원소	Fe	Ni	Cu	Ag	W	Al	Pt	Au	Mg
재결정온도(℃)	350~450	600	200	200	1200	150	450	200	150

(3) 열간가공과 냉간가공★★

① 냉간가공(cold working)의 특징 : 재결정 온도 이하에서 가공-상온가공
  ㉠ 강도증가 및 연신율 감소
  ㉡ 제품의 치수가 정확하고 가공면이 아름답다.
  ㉢ 가공 방향으로 섬유조직이 되어 방향에 따라 강도가 달라진다. 섬유조직이란 미세한 실 모양의 조직으로 섬유세포가 모여서 된 조직, 관다발, 온실조직이라고도 한다.
② 열간가공(hot working)의 특징 : 재결정 온도 이상에서 가공-고온가공
  ㉠ 작은 동력으로 큰 변형을 발생시킨다.
  ㉡ 균일한 재질을 얻는다.
  ㉢ 가공이 용이하다.
  ㉣ 가공도를 크게 할 수 있고 거친 가공에 적합하다.
  ㉤ 산화되기 쉽고 정밀 가공이 곤란하다.

(4) 소성가공의 종류★★★★★

① 단조(forging) : 해머로 두들겨 성형시키는 가공법이다.
② 압연(rolling) : 회전하는 롤러 사이에 재료를 통과시켜 두께는 감소시키고 길이와 폭은 증가시키는 가공 방법이다. 압연가공시 발생하는 내부응력 때문에 열간압연된 H형강이나 I형강에는 잔류응력이 존재한다.
③ 압출(extruding) : 실린더 모양의 컨테이너에 빌렛을 넣고 한쪽에서 압력을 가하는 가공법이다.
④ 인발(drawing) : 봉, 관을 다이에 넣고 축 방향으로 통과시켜 지름은 감소하고 길이방향을 증가시키는 가공 방법이다.
⑤ 전조가공 : 압연가공과 유사한 방법으로 수나사, 볼, 기어 등을 가공할 수 있다.
⑥ 판금가공 : 판재를 형에 맞추어 해머로 두드려 각종 용기, 장식품 등을 가공하는 방법이다.

2 단조작업

해머 또는 프레스로 앤빌(anvil) 위에 있는 공작물에 충격력 또는 압력을 가하여 원하는 형상으로 가공하는 방법이다.

1. 단조 방법에 따른 종류

(1) 자유단조(free forging)

금형이 필요 없고, 단조 후 절삭 가공하여 완성품을 얻는다.

(2) 형 단조★★

금형을 사용하고, 정밀도가 높고, 소형 제품의 대량생산에 적합하며, 가격이 저렴하다.

(3) 자유 단조 작업의 종류★

① 절단(cutting off) 작업 : 판재 및 봉재 절단
② 늘이기(drawing) 작업 : 재료를 앤빌과 램 사이에 넣고 타격하여 단면을 좁히고 길이를 늘리는 작업이다.
③ 눌러 붙이기(up-setting) 작업 : 압축하여 길이를 줄이고 단면을 확대하는 작업

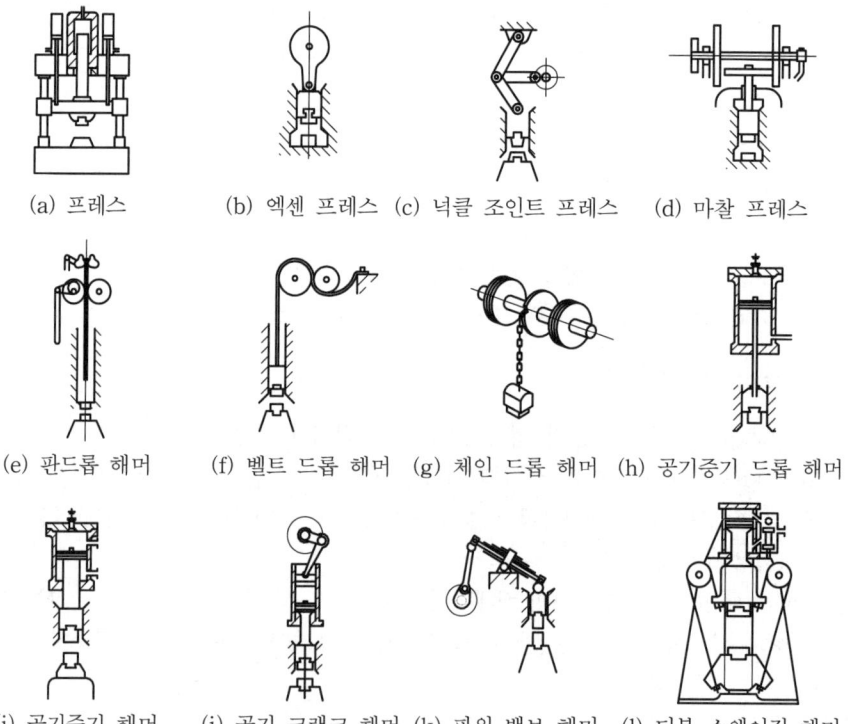

(a) 프레스　(b) 엑센 프레스　(c) 너클 조인트 프레스　(d) 마찰 프레스
(e) 판드롭 해머　(f) 벨트 드롭 해머　(g) 체인 드롭 해머　(h) 공기증기 드롭 해머
(i) 공기증기 해머　(j) 공기 크랭크 해머　(k) 파워 밸브 해머　(l) 디블 스웨이징 해머

그림3-1 단조기계의 종류

④ 굽히기(bending) 작업
⑤ 단짓기(setting down) 작업 : 소재의 어느 한 단면을 경계로 하여 늘리기 작업
⑥ 구멍뚫기(punching) 작업

2. 온도에 따른 분류★★★

(1) 열간단조
① 해머 단조
② 프레스 단조
③ 업셋 단조
④ 압연단조(롤 단조)

(2) 냉간단조
① 콜드 헤딩(cold heading) : 볼트, 리벳 머리 제작
② 코이닝(coining, 압인가공) : 주화, 메달 제작
③ 스웨이징(swaging) : 재료를 길이 방향으로 압축하여 그 일부 또는 전체의 단면을 크게 만드는 작업으로 봉재, 관재의 지름을 축소하거나 또는 테이퍼 제작이 가능하다.

(3) 단조온도
① 최고 단조 온도 : 용융시작 온도에 100[℃] 이내로 접근
  ㉠ 강의 최고 단조 온도 : 1200[℃]
② 단조 완료 온도(최저 온도)
  ㉠ 재결정 온도 근처
  ㉡ 단조 완료온도가 높으면 결정립이 조대화 된다.
  ㉢ 재질이 다르면 고온에서 최적 단조 온도가 다르게 된다.
  ㉣ 단조 온도를 단조 최고 온도보다 높게 하면 산화가 심하다.
  ㉤ 강의 단조 완료 온도 : 800[℃]
③ 주철은 단조가공이 불가(不可)이다.

3. 단조기계

(1) 유압 프레스의 용량★
① 단조 프레스의 용량

$$Q = \frac{A \cdot \sigma_e}{\eta} \quad [3-1]$$

A : 단조물의 유효 단면적
σ_e : 단조재료의 변형 저항
η : 프레스 효율

(2) 단조 해머의 효율★★

$$\eta = \frac{W_2}{W_1 + W_2}$$ [3-2]

- W_1 : 해머의 중량(질량)
- W_2 : 단조물 및 앤빌 등의 타격을 받는 부분의 전체 중량(질량)

(3) 해머의 타격속도★

$$E = \frac{WV^2\eta}{2g}$$ [3-3]

- E : 단조 에너지
- η : 해머 효율
- W : 해머의 무게

3 압연가공

두 개의 회전하는 롤러 사이에 소재를 통과시켜 단면적 또는 두께를 감소시켜 각종 판재, 형재, 봉재 등을 성형하는 가공법이다.

1. 압연 롤러

(1) 압연 롤러의 구성 요소★

① 몸체(body) : 몸체의 형태에 따라 소재에 원하는 형상을 주는 곳
② 네크(neck) : 몸체를 지지하는 부분
③ 웨블러(webbler) : 구동계와 연결되어 동력을 전달받아 롤러를 회전시키는 부분

(2) 압연 롤러의 절손★

① 롤러의 목(Neck) 절손
② 목과 동체 경계 절손(목과 롤러 몸체의 경계)
③ 동체 절손(롤러몸체)
④ 롤러의 표면 거칠기 정도에 따른 절손

(3) 압연 롤러의 재질★

칠드 주철-칠드 롤(chilled roll)

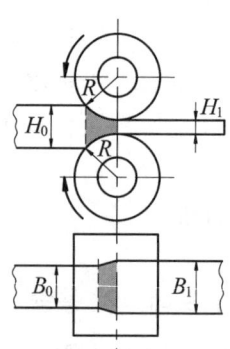

그림3-2 압연가공

2. 압연의 원리

(1) 압하율★★

$$\frac{H_0 - H_1}{H_0} \times 100[\%] \quad\quad [3\text{-}4]$$

H_0 : 롤러 통과 전 두께
H_1 : 롤러 통과 후 두께

(2) 압하율을 증가시키는 방법★★

① 지름이 큰 롤러 사용한다.
② 롤러의 회전 속도를 느리게 한다.
③ 압연 재를 뒤에서 밀어 준다-인장력을 가해 압연압력을 크게 한다.

(3) 자력압연 조건★

$$\mu \geqq \tan\theta \quad\quad [3\text{-}5]$$

μ : 마찰계수
θ : 접촉각

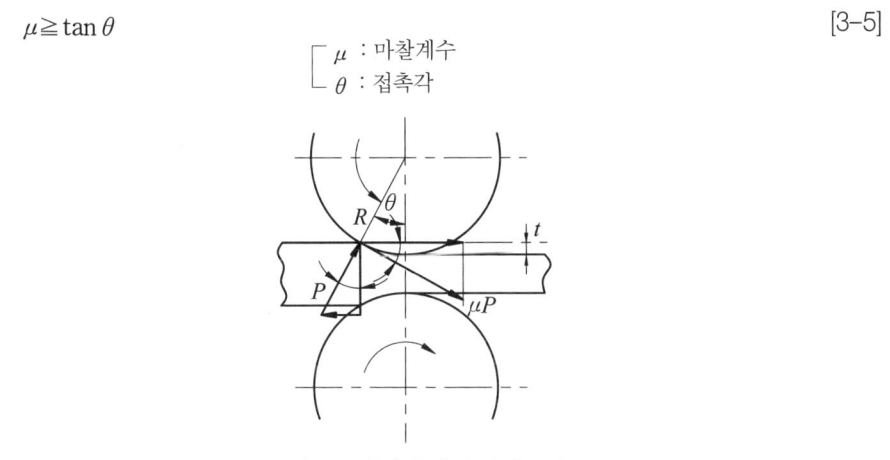

그림3-3 압연 롤러의 압연조건

$$\cos\theta = \frac{(R-t)}{R} \quad\quad [3\text{-}6]$$

t : 압연시 변화 두께
R : 롤러의 반지름

3. 압연의 종류

(1) 분괴압연★

강괴에서 제품의 중간재를 만드는 압연으로, 강괴(ingot)란 거푸집에 부어 여러 가지 형상으로 주조한 금속이나 합금의 덩어리이다.
① 블룸(bloom)-조강 : 줄강편, 대강편 등으로 인고트(ingot ; 주괴)를 압연하여 4각 또는 원형 단면의 가늘고 긴 모양으로 한 것.
② 슬랩(Slab)-후강

③ 시트 바아(Sheet Bar)-박강판 : 압연기로 만들어진 얇은 판상(두께 6~12[mm])의 강
④ 빌릿(Billet)-강편 : 형강으로 압연하기 전의 각형 단면인 강재

(2) 판재압연
후판(厚板 ; 두꺼운 판), 박판(薄板 ; 얇은 판)을 만듦

(3) 형재압연(형강압연)
봉재, 평재, 형재, 레일 등을 제조

4 압출가공

각종 형상의 단면재, 각종 파이프 및 선재 등을 제작할 때 소성이 큰 재료에 강력한 압력으로 다이를 통과시켜 가공하는 방법이다.

1. 압출가공

(1) 압출가공의 종류★★

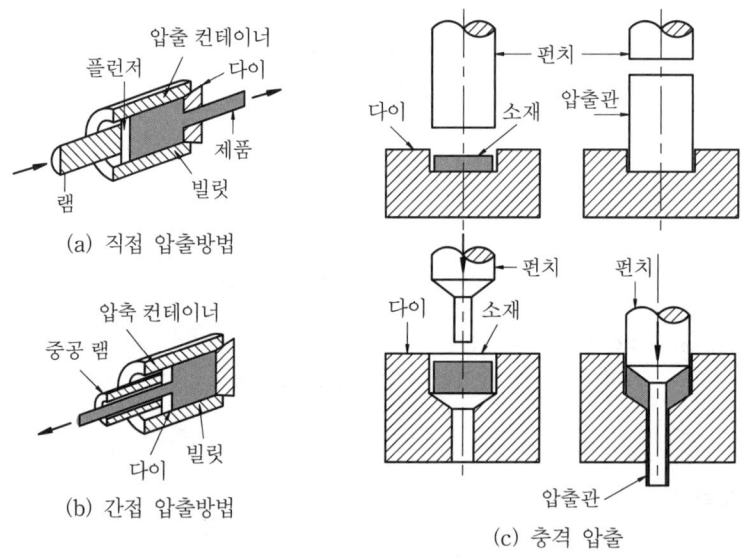

그림3-4 각종 압출가공

① 직접압출(전방압출) : 램의 진행 방향으로 빌릿이 압출되어 나옴
② 간접압출(후방압출, 역식압출) : 램의 반대 방향으로 빌릿이 압출되어 나옴
③ 충격압출★★★
  ㉠ 재료 : Zn, Pb, Al, Cu 등 순금속 및 일부 합금
  ㉡ 용도 : 치약 튜브, 화장품, 약품 등의 용기, 아연 건전지 케이스 등에 사용

(2) 압출가공 종류에 따른 비교*

① 직접압출보다 간접압출에서 마찰력이 적다.
② 직접압출보다 간접압출에서 소요동력이 작다.
③ 직접압출보다 간접압출에서 압출 종료시 컨테이너에 남는 소재량이 적다.

(3) 압출가공 인자*

압출가공에 필요한 압출력을 좌우하는 중요한 조건
① 압출 방법
② 압출비
③ 압출 온도
④ 변형 속도
⑤ 다이와 용기의 마찰

(4) 압출비*

$$압출비 = \frac{빌렛의\ 초기\ 단면적}{압출\ 후의\ 단면적} \qquad [3-7]$$

5 인발가공

테이퍼(taper) 구멍을 가진 다이(die)의 안쪽에 소재를 밀착시키고 다이 바깥에서 소재를 끌어내어 봉이나 선재를 만드는 방법이다.

1. 인발가공

(1) 인발가공의 종류

① 봉재 인발 : 다이 구멍의 형상에 따라 원형, 각형, 및 기타 형상의 봉을 가공
② 선재 인발 : 지름 5[mm] 이하의 선재를 압연 가공 후 인발가공
③ 관재 인발 : 소정의 심봉(mandrel)을 넣어 다이를 통과하는 인발가공

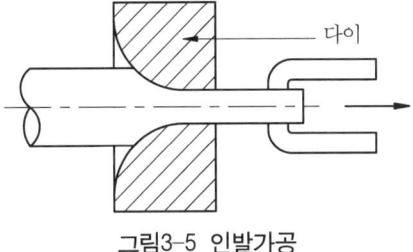

그림3-5 인발가공

(2) 인발에 영향을 주는 인자★

  －인발가공의 조건
  ① 인발력 : 인발력에 영향을 주는 인자-다이마찰, 단면감소율, 재료의 유동성
  ② 인발재의 재질
  ③ 단면 감소율
  ④ 다이의 각
  ⑤ 윤활법
  ⑥ 인발속도
  ⑦ 역장력 : 다이의 저항을 줄이는 힘

(3) 역장력 작용시 나타나는 현상★★★

  ① 와이어 구멍의 확대 변형이 적다.
  ② 다이 수명이 길어진다.
  ③ 인발력이 증가한다.-후방 장력을 주는 목적
  ④ 제품 정도가 좋아진다.

(4) 윤활제

  흑연, 석회, 비누, 그리스 등을 사용한다.

(5) 단면감소율과 가공도★★

  ① 단면감소율

$$단면감소율 = \frac{A_0 - A_1}{A_0} \times 100[\%] \qquad [3\text{-}8]$$

  $\begin{bmatrix} A_0 : 가공\ 전\ 단면적 \\ A_1 : 가공\ 후\ 단면적 \end{bmatrix}$

  ② 가공도

$$S = \frac{A_1}{A_0} \times 100[\%] \qquad [3\text{-}9]$$

6 전조가공(roll forming)

공구나 소재, 또는 이 양쪽을 회전시키거나 왕복시킴으로서 공구의 형상을 소재에 복사시키는 방법이다. 나사, 기어, 볼 그리고 관재 전조 등이 있다.★★

1. 나사전조

나사와 산형 및 피치 등이 파져있는 전조 다이를 써서 나사를 가공

2. 기어 전조

래크형 다이, 피니언형 다이, 호브형을 사용한 기어 가공

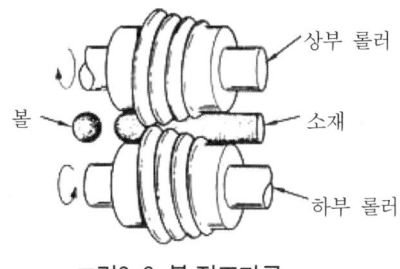

그림3-6 볼 전조가공

7 제관가공(製管加工 ; piping)

1. 용접관

(1) 용접관의 종류

① 맞대기 단접관 : 지름 3~100[mm]
② 겹치기 단접관 : 지름 30~750[mm]
③ 전기저항 용접관 : 전 치수 사용 가능

2. 심리스 파이프(이음매 없는 파이프 ; seamless pipe)★★★★

(1) 천공법

① 만네스만(Mannesman) 압연 천공법 : 소성변형이 일어나기 쉬운 재료에 회전 압축력을 주면 재료의 중앙에서부터 자연적으로 공극이 발생하면서 파이프가 만들어지는 가공이다.
② 압출법
③ 에르하르트(Ehrhardt) 천공법
④ 스티펠(Stifel) 천공법 : 만네스만 제관법에 의하여 제조된 관을 원판형롤을 사용하여 얇게 가공하면서 지름을 확장시키는 가공법이다.

(2) 큐핑 방법(cupping process ; 오므리기법)

8 프레스 가공

제품의 형상을 가진 펀치와 다이를 이용하여 소재를 눌러 제품으로 가공하는 방법으로서 주로 판재의 성형, 봉, 각재 등의 성형에 적합하다.

1. 프레스 가공의 분류 ★

(1) 전단가공의 분류

블랭킹(blanking), 구멍뚫기(punching), 전단(shearing), 트리밍(trimming), 셰이빙(shaving), 브로칭(broaching), 노칭(notching), 분단(parting) 등이 있다.

(2) 성형가공의 분류

굽힘(bending), 비딩(beading), 딥 드로잉(deep drawing), 커링(curing), 시밍(seaming), 벌징(bulging), 스피닝(spinning) 등이 있다.

(3) 압축가공의 분류

압인(coining), 엠보싱(embossing), 스웨이징(swaging), 버니싱(burnishing), 충격압출(impact extrusion) 등이 있다.

2. 판금가공 전단기계

(1) 전단기계의 종류

스퀘어 전단기, 곡선 전단기, 갱슬리터 등이 있다.

(2) 전개도

판금 작업시 이용하는 도면으로 각 부분은 실제 길이로 표시한다.

3. 전단가공(shearing operation)

(1) 전단가공의 종류 ★

① 블랭킹(blanking) : 판재에서 펀치로서 소요의 형상을 뽑는 작업
② 구멍뚫기(punching) : 판재에서 구멍을 만들거나 원형편을 제작하는 작업
③ 전단(shearing) : 판재를 잘라내는 작업
④ 트리밍(trimming) : 판재를 드로잉 가공 후 삐져 나와 있는 부분을 둥글게 자르는 작업
⑤ 셰이빙(shaving) : 펀칭을 한 다음 절단면을 깨끗하게 다듬질하는 작업
⑥ 브로칭(broaching) : 브로치 공구를 사용하여 다양한 구멍뚫기 작업
⑦ 노칭(notching) : 노치 모양으로 가공하는 작업
⑧ 분단(parting) : 부분 절단 작업

(2) 시어각(shear angle) ★

① 전단가공시 펀치나 다이면을 기울이는 각−4°
② 전단하중을 줄이기 위하여 둔다.
③ 펀치와 다이 사이의 간격(틈새 ; clearance)

(3) 전단응력과 소요동력★

① 전단응력

$$\tau = \frac{P}{A} \qquad [3\text{-}10]$$

$\quad\begin{bmatrix} P : \text{전단하중} \\ A : \text{전단면적} \end{bmatrix}$

② 소요동력

$$HP = \frac{PV}{75\eta} \qquad [3\text{-}11]$$

$\quad\begin{bmatrix} V : \text{슬라이드 속도} \\ \eta : \text{기계효율} \end{bmatrix}$

4. 성형가공(forming operation)

(1) 성형가공의 종류★

① 굽힘(bending)
② 비딩(beading) : 장식 또는 보강 목적으로 돌기부를 만드는 작업
③ 디프 드로잉(deep drawing) : 판재를 다이 구멍에 밀어 넣어 밑이 있는 용기를 만드는 가공

㉠ 드로잉률

$$m = \frac{d_p}{D_0} \times 100 \qquad [3\text{-}12]$$

$\quad\begin{bmatrix} d_p : \text{펀치의 지름(제품의 지름)} \\ D_0 : \text{소재의 지름} \end{bmatrix}$

㉡ 드로잉비

$$Z = \frac{D_0}{d_p} \qquad [3\text{-}13]$$

㉢ 소재의 크기(가공 제품의 모양과 블랭크의 지름)

$$d_0 = \sqrt{d^2 + 4dh} \text{ ★★} \qquad [3\text{-}14]$$

$\quad\begin{bmatrix} d : \text{용기 밑부분의 지름} \\ h : \text{제품의 높이} \end{bmatrix}$

가공 제품	블랭크 지름 d_0
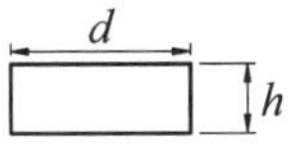 (원통, d, h)	$\sqrt{d^2 + 4dh}$
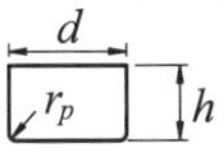 (모서리 반경 r_p가 있는 원통, d, h)	$\sqrt{d^2 + 4d(h - 0.43 r_p)}$
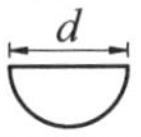 (반구, d)	$\sqrt{2d^2} = 1.41d$

그림3-7 가공제품의 모양과 블랭크의 지름

④ 커링(curling) : 제품의 테두리에 모양을 내거나 안전을 목적으로 한 끝말기 가공법
⑤ 시밍(seaming) : 여러 겹으로 구부려 두 장의 판을 연결시키는 가공
⑥ 벌징(bulging) : 밑 부분을 볼록하게 만드는 작업-금속의 Die 사용
⑦ 스피닝(spinning) : 선반을 이용하여 회전하는 축에 원형을 고정, 그 뒤에 소재를 끼워 넣고 소재에 외력을 가하여 원형과 같은 모양의 제품을 성형하는 방법

(2) 특수 드로잉(drawing) 가공

용기의 입구보다 중앙 부분이 넓은 용기를 만드는 가공
① 마폼법(marforming) : 다이로 고무를 사용하고 소품종 소량 생산에 적합★★
② 하이드로폼법(hydroforming) : 고무 대신 고무 막으로 격리시킨 내부에 액체를 넣어 다이로 사용한다.

(3) 스프링 백(spring back) 현상★★★

굽힘 가공에서 굽힘 힘을 제거하면 판의 탄성 때문에 소성 변형된 부분일지라도 다소 원상태로 돌아가 굽힘 각도나 굽힘 반지름이 열려 벌어지는 현상이다. 스프링 백 현상은 탄성한계, 경도, 구부림 반지름이 클수록, 두께가 얇을수록, 구부림 각도가 작을수록 커진다.

4. 압축가공(squeezing operation)

(1) 압축가공의 종류★

① 압인(coining) : 주화, 메달, 장식품에 이용
상하형이 서로 관계없는 요철을 가지고 있으며, 재료를 압축함으로써 상하면 위에는 다른 모양의 각인이 되는 가공법이다.
② 엠보싱(embossing) : 소재에 두께의 변화가 없는 상하 반대 모양의 요철 가공
③ 스웨이징(swaging) : 재료의 두께를 감소시키는 작업
④ 버니싱(burnishing) : 구멍의 내경보다 약간 큰 버니시를 압입하여 내면을 다듬는 작업

9 분말야금(粉末冶金 ; power metallurgy)

제품을 구성하는 여러 재료의 고운 분말을 혼합(blended)하고, 금형 다이 속에 넣어 원하는 형상으로 압축한 후, 주성분의 용융점 이하의 온도에서 소결(燒結 ; sintering)처리하는 가공 방법이다.

1. 소결(燒結 ; sintering)

압축된 상태의 제품이 완전한 기계적 특성 및 강도를 갖도록 일정한 온도 하에서 구워내는 작업이다.

chapter 3 실전연습문제

01 특수 드로잉 가공에서 다이 대신 고무를 사용하는 성형가공법은 어느 것인가?
① 액압성형법(hydroforming)   ② 마폼법(marforming)
③ 벌징법(bulging)   ④ 폭발성형법(explosive forming)

Solution 하이드로 폼법
고무 대신 고무막으로 격리시킨 내부에 액체를 넣어 다이로 사용하여 용기의 입구보다 중앙부분이 넓은 용기를 만들어 가공하는 방법이고, 다이 대신 고무를 사용한 것을 마폼법이라 한다.

02 인발가공에서 인발 조건의 인자(因子)가 아닌 것은?
① 역장력   ② 마찰력
③ 다이(die)각   ④ 천공기

Solution 인발가공에 영향을 미치는 인자
인발력, 다이 각도, 단면감소율, 윤활법, 역장력 등

03 프레스용 및 가정용 기구를 만드는데 사용되는 양은(洋銀)은 은백색(銀白色)의 금속이다. 그 성분은?
① Al 의 합금   ② Ni 와 Ag 의 합금
③ Cu, Zn 및 Ni 의 합금   ④ Zn 과 Sn 의 합금

04 두께 1.5[mm]인 연질 탄소 강판에 지름 3.2[mm]의 구멍을 펀칭할 때 전단력은 약 몇 [kg$_f$]인가? (단, 전단저항력 $\tau = 25[kg_f/mm^2]$이다.)
① 376.9   ② 485.2
③ 289.3   ④ 656.8

Solution $P = \tau \cdot A = 25 \times \pi \times 3.2 \times 1.5 = 377 \, [kg_f]$

Answer 01 ② 02 ④ 03 ③ 04 ①

05 압출 가공의 종류에 해당되지 않는 것은?
 ① 복식 압출
 ② 직접 압출
 ③ 간접 압출
 ④ 충격 압출

> **Solution** 압출 가공의 종류
> ① 직접 압출(전방 압출) : 램의 진행방향으로 소재가 압출
> ② 간접 압출(후방 압출, 역식 압출) : 램의 반대방향으로 소재가 압출
> ③ 충격 압출 : 치약 튜브, 화장품, 약품의 용기제작시 사용하는 방법으로 Zn, Pb, Al, Cu 등의 재료를 사용한다.

06 소성가공에서 열간가공과 냉간가공을 구분하는 온도는?
 ① 금속이 녹는 온도
 ② 변태점 온도
 ③ 발광 온도
 ④ 재결정 온도

> **Solution** 재결정 온도
> 가열된 금속이 새로운 결정입자의 조직을 형성시키는 온도로 재결정온도 이상의 소성가공을 열간가공이라 하고 재결정온도 이하의 소성가공을 냉간가공이라 한다.

07 인발작업에서 지름 15[mm]의 철사(wire)를 인발하여 지름 13[mm]로 하였을 때, 가공도 및 단면 수축률은?
 ① 가공도 ≒ 24.9[%], 단면수축률 ≒ 75.1[%]
 ② 가공도 ≒ 75.1[%], 단면수축률 ≒ 24.9[%]
 ③ 가공도 ≒ 75.1[%], 단면수축률 ≒ 50.3[%]
 ④ 가공도 ≒ 24.9[%], 단면수축률 ≒ 85.1[%]

> **Solution** ① 인발가공도 : $\frac{A_1}{A_0} \times 100 = \frac{13^2}{15^2} \times 100 = 75.1\,[\%]$
> ② 인발 단면 수축률 : $\frac{A_0 - A_1}{A_0} \times 100 = \frac{15^2 - 13^2}{15^2} \times 100 = 24.89\,[\%]$

08 인발작업에서 인발력(引拔力)이 결정되기 위한 인자에 해당되지 않는 것은?
 ① 다이(die) 마찰
 ② 다이(die) 각
 ③ 단면 감소율
 ④ 압력각

09 소성가공에 해당되는 것은?
 ① 선삭
 ② 엠보싱
 ③ 드릴링
 ④ 브로칭

> **Answer** 05 ① 06 ④ 07 ② 08 ④ 09 ②

10 전단가공에 속하지 않는 것은?

① 구멍뚫기(punching)　　② 셰이빙(shaving)
③ 비딩(beading)　　　　　④ 트리밍(trimming)

> **Solution** 프레스 소성가공
> ① 전단가공 : 블랭킹, 펀칭, 전단, 트리밍, 셰이빙, 브로칭, 노칭, 분단
> ② 성형가공 : 굽힘, 비딩, 컬링, 시밍, 벌징, 스피닝, 딥드로잉
> ③ 압축가공 : 압인, 엠보싱, 버니싱, 충격압출

11 스프링 백(spring back)의 양(量)이 커지는 원인이 아닌 것은?

① 소성이 큰 재료일수록　　② 경도가 높을수록
③ 구부림 반지름이 클수록　④ 탄성한계가 높을수록

12 열간 압연강판과 비교한, 냉간 압연강판의 장점이 아닌 것은?

① 스케일(scale) 부착이 있고 판의 표면이 깨끗하고 아름답다.
② 가공경화로 인한 재료의 강도를 증가시킨다.
③ 표면처리하면 내식성이 우수하다.
④ 기계적 성질과 가공성이 우수하다.

> **Solution** 냉간가공의 특징
> ① 강도, 경도는 증가하고 연신율과 단면수축율은 감소한다.
> ② 기계적 성질을 개선시킨다.
> ③ 가공면이 깨끗하다.
> ④ 치수가 정확하다.
> ⑤ 가공방향에 따라 강도가 달라진다.

13 두께 3[mm], 0.1[%] C의 연강에 지름 20[mm]의 구멍으로 펀칭할 때, 프레스의 슬라이드 평균 속도를 5[m/min], 기계효율을 70[%] 로 하면 소요 동력은 얼마인가? (단, 판의 전단저항은 25[kg$_f$/mm^2] 이다.)

① 1.66 [PS]　　② 2.66 [PS]
③ 3.66 [PS]　　④ 7.48 [PS]

> **Solution** $HP = \dfrac{\tau \cdot A \cdot V}{75\eta} = \dfrac{25 \times \pi \times 20 \times 3 \times 5}{75 \times 0.7 \times 60} = 7.48\,[PS]$

Answer　10 ③　11 ①　12 ①　13 ④

14 강의 단조 온도에 관하여 옳은 설명은?

① 고온일수록 변형저항이 감소하므로 단조가 용이하고, 결정입자의 성장을 억제할 수 있어 좋다.
② 단조가 끝나는 온도가 낮으면 결정입자는 미세해지나 내부 응력이 남아서 국부적인 취성을 가질 우려가 있다.
③ 단조가 끝나는 온도가 높으면 변태점까지 냉각되는 동안 재결정이 일어나지 않으므로 좋다.
④ 용융온도 이하로 가열하고 재료가 파열되지 않는 온도까지 단조가 완료되면 된다.

Solution 단조 온도가 너무 높거나 오래 가열시키면 산화가 심하고 조직 내부에 해가 발생하며 단조 완료시 온도가 높으면 결정입자의 조직이 조대화되는 경향이 있으므로 단조작업 개시 시에는 용융시작 온도의 100 ℃ 이내로 하고 완료시는 재결정온도 범위에서 한다.

15 프레스 가공의 전단 작업에서 얻는 제품 전단면의 단면형상은 다음 중 어느 영향이 가장 큰가?

① 소재의 재질
② 클리어런스(clearance)
③ 프레스의 종류
④ 소재의 전단 저항

Solution 클리어런스(clearance) : 전단가공시 펀치와 다이의 간극

16 해머의 질량은 m_1, 단조물 및 앤빌 등의 타격을 받는 부분의 전체 질량은 m_2 라 할 때, 단조 해머의 효율 η 의 옳은 식은?

① $\eta = \dfrac{m_1 + m_2}{m_2}$
② $\eta = \dfrac{1}{m_1 + m_2}$
③ $\eta = \dfrac{m_2}{m_1 + m_2}$
④ $\eta = \dfrac{m_1 + m_2}{m_1}$

17 소성가공에 성형완성을 정밀하게 하고 동시에 강도를 크게 할 목적으로 사용되는 가공법으로 인장강도, 항복점 등은 점차 증가되고 연신율, 단면수축률 등은 반대로 감소되는 가공방법은?

① 냉간가공(cold working)
② 열간가공(hot working)
③ 방전가공(discharge working)
④ 절삭가공(machining of metals)

Answer 14 ② 15 ② 16 ③ 17 ①

18 프레스 가공 방식에서 상하형이 서로 무관계한 요철(凹凸)을 가지고 있으며 재료를 압축함으로써 상하면상에는 다른 모양의 각인(刻印)이 되는 가공법은?

① 코이닝 가공(coining work)
② 굽힘 가공(bending work)
③ 엠보싱 가공(embossing work)
④ 드로잉 가공(drawing work)

Solution
① 굽힘 가공(bending) : 평평한 소재나 판을 그 중립면에 있는 굽힘 축 주위를 움직임으로써 재료에 굽힘 변형을 주는 가공
② 엠보싱 가공(embossing) : 소재에 두께의 변화를 일으키지 않고 상하반대로 여러 가지 모양의 요철을 만드는 가공
③ 드로잉 가공(drawing) : 블랭킹한 제품을 이용하여 원통형, 각통형, 반구형, 원뿔형 등의 이음새 없는 중공용기를 성형하는 가공

19 만네스만식 제관법은 다음의 어느 제관법에 속하는가?

① 단접관법
② 용접관법
③ 천공법(piercing process)
④ 오무리기법(cupping process)

Solution 이음매 없는 파이프 제관법
(1) 천공법(piercing process)
　① 만네스만 압연천공법
　② 압출법
　③ 에르하르트 천공법
　④ 스티펠 천공법
(2) 오무리기법(cupping process)

20 스프링 백(spring back)이란?

① 스프링에서 장력의 세기를 나타내는 척도이다.
② 스프링의 피치를 나타낸다.
③ 판재를 구부릴 때 하중을 제거하면 탄성에 의해 약간 처음 상태로 돌아가는 것이다.
④ 판재를 구부렸을 때 구부린 모양의 활 모양으로 되는 현상이다.

Solution 스프링 백이 커지는 경우
① 탄성한계, 경도, 구부림, 반지름이 클수록 스프링 백이 크다.
② 두께가 얇을수록 크다.
③ 구부림 각도가 작을수록 크다.

21 압연가공에서 강판을 압연할 때, 사용하는 롤러(roller)는?

① 원통형 roller
② 홈형 roller
③ 개방형 roller
④ 밀폐형 roller

Answer　18 ①　19 ③　20 ③　21 ①

22 단조종료 온도에 관한 설명으로 옳지 않은 것은?
① 단조 온도가 낮으면(재결정 온도 이하) 가공경화되어 내부에 변형이 남을 때가 있다.
② 재결정 온도 이상에서는 경화되어도 재결정 현상으로 연화되므로 경화되지 않은 것과 같은 결과가 된다.
③ 단조에 적합한 온도는 재결정 온도와 융점과의 사이에 있고 온도가 높을수록 변형 저항이 작아 가공이 용이하다.
④ 단조 종료 온도가 높으면 결정이 미세화되고 기계적 성질이 좋아 열처리할 필요가 없다.

23 열간단조(hot forging) 작업에 해당되는 것은?
① 업셋 단조(upset forging)   ② 콜드 헤딩(cold heading)
③ 코이닝(coining)   ④ 스웨이징(swaging)

> **Solution** 가열온도에 따라 열간단조와 냉간단조가 있다. 재결정온도 이상에서 단조작업을 열간단조라 하고, 재결정온도 이하에서 단조작업을 냉간단조라 한다.
> (1) 냉간 단조의 종류
>   ① 코이닝(coining)   ② 스웨이징(swaging)
>   ③ 콜드 헤딩(cold heading)
> (2) 열간 단조의 종류
>   ① 해머 단조(hammer forging)   ② 프레스 단조(press forging)
>   ③ 업셋 단조(upset forging)   ④ 압연 단조(roll forging)

24 단조작업에서 소재를 축방향으로 압축하여 길이를 짧게 하는 작업의 명칭은?
① 늘이기(drawing)   ② 업세팅(up setting)
③ 넓히기(spreading)   ④ 단짓기(setting down)

> **Solution**
> ① 늘이기(drawing) : 재료를 앤빌과 램 사이에 넣고 타격하여 단면을 좁히고 길이를 늘리는 작업
> ② 넓히기(spreading) : 재료를 얇고 넓게 펴는 작업
> ③ 단짓기(setting down) : 소재의 어느 단면을 경계로 하여 한쪽만 압력을 가하여 가늘게 하는 작업

25 소성가공에서 바우싱거 효과(Bauschinger effect)란 무엇인가?
① 금속재료가 먼저 받은 것과 반대 방향의 변형에 대하여는 탄성한도나 항복점이 저하되는 현상이다.
② 금속재료에서 한번 어떤 방향으로 소성변형을 받으면 같은 방향으로 소성변형을 일으키는데 대하여 저항력이 증대하여 간다는 현상이다.
③ 시간과 더불어 변형률이 커져가는 현상이다.
④ 외력을 제거한 후 시간의 경과에 따라 잔류 변형이 감소하는 현상이다.

Answer   22 ④   23 ①   24 ②   25 ①

26 압출가공의 종류에 해당되지 않는 것은?

① 단식 압출　　② 전방 압출
③ 후방 압출　　④ 충격 압출

27 재료를 열간 또는 냉간가공하기 위하여, 회전하는 롤러 사이를 통과시켜 예정된 두께, 폭 또는 지름으로 가공하는 소성가공법은?

① 주조가공　　② 압연가공
③ 판금가공　　④ 단조가공

> Solution
> ① 주조가공 : 용해금속을 얻고자 하는 제품형상의 주형에 부어 응고시켜 소정의 제품을 얻는 가공
> ② 판금가공 : 펀치와 다이를 이용한 판재 가공법으로 프레스 가공(press work) 분야이다.
> ③ 단조가공 : 해머나 프레스 등을 이용하여 소재에 외력을 가해 목적하는 형상을 가공하는 방법으로 자유단조와 형단조가 있다.

28 상하형이 서로 관계없는 요철을 가지고 있으며, 재료를 압축함으로써 상하면 위에는 다른 모양의 각인이 되는 가공법은?

① 코이닝(coining)　　② 엠보싱(embossing)
③ 벤딩(bending)　　④ 드로잉(drawing)

> Solution
> ① 엠보싱(embossing) : 소재에 두께의 변화가 없는 상하 반대 모양의 요철가공
> ② 드로잉(drawing) : 재료를 앰빌과 램 사이에 넣고 타격하여 단면을 좁히고 길이를 늘리는 작업

29 소재의 지름 20[mm], 소재의 두께 0.2[mm], 전단저항 36[kg$_f$/mm^2]인 경우 블랭킹(blanking)에 필요한 힘을 구하면?

① 약 145[kg$_f$]　　② 약 453[kg$_f$]
③ 약 753[kg$_f$]　　④ 약 2260[kg$_f$]

> Solution $F = \tau \cdot A = 36 \times \pi \times 20 \times 0.2 = 452.39 \,[\text{kg}_f]$

30 소성가공에서 열간가공이란?

① 냉각하면서 가공한다.　　② 변태점 이상에서 가공한다.
③ 600℃ 이상에서 가공한다.　　④ 재결정온도 이상에서 가공한다.

> Solution
> ① 냉간가공 : 재결정온도 이하의 소성가공
> ② 열간가공 : 재결정온도 이상의 소성가공

Answer　26 ①　27 ②　28 ①　29 ②　30 ④

31 스패너(spanner)를 단조하는데 보통 많이 사용되는 단조방식은 다음 중 어느 것인가?

① 형(型) 단조 ② 자유(自由) 단조
③ 업셋(upset) 단조 ④ 회전 스웨이징(回轉 swaging)

> **Solution** ① 업셋 단조(upset forging) : 소재를 축방향으로 압축하여 일부 또는 전체를 굵고 짧게 하는 작업
> ② 스웨이징(swaging) : 봉 등의 바깥지름을 축소하거나 테이퍼로 가공하는 작업

32 지름 500[mm], 길이 500[mm]의 롤러로 두께 25[mm]의 연강판을 두께 20[mm]로 열간 압연할 때 압하율은?

① 28[%] ② 25[%]
③ 20[%] ④ 14[%]

> **Solution** 압하율 $= \dfrac{\text{변형전 두께} - \text{변형후 두께}}{\text{변형전 두께}} \times 100 = \dfrac{(25-20) \times 100}{25} = 20[\%]$

33 외력을 제거하면 시간과 더불어 잔류응력이 감소되는 현상을 무엇이라고 하는가?

① 시효경화 ② 가공경화
③ 탄성여효 ④ 결정성장

> **Solution** ① 시효경화 : 저절로 시간과 더불어 가공경화되어지는 현상
> ② 가공경화 : 외력으로 인하여 재료의 경도와 강도가 증가하고 연신율 및 단면수축율이 감소하는 현상

34 인발작업에서 실시하는 파텐팅(patenting) 열처리의 대상 재료로서 옳은 것은?

① 연강(C 0.05~0.24[%])선 ② 황동선
③ 경강(C 0.4~0.8[%])선 ④ 청동선

> **Solution** 파텐팅(patenting)
> 담금질 소르바이트라고도 하며 피아노선, 경강선을 인발하기 전에 900~980[℃]로 급속 가열 후 Ar_1 변태점 이하 400~450[℃]정도의 염욕에서 항온 변태시키는 열처리이다.

35 단조 프레스의 용량이 5 ton, 단조물의 유효단면적이 500[mm²]인 재료를 효율 80[%] 로 단조할 때, 이 단조 재료의 변형저항은?

① 4[kgf/mm²] ② 51[kgf/mm²]
③ 8[kgf/mm²] ④ 10[kgf/mm²]

> **Solution** $\sigma_e = \dfrac{Q}{A} \eta = \dfrac{5 \times 10^3}{500} \times 0.8 = 8 \ [\text{kgf/mm}^2]$

Answer 31 ① 32 ③ 33 ③ 34 ③ 35 ③

36 펀치나 다이에 시어각(shear angle)을 주는 까닭은 무엇인가?

① 펀치나 다이를 보호하기 위해서
② 전단면을 아름답게 하기 위하여
③ 전단하중을 줄이기 위하여
④ 다이에 대해 펀치의 편심을 방지하기 위해

> **Solution** 시어각(shear angle)
> 전단하중을 줄이기 위하여 펀치와 다이면을 기울인 각

37 소성가공에는 상온가공과 고온가공이 있다. 고온가공을 제일 적합하게 설명한 것은?

① 고온에서 가공하는 방법
② 재결정 온도 이상에서 가공하는 것.
③ 가열하면서 가공하는 것.
④ 변태점 이하의 낮은 온도에서 가공하는 방법

> **Solution** 고온가공은 열간가공으로 재결정온도 이상에서의 소성가공이다.

38 소성가공이 아닌 것은?

① 인발(drawing)
② 단조(forging)
③ 나사전조(thread rolling)
④ 브로칭(broaching)

39 인발 작업에서 지름 5.5[mm]의 와이어를 $\phi 4$ [mm]로 가공하려고 한다. 이 때의 단면 수축률 및 가공도는 얼마인가?

① 약 47[%], 약 53[%]
② 약 47[%], 약 55[%]
③ 약 53[%], 약 47[%]
④ 약 55[%], 약 47[%]

> **Solution**
> ① 단면 수축률 : $\dfrac{A'-A}{A} = \dfrac{4^2 - 5.5^2}{5.5^2} \times 100 = 47[\%]$ (감소)
> ② 가공도 : $\dfrac{A'}{A} = \dfrac{4^2}{5.5^2} \times 100 = 53[\%]$

40 형단조(型鍛造)에서 플래시(flash)의 주된 역할로 맞는 것은?

① 단형을 보호한다.
② 단형 내부의 재료를 부족하게 한다.
③ 단형에서 남은 재료가 밀려 나가게 한다.
④ 단형 내부의 압력을 낮춘다.

> **Answer** 36 ③ 37 ② 38 ④ 39 ① 40 ③

> **Solution** 플래시(flash)
> 금형의 파팅 라인상에서 금형 사이로 재료가 흘러 나오는 것을 방지하고, 상형과 하형의 타격을 완화시키는 역할을 한다. 그리고 남은 재료는 밖으로 밀려나가게 한다.

41 프레스 작업에서 스프링 백(spring back)의 설명으로서 틀린 것은?

① 탄성한도 및 강도가 클수록 스프링 백의 양은 커진다.
② 다이의 어깨너비가 작을수록 스프링 백의 양은 커진다.
③ 동일 두께의 판에서 굽힘 강도가 예리할수록 스프링 백의 양은 커진다.
④ 동일 재료인 경우 굽힘 반지름이 작을수록 스프링 백의 양은 커진다.

> **Solution** 스프링 백(spring back) 현상
> 굽힘가공에서 굽힘 힘을 제거하면 판의 탄성 때문에 탄성변형 부분이 원상태로 돌아가 굽힘각도와 굽힘 반지름이 커지는 현상
> ① 탄성한계, 경도, 구부림 반지름이 클수록 크다.
> ② 두께가 얇을수록 크다.
> ③ 구부림 각도가 작을수록 크다.

42 단조용 드롭 해머(drop hammer)의 종류가 아닌 것은?

① 링(ring) 드롭 해머
② 로프(rope) 드롭 해머
③ 마찰봉 드롭 해머
④ 벨트(belt) 드롭 해머

> **Solution** 단조용 해머의 종류
> (1) 낙하 해머(drop hammer) : 램(ram)의 상하운동
>   ① 압축공기
>   ② 증기
>   ③ 벨트
>   ④ 체인
>   ⑤ 링(ring)
> (2) 파워 해머(power hammer) : 피스톤의 상하운동

43 가공경화(work hardening) 현상이란?

① 소성변형에 대하여 강도가 감소하는 현상이다.
② 소성변형에 대하여 저항이 증가하는 현상이다.
③ 입자들 사이에 슬립이 생기는 현상이다.
④ 결정격자가 변화하는 현상이다.

44 다음 중 전단가공에 속하지 않는 것은?

① 펀칭(punching)
② 블랭킹(blankin)
③ 트리밍(trimming)
④ 엠보싱(embossing)

Answer 41 ④ 42 ③ 43 ② 44 ④

45 업셋(up set) 작업에 대하여 올바르게 설명한 것은?
① 단면적을 크게하여 길이를 줄인다.
② 단면적을 작게하여 길이를 늘린다.
③ 단면적을 크게하여 길이를 늘린다.
④ 단면적을 작게하여 길이를 줄인다.

46 압출가공에서 압출력에 영향을 미치는 인자(因子)에 해당되지 않는 것은?
① 압출비
② 가공온도
③ 역장력
④ 변형속도

47 관 모양의 속이 빈(주철관) 주물을 주조하는데 쓰이는 주조법은?
① 셀 주형법(shell moulding process)
② 쇼 주조법(show process)
③ 인베스트먼트 주조법(investment process)
④ 원심 주조법(centrifugal casting)

48 소성가공(塑性加工)이 아닌 것은?
① 프레스 작업
② 잡아늘임 작업
③ 연삭 작업
④ 압연 작업

49 소재의 두께를 변화시키지 않고 상하형의 요철이 서로 반대가 되도록 한 쌍의 다이 사이에 넣고 성형하는 것은?
① 엠보싱(embossing)
② 벌징(bulging)
③ 컬링(curling)
④ 코이닝(coining)

50 소성가공에 이용되는 성질이 아닌 것은?
① 가소성
② 취성
③ 연성
④ 가단성

51 판금가공작업에서 전단기계에 해당되지 않는 것은?
① 스퀘어 전단기(square shear)
② 곡선 전단기(circular shear)
③ 갱 슬리터(gang slitter)
④ 탄젠트 벤더(tangent bender)

> **Solution** 탄젠트 벤더
> 플랜지가 달린 판을 주름이 생기지 않고, 또 표면에 홈이 생기지 않게 정확히 원호상으로 굽히는 기계이다.

Answer 45 ① 46 ③ 47 ④ 48 ③ 49 ① 50 ② 51 ④

52 강선의 반복적인 소성변형시 내부응력이 증가되는 이유는?
① 탄성변형 ② 열간가공
③ 냉간가공 ④ 가공경화

53 압연 롤러의 구성 요소 중 틀린 것은?
① 네크(neck) ② 웨블러(webbler)
③ 몸체(body) ④ 캘리버(caliber)

54 두께 2[mm]인 연강판에 지름 20[mm]의 구멍을 펀칭 프레스로 뚫을 때, 필요한 힘(kg$_f$)은?
(단, 전단응력은 30[kg$_f$/mm^2]이다.)
① 약 2770 ② 약 3620
③ 약 3770 ④ 약 5620

55 단조작업에서 해머 무게가 10[kg$_f$]이고 해머의 효율이 80[%]이며, 중력가속도가 $g = 9.8[m/sec^2]$이고, 단조 에너지가 20[kg$_f$·m]일 때, 해머의 타격속도는 몇 [m/sec]인가?
① 20 ② 15
③ 10 ④ 7

Solution $E = \dfrac{W \cdot V^2}{2g} \cdot \eta$, $20 = \dfrac{10 \times V^2 \times 0.8}{2 \times 9.8}$, $V = 7[\text{m/s}]$

56 단조 완료 온도가 적정 온도보다 높으면 어떤 현상이 나타나는가?
① 단조 시간이 길어진다. ② 결정입이 조대하여 진다.
③ 결정입이 미세하여 진다. ④ 내부 응력이 발생한다.

57 프레스 가공의 가공 방식에 따라, 분류한 종류가 아닌 것은?
① 선삭가공 ② 압인가공
③ 굽힘가공 ④ 전단가공

58 전개도를 그리는데 있어서 가장 중요한 것은?
① 투영도 ② 정면도 및 우측면도
③ 정면도 및 평면도 ④ 각부의 실제길이

Answer 52 ④ 53 ② 54 ③ 55 ④ 56 ② 57 ① 58 ④

59 비교적 얇은판을 회전하는 틀인 금형에 밀어붙여 성형하는 가공법을 무엇이라고 하는가?
① 스피닝(spinning)
② 컬링(curling)
③ 코이닝(coining)
④ 스웨이징(swagin)

Solution 스피닝(spinning)
선반을 이용하여 소재를 회전 시키면서 스피닝 형틀에 맞추어 용기를 만들거나 용기의 아가리를 오므라들게 좁히는 가공법이다.

60 일반적으로 냉간가공하면 감소되는 기계적 성질은?
① 연신율
② 항복점
③ 경도
④ 인장강도

61 인발 작업에서 역장력을 작용시켰을 때, 나타나는 현상으로 틀린 것은?
① 다이 구멍의 확대변형이 적다.
② 다이 수명이 길어진다.
③ 인발력이 감소한다.
④ 제품 정도가 좋아진다.

62 다음 가공법 중 소성가공에 속하지 않는 것은?
① 압출
② 압접
③ 업셋 단조
④ 압연

63 소성가공의 특징과 관계가 먼 것은?
① 주물에 비하여 치수가 정확하다.
② 복잡한 형상을 만들기 쉽다.
③ 금속의 조직이 치밀해진다.
④ 다량생산으로 균일한 제품을 얻는다.

64 치약, 화장품 용기 등 연한 금속의 짧고 얇은 관을 제작하는데 많이 이용되는 소성가공 방법은 무엇인가?
① 빌렛 압출법
② 충격 압출법
③ 관재 인발
④ 디프 드로잉

65 단조 온도에 대한 설명 중 틀린 것은?
① 단조 완료 온도가 높으면 결정이 미세화된다.
② 재질이 다르면 고온에서 체적 단조 온도가 다르게 된다.
③ 단조 가공 완료 온도는 재결정 온도 근처로 하는 것이 좋다.
④ 단조 온도를 단조 최고 온도보다 높게 하면 산화가 심하다.

Answer 59 ① 60 ① 61 ③ 62 ② 63 ② 64 ② 65 ①

66 단품가공에서 강판의 스프링 백에 관한 설명 중 틀린 것은?
① 탄성한계 및 강도가 높을수록 스프링백의 양이 커진다.
② 같은 두께의 판재에서는 굽힘강도가 클수록 스프링 백의 양이 작아진다.
③ 같은 판재에서 굽힘 반지름이 같을 때에는 두께가 두꺼울수록 스프링 백의 양은 작아진다.
④ 같은 두께의 판재에서는 굽힘 반지름이 작을수록 스프링 백의 양이 커진다.

67 냉간가공이 열간가공에 비해서 우수한 점은?
① 작은 동력으로 큰 변형을 만든다.
② 치수가 정밀하다.
③ 재질이 균일화된다.
④ 유동성이 좋다.

68 소성가공에 속하지 않는 것은?
① 단조가공   ② 압연가공
③ 전조가공   ④ 방전가공

69 단조온도에 관한 설명으로 옳지 않은 것은?
① 너무 급하게 고온도로 가열하지 않는다.
② 단조재료를 가열할 때는 버닝 온도 또는 용융 시작온도의 100[℃] 이내에 접근시키지 않는 것이 좋다.
③ 필요 이상의 고온으로 너무 오래 가열하지 말고 균일하게 가열한다.
④ 가공완료 온도는 재결정 온도보다 낮아야 한다.

Answer 66 ④ 67 ② 68 ④ 69 ④

chapter 4 절삭이론 및 NC가공

1 절삭이론(切削理論)

1. 절삭가공(切削加工 ; Machining)

(1) 절삭공구에 의한 가공

절삭가공을 하는데 사용하는 기계를 공작기계(工作機械 ; machine tool)라 한다.
① 선반(lathe) : 선삭가공
② 밀링(milling) : 면, 홈, 절단, 각도 총형가공
③ 셰이퍼(shaper) : 형삭가공, 플레이너 : 평삭가공
④ 드릴링 머신(drilling machine) : 구멍뚫기가공
⑤ 보링 머신(boring machine) : 구멍 확대가공

(2) 연삭공구에 의한 가공

① 연삭(grinding)
② 호닝(horning)
③ 슈퍼피니싱(super finishing)
④ 래핑(lapping)

2. 공작 기계의 기본 운동

(1) 절삭 운동 ★★

절삭할 때 칩의 길이 방향으로 절삭 공구가 움직이는 운동을 절삭운동이라 하고 칩(chip)은 절삭가공시 소재로부터 탈락되어 떨어져 나온 부스러기이다.
① 공구 : 밀링, 셰이퍼, 슬로터, 보로우칭
② 일감(공작물) : 선반, 플레이너
③ 공구와 일감 : 호빙머신, 래핑머신, 원통연삭기

(2) 이송 운동
절삭공구 또는 가공물을 절삭 방향으로 이송하는 운동이다.

(3) 위치 조정운동 또는 조정운동
공작물과 공구간의 절삭 조건에 따른 절삭 깊이 조정 및 일감, 공구의 설치 또는 제거를 위한 운동이다.

3. 칩의 생성과 구성 인선

(1) 칩의 종류****

① 유동형 칩 : 공구의 경사면 위를 칩이 연속적으로 빠져 나와 절삭작업이 쉽다. 가장 바람직한 절삭 칩(chip)의 형태로 연강 절삭 작업시 발생한다. 유동형 칩의 발생조건은 다음과 같다.
  ㉠ 연성 재료를 고속 절삭할 때 발생한다.
  ㉡ 절삭 깊이가 적을 때 발생한다.
  ㉢ 공구의 경사각이 클 때 발생한다.
  ㉣ 절삭유를 사용할 때 발생한다.
  ㉤ 가공면이 깨끗하다.
  유동형 칩은 연속적으로 이어져 나오기 때문에 칩을 짧게 끊어주는 안전장치가 필요한데 이것을 칩 브레이커(chip breaker)라 한다.

② 전단형 칩 : 칩이 일정 간격으로 전단되어 연속적으로 공구의 경사각 위를 빠져 나온 칩이다.
  ㉠ 연성 재료를 저속 절삭 할 때 발생
  ㉡ 공구의 경사각이 작을 때 발생
  ㉢ 절삭 깊이가 클 때 발생
  ㉣ 절삭 공구와 접촉시 진동 발생

③ 경작형 칩(열단형칩) : 공구의 날끝 앞쪽에서 균열이 발생하는 칩이다.
  ㉠ 공작물에 점성이 있을 때 발생
  ㉡ 절삭저항의 변동이 심해 진동이 발생
  ㉢ 연강, 알루미늄 합금 등의 절삭시

④ 균열형 칩 : 균열이 공구의 날 끝에서부터 공작물의 표면까지 발생하게 되는 칩이다.
  ㉠ 취성재료(주철)을 저속으로 절삭할 때 발생
  ㉡ 가공 표면이 거칠다.

지금까지 정리한 칩의 종류 중에서 칩의 형성과 관련이 가장 깊은 피삭재 내의 변형 양식은 전단 변형이다.

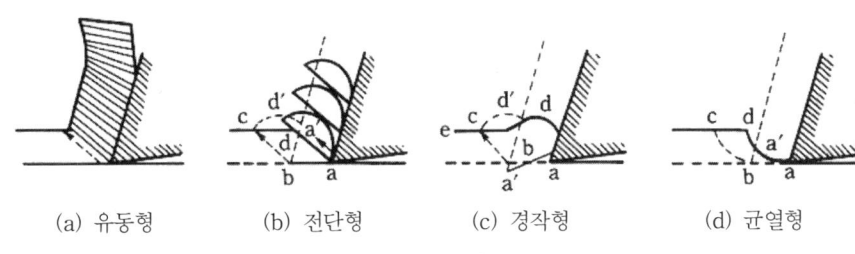

(a) 유동형　(b) 전단형　(c) 경작형　(d) 균열형

그림4-1 칩의 종류

(2) 구성인선(built-up edge)★★★★★

연한 재료의 절삭시 칩과 공구의 경사면 사이에 고온, 고압과 절삭열에 의한 마찰에 의하여 공구의 절삭날 부근에 칩이 압착, 용착 되어 절삭에 나쁜 영향을 미치는 현상을 구성인선(built-up edge)이라 한다.

① 구성인선의 영향
  ㉠ 가공 면을 불량하게 만든다.
  ㉡ 공구의 마멸이 증가되어 수명을 단축시킨다.
  ㉢ 공구의 날 끝에 달라붙은 칩이 절삭을 한다.

② 방지책
  ㉠ 공구의 경사각을 크게 한다.
  ㉡ 고속 절삭을 한다.
  ㉢ 절삭깊이를 적게 한다.
  ㉣ 윤활성이 있는 절삭제를 사용한다.

(3) Silver White Cutting Method-SWC 바이트

절삭저항을 감소시키고 공구 수명이 길어지는 이점이 있어 구성인선을 이용한 절삭가공이다.

4. 절삭 조건(切削條件 ; cutting condition)

(1) 절삭저항★★

공구가 공작물로부터 받는 저항
① 주분력 : 절삭방향과 평행한 분력
② 배분력 : 절삭공구의 역방향으로 발생하는 분력-가공 정밀도에 영향을 주는 힘
③ 횡분력(이송분력) : 이송방향과 평행한 분력
④ 3분력의 크기순서 : 주분력 > 배분력 > 횡분력

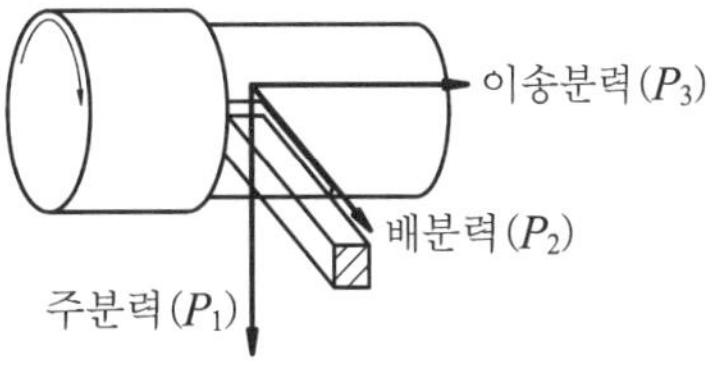

그림4-2 절삭저항

(2) 절삭 저항에 영향을 주는 인자★★

① 절삭속도
② 절삭공구 날 끝의 형상

③ 공작물의 재질
④ 절삭깊이
⑤ 절삭제

(3) 절삭속도★

$$V = \frac{\pi DN}{1000} \ [m/min] \qquad [4-1]$$

- D : 가공물의 지름[mm]
- N : 회전수[rpm]
- V : 절삭속도[m/min]

(4) 이송속도

선반(선삭)에서는 주축의 1회전당 이송량 [mm/rev]로 표시

(5) 절삭공구의 수명에서 피절삭성에 영향을 미치는 인자

① 공구(tool) : 절삭속도, 공구수명, 공구재료의 성분, 공구마모, 이송, 절삭깊이, 치수효과, 공구 형상 및 각도, 공구의 열처리
② 일감(work) : 일감의 재질, 경도, 현미경 조직
③ 작업조건(working condition) : 일감의 표면조도, 작업조건(중절삭, 경절삭, 절삭속도), 절삭제, 절삭저항, 칩의 형상, 절삭온도, 칩의 색깔, 칩의 유동 상태 등

(6) 절삭시간★

$$T = \frac{L}{ns} \ [min] \qquad [4-2]$$

- L : 공작물의 가공부분의 길이
- n : 회전수[rpm]
- s : 이송속도[mm/rev]

5. 절삭공구의 수명 및 마멸

(1) 공구의 수명★

절삭을 시작하여 최초의 공구 재 연삭을 해야할 때까지의 시간

(2) 테일러(Taylor)의 공구 수명식★★

$$VT^n = C \qquad [4-3]$$

- V : 절삭속도(m/min)
- T : 공구수명(min)
- n : 상수
- C : 공구, 공작물, 절삭조건에 따른 상수

(3) 공구의 수명 판정 방법★★

① 절삭가공 후 가공면에 광택이 있는 무늬 또는 점이 있을 때

② 가공하여 완성된 제품에 일정량의 치수 변화가 생겼을 때
③ 공구 날에 일정량의 마멸이 생겼을 때

(4) 절삭공구의 수명에 영향을 주는 순서★

절삭속도 → 절삭깊이 → 이송속도

(5) 공구의 마멸★★★

① 크레이터 마멸(crater wear) : 공구의 윗면이 칩에 의해 움푹 파여지는 현상
② 플랭크 마멸(flank wear) : 공구의 측면이 절삭면에 평행하게 마멸되는 현상
③ 치핑(chipping) : 날 끝의 일부가 파괴되어 탈락하는 현상

(6) 절삭온도 측정법

① 칩의 빛깔에 의한 방법
② 서모컬러(thermo-color)에 의한 방법
③ 칼로미터(calorimeter)에 의한 방법
④ 삽입된 열전대에 의한 방법
⑤ 복사 고온계에 의한 방법
⑥ 공구와 공작물을 열전대로 하는 측정

6. 절삭공구의 재료

(1) 절삭공구 재료의 구비 조건★★

① 가공 재료보다 강인성이 클 것.
② 고온 경도, 인장 강도와 내마멸성이 클 것.
③ 성형성이 용이 할 것.
④ 마찰이 적고 가격은 저렴할 것.

(2) 절삭공구 재료의 종류★★★

① 탄소 공구강(STC)
  ㉠ 탄소(C) 함유량 0.6~1.5[%]의 고탄소강, 300~350[℃]에서는 경도 및 강도 저하
  ㉡ 저속도의 경절삭용에 사용
  ㉢ 줄, 정, 쇠톱날, 펀치 등에 사용
② 합금 공구강(STS)
  ㉠ 0.75~1.5[%]의 탄소강에 W, Cr, Ni, V 등을 첨가한 강
  ㉡ 450[℃]에서는 경도 및 강도 저하
  ㉢ W-Cr 강 : 고온 경도 및 강도, 내마모성 증가
  ㉣ C-V 강 : 내충격용 공구강, 내마멸성 향상, 내부 인성 증가

③ 고속도강(SKH) : 0.7~1.5[%] C의 고탄소강에 Cr, Mo, W, V 등을 첨가하여 용융 시작 온도 바로 전에서 담금질 후 550~600[℃]에서 뜨임 처리한 금속이다.
  ㉠ 600[℃]에서도 고온 경도가 크다.
  ㉡ 표준고속도강 : 0.18[%] C+18[%] W+4[%] Cr+1[%] V이 함유된 금속
  ㉢ 표준고속도강 + 4.5~17[%] Co를 첨가한 금속 : 고속 중 절삭, 난삭재 절삭에 적당
④ 주조합금 : 금속 주형으로 주조 후 연마한 금속
  ㉠ 열처리가 불가능하고 경도가 매우 크다. 그러나 상온에서는 고속도강보다 약하다.
  ㉡ 스텔라이트 : W-Cr-Co-C 등의 주조 합금으로 Co가 주성분이며 고온 경도 및 내마모성이 크다.
  ㉢ 600[℃] 이상에서는 고속도강보다 경하지만 취성이 커진다.
⑤ 소결초경합금 : 일반적으로 널리 사용되고 있는 금속
  ㉠ W, Ti, Ta, Mo, Zr 등의 탄화물에 Co, Ni 등의 분말을 수소 기류에서 소결시켜 만든 분말 야금법에 의한 합금이다.
  ㉡ 1100~1200[℃]에서 경도 및 강도가 저하
  ㉢ 고온 강도가 크나 취성이 있다.
  ㉣ 고속 정밀 절삭에 적당하다.
⑥ 세라믹 공구(ceramic tool)
  ㉠ Al_2O_3를 주성분으로 여기에 산화물(Si, Mg)이나 탄화물(Ti)을 소량 첨가하여 소결시킨 합금
  ㉡ 고온 경도가 크고 충격에 약하다.
  ㉢ 절삭유를 사용하지 않는다.
  ㉣ 1500[℃]에서 경도 및 강도가 급격히 저하
⑦ 서밋 공구(cermet tool)
  ㉠ TiCN이 주성분으로 만든 합금
⑧ 다이아몬드 공구(diamond tool)
  ㉠ 비철금속 및 비금속 재료의 정밀 절삭에 사용
  ㉡ 오랜 시간동안 고속 연속 절삭이 가능

7. 절삭제

(1) 절삭제의 사용 목적★★★

① 냉각작용 : 공구와 공작물의 온도 증가 방지
② 윤활작용 : 공구와 공작물의 마찰에 의한 마모 방지
③ 세척작용 : 칩을 씻어버리는 작용으로 절삭작용을 좋게 한다.
  단, 주철 절삭시 절삭유를 사용하지 않는다.

(2) 절삭유의 구비조건★

① 냉각성, 윤활성, 유동성이 좋아야 한다.
② 발화점(착화점), 인화점이 높아야 한다.
③ 마찰계수가 적어야 한다.
④ 유막은 높은 내압력에 견디어야 한다.

(3) 절삭유 종류★

① 수용성 절삭유(유화유) : 선반, 밀링, 드릴링, 연삭 작업시 사용, 윤활작용 보다 냉각작용의 효과가 크다. 고속절삭 및 연삭작업에 적당하다.
  ㉠ 에멀선유 : 광유에 비눗물 혼합(1 : 20)
  ㉡ 솔류블형 : 고속도 작업 또는 연삭 작업
  ㉢ 솔류선형 : 연삭 작업
② 불수용성 절삭유
  ㉠ 광물성유 : 점성이 낮고 경절삭용에 적당, 석유, 기계유, 석유 + 기계유 등이 있다.
    • 석유 : 석유+ 유황유－고속절삭용, Ni, 스테인레스강, 단조강 등의 절삭, 나사깎기, 브로칭가공, 깊은 구멍뚫기, 자동선반 등에 적당
    • 기계유 : 저속도 절삭에 적당하며 태핑, 브로칭 가공에 사용
  ㉡ 지방질유 : 동물성유, 식물성유, 어유
    • 동물성유(돈유)－저속절삭, 다듬질가공
    • 식물성유 : 점성이 높고 중절삭용, 윤활성 양호, 냉각작용 불량, 구성인선 발생 감소, 나사깎기, 기어가공, 다듬질 절삭, 저속절삭시 사용
    • 혼합유 : 동, 식물성유 + 광물성유－강력 절삭, 윤활성 향상
    • 극압유 : 고온, 고압 마찰 사용－윤활 작용 목적, 극압 첨가제－Cl, S, P, Pb

2 NC 가공(加工)

2-1 NC 공작기계의 개요

1. 수치제어(Numerical Control)

제품을 가공하기 위한 매개수단으로서 수치와 기호로 구성된 정보를 해당 공작기계에 입력하여 자동으로 가공하는 것을 의미한다.

(1) NC 기계의 정보 흐름

제품도면 → NC TAPE → 정보처리회로 → 서보기구 → NC기구 → 가공물

(2) NC의 구성 및 절삭가공 과정

① 제품도면 : 설계부서에서 생산현장으로 넘어온 설계도
② 가공계획 : 파트 프로그래밍 및 NC 가공을 위한 계획 수립
③ 파트 프로그래밍 : NC 공작기계에 정보를 제공하기 위한 것으로 NC 테이프를 사용한다.
④ 지령 테이프(NC tape, 천공 테이프) : 프로그래밍 내용이 기록된 것으로 NC 공작기계에 입력 시키기 위한 것이다.
⑤ 컨트롤러(정보처리회로 ; controller) : 입·출력부, 마이크로프로세서, 인터페이스회로로 구성되며, 입·출력부에서 NC tape으로부터 정보를 읽어드려 마이크로프로세서에서 번역·연산된 정보를 전기적 신호로 바꾸어 실행순서에 따라 인터페이스 회로를 거쳐 펄스화시켜 서보기구로 전달시키는 부분이다. 여기서, 펄스(pulse)란 CNC 공작기계에서 제어부가 서보부에 보내는 신호체계이다.
⑥ 서보 기구(servo unit) : 펄스화된 정보가 서보 기구로 전달되어 서보 모터를 구동시킨다.
⑦ 볼 스크루(ball screw)★★★ : 서보 모터의 회전운동을 받아 NC 공작기계의 테이블을 구동시키는 정밀나사로 백래시(back lash)가 거의 0에 가까운 나사이다. 볼 스크루의 회전각도는 다음과 같이 계산한다.

$$\theta = 360° \times \frac{이동량}{볼\ 스크루의\ 피치} \qquad [4-4]$$

⑧ 리졸버(resolver) : NC 공작기계의 움직임을 전기적인 신호로 표시하는 일종의 회전 피드백(feedback) 장치이다.
⑨ NC 공작기계 : 범용 공작기계에 NC부가 장착된 것으로 NC 선반, NC 머시닝 센터(밀링), NC 와이어컷 방전가공기, NC 방전가공기 등이 있다.

2. 서보 기구(servo system)★★

서보 모터(servo motor)를 이용하여 위치와 속도를 제어하는 시스템으로 위치 검출기와 속도 검출기의 위치에 따라 구분한다. 위치검출기로는 엔코더, 속도검출기로는 타코제너레이터를 사용한다.

(1) 개방형회로 시스템(open loop system)

스텝핑 모터의 전기적 펄스 신호를 사용하여 직접 공작기계를 제어하는 시스템으로 검출기와 피드백 장치가 없어 정밀도가 떨어져 NC 공작기계에 잘 사용되지 않고 있는 시스템(system)이다.

(2) 반폐쇄회로 시스템(semi closed loop system)

서보 모터부에 검출기를 두고 위치 검출과 속도 검출을 하여 지령한 펄스 신호와 비교하고 나서 그 편차량을 피드백 장치가 제어기로 보내어 다시 펄스 신호를 보내는 시스템이다. 보통 NC 공작기계에 많이 사용되고 있는 시스템이다.

(3) 폐쇄회로 시스템(closed loop system)

서보 모터부에서 속도 검출을 하고 공작기계 테이블에서 위치 검출을 하여 지령한 펄스 신호와 비교하고 나서 그 편차량을 피드백 장치가 제어기로 보내어 다시 펄스 신호를 보내는 시스템이다. 정밀한 가공을 요구하는 공작기계에 사용되고 있다.
① 대형 기계 등에서 고정밀도가 요구될 때 사용하는 정보처리회로이다.
② 대형 공작기계에서 랙크 피니언에 의한 구동을 하기 때문에 랙의 정밀도가 문제시되는데 이와 같은 경우를 대비한 서보 기구이다.
③ 볼 스크루의 피치 오차나 백래시 보정방법으로 정밀도를 향상시킬 수 있다.

(4) 하이브리드 시스템(hybrid servo system)

반폐쇄회로방식(semi closed loop system)과 폐쇄회로방식(closed loop system)의 혼합 시스템으로 서보 모터부와 공작기계 테이블에서 위치 검출이 이루어지는 제어방식이다. 고강성·고정밀도 NC 공작기계에 사용되고 있는 정밀도가 가장 높은 시스템이다.

3. 보간법

절삭공구를 가공물(공작물)의 위치까지 이동시킬 때 지령 펄스를 분배시키는 방법이다.

(1) 펄스 분배 방법

① DDA 펄스 분배방식(계수형 미분해석기 ; digital differential analyzer) : digital 전자회로에서 미분방정식을 풀기 위해 고안된 것으로 기본 연산 요소에 digital 적분회로를 사용하는 보간회로 직선보간이 특히 우수하며 일반적으로 가장 많이 사용되고 있는 방식이다.
② 대수연산 펄스 분배방식 : 직선이나 곡선의 대수 방정식이 그 선상에 없는 좌표값에 대해서는 정(+) 또는 부(-)가 되는 성질을 이용한 것으로 x 방향, y 방향으로만 이동을 한정하고 계단식으로 이동하여 근사값에 접하는 방법이다. 특히 원호보간이 우수한 방식이다.
③ MIT 펄스 분배방식 : x축, y축 방향으로 동시에 펄스를 발생하면 공구가 45° 방향으로 이동하는 펄스 분배방식이다.

(2) NC의 절삭 제어방식★★★

① 위치제어(point to point control) : 절삭공구를 가공물 위치까지 이동시키기 위한 제어로 G00 준비기능을 이용하여 지령한다.
② 직선제어(lining control) : 절삭공구를 직선적으로 절삭하면서 이동시키는 제어로 G01 준비기능을 이용하여 지령한다.
③ 윤곽제어(contouring control) : 절삭공구를 곡선적으로 절삭제어하는데 사용하는 준비기능으로 G02는 시계방향 곡선절삭제어, G03은 반시계방향 곡선절삭제어 지령이다.
④ 곡면(3차원)제어(3D sculpturing) : 공구를 3차원적으로 제어하는 절삭방식이다.

4. NC tape(code)의 규격

(1) NC tape의 규격
① 폭 : 25.4±0.1[mm]
② 두께 : 0.108±0.00[mm]

(2) Channel
폭 방향의 8개의 구멍으로 정보를 나타낸다.

(3) Character
폭 방향의 구멍에 천공되는 문자, 숫자, 부호를 나타낸다.

(4) Sprocket
테이프(tape)의 이송을 위한 구멍이다.

(5) 사용되고 있는 코드(code)
① EIA(Electric Industries Association) : 폭 방향의 구멍이 항상 홀수이고 이를 맞추기 위해서 5채널을 패리티(parity)로 되어 있다.
② ISO(International Organization of Standardization) : 폭 방향의 구멍이 항상 짝수이고 이를 맞추기 위해서 8채널을 패리티(parity)로 되어 있다.

표4-2 parity check

구분 \ 코드	EIA 코드	ISO 코드
채널의 합	홀 수	짝 수
패리티 채널	5채널	8채널

(6) Parity check
EIA, ISO 구멍수가 맞지 않으면 CNC 장치에서 오류가 발생하므로 이를 맞추기 위해 천공하는 것이다.

> ❖ Check Point
> ① BLU(Basic Length unit) : 1펄스당 기계를 움직일 수 있는 최소의 이동지령을 의미한다.
> ② MDI(Manual Data Input mode of operation) : NC 공작기계의 운전 Mode 중의 한 방법, machine program의 정보를 수동으로 기계에 입력하여 운전하는 mode이다.
> ③ 포스트 프로세서 : 정보를 해당 공작기계의 제어 형식에 맞게 프로그램을 작성하는 것

5. NC 및 CNC 공작기계

(1) NC 및 CNC 공작기계의 차이점

NC 장치부에 computer 기능을 결합시켜 NC 프로그램의 저장, 수정, 편집 등을 자유로이 할 수 있도록 한 것을 CNC(Computer Numerical Control) 공작기계라 한다.

(2) NC 공작기계의 경제성 평가 방법

① 페이백 방법(Payback method) : NC 공작기계의 도입에 따른 연간 절삭비용의 예측값을 투자액과 비교하여 투자액을 보상하는데 필요한 년수를 구하는 방법이다.
② MDPI 방법(Manufacturing and Applied Products Institute method) : 구입을 계획하고 있는 NC 공작기계에 의한 최초년도의 부품 생산비용은 현재 가지고 있는 NC 공작기계의 비용과 비교하여 평가하는 방법이다.

(3) CNC 공작기계의 특징

① 균일한 가공품을 얻을 수 있다.
② 생산성 증가
③ 인건비 절감 및 제조원가 감소
④ 공구 관리비 감소
⑤ 작업자의 피로도 감소
⑥ 복잡한 제품의 가공이 쉽다.
⑦ 다품종 중량 생산에 적당

6. DNC 공작기계

Direct Numerical Control(Distribute Numerical Control)의 약자로 여러 대의 공작기계를 한 대의 컴퓨터로 연결하여 전체 시스템의 생산성 향상을 위한 NC이다.

(1) DNC 시스템의 구성 요소

① 중앙 컴퓨터
② NC 프로그램을 저장하는 기억장치
③ 통신선(RS-232C)
④ NC 공작기계

(2) DNC에서만 수행가능한 기능

① 천공 테이프 없는 NC
② NC 파트 프로그램 저장
③ 데이터 수집 처리 보고
④ 정보 교환

(3) DNC의 장점

① 천공 테이프는 사용하지 않아도 됨
② 계산 능력과 유연성 향상
③ NC 파트 프로그램을 컴퓨터 파일로 저장
④ 공장생산성에 관한 보고서 작성
⑤ 자동화 공장의 기반 수립

> ❖ Check Point
> 포스트 프로세서 : DNC 시스템의 프로그램을 파일(file)로 저장하는데 파일(file)을 특수한 공작기계에 맞는 명령문으로 바꾸는 기능이다.

7. NC 프로그램

(1) 수동 프로그램

제품 형상이 간단하여 작업자가 변곡점을 찾기가 용이한 제품을 가공할 때 적당한 프로그램 방법으로 작업자가 해당되는 NC 공작기계의 제어 형식에 맞게 직접 프로그램을 작성할 수 있다.

(2) 자동 프로그램

제품 형상이 복잡하여 작업자가 변곡점을 찾기가 용이하지 않아 자동 프로그램 장치를 이용하여 변곡점을 쉽게 찾고 이를 해당 공작기계의 제어 형식에 맞게 포스트프로세서 과정을 프로그램하는 것을 의미한다. 이 때 사용하는 자동프로그램 언어는 다음과 같은 것들이 있다.

① APT 언어 : 미국 MIT에서 개발
② ADAPT : 미국 IBM에서 개발(공군용)
③ EXAPT : APT에 기본을 두고 독일에서 개발
④ UNIAPT : APT 언어를 소형 컴퓨터에 맞게 개발
⑤ FAPT : 일본에서 개발
⑥ KAPT : 한국 KAIST에서 개발

2-2. NC의 수동 프로그램

1. NC 프로그램 작성순서

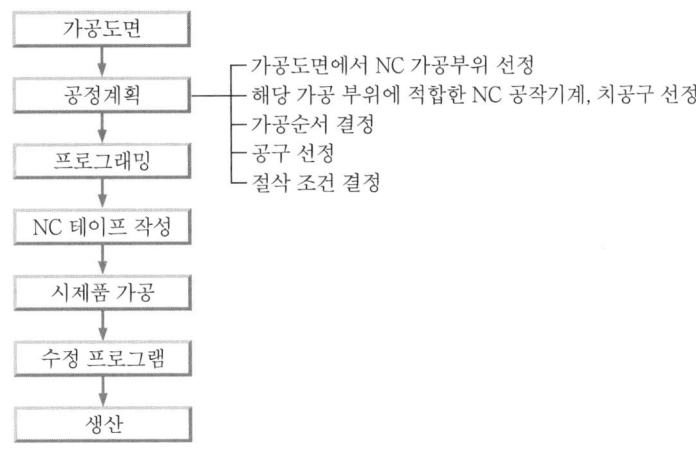

2. 수동 프로그램 구성요소

(1) 어드레스(address) 기능

어드레스 기능은 아래 표4-3과 같다.

표4-3 어드레스 기능 ★★★

Address	기능
O	프로그램 번호
N	전개번호(블록 번호)
G	준비기능
X, Z	좌표값(절대지령)
U, W	좌표값(상대지령) 및 정삭여유
I, K	면취량 및 원호중심의 좌표값(반지름 지정)
R	원호의 반지름
F, E	이송속도 및 나사 리드
S	주축속도
T	공구선택 및 공구보정
M	보조기능(기계작동부위 지정)
P, X, U	휴지기능
P	보조 프로그램 호출번호 및 나사 절입방법
P, Q	복합 반복 사이클에서 전개번호 지정
L	보조 프로그램의 반복횟수
D	절삭깊이(반지름 지정)
A	나사산의 각도

(2) 단어(word)

단어(word)는 address + value로 구성된다.

(3) 블록(block)

한 개의 지령 단위로 끝나면 뒤에 EOB(end of block)의 의미로 ";"을 표시해 준다.

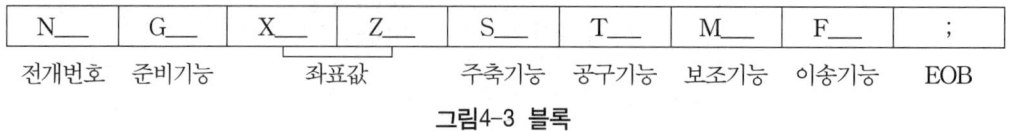

그림4-3 블록

3. 단어(word)

(1) 프로그램

① 표현형식 : O■■■■
② 수치(value)는 4자리 숫자 1~9999까지 사용 가능

(2) 전개(sequence)번호

① 표현형식 : N■■■■
② 수치는 4자리 숫자 사용
③ 생략하여 사용할 수 있는 어드레스이지만 복합 반복 사이클 기능(G70~G73)을 사용시에는 생략할 수 없다.

(3) 준비기능(preparation function)★★★

① 표현형식 : G■■
② 수치는 00~99까지 사용 가능하다.
③ 1회 유효 G코드 : 00그룹의 G코드는 지령된 블록에서만 사용된다.

(4) 좌표값 — NC선반을 기준으로 정리하면 아래와 같다.

① 표현형식 : 좌표 어드레스+수치
② X, Y, Z : 절대 좌표값 — 원점을 기준으로 좌표값 입력
③ U, V, W : 증분좌표값 — 현재 위치를 기준으로 다음 좌표값 입력
④ I, J, K, R : 증분좌표값 — 주로 원호보간 또는 모따기시 좌표값 입력
⑤ 수치입력은 실수와 정수를 입력한다. 정수로 입력할 때는 1/1000 단위로 입력하여야 한다.

(5) 보조기능(miscellaneous function)★★

① 표현형식 : M■■
② 수치는 00~99까지 사용 가능하다.
③ 서보 모터 제어 및 절삭유 공급 구동 제어 등을 위하여 사용된다.

(6) 이송기능★★
  ① 표현형식 : F■■
  ② 가공물과 공구와의 상태속도를 지정하기 위한 것으로 이송속도(federate)를 의미한다.
  ③ NC 선반에서는 주축 1회전당 공구의 이송량(mm/rev)으로 나타내며 지정 G코드는 G99이다.
  ④ NC 머시닝 센터에서 매분당 공구의 이송량(mm/min)으로 지정 G코드는 G98이다.

(7) 주축기능★★★
  ① 표현형식 : S■■ or S■■■■
  ② 수치는 2자리 또는 4자리를 사용한다.
  ③ 수치에 해당되는 값은 절삭속도(m/min) 또는 주축회전수(rpm)이다.
  ④ 절삭속도

  $$V = \frac{\pi DN}{1000} \ [\text{m/min}] \qquad [4-5]$$

  N : 분당 회전수(rpm)

(8) 공구기능★★
  ① 표현형식 : T■■ or T■■■■
  ② 수치가 2자리일 때는 공구 선택번호이다.
  ③ 수치가 4자리이면 앞 2자리는 공구 선택번호, 뒤 2자리는 공구 보정번호이다.

chapter 4 실전연습문제

01 절삭 공구에 발생하는 구성 인선의 방지법으로 틀린 것은?
① 절삭 공구의 인선을 예리하게 할 것.
② 절삭속도를 작게 할 것.
③ 절삭깊이를 작게 할 것.
④ 공구 윗면 경사각을 크게 할 것.

> **Solution** 구성인선(built up edge)의 방지법
> ① 절삭속도를 크게 할 것.
> ② 절삭깊이를 작게 할 것.
> ③ 공구 윗면 경사각을 크게 할 것.
> ④ 절삭유를 공급할 것.

02 CNC 공작기계의 프로그램에서 G01 이 뜻하는 것은?
① 위치결정   ② 직선보간
③ 원호보간   ④ 절대값 좌표지령

> **Solution**
> ① G00 : 위치보간
> ② G01 : 직선보간
> ③ G02 : 시계방향 원호보간
> ④ G03 : 반시계방향 원호보간

03 빌트업 에지(built-up edge)의 증가를 돕는 사항은?
① 절삭속도의 증대   ② 칩두께의 증대
③ 공구 윗면 경사각의 증대 ④ 윤활유의 사용

> **Solution** (1) 구성인선(built-up edge)
> 연속 칩의 경우 연한 재료의 절삭영역에서 국부적인 고온고압에 의하여 공구의 절삭날 부근에 가공물의 미소한 입자가 압착 또는 용착되어 가공면을 거칠게 하고 가공치수를 부정확하게 하는 원인이 되는 현상이다.
> (2) 구성인선 방지법
> ① 윗면 경사각을 크게 할 것.
> ② 절삭속도를 크게 한다.
> ③ 절삭깊이를 작게 한다.
> ④ 절삭제를 사용한다.

Answer 01 ② 02 ② 03 ②

04 절삭가공에 있어서 빌트업 에지(built-up edge)를 줄이는 방법이 아닌 것은?

① 공구의 윗면 경사각을 크게 한다.
② 절삭속도를 증가시킨다.
③ 칩의 두께를 감소시킨다.
④ 마찰계수가 큰 초경합금공구를 사용한다.

05 NC 공작기계에서 검출기를 기계 테이블에 직접 부착하여 피드백(feed back)을 행하는 서보기구(servo system)는?

① open loop system
② closed loop system
③ hybrid servo system
④ semi-closed loop system

> **Solution** 서보 기구의 종류
> ① 개방회로시스템(open loop system) : 검출기와 피드백 장치가 없는 시스템
> ② 반폐쇄회로 시스템(semi closed loop system) : 제어 모터 부분에서 위치검출과 속도검출을 하는 시스템
> ③ 폐쇄회로 시스템(closed loop system) : 위치검출은 테이블에서 속도검출은 제어모터에서 이루어지는 시스템
> ④ 하이브리드 시스템(hybrid servo system) : 위치검출이 제어 모터 부분과 테이블 부분에서 이루어지는 시스템

06 절삭온도를 측정하는 방법에 해당되지 않는 것은?

① 칩의 빛깔에 의한 방법
② 서모컬러(thermo-color)에 의한 방법
③ 방사능에 의한 방법
④ 칼로리미터(calorimeter)에 의한 방법

> **Solution** 절삭온도 측정방법
> ① 칩의 색깔에 의한 방법
> ② 가공물과 공구간 열전대(thermo couple) 접촉에 의한 방법
> ③ 복사 고온계를 사용하는 방법
> ④ 칼로리미터를 사용하는 방법
> ⑤ 공구에 열전대를 삽입하는 방법
> ⑥ 시온 도료에 의한 방법
> ⑦ Pbs 광전자를 이용한 방법

07 주절삭력 150[kgf], 절삭속도 50[m/min]일 때, 절삭마력은 몇 [PS]인가?

① 7.67
② 5.67
③ 3.67
④ 1.67

> **Solution** $HP = \dfrac{F \times V}{75} = \dfrac{150 \times 50}{75 \times 60} = 1.67\,[\text{PS}]$

Answer 04 ④ 05 ② 06 ③ 07 ④

08 구성인선의 발생을 억제하는데 효과가 있는 방법 중 틀린 것은?
① 절삭속도의 증대
② 절삭깊이의 감소
③ 공구상면 경사각의 증대
④ 칩 두께의 증가

09 구성인선을 감소시키는 방법 중 옳은 것은?
① 절삭속도를 고속으로 한다.
② 공구 상면 경사각을 작게 한다.
③ 절삭깊이를 깊게 한다.
④ 마찰저항이 큰 공구를 사용한다.

10 절삭공구재료로 사용하는 스텔라이트의 주성분은?
① W-C-Co-Cr-Fe
② W-C-Cu-Fe
③ Co-Mo-C-Fe
④ Co-C-W-Cu-Fe

> **Solution** 스텔라이트
> 주조경질 합금으로 Co-Cr-W-C가 주성분이고 단조가 곤란하여 주조한 상태에서 연삭 성형하여야 한다.

11 연속유동형 칩을 얻고자 할 때, 틀린 조건은?
① 연성재료를 얇고 작은 칩으로 고속 절삭한다.
② 큰경사각과 날카로운 절삭으로 인선 온도를 최적 온도로 유지한다.
③ 공구면을 매끈하게 연마하여 마찰력을 작게 한다.
④ 연성재료를 두껍고 큰 칩으로 저속 절삭한다.

> **Solution** 유동형(연속형) 칩의 발생조건
> ① 연성재료 고속절삭시
> ② 절삭량(절삭깊이)이 작을 때
> ③ 바이트의 경사각이 클 때
> ④ 절삭유 공급시

12 고속도 절삭용 공구에서 칩이 공구의 경사면 위를 미끄러질 때 마찰력에 의해 공구 상면에 오목하게 파지는 공구의 마모를 무엇이라고 하는가?
① 플랭크 마멸
② 크레이터 마멸
③ 치핑
④ 구성인선

> **Solution** ① 플랭크 마멸 : 절삭공구의 플랭크면과 생성된 절삭면 사이의 마찰에 의하여 플랭크면이 절삭 방향에 평행하게 마모되는 현상
> ② 치핑(chipping ; 결손) : 절삭날이 진동이나 충격을 받아 날 끝 선단의 일부가 파괴되어 탈락하는 현상

Answer 08 ④ 09 ① 10 ① 11 ④ 12 ②

13 φ20H7g6 로 끼워맞추었다면 끼워맞춤의 종류는?

① 헐거운 끼워맞춤이다. ② 중간 끼워맞춤이다.
③ 억지 끼워맞춤이다. ④ 억지 중간 끼워맞춤이다.

> **Solution** φ20H7g6 에서 H는 구멍치수를 g는 축의 치수를 의미한다. 구멍치수가 축의 치수보다 크므로 헐거운 끼워맞춤이다.

14 다음 중 절삭공구 수명을 판정하는 기준이 아닌 것은?

① 완성가공된 치수 변화가 일정량에 도달했을 때
② 절삭저항의 주분력에는 변화가 없어도 배분력, 이송분력이 급격히 증가될 때
③ 가공면에 광택이 있는 무늬나 반점이 생긴 때
④ 가공시 구성인선이 자주 생길 때

15 구성인선 방지 대책 중 틀린 것은?

① 바이트의 윗면 경사각을 크게 한다.
② 절삭속도를 크게 한다.
③ 절삭깊이를 크게 한다.
④ 바이트의 인선에 절삭제를 주입한다.

16 빌트업 에지(built-up edge)란?

① 절삭공구의 절삭 압력을 말한다.
② 조합 구성된 날끝을 나타낸다.
③ 공구날의 마멸 현상을 말한다.
④ 칩의 일부가 공구 끝에 붙는 것이다.

17 절삭속도와 절삭온도 사이의 관계를 실험식으로 나타내면 다음 중 어느 것인가? (단, V: 절삭속도, θ: 절삭온도, C: 상수, n: 지수)

① $\theta = 3CV^n$ ② $\theta = 2CV^n$
③ $\theta = CV^n$ ④ $\theta = (1/2)CV^n$

Answer 13 ① 14 ④ 15 ③ 16 ④ 17 ③

18 다음 중 공구수명 판정 방법에 해당되지 않는 것은?
① 완성된 치수변화가 일정량에 달할 때
② 절삭공구의 마멸이 일정량에 달했을 때
③ 가공면에 무늬 또는 반점이 생길 때
④ 절삭가공시 주분력이 급격히 증가하였을 때

19 절삭공구의 수명을 판정하는 방법으로 흔히 사용되는 대표적인 것을 나열하였다. 잘못된 것은?
① 완성가공면의 표면에 광택이 있는 색조 또는 반점이 생길 때
② 공구인선의 마모가 없을 때
③ 완성가공된 칫수의 변화가 일정량에 달하였을 때
④ 절삭저항의 주분력에는 변화가 나타나지 않더라도 배분력 또는 이송분력이 급격히 증가하였을 때

20 절삭가공에서 절삭에 미치는 요인 중 가장 거리가 먼 것은?
① 공작물의 재질   ② 공구의 재질
③ 냉각 및 윤활   ④ 절삭 마찰계수

21 드릴링 머신이나 스폿 용접기 등에 사용되고 PTP 제어라고도 하는 제어방식은?
① 위치결정제어   ② 원호보간제어
③ 윤곽절삭제어   ④ 포물선제어

22 빌트업 에지(built-up edge)를 좌우하는 인자(因子)에 관한 설명으로 옳은 것은?
① 칩의 흐름에 대한 저항이 클수록 빌트업 에지가 작아진다.
② 공구의 윗면 경사각이 클수록 빌트업 에지는 커진다.
③ 칩의 두께를 감소시키면 빌트업 에지는 적게 발생한다.
④ 고속으로 절삭할수록 빌트업 에지는 증가한다.

Answer   18 ④   19 ②   20 ④   21 ①   22 ③

chapter 5 선반가공

1 선반(lathe)의 종류와 선반의 크기

(1) 선반의 종류★★

① 보통선반(engine lathe)
② 탁상선반(bench lathe ; 소형선반) : 계기, 시계 등의 부품 절삭
③ 터릿 선반(turret lathe) : 여러 개의 공구를 사용하여 순차적으로 절삭 가공을 할 수 있는 선반으로 심압대 대신 회전공구대 사용하며 대량생산이 목적이다.
④ 자동선반(automatic lathe) : 주축속도와 공작물의 착탈 등이 자동적으로 이루어진다.
⑤ 모방선반(模倣旋盤 ; copying lathe) : 형판을 사용하고 형판을 본떠 절삭할 수 있는 선반이다.
⑥ 수직선반(vertical lathe) : 주축이 수직으로 설치되어 공구의 길이 방향으로 이송운동을 하는 선반이다.
⑦ 정면선반(face lathe) : 면판을 사용하고, 길이가 짧고 지름이 큰 공작물 가공에 적당하다.
⑧ 다인선반(多刃旋盤 ; multicut lathe) : 공구대에 여러 개의 바이트가 부착되어, 이 바이트의 일부 또는 전부가 동시에 절삭가공이 가능하며 지름이 큰 공작물을 깎을 때 적당한 선반이다.
⑨ 차륜선반
⑩ 차축선반 : 철도차량용 차축가공 등에 사용되는 선반이다.
⑪ 크랭크축 선반(crankshaft lathe)
⑫ 캠축 선반(cam shaft turning lathe)
⑬ 롤 선반(roll turning lathe)

(2) 선반의 크기(규격)★★★★★

① 베드 위의 스윙
② 양 센터 사이의 최대 거리
③ 왕복대상의 스윙

2 선반의 구조 및 부속장치

(1) 보통선반의 구조

그림5-1 보통선반

① 주축대 : 주축 구동방식에는 기어식과 단차식이 있다.
② 심압대 : 구멍 뚫기 작업 가능
③ 왕복대 : 새들, 에이프런, 공구대로 구성
　㉠ 복식 공구대 : 새들 위에 고정하고 테이퍼 가공에 사용
④ 베드 : 주축대, 심압대, 왕복대지지

(2) 선반의 부속장치

① 센터(center) : 자루는 모스 테이퍼 $\left(\dfrac{1}{20}\right)$로 되어있고, 선단각은 60°이다.
　㉠ 회전 센터(live center) : 주축에 끼우는 센터
　㉡ 정지 센터(dead center) : 심압축에 고정
　㉢ 하프 센터 : 끝면 깍기에 사용
　㉣ 베어링 센터 : 고속회전 절삭에 사용

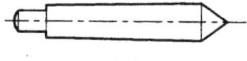
(a) 정지 센터

(b) 하프 센터

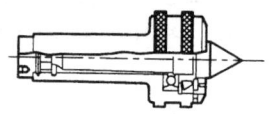
(c) 베어링 센터

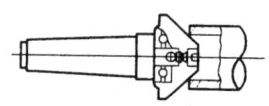
(d) 파이프 센터

그림5-2 센터의 종류

② 척(chuck) : 공작물을 지지 및 회전시키는 요소 ★★★
　㉠ 단동척 : 복잡한 공작물을 고정할 수 있도록 조(jaw)가 4개이고 조는 각각 따로 움직인다.
　㉡ 연동척 : 원형, 삼각형 등의 공작물을 고정(6각형 단면 고정 가능)할 수 있고 3개의 조가 동시에 움직인다.
　㉢ 복동척 : 단동척과 연동척의 기능을 갖고 있는 척
　㉣ 공기척 : 압축 공기로 조를 움직일 수 있는 척
　㉤ 유압척 : 유압으로 조를 움직일 수 있는 척
　㉥ 콜릿척(collet chuck) : 봉재 가공시 자동선반이나 터릿 선반 등에서 사용
　㉦ 마그네틱척(자기척 ; magnetic chuck) : 두께가 얇은 공작물을 고정할 때 사용

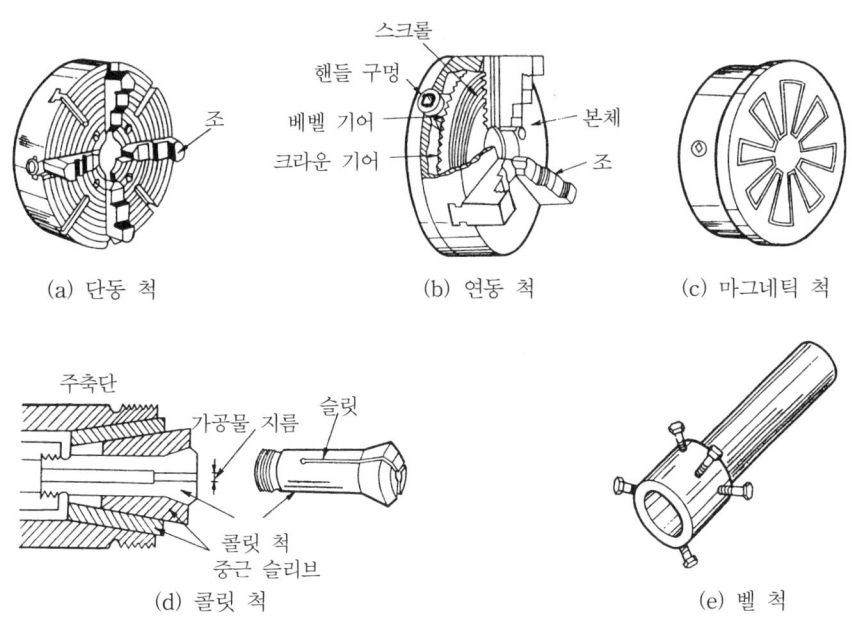

그림5-3 척의 종류

③ 돌림판과 돌리개★
  ㉠ 돌림판(dog plate) : 주축에 고정하여 돌리개와 연결
  ㉡ 돌리개(dog carrier) : 돌림판에 의하여 돌리개가 회전하면서 공작물을 회전시킨다. 양 센터 작업에 필요한 부속장치로는 회전 센터, 정지 센터, 돌림판, 돌리개 등이다.

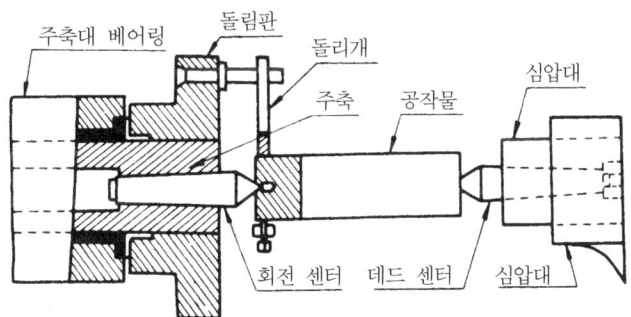

그림5-4 돌림판과 돌리개

④ 심봉(mandrel) : 중공제품 가공시 필요★
  ㉠ 고정심봉(solid mandrel) : 두께가 얇은 기어, 플랜지, 풀리 등의 외주 및 측면 가공 가능
  ㉡ 팽창심봉(expanding mandrel) : 다소 지름 조절이 가능
  ㉢ 조립심봉(cone mandrel) : 지름이 큰 관 가공시 사용

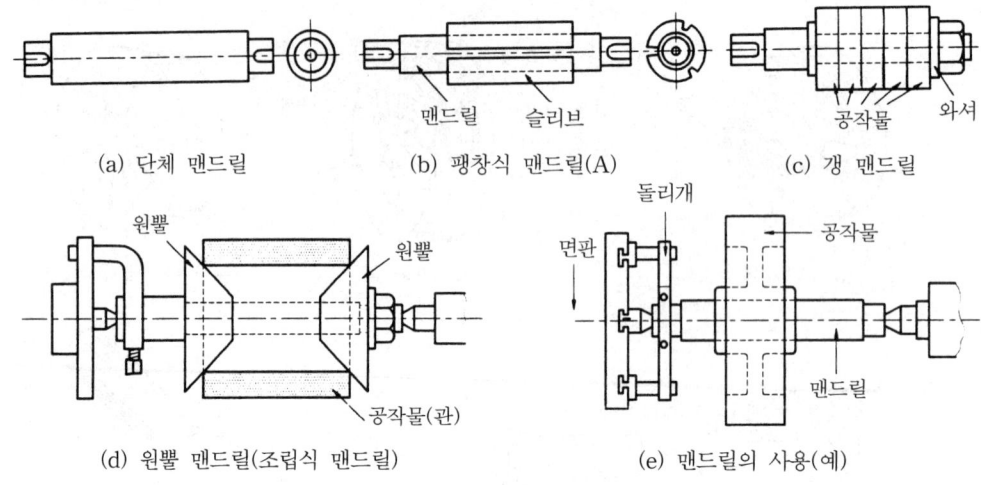

그림5-5 심봉의 종류

⑤ 방진구(work rest) : 지름에 비해 길이가 긴 공작물 가공시★
    ㉠ 고정방진구 : 베드 위에서 조(jaw) 3개로 공작물을 잡아 주면서 깊은 구멍 가공시 사용
    ㉡ 이동방진구 : 왕복대의 새들에 고정, 조 2개를 이용하여 긴 축 가공시 사용

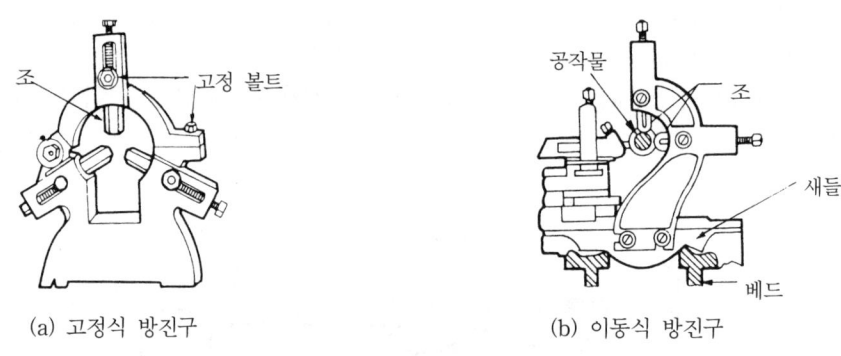

그림5-6 방진구의 종류

3. 선반작업의 종류와 가공시 주의사항

(1) 선반작업의 종류

    외경절삭, 끝면절삭, 정면절삭, 절단, 테이퍼 절삭, 곡면절삭, 구멍뚫기, 보링, 너링, 나사절삭 등
① 테이퍼 절삭작업
    ㉠ 복식 공구대를 회전시키는 방법
    ㉡ 심압대를 편위시키는 방법
    ㉢ 테이퍼 절삭장치에 의한 방법
    ㉣ 가로이송과 세로이송을 동시에 작업하는 방법
    ㉤ 총형 바이트에 의한 방법

② 센터(center) 작업
③ 단면절삭(facing)
④ 모방절삭
⑤ 나사절삭 작업
　㉠ 잇수비(속도비) ★★★

$$i = \frac{공작물의 피치}{리드 스크루의 피치(어미나사의 피치)} = \frac{주축의 기어 잇수}{리드스크루의 기어 잇수}$$

(2) 가공시 주의할 점

① 양 센터 높이가 같고 수평면 상에서 중심선과 바이트의 이동선이 평행하지 않을 때 원뿔형인 테이퍼 가공이 나타낸다.
② 양 센터의 높이가 다른 경우에는 쌍곡면이 나타낸다.

chapter 5 실전연습문제

01 선반용 부속공구 중 주축에 끼워 공작물을 3개 또는 4개의 조(jaw)로 확실하게 물고 이를 지지한 채로 회전하는 도구는 무엇인가?
① 센터(center)
② 척(chuck)
③ 돌리개(lathe dog)
④ 면판(face plate)

02 선반에서 사용되는 부속품으로 잘못된 것은?
① 센터(center)
② 맨드럴(mandrel)
③ 아버(arbor)
④ 면판(face plate)

> **Solution** 아버(arbor)
> 밀링머신에서 주축의 테이퍼 구멍에 고정하고 하단은 지지부에 의하여 지지되는 봉으로 아버의 컬러에 의해 커터의 위치를 조정, 고정, 회전시킨다.

03 가늘고 긴 공작물을 선반가공할 때, 필요한 부속품은?
① 방진구
② 심봉
③ 센터
④ 면판

> **Solution** ① 심봉(mandrel) : 중공제품 가공시 필요
> ② 센터(center) : 주축에 끼우는 회전 센터와 심압축에 끼우는 정지 센터가 있다.
> ③ 면판(돌림판) : 주축에 고정하여 공작물을 회전시키는데 사용

04 지름 50[mm]인 연강 둥근봉을 20[m/min]의 절삭속도로 선삭할 때, 스핀들의 회전수는 얼마인가?
① 약 100[rpm]
② 약 127[rpm]
③ 약 440[rpm]
④ 약 500[rpm]

> **Solution**
> $$V = \frac{\pi d N}{1000}$$
> $$20 = \frac{\pi \times 50 \times N}{1000}$$
> $$N = 127.32 [rpm]$$

Answer 01 ② 02 ③ 03 ① 04 ②

05 선반에서 절삭속도 942[m/h]로 지름 200[mm]의 재료를 깎을 때 적당한 회전수는 얼마 정도인가?

① 25[rpm]   ② 50[rpm]
③ 44,977[rpm]   ④ 89,954[rpm]

Solution
$$V = \frac{\pi dN \times 60}{1000}$$
$$942 = \frac{60 \times \pi \times 200 \times N}{1000}$$
$$N = 25[\text{rpm}]$$

06 선삭(turning)작업에서 일반적으로 하지 않는 것은?

① 기어가공작업   ② 나사깎기
③ 테이퍼 작업   ④ 널링

Solution 선삭(turning)작업-선반작업
① 센터 작업
② 널링 작업
③ 척 작업
④ 테이퍼 절삭작업
⑤ 나사 절삭작업

07 공작물의 지름이 $\phi 50$ [mm]인 경강을 세라믹 공구로 절삭속도 300[m/min]의 조건으로 선삭가공하려고 할 때, 주축 회전수는?

① 약 480[rpm]   ② 약 1350[rpm]
③ 약 1910[rpm]   ④ 약 2540[rpm]

Solution
$$V = \frac{\pi dN}{1000}$$
$$N = \frac{1000 \times 300}{\pi \times 50} = 1909.86 \,[\text{rpm}]$$

08 바깥지름 80, 길이 120[mm]의 강재환봉을 초경 바이트로 거친 절삭을 할 때의 가공시간은? (단, 이송량 $f=0.3$[mm/rev], 절삭속도 $v=70$[m/min]이다.)

① 약 1.44[min]   ② 약 3.45[min]
③ 약 5.54[min]   ④ 약 7.54[min]

Solution
$$V = \frac{1000 V}{\pi d} = \frac{1000 \times 70}{\pi \times 80} = 278.52 \,[\text{rpm}]$$
$$T = \frac{l}{fn} = \frac{120}{0.3 \times 278.52} = 1.44[\text{min}]$$

Answer   05 ①   06 ①   07 ③   08 ①

09 1인치에 나사산 4개의 스크루(L나사)를 가지고 있는 선반으로서 1인치에 대하여 13산(山)의 나사를 깎으려면 변환 기어를 어떻게 결정할 것인가? (단, A : 주축쪽 기어, C : 리드 스크루쪽 기어)

① $A = 30$, $C = 20$ ② $A = 20$, $C = 65$
③ $A = 30$, $C = 40$ ④ $A = 20$, $C = 90$

Solution 변환기어 계산 : 리드 스크루가 인치식인 경우
$$\frac{A}{C} = \frac{L}{t} = \frac{4}{13} = \frac{4}{65}$$
- A : 주축의 전동기어의 잇수
- C : 리드 스크루의 기어 잇수
- L : 리드 스크루의 1인치당 산수
- t : 깎으려고 하는 나사의 1인치당 산수

10 리드 스크루 1인치에 6산의 선반으로 1인치에 대하여 $5\frac{1}{2}$ 산의 나사를 깎으려고 할 때, 변환 기어의 잇수는? (단, 주동 : A 기어, 종동 : C 기어이다.)

① 주동 : 120, 종동 : 110   ② 주동 : 127, 종동 : 110
③ 주동 : 110, 종동 : 120   ④ 주동 : 110, 종동 : 127

Solution $\dfrac{A}{C} = \dfrac{6}{\frac{11}{2}} = \dfrac{2 \times 6}{11} = \dfrac{12}{11}$

11 지름 60[mm]인 연강재 둥근봉을 400[rpm]으로 선삭할 때 절삭속도는 약 몇 [m/min]인가?

① 50   ② 65
③ 75   ④ 100

12 선반 주축에 사용되는 부속품으로 짝지워지지 않은 것은?

① 단동척 및 연동척   ② 복동척 및 마그네틱척
③ 콜릿척 및 면판   ④ 돌리개 및 원형 테이블

13 선반의 센터 작업용 부속품에 해당되지 않는 것은?

① 맨드릴   ② 면판
③ 돌림판   ④ 원형 테이블

Answer 09 ② 10 ① 11 ③ 12 ④ 13 ④

14 그림과 같은 둥근봉 테이퍼에서 d의 값은 몇 [mm]인가?

① 17.0
② 18.2
③ 20.2
④ 21.8

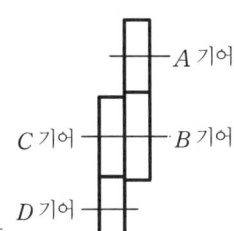

Solution
$$T = \frac{D-d}{l} = \frac{1}{20} = \frac{21.3-d}{62}$$
$$d = 18.2 \,[\text{mm}]$$

15 어미나사 피치 8[mm]의 선반에서 피치 1[mm]의 나사를 절삭할 때의 변환 기어는?

① $A = 20$, $B = 80$, $C = 45$, $D = 45$
② $A = 80$, $B = 20$, $C = 90$, $D = 45$
③ $A = 80$, $B = 20$, $C = 45$, $D = 90$
④ $A = 20$, $B = 80$, $C = 45$, $D = 90$

Solution
$$i = \frac{\text{공작물의 피치}}{\text{어미나사의 피치}} = \frac{1}{8} = \frac{1 \times 1}{4 \times 2} = \frac{20 \times 45}{80 \times 90} = \frac{A \times C}{B \times D}$$

16 대량생산을 목적으로 하는 선반으로 보통선반의 심압대 대신 회전공구대에 필요한 공구를 공정순으로 배치 고정하여 크기가 같은 제품을 효율적으로 가공할 수 있는 선반은?

① 자동선반(automatic lathe)
② 탁상선반(bench lathe)
③ 모방선반(copying lathe)
④ 터릿선반(turret lathe)

Answer 14 ② 15 ④ 16 ④

chapter 6 밀링 머신 가공

1 밀링 가공의 분류

밀링 머신(milling machine)은 많은 절삭날을 가진 다인공구를 사용하여 가공물의 표면을 정밀하게 깎아내는 공작기계이다. 평면 절삭, 키 홈 절삭, 절단 작업, 각 홈 절삭, 정면 절삭, 곡면 절삭, 기어 절삭, 총형 절삭, 나사 절삭 등 가능

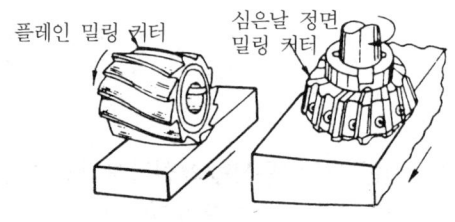

(a) 평면절삭

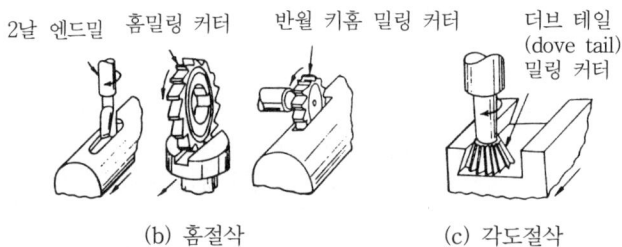

(b) 홈절삭   (c) 각도절삭

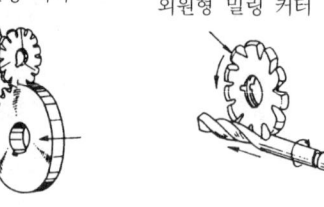

(d) 기어 절삭   (e) 나선홈절삭

그림6-1 밀링 가공의 종류 ★★★

2 밀링 머신의 종류

(1) **니형 밀링 머신**(knee type milling machine)
   ① 수평식 밀링 머신
   ② 수직식 밀링 머신
   ③ 만능 밀링 머신 : 비틀림 홈, 나선 홈, 헬리컬 기어 가공 가능

(2) **생산형 밀링 머신** : 동일 부품의 다량 생산 가능

(3) **특수 밀링 머신** : 금형 제작에 사용

(4) **나사 밀링 머신** : 나사 가공에 사용

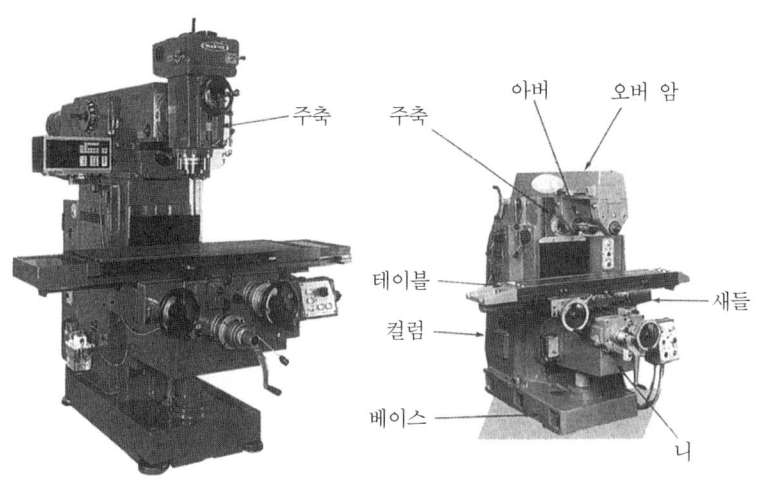

그림6-2 니형 밀링 머신의 구조

3 밀링 머신의 크기

(1) **테이블의 이동거리**★★★

   테이블의 이동거리(좌우 × 전후 × 상하)를 번호로 표시
   ① 번호 : 0, 1, 2, 3, 4, 5
   ② 1번(No.1)의 크기 : 좌우 × 전후 × 상하 = 550 × 200 × 400

(2) **테이블의 크기**

   주축 중심에서 테이블 면까지의 최대거리

4 밀링 커터의 종류

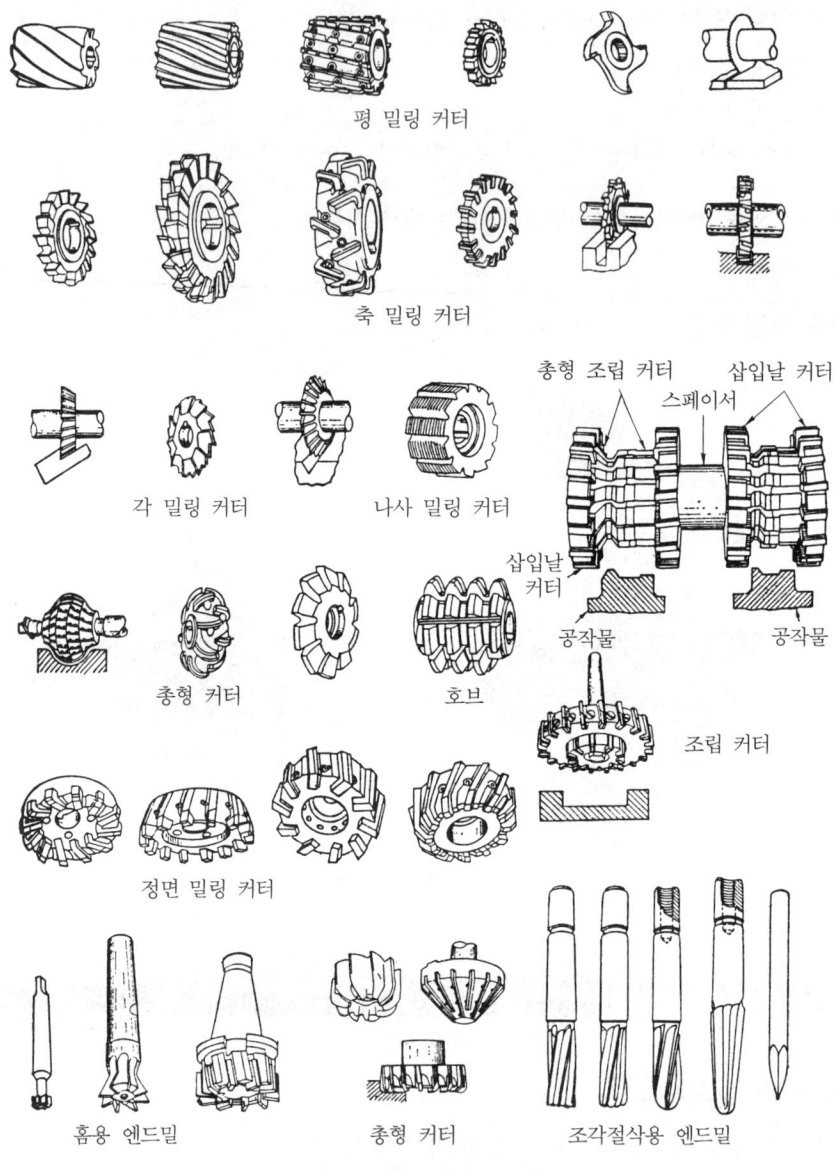

그림6-3 밀링 커터의 종류

(1) **플레인 커터**(plain cutter) : 평면 절삭-수평 밀링 머신
(2) **측면 커터**(side milling cutter) : 직각을 이루는 두 면을 동시에 절삭
(3) **메탈 소오** : 측면가공 및 절단 작업
(4) **엔드밀**(end mill) : 홈 가공 ★★★
(5) **T홈 커터** : T홈 가공 ★★★

(6) **정면 커터** : 넓은 평면 가공-수직 밀링 머신

(7) **각 커터**(앵글 커터) : 더브테일 홈 가공

(8) **총형 커터** : 임의의 형상을 갖고 있는 면을 가공, 기어, 나사 등의 가공

5 밀링 머신의 부속장치

밀링 머신의 주요부분으로는 칼럼, 오버암, 주축, 니, 새들, 테이블, 베이스 등이다.★★★

(1) **아버**(arber) : 밀링 커터를 지지하는 봉 – 밀링커터 설치★

(2) **아버 컬러**(arber color) : 커터의 위치를 조정

(3) **어댑터와 콜릿**(adapter and collet) : 엔드밀(자루가 있는 밀링 커터)을 고정

(4) **오버 암**(over arm) : 아버가 휘는 것을 방지

6 상향절삭(up-cutting)과 하향절삭(down cutting) 작업

(1) **상향절삭**★★★

밀링 키터의 회진방향과 공작물의 이송 방향이 반대인 절삭작업
① 절삭이 순조롭고 칩이 절삭날의 진행을 방해하지 않는다.
② 공작물을 확실히 고정해야 한다.
③ 커터와 테이블의 진행 방향이 반대이어서 백래시 발생이 없다.

(2) **하향절삭**★★★

밀링 커터의 회전방향과 공작물의 이송방향이 동일 방향인 절삭작업

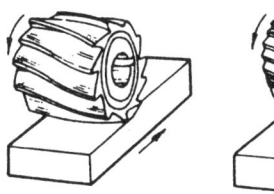 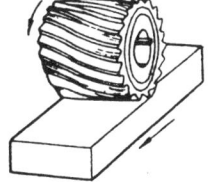

(a) 하향절삭   (b) 상향절삭

그림6-4 **상향절삭과 하향절삭**

① 공작물 고정이 쉽고, 커터날의 마모가 적어 절삭면이 깨끗하다.
② 아버가 휘기 쉽고 칩이 절삭을 방해한다.

7 이송속도

$$f = n\, f_r = f_z\, Z\, n \quad \text{★★★}$$

- f : 1분간 이송량[mm/min]
- f_r : 매회전당 이송[mm/rev]
- f_z : 1개의 날당 피드[mm]
- Z : 커터날의 수[mm]

8 기어 가공

(1) 헬리컬 기어의 바깥지름

$$D_o = m(Z+2) = m_n\left(\frac{Z}{\cos\beta} + 2\right)$$

(2) 모듈(module)

$$m = \frac{D}{Z}$$

(3) 지름 피치

$$DP = \frac{Z}{D} = \frac{25.4}{m}$$

9 분할판

분할판은 테이블에 고정하고 가공물을 분할대의 주축(spindle)과 심압대의 센터 사이에 위치시켜 가공물의 원주분할, 홈파기, 기어 절삭, 캠 절삭, 각도 분할 등의 가공에 사용된다.

(1) 직접분할법

브라운 샤프형의 분할판에는 24등분 구멍이 있어, 24의 약수인 2, 3, 4, 6, 8, 12, 24의 수가 분할

(2) 단식분할법 ★★★

브라운 샤프형(Brown and Sharp type deviding head)

$$n = \frac{40}{N}$$

N : 일감의 등분 분할 수이다.

(3) 차동분할법

복식 기어열

$$i = \frac{40(N'-N)}{N'} = \frac{Z_A \cdot Z_D}{Z_B \cdot Z_C}$$

$\begin{bmatrix} i : \text{속도비(잇수비)} \\ N : \text{분할수} \\ N' : N \text{에 가까운 수} \end{bmatrix}$

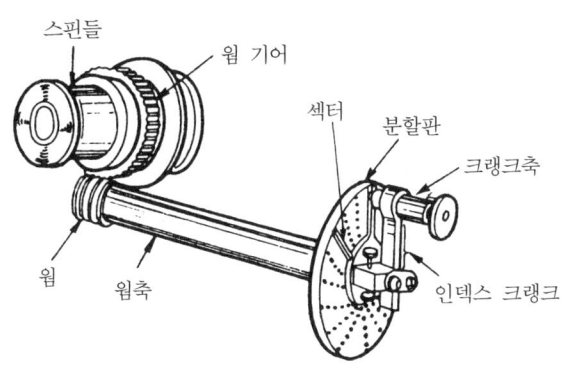

그림6-5 분할법

chapter 6 실전연습문제

01 밀링 머신에서 커터의 고정구로 쓰이는 것이 아닌 것은?
① 어댑터   ② 아버
③ 콜릿   ④ 돌리개

Solution 어댑터와 콜릿(adapter and collet) : 엔드밀(자루가 있는 밀링 커터)을 고정

02 만능 밀링 머신으로 지름 50[mm]의 고속도강 커터로 130[rpm]의 조건에서 연강재를 절삭할 때 절삭속도는 몇 [m/min]인가?
① 18.48   ② 20.42
③ 22.45   ④ 24.67

Solution $V = \dfrac{\pi d N}{1000} = \dfrac{\pi \times 50 \times 130}{1000} = 20.42 \,[\text{m/min}]$

03 밀링 머신에서 공작물의 길이 150[mm], 절삭속도 30.48[m/min]일 때 회전수는 몇 [rpm]인가? (단, 커터의 지름은 90[mm] 이다.)
① 107.8   ② 112.6
③ 123.9   ④ 134.2

Solution $V = \dfrac{\pi d N}{1000} \rightarrow 30.48 = \dfrac{\pi \times 90 \times N}{1000}$
$N = 107.8 \,[\text{rpm}]$

04 밀링 머신 분할대로 $5\dfrac{1}{2}°$를 분할할 때, 분할 크랭크의 회전수는?
① 9/11   ② 11/9
③ 18/11   ④ 11/18

Solution 각도분할
$t = \dfrac{\theta°}{9} = \dfrac{5.5}{9} = \dfrac{11}{18}$

Answer 01 ④ 02 ② 03 ① 04 ④

05 브라운 샤프형 밀링 머신에서 지름 피치 12, 치수 76의 스퍼 기어를 절삭할 때, 분할판의 구멍열은 얼마인가?

① 38 ② 32 ③ 23 ④ 19

> **Solution** 분할판의 구멍열 $= \dfrac{40}{N} = \dfrac{40}{76} = \dfrac{10}{19}$
> ※ 브라운 샤프형 분할판 No.1의 구멍수 19 선택

06 브라운 샤프형 분할판을 사용하여 원주를 35등분하려고 할 때, 적당한 구멍열은?

① 19 ② 20 ③ 21 ④ 27

> **Solution** $n = \dfrac{40}{N} = \dfrac{40}{35} = \dfrac{8}{7} = \dfrac{24}{21}$

07 보통 머시닝 센터에서 지름이 150[mm]인 페이스 커터(face cutter)를 사용하여 절삭속도 80[m/min]으로 면을 가공하는 경우 주축의 회전수는 얼마이며 날수를 12개, 날 1개당 이송을 0.1[mm]라 하면 매분당 이송은 얼마인가?

① 170[rpm], 204[mm/min] ② 200[rpm], 170[mm/min]
③ 340[rpm], 100[mm/min] ④ 500[rpm], 120[mm/min]

> **Solution** $V = \dfrac{\pi d N}{1000}$; $80 = \dfrac{\pi \times 150 \times N}{1000}$ $N = 170$ [rpm]
> $f = f_z \cdot Z \cdot N = 0.1 \times 12 \times 170 = 204$ [mm/min]

08 밀링 가공에서 T형 홈을 가공하고자 할 때 필요로 하는 커터를 바르게 짝지은 것은?

① 엔드밀과 T홈 커터 ② 정면 커터와 T홈 커터
③ 총형 커터와 T홈 커터 ④ 드릴과 T홈 커터

09 밀링 머신 구성요소 중 밀링 커터를 설치하는 곳은?

① 아버(arbor) ② 오버암(overarm)
③ 칼럼(column) ④ 공구대(tool post)

10 표준 니(knee)형 밀링 머신 크기를 표시할 때, 테이블(table)의 좌우 이동거리가 450[mm]인 것은 다음의 어느 호칭번호에 속하는가?

① No.0 ② No.1 ③ No.2 ④ No.3

Answer 05 ④ 06 ③ 07 ① 08 ① 09 ① 10 ①

chapter 7 드릴링 머신과 보링 머신 가공

1 드릴링 머신

드릴(drill)이라는 공구를 이용하여 주로 구멍가공을 위한 공작기계이다.

1. 드릴링 머신에 의한 가공★★

(1) **드릴링**(drilling) : 구멍을 뚫는 작업
(2) **리밍**(reaming) : 드릴 구멍을 다듬는 작업
(3) **태핑**(tapping) : 암나사를 내는 작업
(4) **보링**(boring) : 이미 뚫린 구멍을 정밀한 치수로 넓히는 작업
(5) **스폿 페이싱**(spat facing) : 볼트나 너트 부분이 닿는 부분을 평평하게 자리를 만드는 작업
(6) **카운터 보링**(counter boring) : 볼트의 머리부가 공작물에 묻히게 자리의 단을 만드는 작업
(7) **카운터 싱킹**(counter sinking) : 접시 머리 볼트의 머리부를 묻는 자리를 만드는 작업

 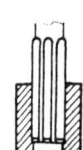 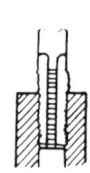 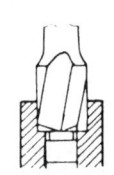 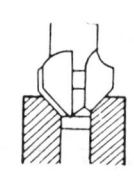 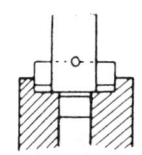 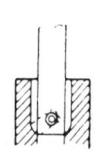

(1) 드릴링 (2) 리밍 (3) 태핑 (4) 카운터 보링 (5) 카운터 싱킹 (6) 스폿 페이싱 (7) 보링

그림7-1 드릴링 머신에 의한 가공

2. 드릴링 머신의 종류★

(1) **레이디얼 드릴링 머신** : 대형 공작물 가공에 적합
(2) **다축 드릴링 머신** : 다수의 구멍을 동시에 가공이 가능
(3) **심공 드릴링 머신** : 깊은 구멍 가공시

(4) **직립 드릴링 머신** : 주축이 수직 방향이고 가장 일반적으로 사용

(5) **탁상 드릴링 머신** : 소형 드릴링 머신

(6) **다두 드릴링 머신** : 제품의 대량생산

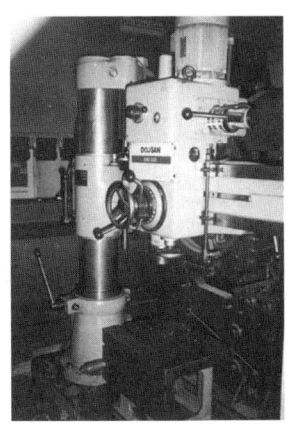

그림7-2 레이디얼 드릴링 머신

3. 절삭 드릴(트위스트 드릴 ; twist drill)의 구조★★★

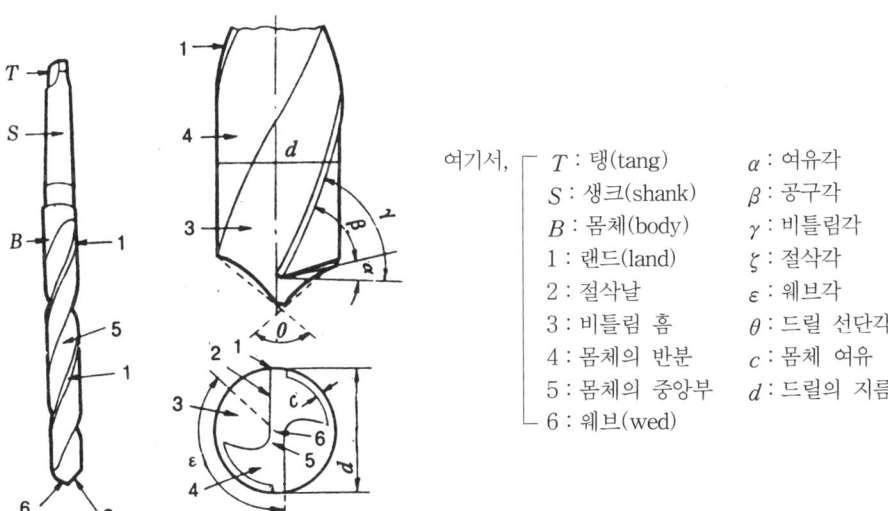

여기서, T : 탱(tang)   α : 여유각
S : 섕크(shank)   β : 공구각
B : 몸체(body)   γ : 비틀림각
1 : 랜드(land)   ζ : 절삭각
2 : 절삭날   ε : 웨브각
3 : 비틀림 홈   θ : 드릴 선단각
4 : 몸체의 반분   c : 몸체 여유
5 : 몸체의 중앙부   d : 드릴의 지름
6 : 웨브(wed)

그림7-3 드릴의 구조 및 각부 명칭

(1) **드릴의 표준 날끝각** : 118°

(2) **날 여유각** : 10~15°

(3) **비틀림각** : 20~35°

(4) 드릴 자루

① 곧은 자루 : 지름이 13mm 이하
② 모스 테이퍼 자루 : 지름이 13mm 이상

(5) 시닝(thinning)★★

웨브의 두께를 적게 하여 절삭력을 증가(절삭저항 감소)시키는 것.
① 절삭저항을 감소시키기 위하여 웨브(web) 두께를 얇게 연삭하는 것이다.
② 치즐 에지(chisel edge)를 연삭

2 보링머신

드릴로 뚫은 구멍 또는 단조 작업으로 내부 구멍이 만들어져 있는 것을 보링 바이트를 이용하여 구멍 내부를 완성 가공하든지, 내부 구멍을 확대 작업을 하는 공작기계이다.

1. 보링 머신에서 할 수 있는 작업

보링 작업, 리머 작업, 탭 작업, 단면절삭, 외경절삭, 나사깎기 등 가능

2. 보링 머신의 종류

(1) **수평식 보링 머신** : 가장 보편적으로 사용되며, 테이블형, 플로어형, 플레이너형 등이 있다.
(2) **정밀 보링 머신** : 진원도, 진직도가 높은 고속 정밀 보링 작업
(3) **지그 보링 머신**★★★ : 구멍을 매우 정확하게 위치를 잡아 주어 정밀한 구멍가공이 가능하다.

그림7-4 수평식 보링 머신

3. 보링 공구 구조

(1) **보링 바** : 보링 바이트 고정

(2) **보링 바이트**(공구)
① 단인 보링 공구   ② 다인 보링 공구
③ 양날 보링 공구   ④ 카운터 보링 공구

(3) **보링 헤드** : 보링 바에 고정하여 바이트를 설치

chapter 7 ● 실전연습문제

01 보링작업에서 주로 사용하는 절삭공구는?
① 커터
② 리머
③ 호브
④ 바이트

02 표준 드릴의 여유각은 몇 도인가?
① 8~12[°]
② 12~15[°]
③ 15~18[°]
④ 18~21[°]

03 미리 뚫어진 구멍을 넓히는 작업에 가장 적합한 공작기계는?
① 드릴링 머신
② 밀링 머신
③ 슬로팅 머신
④ 보링 머신

04 급속귀환 운동기구를 사용하지 않는 공작기계는?
① 플레이너
② 셰이퍼
③ 슬로터
④ 드릴링 머신

> **Solution** 급속귀환 운동기구를 갖고 있는 공작기계
> (1) 셰이퍼의 급속귀환기구
>   ① 크랭크와 로커암
>   ② 유압식
> (2) 슬로터의 램 운동기구
>   ① 크랭크식
>   ② 위트워스 급속귀환 운동식
>   ③ 랙과 피니언
>   ④ 유압식
> (3) 플레이너 테이블 구동장치
>   ① 기어식
>   ② 나사식
>   ③ 변속전동기식
>   ④ 유압식

Answer   01 ④   02 ②   03 ④   04 ④

05 드릴에서 시닝(thinning)을 옳게 설명한 것은?

① 드릴의 장시간 사용으로 웨브가 얇아지는 것이다.
② 마진의 폭을 좁히는 것이다.
③ 백 테이퍼를 증가시키는 것이다.
④ 절삭저항을 감소시키기 위하여 웨브(web) 두께를 얇게 연삭하는 것이다.

06 드릴링의 조건으로 절삭속도 30[m/min], 드릴 지름 20[mm], 이송 0.1[mm/rev], 드릴끝 원뿔의 높이 5.8[mm]이라 하고 깊이 90[mm]의 구멍을 절삭하는데 소용되는 시간은?

① 1.5[min] ② 2.0[min]
③ 3.0[min] ④ 3.5[min]

Solution

$$V = \frac{\pi d N}{1,000}$$

$$N = \frac{1,000 \times 30}{\pi \times 20} = 477.46 \, [\text{rpm}]$$

구멍절삭시간 : $T = \frac{t+h}{ns} = \frac{90+5.8}{477.46 \times 0.1} = 2.0[\min]$

07 드릴링할 때 드릴의 절삭저항을 감소시키기 위하여 치즐 에지(chisel edge)를 일부분 연삭하는 것은 다음 중 어느 것인가?

① 시닝(thining) ② 치핑(chipping)
③ 펀칭(punching) ④ 샌딩(sanding)

Answer 05 ④ 06 ② 07 ①

chapter 8 − 셰이퍼, 슬로터, 플레이너 가공

1 셰이퍼(shaper)

1. 셰이퍼(shaper)의 가공 분류★★

평면, 수직, 측면 절삭, 넓은 홈절삭, 각도절삭, 곡면절삭, 홈절삭 등이 가능

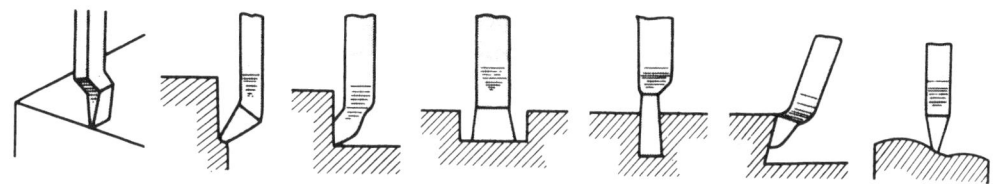

(a) 평면 절삭 (b) 수직 절삭 (c) 측면 절삭 (d) 넓은 홈 절삭 (e) 홈 절삭 (f) 각도 절삭 (g) 곡면 절삭

그림8-1 셰이퍼 작업의 분류

2. 셰이퍼의 크기★★★

(1) 램의 최대행정
(2) 테이블의 크기
(3) 테이블의 최대 이동 거리

3. 셰이퍼의 종류★★

(1) **수평형 셰이퍼**
(2) **수직형 셰이퍼** : 슬로터 − 램이 수직 왕복운동
(3) **직주식 셰이퍼** : 테이블 이동
(4) **횡행식 셰이퍼** : 램 이동

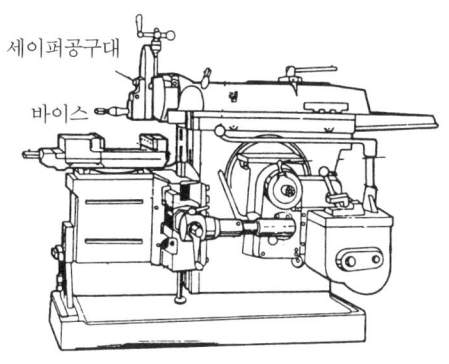

그림8-2 셰이퍼의 구조

4. 램의 급속 귀환 기구★★★

퀵 리턴 운동 – 절삭속도가 공구의 귀환속도보다 느리다.
① 크랭크 기어와 로커 암 구조
② 랙과 피니언
③ 유압기구

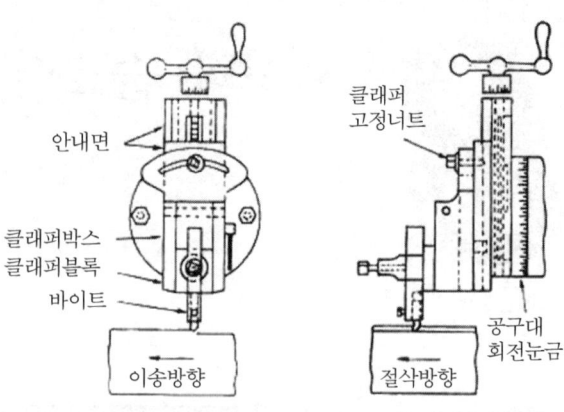

그림8-3 셰이퍼 공구대

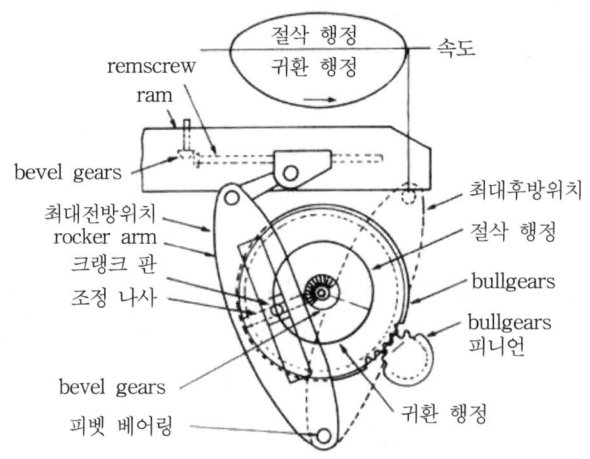

그림8-4 크랭크식 퀵 리턴 운동기구

2 슬로터(slotter)

테이블에 대하여 램이 수직으로 상하운동을 하여 절삭하는 공작기계이다.

1. 슬로터의 가공 분류★★★

키 홈 가공, 평면 가공, 곡면의 절삭 가공, 내면 가공, 스플라인, 세레이션 홈 가공, 내접 기어 가공 등이 가능하다.

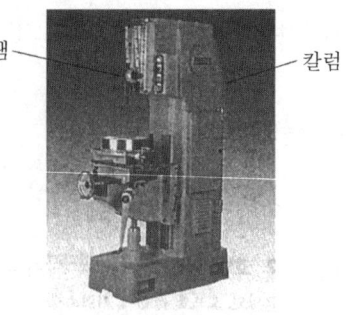

그림8-5 슬로터의 구조

2. 슬로터의 크기 ★★

(1) 램의 최대 행정
(2) 회전 테이블의 지름

3 플레이너(planer)

대형 공작물의 평면가공을 주목적으로 하는 공작기계이다.

플레이너의 가공 분류	① 셰이퍼로 가공할 수 없는 큰 공작물의 평면가공 ② 수평면, 수직면, 경사면, 홈곡면 등을 가공
플레이너의 크기	① 테이블의 최대 행정 ② 공작물의 최대 폭 및 높이
급속귀환장치 ★★★	① 벨트와 유압장치 ② 랙과 피니언 ③ 웜과 웜 기어
플레이너의 종류	① 쌍주식 플레이너 ② 단주식 플레이너 : 쌍주식 보다 폭이 넓은 공작물 가공이 가능하다. ③ 피트 플레이너 ④ 에지 플레이너

그림8-6 쌍주형 플레이너

chapter 8 실전연습문제

01 다음 중 급속귀환운동이 이루어지는 공작기계끼리 짝지어진 것은?
① 셰이퍼, 브로우칭 머신
② 플레이너, 밀링머신
③ 드릴링머신, 보오링머신
④ 플레이너, 셰이퍼

02 다음과 같은 공작기계에서 가공물은 고정 상태이고 공구가 직선 왕복운동을 하면서 비교적 소형의 평면, 측면, 홈 등을 가공하는 것은?
① 드릴링 머신　　　　　② 선반
③ 셰이퍼　　　　　　　④ 플레이너

03 셰이퍼에서 행정 350[mm], 바이트의 왕복 회수가 60[회/min]이며, 귀환속도비 $R = \dfrac{V_C}{V_R} = \dfrac{2}{3}$ 이고, V_R : 귀환속도일 때, 절삭속도(V_C)의 값은?
① 35[m/min]　　　　　② 40[m/min]
③ 31.5[m/min]　　　　④ 52.5[m/min]

Solution $V = \dfrac{N \cdot l}{1000R} = \dfrac{60 \times 350}{1000 \times \dfrac{2}{3}} = 31.5 \,[\text{m/min}]$

Answer　01 ④　02 ③　03 ③

04 플레이너(planer)의 급속귀환 운동에 부적당한 기구는?

① 유압기구　　　　　② 크랭크 장치
③ 랙과 피니언　　　　④ 웜과 웜 기어

> **Solution** (1) 셰이퍼의 램 운동기구
> 　① 크랭크와 로커암
> 　② 유압식
> 　③ 랙과 피니언
> 　④ 스크루와 너트
> (2) 슬로터의 램 운동기구
> 　① 크랭크식
> 　② 위트워스 급속귀환 운동식
> 　③ 랙과 피니언
> 　④ 유압식
> (3) 플레이너 테이블 구동장치
> 　① 기어식 : 스퍼 기어, 헬리컬 기어, 웜 기어, 랙과 피니언
> 　② 나사식
> 　③ 변속전동기식
> 　④ 유압

05 급속귀환운동기구를 사용하지 않는 운동기구는?

① 플레이너　　　　　② 셰이퍼
③ 슬로터　　　　　　④ 드릴링 머신

06 일반적으로 램(ram)의 최대 행정을 그 기계의 크기로 표시하는 것은?

① 선반　　　　　　　② 셰이퍼
③ 밀링 머신　　　　　④ 연삭기

07 셰이퍼의 급속귀환 운동에 부적당한 기구는?

① 랙과 피니언　　　　② 크랭크 장치
③ 유압기구　　　　　④ 웜과 웜 기어

Answer　04 ②　05 ④　06 ②　07 ④

chapter 9 연삭기 가공

1 연삭가공의 분류

연삭 숫돌바퀴로 고속 회전시켜 공작물의 표면을 깎아 내는 방법

(1) 원통 외면, 내면 연삭
(2) 평면 연삭
(3) 나사 연삭
(4) 공구 연삭
(5) 기어 연삭

    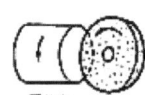

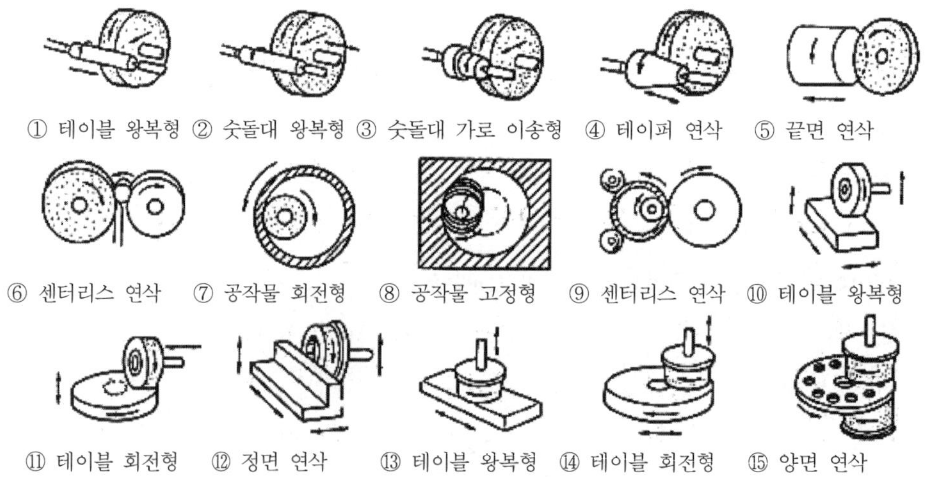

① 테이블 왕복형　② 숫돌대 왕복형　③ 숫돌대 가로 이송형　④ 테이퍼 연삭　⑤ 끝면 연삭

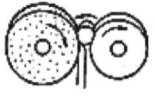 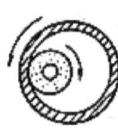 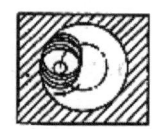 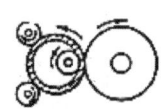 

⑥ 센터리스 연삭　⑦ 공작물 회전형　⑧ 공작물 고정형　⑨ 센터리스 연삭　⑩ 테이블 왕복형

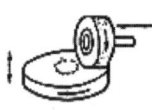 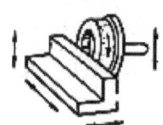  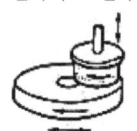 

⑪ 테이블 회전형　⑫ 정면 연삭　⑬ 테이블 왕복형　⑭ 테이블 회전형　⑮ 양면 연삭

그림9-1 연삭기 가공의 종류★

2 연삭기의 종류

(1) 원통 연삭기

① 테이블 왕복형
② 숫돌대 왕복형
③ 숫돌대 가로이송형
④ 테이퍼 연삭기
⑤ 끝면 연삭기

그림9-2 원통 연삭기

(2) 내면 연삭기

① 공작물 회전형 : 공작물을 회전시키며 숫돌축을 자체 회전시켜 연삭하는 방식
② 공작물 고정형 : 숫돌축에 자체 회전운동을 주고 공작물을 고정한 연삭 방식

(3) 평면 연삭기 : 공작물의 평면 연삭

(4) 센터리스 연삭기★★★

조정숫돌을 사용하여 공작물에 회전과 이송을 주어 연삭

① 작은 지름의 공작물을 대량 생산
② 센터나 척을 이용하지 않는다.
③ 공작물의 이송 방법에는 통과 이송법, 전후 이송법, 단 이송법 등이 있다.

이송 속도(S)

㉠ 세로이송(thrufeed) : 조정숫돌 이송
㉡ 가로이송(infeed) : 플런지 컷, 총형연삭과 유사한 이송
㉢ 끝이송(endfeed) : 테이퍼 가공

$$S = \pi DN \sin\alpha$$

S : 이송속도(센터리스 연삭기)
D : 숫돌의 바깥지름
N : 회전수[rpm]
α : 경사각[°]

(5) 만능 연삭기

① 단면, 테이퍼 등의 연삭 가능
② 연삭숫돌대, 주축대, 테이블 등이 각각 회전이 가능한 연삭기

(6) 특수 연삭기

나사, 크랭크, 캠 연삭 등

(7) 공구 연삭기

바이트, 드릴, 호브, 리머, 밀링 커터 등을 연삭

3 만능 연삭기의 크기 표시

(1) 스윙과 양 센터간의 최대거리

(2) 숫돌바퀴의 크기

4 연삭 숫돌

(1) 자생작용 ★
① 연삭시 숫돌의 마모된 입자가 탈락되고 새로운 입자가 나타나는 현상
② 숫돌입자의 마멸 → 파쇄 → 탈락 → 생성의 과정을 되풀이하는 현상

(2) 연삭숫돌의 3요소 ★★★
① 숫돌 입자 : 절삭날의 역할 → 숫돌입자의 연삭 깊이 : 숫돌의 원주속도에 반비례한다.
② 결합제 : 숫돌입자를 성형
③ 기공 : 연삭 미세 입자를 피하며 자생작용을 돕는 역할

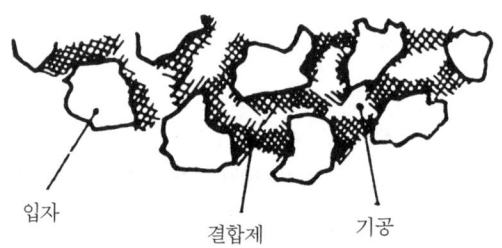

그림9-3 연삭숫돌

(3) 연삭숫돌의 구성 요소 ★★★
① 숫돌입자

Al$_2$O$_3$ (알루미나)		SiC (탄화규소)	
암갈색	A 입자(일반강재 연삭)	암자색	C 입자(주철, 자석강, 비철금속 등 연삭)
백 색	WA 입자(열처리강 연삭)	녹색	GC 입자(초경합금 연삭)

② 입도 : 숫돌입자의 크기를 번호로 표시

호칭	황목(조립)	중목(중립)	세목(세립)	극세목(극세립)
입도	10, 12, 14, 16, 20, 24	30, 36, 46, 54, 60	70, 80, 90, 100, 120, 150, 180, 220	240, 280, 320, 400, 500, 600, 700, 800
용도	거친연삭	다듬질연삭	경질연삭	초정밀 가공 래핑

③ 결합도 : 숫돌의 단단한 정도

결합도 기호	E, F, G	H, I, J, K	L, M, N, O	P, Q, R, S	T, U, V, W, X, Y, Z
결합도 호칭	극연 (극히 무르다)	연 (무르다)	중 (중간)	경 (굳다)	극경 (극히 굳다)

④ 조직 : 숫돌 내부의 입자 밀도

입자의 밀도	밀(C)	중(M)	조(W)
조직 기호	0, 1, 2, 3	4, 5, 6	7, 8, 9, 10, 11, 12

⑤ 결합제 : 입자를 결합시키는 것.

종류		기호	재질
비트리파이드		V	점토와 장석
실리케이트		S	규산나트륨
탄성숫돌	고무	R	생고무, 인조고무
	레지노이드	B	합성수지
	셀락	E	천연셀락
	비닐	PVA	폴리비닐알콜
금속		M	다이아몬드

절단용 숫돌 및 센터리스 연삭기의 조정 숫돌 결합제로는 고무가 사용된다.

(4) 연삭숫돌 바퀴 표시 방법★★★★

입자 — 입도 — 결합도 — 조직 — 결합제 — 바깥지름 — 두께 — 구멍지름
A   54   J   6   V   300   25   100

5 연삭숫돌 수정

(1) 글레이징(glazing ; 무딤)★★★

마모된 숫돌 바퀴의 입자가 탈락되지 않고 마멸에 의해 납작해진 현상

(2) 로우딩(loading ; 눈메움)★★★

숫돌입자의 표면이나 기공에 칩이 끼여 있는 현상

(3) 드레싱(dressing)★★★

눈메움 또는 무딤 발생시 숫돌 표면을 드레서(Dressor)라는 공구를 이용하여 숫돌 날을 생성시키는 작업

(4) 트루잉(truing)★★★

연삭면을 숫돌과 축에 대하여 평행 또는 일정한 형태로 성형시키는 작업으로 나사 가공을 위해 나사 모양의 연삭숫돌을 만드는 것이 트루잉 작업의 예가 된다.

6 기타

(1) 연삭숫돌의 수명 판정

숫돌의 감멸이 급격히 증가할 때

(2) 연삭 중 얻어지는 칩의 평균길이

$$L_c = \sqrt{2f \cdot d_t}$$

$\begin{bmatrix} f : \text{infeed} \\ d_t : \text{지석의 지름} \end{bmatrix}$

chapter 9 실전연습문제

01 다음 중 유성형 연삭기는?
① 공작물 회전형
② 공작물 이동형
③ 공작물 고정형
④ 공작물 왕복형

Solution 내면 연삭기에는 보통형과 유성형 2가지가 있다.
① 보통형 : 공작물과 연삭숫돌에 회전을 가하여 연삭하는 방식이다.
② 유성형(planetary type) : 공작물은 정지상태로 놓고 숫돌을 회전시키면서 공작물 주위를 공전시키며 연삭하는 방식이다.

02 나사연삭기에서 나사를 연삭하기 위하여 나사 모양으로 숫돌을 만드는 작업은?
① 글래징
② 투루잉
③ 로우딩
④ 드레싱

03 원통연삭할 때 연삭숫돌의 회전방향과 가공물의 회전방향이 서로 반대방향으로 상대운동을 한다. 이 때 숫돌의 지름이 250[mm], 회전수가 2500[rpm]이고 가공물의 원주속도가 14.5[m/min]이다. 상대속도는 몇 [m/min]인가?
① 1950
② 1967
③ 1978
④ 1987

Solution 숫돌의 원주속도를 V_A, 공작물의 원주속도를 V_B라 하면 공작물에서 본 숫돌의 원주속도 V는 다음과 같이 계산된다.

$$V_{A/B} = V_A - V_B = \frac{\pi d N}{1000} - V_B$$

$$V_{A/B} = \frac{\pi \times 250 \times 2500}{1000} - (-14.5) = 1978 \,[\text{m/min}]$$

04 평면연삭기에서 원주속도 2600[m/min], 연삭력이 147[N]이라면 이 때 모터 동력이 10[kW]라면 연삭기 효율은 몇 [%]인가?
① 63.7
② 68.9
③ 72.4
④ 75.8

Solution $L = \dfrac{FV}{\eta}$; $10 = \dfrac{147 \times 2600 \times 10^{-3}}{60 \times \eta}$, $\eta = 0.637 = 63.7[\%]$

Answer 01 ③ 02 ② 03 ③ 04 ①

05 연삭숫돌의 파손 원인이 아닌 것은?

① 숫돌과 공작물, 숫돌과 지지대간에 불순물이 끼었을 경우
② 숫돌이 과도한 고속으로 회전하는 경우
③ 숫돌의 측면을 공작물로 심하게 삽입됐을 경우
④ 숫돌이 진원이 아닐 경우

> **Solution** 숫돌의 진원은 기하학적인 측면에서 최초 가공하기 전에도 완전 진원은 아닐 것이다.

06 $\phi 40$ 의 연강봉에 리드(lead) 240[mm]의 비틀림 홈을 밀링에서 깎고자 한다. 이 때 테이블은 몇 도 몇 분 회전시켜야 하는가?

① 약 27° 38′   ② 약 35° 48′
③ 약 42° 51′   ④ 약 50° 06′

> **Solution** 테이블을 회전시키는 각도
> $$\tan\theta = \frac{\pi D}{L} = \frac{\pi \times 40}{240} = 0.52$$
> $\theta = \tan^{-1}(0.52) = 27.47° = 27°38′$

07 연삭작업에서 눈메꿈(loading)을 일으킨 칩을 제거하여 깎임새를 회복시키는 작업은?

① 드레싱(dressing)   ② 보딩(boarding)
③ 크러싱(crushing)   ④ 셰이핑(shaping)

> **Solution** 연삭숫돌 수정작업
> ① 드레싱(dressing) : 절삭성이 나빠진 숫돌의 마모입자를 탈락시키고 새롭고 날카로운 입자를 발생시켜주는 작업
> ② 트루잉(truing) : 숫돌의 연삭면을 축과 평행하게 또는 일정한 형을 갖도록 성형시키는 작업

08 장시간 연삭가공시 면이 변화되어 최초의 숫돌면 모양으로 형상수정을 위하여 다이아몬드 드레서(diamond dresser)로 연삭숫돌을 재가공하는 것은?

① 로딩(loading)   ② 글레이징(glazing)
③ 트루잉(truing)   ④ 그라인딩 번(grinding burn)

> **Solution** 연삭숫돌의 작용과 수정
> ① 글레이징(무딤 ; glazing) : 숫돌바퀴의 입자가 탈락이 되지 않고 마멸에 의하여 평평해지는 현상
> ② 로딩(눈메움 ; loading) : 숫돌입자의 표면이나 기공에 연삭 칩이 끼어 연삭성이 불량한 현상
> ③ 드레싱(dressing) : 평평해진 숫돌입자가 자생작용으로 떨어져 나가지 않아 공구를 이용해서 숫돌날을 재생시키는 작업
> ④ 트루잉(truing) : 숫돌의 연삭면을 숫돌과 축에 대하여 평행 또는 일정한 형태로 성형시키는 방법

Answer 05 ④   06 ①   07 ①   08 ③

09 연삭숫돌에 다음과 같은 기호가 표기되어 있다. 연삭숫돌 입자의 재질은?

> "38WA46M 5VN. 650×50×50"

① 백색 알루미나 ② 녹색 탄화규소
③ 흑자색 탄화규소 ④ 다이아몬드

▶ Solution "38WA46M 5VN. 650×50×50
WA : 입자의 종류-알루미나(Al_2O_3)

10 나사 연삭을 하기 위하여 숫돌을 나사 모양으로 만드는 작업은?

① 루징(loosing) ② 글레이징(glazing)
③ 로딩(loading) ④ 트루잉(truing)

11 연삭가공에서 숫돌입자의 연삭깊이는 어떻게 되는가?

① 숫돌의 원주속도에 비례한다.
② 연삭입자의 간격(間隔)에 반비례한다.
③ 숫돌의 원주속도에 반비례한다.
④ 공작물의 원주속도에 반비례한다.

12 연삭숫돌 표시의 보기이다. K는 무엇을 표시간 것인가? (보기 : WA60KmV)

① 결합제 ② 입도
③ 결합도 ④ 조직

13 지름 5[mm], 길이 1000[mm]의 핀을 연삭하는데 적합한 연삭기는?

① 공구 연삭기 ② 센터리스 연삭기
③ 만능 연삭기 ④ 프라에트리 연삭기

14 WA·46·H·8·V는 연삭 숫돌의 표시를 나타낸 것이다. 46은 무슨 뜻인가?

① 경도 ② 입도
③ 조직 ④ 제조자 기호

> Answer 09 ① 10 ④ 11 ③ 12 ③ 13 ② 14 ②

chapter 10 강의 열처리(熱處理)

1 열처리

금속의 성질을 변화시킬 목적에서 금속을 가열·냉각시키는 것.

1. 열처리 방법

(1) 일반 열처리(계단 열처리)
  ① 담금질, ② 뜨임, ③ 불림, ④ 풀림

(2) 항온 열처리

(3) 표면경화 열처리

(4) 연속 냉간 열처리

2. 열처리 작업을 지배하는 요인

(1) 열처리 온도 구간
(2) 일정온도의 유지시간
(3) 냉각속도
(4) 냉각능력

2 일반 열처리(계단 열처리)

1. 담금질(quenching : 소입) ★★★★★

재료를 고온으로 가열했다가 급랭시키면 재질이 경화되어 강도 및 경도가 증가하며, 두께가 얇고 철판 모양의 물체일수록 담금질 효과가 크다. 아공석강은 A_3 변태점 보다 30~50[℃] 높게 가열했다가 급냉시키고, 과공석강은 A_1 변태점 보다 30~50℃ 높게 가열했다가 급냉시켜 열처리한다.

※변태(變態 ; transformation) : 금속이 고체상태에서 결정구조가 변화하는 것.

(1) 냉각속도에 따른 변화

염욕(소금물) > 수냉 > 유냉 > 공냉 > 노냉

① 담금질 냉각제의 냉각능력 : NaOH 용액 > NaCl > 물 > 기름
  ⇒ 물보다는 NaOH용액에서 냉각이 빠르다는 의미
② 냉각능 : 열처리시 냉각제의 냉각속도
③ 급냉시키는 목적 : 강의 변태를 정지시키고 마텐자이트 조직을 얻기 위한 것.
④ 강철을 서냉시켰을 때 상온에서 볼 수 있는 조직에는 페라이트(α-Fe), 펄라이트(α+Fe$_3$C), 시멘타이트(Fe$_3$C) 등이 있다.

(2) 냉각에 따른 강의 조직

표10-1 냉각 방법에 따른 강의 조직

냉각 방법	강의 조직
노냉(노중 냉각)	펄라이트
공냉(공기중 냉각)	소르바이트
유냉(유중 냉각)	트루스타이트
수냉(수중 냉각)	마텐자이트

① 오스테나이트(austenite) : 전기 저항은 크나 경도가 작고, 강도에 비해 연신율이 크다. 최대 2%까지 탄소를 함유하고 있으며 γ철에 시멘타이트가 고용되어 있어 γ고용체라고도 한다.
  ※고용체 : 2종 이상의 물질이 고체 상태로 완전히 융합된 것.
② 소르바이트(sorbite) : 트르스타이트를 얻을 수 있는 냉각속도보다 느리게 냉각했을 때 나타나는 조직이다. −마텐자이트＋펄라이트 조직으로 구성
③ 트르스타이트(troostite) : 오스테나이트를 점점 더 냉각했을 때, 마텐자이트를 거쳐 탄화철(시멘타이트)이 큰 입자로 나타나는 조직으로 α-Fe이 혼합된 조직이다.
④ 마텐자이트(martensite) : 부식에 대한 저항이 크며 강자성체이고, 경도와 강도는 크나 여린 성질이 있어 연성이 작다.

(3) 경한 순서

오스테나이트(A) < 마텐자이트(M) > 트르스타이트(T) > 소르바이트(S) > 펄라이트(P)

(4) 심냉처리(sub zero treatment)

담금질을 한 직후 잔류 오스테나이트를 마텐자이트화하기 위하여 0℃ 이하로 냉각 처리(드라이 아이스를 사용)하는 방법이다.
① 치수의 안전성이나 내마모성을 향상시킨다.
② 기계적 성질을 개선시킨다.

(5) 질량 효과(mass effect)

부피가 클 경우 냉각속도가 내부와 외부에서 다르므로 경도 차가 발생하는 현상이다.

(6) 강의 경화능(hardenability)

담금질 처리를 받을 때 최소경도를 나타내는 능력
① 담금질성 향상
② 급냉 경화된 깊이 향상
③ 결정 입도를 조대화시킴
④ 담금질성을 향상시키는 합금 원소 : B, Mn, Mo, Cr
⑤ 경화능을 측정하는 표준적 방법-조미니(Jominy) 시험

(7) 구상화처리

A_1 변태점 근방에서 일정시간 유지 후 서냉하면 시멘타이트는 미세하게 분리되면서 계면 장력에 따라 구상화된다. 탄소 공구강을 담금질하기 전에 필히 구상화 처리를 한다.

2. 뜨임(tempering : 소려)★★★

담금질 후 인성을 개선시키고 내부응력 제거를 위해 A_1 변태점 이하로 재가열 후 냉각하면 취성이 줄고 강인성이 커지는 열처리이다. 기타 단면수축률, 연신율 및 충격치를 개선시킨다.

(1) 뜨임 열처리로 인한 강의 조직 변화

오스테나이트 → 마텐자이트 → 트루스타이트 → 소루바이트 → 펄라이트

(2) 저온 뜨임

① 잔류응력을 제거하고 경도가 요구될 경우 150℃ 부근에서 가열 후 냉각 처리
② 오스테나이트(A) 조직이 마텐자이트(M) 조직으로 변화
③ 마텐자이트 조직을 약 400[℃]로 뜨임 처리하면 트루스타이트(T) 조직으로 변화

(3) 고온 뜨임

① 강인한 조직을 얻기 위해 500~600[℃]에서 가열 후 냉각 처리
② 트루스타이트(T) 조직이 소르바이트(S) 조직으로 변화

(4) 블루잉(blueing)

상온가공한 강의 탄성 한계를 향상시키기 위하여 250~370[℃]로 가열하는 작업

(5) 저온 뜨임 취성

뜨임 온도가 200[℃] 가량 증가하나 250~300[℃]에 있어서는 낮은 값이 나타나는 현상으로서 탄소(C)의 함유량이 0.2~0.4[%]인 구조용 강에서 볼 수 있다.

3. 풀림(annealing : 소둔)★★★★

내부응력 제거와 경화된 재료의 연화(가공경화 제거)를 위해 A_1변태점 이상에서 가열 후 서냉한 열처리

(1) 풀림의 목적
① 기계적 성질을 개선시킨다.—담금질 효과를 향상, 내부 응력 제거, 인성의 향상 등
② 피절삭성을 개선시킨다.
③ 재료의 불균일을 제거시키고 조직을 개선시킨다.

(2) 저온 풀림 : A_1 변태 이하에서 열처리
① 응력제거 풀림
② 프로세서 풀림
③ 재결정 풀림

(3) 고온 풀림 : A_3 이상에서 열처리
① 완전 풀림
② 확산 풀림
③ 항온 풀림

(4) 주철의 내부응력 제거를 위해서는 500~600[℃]에서 6~10시간 정도 풀림 처리를 한다.

4. 불림(normalizing : 소준)★★

주조나 소성가공에 의해 거칠고 불균일한 조직을 제거하기 위해 A_3 변태점 보다 40~60℃ 높게 가열 후 공기 중 냉각 처리한 열처리이다.
① 거칠어진 조직 미세화, 편석이나 잔류 응력 제거, 재질의 표준화를 위한 열처리
② 결정입자는 조직이 미세하게 되고, 강도 및 경도 크게 증가, 연신율과 인성도 조금 증가

3 항온 열처리(恒溫 熱處理 : isothermal heat treatment)

변태점 이상으로 가열한 재료를 연속적으로 냉각하지 않고 어느 일정한 온도의 염욕중에 냉각하여 그 온도에서 일정한 시간 동안 유지시킨 뒤 냉각시켜 담금질과 뜨임을 동시에 할 수 있는 방법이다. 이 방법은 온도, 시간, 변태의 3가지 변화를 도표로 표시하여 목적한 조직 및 경도를 얻을 수이다.

1. 강의 항온 냉각 변태곡선

(1) 항온 변태(isothermal treatment)★

오스테나이트 상태에서 A_1 이하의 항온까지 급랭하고 그대로 항온 유지했을 때 일어나는 변태

(2) 항온 변태곡선(time-temperature transformation curve : TTT곡선)★★★

항온 변태에 따른 조직의 변화를 나타낸 것으로 S곡선 또는 C곡선이라고도 한다.
항온 열처리 요소 : 온도, 시간, 변태

(3) 연속 냉각 변태곡선(continuous cooling transformation curve : CCT곡선)

강을 오스테나이트 상태에서 급랭 또는 서냉할 때의 냉각 곡선을 나타낸 것.

2. 항온 풀림

풀림 온도로 가열한 강재를 펄라이트 변태가 진행되는 온도 600~700[℃]까지 열욕중 냉각시켜 그 온도에서 항온 변태시킨 후 공기 중 냉각한 열처리이다.

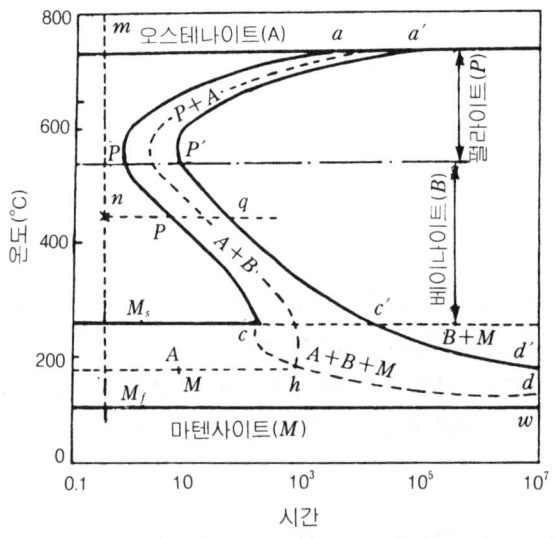

그림10-1 항온 변태곡선(TTT곡선)

3. 항온 담금질

(1) 오스템퍼(austemper)★★★

오스테나이트 상태에서 A_r' 와 A_r'' 변태점간의 염욕에 항온변태 후 상온까지 냉각 처리한 열처리이다.

① 하부-베이나이트 조직이 얻어진다.
② 뜨임 처리할 필요가 없다.
③ 강인성이 크다.
④ 균열이나 변형이 적다.
⑤ 베이나이트 조직은 마텐자이트와 트루스타이트의 중간 조직이다.
　※베이나이트 : 오스테나이트가 변태하여 생성된 조직으로 현미경으로 보면 깃털 모양의 침상이고 부식되기 쉽다.

(2) 마템퍼(martemper)

오스테나이트 상태에서 M_s와 M_f 간의 염욕중에 항온변태 후 공냉 처리한 열처리이다.
① 베이나이트와 마텐자이트의 혼합 조직이다.
② 경도가 증가된다.
③ 충격값이 큰 조직이다.
④ 오랜 시간 항온 유지시켜야 됨으로 잘 사용되는 방법은 아니다.

(3) 마퀜칭(marquenching)

오스테나이트 상태에서 $M_s(A_r'')$점보다 약간 높은 온도의 염욕중에 담금질하여 항온유지 후 천천히 냉각시켜 뜨임한 열처리이다.
① 마텐자이트 조직을 얻는다.
② 경도는 낮아지지만 담금질 균열이나 변형은 없다.
③ 고탄소강, 합금강, 게이지강, 공구강(고속도강, 베어링강) 등의 열처리에 적합하다.

(4) Ms퀜칭(ms quenching)

담금질 온도로 가열한 상태로 M_s점보다 약간 낮은 온도의 열욕에 넣어 강의 내·외부가 동일 온도가 될 때까지 물 또는 기름에 냉각 처리한 열처리이다.

(5) 파텐팅(partenting : 담금질 소르바이트)★★★

피아노선, 경강선을 인발하기에 앞서 급속 가열 후 A_{r1} 변태점 이하에서 일정한 온도를 유지 후 염욕 노(爐)에서 소르바이트 조직을 얻는 방법이다.

4. 항온 뜨임

뜨임 온도에서 M_s(250[℃])부근의 열욕에 넣어 항온 유지시켜 오차 베이나이트 조직을 얻을 수 있는 항온 열처리이다.

4 표면 경화법(表面 硬化法)

강 표면에만 경도를 부여하고 내부에는 연성과 인성을 지니게 하는 방법의 열처리이다. 표면의 경도를 크게 해줄 필요가 있는 부분, 예를 들면 축 및 기어 등과 같은 내마멸성이 요구되는 기계의 접촉부에 적합한 열처리를 표면 경화 처리(surface hardening)라 한다.

1. 화학적 표면 경화법****

(1) 침탄법

0.2[%] 이하의 저탄소강을 침탄제와 함께 침탄상자에 넣어 탄소를 침투시켜 노에서 가열 0.5~2[mm]의 침탄층을 생성시킨 후 담금질 처리한 표면 경화법이다. 기어, 피스톤, 축 등의 표면 경화에 가장 적당한 방법이며 경화층의 두께는 침탄법이 가장 깊다.

① 고체 침탄법 : 침탄제(목탄, 코크스, 골탄)와 침탄촉진제($BaCO_3$-탄산바륨, Na_2CO_3-탄산나트륨, NaCl, 적혈염, 소금 등)를 침탄처리 할 재료와 함께 철제상자에 넣고 이것을 노내에서 900~950[℃]로 4~6시간 가열시켜 침탄층을 얻는 방법이다.

② 액체 침탄법(청화법, 시안화법) : 침탄제(NaCN-시안화 나트륨, KCN-시안화 칼륨)에 염화물(NaCl, KCl, $CaCl_2$)이나 탄화염(Na_2CO_3, K_2CO_3)을 40~50[%] 첨가하고 600~900 [℃]에서 용해하여 탄소(C)와 질소(N)를 동시에 소재의 표면에 침투하게 하여 표면을 경화시키는 방법이다.

③ 가스 침탄법 : 침탄제로 메탄(CH_4), 프로판(C_3H_8) 또는 부탄(C_4H_{10})과 같은 탄화수소계 가스 등을 재료와 함께 침탄로에 넣고 소정의 온도에서 일정 유지시킨 다음 담금질을 하고 뜨임 처리를 하여 소재의 표면에 탄소층을 이루게 하는 침탄법이다.

(2) 질화법(nitriding)

고온(520~550[℃])의 암모니아 가스(NH_3)에서 분해된 질소를 철 또는 강에 침투시켜 질화철을 형성한 열처리이다.
① 마모저항 및 경도가 크나 취성이 있다.
② 600[℃] 이하에서는 경도가 감소되지 않고 산화도 일어나지 않는다.
③ 크랭크축, 캠축 등에 사용한다.
④ 질화강은 담금질할 필요가 없다.

(3) 청화법(cyaniding : 시안화법, 액체침탄법, 침탄질화법)

액체침탄법으로 C와 N를 동시에 침투시키는 방법으로 매우 짧은 시간에 표면경화가 가능하며 KCN(청산칼리 또는 시안화 칼륨)과 NaCN(청산소다 또는 시안화 나트륨) 등의 청화제를 액중에 침지시켜 표면을 경화시키는 방법이다. 탄소와 질소를 동시에 침투시켜 침탄질화법이라고도 한다.

침탄 깊이는 온도가 높을수록, 시간이 길수록 깊어진다.

표10-2 침탄법과 질화법의 비교

침탄법	질화법
경도 감소한다.	경도가 크고 취성이 있다.
침탄 후 열처리 필요하다.	질화 후 열처리 필요 없다.
침탄 후 수정 가능하다.	질화 후 수정 불가능하다.
단시간내의 표면경화 가능하다.	표면경화 시간이 길다.
변형이 생긴다.	변형이 적다.
침탄층은 단단하다.	질화층은 여리다.

2. 물리적 표면 경화법★★

(1) 화염 경화법(flame hardening)

경화시키고자 하는 재료를 산소-아세틸렌 가스를 열원으로 하여 가열하고 담금질을 하여 경화시키는 방법이다.
① 기어의 잇면, 캠, 나사, 크랭크축, 선반 베드의 안내면, 선반 주축 등의 표면 경화에 주로 사용하는 방법이다.
② 제품이 과열되기 쉽다.
③ 경화층의 깊이를 조정하기 어렵다.
④ 작업이 간단하다.

(2) 고주파 경화법(induction hardening)

고주파 전류를 이용여 담금질 시간이 짧고 복잡한 형상에 이용하는 표면 경화법이다.
① 국부적으로 담금질이 가능
② 직접 가열로 열효율이 높다.
③ 담금질 재료의 피로강도가 우수하다.
④ 기어, 핀, 축 등의 표면층에 경도 및 피로한도를 요구하는 열처리에 이용

3. 금속 침탄법(시멘테이션)★★★

강철 표면에 타금속을 침투시켜 표면에 합금층이나 금속피복을 만들어 경화시키는 방법

(1) 세라다이징(sheradizing : Zn 침투법)-아연 침투

(2) 크로마이징(chromozing : Cr 침투법)-크롬 침투

① 내열성, 내식성, 내마모성 향상
② 줄의 표면 경화

(3) **칼로라이징**(calorizing : Al 침투법) - 알루미늄 침투

　고온산화성이 크다.

(4) **실리콘나이징**(siliconizing : Si 침투법) - 규소 침투

　내산성 증가

(5) **브론나이징**(boronizing : B 침투법) - 붕소 침투

　① 경도 증가
　② 내마모성 증가

4. 기타 열처리

(1) **방전 경화법**

　표면에 2~3[㎛]정도의 경화층 생성 - 내마모성 향상, 공구 수명 연장

(2) **하드 페이싱**★★

　용접 아크에 의한 표면 경화법

(3) **메탈 스프레잉**

　마멸된 부분에 특수 금속봉을 용사하여 표면을 경화시키는 방법
　- 차축, 롤러 등 마멸된 부분의 표면 경화에 쓰인다.

(4) **케이스 하드닝**(case hardening)★★★

　침탄 처리 후의 열처리(담금질) 작업의 표면 경화법 - 침탄법

(5) **불꽃 경화법** - 숏 라이징법

chapter 10 • 실전연습문제

01 연강에서 다음 중 청열취성이 일어나기 쉬운 온도는?

① 200~300[℃]　　　　　　② 500~550[℃]
③ 700~723[℃]　　　　　　④ 900~1000[℃]

> **Solution**　① 청열취성 : 탄소강은 200~300[℃]에서 상온일 때보다 오히려 메짐성(취성)이 커지는 현상
> ② 적열취성 : 탄소강에 황(S)이 많을 경우에 고온가공(약 950[℃])에서 메짐이 나타나는 현상

02 표면경화의 효과를 얻기 위한 방법들 중 잘못된 것은?

① 화염경화법　　　　　　② 탈탄법
③ 질화법　　　　　　　　④ 청화법(시안화법)

03 강의 특수 열처리법에서, 오스테나이트를 경(硬)한 조직인 베이나이트로 변환시키는 항온열처리법은?

① 오스포밍(ausforming)　　　　② 노멀라이징(normalizing)
③ 오스템퍼링(austempering)　　④ 마템퍼링(martempering)

> **Solution**　항온열처리 : 강을 가열하여 염욕중에서 냉각도중 특정 온도에서 정지후 변태시켜 담금질 변형 및 균열을 방지할 수 있는 열처리
> ① 오스템퍼 : A_r', A_r'' 중간 염욕 중 항온변태시켜 베이나이트 조직을 얻기 위한 열처리
> ② 마템퍼 : M_s와 M_f간의 염욕 중에서 항온변태시켜 마텐자이트와 베이나이트 조직을 얻기 위한 열처리
> ③ 마퀜칭 : M_s점보다 약간 높은 온도에서 염욕 중 항온변태시켜 마텐자이트를 얻기 위한 열처리

04 강의 담금질 조직 중에서 경도가 제일 큰 것은?

① Troostite　　　　　　② Austenite
③ Martensite　　　　　④ Sorbite

> **Solution**　강의 담금질 열처리시 조직의 경도 순서 : A 〈 M 〉 T 〉 S 〉 P 〉 F
> ① A : 오스테나이트
> ② M : 마텐자이트
> ③ T : 트루스타이트
> ④ S : 소르바이트
> ⑤ P : 펄라이트
> ⑥ F : 페라이트

Answer　01 ①　02 ②　03 ③　04 ③

05 고체 침탄법에서 침탄제와 촉진제로 많이 사용하는 것은?

① 목탄 60 [%] 와 $BaCO_3$ 40 [%] 의 혼합물
② NaCN와 KCN의 혼합물
③ 목탄 또는 골탄
④ $BaCl_2$ 및 $CaCO_3$의 혼합물

> **Solution** 침탄법 : 0.2 [%] 이하의 탄소를 함유한 저탄소강 또는 저탄소 합금강의 재료를 침탄제 속에 넣고 담금질하여 표면을 경하게 만드는 방법
> (1) 고체 침탄
>   ① 침탄제 : 목탄, 코크스, 골탄($BaCO_3$) 40 [%] + 목탄 60[%]
>   ② 촉진제 : 탄산 바륨, 탄산 나트륨
> (2) 액체 침탄
>   침탄제 : NaCN, B_2Cl_2, KCN, $NaCO_3$
> (3) 가스 침탄
>   침탄제 : CO, CO_2, CH_4, C_2H_6, C_3H_8, C_4H_{10}

06 단조용 강재에서 황(S)의 함유량이 많을 때, 가장 관계가 깊은 것은?

① 인성증가 ② 적열취성
③ 가소성증가 ④ 냉간취성

> **Solution** 황(S)을 함유하고 있는 저탄소강이 900[℃] 이상에서 연화되는 적열취성이 나타난다. Mn을 첨가시켜 줌으로서 방지할 수 있다.

07 탄소 공구강을 담금질하기 전에 필히 처리해야 할 조작 중 가장 적절한 것은?

① 심냉처리 ② 뜨임처리
③ 구상화처리 ④ 풀림처리

> **Solution** ① 심냉처리와 뜨임처리는 담금질처리 이후에 가능한 열처리이다.
> ② 풀림처리 : 강을 일정 온도에서 일정시간 가열 후 천천히 냉각시키는 조작

08 강철은 300[℃] 부근에서 단조하는 것을 피한다. 이와 관련된 것은?

① 재결정온도 ② 적열인성
③ 청열취성 ④ 회복

> **Solution** 청열취성
> 200~300[℃]에서 탄소강은 상온에서보다 강도 및 경도는 증가하고 연신율은 낮아지며 부스러지기 쉽다.

Answer 05 ① 06 ② 07 ③ 08 ③

09 강을 풀림(annealing) 열처리하는 목적은?

① 오스테나이트 조직까지 가열시키고 공기중에서 냉각하여 경화된 조직을 갖게하기 위하여
② 재료 표면을 굳게하며, 담금질한 강철에 인성을 증가시키기 위하여
③ 가공경화된 재료를 연하게 하고, 내부 응력을 제거하기 위하여
④ A_3 변태점 이상으로 가열하고 공기중에서 방냉하여 강의 재질을 개선하기 위하여

> **Solution** 강의 표준 열처리
> ① 담금질(소입 ; quenching) : 고온으로 가열 후 급랭시켜 재질을 경화
> ② 뜨임(소려 ; tempering) : 담금질 후 재료에 인성 증가
> ③ 풀림(소둔 ; annealing) : 재료를 가열 후 천천히 냉각시켜 연화시키고 가공경화 제거
> ④ 불림(소준 ; normalizing) : 내부응력제거, 재질의 조직을 균일화, 표준화

10 경도가 가장 큰 열처리 조직은?

① 오스테나이트(austenite) ② 마텐자이트(martensite)
③ 소르바이트(sorbite) ④ 펄라이트(pearlite)

> **Solution** 열처리조직의 경도크기 순서
> 오스테나이트(A) < 마텐자이트(M) > 트루스타이트(T) > 소르바이트(S) > 펄라이트(P)

11 강재의 표면경화방법 중에서 암모니아 가스를 이용하는 것은?

① 화염 열처리 ② 고주파 열처리
③ 염욕로 침탄법 ④ 질화법

12 파텐팅(patenting) 열처리를 옳게 나타낸 것은?

① 냉간 가공전에 시행하는 항온 변태 처리이다.
② 냉간 가공후에 시행하는 계단 담금질이다.
③ 펄라이트 조직을 안정화시키는 처리이다.
④ 미세한 오스테나이트 조직을 주는 처리이다.

> **Solution** 파텐팅(patenting) 열처리
> 피아노선과 같이 냉간 인발로 제조하는 과정에서 선재를 긴 파텐팅로에 넣어서 900~1000[℃]로 가열하고 노끝에 설치한 염욕로에 통과시켜 항온변태를 일으키게 하는 열처리 방법이다.

Answer 09 ③　10 ②　11 ④　12 ①

13 KCN 또는 NaCN와 관련이 있는 표면처리법인 것은?

① 침탄법
② 질화법
③ 화염경화법
④ 청화법

> **Solution** 청화법(침탄질화법, 시안화법)
> 탄소 질소가 철과 작용하여 침탄과 질화가 동시에 일어나게 하는 방법으로 NaCH, KCN 등의 청화제 사용

14 풀림(annealing) 열처리에 관한 설명으로 적합하지 않은 것은?

① 단조, 주조, 기계 가공에서 생긴 내부응력 제거
② 열처리로 인하여 경화(硬化)된 재료의 연화(軟化)
③ 가공 또는 공작에서 연화된 재료의 경화
④ 일정온도에서 일정시간 가열 후 비교적 느린 속도로 냉각시키는 조작

> **Solution** 풀림의 목적
> ① 기계적 성질개선 ; 담금질 효과를 향상, 내부응력제거, 인성의 향상
> ② 피절삭성 개선
> ③ 경화된 재료의 연화(가공경화 제거)를 위해 가열 후 서냉한다.

15 항온 열처리의 요소 중 틀린 것은?

① 온도
② 시간
③ 결정
④ 변태

16 강의 표면 경화법에서 시안화법(cyaniding)은?

① 화염경화법(火炎硬化法)
② 고주파 경화법(高周波硬化法)
③ 질화법(窒化法)
④ 청화법(靑化法)

> **Solution** 시안화법(청화법)
> 액체 침탄법으로 C와 N를 동시에 침투시키는 방법으로 사용하는 청화제에는 KCN과 NaCN를 사용한다.

17 강철의 표면경화법으로 가장 관계가 먼 것은?

① 청화법(cyaniding)
② 침탄법(carburizing)
③ 질화법(nitriding)
④ 파텐팅(patenting)

Answer   13 ④   14 ③   15 ③   16 ④   17 ④

18 금속표면처리에서 강철을 암모니아(ammonia) 분위기 중에서 가열하고 질소를 침투시켜서 표면경화하는 방법은?

① 질화법
② 점화법
③ 실리코나이징(siliconizing)
④ 크로마이징(chromizing)

19 주철의 내부 응력 제거를 위한 열처리 방법은?

① 900~1,100[℃]에서 노내 서냉한다.
② 800~900[℃]에서 노내 서냉한다.
③ 700~750[℃]에서 흑연화 어닐링한다.
④ 500~600[℃]에서 6~10시간 어닐링한다.

20 질화법에서 질화 처리한 특징이 아닌 것은?

① 변형이 적다.
② 마모 및 부식에 대한 저항이 크다.
③ 600[℃]이하에서는 경도가 감소되지 않고 산화도 일어나지 않는다.
④ 경화공의 깊이가 고체 침탄보다 깊게 된다.

21 재료 내부에 생긴 내부응력, 가공경화 등을 제거하기 위한 열처리 작업은?

① 불림
② 뜨임
③ 담금질
④ 풀림

22 표면경화법 중 질화법의 설명으로 틀린 것은?

① 경화층이 깊고 경도는 침탄한 것보다 매우 높다.
② 마모 및 부식에 대한 저항이 크다.
③ 질화강은 담금질할 필요가 없다.
④ 500[℃] 정도에서는 경도가 감소되지 않는다.

23 뜨임 온도가 200[℃] 가량까지는 증가하나 250~300[℃]에 있어서는 낮은 값이 나타나는 현상으로서 $c = 0.2~0.4[\%]$ 구조용 강에서 볼 수 있는 뜨임 취성은?

① 뜨임 급냉 취성
② 저온 뜨임 취성
③ 뜨임 시효 취성
④ 뜨임 서냉 취성

Answer 18 ① 19 ④ 20 ④ 21 ④ 22 ① 23 ②

24 강철을 서냉시켰을 때 상온에서 볼 수 있는 조직이 아닌 것은?
① 페라이트 ② 펄라이트
③ 오스테나이트 ④ 시멘타이트

> **Solution** 급냉조직 : qustenite, martensite, troostite, sorbite
> 서냉조직 : ferrite, pearlite, cemantite

25 오스테나이트를 점점 냉각할 때, 마텐자이트를 거쳐 탄화철이 큰 입자로 나타나는 조직으로 알파철이 혼합된 급냉조직은?
① 시멘타이트(cementite) ② 베이나이트(bainite)
③ 소르바이트(sorbite) ④ 트루스타이트(troostite)

26 고온 중에 있어서 강의 산화방지에 대한 처리방법은?
① 칼러라이징(calorizing) ② 파커라이징(parkerizing)
③ 양극산화법(anodizing) ④ 청화법(cyaniding)

27 담금질 효과가 큰 물체의 형태는 어느 것인가?
① 공과 같은 모양 ② 정육각형 모양
③ 굵은 막대 형상 ④ 얇은 철판 모양

Answer 24 ③ 25 ④ 26 ① 27 ④

chapter 11 용접(鎔接 ; welding)

1 금속 및 비금속을 접합하는 방법

1. 기계적 접합 방법

기계요소를 이용한 접합 방법이다.

(1) 나사(screw) – 볼트 체결
(2) 키(key)
(3) 핀(pin)
(4) 코터(cotter)
(5) 리벳(rivet)

2. 야금학적(금속적) 접합 방법 – 용접(welding) ★★★

(1) 융접(融接 ; fusion welding)

접합하고자 하는 물체의 접합부를 가열 용융시키고 여기에 용재를 첨가하여 접합하는 방법이다. 종류에는 가스 용접, 아크 용접, 테르밋 용접 등이 있다.

(2) 압접(壓接)

접합부를 냉간 상태 또는 적당한 온도로 가열 후 국부적으로 압력을 주어 접합하는 방법으로 용가재를 사용하지 않으며 가압용접(pressure welding)이라고도 한다. 종류에는 단접, 냉간압접, 저항용접, 가스압접 등이 있다.

(3) 납접

모재를 용융시키지 않고 저 용융점의 합금(납)을 녹여서 접합시키는 방법으로 경납접(brazing)과 연납접(soldering)이 있다.

3. 용어 정리

(1) **모재**(母材 ; base metal, parent metal)

　　접합할 때 양쪽 금속의 부재

(2) **용가재**(溶加材 ; filler material)

　　제3의 금속인 용접봉

(3) **불순물 피막**(不純物 被膜)

　　모재 접합면의 용융으로 그 표면에 존재하고 있던 불순물들이 용융 금속 중에 유리되어 접합면에 남아 있는 물질

(4) **슬래그**(용재 ; slag)

　　접합면의 불순물을 용제(溶劑 ; flux)의 도움으로 제거되어 굳어져 있는 것

(5) **용착금속**(溶着金屬 ; deposit metal)

　　모재와 용가재가 융합 응고되어 생긴 부분으로 비드(bead)라고도 한다.

4. 용접의 특징**

(1) 기밀, 수밀성을 유지할 수 있다.
(2) 용접부의 결함 검사가 곤란
(3) 10~15[%] 정도의 재료 절약이 가능
(4) 응력 집중 현상이 발생한다.(잔류응력이 발생)

　　용접 가공시 발생된 열영향부(HAZ : Heat Affect Zone)는 반드시 풀림 처리나 피닝 처리를 하여 잔류응력을 제거해야 한다.

(5) 이음 효율이 양호하다.
(6) 용접사의 양심에 따라 제품의 품질 향상
(7) 작업속도 증가-리벳 조인트보다 공정수가 적다.
(8) 제품의 성능 및 수명 향상
(9) 탄소강 용접시 탄소 함유량이 증가하면 급랭시 경화 현상이 심해진다.

5. 용도

(1) 건축물, 교량, 선체 등의 기계 구조물 및 대형 구조물

(2) 철도차량의 대차
(3) 수차의 케이싱
(4) 보일러, 선박용 엔진의 프레임

2 가스 용접(gas welding)

가연성(可燃性)가스와 조연성가스(산소)를 혼합 연소하여 그 열로 용가제와 모재를 녹여서 접합하는 방법, 전기용접에 비해 열손실이 크고 변형이 많이 생긴다.

※가연성(可燃性) : 불에 잘 타는 성질 ↔ 불연성(不燃性) : 불에 잘 타지 않는 성질

1. 가스 용접의 용도

(1) 균열 발생의 우려가 있는 금속
(2) 얇은 판이나 파이프(pipe)
(3) 비철금속 및 그 합금
(4) 용융점 및 비등점이 낮은 금속

2. 가스 용접의 특징

(1) 폭발의 위험이 있어 취급에 주의가 요구된다.
(2) 불꽃의 온도가 낮고 탄화 및 산화의 우려가 있다.
(3) 기계적 강도 저하가 발생할 수 있다.

3. 가스 용접의 종류★

(1) **산소-아세틸렌 용접** : 가연성가스는 아세틸렌이고 조연성가스는 산소이다.
(2) **공기-아세틸렌 용접** : 가연성가스는 아세틸렌이고 조연성가스는 공기이다.
(3) **산소-수소 용접** : 가연성가스는 수소이고 조연성가스는 산소이다.
(4) **산소-프로판 용접** : 가연성가스는 프로판이고 조연성가스는 산소이다.

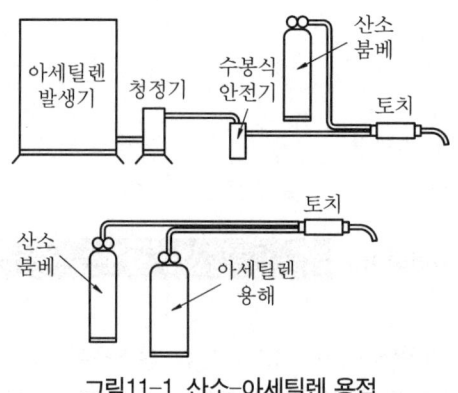

그림11-1 산소-아세틸렌 용접

4. 산소-아세틸렌 용접(oxiacetylene welding)

(1) 아세틸렌 가스 발생기★★

침지식 발생기가 가장 간단하지만 충격에 의한 폭발 위험이 크다.
① 주수식 발생기 : 용기에 카바이드를 넣고 필요량의 물을 넣어 아세틸렌을 발생
② 투입식 발생기 : 용기에 물을 넣고 필요량의 카바이드를 넣어 아세틸렌을 발생
③ 침지식 발생기 : 용기에 물을 넣고 카바이드를 천에 싸서 필요시 물에 담가서 아세틸렌을 발생

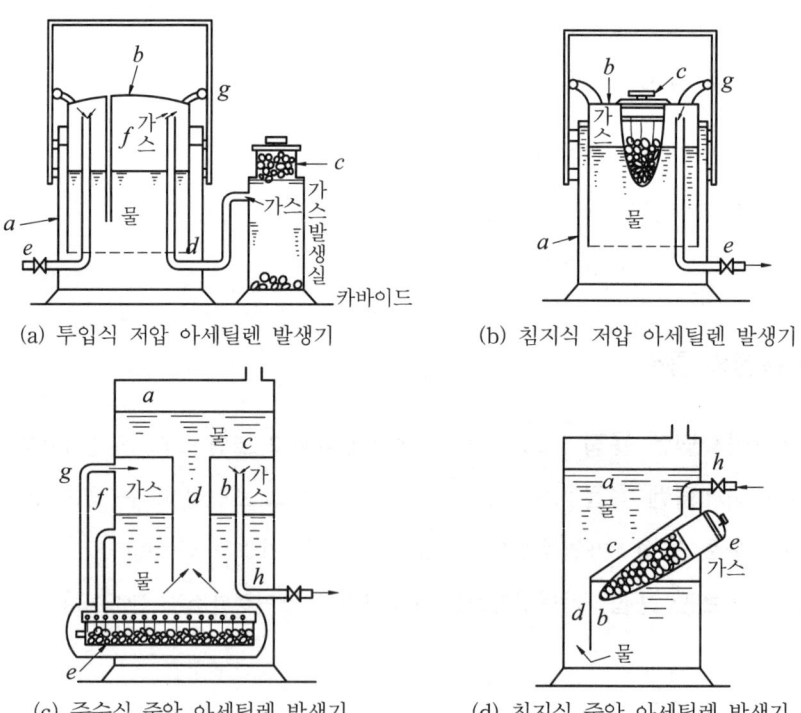

그림11-2 아세틸렌 가스 발생기

(2) 불꽃의 종류★★

용접은 불꽃심에서 2~3[mm] 떨어진 상태를 유지하면서 한다.

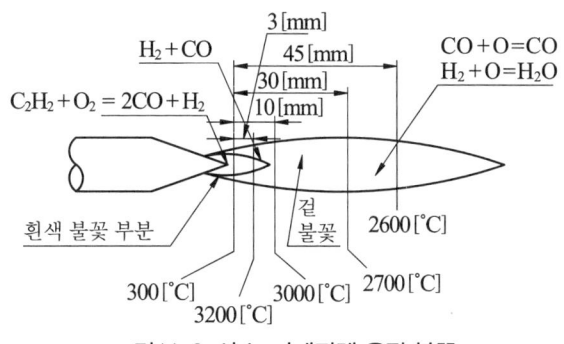

그림11-3 산소-아세틸렌 용접 불꽃

① 표준 불꽃(중성염 불꽃) : 산소와 아세틸렌의 비가 1 : 1인 상태의 불꽃으로 연강, 주철, 구리, 알루미늄 용접에 적합하다.

$$C_2H_2 + O_2 = 2CO + H_2$$

② 탄화염 불꽃(아세틸렌 과잉 불꽃) : 산소보다 아세틸렌을 많이 사용한 불꽃으로 경강, 스테인레스강, 스텔라이트, 모넬메탈 등의 용접에 적합하다.
③ 산화염 불꽃(산소 과잉 불꽃) : 아세틸렌 보다 산소를 많이 사용한 불꽃으로 구리, 황동 용접에 적합하다.

(3) 청정기

아세틸렌 발생기에서 불순물인 인화수소, 황화수소, 암모니아 등을 제거하기 위한 것.

(4) 안전기

발생기로 산소가 역류(逆流)되거나 또는 역화(逆火)되는 것을 방지하기 위한 것.
① 수봉식 안전기 : 저압용에 사용
② 스프링식 안전기 : 고압용에 사용

(5) 토치 팁의 능력★★★

① 프랑스식 : 표준 불꽃으로 1시간동안 용접시 아세틸렌 가스의 소비량[L]로 나타낸다.
예를 들어 팁 100이라면 1시간 동안 표준 불꽃으로 용접할 때 아세틸렌 소비량이 100[L]라는 뜻이다.
② 독일식 : 용접할 연강판 두께로 나타냄
예를 들어 1번 팁이라고 하면 두께 1[mm]의 연강판 용접에 적합하다는 뜻이다.

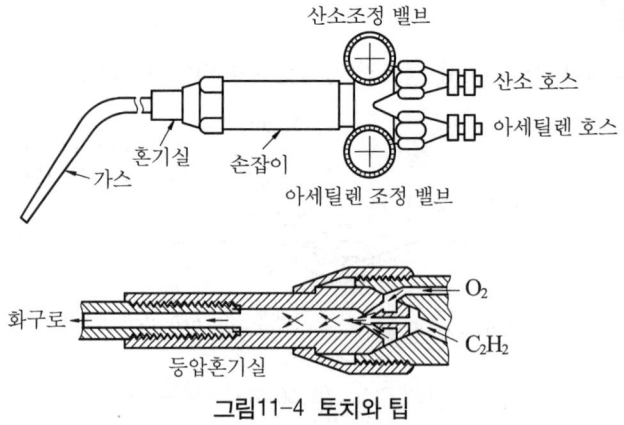

그림11-4 토치와 팁

5. 가스 절단(gas cutting)

금속의 가스 절단은 산소와 철의 화학 반응을 이용한 연강의 산소 절단을 의미한다.

$$3Fe + 2O_2 = Fe_3O_4$$

(1) 산소-아세틸렌 가스 절단★

① 가장 잘 절단할 수 있는 금속 : 연강
② 절단이 곤란한 금속 : 구리, 주철, 알루미늄, 스테인레스강

(2) 스카핑(Scarfing)★

강제품의 각종 흠집(균열, 요철, 주조결함, 탈탄층)을 불꽃에 의해 녹여 제거하는 작업

3 아크 용접(arc welding)

모재와 전극 사이에서 4500~6000[℃]의 아크 열을 발생시켜, 이 열을 이용하여 용접봉과 모재를 녹여 접합하는 방법이다. 아크 용접에는 피복 아크 용접과 특수 아크 용접인 불활성가스 아크 용접, 서브머지드 아크 용접, CO_2가스 아크 용접 등이 있다.

1. 피복 아크 용접★★

피복제가 심선을 둘러싸고 있는 용접봉을 사용한 아크 용접

(1) 아크의 길이

아크 길이가 일정할 때, 전압은 전류가 증가함에 따라 지수 곡선 모양으로 변화한다.

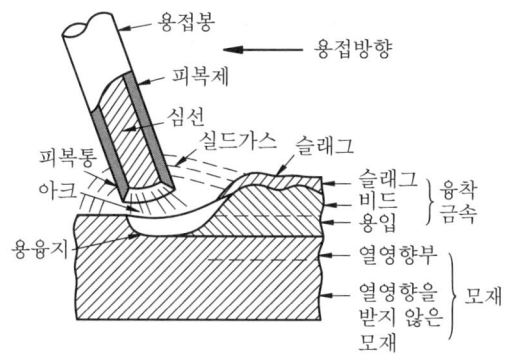

그림11-5 아크 용접

(2) 아크 용접봉

피복 아크 용접봉의 내부는 심선이 들어가 있고 이 심선을 피복제가 둘러싸고 있다.

① 심선 : 심선의 지름은 3.2~6.0[mm]가 가장 많이 사용된다.

② 피복제의 역할
   ㉠ 대기중의 산소와 질소의 침입을 방지하고 용융 금속을 보호한다.
   ㉡ 용착 금속의 기계적 성질을 개선한다.
   ㉢ 용융 금속의 응고와 냉각 속도를 지연시켜 준다.

③ 연강용 피복 용접봉의 표시방법

   E   43   △   □
   ㉠   ㉡   ㉢   ㉣

   ㉠ Electric Arc Welding의 첫글자(전극봉의 첫글자)
   ㉡ 용착 금속의 최소 인장강도(kg/mm^2)
   ㉢ 용접자세
   ㉣ 피복제의 종류

(3) 아크 용접부의 결함

① 오버랩(overlap) : 낮은 전류로 용융열이 부족하여 용가재와 모재가 잘 융합하지 않고 용착 금속의 모재 위에 겹쳐서 쌓인 결함이다. 원인은 다음과 같다.
   ㉠ 용접봉이 굵을 때
   ㉡ 용접 전류가 약할 때
   ㉢ 운봉의 불량
   ㉣ 용접 속도가 느릴 때

② 기공 : 용착 금속의 내부에 가스가 남아 있어 생긴 구멍 결함이다.
   ㉠ 모재에 불순물이 함유되어 있을 때
   ㉡ 용접봉에 습기가 있을 때
   ㉢ 용접 전류가 과대할 때
   ㉣ 가스 용접시 과열되었을 때

③ 슬래그 섞임 : 용착 금속 속에 피복제가 섞여 굳어서 생긴 결함
  ㉠ 운봉의 불량
  ㉡ 용접 전류 속도의 부적당
  ㉢ 피복제의 조성 불량

④ 언더컷(under cut) : 용접비드의 양쪽 경계부에 용접전류의 과다로 인해 용접부 테두리가 파이는 결함이다.
  ㉠ 운봉의 불량
  ㉡ 용접전류 속도의 부적당
  ㉢ 용접전류의 과대

⑤ 용입부족 : 접합부의 끝의 홈 밑바닥 부분까지 충분히 용착금속이 형성되지 못해 생긴 결함
  ㉠ 부적합한 용접봉 사용
  ㉡ 용접 속도가 너무 빠를 때
  ㉢ 모재에 황 함유량이 많을 때

⑥ 피시 아이(fish eye) : 용착 금속의 인장 또는 굽힘 시험편의 파단면 또는 중심부의 공간에 홈등의 결함이 나타나는 현상이다.

⑦ 크레이터(crater) : 비드의 끝부분은 용착금속의 수축으로 인해 용착금속 부족으로 폭 파여진 형태의 결함이다.

⑧ 스패터(spatter) : 용착 금속의 기포 팽창, 용착금속 폭발, 피복제에 수분함유, 운봉각도 부적합, 모재의 온도가 현저히 낮을 때 비산되는 금속 방울 때문에 발생하는 결함이다.

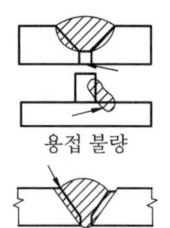
용접 불량

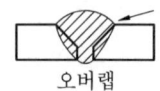
언더컷

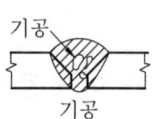
오버랩

기공

기공

스패터   피트

스패터 및 피트

슬래그 섞임

그림11-6
아크 용접부의 결함

(4) 용접기 종류★★

① 직류 용접기 : 전동 발전형(정전압형, 정전력형)과 정류기형(정전류형)이 있다.
  ㉠ 직류 정극성 용접 : 모재 (+)전류와 용접봉 (-)전류의 아크로 두꺼운 모재에 용입을 깊게 용접할 수 있다.
  ㉡ 직류 역극성 용접 : 모재 (-)전류와 용접봉 (+)전류의 아크로 얇은 모재에 열을 적게 받게 하여 용접한다.

② 교류 용접기 : 일종의 변압기-직류용접기에 비해 안전성은 떨어지나 가격은 저렴하다.
  ㉠ 가동 철심형 용접기
  ㉡ 가동 코일형 용접기
  ㉢ 가포화 리액터형 용접기 : 원격 조정이 가능한 용접기
  ㉣ 탭전환형

③ 고주파 아크 용접기 : 고주파 아크를 50000~200000[Hz]의 고주파 전류로 전환시키므로 아크와 전류는 안전성이 높으며 5~10[A] 범위의 작은 전류에도 쉽게 작업 가능하다. 극박강판, 구리, 알루미늄 용접에 적합하다.

④ 고주파 유도 용접 : 파이프끼리 서로 맞대기 용접을 하는데 가장 좋은 용접

(5) 용접기의 특성

① 수하특성(垂下特性 ; drooping characteristic) : 전류가 증가하면 단자간의 전압이 저하되는 특성 – 아크를 안정시키는데 필요한 조건
② 정전압특성(constant voltage characteristic) : MIG 용접과 CO_2 용접에서는 부하 전류가 변화해도 단자 전압은 거의 변화하지 않는다.
③ 상승특성(rising characteristic) : 부하전류가 증가하면 단자 전압이 증가한다.

(6) 용접기의 규격

① 사용률 : 용접기의 2차 측에서 아크를 발생시키는 시간율

$$사용률(\%) = \frac{아크\ 발생시간}{아크\ 발생시간 + 아크\ 중지시간} \times 100$$

$$허용사용률(\%) = \frac{(정격2차전류)^2}{(실제사용전류)^2} \times 사용률(\%)$$

허용 사용률이 100[%]가 넘으면 휴식시간 없이 계속 사용해도 용접기는 아무 무리가 없다.

② 교류 용접기의 효율과 역률
  ㉠ 효율 = (아크 출력/소비전력)×100
  ㉡ 역률 = (소비전력/전원입력)×100

2. 불활성 가스 아크 용접★★★

용접부의 질화나 산화를 방지하기 위하여 용착금속과 모재에 영향을 주지 않는 아르곤(Ar), 네온(Ne), 헬륨(He)등의 불활성가스를 분출시켜 그 속에서 아크를 발생시켜 열을 공급해 용접하는 방법이다.

(1) 불활성 가스를 사용하는 이유

산소와 공기의 접촉으로 생길 수 있는 기공이나 산화를 막을 수 있기 때문이다.

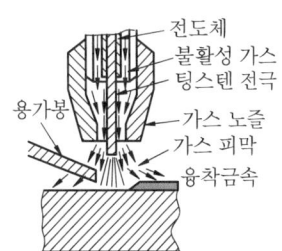

(2) 불활성 가스 아크 용접의 종류

① TIG 용접(tungsten innert gas arc welding) : 텅스텐 전극(용접봉)을 사용한 텅스텐 불활성 가스 아크 용접
② MIG 용접(metal inert gas arc welding) : 금속 비피복봉을 사용한 금속 불활성 가스 아크 용접 – 직류 역극성 용접

(3) 용접 가능 금속

① 특수강 – 내식강, 내열강 등
② 구리, 동합금, 이종(異種) 금속
③ 경합금 – 알루미늄, 마그네슘 합금 등

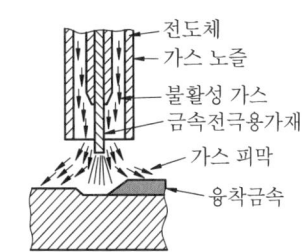

그림11-7 불활성 가스 아크 용접

(4) 불활성 가스 아크 용접의 특징

① 전자세 용접이 용이하고 고능률적이다.
② 청정작용이 있다.
③ 아크가 극히 안정되고 스패터가 적다.
④ 기포나 산화 및 질화 방지
⑤ 용제를 사용하지 않는다.

3. CO_2 가스 아크 용접(탄산가스 아크 용접)★★

불활성 가스 대신 탄산가스를 노즐에서 분출시켜 아크 열로 접합하는 방법 — 주로 연강 용접

• CO_2 가스 아크 용접의 특징
① 산화·질화가 없어 우수한 용착금속을 얻을 수 있다.
② 용착금속 중 수소 함유량이 적어 수소로 인한 결함이 거의 없다.
③ 용입이 양호하다.

4. 서브머지드 아크 용접(submerged arc welding)★★

분말용재 속에 용접 심선을 와이어 식으로 공급해 심선과 모재 사이에서 아크를 발생시켜 용접하는 방법이다.

(1) 서브머지드 아크 용접의 다른 명칭

① 잠호용접
② 유니온 벨트 용접
③ 링컨(Lincoln)
④ 자동 아크 용접

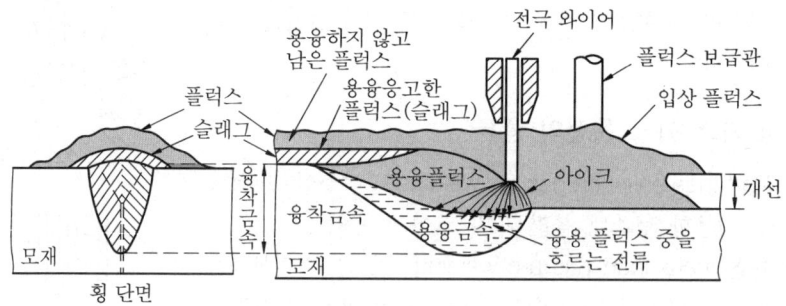

그림11-8 서브머지드 아크 용접

5. 원자수소용접

두 텅스텐 전극 사이에서 아크를 발생시키고 그 사이에 수소가스를 공급하면 수소는 아크열

에 의해 분해되어 원자상태의 수소로 되었다가 모재면에서 다시 분자 상태로 환원될 때 고열이 발생하는데 이 열을 이용하여 접합하는 방법이다.

6. 스터드 용접

볼트나 환봉 등의 선단과 모재 사이에 아크를 발생하여 접합하는 방법

7. 플라즈마 용접

플라즈마란 기체의 온도가 수천도가 되면 기체 일부 또는 전부가 이온화하여 전자와 양자이온의 집합체인 가스 또는 증기 형태로 되어 도전성을 띠게 되는 상태이다. 텅스텐 전극을 사용하고 실드 가스로 아르곤을 사용한 비소모 전극식 아크 용접이다.

4 특수 용접

1. 테르밋 용접*****

(1) 알루미늄 분말과 산화철분말의 혼합반응으로 발생하는 열로 접합하는 방법
(2) 금속 산화물이 알루미늄에 의하여 산소를 빼앗기는 화학반응을 이용한 용접
(3) **용도** : 운반 이송이 곤란한 대형 구조물의 수리 제작시 사용

2. 일렉트로 슬래그 용접**

연속 공급 와이어와 용융 슬래그 사이에 통전된 전류의 저항 열로 접합하는 방법
전극 와이어의 지름 : 2.5~3[mm]

3. 전자 빔 용접

진공 중에서 고속의 전자빔을 만들고, 그 전류를 이용하여 접합하는 방법으로 티타늄, 지르코늄, 규소, 게르마늄 등의 용접에 이용한다.

4. 레이저 용접

금, 동, 니켈 등과 같이 용융점과 비등점의 차가 큰 금속의 용접에 적합하다.

5. 초음파 용접

모재에 초음파(18[kHz] 이상) 횡진동을 주어 진동 에너지에 의해 접촉부의 원자가 서로 확산되어 접합하는 방법으로 비금속 플라스틱 용접, 비철금속의 용접에 적합하다.

(1) 접촉면 사이의 원자간의 인력이 작용하여 용접이 된다.

(2) 용접 가능한 판 두께가 매우 얇다.

(3) 가압력이 필요하다.

(4) 서로 다른 금속간의 용접에 극히 유용하다.

5 전기 저항 용접

접합하고자 하는 두 모재를 접촉시켜 놓고 이 모재들에 전류를 통하면 접촉 부위에 저항열이 발생하여 모재를 녹이고 외력을 가해 접합하는 방법이다.

1. 전기저항 용접의 종류**

(1) 겹치기 용접

① 점 용접(spot welding) : 두 모재를 겹쳐서 전극 사이에 끼워 넣고 전기 저항열에 의하여 접합하는 방법으로 6[mm] 이하의 판재를 접합, 자동차, 항공기 분야에 널리 사용되고 있다.

② 심 용접(seam welding) : 점 용접을 연속적으로 하는 방법으로 롤러 형태의 전극을 이용하여 용접함으로 기밀, 수밀이 필요한 이음부에 사용된다. 예를 들어 얇은 용접관 용접에 적당하다.

③ 프로젝션 용접(projection welding ; 돌기용접 ; 판금용접) : 모재 표면의 한쪽 또는 양쪽에 돌기를 만들고 이 부분에 대전류와 압력을 가해 접합하는 방법으로 판금 공작물 접합, 자동차 부품 용접에 적당하다.

(2) 맞대기 용접

① 플래시 용접(flash welding) : 두 재료를 천천히 가까이 접촉시키면 접촉면에 단락 대전류가 흘러 예열되고 이를 반복하여 접촉면이 적당한 온도에 도달하면 강한 압력을 주어 압접하는 방법이다.

② 업셋 용접(up-set welding) : 용접재를 세게 맞대어 놓고 대전류를 통하여 이음부 부근에서 발생하는 접촉 저항열에 의해 접촉면이 적당한 온도에 도달하면 축 방향으로 강한 압력을 주어 압접하는 방법이다.

③ 퍼커션 용접(percussion welding ; 방전 충격 용접 ; 충돌 용접) : 극히 짧은 지름의 용접물을 접합하는데 사용되며 피용접물을 두 전극사이에 끼운 후에 전류를 통하며 빠른 속도로 피용접물이 충돌하면서 접합되는 용접이다.

2. 전기저항 용접의 3대 요소

① 전류의 세기
② 전류를 통하는 시간
③ 가압력

3. 고주파 저항 용접의 특징

① 용접부 조직이 우수하다.
② 연강, 스테인레스강 및 비철금속 등의 재료에 용접이 가능
③ 열 영향을 적게 받는다.
④ 용접재 표면의 정도에 지장을 주지 않는다.

6 기타 압접

1. 가스 압접

접합부분를 재결정 온도 이상으로 가스불꽃을 이용하여 가열시킨 후 축 방향으로 압축력을 가하여 접합시키는 방법이다.

2. 단접★★★

용접물을 가열하여 해머 등으로 타격을 가해 압접하는 방법으로 탄소 강재를 단접할 때, 사용하는 용제(flux)로 붕사를 사용한다.

3. 마찰 용접★★★

선반과 유사한 구조의 용접기를 사용하여 모재의 한 쪽은 고정시키고 다른 쪽은 고속회전시켜 발생하는 마찰열로 압접하는 방법이다.

4. 냉간 압접

상온에서 가압만의 조작으로 상호간에 확산을 일으켜 압접으로 접합시키는 방법이다.

5. 폭발 용접

순간적인 충격 및 압력으로 금속을 압접시켜 접합하는 방법이다.

7 납땜

1. 연납땜★

연납땜의 주성분 – 주석(Sn), 납(Pb)

2. 경납땜

연납보다 큰 강도를 요할 때 사용한다.

(1) 황동납

Cu 30~50[%], Zn 50~70[%]의 합금으로 융점은 800~1000[℃] – 구리합금, 강철 등 사용

(2) 은납

Cu, Zn, Ag의 합금으로 용융점은 600~900[℃]이며 은세공에 사용

(3) 양은납

Cu, Zn의 합금에 Ni배합 – 양은, Ni, 합금 등의 땜에 사용

chapter 11 실전연습문제

01 2개의 금속편 끝을 융점 가까이 가열하여 양 끝을 접촉시켜 압력을 가해 결합시키는 작업으로 다음 중 맞는 것은?

① 가스 용접
② 아크 용접
③ 전기 용접
④ 단접

> **Solution** 단접(bleeksmith welding, forge welding) : 연철, 연강, 구리, 알루미늄 등을 반용융 상태로 가열해서, 이에 압력을 가하거나 망치로 쳐서 접합하는 작업

02 용접 부위의 검사방법으로 파괴검사는 어느 것인가?

① 방사선 투과검사
② 자기분말검사
③ 초음파검사
④ 금속조직검사

> **Solution** 금속조직검사(microscopiz test) : 현미경에 의하여 용접부의 결정조직을 조사하는 검사

03 테르밋 용접(thermit welding)이란?

① 전기 용접과 가스 용접을 결합한 것이다.
② 원자수소의 반응열을 이용한 것이다.
③ 산화철과 알루미늄의 반응열을 이용한 것이다.
④ 액체산소를 이용한 가스 용접의 일종이다.

04 아크나 발생가스가 다같이 용제속에 잠겨져 있어서 잠호 용접이라고 하며, 상품명으로는 링컨 용접법이라고도 하는 것은?

① TIG 용접
② 서브머지드 용접
③ MIG 용접
④ 엘렉트로슬랙 용접

> **Solution** 아크 용접
> ① 피복 아크 용접 : 모재와 전극 사이에 아크열을 발생시켜 이 열로 용접봉과 모재를 녹여 접합시키는 방법
> ② 불활성 가스 아크 용접 : Ar, Ne, He 등의 불활성 가스 속에서 아크열을 발생시켜 접합하는 방법으로 MIG 용접(금속전극봉)과 TIG 용접(텅스텐 전극봉)이 있다.
> ③ 일렉트로 슬래그 용접 : 와이어와 용융 슬래그 사이에 통전된 전류의 저항열로 접합하는 방법

Answer 01 ④ 02 ④ 03 ③ 04 ②

05 산소-아세틸렌 가스 용접법의 장점이 아닌 것은?

① 토치의 거리나 화염의 크기를 가감함으로서 가열의 조정이 자유롭다.
② 열 에너지의 집중이 높다.
③ 전원설비가 필요치 않고 언제 어디서나 장치를 운반하여 용접작업이 가능하다.
④ 토치나 화구(火口)를 교환하면 절단, 열처리, 굽힘가공 등의 각종 가열작업에 이용할 수 있다.

> **Solution** 가스 용접(산소-아세틸렌 용접)의 특징
> ① 설치 및 운반이 비교적 편리하고 전기가 필요없다.
> ② 유해광선의 발생률이 적고 응용범위가 넓다.
> ③ 가열할 때 열량조절이 쉽다.
> ④ 박판 용접이 가능하다.
> ⑤ 고압가스로 인한 폭발, 화재 위험이 크다.
> ⑥ 용접속도가 느리고 열의 집중성이 떨어져 용접이 어렵다.
> ⑦ 용접 부위의 변형이 크다.
> ⑧ 용접부 기계적 강도가 떨어지고 신뢰성이 작다.

06 그림에서 I형 맞대기 용접을 하려고 한다. 올바른 용접 기호는?

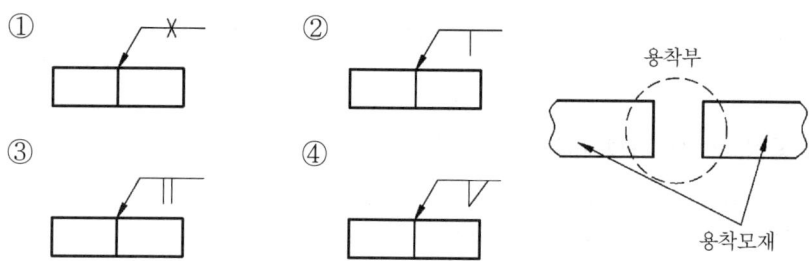

> **Solution** 용접기호
>
> | 용접부 모양 | 기본 기호 | 용접부 모양 | 기본 기호 |
> |---|---|---|---|
> | 양쪽 플랜지 형 | 〓 | 한쪽 플랜지형 | 〓 |
> | I형 | ‖ | V형, X형 | V |
> | V형, K형 | V | J형 | ⊢ |
> | U형, H형 | Y | 플레어 V형
플레어 X형 | ⁓ |
> | 플레어 V형
플레어 K형 | ⌐ | 필릿 | △ |
> | 플러그, 슬롯 | ⊓ | 비드살돋음 | ⌒ |
> | 점, 프로젝션, 심 | ✳ | | |

Answer 05 ② 06 ③

07 강, 구리, 황동의 작은 단면의 선, 봉, 관 등을 접합하는데 가장 적합한 저항 용접은?

① 점 용접(spot welding) ② 심 용접(seam welding)
③ 프로젝션 용접(projection welding) ④ 업셋 용접(upset welding)

> **Solution** 겹치기 저항 용접
> ① 점 용접(spot welding) : 두 모재의 접촉면에 전류를 통과하게 하여 가압시켜 용접
> ② 심 용접(seam welding) : 연속적인 점 용접으로 얇은 용접관 접합
> ③ 프로젝션 용접(projection welding) : 용접부에 돌기부를 만들어 놓고 압력을 가해 접합하는 방법

08 교류 아크 용접기의 효율을 옳게 나타내는 식은? (단, 아크 출력의 단위는 [kW], 소비전력의 단위는 [kVA], 전원입력의 단위는 [kVA] 이다.)

① (아크 출력 ÷ 소비 전력) × 100 [%]
② (소비 전력 ÷ 아크 출력) × 100 [%]
③ (소비 전력 ÷ 전원 입력) × 100 [%]
④ (아크 출력 ÷ 전원 입력) × 100 [%]

09 철강 용접과 비교한, 구리의 용접이 곤란한 이유를 열거한 것이다. 틀린 것은?

① 열전도율이 낮고, 냉각속도가 작다.
② 용융시 매우 심하게 산화한다.
③ 수소와 같은 확산성이 큰 가스를 석출한다.
④ 구리 중의 산화구리 부분이 순구리에 비하여 용융점이 약간 낮아, 균열이 생긴다.

> **Solution** 구리의 성질
> ① 전기 및 열전도율이 높다.
> ② 전연성이 풍부해 가공이 용이하다.
> ③ 색이 아름답다.
> ④ Zn, Sn, Al 등과 합금하여 내식성 증가, 기계적 성질 향상

10 직류 아크 용접에서 모재에 (+)극, 용접봉에 (−)극을 연결하여 용접할 때의 극성은?

① 역극성 ② 정극성
③ 용극성 ④ 모극성

> **Solution** 극성(polarity)
> ① 정극성(straight polarity) : 모재에 ⊕극, 용접봉 ⊖극 연결, 모재쪽 용융이 빨라 모재의 용입이 깊다.
> ② 역극성(reverse polarity) : 모재에 ⊖극, 용접봉에 ⊕극 연결, 용접봉의 용융 속도가 빠르므로 모재의 용입이 얇아 박판 용접에 적당하다.

Answer 07 ④ 08 ① 09 ① 10 ②

11 파이프끼리 서로 맞대기 용접을 하는데 가장 좋은 용접결과를 얻을 수 있는 것은?
① 가스 압접
② 플래시 벗 용접(flash butt welding)
③ 고주파 유도 용접
④ 초음파 용접

12 자전거에 쓰이는 프레임용 파이프를 제작하는 방법은?
① 경납땜(brazing)
② 맞대기 심 용접(butt seam welding)
③ 레이저 빔 용접(laser beam welding)
④ 테르밋 용접(thermit welding)

> **Solution** 용접관(weld pipe) : 이음매가 있는 파이프로 심 용접(seam welding)으로 제관
> ① 맞대기 단접관(butt weld process)
> ② 겹치기 단접관(lap weld process)
> ③ 전기저항 용접관(resistance weld rocess)

13 선반(lathe)과 유사한 구조의 용접기로 접합면에 압력을 가한 상태로 상대적인 회전을 시키는 압접방법은?
① 롤 용접(roll welding)
② 확산 용접(diffusion welding)
③ 냉간압접(cold welding)
④ 마찰 용접(friction welding)

14 냉접(冷接)에 관하여 틀린 설명은?
① 가압 용접의 일종이다.
② 상온(常溫) 압접이라고도 한다.
③ 주로 비철금속에 적용되나 서로 다른 금속끼리는 곤란하다.
④ 전자통신기기의 부품결합에 적합하다.

> **Solution** 냉간압접
> 상온에서 2개의 금속을 밀착시켜 가압만의 조작으로 금속상호간의 확산을 일으켜 압접시키는 방법이다. 전자통신기기의 부품 결합에 적합하다.

15 용접의 결점에 해당되지 않는 것은?
① 품질검사가 곤란하다.
② 용접모재의 재질에 대한 영향이 크다.
③ 제품의 두께가 두껍고 가공수가 많이 든다.
④ 응력집중에 대하여 극히 민감하다.

Answer 11 ③ 12 ② 13 ④ 14 ③ 15 ③

Solution 용접의 특징(리벳 이음과 비교)
① 자재의 절약과 공정수가 적다.
② 기밀·수밀성이 좋다.
③ 이음효율이 향상된다.
④ 제품의 성능과 수명이 향상된다.
⑤ 작업의 자동화가 가능하다.
⑥ 품질 검사가 곤란하다.
⑦ 모재의 변질과 응력집중 현상이 발생한다.
⑧ 용접공의 숙련도에 따라 용접 정도가 다르다.

16 금속 아크 용접봉의 피복제 작용 중 틀린 것은?
① 아크를 안정시킨다.
② 용착금속을 보호한다.
③ 모재의 응력집중을 방지한다.
④ 용착금속의 급냉을 방지한다.

17 테르밋 용접(thermit welding)이란?
① 원자수소의 발열을 이용하는 방법이다.
② 전기 용접과 가스 용접법을 결합시킨 것이다.
③ 산화철과 알루미늄의 반응열을 이용한 방법이다.
④ 액체산소를 이용한 용접법의 일종이다.

18 초음파 용접에 관한 설명 중 틀린 것은?
① 접촉면 사이의 원자간의 인력(引力)이 작용하여 용접이 된다.
② 용접가능한 판두께가 매우 얇다.
③ 가압력이 필요없다.
④ 서로 다른 금속간의 용접에 극히 유용하다.

Solution 초음파 용접
모재에 초음파(18kHz 이상)의 횡진동을 주어 진동 에너지에 의해 접촉부의 원자가 서로 확산되어 접합하는 방법으로 비금속 플라스틱, 비철금속 용접 등에 사용된다.

19 산소병을 취급할 때 주의사항으로 틀린 것은?
① 밸브 등에 기름을 주유하여 사용한다.
② 충격을 주지 않는다.
③ 밸브의 개폐는 천천히 한다.
④ 직사광선에 노출시키지 않는다.

Answer   16 ③   17 ③   18 ③   19 ①

20 가스 용접시 역화(back fire)의 원인 중 틀린 것은?
① 혼합가스의 연소 속도가 분출 속도보다 낮을 때
② 팁의 구멍이 불결할 때
③ 팁의 구멍이 확대 변형되었을 때
④ 작업 중 불꽃이 역행할 때

> **Solution** 역화(back fire, flash back)
> 팁속에서 폭발음이 나면서 불꽃이 꺼졌다가 다시 켜지는 현상
> ① 순간적으로 팁끝이 막혔을 때
> ② 팁의 고열, 팁조임의 불량
> ③ 사용가스 압력이 부적당할 때

21 용접가공에서 열 영향부(HAZ)의 재질을 향상시키기 위하여 흔히 취해지는 옳은 방법은?
① 특수한 용가재의 사용
② 용접부의 냉각속도의 감소
③ 용접부의 피닝
④ 용접부의 예열과 후열

22 산화염으로 용접하는 것이 적합한 금속은?
① 저탄소강
② 고탄소강
③ 알루미늄계 합금
④ 6·4 황동

23 용입 부족에 대한 그 원인에 해당되지 않는 것은?
① 용접 이음의 설계에 결함이 있을 때
② 부적합한 용접봉을 사용할 때
③ 용접 속도가 너무 빠를 때
④ 모재에 황 함량이 많을 때

24 가스 용접에서 아세틸렌 가스 발생기의 형식이 아닌 것은?
① 발전식
② 침지식
③ 투입식
④ 주수식

25 알곤, 헬륨 등의 불활성 가스 분위기 속에서 텅스텐 용접봉을 사용하여 용접하는 것은?
① CO_2 알곤 용접
② 서브머지드 용접
③ MIG 용접
④ TIG 용접

Answer 20 ① 21 ③ 22 ④ 23 ① 24 ① 25 ④

26 저항 용접중에서 판금 공작물을 접합하는데 가장 적당한 것은?
① 심 용접
② 플래시 맞대기 용접
③ 프로젝션 용접
④ 업셋 맞대기 용접

27 용접의 단점으로 틀린 것은?
① 잔류응력(殘留應力)이 생기기 쉽다.
② 자재가 많이 소모된다.
③ 품질검사가 곤란하다.
④ 용접 모재의 재질에 대한 영향이 크다.

28 교류 아크 용접기와 비교한 직류 아크 용접기의 설명에 해당되는 것은?
① 사용하기 쉽고 고장이 적다.
② 아크가 안전하다.
③ 감전의 위험이 크다.
④ 용접기의 가격이 저렴하다.

29 고주파 저항 용접의 장점에 관한 설명으로 틀린 것은?
① 용접재의 표면 상황에 지장이 없다.
② 용접부의 조직이 우수하다.
③ 연강, 스테인레스강 및 비철금속 등의 재료에 용접이 가능하다.
④ 열영향부가 넓다.

> **Solution** 고주파 저항 용접
> 용접하려는 물건에 접촉자를 통해서 고주파 전류를 직접 흘리고, 고주파 전류의 표피효과, 근접효과를 이용하여 용접하려는 위치를 집중적으로 가열·가압하여 행하는 용접이다.

30 일렉트로 슬래그(electro slag) 용접에서 사용하는 전극 와이어의 지름은 보통 몇 [mm]를 사용하는가?
① 1[mm]
② 3.2[mm]
③ 5.5[mm]
④ 8.3[mm]

31 특수 아크 용접에 해당되지 않는 것은?
① TIG 용접
② 잠호 용접
③ MIG 용접
④ 심(seam) 용접

Answer 26 ③ 27 ② 28 ② 29 ④ 30 ② 31 ④

chapter 12 정밀입자 및 특수가공

1 정밀입자 가공

1. 호닝 가공★★

회전운동과 직선 왕복 운동을 하는 혼(hone)이라는 공구를 이용한 원통 내면의 정밀 다듬질 가공

(1) 호닝 속도

① 회전운동 속도 : 40~70[m/min]
② 왕복운동 속도 : 회전속도의 $\frac{1}{2}$~$\frac{1}{3}$

(2) 호닝 압력 : 10~30[kg/cm^2]

(3) 연삭액

① 주철 : 등유, 광유
② 청동 : 라드유
③ 경강 : 경유와 황 함유물

(4) 표면 정밀도 : 1~4[μ]

(5) 연삭입자

① WA 입자 : 강, 주강 연삭
② 다이아몬드 : 주철, 초경합금 연삭
③ GC 입자 : 주철, 비금속 연삭

(6) 호닝 가공의 특징

① 표면 정밀도 향상
② 크기를 정확히 조절할 수 있다.
③ 최소의 발열과 변형으로 신속하고 경제적인 정밀가공을 할 수 있다.
④ 호닝에 의하여 구멍의 위치를 변경시킬 수 없다.

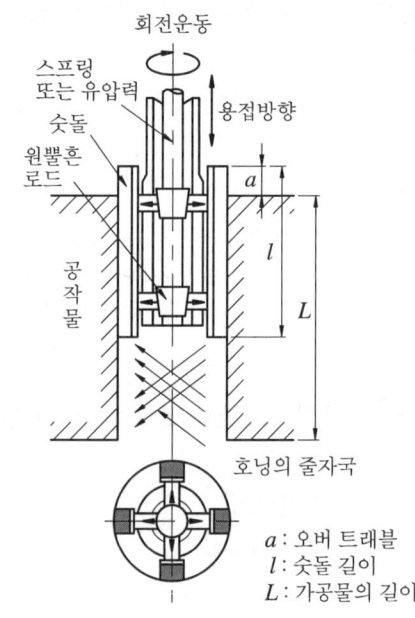

그림12-1 호닝 가공

a : 오버 트래블
l : 숫돌 길이
L : 가공물의 길이

2. 액체 호닝

공작액과 미세 입자를 함께 가공물 표면에 고속 분사하여 요철부를 없애 매끈한 다듬질 면을 얻고자하는 가공

3. 슈퍼 피니싱★★

회전하고 있는 가공물의 표면에 미세 입자로 된 숫돌을 접촉시켜 가로, 세로 방향으로 진동을 주어 가공하는 방법이다.

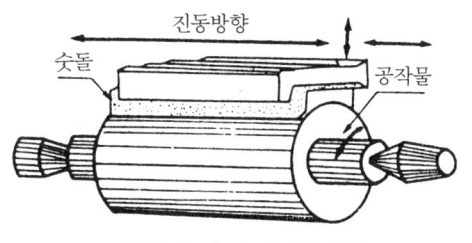

그림12-2 슈퍼 피니싱 가공

(1) 원통내면, 외면, 평면 등의 초정밀 가공

(2) **숫돌 압력** : $0.2 \sim 1.5 [\text{kg/cm}^2]$

(3) **연삭액**
  ① 석유
  ② 스핀들유와 기계유의 혼압유

(4) **표면 정밀도** : $0.1 [\mu]$

(5) **연삭입자**
  ① WA 입자 : 탄소강, 합금강 연삭
  ② GC 입자 : 주철, 알루미늄, 동합금 연삭

(6) **슈퍼 피니싱의 특징** : 숫돌을 사용한 방향성이 없는 가공이다.

4. 래핑★★★

가공물을 랩공구에 밀착시켜 그 사이에 랩제를 넣고 가공물을 누르며 상대운동을 시켜 매끈한 다듬질 면을 얻는 가공 방법이다.

(1) **종류**
  ① 습식 : 래핑유를 사용한 거친 래핑 작업

그림12-3 래핑 가공

② 건식 : 래핑유를 사용하지 않는 정밀 래핑 작업, 습식 래핑 보다 표면의 정도가 높다.

(2) **랩의 재료** : 주철, 연강, 구리, 동합금 등 사용

(3) **랩제의 종류**

① 탄화규소(SiC), 알루미나(Al_2O_3)
② C 입자 : 거친 래핑
③ A 입자 : 다듬질 래핑
④ 산화크롬 : 마무리 다듬질, 정밀 다듬질, 유리 래핑
⑤ 산화철 : 연성 금속 래핑

(4) **랩액의 종류**

① 경유 : 습식 래핑에 주로 사용
② 스핀들유 + 경유, 머신유 + 경유 : 다듬질 면을 매끈하게
③ 물 : 유리, 수정 등에 사용

2 특수가공

1. 방전가공 ★★★★★

가공액 속에 잠긴 공작물과 전극 사이에 공작물에 +전류, 전극에 −전류를 흘려 보내며 간격을 좁혀주면 아크열이 발생하여 공작물은 가공액의 기화 폭발 작용으로 미소량씩 용해 비산시켜 구멍뚫기, 절단, 연마 가공 등의 작업이 가능한 가공이다. 내마모성, 내부식성이 높은 표면을 얻을 수 있다.

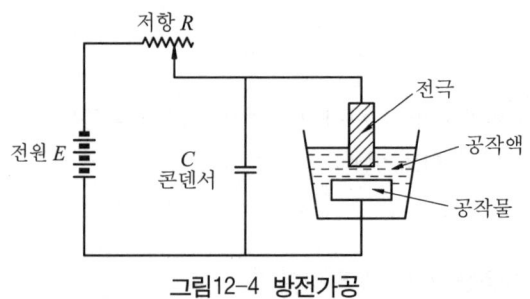

그림12-4 방전가공

(1) **전극 재료** : 흑연, 텅스텐, 구리합금, 동
(2) **가공 재료** : 다이어몬드, 루비, 사파이어 등의 보석류, 경화강, 내열강 등의 난삭성 재료
(3) **가공액** : 변압기유, 석유, 물, 비눗물,
(4) **방전회로**
　① RC회로 : 방전회로의 기본-콘덴서 방전회로
　② TR회로
　③ RC + TR회로
(5) **방전가공기의 형식** : 콘덴서형, 크리스탈형, 다이오드형

2. 초음파 가공★★★

가공액 속에 공작물을 넣고 공구를 근접시킨 상태에서 공구에 16~30[Hz]의 초음파를 주어 상하 진동시켜 공작물 표면을 다듬질하는 방법이다.

(1) **작업** : 구멍뚫기, 절단, 평면가공, 표면가공
(2) **공구(혼)의 재료** : 황동, 연강, 공구강, 모넬메탈, 피아노선재 등
(3) **연삭입자** : 알루미나, 탄화규소, 탄화붕소 등
(4) **가공재료** : 취성 큰 재료-초경합금, 세라믹, 유리, 강철, 수정, 도자기 등

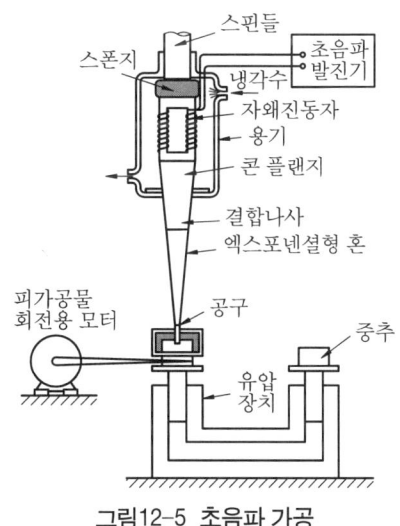

그림12-5 초음파 가공

3. 전해 연마★★★

전기 화학적인 방법으로 가공물의 표면을 다듬질하는 방법이다.

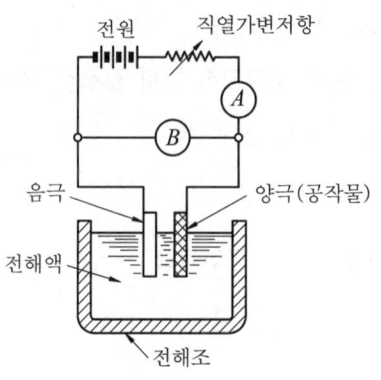

그림12-6 전해 연마

(1) 치수 정밀도 보다 표면의 광택이 중요할 때
(2) 드릴의 홈, 주사침, 반사경 등을 얻는다.
(3) 구리, 동합금, 알루미늄, 알루미늄 합금 등 연마 가능
(4) 주철은 연마 불가능
(5) **전해액** : 과염소산, 황산, 인산, 질산 등
(6) **기타**
  ① 전해 연마 : 가공물의 표면의 전기 분해되어 매끈한 면을 얻을 수 있는 방법
  ② 전해 연삭 : 전해 연마에서 나타난 양극 생성물을 연삭 작업으로 갈아내는 가공법
  ③ 화학 연마 : 산으로 씻는 것과 유사한 조작으로 적당한 약물 중에 침지시키고 열에너지를 주어 화학반응을 촉진시켜 매끄럽고 광택이 있는 표면을 만드는 작업

4. 버니싱(burnishing)★★★

구멍이 있는 공작물의 내면을 다듬질하기 위해 그 구멍의 내경 보다 다소 큰 지름의 버니시를 압입시켜 통과시키는 일종의 소성가공이다.

(1) 버니싱

표면에 소성변형을 일으키게 하여 평활한 정도가 높은 면을 얻는 가공법

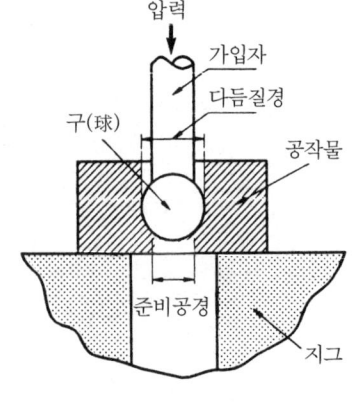

그림12-7 버니싱 가공

5. 버핑(buffing)

직물 등의 부드러운 재료로 된 원반에 미세한 입자를 부착시켜, 고속 회전시키며 공작물과 접촉시켜 마찰에 의한 표면의 녹 제거나 광택내기 등의 가공 방법이다.

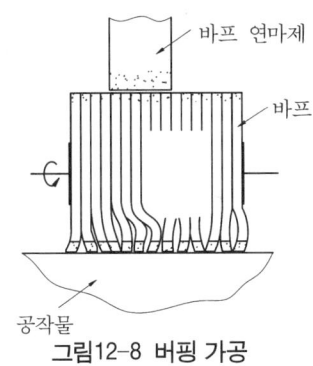

그림12-8 버핑 가공

6. 폴리싱(polishing)

연삭숫돌 등을 이용한 마찰작용으로 버핑하기 전에 선행되는 가공물 표면을 다듬질하는 방법이다.

7. 배럴(barrel) 가공 ★★★

배럴이라고 하는 상자 속에 공작물, 숫돌 입자, 공작액, 콤파운드 등을 함께 넣고 회전 운동을 시키면 상자 속에서 상호 상대 접촉이 이루어져 매끈한 가공면을 얻을 수 있는 방법이다.

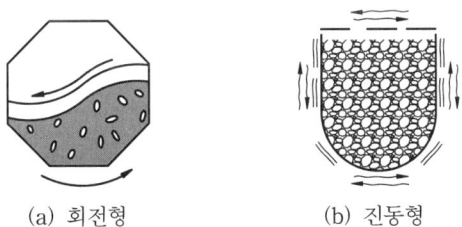

(a) 회전형   (b) 진동형

그림12-9 배럴 가공

(1) **입자**(Media)
  ① 거친 다듬질 : 숫돌입자, 석영, 석괴, 모래 등
  ② 공택내기 : 나무, 톱밥

(2) **콤파운드** : 스케일 및 녹 제거

(3) **공작액** : 물-다듬질량을 크게 하려면 적게, 광택내기가 목적이면 많게 공급

8. 숏 피닝(shot peening)★★★★

숏이라고 하는 금속제(주철, 주강) 입자를 압축 공기와 함께 고속으로 가공물의 표면에 분사시켜 금속 표면의 강도, 경도를 증가시키고, 피로한도, 탄성한도를 높일 수 있는 방법이다.

(1) 기어, 피스톤 링, 크랭크축, 커넥팅 로드, 로커 암 등의 표면 경화 작업에 적합하다.

(2) 스프링(spring)과 같이 반복하중을 받는 기계부품의 완성가공에 이용

그림12-10 숏 피닝 가공

9. 브로칭 머신(broaching machine)★★★

(1) 브로치 구조
① 자루부
② 절삭부
③ 평행부
④ 후단부

(2) 브로치 작업
복잡한 형상의 구멍을 가공할 때
① 내면 : 둥근 구멍에 키홈, 스플라인 구멍, 다각형 구멍 등
② 외면 : 특수한 모양의 면을 가공

(3) 브로치의 피치와 날수
피치는 공작물의 길이에 따라 결정된다.

$$P = K\sqrt{L}$$

P : 피문치[mm]
L : 절삭부 길이[mm]
K : 정수 1.5~2

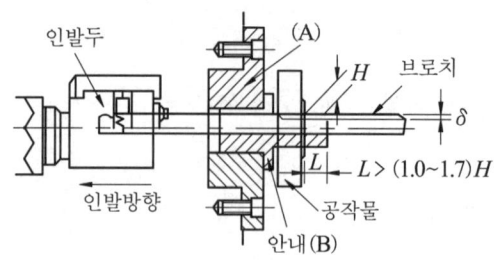

그림12-11 브로칭 머신

chapter 12 실전연습문제

01 다음 중 브로칭 머신의 종류가 아닌 것은?

① 수평식　　　　　　　　　② 내면
③ 표면　　　　　　　　　　④ 만능

Solution
① 운동방향에 따라 : 수평, 수직 브로칭 머신
② 가공방식에 따라 : 내면, 외면 브로칭 머신
③ 구동방식에 따라 : 인발식, 압출식 브로칭 머신

02 강구를 고속으로 금속표면에 타격을 가하여 강도 경도를 증가시켜 가공 경화층을 만드는 기계가공법은?

① 버핑(buffing)　　　　　　② 숏 피닝(shot peening)
③ 버니싱(burnishing)　　　　④ 나사 전조(thread rolling)

03 강판재에 곡선 윤곽의 구멍을 뚫어서 형판(template)을 제작하려 할 때 가장 적합한 가공법은?

① 버니싱 가공　　　　　　② 와이어 컷 방전가공
③ 초음파 가공　　　　　　④ 플라즈마 젯 가공

Solution 와이어 컷 방전가공
연속적으로 이송하는 지름 0.05~0.3[mm]의 와이어를 전극으로 하고 이 와이어에 장력을 준 상태에서 와이어를 이송하여 피가공물과 와이어 전극 사이에서 발생되는 방전기호현상을 이용하여 가공물을 임의의 윤곽현상으로 가공하는 방법이다.

04 가공물을 양극으로 하고 불용해성인 납, 구리를 음극으로 하여 전해액 속에 넣으면 가공물의 표면이 전기에 의한 화학작용으로, 매끈한 면을 얻을 수 있는 방법은?

① 전기화학가공　　　　　　② 전해연마
③ 방전가공　　　　　　　　④ 화학연마

Solution
① 전해연삭(electrolytic grinding) : 전해연마에서 나타난 양극 생성물을 전해작용으로 제거시키는 방법으로 가공속도가 빠르고 숫돌의 소모가 적으며 가공면이 연삭 다듬질보다 우수하다.
② 화학연마 : 적당한 약물 중에 가공물을 담그고 가열하여 화학반응을 촉진시킴으로서 금속표면에 광택을 얻는 작업이다.

Answer　01 ④　02 ②　03 ②　04 ②

05 다이아몬드, 루비, 사파이어 등 경질(硬質) 비금속재료의 구멍뚫기 가공에 가장 알맞은 방법은?

① 전해연마 ② 방전가공
③ 슈퍼 피니싱(super finishing) ④ 호닝(honing)

06 정밀입자가공에서 호닝(honing)의 결과에 대한 설명으로 틀린 것은?

① 표면 정밀도를 향상시킨다.
② 최소의 발열과 변형으로 신속하고 경제적인 정밀가공을 할 수 있다.
③ 전(前)공정에 나타난 테이퍼, 진원도 또는 직선도를 바로 잡는다.
④ 호닝에 의하여 구멍의 위치를 변경시킬 수 있다.

> **Solution** 호닝(honing)
> 정밀 보링 머신, 연삭기 등으로 가공한 공작물의 내면, 외면 및 평면 등의 가공표면을 혼(hone)이라는 공구로 회전운동과 동시에 왕복운동을 시켜 정밀하게 가공

07 일감의 표면을 완성가공하는 방법으로 가공면은 매끈하고 방향성이 없고 치수변화보다는 고정밀도의 표면을 얻는 것이 주 목적인 것은?

① 래핑(lapping) ② 액체 호닝(liquid honing)
③ 초음파가공(ultra-sonic machining) ④ 슈퍼 피니싱(super finishing)

08 공구에 진동을 주고 공작물과 공구 사이에 연삭 입자를 두고 전기적 에너지를 기계적 에너지로 변화함으로써 공작물을 정밀하게 다듬는 방법은?

① 전해 연마 ② 기어 셰이빙
③ 초음파 가공 ④ 방전 가공

> **Solution** 초음파 가공
> 혼에 부착된 금속공구를 공작물에 밀착시켜 상하 진폭을 10~30 마이크론 정도의 공작물 사이에 있는 연삭입자가 공구의 진동으로 공작물의 표면을 다듬는 가공이다.
> ① 구멍뚫기, 절단, 평면가공, 표면가공이 가능하다.
> ② 초경합금, 세라믹, 유리 등의 굳고 취약한 재료를 사용
> ③ 공구의 재료로 황동, 연강, 공구강, 모넬 메탈, 피아노선재 등을 사용
> ④ 연삭입자의 재질은 알루미나, 탄화규소, 탄화붕소 등을 사용

09 방전 가공기의 형식이 아닌 것은?

① 콘덴서형 ② 실리콘형
③ 크리스탈형 ④ 다이오드형

Answer 05 ② 06 ④ 07 ④ 08 ③ 09 ②

10 호닝(honing) 작업에서 옳지 않은 것은?

① 가공시간이 짧다.
② 진원도 및 직선도를 바로 잡을 수 있다.
③ 크기를 정확히 조절할 수 있다.
④ 표면 정밀도를 향상시키지 못한다.

> **Solution** 호닝(honing) 작업
> 공작물의 내면, 외면, 평면 등의 가공표면을 혼이라는 공구를 이용하여 회전운동과 동시에 왕복운동을 시켜 매끈하고 정밀한 표면을 얻기 위한 작업이다.

11 배럴 가공(barrel finishing)을 하면 여러 가지 결과를 얻을 수 있다. 여기에 해당되지 않는 것은?

① 연삭의 효과
② 스케일 제거
③ 버니싱(burnishing) 작용
④ 도금의 효과

> **Solution** 배럴 가공(barrel finishing)
> 배럴이라고 하는 상자속에 공작물과 함께 숫돌입자, 공작액, 컴파운드 등을 넣고 흔들어 공작물이 입자와 충돌해서 그 평면의 요철을 없애 다듬질 면을 정밀하게 만드는 가공작업이다.

12 전해연마의 장점이 아닌 것은?

① 절삭 또는 연삭된 표면의 조도를 높인다.
② 복잡한 면의 정밀가공이 가능하다.
③ 가공에 의한 표면균열이 생기지 않는다.
④ 전류밀도가 클수록 표면이 깨끗하다.

13 정밀입자가공에 해당하는 것은?

① 방전가공(EDM)
② 브로칭(boraching)
③ 보링(boring)
④ 액체 호닝(liquid honing)

> **Solution** 정밀입자가공
> ① 호닝 가공
> ② 슈퍼 피니싱 가공
> ③ 래핑 가공

Answer 10 ④ 11 ④ 12 ④ 13 ④

14 금속재료 표면에 고속으로 강철 볼을 분사시켜 표면을 소성변형하여 경화시키는 가공법은?

① 금속 침투법　　　　② 숏 피닝
③ 샌드 피닝　　　　　④ 고주파 경화법

> **Solution** (1) 금속침투법 : 시멘테이션 경화법
> ① 칼로라이징 : Al 침투
> ② 세라다이징 : Zn 침투
> ③ 실리콘나이징 : Si 침투
> ④ 크로마이징 : Cr 침투
> ⑤ 브론나이징 : B 침투
> (2) 고주파 경화법 : 공작물을 코일로 감고 고주파전류를 통하여 주면 짧은 시간에 열처리가 가능하며 대량생산의 동일제품에 적용시킨다.

15 전해연마의 결점에 해당되지 않는 것은?

① 깊은 홈이 제거되지 않는다.
② 내마멸성, 내부식성이 나쁘다.
③ 모서리가 둥글게 된다.
④ 주물제품은 광택있는 가공면을 얻을 수 없다.

> **Solution** 전해연마 특징
> ① 가공 변질층이 없어 평활한 면을 제공
> ② 복잡한 형상의 연마 가능
> ③ 가공면의 방향성이 없다.
> ④ 내마모성, 내부식성의 향상
> ⑤ 연성 재료도 쉽게 연마 가능

16 건식법과 습식법으로 구분하여 가공하는 것은?

① 브로칭　　　　　　② 래핑
③ 슈퍼 피니싱　　　　④ 호빙

> **Solution** 래핑 정밀 연삭가공
> 공작물과 랩 공구 사이에 랩제와 래핑유를 넣고 상대운동을 시켜 표면을 마모현상으로 매끈하게 가공하는 방법으로 습식 래핑과 건식 래핑이 있다.

17 브로치 작업은 어느 경우에 유효하게 이용할 수 있는가?

① 대칭형의 윤곽을 가공할 때　　② 복잡한 형상의 구멍을 가공할 때
③ 나선홈을 가공할 때　　　　　④ 베벨 기어를 가공할 때

Answer 14 ② 15 ② 16 ② 17 ②

18 슈퍼 피니싱의 특징 중 맞는 것은?

① 호닝, 랩핑 등과 같은 면을 10초 이내의 단시간에 얻을 수 있다.
② 연삭립은 연삭 행정이 길어서 구성인선이 발생한다.
③ 가공부에 고온이 발생하고, 변질층이 크게 생긴다.
④ 방향성이 없는 다듬질면과 높은 정밀도를 얻을 수 있다.

19 목재, 직물, 피혁 등 탄성이 있는 재료로 된 바퀴 표면에 부착시킨 미세한 연삭 입자를 사용하여 연삭 작용을 하게 하여 공작물 표면을 다듬는 가공은 무엇인가?

① 폴리싱   ② 태핑
③ 버니싱   ④ 롤러 다듬질

> **Solution** ① 태핑 : 암나사 가공작업
> ② 버니싱 : 압인자를 이용하여 구멍의 내면을 정밀가공하고자 하는 소성가공이다.

20 표면경화와 피로강도 상승의 효과가 함께 있는 가공법은?

① 숏 피닝   ② 래핑
③ 샌드 블라스팅   ④ 호빙

> **Solution** ① 숏 피닝 : 숏이라고 하는 금속제(주철, 주강) 입자를 압축공기와 함께 고속으로 가공물의 표면에 분사시켜 금속표면의 강도, 경도를 증가시키고, 피로한도, 탄성한도를 높일 수 있는 방법이다. 기어, 피스톤 링, 크랭크축, 커넥팅 로드, 로커 암 등의 표면경화 작업에 적합하다.
> ② 블라스팅 : 모래, 실리카 또는 금속을 강하게 분사함으로써 금속 등의 표면에 붙어있는 녹, 페인트, 각종 이물질을 제거하는 작업이다.

21 방전가공(electric discharge machining)에 관한 설명 중 틀린 것은?

① 절삭가공이 어려운 높은 경도의 재료도 비교적 쉽게 가공할 수 있다.
② 열의 영향을 받으므로 가공변질층이 넓은 단점이 있다.
③ 내마모성이 높은 표면을 얻을 수 있다.
④ 내부식성이 높은 표면을 얻을 수 있다.

22 입자를 사용하는 가공법은?

① 방전가공   ② 초음파가공
③ 전해가공   ④ 전자 빔 가공

Answer 18 ④ 19 ① 20 ① 21 ② 22 ②

23 방전가공이란 무엇인가?
① 기계적 진동을 하는 공구와 공작물 사이에 연삭입자와 물 또는 기름의 혼합액을 주입하여 급격한 타격작용으로 공작물 표면을 가공하는 방법
② 공작물을 양극으로 하여 전해액 안에서 공작물의 표면을 전기분해하는 가공법
③ 공구와 공작물 사이에서 방전을 시켜 구멍뚫기, 조각, 절단 등의 가공을 하는 방법
④ 전해연삭에서 나타난 양극 생성물을 연삭작업으로 갈아내는 가공법

24 강재의 화학 조성을 변화시키지 않고, 작은 강재를 표면에 고속으로 투사하여 경화시키는 방법은?
① 금속 침투법 ② 침탄 질화법
③ 질화법 ④ 숏 피닝법

25 공작기계 중 가공 표면 거칠기를 가장 양호하게 얻을 수 있는 공작기계는?
① 연삭 ② 호닝
③ 슈퍼 피니싱 ④ 브로칭

26 가공하는 전극과 공작물 사이에 지립(砥粒)의 역할을 겸하는 절연체를 개재시켜 전해 작용으로 생긴 양극의 산화피막을 절연체의 기계적 작용으로 제거하는 가공법은?
① 전해연삭 ② 전극연마
③ 절연가공 ④ 방전가공

27 특수가공 중 배럴 가공(barrel finishing) 작업의 효과와 관계 없는 것은?
① 연삭의 효과 ② 스케일 제거작업
③ 숏 피닝 ④ 표면 정도

28 전해연마에 관한 설명으로 옳지 않은 것은?
① 가공면에는 방향성이 없다.
② 내마멸성이 좋아진다.
③ 내부식성이 좋아진다.
④ 연마량이 많으므로 깊은 홈이 제거된다.

Answer 23 ③ 24 ④ 25 ③ 26 ① 27 ③ 28 ④

29 다이아몬드, 루비, 사파이어 등 경질(硬質) 비금속재료의 구멍뚫기 가공에 가장 알맞은 방법은?

① 전해연마
② 방전가공
③ 슈퍼 피니싱(super finishing)
④ 호닝(honing)

30 회전하는 상자에 공작물과 숫돌 입자, 공작액, 콤파운드 등을 함께 넣어 공작물의 입자와 충돌하는 동안에 그 표면의 요철(凹凸)을 제거하며, 매끈한 가공면을 얻는 방법은?

① 버니싱(burnishing)
② 롤러 다듬질(roller finishing)
③ 숏 피닝(shot peening)
④ 배럴 다듬질(barrol finishing)

31 특수 가공법 중 숏 피닝(shot peening) 가공법의 설명으로 올바른 것은?

① 가공물 표면에 용액과 미세연삭입자와의 혼합용액을 고속으로 분산하여 표면을 다듬질 가공하는 방법이다.
② 금속으로 만든 작은 덩어리를 고속으로 가공물 표면에 투사하여 피로강도를 증가시키기 위하여 취하는 냉간가공법이다.
③ 유연성 있는 몸체 위에 아교(glue)를 사용하여 입자를 고착시킨 버핑 바퀴(buffing wheel)를 사용하여 연삭하는 가공법이다.
④ 공구에 초음파진동(ultrasonic vibration)을 주어 랩제(劑)를 가공물에 충동시켜 가공하는 방법이다.

Answer 29 ② 30 ④ 31 ②

13 공작물 고정 및 기어 가공

1 공작물 고정법

공작물을 고정하기 위한 것으로는 클램프, 바이스, 지그 등이다.

1. 지그(jig)

구멍을 뚫을 때 신속하고 정확한 가공을 할 수 있고 대량생산에 이용되고 지그의 가장 중요한 역할은 공구의 안내이다.

(1) 지그의 종류★★★

① 템플릿 지그 : 가장 단순하게 사용되는 지그
② 플레이트 지그
  ㉠ 단순하게 생산속도를 증가시킬 목적의 지그
  ㉡ 구멍을 똑바로 뚫는데 사용되는 지그
  ㉢ 공작물 위의 결정핀을 3곳에 설치 고정 나사로 조여서 사용
③ 샌드위치 지그 : 상하 플레이트를 이용하여 고정하는 지그
④ 앵글 플레이트 지그 : 위치결정면에 직각으로 유지시키는 지그
⑤ 리프 지그
  ㉠ 장착 및 장탈이 용이한 지그
  ㉡ 클램핑력이 약하여 소형 공작물 가공에 적당한 구조
⑥ 박스 지그
  ㉠ 종류로는 개방형, 밀폐형, 조립형 등이 있다.
  ㉡ 공작물의 두 개 이상의 면에 구멍을 뚫을 때 또는 기준면을 잡을 때 사용하는 지그
  ㉢ 복잡한 가공물에 사용
⑦ 채널 지그 : 공작물의 두 면에 지그를 설치하여 단순한 가공을 할 때 사용
⑧ 분할 지그 : 부품 주위에 정확한 간격으로 구멍을 뚫을 때 사용
⑨ 트러니언 지그 : 대형 공작물이나 불규칙한 형상의 공작물 가공시
⑩ 드릴 지그 : 3요소-위치 결정, 체결, 공구의 안내

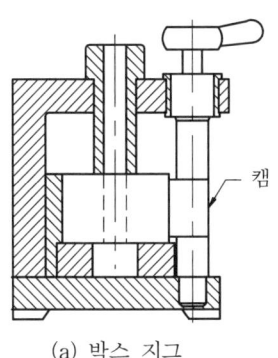 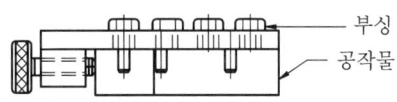

(a) 박스 지그   (b) 플레이트 지그

그림13-1 박스지그와 플레이트지그

2. 치공구 기능

복제 제품을 정밀하고 호환성 있게 가공하는데 사용되는 생산용 특수공구
① 생산 제품의 정도가 향상되고 호환성을 갖는다.
② 검사 시간이 짧고, 방법 간단하다.
③ 불량 감소
④ 생산 등을 향상

3. 고정구의 종류

(1) **플레이트 고정구** : 적용이 넓고 가장 단순함

(2) **앵글 플레이트 고정구** : 공작물을 위치결정구와 직각이 되도록 사용

(3) **바이스 조 고정구** : 소형 공작물 가공에 적합

(4) **분할 고정구** : 일정간격으로 기계가공할 공작물에 적합

(5) **멀티스테이션 고정구** : 가공 사이클(cycle)이 계속되어야 할 경우

(6) **총형 고정구**

2 기어 가공 방법

1. 기어 절삭법★★★

(1) **형판에 의한 법**(모방 절삭법)-형판법

(2) **총형 공구에 의한 절삭법**(밀링 커터)

(3) 창성법★★★★★

인벌류트 곡선을 그리는 성질을 응용하여 기어를 깎는 방법이다. 인벌류트 곡선의 기어 가공 시 가장 많이 사용되는 곡선이다. 성형법이라고도 한다.
① 호브를 이용하는 방법 : 호빙 머신
② 랙 커터를 이용하는 방법 : 마그식 기어 셰이퍼
   ㉠ 헬리컬 기어 가공 가능
   ㉡ 베벨 기어와 웜 기어는 가공할 수 없다.
③ 피니언 커터를 이용하는 방법 : 펠로즈식 기어 셰이퍼, 내접 기어 가공 가능

(4) 전조에 의한 방법 : 소형 기어 가공

2. 호빙 머신★★

나사 모양인 토크를 돌리며 기어 소재에 대응하는 회전이송을 기어 소재에 주어 창성법으로 기어의 이를 절삭하는 전용 공작기계이다.

(1) **용도** : 기어 가공
(2) **종류** : 수직형-대형 기어, 수평형- 작은 기어
(3) **크기** : 최대 피치원의 지름과 기어 폭, 최대 모듈
(4) **호브** : 스파이럴에 직각이 되도록 축 방향으로 여러 개의 홈을 파서 절삭날 형성
(5) **호빙 머신의 차동 기어의 변속 기어 잇수비**

$$i = K \frac{\sin \beta}{\pi m n}$$

$\begin{bmatrix} K : 기계상수 \\ m : 모듈 \\ n : 잇수 \\ \beta : 비틀림각 \end{bmatrix}$

3. 기어 셰이빙 머신(gear shaving machine)★

셰이빙 커터를 사용하여 평기어와 헬리컬 기어 가공 가능
① 평기어 : 미끄럼 속도를 주기 위해 헬리컬 기어형 셰이빙 커터를 사용
② 헬리컬 기어 : 평기어형 셰이빙 커터를 사용

그림13-2 기어 셰이빙 머신

chapter 13 • 실전연습문제

01 잇수가 80이고 모듈이 2.5인 기어의 바깥지름은 몇 [mm]인가?

① 200 ② 205
③ 210 ④ 215

Solution $D_k = m(Z+2) = 2.5 \times (80+2) = 205 \,[\text{mm}]$

02 치수가 80이고 지름 피치가 8인 기어의 바깥지름은 몇 [mm]인가?

① 250.45 ② 260.35
③ 270.76 ④ 280.42

Solution $D_k = \dfrac{25.4}{DP}(Z+2) = \dfrac{25.4}{8} \times (80+2) = 260.35 \,[\text{mm}]$

03 다음 중 헬리컬 기어를 절삭할 수 없는 경우는?

① 호빙 머신 ② 피니언 커터 기어 셰이퍼
③ 기어 셰이빙 머신 ④ 글리슨식 기어 절삭기

Solution 글리슨식 기어절삭기는 베벨 기어를 절삭한다.

04 다음 중 내접 기어를 가공할 수 있는 것은?

① 호빙 머신 ② 피니언 커터 기어 셰이퍼
③ 기어 셰이빙 머신 ④ 글리슨식 기어 절삭기

05 용접부품을 조립하는데 사용하는 도구는?

① 드릴 지그 ② 분할 지그
③ 드릴 바이스 ④ 용접 지그

Solution
① 드릴 지그 : 드릴과 리버 가공시 정확한 드릴링 위치를 잡아주는 역할
② 분할 지그 : 부품 주위에 정확한 간격으로 구멍을 뚫을 때 사용

Answer 01 ② 02 ② 03 ④ 04 ② 05 ④

06 공작물 고정 장치가 없는 지그는?

① 템플릿 지그(template jig)
② 플레이트 지그(plate jig)
③ 앵글 플레이트 지그(angle plate jig)
④ 테이블 지그(table jig)

07 지그(jig)의 종류 중 쉽게 조작이 가능한 잠금 캠을 이용하여 장착과 장탈을 쉽게 할 수 있도록 한 구조이며 클램핑력이 약하여 소형 공작물 가공에 적합한 구조의 지그인 것은?

① 분할 지그(indexing jig)   ② 리프 지그(leaf jig)
③ 박스 지그(box jig)   ④ 채널 지그(channel jig)

> **Solution** ① 분할 지그(indexing jig) : 물체 주위에 정확한 일정 간격으로 구멍뚫기 작업을 할 때 사용하는 지그
> ② 박스 지그(box jig) : 공작물을 재위치에 고정시키지 않고도 모든 면을 가공할 수 있는 지그
> ③ 채널 지그(channel jig) : 공작물의 두 면에 지그를 고정시키고 단순가공을 할 수 있는 지그

08 드릴 지그의 분류에서 상자형 지그(box jig)에 포함되지 않는 것은?

① 개방형(open type)   ② 밀폐형(closed type)
③ 평판형(plate type)   ④ 조립형(built up type)

09 창성법(generating method)에 의하여 기어의 치형을 절삭하는 공작기계와 공구는?

① 기어 셰이퍼와 보호   ② 호빙 머신과 호브
③ 밀링 머신과 기어   ④ 호빙 머신과 피니언

> **Solution** 기어 가공방법
> ① 형판에 의한 모방 절삭법
> ② 총형공구(밀링 커터)에 의한 절삭법
> ③ **창성법** : 호빙 머신의 호브에 의한 절삭법, 마그식 기어 셰이퍼의 랙 커터에 의한 절삭법, 펠로즈식 기어 셰이퍼의 피니언 커터에 의한 절삭법
> ④ 전조가공

Answer   06 ①   07 ②   08 ③   09 ②

10 웜 기어(worm gear)의 가공방법이 아닌 것은?
① 호브(hob)를 반경 방향으로 이송하는 방법
② 테이퍼 호브(taper hob)를 접선(接線) 이송하는 방법
③ 호빙 머신에서 플라이 커터(fly cutter)에 의한 가공 방법
④ 랙 커터(rack cutter)에 의한 가공 방법

11 구멍을 똑바로 뚫는데 사용되는 것은?
① 센터 게이지　　② 플레이트 지그
③ 게이지 블록　　④ 드릴 검사 게이지

12 모듈 4, 잇수 38, 나선각 30°인 헬리컬 기어의 바깥지름은 약 얼마나 되겠는가?
① 320.5[mm]　　② 183.5[mm]
③ 175.5[mm]　　④ 271.5[mm]

Solution $D_k = m_n \left(\dfrac{z}{\cos \beta} + 2 \right) = 4 \times \left(\dfrac{38}{\cos 30°} + 2 \right) = 183.5 \text{ [mm]}$

13 현재 사용되는 치형 가공방법이 아닌 것은?
① 분할(index)에 의한 법　　② 형판(templet)에 의한 법
③ 총형 커터에 의한 법　　④ 창성법(generating method)

14 잇수가 70개, 지름 피치가 8인 기어를 제작하려 한다. 이 기어의 소재 지름은?
① 8″　　② 8.5″
③ 9″　　④ 9.5″

Solution $D \cdot P = \dfrac{Z}{D}, \ D = \dfrac{Z}{D \cdot P} = \dfrac{70}{8} = 8.75''$

15 기어의 가공시 가장 많이 사용되는 곡선은?
① 사이클로이드 곡선　　② 인벌류트 곡선
③ 하이포 사이클로이드 곡선　　④ 에피 사이클로이드 곡선

Answer　10 ④　11 ②　12 ②　13 ①　14 ③　15 ②

14 chapter 측정기(測程器)

1 측정

1. 측정 방법

(1) 직접측정★★★

실물의 실제 치수를 직접 측정하는 방법으로 직접측정기의 종류는 다음과 같다.
① 버니어 캘리퍼스
② 마이크로미터
③ 측장기
④ 각도자
⑤ 하이트 게이지

(2) 비교측정★★★

이미 알고 있는 표준편의 양과 차를 실물의 치수와 비교해 측정함으로 측정 범위가 좁다.
① 다이얼 게이지
② 미니미터
③ 옵티미터
④ 공기 마이크로미터
⑤ 전기 마이크로미터
⑥ 콤비네이션 셋
⑦ 표준 게이지

(3) 간접측정

기하학적으로 측정하기 힘든 경우, 예를 들어 나사, 기어 등과 같이 형태가 복잡한 것은 기하학적 계산에 의하여 결정하는 측정 방법이다.
측정기를 선택할 때는 공차의 크기, 공작물의 수량, 측정 방법 등을 고려하여 판단한다.

2. 측정 오차의 종류

(1) 고유오차
측정기의 취급과 구조에서 오는 오차

(2) 개인오차
측정자의 부주의, 숙련도, 버릇 등에서 오는 오차

(3) 환경에 의한 오차
측정기 사용 장소의 온도, 압력, 빛(조명), 진동 등에서 오는 오차

(4) 우연오차★★★
측정 장소에서 예기치 못한 원인에 의하여 발생하는 오차-반복 측정하여 평균값을 구해 우연오차를 없앴다.

3. 측정기 방식★

측정하고자 하는 대상, 정도, 용도, 범위 등을 고려하여 적당한 측정기 방식을 선택한다.

(1) 편위법(偏位法 ; Deflection Method)
계측기 눈금의 기준과 지침의 위치를 비교하여 측정량의 크기를 재는 방법이며 다이얼 게이지, 전류계, 전압계 등의 계측기가 이와 같은 방식이다.
① 정밀도가 낮다.
② 조작이 간단하다.
③ 가장 폭 넓게 사용되는 방식이다.

(2) 영위법(零位法 ; Zero Method, Null Method)
측정량을 가감할 수 있는 기지량(旣知量)과 균형시켜 그 때의 균형량의 크기로부터 측정량을 구하는 방법이다. 마이크로미터가 이와 같은 방식으로 이것은 정밀도가 높은 측정 방식이다.

(3) 보상법(補償法 ; Compensation Method)
계기류로 측정해야 할 값과 표준값을 비교해서 양자의 근소한 차이를 정밀하게 측정하여 측정량을 알아내는 방식이다.

(4) 치환법(置換法 ; Substitution Method)
지시량과 미리 알고 있는 양으로부터 측정량을 아는 방법이다. 이 방식은 길이의 정밀측정에 주로 사용한다.

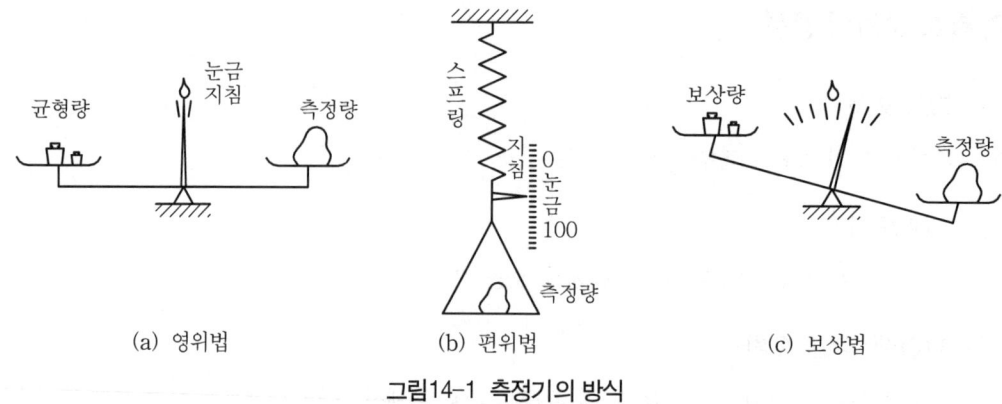

그림14-1 측정기의 방식

4. 아베의 원리(Abbe's principle)★★

표준자와 피측정물은 동일 축 선상(일직선 위에 배치)에 위치하여야 한다.

(1) **아베의 원리를 만족시키지 않을 때 나타나는 오차** : 측정오차

(2) **아베의 원리를 만족시키는 측정기**

  외경(외측) 마이크로미터, 측장기

(3) **아베의 원리를 위배하는 측정기**

  하이트 게이지, 버니어 캘리퍼스, 다이얼 게이지, 블록 게이지

5. 측정기 사용상 분류★

(1) **길이 측정기의 종류**

  강철자, 직각자, 콤퍼스, 디바이더, 마이크로미터, 버니어 캘리퍼스, 하이트 게이지, 다이얼 게이지, 스냅 게이지, 표준 게이지, 리잇 게이지, 광학측정기

(2) **각도 측정기의 종류**

  각도 게이지, 직각자, 분도기, 콤비네이션, 베벨, 사인바, 테이퍼 게이지, 만능각도기, 분할대

(3) **평면 측정기의 종류**

  수준기, 직각자, 서피스 게이지, 정반, 옵티컬 플랫, 조도계, 스트레이트 에지

(4) **안지름 측정기의 종류**

  구멍용 한계 게이지, 내경 지침 측미기, 플러그 게이지

(5) 진직도 측정기 종류

    직선자, 수준기, 나이프 에지, 오토콜리미터, 정반과 인디게이터

(6) 나사 측정기의 종류 : 나사 마이크로미터

(7) 기어 측정기의 종류 : 기어 시험기

2 직접 측정기

1. 버니어 캘리퍼스(vernier calipers ; 노기스)

아들자(부척)와 어미자(주척)로 구성되어 일감의 외경, 내경, 깊이, 두께, 폭 등을 측정할 수 있다.

(1) 버니어 캘리퍼스의 종류★

    KS 규격에는 M_1형, M_2형, CB형, CM형 등의 4종이 있다.
    ① 미터식 종류 : 1/20[mm], 1/50[mm]
    ② M형 : 1/20[mm]까지 측정, CB형, CM형 : 1/50[mm]까지 측정
    ③ M1형 : 1/20[mm]까지 측정, M2형 : 1/50[mm]까지 측정

(2) 원리

    어미자인 주척의 최소 눈금을 아들자의 등분수에 따라 미소거리를 측정 방식이다.

(3) 읽는 방법

    1차로 부척의 0눈금에 위치해 있는 주척의 큰 눈금을 읽고 2차로 주척의 눈금과 부척의 눈금이 일치하고 있는 곳의 부척의 눈금을 읽는다. 주척의 1눈금의 크기는 1[mm]이나 부척의 경우는 $\frac{1}{50}$ 이면 최소눈금은 0.02[mm]이고 $\frac{1}{100}$ 이면 0.01[mm]이다.

(4) 버니어 캘리퍼스로 읽을 수 있는 최소 눈금 치수★★★

$$C = \frac{s}{n}$$

    n : 등분수
    s : 어미자의 1눈금 치수(본척의 눈금)

    ① $\frac{1}{20}$ [mm] 버니어 캘리퍼스란 : 본척의 눈금이 1[mm], 부척의 1눈금은 19[mm]를 20등분한 것 (최소 측정값이 $\frac{1}{20}$ [mm]이다.)

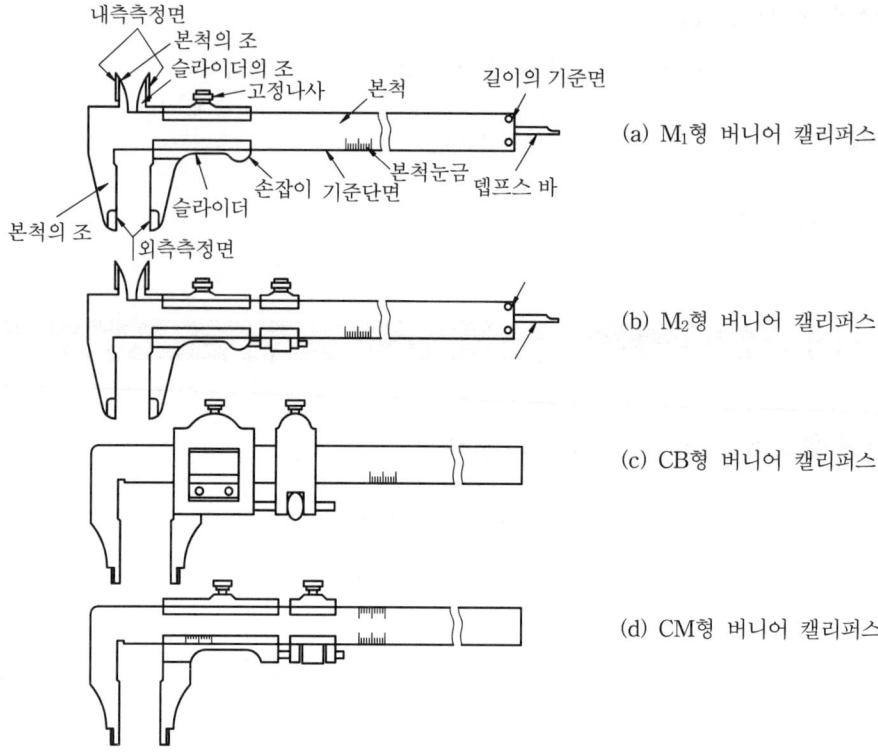

그림14-2 버니어 캘리퍼스의 구조

2. 마이크로미터(micrometer)★★

외경, 내경 및 깊이 측정에 사용하며 나사의 원리를 이용한 측정기이다. 0.01[mm]까지 측정할 수 있는 마이크로미터는 삼각나사의 피치가 0.5[mm]에 딤블의 원주를 50등분한 것이다.

$$최소\ 측정 = \frac{피치(p)}{딤블\ 원주\ 등분\ 수(n)} = \frac{0.5}{50} = 0.01$$

딤블이 1눈금 움직이면 스핀들은 0.01[mm] 움직인다. 딤블이 1회전하면 스핀들은 0.5[mm] 움직이고, 딤블이 2회전하면 스핀들은 1[mm] 움직인다.

(1) 마이크로미터의 크기 : 0~25[mm], 25~50[mm], 50~75[mm], 75~100[mm]

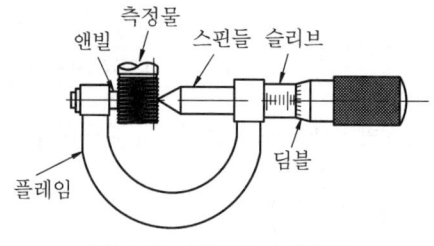

그림14-3 마이크로미터의 구조

(2) 마이크로미터 특징

① 나사 마이크로미터는 나사의 유효지름, 골지름, 바깥지름을 측정할 수 있으며 앤빌의 중심 위치가 V형으로 되어 있다.
② 나사축의 회전으로 전진과 후퇴되어 거리를 측정하게 되어 있다.
③ 마이크로미터의 부척의 원리는 버니어캘리퍼스의 원리와 같다.
④ 미터식은 피치가 0.5[mm]이므로 스핀들이 1[mm]이동하기 위해 2회전이 필요하다.

3. 하이트 게이지(height gauge)★

공작물의 높이 측정 및 검사와 평행선을 그을 때도 사용, 블록 게이지와 마이크로미터를 조합한 측정기로서 μm 단위의 높이를 설정하거나 또는 비교측정에서의 기준 게이지로 사용된다.

(1) 종류

① HM형
② HB형
③ HT형 : 0점 조정 가능

(2) 크기

측정 가능한 최대 높이

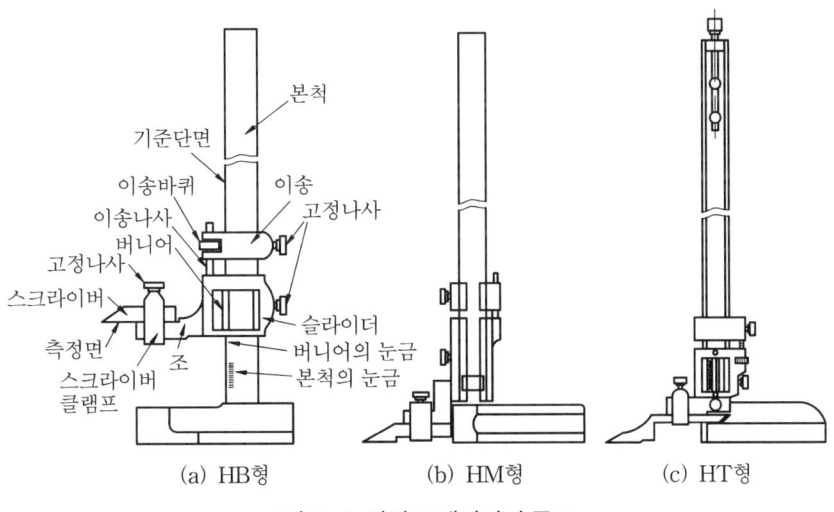

그림14-4 하이트 게이지의 구조

4. 측장기

내경, 작은 구멍, 암나사, 테이퍼 측정이 가능한 정밀 게이지로 공구 검사용으로도 사용된다.

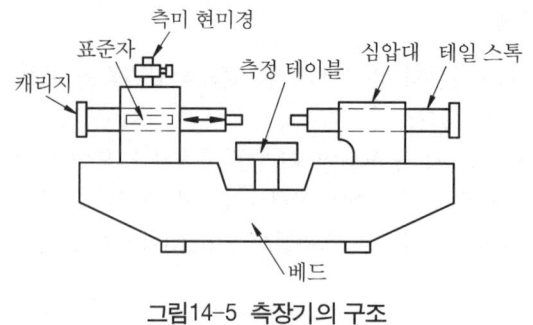

그림14-5 측장기의 구조

3 비교 측정기

1. 다이얼 게이지(dial gauge)★★★

평면 또는 원통형의 평면도(평활도), 원통의 진원도, 축의 흔들림 등의 검사나 측정, 길이 측정 등이 가능한 기어 원리의 측정기이다.

(1) 진원도 측정 방법 : 지름법, 반지름법, 삼점법

(2) 다이얼 게이지의 눈금 이동량

① 테이퍼값(기울기)

$$T = \frac{D-d}{L}$$

② 눈금 이동량

$$x = \frac{D-d}{2}$$

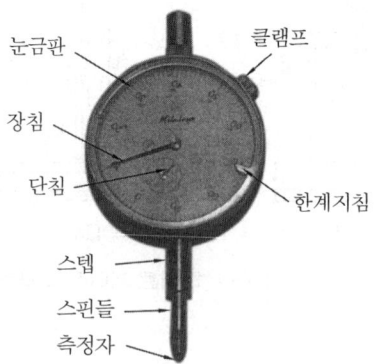

그림14-6 다이얼 게이지의 구조

2. 공기 마이크로미터 ★★

공기의 흐름으로 확대기구를 움직여 길이를 측정하는 방식의 측정기이며 압축 공기원으로 콤프레서를 이용한다.

외경, 내경, 직각도, 진원도, 평면도, 테이퍼, 타원 등 측정

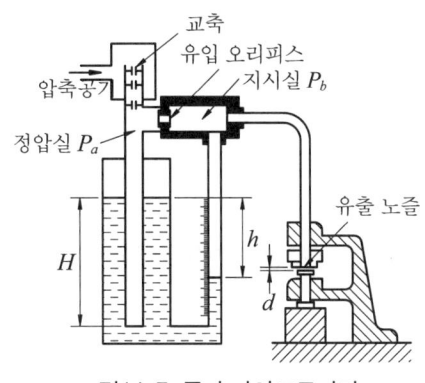

그림14-7 공기 마이크로미터

3. 전기 마이크로미터 ★★

측정자의 기계적 변위를 전기량으로 변환하여 지시계의 지침을 측정하는 방법으로 0.01 μm 까지 검사가 가능하다.

(1) 특징

① 자동선별, 자동치수, 디지틀 표시 등에 이용하기가 쉽다.
② 응답속도가 빠르다.
③ 고속 측정이 가능하다.

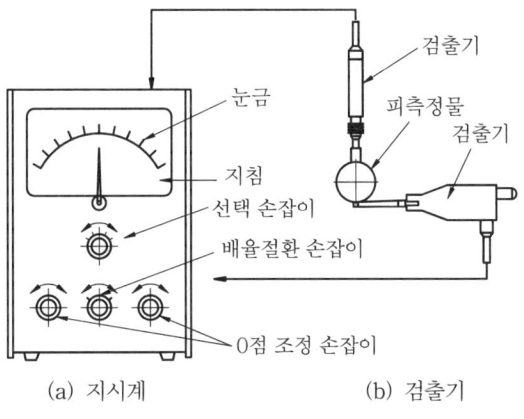

(a) 지시계   (b) 검출기

그림14-8 전기 마이크로미터

4. 옵티미터(optimeter)★★

광학적으로 길이의 미소 범위를 확대하여 측정하는 방법으로 측정범위는 ±0.1[μm]이다.
- 이용하는 기구 : 광학 확대장치를 이용하여 측정

5. 미니미터(minimeter)★★

레버의 확대기구를 이용하여 레버의 배율에 따라 수백, 수천 배 확대시켜서 측정하는 방식이다. 측정범위는 ±10~±30[μm]이다.

4 단면 측정기

1. 표준 게이지

(1) 블록 게이지(block gauge)★★★

각 면의 치수가 다른 육면체로 게이지 중 가장 정밀하게 다듬질되어 있다. 각 면은 건식 래핑에 의해 다듬질되어 있으며 작업할 때는 목재 테이블이나 천 또는 가죽 위에서 사용한다.
① 103, 76, 47, 32, 27, 8개가 한 세트로 구성
② 정밀도에 따른 블록 게이지의 종류

등급	용 도	검사 주기
AA(00급)	연구소용(참고용)	3년
A(0급)	표준용	2년
B(1급)	검사용	1년
C(2급)	공작용(일감용)	6개월

(2) 표준 테이퍼 게이지(standard taper gauge)

공작물의 테이퍼 측정용으로 사용되는 게이지이다.
① 모스 테이퍼 : 1/20 - 드릴링 머신과 선반에 사용
② 브라운 샤프 테이퍼 : 1/24 - 밀링 머신과 연삭기에 사용
③ 쟈노 테이퍼 : 1/20
④ 내셔널 테이퍼 : 7/24

2. 한계 게이지(limit gauge)★★

제품을 가공할 때 실제 치수로 가공하기에 어려움이 있으므로 허용한계를 정하여 가공한다. 이 허용한계를 측정하기 위한 게이지이다.

한쪽은 통과측(최소치수)으로 모든 치수 또는 결정량이 동시에 검사되고 다른 정지측(최대치수)으로 들어가지 않으면 각 치수를 검사하여야 한다. 특히 검사 할 때는 구멍의 요철과 축의 휨 등을 검사해야 한다. 이와 같은 내용을 테일러 원리라 한다.

(1) 구멍용 한계 게이지

① 플러그 게이지 : 비교적 작은 구멍 검사
② 평 게이지 : 비교적 큰 구멍 검사
③ 봉 게이지 : 250[mm]를 초과하는 구멍 검사

(2) 축용 한계 게이지

① 링 게이지 : 지름이 작거나 얇은 두께의 공작물 검사
② 스냅 게이지 : 축 지름 검사

(3) 나사용 한계 게이지

통과 나사 게이지의 통과쪽이 무리 없이 통과하고 정지 나사 게이지는 2회전 이상 돌려지지 않아야 한다.
① 플러그 나사 게이지 : 너트 유효지름 검사
② 링 나사 게이지 : 볼트 유효지름 검사

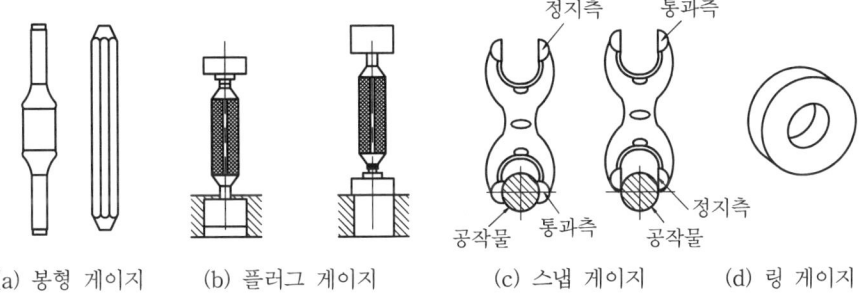

(a) 봉형 게이지　(b) 플러그 게이지　(c) 스냅 게이지　(d) 링 게이지

그림14-9 표준 게이지

3. 기타 게이지

(1) **반지름 게이지**(radius gauge) : 일감의 라운딩 부분 측정★
(2) **센터 게이지** : 선반 작업의 나사 절삭시 바이트의 위치나 바이트의 각도를 검사
(3) **틈새 게이지**(thickness gauge) : 부품 사이의 틈새 또는 좁은 홈의 폭을 검사★
(4) **피치 게이지** : 나사 산의 피치를 측정
(5) **와이어 게이지** : 와이어의 지름 및 박강관의 두께 측정★
(6) **드릴 게이지** : 드릴의 지름을 측정

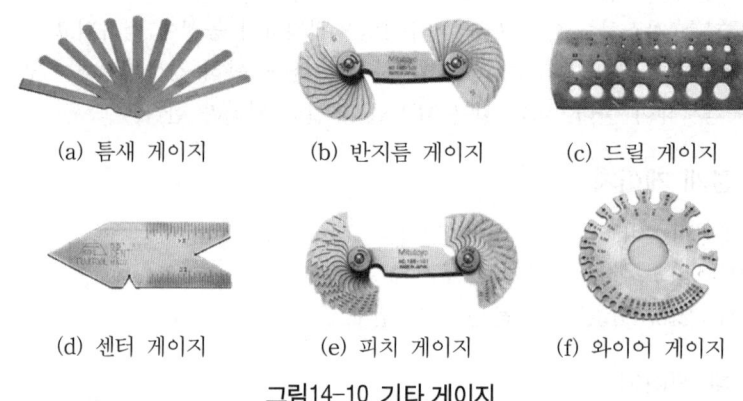

(a) 틈새 게이지 (b) 반지름 게이지 (c) 드릴 게이지
(d) 센터 게이지 (e) 피치 게이지 (f) 와이어 게이지

그림14-10 기타 게이지

5 각도 측정기

1. 각도 게이지

블록 게이지와 마찬가지로 2개 이상을 밀착시켜 임의의 각도를 만들 수 있도록 되어있다.

(1) 요한슨식 각도 게이지

강판의 4모서리에 여러 가지 각도를 주어 담금질(래핑 가공)하여 정밀하게 한 것이다.

(2) N.P.L식 각도 게이지

측정면이 작고 필요한 각도를 만드는데 각도 블록의 수를 요한슨식 각도 게이지보다 적은 수를 마련할 수 있는 게이지이다.

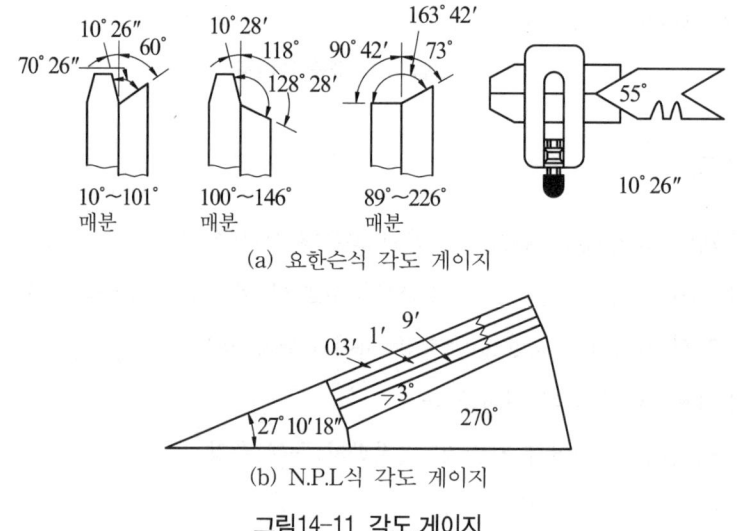

(a) 요한슨식 각도 게이지

(b) N.P.L식 각도 게이지

그림14-11 각도 게이지

2. 사인 바(Sine Bar)****

요한슨형(직사각형) 블록 게이지를 사용하여 삼각 함수를 이용 간접적으로 각도를 측정할 수 있다.

$$\sin \alpha = \frac{H-h}{L}$$

- h : 낮은쪽 높이
- H : 높은쪽 높이
- L : 사인 바의 길이

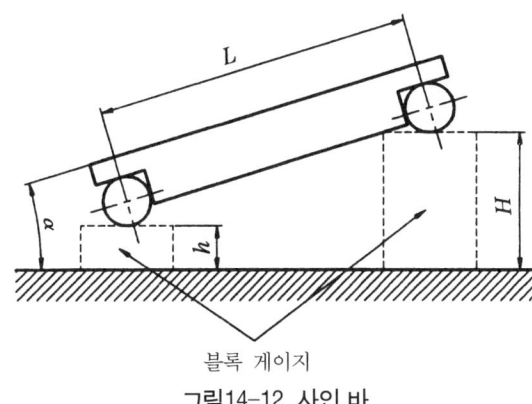

그림14-12 사인 바

(1) 사인 바에 대한 일반적 내용

① 양 롤러는 직각자의 측정면에 평행이고 롤러 중심 사이의 거리가 일정하다.
② 윗면의 평면도, 롤러의 치수 및 진원도가 정확해야 한다.
③ 직각자의 양끝을 지지하는 같은 크기의 원통 롤러로 구성되어 있다.
④ 직각삼각형에 삼각함수의 원리를 적용시켜 각도를 구하는 방법이다.
⑤ 각도 측정시 45°를 넘게 되면 오차가 커진다.
⑥ 2개의 원주핀이 블록과 더불어 사용된다.
⑦ 블록을 올려놓기 위한 정반도 함께 사용된다.

3. 수준기

수평도와 수직도(직각도)를 측정하는 기구이다.

4. 기타 각도 게이지***

(1) 만능 각도 측정기(Bevel Protractor)

회전 가능한 분도기와 강철자를 이용하여 각도를 측정할 수 있다.

(2) 콤비네이션 세트(Combination Set)

강철자, 직각자 및 각도기 등을 조합하여 각도를 측정한다.

(3) 탄젠트 바(tangent bar)★

$$\tan \alpha = \frac{H-h}{L}$$

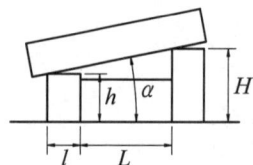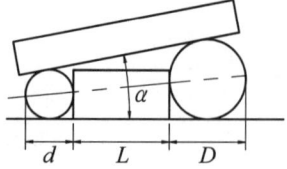

그림14-13 탄젠트 바

6 면의 측정기

1. 평면도 측정

(1) 광선정반(옵티컬 플랫 ; Optical Flat)★★

광파 간섭 현상을 이용하여 평면도 측정, 마이크로미터 측정면의 평면도 검사 등이 가능하다.

(2) 스트레이트 에지(Straight Edge)

측정물에 접촉시켜 에지와 측정면 사이의 틈새에서 나오는 햇빛에 의하여 면의 정도를 판단한다.

(3) 수준기

(4) 오토 콜리미터(Auto Collimeter)

공작기계의 안내면 평행도 측정, 공작물의 평행도 측정, 미소각을 측정하는 측정기로도 사용된다.

2. 표면 거칠기 측정방법★

(1) 표준편과 비교
(2) 촉침법
(3) 광절단법
(4) 광파간섭법

3. 표면거칠기의 종류★

(1) 최대 높이 거칠기

(2) 10점 평균 거칠기

(3) 중심선 평균 거칠기

7 기타 측정기

1. 내경 측정기

내경 마이크로미터, 실린더 게이지, 텔리스코핑 게이지

2. 나사 측정★★★

(1) **유효지름 측정** : 나사 마이크로미터, 삼침법(삼선법), 공구현미경, 투영기

① 삼침법 : 나사의 골에 세 개의 침을 끼워 이들 침의 외측거리를 외측 마이크로미터, 측장기 등으로 측정한다. 가장 정밀도가 높은 측정법이다.

② 측장기 : 확대기구-측미현미경

(2) **피치의 측정** : 피치 게이지, 공구현미경, 투영기

공구현미경 : 정밀도는 0.01~0.001[mm]까지 나사의 각도, 피치, 바이트 각도 등을 측정

(3) **나사산의 각도** : 만능 투영 검사기

3. 평행 광선 정반

평행도 검사 및 마이크로미터의 종합 정도 검사

4. 기어의 측정

(1) **기어 시험기**

피측정 기어와 표준 기어를 맞물려 회전시켜 측정한다.
① 치형 검사기 : 기어의 치형 검사
② 기어 검사기 : 피치 및 편심 오차를 측정
③ 물림 검사기 : 한 쌍의 기어를 맞물림 검사
④ 이 두께 측정기 : 이 두께를 측정

(2) **치형 버니어 캘리퍼스**

이 두께자와 이 높이자가 일체로 되어 있는 버니어 캘리퍼스로 피치 원주상의 날줄 이두께를 측정한다.

(3) 기어의 이두께 측정법★★

현 이두께법, 걸치기 이두께법, 오버 핀법

(4) 기어 측정의 일반적 내용

① 치형의 정확도, 이두께, 피치, 편심오차를 측정하고 검사
② 상대 기어와 물려서 운전시 마멸과 소음 등 시험
③ 기어 시험기로서 이 홈의 흔들림, 치형 오차, 압력각 오차, 피치 오차 등을 종합적으로 측정

5. 열전대 : 온도 측정★

(1) Cu-콘스탄탄 : 600[℃] 이하
(2) Fe-콘스탄탄 : 900[℃] 이하
(3) 알루멜-크로멜 : 1200[℃] 이하
(4) 백금-백금, 로듐 : 1600[℃] 이하

8 정밀 측정

1. 컴퍼레이터(comperator)

정밀 비교 측정기를 총칭하여 컴퍼레이터라 한다. 컴퍼레이터는 확대장치를 이용하여 미소 이동량을 확대해 측정한다.

(1) 기계적 컴퍼레이터 : 마이크로 인디케이터, 미니미터, 다이얼 게이지

① 마이크로미터 : 확대기구-나사
② 다이얼 게이지 : 확대기구-기어
③ 미니미터 : 확대기구-지렛대

(2) 전기적 컴퍼레이터 : 전기 마이크로미터

전기 마이크로미터 : 확대기구-전자기적 방법

(3) 유체적 컴퍼레이터 : 공기 마이크로미터

공기 마이크로미터 : 확대기구-공기의 유출저항

(4) 광학적 컴퍼레이터 : 옵티미터, 미크로룩스

옵티미터 : 확대기구-광학적 지렛대

chapter 14 실전연습문제

01 다음 중 마이크로미터 측정면의 평면도 검사에 적당한 측정기는?
① 공구 현미경
② 블록 게이지
③ 옵티컬 플랫
④ 삼침법

02 다음 중 구멍용 한계 게이지가 아닌 것은?
① 봉 게이지
② 평 게이지
③ 플러그 게이지
④ 나사 게이지

> **Solution**
> ① 플러그 게이지 : 비교적 작은 구멍 검사
> ② 평 게이지 : 비교적 큰 구멍 검사
> ③ 봉 게이지 : 250[mm]를 초과하는 구멍 검사

03 마이크로미터 스핀들 나사의 피치가 0.5[mm] 이고, 딤블을 100 등분하였다면 최소 측정값은?
① 0.01[mm]
② 0.001[mm]
③ 0.005[mm]
④ 0.05[mm]

> **Solution**
> 최소측정 = $\dfrac{피치}{딤블의\ 원주\ 등분수}$ = $\dfrac{0.5}{100}$ = 0.005[mm]

04 광파 간섭현상을 이용하여 평면도를 측정하는 것은?
① 옵티컬 플랫(optical flat)
② 공구 현미경
③ 오토콜리메이터(autocollimator)
④ NF식 표면거칠기 측정기

05 광파간섭 현상을 이용한 측정기는?
① 공구 현미경
② 오토콜리메이터
③ 옵티컬 플랫
④ 요한슨식 각도 게이지

Answer 01 ③ 02 ④ 03 ③ 04 ① 05 ③

06 공기 마이크로미터의 특징을 설명한 것 중 틀린 것은?

① 배율이 높다.
② 정도(精度)가 좋다.
③ 압축 공기원(콤프레서 등)은 필요 없다.
④ 1개의 피측정물의 여러 곳을 1번에 측정한다.

> **Solution** 공기 마이크로미터는 공기의 흐름에 의해 조절되므로 콤프레서가 필요하다.

07 내경 측정에 사용되는 측정기가 아닌 것은?

① 내측 마이크로미터　　　② 실린더 게이지
③ 공기 마이크로미터　　　④ 옵티컬 플랫

> **Solution** 광선정반(optical flat) : 평면도 검사용

08 측정기의 선택 기준이 아닌 것은?

① 공차의 크기　　　② 공작물의 수량
③ 측정방법　　　　④ 공작물의 경도

09 블록 게이지(block gauge)는 어느 작업으로 완성 가공되는가?

① 호닝　　② 버핑　　③ 래핑(건식)　　④ 브로칭

10 다음 중 직접 측정의 장점이 아닌 것은?

① 측정범위가 다른 측정방법보다 넓다.
② 피측정물의 실제치수를 직접 읽을 수 있다.
③ 양이 적고, 종류가 많은 제품을 측정하기에 적합하다.
④ 조작이 간단하고, 경험을 필요로 하지 않는다.

11 사인 바(sine bar)에 관하여 틀리게 설명한 것은?

① 2개의 원주핀이 블록과 더불어 사용된다.
② 3각형 모양의 블록이 필수적이다.
③ 3각함수를 이용하여 각도의 측정을 정밀하게 하는데 사용한다.
④ 블록을 올려 놓기 위한 정반도 함께 사용한다.

12 나사의 측정 대상이 아닌 것은?

① 리드각　　　　　② 유효지름
③ 산의 각도　　　④ 피치

> **Answer** 06 ③　07 ④　08 ④　09 ③　10 ④　11 ②　12 ①

13 비교 측정에 대한 기준이 되는 표준 게이지의 종류에 해당되지 않는 것은?

① 하이트 게이지 ② 와이어 게이지
③ 틈새 게이지   ④ 드릴 게이지

Solution 하이트 게이지
스케일과 베이스 및 서피스 게이지를 합한 구조로 공작물의 높이 측정 및 금긋기 작업

14 사인 바(sine bar)에 대한 설명 중 틀린 것은?

① $a > 45°$ 에는 그 오차가 급격히 커지므로 45° 이하의 각도를 측정한다.
② 직각삼각형의 삼각함수(sine)표에 의하여 높이를 각도로 환산하여 직접적으로 그 값을 구하는 방법이다.
③ 윗면의 평면도, 롤러의 치수 및 진원도가 정확해야 하며 롤러 중심선이 윗면과 평행해야 한다.
④ 직각자의 양끝을 지지하는 같은 크기의 원통 롤러로 구성되어 있다.

Solution 사인 바(sine bar) : 직각삼각형의 2변의 길이로 삼각함수 관계를 이용하여 각도를 결정

$$\sin a = \frac{H}{L}$$

L : 사인 바의 길이
H : 높은쪽과 낮은쪽의 높이차

15 버니어 캘리퍼스의 버니어 눈금 방법에서 어미자 19[mm]를 20 등분할 때 최소 읽기의 값은?

① 0.02[mm] ② 0.03[mm] ③ 0.04[mm] ④ 0.05[mm]

Solution $C = \frac{s}{n} = \frac{1}{20} = 0.05 \,[\text{mm}]$

n : 등분수
s : 어미자 1눈금간격

16 어미자의 최소눈금이 0.5[mm]이고, 아들자 24.5[mm]를 25 등분한 버니어 캘리퍼스의 최소측정값은?

① 0.05[mm] ② 0.01[mm] ③ 0.025[mm] ④ 0.02[mm]

Solution $C = \frac{s}{n} = \frac{0.5}{25} = 0.02 \,[\text{mm}]$

17 나사의 측정 대상이 아닌 것은?

① 유효지름 ② 진입각
③ 산의 각도 ④ 피치

Answer 13 ① 14 ② 15 ④ 16 ④ 17 ②

18 구멍용 한계 게이지가 아닌 것은?

① 봉 게이지
② 평형 플러그 게이지
③ 스냅 게이지
④ 판 플러그 게이지

> **Solution** 한계 게이지(limit gauge)
> 다량의 동일 제품의 치수를 측정할 때 사용하는 게이지로 한 쪽은 통과 다른 쪽은 정지측으로 되어 있다.
> ① 구멍용 한계 게이지 : 플러그 게이지, 평 게이지, 봉 게이지
> ② 축용 한계 게이지 : 스냅 게이지, 링 게이지

19 비교측정의 특징 중 틀린 것은?

① 치수 계산이 생략된다.
② 자동화가 가능하다.
③ 많은 양의 높은 정도를 비교적 용이하게 측정할 수 있다.
④ 측정범위가 넓고, 직접 제품의 치수를 읽을 수 있다.

> **Solution** 측정방법
> ① 직접측정 : 실물로부터 직접 치수를 측정
> ② 비교측정 : 실제 제품의 치수와 표준치수를 비교해 그 차로 실물의 치수를 측정

20 사인 바(sine bar)에서 정반면으로부터 블록 게이지의 높이를 각각 알고 있을 때, 각도 측정을 위해 필요한 것은?

① 양 롤러의 중심거리
② 바의 폭
③ 바의 길이
④ 롤러의 크기

> **Solution** sine bar
> $$x = \sin^{-1}\left(\frac{h}{l}\right)$$
> l : 양 롤러의 중심거리

21 길이 측정기 중 레버(lever)를 이용하는 것은?

① 마이크로미터(micrometer)
② 다이얼 게이지(dial gauge)
③ 미니미터(minimeter)
④ 옵티컬 플랫(optical flat)

> **Solution** 미니미터(minimeter) : 레버 확대기구를 이용하여 수백·수천배 확대하여 측정

22 측정기중 아베(Abbe)의 원리에 맞는 구조를 갖고 있는 것은?

① 하이트 게이지
② 외측 마이크로미터
③ 캘리퍼형 내측 마이크로미터
④ 버니어 캘리퍼스

> **Solution** ① 아베의 원리 : 표준 측정자와 피측정물은 동일 축선상에 있어야 한다.
> ② 아베의 원리에 일치하지 않는 측정기 : 버니어 캘리퍼스, 내측 마이크로미터, 하이트 게이지

Answer 18 ③ 19 ④ 20 ① 21 ③ 22 ②

23 측정방법의 종류가 아닌 것은?

① 영위법 ② 보상법
③ 치환법 ④ 상각법

> **Solution** 측정 방법의 종류
> ① 직접측정법, ② 간접측정법, ③ 비교측정법

24 마이크로미터 중 한계 게이지로 사용할 수 있는 것은?

① 나사 마이크로미터 ② 지시 마이크로미터
③ 기어 마이크로미터 ④ 안지름 마이크로미터

> **Solution** 지시마이크로 미터
> 측정력을 일정하게 유지하기 위해 인디케이터를 내장한 마이크로미터이다.

25 측정기 콤비네이션 세트(combination set)로 측정할 수 없는 것은?

① 45° ② 60°
③ 직각도 ④ 평행도

> **Solution** 콤비네이션 세트(combination set)
> 강철자, 직각자 및 각도기 등을 이용하여 각도를 측정할 수 있다.

26 나사의 측정방법이 아닌 것은?

① 센터 게이지에 의한 나사각 측정
② 피치 게이지에 의한 나사피치 측정
③ 3침법에 의한 유효지름 측정
④ 2침법에 의한 나사 바깥지름 측정

27 전기 마이크로미터(electric micrometer)에 관한 설명 중 틀린 것은?

① 자동선별, 자동치수, 디지털 표시 등에 이용하기가 쉽다.
② 응답속도가 대단히 빠르다.
③ 고속 측정이 가능하다.
④ 그 치수가 합격인지 불합격인지 등의 신호를 간단히 얻을 수 없다.

28 사인 바(sine bar)로 각도를 측정할 때, 필요없는 것은?

① 블록 게이지 ② 마이크로미터
③ 다이얼게이지 ④ 정반

> **Solution** 사인 바 : 각도 측정

Answer 23 ④ 24 ② 25 ④ 26 ④ 27 ④ 28 ②

29 1/20[mm] 의 버니어 캘리퍼스를 설명한 것 중 맞는 것은?

① 본척의 눈금이 0.5[mm], 부척의 눈금은 19[mm]를 20등분할 것.
② 본척의 눈금이 1[mm], 부척의 눈금은 19[mm]를 20등분할 것.
③ 본척의 눈금이 0.5[mm], 부척의 눈금은 19[mm]를 25등분할 것.
④ 본척의 눈금이 1[mm], 부척의 눈금은 19[mm]를 25등분할 것.

Solution 최소측정값이 $\frac{1}{20}$[mm] 이다.

30 진직도의 측정에 사용되는 측정기가 아닌 것은?

① 직선자(straight edge) ② 수준기(level)
③ 스냅 게이지(snap gauge) ④ 오토 콜리메이터(auto collimator)

Solution 스냅 게이지 : 축지름 검사

31 길이 측정기가 아닌 것은?

① 하이트 게이지 ② 마이크로미터
③ 버니어 캘리퍼스 ④ 콤비네이션 스퀘어

32 고온계로서 가장 높은 온도를 측정할 수 있는 열전대는?

① 동-콘스탄탄 ② 철-콘스탄탄
③ 크로멜-알루멜 ④ 텅스텐-몰리브덴

33 각도 측정기에 해당되는 것은?

① 마이크로미터 ② 공기 마이크로미터
③ 버니어 캘리퍼스 ④ 콤비네이션 세트

34 우연 오차를 없애는 가장 좋은 방법은?

① 측정기 자체의 오차를 없게 한다. ② 온도에 의한 오차를 없게 한다.
③ 반복 측정하여 평균한다. ④ 개인 오차를 없게 한다.

Answer 29 ② 30 ③ 31 ④ 32 ④ 33 ④ 34 ③

35 0.01[mm]까지 측정할 수 있는 마이크로미터에서 나사의 피치와 딤블의 눈금에 대하여 옳게 설명한 것은?

① 피치는 0.1[mm], 원주는 20등분 되어 있다.
② 피치는 0.5[mm], 원주는 50등분 되어 있다.
③ 피치는 1[mm], 원주는 25등분 되어 있다.
④ 피치는 0.5[mm], 원주는 100등분 되어 있다.

36 KS 규격에서 규정된 표면거칠기 표시법이 아닌 것은?

① 최대 높이 거칠기
② 중심선 평균 거칠기
③ 10점 평균 거칠기
④ 자승 평균 거칠기

37 오버 핀(over pin)법으로 측정하는 것은?

① 수나사의 골지름
② 나사의 유효지름
③ 기어의 중심거리
④ 기어의 이두께

38 마이크로미터에서 주척의 1눈금을 1/2[mm]로 할 경우 주척 24구분을 25등분하였다면 이 마이크로미터는 1[mm]를 얼마나 정밀하게 측정할 수 있겠는가?

① 1/25[mm]
② 1/50[mm]
③ 1/100[mm]
④ 1/1000[mm]

 최소측정값 = $\dfrac{\text{주척의 1눈금}}{\text{등분수}} = \dfrac{1/2}{25} = \dfrac{1}{50}$ [mm]

39 아베의 원리(Abbe's principle)에 대해 설명한 것은?

① 측정기의 측정면 모양은 피측정물의 외형이 곡면일 때는 평면, 안지름에는 구면이나 곡면을 사용한다.
② 피측정물과 표준자와는 측정방향에 있어서 일직선 위에 배치하여야 한다.
③ 측정시 눈의 위치를 얹은 눈금판에 대하여 수직이 되도록 한다.
④ 측정지와 마모를 적게하기 위하여 내마모성이 큰 재료를 선택한다.

40 비교측정의 특징과 관계가 없는 것은?

① 치수계산이 생략된다.
② 자동화가 가능하다.
③ 많은 양을 높은 정도로 비교적 용이하게 측정할 수 있다.
④ 측정범위가 넓다.

Answer 35 ② 36 ④ 37 ④ 38 ② 39 ② 40 ④

41 기어의 측정에서 그 오차의 종류로 구분될 수 없는 것은?
① 뒤틈 오차
② 치형 오차
③ 원주 피치 오차
④ 법선 피치 오차

42 측정의 방식 중에 편위법에 대해 올바르게 설명한 것은?
① 측정하려고 하는 양의 작용에 의하여 계측기의 지침에 편위를 일으켜 이 편위를 눈금과 비교함으로써 측정을 행하는 방식이다.
② 계측기의 지시가 0 위치를 나타낼 때의 기준량의 크기로부터 측정량의 크기를 간접으로 아는 방식이다.
③ 지시량을 미리 알고 있는 양으로부터 측정량을 아는 방식이다.
④ 분등과 측정량의 차이로부터 측정량을 알아내는 방식이다.

43 미아크로미터의 눈금확대 방법으로 가장 많이 사용되는 방법은?
① 버니어
② 나사와 원주등분
③ 용접형
④ 스케일식

44 그림과 같은 다이얼 게이지를 이용하여 테이퍼를 검사할 때 테이퍼값이 1/25 이 되기 위하여 다이얼 게이지의 눈금 이동량은 얼마나 되어야 하는가?
① 0.5[mm]
② 1[mm]
③ 2[mm]
④ 4[mm]

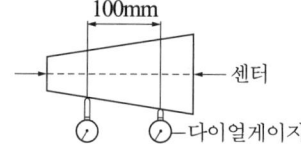

Solution
$T = \dfrac{D-d}{l} = \dfrac{2x}{l}$
$\dfrac{1}{25} = \dfrac{2x}{100}$, $x = 2\,[\text{mm}]$

45 블록 게이지의 사용법으로 옳은 것은?
① 먼지, 습기가 많은 곳에서 사용해도 문제가 없다.
② 측정면을 손으로 잘 닦아 사용한다.
③ 목재 테이블이나 천 또는 가죽 위에서 사용한다.
④ 사용 후 윤활유를 발라서 보관한다.

Answer   41 ①   42 ①   43 ②   44 ③   45 ③

46 비교측정의 특징 중 틀린 것은?
① 치수계산이 생략된다.
② 자동화가 가능하다.
③ 측정범위가 넓고 직접 제품의 치수를 읽을 수 있다.
④ 많은 양의 높은 정도를 비교적 용이하게 측정할 수 있다.

47 블록 게이지를 이용하여 높이 차를 정확히 측정하여 각도를 간접적으로 측정할 수 있는 측정기기는?
① 만능 분도기
② 사인 바
③ 각도 게이지
④ 서피스 게이지

48 삼침법은 나사에 대하여 어느 것의 측정에 사용되는가?
① 바깥지름
② 골지름
③ 유효지름
④ 피치(pitch)

49 나사 게이지로 나사를 검사할 때에 게이지에 의한 치수 검사는 어떤 경우에 합격한 것으로 하는가?
① 통과나사 게이지의 통과쪽이 헐겁게 통과하고, 정지나사 게이지는 빡빡하게 통과해야 한다.
② 통과나사 게이지의 통과쪽이 무리없이 통과하고, 정지나사 게이지는 빡빡하게 통과해야 한다.
③ 통과나사 게이지의 통과쪽이 빡빡하게 통고하고, 정지나사 게이지는 5회전 이상 돌려지지 않아야 한다.
④ 통과나사 게이지의 통과쪽이 무리없이 통과하고, 정지나사 게이지는 2회전 이상 돌려지지 않아야 한다.

50 마이크로미터에 관한 설명 중 틀린 것은?
① 나사 마이크로미터는 나사의 유효지름, 골지름, 바깥지름을 측정할 수 있으며, 앤빌의 중심위치가 V형으로 되어 있다.
② 나사축의 회전으로 전지와 후퇴되어 거리를 측정하게 되어 있다.
③ 마이크로미터의 부척의 원리는 버니어 캘리퍼스의 원리와는 다르다.
④ 미터식은 피치가 0.5[mm] 이므로 스핀들이 1[mm] 이동하기 위해 2회전이 필요하다.

Answer 46 ③ 47 ② 48 ③ 49 ④ 50 ③

51 기어 이두께 버니어 캘리퍼스의 설명으로 올바른 것은?
① 이두께 자와 이높이 자가 일체로 되어 있는 버니어 캘리퍼스이다.
② 측정 접촉면이 원판으로 되어 있는 버니어 캘리퍼스이다.
③ 측정 접촉면이 인볼류트(involute) 곡선으로 되어 있다.
④ 측정 접촉면이 롤러(roller)형으로 되어 있다.

52 사인 바(sine bar)로 각도를 측정할 때, 몇 도를 넘으면 오차가 많게 되는가?
① 10° ② 20° ③ 30° ④ 45°

53 100 [mm] 사인 바의 윗면이 정반면과 이루는 각이 20°로 되어 있을 때, 블록 게이지의 높이 (H)는 몇 [mm] 인가?
① 28.2 ② 30.2 ③ 32.2 ④ 34.2

◎ Solution $\sin\theta = \dfrac{H}{L}$; $\sin 20° = \dfrac{H}{100}$, $H = 34.2\,[\text{mm}]$

Answer 51 ① 52 ④ 53 ④

Chapter 15 수기가공

1 금긋기 작업(layout work)

기계제작 도면에 따라 가공 기준선이나 다듬질할 여유를 두어 재료에 선을 긋는 작업이다.

1. 금긋기 공구★★

(1) **금긋기 바늘** : 공작물에 금을 그을 때 사용한다.

(2) **펀치**(punch)

① 기준점 및 중심점 표시에 사용된다.
② 구멍 뚫기 작업 전 또는 굴곡이 심한 부분 표기에 사용된다.
③ 펀치의 끝각은 90°이다.

(3) **정반**(surface plate) : 금긋기 작업 및 평면도 검사용으로 사용된다.

(4) **서피스 게이지**(surface gauge)

① 중심내기
② 평행선 금긋기
③ 평행면 검사
④ 선반에서 중심 맞추기

(5) **V-블록**

① 공작물을 안정되게 받혀 주는 역할
② 재료의 평행선이나 중심선을 긋는데 사용

(6) **직각자** : 외측, 내측 모두 90°를 검사하는데 사용

(7) **스크루 잭** : 수평을 조정하거나 각도 조정에 이용

(8) **평행대**(parallel block) : 공작물을 평행하게 받혀주며 금긋기 작업을 할 때 사용한다.

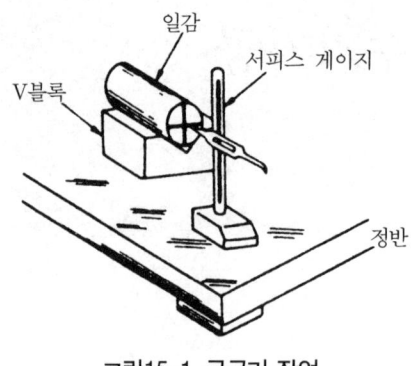

그림15-1 금긋기 작업

(9) **디바이더**(divider)
① 직선을 일정 깊이로 분할할 때 사용
② 원을 그릴 때
③ 한쪽에서 다른쪽으로 일정 길이를 옮길 때

(10) **콤비네이션 셋트**(combination set) : 각도 측정용으로 사용한다.

2 쇠톱 작업

1. 재질

탄소 공구강, 고속도강

2. 크기★★

양단 구멍 중심에서 중심까지의 길이로 표시

3. 절단 소재에 따른 쇠톱의 선택

(1) **1인치 당 14~16산인 쇠톱** : 알루미늄, 구리, 경합금, 비철금속 및 두꺼운 단면의 재료

(2) **1인치 당 18~24산인 쇠톱** : 일반 구조용 강이나 단단한 비철금속 등의 경도가 중간 재질

(3) **1인치 당 28~32산인 쇠톱** : 합금강, 공구강, 고탄소강, 주강 등의 경도가 높은 재료 및 얇은 철판이나 파이프 절단

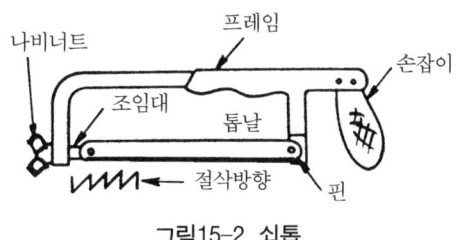

그림15-2 쇠톱

3 정 작업

1. 정(chisel)

쐐기형의 날카로운 모양으로 0.8~1.0[%]의 탄소강으로 만든다.

(1) 날끝의 형상에 따른 정의 종류

① 평정 : 평면가공과 절단 작업
② 홈정 : 깊은 홈 가공
③ 캡정 : 넓은 면 또는 키 홈 가공

(2) 정의 날끝각 : 경한 재질일수록 각도가 큰 것을 사용

① 연강 : 45~55°
② 주철 : 55~60°
③ 경강 : 60~70°

(3) 정의 크기 : 정의 날끝 폭으로 표시

2. 바이스(vice)

공작기계의 테이블이나 작업대에 설치하여 공작물 가공시 고정시켜주는 공구이다.

(1) 바이스의 크기 : 바이스 조(jaw)의 최대 폭으로 표시★★★★★
(2) 재질 : 몸체는 주강, 공작물과 접촉부는 경강

3. 해머(hammer)

정이나 펀치에 타격을 줄 때 사용하는 것으로 경강을 열처리하여 제작한다.

(1) 크기 : 헤드의 무게로 표시

(2) 종류

① 볼 핀 해머 : 가장 많이 사용하는 것으로 무게는 50~1300[g]이다.
② 가로 핀 해머 : 금속판의 펴기나 접기 작업 등에 사용되며 75~400[g] 정도의 무게이다.
③ 세로 핀 해머 : 금속판의 펴기나 접기 작업

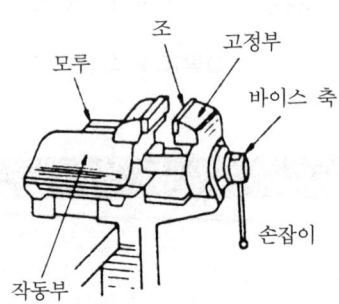

그림15-3 수평 바이스

4 줄(file) 작업

줄은 금속을 깎아 내거나 표면을 곱게 가공하는데 사용하는 절삭공구이다.

1. 줄날의 형상에 따른 분류★★

(1) **홑줄날**(홑눈줄, 한줄날 ; 단목)

　한쪽 방향으로만 날이 있는 줄-경금속 절삭용
　① Pb, Sn, Al 절삭
　② 얇은 판의 가장자리 절삭

(2) **두줄날**(겹눈줄 ; 복목)

　두 개의 상·하 날이 있는 줄로 상날은 절삭용, 하부날은 칩 배출용
　강과 주철, 연한금속 절삭

(3) **라스프날**(3줄날줄 ; 귀목) : 목재, 가죽 등의 비금속재료 절삭용

(4) **곡선날**(파목) : 납, Al, 플라스틱, 목재 등의 절삭용으로 절삭력이 크다.

2. 줄 눈의 크기에 따른 분류

　　대황목(아주거친눈)줄, 황목줄, 중목(중간눈)줄, 세목(가는눈)줄, 유목줄 등

3. 단면형에 의한 분류**

삼각형, 평형, 반원형, 원형, 각형 등

4. 줄의 재질*

탄소 공구강(STC)

5. 줄 눈의 크기

1인치에 대한 눈금 수
→ 줄 눈을 메운 칩은 줄 날 방향으로 브러시를 움직여서 소재를 한다.

6. 줄 작업 종류**

(1) **직진법** : 좁은 면의 줄작업-최종 다듬질(정삭)
(2) **사진법** : 거칠고 넓은 면 줄작업 - 거친 절삭(황삭), 모따기
(3) **횡진법**(병진법 ; 상하 전진법) : 길이가 길고 폭이 좁은 공작물에 적당-최종 다듬질 작업

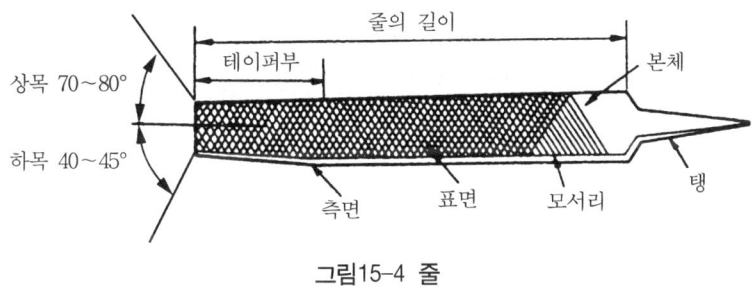

그림15-4 줄

5 스크레이퍼 작업

보통은 줄 작업 후 더욱더 정밀한 곡면 또는 평면 다듬질을 위한 가공법이다.**

1. 재질

고속도강(SKH), 초경합금

2. 종류**

곡면형, 삼각형, 조립형, 평형

3. 날끝각

(1) **강 및 주철의 날끝각** : 70~80°
(2) **다듬질용** : 90~120°
(3) **연질금속가공** : 각이 적은 것 사용

그림15-5 스크레이핑

4. 피팅(pitting)

금속 표면에 광명단을 바르고 높낮이를 판별하는 작업
강판의 표면에 있는 오목한 부분, 둥근 부분, 톱니 모양 등의 정도를 판별하기 위한 작업

6 리머 작업

드릴로 구멍을 뚫고 구멍 내부를 정밀하게 다듬질하는 작업으로 사용하는 공구가 리머 (reamer)이다.★★

1. 리머의 종류

(1) **셸리머** : 날부분과 자루부분의 조립형
(2) **기계 리머** : 기계에 부착하여 사용
(3) **손 리머** : 0.125[mm]까지 정확한 가공 가능
(4) **테이퍼 리머**
  ① 원추형의 내면을 가공
  ② 파이프 절단부 내면의 거스름부 제거
(5) **조정식 리머** : 리머의 지름을 조정

2. 리머 작업시 유의사항

(1) 리머를 뺄 때 역회전 금지

(2) 칩이 잘 배출되도록 기름을 충분히 칠한다.

(3) 날의 간격을 다르게 하여 떨림을 방지한다. (채터링 방지)

(4) 드릴보다 이송속도는 빠르게 절삭속도는 느리게 한다.

7 탭과 다이스 작업

1. 탭(tap)***

(1) **탭 작업** : 암나사를 손으로 가공하는 작업

① 핸드 탭 : 1조가 3개의 탭으로 구성, 1번 탭-55[%], 2번 탭-25[%], 3번 탭-20[%]의 가공률

② 기계 탭 : 기계장치를 이용하여 나사를 내는 탭으로 작업 효율을 높일 수 있다.

③ 탭 구멍의 지름 - 미터나사

$$d = D - p$$

d : 탭 구멍의 지름[mm]
D : 나사의 바깥지름[mm]
p : 나사의 피치[mm]

(2) **탭의 종류**

① 스파이럴 탭(spiral tap) : 강인한 재료에 사용
② 건 탭(gun tap) : 고속절삭용 - 비틀림 홈을 갖고 있다.
③ 마스터 탭(master tap) : 다이스나 체이서 등을 만드는 탭

(3) **익스트랙터** : 부러진 탭을 뽑아내는 작업

(4) **탭이 부러지는 원인**

① 구멍 중심과 탭중심의 불일치
② 핸들에 무리한 힘을 가할 때
③ 한쪽 방향으로만 돌릴 때
④ 절삭유가 불충분 할 때

2. 다이스(dies)***

환봉의 외주면에 수나사를 깎는 공구이며 다이스의 외면은 둥근 것과 각진 것이 있다.

(1) 다이스의 종류

① 분할 다이스
② 단체 다이스
③ 솔리드 다이스
④ 조정 다이스(Split Dies)

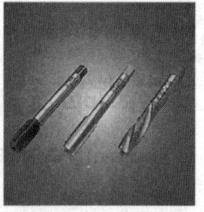

그림15-6 탭과 다이스

chapter 15 실전연습문제

01 서피스 게이지(surface gage)는 다음 중 어느 곳에 사용되는가?
① 윤곽 측정　　　　　　　　② 각도 측정
③ 평면 다듬질 작업　　　　　④ 금긋기 작업

> **Solution**　서피스 게이지(surface gauge)
> 평행선을 긋거나 둥근봉의 중심을 구할 때 사용한다.(금긋기 및 선반에서 중심맞추기에 사용한다.)

02 줄작업(filling)방법이 아닌 것은?
① 원형법　　　　　　　　　② 사진법
③ 직진법　　　　　　　　　④ 병진법

03 스크레이퍼 작업에 의하여 정밀하게 다듬어진 면의 가공정도를 말할 때, 평방당 몇 개라고 한다. 이것은 무엇에 대한 접촉면 수를 말하는 것인가?
① 1인치 평방　　　　　　　② 10[mm] 평방
③ 10[cm] 평방　　　　　　 ④ 25.4[cm] 평방

04 줄 눈금의 크기 표시가 맞는 것은?
① 1[mm^2] 내에 있는 눈금의 수　　② 1[mm]에 대한 눈금의 수
③ 1[inch]에 대한 눈금의 수　　　　④ 1[inch^2] 내에 있는 눈금의 수

05 일반적으로 줄(file)의 종류를 단면형상에 따라 분류할 때 해당되지 않는 것은?
① 원형 줄　　　　　　　　② I형 줄
③ 반원형 줄　　　　　　　④ 평형 줄

> **Solution**　줄의 단면형에 의한 분류 : 평형, 원형, 반원형, 각형, 삼각형

Answer　01 ④　02 ①　03 ①　04 ③　05 ②

06 기계조립 작업시 작업순서를 열거하였다. 공구를 사용하는 순서가 맞는 것은?
① 줄-스크레이퍼-쇠톱-정
② 쇠톱-스크레이퍼-정-줄
③ 줄-쇠톱-스크레이퍼-정
④ 쇠톱-정-줄-스크레이퍼

> **Solution** 손다듬질 작업순서
> ① 금긋기, ② 펀칭 및 드릴링, ③ 쇠톱질, ④ 정작업, ⑤ 줄작업, ⑥ 스크레이퍼 작업

07 스크레이핑(scraping) 작업에 사용되는 스크레이퍼의 종류 중 틀린 것은?
① 평 스크레이퍼(flat scraper)
② 훅 스크레이퍼(hook scraper)
③ 칼날형 스크레이퍼
④ 반원형 스크레이퍼

> **Solution** 스크레이퍼 작업(scraping)
> 스크레이퍼라는 공구를 사용하여 기계가공한 면을 다시 정밀하게 가공하는 작업

08 평면에 줄질(filing)하는 방법을 분류할 때, 그 종류에 해당되지 않는 것은?
① 직진(直進)법
② 후진(後進)법
③ 사진(斜進)법
④ 병진(竝進)법

> **Solution** 줄질 방법의 종류
> ① 직진법 : 최종 다듬질
> ② 사진법 : 황삭, 모따기
> ③ 횡진법(병진법, 상하전진법) : 폭이 좁고 긴 공작물

09 평면을 정확한 면으로 다듬질하는 공구는?
① 스크라이버
② 스크레이퍼
③ 서피스 게이지
④ 디바이더

10 원형단면 소재의 중심내기 공구와 관련이 없는 것은?
① 짝다리 퍼스
② 서피스 게이지
③ 하이트 게이지
④ 마이크로미터

11 비교적 강인한 재료에 나사를 내는데 사용되는 탭은 다음 중 어느 것인가?
① 등경 탭
② 중경 탭
③ 스파이럴 탭
④ 건 탭

> **Answer** 06 ④ 07 ③ 08 ② 09 ② 10 ④ 11 ③

Part 03

기계요소설계

제1장 __ 나사(screw)
제2장 __ 키, 핀, 코터
제3장 __ 리벳 이음(rivet joint)
제4장 __ 용접이음(welding)
제5장 __ 축(shaft)
제6장 __ 축 이음(shaft joint)
제7장 __ 베어링(bearing)
제8장 __ 마찰차(friction wheel)
제9장 __ 기어 전동장치(gear drive units)
제10장 __ 감아걸기 전동장치
제11장 __ 브레이크(brake)
제12장 __ 스프링(spring)
제13장 __ 관, 관이음 및 밸브

chapter 1 나사(screw)

1 나사(screw)

1. 나사의 종류★★

(1) **삼각나사** : 체결용

　① 미터 나사 : 나사산의 각도 – 60°[mm]
　② 유니파이 나사 : 나사산의 각도 – 60°[inch]
　　㉠ 유니파이 가는 나사 : No.8 – 32 UNF
　　　No.8 – 나사의 바깥지름, 32 – 1 inch 내에 있는 산의 수, UNF – 유니파이 가는 나사

　　㉡ 유니파이 보통 나사 : $\frac{1}{4}$ – 20 UNC

　　　$\frac{1}{4}$ – 나사의 바깥지름(inch), 20 – 1 inch 내에 있는 산의 수, UNC – 유니파이 보통 나사

(2) **사각 나사** : 힘 전달용

(3) **사다리꼴 나사** : 운동 전달용

　① 미터계 – 나사산의 각도 : 30°
　② 인치계(애크미나사) – 나사산의 각도 : 29°

(4) **관용 나사** : 수밀, 기밀 유지용(나사산의 각도 55°)

(5) **톱니 나사** : 한 방향으로 큰 힘이 작용할 때, 바이스용

(6) **둥근 나사** : 기밀용

(7) **볼 나사** : 마찰계수가 극히 작고 백래시가 0인 나사

2. 리드각과 피치

(1) 리드

　　기준 : 사각1줄 나사, $n=1$

$$L = np \;\star \qquad n : \text{줄 수(중 수)} \qquad [1\text{-}1]$$

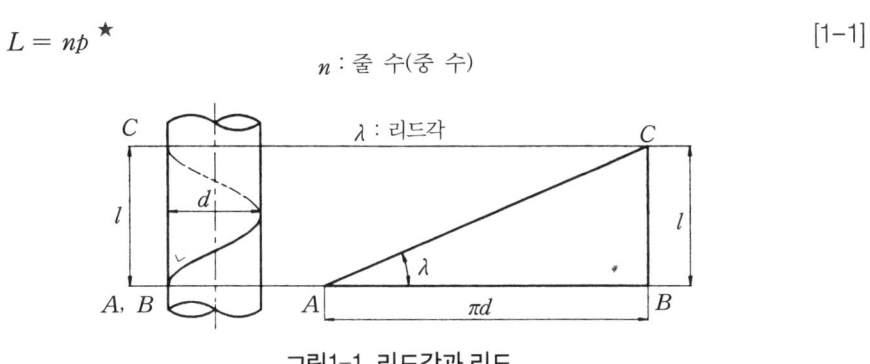

그림1-1 리드각과 리드

(2) 유효지름

$$d_2 = \frac{d + d_1}{2} \;\star \qquad [1\text{-}2]$$

$\begin{bmatrix} d : \text{바깥지름} \\ d_1 : \text{골지름} \end{bmatrix}$

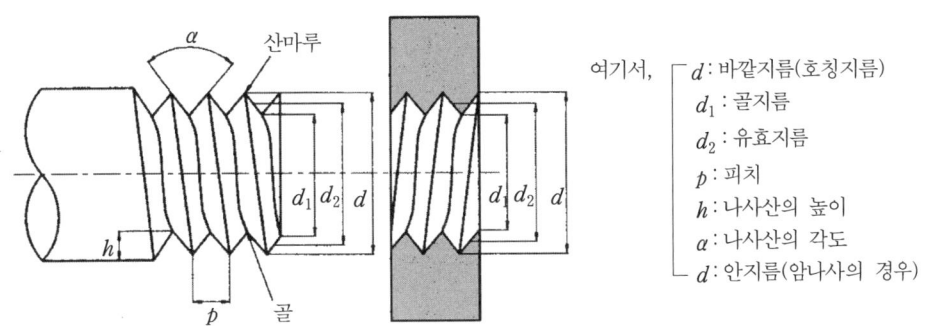

여기서, $\begin{bmatrix} d : \text{바깥지름(호칭지름)} \\ d_1 : \text{골지름} \\ d_2 : \text{유효지름} \\ p : \text{피치} \\ h : \text{나사산의 높이} \\ \alpha : \text{나사산의 각도} \\ d : \text{안지름(암나사의 경우)} \end{bmatrix}$

그림1-2 나사의 유효지름과 나사산의 높이

(3) 나사산의 높이

$$h = \frac{d - d_1}{2} \;\star \qquad [1\text{-}3]$$

(4) 리드각

$$\tan\lambda = \frac{p}{\pi d_2} = \frac{L}{\pi d_2} \;\star \qquad [1\text{-}4]$$

$\begin{bmatrix} \lambda : \text{리드각} \\ p : \text{피치} \\ L : \text{리드 길이} \\ d_2 : \text{유효지름} \end{bmatrix}$

3. 회전력

사각 1줄 나사를 기준으로 체결력(회전력)을 정리한다.

(1) 나사를 죌 때

$$P = Q\frac{\mu\pi d_2 + p}{\pi d_2 - \mu p} = Q\tan(\lambda + \rho) \text{★★★} \quad [1\text{-}5]$$

$\quad\quad\quad\quad\quad\quad\quad\quad Q$: 축 방향의 힘
$\quad\quad\quad\quad\quad\quad\quad\quad \mu$: 나사면의 마찰계수
$\quad\quad\quad\quad\quad\quad\quad\quad \lambda$: 리드각
$\quad\quad\quad\quad\quad\quad\quad\quad \rho$: 마찰각

① 마찰각과 마찰계수

$$\rho = \tan^{-1}\mu \quad [1\text{-}6]$$

(2) 나사를 푸는 힘

$$P' = Q\tan(\rho - \lambda) \quad [1\text{-}7]$$

① 나사의 자립조건(자결조건) : $\rho \geq \lambda$

4. 회전 토크

$$T = P \cdot R = P \cdot \frac{d_2}{2} = Q\frac{\mu\pi d_2 + p}{\pi d_2 - \mu p} \cdot \frac{d_2}{2}$$

$$= Q \cdot \tan(\lambda + \rho) \cdot \frac{d_2}{2} \text{★★★} \quad [1\text{-}8]$$

5. 나사의 효율

$$\eta = \frac{\text{마찰이 없는 경우의 회전력}}{\text{마찰이 있는 경우의 회전력}} = \frac{Qp}{2\pi T} = \frac{\tan\lambda}{\tan(\lambda + \rho)} \text{★★★★} \quad [1\text{-}9]$$

(1) 자립상태(자결조건) : $\lambda \leq \rho$

$\quad\quad\quad \eta < 0.5$

즉, 나사의 효율은 50[%]보다 작다.

2 볼트(bolt)의 설계

1. 볼트의 종류★★

(1) **관통 볼트** : 고정할 2개의 부품을 관통시켜 사용

(2) **탭 볼트** : 고정할 부품에 암나사를 만들어 고정, 너트는 필요 없다.

(3) **스터드 볼트** : 볼트 양단에 수나사를 만들어 체결, 잦은 분해 결합시 사용

(4) **기초 볼트** : 기계나 구조물 등의 기초에 사용

(5) **아이 볼트** : 무거운 기계 등을 달아 올릴 때

(6) **스테이 볼트** : 부품 간격을 일정하게 유지할 때 사용

2. 축 하중만 받을 경우 볼트 설계

축 하중만 받는 볼트로는 아이 볼트와 훅이 있다. 아이 볼트나 훅의 외경(호칭지름)은 다음과 같이 결정한다.

(1) **바깥지름**(외경, 호칭지름)

$$d=\sqrt{\frac{2W}{\sigma_t}} \quad ★★ \qquad [1\text{-}10]$$

W : 축방향 하중
σ_t : 인장응력

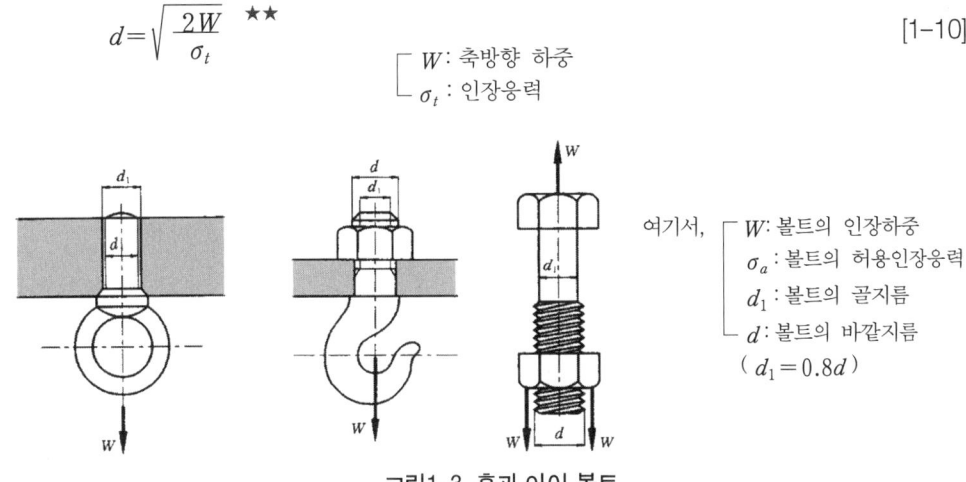

여기서,
W : 볼트의 인장하중
σ_a : 볼트의 허용인장응력
d_1 : 볼트의 골지름
d : 볼트의 바깥지름
($d_1 = 0.8d$)

그림1-3 훅과 아이 볼트

3. 축 하중 W 와 비틀림 모멘트 T 를 동시에 받는 경우 볼트 설계

(1) **전단응력**

$$\tau = \frac{T}{Z_P}, \quad Z_p = \frac{\pi d_1^3}{16} \qquad [1\text{-}11]$$

T : 회전 토크
Z_P : 극단면계수

(2) **인장응력**

$$\sigma_t = \frac{W}{A} \qquad [1\text{-}12]$$

(3) **볼트 지름**(수나사의 바깥지름)

$$d=\sqrt{\frac{8W}{3\sigma_t}} \quad ★★ \qquad [1\text{-}13]$$

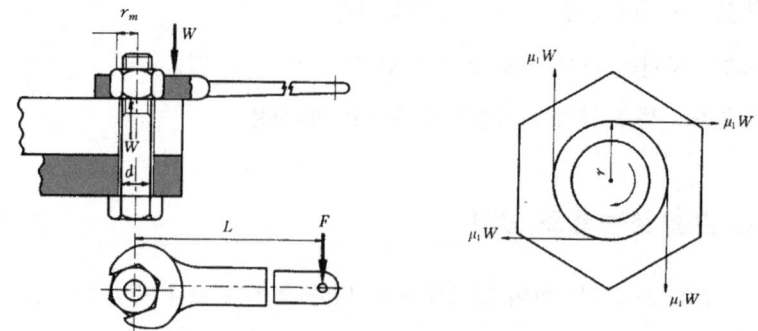

그림1-4 나사잭 : 축하중과 비틀림을 동시에 받는 경우

4. 스패너를 이용하여 물체를 죌 경우(나사잭 설계시 적용)

(1) 너트 자리면에서 마찰저항 모멘트

$$T_1 = \mu_m W r_m \qquad [1\text{-}14]$$

μ_m : 너트 자리면의 마찰계수
r_m : 너트와 물체와의 접촉면의 평균 반경

(2) 나사를 죌 때 회전 모멘트

$$T_2 = W\tan(\lambda+\rho) \cdot \frac{d_2}{2} = W\frac{\mu\pi d_2 + p}{\pi d_2 - \mu p} \cdot \frac{d_2}{2} \qquad [1\text{-}15]$$

(3) 총괄 회전 모멘트

$$T = T_1 + T_2$$
$$= W\left[\mu_m r_m + \tan(\lambda+\rho) \cdot \frac{d_2}{2}\right]$$
$$= W\left[\mu_m r_m + \frac{\mu\pi d_2 + p}{\pi d_2 - \mu p} \cdot \frac{d_2}{2}\right] = F \cdot L \qquad [1\text{-}16]$$

F : 핸들에 작용하는 조작력
L : 핸들의 길이

3 너트의 설계

1. 나사산 수

$$z = \frac{4W}{\pi(d^2 - d_1^2) \cdot q} = \frac{W}{\pi d_2 hq} \;\;\star\star \qquad [1\text{-}17]$$

q : 허용접촉면압력[kg_f/mm^2]

2. 너트의 높이

$$H = zp = \frac{W \cdot p}{\pi d_2 h q} \quad \star\star\star \qquad [1\text{-}18]$$

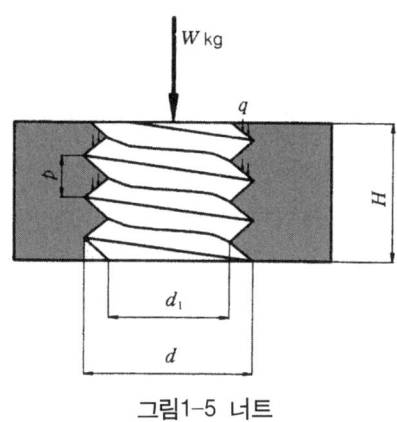

그림1-5 너트

3. 너트의 풀림 방지법★★

(1) 록 너트(lock nut) 사용
(2) 분할 핀(split pin) 사용
(3) 세트 나사(set screw)의 경우
(4) 특수 와셔에 의한 방법(스프링 와셔, 이붙이 와셔 사용)
(5) 철사로 감싸는 방법

4 삼각나사와 사다리꼴나사 설계

상당마찰계수를 구하여 사각나사설계 공식의 마찰계수 대신에 대입시켜 계산한다.

1. 상당마찰계수

$$\mu' = \frac{\mu}{\cos\frac{\alpha}{2}} \;,\; \rho' = \tan^{-1}\mu' \quad \star \qquad [1\text{-}19]$$

α : 나사산의 각도

(1) **삼각 나사** : $\alpha = 60°$
(2) **사다리꼴 나사** : $\alpha = 30°$

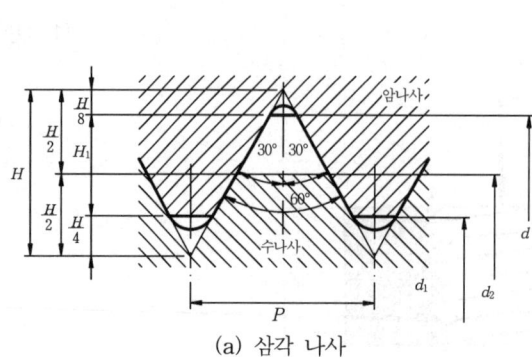
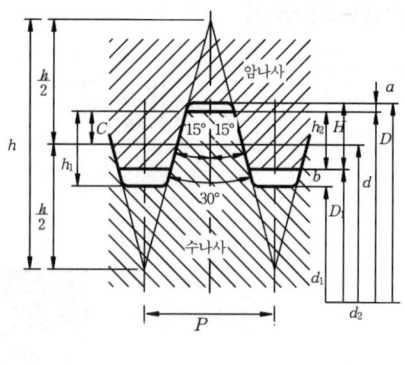

(a) 삼각 나사 (b) 30°사다리꼴 나사

$h = 1.8669P, \quad C = 0.28P, \quad h_1 = 2C + a$
$h_2 = 2C + a - b, \quad H = 2C + 2a - b$

그림1-6 삼각 나사와 사다리꼴 나사

2. 회전력

$$P = Q \frac{\mu' \pi d_2 + p}{\pi d_2 - \mu p} = Q \cdot \tan(\lambda + \rho') \qquad [1\text{-}20]$$

3. 회전 토크

$$T = P \cdot R = P \cdot \frac{d_2}{2} = Q \frac{\mu' \pi d_2 + p}{\pi d_2 - \mu' p} \cdot \frac{d_2}{2}$$

$$= Q \cdot \tan(\lambda + \rho') \cdot \frac{d_2}{2} \qquad [1\text{-}21]$$

4. 나사의 효율

$$\eta = \frac{\tan \lambda}{\tan(\lambda + \rho')} \qquad [1\text{-}22]$$

chapter 1 실전연습문제

01 유니파이 나사의 나사산 각도는?

① 55° ② 60°
③ 30° ④ 50°

Solution 삼각 나사
① 나사산의 각 60° : 미터 나사, 유니파이 나사
② 나사산의 각 55° : 관용나사 – 파이프에 사용

02 볼 나사의 특징 중 틀린 것은?

① 나사의 효율이 좋다.
② 백래시(back lash)를 작게 할 수 있다.
③ 체결용에 주로 사용된다.
④ 높은 정밀도를 오래 유지할 수가 있다.

Solution 볼 나사는 백래시가 0인 정밀기계에 사용되는 나사이다.

03 볼 나사의 장점이 아닌 것은?

① 윤활에 그다지 주의하지 않아도 좋다.
② 먼지에 의한 마모가 적다.
③ 백래시를 작게 할 수 있다.
④ 피치를 그다지 작게 할 수 없다.

04 다음 나사산의 각도 중 틀린 것은?

① 미터 나사 60° ② 휘트워드 나사 55°
③ 사다리꼴 나사 35° ④ 유니파이 나사 60°

Solution 사다리꼴 나사의 나사산의 각
① 미터계 사다리꼴 나사 : 30°
② 인치계 사다리꼴 나사 : 29°

Answer 01 ② 02 ③ 03 ④ 04 ③

05 2톤의 하중을 들어 올리는 나사 잭에서 나사 축의 바깥지름을 구한 것으로 맞는 것은? (단, 허용인장응력은 6[kgf/mm²]이고, 비틀림 응력은 수직응력의 1/3 정도로 본다.)

① 24[mm]　　② 26[mm]
③ 28[mm]　　④ 30[mm]

Solution
$$d = \sqrt{\frac{8Q}{3\sigma_a}} = \sqrt{\frac{8 \times 2 \times 10^3}{3 \times 6}} = 29.81\,[mm]$$

06 4ton의 축방향하중과 비틀림이 동시 작용하고 있을 때 다음 중 가장 적합한 체결용 미터 보통 나사 호칭은? (단, 허용인장응력은 4.8[kgf/mm²]이고, 비틀림응력은 수직응력의 1/3 정도로 본다.)

① M58　　② M48
③ M84　　④ M64

Solution
$$d = \sqrt{\frac{8W}{3\sigma_a}} = \sqrt{\frac{8 \times 4 \times 10^3}{3 \times 4.8}} = 47.14\,[mm]$$
∴ M48

07 다음 중 미터 나사의 설명에 맞는 것은?

① 나사산 각이 55°이다.
② 나사의 크기는 유효 지름으로 표시한다.
③ 나사의 지름과 피치를 [mm]로 표시한다.
④ 미국, 영국, 캐나다 3국에 의하여 정해진 규격이다.

08 그림과 같은 크레인용 후크에서 W=2[ton]의 하중이 작용할 경우 가장 적당한 나사는? (단, 재질의 허용응력 σ_t=5[kgf/mm²]이다.)

① M30
② M38
③ M45
④ M50

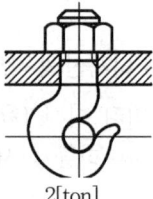
2[ton]

Solution
$$d = \sqrt{\frac{2W}{\sigma_t}} = \sqrt{\frac{2 \times 2 \times 10^3}{5}} = 28.28\,[mm]$$
∴ M30

Answer　05 ④　06 ②　07 ③　08 ①

09 사각나사의 바깥지름이 26[mm]이고, 피치가 6[mm], 유효지름이 22.83[mm]일 때 나사의 효율은? (단, 마찰계수 $\mu=0.1$이다.)

① 30[%] 　　　　　　　　　② 35[%]
③ 40[%] 　　　　　　　　　④ 45[%]

Solution
$\eta = \dfrac{\tan\alpha}{\tan(\alpha+\rho)}$

$\tan\alpha = \dfrac{p}{\pi d_2}, \quad \alpha = \tan^{-1}\left(\dfrac{6}{\pi \times 22.83}\right) = 4.78°$

$\tan\rho = \mu, \quad \rho = \tan^{-1}\mu = \tan^{-1}0.1 = 5.71°$

$\therefore \eta = \dfrac{\tan(4.78)}{\tan(4.78+5.7)} \times 100 = 45.16[\%]$

10 지름 20[mm], 피치 2[mm]인 2줄 나사를 10회전시켰더니 완전하게 체결되었다. 이 나사의 리드(lead)는 몇 [mm]인가?

① 20 　　　　　　　　　② 40
③ 4   　　　　　　　　　④ 2

Solution $l = np = 2 \times 2 = 4\,[mm]$

11 체결용 나사가 자립상태(自立狀態)를 유지하고 있을 경우 나사의 효율은 몇 [%] 이하인가?

① 50 　　　　　　　　　② 60
③ 70 　　　　　　　　　④ 80

12 1/4−20 UNC의 피치는 얼마인가?

① 0.25[mm] 　　　　　　② 12.7[mm]
③ 2.54[mm] 　　　　　　④ 1.27[mm]

Solution $\dfrac{25.4}{\text{산수}} = \dfrac{25.4}{20} = 1.27\,[mm]$

Answer　09 ④　10 ③　11 ①　12 ④

13 유효 지름 6.4[mm], 피치 1[mm]되는 나사를 길이 10[cm]의 스패너에 8[kgf]의 힘을 가해서 회전시키면 얼마의 힘으로 물체를 조일 수 있는가? (단, 마찰계수 $\mu=0.1$로 한다.)

① 80[kgf]
② 623[kgf]
③ 1660[kgf]
④ 2560[kgf]

Solution
$$T = \frac{Q\mu\pi d_2 + p}{\pi d_2 - \mu p} \cdot \frac{d_2}{2} = F \cdot l \; ; \; Q \times \frac{0.1 \times \pi \times 6.4 + 1}{\pi \times 6.4 - 0.1 \times 1} \times \frac{6.4}{2} = 8 \times 100$$
$$Q = 1661.3 \, [kg_f]$$

14 무게 6톤의 물체를 4개의 볼트로 매어 달았다. 이 때 볼트의 허용인장응력을 8[kgf/mm²]라 하면 볼트의 크기로 적당한 것은?

① M 16
② M 18
③ M 20
④ M 25

Solution
$$\sigma_a = \frac{W}{A} = \frac{4W}{\pi d_1^2}$$
$$\sigma_a = \frac{4 \times 6 \times \frac{10^3}{4}}{\pi \times d^2}, \quad d_1 = 15.45 \, [mm]$$
$$d = \sqrt{\frac{2W}{\sigma_a}} = \sqrt{\frac{2 \times 6 \times 10^3}{8 \times 4}} = 19.36 \, [mm]$$
∴ M 20

15 나사의 유효 지름이 50[mm], 피치 2.5[mm]의 나사 잭으로서 2[ton]의 무게를 올리려고 할 때 레버의 유효 길이는 얼마인가? (단, 레버를 돌리는 힘은 15[kgf]이고, 마찰계수는 0.1이 다.)

① 526[mm]
② 420[mm]
③ 387[mm]
④ 615[mm]

Solution
$$T = F \cdot l = Q \cdot \frac{\mu\pi d_2 + P}{\pi d_2 - \mu P} \cdot \frac{d_2}{2}$$
$$15 \times l = 2 \times 10^3 \times \frac{0.1 \times \pi \times 50 + 2.5}{\pi \times 50 - 0.1 \times 2.5} \times \frac{50}{2}$$
$$l = 387 \, [mm]$$

Answer 13 ③ 14 ③ 15 ③

16 관용 나사의 나사산의 각도는?
① 29° ② 30°
③ 55° ④ 60°

17 미터 계열의 사다리꼴 나사(acme thread)의 나사산의 각도는?
① 29° ② 30°
③ 55° ④ 60°

18 판재의 간격을 유지하기 위하여 사용하는 볼트는 어느 것인가?
① 탭 볼트 ② 기초 볼트
③ 스터드 볼트 ④ 스테이 볼트

19 2줄 나사의 피치가 0.75[mm]일 때 이 나사의 리드는 다음 중 어느 것인가?
① 0.75[mm] ② 3[mm]
③ 1.5[mm] ④ 3.75[mm]

 $l = np = 2 \times 0.75 = 1.5$ [mm]

20 암나사와 수나사가 결합되어 있을 때 암나사를 2회전하면 축방향으로 10[mm], 산수는 4산 전진한다. 이 나사의 피치와 리드는?
① 피치 2.5[mm], 2줄 리드 10[mm] ② 피치 2.5[mm], 2줄 리드 5[mm]
③ 피치 2.5[mm], 1줄 리드 10[mm] ④ 피치 2.5[mm], 1줄 리드 5[mm]

 $l = 5$ [mm]
$l = np, \quad p = \dfrac{5}{2} = 2.5$ [mm]

Answer 16 ③ 17 ② 18 ④ 19 ③ 20 ②

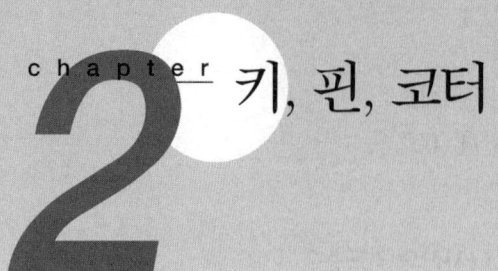

chapter 2 — 키, 핀, 코터

1 키(key)

1. 키의 종류★★

(1) 성크 키(묻힘 키, 사각 키)

① 규격 : 키의 폭 × 높이 × 길이 = $b \times h \times L$

② 키 윗면의 기울기 : $\dfrac{1}{100}$

(2) 안장 키(새들 키) : 큰 힘에는 적당치 않음

축은 가공하지 않고 보스에만 키홈을 만들어 마찰력으로 회전력을 전달하는 키

(3) 평 키(납작 키)

키가 닿는 면의 축만을 평평하게 깎은 키

(4) 접선 키

① 큰 동력을 전달하는데 적당
② 120°각도로 두 곳에 설치
③ 케네디키 : 키를 90°로 배치

(5) 페더 키(미끄럼 키)

① 키의 기울기가 없는 키
② 기어나 풀리를 축 방향으로 이동할 경우에 사용

(6) 스플라인(spline)

① 축 주위에 피치가 같은 평행한 키가 4~20개 있는 것.
② 보스를 축 방향으로 이동 가능

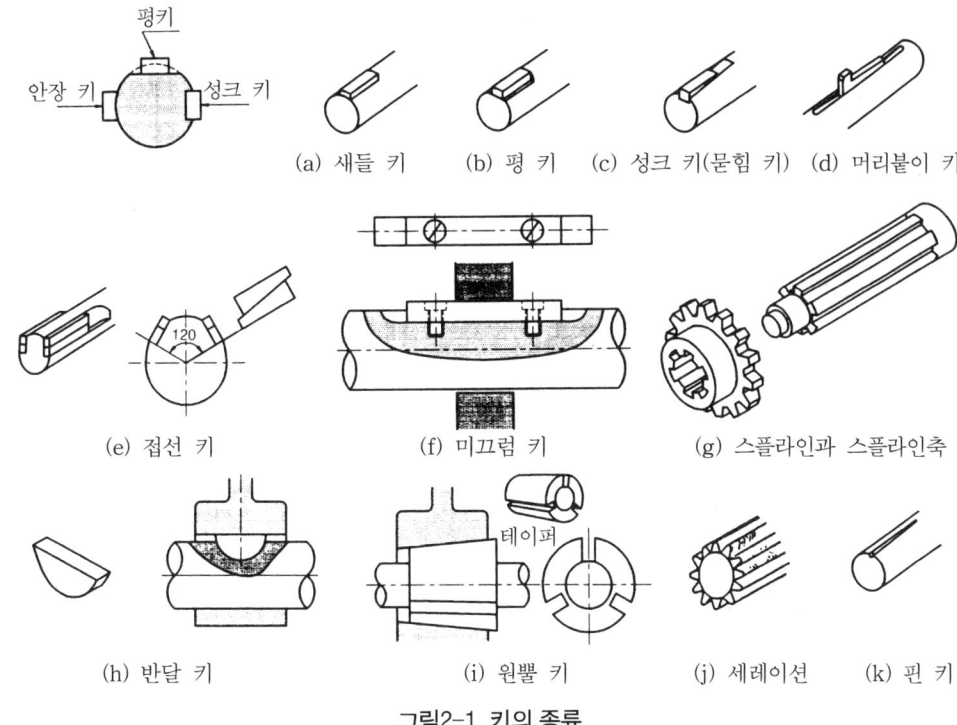

그림2-1 키의 종류

(7) 세레이션(serration)

① 축에 작은 삼각형 키홈을 만들어 축과 보스 고정
② 같은 지름의 스플라인보다 많은 돌기가 있어 동력 전달이 큼
③ 자동차의 핸들, 전동기, 발전기 등의 축에 사용

(8) 반달 키(wodruff key)

① 보스의 홈과 접촉이 자동 조정
② 반달 모양으로 축이 약해지는 결점이 있으나 테이퍼 축에 사용

(9) 둥근 키(round key ; 핀 키)

회전력이 극히 작은 곳에 사용

(10) 원뿔 키(cone key)

① 보스의 편심 방지
② 보스의 축에 홈을 내지 않고 축 구멍을 원뿔로 제작

2. 힘의 전달 크기에 따른 키의 종류 ★★★

세레이션 > 스플라인 > 접선 키 > 성크 키 > 반달 키 > 평 키 > 안장 키 > 납작 키

3. 성크 키(묻힘 키, 사각 키)의 강도 계산

(1) 회전 토크

$$T = W \cdot \frac{d}{2}$$

$\begin{cases} W : \text{회전력} \\ d : \text{축의 지름} \end{cases}$ [2-1]

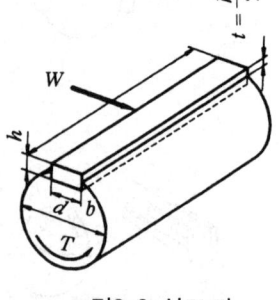

그림2-2 성크 키

(2) 키의 전단

$$\tau_k = \frac{W}{A} = \frac{W}{bL} = \frac{2T}{bLd} \;\;\text{★★★}$$ [2-2]

(3) 키의 압축

축에 키의 묻힘 깊이는 키 높이의 반으로 계산하면

$$\sigma_c = \frac{W}{A} = \frac{2W}{hL} = \frac{4T}{hLd} \;\;\text{★★★}$$ [2-3]

이다.

(4) 키의 면압력

$$q = \sigma_c = \frac{4T}{hLd} \;\;\text{★★★}$$ [2-4]

2 핀(pin)

1. 핀과 핀이음

(1) **규격** : 지름×길이
(2) 고정물의 탈락 방지, 위치고정, 너트의 풀림 방지용
(3) 축 방향에 직각으로 끼워 사용

2. 핀의 종류★★

(1) **평행 핀** : 기계 부품 조립시 안내 위치 결정
(2) **테이퍼 핀** : 주축을 보스(Boss)에 고정시 사용
(3) **분할 핀** : 너트의 풀림 방지
(4) **스프링 핀** : 탄성을 이용하여 물체 고정시 사용

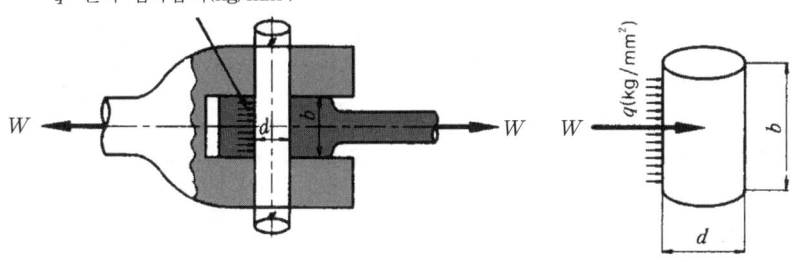

그림2-3 너클 핀

3. 너클 핀 이음의 강도 계산

(1) 핀의 지름

$$d = \sqrt{\frac{W}{mq}} \qquad [2\text{-}5]$$

W : 가로하중(축 하중) $b = md$,
$m = 1 \sim 1.5$, ; 프와송 수
q : 접촉면압력 [kg/mm^2]

(2) 핀의 전단

$$\tau = \frac{W}{A} = \frac{W}{\frac{\pi}{4}d^2 \times 2} \qquad [2\text{-}6]$$

(3) 굽힘 강도

$$\sigma_b = \frac{M}{Z} \qquad [2\text{-}7]$$

① 굽힘 모멘트 $M = \dfrac{W \cdot L}{8}$, L은 핀의 길이이다.

② 단면계수 $Z = \dfrac{\pi d^3}{32}$, d는 핀의 지름이다.

3 코터(cotter)

인장 및 압축을 받는 축의 경우에 운동 전달용으로 이용되는 기계요소이다.

1. 기울기

(1) 반영구적 결합 : $\dfrac{1}{50} \sim \dfrac{1}{100}$

(2) 잦은 분해 : $\dfrac{1}{3} \sim \dfrac{1}{10}$

(3) 일반 분해 : $\dfrac{1}{25}$

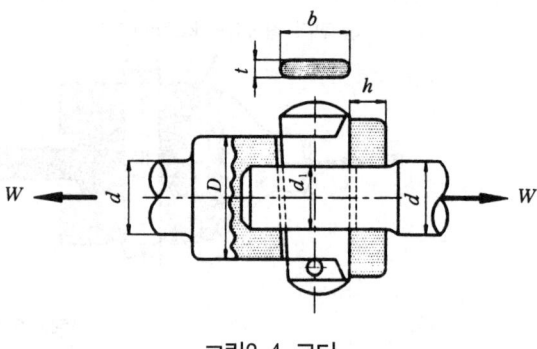

그림2-4 코터

2. 코터의 자립상태★★★

(1) 양쪽 구배의 경우 : $\alpha \leq \rho$

(2) 한쪽 구배의 경우 : $\alpha \leq 2\rho$

α : 경사각
ρ : 마찰각

3. 코터 이음의 강도★

(1) 소켓 내의 로드 인장응력

$$\sigma_t = \dfrac{W}{\dfrac{\pi}{4}d^2 - dt} \qquad [2\text{-}8]$$

W : 가로하중(축 하중)
d : 소켓 내의 로드의 지름
t : 코터의 두께

(2) 로드 소켓 구멍부의 압궤응력

$$\sigma_c = \dfrac{W}{dt} \qquad [2\text{-}9]$$

(3) 코터의 전단응력

$$\tau = \dfrac{W}{2bt} \qquad b : \text{코터의 폭} \qquad [2\text{-}10]$$

(4) 로드 엔드 부분에 생기는 전단응력

$$\tau = \dfrac{W}{2dh_1} \qquad h_1 : \text{코터 구멍에서 로드 엔드부까지 길이} \qquad [2\text{-}11]$$

(5) 소켓 끝부분의 전단응력

$$\tau = \dfrac{W}{2(D-d)h_2} \qquad h_2 : \text{코터 구멍에서 소켓 엔드부까지 길이} \qquad [2\text{-}12]$$

chapter 2 실전연습문제

01 묻힘 키(sunk key)에서 생기는 전단응력을 τ, 키에 생기는 압축응력을 σ_c라 하여 $\tau/\sigma_c =$ 1/2일 때 키의 폭 b와 높이 h와의 관계를 가장 옳게 설명한 것은?

① 폭이 높이 보다 크다.　　② 폭이 높이 보다 작다.
③ 폭과 높이가 같다.　　④ 폭과 높이는 반비례한다.

Solution $\tau = \dfrac{2T}{bld}$, $\sigma_c = \dfrac{4T}{hld}$, $\dfrac{\tau}{\sigma_c} = \dfrac{1}{2}$, $b = h$

02 코터의 폭이 20[mm], 두께가 10[mm], 코터의 허용전단응력이 2[kg$_f$/mm^2]이라면 코터가 할 수 있는 하중은 얼마인가?

① 400[kg$_f$]　　② 800[kg$_f$]
③ 1600[kg$_f$]　　④ 3200[kg$_f$]

Solution $W = \tau \cdot A = \tau \times 2 \times bt = 2 \times 2 \times 20 \times 10 = 800\ [\text{kg}_f]$

03 코터 이음의 자립을 위한 조건은 마찰각을 ρ, 기울기를 α라 할 때 어느 것이 알맞은가?

① 양쪽 기울기 $\alpha \leq \rho$　　② 한쪽 기울기 $\alpha \leq \rho$
③ 양쪽 기울기 $\alpha \leq 2\rho$　　④ 한쪽 기울기 $\alpha \geq 2\rho$

Solution 코터의 자립조건
① 한쪽 기울기 코터 : $\alpha \leq 2\rho$
② 양쪽 기울기 코터 : $\alpha \geq \rho$

04 폭(b)×높이(h)=10×8인 묻힘 키가 전동축에 고정되어 25,000[kg$_f$·mm]의 토크를 전달할 때, 축지름 d는 몇 [mm] 정도가 적당한가? (단, 키의 허용전단응력은 3.7[kg$_f$/mm^2]이며, 키의 길이는 46[mm]이다.)

① $d = 29.4$　　② $d = 35.3$
③ $d = 41.7$　　④ $d = 50.2$

Solution
$\tau_k = \dfrac{2T}{bld}$
$3.7 = \dfrac{2 \times 25000}{10 \times 46 \times d}$
$d = 29.38\ [\text{mm}]$

Answer　01 ③　02 ②　03 ①　04 ①

05 지름 60[mm]의 강축을 사용하여 250[rpm]을 전달하는 묻힘 키(sunk key)의 길이는 다음 중 어느 것인가? (단, 키의 허용전단응력 $\tau=4.6[kg_f/mm^2]$, 키의 규격(폭×높이) $b\times h=15[mm]\times12[mm]$이다.)

① 61.8[mm]　② 74.7[mm]　③ 83.5[mm]　④ 93.4[mm]

Solution
$$\tau=\frac{2T}{bld}=\frac{2\times716200\times\frac{HP}{N}}{bld}$$
$$4.6\times15\times l\times60=2\times716200\times\frac{54}{250}$$
$$l=74.73[mm]$$

06 키에서 축의 홈이 깊게 파여 축의 강도가 약하게 되기는 하나, 키와 키홈 등이 모두 가공하기 쉽고 키가 자동적으로 축과 보스 사이에 자리를 잡을 수 있어 자동차, 공작기계 등의 축에 널리 사용되며 특히 테이퍼 축에 사용하면 편리한 키는?

① 원뿔 키(cone key)　　② 접선 키(tangential key)
③ 드라이빙 키(driving key)　④ 반달 키(woddruff key)

07 9600[kg_f·cm] 토크를 전달하는 지름 50[mm]인 축에 적합한 묻힘 키(12[mm]×8[mm])의 길이는? (단, 키의 전단강도만으로 계산하고, 키의 허용전단응력 $\tau=800[kg_f/cm^2]$이다.)

① 40[mm]　② 50[mm]　③ 5.0[mm]　④ 4.0[mm]

Solution
$$\tau_k=\frac{2T}{bld}$$
$$800\times1.2\times l\times5=2\times9600$$
$$l=4[cm]=40[mm]$$

08 코터가 스스로 빠져나오지 않으려면 자립상태(self sustenance)를 유지해야 하는데 양쪽 테이퍼 코터의 경우 자립상태를 유지하기 위한 조건으로 맞는 것은? (단, α는 테이퍼 각, ρ는 마찰각이다.)

① $\alpha\leq\rho$　② $2\alpha\leq\rho$　③ $\alpha\leq2\rho$　④ $\alpha\leq\frac{1}{2}\rho$

Solution ① 한쪽 기울기 코터의 자립조건 : $\alpha\leq2\rho$
② 양쪽 기울기 코터의 자립조건 : $\alpha\leq\rho$

09 핀이 사용되는 곳으로 틀린 것은?
① 나사 및 너트의 풀림 방지에 사용
② 작은 핸들과 축의 고정이나 끼워맞춤부분의 위치결정에 사용
③ 기계 부품의 연결 등 키보다 하중이 가볍게 걸리는 곳에 간단하게 체결할 때 사용
④ 영구적 결합이 필요로 하는 곳에 사용

Answer　05 ②　06 ④　07 ①　08 ①　09 ④

10 핀 전체가 두 갈래로 되어 있어 너트의 풀림방지나 핀이 빠져 나오지 않게 하는데 사용되는 핀은?

① 테이퍼 핀　　② 너클 핀　　③ 분할 핀　　④ 평행 핀

11 성크 키의 폭, 높이, 길이가 각각 12[mm], 8[mm], 140[mm]일 때 키의 접선력[kgf]은 얼마인가? (단, 허용전단응력 $800[\text{kg}_\text{f}/\text{cm}^2]$이다.)

① 1344　　② 1544　　③ 13440　　④ 15440

Solution
$$\tau_k = \frac{2T}{bld} = \frac{F}{bl}$$
$$F = \tau_k \cdot bl = 800 \times 1.2 \times 14 = 13400 \, [\text{kg}_\text{f}]$$

12 성크 키의 전달 토크 T, 높이 h, 폭 b, 길이 l, 축지름을 d라 하면 압축응력 σ_c를 나타내는 식은?

① $\sigma_c = \frac{4T}{bhd}$　　② $\sigma_c = \frac{4T}{bld}$　　③ $\sigma_c = \frac{4T}{bhl}$　　④ $\sigma_c = \frac{4T}{hld}$

13 코터의 경사각 α, 접촉부의 마찰계수 $\mu = \tan\rho$일 때 한쪽만 경사진 코터 이음의 자립할 수 있는 조건은 다음 어느 것인가? (단, α : 경사각, ρ : 마찰각이다.)

① $\alpha \geq \rho$　　② $\alpha \leq \rho$　　③ $\alpha \geq 2\rho$　　④ $\alpha \leq 2\rho$

14 성크(sunk ; 묻힘) 키 규격에서 15×10은 무엇을 가르키는가?

① 키의 높이 × 폭　　② 키의 폭 × 높이
③ 키의 길이 × 높이　　④ 키의 길이 × 폭

15 다음 중 가장 큰 회전력을 전달할 수 있는 키는?

① 평 키　　② 묻힘 키
③ 페더 키　　④ 스플라인

16 다음 각종 키(key) 중 가장 작은 동력을 전달할 수 있는 것은 어느 것인가?

① 묻힘 키　　② 안장 키
③ 납작 키　　④ 접선 키

Answer　10 ③　11 ③　12 ④　13 ④　14 ②　15 ④　16 ②

3 chapter 리벳 이음(rivet joint)

기계부품, 압력용기, 구조물, 교량 등의 강판이나 형강의 영구적 결합시 사용되는 기계요소이고 재료로는 연강, 동, 황동, 알루미늄 등이 사용된다.

1 리벳의 길이

$$L = S + (1.3 \sim 1.6)d \quad \begin{bmatrix} S : \text{판 두께의 합} \\ d : \text{리벳의 지름} \end{bmatrix} \quad [3\text{-}1]$$

2 리벳의 분류

(1) 냉간 리벳 : 8[mm] 이하
(2) 열간 리벳 : 10[mm]

3 작업 순서

드릴링 또는 펀칭 → 리밍 → 리벳팅(스냅2개 사용) → 코킹(판 끝각 75~80°) 또는 플러링

4 리벳의 구조

(1) 겹치기 이음
(2) 맞대기 이음
  ① 한쪽 덮개판 맞대기 이음
  ② 양쪽 덮개판 맞대기 이음
(3) 한줄 리벳 이음
(4) 두줄 리벳 이음

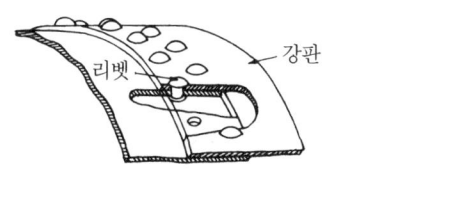

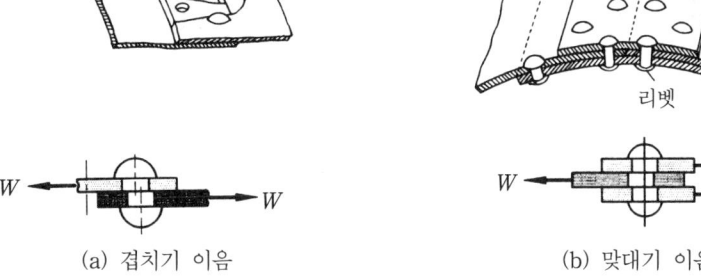

(a) 겹치기 이음   (b) 맞대기 이음

그림3-1 리벳 이음의 구조

5 리벳 이음의 강도와 효율

(1) 리벳의 전단 응력

$$\tau = \frac{W}{A} = \frac{4W}{\pi d^2} \quad ★★ \qquad \begin{bmatrix} W : 가로하중(축하중) \\ d : 리벳의 지름 \end{bmatrix} \qquad [3\text{-}2]$$

① 맞대기 이음의 경우

$$\tau = \frac{W}{nA} = \frac{4W}{n\pi d^2} \qquad n : 리벳의 전단면적의 수(리벳의 줄 수) \qquad [3\text{-}3]$$

(2) 리벳의 구멍 사이에서 판의 인장응력

$$\sigma_t = \frac{W}{A} = \frac{W}{t(p-d)} \quad ★ \qquad \begin{bmatrix} p : 리벳의 피치 \\ t : 판의 두께 \end{bmatrix} \qquad [3\text{-}4]$$

(3) 판 또는 리벳의 압축응력(압궤응력)

$$\sigma_t = \frac{W}{A} = \frac{W}{d\,t\,n} \quad ★ \qquad \begin{bmatrix} n : 줄 수 \\ d : 리벳의 지름 \\ t : 리벳의 두께 \end{bmatrix} \qquad [3\text{-}5]$$

(4) 리벳의 피치

리벳 전단시 전단저항력과 인장저항력이 같다는 조건으로부터

$$p = d + \frac{\pi d^2 \tau}{4 t \sigma_t} \quad ★ \qquad\qquad [3\text{-}6]$$

이다.

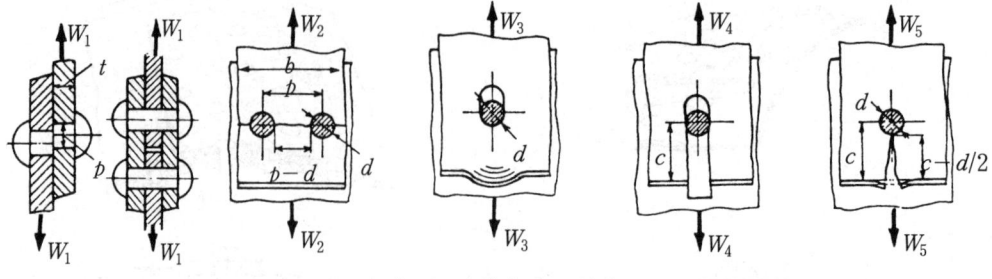

그림3-2 리벳의 강도 설계

① 전단면이 n개 일 때

$$p = d + \frac{n\pi d^2 \tau}{4t\sigma_t} \ \star \qquad [3\text{-}7]$$

(5) 리벳 이음의 효율

① 강판의 효율

$$\eta_p = \frac{p-d}{p} \ \star\star\star \qquad [3\text{-}8]$$

② 리벳의 효율

$$\eta_r = \frac{n\pi d^2 \tau}{4\sigma_t pt} \ \star\star\star \qquad [3\text{-}9]$$

6 보일러용 리벳 이음

(1) 원주 방향 응력

$$\sigma_t = \frac{PD}{2t} \qquad [3\text{-}10]$$

P : 보일러의 최고사용압력
D : 보일러의 몸통 안지름

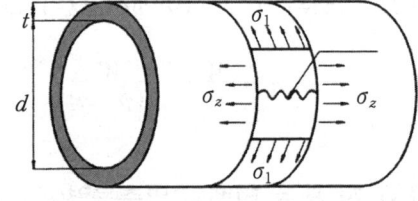

그림3-3 보일러용 통(얇은 원통)

(2) 길이방향 응력(축 방향 응력)

$$\sigma_z = \frac{PD}{4t} \qquad [3\text{-}11]$$

(3) 보일러 판의 두께

$$t = \frac{PDS}{2\sigma_t \ \eta} + C \ [\text{mm}] \ \star\star\star \qquad [3\text{-}12]$$

P : 보일러의 최고사용압력[kgf/mm²]
S : 안전계수
η : 리벳 이음 효율
C : 부식여유

chapter 3 · 실전연습문제

01 다음은 1줄 리벳 겹치기 이음에서 강판의 효율을 표시한 식이다. 옳은 것은? (단, P는 리벳의 피치, d는 리벳 구멍의 지름이다.)

① $\eta = P - 2d/P$
② $\eta = 1 - d/P$
③ $\eta = P - 2d/d$
④ $\eta = 1 - P/d$

Solution 강판의 효율
$$\eta = \frac{1\text{피치당 구멍이 있을 때 인장저항}}{1\text{피치당 구멍이 없을 때 인장저항}} = \frac{\sigma_t \cdot (p-d)t}{\sigma_t \cdot p \cdot t} = 1 - \frac{d}{p}$$

02 리베팅 후의 리벳 지름 또는 구멍의 지름 d[mm], 리벳의 전단응력 τ[kgf/mm²], 리벳 또는 강판의 압축 응력 σ_c[kgf/mm²]인 겹치기 리벳 이음에서 전단저항과 압축저항을 같도록 하면 강판의 두께 t[mm]를 구하는 식으로 옳은 것은? (단, 리벳의 길이 방향에 직각 방향으로 인장력 W[kgf]가 작용한다.)

① $t = \dfrac{d^2 \pi \tau}{4\sigma_c}$
② $t = \dfrac{d \pi \tau}{4\sigma_c}$
③ $t = \dfrac{d^2 \pi \sigma_c}{4\tau}$
④ $t = \dfrac{d \pi \sigma_c}{4\tau}$

Solution
$\tau \cdot A_s = \sigma_c \cdot A_c$
$\tau \cdot \dfrac{\pi d^2}{4} = \sigma_c \cdot dt$
$t = \dfrac{\pi d \cdot \tau}{4\sigma_c}$

03 리벳 이음에서 강판의 효율은 리벳의 지름은 d, 피치를 p라 할 때 옳은 관계식은?

① $1 - \dfrac{d}{p}$
② $\dfrac{d}{p} - 1$
③ $1 + \dfrac{p}{d}$
④ $1 + \dfrac{d}{p}$

Answer 01 ② 02 ② 03 ①

04 판 두께가 15[mm], 리벳 지름이 22[mm], 피치는 50[mm], 리벳의 중심에서 판끝까지 길이가 30[mm]의 한 줄 리벳 겹치기 이음했을 때 1피치당 하중을 1500[kgf]으로하면 판에 발생하는 전단응력과 리벳의 전단응력은 각각 몇 [kgf/mm²]인가?

① 1.67, 3.95
② 3.95, 1.67
③ 2.55, 4.55
④ 4.55, 2.55

Solution
$$\tau_p = \frac{W}{A} = \frac{W}{et \times 2} = \frac{1500}{30 \times 15 \times 2} = 1.67 \ [\mathrm{kg_f/mm^2}]$$
$$\tau_r = \frac{W}{A} = \frac{4W}{\pi d^2} = \frac{4 \times 1500}{\pi \times 22^2} = 3.95 \ [\mathrm{kg_f/mm^2}]$$

05 판의 두께 16[mm], 리벳의 지름 16[mm] 리벳 구멍의 지름 17[mm], 피치가 64[mm]인 1줄 리벳 겹치기 이음에서 1피치마다 1500[kgf]의 하중이 작용할 때 판의 효율 η 는?

① 66.5[%]
② 69.6[%]
③ 73.4[%]
④ 750[%]

06 1열 겹치기 이음에서 피치가 50[mm], 리벳의 지름이 19[mm], 하중 1,500[kgf]일 때 판의 두께가 8[mm]이면 이 판의 이음 효율은 얼마인가?

① 46.7[%]
② 54.3[%]
③ 62.0[%]
④ 70.1[%]

Solution
$$\eta_p = 1 - \frac{d}{p} = \left(1 - \frac{19}{50}\right) \times 100 = 62 \ [\%]$$

07 강판의 두께 $t = 12$[mm], 리벳 죔후 리벳의 지름 20.2[mm], 피치 48[mm]의 1줄 겹치기 리벳 조인트가 있다. 1피치마다의 하중을 1200[kgf]라 할 때 리벳에 생기는 전단응력은 몇 [kgf/mm²]인가?

① 2.58
② 3.59
③ 3.75
④ 4.74

Solution
$$\tau = \frac{W}{A} = \frac{1200 \times 4}{\pi \times 20.2^2} = 3.74 \ [\mathrm{kg/mm^2}]$$

Answer 04 ① 05 ③ 06 ③ 07 ③

Chapter 4 용접이음(welding)

1 용접의 특징★★★

① 영구적 결합
② 이음효율이 높고 기밀성 우수
③ 제작비, 중량 경감
④ 작업간단, 자재 절약
⑤ 비파괴 검사 곤란
⑥ 잔류응력이 남음 → 제거 위해 용접부 피닝 또는 풀림 열처리를 한다.

2 맞대기 이음시 홈(Grove)의 종류

① U, ② I, ③ H, ④ K, ⑤ V, ⑥ X

맞대기이음	I 형	V 형	X 형	H 형	U 형
	$t1 \sim t5$	$t6 \sim t12$	$t12 \sim t25$	$t25 \sim t50$	$t16 \sim t50$

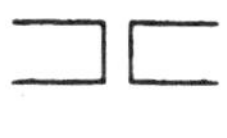

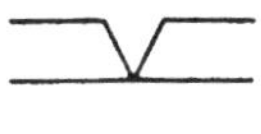

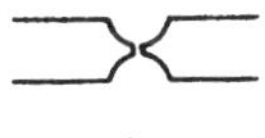

그림4-1 맞대기 이음시 홈의 종류

3 용접이음 효율

$$\eta = K_1 \times K_2 \qquad [4-1]$$

K_1 : 형상계수
K_2 : 용접계수

(1) 용접계수

모재의 인장강도에 대한 용접부 인장강도

4 맞대기 용접이음

(1) 용접부의 인장응력

$$\sigma = \frac{W}{A} = \frac{W}{t \cdot L} \quad ★★ \qquad \begin{array}{l} \& \ W : 가로하중 \\ t : 판의 두께 \\ L : 용접부의 길이 \end{array} \qquad [4\text{-}2]$$

(2) 용접부의 굽힘응력

$$\sigma_b = \frac{M}{Z}, \quad Z = \frac{tL^2}{6} \qquad [4\text{-}3]$$

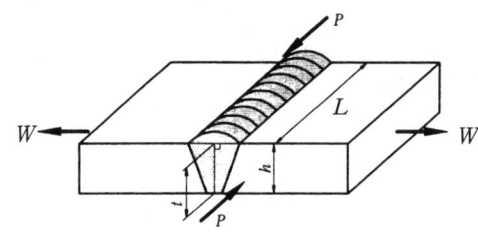

그림4-2 맞대기 용접이음

5 필릿 용접이음

(1) 한쪽 필릿 용접부 인장응력

$$\sigma = \frac{W}{A} = \frac{W}{tL} \quad ★★★ \qquad [4\text{-}4]$$

① 목두께

$$t = f \cos 45° \qquad \begin{array}{l} f : 용접부 \ 사이즈(모재 \ 두께) \\ L : 용접부 \ 길이 \end{array}$$

(2) 양쪽 필릿 용접부 인장응력

$$\sigma = \frac{W}{A} = \frac{W}{2tL} \qquad [4\text{-}5]$$

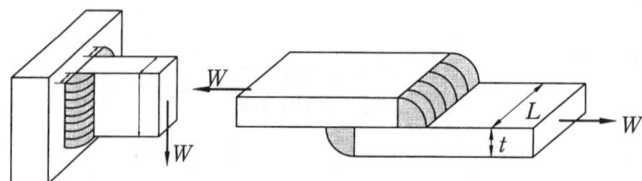

그림4-3 필릿 용접이음

chapter 4 실전연습문제

01 그림과 같은 용접 이음에서 용접부에 발생하는 인장응력은 얼마인가?

① 7.5[kg$_f$/mm^2]
② 12.5[kg$_f$/mm^2]
③ 18.8[kg$_f$/mm^2]
④ 25.6[kg$_f$/mm^2]

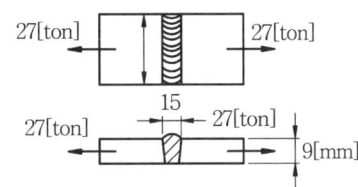

Solution $\sigma = \dfrac{W}{A} = \dfrac{W}{tl} = \dfrac{27 \times 10^3}{9 \times 240} = 12.5\ [\text{kg/mm}^2]$

02 주조, 단조, 리벳 이음 등에 비해 용접 이음의 장점으로 틀린 것은?

① 사용재료의 두께 제한이 없다.
② 기밀 유지에 용이하다.
③ 작업 소음이 많다.
④ 사용기계가 간단하고, 작업 공정수가 적어 생산성이 높다.

Solution 용접이음의 특징
① 기밀·수밀성 및 효율 양호하다.
② 공수절감 및 작업속도가 빠르다.
③ 제품의 성능이 양호하다.
④ 자재의 절약, 작업의 자동화 가능
⑤ 응력집중 발생, 용접부 결함 검사가 곤란하다.
⑥ 용접공의 숙련도 및 용접 모재의 재질에 따라 용접성 좌우

03 맞대기 용접이음에서 하중을 W, 용접부의 길이를 l, 판두께를 t라 할 때 용접부의 인장응력을 계산하는 식은?

① $\sigma = \dfrac{Wl}{t}$
② $\sigma = \dfrac{W}{tl}$
③ $\sigma = Wl$
④ $\sigma = \dfrac{tl}{W}$

Answer 01 ② 02 ③ 03 ②

04 다음 그림과 같은 겹치기 필렛 용접이음에서 허용응력을 9[kgf/mm²], 강판의 두께 $t_1=$ 10[mm], $t_2=$15[mm]일 때 용접부의 유효 길이 L은 몇 [mm]가 적당한가? (단, 용접부 A, B부의 응력은 같고, 인장하중 $P=$5000[kgf]이다.)

① 26.1
② 31.4
③ 36.8
④ 41.3

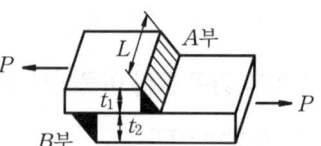

Solution
$$\sigma = \frac{P}{t \cdot L} = \frac{P}{(t_1+t_2)\cos 45° \times L}$$
$$9 = \frac{5000}{(10+15) \times \cos 45° \times L}$$
$$L = 31.4 [mm]$$

05 지름 D인 연강 둥근봉을 필렛 용접할 때 용접부의 전단응력 τ는? (단, T는 비틀림모멘트, h는 팔렛용접두께이다.)

① $\tau = \dfrac{2.83T}{hD^2\pi}$ ② $\tau = 5.66\dfrac{T}{hD^2\pi}$

③ $\tau = \dfrac{hD^2\pi}{2.83T}$ ④ $\tau = \dfrac{hD^2\pi}{5.66T}$

Solution
$$T = \tau \cdot A \cdot \frac{D}{2} = \tau \times \pi D \cdot t \cdot \frac{D}{2}$$
$$= \tau \cdot \frac{\pi \times h \times \cos 45°}{2} \cdot D^2 = \tau \cdot \pi h \cdot D^2 \times 0.354$$
$$\tau = \frac{2.83T}{\pi h D^2}$$

06 T형 이음에서 $W=$5ton, $h=$5[mm]로 할 때 용접의 길이 l은 몇 [mm]가 되는가? (단, 허용인장응력은 10[kgf/mm²]로 한다.)

① 120[mm]   ② 100[mm]
③ 80[mm]   ④ 60[mm]

Solution
$$\sigma_t = \frac{W}{A} = \frac{W}{hl} \ ; \ 10 = \frac{5 \times 10^3}{5 \times l} \quad l = 100 \ [mm]$$

07 다음 중 용접이음이 리벳 이음에 비하여 우수한 점이 아닌 것은?

① 이음 효율이 크다.   ② 잔류응력을 남기지 않는다.
③ 기밀성이 좋다.   ④ 이음 두께의 제한이 적다.

Answer 04 ② 05 ① 06 ② 07 ②

chapter 5 축(shaft)

운동이나 힘을 전달하기 위한 기계 요소이다.

1 분류

(1) 용도(작용하중)에 따른 분류★★

① 차축 : 주로 굽힘 모멘트를 받고 정지차축, 회전차축 등이 있다.
② 전동축 : 비틀림과 굽힘 모멘트를 동시에 받으며 일반 공장용으로 사용
   동력 전달 순서 : 주축 → 선축 → 중간축
③ 스핀들 : 주로 비틀림을 받아서 비교적 축의 길이가 짧고 변형량이 적어야 함. – 공작기계의 주축

(2) 형상에 따른 분류★★

① 직선축 : 일반적인 것으로 축심이 진원인 축
② 크랭크축 : 직선 왕복운동을 회전운동으로 변환시킬 때 사용
③ 플렉시블축 : 휨 및 충격을 완화하는데 쓰임

2 축 설계시 고려 사항★

강도, 강성(휨 및 비틀림 변형), 진동, 부식, 열응력 등을 고려한다.

3 축 설계 기초 사항

(1) 비틀림 모멘트

$$T = 716200 \frac{HP}{N} = 974000 \frac{H_{kW}}{N} \text{ [kg}_\text{f} \text{ mm]} \quad ★★★ \qquad [5-1]$$

$$T = PR = \tau Z_p \, [\text{kgf mm}] \, \star\star\star\star \quad [5\text{-}2]$$

$$\begin{cases} HP : \text{전달마력[PS]} \\ H_{kW} : \text{전달동력[kW]} \\ N : \text{회전수[rpm]} \\ \tau : \text{축의 비틀림 전단응력} \\ Z_P : \text{극단면계수} \end{cases}$$

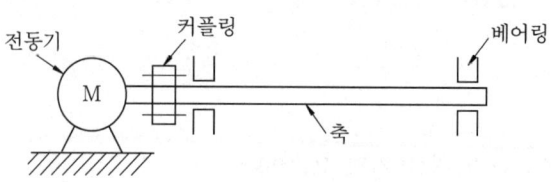

그림5-1 축과 전동기

(2) 굽힘 모멘트

$$\sigma_b = \frac{M}{Z} \, \star\star\star\star \quad [5\text{-}3]$$

$$\begin{cases} \sigma_b : \text{굽힘응력} \\ Z : \text{단면계수} \end{cases}$$

(3) 전달동력

$$H = F \times V \, [\text{kgf m/sec}] \, \star\star\star \quad [5\text{-}4]$$

$$\begin{cases} F : \text{회전력} \\ V : \text{회전속도} \end{cases}$$

$$H_{PS} = \frac{F \times V}{75} \, [\text{PS}] \quad [5\text{-}5]$$

$$H_{kW} = \frac{F \times V}{102} \, [\text{kW}] \quad [5\text{-}6]$$

(4) 원형단면의 성질★

① 중실축

㉠ 단면 2차 모멘트 : $I = \dfrac{\pi d^4}{64}$ [5-7]

㉡ 극단면 2차 모멘트 : $I_p = \dfrac{\pi d^4}{32}$ [5-8]

㉢ 단면계수 : $Z = \dfrac{\pi d^3}{32}$ [5-9]

㉣ 극단면계수 : $Z_p = \dfrac{\pi d^3}{16}$ [5-10]

② 중공축

㉠ 단면 2차 모멘트 : $I = \dfrac{\pi (d_2^4 - d_1^4)}{64}$ [5-11]

ⓒ 극단면 2차 모멘트 : $I_p = \dfrac{\pi(d_2^4 - d_1^4)}{32}$ [5-12]

ⓒ 단면계수 : $Z = \dfrac{\pi d_2^3}{32}\left[1 - \left(\dfrac{d_1}{d_2}\right)^4\right]$ [5-13]

ⓔ 극단면계수 : $Z_p = \dfrac{\pi d_2^3}{16}\left[1 - \left(\dfrac{d_1}{d_2}\right)^4\right]$ [5-14]

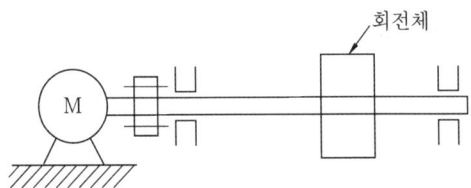

그림5-2 굽힘과 비틀림을 동시에 받고 있는 축

(5) 굽힘과 비틀림을 동시에 받는 경우

① 상당 비틀림 모멘트

$$T_e = \sqrt{M^2 + T^2} \quad \star\star\star\star\star$$ [5-15]

② 상당 굽힘 모멘트

$$M_e = \dfrac{1}{2}M + \sqrt{M^2 + T^2} \quad \star\star\star\star\star$$ [5-16]

③ 최대 전단응력

$$\tau_{max} = \dfrac{T_e}{Z_p} \quad \star\star\star\star\star$$ [5-17]

④ 최대 인장응력(최대 주응력)

$$\sigma_{max} = \dfrac{M_e}{Z} \quad \star\star\star\star\star$$ [5-18]

4 축 지름 설계

(1) 굽힘 모멘트만을 받는 경우

① 중실축

$$M = \sigma_a \cdot Z = \sigma_a \cdot \dfrac{\pi d^3}{32} \quad \star$$ [5-19]

d : 중실축의 지름

② 중공축

$$M = \sigma_a \cdot \frac{\pi}{32}\left(\frac{d_2^4 - d_1^4}{d_2}\right) = \sigma_a \cdot \frac{\pi d_2^3}{32}(1 - x^4), \quad x = \frac{d_1}{d_2} \qquad [5\text{-}20]$$

$\begin{bmatrix} x : \text{지름비 또는 내·외경비} \\ d_1 : \text{중공축의 내경} \\ d_2 : \text{중공축의 외경} \end{bmatrix}$

(2) 비틀림 모멘트만을 받는 경우

① 중실(실제)축

$$T = \tau_a \cdot Z_p = \tau_a \cdot \frac{\pi d^3}{16} \quad \star \qquad [5\text{-}21]$$

② 중공축

$$T = \tau_a \cdot Z_p = \tau_a \cdot \frac{\pi}{16}\left(\frac{d_2^4 - d_1^4}{d_2}\right) = \tau_a \cdot \frac{\pi d_2^3}{16}(1 - x^4) \qquad [5\text{-}22]$$

(3) 굽힘과 비틀림을 동시에 받을 때

① 중공(실제)축

$$M_e = \sigma_a \cdot Z = \sigma_a \cdot \frac{\pi d^3}{32} \quad \star\star\star \qquad [5\text{-}23]$$

$$T_e = \tau_a \cdot Z_p = \tau_a \cdot \frac{\pi d^3}{16} \qquad [5\text{-}24]$$

② 중공축

$$M_e = \sigma_a \cdot \frac{\pi d_2^3}{32}(1 - x^4) \qquad [5\text{-}25]$$

$$T_e = \tau_a \cdot \frac{\pi d_2^3}{16}(1 - x^4) \qquad [5\text{-}26]$$

5 축의 비틀림 강도 및 강성

(1) 비틀림 각

$$\theta = \frac{TL}{GI_p} \quad [\text{rad}]$$

$$\theta = \frac{TL}{GI_p} \cdot \frac{180}{\pi} \quad [\text{deg}] \qquad [5\text{-}27]$$

(2) 바하의 축공식

① 실제축

$$d = 120\sqrt[4]{\frac{HP}{N}} = 130\sqrt[4]{\frac{H_{kW}}{N}} \ [\text{mm}] \tag{5-28}$$

② 중공축

$$d_2 = 120\sqrt[4]{\frac{HP}{(1-x^4)N}} = 130\sqrt[4]{\frac{H_{kW}}{(1-x^4)N}} \ [\text{mm}] \tag{5-29}$$

(3) 축의 굽힘 강성

중앙 집중 하중이 작용하는 단순보에서 처짐량

$$\delta = \frac{1}{3000}L \tag{5-30}$$

즉, 1[m]인 축의 길이에 대하여 처짐은 0.3[mm] 이하로 제한한다.

chapter 5 실전연습문제

01 회전속도가 200[rpm]으로 10[PS]을 전달하는 연강 실제원 축의 지름이 얼마 정도인가?
(단, 허용응력 $\tau=210[\text{kg}_f/\text{cm}^2]$이고, 축은 비틀림 모멘트만을 받는다.)

① $d=44.3[\text{mm}]$ ② $d=49.1[\text{mm}]$
③ $d=54.7[\text{mm}]$ ④ $d=59.8[\text{mm}]$

◎ Solution
$$T = 71620\frac{HP}{N} = \tau \cdot \frac{\pi d^3}{16}$$
$$71620 \times \frac{10}{200} = 210 \times \frac{\pi \times d^3}{16}, \quad d = 4.43 \,[\text{cm}]$$

02 길이 6[m]의 실축에 400[kg$_f$-m]의 비틀림 모멘트가 작용할 때 비틀림각이 전체 길이에 대하여 약 3° 가 되기 위하여는 축의 지름을 몇 [mm]정도로 하면 되는가? (단, 가로탄성계수 $G=810000[\text{kg}_f/\text{cm}^2]$이다.)

① 약 54[mm]   ② 약 65[mm]
③ 약 76[mm]   ④ 약 104[mm]

◎ Solution
$$\theta = \frac{T \cdot l}{G \cdot I_p}$$
$$3 = \frac{64 \times 400 \times 6}{810000 \times 10^4 \times \pi d^4} \times \frac{180}{\pi}$$
$$d = 0.104 \,[\text{m}] = 104[\text{mm}]$$

03 스핀들에 대한 설명 중 맞는 것은?
① 굽힘을 주로 받는 긴 회전축이다.
② 비틀림을 받는 짧고 정밀한 회전축이다.
③ 휨을 받는 회전축이다.
④ 굽힘과 비틀림을 동시에 받는 회전축이다.

◎ Solution 축의 분류
① 차축 : 토크를 전달하는 회전축과 전달하지 않는 정지축이 있다. 주로 굽힘 모멘트만 받는다.
② 전동축 : 동력을 전달하는 축으로 주로 비틀림 모멘트만 받는다.
③ 스핀들 : 굽힘과 비틀림 모멘트를 동시에 받는다.

Answer 01 ①   02 ④   03 ②

04 그림과 같은 단면의 축이 전달할 수 있는 비틀림 모멘트의 비 T_A/T_B의 값은? (단, 두 재료의 재질은 같다.)

① $\dfrac{9}{16}$ ② $\dfrac{16}{9}$

③ $\dfrac{15}{16}$ ④ $\dfrac{16}{15}$

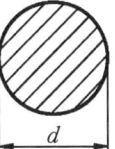
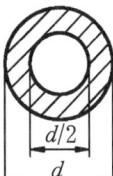

Solution
$T_A = \tau_a \cdot \dfrac{\pi d^3}{16}$

$T_B = \tau_a \cdot \dfrac{\pi d^3}{16}[1-(0.5)^4]$

$\dfrac{T_A}{T_B} = \dfrac{1}{1-(0.5)^4} = \dfrac{16}{15}$

05 300[rpm]으로 2.5[kW]를 전달시키고 있는 축의 비틀림 모멘트는 몇 [kg-mm]인가?

① 6320   ② 5630
③ 8117   ④ 4630

Solution
$T = 974000 \times \dfrac{H_{kW}}{N} = 974000 \times \dfrac{2.5}{300} = 8116.67\,[\text{kg}_f \cdot \text{mm}]$

06 어떤 축이 굽힘 모멘트 M과 비틀림 모멘트 T를 동시에 받고 있을 때, 최대 주응력설에 의한 상당 굽힘 모멘트 M_e는?

① $M_e = \dfrac{1}{2}(M+\sqrt{M^2+T^2})$ ② $M_e = \dfrac{1}{2}(M^2+\sqrt{M+T})$

③ $M_e = \dfrac{1}{2}(M^2+\sqrt{M^2+T^2})$ ④ $M_e = \dfrac{1}{2}(M+\sqrt{M+T})$

07 30[kW]의 동력을 200[rpm]으로 전달하는 비틀림 모멘트만을 받는 연강의 실제 원축의 지름을 계산하면? (단, 허용전단응력 $\tau_a = 2[\text{kg}_f/\text{mm}^2]$이다.)

① 약 56[mm]   ② 약 67[mm]
③ 약 72[mm]   ④ 약 78[mm]

Solution
$T = 974000\dfrac{H_{kW}}{N} = \tau_a \cdot \dfrac{\pi d^3}{16}$

$974000 \times \dfrac{30}{200} = 2 \times \dfrac{\pi d^3}{16}$

$d = 71.92\,[\text{mm}]$

Answer   04 ④   05 ③   06 ①   07 ③

08 400[kgf·m]의 비틀림 모멘트를 받는 전동축의 지름은 약 얼마인가? (단, 허용전단응력은 $\tau_a=600[kg_f/cm^2]$이다.)

① 60[mm] ② 70[mm]
③ 80[mm] ④ 90[mm]

Solution
$$T = \tau \cdot \frac{\pi d^3}{16}$$
$$400 \times 10^3 = 600 \times 10^{-2} \times \frac{\pi d^3}{16}, \quad d = 69.76[mm]$$

09 200[rpm]으로 10마력을 전달하는 연강축의 안전지름을 바하(Bach)의 축공식을 이용하여 구하면?

① 5.7[cm] ② 4.3[cm]
③ 6.5[cm] ④ 3.9[cm]

Solution
$$d = 12\sqrt[4]{\frac{HP}{N}} = 12 \times \sqrt[4]{\frac{10}{200}} = 5.7[cm]$$

Answer 08 ② 09 ①

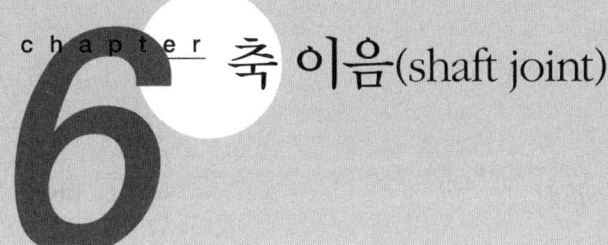

chapter 6 축 이음(shaft joint)

1 축 이음의 분류

(1) 커플링(Coupling) : 영구적 축 이음★★★

① 고정 커플링 : 축과 축이 일직선상에 있고 중심선이 일치할 때, 볼트나 키를 사용하여 결합시키는 요소로 원통 커플링과 플랜지 커플링 등이 있다.
② 플렉시블 커플링 : 두 축이 일직선상에 있거나, 중심이 일치하지 않더라도 연결부위가 고무나 가죽으로 되어 있어 진동이 수반하더라도 사용 가능
③ 올덤 커플링 : 두 축 거리가 가깝고 두 축이 평행이나 중심선이 일치하지 않을 때, 각속도의 변화 없이 회전동력을 전달할 수 있다.
④ 유니버설 죠인트 : 두 축이 어떤 각도로 교차하며 각속도의 변화가 없도록 하기 위해 2개의 죠인트를 사용한다.

(2) 클러치(Clutch) : 운동 단속이 가능한 축 이음★★

① 클로 클러치(claw clutch ; 맞물림 클러치) : 플랜지에 서로 물릴 수 있는 돌기 모양의 이빨로 동력을 단속
② 마찰 클러치 : 마찰력을 이용하여 동력을 전달
③ 유체 클러치 : 유체 에너지를 이용하여 동력을 전달
④ 전자 클러치 : 원격 조작 가능

2 커플링 설계

(1) 원통 커플링

① 원통을 졸라 매는 힘(잡아주는 힘)

$$W = q \cdot A = q \cdot d \cdot \frac{L}{2} \qquad [6-1]$$

- q : 접촉면압[kgf/mm^2]
- L : 축과 원통의 접촉길이
- d : 축의 지름

② 회전력

$$F = \mu \pi W \qquad \mu : 마찰계수 \qquad [6-2]$$

③ 축의 비틀림 모멘트

$$T = F \cdot \frac{d}{2} = \mu \pi W \frac{d}{2} = \frac{\pi}{4} \mu q L d^2 \quad \bigstar\bigstar\bigstar \qquad [6-3]$$

(2) 클램프 커플링

① 클램프를 죄는 힘

$$W = Q \cdot \frac{z}{2} \qquad \begin{bmatrix} Q : 볼트\ 1개에\ 작용하는\ 힘 \\ z : 볼트\ 수 \end{bmatrix} \qquad [6-4]$$

② 축에 작용하는 접선력

$$P_t = \mu \pi W \qquad [6-5]$$

③ 축의 비틀림 모멘트

$$T = P_t \cdot \frac{d}{2} = \mu \pi W \frac{d}{2} = \mu \pi Q z \frac{d}{4} \quad \bigstar\bigstar\bigstar \qquad [6-6]$$

④ 볼트의 허용 인장 응력

$$\sigma_a = \frac{Q}{A} = \frac{4Q}{\pi d^2} \qquad [6-7]$$

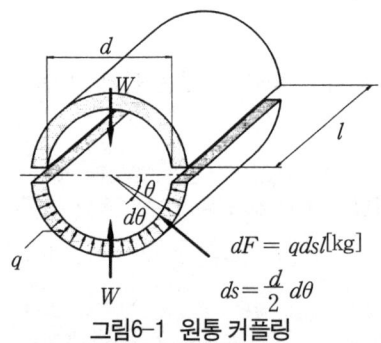

그림6-1 원통 커플링

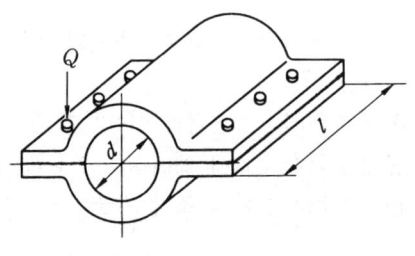

그림6-2 클램프 커플링

(3) 플랜지 커플링

① 마찰 저항에 의한 비틀림 모멘트

$$T_t = P \cdot \frac{D_f}{2} = \mu W \frac{D_f}{2} = \mu Q z \frac{D_f}{2} \qquad [6-8]$$

$$\begin{bmatrix} P : 회전력 \\ W : 밀어붙이는\ 힘 \\ Q : 볼트\ 1개에\ 작용하는\ 인장력 \\ z : 볼트\ 수 \\ D_f : 마찰면\ 평균\ 지름이다. \end{bmatrix}$$

② 볼트 전단을 일으키는 비틀림 모멘트

$$T_B = \tau_B \cdot \frac{\pi\delta^2}{4} \cdot z \cdot \frac{D_B}{2} \qquad [6-9]$$

τ_B : 볼트의 전단응력
δ : 볼트의 지름
D_B : 볼트 중심원의 지름

③ 축에 작용하는 비틀림 모멘트

$$T = T_f + T_B = \mu Q z \cdot \frac{D_f}{4} + \tau_B \cdot \frac{\pi\delta^2}{4} \cdot z \cdot \frac{D_B}{2} \;\;\text{★★★★} \qquad [6-10]$$

④ 플랜지 뿌리에 생기는 전단응력

$$T = \tau_f \cdot 2\pi R^2 \cdot t \;\;\text{★★} \qquad [6-11]$$

τ_f : 플랜지 재료의 허용전단응력
R : 플랜지 뿌리까지의 반경
t : 플랜지의 두께

(4) 유니버설 커플링

$$\frac{\omega_B}{\omega_A} = \frac{\cos\alpha}{1 - \sin^2\theta \sin^2\alpha} \qquad [6-12]$$

θ : 주동축의 회전각
α : 교차각

① 5° 이하에서 사용
② 45° 이상은 불가능

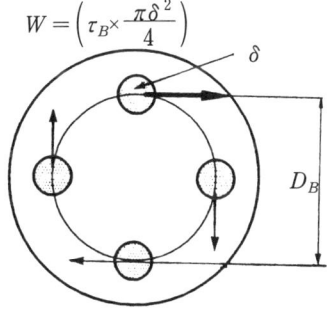

그림6-3 플랜지 커플링

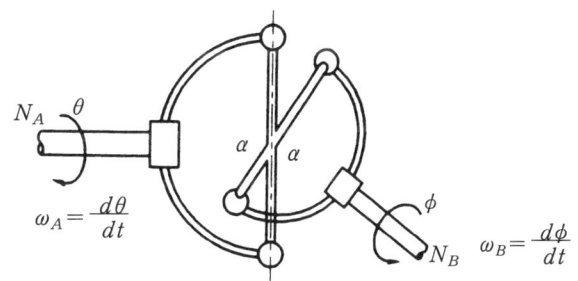

그림6-4 유니버설 조인트

3 클러치(clutch) 설계

(1) 맞물림 클러치

① 클로(claw)의 굽힘강도

$$\sigma_b = \frac{M}{2} = \frac{24Th}{t\,z\,b^2(D_1 + D_2)} \qquad [6-13]$$

$\begin{bmatrix} h : 클로의 높이 \\ t : 클로의 두께 \\ b : 클로의 폭 \\ D_1 : 클러치 원통의 내경 \\ D_2 : 클러치 원통의 외경 \\ z : 클로의 수 \end{bmatrix}$

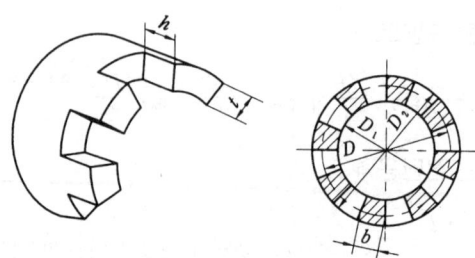

그림6-5 맞물림 클러치

② 클로 뿌리에 생기는 전단

$$T = \tau_a \cdot A \cdot D_2 = \tau_a \cdot \frac{\pi}{32}(D_1 + D_2)^2 (D_2 - D_1) \tag{6-14}$$

$\begin{bmatrix} D : 평균 지름 \\ A : 클로 뿌리면의 단면적 \end{bmatrix}$

③ 클로 사이의 접촉면압

$$T = \frac{q}{8} h\ z(D_2^2 - D_1^2) \qquad q : 클로 접촉면의 허용압력 \tag{6-15}$$

(2) 원판 클러치

① 전달될 토크

$$T = \mu W \frac{D}{2} = \mu q \pi D b \cdot \frac{D}{2} \ ★★★ \tag{6-16}$$

$\begin{bmatrix} D : 마찰면의 평균 지름 \\ b : 마찰면 폭 \end{bmatrix}$

$$D = \frac{D_1 + D_2}{2}, \quad b = \frac{D_2 - D_1}{2}$$

② 다판 클러치 일 경우

$$T = z \cdot \mu q \pi D b \frac{D}{2} \ ★★★ \qquad z : 마찰면의 수(판의 수) \tag{6-17}$$

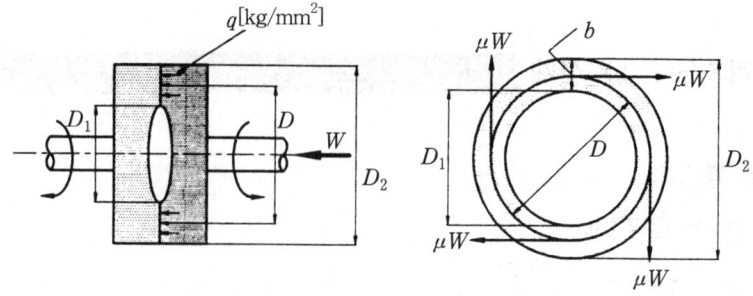

그림6-6 원판 클러치와 다판 클러치

(3) 원추 클러치

① 마찰면에 작용하는 수직력

$$Q = \frac{W}{\mu \cos\alpha + \sin\alpha} \quad \star \qquad [6\text{-}18]$$

α : 피치 원추각, 반원축각

② 마찰저항 모멘트

$$T = \mu Q \frac{D}{2} = \mu' W \frac{D}{2} \quad \star\star\star\star \qquad [6\text{-}19]$$

$$\mu' = \frac{\mu}{\mu \cos\alpha + \sin\alpha} \quad \star\star\star \qquad [6\text{-}20]$$

$$D = \frac{D_1 + D_2}{2} = D_1 + b \sin\alpha \qquad [6\text{-}21]$$

- D : 마찰면의 평균지름
- μ : 마찰계수
- b : 원추 접촉면의 폭
- μ' : 상당 마찰계수(겉보기 마찰계수)

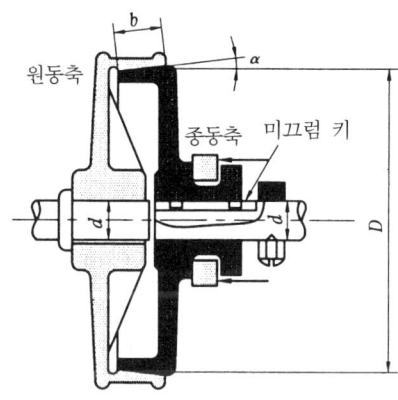

그림6-7 원추 클러치

chapter 6 • 실전연습문제

01 다음 축이음 중 두 축이 서로 평행하고 거리가 짧고 교차하지 않는 경우에 사용하는 기계요소는?

① 플랜지 커플링
② 맞물림 클러치
③ 올덤 커플링
④ 유니버설 조인트

Solution ① 플랜지 커플링 : 일직선상에 있는 두 축을 볼트를 사용하여 연결시킨 커플링
② 맞물림 클러치 : 클로가 축연결 부위 원주 방향으로 성형되어 있고 축의 운동 단속이 가능한 축이음이다.
③ 유니버설 조인트 : 두 축이 어떤각으로 교차하면서, 그 각이 다소변화하더라도 자유롭게 운동을 전달할 수 있는 축이음이다.

02 원통 커플링(muff coupling)에서 원통이 축을 누르는 힘 100[kg_f], 축지름 40[mm], 마찰계수 0.2일 때 이 커플링이 전달할 수 있는 토크는 얼마인가?

① 84.5[kg_f·cm]
② 96.8[kg_f·cm]
③ 105.8[kg_f·cm]
④ 125.6[kg_f·cm]

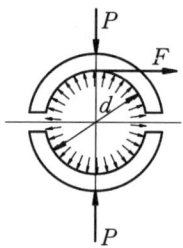

Solution $T = \pi\mu p \times \dfrac{d}{2} = \pi \times 0.2 \times 100 \times \dfrac{40}{2} = 1256.64\,[\text{kg}_f \cdot \text{mm}]$

03 원통 커플링에서 원통을 졸라매는 힘을 P라 하면 이 마찰 커플링의 전달 토크는? (단, μ 마찰계수, 축의 지름을 d, 커플링의 길이를 L이라 한다.)

① $T = \mu\pi Pd$
② $T = 2\mu Pd$
③ $T = \dfrac{\mu\pi PdL}{2}$
④ $T = \dfrac{\mu\pi Pd}{2}$

Answer 01 ③ 02 ④ 03 ④

04 두 개의 축이 평행하고, 그 축의 중심선의 위치가 약간 어긋났을 경우, 각속도는 변화없이 회전동력을 전달시키려고 할 때 사용되는 가장 적합한 커플링은?

① 플랜지 커플링(flange coupling)
② 올덤 커플링(aldham coupling)
③ 플렉시블 커플링(flexible coupling)
④ 유니버설 커플링(universal coupling)

Solution ① 고정 커플링 : 일직선상에 있는 두 축을 연결하는 것. 원통 커플링과 플랜지 커플링이 있다.
② 플랙시블 커플링 : 결합시 고무나 가죽 등을 사용함으로 중심선이 일치하지 않거나 진동을 완화시킬 때 사용한다.
③ 올덤 커플링 : 두 축이 평행하고 그 축의 중심이 편심되어 있을 때 사용하는 것으로 각속도 변화없이 회전동력을 전달한다.
④ 유니버설 조인트 : 두 축이 임의의 각도로 교차되고 있어 자유로이 운동을 전달할 수 있는 축이음이다.

05 원뿔의 반각 12°, 접촉면의 평균 지름을 $D=210$[mm]로 하는 원뿔 클러치에 153[kg$_f$]의 축방향의 힘을 가할 때 얼마의 토크를 전달할 수 있는가? (단, 접촉면의 마찰계수를 0.3으로 한다.)

① 7,892[kg$_f$·mm]
② 9,613[kg$_f$·mm]
③ 10,148[kg$_f$·mm]
④ 19,226[kg$_f$·mm]

Solution
$$\mu' = \frac{\mu}{\mu\cos\alpha + \sin\alpha} = \frac{0.3}{0.3\times\cos 12° + \sin 12°} = 0.5983$$
$$T = \mu' W \times \frac{D}{2} = 0.6 \times 153 \times \frac{210}{2} = 9613 \text{ [kg}_f\cdot\text{mm]}$$

Answer 04 ② 05 ②

Chapter 7 베어링(bearing)

회전하는 축을 지지하는 요소이다.

1 베어링의 종류

(1) 접촉상태에 따른 분류★

① 미끄럼 베어링(sliding bearing)
  ㉠ 베어링과 저널이 서로 미끄럼 접촉(면 접촉)을 하는 베어링
  ㉡ 유체윤활을 통해 마찰열을 발산
② 구름 베어링(rolling bearing ; 롤링 베어링)
   베어링과 롤러 사이에 볼 또는 롤러를 넣어 구름 접촉(선 또는 점 접촉)을 하는 베어링

(2) 하중 방향에 따른 분류★★

① 레이디얼 베어링(radial bearing)
  ㉠ 하중이 축의 반경 방향으로 하중이 작용할 때 사용하는 베어링
  ㉡ 엔드 저널 베어링(end journal bearing)과 중간 저널 베어링(internal journal bearing)이 있다.
② 스러스트 베어링(thrust bearing)
  ㉠ 하중이 축 방향으로 작용할 때 사용하는 베어링
  ㉡ 피벗 저널 베어링과 칼라 피벗 저널 베어링이 있다.
③ 테이퍼 베어링(원뿔 저널, 구면 저널 베어링)
   축의 반경 방향과 축 방향으로 하중이 동시에 작용하는 베어링

2 롤링 베어링 설계

(1) 베어링의 정격 수명

$$L_n = \left(\frac{C}{P}\right)^r \times 10^6 \text{ [rev]} \quad \text{★★★} \qquad [7\text{-}1]$$

C : 기본 동정격 하중
P : 베어링 하중
r : 베어링 지수(볼 베어링 $r=3$, 롤러 베어링 $r=10/3$)

(2) 베어링 수명 시간

$$L_n = 500\left(\frac{C}{P}\right)^r \frac{33.3}{N} \ [\text{hr}] \ ★★★★ \qquad [7\text{-}2]$$

① 수명 계수

$$f_h = \frac{C}{P} \sqrt[r]{\frac{33.3}{N}} \qquad [7\text{-}3]$$

② 속도 계수

$$f_n = \sqrt[r]{\frac{33.3}{N}} \qquad [7\text{-}4]$$

③ 하중 계수

$$P = f_w P_{th} \qquad [7\text{-}5]$$

$$\begin{bmatrix} P_{th} : 이론하중 \\ f_w : 하중 \ 계수 \\ P : 사용하중 \end{bmatrix}$$

(3) 등가 레이디얼 하중

$$P_r = xVF_r + yF_t \qquad [7\text{-}6]$$

$$\begin{bmatrix} x : 레이디얼 \ 계수 \\ y : 스러스트 \ 계수 \\ V : 회전계수 \\ F_r : 레이디얼 \ 하중 \\ F_t : 스러스트 \ 하중 \end{bmatrix}$$

(4) 등가 트러스트 하중

$$P_t = xF_r + yF_t \qquad [7\text{-}7]$$

(5) 평균 등가 하중

$$P_m = \frac{1}{3}(P_{\min} + 2P_{\max}) \qquad [7\text{-}8]$$

$$\begin{bmatrix} P_{\min} : 최소하중 \\ P_{\max} : 최대하중 \end{bmatrix}$$

(6) 한계속도지수(dN) : 베어링 안지름×회전수 ★★

(7) 구름 베어링의 형식 : 베어링 계열기호×안지름 번호 ★★★

ex) 6315zz

① 63 : 베어링 계열기호(단열 깊은 홈베어링)

② 15 : 안지름 번호(15×5=75[mm])

③ zz : 실드 기호

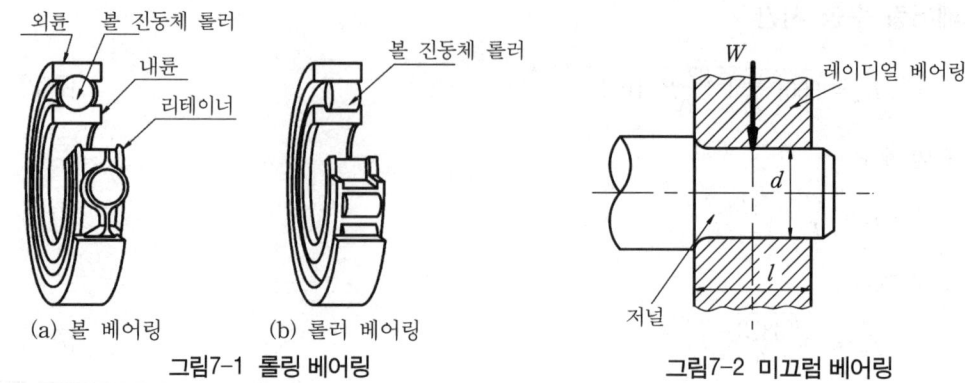

(a) 볼 베어링   (b) 롤러 베어링

그림7-1 롤링 베어링   그림7-2 미끄럼 베어링

(8) 롤링 베어링의 특징★★

① 구성요소 : 내륜, 외륜, 전동체
② 과열의 위험이 적다.
③ 기계의 소형화가 가능하다.
④ 규격이 정해진 품종이 많고 교환이 쉽다.
⑤ 윤활유 소비가 적다.
⑥ 시동저항이 거의 없다.
⑦ 리테이너 : 롤러 베어링에서 전동체가 접촉되지 않게 일정한 간격을 유지해주는 요소
⑧ 실링(sealing) : 구름 베어링에서 윤활유의 유출방지와 유해물의 침입방지를 위한 것

3 미끄럼 베어링

(1) 엔드 저널 베어링(레이디얼 베어링)의 설계

① 폭경비

$$\frac{L}{d} = \sqrt{\frac{\pi}{16}\frac{\sigma_a}{P_a}} \qquad [7-9]$$

P_a : 베어링 압력(또는 허용수 압력)[kg$_f$/mm^2]
L : 저널 길이
d : 저널 지름

② 단위시간당 마찰 일량

$$W_f = F \cdot V = \mu P \cdot \frac{\pi d N}{60 \times 1000} \qquad [7-10]$$

F : 마찰력
V : 원주속도
N : 축의 회전수
P : 베어링 하중

③ 단위 면적당 마찰 일량

$$w_f = \frac{W_f}{A} = \mu P_a V \qquad [7-11]$$

④ 압력 속도 계수(발열계수)

$$P_a V = \frac{W}{dL} \cdot \frac{\pi dN}{60 \times 1000} \quad \text{★★★★} \qquad [7\text{-}12]$$

(2) 스러스트 베어링의 설계

① 중실 피벗 저널 베어링

$$w_f = \mu P_a V = \mu \cdot \frac{P}{\frac{\pi}{4}d^2} \cdot V = \mu \cdot \frac{4P}{\pi d^2} \cdot \frac{\pi \frac{d}{2} N}{60 \times 1000} \quad \text{★★} \qquad [7\text{-}13]$$

P : 추력(베어링 하중)
d : 저널부 지름(베어링 지름)

② 중공 피벗 저널 베어링

$$w_f = \mu P_a V = \mu \cdot \frac{4P}{\pi(d_2^2 - d_1^2)} \cdot \frac{\pi d_m N}{60 \times 1000} \quad \text{★★} \qquad [7\text{-}14]$$

$$d_m = \frac{d_1 + d_2}{2}$$

d_m : 접촉면의 평균 지름

③ 칼라 저널 베어링

$$w_f = \mu P_a V = \mu \cdot \frac{4P}{\pi(d_2^2 - d_1^2)Z} \cdot \frac{\pi d_m N}{60 \times 1000} \quad \text{★★} \qquad [7\text{-}15]$$

Z : 칼라 저널의 수
d_1 : 칼라의 내경 또는 축의 지름
d_2 : 칼라의 외경 또는 칼라의 지름

(3) 미끄럼 베어링의 재료

① 금속재료
　㉠ 주철 : 저속 회전용
　㉡ 동합금 : 고속, 고하중에 적합(내마멸성, 열전도율이 양호)
　㉢ 화이트 메탈
　㉣ 오일리스 베어링 : 급유가 불가능한 곳에 사용 - 급유할 필요가 없다.
② 비금속 재료 : 흑연, 플라스틱, 고무, 보석 등

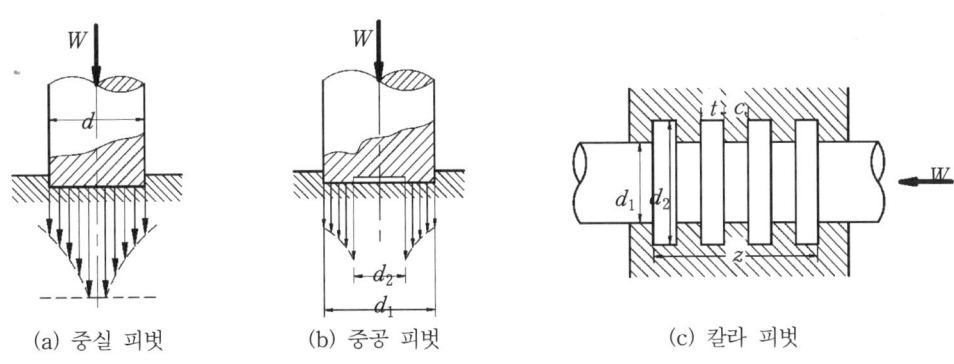

(a) 중실 피벗　　(b) 중공 피벗　　(c) 칼라 피벗

그림7-3 피벗 저널 베어링

chapter 7 — 실전연습문제

01 400[rpm]으로 전동축을 지지하고 있는 미끄럼 베어링에서 저널의 지름 $d=6$[cm], 저널의 길이 $l=10$[cm]이고, $W=420$[kgf]의 레이디얼 하중이 작용할 때, 베어링 압력은?

① 0.05[kgf/mm²]　　② 0.06[kgf/mm²]
③ 0.07[kgf/mm²]　　④ 0.08[kgf/mm²]

Solution
$$P = \frac{W}{A} = \frac{W}{dl} = \frac{420}{60 \times 100} = 0.07\,[\text{kgf}/\text{mm}^2]$$

02 볼 베어링의 수명 회전수 L_n, 베어링 하중 P, 기본 부하용량을 C라 할 경우 다음 중 옳은 것은?

① $L_n = \left(\dfrac{C}{P}\right)^3 \times 10^6\,rev$　　② $L_n = \left(\dfrac{P}{C}\right)^3 \times 10^6\,rev$

③ $L_n = \left(\dfrac{C}{P}\right)^{\frac{10}{3}} \times 10^6\,rev$　　④ $L_n = \left(\dfrac{P}{C}\right)^{\frac{10}{3}} \times 10^6\,rev$

Solution 베어링 수명
$$L_n = \left(\frac{C}{P}\right)^r \times 10^6\,rev$$
① 볼 베어링 : $r = 3$
② 롤러 베어링 : $r = \dfrac{10}{3}$

03 미끄럼 저널 베어링에서 허용압력 속도계수를 $PV=20$[kgf/cm²·m/sec]로 줄 때 저널이 5000[kgf]의 하중을 받고 250[N·m]으로 회전한다면 저널의 길이는?

① 28.37[cm]　　② 32.72[cm]
③ 34.76[cm]　　④ 39.35[cm]

Solution
$$PV = \frac{W}{d \cdot l} \times \frac{\pi \cdot d \cdot N}{60 \times 1000}$$
$$20 \times 10^{-2} = \frac{5,000}{l} \times \frac{\pi \times 250}{60 \times 1,000} \qquad l = 327.25\,[\text{mm}]$$

Answer　01 ③　02 ①　03 ②

04 회전수가 N[rpm]인 볼 베어링의 수명시간(L_h)은? (단, P는 베어링 하중, C는 기본 부하용량이다.)

① $L_n = 500\left(\dfrac{C}{P}\right)^3 \dfrac{33.3}{N}$ ② $L_n = 500\left(\dfrac{P}{C}\right)^3 \dfrac{33.3}{N}$

③ $L_n = 500\left(\dfrac{C}{P}\right)^3 \dfrac{N}{33.3}$ ④ $L_n = 500\left(\dfrac{P}{C}\right)^3 \dfrac{N}{33.3}$

Solution
$L_n = 500 \times \left(\dfrac{C}{P}\right)^r \times \dfrac{33.3}{N}$
① 볼 베어링 : $r = 3$
② 롤러 베어링 : $r = \dfrac{10}{3}$

05 저널의 지름이 25[mm], 길이가 50[mm], 베어링 하중이 3000[kg$_f$]인 저널 베어링에서 베어링 압력(kg$_f$/cm^2)은?

① 2.4 ② 3.0
③ 3.6 ④ 4.2

Solution
$P = \dfrac{W}{d \cdot l} = \dfrac{3000}{25 \times 50} = 2.4\ [\text{kg}_f/\text{mm}^2]$

06 볼 베어링에서 베어링 하중을 2배로 하면 수명은 몇 배로 되는가?

① 4배 ② 1/4배
③ 8배 ④ 1/8배

Solution 베어링 수명
$L_n = \left(\dfrac{C}{P}\right)^r \times 10^6\ rev$
$L_{n1} = \left(\dfrac{C}{P}\right)^3 \times 10^6$
$L_{n2} = \left(\dfrac{C}{2P}\right)^3 \times 10^6 = \dfrac{1}{8} L_{n1}$

07 베어링 계열이 60인 단열 깊은 홈 베어링의 호칭번호가 605일 때 베어링의 안지름은 얼마인가?

① 5[mm] ② 10[mm]
③ 15[mm] ④ 25[mm]

Solution 안지름 번호가 5번이면 5[mm]이다.
안지름 번호가 한 자리수이면 그 번호가 안지름 치수가 된다.

Answer 04 ① 05 ① 06 ④ 07 ①

08 볼 베어링의 수명은?
① 하중의 3배에 비례한다.
② 하중의 3제곱에 비례한다.
③ 하중의 3배에 반비례한다.
④ 하중의 3제곱에 반비례한다.

> **Solution**
> $L_n = \left(\dfrac{C}{P}\right)^r \times 10^6 \text{[rev]}$
> 수명은 하중의 r승에 반비례한다.
> ① 볼 베어링 : $r = 3$
> ② 롤러 베어링 : $r = \dfrac{10}{3}$

09 롤링 베어링에서 실링(sealing)의 주목적으로 가장 적합한 것은?
① 롤링 베어링에 주유를 주입하는 것을 돕는다.
② 롤링 베어링에 발열을 방지한다.
③ 롤링 베어링에서 윤활유의 유출 방지와 유해물의 침입을 방지한다.
④ 축에 롤링 베어링을 끼울 때 삽입을 돕는 것이다.

10 길이에 비하여 지름이 아주 작은 롤러 지름이 2~5[mm]로 보통 리테이너가 없는 베어링은?
① 원통 롤러 베어링
② 구면 롤러 베어링
③ 니들 롤러 베어링
④ 플렉시블 롤러 베어링

11 보통 운전으로 회전수 300[rpm], 베어링 하중 110[kgf]를 받는 단열 레이디얼 볼 베어링의 기본 부하용량은 얼마가 되는가? (단, 수명은 6만 시간이고, 하중계수는 1.5이다.)
① 1693[kgf]
② 165.0[kgf]
③ 1650[kgf]
④ 169.3[kgf]

> **Solution**
> $L_h = 500 \times \left(\dfrac{C}{f_w P}\right)^r \times \dfrac{33.3}{N}$
> $6 \times 10^4 = 500 \times \left(\dfrac{C}{1.5 \times 110}\right)^3 \times \dfrac{33.3}{300}$
> $C = 1693.44 \text{ [kgf]}$

12 기본 부하용량과 동일한 베어링 하중이 작용하는 레이디얼 볼 베어링의 수명은 몇 회전인가?
① 10^3 회전
② 10^4 회전
③ 10^5 회전
④ 10^6 회전

Answer 08 ④ 09 ③ 10 ③ 11 ① 12 ④

> **Solution**
> $L_n = \left(\dfrac{C}{P}\right)^r \times 10^6 \, rev$
> $C = P, \quad r = 3$ 이므로
> $L_n = 10^6 \, rev$

13 수차 프로펠러의 축의 지름이 200[mm]로써 2200[kg$_f$]의 스러스트를 받고 있다. 칼라 베어링(collar bearing)의 바깥지름을 300[mm]라 할 때 몇 개의 칼라가 필요한가? (단, 최대허용 압력은 0.01[kg$_f$/mm^2] 이다.)

① 3개 ② 4개
③ 5개 ④ 6개

> **Solution**
> $P = \dfrac{W}{A} = \dfrac{W}{\dfrac{\pi}{4}(d_2^2 - d^2) \times Z}$
> $0.01 = \dfrac{4 \times 2200}{\pi \times (300^2 - 200^2) \times Z}$
> $Z = 5.6 = 6[EA]$

14 레이디얼 볼 베어링 #6311의 안지름은 얼마인가?

① 55[mm] ② 63[mm]
③ 11[mm] ④ 12[mm]

> **Solution** $11 \times 5 = 55[mm]$

15 레이디얼 저널 베어링에 작용하는 압력 P를 구하는 식은? (단, W : 베어링 하중, d : 저널의 지름, l : 저널의 길이이다.)

① $P = (dl)/W$ ② $P = W/(dl)$
③ $P = d/(Wl)$ ④ $P = W/(d^2 l)$

> **Solution** 엔드 저널 베어링에서 베어링 압력
> $P = \dfrac{W}{A} = \dfrac{W}{dl}$

16 미끄럼 베어링의 볼 베어링에 대한 비교 중 틀린 것은?

① 내충격성이 크다. ② 소음이 크다.
③ 고온에 약하다. ④ 교환성이 나쁘다.

> **Solution** 미끄럼 베어링이 볼 베어링보다 운전이 정숙하다. 볼 베어링은 전동체, 궤도면의 정밀도에 따라 소음이 생기기 쉽다.

Answer 13 ④ 14 ① 15 ② 16 ②

17 베어링 하중 400[kgf]를 받고 회전하는 저널 베어링에서 마찰로 인하여 소비되는 손실 동력은 약 몇 PS인가? (단, 미끄럼 속도 $v=0.75$[m/s], $\mu=0.03$이다.)

① 0.12　　　　　　　　　② 0.25
③ 0.50　　　　　　　　　④ 0.75

Solution
$$HP = \frac{\mu W \cdot V}{75} = 0.03 \times 400 \times \frac{0.75}{75} = 0.12\,[\text{PS}]$$

18 볼 베어링에서 베어링 하중을 1/2배로 하면 수명은 몇 배로 되는가?

① 4배　　　　　　　　　② 6배
③ 8배　　　　　　　　　④ 10배

Solution
$$L_{h1} = 500 \times \left(\frac{C}{P}\right)^r \times \frac{33.3}{N}$$
$$L_{h2} = 500 \times \left(\frac{C}{P/2}\right)^r \times \frac{33.3}{N} = 2^r L_{h1}$$
$$L_{h2} = 2^3 L_{h1} = 8 L_{h1}$$

19 축지름 160[mm], 칼라 지름 280[mm], 칼라수 2개의 칼라 베어링은 최대 몇 [kgf]의 스러스트 하중에 견딜 수 있는가? (단, 평균 수압력 $p=0.06$[kgf/mm²] 이다.)

① 3700.1[kgf]　　　　　　② 4976.3[kgf]
③ 3560.0[kgf]　　　　　　④ 3908.8[kgf]

Solution
$$P = \frac{W}{\frac{\pi}{4}(D^2 - d^2) \cdot Z}\; ;\;\; 0.06 = \frac{4 \times W}{\pi(280^2 - 160^2) \times 2}$$
$$W = 4976.28\,[\text{kgf}]$$

20 베어링 하중 1260[kgf], 회전수 600[rpm]의 저널 베어링의 폭과 지름의 비가 2, 허용 베어링 압력 0.1[kgf/mm²]일 때 지름 d는 얼마인가?

① 약 80[mm]　　　　　　② 약 63[mm]
③ 약 84[mm]　　　　　　④ 약 112[mm]

Solution
$$\frac{L}{d} = 2,\quad P = \frac{W}{dl} = \frac{W}{2d^2}$$
$$0.1 = \frac{1260}{2 \times d^2},\quad d = 79.37\,[\text{mm}]$$

Answer　17 ①　18 ③　19 ②　20 ①

21 다음은 미끄럼 베어링에 대한 설명 중 잘못된 것은?

① 구조가 간단하다.   ② 수리가 용이하다.
③ 작은 하중에 사용한다.   ④ 충격하중에 잘 견딘다.

22 레이디얼 볼 베어링 6409번의 안지름은?

① 30[mm]   ② 36[mm]
③ 40[mm]   ④ 45[mm]

23 오일리스 베어링에 대한 설명 중 틀린 것은?

① 주유가 곤란한 부분에 사용된다.
② 항상 윤활유를 공급해야 한다.
③ 회전시에는 베어링 메탈에서 윤활유가 나온다.
④ 발전기 등의 부시에 널리 쓰이고 있다.

> **Solution** oiless bearing : 오랫동안 급유를 하지 않아도 사용할 수 있는 베어링이다.

24 강제 엔드 저널에 1500[kgf]의 하중이 가해진다고 하면 저널의 가장 적당한 길이는 얼마인가? (단, 나비 지름비 $l/d = 1.8$, 허용굽힘응력 $\sigma_a = 4.5 [\text{kgf/mm}^2]$이다.)

① 70[mm]   ② 80[mm]
③ 90[mm]   ④ 100[mm]

> **Solution**
> $$\sigma_a = \frac{M}{Z} = \frac{32 W \times l}{\pi d^3 \times 2} = \frac{32 \times 1.8^3 W}{2\pi l^2}$$
> $$4.5 = \frac{32 \times 1.8^3 \times 1500}{2\pi \times l^2}, \quad l = 100 \ [\text{mm}]$$

Answer 21 ④ 22 ④ 23 ② 24 ④

chapter 8 마찰차(friction wheel)

두 개의 마찰차를 선접촉시켜 발생하는 마찰력을 이용하여 동력을 전달하는 요소이다.

1 마찰차의 특징 및 종류

(1) 마찰차의 특징★★★
① 운전이 정숙하고 전동의 단속이 쉽다.
② 속도비가 일정치 않고 전동효율이 떨어진다.
③ 무단변속이 가능하다.
④ 과부하의 경우 미끄럼이 발생하고 그 미끄럼에 의하여 다른 부분의 손상을 막을 수 있다.

(2) 마찰차의 종류★★★
① 원통형 마찰차 : 두 축이 서로 나란할 때 사용
② 원추형 마찰차 : 두 축이 임의의 각도로 교차할 때
③ 홈붙이 마찰차 : 접촉면에 홈을 만들어 접촉의 마찰력을 키운 것으로 보통 마찰차의 약 3배의 회전력을 얻을 수 있다.
④ 이반스 마찰차 : 원추(원뿔) 마찰차에 의한 무단변속 마찰차
⑤ 무단변속 마찰차 : 이반스 마찰차, 구면 마찰차, 원판 마찰차
⑥ 마이터 휠 : 원추의 꼭지각이 같고 축각이 90이며 속도비가 1인 원추 마찰차
※ 라이닝 – 원동차의 풀리가 고르게 마모되게 하기 위한 요소

2 원통 마찰차의 설계

(1) 속도비(회전비)

$$i = \frac{\omega_B}{\omega_A} = \frac{N_B}{N_A} = \frac{D_A}{D_B} \text{★★★}$$ [8-1]

┌ 하첨자 A는 구동차이고 B는 종동차
│ ω는 각속도(rad/sec)
│ N : 회전수(rpm)
└ D : 마찰차의 지름

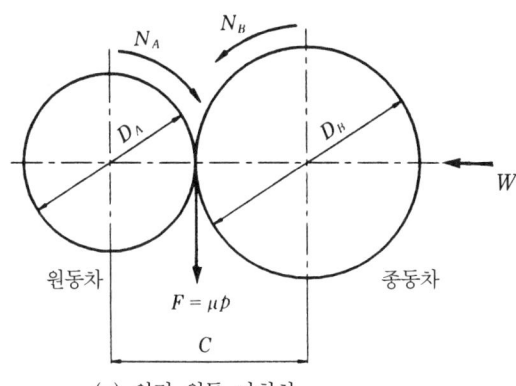
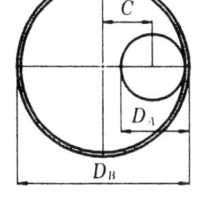

(a) 외접 원통 마찰차   (b) 내접 원통 마찰차

그림8-1 원통(평) 마찰차

(2) 중심거리(축간거리)

① 외접의 경우
$$C = \frac{D_A + D_B}{2} \;\; ★★ \quad\quad\quad [8-2]$$

② 내접의 경우
$$C = \frac{D_B - D_A}{2}, \; (D_A < D_B) \quad\quad\quad [8-3]$$

(3) 마찰차의 접촉 면압[kg_f/mm] : 단위 폭당 내려 누르는 하중

$$f = \frac{W}{b} \;\; ★★★ \quad\quad\quad [8-4]$$

$\begin{bmatrix} b : \text{마찰차의 폭} \\ W : \text{마찰차를 밀어 붙이는 힘[kg}_f\text{]} \end{bmatrix}$

(4) 전달 동력

$$HP = \frac{F \cdot V}{75} = \frac{\mu W \pi D_A N_A}{75 \times 60 \times 1000} = \frac{\mu W \pi D_B N_B}{75 \times 60 \times 1000} \; [\text{PS}] \;\; ★★★★ \quad\quad [8-5]$$

$$H_{kW} = \frac{F \cdot V}{102} = \frac{\mu W \pi D_A N_A}{102 \times 60 \times 1000} = \frac{\mu W \pi D_B N_B}{102 \times 60 \times 1000} \; [\text{kW}] \;\; ★★★★ \quad\quad [8-6]$$

(5) 전달 토크

$$T_A = \mu W \cdot \frac{D_A}{2}, \quad T_B = \mu W \cdot \frac{D_B}{2} \quad\quad\quad [8-7]$$

3 원추 마찰차의 설계

(1) 속도비(회전비)

$$i = \frac{\omega_B}{\omega_A} = \frac{N_B}{N_A} = \frac{D_A}{D_B} = \frac{\sin \alpha}{\sin \beta} \;\; ★★★ \quad\quad [8-8]$$

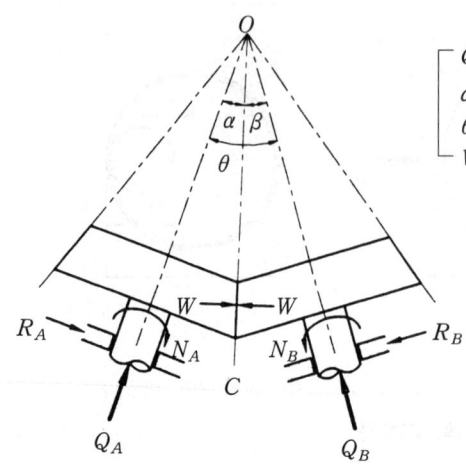
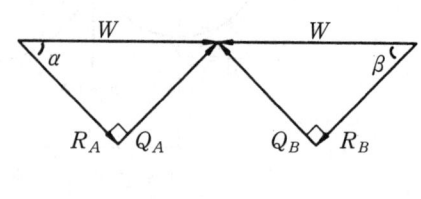

그림8-2 원추 마찰차

(2) 축각과 원추각의 관계

① 외접 마찰차

$$\tan \alpha = \frac{\sin \theta}{\frac{1}{i} + \cos \theta}, \quad \tan \beta = \frac{\sin \theta}{i + \cos \theta} \;\; ★★ \qquad [8-9]$$

α : 주동차의 피치 원추각
β : 종동차의 피치 원추각
θ : 축각
$\theta = \alpha + \beta$

② 내접 마찰차

$$\tan \alpha = \frac{\sin \theta}{\left|\frac{1}{i} - \cos \theta\right|}, \quad \tan \beta = \frac{\sin \theta}{|i - \cos \theta|} \qquad [8-10]$$

(3) 마찰차의 접촉 면압[kg_f/mm] : 단위 폭당 내려 누르는 하중

$$f = \frac{W}{b} \;\; ★★ \qquad [8-11]$$

b : 마찰차의 폭
W : 마찰차를 밀어 붙이는 힘[kg_f]

(4) 전달 동력

$$HP = \frac{F \cdot V}{75} = \frac{\mu W \pi D_A N_A}{75 \times 60 \times 1000} = \frac{\mu W \pi D_B N_B}{75 \times 60 \times 1000} \; [\text{PS}] \qquad [8-12]$$

$$H_{kW} = \frac{F \cdot V}{102} = \frac{\mu W \pi D_A N_A}{102 \times 60 \times 1000} = \frac{\mu W \pi D_B N_B}{102 \times 60 \times 1000} \; [\text{kW}] \qquad [8-13]$$

(5) 전달 토크

$$T_A = \mu W \cdot \frac{D_A}{2}, \quad T_B = \mu W \cdot \frac{D_B}{2} \qquad [8-14]$$

chapter 8 — 실전연습문제

01 마찰차의 접촉면에 종이, 가죽 및 고무 등의 비금속 재료를 붙이는 이유는 무엇인가?
① 마찰각을 작게하기 위하여
② 마찰차의 마멸을 방지하기 위하여
③ 마찰계수를 크게하기 위하여
④ 회전수를 줄이기 위하여

02 마찰차의 응용 범위와 거리가 가장 먼 항목은?
① 전달력이 크지 않고 속도비가 중요하지 않은 경우
② 회전속도가 커서 보통 기어를 쓰기 어려울 경우
③ 양 축간을 자주 단속할 필요가 있을 경우
④ 정확한 속도비가 필요할 경우

> **Solution** 마찰차의 응용범위
> ① 높은 베어링 하중이 요구되기 때문에 큰 힘을 전달할 경우에는 부적당하다.
> ② 일정 속도비를 얻을 수 있으나 속도비가 중요하지 않을 때 적당하다.
> ③ 주동절과 종동절의 회전을 단속할 필요가 있을 때 적당하다.

03 단판(單板) 원판마찰 클러치에 축추력(軸推力) $P=60[\text{kgf}]$가 작용할 때 전달할 수 있는 토크 $T[\text{kgf}-\text{mm}]$은 얼마인가? (단, 원판마찰 클러치의 바깥반지름 $r_1=120[\text{mm}]$, 안쪽 반지름 $r_2=80[\text{mm}]$, 마찰면의 마찰계수 $\mu=0.1$이다.)
① 1200
② 600
③ 720
④ 480

> **Solution**
> $$T = \mu P \times \frac{r_1 + r_2}{2} = 0.1 \times 60 \times \frac{120 + 80}{2} = 600\,[\text{kg}_f \cdot \text{mm}]$$

04 지름 100[mm]인 원통 마찰차의 회전수를 1/4로 감소시키는데 사용할 종동 마찰차의 지름은 얼마인가?
① 400[mm]
② 300[mm]
③ 250[mm]
④ 25[mm]

> **Solution**
> $$i = \frac{D_1}{D_2} = \frac{100}{D_2} = \frac{1}{4}, \quad D_2 = 400\,[\text{mm}]$$

Answer 01 ③ 02 ④ 03 ② 04 ①

05 서로 미끄럼 접촉을 하는 한 쌍의 기소(element) 중에 곡선 윤곽을 갖는 공동체를 무엇이라 하는가?

① 종동절(follower) ② 나이프 에지(knife-edge)
③ 롤러(roller) ④ 캠(cam)

06 기계의 운동전달방법 중에서 직접 접촉에 의해 운동전달하는 것에 해당되지 않는 것은 어느 것인가?

① 마찰차(friction wheel) ② 캠(cam)
③ 기어(gear) ④ 링크(link) 장치

07 원동차의 지름 500[mm], 회전수 750[rpm]의 평마찰차를 300[kgf]의 힘으로 눌러 몇 마력을 전달할 수 있는가? (단, 표면재료는 원동차가 목재, 종동차가 주철재이며 $\mu=0.15$로 한다.)

① 0.2[PS] ② 3.62[PS]
③ 9.86[PS] ④ 11.78[PS]

Solution
$$HP = \frac{\mu W \cdot V}{75} = 0.15 \times 300 \times \frac{\pi \times 500 \times 750}{75 \times 60 \times 100}0 = 11.78 \,[\text{PS}]$$

Answer 05 ④ 06 ④ 07 ④

9 chapter 기어 전동장치(gear drive units)

1 기어 전동의 특징과 기어의 종류

(1) 기어 전동의 특징★★★
① 큰 동력을 확실하게 전달할 수 있다.
② 정확한 속도비로 큰 감속을 전달할 수 있다.
③ 축 압력은 작으면서 전동 효율은 높다.
④ 동력전달시 진동이 수반되며 소음이 발생한다.

(2) 기어의 종류★★★
① 두 축이 평행할 때 사용하는 기어 : 스퍼 기어, 헬리컬 기어, 랙과 피니언, 내접(internal) 기어
② 두 축이 어떤 각으로 교차할 때 사용하는 기어 : 베벨 기어
③ 두 축이 평행하지도 교차하지도 않는 경우 : 웜 기어, 나사 기어, 하이포이드 기어

(3) 각 기어의 특징
① 스퍼 기어(평 기어) : 두 축이 평행하고 이빨이 축에 평행
② 인터널 기어 : 두 축의 회전 방향이 같은 기어
③ 헬리컬 기어 : 추력이 발생하며 운전이 원활하고 소음과 진동이 적다.
④ 웜과 웜 기어 : 작은 장치로 큰 감속이 필요할 때 사용
⑤ 랙 : 피치원의 지름이 무한대인 기어
⑥ 랙과 피니언 : 직선운동을 회전운동으로 변환시키는 기어
⑦ 하이포이드 기어 : 기어의 이가 회전 쌍곡선으로 되어 있고 피니언이 중심선상에서 밑으로 설치된 기어

2 치형곡선

(1) 사이클로이드 치형 : 계측기나 시계 등의 용도로 사용
① 치형가공이 어렵고 호환성도 없다.

② 피치점이 정확히 일치하지 않으면 기어와 피니언의 물림이 불량해진다.
③ 접촉으로 인하 마찰이 적고 소음도 작다.
④ 전동효율은 높은 편이다.

(2) 인벌류트 치형 : 동력을 전달하기에 적당한 것으로 공작기계 등에 사용된다.

① 치형가공이 쉽고 호환성이 좋다.
② 이뿌리 부분의 강도가 크다.
③ 물림부에서 축간거리가 다소 변동이 있어도 속도비의 변화는 거의 없다.
④ 동력 전달용으로 공작기계와 같은 산업기계 전반에 널리 이용되고 있다.

3 스퍼 기어(spur gear)의 설계

(1) 기어의 형상

① 모듈

$$m = \frac{D}{Z} \quad \text{★★★} \qquad [9-1]$$

Z : 잇수
a : 이끝높이(addendum)
d : 이뿌리높이(dedendum)
p : 원주 피치
D : 피치원 지름
이끝높이와 이뿌리높이가 같은 기어를 표준 스퍼기어라 한다.

즉, 표준 스퍼 기어란 $m = a = d$, 이의 두께가 원주피치의 $\frac{1}{2}$ 인 기어이다.

② 원주 피치

$$p = \frac{\pi D}{Z} = \pi m \text{ [mm]} \quad \text{★★★} \qquad [9-2]$$

③ 기초원 지름

$$D_g = D\cos\alpha = mZ\cos\alpha \quad \text{★★} \qquad [9-3]$$

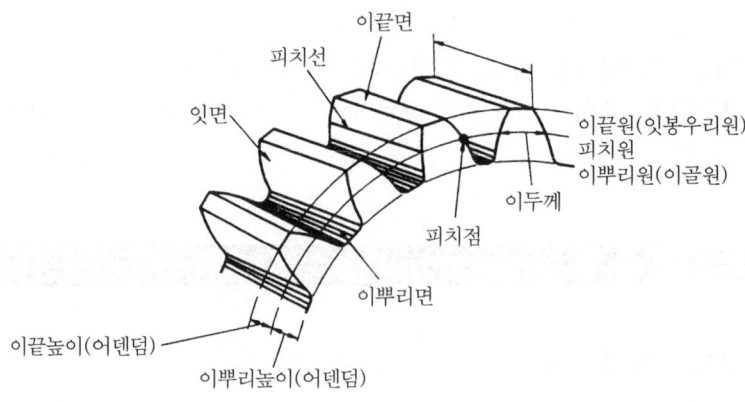

그림9-1 스퍼 기어의 형상

④ 법선 피치(기초원 피치)

$$p_n = p_g = \pi m \cos \alpha = \frac{\pi D_g}{z} = p \cos \alpha \quad ★ \qquad [9-4]$$

p_n : 법선 피치
p_g : 기초원 피치
p : 원주 피치이다.

⑤ 이끝원(바깥지름) 지름

$$D_o = D + 2a = m(Z+2) \quad ★★★ \qquad [9-5]$$

⑥ 지름 피치

$$P_d(D \cdot P) = \frac{Z}{D} = \frac{25.4}{m} \quad ★★★ \qquad [9-6]$$

⑦ 중심 거리

$$C = \frac{D_A + D_B}{2} = \frac{m}{2}(Z_A + Z_B) \quad ★★★ \qquad [9-7]$$

⑧ 물림율(접촉율)

$$\eta = \frac{접촉\ 원호의\ 길이}{원주\ 피치} \qquad [9-8]$$
$$= \frac{작용선\ 위에서의\ 물림길이(s)}{법선\ 피치(p_n)} = 1.2 \sim 1.5$$

⑨ 미끄럼 율

$$\frac{두\ 기어\ 사이에\ 미끄러진\ 양}{접촉\ 길이} \qquad [9-9]$$

⑩ 표준 전위 기어의 한계 치수

$$Z_g = \frac{2}{\sin^2 \alpha} \qquad [9-10]$$

α : 압력각으로 주로 20°와 14.5°를 사용

⑪ 전위 기어의 바깥지름

$$D_o = mZ + 2xm + 2m \qquad [9-11]$$

$$x = 1 - \frac{Z}{2}\sin^2 \alpha \qquad [9-12]$$

x : 전위 계수

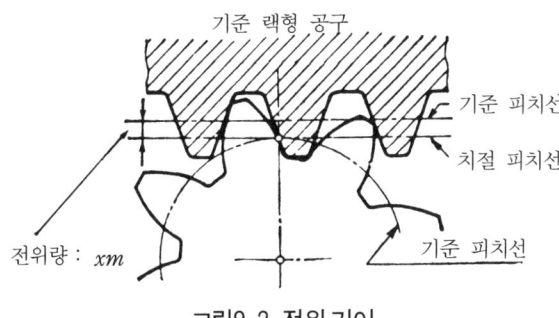

그림9-2 전위 기어

⑫ 회전비

$$i = \frac{\omega_B}{\omega_A} = \frac{N_B}{N_A} = \frac{D_A}{D_B} = \frac{Z_A}{Z_B} \quad \text{★★★}$$

[9-13]

$\begin{bmatrix} \omega : \text{각속도} \\ N : \text{회전수} \\ D : \text{기어의 지름} \\ Z : \text{기어의 잇수} \end{bmatrix}$

(2) 이의 간섭과 언더컷

① 이의 간섭(interference of tooth)

인벌류트 기어에서 한 쪽 기어의 이끝이 상대기어의 이뿌리에 닿아서 회전하지 못하는 현상으로 발생 원인과 방지법은 다음과 같다.

㉠ 발생 원인
- 잇수비가 아주 클 때
- 잇수가 작을 때
- 유효 이 높이가 클 때
- 압력각이 작을 때

㉡ 방지법
- 유효 이 높이를 줄인다.
- 압력각을 20°이상으로 크게 한다.
- 피니언의 반경 방향 쪽의 이뿌리 면을 파낸다.
- 기어의 이끝 면을 둥글게 깎아 낸다.

② 이의 언더컷(under cut of tooth)

랙 공구나 호브로 잇수가 작은 기어를 절삭하여 만들 경우에는 이의 간섭이 일어나기 쉽고, 이로 인하여 기어의 이뿌리 부분이 패여 가늘게 되는 현상이다. 물림률이 저하되는 결점이 있으나 낮은 이를 사용하거나 또는 전위 기어를 사용하여 언더컷을 막을 수 있다.

스퍼 기어는 한 쌍의 구름 원동면에 축과 평행한 직선의 이를 깎아 만든 기어로써 두 기어의 접촉시 충격으로 인하여 소음과 진동이 수반되는 특징이 있다.

(2) 루이스의 굽힘 강도식

① 회전력(전달하중, 피치원의 접선력)

$$F = f_w f_v \sigma_a b p y = f_w f_v \sigma_a b m \pi y = f_w f_v \sigma_a b m Y$$

[9-14]

$f_v = \dfrac{3.05}{3.05 + V}$ – 속도계수: $V = 10\,[\text{m/sec}]$ 미만일 때 적용

$\begin{bmatrix} \sigma_a : \text{허용굽힘응력} \\ y \text{ 또는 } Y : \text{치형계수(강도계수)} \end{bmatrix}$

② 전달 동력

$$HP = \frac{F \cdot V}{75} = \frac{F \pi D N}{75 \times 60 \times 1000} \quad \text{★★★★★}$$

[9-15]

$$H_{kW} = \frac{F \cdot V}{102} = \frac{F\pi DN}{102 \times 60 \times 1000} \quad \text{★★★★★} \tag{9-16}$$

4 헬리컬기어의 설계

헬리컬 기어는 기어의 이를 축선과 경사지도록 만들어 물리기 시작할 때 점 접촉이었다가 접촉 폭이 점점 증가하다가 감소되어 점 접촉을 하게됨으로 다음과 같은 특징을 갖는다.
① 이의 물림이 원활하고 탄성 변형이 적어 진동이나 소음이 적다.
② 축 방향으로 밀리는 힘(추력, 트러스트 하중)이 생기게 되어 힘의 손실이 발생함으로 트러스트(thrust) 베어링을 사용한다.
③ 발생된 추력을 서로 상쇄시킬 수 있는 더블 헬리컬 기어가 있다.

(1) 치형 방식★

① 축직각 방식 : 기준 랙의 치형이 기어의 축에 수직인 평면의 치형
② 치직각 방식 : 기준 랙의 치형이 이에 직각인 평면의 치형

(2) 기어의 형상

① 모듈

$$m_s = \frac{m_n}{\cos\beta} \quad \text{★★} \tag{9-17}$$

$\begin{bmatrix} m_s : \text{축직각 모듈} \\ m_n : \text{치직각 모듈} \\ \beta : \text{비틀림각} \end{bmatrix}$

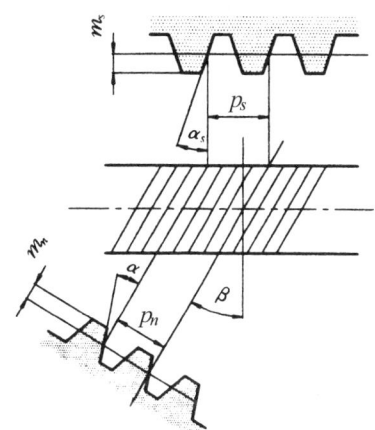

그림9-3 헬리컬 기어

② 피치원 지름

$$D = Zm_s = \frac{Zm_n}{\cos\beta} \quad \text{★★} \tag{9-18}$$

③ 바깥지름

$$D_k = D + 2m_n = Zm_s + 2m_n = m_n\left(\frac{Z}{\cos\beta} + 2\right) \quad \text{★★★} \tag{9-19}$$

④ 중심거리

$$C = \frac{D_A + D_B}{2} = \frac{m_n(Z_A + Z_B)}{2\cos\beta} \quad \text{★★★} \tag{9-20}$$

(3) 굽힘 강도

$$F = f_w f_v \sigma_a bpy = f_w f_v \sigma_a\, b\, m_n Y \tag{9-21}$$

① 상당 평치차 잇수

$$Z_e = \frac{Z}{\cos^3 \beta} \quad ★★ \tag{9-22}$$

② 전달 동력

$$HP = \frac{F \cdot V}{75} \text{ [PS]} \quad , \quad H_{kW} = \frac{F \cdot V}{102} \text{ [kW]} \quad ★★★★★ \tag{9-23}$$

5 베벨 기어 설계

한 쌍의 원뿔 마찰면에 이를 절삭하여 만든 원뿔 기어이다. 두 뿔이 교차하는 각도는 임의적이지만 대부분은 직각인 경우가 많다.

(1) 베벨 기어의 종류

① 직선 베벨 기어(straight bevel gear) : 잇줄이 원뿔 꼭지각에 대하여 직선으로 이어진 기어이다.
② 마이터 기어(mitre gear) : 두 축의 교차 각이 직각이고 피치 원추각이 45°인 기어이다.
③ 헬리컬 베벨 기어(helical bevel gear) : 잇줄이 헬리컬 곡선으로 된 기어이다.
④ 스파이럴 베벨 기어(spiral bevel gear) : 잇줄이 곡선으로 된 기어이다.

(2) 기어의 형상

① 회전비

$$i = \frac{\omega_B}{\omega_A} = \frac{N_B}{N_A} = \frac{D_A}{D_B} = \frac{Z_A}{Z_B} = \frac{\sin \gamma_A}{\sin \gamma_B} \quad ★ \tag{9-24}$$

② 축각 Σ 와 피치 원추각 γ_A, γ_B 의 관계

$$\tan \gamma_A = \frac{\sin \Sigma}{\frac{1}{i} + \cos \Sigma} \quad ★★ \tag{9-25}$$

$$\tan \gamma_B = \frac{\sin \Sigma}{i + \cos \Sigma} \tag{9-26}$$

③ 베벨 기어 계수

$$\lambda = \frac{L - b}{L} \quad ★★ \tag{9-27}$$

$\begin{bmatrix} L : \text{원추모선의 길이,} \\ b : \text{사선 길이(폭, 나비)} \end{bmatrix}$

④ 원추 길이

$$L = \frac{D_B}{2 \sin \gamma_B} = \frac{D_A}{2 \sin \gamma_A} \quad ★★★ \tag{9-28}$$

⑤ 바깥지름
$$D_k = mZ + 2m\ \cos\gamma \quad ★$$
[9-29]

⑥ 상당 평기어 잇수
$$Z_e = \frac{Z}{\cos\gamma} \quad ★★$$
[9-30]

(3) 굽힘 강도

$$F = f_w f_v \sigma_a bpy\lambda = f_w f_v \sigma_a bmY\lambda$$
[9-31]

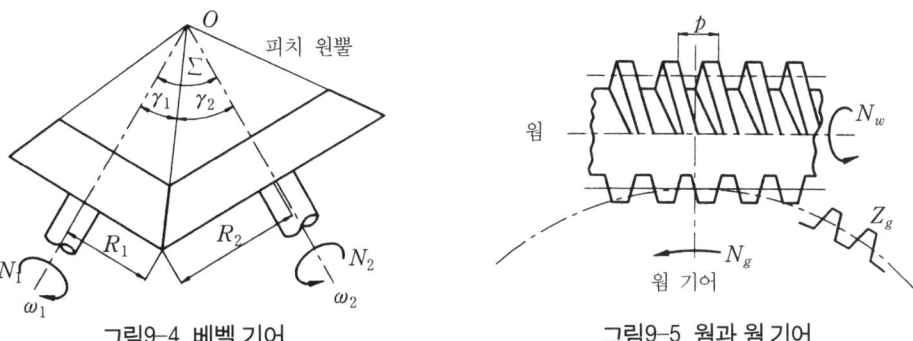

그림9-4 베벨 기어   그림9-5 웜과 웜 기어

6 웜과 웜 기어 설계

나사기어와 비슷한 것으로 수나사 모양의 웜(worm)나사와 웜 휠(worm wheel)로 구성되고 두 축은 직각을 이룬다. 특징은 아래와 같다.★★★
① 큰 감속비를 얻을 수 있다.
② 회전이 정숙하여 소음과 진동이 적다.
③ 역전을 방지한다.

(1) 회전비

$$i = \frac{Z_w}{Z_g} = \frac{N_g}{N_w} = \frac{L}{\pi D} \quad ★★★$$
[9-32]

Z_w : 웜 나사의 줄 수
N_w : 웜 나사의 회전수
D_w : 웜 나사의 피치원 지름
Z_g : 웜 기어의 잇수
N_g : 웜 기어의 회전수
D : 웜 기어의 피치원 지름
L : 웜의 리드

chapter 9 — 실전연습문제

01 두 개의 기어가 서로 맞물려서 운동을 전달하고 있다. 회전 방향이 같고 감속비가 큰 기어는 어느 것인가?
① 헬리컬 기어 ② 웜 기어
③ 내접 기어 ④ 하이포이드 기어

02 기어의 압력각을 크게 할 때 일어나는 현상으로 옳은 것은?
① 이의 강도가 약화된다. ② 축간거리가 멀어진다.
③ 물림율이 감소한다. ④ 속도비가 크게 된다.

> **Solution**
> ① 물림율 : 원주 피치에 대한 접촉 원호의 길이로 접촉율이라고도 한다.
> ② 압력각이 작아지면 두께가 가늘어지고 잇수가 많아져 접촉잇수가 증가한다.

03 기어 이의 크기를 표시하는 방법 중 원주 피치(p)를 나타내는 것이 아닌 것은? (단, Z는 잇수, m은 모듈, D_p는 지름 피치, D는 피치원 지름이다.)

① $p = \dfrac{\pi D}{Z}$ ② $p = \pi m$

③ $p = \dfrac{mZ}{D}$ ④ $p = 25.4 \dfrac{\pi}{D_p}$

> **Solution**
> $p = \dfrac{\pi D}{Z} = \pi \cdot m = \dfrac{25.4 \cdot \pi}{D_P}$

04 웜 기어에서 웜을 구동축으로 할 때 웜의 줄 수를 3, 웜 휠의 잇수를 60이라고 하면 피동축인 웜 휠을 몇 분의 1로 감속하는가?
① 1/15 ② 1/20
③ 1/25 ④ 1/180

> **Solution**
> $i = \dfrac{z_w}{z_g} = \dfrac{3}{60} = \dfrac{1}{20}$

Answer 01 ③ 02 ③ 03 ③ 04 ②

05 축간거리 55[cm]인 평행한 두 축 사이에 회전을 전달하는 한 쌍의 평 기어에서 피니언이 124 회전할 때 기어를 96 회전시키려면 피니언의 피치원 지름을 얼마로 하면 되겠는가?

① 124[cm] ② 96[cm] ③ 48[cm] ④ 62[cm]

Solution

$C = 55 [\text{cm}]$, $i = \dfrac{96}{124} = \dfrac{D_1}{D_2}$

$D_2 = \dfrac{124}{96} D_1$

$C = \dfrac{D_2 + D_1}{2} = \dfrac{\left(\dfrac{124}{96} + 1\right) D_1}{2}$

$D_1 = \dfrac{96 \times 2 \times 55}{124 + 96} = 48 [\text{cm}]$

06 피치원의 지름이 40[cm]인 기어가 600[rpm]으로 회전하고 10[PS]를 전달시키려고 한다. 이 피치원 상에 작용하는 힘은 약 몇 [kgf]인가?

① 29.9 ② 44.8 ③ 59.7 ④ 119.4

Solution

$HP = \dfrac{F \times V}{75}$

$10 = \dfrac{F \times \pi \times 400 \times 600}{75 \times 60 \times 1000}$

$F = 59.68 [\text{kg}_f]$

07 $D_0 = m(Z+2)$의 공식은 기어의 무엇을 구하기 위한 것인가? (단, m=모듈, Z=잇수이다.)

① 바깥지름 ② 피치원 지름
③ 원주 피치 ④ 중심거리

Solution 표준 스퍼 기어
① 피치원 지름 : $D = mZ$
② 원주 피치 : $p = \dfrac{\pi D}{Z} = \pi m$
③ 중심거리 : $C = \dfrac{m}{2}(Z_1 + Z_2)$

08 1200[rpm]으로 2[kW]를 전달시키려고 할 때 잇수 $Z=20$, 모듈 $m=4$인 평 기어의 이에 걸리는 힘은 몇 [kgf]인가?

① 13 ② 22 ③ 37 ④ 41

Solution

$H_{kW} = \dfrac{F \cdot V}{102}$

$2 = \dfrac{F \times \pi \times 4 \times 20 \times 1200}{102 \times 60 \times 1000}$ $F = 41 [\text{kg}_f]$

Answer 05 ③ 06 ③ 07 ① 08 ④

09 잇수가 각각 150과 500이고, 이직각 모듈 $m=6$인 헬리컬 기어에 있어서 중심거리는 몇 [mm]가 되는가? (단, 비틀림각 $\beta=30°$로 한다.)

① 593　　② 693　　③ 793　　④ 893

Solution
$$C = \frac{m_n(Z_1+Z_2)}{2 \cdot \cos\beta} = \frac{6\times(150+50)}{2\times\cos 30°} = 693 \,[\text{mm}]$$

10 다음 중 2축이 직각인 경우가 많고, 큰 감속비를 얻고자 하는 경우에 가장 많이 쓰이는 기어는?

① 하이포이드 기어　　② 웜 기어
③ 스퍼 기어　　④ 베벨 기어

11 모듈(module) 2, 피치원 지름 60[mm]인 표준 스퍼 기어의 잇수는?

① 30　　② 40　　③ 50　　④ 60

Solution
$$m = \frac{D}{Z}, \quad Z = \frac{60}{2} = 30$$

12 중심거리 $C=160$[mm]이고, 모듈 $m=4$이며, 속도비가 3/5인 한 쌍의 스퍼 기어의 잇수를 구한 것은?

① $Z_1=80, \; Z_2=30$　　② $Z_1=80, \; Z_2=50$
③ $Z_1=30, \; Z_2=50$　　④ $Z_1=30, \; Z_2=20$

Solution
$$i = \frac{Z_1}{Z_2}, \quad C = \frac{m(Z_1+Z_2)}{2} = \frac{mZ_2(i+1)}{2}$$
$$160 = \frac{4\times Z_2 \times (3/5+1)}{2}, \quad Z_2=50, \; Z_1=30$$

13 다음과 같은 이의 크기 중 가장 큰 이를 나타내는 것은? (단, m:모듈, P:지름 피치이다.)

① $P=10$　　② $P=12$　　③ $m=2$　　④ $m=2.5$

Solution
$$m = \frac{25.4}{P}$$
① $m = \dfrac{25.4}{10} = 2.54$
② $m = \dfrac{25.4}{12} = 2.12$

14 잇수 $Z=20$, 모듈 $m=6$, 압력각 $14.5°$의 스퍼 기어 표준 랙 공구로 절삭할 때 언더컷을 방지하기 위하여 어느 정도 전위하면 되는가?

① 2.25[mm]　　② 3.0[mm]　　③ 4.0[mm]　　④ 5.2[mm]

Solution
$$x = 1 - \frac{Z}{2}\sin^2\alpha$$
$$X = xm = \left(1 - \frac{20}{2} \times \sin^2 14.5°\right) \times 6 = 2.24 \text{ [mm]}$$

15 압력각 $14.5°$, 피치원의 지름 250[mm]의 평 기어의 기초원의 지름은 몇 [mm]가 되겠는가?

① 225.09　　② 242.04　　③ 267.78　　④ 289.39

Solution
$$D_g = D \cdot \cos\alpha = 250 \times \cos 14.5° = 242.04 \text{ [mm]}$$

16 잇수 $Z_1=40$, $Z_2=80$인 2개의 평 기어가 외접하여 물고 있다. 모듈 $M=4$일 때 중심거리 (C)는?

① 120[mm]　　② 240[mm]　　③ 360[mm]　　④ 480[mm]

Solution
$$C = \frac{m(Z_1 + Z_2)}{2} = \frac{4 \times (40+80)}{2} = 240 \text{ [mm]}$$

17 바깥지름 192[mm], 잇수가 62인 표준 스퍼 기어의 모듈은 얼마인가?

① 2　　② 3　　③ 3.097　　④ 5

Solution
$$D_k = m(Z+2)\ ;\ 192 = m(62+2),\quad m = 3$$

18 웜 기어에서 웜이 3줄, 웜 휠(wowheel)의 잇수가 90개이면 감속비는?

① 1/30　　② 1/60　　③ 1/90　　④ 1/10

Solution
$$i = \frac{Z_w}{Z_g} = \frac{3}{90} = \frac{1}{30}$$

19 $Z_1=25$, $Z_2=37$의 잇수를 가진 중심거리 95[mm]의 한 쌍의 스퍼 기어에서 모듈은 약 얼마인가?

① 3.06　　② 4.20　　③ 5.62　　④ 6.78

Solution
$$C = \frac{m(Z_1+Z_2)}{2}\ ;\ 95 = \frac{m(25+37)}{2},\quad m = 3.06$$

Answer　14 ①　15 ②　16 ②　17 ②　18 ①　19 ①

10 감아걸기 전동장치

1 벨트 전동장치(belt drive units)

1. 평 벨트 전동장치

(1) 벨트 전동장치에 사용되는 요소
① 인장차 : 접촉각을 크게하고 충분한 전동이 되게하기 위하여 설치
② 크라운 : 벨트 전동 중 벨트가 벗겨지지 않도록 벨트 풀리의 단면 중앙부를 높이는 것.
③ 인장 풀리 : 평행걸기에서 축간거리가 짧거나 벨트 풀리 지름의 차이가 큰 경우 접촉각을 크게하기 위하여 사용하는 것.

(2) 벨트의 길이
① 평행걸기(바로걸기)

$$L = 2C + \frac{\pi}{2}(D_A + D_B) + \frac{(D_B - D_A)^2}{4C} \quad \bigstar\bigstar\bigstar\bigstar \qquad [10\text{-}1]$$

C : 축간거리(중심거리)
D_A : 주동차의 지름
D_B : 종동차의 지름

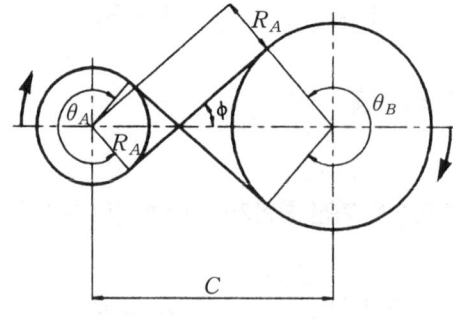

그림10-1 십자걸기

② 십자걸기(엇걸기)

$$L = 2C + \frac{\pi}{2}(D_A + D_B) + \frac{(D_A + D_B)^2}{4C} \quad \bigstar\bigstar \qquad [10\text{-}2]$$

(3) 접촉각

① 평행걸기

$$\sin \phi = \frac{D_B - D_A}{2C} \quad [10\text{-}3]$$

$$\theta_A = 180° - 2\phi = 180° - 2\sin^{-1}\left(\frac{D_B - D_A}{2C}\right) \;\text{★★} \quad [10\text{-}4]$$

$$\theta_B = 180° + 2\phi = 180° + 2\sin^{-1}\left(\frac{D_B - D_A}{2}\right) \;\text{★★} \quad [10\text{-}5]$$

② 십자걸기

$$\theta_A = \theta_B = 180° + 2\sin^{-1}\left(\frac{D_A + D_B}{2C}\right) \;\text{★} \quad [10\text{-}6]$$

(4) 장력

① 장력비(아이텔 바인 식)

$$\frac{T_t}{T_s} = e^{\mu\theta} \;\text{★★★} \quad [10\text{-}7]$$

μ : 벨트와 풀리 사이의 마찰계수
θ : 접촉각(rad)

② 유효장력 : 실제 풀리를 회전시키는 힘(회전력)

$$P_e = T_t - T_s \;\text{★★★★} \quad [10\text{-}8]$$

③ 초장력

$$T_o = \frac{T_t + T_s}{2} \quad [10\text{-}9]$$

④ 긴장측 장력 : 인장측 장력, 즉 팽팽한 쪽의 장력

$$T_t = P_e \frac{e^{\mu\theta}}{e^{\mu\theta} - 1} \;\text{★★★} \quad [10\text{-}10]$$

⑤ 이완측 장력 : 느슨한 쪽의 장력

$$T_s = P_e \frac{1}{e^{\mu\theta} - 1} \;\text{★★★} \quad [10\text{-}11]$$

(5) 중·고속 운전시 장력

속도를 구하여 10[m/sec]보다 클 경우 원심력을 적용하여 긴장측 장력과 이완측 장력을 계산한다.

① 벨트의 속도 : 풀리의 회전속도

$$V = \frac{\pi D_A N_A}{60 \times 1000} = \frac{\pi D_B N_B}{60 \times 1000} \;\text{★★} \quad [10\text{-}12]$$

② 벨트의 원심력(부가장력)

$$T_g = \frac{\omega V^2}{g} \;\star$$ [10-13]

$\begin{bmatrix} \omega : \text{단위길이당 무게[kg}_f\text{/m]} \\ V : \text{벨트의 속도이다.} \end{bmatrix}$

$$\omega = \gamma \times A$$ [10-14]

$\begin{bmatrix} \gamma : \text{벨트의 비중량[kg}_f\text{/m}^3\text{]} \\ A : \text{벨트의 단면적 } (b \times t) \text{ 이다.} \end{bmatrix}$

③ 장력비

$$\frac{T_t - T_g}{T_s - T_g} = e^{\mu\theta}$$ [10-15]

④ 긴장측 장력

$$T_t = P_e \frac{e^{\mu\theta}}{e^{\mu\theta} - 1} + T_g \;\star\star$$ [10-16]

⑤ 이완측 장력

$$T_s = P_e \frac{1}{e^{\mu\theta} - 1} + T_g \;\star\star$$ [10-17]

(6) 전달동력

$$HP = \frac{P_e V}{75} = \frac{(T_t - T_s)V}{75}$$

$$= (T_t - T_g) \cdot \frac{e^{\mu\theta} - 1}{e^{\mu\theta}} \frac{V}{75} = (T_s - T_g) \cdot (e^{\mu\theta} - 1) \frac{V}{75} \;\star\star\star$$ [10-18]

(7) 벨트의 두께

$$t = \frac{T_t}{\sigma_t \, b \, \eta} \;\star\star\star$$ [10-19]

$\begin{bmatrix} \eta : \text{이음 효율} \\ b : \text{벨트의 너비} \\ \sigma_t : \text{벨트의 인장응력} \end{bmatrix}$

2. V-벨트 전동장치

(1) **유효 마찰계수**(외관 마찰계수, 환산 마찰계수, 상당 마찰계수)

$$\mu' = \frac{\mu}{\mu \cos\alpha + \sin\alpha} \;\star\star\star$$ [10-20]

$\begin{bmatrix} \mu : \text{마찰계수} \\ \alpha : \text{V 홈의 반각}(20°) \end{bmatrix}$

(2) 긴장측 장력

$$T_t = P_e \frac{e^{\mu'\theta}}{e^{\mu'\theta}-1} + \frac{\omega V^2}{g} \qquad [10\text{-}21]$$

(3) 이완측 장력

$$T_s = P_e \frac{1}{e^{\mu'\theta}-1} + \frac{\omega V^2}{g} \qquad [10\text{-}22]$$

(4) 장력비

$$\frac{T_t - T_g}{T_s - T_g} = e^{\mu'\theta} \; \star \qquad [10\text{-}23]$$

(5) V : 벨트의 가닥수

① V-벨트 1가닥의 전달동력 HP_0

$$HP_0 = \frac{P_e \cdot V}{75} = \frac{(T_t - T_s)V}{75} = (T_t - T_g) \cdot \frac{e^{\mu'\theta}-1}{e^{\mu'\theta}} \; \frac{V}{75} \qquad [10\text{-}24]$$

② V-벨트가 Z 가닥일 때 전달동력 HP

$$HP = \frac{ZV}{75}\left(T_t - \frac{\omega V^2}{g}\right) \cdot \frac{e^{\mu'\theta}-1}{e^{\mu'\theta}} \qquad [10\text{-}25]$$

③ 벨트의 가닥수

$$Z = \frac{HP}{HP_0 \cdot k_1 \cdot k_2} \; \star \qquad [10\text{-}26]$$

$\quad \begin{bmatrix} k_1 : \text{접촉각 수정계수} \\ k_2 : \text{부하 수정 계수} \end{bmatrix}$

(6) 단면형상★★★

① M, A, B, C, D, E 형 등
② A에서 E로 갈수록 치수가 가장 큼
③ 단면의 각도는 40°의 사다리꼴

(7) V벨트 전동장치의 특성★★★★★

① 미끄럼이 적고 속도비가 크며 고속운전이 가능하다.
② 장력이 작아 베어링에 걸리는 부하가 적다.
③ 벨트가 벗겨지지 않고 운전이 정숙하다.
④ 균일한 강도를 갖고 있다.

2 체인 전동장치(chain drive units)

1. 체인 전동의 특징 및 종류

(1) 체인 전동의 특징★★★

① 미끄럼 없이 속도비가 일정하다.
② 큰 동력을 전달하며 전동 효율은 95[%]이상이다.
③ 내열성, 내습성이 크며 충격 흡수가 가능하다.
④ 유지 및 보수가 편리하다.
⑤ 체인 휠의 속도비는 1 : 8이다.
⑥ 체인 전동에서 중심거리 C는(40~50) p로 하며 최대 중심거리는 80 p, 최소 중심거리는 30 p이다.
⑦ 축간거리는 4[m] 이하에서 사용

(2) 체인 전동의 종류

① 엇걸이체인 : 저속, 소용량의 컨베이어, 엘리베이터용으로 사용
② 블록 체인 : 하중용 체인
③ 롤러 체인 : 큰 동력 전달에 사용
④ 사일런트 체인 : 체인이 옆으로 밀리는 것을 방지하기 위해서 체인의 양쪽 또는 중간에 안내 링크를 넣은 체인이다.

2. 롤러 체인의 설계

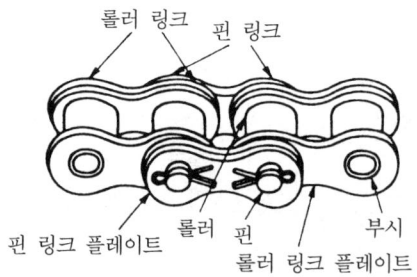

그림10-2 롤러 체인 전동장치

(1) 체인 개수(링크의 수)

$$L_n = \frac{2C}{p} + \frac{Z_A + Z_B}{2} + \frac{0.0257p(Z_B - Z_A)^2}{C} \quad \text{★★★} \qquad [10\text{-}27]$$

$$\begin{bmatrix} p : 피치 \\ C : 축간\ 거리 \\ Z : 스프로킷의\ 잇수 \end{bmatrix}$$

(2) 체인 길이

$$L = L_n \cdot p = 2C + \frac{p}{2}(Z_A + Z_B) + \frac{0.0257p^2(Z_B - Z_A)^2}{C} \quad \text{★★★} \qquad [10\text{-}28]$$

(3) 체인 속도

$$i = \frac{\omega_B}{\omega_A} = \frac{N_B}{N_A} = \frac{D_A}{D_B} = \frac{Z_A}{Z_B} \quad [10\text{-}29]$$

$$V = \frac{p \cdot Z \cdot N}{60 \times 1000} \; \star\star\star \quad [10\text{-}30]$$

$\begin{bmatrix} Z : \text{스프로킷 휠의 잇수} \\ D : \text{스프로킷 휠의 지름} \end{bmatrix}$

(4) 스프로킷 휠의 피치원 지름

$$D = \frac{p}{\sin\frac{180}{Z}} \; \star\star \quad [10\text{-}31]$$

(5) 스크로킷 휠의 바깥지름

$$D_k = p\left(0.6 + \frac{1}{\tan\frac{180}{Z}}\right) \; \star\star \quad [10\text{-}32]$$

(6) 전달동력

$$HP = \frac{F\,V}{75} = \frac{P\,V}{75\,S} \; \star\star\star \quad [10\text{-}33]$$

$\begin{bmatrix} F : \text{안전상 최대 장력[kg]} \\ P : \text{파단하중[kg]} \\ S : \text{안전율} \\ V : \text{체인 속도[m/sec]} \end{bmatrix}$

3 로프 전동 장치

1. 로프 전동

(1) 로프의 특징

① 축간거리가 비교적 먼 곳에 사용
② 벨트에 비하여 대동력을 전달
③ 전동 효율은 보통 80~90[%]

(2) 꼬임 방법

① 보통꼬임 : 스트랜드의 꼬임 방향과 소선의 꼬임 방향이 반대
② 랭꼬임 : 스트랜드의 꼬임 방향과 소선의 꼬임 방향이 동일

(a) 보통 꼬임

b) 랭 꼬임

그림10-4 로프 전동장치

chapter 10 실전연습문제

01 풀리 장치에서 벨트의 장력이 너무 크게 되면 어떤 현상이 일어나는가?
① 미끄럼이 크게 된다.
② 전동이 불확실하게 된다.
③ 베어링의 마찰손실이 크게 된다.
④ 회전력이 감소된다.

02 평 벨트 전동에서 유효 장력이란 무엇인가?
① 벨트의 긴장측 장력과 이완측 장력과의 차를 말한다.
② 벨트의 긴장측 장력과 이완측 장력과의 비를 말한다.
③ 벨트 풀리의 양쪽 장력의 합을 평균한 값이다.
④ 벨트 풀리의 양쪽 장력의 합을 말한다.

Solution $P_e = T_t - T_s$

03 8PS, 750[rpm]의 원동축에서 축간거리 820[mm], 250[rpm]의 종동차에 전달하고자 한다. 롤러 체인을 써서 체인의 평균속도를 3[m/sec], 안전율을 15로 할 때 양 스프로킷의 잇수는 각각 얼마 정도인가? (단, 피치는 19.05[mm]로 한다.)
① $Z_1=13$, $Z_2=39$
② $Z_1=15$, $Z_2=45$
③ $Z_1=20$, $Z_2=60$
④ $Z_1=30$, $Z_2=90$

Solution
$$V = \frac{p \cdot Z_1 \cdot N_1}{60 \times 1000}$$
$$3 = \frac{19.05 \times Z_1 \times 750}{60 \times 1,000}$$
$$Z_1 = 13$$
$$i = \frac{N_2}{N_1} = \frac{Z_1}{Z_2} \; ; \; \frac{250}{750} = \frac{13}{Z_2}, \; Z_2 = 39$$

04 롤러 체인의 연결에서 링크의 수가 홀수일 때 사용하는 것은?
① 오프셋 링크
② 롤러 링크
③ 부시
④ 핀 링크

Answer 01 ③ 02 ① 03 ① 04 ①

05 6[m/sec]의 속도로 회전하는 벨트의 긴장측의 장력이 300[kgf]이고, 이완측의 장력을 150[kgf]라 하면 그 전달동력은 약 몇 [kW]인가?

① 12　　　　② 7.7　　　　③ 8.8　　　　④ 26.5

Solution　$H_{kW} = \dfrac{P_e \cdot V}{102} = \dfrac{(300-150)\times 6}{102} = 8.8\,[\text{kW}]$

06 12[m/s]의 속도로 전달마력 48PS를 전달하는 평 벨트의 이완측 장력으로 옳은 것은? (단, 긴장측의 장력은 이완측 장력의 3배이고, 원심력은 무시한다.)

① 100[kgf]　　② 150[kgf]　　③ 200[kgf]　　④ 250[kgf]

Solution　$T_t = 3T_s$,　$HP = \dfrac{(T_t - T_s)\cdot V}{75}$;　$48 = \dfrac{2T_s \times 12}{75}$,　$T_s = 150\,[\text{kgf}]$

07 다음은 타이밍 벨트의 특징을 쓴 것이다. 이 중 옳지 않은 것은?

① 슬립(slip)과 크리프(creep)가 거의 없다.
② 속도변화가 아주 크다.
③ 굽힘 저항이 작으므로 작은 지름을 사용할 수 있다.
④ 저속 및 고속에서 원활한 운전이 가능하다.

Solution　① 슬립(sleep) : 금속 결정형이 원자간격이 가장 작은 방향으로 층상이 이동하는 현상
② 크리프 : 재료에 일정한 응력을 가할 때 생기는 변형량의 시간적 변화
③ 타이밍 벨트 : V벨트와 기어의 양쪽 장점을 살린 톱니붙이 전동 벨트로 미끄러지지 않고 소음도 적어서 고속회전에 적합하다.

08 V벨트의 각도는 몇 도가 기준인가?

① 40°　　　　② 43°　　　　③ 44°　　　　④ 46°

09 긴장측 장력 T_t가 이완측 장력 T_s의 2배인 경우 긴장측 장력을 160[kgf]라 할 때 유효 장력은 몇 [kgf]인가? (단, 원심력의 영향은 무시한다.)

① 80　　　　② 90　　　　③ 160　　　　④ 320

Solution　$T_t = 2T_s$
$P_e = T_t - T_s = T_t - \dfrac{T_t}{2} = \dfrac{1}{2}T_t$,　$P_e = \dfrac{160}{2} = 80\,[\text{kgf}]$

10 4[m/s]의 속도로 전동하고 있는 평 벨트의 긴장측의 장력이 125[kgf]이완측 장력이 50[kgf]이라고 하면 전달하고 있는 동력은 몇 [PS]인가?

① 2　　　　② 1　　　　③ 4　　　　④ 3

Solution　$HP = \dfrac{P_e \cdot V}{75} = \dfrac{(T_t - T_s)V}{75} = \dfrac{(125-50)\times 4}{75} = 4\,[\text{PS}]$

Answer　05 ③　06 ②　07 ②　08 ①　09 ①　10 ③

11 벨트 전동에서 긴장측 장력 T_1, 이완측 장력 T_2일 때 베어링에 작용하는 하중은 얼마인가?

① $T_1 - T_2$
② T_1/T_2
③ T_2/T_1
④ $T_1 + T_2$

12 V벨트가 널리 쓰이는 이유 중 틀린 것은?

① 고무의 굴요성(屈橈性)이 풍부하고, 마찰 전동력이 크다.
② 운전 중 진동 소음이 적다.
③ 속도비를 크게 취할 수 없고, 축간거리가 길게 된다.
④ 고속 전동을 할 수 있다.

13 윈치로 2.4[ton]의 물품을 매분 6[m]의 속도로 감아올릴 때 몇 마력이 필요한가? (단, 효율은 80[%]라 한다.)

① 2.88[PS]
② 4[PS]
③ 6[PS]
④ 8[PS]

Solution $HP = \dfrac{WV}{75\eta} = \dfrac{2.4 \times 10^3 \times 6}{75 \times 0.8 \times 60} = 4$ [PS]

14 바깥지름이 600[mm]의 평 벨트 풀리로서 동력을 전달시키는 축이 있다. 벨트의 유효장력이 100[kg$_f$]일 때 축 지름을 40[mm]로 하였을 경우, 축에 발생하는 최대 전단응력은 몇 [kg$_f$/mm^2] 정도인가? (단, 축은 비틀림 모멘트만을 받는다.)

① 1.85
② 2.39
③ 3.42
④ 4.34

Solution $T = \tau \cdot \dfrac{\pi d^3}{16} = P_e \cdot \dfrac{D}{2}$

$\tau \times \dfrac{\pi \times 40^3}{16} = 100 \times \dfrac{600}{2}, \quad \tau = 2.39$ [kg$_f$/mm^2]

15 V벨트의 속도가 30[m/s], 벨트의 단위길이당 무게는 0.15[kg$_f$/m], 긴장측의 장력 $T_t = 20$[kg$_f$]일 때 회전력은 몇 [kg$_f$]인가? (단, $e^{\mu'\theta} = 4$이다.)

① 3.26[kg$_f$]
② 4.14[kg$_f$]
③ 4.67[kg$_f$]
④ 5.23[kg$_f$]

Solution $T_t = P_e \cdot \dfrac{e^{\mu'\theta}}{e^{\mu'\theta} - 1} + T_w$

$20 = P_e \cdot \dfrac{4}{4-1} + \dfrac{0.15 \times 30^2}{9.8}, \quad P_e = 4.67$ [kg$_f$]

Answer 11 ④ 12 ③ 13 ② 14 ② 15 ③

chapter 11 브레이크(brake)

속도를 줄이거나 정지시킬 때 사용하는 기계요소이다.

1 힘의 전달 방법에 따른 분류

(1) 기계식 브레이크
(2) 유압 브레이크
(3) 공기 브레이크
(4) 전자 브레이크

2 마찰 브레이크의 분류★★

(1) 반지름 방향 브레이크
  ① 외부 수축식 : 블록 브레이크, 밴드 브레이크
  ② 내 확장식

(2) 축 방향 브레이크 : 원판 브레이크. 원추 브레이크

3 블록 브레이크(block brake)의 설계

(1) 제동력

$$Q = \mu W \quad ★★★ \qquad [11-1]$$

$\begin{bmatrix} \mu : \text{마찰계수} \\ W : \text{블록에 드럼을 수직으로 누르는 힘} \end{bmatrix}$

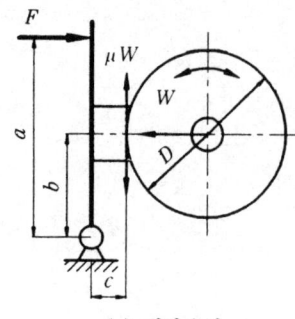 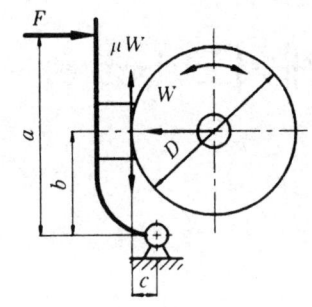 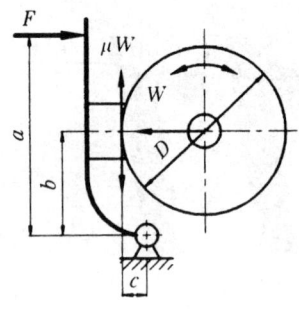

(a) 내작용선   (b) 외작용선용   (c) 중작용선용

그림11-1 블록 브레이크

(2) 제동 토크

$$T_f = Q \times \frac{D}{2} = \mu W \frac{D}{2} \quad \text{★★★} \qquad [11\text{-}2]$$

D : 드럼의 지름

(3) 제동마력

$$HP = \frac{QV}{75} \quad \text{★★} \qquad [11\text{-}3]$$

(4) 조작력★★

① 제1형식 : 내작용선용 블록 브레이크
   ㉠ 우회전시 조작력

$$F = \frac{W(b + \mu c)}{a} \qquad [11\text{-}4]$$

W : 브레이크 드럼과 브레이크 블록 사이에 작용하는 힘

   ㉡ 좌회전시 조작력

$$F = \frac{W(b - \mu c)}{a} \qquad [11\text{-}5]$$

② 제2형식 : 외작용선용 블록 브레이크
   ㉠ 우회전시 조작력

$$F = \frac{W(b - \mu c)}{a} \qquad [11\text{-}6]$$

   ㉡ 좌회전시 조작력

$$F = \frac{W(b + \mu c)}{a} \qquad [11\text{-}7]$$

③ 제3형식 : 중작용선용 블록 브레이크
   좌·우회전시 조작력

$$F = \frac{Wb}{a} \qquad [11\text{-}8]$$

(5) **블록 브레이크의 용량** : 마찰면의 단위면적, 단위시간당 마찰 일량

$$\frac{HP}{75A} = \mu \cdot q \cdot V \quad \text{★★★} \tag{11-9}$$

① 브레이크의 압력

$$q = \frac{W}{A} = \frac{W}{b\,e} \tag{11-10}$$

- b : 브레이크 블록의 폭
- e : 브레이크 블록의 길이

4 밴드 브레이크(band brake)의 설계

(1) 밴드 브레이크의 동력

$$75HP = \mu WV = \mu q A V \quad \text{★★} \tag{11-11}$$

- q : 밴드와 브레이크 드럼 사이의 압력
- A : 접촉 면적

$$A = \frac{\theta}{2\pi} \pi D b = \frac{D}{2} \theta b \tag{11-12}$$

- D : 브레이크 드럼 지름
- θ : 접촉각(rad : 180~270°)
- b : 밴드의 폭

(2) 밴드의 두께

$$t = \frac{T_t}{\sigma_a \cdot b} \quad \text{★★★} \tag{11-13}$$

- σ_a : 밴드에 생기는 인장응력
- T_t : 긴장측 장력

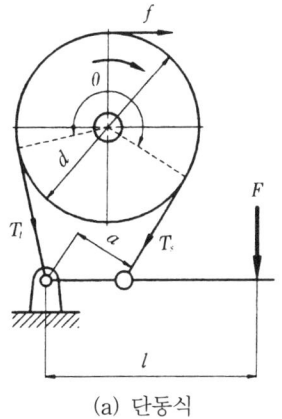
(a) 단동식

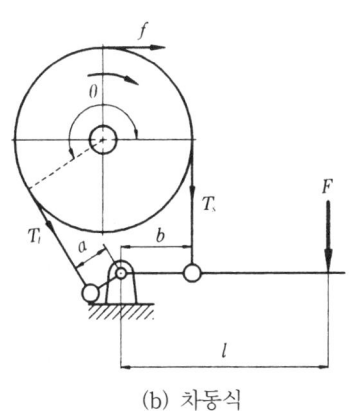
(b) 차동식

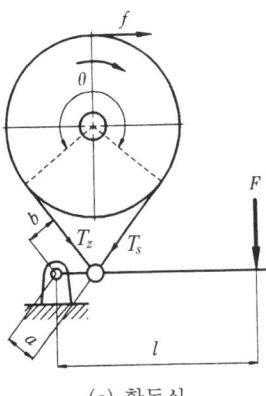
(c) 합동식

그림11-2 밴드 브레이크

(3) 조작력★★★

① 단동식 밴드 브레이크

㉠ 우회전시 레버에 가하는 힘

$$F = \frac{T_s \cdot a}{L} = f\, \frac{a}{L}\, \frac{1}{e^{\mu\theta}-1} \qquad [11\text{-}14]$$

f : 제동력
T_s : 이완측 장력

㉡ 좌회전시 레버에 가하는 힘

$$F = \frac{T_t \cdot a}{L} = f\, \frac{a}{L}\, \frac{e^{\mu\theta}}{e^{\mu\theta}-1} \qquad [11\text{-}15]$$

② 차동식 밴드 브레이크

㉠ 우회전시 레버에 가하는 힘

$$F = f \cdot \frac{b - a\, e^{\mu\theta}}{L\,(e^{\mu\theta}-1)} \qquad [11\text{-}16]$$

㉡ 좌회전시 레버에 가하는 힘

$$F = f \cdot \frac{b\, e^{\mu\theta} - a}{L\,(e^{\mu\theta}-1)} \qquad [11\text{-}17]$$

③ 합동식 밴드 브레이크

$$F = \frac{a}{L}\,(T_t + T_s) = \frac{a}{L}\, f\, \frac{e^{\mu\theta}+1}{e^{\mu\theta}-1} \qquad [11\text{-}18]$$

5 기타

(1) **자동 하중 브레이크** : 웜 브레이크, 나사 브레이크, 캠 브레이크★

(2) **브레이크 효율**

$$\eta = \frac{\text{브레이크 압력의 실제값}}{\text{브레이크 압력의 이론값}} \qquad [11\text{-}19]$$

(3) **래칫 휠의 작용** : 역전방지, 조속 작용, 분할 작용

(4) **브레이크 블록과 드럼 사이의 최대 틈새 값** : 2~3[mm]

(5) **단식 블록 브레이크의 특징**

① 브레이크 드럼에 하나의 블록을 사용한 것이다.
② 큰 제동력을 갖기 어렵다.
③ 축이 굽힘 작용을 받기 쉽다.

(6) **밴드 브레이크의 밴드 접촉각** : 180~270°

chapter 11 - 실전연습문제

01 기중기 등에서 물체를 내릴 때 하중 자신에 의하여 브레이크 작용을 행하여 속도를 억제하는 것은?

① 블록 브레이크
② 밴드 브레이크
③ 자동 하중 브레이크
④ 축압 브레이크

Solution
① 축압 브레이크 : 마찰면을 원뿔형 또는 원판으로 하여 축방향으로 밀어붙이는 브레이크
② 자동하중 브레이크 : 하중에 의하여 일정한 방향의 회전에 한하여 자동적으로 브레이크 작용을 하는 것.

02 브레이크 드럼에서 브레이크 블록을 밀어붙이는 힘이 150[kgf], 마찰계수 $\mu=0.3$, 드럼의 지름 350[mm]로 할 때 토크는?

① 9058[kgf·mm]
② 9875[kgf·mm]
③ 6758[kgf·mm]
④ 7875[kgf·mm]

Solution
$$T = \mu W \times \frac{D}{2} = 0.3 \times 150 \times \frac{350}{2} = 7875 \, [\text{kg}_f \cdot \text{mm}]$$

03 브레이크 지름이 $D=600$[mm]의 밴드 브레이크에 있어서 밴드의 두께 $h=6$[mm], 폭 $b=50$[mm]의 경우 얻을 수 있는 최대 제동 토크는 몇 [kg·m]인가? (단, 밴드와 브레이크 드럼 사이의 마찰계수 $\mu=0.3$, 접촉각 $\theta=250°$, 밴드의 허용인장응력 $\sigma_b=6$[kgf/mm²]라 한다.)

① 334
② 354
③ 374
④ 394

Solution
$$T_f = Q \cdot \frac{D}{2}, \quad e^{\mu\theta} = e^{\left(0.3 \times 250° \times \frac{\pi}{180°}\right)} = 3.7$$

$$T_t = \sigma_b \cdot b \cdot h = Q \cdot \frac{e^{\mu\theta}}{e^{\mu\theta}-1}$$

$$6 \times 50 \times 6 = Q \times \frac{3.7}{3.7-1}, \quad Q = 1313.51 \, [\text{kg}_f]$$

$$T_f = 1313.51 \times \frac{0.6}{2} = 394.05 \, [\text{kg}_f \cdot \text{m}]$$

Answer 01 ③   02 ④   03 ④

04 밴드 브레이크의 긴장측 장력 814[kgf], 두께 2[mm], 허용응력 8[kgf/mm²]일 때 밴드의 폭은?

① 약 40[mm] ② 약 51[mm]
③ 약 60[mm] ④ 약 71[mm]

Solution $\sigma_b = \dfrac{T_r}{A} = \dfrac{T_t}{bh}$; $8 = \dfrac{814}{b \times 2}$, $b = 50.88$ [mm]

05 시계의 태엽기구, 기중기 등에 이용되며, 축의 역전방지 기구로서 널리 사용되는 브레이크는?

① 폴 브레이크 ② 내확 브레이크
③ 밴드 브레이크 ④ 심향 브레이크

Solution 폴(pawl) : 톱니 바퀴의 역회전을 막는 새 발톱처럼 생긴 것.

06 그림과 같은 블록 브레이크에서 드럼축이 우회전할 때의 F를 F_1, 좌회전할 때의 F를 F_2라고 할 때 F_1/F_2의 값은 얼마인가?

① 1
② 1.5
③ 2
④ 2.5

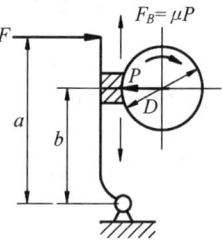

Solution $F_2 \cdot a = P \cdot b$, $F_2 = \dfrac{P \cdot b}{a} = F_1$

$\dfrac{F_1}{F_2} = 1$

07 브레이크 드럼의 브레이크 블록을 밀어붙이는 힘을 200[kgf], 마찰계수를 0.2라고 하면 제동력은 얼마인가?

① 40[kgf] ② 53[kgf]
③ 36[kgf] ④ 1,000[kgf]

Solution $Q = \mu W = 0.2 \times 200 = 40$ [kgf]

08 블록 브레이크에서 제동력 20[kgf], 마찰계수 0.2, 허용 브레이크 압력 0.04[kgf/mm²]이면 블록의 면적은?

① 0.16[cm²] ② 4[cm²]
③ 10[cm²] ④ 25[cm²]

Solution $q = \dfrac{W}{A} = \dfrac{Q}{\mu A}$

Answer 04 ② 05 ① 06 ① 07 ① 08 ④

$$0.04 = \frac{20}{0.2 \times A}, \quad A = 2500 \,[\text{mm}^2] = 25 \,[\text{cm}^2]$$

09 브레이크 드럼축에 5650[kg$_f$·cm]의 토크가 작용하고 있을 때 이 축을 정지시키는데 필요한 최소제동력 P는 얼마인가? (단, 브레이크 드럼의 지름은 500[mm]이다.)

① 113[kg$_f$] ② 226[kg$_f$]
③ 250[kg$_f$] ④ 452[kg$_f$]

 $T_f = Q \cdot \frac{D}{2}$; $56500 = Q \times \frac{500}{2}$, $Q = 226\,[\text{kg}_f]$

10 드럼의 지름이 500[mm]의 브레이크 드럼축에 1000[kg$_f$·cm]의 토크가 작용하고 있는 블록 브레이크에서 전제동 압력은 얼마가 필요한가? (단, 마찰계수는 0.2이다.)

① 50[kg$_f$] ② 100[kg$_f$]
③ 150[kg$_f$] ④ 200[kg$_f$]

 $T = \mu W \cdot \frac{D}{2}$; $1000 = 0.2 \times W \times \frac{50}{2}$, $W = 200\,[\text{kg}_f]$

11 브레이크 슈의 길이 및 폭이 75[mm]×28[mm], 브레이크 슈를 미는 힘이 35[kg$_f$]일 때 브레이크 압력은 몇 [kg$_f$/mm^2]인가?

① 0.067 ② 35
③ 0.017 ④ 14.67

$q = \frac{W}{A} = \frac{35}{75 \times 28} = 0.017\,[\text{kg}_f/\text{mm}^2]$

12 그림과 같은 브레이크에 있어서 브레이크 륜(輪)과 브레이크 블록 사이의 압력(壓力)을 P = 80[kg], b = 60[cm], a = 120[cm]일 때 브레이크 륜(輪)을 정지시킬 수 있는 최소의 힘 F는 어느 정도인가?

① 40[kg]
② 60[kg]
③ 8[kg]
④ 100[kg]

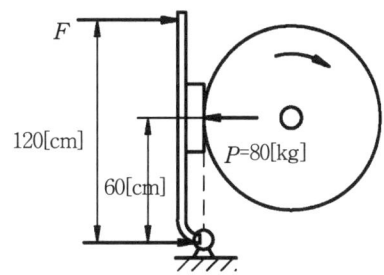

$F \times 120 = 80 \times 60$, $F = 40\,[\text{kg}]$

Answer 09 ② 10 ④ 11 ③ 12 ①

12 chapter 스프링(spring)

1 탄성 에너지와 합성 스프링 상수

(1) 탄성 에너지(변형 에너지)

$$U = \frac{1}{2} P\delta = \frac{1}{2} k\delta^2 \qquad [12-1]$$

P : 하중
k : 스프링 상수
δ : 변위량

$$P = k\delta \qquad [12-2]$$

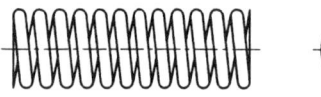
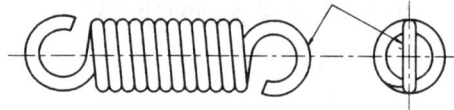

(a) 압축 코일 스프링   (b) 인장 코일 스프링

그림12-1 코일 스프링

(2) 합성 스프링 상수 ★★★★★

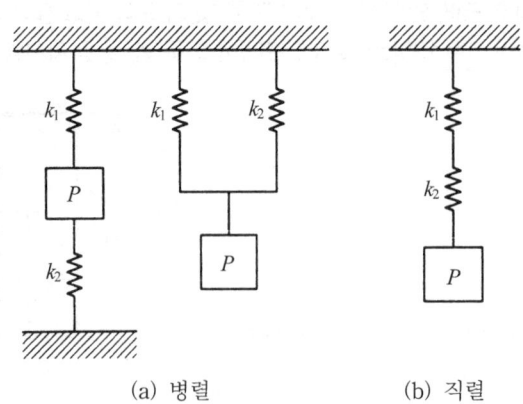

(a) 병렬   (b) 직렬

그림12-2 스프링의 합성

① 직렬 연결

$$\frac{1}{k} = \frac{1}{k_1} + \frac{1}{k_2} \tag{12-3}$$

② 병렬 연결

$$k = k_1 + k_2 \tag{12-4}$$

2 코일 스프링

(1) 스프링의 처짐

$$\delta = \frac{64nPR^3}{Gd^4} \;\; \star\star\star \tag{12-5}$$

$\begin{cases} d : \text{소선의 지름} \\ R : \text{코일의 반지름} \\ n : \text{유효권수} \end{cases}$

(2) 스프링 상수

$$k = \frac{P}{\delta} = \frac{Gd^4}{64nR^3} \;\; \star\star\star \tag{12-6}$$

(3) 스프링의 길이

$$L = 2\pi Rn \tag{12-7}$$

(4) 스프링의 지수

$$c = \frac{\text{코일의 평균직경}(D)}{\text{소선의 직경}(d)} \tag{12-8}$$

(5) 왈의 응력 수정 계수

$$K = \frac{4c-1}{4c-4} + \frac{0.615}{c} \tag{12-9}$$

(6) 스프링의 탄성 에너지

$$U = \frac{P\delta}{2} = \frac{32nP^2R^3}{Gd^4} = \frac{V\tau^2}{4K^2G} \tag{12-10}$$

V : 스프링 재료의 부피

(7) 최대전단응력 ★★★★

$$\tau_{max} = K \cdot \frac{16PR}{\pi d^3}$$

3 삼각판 스프링

(1) 굽힘 응력

$$\sigma_b = \frac{6P\,L}{b\,h^2} \qquad \begin{bmatrix} b : \text{고정단의 폭(너비)} \\ h : \text{두께} \\ L : \text{길이} \end{bmatrix} \qquad [12\text{-}11]$$

(2) 고정단의 처짐

$$\delta = \frac{6PL^3}{bh^3 E} \qquad [12\text{-}12]$$

4 겹판 스프링

(1) 굽힘 응력

$$\sigma_b = \frac{3}{2} \frac{P \cdot L}{nbh^2} \qquad \begin{bmatrix} L : \text{스팬의 길이(또는 겹판 스프링의 길이)} \\ n : \text{판의 수} \\ b : \text{판의 너비} \\ h : \text{판의 두께} \end{bmatrix} \qquad [12\text{-}13]$$

(2) 처짐량

$$\delta = \frac{3}{8} \frac{PL^3}{Enbh^3} \qquad E : \text{세로 탄성계수} \qquad [12\text{-}14]$$

5 기타

① 토션바 스프링 : 소형 승용차의 현가장치
② 스프링 와셔 : 하중을 조절할 때 사용
③ 스프링 종횡비 : 자유 높이에 대한 코일의 평균 지름으로 결정

chapter 12 실전연습문제

01 그림과 같은 스프링 장치에서 각 스프링의 상수 $k_1=4[\text{kg}_\text{f}/\text{cm}]$, $k_2=5[\text{kg}_\text{f}/\text{cm}]$, $k_3=6[\text{kg}_\text{f}/\text{cm}]$이며 하중 방향의 처짐 $\delta=150[\text{mm}]$일 때, 하중 P는 얼마인가?

① $P=251[\text{kg}_\text{f}]$
② $P=225[\text{kg}_\text{f}]$
③ $P=31.4[\text{kg}_\text{f}]$
④ $P=24.3[\text{kg}_\text{f}]$

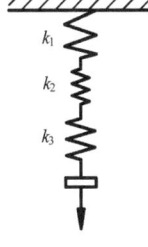

Solution

$$k_e = \frac{1}{\frac{1}{k_1}+\frac{1}{k_2}+\frac{1}{k_3}} = \frac{k_1 k_2 k_3}{k_2 k_3 + k_1 k_3 + k_1 k_2}$$

$$= \frac{4 \times 5 \times 6}{5 \times 6 + 4 \times 6 + 4 \times 5} = 1.62\,[\text{kg}/\text{cm}]$$

$$P = k_e \cdot \delta = 1.62 \times 15 = 24.3\,[\text{kg}_\text{f}]$$

02 다음 그림과 같은 원통 코일 스프링의 처짐량 $\delta=60[\text{mm}]$일 때, 작용하는 하중 W는 몇 $[\text{kg}_\text{f}]$인가? (단, 스프링 상수 $k_1=6[\text{kg}_\text{f}/\text{cm}]$, $k_2=2[\text{kg}_\text{f}/\text{cm}]$이다.)

① $W=4[\text{kg}_\text{f}]$
② $W=6[\text{kg}_\text{f}]$
③ $W=9[\text{kg}_\text{f}]$
④ $W=48[\text{kg}_\text{f}]$

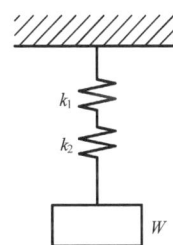

Solution

$$k_e = \frac{k_1 \times k_2}{k_1 + k_2} = \frac{6 \times 2}{6+2} = \frac{12}{8}$$

$$W = k_e \cdot \delta = \frac{12}{8} \times 6 = 9\,[\text{kg}_\text{f}]$$

03 50[kg_f]의 하중을 받고 처짐이 16[mm] 생기는 코일 스프링에서 코일의 평균지름 $D=16[\text{mm}]$, 소선 지름 $d=3[\text{mm}]$, $G=0.84 \times 10^4[\text{kg}_\text{f}/\text{mm}^2]$이라 할 때 유효권수 n은 얼마인가?

① 3   ② 5
③ 7   ④ 9

Solution

$$\delta = \frac{64 n R P^3}{G \cdot d^4}$$

$$16 = \frac{64 \times n \times 50 \times 8^3}{0.84 \times 10^4 \times 3^4}$$

$$n = 6.64 = 7$$

Answer 01 ④ 02 ③ 03 ③

04 스프링 상수 2[kgf/mm]의 코일을 만들어 8[kgf]의 무게를 달았다. 코일 소선은 2[mm]의 피아노선이고 코일의 유효 감김수 $n=8$일 때, 코일 스프링의 지름은 얼마인가? (단, $G=8×10^3[kgf/mm^2]$이다.)

① 4[mm] ② 5[mm]
③ 10[mm] ④ 18[mm]

Solution
$$P = k \cdot \frac{64nP \cdot R^3}{Gd^4}$$
$$Gd^4 = k \cdot 64nR^3$$
$$8×10^3×2^4 = 2×64×8× R^3, \quad R=5[mm]$$
$$D = 2R = 10\,[mm]$$

05 스프링(spring)의 강도를 나타내는 것에 스프링 상수가 있다. 하중 W[kgf]일 때 변위량을 δ[mm]라 하면 스프링 상수 k는?

① $k = \dfrac{\delta}{W}$ ② $k = \delta W$
③ $k = \dfrac{W}{\delta}$ ④ $k = W - \delta$

06 스프링 상수 6[kgf/cm]인 코일 스프링에 30[kgf]의 하중을 걸면 처짐은 얼마가 되는가?

① 60[mm] ② 50[mm]
③ 40[mm] ④ 30[mm]

Solution $P = k \cdot \delta$
$$\delta = \frac{30}{6} = 5\,[cm] = 50[mm]$$

07 그림과 같은 스프링 장치에서 전체 스프링 상수 k는?

① $k = k_1 + k_2$
② $k = \dfrac{1}{k_1} + \dfrac{1}{k_2}$
③ $k = \dfrac{k_1 \cdot k_2}{k_1 + k_2}$
④ $k = k_1 \cdot k_2$

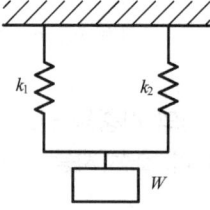

Solution 병렬연결일 때 합성 스프링 상수
$$k = k_1 + k_2$$
$$W = k \cdot \delta$$

Answer 04 ③ 05 ③ 06 ② 07 ①

08 스프링에 대한 설명으로 틀린 것은?

① 에너지를 저장, 방출한다.
② 탄성이 작은 재료를 주로 이용한다.
③ 진동 및 충격을 흡수 완화한다.
④ 금속 스프링과 비금속 스프링이 있다.

09 하중 3[ton]이 걸리는 압축 코일 스프링의 변형량이 10[mm]일 때 스프링 상수는 몇 [kgf/mm]인가?

① 300　　　　　　　　　② 1/300
③ 100　　　　　　　　　④ 1/100

Solution
$p = k \cdot \delta$, $k = \dfrac{3 \times 10^3}{10} = 300 \, [\text{kg}_f/\text{mm}]$

10 압축원통 코일 스프링에서 유효 감김 수만을 2배로 하면 같은 축 하중에 대하여 처짐은 몇 배가 되는가?

① 2배　　　　　　　　　② 4배
③ 6배　　　　　　　　　④ 8배

Solution
$\delta_1 = \dfrac{64nPR^3}{Gd^4}$,　　$\delta_2 = \dfrac{64(2n)PR^3}{Gd^4} = 2\delta_1$

11 그림과 같이 인장 코일 스프링 3개가 병렬로 연결된 장치에서 하중 $P = 60[\text{kg}_f]$, 스프링 상수 $k_1 = 5[\text{kg}_f/\text{cm}]$, $k_2 = 10[\text{kg}_f/\text{cm}]$, $k_3 = 15[\text{kg}_f/\text{cm}]$일 때 하중방향의 처짐은 얼마인가? (단, 강제품 A, B는 수평을 유지하며, 자중은 무시한다.)

① 2[cm]
② 4[cm]
③ 6[cm]
④ 8[cm]

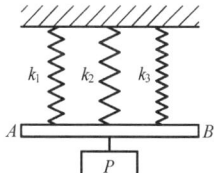

Solution
$P = k_e \cdot \delta = (k_1 + k_2 + k_3)\delta$
$60 = (5+10+15) \times \delta$, $\delta = 2[\text{cm}]$

12 다음 스프링 중에서 가장 작은 공간을 차지하면서 비교적 큰 힘을 받으며 재생(再生)이 용이한 스프링은?

① 판 스프링　　　　　　② 코일 스프링
③ 접시형 스프링　　　　④ 스파이럴 스프링

Answer　08 ②　09 ①　10 ①　11 ①　12 ③

13 코일 스프링(coil spring)에서 하중 2[kgf], 소선지름을 2[mm], 스프링 지름을 20[mm]라 할 때 코일(coil)에 생기는 전단 응력[kgf/mm²]은? (단, 왈의 수정 계수 $K=1.14$이다.)

① 11.2
② 12.70
③ 14.5
④ 18.2

Solution
$$\tau = K \frac{16P \cdot R}{\pi d^3} = 1.14 \times \frac{16 \times 2 \times 10}{\pi \times 2^3} = 14.51 \ [\text{kg}_f/\text{mm}^2]$$

14 압축 코일 스프링에서 하중 $P=20$[kgf]인 경우의 처짐은 얼마인가? (단, 코일의 평균 지름 $D=30$[mm], 소선의 지름 $d=5$[mm], 유효감김수 $n=10$, $G=8.0\times10^3$[kgf/mm²]이다.)

① 3.08[mm]
② 8.64[mm]
③ 8.93[mm]
④ 9.36[mm]

Solution
$$\delta = \frac{64nPR^3}{Gd^4} = \frac{64 \times 10 \times 20 \times 15^3}{8.0 \times 10^3 \times 5^4} = 8.64 \ [\text{mm}]$$

Answer 13 ③ 14 ②

13 관, 관이음 및 밸브

1 관(pipe)

1. 파이프의 설계

(1) 유량

$$Q = AV = \frac{\pi d^2}{4} V \ [\text{m}^3/\text{sec}] \ ^{\star\star\star} \tag{13-1}$$

$\begin{cases} V : \text{파이프의 평균속도} \\ d : \text{파이프의 내경} \end{cases}$

(2) 파이프 두께

$$t = \frac{PD}{2\sigma_s \eta} + C = \frac{PDS}{2\sigma_u \eta} + C \ ^{\star\star\star\star\star} \tag{13-2}$$

$\begin{cases} \sigma_a : \text{허용응력} \\ S : \text{안전율} \\ \eta : \text{이음효율} \\ \sigma_u : \text{극한강도, 최대인장응력} \end{cases}$

2 관이음(pipe joint)

1. 관이음의 종류

(1) 플랜지 이음

큰 관이음에 사용되고 분해 조립이 가능하다.

(2) 나사식 이음

관의 양끝에 나사를 내 체결 : 관용나사를 만들어 체결

(3) 신축 이음

열응력에 의한 신축을 고려한 이음

(4) 소켓 이음

관끝의 소켓에 다른 한 끝을 넣어 맞추어 연결하는 이음

(5) 패킹 이음

패킹 이음관을 사용하며 파이프에 나사를 절삭하지 않고 연결하는 이음

3 밸브(valve)의 종류

(1) 글로브 밸브

유체의 흐름 방향이 일직선인 밸브이다.

(2) 앵글 밸브

유체의 흐름 방향이 90°로 변환가능한 밸브이다.

(3) 니들 밸브

유량을 줄이기 위한 밸브이다.

(4) 슬루스 밸브(슬라이드 밸브)

판 모양의 밸브가 흐름에 직각으로 미끄러져 개폐가 이루어지는 밸브이다.

(5) 회전 밸브

밸브가 원통 또는 원뿔형으로서 축의 주위로 돌려서 개폐된다. 콕과 로터리 밸브가 있다.

(6) 버터플라이 밸브(나비형 밸브)

평면 밸브를 흐름과 직각으로 회전시켜 유량을 조절할 수 있는 밸브이다.

(7) 스톱 밸브

유체의 흐름 방향과 평행하게 밸브가 개폐되도록 한 밸브이다.

(8) 체크 밸브 ★★★★★

유체의 흐름을 한 방향만 허용하는 밸브이다.

(9) 특수 밸브

보일러용 안전 밸브, 감압 밸브, 다이어프램 밸브 등이 있다.

chapter 13 ● 실전연습문제

01 원뿔면 또는 원통면 밸브 시트 안에서 밸브가 회전하고 유체가 그 회전축에 직각으로 유동하는 구조로 된 밸브는?

① 리프트 밸브 ② 슬라이딩 밸브 ③ 회전 밸브 ④ 버터플라이 밸브

Solution 밸브의 종류
① 글로브 밸브 : 유체의 흐름방향과 평행하게 밸브가 개폐되며 정지 밸브에 속한다.
② 체크 밸브 : 역류를 방지하여 유체를 일정한 방향으로 흐르게 하는 밸브이다.
③ 슬루스 밸브 : 밸브가 유체흐름에 직각으로 미끄러져 개폐되는 밸브이다.
④ 콕 : 밸브가 원통 또는 원뿔형으로서 축의 주위로 돌려서 개폐하는 밸브이다.
⑤ 버터플라이 밸브 : 평면 밸브를 흐름과 직각방향으로 회전시켜 밸브시트 사이와의 경사각을 바꾸어 유체의 양을 조절할 수 있는 밸브이다.
⑥ 리듀싱 밸브 : 고압의 공기, 증기 등을 저압으로 감압하여 일정압력을 유지시키는 밸브이다.
⑦ 리프트 밸브 : 밸브 몸을 승강시켜 밸브 자리의 개폐를 하는 밸브로 앵글밸브, 니들밸브, 글로브 밸브 등이 있다.
⑧ 회전밸브(rotary valve) : 밸브가 원통 또는 원뿔형으로서 축의 주위로 돌려서 개폐하는 것으로 콕(cock)류가 여기에 속한다.

02 다음 중 역류를 방지하여 유체를 한 쪽 방향으로 흘러가게 하는 밸브는?

① 게이트 밸브 ② 체크 밸브 ③ 글로브 밸브 ④ 볼 밸브

03 수압이 28[kgf/cm²]이고, 허용인장강도가 5[kgf/mm²]이며, 효율이 70[%]인 상온에서 사용하는 이음매 없는 강관의 바깥지름 D_o는 얼마 정도인가? (단, 부식을 고려한 상수 C의 값은 1[mm], 강관의 안지름은 580[mm]이다.)

① D_o=581.8[mm] ② D_o=628.4[mm]
③ D_o=604.2[mm] ④ D_o=891.7[mm]

Solution
$$t = \frac{P \cdot D_i}{2\sigma_a \cdot \eta} + C = \frac{28 \times 10^{-2} \times 580}{2 \times 5 \times 0.7} + 1 = 24.2 \text{ [mm]}$$
$$D_o = D_i + 2t = 580 + 2 \times 24.2 = 628.4 \text{ [mm]}$$

04 다음 앵글 밸브(angle valve)의 기능에 대한 설명 중 틀린 것은?

① 유체의 유량 조절 ② 유체의 방향 전환
③ 유체의 흐름의 단속 ④ 유체의 에너지 유지

Solution 앵글 밸브(angle valve)
유체의 흐름방향과 나란하게 밸브가 개폐되는 것으로 스톱 밸브(stop valve)의 일종이다. 밸브를 지나는 유체의 흐름방향을 직각으로 바꿔주는 밸브이다.

Answer 01 ③ 02 ② 03 ② 04 ④

05 판의 두께가 8[mm], 인장강도가 45MPa인 연강판으로 만든 안지름이 50[mm]인 원통관에 작용할 수 있는 내압의 크기는 몇 MPa인가? (단, 안전율은 4, 이음효율은 1, 부식여유는 1이다.)

① 1.20
② 3.15
③ 4.55
④ 6.30

Solution
$$t = \frac{P \cdot d \cdot S}{2\sigma_t \eta} + C$$
$$8 = \frac{P \times 50 \times 4}{2 \times 45 \times 10^6 \times 10^{-6} \times 1} + 1$$
$$P = 3.15\,[\text{MPa}]$$

06 유체의 평균속도가 10[cm/s]이고 유량이 150[cm³/s]일 때 관의 안지름은?

① 약 44[mm]
② 약 48[mm]
③ 약 52[mm]
④ 약 38[mm]

Solution
$$Q = AV = \frac{\pi d^2}{4} \times V$$
$$150 = \frac{\pi}{4} \times d^2 \times 10$$
$$d = 4.37\,[\text{cm}] = 44\,[\text{mm}]$$

07 길이 3[m], 안지름 25[mm]의 구리관에 내압 8[kgf/mm²]이 작용할 때 파이프의 두께 t 는 몇 [mm]정도인가? (단, 허용인장응력 σ_a =17[kgf/mm²]이고, 이음효율 η =85[%]이며, 부식여유는 무시한다.)

① t=6.92
② t=9.81
③ t=12.03
④ t=15.42

Solution
$$t = \frac{P \cdot D}{2\sigma_a \eta} = \frac{8 \times 25}{2 \times 17 \times 0.85} = 6.92\,[\text{mm}]$$

08 양수량이 0.8[m³/s], 압력이 45[kgf/cm²], 평균유속 7[m/s]를 배출시키는 펌프의 배출관 지름은 몇 [mm]가 적당한가?

① 382
② 217
③ 181
④ 154

Solution
$$Q = AV = \frac{\pi d^2}{4} \cdot V$$
$$0.8 = \frac{\pi \times D^2}{4} \times 7, \quad d = 0.382\,[\text{m}]$$

Answer 05 ② 06 ① 07 ① 08 ①

09 유량이 0.5[m³/sec], 수압 30[kgf/cm²]에 있어서 상온에서 사용하는 이음매 없는 강관의 바깥지름을 몇 [mm]로 할 것인가? (단, 평균 유속 V_m=2[m/sec] 부식을 고려한 C의 값은 1[mm]라 하고, σ_a=6[kgf/mm²], η=80[%]라 한다.)

① 602 ② 680
③ 700 ④ 450

Solution
$Q = A \cdot V_m = \dfrac{\pi d^2}{4} \cdot V_m$; $0.5 = \dfrac{\pi d^2}{4} \times 2$, $d = 0.5642$ [m]

$t = \dfrac{p \cdot d}{2\sigma_a \eta} + C = \dfrac{30 \times 10^{-2} \times 564.2}{2 \times 6 \times 0.8} + 1 = 18.63$ [mm]

$D = d + 2t = 564.2 + 18.63 \times 2 = 601.46$ [mm]

10 안지름 D[mm], 사용압력 P[kgf/cm²]의 원통형 보일러 강판의 두께 t[mm]를 구하는 식으로 옳은 것은? (단, 강판의 인장강도는 σ[kgf/mm²], 안전율 S, 리벳이음 효율 η, 부식여유는 2[mm]로 한다.)

① $t = \dfrac{DPS}{2\sigma\eta} + 2$ ② $t = \dfrac{DP\eta}{2\sigma S} + 2$

③ $t = \dfrac{DPS}{200\sigma\eta} + 2$ ④ $t = \dfrac{DP\eta}{200\sigma S} + 2$

11 안지름 254[mm]의 관에 120[l/sec]의 량으로 물이 흐를 때 평균 유속은 얼마나 되는가?

① 0.98[m/s] ② 1.36[m/s]
③ 1.88[m/s] ④ 2.36[m/s]

Solution
$Q = A \cdot V$; $120 \times 10^{-3} = \dfrac{\pi}{4} \times 0.254^2 \times V$

$V = 2.37$ [m/sec]

12 게이트 밸브라고도 하며, 밸브판이 유체의 흐름에 직각으로 작용하고 있는 밸브는?

① 체크 밸브 ② 감압 밸브
③ 슬루스 밸브 ④ 스톱 밸브

13 유체를 한 쪽 방향으로만 흐르게 하고 역류하면 즉시 자동적으로 닫혀서 유체의 흐름을 중지시키는 밸브는 다음 중 어느 것인가?

① 안전 밸브 ② 체크 밸브
③ 스톱 밸브 ④ 게이트 밸브

Solution 안전밸브 : 기기나 관 등의 파괴를 방지하기 위하여 부착되는 최고압력을 한정하는 밸브로 설정압력 이상으로 되면 유체를 통과시켜 압력을 설정이하의 압력으로 떨어뜨리는 밸브이다.

Answer 09 ① 10 ③ 11 ④ 12 ③ 13 ①

Part 04

기계재료

제1장 __ 금속의 조직 상태도
제2장 __ 탄소강의 특성과 용도
제3장 __ 합금강의 특성과 용도
제4장 __ 주철의 특성과 용도
제5장 __ 기계재료의 시험법과 열처리
제6장 __ 구리·알루미늄 및 그 합금의 특성과 용도
제7장 __ 기타 비철금속의 특성과 용도
제8장 __ 비금속 재료의 특성과 용도
제9장 __ 신소재

chapter 1 금속의 조직 상태도

1 기계재료의 특성

1. 기계재료의 재질적 분류

(1) 금속재료

1) 철강 재료
    ① 순철 : 전해철-전기가 잘 통하는 금속
    ② 강 : 탄소강, 합금강, 주강
    ③ 주철 : 보통 주철, 특수주철

2) 비철금속재료
    ① 알루미늄과 그 합금
    ② 구리와 그 합금
    ③ 마그네슘과 그 합금
    ④ 티탄과 그 합금
    ⑤ 니켈과 그 합금
    ⑥ 아연, 납, 주석과 그 합금
    ⑦ 귀금속

(2) 비금속재료

① 무기질 재료 : 유리, 시멘트, 석재 등
② 유기질 재료 : 플라스틱, 목재, 고무, 피혁, 직물 등

　이와 같은 기계재료 중 가장 널리 사용되고 있는 것은 금속이다. 왜냐하면 금속은 다른 재료에 비하여 강도와 경도가 크고 가공 및 취급이 쉽기 때문이다.

2. 금속 특징 ★★★

(1) 실온에서 수은(Hg) 외에 고체(결정체)이다.
(2) 전성과 연성이 풍부하다.

(3) 전기와 열의 전달이 우수한 양도체이다.
(4) 특유의 광체를 갖고 있으며 빛을 반사한다.

(5) 비중이 비교적 크다.
　① 경금속의 종류 : 비중 4.5 이하인 금속이 경금속이다.
　　알루미늄(Al=2.7), 마그네슘(Mg=1.74), 나트륨(Na=0.91), 리튬(Li=0.53)
　② 중금속의 종류 : 비중 4.5이상인 금속이 중금속이다.
　　철(Fe=7.87), 구리(Cu=8.96), 니켈(Ni=8.85), 금(Au=19.32), 은(Ag=10.5), 주석(Sn=7.3), 납(Pb=11.34), 이리듐(Ir=22.5)

(6) 가공 및 소성 변형이 가능하다.
(7) 경도 및 용융점이 높다.

3. 준금속과 비금속

(1) **준금속**(아금속) : 완전한 금속의 특징을 갖고 있지 못한 금속이다.
　　규소(Si), 붕소(B), 게르마늄(Ge) 등 7종이 있다.

(2) **비금속** : 산소(O_2), 수소(H_2), 탄소(C) 등이 있다.

4. 합금(alloy)의 특징 ★★★

합금은 어떤 하나의 순금속에 다른 금속 또는 비금속을 혼합시켜 만든 물질이다.

(1) 경도 및 강도는 일반적으로 증가한다.
(2) 주조성은 양호하며, 내식성, 내열성(내화성)은 증가한다.
(3) 가단성, 전·연성은 낮아진다.
(4) 열 및 전기 전도도는 낮아진다.
(5) 용융점 온도는 낮아진다.
(6) 광택은 첨가되는 성분 금속의 비율에 따라 변화한다.

5. 금속재료의 물리적 성질 ★★★

(1) **비중**(specific gravity)
　① 단조, 압연, 인발 등의 소성 가공된 금속이 주조한 것 보다 비중이 크다.
　② 최소 비중의 금속 : Li=0.53
　③ 최대 비중의 금속 : Ir=22.5

(2) 용융점(melting point)

고체가 녹아 액체로 되는 온도점이다.

① 철(Fe)-1538[℃], 구리(Cu)-1083[℃], 알루미늄(Al)-660[℃], 마그네슘(Mg)-650[℃], 니켈(Ni)-1455[℃]
② 최소 용융점의 금속 : 수은(Hg) → -38.89[℃]
③ 최대 용융점의 금속 : 텅스텐(W) → 3400[℃]

(3) 비열(specific heat)

(4) 열팽창계수

선팽창 계수-온도가 1[℃]올라감에 따라 길이가 늘어나는 비율

① 아연(Zn) > 납(Pb) > 마그네슘(Mg) > 몰리브덴(Mo)

(5) 열 및 전기 전도율

① Ag - Cu - Au(Pt) - Al - Mg - Zn - Ni - Fe - Pb - Sb

(6) 융해 잠열(melting latent heat)

(7) 자성(磁性)

자기를 띠어 자석으로 되는 성질

① 상자성체 : 자기장과 같은 방향으로 자성을 띠는 물질(Cr, Pt, Mn, Al)
② 반자성체 : 자기장과 반대 방향으로 자화되는 물질(Bi, Sb, Au, Hg, Cu)
③ 강자성체 : 자기장에 의하여 강하게 자화되어 자기장을 없애도 자화가 남아 있는 성질(Fe, Ni, Co)

6. 금속재료의 기계적 성질 ★★★

강도(strength), 경도(hardness), 인성(toughness) ↔ 메짐성(취성; shortness), 피로(fatigue), 연성, 전성, 크리프 한도, 가단성, 주조성, 연신율, 항복점 등이 기계적 성질이다.

(1) 연성

① 가느다랗게 늘릴 수 있는 성질
② Au - Ag - Al - Cu - Pt - Pb - Zn - Fe - Ni

(2) 전성

① 얇은 판으로 넓게 펼 수 있는 성질
② Au - Ag - Pt - Al - Fe - Ni - Cu - Zn

(3) 피로한도

반복적으로 하중을 재료에 가하면 파괴되는데 이러한 현상을 피로라 한다.
① S-N 곡선 : 응력과 반복횟수를 나타내어 피로한도를 구할 수 있는 곡선이다.

(4) 크리프 한도

고온 상태에서 일정 하중을 계속해서 가하면 재료는 시간의 경과에 따라 변형이 증가하게 되는 현상이다.

(5) 마멸

마찰에 의하여 마찰 표면이 조금씩 부서져 떨어져 나가게 되는 현상이다.

(6) 연신율

① 청열취성(blue shortness) : 200~300[℃]에서 연강은 상온에서보다 연신율은 낮아지고 강도와 경도 높아진다. 그러나 부서지기 쉬운 성질을 갖는다.
② 저온취성(low tempering shortness) : 재료의 온도가 상온보다 낮아지면 경도나 인장강도는 증가하지만 연신율이나 충격값 등은 감소하여 부서지기 쉽다.
③ 상온취성(cold shortness) : 인(P)이 원인이 되어 충격값 및 인성이 저하하는 현상이다.
④ 적열취성(red shortness) : 황(S)이 원인이 되어 950[℃]에서 인성이 저하하는 현상으로 Mn을 첨가하여 방지할 수 있다.

7. 금속재료의 화학적 성질

(1) 부식

금속이 물 또는 공기 중에서 화학적 작용에 의하여 금속 표면이 변화하는 현상이다.

(2) 침식

화학적인 작용뿐만 아니라 기계적 작용도 수반되어 일어나는 부식 현상이다.

(3) 이온화 경향

금속 원자가 전자를 잃고 양이온으로 되는 현상으로 이온화 경향이 큰 금속은 산화되기 쉽다.

(4) 내식성

금속의 부식에 대한 저항력, 부식이 되기 쉬운 금속은 이온화 경향이 큰 금속이다.
① 구리와 니켈 및 크롬을 함유(스테인레스강)한 금속은 내식성이 우수하다.

8. 기계재료에 필요한 성질 ★★

(1) 주조성, 소성, 절삭성, 연삭성 등이 좋아야 한다.

(2) 열처리성과 표면 처리성이 양호해야 한다.
(3) 기계적 성질, 화학적 성질 등이 우수해야 한다.
(4) 경량화가 가능해야 한다.
(5) 재료의 공급과 대량생산이 가능해야 하고 경제성이 있어야 한다.
(6) 안전성, 내식성, 내열성 등이 좋아야 한다.

2 금속재료의 변태와 상태도

1. 금속의 응고와 결정

(1) 금속의 응고

1) 결정체

    액체 상태의 금속을 응고시키면 물질의 구성 원자가 규칙적으로 배열되어 있는 집합체를 결정체라 한다.

2) 냉각속도에 따른 결정립의 크기 ★★
    ① 냉각속도가 빠르면 결정 입자의 수가 많아져 결정입자는 미세화된다.
    ② 냉각속도가 느리면 결정 입자의 수가 적어져 결정입자는 조대화된다.

3) 금속의 결정 순서

    용융 금속 → 결정핵 발생 → 결정의 성장 → 결정 경계 형성

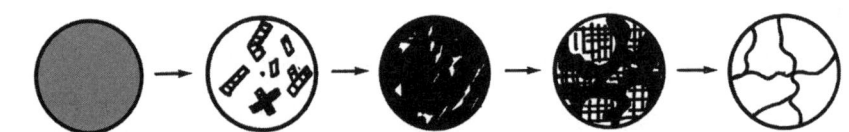

(a) 용융 금속 (b) 결정핵 발생 (c) 결정의 성장 (d) 결정의 성장 (e) 결정경계 형성

그림1-1 금속의 결정 성장 과정

① 수지상 결정(dendrite crystal) : 순금속의 응고 과정에서 결정핵이 금속원자 고유의 결정격자를 이루면서 나뭇가지 모양으로 성장하여 결정과 결정사이가 메워지고, 이것이 결정립계를 형성하여 결정조직으로 응고한 것.
② 주상 결정(columnar crystal) : 주형에 쇳물을 부으면 온도가 높은 중심 부분보다 온도가 낮은 금속 주형 표면에서부터 응고가 시작된다. 그러므로 결정핵은 금속 주형 표면에서 중심부로 향하여 나란한 방사성 모양으로 성장하며 결정을 이루는 것.
③ 응고수축 : 금속이 액체 상태에서 응고시 대부분 부피가 감소되어 일어나는 수축 현상이다.

(2) 금속의 결정

1) 단결정체
용융상태에서 응고 중 결정핵이 하나밖에 없으면, 단 하나의 결정만으로 이루어진 금속이 된다. 반도체에 사용되는 실리콘 등이 있다.

2) 다결정체
대부분의 금속은 수많은 결정들이 무질서하게 흩어진 집합체이다.

3) 결정구조 ★★★

① 체심입방격자(BCC; body-centered cubic lattice) : 정육면체의 각 모서리와 입방체 중심에 한 개의 원자가 배열된 결정 구조이다.
  ㉠ 융점이 높고 강도가 크다.
  ㉡ 소속 원자수 2개, 배위수 8개로 구성된다.
  ㉢ Cr, W, Mo, V, Li, Na, Te, K, α-Fe, δ-Fe 등은 BCC 결정구조이다.

② 면심입방격자(FCC; face-centered cubic lattice) : 정육면체의 각 모서리와 면의 중심에 각각 한 개씩의 원자가 배열된 결정 구조이다.
  ㉠ 전·연성과 전기전도율은 높고 가공성이 우수하다.
  ㉡ 소속 원자수 4개, 배위수 12개로 구성된다.
  ㉢ Al, Ag, Au, Cu, Ni, Pb, Ca, γ-Fe 등은 FCC 결정구조이다.

③ 조밀육방격자(HCP; hexagonal close-packed lattice) : 정육각기둥의 모서리점과 상하면의 중심과 정육각기둥을 형성하고 있는 6개의 정삼각 기둥 중 1개 거른 삼각기둥의 중심에 한 개씩 원자가 존재하는 결정 구조이다.
  ㉠ 전·연성, 접착성, 가공성 등이 불량하다.
  ㉡ 소속 원자수 2개, 배위수 12개로 구성된다.
  ㉢ Mg, Zn, Cd, Ti, Be, Zr, Co 등은 HCP 결정구조이다.

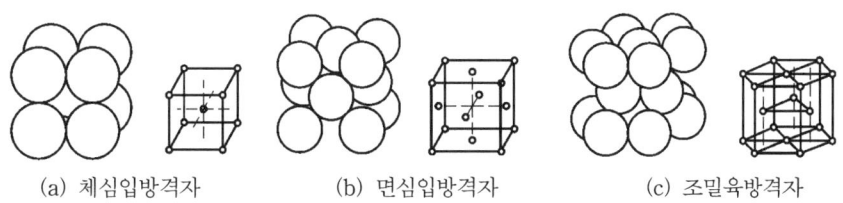

(a) 체심입방격자   (b) 면심입방격자   (c) 조밀육방격자

그림1-2 결정구조

(3) 금속의 변태(transformation) ★★★★

물질의 상이 변화하는 것. 즉 같은 물질이 한 결정 구조에서 다른 결정구조로 그 상이 변하는 것이다. 예를 들면 고체↔액체, 액체↔기체, 고체↔고체 등이 있다.

1) 동소변태
온도 변화에 의하여 고체상태에서 원자 배열의 결정구조가 변화하는 것으로 격자변태라고도 한다.
① 동소체(allotropy) : 순철 → α 고용체, γ 고용체, δ 고용체
② 종류 : Fe(A_3=912[℃], A_4=1400[℃]), Co(480[℃]), Ti(883[℃]), Sn(18[℃])

2) 자기 변태(magnetic transformation)
금속의 자기의 크기가 변화할 때 발생한다.
① 강자성체가 상자성체로 변화한다.
② 종류 : Fe(A_2 = 768[℃]), Ni(360[℃]), Co(1120[℃])

3) 변태점 측정법
열분석법, 시차열분석법, 비열법, 전기저항법, 열팽창법, 자기분석법, X선분석법 등이 있다.

2. 합금(alloy)

하나의 금속에 다른 금속 또는 비금속이 결합된 것으로 하나의 상으로 존재하는 것(단상합금 : 고용체와 금속간 화합물)과 두 가지 이상의 상이 공존하는 것(다상합금) 등이 있다.

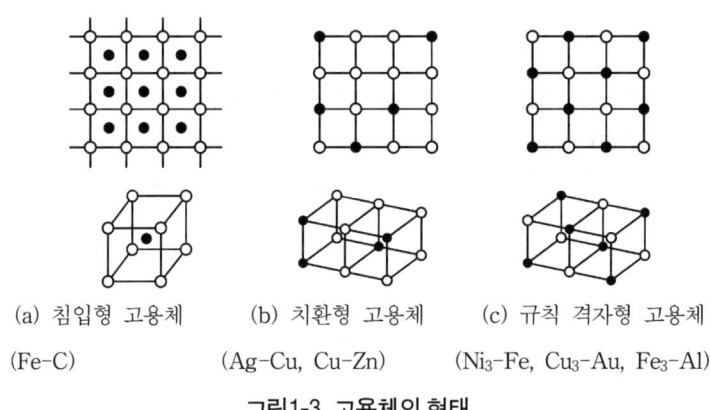

(a) 침입형 고용체　　(b) 치환형 고용체　　(c) 규칙 격자형 고용체
　(Fe-C)　　　　　　(Ag-Cu, Cu-Zn)　　(Ni_3-Fe, Cu_3-Au, Fe_3-Al)

그림1-3 고용체의 형태

(1) 고용체★★

어떤 한 금속에 다른 금속 또는 비금속이 섞여 만들어낸 합금이다.
① 침입형 고용체 : 어떤 성분의 금속결정격자 중에 다른 원자가 칩입된 형태로 금속에 수소(H), 탄소(C), 질소(N) 등의 비금속 원소가 소량 함유된 경우 발생한다. (ex : Fe-C)
② 치환형 고용체 : 어떤 성분의 금속의 원자가 다른 성분 금속의 결정격자의 원자와 위치가 바뀌는 형태의 고용체이다. (ex : Ag-Cu, Cu-Zn)
③ 규칙 격자형 : 양 금속의 원자 배열이 규칙성을 갖고 있는 형태로 혼합된 원자를 물리적인 방법으로 분리할 수 없는 것이 특징인 고용체이다. (ex : Ni_3-Fe, Cu_3-Au, Fe_3-Al)

(2) 금속간 화합물★★

두 물질이 화학적으로 결합하면 각 성분 금속과는 다른 독립된 화합물질을 형성하는데 이것을 금속간

화합물이라 한다. 경도가 커서 절삭공구 재료로 널리 사용된다.
① 탄소강과 주철의 합금명 : Fe_3C
② 청동 합금명 : Cu_4Sn, Cu_3Sn
③ 알루미늄 합금명 : $CuAl_2$
④ 마그네슘 합금명 : Mg_2Si, $MgZn_2$
⑤ 텅스텐의 탄화물 : WC - 초경공구의 주재료로 내마멸성이 큰 효과가 있다.

3. 상률과 상태도

(1) 상률

1) 상과 성분과의 관계

물을 예로 들면 얼음, 물 및 수증기가 공존할 때 성분으로는 물 1성분이지만, 상으로는 고상, 액상 및 기상의 3상이 된다.
① 2원계 합금(binary alloy) : 2성분으로 된 금속으로 2성분계 또는 2원계라 한다.
② 3원계 합금(ternary alloy) : 3성분으로 된 금속으로 3성분계 또는 3원계라 한다.

2) 상률(phase rule)★★

몇 개의 상으로 이루어진 물질의 상 사이의 열적 평형 관계를 정리한 것이다. 즉 물질계 중의 상의 열적 평형을 유지하기 위한 자유도를 규정하는 법칙을 상률이라 한다.

$$F = n + 2 - p$$

F : 자유도
n : 성분의 수
p : 상의 수

① 물, 얼음 및 수증기 각 각에 대한 자유도

$$F = 1 + 2 - 1 = 2$$

② 물과 수증기, 물과 얼음 및 얼음과 수증기의 2상이 공존하는 경우 자유도

$$F = 1 + 2 - 2 = 1$$

③ 얼음과 물 그리고 수증기가 함께 공존하는 경우 자유도

$$F = 1 + 2 - 3 = 0$$

④ 압력을 무시하고 대기 압력으로 고정시킬 경우 자유도 표현식은 다음과 같다.

$$F = n + 1 - p$$

(2) 상태도

액상선과 고상선의 사이에서 고체와 액체의 2상이 공존하고 있는 것을 나타내는 선도를 상태도라 한다.

1) 2성분계 상태도

  서로 다른 2가지 종류의 성분으로 구성되어 있는 금속을 2성분계 합금이라 하고, 조성과 온도에 따라 존재하는 상태가 다른데 이것을 평면상에 나타낸 것을 2성분계 상태도라 한다.

2) 전율고용체 상태도

  두 성분이 서로 어떠한 비율인 경우에도 상관없이 용해하여 하나의 상을 이룰 때 전율 고용이라 한다. 이와 같은 상태를 평면상에 나타낸 것을 전율고용체 상태도라 한다.

3) 공정형 상태도

  ① 편석 : 합금 속에 처음에 응고한 부분과 나중에 응고한 부분에서 농도차가 일어나는 것.
  ② 정출 : 액체가 응고하여 고체로 되는 것.
  ③ 석출 : 하나의 고체가 온도 변화에 의해 다른 금속의 결정체로 되는 것.

(3) 합금되는 금속의 반응★★★

  ① 공정반응 : 2가지 성분의 금속이 용융되어 있는 상태에서 하나의 액체로 존재하나 응고시 일정한 온도에서 액체로부터 두 종류의 금속이 일정한 비율로 동시에 정출되어 나온 것을 공정반응이라 한다.(액체 ↔ 고체A+고체B)
  ② 포정반응 : 하나의 고체에 다른 액체가 작용하여 다른 고체를 형성하는 반응이다.(고체A+액체 ↔ 고체B)
  ③ 편정반응 : 하나의 액상에서 다른 액상과 고용체를 동시에 생성하는 반응이다.(고체+액체A ↔ 액체B)

(4) 고체 내에서 다른 고체로 변화할 때 반응

  ① 공석반응
  ② 포석반응
  ③ 편석반응

3 금속의 소성과 회복

1. 금속의 소성변형

(1) 탄성변형

  금속에 외력을 가했을 때 발생된 변형이 외력을 제거하면 원상태로 회복될 수 있는 변형이다.

(2) 소성변형★★

  금속에 외력을 가했을 때 발생된 변형이 외력을 제거해도 원상태로 회복되지 않는 변형이다.

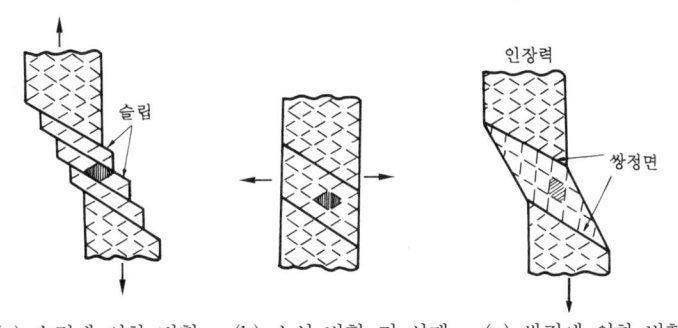

(a) 슬립에 의한 변형   (b) 소성 변형 전 상태   (c) 쌍정에 의한 변형

그림1-4 소성변형의 종류

① **미끄럼(slip) 변형** : 결정내의 일정면의 원자가 원자면을 따라 미끄럼을 일으키는 변형이다. 원자 밀도가 최대인 격자면에서 잘 일어난다.
② **쌍정(twin) 변형** : 어떤 면을 경계로 하여 서로 대칭 형태의 원자배열을 갖고 일어나는 변형이다.
③ **전위(dislocation)변형** : 결정내 원자배열 중 불완전한 부분이나 결함이 있는 부분에서 먼저 일어나는 국부적인 격자 배열의 결함이다.

2. 소성가공★★★★

소성을 가진 재료에 외력을 가하여 만들고자 하는 모양의 제품을 만드는 가공을 소성가공이라 하고 소성가공의 종류로는 단조, 압연, 압출, 인발, 전조, 프레스 가공 등이 있다.

(1) 재결정(recrystallization)

가공경화된 재료를 가열시 결정핵이 성장하여 발생하는 새로운 결정, 이때의 온도를 재결정 온도라 한다. 이 재결정 온도에 따라 소성가공은 냉간가공과 열간가공으로 구분한다.

표1-1 재결정 온도

원소	Fe	Ni	Cu	Ag	W	Al	Pt	Au	Mg
재결정온도[℃]	350~450	600	200	200	1200	150	450	200	150

(2) 냉간가공과 열간가공

1) **냉간가공(cold working)의 특징** : 재결정 온도 이하에서 가공
   ① 강도 및 경도 증가 및 연신율 감소
   ② 제품의 치수가 정확하고 가공면이 아름답다.
   ③ 가공 방향에 따라 강도가 다르다.(섬유조직)
   ④ 인성이 감소하여 자주 풀림 처리를 해야 한다.

2) **열간가공(hot working)의 특징** : 재결정 온도 이상에서 가공

① 작은 동력으로 큰 변형을 줌으로 경제적이다.
② 균일한 재질을 얻는다.
③ 성형하기 쉽다.
④ 대량 생산이 가능하다.
⑤ 대형 제품 생산에도 가능하다.
⑥ 피니싱 온도(finishing temperature) : 열간 가공을 끝맺는 온도

3) 가열온도가 높아짐에 따라 입자는 커지며, 가공도가 커지면 결정입자는 미세하게 된다.

(3) 가공경화(work hardening)★★★

재료에 외력을 가하여 변형시키면 굳어져 경도 및 강도는 증가하고 연신율 및 단면수축률은 감소하는 현상이다.

(4) 시효경화(age hardening)★★

가공 후 시간의 경과와 더불어 자연히 경화되어 가는 현상이다.

(5) 인공시효(artificial aging)★

인공적(가열하여)으로 시효 경화를 촉진시켜 주는 것이다.

3. 금속의 회복

냉간가공시 가공경화 현상에 의하여 어느 정도 이상에서는 냉간가공이 어려워지므로 이 때 풀림 처리를 해주면 냉간가공을 하기에 적당한 성질로 회복된다. 이와 같이 가공한 재료를 고온으로 가열시켜주면 내부응력제거, 연화, 재결정, 결정입자의 성장 등의 현상이 나타난다.

chapter 1 ● 실전연습문제

01 지름 15[mm]의 연강봉에 500[kgf]의 인장하중이 작용할 때 여기에 생기는 응력은 약 얼마인가?

① $1.3[\mathrm{kg_f/cm^2}]$
② $128[\mathrm{kg_f/cm^2}]$
③ $2.8[\mathrm{kg_f/cm^2}]$
④ $283[\mathrm{kg_f/cm^2}]$

Solution $\sigma = \dfrac{P}{A} = \dfrac{4 \times 500}{\pi \times 1.5^2} = 282.92 [\mathrm{kg_f/cm^2}]$

02 다음은 1500[℃]에서 자유 에너지(G)와 조성간의 관계를 그린 것이다. 옳은 것은?

①
②
③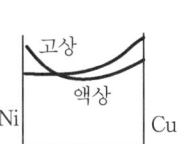
④

03 금속의 결정입자를 X선으로 관찰하면 금속 특유의 결정형을 가지고 있는데 그림과 같은 결정격자의 모양은 무엇인가?

① 면심입방격자
② 체심입방격자
③ 조밀육방격자
④ 단순입방격자

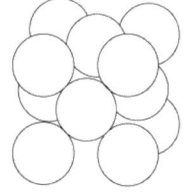 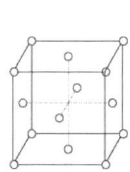

Solution ● 면심입방격자 : 모서리와 면 중심에 원자가 있는 격자 구조

Answer 01 ④ 02 ① 03 ①

04 반복하중을 가하여 재료의 강도를 평가하는 시험 방법은 다음 중 어느 것인가?

① 충격시험 ② 인장시험
③ 굽힘시험 ④ 피로시험

> **Solution**
> ① 충격시험 : 재료에 충격하중을 가하여 인성과 메짐성을 시험
> ② 인장시험 : 재료에 인장하중을 가하여 재료의 항복점, 탄성한도, 인장강도, 연신율 등을 측정
> ③ 굽힘시험 : 굽힘에 대한 재료의 저항력, 재료의 탄성계수, 탄성 에너지를 결정하기 위한 시험

05 연성(延性) 재료가 고온에서 정하중을 받을 때 기준강도로서 어떤 것을 취하는가?

① 항복점 ② 피로한도
③ 크리프 한도 ④ 극한강도

> **Solution**
> • 크리프 시험 : 고온에서 시험편에 정하중을 가했을 때, 시간과 변형률의 관계로부터 고온에서 재료의 특성을 결정하는 시험이다.

06 인장시험편을 만들 때 고려하지 않아도 되는 사항은?

① 시험편의 무게
② 표점거리
③ 평행부의 길이
④ 평행부의 단면적

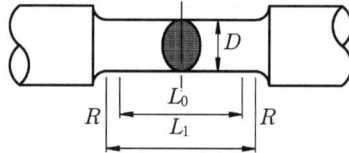

> **Solution**
> • 시험편의 모양
> ① L_0 : 표점거리
> ② L_1 : 평행부 거리
> ③ D : 지름
> ④ R : 모서리 반지름

07 공정점에서의 자유도(degree of freedom)는 얼마인가?

① 0 ② 1
③ 2 ④ 3

> **Solution**
> • 상률 : 계중의 상이 평형을 유지하기 위한 자유도를 규정하는 법칙
> • 자유도
> $F = n + 2 - p$
> n : 성분의 수
> p : 상의 수
> • 공정점에서 자유도
> $F = 1 + 2 - 3 = 0$

Answer 04 ④ 05 ③ 06 ① 07 ①

08 기계재료의 조직 검사법 중 결함 검사법에 해당되지 않는 것은?

① 자력결함 검사법 ② 형광 검사법
③ X-선 검사법 ④ 인장시험 검사법

Solution • 기계적 시험 : 기계재료의 기계적 성질을 파악하기 위한 시험
① 인장시험
② 경도시험
③ 충격시험
④ 피로 및 크리프 시험
⑤ 마멸시험

09 냉간가공이나 용접을 한 금속으로부터 강도를 크게 떨어뜨리지 않고 변형방지와 내부응력을 제거하기 위한 가장 좋은 열처리법은?

① 오스템퍼링 ② 뜨임
③ 노말라이징 ④ 응력제거풀림

10 지름이 5[cm]인 봉에 800[kgf]의 인장력이 작용할 때 응력[kgf/cm²]은 약 얼마인가?

① 41 ② 51
③ 80 ④ 120

Solution $\sigma = \dfrac{P}{A} = \dfrac{4P}{\pi d^2} = \dfrac{4 \times 800}{\pi \times 50^2} = 40.74 \, [\text{kg/cm}^2]$

11 다음 중 비금속재료는?

① Al_2O_3 ② Au
③ Ni ④ Co

12 이원합금(二元合金)에서 공정반응을 일으킬 때의 자유도는?

① 0 ② 1
③ 2 ④ 3

Solution • 이원합금(binary alloy) : 1개의 계를 구성하고 있는 물질이 2성분으로 된 것.
$F = n + 2 - p$
F : 자유도
n : 성분의 수
p : 상의 수
• 공정반응 : $L \rightleftarrows A + B$
① A 고체상태 ② B 고체상태
③ L 액체상태 ④ $A + L$ 상태
⑤ $B + L$ 상태
• $F = n + 2 - p = 2 + 2 - 4 = 0$

Answer 08 ④ 09 ④ 10 ① 11 ① 12 ①

13 지름 10[mm]인 강구를 사용하여 시험편에 500[kg]의 정하중으로 30초간 눌렀을 때 생기는 영구변형 깊이가 0.5[mm]이라면 재료의 브리넬 경도는?

① 31.8[kg/mm²] ② 27.8[kg/mm²]
③ 35.7[kg/mm²] ④ 30.8[kg/mm²]

Solution • 브리넬 경도
$$H_B = \frac{W}{A} = \frac{W}{\pi D t} = \frac{500}{\pi \times 10 \times 0.5} = 31.83 \, [\text{kg/mm}^2]$$

14 재료에 일정한 응력을 가할 때 생기는 변형량의 시간적 변화를 무엇이라 하는가?

① 피로 ② 인장
③ 크리프 ④ 압축

Solution ① 피로(fatique) : 작은 응력이라도 장시간 연속적으로 되풀이하여 작용시켰을 때 재료에 나타나는 현상
② 크리프(creep) : 재료를 고온에서 장시간 외력을 걸어 놓으면 시간의 경과에 따라 천천히 변형이 증가하는 현상

15 브리넬 경도 시험기에서 강철볼(steel ball)의 지름이 2[mm], 하중이 471[kg_f]이고 시편에 압입한 강철볼의 깊이가 0.5[mm]일 때 브리넬 경도 H_B는?

① 75 ② 150
③ 37.5 ④ 300

Solution • 브리넬 경도
$$H_B = \frac{W}{A} = \frac{W}{\pi D t} = \frac{471}{\pi \times 2 \times 0.5} = 150 \, [\text{kg}_f/\text{mm}^2]$$

16 샤르피 충격시험에 대한 설명이다. 틀린 것은?

① 충격력에 대한 재료의 충격저항 즉 점성강도를 측정하는데 그 목적이 있다.
② 재료를 파괴할 때 재료의 인성(toughness) 또는 취성(brittleness)을 시험한다.
③ Ni-Cr 강의 뜨임취성, 강의 청열취성과 저온취성 등의 기계적 성질을 파악할 수 있다.
④ 충격흡수 에너지 단위면적당 충격값은 [cm²/kg·m]로 표시한다.

Solution 단위면적당 충격값이면 [kg_f·m/cm²]으로 표시할 수 있다.

17 금속의 일반적인 소성가공은 재료의 어떤 성질을 이용하는 것인가?

① 가공경화 ② 재결정
③ 영구변형 ④ 기계가공성

Answer 13 ① 14 ③ 15 ② 16 ④ 17 ③

Solution ① 탄성 : 물체에 외형을 가해 수반된 변형이 외력이 제거됨과 동시에 원 상태로 회복하는 기계적 성질이다.
② 소성 : 물체에 외력을 가해 수반된 변형이 외력을 제거하여도 변형된 상태를 유지하는 기계적 성질이다.

18 충격시험은 무엇을 측정하기 위한 시험인가?
① 인장강도   ② 연신율
③ 경도   ④ 인성

Solution ① 인장강도 : 인장시험
② 연신율 : 인장시험
③ 경도 : 경도시험

19 저융점 합금(fusible alloy)의 설명 중 옳지 않은 것은?
① 포정계 합금   ② 로즈 합금, 뉴톤 합금
③ 주성분은 Pb, Sn, Cd   ④ 전기 퓨즈, 안전 밸브 등에 사용

Solution • 저융점 합금(fusible alloy) : 합금으로는 로즈 합금, 뉴톤 합금이 있고 주성분은 Pb, Sn, Cd 등이다. 전기 퓨즈, 안전밸브 등에 사용된다.
가용합금이라고도 하며 융점이 낮은 금속(Sn, Bi, Pb, Cd 등)보다 낮은 온도에서 녹는 합금이다.

20 다음 중에서 가공경화 현상이 나타나는 이유로 가장 큰 원인에 해당되는 것은?
① 응력감소   ② 결정 결함수의 감소
③ 결정 결함 수 증가 ④ 전위의 수 감소

21 금속재료를 소성가공시 열간가공과 냉간가공의 기준이 되는 온도는 다음 중 어느 것인가?
① 변태 온도   ② 단조 온도
③ 담금질 온도 ④ 재결정 온도

22 금속 원소 중 경금속 원소는?
① Fe   ② Cu
③ Pb   ④ Al

23 금속재료의 냉간가공에 따른 성질변화 중 옳지 않은 것은?
① 인장강도 증가   ② 경도 증가
③ 연신율 감소   ④ 인성 증가

Answer 18 ④ 19 ① 20 ③ 21 ④ 22 ④ 23 ④

24 철사를 끊으려고 손으로 여러 번 구부렸다 폈다 하면 구부러지는 부분에 경도가 증가된다. 그 가장 큰 이유는?
① 쌍정현상 때문에
② 가공경화 현상 때문에
③ 슬립현상 때문에
④ 결정입자가 충격을 받기 때문에

25 다음 중 기계재료로 가장 많이 사용되는 2원합금 재료는 무엇인가?
① 알루미늄 합금
② 청동
③ 스테인레스강
④ 탄소강

26 다음 중 기계적 성질과 가장 먼 항목은?
① 용융점
② 경도
③ 충격값
④ 신연율

27 다음 중 파괴 시험법은
① X-선 시험법
② 초음파 탐상법
③ 피로 시험법
④ 형광 탐상법

28 정지 상태에서 압입자를 눌러서 경도를 측정하는 경도계가 아닌 것은?
① 브리넬 경도계
② 쇼어 경도계
③ 로크웰 경도계
④ 비커스 경도계

29 다음 중 반발경도 시험법에 속하는 것은?
① 브리넬 경도
② 로크웰 경도
③ 비커스 경도
④ 쇼어 경도

30 γ-Fe의 격자구조는?
① BCC
② FCC
③ HCP
④ SC

31 두께 12[mm]의 연강판에 한 변의 길이가 10[mm]인 정사각형 구멍을 펀칭하는데 드는 힘은? (단, 연강판의 파괴전단응력은 $4000[kg_f/cm^2]$이다.)
① 9.6 톤
② 15.1 톤
③ 19.2 톤
④ 31 톤

Solution $F = \tau \cdot A = 4000 \times 1.2 \times 1.0 \times 4 = 19.2 \times 10^3 [kg_f]$

Answer 24 ② 25 ④ 26 ① 27 ③ 28 ② 29 ④ 30 ② 31 ③

chapter 2 탄소강의 특성과 용도

1 철과 강

(1) 철의 분류★★★

철강석을 용광로에 용해시켜 선철을 만들고 이 선철을 제강로에서 정련하여 강을 만들며, 용선로에서 용해시켜 주철을 만든다.

1) 순철(pure iron)

탄소함유량이 0.03[%] 이하인 철로써 전기재료, 용접 등에 사용된다.

2) 강(steel)

탄소강과 합금강으로 구분한다.
① 탄소강(carbon steel) : 탄소함유량이 0.03~2[%]이하인 철로써 주로 기계재료로 사용된다.
② 합금강(특수강; alloy steel) : 탄소강 + 다른 금속(Mn, Cr, Ni, Mo, W)

3) 주철(cast iron)

탄소함유량이 2.0 ~ 6.68[%]이하의 철로써 여리고 약하여 주물재료로 사용된다.

(2) 탄소 함유량에 따른 강의 분류★★★

① 아공석강 : 0.03~0.85[%] C－페라이트＋펄라이트 조직
② 공석강 : 0.85[%] C－펄라이트 조직
③ 과공석강 : 0.85~2.0[%] C－펄라이트＋시멘타이트 조직

(3) 탄소 함유량에 따른 주철의 분류★★★

① 아공정 주철 : 2.0~4.3[%] C－오스테나이트＋레데뷰라이트 조직
② 공정 주철 : 4.3% C－레데뷰라이트 조직
③ 과공정 주철 : 4.3~6.68[%] C－레데뷰라이트 조직＋시멘타이트 조직

2 순철(pure iron)

(1) 순철의 성질

① 항자력이 낮고, 투자율이 높아 전기재료(변압기나 발전기의 철심)로 사용된다.

> **참고**
> ① 항자력 : 자기장에 영향을 받지 않는 힘
> ② 투자율 : 자성체가 자화하는 정도를 나타내는 물질상수

② 단접성, 용접성 양호하다.
③ 유동성 및 열처리성이 불량하고 상온에서 전연성이 풍부하다.
④ 항복점, 인장강도가 낮고 연신율, 단면수축율, 충격값, 인성은 높다.
⑤ 비중은 7.87, 용융점은 1538[℃]이다.
⑥ 인장강도 $\sigma = 18 \sim 25[kg/mm^2]$, 경도 $H_B = 60 \sim 70[kg/mm^2]$이다.
⑦ 순철의 종류로는 암코철, 전해철, 카보닐철, 수소환원철 등이 있다.

(2) 순철의 변태 *****

① A_2 변태 : 768[℃] - 자기변태점
② A_3 변태 : 910[℃] - 동소변태점
③ A_4 변태 : 1400[℃] - 동소변태점

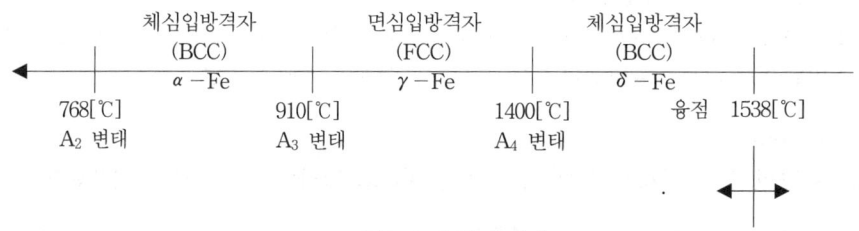

그림2-1 순철의 변태

> **참고**
> ① A_0 변태 : 210[℃] - 시멘타이트의 자기 변태점
> ② A_1 변태 : 723[℃] - 순철에는 없고 강에서만 나타나는 변태

3 탄소강(carbon steel)

(1) 철-탄소계 평형 상태도 *****

철-탄소계 평형 상태도에는 Fe-C(graphite)계와 Fe-Fe₃C(cementite)계가 있다. 그림2-2에서 Fe-C계 상태도는 점선으로, Fe-Fe₃C는 실선으로 표시하였다.

철-탄소계 평형 상태도에서 중요 내용을 요약 정리하면 다음과 같다.

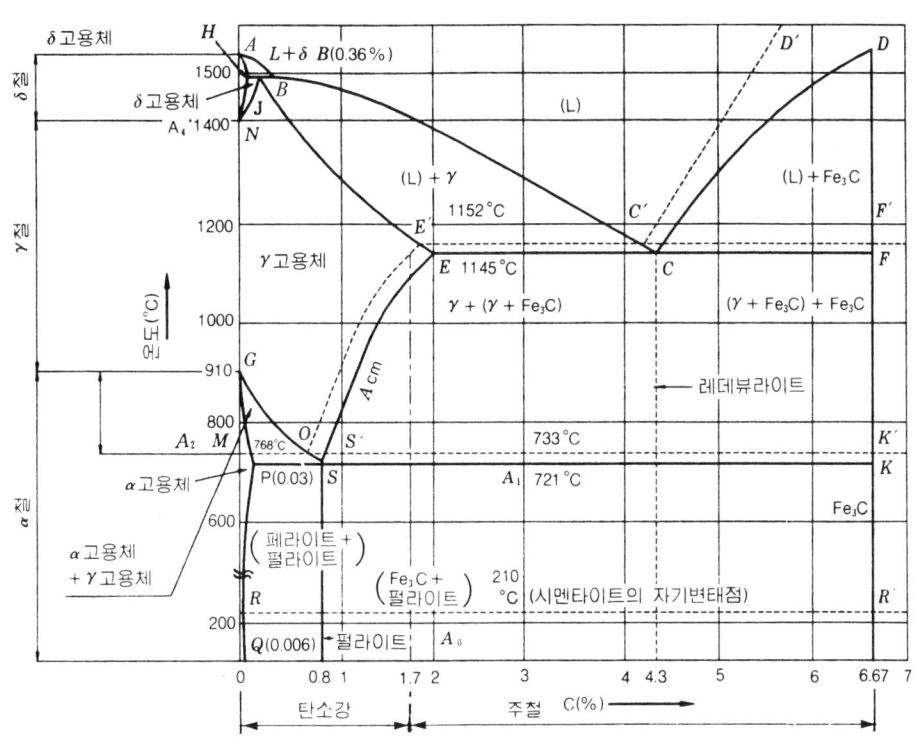

그림2-2 철-탄소계 평형 상태도

① AHN-δ 고용체 : δ-ferrite 조직의 체심입방격자(BCC)
② HJB-포정선(1492[℃]) : 융액+δ 고용체 ↔ γ 고용체, 포정점 : 1492[℃], 0.18[%]C 지점
③ N-순철의 A_4 변태점(1400[℃]) : δ 고용체 ↔ γ 고용체
④ C-공정점 : 1147[℃], 4.3%C 지점
⑤ ECF-공정선 : 융액 ↔ γ 고용체+Fe_3C
⑥ G-순철의 A_3 변태점(910[℃]) : γ 고용체 ↔ α 고용체
⑦ M-순철의 A_2 변태점(768[℃])
⑧ MO-강의 A_2 변태점(768[℃])
⑨ S-공석점 : 723[℃], 0.77[%]C 지점

(2) 탄소강의 표준조직(normal structure)★★★★

1) 페라이트(ferrite)
① 탄소(C)함량이 0.025[%] 이하인 α-고용체, 파면은 백색이다.
② 극히 연하여 연성과 전성이 大, 인장강도 小
③ 상온에서 강자성체
④ 경도 H_B = 80, 연신율 40[%], 인장강도 35[kg/mm^2]
⑤ 최대 연신율을 갖는 조직
⑥ α 고용체 : α-ferrite 조직의 체심입방격자(BCC)

2) 펄라이트(perarlite)
   ① 탄소(C)함량이 0.85[%]의 α-고용체＋탄화철(Fe_3C)
   ② 연하지만 강도는 크다.
   ③ 오스테나이트가 페라이트와 시멘타이트 층(공석점)으로 변화된 조직
   ④ 경도 H_B = 200, 연신율 10[%], 인장강도 90[kg/mm^2]
   ⑤ 최대 인장강도를 갖는 조직
   ⑥ α-고용체＋탄화철(Fe_3C) : perarlite 조직의 기계적 혼합물

3) 시멘타이트(cementite)
   ① 탄소(C)함량이 6.68[%]의 탄화철(Fe_3C)로 백색이다.
   ② 경도와 취성(메짐성)이 크(大)고, 상온에서 강자성체이다.
   ③ 경도 H_B = 800, 연신율0[%], 인장강도 35[kg/mm^2]이하
   ④ 강의 표준 조직 중 경도가 최대-담금질을 해도 경화 不
   ⑤ 탄화철(Fe_3C) : cementite 조직의 금속간 혼합물

4) 오스테나이트(austenite)
   ① A_1 변태점 이상에서 안정된 조직의 γ고용체
   ② 인성이 크(大)고, 상자성체이다.
   ③ 경도 H_B = 155
   ④ γ고용체 : austenite의 면심입방격자(FCC)

5) 레데뷰라이트(ledeburite)
   ① 상온에선 불안정한 γ고용체 ＋ 탄화철(Fe_3C)
   ② 오스테나이트와 시멘타이트가 층으로 된 조직
   ③ 탄화철이 흑연과 γ-철로 분해된다.
   ④ γ고용체 ＋ 탄화철(Fe_3C) : ledeburite 조직의 기계적 혼합물

> **참고**
> 순철의 표준조직은 일반적으로 다각형 입자 형태이며 상온에서는 보통 체심입방격자 구조인 α 조직(ferrite structure)이다.

(3) 탄소강의 성질 ★★

1) 물리적 · 화학적 성질
   ① 탄소량 증가에 따라 비중, 열팽창계수, 열전도도 등은 감소한다.
   ② 탄소량 증가에 따라 비열, 전기저항, 항자력 등은 증가한다.
   ③ 탄소량 증가에 따라 내식성은 감소한다. 그러나 소량의 Cu를 첨가하면 내식성은 증가한다.

2) 기계적 성질
   ① 아공석강 : 탄소량의 증가에 따라 인장강도, 경도, 항복점 등은 증가, 열처리성 양호, 연성 및 인성 감소, 용접성 불량
   ② 공석강 : 탄소량의 증가에 따라 인장강도, 경도 등은 최대로 증가, 연신율 및 단면수축률 등은 감소

③ 과공석강 : 탄소량의 증가에 인장강도는 감소, 경도는 증가

3) 온도에 따른 기계적 성질
① 탄소강의 온도상승에 따라 탄성계수, 탄성한도, 항복점 등은 감소
② 인장강도가 최대가 되는 점에서 연신율과 단면수축률은 최소가 되고 그 이후에는 온도상승에 따라 점차 증가한다.

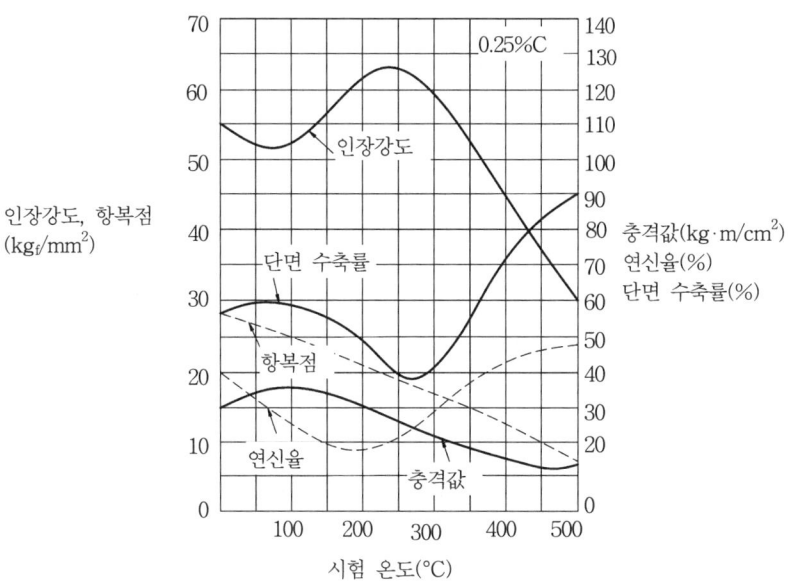

그림 2-3 온도에 따른 탄소강의 기계적 성질

4) 탄소강의 온도에 따른 취성(메짐성)★★★
강을 여리게(연하게) 만드는 현상
① 청열취성 : 200~300[℃]에서 청색의 산화피막 발생, 강도 증가(인장강도 최대), 연신율 감소 현상
② 적열취성 : 다량의 황(S) 때문에 고온(900[℃])에서 발생, 망간과 결합(MnS)하여 적열취성 방지
③ 상온취성 : 상온에서 인(P) 때문에 발생
④ 고온취성 : 0.2[%]이상의 구리(Cu)를 함유한 상태의 고온에서 발생
⑤ 냉간취성 : 상온이하의 저온에서 인(P) 때문에 발생

(4) 탄소강 중 탄소 이외의 원소가 미치는 영향★★★

① 규소(Si) : 경도, 탄성한계, 인장강도 등을 증가, 연신율, 충격값 등은 감소, 유동성 양호
② 망간(Mn) : 적열취성 방지, 강도, 경도, 인성 등을 증가, 주조성을 좋게, 담금질 효과 크게, 고온 가공을 용이하게 한다.
③ 인(P) : 경도, 강도 등을 증가, 절삭성이 양호, 편석 및 균열의 원인
④ 황(S) : 절삭성이 양호, 인장강도, 연신율, 충격값 등은 감소, 용접성 저하, 유동성 저하
⑤ 구리(Cu) : 인장강도, 탄성한도 등은 증가, 내식성 증가, 압연시 균열의 원인

⑥ 산소(O_2) : 적열 메짐성의 원인
⑦ 수소(H_2) : 백점, 헤어 크랙(hair crack)의 원인, 철을 여리게, 알칼리에 약함

> **참고**
> 헤어 크랙 : H_2 가스에 머리카락 모양으로 미세하게 균열이 생기는 것(박점)이다.

⑧ 질소(N_2) : 경도와 강도 증가

(5) 탄소 함유량에 따른 탄소강의 분류★

① 극연강 : 0.12%C 이하, 인장강도 38[kg/mm^2] 이하, 강판, 강선, 못, 강관, 리벳 用
② 연강 : 0.13~0.2%C, 인장강도 38~44[kg/mm^2], 강관, 강봉, 볼트 用
③ 반연강 : 0.2~0.3%C, 인장강도 44~50[kg/mm^2], 기어, 레버, 너트 用
④ 반경강 : 0.3~0.4%C, 인장강도 50~55[kg/mm^2], 강판, 차축 用
⑤ 경강 : 0.4~0.5%C, 인장강도 55~60[kg/mm^2], 차축, 기어, 캠, 레일 用
⑥ 최경강 : 0.5~0.7%C, 인장강도 60~70[kg/mm^2], 축, 기어, 레일, 스프링, 피아노선 用
⑦ 탄소공구강 : 0.6~1.5%C, 인장강도 50~70[kg/mm^2], 절삭공구, 게이지 用
⑧ 표면경화용강 : 0.08~0.2%C, 인장강도 15~20[kg/mm^2], 기어, 캠, 축 用

4 강의 제조

(1) 제강로의 종류

① 평로(open hearth furnace) : 선철, 고철, 철광석 등을 용해시킬 수 있는 것으로 불순물제거, 대량의 제강에 가장 적합한 로이다.
② 전로(converter) : 용해된 선철을 전로에 주입한 후 송풍된 공기를 이용하여 탄소(C), 규소(Si) 및 불순물을 산화, 연소시켜 강철을 만들 수 있는 로이다.
③ 전기로(electric furnace) : 전열을 이용하여 선철, 고철 등의 제강 원료를 용해하여 온도가 높고 성분의 조절이 자유로운 고순도의 강을 만든다. 탄소강, 합금강, 주강 등의 제조에 사용된다.
④ 도가니로(crucible furnace) : 공기·가스가 직접 닿지 않아 원료의 소모가 적은 소량의 합금강 제조에 사용된다.

(2) 탈산 정도에 따른 강의 종류★★★

강괴란 용용된 강을 재틀에 옮긴 후 주철제와 주형에 주입하여 냉각한 것이다.

① 킬드강(killed steel) : 노 내에서 페로실리콘(Fe-Si), 알루미늄(Al) 등의 강력 탈산제에 의해 충분히 탈산된 강(완전탈산강)이다. 불순물이 적고, 기계적 성질이 양호하며 편석이 적다.
② 세미킬드강(semikilled steel) : 페로망간(Fe-Mn), 페로실리콘(Fe-Si), 알루미늄(Al) 등을 이용하여 약하게 탈산시켜 기포와 편석을 적게 한 강이다.
③ 캡트강(capped steel) : 페로망간으로 가볍게 탈산한 강을 다시 탈산시켜 편석과 수축공이 적은 강이다.
④ 림드강(rimmed steel) : 페로망간으로 가볍게 탈산시켜 기공이 많은 강으로 편석이 되기 쉽다.

chapter 2 실전연습문제

01 Fe-Fe₃C 상태도에서 A_{cm} 변태는 다음 중 어느 것인가?

① 오스테나이트 → 오스테나이트+시멘타이트
② 오스테나이트 → 오스테나이트+페라이트
③ 오스테나이트 → 마텐자이트+시멘타이트
④ 오스테나이트 → 펄라이트+마르텐자이트

> **Solution** A_1, A_2, A_3 등의 변태점을 가열시와 냉각시에 다소의 차이가 있으므로 이를 구별하기 위하여 가열할 때 일어나는 변태로 A_{c1}, A_{c2}, A_{c3}, 냉각할 때 변태를 A_{r1}, A_{r2}, A_{r3}로 표시하고 있다. 오스테나이트 조직에서 탄소함유량이 많아지면 시멘타이트화 되어 간다.

02 탄소강 중에 함유된 원소의 영향을 잘못 설명한 것은?

① Mn : 결정의 성장을 방지하고 표면소성을 저지한다.
② P : 경도 및 강도가 다소 증가되나 연신율이 감소되고, 편석이 생기기 쉬우며, 상온취성의 원인이 된다.
③ S : 압연, 단조성을 좋게하며 적열취성의 원인이 된다.
④ Si : 인장강도, 탄성한계, 경도 등을 크게하나 연신율, 충격값을 감소시킨다.

> **Solution** • 탄소강 중의 황의 영향
> ① 적열취성의 원인
> ② 인장강도, 연신율, 충격값 감소
> ③ 용접성 저하
> ④ 유동성 저하

03 염기성 전로에 사용되는 내화벽돌 재료는 어느 것인가?

① 샤모트 벽돌
② 규석 벽돌
③ 고알루미나 벽돌
④ 마그네시아 벽돌

04 펄라이트(pearlite)의 생성되는 과정에서 틀린 것은?

① Fe₃C 의 핵이 성장한다.
② α가 생긴 입자에 Fe₃C 가 생긴다.
③ γ의 결정립계에 Fe₃C 의 핵이 생긴다.
④ Fe₃C 의 주위에 γ가 생긴다.

Answer 01 ① 02 ③ 03 ④ 04 ④

> **Solution** • 펄라이트(pearlite)조직 : 오스테나이트(γ 고용체)가 페라이트(α 고용체)와 시멘타이트(Fe_3C) 층으로 된 조직

05 철의 동소체로서 A_3 변태에서 A_4 변태 사이에 있는 철은?

① α-Fe
② β-Fe
③ γ-Fe
④ δ-Fe

> **Solution** 탄소함량이 2.0[%]이하인 탄소강이 A_3 변태에서 A_4 변태 사이에 오스테나이트 조직의 γ-Fe이 생성된다.

06 탄소강은 일반적으로 200~300[℃]부근에서 상온보다 더욱 취약한 성질을 갖는다. 이것을 무엇이라 하는가?

① 저온취성
② 청열취성
③ 고온취성
④ 적열취성

> **Solution** • 온도에 따른 탄소강의 메짐성(취성)
> ① 적열메짐성 : 황(S)이 다량 함유된 강이 900[℃] 이상에서 여린 성질을 갖게 되는 현상으로 Mn을 첨가함으로 방지할 수 있다.
> ② 상온메짐성(저온메짐성) : 인(P)을 함유한 강이 상온 또는 그 온도 이하에서 결정입자를 조대화시켜 여리게 만드는 현상
> ③ 고온메짐성 : 0.2[%] 이상의 구리(Cu)를 함유한 강이 고온에서 여리게 되는 현상

07 탄소강에서 온도가 상승함에 따라 기계적 성질이 감소하지 않는 것은?

① 탄성계수
② 탄성한계
③ 항복점
④ 단면수축률

> **Solution** • 온도 증가에 따른 기계적 성질
> ① 강도 감소, 연신율 증가
> ② 적열 상태에서 전연성이 아주 크다.
> ③ 소성가공이 쉽다.

08 탄소강에 첨가할 경우 결정립을 미세화시키는 원소는?

① P
② V
③ Si
④ Al

> **Solution** ① P : 강도, 경도 증가, 절삭성 양호
> ② Si : 경도, 탄성한계, 인장강도 증가
> ③ Al : 산화의 저항성 향상, 내열성 증가

Answer 05 ③ 06 ② 07 ④ 08 ②

09 탄소량이 변화하면 탄소강의 성질도 변화된다. 탄소량이 증가하면 어떠한 현상이 나타나는가?
① 열팽창계수가 증가한다.
② 열전도율이 증가한다.
③ 전기저항이 증가한다.
④ 비중이 증가한다.

10 탄소강에서 탄소(C)[%]의 증가에 따라 물리적 성질이 증가하는 것은?
① 비중
② 열팽창계수
③ 열전도도
④ 전기적저항

> **Solution** • 탄소 증가에 따른 물리적 성질
> ① 비중과 선팽창계수 감소
> ② 비열, 전기저항, 보자력 증가
> ③ 내식성 감소-소량의 구리 첨가로 내식성 향상

11 강에 함유되어 있는 황(S)의 편석이나 분포 상태를 검출하는데 사용되는 검사법은?
① 감마선(γ) 검사법
② 설퍼 프린트법
③ X-선 검사법
④ 초음파 검사법

> **Solution** • 설퍼 프린트법(KSD 0026) : 브로마이드(bromide) 인화지를 1~5[%]의 황산수용액에 5~10분 정도 담근 후 시험편에 밀착시킨다. 황의 분포상태는 1~3분간 밀착한 인화지를 시험편에서 떼어낸 다음, 깨끗이 씻고 건조시켜 인화지에 나타난 갈색 반점의 명암도를 조사하여 판정한다.

12 순철에는 없으며, 강의 특유한 변태는?
① A_1
② A_2
③ A_3
④ A_4

> **Solution** • 강의 A_1변태 : γ 고용체로부터 α 고용체와 시멘타이트가 동시에 석출되어 펄라이트 조직을 형성, 공석강을 만드는 공석점의 탄소함유량 0.77[%], 727[℃]이다.

13 용선중에 포함된 불순물들을 산화 제거하여 강의 제조에 사용되는 로는?
① 용광로
② 용선로
③ LD전로
④ 변성로

> **Solution** ① 용광로 : 철광석을 용해하여 선철을 얻는다. 용량은 ton/day 이다.
> ② 용선로(큐폴라) : 주철을 용해, 용량은 ton/hr 이다.
> ③ LD전로(산소 전로) : 원료로 용선을 사용, 용량은 1회 장입량으로 한다.(ton/rev)

Answer 9 ③ 10 ④ 11 ② 12 ① 13 ③

14 특수원소를 탄소강에 첨가할 경우 담금질성 향상 효과가 큰 것부터 배열된 항은?

① Cr, Mn, Cu, Ni
② Ni, Cu, Cr, Mn
③ Mn, Cr, Ni, Cu
④ Ni, Mn, Cr, Cu

▶Solution • 담금질이 잘되기 위한 강으로 만드는 합금 원소 : 망간(Mn), 니켈(Ni), 몰리브덴(Mo), 크롬(Cr)

15 다음 중 기계구조용 재료로 가장 많이 사용되는 2원합금 재료는 무엇인가?

① 알루미늄 합금
② 고속도강
③ 스테인레스강
④ 탄소강

16 탄소강에서 적열취성의 원인이 되는 원소는?

① 규소
② 망간
③ 인
④ 황

▶Solution • 적열취성 : 황을 많이 함유한 탄소강은 약 950[℃]에서 인성이 저하하는 현상

17 탄소공구강을 나타내는 기호는?

① STC
② STS
③ STD
④ SKH

▶Solution ① 합금공구강 : STS, STD(다이스강)
② 고속도 공구강 : SKH

18 순철(α철)의 격자구조는?

① 면심입방격자
② 면심정방격자
③ 체심입방격자
④ 조밀육방격자

19 순철은 1539[℃]에서 응고하여 상온까지 냉각하는 동안 A_2, A_3, A_4의 변태를 한다. A_2 변태 설명이 아닌 것은?

① 큐리점
② 자기 변태점
③ 동소 변태점
④ 자성만의 변화를 가져오는 변태

▶Solution • 순철의 변태
① 자기 변태점 : A_2(768[℃])
② 동소 변태점 : A_3(910[℃]), A_4(1400[℃])

Answer 14 ③ 15 ④ 16 ④ 17 ① 18 ③ 19 ③

20 탄소강 중에서 펄라이트(pearlite)에 대한 설명 중 옳은 것은?

① 탄소가 6.68[%]되는 철의 탄소화물인 시멘타이트로서 금속간 화합물이다.
② 0.86[%]의 γ 고용체가 723[℃]에서 분열하여 생긴 페라이트와 시멘타이트의 공석 조직이다.
③ 1.7[%] C의 γ 고용체와 6.68[%] C의 시멘타이트의 공정조직이다.
④ 1.7[%] C까지 탄소가 고용된 고용체이며, 오스테나이트라고도 한다.

Solution • 강의 표준조직
① 페라이트 : 전성과 연성이 크고, 강자성체로 α 고용체이다.
② 오스테나이트 : 인성이 큰 상자성체로 γ 고용체이다.
③ 시멘타이트 : 경도와 메짐성이 큰 강자성체로 탄화철(Fe_3C)이다.
④ 펄라이트 : 강도가 크고 연성이 있는 페라이트와 시멘타이트 층으로 된 조직이다.
⑤ 레데뷰라이트 : 오스테나이트와 시멘타이트가 층으로 된 조직이다.

21 탄소강 중 일반적으로 용융온도가 가장 높은 것은?

① 0.1[%] 탄소강
② 0.3[%] 탄소강
③ 0.8[%] 탄소강
④ 1.7[%] 탄소강

Solution 탄소강은 탄소함유량이 작을수록 용융온도는 높다.

22 탄소강에 함유된 황을 제거하려면 어떤 원소를 첨가하여야 하는가?

① 니켈
② 알루미늄
③ 망간
④ 인

23 순철에는 몇 개의 변태점이 있는가?

① 1
② 2
③ 3
④ 4

Solution
① Fe의 A_2 변태점 768[℃]- 자기변태점
② Fe의 A_3 변태점 910[℃]- 동소변태점
③ Fe의 A_4 변태점 1400[℃]- 동소변태점

24 다음 재료 중 기계구조용 탄소강을 나타낸 것은?

① STS4
② STC4
③ SM45C
④ STD11

Answer 20 ② 21 ① 22 ③ 23 ③ 24 ③

25 강과 주철은 어느 것을 기준으로 하여 구분하는가?
① 첨가 금속함유량　　② 탄소함유량
③ 금속조직 상태　　　④ 열처리 상태

26 강에 Mn을 첨가하면 어떤 성질이 가장 많이 증가하는가?
① 내산성 증가　　② 내식성 증가
③ 인장강도 증가　④ 내마모성 증가

27 탄소강에 함유된 원소 중에서 S의 영향은 어느 것인가?
① 고온취성　　② 상온취성
③ 청열취성　　④ ghost line

28 탄소강에서 기계적 성질에 가장 큰 영향을 주는 원소는?
① Mn　　② Si
③ C　　　④ S

29 줄(file)의 재질로는 보통 어떤 것이 사용되는가?
① 고속도강　② 탄소공구강
③ 초경합금　④ 특수합금강

30 노안에서 페로실리콘, 알루미늄 등의 강력한 탈산제를 첨가하여 충분히 탈산을 시킨 강괴는?
① Limmed steel　　② Semi-illed steel
③ Semi-Limmed steel　④ Killed steel

31 다음의 탄소강 조직 중 담금질 효과를 가장 기대할 수 없는 조직은?
① 오스테나이트　② 마텐자이트
③ 펄라이트　　　 ④ 페라이트

32 탄소강의 청열취성(blue shortness)이 나타나는 온도는?
① 상온　　　　　② 200~300[℃]
③ 400~500[℃]　④ 900~1,000[℃]

Answer　25 ②　26 ④　27 ①　28 ③　29 ②　30 ④　31 ④　32 ②

33 탄소강에서 탄소량이 증가할수록 어떤 결과가 생기는가?
① 경도감소, 연성증가
② 경도감소, 연성감소
③ 경도증가, 연성증가
④ 경도증가, 연성감소

34 다음 중 고급강을 제강하기 위하여 사용되는 가장 적합한 로(爐)는?
① 평로
② 전로
③ 전기로
④ 도가니로

35 탄소강에 첨가할 경우 결정립을 미세화시키는 원소와 관계가 가장 먼 것은?
① V
② Mg
③ Ti
④ Nb

> **Solution** • 결정립을 미세화시키는 원소의 종류
> ① 니오브(Nb)   ② 지르코늄(Zr)
> ③ 바나듐(V)   ④ 티탄(Ti)

36 다음 중 탄소강의 용도로 적합한 것은?
① 항공기 구조용
② 전기통신선로용
③ 화학약품용
④ 기계구조용

37 순철의 물리적 성질 중 비중은 얼마 정도인가?
① 7.87
② 6.65
③ 5.58
④ 4.78

38 0.4[%] C의 탄소강을 950[℃]로 가열하여 일정시간 충분히 유지시킨 후 상온까지 천천히 냉각시켰을 때의 상온 조직은?
① 시멘타이트(cementite) + 펄라이트(pearlite)
② 페라이트(ferrite) + 펄라이트(pearlite)
③ 시멘타이트(cementite) + 소르바이트(sorbite)
④ 페라이트(ferrite) + 소르바이트(sorbite)

39 강의 펄라이트(pearlite) 조직의 설명 중 틀린 것은?
① 페라이트와 시멘타이트의 층상혼합 조직이다.
② 비자성으로 다면체 조직이다.
③ 서냉조직으로 안정하다.
④ 순철에 비해 경도 및 강도가 크다.

Answer　33 ④　34 ③　35 ②　36 ④　37 ①　38 ②　39 ②

chapter 3 합금강의 특성과 용도

1 특수강의 종류

(1) **구조용 특수강** : 강인강, 표면경화용강, 스프링강, 쾌삭강 등
(2) **공구용 특수강(공구강)** : 합금 공구강, 고속도강, 다이스강, 비철 합금 공구재료 등
(3) **기타** : 내식·내열용 특수강(스테인레스강, 고 Cr강, 고 Ni강), 자성용 특수강, 전기용 특수강, 베어링강, 불변강 등

2 합금강에 영향을 주는 원소

(1) 강도·경도를 증가시키는 원소 - Ni, Cr, V, Co, Si 등
(2) 탄화를 쉽게 생성시키는 원소 - Cr, Ti 등

표3-1 합금강의 첨가 원소 ★★★

원소명	특 성
니켈(Ni)	저온 충격저항을 증가, 결정입자 미세화, 강도·경도 증가, 인성 및 내마멸성 증가, 내식성 및 내산성 증가
망간(Mn)	인장강도, 경도, 인성, 점성 증가, 내마멸성 증가, 담금질성 향상, 적열 취성 방지
크롬(Cr)	내식성·내열성 증가, 내마멸성 증가, 자경성 증가
텅스텐(W)	고온 강도와 경도 증가, 내마멸성 증가, 내열성 증가, 인장강도 증가
몰리브덴(Mo)	담금질 깊이를 깊게, 내식성 증가, 뜨임 취성 방지
바나듐(V)	Mo과 비슷한 특성을 갖는다. 결정립의 조절
규소(Si)	내열성, 전자기 특성 증가, 내식성 및 내마멸성 증가, 인장강도, 탄성한도, 경도 증가, 주조성 양호, 단접성 저하, 연신율 충격값 저하, 결정립 조대화, 가공성, 용접성 저하
코발트(Co)	고온 강도와 경도 증가
티탄늄(Ti)	탄화물 생성, 내식성 증가
구리(Cu)	공기 중 내산화성 증가

3 구조용 탄소강

(1) 일반 구조용 압연강 : 특별한 기계적 성질을 요구하지 않는다.

(2) 기계 구조용 탄소강(0.1~0.5[%] C+Si·Mn)
① 평로, 전기로에서 제강한 킬드강이 사용된다.
② 0.08~0.6[%] C까지 다양하다.
③ 기계 부품으로 사용시 열처리를 하여 적용한다.

4 구조용 합금강

(1) 강인강

1) Ni 강
  열처리성, 내마멸성 및 내식성을 증가시킨 강으로 질량 효과가 적고, 자경성이 있다.

2) Cr 강
  담금질성과 뜨임 효과를 증가시켜 기계적 성질을 개선한 강이다.

3) Ni-Cr강 : Ni 강 + Cr 강 ★★
  ① 연신율 및 충격값의 감소가 적다.
  ② 경도가 크다.
  ③ 열처리 효과가 크다.
  ④ 열처리 : 800~850[℃]에서 담금질, 550~600[℃]에서 뜨임 처리로 소르바이트 조직을 얻음

4) Ni-Cr-Mo강 : 구조용강에서 가장 우수한 강이다. ★★★
  ① Mo를 첨가하여 뜨임 취성(메짐성)을 방지할 수 있다.
  ② 뜨임에 의한 연화 저항이 크다.⇒고온 뜨임으로 인성 증가

5) Cr-Mo강 : 담금질이 쉽고 뜨임 메짐이 작아 Ni-Cr강과 같이 많이 쓰인다.
  ① 연삭 가공으로 다듬질 표면이 아름답다.
  ② 용접성이 좋고 고온 강도가 크다.

6) Cr-Mo-Si강 : 크로만실이라하고 철도용, 크랭크축 등에 사용한다.

7) Cr-Mn강 : 스프링강의 일종으로 자동차, 내식-내열 스프링으로 이용된다.

8) 고력 강도강(Mn강) ★★★
  ① 듀콜강(저 망간강)-펄라이트 조직, 인장강도 및 내식성 우수, 용접성 양호, 조선, 차량, 교량, 토목구조물 등에 사용된다.
  ② 하드 필드강(고 망간강)-오스테나이트조직, 인장 강도 및 점성계수 우수, 기차레일, 분쇄기 등에 사용된다.

③ 탄소강에 자경성을 부여한 강인강이다.

(2) 표면경화용강

① 침탄용강 : 가공하기 쉽고 침탄 후 열처리를 하여 표면이 단단하고 내마멸성이 증가한다.
② 질화용강 : Al, Cr, Mo, V 및 Ti 등의 특수 원소를 함유한다. Al은 질화를 촉진시킨다.

(3) 쾌삭강(free cutting steel)★★

강의 피절삭성을 증가시키고 가공성을 향상시키며 공구의 수명을 길게 한다.
① 황(S) 쾌삭강 : 강+황(0.16[%])을 첨가한 것으로 정밀 나사용으로 사용된다.
② 납(Pb) 쾌삭강 : 강+납을 첨가한 것으로 자동차 중요부분(납 0.1~0.3[%])에 사용되고 절삭가공시 납은 절삭성을 양호하게 한다.
③ 흑연 쾌삭강

5 공구용 합금강

(1) 절삭공구 재료의 구비 조건★★★

① 가공 재료보다 강인성이 클 것.
② 고온 경도, 인장강도와 내마멸성이 클 것.
③ 성형성이 용이 할 것.
④ 마찰이 적고 가격은 저렴할 것.

(2) 공구강의 종류★★★

1) 탄소 공구강(0.6~1.5[%] C)

고속절삭이나 강력 절삭용 공구재료로는 부적당하여 줄·정·끌·쇠톱날 등에 사용된다.

2) 합금 공구강(alloy tool steel)

탄소공구강 + Mn, Cr, W, Ni, Mo, V 첨가시킨 것이다.
① 담금질 효과 양호, 결정입자 미세화, 경도 및 내마멸성 등이 증가한다.
② 고온 경도가 커 절삭 공구, 형 단조용 공구로 사용된다.(바이트, 탭, 드릴, 절단기 등)

3) 고속도강(high speed steel)

500~600[℃]에서도 경도가 저하되지 않고, 내마멸성도 커서 고속절삭이 가능하다.
① 표준 고속도강 : W18[%], Cr4[%], V1[%]를 함유한 W계 고속도강이다.
㉠ 열처리 : 800~900[℃]에서 예열을 하고 1250~1300[℃]에서 2분간 담금질을 한 후 300[℃]정도로 공기중 서냉을 한다. 그리고 나서 500~580[℃]에서 20~30분간 뜨임처리를 한다.
㉡ 250~300[℃]에서 팽창율이 크고, 2차 경화로 강인한 소르바이트 조직을 형성한다.
② 고급 고속도강 : 담금질 후 뜨임 경도를 증가시킬 수는 있으나 단조가 안되고 균열이 생기기 쉬운 Co계 고속도강이라 한다.

③ Mo계 고속도강

4) 주조 경질 합금강
주조한 상태에서 금형에 주입하여 연마 성형하여 만든 공구강으로 열처리를 하지 않아도 경도가 크다. 절삭용 공구, 다이스, 드릴, 의료용 기구, 착압기의 비트(bit) 등의 용도로 사용된다.
① 스텔라이트(stellite) : Co-Cr-W-C 합금으로 주조 경질 합금강의 대표적인 예이다.

5) 초경 합금(소결 경질 합금)
금속 탄화물의 분말형 금속원소를 프레스로 성형한 다음 이것을 800~1000[℃]로 1차 소결을 하고 목적으로 하는 모양으로 만든 다음 1400~1500[℃]로 2차 소결하여 만든 합금이다. 종류로는 S종(강절삭용), D종(다이스용), G종(주물용, 주철용) 등이 있다.
① 금속 탄화물의 종류 : 탄화 텅스텐(WC), 탄화 티탄(TiC), 탄화 탄탈륨(TaC), 탄화 크롬(Cr_3C_3)
② 상품명 : 비디아(독일), 카볼로이(미국), 미디아(영국), 탕갈로이(일본) 등
③ 고망간강의 절삭이 가능하다.

6) 세라믹
알루미나(Al_2O_3)를 주성분으로 하는 산화물계 합금(무기질의 고온소결재)이다.
① 고온경도가 크다.
② 내산성, 내마모성, 내열성 등은 우수하다.
③ 고속 정밀가공에 적합하다.
④ 충격에 약하다.

7) 게이지 강
0.85~1.2[%] C, 0.9~1.45[%] Mn, 0.5~3.6[%] Cr, 0.5~3.0[%] W, Ni 등을 합성한 특수강으로 블록 게이지, 와이어 게이지 등의 용도로 사용된다. 특히, 치수변화를 방지하기 위해 담금질 후 시효처리 또는 심랭처리를 한다.

6 내식 · 내열 합금강

(1) 내열강
① 조건 : 고온에서 기계적 · 화학적 성질이 양호한 합금이다.
② 내열성 증가 원소 : Cr, Al, Si, Ni 등
③ 자동차의 흡 · 배기 밸브, 증기 터빈의 날개, 보일러의 부품 등에 사용된다.
④ Si-Cr강 : 내연기관의 밸브재료
⑤ 초 내열 합금 : 탐켄, 헤스텔로이, 인코넬, 서밋 등

(2) 스테인레스강(stainless steel)★★★
탄소강에 Ni과 Cr을 다량으로 첨가하여 내식성을 향상시킨 것으로 불수강이라고도 한다.

1) 크롬(Cr)계 스테인레스강

　　Cr 13[%]를 함유한 마텐자이트계 스테인레스강이다.
　① 대기·수중 등에서는 녹이 잘 쓸지 않는 합금이다.
　② 황산·염산 등과 같은 크롬 산화막에는 침식되기 쉽고 내식성을 잃는다.
　③ 질산과 유기산에도 잘 견디는 합금이다.
　④ 담금질(920~1000[℃])성 우수, 용접성과 냉간가공성은 불량하다.
　⑤ 페라이트계 스테인레스강: 강인성, 내식성이 있고 담금질이 안 되는 13Cr 스테인레스강이다.

2) 크롬-니켈(Cr-Ni)계 스테인레스강

　　Cr18[%]+Ni 8[%]를 함유한 오스테나이트계 스테인레스강이다.
　① 13Cr계 스테인레스강보다 내식성과 내산성이 큰 비자성체이다.
　② 담금질에 의해 경화되지 않는다.
　③ 산과 알칼리에 강하며 용접이 쉽다.
　④ 염산, 황산, 염소 가스등에 부식이 쉽다.-부식 방지 원소: Ti, V, Nb 등
　⑤ 화학공업용, 식기, 의료기구, 밸브, 자동차용, 파이프, 펌프 등에 사용된다.

(3) **스프링강** : 탄성 한도가 높아 스프링을 만드는데 사용된다. ★★

1) 특성
　① 탄성한도, 피로 한도, 인성·진동이 심한 하중에 사용된다.
　② 반복 하중에 견디어야 한다.
　③ Si를 첨가시켜 탄성한도를 증가시킨 것이다.
　④ 탈탄 방지로 Mn을 첨가한다.
　⑤ 솔바이트조직으로 비교적 경도가 높다.

2) 종류
　① 고속도강 : 겹판 스프링 용
　② 규소-망간, 망간-크롬 강 : 겹판·코일 스프링 용
　③ Cr-V강 : 소형 스프링, 피로한도 증가, 탈탄을 적게 한 정밀한 고급 스프링 재료로 사용된다.
　④ Mn-Cr-B강 : 대형 스프링 용
　⑤ Si-Cr강 : 코일 스프링 용
　⑥ Cr-Mo강 : 대형 스프링 용
　⑦ 고속도강, 스테인레스강 : 내열성·내식성을 요구하는 곳에 사용된다.

7 특수 용도용 합금강

(1) 베어링강
　① 조건 : 높은 강도·경도·내구성·탄성 한계, 피로한도 등이 요구되는 합금강이다.
　② 용도 : 볼 베어링, 롤러 베어링 등

(2) 자석강

1) 조건
   ① 전류 자기 보자력 및 항자력이 크다.
   ② 진동, 충격 등에 자성이 쉽게 변하지 않는다.
   ③ 강한 영구자석 재료는 미세한 결정 입자가 많은 것이 좋다.

2) 종류 : KS강, 신 KS강, MK강, OP강, 알루니코(alunico)

(3) 비자성강

1) 조건 : 투자율, 전기 저항이 크고, 보자력이 적다.

2) 종류
   ① 규소 강판 : Fe+Si에 산소를 제거하여 자성을 개선한 것이다.
   ② 센더트 : S 5~11[%], Al 3~8[%] 함유한 것으로 풀림 상태에서 우수한 자성을 나타낸다.
   ③ 퍼멀로이 : Ni, Co, C, Fe의 합성으로 해저 전선용, 고주파 철심 등에 사용된다.

(4) 불변강★★★★

주위 온도가 변화하여도 선팽창 계수나 탄성률이 변하지 않는 니켈(Ni) 26[%]이상을 함유한 고니켈강으로 비자성체이며 강력한 내식성을 갖는다.

1) 종류
   ① 인바(invar) : Ni 36[%], Mn 0.4[%]의 200[℃] 이하에서 선팽창계수는 현저히 작고 내식성이 우수하며 줄자, 표준자, 시계추, 바이메탈 등의 용도로 사용된다.
   ② 엘린바(elinvar) : Ni 36[%], Cr 13[%], Fe의 합금으로 탄성률은 온도 변화에 의해서도 거의 변화하지 않고 정밀저울, 정밀 계측기, 지진계, 시계 스프링, 정밀기계 등에 사용된다.
   ③ 초인바(super invar) : Ni 30~32[%], Co 4~6[%], 20℃에서 선팽창계수가 $0.1×10^{-6}$이고 정밀기계 부품의 재료, 줄자, 표준자, 계기류 등의 용도로 사용된다.
   ④ 코엘린바(coelinvar) : Ni 16[%], Cr 11[%], Co 26~58[%]가 함유된 것으로 탄성률 변화는 작고 공기·물에서도 부식이 잘 안 된다. 스프링, 태엽, 기상 관측용 기구에 사용된다.
   ⑤ 플래티나이트(platinite) : Ni 42~46[%]의 열팽창계수 $8~9.2×10^{-6}$이다. 전구의 도입선과 같은 금속의 봉착 재료로 사용된다.

chapter 3 ― 실전연습문제

01 열간가공용 합금공구강인 STD61의 담금질온도 및 냉각 방법이 옳게 된 것은?
① 1000[℃]~1050[℃], 공냉
② 900[℃]~1000[℃], 유냉
③ 900[℃]~1000[℃], 공냉
④ 900[℃]~1000[℃], 수냉

Solution • 열간가공용 합금공구강 STD61 용도 : 프레스 형틀, 다이캐스팅 형틀, 압출 다이스

02 다음 중 스프링강의 기호로 알맞은 것은?
① SPS
② SUS
③ SKH
④ STB

Solution ① SUS : 스테인레스강
② SKH : 고속도강

03 크롬이 특수강의 재질에 미치는 가장 중요한 영향은?
① 결정립의 성장을 저해
② 내식성을 증가
③ 강도를 증가
④ 경도를 증가

04 다음 중 고속도 공구강의 성질로서 요구되는 사항과 가장 먼 항목은?
① 내충격성
② 고온경도
③ 전·연성
④ 내마모성

Solution • 전·연성 : 재료를 가느다란 선과 같이 신장할 수 있는 성질을 연성, 판과 같이 얇게 펼 수 있는 성질을 전성이라 한다.

05 다음 중 불변강이 아닌 것은?
① 인바
② 엘린바
③ 인코넬
④ 슈퍼인바

Solution • 인코넬 : 내식성 니켈계 합금
① Ni : 72~76[%], Cr : 14~17[%], Fe : 8[%]
② 내식성과 내열성 우수
③ 고온 내산화성 우수
④ 기계적 강도 우수
⑤ 전열기 부품, 열전쌍의 보호관, 진공관의 필라멘트 등에 사용

Answer 01 ① 02 ① 03 ② 04 ③ 05 ③

06 다음 중 고속도강과 가장 관계가 먼 사항은?

① W-Cr-V(18-4-1)계가 대표적이다.
② 500~600[℃]로 뜨임하면 급격히 연화(軟化)된다.
③ W계와 Mo계 두 가지로 크게 나뉜다.
④ 각종 공구용으로 이용된다.

> **Solution** • 고속도강
> ① 표준고속도강 : 0.8[%] C+18[%] W+4[%] Cr+1[%] V
> ② 500~600의 고온에서 경도와 내마멸성이 크다.
> ③ 절삭공구강의 대표적 합금강
> ④ C, W, Cr, V 등을 함유한 특수강과 여기에 Co, Mo 등을 함유한 고합금강으로 분류된다.

07 다음 중 다이스강(dies steel)의 특징이 아닌 것은?

① 고온경도가 낮다.
② 경도가 높아 내마모성이 좋다.
③ 풀림처리 상태에서 가공성이 양호하다.
④ 담금질에 의한 변형이 적다.

> **Solution** • 다이스강의 특징
> ① 경도가 높아 마멸저항이 크다.
> ② 풀림상태에서 성형가공이 쉽게 된다.
> ③ 인성이 크며 담금질에 의한 변형이 적다.
> ④ 프레스 가공, 사출가공, 압출가공, 드로잉 등에 사용된다.

08 다음 중 고속도강의 재료 표시기호는?

① STD   ② STS   ③ SSC   ④ SKH

> **Solution**
> ① STD : 합금공구강 D종
> ② STS : 합금공구강 S종
> ③ SS : 일반구조용 탄소강

09 고탄소 크롬강으로 열처리성과 내충격성이 높은 강은?

① STD 1   ② STC 3   ③ SKH 51   ④ SM 150C

> **Solution** ① STD(합금공구강) : 내충격성을 가져야 하는 강은 탄소량이 0.35~0.55% 정도로 비교적 낮고 여기에 Cr, W, V을 첨가하여 담금질 후 뜨임하여 사용하는 내충격용 합금공구강이 있고, 여기에 Mo을 첨가한 열간 금형용 공구강이 있다.
> ② STC(탄소공구강) : 목공용 공구, 연질, 금속의 경절삭용 각종 바이트나 공구용 재료로 사용
> ③ SKH(고속도 공구강) : 탄소강에 크롬(Cr), 텅스텐(W), 바나듐(V), 코발트(Co) 등을 첨가하면 500~600[℃]고온에서도 경도가 저하되지 않고 내마멸성이 크며, 고속도의 절삭작업이 가능하다.
> ④ SM(기계구조용 탄소강) : 기계부품에 사용되는 고급탄소강으로 평로, 전기로에서 제강된 킬드강을 압연이나 단조로 열간가공한 소재이다.

Answer 06 ② 07 ① 08 ④ 09 ①

10 소결초경 합금 중 다이스용으로 쓰일 때 Co의 함량은 어느 정도인가?
① 5~10 [%] ② 11~15 [%]
③ 16~20 [%] ④ 20~25 [%]

11 다음 특수목적용강 중 절삭 공구용 특수강인 것은?
① Ni-Cr 강 ② 불변강
③ 내열강 ④ 고속도강

▶ Solution 일반적으로 널리 사용하는 공구강은 고속도강과 초경합금이다.

12 다음 중 스테인레스강에 가장 많이 함유되는 원소는?
① 아연(Zn) ② 텅스텐(W)
③ 크롬(Cr) ④ 코발트(Co)

▶ Solution • 스테인레스강(stainless steel) : Cr 및 Ni을 다량 첨가하여 내식성을 크게 향상시킨 강으로 녹이슬지 않는다고 하여 불수강이라고도 한다.

13 세라믹(ceramics) 공구의 특징이 아닌 것은?
① 내부식성, 내산화성이 크다.
② 고속 및 고온절삭에 적합하다.
③ 인성이 크며 충격용에 적합하다.
④ 내열성이 우수하다.

14 서밋(cermet)의 특성이 아닌 것은?
① 세라믹과 금속의 특성을 가진다.
② 세라믹과 금속을 결합시킨 소결 복합체이다.
③ 고온에서 불안정하며 내열성이 나쁘다.
④ 산화물계 서멧에 사용되는 재질은 Al_2O_3나 BeO 등이다.

▶ Solution • 서밋(cermet) : 세라믹과 금속의 소결재료로 고온에서 사용할 때 안정성이 높고, 산화저항이 크며 내열성이 좋고 열충격저항이 크다.

15 피절삭성이 양호하여 고속절삭에 적합한 강은?
① 레일강 ② 스프링강
③ 쾌삭강 ④ 외륜강

▶ Solution • 쾌삭강 : 가공재료의 피절삭성을 높이고 제품의 정밀도와 절삭공구의 수명을 길게하기 위하여 개선한 구조용강

Answer 10 ① 11 ④ 12 ③ 13 ③ 14 ③ 15 ③

16 특수강에서의 Mo를 첨가하면 다음과 같은 주요 작용을 한다. 틀리는 것은?
① 담금질 향상
② 뜨임취성 방지
③ 크리프 특성 향상
④ 저온강도 증대

17 스테인레스강을 금속 조직학상으로 분류한 것 중 옳지 않은 것은?
① 오스테나이트계
② 시멘타이트계
③ 마텐자이트계
④ 페라이트계

18 다음 중 자경성(自硬性)이 가장 큰 합금은?
① 저-Mn 강
② Si 강
③ Mn-S 강
④ 고-Mn 강

> **Solution** • 자경성 : 공기중에 노출시키는 것만으로도 담글질효과를 갖는 성질로 자경화가 되는 금속으로는 Ni, Cr, Mn 등이 있다.

19 스프링강이 갖추어야 할 성질 중 틀린 것은?
① 항복강도가 커야 한다.
② 탄성한도가 높아야 한다.
③ 충격값 및 피로한도가 커야 한다.
④ 연신율이 높아야 한다.

20 특수강에 대한 설명 중 옳은 것은?
① 특수강을 용도 따라 분류하면 구조용 특수강, 단조용 특수강으로 대별된다.
② 특수강은 탄소강에 타 원소를 1개 이상 첨가한 것으로 합금강이라고도 부른다.
③ 탄소강의 기계적 성질을 개선하기 위하여 탄소 함유량을 다량 함유시킨 강철이다.
④ 특수강은 특수 목적과 특수 성질을 위하여 산소, 수소 등의 기체를 함유시킨 강철이다.

21 다음 중 18-8 스테인레스강과 관계없는 사항은?
① Cr-Ni 계
② 내식성이외에 내열성도 우수하다.
③ 페라이트 조직
④ 비자성체

22 공구강 재료로서 구비해야 할 조건에 속하지 않는 것은?
① 연성 및 취성이 좋을 것.
② 내마모성이 클 것.
③ 강인성이 있을 것.
④ 상온 및 고온경도가 높을 것.

Answer 16 ④ 17 ② 18 ④ 19 ④ 20 ② 21 ③ 22 ①

23 합금강에서 소량의 Cr 이나 Ni 를 첨가하는 가장 중요한 이유는 무엇인가?
① 내식성을 증가시킨다.
② 경화능(hardenability)을 증가시킨다.
③ 마모성을 증가시킨다.
④ 담금질 후 마텐자이트(martensite) 조직의 경도를 증가시킨다.

24 발전기, 전동기, 변압기 등의 철심재료에 적합한 특수강은?
① 저탄소강에 Si 를 첨가한 강
② 탄소강에 Pb 또는 흑연을 첨가시켜 만든 강
③ 저탄소강에 Ni 을 첨가시켜 만든 강
④ 탄소강에 Mn 을 첨가한 강

25 팽창계수가 적고 탄성계수의 온도 의존성이 적어 시계의 스프링 등에 쓰이는 금속 재료는?
① Inconel   ② Elinvar
③ High chrome   ④ Silzin Bronze

26 다음 중 경도가 크고 내마모성이 좋아서 대량 생산용 금형의 재료로 가장 적합한 것은?
① 초경 합금   ② 구리 합금
③ 아연 합금   ④ 알루미늄 합금

> **Solution** • 아연합금 : 용융점이 낮고 주조성 및 기계적 성질도 우수하므로 대부분 다이캐스팅용이나 금형주물용 합금으로 사용되며 가공용으로도 쓰인다.

27 스프링(spring)강에서 탄성한도를 높이기 위해서 흔히 첨가되는 원소는?
① P   ② Mn
③ Mo   ④ Si

28 다음 자성강 중 단조에 의해서 성형시킬 수 있으며, 950[℃]에서 유냉한 상태로 사용하며, 용도로서는 발전기, 전기계기, 온도계, 오실로스코프 등에 쓰이는 자석강의 종류는?
① KM자석강   ② 석출형자석강
③ KS자석강   ④ MT자석강

29 오스테나이트 망간강 또는 하드필드 망간강이라고 하며 내마멸성이 우수하고 경도가 크므로 각종 광산기계나 기차레일의 교차점 등의 재료에 쓰이는 것은?
① 고 Mn강   ② 저 Mn강
③ Mn-Mo강   ④ Mn-Cr강

Answer 23 ② 24 ① 25 ② 26 ① 27 ④ 28 ③ 29 ①

30 다음 중 SKH51 에 나타내는 것은?
① 탄소 공구강
② 일반구조용 압연강재
③ 고속도 공구강
④ 기계구조용 탄소강

31 열간가공이 쉽고 다듬질 표면이 아름다우며, 특히 용접성이 좋고 고온강도가 큰 장점이 있는 합금강은?
① Ni-Cr강
② Mn-Mo강
③ Cr-Mo강
④ W-Cr강

32 항온기의 온도조절용 변환기에 사용되는 재료는?
① Inconel
② Hastelloy
③ Bimetal
④ Constantan

33 시계 스프링을 만드는 재질과 가장 적합한 것은?
① 엘린바
② 트리디아
③ 애드미럴티
④ 미하나이트

34 분말고속도강의 특징이 아닌 것은?
① 탄화물 입자가 조대하여 피삭성이 좋다.
② 고경도 및 고인성의 특성이 있다.
③ 내마모성은 용제고속도강과 초경의 중간정도이다.
④ 무방향성으로 열처리 변형이 적다.

35 다음은 고속도 공구강에 대한 설명이다. 이 중 옳지 않은 것은?
① 섭씨 600도 부근에서도 연화되지 않으므로 가공속도를 높일 수 있다.
② 고온 가공용 금형의 재료로 적합하다.
③ 담금질성이 좋고 공냉 경화가 가능하다.
④ SKH51 은 냉간단조용 금형의 재료로 이용된다.

36 주로 대형 겹판 스프링, 코일 스프링에 사용되는 강재의 종류는?
① 망간-바나듐 강재
② 크롬-몰리브덴 강재
③ 망간-몰리브덴 강재
④ 크롬-실리콘 강재

37 다음 탄소 공구강 중 탄소 함유량이 가장 많은 것은?
① STC1
② STC2
③ STC3
④ STC4

Answer 30 ③ 31 ② 32 ③ 33 ① 34 ② 35 ② 36 ① 37 ①

chapter 4 주철의 특성과 용도

1 주철의 특성

주철은 탄소강에 비하여 메짐성(취성)이 크고 인장강도가 작으며 고온에서 소성변형이 쉽지 않다.

(1) 주철의 성질★★

① 주조성이 우수하여 복잡한 물체의 제작이 가능하다.
② 단위 무게당의 가격이 제일 저렴한 금속이다.
③ 주조품(주물)의 표면이 단단하고 녹이 슬지 않는다.
④ 칠(도색)이 잘 된다.
⑤ 마찰 저항이 커 절삭가공이 쉽다
⑥ 인장강도, 굽힘강도, 충격값은 작고 압축강도는 크다.

(2) 주철의 조직 : 유리탄소(흑연) + 화합탄소(펄라이트 또는 시멘타이트)

1) 보통주철★★

① 회주철 : 유리 탄소의 함유량이 많아 흑색의 연한 주철이다.
② 백주철 : 화합 탄소의 함유량이 많아 백색의 단단한 주철이다.
③ 반주철 : 회주철과 백주철의 혼합주철이다.

2) 주철 중 흑연의 모양★

주철의 종류, 주입온도, 냉각 속도에 따라 편상, 성상, 유충상, 응집상, 괴상, 구상 흑연 모양 등이 있다.

3) 마우러 조직도(Maurer's diagram)★★

탄소(C)와 규소(Si) 및 냉각 속도에 따른 주철의 조직도를 마우러 조직도라 한다. 주철의 조직 및 성질에 영향을 주는 원소는 탄소와 규소이며, 특히 규소는 흑연 발생에 큰 영향을 미친다.

① Ⅰ 백주철 : P+C(펄라이트+시멘타이트)
② Ⅱa 반주철 : P+C+흑연(펄라이트+시멘타이트+흑연)
③ Ⅱ 회주철 : P+흑연(펄라이트+흑연)

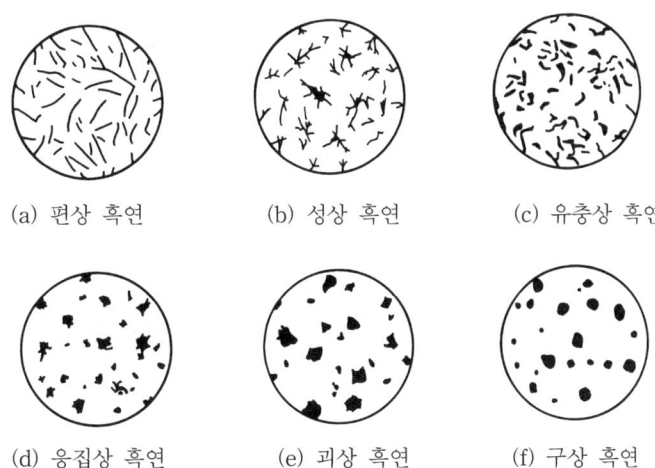

그림4-1 주철 중 흑연의 모양

④ Ⅱb 회주철 : P+F+흑연(펄라이트+페라이트+흑연)
⑤ Ⅲ 회주철 : F+흑연(페라이트+흑연)

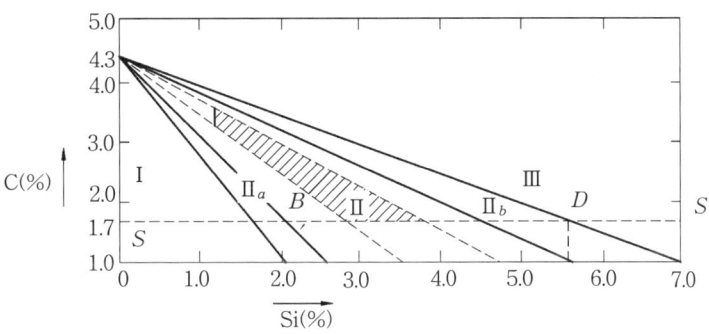

그림4-2 마우러 조직도

2 주철의 성질

(1) 물리적 · 화학적 성질★

① 탄소와 규소가 많을수록 비중은 작아지고 용융점은 낮아진다.
② 4.3[%] 이하의 탄소 함유량에서는 탄소의 증가와 더불어 주조성은 양호하나 용융점은 낮아진다.
③ 규소는 흑연화를 촉진시키며 얇은 주물일수록 규소의 양이 많아야 한다.
④ 망간(Mn)은 황(S)의 해를 제거하지만 흑연의 생성은 방해한다.
⑤ 인(P)은 유동성을 향상시켜 두께가 얇고 표면이 깨끗한 주물을 얻을 수 있게 한다. 유동성이란 용융금속이 주형내로 흘러 들어가는 성질이다. 일반적으로 탄소, 규소, 인, 망간 등이 많을수록 유동성은 좋아진다.

⑥ 황(S)은 유동성을 불량하게 하며 흑연의 생성을 방해한다.

(2) 주철의 성장(growth of cast iron)★★

주철을 A_1 변태점 이상의 온도에서 장시간 유지 또는 가열과 냉각을 반복하거나 시멘타이트의 흑연화, 페라이트 중의 규소 산화 등으로 주철의 부피가 팽창하여 강도와 수명이 저하되는 현상이다. 이것을 방지하려면 흑연을 미세화 시켜야 한다.

3 주철의 종류

(1) 보통 주철(회주철)★★★

1) 성질 및 특징
　① GC 1~3종
　② 인장강도 10~20[kg/mm^2]
　③ 편상흑연+페라이트 조직
　④ 강인성 작다
　⑤ 단조 작업이 불가능하다.
　⑥ 용융점 낮아 유동성이 양호하여 주조가 쉽다.
　⑦ 내마멸성, 가공성 및 진동흡수능력이 양호하다.

2) 용도
　주물 및 일반 기계부품, 농기구, 공작기계의 베드 또는 프레임 및 기계구조물의 몸체 등

(2) 고급 주철

1) 성질 및 특징
　① GC 4~6종
　② 인장강도 25[kg/mm^2] 이상
　③ 펄라이트 + 미세 흑연 조직으로 펄라이트 주철이라 한다.
　④ 인장강도와 충격치는 회주철보다 크다.

2) 용도
　강도를 요하는 부품에 사용한다.

3) 고급 주철 제조법
　① 란쯔(lanz)법
　② 에멜(emmel-kruppstern)법
　③ 코살리(corsalli)법
　④ 피보와르스키(piwowarsky)법
　⑤ 미하나이트(meehanite)법 : Fe-Si, Ca-Si 등을 첨가시켜 흑연 핵의 생성을 촉진시키는 방법으로 이것을 접종이라 한다.

(3) 미하나이트 주철★★

① 흑연을 미세화하여 강도를 증가시킨 주철이다.
② 접종을 이용하여 과냉화처리를 하였다.
③ 인장강도 35~45[kg/mm^2](펄라이트+흑연 조직)의 고강도이다.
④ 내마멸성, 내열성, 내식성이 큰 주철이다.
⑤ 공작 기계의 안내면, 내연기관의 실린더 피스톤 등에 사용된다.

(4) 합금 주철(특수주철; alloy cast iron) : 보통주철 + 특수 원소★★★★

1) 첨가 원소의 종류와 영향
   ① Al : 강력한 흑연화, 저항성 향상, 내열성 증대 등
   ② Cr : 흑연화 방지, 탄화물을 안정화, 경도 증가, 내열성 및 내식성 향상 등
   ③ Mo : 흑연의 미세화, 내마모성 증가, 두꺼운 주물의 조직을 균일화시킨다.
   ④ Ni : 흑연화 촉진, 내열성, 내산성, 내알칼리성, 내마모성 등 증가
   ⑤ Cu : 경도 증가, 내마모성 및 내식성 향상 등
   ⑥ Si : 내열성 향상
   ⑦ Ti : 소량일 때 흑연화 촉진 및 미세화, 다량일 때 흑연화 방지
   ⑧ V : 강력한 흑연화 방지

2) 합금 주철의 종류
   ① 고력 합금 주철 : 보통주철+Ni, Cr, Mo 등을 첨가한 주철이다.
   ② 내마모성 주철 : 보통주철 + Ni, Cr을 첨가한 주철과 보통주철 + Mo, Ni에 소량의 Cu, Cr을 첨가시킨 어시큘러(acicular) 주철이 있다.
   ③ 내열 주철 : 니크로실랄(nicrosilal) 주철, 니레지스트(niresist) 주철, 고크롬 주철 등이 있다.

(5) 냉경 주철(칠드 주철; chilled cast iron)★★★

① 칠(chill) : 소량의 규소를 함유한 주철에 미량의 망간(Mn)을 첨가하여 만든 냉경주물이다.
② 주철 표면은 백주철, 내부는 연한 회주철이다.
③ 각종 롤 및 기차 바퀴(철도차량) 등에 사용된다.
④ 내마멸성이 요구되는 기계부품의 용도에 사용된다.

(6) 구상 흑연 주철★★★★

편상 흑연 주철에 비하여 강도가 커 탄소강에 유사한 주철이다.

1) 조직
   페라이트형, 펄라이트형, 시멘타이트형 등이 있다. 특히 페라이트와 펄라이트의 중간조직을 소 눈 조직(bull's eye)이라 한다.

2) 주철의 구상화
   Mg, Ca, Ce 등을 첨가하여 흑연을 구상화한 것이다.
   ① 시멘타이트(cementite)형 : Mg 첨가량이 많고 C와 Si의 양은 적어 냉각속도가 빠르면 나타

나는 조직이다.
② 페라이트(ferrite)형 : Mg 첨가량이 적당하고 C와 Si가 많아 냉각속도가 느릴 때 나타나는 조직이다.
③ 펄라이트(pearlite)형 : 시멘타이트와 페라이트형의 중간상태이다.

3) 구상 흑연의 특성
① 내마멸성, 내열성, 내산성 등이 우수하다.
② 소형 자동차의 크랭크축, 캠축, 브레이크 드럼 등의 자동차 주물 재료로 사용된다.
③ 주조 처리시 인장강도가 50~70[kg_f/mm^2], 풀림 열처리 상태시 인장강도 45~55[kg_f/mm^2]이다.

(7) 가단 주철(malleable cast iron)★★★

주철의 취약성을 개량하기 위하여 백주철을 열처리하여 강인성을 부여시킨 주철이다.
① 백심 가단 주철 : 백주철을 철광석, 산화철 성분 등과 함께 풀림 처리를 하여 표면층으로부터 아주 깊은 지점까지 탈탄시킨 것으로 자전거, 자동차 부속품, 방직기 부속품 등에 사용된다.
② 흑심 가단 주철 : 저탄소, 저규소의 백주철을 풀림 처리하여 Fe_3C로 분해시켜 흑연을 입상으로 석출시킨 것으로 차량의 프레임, 강관의 연결이음쇠, 건축용 쇠붙이, 전선이음부 등의 용도로 사용된다.
③ 펄라이트 가단 주철 : 흑심 가단 주철의 흑연화를 완전히 하지 않고 제2의 흑연화를 시킨 주철로 내마모성이 요구되는 기어, 밸브, 공구 등의 용도로 사용된다. 고력 가단 주철이라고도 하며 인성은 낮지만 강력하고 내마멸성이 좋다.

chapter 4 실전연습문제

01 다음 중 주철의 성장을 방지하는 방법이 아닌 것은?
① 흑연을 미세하게 하여 조직을 치밀하게 한다.
② C, Si량을 감소시킨다.
③ 탄화물 안정 원소인 Cr, Mn, Mo, V 등을 첨가한다.
④ 주철을 720[℃] 정도에서 가열, 냉각시킨다.

02 다음 주철에 관한 설명 중 틀린 것은 어느 것인가?
① 주철 중에 전탄소량은 유리탄소와 화합탄소를 합한 것이다.
② 탄소(C)와 규소(Si)의 함량에 따른 주철의 조직관계를 마우러 조직도(Mauer's diagram)라 한다.
③ 주강은 일반적으로 전기로에서 용해한 용강을 주철에 부어 가공하지 않고, 완전 풀림 처리한다.
④ C, Si 양이 많고 냉각이 빠를수록 흑연화하기 쉽다.

Solution • 주철의 성장 : 주철을 고온에서 가열 냉각을 반복하면 Fe_3C가 분해하여 흑연이 발생하면서 부피가 커지고 팽창한다.

03 합금 주철에서 강한 탈산제인 동시에 흑연화를 촉진하나, 많이 첨가하면 오히려 흑연화를 방지하는 원소는?
① 니켈　　　② 티탄　　　③ 몰리브덴　　　④ 바나듐

Solution ① Ni : 흑연화 촉진, 내식성 향상
② Mo : 내마모성 증가
③ V : 흑연화 방지

04 주조할 때 주물표면에 금속형을 대서 백선화시켜서 경도를 높이고 내마모성, 내압성을 크게 한 주철은?
① 구상흑연주철　　② 칠드주철　　③ 가단주철　　④ 규소주철

Solution ① 구상흑연주철 : Mg 첨가하여 흑연을 구상화시키면 강도가 증대된다.
② 칠드주철 : 급랭하면 Fe_3C가 석출되어 파단면이 백색이고 경도 및 내마모성이 좋다.
③ 백심가단주철 : 백선을 산화철과 함께 500~1000[℃]로 가열 탈탄시킨다.
④ 흑심가단주철 : 백선을 흑연화시켜 제조한다.

Answer 01 ④　02 ④　03 ②　04 ②

05 보통 주철은 주조한 그대로 사용되는 일이 많으나 최근에는 각종 열처리를 실시하여 재료의 성질을 개선한다. 다음 중 관계가 가장 먼 것은?

① 전·연성 향상 ② 피로강도 향상
③ 내마모성 향상 ④ 피삭성 및 치수 안정성 향상

> **Solution**
> (1) 주철의 특성
>   ① 인장강도가 작다. ② 메짐성(취성)이 크다.
>   ③ 고온에서 소성 변형이 어렵다. ④ 주조성이 좋다.
>   ⑤ 가격이 저렴하다.
> (2) 주철의 열처리
>   ① 저온풀림 : 주조 응력을 제거
>   ② 고온풀림 : 절삭성 향상 및 주철을 연하게 만든다.
>   ③ 보통주철 : 담금질이나 뜨임을 하지 않는다.
>   ④ 고급주철 : 강도와 내마멸성 향상

06 구상흑연주철을 만들 때에 사용되는 첨가재는?

① Al ② Cu
③ Mg ④ Ni

> **Solution**
> • 구상흑연주철 : 용융상태의 주철 중에 마그네슘, 세륨 또는 칼슘 등을 첨가하여 흑연을 구상화 한 것.

07 대형 가공용 본체의 금형용 소재로 사용되는 실용 주철의 탄소함유량은?

① 1.7~2.5[%] C ② 2.5~4.5[%] C
③ 4.5~5.5[%] C ④ 5.5~6.5[%] C

08 14[%] 정도의 Si를 포함한 고 Si 주철은?

① 칠드 주철 ② 마하나이트 주철
③ 내열주철 ④ 내산주철

> **Solution**
> • 합금주철(alloy cast iron)
>   ① 고력합금주철 : 보통 주철에 0.5~2.0[%] Ni, 크롬, 몰리브덴을 배합
>   ② 내마멸성주철 : 보통 주철에 크롬, 몰리브덴, 구리 첨가
>   ③ 내열주철 : 고크롬 주철, 나레지스타(Ni-Cr-Cu 주철), 니크롬실랄(Ni-Cr-Si 주철) 등이 있고 400[℃]이상의 고온에서도 내산화성, 내성장성 및 고온강도 등을 유지
>   ④ 내산주철 : 13~14.5[%] Si를 함유

Answer 05 ① 06 ③ 07 ② 08 ④

09 주조시 주형에 냉금을 삽입하여 주물 표면을 급냉시키므로서 백선화시키고 경도를 증가시킨 내마모성 주철은?

① 합금주철 ② 구상흑연주철
③ 가단주철 ④ 칠드 주철

Solution
① 합금주철 : 보통 주철에 Ni, Cr, Mo, Si, Cu, V, Al, Ti 등을 첨가시켜 보통주철보다 기계적 성질과 내식성, 내열성, 내충격성 등의 특성을 갖도록 한 주철이다.
② 구상흑연주철 : 큐폴라 또는 전기로에서 용해한 다음 주입 직전 마그네슘 합금(Fe-Si-Mg), Ce 또는 Ca 등을 첨가해서 처리하여 흑연을 구상화한 것으로 인장강도 55~80[kg/mm^2], 연신율 2~6[%]로 탄소강에 유사한 기계적 성질을 가지고 있다.
③ 가단주철 : 보통 주철의 결점인 여리고 약한 인성을 개선하기 위하여, 백주철을 고온에서 장시간 열처리하여 시멘타이트 조직을 분쇄하거나 소실시켜 인성 또는 연성을 개선한 주철이다.

10 다음 중 주철의 흑연을 구상시키기 위하여 첨가하는 원소는?

① Si ② Mg
③ Cr ④ Mo

Solution 구상화를 위하여 첨가하는 금속은 마그네슘 합금 Ce, Ca 등이다.

11 가단주철의 용도 중 가장 옳은 것은?

① 철도의 레일이나 차축재료에 많이 사용된다.
② 자동차 부속품, 관이음쇠 등에 사용된다.
③ 선박이나 항공기 등의 강력구조용 재료에 적당하다.
④ 고급 전선용 재료로 적당하다.

12 주철의 특성 중 틀린 것은?

① 주조성이 우수하다.
② 복잡한 형상도 쉽게 제작할 수 있다.
③ 가격이 싸고 널리 사용된다.
④ 인장강도가 강에 비해 우수하다.

13 강철이나 주철 중에 존재하는 황의 분포상태를 검출하는데 사용되는 검사법은?

① 감마선(γ) 검사법 ② 설퍼 프린트법
③ X-선 검사법 ④ 초음파 검사법

Answer 09 ④ 10 ② 11 ② 12 ④ 13 ②

14 다음 주철 중 인장강도가 가장 낮은 것은?

① 백심가단주철　　　　　② 구상흑연주철
③ 회주철　　　　　　　　④ 흑심가단주철

Solution ● 주철의 인장강도
① 보통주철(회주철) : 100~350MPa이상
② 백심가단주철 : 350~540MPa이상
③ 흑심가단주철 : 270~360MPa이상
④ 구상흑연주철 : 370~800MPa이상

15 강철에 비하여 주철의 성질 중 가장 부족한 것은?

① 인장강도　　　　　　　② 수축성
③ 유동성　　　　　　　　④ 주조성

16 주철의 특징을 설명한 것이다. 틀린 항은?

① 유동성이 비교적 양호하다.
② 인성이 크며, 산(酸)에 대한 내식성이 크다.
③ 진동, 흡수능력이 크다.
④ 절삭성이 우수하다.

17 다음 중 칠드(chilled) 주철의 기본적인 제조 원리는?

① Fe-Si의 첨가　　　　　② 탈탄 열처리
③ 흑연의 구상화 처리　　 ④ 금형에 의한 급냉응고

18 가단주철의 소재는 무엇인가?

① 백주철　　　　　　　　② 회주철
③ 반주철　　　　　　　　④ 구상흑연주철

19 열처리에 의해서 주강과 같은 강인성을 나타내는 주철은 어느 것인가?

① 구상흑연주철　　　　　② 가단주철
③ 회주철　　　　　　　　④ 칠드주철

20 강과 주철은 어느 것을 기준으로 하여 구분하는가?

① 첨가 금속함유량　　　　② 탄소함유량
③ 금속조직 상태　　　　　④ 열처리 상태

Answer 14 ③　15 ①　16 ②　17 ④　18 ①　19 ②　20 ②

21 진동 에너지, 흡수력이 우수하여 기어 덮개(gear voer) 또는 피아노 frame으로 사용되는 가장 적합한 재료는?

① 가단주철(malleable cast iron) ② 회주철(gray cast iron)
③ 18-8 stainless steel ④ 저탄소강(low carbon steel)

22 마우러(Maurer) 조직도를 바르게 설명한 것은?
① Si와 Mn 량에 따른 주철의 조직 관계를 표시한 것이다.
② C와 Si 량에 따른 주철의 조직 관계를 표시한 것이다.
③ 탄소와 흑연량에 따른 주철의 조직 관계를 표시한 것이다.
④ 탄소와 Fe_3C 량에 따른 주철의 조직 관계를 표시한 것이다.

23 합금 주철에 첨가되는 Cu의 영향을 설명한 것이다. 틀리는 것은?
① 내마모성은 개선되나 내부식성이 좋지 않다.
② 경도가 증가한다.
③ 내마모성이 향상된다.
④ 흑연화를 촉진한다.

> **Solution** 주철에 구리를 첨가시키면 경도가 증가하고 내마모성이 향상되고 내식성이 양호해진다.

Answer 21 ② 22 ② 23 ①

chapter 5 기계재료의 시험법과 열처리

1 기계재료의 시험법

1. 기계재료의 조직 검사와 기계적 시험법

(1) 금속 현미경 조직 관찰★

1) 검사순서

    시료 채취 → 연마가공 → 부식 → 세척 → 현미경 검사

2) 연마제

    ① 제2산화철(Fe_2O_3)
    ② 알루미나(Al_2O_3)
    ③ 마그네시아(MgO)
    ④ 철강-산화크롬(Cr_2O_3)

3) 부식액

    ① 철강용(주철용) 부식제 : 질산+알콜, 피크린산+가성소다(탄화철용), 크롬산+물
    ② 동 및 동 합금용 부식제 : 염화제2철 용액
    ③ 니켈 및 니켈 합금 부식제 : 염산+질산(초산용액)
    ④ 알루미늄 및 알루미늄 합금용 부식제 : 불화(플루오르화), 수소 용액, NaOH 용액

(2) 재료시험★★

1) 파괴시험

    ① 정적시험 : 인장, 압축, 굽힘, 비틀림, 전단 강도, 경도, 크리프 시험 등
    ② 동적시험 : 충격시험, 피로시험,

2) 비파괴시험

    자기탐상법(자분탐상법), 형광시험법(침투탐상법), 초음파시험법, X선시험법, γ선시험법(방사선탐상법), 외관시험법, 타진법 등

(3) 기계적 시험

1) 인장시험★★★

암슬러형 만능 재료시험기를 사용
① 항복점, 탄성한도, 인장강도, 연신율 등을 측정할 수 있다.(응력-변형선도)
② 연신율 : $\varepsilon = \dfrac{L'-L}{L} \times 100\,(\%)$
③ 단면수축율 : $\mu = \dfrac{S'-S}{S} \times 100\,(\%)$

2) 경도 시험★★★

마모 및 절삭성 등에 대한 저항으로 측정한다.
① 브리넬 경도 : 가공하기 전 재료의 경도를 시험하는데 적당하다.
② 비커즈 경도 : 경화된 강이나 정밀 가공 부품, 박판 등의 경도 시험에 꼭지각이 136°되는 사각뿔형(피라미드형)인 다이아몬드 압입자를 사용한다. 침탄층, 질화층, 탈탄층 경도 측정에 사용한다.
③ 로크웰 경도
　㉠ B스케일 : 100[kg]의 하중에서 1/16in 강구를 사용한다.
　㉡ C스케일 : 150[kg]의 하중에서 다이아몬드 원뿔을 사용한다.
④ 쇼오 경도 : 시험한 재료에 아무런 흔적도 남기지 않고 일정한 높이에서 시험편 위에 낙하시켰을 때 반발하여 올라간 높이로 경도를 측정한다.

3) 충격 시험★★

인성과 메짐성을 위한 시험이다.

4) 피로시험★★

크랭크축, 차축, 스프링 등과 같이 인장과 압축을 되풀이해 작용시켰을 때 재료가 파괴되는 현상의 시험이다.(S-N 곡선으로 표시)

5) 크리프 시험

재료에 일정한 응력을 가할 때 생기는 변형량의 시간적 변화 시험이다.
① 천이 크리프 : 변형 속도가 시간에 따라 감소하는 과정(1차 크리프)
② 정상 크리프 : 가공 경화와 회복이 균형을 이룬 상태(2차 크리프, 최소 크리프)
③ 균열 크리프 : 변형속도가 빨라져 파단에 이르는 과정(3차 크리프)

2 열처리(熱處理)

열처리

금속의 성질을 변화시킬 목적에서 금속을 가열·냉각시키는 것이다.

1. 열처리 방법

(1) 일반 열처리(계단 열처리)

　① 담금질, ② 뜨임, ③ 불림, ④ 풀림

(2) 항온 열처리
(3) 표면경화 열처리
(4) 연속 냉간 열처리

2. 열처리 작업을 지배하는 요인★★★

(1) 열처리 온도 구간
(2) 일정온도의 유지시간
(3) 냉각속도
(4) 냉각능력

일반 열처리(계단 열처리)

1. 담금질(quenching: 소입)★★★★★

　재료를 고온으로 가열했다가 급냉시키면 재질이 경화되어 강도 및 경도가 증가하며, 두께가 얇고 철판 모양의 물체일수록 담금질 효과가 크다. 아공석강은 A_3 변태점 보다 30~50[℃] 높게 가열했다가 급냉시키고, 과공석강은 A_1 변태점 보다 30~50[℃] 높게 가열했다가 급냉시켜 열처리한다.

> 변태(變態; transformation) : 금속이 고체상태에서 결정구조가 변화하는 것.

(1) **냉각속도에 따른 변화** : 염욕(소금물) > 수냉 > 유냉 > 공냉 > 노냉

　① 담금질 냉각제의 냉각능력 : NaOH 용액 > NaCl > 물 > 기름
　　⇒ 물보다는 NaOH용액에서 냉각이 빠르다는 의미
　② 냉각능 : 열처리시 냉각제의 냉각속도
　③ 급냉시키는 목적 : 강의 변태를 정지시키고 마텐자이트 조직을 얻기 위한 것.
　④ 강철을 서냉시켰을 때 상온에서 볼 수 있는 조직에는 페라이트(α-Fe), 펄라이트(α + Fe_3C), 시멘타이트(Fe_3C) 등이 있다.

(2) **냉각에 따른 강의 조직**

　① 오스테나이트(austenite) : 전기 저항은 크나 경도가 작고, 강도에 비해 연신율이 크다. 최대 2%까지 탄소를 함유하고 있으며 γ 철에 시멘타이트가 고용되어 있어 γ 고용체라고도 한다.

표5-1 냉각 방법에 따른 강의 조직

냉 각 방 법	강 의 조 직
노냉(노중 냉각)	펄라이트
공냉(공기중 냉각)	소르바이트
유냉(유중 냉각)	트루스타이트
수냉(수중 냉각)	마텐자이트

> 고용체 : 2종 이상의 물질이 고체 상태로 완전히 융합된 것.

② 소르바이트(sorbite) : 트루스타이트를 얻을 수 있는 냉각속도보다 느리게 냉각했을 때 나타나는 조직이다.- 마텐자이트＋펄라이트 조직으로 구성
③ 트루스타이트(troostite) : 오스테나이트를 점점 더 냉각했을 때, 마텐자이트를 거쳐 탄화철(시멘타이트)이 큰 입자로 나타나는 조직으로 α-Fe이 혼합된 조직이다.
④ 마텐자이트(martensite) : 부식에 대한 저항이 크며 강자성체이고, 경도와 강도는 크나 여린 성질이 있어 연성이 작다.

(3) 경한 순서

오스테나이트(A) < 마텐자이트(M) > 트루스타이트(T) > 소르바이트(S) > 펄라이트(P)

(4) 심냉처리(sub zero treatment)

담금질을 한 직후 잔류 오스테나이트를 마텐자이트화하기 위하여 0[℃] 이하로 냉각 처리(드라이 아이스를 사용)하는 방법이다.
① 치수의 안전성이나 내마모성을 향상시킨다.
② 기계적 성질을 개선시킨다.

(5) 질량 효과(mass effect)

부피가 클 경우 냉각속도가 내부와 외부에서 다르므로 경도 차가 발생하는 현상이다.

(6) 강의 경화능(hardenability)

담금질 처리를 받을 때 최소경도를 나타내는 능력
① 담금질성 향상
② 급냉 경화된 깊이 향상
③ 결정 입도를 조대화시킴
④ 담금질성을 향상시키는 합금 원소 : B, Mn, Mo, Cr
⑤ 경화능을 측정하는 표준적 방법-조미니(Jominy) 시험

(7) 구상화처리

A_1 변태점 근방에서 일정시간 유지 후 서냉하면 시멘타이트는 미세하게 분리되면서 계면 장력에 따라 구상화된다. 탄소 공구강을 담금질하기 전에 필히 구상화 처리를 한다.

2. 뜨임(tempering : 소려)★★★

담금질 후 인성을 개선시키고 내부응력 제거를 위해 A_1 변태점 이하로 재가열 후 냉각하면 취성이 줄고 강인성을 부여하기 위한 열처리이다. 기타 단면수축률, 연신율 및 충격값을 개선시킨다.

(1) 뜨임 열처리로 인한 강의 조직 변화

오스테나이트 → 마텐자이트 → 트루스타이트 → 소르바이트 → 펄라이트

(2) 저온 뜨임

① 잔류응력을 제거하고 경도가 요구될 경우 150[℃] 부근에서 가열 후 냉각 처리
② 오스테나이트(A) 조직이 마텐자이트(M) 조직으로 변화
③ 마텐자이트 조직을 약 400[℃]로 뜨임 처리하면 트루스타이트(T) 조직으로 변화

(3) 고온 뜨임

① 강인한 조직을 얻기 위해 500~600[℃]에서 가열 후 냉각 처리
② 트루스타이트(T) 조직이 소르바이트(S) 조직으로 변화

(4) 블루잉(blueing)

상온가공한 강의 탄성 한계를 향상시키기 위하여 250~370[℃]로 가열하는 작업

(5) 저온 뜨임 취성

뜨임 온도가 200[℃] 가량까지는 증가하나 250~300[℃]에 있어서는 인성이 낮은 값이 나타나는 현상으로서 탄소(C)의 함유량이 0.2~0.4[%]인 구조용 강에서 볼 수 있다.

3. 풀림(annealing : 소둔)★★★

내부응력 제거와 경화된 재료의 연화(가공경화 제거)를 위해 A_1 변태점 이상에서 가열 후 서냉한 열처리이다.

(1) 풀림의 목적 및 특징

① 기계적 성질을 개선시킨다.-담금질 효과를 향상, 내부 응력 제거, 인성의 향상 등
② 피절삭성을 개선시킨다.
③ 재료의 불균일을 제거시키고 조직을 개선시킨다.
④ 주철의 내부응력 제거를 위해서는 500~600[℃]에서 6~10시간 정도 풀림 처리를 한다.

(2) 저온 풀림 : A_1 변태 이하에서 열처리

① 응력제거 풀림
② 프로세서 풀림
③ 재결정 풀림

(3) 고온 풀림 : A_3 이상에서 열처리

① 완전 풀림
② 확산 풀림
③ 항온 풀림

4. 불림(normalizing : 소준)★★★

주조나 소성 가공에 의해 거칠고 불균일한 조직을 제거하기 위해 A_3 변태점 보다 40~60[℃]높게 가열 후 공기 중 냉각 처리한 열처리이다.
① 거칠어진 조직 미세화, 편석이나 잔류응력 제거, 재질의 표준화를 위한 열처리
② 결정입자는 조직이 미세하게 되고, 강도 및 경도를 크게 증가, 연신율과 인성도 조금 증가

항온 열처리(恒溫 熱處理 : isothermal heat treatment)

변태점 이상으로 가열한 재료를 연속적으로 냉각하지 않고 어느 일정한 온도의 염욕 중에 냉각하여 그 온도에서 일정한 시간 동안 유지시킨 뒤 냉각시켜 담금질과 뜨임을 동시에 할 수 있는 방법이다. 이 방법은 온도, 시간, 변태의 3가지 변화를 도표로 표시하여 목적한 조직 및 경도를 얻을 수 이다.

1. 강의 항온 냉각 변태곡선

(1) 항온 변태(isothermal treatment)

오스테나이트 상태에서 A_1 이하의 항온까지 급냉하고 그대로 항온 유지했을 때 일어나는 변태

(2) 항온 변태곡선(time-temperature transformation curve : TTT곡선)★★★

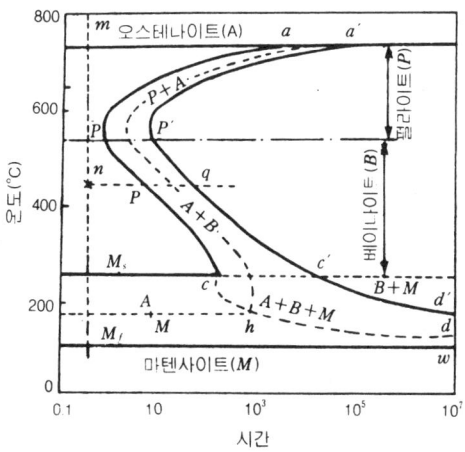

그림5-1 항온 변태곡선(TTT곡선)

항온 변태에 따른 조직의 변화를 나타낸 것으로 S곡선 또는 C곡선이라고도 한다.
① 항온 열처리 요소 : 온도, 시간, 변태

(3) 연속 냉각 변태곡선(continuous cooling transformation curve: CCT 곡선)

강을 오스테나이트 상태에서 급냉 또는 서냉 할 때의 냉각 곡선을 나타낸 것

2. 항온 풀림

풀림 온도로 가열한 강재를 펄라이트 변태가 진행되는 온도 600~700[℃]까지 열욕중 냉각시켜 그 온도에서 항온 변태시킨 후 공기 중 냉각한 열처리이다.

3. 항온 담금질

(1) 오스템퍼(austemper)★★★

오스테나이트 상태에서 $A_r{}'$ 와 $A_r{}''$ 변태점간의 염욕에 항온변태 후 상온까지 냉각 처리한 열처리이다.
① 하부-베이나이트 조직이 얻어진다.
② 뜨임 처리할 필요가 없다.
③ 강인성이 크다.
④ 균열이나 변형이 적다.
⑤ 베이나이트 조직은 마텐자이트와 트루스타이트의 중간 조직이다.

> **참고**
> 베이나이트 : 오스테나이트가 변태하여 생성된 조직으로 현미경으로 보면 깃털 모양의 침상이고 부식되기 쉽다.

(2) 마템퍼(martemper)

오스테나이트 상태에서 M_s 와 M_f 간의 염욕 중에 항온변태 후 공냉 처리한 열처리이다.
① 베이나이트와 마텐자이트의 혼합 조직이다.
② 경도가 증가된다.
③ 충격값이 큰 조직이다.
④ 오랜 시간 항온 유지시켜야 됨으로 잘 사용되는 방법은 아니다.

(3) 마퀜칭(marquenching)

오스테나이트 상태에서 $M_s(A_r{}'')$점 보다 약간 높은 온도의 염욕 중에 담금질하여 항온유지후 천천히 냉각시켜 뜨임한 열처리이다.
① 마텐자이트 조직을 얻는다.
② 경도는 낮아지지만 담금질 균열이나 변형은 없다.

③ 고탄소강, 합금강, 게이지강, 공구강(고속도강, 베어링강) 등의 열처리에 적합하다.

(4) Ms퀜칭(Ms quenching)

담금질 온도로 가열한 상태로 M_s 점보다 약간 낮은 온도의 열욕에 넣어 강의 내・외부가 동일 온도가 될 때까지 물 또는 기름에 냉각 처리한 열처리이다.

(5) 파텐팅(partenting: 담금질 소르바이트)★★★

피아노선, 경강선을 인발하기에 앞서 급속 가열 후 A_{r1} 변태점 이하에서 일정한 온도를 유지 후 염욕 노(爐)에서 소르바이트 조직을 얻는 방법이다.

4. 항온 뜨임

뜨임 온도에서 M_s(250[℃])부근의 열욕에 넣어 항온 유지시켜 오차 베이나이트 조직을 얻을 수 있는 항온 열처리이다.
① 오스포밍 : 과냉 오스테나이트 상태에서 소성가공을 하고 그 후 냉각 중에 마텐자이트화 하는 항온 열처리

표면 경화법(表面 硬化法)

강 표면에만 경도를 부여하고 내부에는 연성과 인성을 지니게 하는 방법의 열처리이다. 표면의 경도를 크게 해줄 필요가 있는 부분, 예를 들면 축 및 기어 등과 같은 내마멸성이 요구되는 기계의 접촉부에 적합한 열처리를 표면 경화 처리(surface hardening)라 한다.

1. 화학적 표면 경화법

(1) 침탄법★★★

0.2[%] 이하의 저탄소강을 침탄제와 함께 침탄상자에 넣어 탄소를 침투시켜 노에서 가열 0.5~2[mm]의 침탄층을 생성시킨 후 담금질 처리한 표면 경화법이다. 기어, 피스톤, 축 등의 표면 경화에 가장 적당한 방법이며 경화층의 두께는 침탄법이 가장 깊다.

① 고체 침탄법 : 침탄제(목탄, 코크스, 골탄)와 침탄촉진제($BaCO_3$ - 탄산바륨, Na_2CO_3 - 탄산나트륨, NaCl, 적혈염, 소금 등)를 침탄처리 할 재료와 함께 철제상자에 넣고 이것을 노내에서 900~950[℃]로 4~6시간 가열시켜 침탄층을 얻는 방법이다.
② 액체 침탄법(청화법, 시안화법) : 침탄제(NaCN - 시안화 나트륨, KCN - 시안화 칼륨)에 염화물(NaCl, KCl, $CaCl_2$)이나 탄화염(Na_2CO_3, K_2CO_3)을 40 ~ 50[%] 첨가하고 600 ~ 900[℃]에서 용해하여 탄소(C)와 질소(N)를 동시에 소재의 표면에 침투하게 하여 표면을 경화시키는 방법이다.
③ 가스 침탄법 : 침탄제로 메탄(CH_4), 프로판(C_3H_8) 또는 부탄(C_4H_{10})과 같은 탄화수소계 가스 등을 재료와 함께 침탄로에 넣고 소정의 온도에서 일정 유지시킨 다음 담금질을 하고 뜨임 처리를 하여 소재의 표면에 탄소층을 이루게 하는 침탄법이다.

(2) 질화법(nitriding) ★★★

고온(520~550[℃])의 암모니아 가스(NH_3)에서 분해된 질소를 철 또는 강에 침투시켜 질화철을 형성한 열처리이다.

① 마모저항 및 경도가 크나 취성이 있다.
② 600[℃] 이하에서는 경도가 감소되지 않고 산화도 일어나지 않는다.
③ 크랭크축, 캠축 등에 사용한다.
④ 질화강은 담금질할 필요가 없다.

(3) 청화법(cyaniding : 시안화법, 액체 침탄법, 침탄 질화법) ★★★★

액체 침탄법으로 C와 N를 동시에 침투시키는 방법으로 매우 짧은 시간에 표면경화가 가능하며 KCN(청산칼리 또는 시안화 칼륨)과 NaCN(청산소다 또는 시안화 나트륨) 등의 청화제를 액중에 침지시켜 표면을 경화시키는 방법이다. 탄소와 질소를 동시에 침투시켜 침탄 질화법이라고도 한다.

① 침탄 깊이는 온도가 높을수록, 시간이 길수록 깊어진다.

표5-2 침탄법과 질화법의 비교 ★★

침 탄 법	질 화 법
경도 감소한다.	경도가 크고 취성이 있다.
침탄 후 열처리 필요하다.	질화 후 열처리 필요 없다.
침탄 후 수정 가능하다.	질화 후 수정 불가능하다.
단시간내의 표면경화 가능하다.	표면경화 시간이 길다.
변형이 생긴다.	변형이 적다.
침탄층은 단단하다.	질화층은 여리다.

2. 물리적 표면 경화법

(1) 화염 경화법(flame hardening) ★★

경화시키고자 하는 재료를 산소-아세틸렌 가스를 열원으로 하여 가열하고 담금질을 하여 경화시키는 방법이다.

① 기어의 잇면, 캠, 나사, 크랭크축, 선반 베드의 안내면, 선반 주축 등의 표면 경화에 주로 사용하는 방법이다.
② 제품이 과열되기 쉽다.
③ 경화층의 깊이를 조정하기 어렵다.
④ 작업이 간단하다.

(2) 고주파 경화법(induction hardening) ★

고주파 전류를 이용여 담금질 시간이 짧고 복잡한 형상에 이용하는 표면 경화법이다.

① 국부적으로 담금질이 가능

② 직접 가열로 열효율이 높다.
③ 담금질 재료의 피로강도가 우수하다.
④ 기어, 핀, 축 등의 표면층에 경도 및 피로한도를 요구하는 열처리에 이용

3. 금속 침탄법(시멘테이션)★★★

강철 표면에 타금속을 침투시켜 표면에 합금층이나 금속피복을 만들어 경화시키는 방법

(1) **세라다이징**(sheradizing: Zn 침투법) – 아연 침투

(2) **크로마이징**(chromizing: Cr 침투법) – 크롬 침투
  ① 내열성, 내식성, 내마모성 향상
  ② 줄의 표면 경화

(3) **칼로라이징**(calorizing: Al 침투법) – 알루미늄 침투
  ① 고온산화성이 크다.

(4) **실리콘나이징**(siliconizing: Si 침투법) – 규소 침투
  ① 내산성 증가

(5) **브로나이징**(boronizing: B 침투법) – 붕소 침투
  ① 경도 증가
  ② 내마모성 증가

4. 기타 열처리

(1) **방전 경화법**
  표면에 2~3[μm]정도의 경화층 생성-내마모성 향상, 공구 수명 연장

(2) **하드 페이싱**★★★
  용접 아크에 의한 표면 경화법

(3) **메탈 스프레잉**
  마멸된 부분에 특수 금속봉을 용사하여 표면을 경화시키는 방법
  – 차축, 롤러 등 마멸된 부분의 표면 경화에 쓰인다.

(4) **케이스 하드닝**(case hardening)★★★
  침탄 처리 후의 열처리(담금질) 작업의 표면 경화법-침탄법

(5) **불꽃 경화법** – 숏 라이징법

chapter 5 실전연습문제

01 풀림 열처리의 목적이 아닌 것은?
① 단조, 주조, 기계가공에서 생긴 내부응력제거
② 열처리로 인하여 경화된 재료의 연화
③ 가공 또는 공작에서 경화된 재료의 연화
④ 금속결정입자의 조대화

02 주어진 냉각속도에 대하여 중심부가 일정한 마텐자이트 양(보통 50[%] martensite)이 되는 강재의 지름(D_0)을 임계지름(dritical diameter)이라 한다. 탄소강(Fe-C 합금)에서 강재의 지름(D_0)은 탄소량과 오스테나이트 결정입도에 따라 어떻게 변하는가?
① 탄소량과 결정입도가 커질수록 커진다.
② 탄소량이 높고 결정입도가 작을수록 커진다.
③ 탄소량과 결정입도가 작을수록 커진다.
④ 탄소량이 낮고 결정입도가 클수록 커진다.

> **Solution** • 마텐자이트(martensite)
> 강을 물속에서 급속히 냉각시켰을 때 나타나는 침상조직으로 내식성이 강하고 강도와 경도가 크며 강자성체이나 여리고 전연성이 매우 작은 조직이다.

03 다음 중 담금균열을 방지할 수 있는 대책이 아닌 것은?
① 담금성능(hardenabillty)이 우수한 재질 선정
② 급열 급냉을 피할 것.
③ 예리한 모서리나 단면의 불균일을 피할 것.
④ 위험구역을 빠르게 냉각할 것.

> **Solution** • 담금질 균열의 방지책
> ① 급랭을 피하고, 일정한 속도로 냉각한다.
> ② 수냉을 하지 않고 유냉을 한다.
> ③ 온도를 필요 이상으로 올리지 말 것.
> ④ 직각 부분은 적게할 것.

04 풀림을 하는 목적을 설명한 것 중 틀린 사항은?
① 점성을 제거
② 가공 중 응력제거
③ 가공 후 변형제거
④ 재료 내부에 생긴 응력제거

Answer 01 ④ 02 ① 03 ④ 04 ①

05 다음은 고주파경화법의 장점이 아닌 것은?

① 재료의 표면부위만 경화된다.
② 가열시간이 대단히 짧다.
③ 표면의 탈탄 및 결정입자의 조대화가 일어나지 않는다.
④ 표면에 산화가 많이 일어난다.

06 금속의 소성가공에서 열간가공과 냉간가공의 구분은 무엇으로 하는가?

① 변태온도
② 용융온도
③ 재결정온도
④ 응고온도

> **Solution** • 재결정
> 가공 경화된 재료를 가열시 결정핵이 성장하여 새로운 결정으로 변화되는 시점으로 이때의 온도를 재결정온도라 하고 열간가공과 냉간가공의 구분척도이다.
> • 냉간가공의 특징
> ① 가공면이 깨끗하고 제품의 치수를 정확하다.
> ② 강도 및 경도가 증가하면 기계적 성질을 개선시킨다.
> ③ 연신율 및 단면수축률을 감소한다.
> ④ 가공방향에 따라 강도가 다르다.

07 M_s점 이하 M_f점 이상을 이용한 것으로 오스테나이트 조직의 온도에서 M_s점(100~200[℃]) 이하로 열욕 담금질하여 뜨임 마텐자이트와 하부 베이나이트 조직을 만드는 항온열처리 방법은?

① 담금질
② 오스템퍼
③ 마템퍼
④ 항온풀림

> **Solution** • 항온담금질의 종류
> ① 오스템퍼 : A_r'와 A_r''중간 염욕 중에서 항온변태, 베이나이트 조직을 얻는 방법
> ② 마템퍼 : A_r''에서 M_s와 M_f간의 염욕 중에서 항온변태, 마텐자이트와 베이나이트의 혼합조직을 얻는 방법
> ③ 마퀜칭 : 오스테나이트 영역에서 M_s점보다 약간 높은 온도에서 염욕 중 항온변태, 마텐자이트 조직을 얻는 방법

08 담금질시 냉각의 3단계를 거쳐 상온에 도달하는데 냉각되는 순서로 맞는 것은?

① 증기막단계 → 대류단계 → 비등단계
② 대류단계 → 비등단계 → 증기막단계
③ 대류단계 → 증기막단계 → 비등단계
④ 증기막단계 → 비등단계 → 대류단계

Answer 05 ④ 06 ③ 07 ③ 08 ④

09 담금질된 강의 경도를 증가시키고 시효변형을 방지하기 위한 목적으로 0[℃] 이하의 온도에서 처리하는 방법은?
① 저온 담금 용해처리
② 시효 담금처리
③ 냉각 뜨임처리
④ 심냉처리

10 경화능 향상에 효과적이며 첨가량이 1[%] 이상이면 결정입자를 조대화하여 취성을 크게 하는 성분은?
① Ni
② Cr
③ Mn
④ Mo

> **Solution**
> • 담금질성을 향상시키는 합금원소(강의 경화능 향상) : B, Mn, Mo, Cr
> • 합금원소의 효과
>   ① Ni : 강인성, 내식성, 내산성 증가
>   ② Mn : 미소양일 때는 Ni과 비슷한 작용, 함유량이 증가하면 내마멸성이 커지고 황에 의하여 일어나는 취성 방지
>   ③ Cr : 미소양일 때 경도, 인장강도 증가, 함유량이 증가하면 내식성, 내열성, 자경성, 내마멸성 증가
>   ④ Mo : 크리프 저항, 내식성 증가, 뜨임 취성 방지

11 Martensite 의 경도에 크게 기여하는 요인이 아닌 것은?
① 탄소원자의 석출
② 결정의 미세화
③ 급냉으로 인한 내부응력
④ 탄소원자에 의한 Fe 격자의 강화

12 표면경화를 위한 침탄용 강재의 구비조건 중 틀린 것은?
① 장시간 가열해도 결정립이 성장하지 않아야 한다.
② 0.3[%] 이상의 고탄소강이어야 한다.
③ 기공, 석출물 등이 경화시에 발생하지 않아야 한다.
④ 담금 변형이 적고, 200[℃] 이하의 저온에서 뜨임해야 한다.

13 탄소가 0.25[%] 인 탄소강을 0 ~ 500[℃] 사이에서 기계적 성질을 조사하면 200 ~ 300[℃] 사이에서 충격값이 최저값을 나타내며 가장 취약하게 되는 현상은?
① 고온 취성
② 상온 충격값
③ 청열 취성
④ 탄소강 충격값

> **Solution**
> ① 저온 취성 : 온도가 낮아짐에 따라 강도가 급격히 증가하면서 인성이 저하하는 현상
> ② 상온 취성 : 인은 상온에서 충격값을 저하시키고 절삭성을 개선시키는 효과가 있다. 이와 같은 현상을 상온취성이라 한다.
> ③ 적열 취성 : 황을 함유한 탄소강은 약 950[℃]에서 인성이 저하하는 현상으로 망간을 첨부시켜 줌으로서 막을 수 있다.

Answer 09 ④ 10 ③ 11 ① 12 ② 13 ③

14 다음 중 표면처리에 속하지 않는 열처리는?

① 연질화 ② 고주파 담금
③ 가스침탄 ④ 심냉처리

> **Solution** • 심냉처리(subzero treatment)
> 담금질 후 실온에서 잔류 오스트나이트 조직이 있어, 이것을 줄여 치수의 정확도를 높이기 위해 담금질한 강을 실온까지 냉각시킨 다음 계속해서 더 낮은 온도까지 냉각시키는 작업이다. 서브제로 처리라고도 한다.

15 냉간가공한 재료를 풀림처리시 나타나는 현상으로 틀린 것은?

① 회복 ② 재결정
③ 결정립 성장 ④ 응고

16 담금질한 강에 인성을 부여하고 조직을 균일화하는 열처리 방법은?

① 뜨임 ② 침탄
③ 풀림 ④ 질화

17 풀림의 목적이 아닌 것은?

① 강의 경도를 저하시켜 연하게 한다.
② 경도를 증가시킨다.
③ 조직을 균일하게 한다.
④ 내부응력을 제거시킨다.

> **Solution** • 풀림의 목적
> ① 기계적 성질 개선
> ② 피절삭성 개선
> ③ 인성의 향상
> ④ 재료의 조직내 불균일 제거
> ⑤ 조직을 개선시켜 담금질 효과를 향상
> ⑥ 내부응력 개선

18 크랭크축과 같이 복잡하고 큰 재료의 표면을 경화시키는데 가장 많이 사용하는 열처리 방법은?

① 침탄법 ② 불꽃경화법
③ 질화법 ④ 청화법

> **Solution** • 화염경화법(불꽃경화법)
> 산소-아세틸렌 가스로 강의 표면을 빨리 가열하고 이것을 급냉시킴으로 표면을 경화시키는 방법이다. 선반의 베드, 공작기계의 스핀들을 경화시키는데 사용되고 있다.

Answer 14 ④ 15 ④ 16 ① 17 ② 18 ②

19 다음의 냉각제 중 냉각성능이 가장 우수한 것은?
① 상온의 물
② 70°의 기름
③ 상온의 NaCl 수용액
④ 자연의 공기

20 담금질 조직 중 가장 경도가 높은 것은?
① 펄라이트
② 마텐자이트
③ 소르바이트
④ 트루스타이트

21 강도와 탄성을 요구하는 스프링 및 와이어(wire)에서 많이 사용되는 조직은?
① Austenite
② Pearlite
③ Sorbite
④ Martensite

22 다음 중 항온변태와 가장 관계가 깊은 조직은?
① 오스테나이트
② 베이나이트
③ 펄라이트
④ 소르바이트

23 다음 합금강 중 질량효과(mass effect)가 가장 적은 것은?
① 탄소강
② 고속도강
③ Ni-Cr-Mo강
④ Ni-Cr-Mo-W강

24 다음 조직 중 담금질 조직이 아닌 것은?
① 마텐자이트(martensite)
② 트루스타이트(troostite)
③ 소르바이트(sorbite)
④ 레데뷰라이트(ledeburite)

25 담금질 효과와 가장 관계 없는 사항은?
① 가열온도
② 냉각속도
③ 자성
④ 냉각제

Answer 19 ③ 20 ② 21 ③ 22 ② 23 ① 24 ④ 25 ③

chapter 6. 구리·알루미늄 및 그 합금의 특성과 용도

1 구리와 그 합금

1. 구리

(1) 구리의 제조

적동강, 황동강, 휘동강을 용광로 → 전로 → 반사로 → 전기로에서 제련하여 제조한다.

(2) 구리의 성질★★

① 비중 8.96, 용융점 1083[℃]로서 쉽게 산화되지 않는 금속이다.
② 양도체, 비자성체이다.
③ 아름다운 색을 갖고 있으며, 다른 금속과 합금처리를 하면 귀금속인 성질을 얻는다.
④ 유연성, 전·연성 좋고 가공이 쉽다.
⑤ 내식성이 크다.
⑥ 바닷물에는 침식된다.
⑦ 가공도에 따라 인장강도는 증가한다.
⑧ 가공도에 따라 연신율은 감소한다.
cf) 비스무트(Bi), 납(Pb) : 고온 가공이 곤란하다.

2. 구리 중의 불순물이 미치는 영향

(1) **비소**(As) : 전기 전도도 감소
(2) **안티몬**(Sb) : 경도 증가, 소성 감소, 전기 전도도 감소
(3) **황**(S) : 냉간 가공 곤란

3. 황동(brass) : 구리(Cu)+아연(Zn) 합금 ★★★★

(1) 황동의 특성

① 주조성, 가공성, 내식성, 기계적 성질 등이 좋다.

② 압연·단조가 쉽다

(2) 실용 황동의 종류

1) 톰백

아연(Zn)이 5~20[%]인 합금-저 아연 합금류

2) 7-3황동(cartridge brass)

Cu 70[%], Zn 30[%] 함유된 대표적인 가공용 황동이다. 자동차용 방열기 부품, 소켓, 체결구, 일용품, 탄피, 장식품 등의 용도로 사용된다.

3) 6-4황동(muntz metal)

Cu 60%, Zn 40[%] 함유된 황동이다.
① 내식성이 작고, 탈아연 부식이 크며 전·연성 또한 작다.
② 강도가 크고 강력하므로 기계부품으로 사용된다.
③ 복수기용 판, 열간 단조품, 볼트, 너트, 대포탄피 등의 용도로 사용된다.

(3) 특수 황동

1) 주석 황동

1[%] 정도의 주석(Sn)을 첨가시켜 산화 및 탈아연 현상을 막아 해수에 대한 내식성 및 내해수성을 개선시켜 선박용 재료, 용접용 재료로 사용된다.
① 어드미럴티 메탈(admiralty metal) : 7-3 황동(70Cu－30Zn)＋주석(Sn) 1[%]의 황동으로 복수기, 증발기, 열교환기 등의 관용으로 사용된다.
② 네이벌 브래스(naval brass) : 6-4 황동(60Cu－40Zn)＋주석 1[%]의 황동으로 복수기판, 용접봉, 밸브용으로 사용된다.

참고

탈아연 현상 : 황동 속의 아연(Zn)이 해수에 쉽게 용해 부식되는 현상이다.

2) 납(Pb) 황동

6-4 황동에 납 1~1.5[%] 첨가시켜 피절삭성을 개선시키고 강도와 연신율은 감소시킨 것으로 시계용, 치차 등에 사용되는 쾌삭 황동(free cutting brass; 연황동)이다.
① 하드 브래스(hard brass) : 계측기나 시계용 기어, 나사용으로 사용된다.

3) 알루미늄(Al) 황동

7-3 황동에 소량의 알루미늄을 첨가시켜 내식성을 증가시킨 것이다.
① 알루미늄 브래스(aluminum brass)=알브랙(albrac) : 내해수성이 양호한 황동이다.

4) 규소 황동

Si(0~16[%]) ＋ Zn(10~16[%]) 황동으로 선박 부품 등의 주물로 사용된다.
① 실진 브론즈(silzin bronze)=망가네즈 브론즈(manganese bronze)

5) 고강도 황동

6-4 황동+Fe, Mn, Ni, Al, Sn 등을 첨가시킨 것으로 강도, 내식성 등을 개선시켜 선박용 프로펠러의 용도로 사용된다.

① 망가닌(manganin) : 황동에 Mn 10~15[%]를 첨가한 합금으로 표준저항기, 정밀기계 등의 부품으로 사용된다.

6) 양은(양백, Ni 황동)

Ni를 넣은 황동으로 가정용품, 전기저항 재료, 스프링, 식기, 악기, 장식용 등으로 사용된다. 니켈 실버(nickel silver), 저먼 실버(german silver)라고도 한다.

① 경도가 크다.
② 부식이 잘되지 안는다.
③ 색깔은 은과 비슷하다.
④ 기계적 성질과 내식성이 우수하다.
⑤ 탄성재료, 화학 기계용 재료로 사용된다.

7) 철 황동

6-4황동 + Fe 1~2[%]를 첨가시킨 합금으로 광산·선박용 기계 등으로 사용되며 델타메탈 이라고도 한다.

4. 청동(bronze) : 구리(Cu)+주석(Sn) 합금 ★★★★

(1) 청동의 특성

① 내식성이 크다.
② 해수 부식에 대한 저항력이 크다.
③ 인장강도는 Sn이 증가하면 증가하나, Sn이 20[%] 이상이면 인장강도는 감소한다.
④ 연신율은 Sn 4~5[%]에서 최대이고 Sn이 25[%] 이상이면 취성이 발생한다.
⑤ 황동보다 주조하기 쉽다.

(2) 청동의 종류

1) 포금(gun metal) : 주석(Sn) 10[%]를 포함한 청동이다.
① 강도가 크고 연신율이 작으며, 내마모성·내식성이 우수하다.
② 주조성(Zn : 2~5[%])과 절삭성(Pb : 3[%] 이하)이 양호하다.
③ 어드미럴티 포금(admiralty gun metal) : Cu 88[%], Sn 10[%], Zn 2[%]의 합금

2) 인(P) 청동
① 내마모성과 내식성이 우수하다.
② 유동성이 양호하여 얇은 주물의 재료로 사용된다.
③ 강도, 경도 및 탄성률 등 기계적 성질을 개선시킨다.
④ 기어, 펌프 및 선박 등의 부품으로 사용된다.
⑤ 스프링용 인청동 : P 0.05~0.15[%], Sn 7~8[%]로 자성이 없어 계기류 및 통신기기 재료 로도 사용된다.

3) 알루미늄(Al) 청동
  ① 황·청동에 비해 기계적 특성과 내식성, 내마모성, 내열성이 우수하다.
  ② 화학 기계 공업, 선박, 항공기, 차량 부품 등의 재료로 사용된다.

4) 니켈 청동 : Cu+Ni(10~15[%])+Al(2~3[%])를 첨가한 합금이다.
  ① 어드밴스(advance) : Cu 54[%]+Ni 44[%]+Mn 1[%]의 합금-전기기기의 저항선에 사용
  ② 콘스탄탄(constantan) : Cu+Ni 45[%] 합금-열전대용, 전기저항선 등에 사용

5) 망간(Mn) 청동
  ① 기계적 성질 및 내식성이 양호하다.
  ② 실용합금 : 망가닌(manganin), 이사벨린(isabellin), A-합금(A-alloy) 등

6) 크롬(Cr) 청동
  ① 전도성과 내열성이 양호하다.
  ② 용접봉, 전극 재료 등으로 사용된다.

7) 베릴륨(Be) 합금 : 베릴륨(Be) 외에 미량의 Co, Ni, Ag 등이 첨가된다.
  ① 구리 합금 중 강도와 경도가 가장 크다.
  ② 내식성, 내열성, 내피로성 등이 양호하다.
  ③ 베어링, 기어, 스프링 등에 사용된다.

2 알루미늄과 그 합금

1. 알루미늄

(1) **알루미늄의 제조** : 보크사이트, 명반석, 토혈암에서 제조한다.

(2) **알루미늄(Al)의 성질**★★
  ① 주조성 용이하고 다른 금속과 친화력이 좋다.
  ② 내식성이 좋고, 전기 및 열의 양도체이다.
  ③ Mg과 Be 다음으로 가볍다.
  ④ 전연성이 좋아 고온 및 상온 가공이 용이하다.
  ⑤ 송전선의 용도로 사용된다.
  ⑥ 염산, 황산, 묽은 질산, 인산 등에는 침식당한다.

2. 알루미늄 합금

(1) **주조용 알루미늄 합금**★★★

1) 종류
  ① 일반용 : Al-Cu, Al-Si, Al-Zn, Al-Mg

② 내열용 : Al-Cu-Ni, Al-Si-Ni
③ 내식용 : Al-Mg-Si

2) 실루민

Al-Si계 합금으로 주조성은 좋으나 절삭성이 나빠 기계적 성질을 개선시킨 합금이다.

> **참고**
>
> 개량처리(modification treatment) : 주조시 기계적 성질이 나빠 주조할 때 0.05~0.1[%]의 금속 나트륨을 첨가하여 규소를 미세화하여 기계적 성질을 개선시키는 방법이다. 실루민은 이와 같은 개량처리를 한 합금이다.

3) 하이드로날륨(hydronalium)

Al-Mg계 내식성 합금으로 Al은 12[%]이하이다.

(2) 다이캐스팅용 Al합금-주조용 알루미늄 합금★

1) 성질
① 유동성이 좋다.
② 응고 수축에 대한 용탕, 보급성이 좋다.
③ 열간 메짐성이 적다.
④ 금형에 잘 부착되지 않아야 한다.

2) 종류
① 실루민 : Al-Si계 합금(알팩스)
② 라우탈 : Al-Cu-Si계 합금, 피스톤, 기계부품용으로 사용되며 시효경화성이 있다.
③ 하이드로날륨

(3) Y합금-주조용 알루미늄 합금★★

Cu 4[%], Ni 2[%], Mg 1.5[%] 등의 합금으로 내열성 알루미늄 합금이라고도 한다.
① 고온 강도가 크다.
② 모래형 또는 금형 주물 및 단조용으로 사용된다.
③ 내연기관용 피스톤, 공냉 실린더 헤드 등으로 사용된다.

(4) 내식성 Al합금★

① Al-Mn(알민; almin) : 가공성과 용접성이 양호하여 저장용 통이나 기름 통으로 사용된다.
② Al-Mn-Mg : 강하며 냉간가공 상태의 내력은 고강도 합금과 비슷하다.
③ Al-Mg(하이드로날륨) : 내해수성, 피로강도의 온도에 따른 변화가 적고 용접도 가능하다.
④ Al-Mg-Si(알드레이; aldrey) : 강도·인성·내식성 등이 양호하다.

(5) 고강도 Al합금(강력 알루미늄 합금)★★★

1) Al-Ca-Mg계
① 듀랄루민(duralumin) : Al(4[%]) + Cu(0.5[%]) + Mg(0.5[%]) + Mn 등의 합금으로 시

효경화에 의해 강도가 크고 성형성도 좋다.

② **초듀랄루민(super duralmin)** : Al + Cu(4.5[%]) + Mg(1.5[%]) + Mn(0.6[%]) 등의 합금이다.
  ㉠ 강도 및 내력이 크며, 연신율은 작고, 인장강도는 50[kg/mm^2] 이상이다.
  ㉡ 항공기의 주재료, 리벳 재료로 사용된다.

2) Al-Zn-Mg계(초강 듀랄루민; extra super duralmin)

항공기 재료로 사용되며 고강도 합금으로 인장강도는 54[kg/mm^2] 이상이나 내식성은 좋지 못하다. Al + 1.6%Cu + 5.6%Zn + 2.5%Mn + 0.3%Cr 합금이다.

chapter 6 — 실전연습문제

01 구리-니켈계 합금에 소량의 규소를 첨가한 것으로 강도와 전기전도도가 높아 통신선과 전화선에 사용되는 합금은?

① 암즈청동 ② 켈밋
③ 콜슨 합금 ④ 포금

02 연신율이 크고, 인장강도 25[kg_f/mm^2] 로 전구의 소켓이나 탄피용으로 쓰이는 황동은?

① 톰백 ② 7·3 황동
③ 6·4 황동 ④ 함석 황동

> **Solution** • 6·4황동
> ① 7·3 황동에 비하여 전연성이 낮고 인장강도가 크다.
> ② 내식성이 낮고, 탈아연부식이 쉽다.
> ③ 판재, 선재, 볼트, 너트, 열교환기, 파이프, 밸브, 탄피, 자동차부품, 일반판금용 재료로 널리 사용

03 양은(洋銀, Nickel-silver)의 구성 성분은?

① Cu-Ni-Fe ② Cu-Ni-Zn
③ Cu-Ni-Mg ④ Cu-Ni-Pb

> **Solution** • 니켈 황동(양백, 양은, 니켈 실버) : 황동(Cu+Zn)+니켈(Ni) 합금

04 켈밋(kelmet)은 베어링용 합금으로 많이 사용된다. 성분은 구리(Cu)에 무엇을 첨가한 합금인가?

① 아연(Zn) ② 주석(Sn)
③ 납(Pb) ④ 안티몬(Sb)

> **Solution** • 켈밋(kelmet) : 구리(Cu)에 납(Pb)을 첨가시킨 금속, 고속·고하중용 베어링으로 자동차, 항공기 등에 널리 사용된다.

05 특수 청동합금에 유동성을 좋게하기 위해 첨가하는 원소는?

① 규소 ② 망간
③ 인 ④ 아연

Answer 01 ③ 02 ② 03 ② 04 ③ 05 ③

> **Solution**
> ① 규소(Si) : 적은 양은 다소 경도와 인장강도를 증가시키고, 함유량이 많아지면 내식성과 내열성 증가, 전기적 성질 개선을 가져온다.
> ② 망간(Mn) : 적은 양일 때 강인성과 내식성, 내산성을 증가시킨다. 함유량이 증가하면 내마멸성이 커진다. 황에 의한 취성 방지
> ③ 인(P) : 결정입자를 거칢으며 경도, 인장강도는 증가하고 연신율, 충격값은 감소한다. 유동성을 개선시키고, 가공시에는 균열을 일으키는 상온취성의 원인이 된다.
> ④ 아연(Zn) : 철강재료의 부식방지, 주조성 양호, 냉간가공 우수

06 황동의 물리적, 기계적 성질 중 옳은 것은?
① 전도도는 Zn 40[%]까지 증가하고 그 이상 50[%]에서 최소가 된다.
② 30[%] Zn 부근에서 연신율이 최대가 된다.
③ 30[%] Zn 부근에서 인장강도가 최대가 된다.
④ 6/4 황동과 7/3 황동의 비등온도는 800~900℃이므로 주의하여야 한다.

07 황동에서 잔류응력에 의해서 발생하는 현상은?
① 탈아연 부식　　　　　　② 고온 탈아연
③ 저온 풀림경화　　　　　④ 자연균열

> **Solution** 황동은 구리와 아연의 합금으로 잔류변형(잔류응력) 등이 존재할 때 아연이 많은 경우 자연적으로 균열이 발생하는 일이 종종 있는데 이것을 자연균열이라 한다.

08 구리의 특성이 아닌 것은?
① 가공성 용이　　　　　　② 연성 양호
③ 내식성 양호　　　　　　④ 접합성 불량

09 염소를 함유한 물을 쓰는 수관에서 주로 발생하는 현상으로서 불순물 또는 부식성 물질이 녹아 있는 수용액의 작용에 의해 황동의 표면 또는 깊은 곳까지 나타나는 현상은?
① 탈아연 부식　　　　　　② 자연균열
③ 경년변화　　　　　　　　④ 풀림경화

10 청동합금의 주성분은?
① Cu-Si　　　　　　　　② Cu-Al
③ Cu-Zn　　　　　　　　④ Cu-Sn

Answer　06 ②　07 ④　08 ④　09 ①　10 ④

11 다음 중 열기전력값이 높아 열전대선으로 이용되는 재료는?
  ① 80[%] Ni-Fe 합금(permalloy)
  ② 40~50[%] Ni-Cu 합금(constantan)
  ③ 화이트 메탈(white metal)
  ④ 인코넬(inconel)

12 황동계 실용합금 중 톰백(tombac)에 관한 설명이 아닌 것은?
  ① 8~20[%] 의 Zn 을 함유하는 황동이다.
  ② 색깔이 금색에 가까워서 모조금으로 사용된다.
  ③ 전연성이 나쁘다.
  ④ 냉간가공이 쉽다.

13 다음 중 구리의 특성이 아닌 것은?
  ① 내식성이 우수하다.   ② 열전도율이 높다.
  ③ 경도가 높다.   ④ 전기전도율이 크다.

14 구리에 아연을 5~20[%] 함유한 것으로 색깔이 아름답고 장식품에 주로 많이 사용되는 황동은 어느 것인가?
  ① 포금   ② 문쯔 메탈
  ③ 톰백   ④ 7·3 황동

15 다음의 기계재료 중 황동(brass) 합금에 속하지 않는 것은?
  ① 포금(gun metal)   ② 문쯔 메탈(munz metal)
  ③ 톰백(tombac)   ④ 델타 메탈(delta metal)

16 Ni 65~70[%] 정도로 함유한 Ni-Cu 계의 합금으로 내식성이 좋으므로 화학공업용 재료로 많이 쓰이는 재료는?
  ① 톰백   ② 알코이
  ③ 모넬 메탈   ④ Y 합금

Answer   11 ②   12 ③   13 ③   14 ③   15 ①   16 ③

17 인청동의 인 함량은 몇 [%]정도가 적당한가?
① 5~6[%]
② 0.5~1.0[%]
③ 0.03~0.5[%]
④ 9~11[%]

Answer   17 ③

chapter 7 기타 비철금속의 특성과 용도

1 니켈과 그 합금

1. 니켈

(1) 니켈의 성질★★

① 백색의 인성이 있는 금속이다.
② 내산성이 떨어진다.-질산에 부식되기 쉽다.
③ 열간 및 냉간 가공이 용이하다.
④ 해수에 강하다.-내식성과 내열성이 우수하다.
⑤ 면심입방격자이다.
⑥ 자기 변태점은 353℃이다.
⑦ 비중 8.9, 용융점 1455℃이다.

(2) 니켈의 용도

전기저항용 합금, 니켈 도금, 진공관, 화폐, 화학 및 식품 공업용 등으로 사용된다.

2. 니켈 합금

(1) Ni-Cu 합금

1) 성질
  ① 저온 고용체 형성이다.
  ② 새로운 상태 출연에 의한 급격한 성질의 변화가 없다
  ③ 55~65[%] Ni에서 강도나 경도가 최대이다.
  ④ 냉간가공 후 낮은 온도에서 풀림 처리를 하면 강도 및 탄성한도가 증가한다.

2) 실용합금의 종류★★★★★
  ① 어드벤스 : 10~30[%] Ni을 첨가한 것이다.
  ② 콘스탄탄(constantan) : 40~50[%] Ni을 첨가한 것으로 열전대용, 표준 저항선으로 사용된다.

③ 모넬 메탈(monel metal) : Cu + Ni 60~70[%], Fe 1~3[%]을 첨가한 것으로 강도가 크고 내식성이 양호하며 화학공업용 재료로 널리 사용된다. 종류는 다음과 같다.★★★★★
  ㉠ KR 모넬 : Co 28[%]을 첨가하여 잘삭성을 향상시킨 것이다.
  ㉡ K 모넬 : Co 4[%]을 첨가하여 절삭성을 향상시킨 것이다.
  ㉢ R 모넬 : S 0.35[%]을 첨가하여 피절삭성을 개선시킨 것이다.
  ㉣ H 모넬 : Si 3[%]을 첨가하여 경화성, 경도를 증가시킨 것이다.
  ㉤ S 모넬 : Si 4[%]을 첨가하여 경화성, 경도를 증가시킨 것이다.

(2) Ni-Fe의 실용 합금★★★

① 인바(invar)강 : 36[%] Ni, 0.2[%] C, 0.4[%] Mn을 첨가시킨 것으로 줄자, 표준자, 시계의 추, 바이메탈, 화재경보기, 자동온도조절기 등으로 사용되며 불변강이라고 한다.
② 초인바(super invar)강 : Ni 30~32[%], Co 4~6[%], 20℃에서 선팽창계수가 0.1×10^{-6} 이고 정밀기계 부품의 재료, 줄자, 표준자, 계기류 등의 용도로 사용된다.
③ 엘린바(elinvar)강 : Fe + 36[%] Ni + 12[%] Cr으로 시계의 스프링, 계측기기 등으로 사용된다.
④ 플래티나이트(platinite) : 42~48[%] Ni을 함유하고 있고 백금(Pt)의 대용, 진공관, 전구의 도입선 등에 사용된다.
⑤ 퍼멀로이(permalloy) : 10~30[%] Fe + 70~90[%] Ni를 함유한 것으로 투자율이 높다.

(3) Ni-Mo 합금

염산에 대한 내식성이 좋아진다
① 15[%] Mo : 내염산, 내염화물 합금이다.
② 30[%] Mo : 내식성이 최대, 890[℃] 이상에서 급냉시 기계적 성질이 우수하다.
③ 30[%] 이상의 Mo : 부식성 증가, 연성이 최소화되어 필요이상으로 경도가 증가한다.

(4) Ni-Cr 합금

고온 산화에 견디고 고온 강도가 높아 고온용 발열체로써 사용된다
① 인코넬(inconel) : Ni 78~80[%], Cr 12~14[%]을 첨가한 것으로 내식성과 내열성이 우수하여 전열기 부품, 필라멘트, 열전쌍의 보호관 등의 용도로 사용된다.

2 마그네슘과 그 합금

1. 마그네슘(Mg)

(1) 마그네슘(Mg)의 성질★★

① 비중 1.74-실용 금속 중 가장 가볍다
② 강도가 작다.
③ 절삭성이 양호하다.

④ 열전도율이 낮다.
⑤ 냉간가공성은 불량하나 열간가공성은 양호하다.
⑥ 해수에 침식된다.

(2) **마그네슘의 용도** : 항공기용 재료로 사용된다.★★

2. 마그네슘 합금

(1) **일렉트론**(electron)

Mg-Al-Zn에 납(Pb)과 망간(Mn)이 첨가된 합금으로 주물용으로 내연기관의 피스톤에 사용되기도 한다.

(2) **다우 메탈**(dow metal)

Al 10% + Zn 첨가한 주물용 마그네슘합금이다.

3 기타 합금

1. 티탄(Ti)과 그 합금

(1) **티탄의 성질**★★

① 비중은 4.51이고 용융온도는 1730[℃]이다.
② 고온 강도가 크고, 내식성이 우수하다.
③ 500[℃] 이상에서 내열성이 우수하다.

(2) **티탄의 용도**★

가스 터빈과 항공기 구조재, 화학공업용 내식재, 원자로 구조재로 사용된다.

(3) **티탄 합금의 종류**

① Ti-Mn : 판재, 구조재로 사용된다.
② Ti-Al-V : 가스 터빈, 압축기의 날개 및 디스크에 사용된다.
③ Ti-Al-Sn : 가스 터빈 구조재로 사용된다.

2. 아연(Zn)과 그 합금

(1) **아연의 성질**★★

① 비중 7.14이고 용융 온도가 420℃이다.
② 조밀육방구조의 청백색 또는 회백색이다.
③ 가공성이 비교적 좋고 냉간가공이 가능하다.

④ 주조한 아연은 경도가 필요이상 커 가공이 어렵다.
⑤ 순도가 높은 아연은 비교적 내식성이 좋다.

(2) 아연의 용도★

건전지, 인쇄판, 아연판, 아연도금, 다이캐스팅용 합금, 기타 합금 등의 용도로 사용된다.

(3) 아연 합금의 종류

1) 다이캐스팅 합금
   ① 알루미늄 합금보다 강도가 높고 수명이 길다.
   ② 대표적인 합금은 자마크(zamak)이다.
   ③ 자동차 부품, 전기기기, 광학기기 부품 등의 용도로 사용된다.
2) Zamak
   ① Zn+Cu, Al 4% 등을 첨가
   ② 내식성 및 가공성 불량, 강도는 증가
   ③ 자동차 부품, 전기기기, 광학기기 부품 등으로 사용
3) 베어링 합금 : Zn+Al 4[%]+Cu 3[%]+미량의 Mg을 첨가한 합금이다.
4) 가공용 합금 : Zn-Cu 합금, Zn-Cu-Mg 합금, Zn-Cu-Ti 합금 등이 있다.
5) 금형용 합금 : Zn+Al, Cu, 소량의 Mg를 첨가한 합금이다.

3. 납과 납 합금

(1) 납의 성질

① 비중은 11.3이고 용융온도는 327℃이다.
② 밀도가 높고 연하여 전·연성이 크고 소성가공이 용이하다.
③ 용융온도가 낮아 주조성이 좋고 윤활성이 우수하다.
④ 내식성이 양호하고 화학적으로 안정하다.
⑤ 방사선을 차단하는 성질을 가지고 있다.

(2) 납의 용도

금속의 땜납, 수도관, 베어링 합금(화이트 메탈), 산류 탱크, 축전지, 케이블 피복, 패킹재, 원자로나 X선 차단재 등에 사용된다.

(3) 납 합금

Pb-Sn(연납), Pb-Sb 등이 있다.

4. 주석과 그 합금

(1) 주석의 성질★★

① 비중은 7.3이고 용융온도는 232[℃]이다.

② 공기 중에서 무변색이다.
③ 연하여 얇을수록 전·연성이 풍부하다.
④ 가공경화가 어렵다.
⑤ 알칼리에는 침식된다.
⑥ 내식성이 우수하다.

(2) 주석의 용도

철의 도금(양철), 선박, 식기, 장신구, 베어링 합금 등에 사용된다.

(3) 주석 합금

① Sn-Sb-Cu(퓨터, 브리티나 메탈) : Sn + 4~7[%] Sb + 1~3[%] Cu 합금
② 퓨즈용 합금 : 자동소화기, 화재경보기, 전기용 퓨즈 등의 용도로 사용된다.
③ 활자 합금

5. 귀금속

(1) 귀금속의 성질

① 물 또는 공기와 잘 반응하지 않는다.
② 내식성이 우수하다.

(2) 귀금속의 용도

화폐, 장식품, 치과 재료, 화학기구, 전극 등등 그 사용 폭이 넓다.

6. 베어링 합금

(1) 베어링 합금의 성질

① 강도, 점성, 인성이 있어야 한다.
② 내식성, 주조성이 양호해야 한다.
③ 마찰계수가 적어야 한다.-내마모성이 커야 한다.

(2) 베어링 합금의 종류★★★★

1) Al계 베어링 합금 : 미끄럼 베어링의 용도로 사용된다.

2) 화이트 메탈(white metal)
① Pb 또는 Sn을 주성분으로 하는 베어링 합금의 총칭이다.
② 배빗 메탈(babbit metal) : Sn-Sb-Cu 주성분의 주석계 화이트 메탈로 경도가 크고 충격과 진동에 잘 견딘다.
③ 앤티플릭션 메탈(antifriction metal) : 배빗 메탈의 대용으로 Pb을 주성분으로 한 합금이다.

3) Cu계 베어링 합금 : 포금, 인청동, 납 청동계의 켈밋(kelmet : Cu-Pb), 알루미늄 청동 등이 있다.

4) Cd계 베어링 합금 : 화이트 메탈보다 고온 경도가 커 고속 베어링에 사용된다.
5) Zn계 베어링 합금 : 화이트 메탈보다 마찰계수가 크고 내해수성이 있어 선박의 스턴튜브의 베어링용으로 사용된다.
6) 오일리스 베어링 : 급유가 곤란하거나 전혀 급유하지 않아도 되는 베어링에 사용된다.

chapter 7 — 실전연습문제

01 주물용 알루미늄(Al) 합금 중 시효경화되지 않는 것은?

① 라우탈(lautal) ② Y 합금
③ 실루민(silumn) ④ 로엑스(Lo-Ex) 합금

Solution
① 실루민(silumin) : Al-Si 계 합금으로 공정점 부근의 조직이 기계적 성질이 우수하고 용융점이 낮다.
② Y 합금 : Cu 4[%], Ni 2[%], Mg 1.5[%] 등을 함유하는 알루미늄 합금
③ Lo-Ex 합금 : Al-Si 계에 Cu, Mg, Ni를 1[%] 첨가한 금속

02 마그네슘(Mg)을 설명한 것 가운데서 잘못된 것은?

① 마그네슘(Mg)의 비중은 알루미늄의 약 2/3 정도이다.
② 구상흑연주철의 첨가제로도 사용된다.
③ 용융점은 약 930[℃]로 산화가 잘된다.
④ 전기전도도는 알루미늄보다 낮으나 절삭성은 좋다.

Solution
• 마그네슘(Mg)
① 원자번호 : 12   ② 원자량 : 24.32
③ 비중 : 1.743   ④ 용융점 : 650[℃]
⑤ 비등점 : 1110[℃]

03 알루미늄이 공업재료로 사용되는 특성이 아닌 것은?

① 무게가 가볍다.   ② 열전도도가 우수하다.
③ 강도가 작다.   ④ 소성가공성이 우수하다.

Solution
• 알루미늄의 특징
① 비중이 2.7로 가벼운 금속이다.
② 주조성이 좋다.
③ 상온 및 고온가공이 쉽다.-소성가공이 우수
④ 내식성이 우수하다.
⑤ 전기 및 열의 양도체이다.
⑥ 순수 Al은 강도가 낮지만, 합금 상태에서는 강도가 커질 수 있다.

Answer 1 ③ 2 ③ 3 ③

04 다음 중 절삭성이 우수하고 가벼우며, Al 합금용, 구상흑연주철 첨가제 및 사진용 프래시 등의 용도로 사용되는 것은?

① Mg   ② Ni   ③ Zn   ④ Sn

> **Solution** • 마그네슘의 성질
> ① 비중이 1.74로 가장 가벼운 금속이다.
> ② 내식성 양호
> ③ 소성 가공성 양호
> ④ 주물용 알루미늄(Al)계 합금이 있다.

05 가공용 알루미늄 합금 중 항공기나 자동차 몸체용 고강도 Al-Cu-Mg-Mn 계의 합금명은?

① 듀랄루민   ② 하이드로날륨
③ 라우탈   ④ 실루민

06 비중이 가벼워 항공기, 자동차 부품 등에 사용되는 합금은?

① Sn 합금   ② Cu 합금
③ Mg 합금   ④ Ni 합금

07 알루미늄의 용도로서 적당하지 않는 것은?

① 드로잉 재료   ② 다이캐스팅 재료
③ 자동차 구조용 재료   ④ 절삭날 재료

> **Solution** 알루미늄은 고온경도가 떨어져 절삭날의 재료로 부적합하다.

08 알루미늄 합금으로 점도가 좋으며 대량 생산을 할 경우 어느 주조법이 가장 좋은가?

① 원심주조법   ② 칠드주조법
③ 주물주조법   ④ 다이캐스팅법

09 비강도(比强度)가 커서 항공기 부품용 등에 가장 많이 쓰이는 합금은?

① Au 합금   ② Mg 합금
③ Ni 합금   ④ Cr 합금

10 실루민(silumi)의 주성분은 무엇인가?

① Al-Si   ② Al-Cu
③ Al-Zn   ④ Al-Zr

Answer 04 ① 05 ① 06 ③ 07 ④ 08 ④ 09 ② 10 ①

chapter 8 비금속 재료의 특성과 용도

1 내열재료

금속의 제련(製鍊) 및 가열(加熱)을 위한 노(爐)와 같이 고온도 공업에 사용하여 고열에도 잘 녹지 않는 무기재료를 총칭하여 내화물(refractory material)이라 한다.

(1) 내열재료의 특징 및 성질
① 내화물이 열에 얼마나, 어느 정도 견딜 수가 있는가를 나타내는 척도를 내화도라 한다. 이 내화도에 따라 사용범위가 결정된다.
② 내화물의 내화도를 나타내는 것은 제게르 콘(seger cone)의 번호이다.
③ KS에서 1580[℃]의 제게르 콘 번호는 26번이다. 1580[℃] 이상의 화열에도 견디는 것으로 내화벽돌이 있다.
④ 화학적 부식에 강하다.
⑤ 기계적 강도가 크다.
⑥ 급격한 온도 변화에도 균열이 생기지 않는다.
⑦ 산성 내화벽돌 : 온도 변화에 약하지만 내화도는 높다.
⑧ 염기성 내화벽돌 : 내구성이 좋고 내식성이 양호하다.
⑨ 중성 내화벽돌 : 내식성은 양호하지만 장시간 사용할 경우 수축 때문에 문제가 발생한다.
⑩ 내열재료는 외부로 열이 발산하는 것을 막는다.

(2) 내화물의 종류와 용도
① 소성 내화물 : 보통 내화벽돌, 유리용해 도가니, 제강용 노즐 등의 용도로 사용된다.
② 불소성 내화물 : 노내 라이너로 사용된다.
③ 분말 내화 모르타르
④ 수경 내화 모르타르

2 보온재료

보온재료는 다수의 미세한 작은 구멍을 갖은 물질인 다공질로 되어 있고 그 조직 중에 공기

층이 있어 그 공기층이 보온역할을 하는 물질이다. 내동창고 등과 같이 외부의 열이 침입하는 것을 막을 목적에서 사용하는 재료이기도 하다.

(1) 유기질 보온재료
보온재료로서 가장 적당한 것 중에 하나이지만 수분이 있으면 보온 효과가 떨어지므로 건조시킨 뒤 사용하도록 해야 한다.

(2) 무기질 보온재료
고온 보온재로 사용되며 전기가 잘 통하지 않는 불량도체로 내열성은 우수하다. 섬유질 보온재와 분말보온재가 있다.
① 섬유질 보온재 : 석면, 암면, 슬래그 울, 글라스 울 등이 있다.
② 분말보온재 : 마그네슘, 규소토 등이 있다.

(3) 알루미늄 단열재 : 여러 겹으로 겹쳐서 6~10[mm]의 적당한 두께로 하여 사용한다.

3 합성수지(플라스틱)

합성수지는 동·식물의 유기물질을 화학적으로 조합시킨 것으로 외부에서 힘을 가했을 때 자유로이 그 모양을 변화시킬 수 있는 가소성 재료이다. 이와 같은 합성수지(合成樹脂; synthetic resin)를 총칭하여 플라스틱(plastic)이라 한다.

(1) 합성수지의 일반적 성질
① 비중은 1~1.5로 가볍고 단단하나 열에 취약하다.
② 가소성이 양호하여 성형이 쉽다.
③ 상당수는 투명하여 착색이 자유롭다.
④ 전기 절연성은 양호하나 열에는 취약하다.
⑥ 보온성과 내식성은 양호하다.
⑦ 대량 생산이 가능하여 가격이 싸다.

(2) 열경화성수지의 종류와 용도
① 페놀 수지 : 전화기, 핸들, 식기, 판재, 접착제 등의 용도로 사용된다.
② 요소수지 : 완구, 가제도구, 전기부품 등의 용도로 쓰인다.
③ 멜라민 수지 : 접착제, 페인트, 도료 등의 용도로 쓰인다.
④ 규소수지 : 전기절연재료의 용도로 사용된다.
⑤ 폴리에스테르 : 판재 등의 용도로 사용된다.

(3) 열가소성수지
① 스티렌 수지 : 전기재료, 통신기기, 가정용품 등의 용도로 쓰인다.
② 염화비닐 : 전선관, 수도관, 라이닝, 컨베이어, 벨트 등의 용도로 사용된다.

③ 폴리에틸렌 : 전선피복, 필름 등의 용도로 사용된다.
④ 초산 비닐 : 접착재, 도료, 성형재료, 타일, 필름 등의 용도로 사용된다.
⑤ 아크릴 수지 : 유리, 케이블 피복 재료 등의 용도로 사용된다.

4 패킹 재료

가스와 같은 유체가 새는 것을 방지하기 위해 사용되는 요소가 패킹(packing)이다.

(1) 패킹 재료의 구비조건
① 탄력성과 유연성이 있을 것.
② 강인성과 내구성이 양호할 것.
③ 내화학성이 있을 것.
④ 내열성, 내마모성, 내식성이 좋을 것.
⑤ 가공이 잘 되고 가격이 저렴할 것.

(2) 패킹의 용도
펌프, 배관, 내연기관, 항공기, 자동차, 유압장치 등에서 구성부품의 접합부 및 접촉면에 사용되고 있다.

5 도료

도료는 물건의 겉에 칠하여 부식방지 및 외관상의 아름다움, 방화, 방수, 발광 및 전기절연 등의 목적을 위해 사용하는 재료로 페인트(paint), 바니스(varnish) 등이 있다.

(1) 도료의 종류와 용도
① 수성 페인트 : 건축물의 시멘트 벽면 색칠에 주로 사용된다.
② 유성 페인트 : 건축물의 외장, 선박, 차량 등에 주로 사용된다.
③ 에나멜 페인트 : 각종 가구, 농기구, 건축, 기계 등의 도장에 쓰인다.
④ 유성 바니스 : 목공예, 가구, 실내의 투명칠, 차량 등의 도장에 쓰인다.
⑤ 정제 바니스 : 승용차, 가구, 기구, 건축물 등의 내부 도장에 쓰인다.
⑥ 옻칠 : 가구, 밥상, 장식품 등에 사용하는 천연수지이다.

6 유리

(1) 유리의 주성분
규사 또는 석영이다. 석영, 탄산소다, 석회암을 섞어 가열하여 녹인 다음 급히 냉각시키는 방법이다.

(2) 유리의 성질

① 열에 대한 저항이 크다.
② 비결정 물질의 불투명체이다.
③ 단단하지만 잘 깨진다.
④ 병이나 창 등에 사용된다.

(3) 유리의 종류

① 무기질 유리 : 나트륨 유리, 칼륨 유리, 석영 유리, 납 유리 등이 있다.
② 유기질 유리 : 플라스틱 유리가 있다.

chapter 8 실전연습문제

01 오일리스 베어링과 관계없는 것은?

① 구리와 납의 합금이다.
② 기름 보급이 곤란한 곳에 적당하다.
③ 너무 큰 하중이나 고속회전부에는 부적당하다.
④ 구리, 주석, 흑연의 분말을 혼합 성형한 것이다.

> **Solution** ① 오일리스 베어링 : 금속 분말을 형에 넣어 가압, 가열하여 성형한 베어링
> ② 배빗 메탈 : 주석을 주성분으로하여 구리, 납, 안티몬을 첨가한 합금으로 화이트 메탈의 종류이다.

02 니켈 60~70[%] 정도로 함유한 Ni-Cu계의 합금으로, 내식성이 좋으므로 화학공업용 재료로 많이 쓰이는 재료는?

① 톰백　　　　　　　　　　② 알코아
③ Y 합금　　　　　　　　　④ 모넬 메탈

> **Solution** ① 톰백 : Cu 80[%], Zn 5~20[%]를 함유한 저아연 합금의 총칭, 전연성이 양호하며 모조금, 금박대용으로 사용된다.
> ② Y 합금 : Cu 4[%], Ni 2[%], Mg 1.5[%] 등을 함유한 알루미늄 합금, 내연기관용 피스톤, 공냉 실린더 헤드, 주조, 단조용으로 사용

03 고 Ni 강으로 강력한 내식성을 가지고 있으며, 약한 자장으로 큰 투자율을 가지고 있으므로, 해저 전선용 코일 등에 쓰이고 있는 것은?

① 인바(invar)　　　　　　　② 엘린바(elinvar)
③ 퍼멀로이(permalloy)　　　④ 바이메탈(bimetal)

> **Solution** • 니켈 합금
> ① 인바 : 내식성이 양호, 열팽창 계수가 철의 1/10, 측량기구, 표준기구, 시계추, 바이메탈 등에 사용
> ② 엘린바 : 인바에 12[%] Cr 첨가, 온도변화에 다른 탄성계수의 변화가 거의 없고, 계측기기, 전자기장치, 각종 정밀부품 등에 사용
> ③ 슈퍼인바 : 인바에 5[%] 미만의 코발트 첨가, 열팽창계수가 가장 낮은 합금이다.

04 24 금이란 순금(Au) 몇 [%]가 함유된 것인가?

① 18　　　　　　　　　　② 24
③ 75　　　　　　　　　　④ 100

| Answer | 01 ① | 02 ④ | 03 ③ | 04 ④ |

> **Solution** 금의 순도는 캐럿(carat, K)이라는 단위를 사용하며 24캐럿은 100[%]의 순금에 해당된다.

05 아연(Zn)의 설명이 잘못된 것은?
① 대기 중 표면에 염기성 탄산염(炭酸鹽)의 박막이 생겨 내부를 보호한다.
② 도금 및 합금으로 많이 사용한다.
③ 매우 단단한 금속으로 금형재로 사용된다.
④ 4[%]의 Al을 합금하면 다이캐스팅용으로 유명한 자막(zamak)이 된다.

06 고온에서 다른 재료에 비해 강도가 우수하기 때문에 항공기 외판 등에 사용하는 재료는?
① Ni ② Cr
③ W   ④ Ti

> **Solution** • 티탄(titanium)의 특징
> ① 비중 4.51
> ② 융점 1670℃
> ③ 용해 주조가 어렵다.
> ④ 전기 및 열의 전도성이 나쁘다.
> ⑤ 내식성 우수
> ⑥ 가스 터빈용, 항공기 구조용, 화학공업용, 원자로 구조용 재료로 사용

07 다음 재료 중 용융 온도가 낮아서 쉽게 주조하여 원하는 금형을 만들 수 있는 합금은?
① 초경 합금 ② 구리 합금
③ 아연 합금 ④ 알루미늄 합금

> **Solution** • 금속의 용융 온도
> ① Fe ; 1538[℃]   ② Mg : 650[℃]
> ③ Hg : -38.8[℃]   ④ Cu : 1083[℃]
> ⑤ Ni : 1455[℃]   ⑥ W : 3400[℃]
> ⑦ Al : 660[℃]   ⑧ Zn : 420[℃]

08 전기동에 산소가 0.02~0.05[%] 함유되어 있는 가장 중요한 이유인 것은?
① 사용 중 수소 취성을 방지하기 위하여
② 전기 전도도를 향상시키기 위하여
③ 전기동 제조 과정상 산소를 완전히 제거하는 것이 불가능하기 때문에
④ 동중에 산소가 고용되어 불순물을 제거하기 위하여

Answer 05 ③ 06 ④ 07 ③ 08 ②

> **Solution** • 침탄용강 : 0.1, 0.15, 0.2 [%]의 탄소를 함유한 저탄소강과 0.4~1.8 [%]의 크롬(Cr), 0.4~4.5[%], 니켈(Ni), 0.15~0.7 [%]의 몰리브덴(Mo)이 함유된 저탄소 합금강이 사용된다.
> ① 열처리성 개선
> ② 결정립 성장방지
> ③ 중심부의 강도 및 인성향상 등에 유효

09 금형재료의 품질로 올바르지 않은 것은?

① 고온에서 내식성이 우수하여야 한다.
② 열처리가 용이하여야 한다.
③ 고온 강도, 경도가 우수하여야 한다.
④ 결정입자가 커야 한다.

> **Solution** 결정입자가 크면 강도나 경도가 작아 재료의 품질이 떨어진다.

10 다음 중 베어링의 부시 메탈로서 가장 적당한 것은?

① 모넬 메탈
② 다우 메탈
③ 배빗 메탈
④ 알드레이 메탈

11 프레스용 강판 중 각종 완구, 부엌용품, 캔 등에 사용되며 납땜의 흡입이 쉬운 것은?

① 냉간압연강판
② 아연도금강판
③ 주석도금강판
④ 규소강판

12 티타늄(titanium)의 성질에 속하지 않은 것은?

① 비교적 비중이 작다.
② 융점이 낮다.
③ 열전도가 낮다.
④ 산화성 수용액 중에서 내식성이 크다.

Answer 09 ④ 10 ③ 11 ③ 12 ②

chapter 9 신소재

1 초전도 재료(superconducting materials)

어떤 임계온도에서 전기 저항이 완전히 없어지는 현상을 초전도(super conductivity)라 한다. 이러한 거동을 나타내는 재료를 초전도 재료(superconducting materials)라 한다.

(1) 초전도 상태

수은(Hg)은 온도 저하에 따라 전기 저항이 감소하다가 4.2K에서는 영이다. 이 점의 온도를 임계온도(Critical Temperature) T_C라 한다. 이 임계온도 이하에서의 재료를 초전도체라 한다.

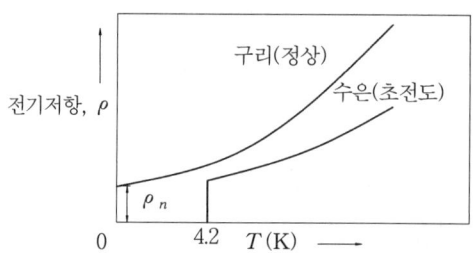

그림9-1 수은과 구리의 온도와의 관계

표9-1 금속, 금속간 화합물 및 세라믹 화합물의 임계 온도

금 속	T_C(K)	금속간 화합물	T_C(K)	세라믹 화합물	T_C(K)
니오브(Nb)바나	9.15	Nb_3Ge	23.2	$Ti_2Ba_2Ca_2Cu_3O_x$	122
듐(V)	5.30	Nb_3Sn	21	$YBa_2Cu_3O_7-x$	90
탄탈(Ta)	4.48	Nb_3Al	17.5	$Ba_{1-x} K_x BiO_{3-y}$	30
티탄(Ti)	0.39	NbTi	9.5		
주석(Sn)	3.72				

(2) 초전도 재료의 특성

초전도 상태는 온도(T) 이외에 자기장(H)과 전류 밀도(J)에 의하여 크게 영향을 받는다.

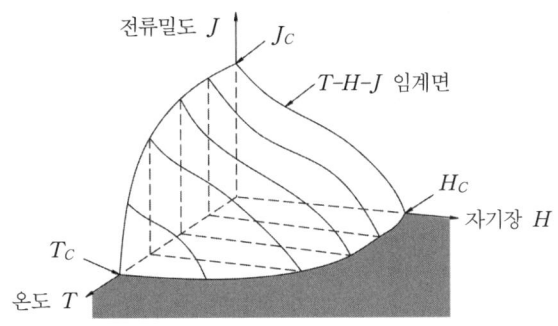

그림9-2 온도(T) - 자기장(H) - 전류밀도(J)와의 관계

위의 그림에서 T-H-J 좌표 공간에서 한 임계면이 형성되어 그 내측에서는 초전도 상태이고 외측에서는 정상 상태이다. T_C가 높으면 냉각되기 쉽고, H_C와 J_C가 높을수록 강한 자기장이 형성되어 기기를 소형화 할 수 있다.

① 임계자기장(H_C) : 임계온도 이하에서 초전도 재료의 전기저항을 정상 상태로 되돌리는데 필요한 자기장이다.

(3) 초전도 재료의 종류

1) 니오브-티탄 합금
   ① 가격이 싸고 가공이 용이하다.
   ② 실용선재의 대부분을 차지한다.

2) Nb_3 Sn 화합물

   니오브의 테이프 표면에 녹인 주석을 연속적으로 확산시켜서 테이프 형태의 선재로 만든다.

3) Nb_3 Ge 화합물
   ① 임계온도는 23K이다.
   ② 액체 수소 중에서도 초전도성을 나타내는 화합물이다.
   ③ 진공 증착법, 화학 증착법 등으로 합성된다.

4) Nb_3 Al 화합물
   ① 임계온도는 20K이다.
   ② 임계 자기장이 40T이다. 여기서, T는 자속 밀도의 국제 단위인 Tesla이다.

(4) 초전도 재료의 응용

① 대형 응용 : 초전도 자석, 자기분리와 여과, 자기부상, 고출력 케이블, 자기공명 영상과 분광학, 원자로 자기장치 등이 있다.
② 소형 응용 : 초전도 재료인 납합금과 니오브를 얇은 막 형태로 하여 컴퓨터에 필요한 고집적 회로에 사용한다.

2 자성재료(magnetic materials)

자성재료는 발전기, 변압기, 전기 전동기, 라디오, 텔레비전, 전화기, 컴퓨터, 음성 및 영상 제품등의 부품에 이르기까지 사용되고 있다. 상온에서 자화시켜 강한 자기장을 얻을 수 있는 금속들에는 철, 니켈, 코발트 등이 있다.

(1) 자성재료의 종류

1) 연자성재료

쉽게 자화되고 탈자화되는 재료이고 변압기, 전동기 및 발전기의 철심재료로 사용된다.
① 금속 유리(metallic glass)
  ㉠ 비정질 구조의 특징을 갖는 금속형 연자성 재료이다.
  ㉡ 저 에너지 코어-전력 손실 변압기, 자기 센서 및 기록용 헤드 등에 사용된다.
  ㉢ 강자성체인 철(Fe), 코발트(Co) 및 니켈(Ni)과 비금속인 붕소(B), 규소(Si)와의 조합으로 이루어져 있다.
② 니켈-철 합금
  ㉠ 통신기기에 사용한다.
  ㉡ 퍼멀로이(permalloy), 무메탈(mumetal) 등의 합금이 있다.
  ㉢ 음향기기나 측정기기에 쓰이는 변압기에 주로 사용된다.

2) 경자성재료

자화하기 어렵고, 한 번 자화되면 탈 자화하기 어려운 것으로 보자력과 잔류자기 유도가 높아 영구자석 재료로 사용된다.
① 알니코(알루미늄-니켈-코발트) : 알루미늄, 니켈 및 코발트에 약 3[%] Cu를 첨가한 것이다.
② 사마듐-코발트 자석(희토류 자석)
  ㉠ 의료용 기기 : 인체 내에 이식이 가능한 펌프나 밸브 등의 얇은 전동기에 사용된다.
  ㉡ 전자 손목시계 : 직류 전동기와 발전기도 희토류 자석을 사용하여 작은 크기로 만들 수 있다.
③ 네오디뮴-철-붕소 영구자석 합금 : 무게와 조밀함의 감소가 요구되는 자동차의 구동 전동기에 사용된다.
④ 철-크롬-코발트계 자석
  ㉠ 금속학저 구조와 영구 자석으로서의 성질을 알나코 합금과 유사하다.
  ㉡ 상온에서 냉각 성형이 가능하므로 공업적으로 중요하다.
  ㉢ 전화 수화기에 사용되는 영구자석이 이것이다.

3) 페라이트(ferrite)

Fe_2O_3와 다른 산화물, 탄산염을 분말 형태로 섞어 고온에서 압축 소결한 자성 세라믹 재료이다.
① 연 페라이트
  ㉠ 저신호, 기억소자, 음성 및 화상 기록용 헤드 등의 용도로 사용된다.

    ⓒ 망간-아연, 니켈-아연 스피넬 페라이트 등이 있다.
    ⓒ 자기 편향 장치, 변압기 및 TV 수상기의 접속 코일용으로도 사용된다.
  ② 경 페라이트
    ⓐ 영구자석으로 사용된다.
    ⓒ 경 페라이트 중에서 가장 중요한 것은 바륨 페라이트($BaO, 6Fe_2O_3$)이다.
    ⓒ 발전기, 계전기, 전동기, 스피커용 자석, 전화기 벨, 수화기 등에도 사용된다.

3 형상기억합금(shape memory alloy)★★★★

 항복점을 넘어 소성변형된 재료는 외력을 제거하여도 원상태로 회복시킬 수 없지만, 열을 가하면 연해진다. 형상기억합금은 일단 어떤 형상을 기억하면 여러 가지의 형상으로 변형시켜도 적당한 온도로 가열하면 변형 전의 형상으로 돌아오는 성질의 금속이다. 이러한 금속으로는 초기에 금-카드뮴 합금(1951년), 인듐-탈륨 합금(1956년), 니켈-티탄 합금(1964년) 등이 개발되었다.

(1) 형상기억합금의 특징

① 고온에서 체심입방격자(BCC), M_S(마텐자이트 개시점)이하로 냉각하면 마텐자이트 조직으로 변하게 된다.
② 마텐자이트 합금을 변형했을 때 외견상으로만 항복현상이 발생한다.
③ 이러한 변형이 수반되었을 때 보통 금속에서 볼 수 있는 미끄럼 변형은 아니다.
④ 개별적인 결정이 함께 방향을 바꾸어 전체가 변형되므로 변형의 전후에서 인접한 원자와 연결이 변화하지 않는다. 그래서 열을 가하면 본래의 상태로 회복할 수 있다.
⑤ 형상기억 합금을 역변태 온도(A_r)보다 높은 온도에서 변형시키면 고무와 같은 탄성 거동을 나타낸다.

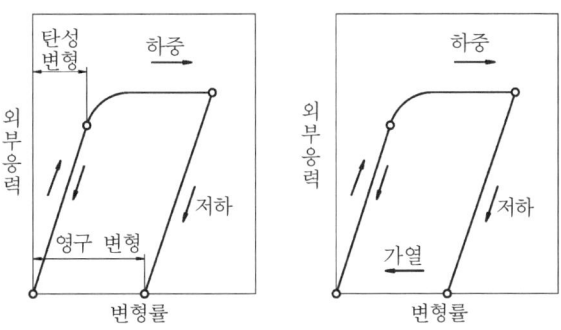

그림9-3 형상기억합금의 응력-변형 곡선

(2) 형상기억합금의 종류

 산업적으로 사용되고 있는 실용합금으로는 니켈-티탄계와 구리계의 구리-알루미늄-니켈, 구리-아연-알루미늄 합금 등이다.

1) 구리계 합금 : 구리-아연-알루미늄 합금
   ① 결정립의 미세화가 어렵다.
   ② 내피로성, 내마멸성이 니켈-티탄 합금에 비해서 떨어진다.
   ③ 가격이 싸다.
   ④ 소성가공이 용이하다.
   ⑤ 반복 사용되지 않는 이음쇠(fitting) 등에 이용된다.

2) 니켈-티탄계 합금
   ① 내식성, 내마멸성 및 내피로성이 우수하다.
   ② 가격이 비싸다.
   ③ 소성가공이 쉽다.
   ④ 센서(sensor)와 액츄에이터(actuator) 등에 이용된다.

표9-2 니켈-티탄 형상기억합금과 구리계 형상 기억합금의 특성

특 성	Ni-Ti		Cu-Zn-Al		Cu-Al-Ni	
용융온도(°C)	1,300		950~1,020		1,000~1,050	
비중(g/cm^3)	6.45		7.64		7.12	
전기저항($\mu\Omega\cdot$cm)	오스테나이트	≒100	8.5~9.7		11~13	
	마텐자이트	≒70				
열전도율(W/m·K)	오스테나이트	180	120		30~40	
	마텐자이트	85				
탄성계수(GPa)	오스테나이트	≒83	β상	72	β상	85
	마텐자이트	≒28~41	마텐자이트	12	마텐자이트	80
항복강도(MPa)	오스테나이트	195~69	β상	35	β상	40
	마텐자이트	70~140	마텐자이트	80	마텐자이트	13
변태 온도(°C)	-200~110		120 미만		200 미만	
형상 기억 변형률(%)	8.5 미만		4		4	

(3) 형상기억합금의 응용

① 산업계-군사용 : 수신용 아테나, 유압배관용 파이프 이음쇠(pipe fitting) 등
② 일반 산업용 : 고정핀, 냉난방 겸용 에어컨, 커피 메이커, 자동 개폐창, 전자 레인지, 로봇(robot) 등
③ 의료용 : 니켈-티탄 합금-인플랜트재로 사용된다.

(4) 초탄성(super elastic) 합금의 응용

코일형의 금속에 외력을 가하여 소성 변형시킨 후에도 외력을 제거하면 원형으로 돌아오는 현상의 금속을 초탄성 합금이라 하고 형상기억합금과 같은 현상을 보이는 금속이다.

① 용도 : 치과 교정용 와이어, 안경테, 전기 커넥터, 여성의 브래지어 등

4 복합재료(composite materials)

물리·화학적으로 특성이 다른 수종의 재료를 합성시켜 단일재료 보다 우수한 특성을 가진 재료로 만든 것을 복합재료라 한다.

(1) 복합재료의 특징

① 비강도(강도/비중)와 비강성(탄성계수/비중)이 크다.
② 기계 구조물(우주, 항공기 등의 구조물)에 사용할 경우 중량 감소로 에너지를 절감할 수 있다.
③ 재료의 이방성을 이용하여 제품의 필요 부분에만 적당한 강도와 강성을 줄 수 있다.
④ 제품 설계의 고효율화를 가져올 수 있다.
⑤ 단일재료로서는 얻을 수 없는 기능성을 갖추고 있다.

1) 복합재료의 기능
① 역학적 기능 : 강성, 강도, 진동 등
② 열적 기능 : 열팽창, 내열성, 비열, 크리프 특성 등
③ 전기적 기능 : 도전성, 절연성, 압전 특성 등
④ 자기적 기능 : 투자율, 자기 저항 효과, 자기 탄성 등
⑤ 광학적 기능 : 감광 특성, 발광 특성, 광전 효과 등

(2) 복합재료의 용도

① 기계
② 우주 항공기
　㉠ 복합재료 : 섬유 강화재 및 샌드위 구조
　㉡ 보강 섬유 : 유리, 탄소, 보론 및 유기물
　㉢ 모재 : 에폭시, 페놀 등 플라스틱, 알루미늄, 티탄과 이의 합금
③ 자동차
④ 스프츠 용품 : 테니스 라켓, 골프채, 낚시대, 자전거, 스키활, 스키, 체조 기구 등
⑤ 전기 전자 제품
⑥ 고층 건물

(3) 복합재료의 종류

복합재료는 섬유(fiber), 입자(particle), 층(lamina), 모재(matrix) 등으로 구성되어 있다. 이와 같은 요소의 형상 및 구성 방법에 따라 연속 섬유강화 복합재료, 단섬유 강화 복합재료, 입자 강화 복합재료, 층상 복합 재료 등이 있다.

모재의 종류에 따라 금속이면 FRM(fiber reinforced metal), 플라스틱이면 FRP(fiber reinforced plastics) 등으로 분류되고 FRP에 보강 섬유가 유리이면 GFRP, 탄소이면 CFRP 라고 한다.

1) 층상 복합재료
   ① 스테인레스강, 구리, 니켈 등을 입힌 클래딩(cladding) 금속 판재 및 허니콤(honeycomb) 구조물 등이 있다.
   ② 벌집형 샌드위치 패널의 구성도-항공기의 천장, 벽면 등에 이용된다.

2) 섬유강화 복합재료(적층판 구조; laminar composites)
   ① 일방향 단층판으로 적층된 평면 적층판 - 항공기의 패널에 사용된다.
   ② 원통형 적층판 - 압력관과 같은 용기의 벽으로 사용된다.

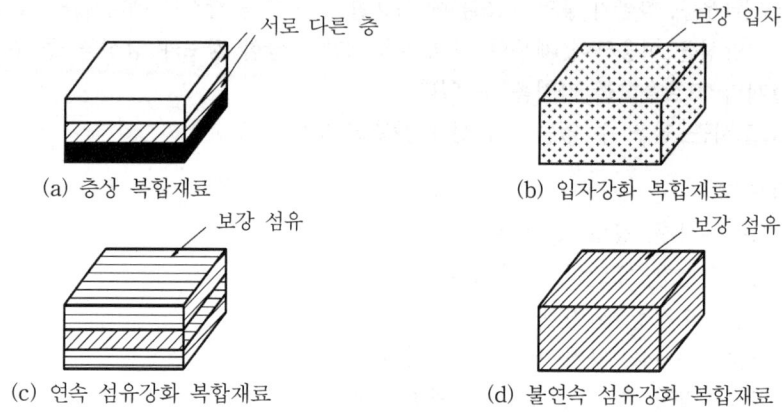

그림9-4 복합재료의 종류

5 세라믹

세라믹이란 도자기, 유리, 시멘트 등과 같은 비금속의 무기 재료를 의미한다. 공업용 세라믹을 성분별로 분류하면 산화물계, 탄화물계, 질화물계 등이 있으며 사용 목적별로 분류하면 기계구조재료, 내열재료, 초경재료, 전자재료, 생체재료, 광학재료, 보석재료 등이 있다.

(1) 산화물계

알루미나(Al_2O_3), MgO, ZrO_2 등의 종류가 산화물계 세라믹이다.

1) 알루미나의 특성
   ① 융점온도-2050[℃], 압축강도-3000~4000[MPa]
   ② 열전도성 및 전기 절연성이 우수

(2) 탄화물계

탄화규소(SiC), 탄화티탄(TiC) 및 탄화붕소(B_4C) 등이 탄화물계 세라믹이다.
① 산화물계에 비해 융점 온도(2200~3200[℃]) 및 경도가 높다.
② 열전도율, 고온 강도가 크다.
③ 내산화성이 낮다.

1) 탄화규소
    ① 비중이 낮고 열팽창 계수도 비교적 작다.
    ② 내열 충격성이 요구되는 부재에 사용된다.

(3) 질화물계-질화규소(Si_3N_4)

① 융점 온도(1800[℃])가 낮다.
② 압축 강도(3500[MPa])가 높다.

6 광섬유

구리 전화선 대용으로 개발된 것으로 광통신에 사용되고 있는 광섬유는 규산유리(SiO_2)이고 광섬유 직경은 1.25[μm]이다. 통신체계에 사용되는 광섬유는 규산유리에 있는 불순도[Fe^{2+}]의 함유량이 매우 적어야 한다. 광유리의 광손실은 킬로미터당 데시벨[dB/km]로 측정한다.

chapter 9 – 실전연습문제

01 어떤 임계온도에서 전기저항이 완전히 없어지는 현상을 무엇이라 하는가?
① 초전도 ② 대류
③ 복사 ④ 초절전

02 초전도체는 무엇을 기준으로 구분하는가?
① 임계온도 ② 임계압력
③ 임계체적 ④ 임계하중

◎ Solution 임계온도 이하에서의 재료를 초전도체라 한다.

03 다음 중 임계온도가 가장 높은 물질은?
① Nb ② Nb_3Ge
③ NbTi ④ $TI_2Ba_2Ca_2Cu_3Ox$

◎ Solution Nb = 9.15K, Nb_3Ge = 23.2K, NbTi = 9.5K, $TI_2Ba_2Ca_2Cu_3Ox$ = 122K-세라믹화합물

04 다음 중 초전도재료에 영향을 미치는 요소가 아닌 것은?
① 온도 ② 자기장
③ 전류밀도 ④ 재료의 모양

◎ Solution 초전도 상태는 온도(T) 이외에 자기장(H)과 전류 밀도(J)에 의하여 크게 영향을 받는다.

05 임계온도 이하에서 초전도재료의 전기저항을 정상 상태로 되돌리는데 필요한 자기장을 무엇이라 하는가?
① 임계 자기장 ② 절대 자기장
③ 정상 자기장 ④ 합성 자기장

06 다음 중 초전도재료의 종류로 맞는 것은?
① 니오브-티탄 합금, 니켈-철 합금 ② Nb_3Sn 화합물, 알니코
③ 니오브-티탄 합금, Nb_3Ge ④ 니켈-철 합금, 알니코

◎ Solution • 초전도재료의 종류
니오브-티탄 합금, Nb_3Sn 화합물, Nb_3Ge 화합물, Nb_3Al 화합물

Answer 01 ① 02 ① 03 ④ 04 ④ 05 ① 06 ③

07 다음 중 초전도재료가 아닌 것은?
① Nb_3Sn 화합물
② Nb_3Ge 화합물
③ Nb_3Al 화합물
④ Nb_3Cu 화합물

08 니오브의 테이프 표면에 녹인 주석을 연속적으로 확산시켜서 테이프 형태의 선재로 만든 초전도재료로 다음 중 맞는 것은?
① Nb_3Sn 화합물
② Nb_3Ge 화합물
③ Nb_3Al 화합물
④ 니오브-티탄 합금

09 다음 중 액체 수소 중에서도 초전도성을 나타내는 화합물로 맞는 것은?
① Nb_3Sn 화합물
② Nb_3Ge 화합물
③ Nb_3Al 화합물
④ 니오브-티탄 합금

10 상온에서 자화시켜 강한 자기장을 얻을 수 있는 금속이 아닌 것은 다음 중 어느 것인가?
① 철
② 니켈
③ 코발트
④ 텅스텐

> **Solution** 상온에서 자화시켜 강한 자기장을 얻을 수 있는 금속들에는 철, 니켈, 코발트 등이 있다.

11 다음 중 자성재료가 아닌 것은?
① 금속유리
② 사마듐-코발트 자석
③ Nb_3Al 화합물
④ 네어디뮴-철-붕소 영구자석 합금

> **Solution**
> • 자성 재료의 종류
>   (1) 연자성 재료
>   ① 금속 유리(Metallic Glass)   ② 니켈-철 합금
>   (2) 경자성 재료
>   ① 알니코(알루미늄-니켈-코발트)
>   ② 사마듐-코발트 자석(희토류 자석)
>   ③ 네오디뮴-철-붕소 영구자석 합금
>   ④ 철-크롬-코발트계 자석
>   (3) 페라이트(Ferrite)
>   ① 연페라이트   ② 경페라이트

12 알루미늄, 니켈 및 코발트에 약 3[%] Cu를 첨가한 자성재료는?
① 알니코
② 사마듐-코발트 자석
③ 철-크롬-코발트계 자석
④ 니켈-철 합금

Answer 07 ④ 08 ① 09 ② 10 ④ 11 ③ 12 ①

13 일명 희토류 자석으로 불리는 자성재료는?
① 알니코
② 사마듐-코발트 자석
③ 철-크롬-코발트계 자석
④ 니켈-철 합금

14 전화 수화기에 사용되는 영구자석용 자성재료는?
① 알니코
② 사마듐-코발트 자석
③ 철-크롬-코발트계 자석
④ 니켈-철 합금

15 Fe_2O_3와 다른 산화물, 탄산염을 분말 형태로 섞어 고온에서 압축 소결한 자성 세라믹 재료로 다음 중 맞는 것은?
① 알니코
② 사마듐-코발트 자석
③ 페라이트(ferrite)
④ 철-크롬-코발트계 자석

16 항복점을 넘어 소성변형된 재료는 외력을 제거하여도 원상태로 회복시킬 수 없지만 열을 가하면 연해진다. 그런데, 여러 가지의 형상으로 변형시켜도 적당한 온도로 가열하면 변형 전의 형상으로 돌아오는 성질의 금속이다. 이것을 무엇이라 하는가?
① 초전도합금
② 자성재료
③ 형상기억합금
④ 복합재료

17 다음 중 형상기억합금의 내용이 아닌 것은?
① 고온에서 체심입방격자(BCC), M_s 이하로 냉각하면 마텐자이트 조직으로 변하게 된다.
② 마텐자이트 합금을 변형했을 때 외견상으로만 항복현상이 발생한다.
③ 형상기억 합금을 역변태 온도(A_r)보다 높은 온도에서 변형시키면 고무와 같은 탄성 거동을 나타낸다.
④ 발전기, 변압기, 전기 전동기, 라디오, 텔레비전, 전화기, 컴퓨터, 음성 및 영상 제품 등의 부품에 이르기까지 사용되고 있다.

> **Solution** 발전기, 변압기, 전기 전동기, 라디오, 텔레비전, 전화기, 컴퓨터, 음성 및 영상 제품 등의 부품에 이르기까지 사용되고 있는 소재는 자성재료이다.

18 다음 중 형상기억합금의 종류가 아닌 것은?
① Ni-Ti
② Cu-Zn-Al
③ Cu-Al-Ni
④ Fe-Cr-Co

Answer 13 ② 14 ③ 15 ③ 16 ③ 17 ④ 18 ④

19 내식성, 내마멸성 및 내피로성이 우수한 형상기억합금은?
① Ni-Ti
② Cu-Zn-Al
③ Cu-Al-Ni
④ Fe-Cr-Co

20 코일형의 금속에 외력을 가하여 소성변형시킨 후에도 외력을 제거하면 원형으로 돌아오는 현상의 금속은 다음 중 어느 것인가?
① 초탄성 합금
② 초전도 합금
③ 초소성 합금
④ 초점성 합금

21 다음 중 형상기억합금과 같은 현상을 보이는 소재로 맞는 것은?
① 초탄성 합금
② 초전도 합금
③ 복합재료
④ 세라믹 합금

22 물리 · 화학적으로 특성이 다른 수종의 재료를 합성시켜 단일재료 보다 우수한 특성을 가진 재료로 만든 신소재를 무엇이라 하는가?
① 초탄성 합금
② 초전도 합금
③ 복합재료
④ 세라믹

23 다음 중 복합재료의 특징으로 부적당한 것은?
① 비강도와 비강성이 작다.
② 기계 구조물에 사용할 경우 중량 감소로 에너지를 절감할 수 있다.
③ 재료의 이방성을 이용하여 제품의 필요 부분에만 적당한 강도와 강성을 줄 수 있다.
④ 제품 설계의 고효율화를 가져올 수 있다.

> **Solution** • 복합재료의 특징
> ① 비강도와 비강성이 크다.
> ② 기계 구조물(우주, 항공기 등의 구조물)에 사용할 경우 중량 감소로 에너지를 절감할 수 있다.
> ③ 재료의 이방성을 이용하여 제품의 필요 부분에만 적당한 강도와 강성을 줄 수 있다.
> ④ 제품 설계의 고효율화를 가져올 수 있다.
> ⑤ 단일재료로서는 얻을 수 없는 기능성을 갖추고 있다.

24 다음은 복합재료의 기능이다. 부적당한 것은 어느 것인가?
① 역학적 기능
② 열적 기능
③ 전기적 기능
④ 기계적 기능

Answer   19 ①   20 ①   21 ①   22 ③   23 ①   24 ④

> **Solution** • 복합재료의 기능
> ① 역학적 기능 : 강성, 강도, 진동 등
> ② 열적 기능 : 열팽창, 내열성, 비열, 크리프 특성 등
> ③ 전기적 기능 : 도전성, 절연성, 압전 특성 등
> ④ 자기적 기능 : 투자율, 자기 저항 효과, 자기 탄성 등
> ⑤ 광학적 기능 : 감광 특성, 발광 특성, 광전 효과 등

25 복합재료의 투자율, 자기 저항 효과, 자기 탄성 등은 어떤 기능과 관계가 있는가?
① 역학적 기능　　　　　　　② 열적 기능
③ 전기적 기능　　　　　　　④ 자기적 기능

26 다음 중 복합재료의 구성 요소로 볼 수 없는 것은 어느 것인가?
① 섬유(Fiber)　　　　　　　② 격자(Grid)
③ 층(Lamina)　　　　　　　④ 모재(Matrix)

> **Solution** • 복합재료의 구성 요소 : 섬유(Fiber), 입자(Particle), 층(Lamina), 모재(Matrix) 등

27 모재가 금속인 복합재료는?
① FRM(Fiber Reinforced Metal)
② FRP(Fiber Reinforced Plastics)
③ GFRP(Glass Fiber Reinforced Plastics)
④ CFRP(Carbon Fiber Reinforced Plastics)

> **Solution** 모재의 종류에 따라 금속이면 FRM(Fiber Reinforced Metal), 플라스틱이면 FRP(Fiber Reinforced Plastics) 등으로 분류되고 FRP에 보강 섬유가 유리이면 GFRP, 탄소이면 CFRP라고 한다.

28 공업용 세라믹을 성분별로 분류했을 때, 다음 중 그 종류가 아닌 것은?
① 산화물계　　　　　　　　② 탄화물계
③ 질화물계　　　　　　　　④ 황화물계

29 다음 중 산화물계 세라믹의 종류가 아닌 것은?
① Al_2O_3　　　　　　　　② MgO
③ TiC　　　　　　　　　④ ZrO_2

> **Solution** ① 산화물계 세라믹 : 알루미나(Al_2O_3), MgO, ZrO_2
> ② 탄화물계 세라믹 : 탄화규소(SiC), 탄화티탄(TiC) 및 탄화붕소(B_4C)

Answer　25 ④　26 ②　27 ①　28 ④　29 ③

30 복합재료 중 FRP는 무엇을 말하는가?
① 섬유강화 목재　　② 섬유강화 플라스틱
③ 섬유강화 금속　　④ 섬유강화 세라믹

> **Solution**
> ① FRP : fiber reinforced plastics
> ② FRM : fiber reinforced metals

31 다음 중 기능성 재료에 해당하지 않는 것은?
① 형상기억합금　　② 초소성합금
③ 제진합금　　　　④ 특수강

> **Solution**
> • 제진합금 : 두드려도 소리가 없는 합금으로 도료나 판재의 형태로 기계장치의 표면에 접착되어 그 진동을 흡수하는 재료이다.

32 처음에 주어진 특정 모양의 제품을 인장하거나 소성 변형된 제품이 가열에 의하여 원래의 모양으로 돌아가는 현상은?
① 신소재 효과　　② 형상기억 효과
③ 초탄성 효과　　④ 초소성 효과

> **Solution**
> • 형상기억합금 : 소성변형된 금속을 가열하면 재료는 연해지며 동시에 원상태로 회복하는 성질의 금속이다.
> ① 고온에서 체심입방격자에서 마텐자이트로 변태
> ② 니켈-티탄계, 구리계의 구리-알루미늄-니켈, 구리-아연-알루미늄 합금의 세 종류가 있다.

33 초소성을 얻기 위하여 조직의 조건이 아닌 것은?
① 극히 미세입자이어야 한다.
② 결정립의 모양은 등축이어야 한다.
③ 모상입계는 큰 경사각인 것이 좋다.
④ 모상입계가 인장 분리되기 쉬워야 한다.

> **Solution**
> • 초소성 : 고체 상태의 재료에 적은 응력을 가했음에도 큰 변형이 나타나는 현상으로 미세결정입자 초소성(정적초소성)과 변태초소성(동적초소성)으로 분류한다.

34 신소재의 기계적 성질이 아닌 것은?
① 고강도성　　② 내열성
③ 초소성　　　④ 제진성

Answer　30 ②　31 ④　32 ②　33 ④　34 ②

Part 05

기구학

제1장 __ 기구학의 기초사항과 링크장치
제2장 __ 기구의 운동
제3장 __ 구름접촉과 마찰전동기구
제4장 __ 기어 전동기구
제5장 __ 캠 기구
제6장 __ 벨트 및 체인 전동기구

chapter 1. 기구학의 기초사항과 링크장치

1 기구학(機構學; kinematics)이란?

물체의 운동에 관한 연구시 운동의 원인인 힘은 고려치 않고, 물체의 위치, 변위, 회전, 속도 그리고 가속도에 대해서 연구하는 학문 분야로 동력학의 운동학 분야에 해당한다.

2 기계(machine)와 기구(mechanism)

1. 기계★★★

저항력이 있는 물체들의 결합체로서 각 부분은 정해진 상대운동을 하며 외부에서 주어진 에너지를 유효한 일로 변화시키는 것으로 정의한다.

2. 기구★★★

저항력이 있는 물체들의 결합체로서 움직이는 조인트로 연결되어 있으며 하나의 고정된 링크를 갖는 기구학적 폐회로를 구성하여 운동을 전달하는 기계구조의 모델로 정의한다.

3. 구조물(트러스)

하중을 지지하거나 힘을 전달할 수 있도록 한 저항 재료의 조합을 말하지만 요소간의 상대운동은 존재하지 않는다.

4. 기계 프레임

일종의 구조물이지만 내부에서는 기계의 운동이 존재한다.

3 기구(mechanism)의 용어

1. 프레임(frame)

기계의 구성 부분 중 운동은 하지 않고 지면과 고정되어 다른 기계 구성 부분을 지탱해 주는 역할을 한다.

2. 기소(machine element, link; 절)

기계 또는 기구를 구성하고 있는 요소 하나 하나를 의미한다.

3. 짝(joint, pair; 대우)★★★

상대 운동을 할 수 있도록 한 link와 link의 결합체이다. 예를 들면 볼트와 너트, 자전거의 체인과 체인 바퀴, 수압기의 수압통과 물 등을 들 수 있다.

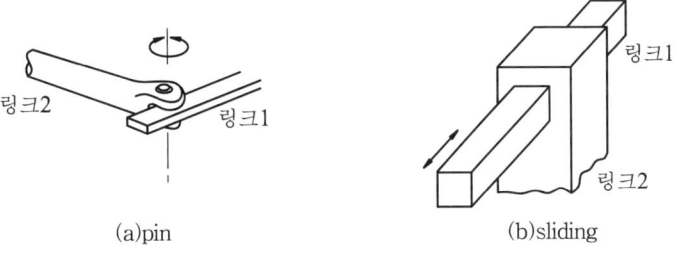

그림1-1 짝(대우; pair)

(1) 저차짝(lower pair; 낮은짝)

두 개의 링크가 면과 면이 접촉하는 경우로 마멸이 적을 때 사용할 수 있고, 기밀 유지가 가능하다는 장점을 갖고 있다.

① 미끄럼짝(sliding pair) : 접촉면끼리 상대운동이 존재하는 짝으로 예를 들면 엔진의 피스톤과 실린더가 있으며, 이것은 서로 미끄러져 직선운동 외에는 할 수 없도록 한정되어 있다.

② 회전짝(turning pair) : 하나의 링크가 다른 링크를 통해 지나가는 고정축에 대해 회전하도록 되어 있는 짝으로 예를 들면 베어링과 샤프트, 핀 조인트 등이 있으며, 이것은 회전운동 이외에는 할 수 없도록 한정되어 있다.

 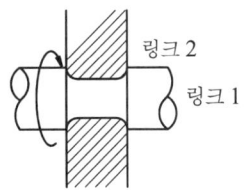

그림1-2 미끄럼짝   그림1-3 회전짝

③ **나사짝**(screw pair) : 병진운동과 회전운동을 할 수 있는 짝이며 예를 들면 볼트와 너트를 들 수 있으며 이것은 회전운동과 직선운동을 동시에 할 수 있도록 한정되어 있다.

④ **구면짝**(spherical pair) : 두 개의 링크 중 어느 한 링크는 정지해 있고 나머지 하나의 링크는 구면 접촉을 하는 짝으로 예를 들면 볼트와 소켓의 조합을 들 수 있다.

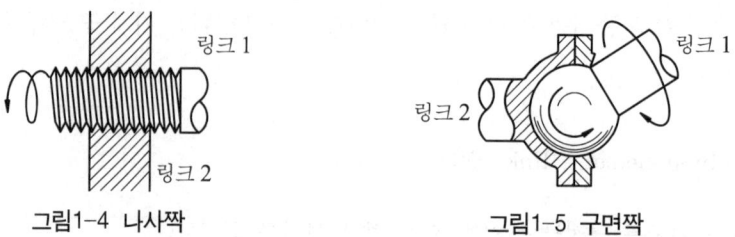

그림1-4 나사짝   그림1-5 구면짝

(2) 고차짝(higher pair; 높은짝)

두 개의 링크가 점 또는 선 접촉을 하는 짝으로 예를 들면 볼 베어링, 롤러 베어링, 기어 등을 들 수 있고 마찰이 적다는 장점이 있으나, 중(重) 부하에는 부적당하다.

(3) 장력짝(tension pair)

두 요소 사이의 상대운동에 의하여 발생한 장력으로 한정 운동을 하는 짝으로 예를 들면 벨트와 풀리가 있다.

(4) 압력짝(pressure pair)

두 요소 사이의 상대운동으로 존재하는 압력을 이용하는 짝으로 예를 들면 수압기의 물과 용기, 가스체와 그 용기 등을 들 수 있다.

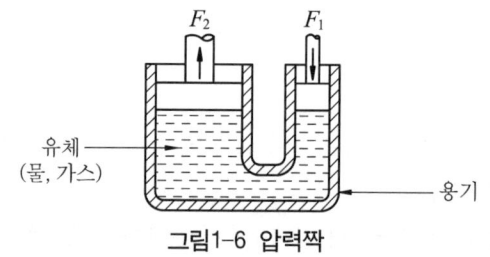

그림1-6 압력짝

> **참고**
>
> 한정짝(closed pair)
> 두 링크 사이의 관계운동은 이들이 짝을 구성하고 있는 동안에 한정되어 있으며 다르게는 움직일 수 없는 짝을 의미한다.

4 체인과 링크

1. 링크(link; 절) ★★

여러 개의 기소가 순차적으로 짝을 이루고 있을 때 각각의 요소를 의미한다.

① 단절(simple link) : 1개의 link에 joint가 2개 이상 존재하는 것.
② 복절(compound link) : 1개의 link에 3개 이상의 joint가 존재하는 것.

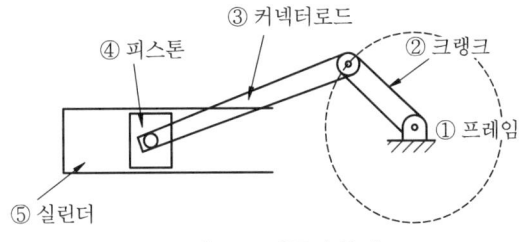

그림1-7 기구의 용어

(1) 링크의 유형 3가지

① 크랭크(구동절) : 로드 또는 바의 형태를 한 링크로서 고정된 중심에 대하여 회전운동을 한다.
② 레버 : 각으로 요동하는 로드 또는 바의 형태를 한 링크이다.
③ 슬라이더(종동절) : 로드, 블록 또는 슬럿바의 형태로서 직선 또는 곡선으로 움직인다.

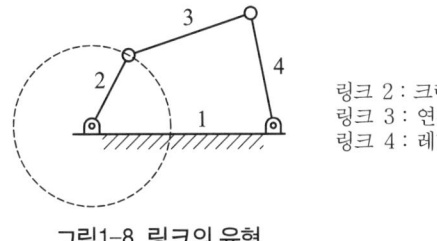

그림1-8 링크의 유형

2. 체인(chain)

링크 전체를 연쇄(kinematic chain)라 한다. 연쇄의 종류는 다음과 같다.
① 한정 연쇄(constrained mechanism) : 연쇄 중의 한 절에 일정한 운동을 주었을 때 다른 절이 모두 일정한 운동을 하여 두 가지로 움직일 수 없도록 되어 있는 기구이다. 이것과 반대 개념이 불한정 연쇄(unconstrained mechanism)로 자유도가 1 이상인 기구이다.
② 연쇄의 교체(기구의 전환 ; kinematic inversion) : 고정절을 바꾸어 또 다른 기구가 되도록 한 것, 즉 동일한 링크 장치를 종종 다른 목적에 사용하기 위해, 원래 고정된 링크를 움직이게 하고 반면에 다른 링크를 고정시킨 것이다. 그림1-9의 엔진기구에서 크랭크 2를 고정하고 실린더 1를 움직이게 하여 특정한 기계 공구에서 급속 귀환 기구로 사용한다.

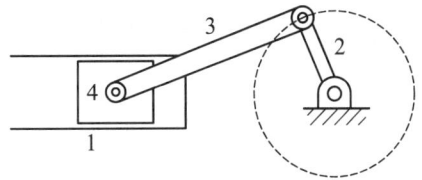

그림1-9 엔진 기구 : 기구의 전환 예

5 기구학적 운동의 종류

1. 평면운동(plane motion)

물체의 한 단면이 항상 한 평면 위를 이동하는 운동으로, 대부분의 기계 운동의 미끄럼짝과 회전짝이 여기에 속한다. 즉 병진운동, 회전운동 또는 병진운동과 회전운동의 조합이다.

2. 나선운동(screw or helical motion)

일정한 거리에서 축에 대한 회전을 하고 동시에 축에 평행하게 움직이는 경우로 나선을 그리며 회전운동과 직선운동을 동시에 행하는 운동이다. 예로서는 나사산 볼트에 있는 너트의 운동을 들 수 있다.

3. 구면운동(spherical motion)

3차원 공간에서 어떤 점이 운동을 하면서 어떤 고정점으로부터 일정한 거리를 유지하며 움직이는 경우 물체 내의 임의의 점은 구면운동(spherical motion)을 하게 된다. 예를 들면 볼-소켓 조인트, 테이퍼진 롤러 베어링 등을 들 수 있다.

6 기동성(자유도의 수)

기구내의 각 링크의 위치를 완전하게 결정하는데 필요한 최소한의 독립된 일반 좌표의 수를 의미한다.

1. 계의 총기동성(Gruebler 방정식) ★★★★

$$M = 3(n-1) - 2f_1 - f_2 \qquad [1\text{-}1]$$

- M : 기동성, 자유도의 수
- n : 총 링크의 수 (프레임 포함)
- f_1 : 기본 joint의 수 (1자유도)
- f_2 : 고차 대우(higher order joint)의 수 (캠, gear 등)

7 링크 장치

주동절과 종동절 사이에 금속봉과 같은 강성의 매개절을 사용해서 운동을 전달하는 장치이다.

그림1-10의 (a) 링크 장치에서 구성요소를 살펴보면 다음과 같이 정리할 수 있다.

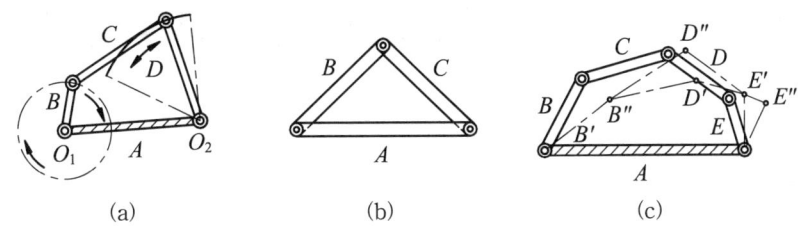

그림1-10 한정 링크 장치와 불한정 링크 장치

① 링크(link) : 조합된 봉(대)들을 말함
② 크랭크(crank) : 회전하는 대
③ 레버(lever) : D와 같이 요동하는 대
④ 매개절(연결절, connector) : C와 같이 중개를 하는 대

　(b) 링크 구조는 운동을 전달할 수 없는 구조이고, (c) 링크 구조는 이중 운동방향이 나오므로 불안정 링크 장치라 한다.

(1) 각속비

　주동절과 종동절의 각속비는 각 고정축으로부터 매개절로 내려그은 수직선의 길이에 반비례하고, 고정절과 매개절(또는 그 연장선이 교차하는 점으로부터 양 고정축까지)의 길이에 반비례한다.

$$\frac{\omega_d}{\omega_b} = \frac{\overline{O_1M}}{\overline{O_2N}} = \frac{\overline{O_1K}}{\overline{O_2K}} \; ★★ \qquad [1-2]$$

(2) 링크 장치에 속하는 기구(연쇄)

① 링크 장치에 속하는 기구는 모두가 4절 회전 기구이다. : 그림1-10 (a) 링크 장치를 다음과 같은 4가지 형태로 구분할 수 있다.

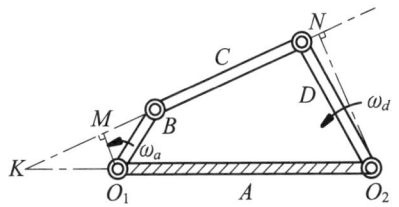

그림1-11 크랭크와 레버의 각속도비

② 슬라이더 크랭크 기구(slider crank chain) : 4절 A, B, C, D가 전부 회전짝으로 성립되어 있는 상태에서, 이것들 중 한 짝을(예를 들면 A와 D) 미끄럼짝으로 바꾸었을 때의 기구이다.
③ 더블 슬라이더 크랭크 기구(double slider crank chain) : 이웃한 두짝(예를 들면 A와 D, D와 C)를 미끄럼짝으로 바꾸었을 때의 기구이다.
④ 크로스 슬라이더 기구(cross slider chain) : 상대하는 두짝(예를 들면 A와 C, B와 D)을 미끄럼짝으로 바꾸었을 때의 기구이다.

8 기본 링크 장치(4절 링크)

> **참고**
> 그라스 호프의 법칙
> $l_{min} + l_{max} \leq l' + l''$

4절 링크에서 두 부재 사이의 지속적인 상대 운동이 있으면 가장 짧은 링크와 가장 긴 링크 길이의 합이 항상 다른 두 개의 링크 길이 합과 같거나 작아야 한다. 이 조건을 만족하면 적어도 하나의 링크는 360° 완전 회전이 가능하다.

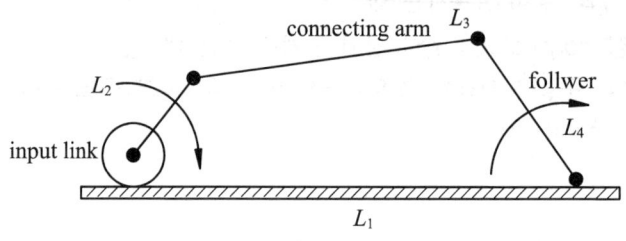

그림1-12 4절 링크 기구

(1) four bar mechanism★★★

4개의 link와 4개의 joint로 구성된 자유도 1인 메커니즘이다.

① 크랭크 로커 기구(crank-rocker mechanism) : input link가 끊임없이 회전할 때 follower가 왕복운동을 하는 기구로써 와이퍼 blade가 이와 같은 크랭크·로커 기구이다.

- 조건 ⅰ) input link의 최소조건 : $L_2 = \min(L_1, L_2, L_3, L_4)$
  ⅱ) input link가 회전할 조건 : $L_1 < (L_3 + L_4 - L_2)$
  ⅲ) follower가 회전하지 않을 조건 : $L_1 > (|L_3 - L_4| + L_2)$

  ㉠ 사안점(change point) : 운동 중 특별한 위치에 오면 주동절의 움직임은 일정하여도 종동절의 움직임은 두 가지로 될 수 있는 때가 있다. 이 때의 두 점을 사안점이라 한다.

  ㉡ 사점(dead point) : 운동 중 특별한 위치에 오면 주동절에 힘을 가하여도 종동절을 움직일 수 없는 위치가 있는데 이점을 사점이라 한다.

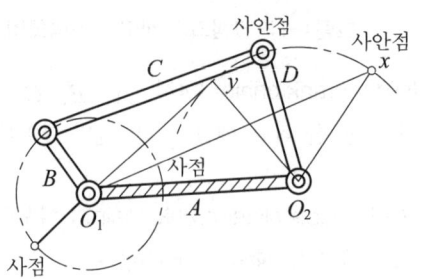

그림1-13 레버 크랭크 기구

② 이중 크랭크 기구(double crank mechanism) : frame이 가장 짧고 input link와 follower 모두가 회전하는 4절 링크로 퀵 리턴(quick return)기구와 송풍기(blower)등이 있다.

- 조건 i) frame의 최소 조건 : $L_1 = \min(L_1, L_2, L_3, L_4)$

    ii) input link가 회전할 조건 : $L_1 < (L_3 + L_4 - L_2)$

    iii) follower가 회전할 조건 : $L_1 < (|L_3 - L_4| + L_2)$

③ 이중 로커 기구(double rocker mechanism) : connecting arm이 가장 짧고 input link와 follower 모두가 왕복 운동만 할 수 있지 회전은 할 수 없다. 기중기가 이와 같은 이중로커 기구이다.

- 조건 i) connecting arm이 최소일 조건 : $L_3 = \min(L_1, L_2, L_3, L_4)$

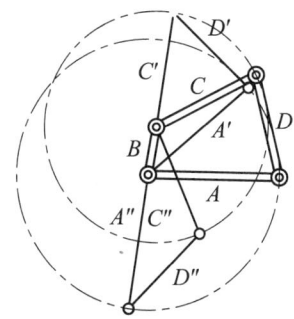

그림1-14 이중 크랭크 기구

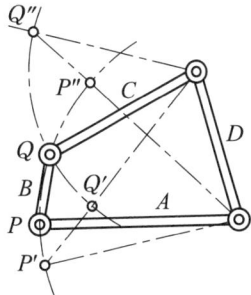

그림1-15 이중 레버 기구

(2) slider crank mechanism★★★

프레임, 크랭크, 연결 레버, 슬라이더로 구성된 자유도 1인 기구이다.

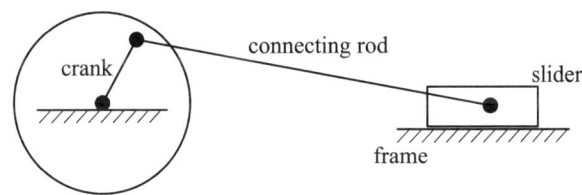

그림1-16 슬라이더 크랭크 기구

① 피스톤 크랭크 기구

회전 운동을 직선운동으로 변화시키거나 역으로 직선운동을 회전운동으로 변환시키는 경우에 이용되는 기구이다.

② 회전 슬라이더 크랭크 기구
③ 스윙 슬라이더 크랭크 기구
④ 슬라이더 스윙 크랭크 기구

9 이중 슬라이더 크랭크 기구

슬라이더 연쇄를 변형시켜 A와 B를 미끄럼 짝으로 하고 또 A와 B의 운동 방향을 직각으로 한 기구이다.

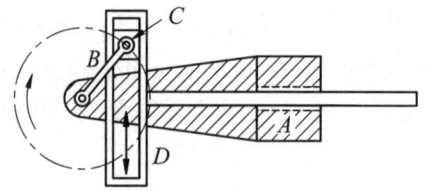

그림1-17 이중 슬라이더 크랭크 기구

(1) 제1의 교체 : D를 고정한 경우로 예를 들면 직동증기 펌프가 있다.

(2) 제2의 교체 : C를 고정한 경우로 예를 들면 올덤 커플링(oldham coupling)이 있다.

(3) 제3의 교체 : B를 고정한 경우이다.

(4) 제4의 교체 : A를 고정한 경우이다.

10 평행 및 직선 운동 기구

1. 평행운동기구(parallel motion mechanism)

(1) 종류

① 평행자, 만능제도기 : 평행선을 긋기 위한 기구이다.
② 판토크래프 : 원도를 축소하거나 확대하기 위한 제도 기구이다.
③ 로버발의 저울
④ 평행 링크 저울
⑤ 기관차의 동륜
⑥ 평행 링크 축 커플링
⑦ 홉슨의 앵귤러 커플링 : 두 축이 서로 직각으로 교차하면서 회전을 전달하는 장치이다.

2. 직선 운동 기구

기구 중의 한 점은 직선운동을 하겠금 한 장치로 진정 직선운동 장치와 근사 직선운동 장치가 있다.

- 점진정 직선운동 장치 : 바른 직선을 그리는 장치
- 근사 직선운동 장치 : 직선에 가까운 선을 그리는 장치

(1) 종류

① 하트의 진정 직선운동 기구
② 스커트 렛셀식 직선운동 기구
③ 레이지 통그 : 차고나 창고의 문에 사용한다.
④ 포오 슬리어의 진정 직선운동 기구
⑤ 기어에 의한 직선운동 기구

11 구면 운동 장치

1. 평행축 연쇄(cylindric chain)

각 링크의 운동은 한 평면 내에서 이루어 지고, 링크의 회전축은 이 평면에 수직이며 서로 평행을 이루고 있는 링크 장치이다.

2. 구면 링크 장치(spherical mechanism)

축의 한 점에서 각 링크는 구면상을 운동하게 되는 장치로 방사축선 연쇄라고도 한다. 평행축 연쇄에 반해서 축의 방향은 평행이 아니다.

(1) 종류

① 후크의 조인트(Hook's joint)
  ㉠ 유니버설 조인트 : 두 축 사이에 회전을 전달하는 경우
  ㉡ 축의 기울기를 자유로 바꾸어도 B축과 A축은 거의 같게 회전하게 된다.
  ㉢ 자동차에 사용되고 있다.
② 앵글 커플링(angle coupling)
③ 구면 슬라이더 크랭크 기구

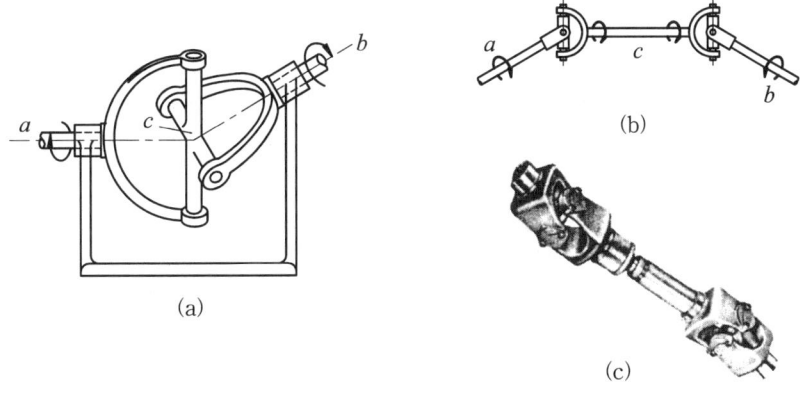

그림1-18 후크의 조인트

chapter 1 ● 실전연습문제

01 다음은 짝의 분류이다. 이 중에서 고차짝에 속하는 것은?
① 엔진의 피스톤과 실린더
② 베어링과 축
③ 볼트 및 너트
④ 점 또는 선 접촉하는 기어와 캠

> **Solution** • 짝의 분류
> ① 저차짝 : 면 접촉을 하며 마멸이 적고 기밀 유지가 좋다.
>   예) ① 피스톤과 실린더 ② 베어링과 축 ③ 볼트와 너트
> ② 고차짝 : 점 또는 선으로 접촉
>   예) ① 볼 베어링 ② 롤러 베어링 ③ 기어 ④ 캠

02 기구의 기동성에 대한 설명으로 틀린 것은 다음 중 어느 것인가?
① 기동성 $M = 3(n-1) - 2f_1 - f_2$ 이다.
② 계를 구성하는 각 부분의 모든 순간에서 위치를 완전하게 결정하기 위하여 필요한 최소한의 종속된 일반 좌표의 수이다.
③ 기구 내의 각 링크의 위치를 결정하는데 필요한 최소한의 독립 매개변수이다.
④ 기구가 가지고 있는 자유도의 수를 의미한다.

> **Solution** • 기동성 : 모든 부재의 순간 위치를 결정하기 위한 최소의 독립 일반 좌표의 수를 의미한다.

03 지속적인 상대 운동이 존재하는 4절 링크 장치에서 각 링크의 길이가 $l_{min} + l_{max} \leq l' + l''$ 관계에 있을 때, 이것을 만족시키는 법칙을 무엇이라 하는가?
① 달랑베르의 법칙
② 그라스 호프 법칙
③ 그루블러의 법칙
④ 뉴톤의 기구 운동법칙

04 다음 중에서 four bar mechanism 구성요소와 가장 거리 먼 것은 어느 것인가?
① 크랭크
② 커넥팅 로드
③ 슬라이더
④ 프레임

> **Solution** four bar mechanism의 구성 요소는 다음과 같다.
> ① frame
> ② input link, crank
> ③ connecting arm
> ④ follower

Answer 01 ④ 02 ② 03 ② 04 ③

05 다음 중 기구학적 관점에서 거리가 먼 것은 어느 것인가?

① 기계의 구조 또는 운동의 기초 부분을 연구한다.
② 기구의 형상과 기계의 조립상태를 연구한다.
③ 기구의 운동 상태를 연구한다.
④ 운동량 및 에너지를 연구한다.

Solution 기구학은 동력학의 운동학에 해당함으로 운동의 원인인 힘에 관련해서는 다루지 않는다.

06 다음 중에서 기구라기 보다는 기계로서 봐야하는 것은 어느 것인가?

① 유량계측기　　　　② 자전거
③ 영사기　　　　　　④ 손목시계

Solution 기계란 여러 개의 부재들이 서로 한정된 상대운동을 하며 연결되어, 에너지를 전달하며 유익한 일을 하는 것으로 유량계측기, 손목시계, 영사기 등은 기계로 보기에는 부적당하다.

07 기계의 조건으로서 거리가 먼 것은 다음 중 어느 것인가?

① 각 연결 부재들의 상대운동은 항상 일정하게 이루어지지 않는다.
② 기계를 구성하는 각 부분은 모두 저항력을 가진 물체들로 봐야한다.
③ 기계를 구성하는 각 부분은 서로 관계운동을 할 수 있도록 되어 있다.
④ 기계는 에너지를 받아들여 유익한 일로 전환할 수 있어야한다.

Solution • 기계의 정의 : 저항력이 있는 물체들의 결합체로서 각 부분은 정해진 상대운동을 하며 외부에서 주어진 에너지를 유효한 일로 변화시키는 것.

08 다음은 링크(link; 절; 기소)에 대한 설명이다. 옳지 않은 것은 어느 것인가?

① 링크는 기계를 이루는 구성 요소로 볼 수 있다.
② 링크와 링크를 결합하여 짝을 이루게 한다.
③ 링크의 결합으로 이루어진 짝은 대부분 한정 운동을 한다.
④ 링크의 소재로는 금속 이외의 것을 사용할 수 없다.

Solution 압력짝으로 수압기 등을 들 수 있고, 이 수압기의 수압통과 물은 링크(기소)로 볼 수 있다.

09 다음 보기 중에서 설명이 틀린 것은 어느 것인가?

① 절(link)은 연쇄(chain)의 한 조각으로 본다.
② 기소와 연쇄는 같은 개념이다.
③ 한 링크가 2개 이상의 짝을 이룰 때 단절(simple link)이라 한다.
④ 한 링크가 3개 이상의 짝을 이룰 때 복절(compound link)이라 한다.

Solution 연쇄(chain)는 링크의 결합체로 볼 수 있다.

Answer 05 ④　06 ②　07 ①　08 ④　09 ②

10 내연기관에서 크랭크의 운동을 기계적 운동으로 분류한다면 어디에 속하는가?
① 구면운동　　　　　　　　② 나선운동
③ 평면운동　　　　　　　　④ 곡선운동

> Solution　내연기관에서 크랭크는 회전운동을 함으로 평면운동에 속한다.

11 다음 보기들 중 평면운동으로 볼 수 없는 것은?
① 직선운동　　　　　　　　② 곡선운동
③ 회전운동　　　　　　　　④ 스크루(screw) 운동

> Solution　평면운동은 직선운동, 곡선운동, 회전운동으로 분류된다.

12 다음 보기의 기구들 중 회전운동을 직선운동으로 바꿀 수 없는 것은 어느 것인가?
① 랙과 피니언　　　　　　　② 웜과 웜 휠
③ 캠 기구　　　　　　　　　④ 링크 기구

> Solution　웜과 웜 휠은 회전운동을 전달하는 장치이다.

13 미끄럼 운동을 하는 짝으로 다음 중 맞는 것은 어느 것인가?
① 실린더와 피스톤　　　　　② 피스톤과 커넥팅 로드
③ 커넥팅 로드와 크랭크　　　④ 크랭크와 크랭크

14 기계 요소의 짝의 종류로서 다음 중 틀린 것은 어느 것인가?
① 구름짝　　　　　　　　　② 나사짝
③ 회전짝　　　　　　　　　④ 미끄럼짝

15 기구(mechanism)의 기구학적 특징만을 파악하기 위하여 복잡한 형상을 생략하고 운동에 영향을 미치는 골격만을 그린 그림을 무엇이라 하는가?
① 운동학적 선도　　　　　　② 해석학적 선도
③ 분석학적 선도　　　　　　④ 동력학적 선도

> Solution　운동학적 선도(kinematic diagram) : 기구의 기구학적 특징만을 파악하기 위하여 복잡한 형상을 생략하고 운동에 영향을 미치는 골격만을 그린 그림

16 기구(mechanism)의 모든 링크를 정확하게 원하는 위치로 보내기 위하여 필요한 입력의 수는?
① 좌표　　　　　　　　　　② 가동성
③ 운동학적 선도　　　　　　④ 짝

Answer　10 ③　11 ④　12 ②　13 ①　14 ①　15 ①　16 ②

17 기계의 구성 부분 중 운동은 하지 않고 지면과 고정되어 다른 기계 구성 부분을 지탱해 주는 역할을 하는 기구의 요소를 무엇이라 하는가?

① 프레임 ② 기소
③ 짝 ④ 연쇄

18 기구는 한정 운동을 할 수 있도록 링크와 링크가 결합되어있는데 이와 같이 링크와 링크의 결합을 기구학적 용어로 무엇이라 하는가?

① 프레임 ② 기소
③ 짝 ④ 연쇄

19 다음 중 회전짝에 해당하는 것은 어느 것인가?

① 엔진의 실린더와 피스톤 ② 핀 조인트
③ 볼트와 너트 ④ 볼트와 소켓

> **Solution** 회전짝으로는 베어링과 축, 핀 조인트 등이 있다.

20 볼트와 너트와 같이 병진운동과 회전운동을 할 수 있는 짝을 무엇이라 하는가?

① 미끄럼짝 ② 회전짝
③ 나사짝 ④ 구면짝

21 두 개의 링크 중 어느 한 링크는 정지해 있고 나머지 하나의 링크는 구면 접촉을 하는 짝은 다음 중 어느 것인가?

① 엔진의 실린더와 피스톤 ② 핀 조인트
③ 볼트와 너트 ④ 볼트와 소켓

22 다음 보기 중 고차짝과 거리가 먼 것은 어느 것인가?

① 두 개의 링크가 점 또는 선 접촉을 하는 짝을 의미한다.
② 볼베어링, 롤러 베어링, 기어, 캠 등이 있다.
③ 마찰이 적다는 장점이 있으나, 중(重) 부하에는 부적당하다.
④ 높은짝 이라고도 하며 두 개의 링크가 면과 면이 접촉하는 경우로 마멸이 적을 때 사용할 수 있고, 기밀 유지가 가능하다는 장점을 갖고 있다.

Answer 17 ① 18 ③ 19 ② 20 ③ 21 ④ 22 ④

23 다음 보기 중 장력짝의 예에 해당하는 것은 어느 것인가?

① 벨트와 풀리 ② 볼트와 소켓
③ 볼트와 너트 ④ 수압기의 물과 용기

> **Solution** • 장력짝 : 두 요소 사이의 상대운동에 의하여 발생한 장력으로 한정 운동을 하는 짝.
> 예) 벨트와 풀리

24 두 요소 사이의 상대운동으로 존재하는 압력을 이용하는 짝을 압력짝이라 한다. 다음 보기 중 압력짝의 예로서 맞는 것을 고른다면 어느 것인가?

① 벨트와 풀리 ② 볼트와 소켓
③ 볼트와 너트 ④ 수압기의 물과 용기

25 대부분의 기구의 두 링크 사이의 관계운동은 한정되어 있어 다르게는 움직일 수 없는 짝으로 되어 있다. 이와 같은 짝을 무엇이라 하는가?

① 한정짝 ② 이중짝
③ 고정짝 ④ 무한짝

26 한정연쇄의 자유도 수는?

① 0 ② 1
③ 2 ④ 3

27 동일한 링크 장치를 고정절을 바꾸어 다른 기구가 되도록 한 기구의 전환을 무엇이라 하는가?

① 연쇄의 교체 ② 프레임의 교체
③ 구조물의 교체 ④ 기계의 교체

28 볼트와 너트에서 볼 수 있듯이 회전운동과 직선운동을 동시에 행하는 기계운동을 무엇이라 하는가?

① 평면운동 ② 나선운동
③ 구면운동 ④ 스크루 운동

29 다음 중 구면운동을 하는 짝은 어느 것인가?

① 볼-소켓 조인트 ② 볼트-너트 조인트
③ 수나사-암나사 조인트 ④ 로드-소켓 조인트

Answer 23 ① 24 ④ 25 ① 26 ② 27 ① 28 ② 29 ①

30 다음 보기 중에서 어느 지점을 고정시켜도 같은 기구가 될 수 있는 것은?

① 이중 슬라이더 레버 기구 ② 회전 슬라이더 기구
③ 요동 슬라이더 기구 ④ 레버 크랭크 기구

Solution 기구의 교체 : 고정절을 바꿈으로서 다른 기구로의 전환을 의미

31 그림과 같은 double crank 운동에서 각 링크의 길이를 B=25[cm], A=100[cm], C=70[cm]로 하면 이 링크로 양 크랭크(A, C)를 운동시키기 위한 D의 길이[cm]는?

① 45[cm]
② 80[cm]
③ 160[cm]
④ 200[cm]

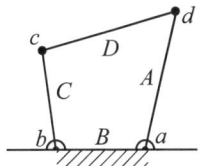

Solution 크랭크(A, C)가 회전하기 위한 조건을 그림과 같이 생각하면

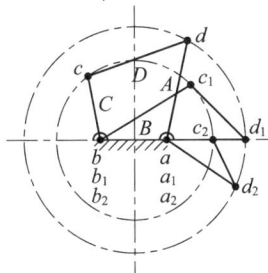

① a_1, b_1, c_1, d_1 위치일 때
$B+A-C-D<0; D > 25+100-70$
② a_2, b_2, c_2, d_2 위치일 때
$C-D-B+A>0; D < 70-25+100$
∴ $55 < D < 145$

32 한 개의 링크에 3개 이상의 짝이 존재할 수 있는 링크를 무엇이라 하는가?

① 단절 ② 복절
③ 쌍절 ④ 한정절

Solution ① 단절(simple link) : 1개의 link에 joint가 2개 이상 존재하는 것.
② 복절(compound link) : 1개의 link에 3개 이상의 joint가 존재하는 것.

33 다음 보기 중에서 링크의 유형으로 볼 수 없는 것은 어느 것인가?

① 크랭크 ② 레버
③ 슬라이더 ④ 프레임

34 링크의 유형 중 로드 또는 바의 형태를 하고 고정된 중심에 대하여 회전운동을 하는 것은 어느 것인가?

① 크랭크 ② 레버
③ 슬라이더 ④ 프레임

Answer 30 ① 31 ② 32 ② 33 ④ 34 ①

35 링크의 유형 중 로드 또는 바의 형태를 하고 어떤 각으로 요동을 하는 것은 어느 것인가?
① 크랭크 ② 레버
③ 슬라이더 ④ 프레임

36 다음 그림과 같은 엔진 기구에서 행정을 크게 하기 위해서는 어떻게 해야 하는가?
① 커넥팅 로드 B를 크게 한다.
② 커넥팅 로드 B를 작게 한다.
③ 크랭크 A를 크게 한다.
④ 크랭크 A를 작게 한다.

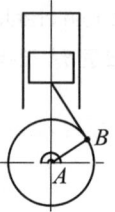

37 내연기관은 보기와 같은 기구들을 응용한 것이다. 거리가 먼 것은 어느 것인가?
① 크랭크 장치 ② 슬라이더 장치
③ 매개절 장치 ④ 레버 장치

　⊃ Solution 매개절 장치는 커넥팅 로드를 의미하고 크랭크와 슬라이더를 연결해 주는 역할을 한다.

38 내연기관을 구성하는 요소들 중 고정절에 해당하는 것은 다음 중 어느 것인가?
① 크랭크 ② 커넥팅 로드
③ 실린더 ④ 피스톤

39 다음 그림과 같은 레버 크랭크 기구의 필요 조건으로 맞는 것은 다음 중 어느 것인가?
① A > D+C+B
② C > A+B+D
③ A > C−B+D
④ A+D > B+C

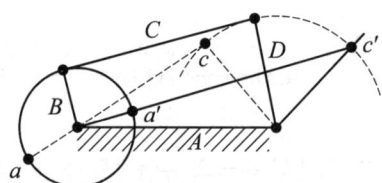

40 어떤 4절 크랭크 기구에서 운동 중에 특정 위치에 오게되면 주동절에 힘을 가해도 종동절을 운동케 할 수 없는 위치가 있는데 이 때를 무엇이라고 하는가?
① 회계점 ② 사안점
③ 사점 ④ 회기점

Answer 35 ② 36 ② 37 ④ 38 ③ 39 ④ 40 ③

41 어떤 4절 크랭크 기구에서 운동 중에 특정 위치에 오게되면 주동절의 운동은 일정하여도 종동절의 운동이 두 가지로 나타나게 되는 때가 있다. 이 때를 다음 중 무엇이라고 하는가?
① 회계점　　② 사안점
③ 사점　　　④ 회기점

42 레버 크랭크 기구에서 사안점의 총 개수는?
① 2개　　② 4개
③ 6개　　④ 8개

43 다음의 액체 전동 기구의 특성 중 맞는 것은?
① 기체의 경우 보다 확실한 전동이 불가능하다.
② 강체 연결봉과는 구별된다.
③ 고압으로 압축이 불가능하다.
④ 진동과 소음이 수반된다.

44 다음 기구들 중 배력장치를 이용한 것이 아닌 것은?
① 펀칭　　② 자동 쇠톱머신
③ 파쇄기　　④ 수동 절단기

45 다음 중 rotation motion을 straight motion으로 바꿀 수 없는 mechanism에 해당하는 것은?
① 셰이퍼　　② 승강구
③ 내연기관　　④ Piston type의 물 펌프

46 다음 중 단절 회전짝을 이루는 한정연쇄에 대한 설명이다. 이 중에서 가장 타당성이 있는 것은 어느 것인가?
① 네쌍의 연쇄로 되어 있다.　　② 세쌍의 연쇄로 되어 있다.
③ 두쌍의 연쇄로 되어 있다.　　④ 한쌍의 연쇄로 되어 있다.

47 4절 크랭크 기구에서 4개의 절 A, B, C, D 중 어떤 것을 고정했을 때 로커 크랭크 기구가 되겠는가? (단, $(C-B)+D>A$, $A+D>B+C$, $C>A>D>B$ 이다.)
① D　　② C
③ B　　④ A

Answer　41 ②　42 ①　43 ③　44 ②　45 ③　46 ④　47 ④

48 4절 크랭크 기구에서 4개의 절 중 어떤 절을 고정했을 때 이 중 크랭크 기구가 되겠는가?
(단, 링크의 크기 $A > C > D > B$, $A+B < C+D$, $B+C < A+D$ 이다.)

① D ② C
③ B ④ A

49 레버 크랭크 기구에서 사점을 직접적으로 보안하기 위한 방법으로 다음 설명 중 맞는 것은?

① 사안점 전방 약 12°에서 최고 압력이 발생되도록 한다.
② 사안점 후방 약 12°에서 최고 압력이 발생되도록 한다.
③ 상사점 후방에서 점화시킨다.
④ 상사점 전방에서 점화시킨다.

> **Solution** 주동절에 힘을 가해도 종동절을 운동케 할 수 없는 위치가 사점이므로 사안점 후방 12° 근방에서 큰 압력이 걸리도록 해주면 이러한 현상을 보정할 수 있다.

50 다음 그림과 같이 링크 3개로 이루어진 기구의 사이에서는 어떤 관계 운동이 발생 할 수 있는가?

① slider motion
② rotation motion
③ straight motion
④ no related motion

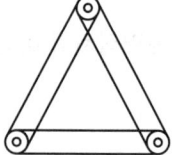

51 다음 중 유체전동의 장점인 것은?

① 종동절의 운동을 먼 거리에서는 조정이 불가능하다.
② 기구의 안전이 유지된다.
③ 유체를 압축시켜야만 한다.
④ 다수의 종동절에 전동이 불가능하다.

52 다음 중 공기 전동장치가 아닌 것은?

① fluid coupling ② air suspention
③ pneumatic hammer ④ riveting hammer

> **Solution** fluid coupling은 액체의 힘을 이용하여 동력을 전달 기구이다.

Answer 48 ③ 49 ② 50 ④ 51 ③ 52 ①

53 다음 중 요동슬라이더 기구인 것은 어느 것인가?
① CNC 밀링 머신 ② 셰이퍼 머신
③ 4사이클 기관 ④ 터릿 선반

Solution quick return mechanism인 것은 셰이퍼 머신이다.

54 3개의 링크가 만드는 연쇄는?
① 한정연쇄 ② 불한정연쇄
③ 고정연쇄 ④ 운동연쇄

55 간헐기구의 종류가 아닌 것은 어느 것인가?
① 풀리와 래치 기구 ② 스코치 요크
③ 제네바 기구 ④ 체비셰프기구

56 적은 힘으로 큰 힘을 발휘하는 링크 장치는?
① 배력 장치 ② 조향장치
③ 피스톤–크랭크 장치 ④ 퀵 리턴 장치

57 평행 운동기구로서 도형을 확대 또는 축소시킬 수 있는 기구로 맞는 것은?
① 판토크래프트 ② 요동 크랭크 기구
③ 슬라이더 크랭크 기구 ④ 더블 슬라이더 크랭크 기구

58 기구에 대한 설명으로 가장 타당한 것은?
① 기계요소들의 결합체
② 상대운동을 하는 저항체
③ 하중 또는 힘을 받는 저항체
④ 운동전달 및 형상의 구조

59 다음 기구의 역할을 설명한 것 중 가장 적절한 것은?
① 일의 양으로 표시
② 모양이나 형태로 표시
③ 가지고 있는 기능으로 표시
④ 운동의 전달과 변환방법으로 표시

Answer 53 ② 54 ③ 55 ④ 56 ① 57 ① 58 ④ 59 ④

60 자동차의 조향장치는 어떤 기구를 응용한 것인가?
① 왕복 슬라이더-크랭크 기구
② 이중 레버 기구
③ 크랭크-레버 기구
④ 삼중 크랭크 기구

61 다음은 4개 링크가 모두 회전대우에 의하여 연결된 4절 회전 연쇄에 대한 사항이다. 가장 짧은 링크(link)를 고정 링크로 하면 어떤 기구를 얻을 수 있는가?
① 레버 기구(lever mechanism)
② 이중 크랭크 기구(double crank mechanism)
③ 사중 레버 기구(four lever mechanism)
④ 등장 레버 기구(equal lever mechanism)

62 기계라고 하면 다음의 조건을 만족시켜야 한다. 기계의 조건을 만족하지 못하는 것은?
① 몇 개의 물체는 조합으로 되어 있을 것.
② 기계를 구성하는 물체는 저항력이 있을 것.
③ 각 부의 운동은 완전히 구속되어 있을 것.
④ 공급받은 에너지를 변환하여 기계적인 일을 할 것.

63 다음은 기계운동의 전달방법을 말한 것이다. 기계적인 연결없이 동력을 전달할 수 있는 것으로 기구학에서 고려되지 않는 것은?
① 구름접촉에 의한 것.
② 미끄럼접촉에 의한 것.
③ 공간전달에 의한 것.
④ 중간 링크에 의한 것.

Answer   60 ②   61 ②   62 ③   63 ③

chapter 2 기구의 운동

1 기구의 운동학

1. 위치

운동의 결과로 나타나는 위치의 변화 벡터량을 변위(displacement)라 한다.

(1) 일반 삼각형 공식

① 정현 법칙(rule of sine) : $\dfrac{a}{\sin(A)} = \dfrac{b}{\sin(B)} = \dfrac{c}{\sin(C)}$ [2-1]

② 여현 법칙(rule of cosine) : $b^2 = a^2 + c^2 - 2ac\cos(B)$ [2-2]

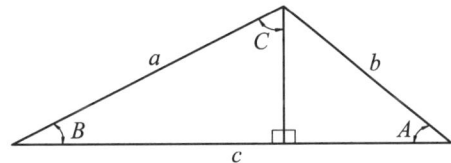

그림2-1 삼각형의 정현 법칙

(2) slider crank의 일반공식

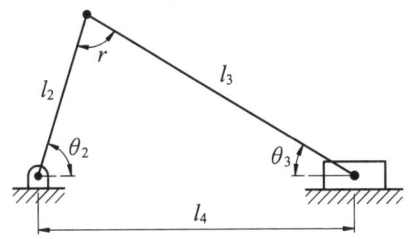

그림2-2 slider crank

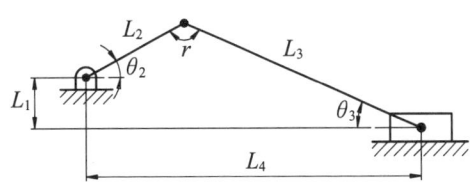

그림2-3 offset이 있는 slider crank

$$\theta_3 = \sin^{-1}\left[\dfrac{L_2}{L_3}\sin\theta_2\right] \quad [2-3]$$

$$\gamma = 180° - (\theta_2 + \theta_3) \quad [2-4]$$

$$L_4 = \sqrt{L_2^{\,2} + L_3^{\,2} - 2(L_2)(L_3)\cos\gamma} \quad [2-5]$$

(3) offset이 있는 slider crank의 일반 공식

$$\theta_3 = \sin^{-1}\left[\frac{L_1 + L_2\sin\theta_2}{L_3}\right] \qquad [2\text{-}6]$$

$$L_4 = L_2\cos(\theta_2) + L_3\cos(\theta_3) \qquad [2\text{-}7]$$

$$\gamma = 180° - (\theta_2 + \theta_3) \qquad [2\text{-}8]$$

(4) four bar link의 일반 공식

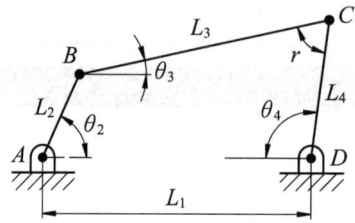

그림2-4 four bar link

$$BD = \sqrt{L_1^2 + L_2^2 - 2(L_1)(L_2)\cos(\theta_2)} \qquad [2\text{-}9]$$

$$\gamma = \cos^{-1}\left[\frac{L_3^2 + L_4^2 - \overline{BD}^2}{2(L_3)(L_4)}\right] \qquad [2\text{-}10]$$

$$\theta_4 = \cos^{-1}\left[\frac{L_1^2 - L_2^2 + \overline{BD}^2}{2(L_1)(\overline{BD})}\right] + \cos^{-1}\left[\frac{L_4^2 - L_3^2 + \overline{BD}^2}{2(L_4)(\overline{BD})}\right] \qquad [2\text{-}11]$$

$$\theta_3 = 180° - (\theta_4 + \gamma) \qquad [2\text{-}12]$$

2. 기구의 속도

각속도와 선속도의 상관 관계

$$v = r\omega \ , \ v = \frac{ds}{dt} \ , \ v = \frac{d\theta}{dt} \qquad [2\text{-}13]$$

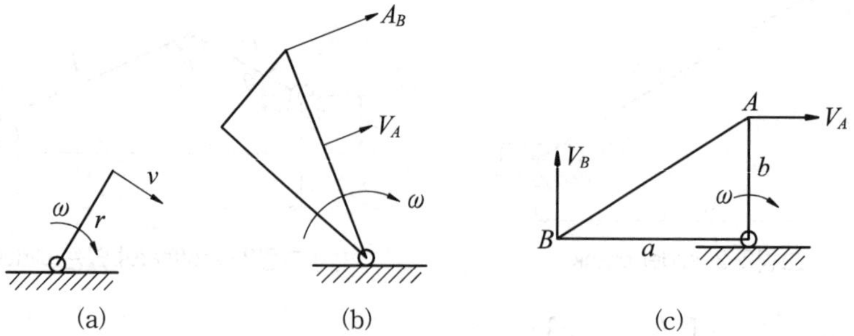

(a)　(b)　(c)

그림2-5 선속도와 각속의 관계

3. 기구의 가속도와 각가속도

가속도와 각가속도의 기본 정의는 다음과 같다.

$$a = \frac{dv}{dt} = \frac{d^2s}{dt^2} \quad , \quad \alpha = \frac{d\omega}{dt} = \frac{d^2\theta}{dt^2} \qquad [2\text{-}14]$$

(1) 가속도 및 각가속도 관련 상관 관계식

: 각가속도 $\alpha = $ const 일 때

$$s = v_0 t + \frac{1}{2}at^2 \quad , \quad \theta = \omega_0 t + \frac{1}{2}\alpha t^2 \qquad [2\text{-}15]$$

$$v = v_0 + at \quad , \quad \omega = \omega_0 + \alpha t \qquad [2\text{-}16]$$

$$v^2 = v_0^2 + 2as \quad , \quad \omega^2 = \omega_0^2 + 2\alpha\theta \qquad [2\text{-}17]$$

(2) 법선과 접선 가속도(normal and tangential acceleration)

일반적으로 물체에 대하여 가속도는 그림2-6과 같이 접선가속도와 법선 가속도로 분리할 수 있다.

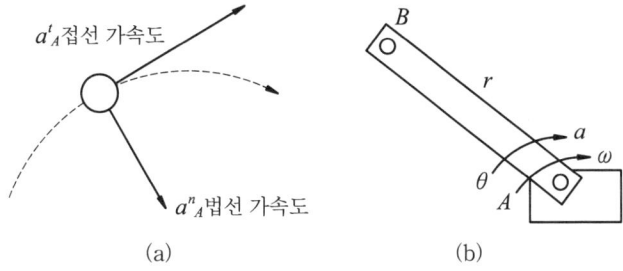

그림2-6 법선 및 접선 가속도

$$a_B^t = \frac{dV_B}{dt} = \frac{d(\gamma\omega)}{dt} = \gamma\alpha \qquad [2\text{-}18]$$

$$a_B^n = \frac{V_B^2}{\gamma} = \gamma\omega^2 \qquad [2\text{-}19]$$

4. 상대속도 및 상대가속도

(1) 상대운동(relative motion)

운동을 하고 있는 기준 물체를 기준으로 본 다른 물체의 운동

(2) 상대속도

운동을 하고 있는 기준 물체(좌표계)에 상대적으로 본 다른 물체의 속도 즉, 관찰자가 기준 물체를 타고 움직이면서 관찰한 속도이다.

$$V_{B/A} = V_B - V_A, \quad V_{A/B} = V_A - V_B \qquad [2\text{-}20]$$

(3) 상대가속도

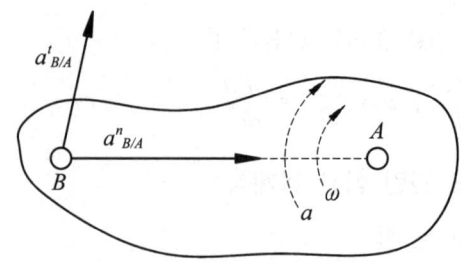

그림2-7 상대가속도

$$(a_{A/B})^t = \frac{dV_{B/A}}{dt} = \frac{d(\omega\gamma_{B/A})}{dt} = \gamma_{B/A}\alpha \qquad [2\text{-}21]$$

$$(a_{B/A})^n = \frac{V_{B/A}^2}{\gamma_{B/A}} = \gamma_{B/A}\omega^2 \qquad [2\text{-}22]$$

2 순간중심

1. 순간중심의 총수

n개의 절로 이루어지는 연쇄가 갖는 순간중심의 총수는 다음과 같다.

$$N = n \times \frac{(n-1)}{2} \text{★★★★★} \qquad [2\text{-}23]$$

$\begin{bmatrix} n : 링크 \text{ (link)} \text{ 수} \\ N : 순간중심의 총수 \end{bmatrix}$

2. 순간중심의 선정 기준★★★

(1) 두 물체가 pin joint로 결합되어 있으며 바로 그 조인트가 순간중심이다.

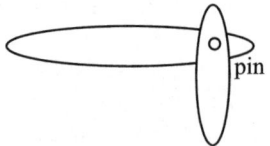

그림2-8 순간중심 구하기 I

(2) 구름 접촉의 경우는 접촉점이 순간중심이다.

그림2-9의 (d)와 같은 경우에, 각 지점에서의 속도는 다음과 같이 나타낼 수 있다.

$$v_c = 0 \qquad [2\text{-}24]$$

$$v_B = v_c + v_{B/C} = v_{B/C} \qquad [2\text{-}25]$$

$$\therefore v_B = \overline{CB} \cdot \omega = 2R \cdot \omega, \quad v_D = \overline{DC} \cdot \omega \qquad [2\text{-}26]$$

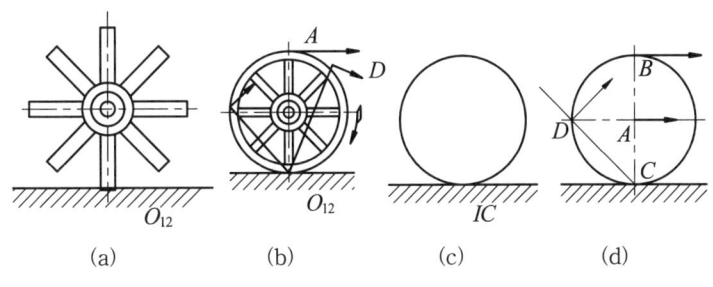

그림2-9 순간중심 구하기 Ⅱ

(3) 직선 상을 따라 미끄럼 접촉인 경우 접촉면에 수직인 지점에 순간중심이 있다.
(4) 운동 중에는 순간 회전 중심점이 순간중심이 된다.

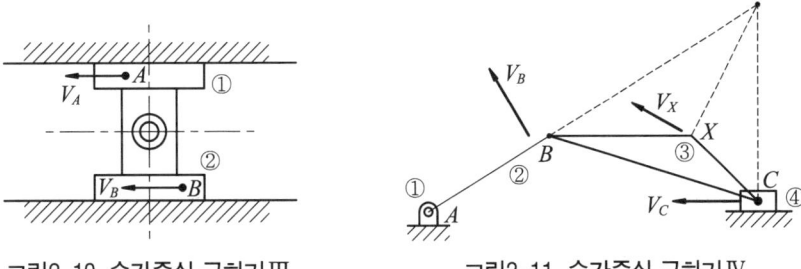

그림2-10 순간중심 구하기 Ⅲ   그림2-11 순간중심 구하기 Ⅳ

3. Kennedy's theorem ★★★

3개의 링크에서 두 개의 순간중심을 알고 세 번째 순간중심을 구해야 하는 경우에 매우 유용하게 이용할 수 있는 것으로 "3개의 서로 다른 링크의 순간중심은 동일 직선 상에 놓여야 한다."는 이론이다.

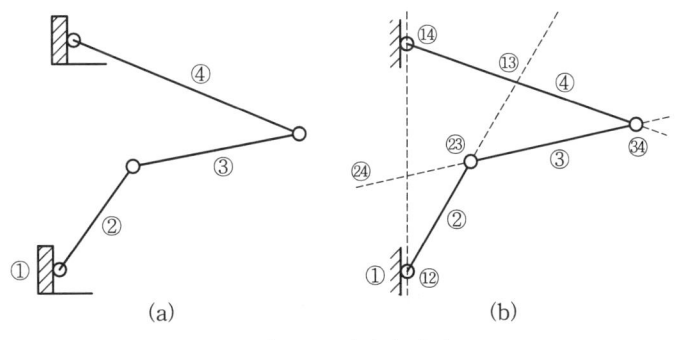

그림2-12 케네디 정리

4. 순간중심의 궤적(centrode) ★

움직이는 물체의 순간중심은 매 순간 변화하게 되고 이 변화된 순간중심의 경로를 연결하여 만든 곡선을 순간중심의 궤적이라 한다.

① 고정 궤적(fixed centrode) : 고정 물체에 있는 궤적
② 이동 궤적(moving centrode) : 이동 물체에 있는 궤적

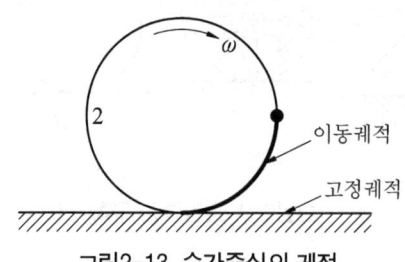

그림2-13 순간중심의 궤적

5. 순간중심의 위치 발견법★★

(1) four bar mechanism : 4개의 레버가 회전짝으로 조합된 것.

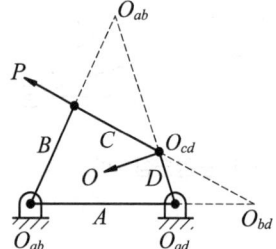

그림2-14 순간 중심의 위치 발견법 Ⅰ

A	B	C	D
O_{ab}	O_{bc}	O_{cd}	
O_{ac}	O_{bd}		
O_{ad}			

(2) slider crank mechanism

4절로 되어 있으며 D, A가 미끄럼짝을 하고 있고 그 외의 것은 모두 회전짝일 때, O_{ab}, O_{ac}, O_{ad}, O_{bc}, O_{bd}, O_{cd}인 순간 중심이 총 6개인 기구이다.

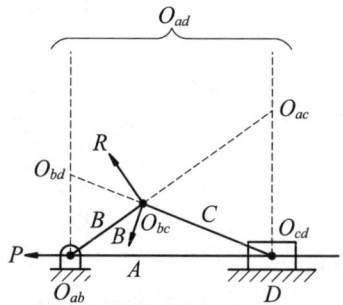

그림2-15 순간중심의 위치 발견법 Ⅱ

chapter 2 ─ 실전연습문제

01 길이 r 이 2.5[m]인 직선이 O를 중심으로 하여 정지 위치에서 각가속도 0.15[rad/sec²]로 회전을 시작하였다면 12초 후 P점의 가속도는 몇 [m/sec²]인가?

① 19.6[m/sec²]   ② 8.11[m/sec²]
③ 4.6[m/sec²]   ④ 2.12[m/sec²]

Solution O를 중심으로 한 회전운동이므로
$\omega = \omega_0 + at = 0.15 \times 12 = 1.8 \text{[m/sec]}$
$a_t = a \cdot r = 0.15 \times 2.5 = 0.375 \text{[m/sec}^2\text{]}$
$a_n = \omega^2 \cdot r = 1.8^2 \times 2.5 = 8.1 \text{[m/sec}^2\text{]}$
$a = \sqrt{a_t^2 + a_n^2} = 8.11 \text{[m/sec}^2\text{]}$

02 순간중심은 기구가 어떤 운동을 할 때 정의될 수 있는가?

① 병진운동   ② 직선운동
③ 회전운동   ④ 곡선병진운동

Solution 강체의 회전운동시 강체 내의 한 임의의 지점이 회전하기 위한 중심을 순간중심이라 한다.

03 다음 그림과 같은 기구의 순간 중심 총수는 몇 개인가?

① 4
② 6
③ 8
④ 10

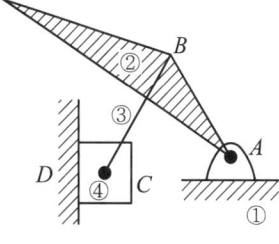
⟨shear press⟩

Solution $N = \dfrac{n(n-1)}{2}$, 링크 수 $n=4$
$\therefore N = \dfrac{4(4-1)}{2} = 6$

Answer 01 ② 02 ③ 03 ②

04 강체가 회전운동시 순간중심의 선정 기준으로 틀린 것을 고른다면 다음 중 어느 것인가?
① 두 부재가 핀 조인트로 연결되어 있을 때 바로 그 조인트 부가 순간중심된다.
② 미끄럼을 무시 한 구름 접촉의 경우는 접촉점이 순간중심된다.
③ 미끄럼 접촉을 하는 직선상을 따라 상대운동을 하는 경우 접촉면에 수직인 지점에 순간중심이 있다.
④ 순간중심은 강체의 충격중심과 일치한다.

> **Solution** • 충격중심 : 타격중심이라고도 하며 합력 작용선과 회전중심, 질량중심의 통과 중심선이 만나는 점

05 다음과 같은 기계 운동 중 순간중심은 어떤 운동에서 고려해야 할 사항인가?
① 평면운동 ② 나선운동
③ 구면운동 ④ 수직왕복운동

> **Solution** 평면운동은 병진운동과 회전운동을 의미하고 순간중심은 물체의 회전운동시 고려해야 할 사항이다.

06 다음 보기 중 케네디 정리(kennedy theorem)를 올바르게 설명한 것으로 맞는 것은 어느 것인가?
① 상호 상대운동을 하는 3개의 물체 사이의 3개의 순간중심은 반드시 1직선 상에 있어서는 안 된다.
② 상호 상대운동을 하는 3개의 물체 사이의 3개의 순간중심은 반드시 3 물체의 질량중심을 지나는 1직선상에 있어서는 안된다.
③ 상호 상대운동을 하는 3개의 물체 사이의 3개의 순간중심은 반드시 1직선 상에 있어야 한다.
④ 상호 상대운동을 하는 3개의 물체 사이의 3개의 순간중심은 반드시 3 물체의 질량중심을 지나는 1직선상에 있어야 한다.

07 다음 그림과 같은 링이 있는 레이디얼 스포크스가 평면 위를 미끄럼 없이 굴러가고 있을 때 순간중심의 위치는 어디인가?
① A
② B
③ C
④ D

> **Solution** 레이디얼 스포크스도 바퀴와 같이 평면 위를 미끄럼 없이 굴러 갈 때, 순간중심의 위치는 지면과의 접촉지점 B가 된다.

Answer 04 ④ 05 ① 06 ③ 07 ②

08 어떤 기구의 링크가 7개로 이루어져 있다면 순간중심의 총 개수는 몇 개인가?

① 6개　　　　　　　　　② 11개
③ 16개　　　　　　　　　④ 21개

Solution 순간중심의 총수 : $N = \dfrac{n(n-1)}{2} = \dfrac{7 \times (7-1)}{2} = 21$

09 다음 그림과 같이 4개의 링크로 된 기구에서 A 링크의 순간중심으로 볼 수 없는 것은 어느 것인가?

① O_{bd}
② O_{ab}
③ O_{ac}
④ O_{ad}

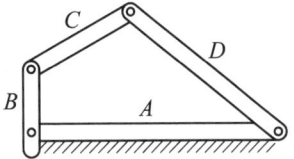

Solution A 링크에 관련된 순간중심은 O_{ab}, O_{ac}, O_{ad} 가 있고 B 링크에 관련된 순간중심은 O_{bc}, O_{bd}, C 링크에 관련된 순간중심은 O_{cd} 이다.

10 다음 그림과 같은 4개의 절로 구성된 기구에서 순간중심의 총 수는 몇 개인가?

① 3
② 6
③ 9
④ 12

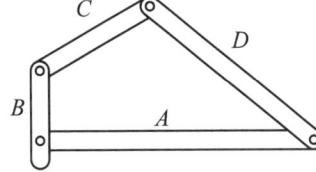

Solution • 순간중심의 총 수 : $N = \dfrac{n(n-1)}{2} = \dfrac{4 \times (4-1)}{2} = 6$

11 직경 12[m]의 원을 4분 동안에 한 바퀴 해전 했다고 하면 이 물체의 속력은 다음 중 어느 것인가?

① 0.12[m/sec]　　　　　　② 0.14[m/sec]
③ 0.16[m/sec]　　　　　　④ 0.18[m/sec]

Solution $N = \dfrac{1}{4}$ [rpm], $v = r\omega = \dfrac{\pi DN}{60} = \dfrac{\pi \times 12 \times 1}{4 \times 60} = 0.16$ [m/sec]

12 높이 350[m]되는 탑 위에서 물체를 낙하시키는 동시에 지상에서 45 [m/sec]의 속도로 연직 위로 물체를 던졌다. 이 두 물체는 어느 지점에서 만나게 되겠는가?

① 53.1[m]　　　　　　　　② 56.4[m]
③ 58.9[m]　　　　　　　　④ 60.5[m]

Answer　08 ④　09 ①　10 ②　11 ③　12 ①

Solution 두 물체가 만날 때의 시간을 t_m 이라고 하고 바닥으로부터 두 물체가 만나는 지점까지의 높이를 h 라고 하면 다음과 같은 식을 세울 수 있다.

① 자유낙하 시
$$(450-h) = v_0 t_m + \frac{1}{2} g t_m^2 = \frac{1}{2} g t_m^2$$

② 연직 상승 운동 시
$$h = v_0 t_m - \frac{1}{2} g t_m^2$$

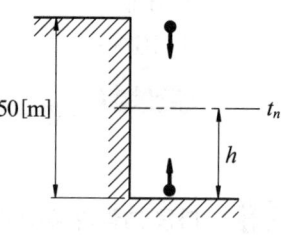

위의 두 식을 연립하여 풀면 $t_m = \frac{350}{v_0} = \frac{350}{45} = 7.78$초

$\therefore h = 350 - \frac{1}{2} g t_m^2 = 350 - \frac{1}{2} \times 9.81 \times 7.78^2 = 53.1$[m]

13 지름 2.0[m]의 바퀴가 3분간 450회전할 때 이 바퀴의 각속도 및 원주속도는 얼마이겠는가?

① ω=12.7[rad/sec], v=16.0[m/sec]
② ω=13.7[rad/sec], v=15.7[m/sec]
③ ω=14.7[rad/sec], v=16.0[m/sec]
④ ω=15.7[rad/sec], v=15.7[m/sec]

Solution 회전수 : $N = \frac{450}{3} = 150$[rpm]

각속도 : $\omega = \frac{2\pi N}{60} = \frac{2\pi \times 150}{60} = 15.7$[rad/sec]

원주속도 : $v = r\omega = 1.0 \times 15.7 = 15.7$[m/sec]

14 주동절(driver) A가 종동절(follower) B보다 3배 빠르게 회전 할 때 $\overline{O_a P}$ 의 길이가 3[cm]라고 하면 $\overline{O_b P}$ 의 길이는 다음 중 어느 것인가?

① 3[cm]
② 6[cm]
③ 9[cm]
④ 12[cm]

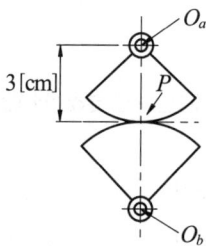

Solution 각각의 순간중심 점은 O_a와 O_b가 되고 주동절과 종동절의 접촉지점 P에서 선속도는 동일하다. 그리고 각속도의 관계는 $\omega_A = 3\omega_B$ 이다.

$v = \overline{O_a P} \, \omega_A = \overline{O_b P} \, \omega_B$; $\overline{O_a P}(3\omega_B) = \overline{O_b P} \, \omega_B$

$3 \times 3\omega_B = \overline{O_b P} \, \omega_B$, $\overline{O_b P} = 9$[cm]

Answer 13 ④ 14 ③

15 3개의 링크에서 두 개의 순간중심을 알고 세 번째 순간중심을 구해야 하는 경우에 이용할 수 있는 것은 다음 중 어느 것인가?

① 뉴톤의 운동법칙 ② 케네디 이론
③ 달랑베르의 원리 ④ 그라스호프의 법칙

16 움직이는 물체의 순간중심은 매 순간 변화하게 되고 이 변화된 순간중심의 경로를 무엇이라 하는가?

① 센트 로드 ② 운동중심 궤적
③ 회전중심 궤적 ④ 포지션 로드

> **Solution**
> • 순간중심의 궤적(centrode) ; 움직이는 물체의 순간중심은 매 순간 변화하게 되고 이 변화된 순간중심의 경로를 연결하여 만든 곡선을 순간중심의 궤적이라 한다.

17 순간중심에 대한 설명으로 틀린 것은?

① 두 개의 물체가 미끄럼 운동하는 경우, 두 물체의 순간중심은 접점을 통과하는 접선상에 있다.
② 두 물체가 핀 조인트로 결합되어 있는 경우는 바로 그 조인트가 순간중심이 된다.
③ 구름 접촉의 경우는 접촉점이 순간중심이다.
④ 직선상을 따라 미끄럼 접촉인 경우 접촉면에 수직인 지점에 순간중심이 있다.

18 어느 연쇄기구의 링크가 5개 일 때의 순간중심은 몇 개인가?

① 5 ② 10
③ 15 ④ 20

Answer 15 ② 16 ① 17 ① 18 ②

chapter 3 구름접촉과 마찰전동기구

1 구름접촉(rolling contact)

구름접촉(rolling contact)이란 고정축을 갖는 주동절과 종동절이 직접 접촉하여 미끄럼이 없는 상태에서 운동이 전달 될 경우를 의미하고, 만약 접촉면에서 미끄럼이 발생되었을 경우는 미끄럼 접촉(sliding contact)이라 한다. 구름 접촉은 동력을 전달하기 위해 필요한 운동을 수행하는 부재(예를 들면 기어 등)와 볼 또는 롤러 베어링에 이용되고 미끄럼 접촉은 캠 장치 등에 이용된다.

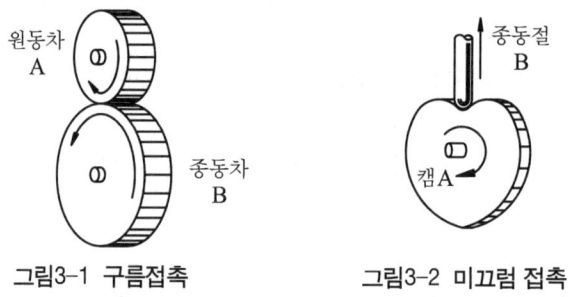

그림3-1 구름접촉   그림3-2 미끄럼 접촉

1. 구름운동의 조건 ★★

직접 접촉을 하는 주동절과 종동절을 갖는 기구는 접촉지점이 중심선상에 위치해야 하며, 이 지점에서 선속도는 동일하여야 한다.

2 마찰차

주동절과 종동절에 해당하는 2개의 바퀴를 직접 접촉시켜 밀어붙이는 전달 하중에 의하여 발생되는 마찰력을 이용한 동력 전달용 기구이다. 마찰차는 구름접촉에 의한 확실한 운동을 전달하기에는 부적당하진만, 일시에 무리한 힘이 걸리면 미끄럼을 일으켜 기계의 중요한 부분을 보호할 수 있다. 이와 같은 점에서 응용 범위는 다음과 같다.

① 높은 베어링 하중이 요구되기 때문에 큰 힘을 전달할 경우에는 부적당하다.

② 일정 속도비를 얻을 수 있으나 속도비가 중요하지 않을 때 적당하다.
③ 주동절과 종동절의 회전을 단속할 필요가 있을 때 적당하다.

1. 마찰차의 종류

(1) 원통 마찰차

두 축이 평행하게 있는 경우에 사용할 수 있으며 평 마찰차와 홈붙이 마찰차가 있다.

① 평 마찰 전동 : 외접 마찰차와 내접 마찰차가 있다.

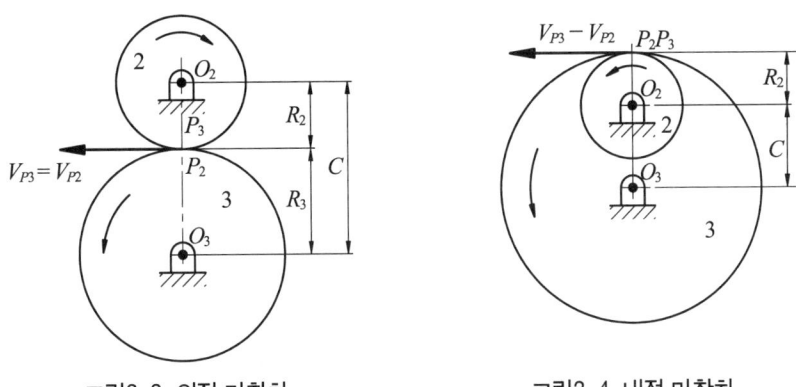

그림3-3 외접 마찰차   그림3-4 내접 마찰차

주동차의 지름 D_2[mm]와 회전수 N_2[rpm], 종동차의 지름 D_3[mm]와 회전수 N_3[rpm], 원주속도 V_p[m/sec], 속도비 i, 중심거리 C[mm], 마찰계수 μ, 밀어붙이는 힘 W[kgf], 회전력 F[kgf], 전달동력을 H[kgf m/sec, PS, kW]라 하면 다음과 같이 정리 할 수 있다.

㉠ 원주속도(v_p) : 선속도와 각속도의 관계로부터

$$V_p = R_2 \omega_2 = R_3 \omega_3 \qquad [3\text{-}1]$$

그러므로

$$V_p = \frac{\pi \times D_2 \times N_2}{60 \times 1000} = \frac{\pi \times D_3 \times N_3}{60 \times 1000} \text{ [m/sec]} \;\text{★★★} \qquad [3\text{-}2]$$

㉡ 속도비(i) : 각속도비(회전수)와 접촉 반경비는 반비례 관계에 있다.

$$i = \frac{\omega_2}{\omega_3} = \frac{R_3}{R_2}$$

다시 정리하면

$$i = \frac{\omega_2}{\omega_3} = \frac{N_2}{N_3} = \frac{D_3}{D_2} \;\text{★★★} \qquad [3\text{-}3]$$

㉢ 중심거리(축간거리 : C)

$$C = R_3 \pm R_2 = \frac{D_3 \pm D_2}{2} \;\text{★★★} \qquad [3\text{-}4]$$

위의 식에서 (+)는 외접 마찰차 그림3-3과 같이 마찰차가 서로 반대 방향으로 회전할 때이고 (-)는 내접 마찰차 그림3-4와 같이 마찰차가 서로은 방향으로 회전할 때에 적용한다.

ⓛ 폭(나비 : b) 계산 : 접촉 나비를 b[mm], 접촉면의 허용압력을 p_m[kgf/mm]이라하면 밀어 붙이는 힘 W는

$$W \leq p_m b \tag{3-5}$$

그러므로

$$b = \frac{W}{p_m} \text{[mm]} \tag{3-6}$$

ⓜ 전달동력(H)

$$H = Fv_p = \mu W V_p \text{[kgf m/sec]} \, \star\star\star \tag{3-7}$$

$$H_p = \frac{\mu W V_p}{75} \text{[PS]} \tag{3-8}$$

$$H_{kw} = \frac{\mu W V_p}{102} \text{[kW]} \tag{3-9}$$

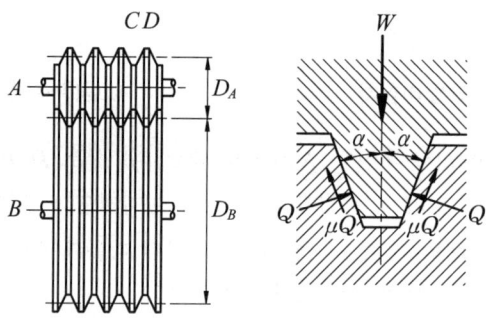

그림3-5 홈붙이 마찰차

② 홈붙이 마찰 전동 : 평 마찰차의 면에 V자 모양의 홈을 5~10개를 파서 평마찰차보다 큰 동력을 전달할 수 있다.

㉠ 상당마찰계수(μ') : 홈각을 2α, 밀어붙이는 힘을 W[kgf], 경사면에 수직한 힘 Q[kgf], 접촉면의 마찰계수 μ, 경사면에서 발생하는 마찰력 μQ[kgf], 회전력을 F[kgf]라 하면

$$W = Q\sin\alpha + \mu Q\cos\alpha \tag{3-10}$$

$$F = \mu' W = \mu Q \tag{3-11}$$

$$\mu' = \frac{\mu Q}{W} = \frac{\mu}{\sin\alpha + \mu\cos\alpha} \tag{3-12}$$

㉡ 홈의 깊이(h)와 홈의 수(z) : 마찰차가 접촉하는 전체 길이를 L[mm], 허용 접촉 압력을 p_m[kgf/mm]이라 하면

$$L = \frac{2h}{\cos\alpha} \times z \fallingdotseq 2hz \tag{3-13}$$

$$p_m = \frac{Q}{L} = \frac{Q}{2hz} \qquad [3\text{-}14]$$

$$z = \frac{Q}{2hp_m} \qquad [3\text{-}15]$$

(2) 원뿔 마찰차(원추 마찰차; 구름 원추차)

두 축의 연장선이 한 점에서 교차하면서 동력을 전달하는 마찰차로 외접 원추차와 내접 원추차가 있다.

- **에반스 마찰차** : 두 개의 같은 원뿔을 반대 방향으로 축을 평행하게 놓고 가죽이나 강철 링을 끼워서 이를 좌우로 이동시키면서 변속하는 마찰차이다.★★★
- **마이터 휠(mirtre wheel)** : 원추 마찰차에서 꼭지각이 같고 축각이 90°이며, 속도비가 1인 경우의 한 쌍의 원추 마찰차이다.★★

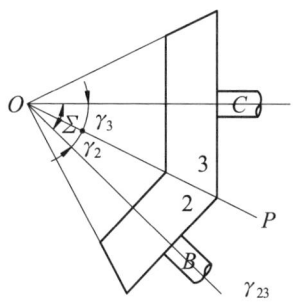

그림3-6 원추 마찰차

① 원추 마찰 전동 : 축각 Σ, 원추각 γ_2, γ_3, 속도비 i, 주동절의 지름 D_2, 회전수 N_2, 종동절의 지름 D_3, 회전수 N_3, 접촉면에 수직인 힘 W, 마찰계수 μ, 회전력 F, 축 방향하중을 Q라고 하면 다음과 같이 정리된다.

㉠ 속도비(i)와 축각(Σ)

$$i = \frac{\omega_2}{\omega_3} = \frac{N_2}{N_3} = \frac{D_3}{D_2} = \frac{\sin\gamma_3}{\sin\gamma_2} \text{★★★} \qquad [3\text{-}16]$$

$$\Sigma = \gamma_2 + \gamma_3 \qquad [3\text{-}17]$$

$$i = \frac{\sin\gamma_3}{\sin(\Sigma - \gamma_3)} \qquad [3\text{-}18]$$

로부터 원추각을 유도하면

$$\tan\gamma_3 = \frac{\sin\Sigma}{\left|\frac{1}{i} \pm \cos\Sigma\right|} \quad, \quad \tan\gamma_2 = \frac{\sin\Sigma}{|i \pm \cos\Sigma|} \text{★★} \qquad [3\text{-}19]$$

(+) : 외접 원추차 - 두 축이 서로 반대 방향으로 회전
(−) : 내접 원추차 - 두 축이 동일 방향으로 회전

㉡ 폭(나비; b) 계산 : 허용 접촉 압력을 p_m[kgf/mm]라 하면

$$W \leq b\, p_m \tag{3-20}$$

$$W = \frac{Q_B}{\sin \gamma_2} = \frac{Q_C}{\sin \gamma_3} \tag{3-21}$$

$$b \simeq \frac{W}{p_m} = \frac{Q_B}{p_m \sin \gamma_2} = \frac{Q_C}{p_m \sin \gamma_3} \tag{3-22}$$

ⓒ 전달동력(H)

$$H = FV_p = \mu W V_p [\text{kg}_f\ \text{m/sec}] \quad \bigstar\bigstar\bigstar \tag{3-23}$$

$$H_p = \frac{\mu W V_p}{75} = \frac{\mu Q_B V_p}{75 \sin \gamma_2} = \frac{\mu Q_C V_p}{75 \sin \gamma_3}\ [\text{PS}] \tag{3-24}$$

$$H_{kw} = \frac{\mu W V_p}{102} = \frac{\mu Q_B V_p}{102 \sin \gamma_2} = \frac{\mu Q_C V_p}{102 \sin \gamma_3}\ [\text{kW}] \tag{3-25}$$

(3) 무단 변속 기구

① **원판 마찰차** : 직교하는 두 축 사이로 롤러와 원판이 접촉하여 동력을 전달하는 마찰차이다.
② **구면 마찰차** : 직선 또는 직각으로 만나는 두 축에 플렌지나 롤러를 고정하고 그 사이에 구면 형상의 중간차를 넣어 동력을 전달하는 마찰차이다.

chapter 3 — 실전연습문제

01 평행한 두 축 사이에 외접 마찰차로 회전을 전하여 회전수가 1:4이고, 종동차의 지름이 200[mm]이다. 원동차의 지름으로 다음 중 맞는 것은?

① 50[mm] ② 60[mm]
③ 70[mm] ④ 80[mm]

Solution $i = \dfrac{1}{4}$, $D_A = iD_B = \dfrac{200}{4} = 50$ [mm]

02 다음은 마찰차의 응용 범위를 설명한 것이다. 설명이 잘못된 것은 어느 것인가?

① 정확하지 않은 회전이라도 괜찮은 경우
② 전동이 조용할 경우
③ 정확한 속도비가 요구될 경우
④ 회전을 단속할 필요가 있을 경우

Solution • 마찰차의 응용 범위
① 높은 베어링 하중이 요구되기 때문에 큰 힘을 전달할 경우 부적당
② 일정 속도비를 얻을 수 있으나 속도비가 중요하지 않을 때
③ 주동절과 종동절의 회전을 단속할 필요가 있을 때

03 다음 중 원통 마찰차의 속도비에 관한 설명으로 맞지 않는 것은 어느 것인가?

① 지름에 비례한다.
② 반지름에 반비례한다.
③ 회전수에 비례한다.
④ 회전수와 지름의 곱에 비례한다.

Solution 속도비는 각속도비(회전수)에 비례하고 접촉 반지름비에 반비례 한다.

04 다음은 원추 마찰차의 속도비에 관한 설명이다. 맞는 것은 어느 것인가?

① 속도비는 원추각의 tan에 비례한다.
② 속도비는 원추각의 cos에 비례한다.
③ 속도비는 원추각의 sin에 비례한다.
④ 속도비는 원추각의 cot에 비례한다.

Solution $i = \dfrac{\sin \gamma_1}{\sin \gamma_2}$; sin 에 비례

Answer 01 ① 02 ③ 03 ① 04 ③

05 평 마찰차와 홈붙이 마찰차가 같은 힘으로 밀어붙일 때 회전력의 관계로 다음 중 맞는 것은 어느 것인가? (단, $\alpha = 20°$, $\mu = 0.15$이다.)

① 평 마찰차가 더 크다.
② 홈붙이 마찰차가 1.6배 더 크다.
③ 평 마찰차가 1.6배 더 크다.
④ 홈붙이 마찰차가 더 크다.

Solution 평 마찰차 : $F = \mu W$, 홈붙이 마찰차 : $F = \mu' W$
평 마찰차와 홈붙이 마찰차의 비는 마찰계수와 상당마찰계수의 비로 결정

$$\mu : \frac{\mu}{\sin\alpha + \mu\cos\alpha} \quad , \quad 1 : \frac{1}{\sin 20° + 0.15\cos 20°}$$

결과적으로 $1 : 2.1$ 의 관계에 있다.

06 그림과 같은 외접 원추 마찰차에서 속도비 i 의 관계식이 올바르게 표현된 것은 어느 것인가?

① $i = \dfrac{N_2}{N_1} = \dfrac{\sin\gamma_1}{\sin\gamma_2}$

② $i = \dfrac{N_2}{N_1} = \dfrac{\cos\gamma_2}{\cos\gamma_1}$

③ $i = \dfrac{N_1}{N_2} = \dfrac{\sin\gamma_1}{\sin\gamma_2}$

④ $i = \dfrac{N_1}{N_2} = \dfrac{\cos\gamma_1}{\cos\gamma_2}$

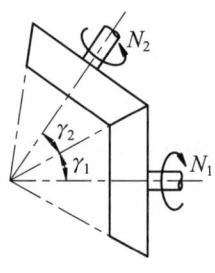

Solution 속도비는 회전수에 비례하고 원추각 sin 에 반비례한다.

07 원추 마찰차에서 B의 원추각이 γ_2이고 속도비가 $i = \dfrac{N_B}{N_A}$ 일 때 $\tan\gamma_2$를 결정하는 식으로 다음 중 맞는 것은 어느 것인가? (단, 두 축의 축각은 Σ 이다.)

① $\dfrac{\sin\Sigma}{i + \cos\Sigma}$

② $\dfrac{\cos\Sigma}{i + \sin\Sigma}$

③ $\dfrac{\sin\Sigma}{\dfrac{1}{i} + \cos\Sigma}$

④ $\dfrac{\cos\Sigma}{\dfrac{1}{i} + \sin\Sigma}$

Answer 05 ④ 06 ① 07 ③

08 직각 원추 마찰차에서 A, B 차의 원추각은 γ_1, γ_2 각속도를 ω_A, ω_B 라 하면 다음 식 중 맞는 것은 어느 것인가?

① $\tan \gamma_1 = \dfrac{\omega_B}{\omega_A}$ ② $\tan \gamma_2 = \dfrac{\omega_B}{\omega_A}$

③ $\cos \gamma_2 = \dfrac{\omega_B}{\omega_A}$ ④ $\sin \gamma_2 = \dfrac{\omega_B}{\omega_A}$

Solution
$\tan \gamma_1 = \dfrac{\sin \Sigma}{\dfrac{1}{i} + \cos \Sigma}$, $\Sigma = 90°$ 이므로 $\tan \gamma_1 = i = \dfrac{\omega_B}{\omega_A}$

09 중심거리 $C = 350$[mm], $N_A = 220$[rpm], $N_B = 125$[rpm]인 마찰차의 직경 D_A, D_B 로 다음 중 맞는 것은?

① $D_A = 147$[mm], $D_B = 446$[mm]
② $D_A = 147$[mm], $D_B = 223$[mm]
③ $D_A = 253$[mm], $D_B = 446$[mm]
④ $D_A = 506$[mm], $D_B = 223$[mm]

Solution
$C = \dfrac{1}{2}(i+1)D_B$; $350 = \dfrac{1}{2}(\dfrac{125}{220}+1)D_B$, $D_B = 446$[mm]

$D_A = iD_B = \dfrac{125}{220} \times 446 = 253$[mm]

10 속도비 2.5인 두 축이 직교하는 외접 원추 마찰차에서 각각의 원추각은 몇 도인가?

① $\gamma_1 = 21.8°$, $\gamma_2 = 68.2°$ ② $\gamma_1 = 68.2°$, $\gamma_2 = 21.8°$
③ $\gamma_1 = 34.1°$, $\gamma_2 = 21.8°$ ④ $\gamma_1 = 34.1°$, $\gamma_2 = 10.9°$

Solution
$\gamma_1 = \tan^{-1}[i] = \tan^{-1}[2.5] = 68.2°$, $\gamma_2 = 21.8°$

11 $N_1 = 350$[rpm], $N_2 = 230$[rpm]인 한 쌍의 외접 원추 마찰차에서 축각이 $75°$ 일 때 양차의 꼭지각은 다음 중 어느 것인가?

① $\gamma_1 = 7.11°$, $\gamma_2 = 67.9°$ ② $\gamma_1 = 7.1°$, $\gamma_2 = 34.4°$
③ $\gamma_1 = 34.4°$, $\gamma_2 = 7.1°$ ④ $\gamma_1 = 28.57°$, $\gamma_2 = 46.43°$

Solution
속도비 $i = \dfrac{N_2}{N_1} = \dfrac{230}{350} = 0.66$

원추각 $\gamma_1 = \tan^{-1}\left[\dfrac{\sin \Sigma}{\dfrac{1}{i} + \cos \Sigma}\right] = \tan^{-1}\left[\dfrac{\sin 75°}{\dfrac{1}{0.66} + \cos 75°}\right] = 28.57°$

$\gamma_2 = 46.43°$

Answer 08 ① 09 ③ 10 ② 11 ④

12 중심거리가 300[mm], 속도비가 2인 원추 마찰차에서 각각의 직경으로 다음 중 맞는 것은?

① $D_A=400[\text{mm}]$, $D_B=200[\text{mm}]$ ② $D_A=200[\text{mm}]$, $D_B=400[\text{mm}]$
③ $D_A=400[\text{mm}]$, $D_B=150[\text{mm}]$ ④ $D_A=150[\text{mm}]$, $D_B=250[\text{mm}]$

Solution
$D_A=iD_B$, $C=\frac{1}{2}(i+1)D_B=\frac{1}{2}(2+1)D_B=\frac{3}{2}D_B$
$D_B=\frac{300\times 2}{3}=200[\text{mm}]$, $D_A=400[\text{mm}]$

13 두 축이 평행한 원통 마찰차의 중심거리 50[cm], A 차의 회전수 100[rpm], B 차의 회전수 210[rpm]일 때 A, B 차의 반경은 다음 중 어느 것인가?

① $R_A=16.13[\text{cm}]$, $R_B=33.873[\text{cm}]$
② $R_A=62.453[\text{cm}]$, $R_B=28.92[\text{cm}]$
③ $R_A=33.873[\text{cm}]$, $R_B=16.13[\text{cm}]$
④ $R_A=28.92[\text{cm}]$, $R_B=62.453[\text{cm}]$

Solution
$i=\frac{N_B}{N_A}=\frac{R_A}{R_B}$, $R_A=\frac{N_B}{N_A}R_B=\frac{210}{100}R_B=2.1R_B$
$C=R_A+R_B=3.1R_B$, $R_B=\frac{50}{3.1}=16.13[\text{cm}]$, $R_A=33.873[\text{cm}]$

14 80[cm] 떨어져 있는 평행한 두 축 사이에 내접 원통 마찰차로 회전을 전하여 회전수를 1:2로 하려고 한다. 이 때 각 바퀴의 직경은 다음 중 어느 것인가?

① $D_A=320[\text{cm}]$, $D_B=160[\text{cm}]$ ② $D_A=360[\text{cm}]$, $D_B=180[\text{cm}]$
③ $D_A=180[\text{cm}]$, $D_B=320[\text{cm}]$ ④ $D_A=160[\text{cm}]$, $D_B=320[\text{cm}]$

Solution
$i=\frac{1}{2}=\frac{D_A}{D_B}$, $C=\frac{1}{2}(D_B-D_A)=\frac{1}{2}(2-1)D_A$
$D_A=2C=2\times 80=160[\text{cm}]$, $D_B=2D_A=2\times 160=320[\text{cm}]$

15 1분간 300회전하고 지름 50[cm]의 원통 마찰차를 450[kg]의 힘으로 누르면 몇 마력을 전할 수 있겠는가? (단, 마찰계수는 0.15이다.)

① $H_p=5.3[\text{PS}]$ ② $H_p=6.5[\text{PS}]$
③ $H_p=7.1[\text{PS}]$ ④ $H_p=8.2[\text{PS}]$

Solution
$H_p=\frac{\mu W V_p}{75}=\frac{0.15\times 450\times \pi\times 500\times 300}{75\times 60\times 1000}=7.1[\text{PS}]$

Answer 12 ① 13 ③ 14 ④ 15 ③

16 평행한 두 축 사이에 외접 원통 마찰차를 이용하여 회전을 전하려고 한다. 회전수는 1 : 2.5 이고, A차의 지름이 180[cm]라고 한다면 축간거리는 얼마이겠는가? (단, $N_A=1$, $N_B=2.5$ 이다.)

① 102[cm]   ② 152[cm]
③ 202[cm]   ④ 252[cm]

Solution $C = R_A + R_B = R_A + iR_A = 180 \times (1 + \dfrac{1}{2.5}) = 252$[cm]

17 직경 50[cm]의 원통 마찰차가 있다. 250[rpm]으로 회전하고 4[PS]의 동력을 전하려고 할 때 축압력은 얼마로 하여야 하는가? (단, 접촉면의 마찰계수는 0.25이다.)

① $W = 165.37$[kg]   ② $W = 174.92$[kg]
③ $W = 183.35$[kg]   ④ $W = 193.53$[kg]

Solution
$H_p = \dfrac{\mu W V_p}{75}$

$4 = \dfrac{0.25 \times W \times \pi \times 500 \times 250}{75 \times 60 \times 1000}$, $W = 183.35$[kg]

18 다음과 같은 기구장치 중 구름접촉을 하지 않는 것은 어느 것인가?

① 자동차 변속기   ② 플랜지 커플링
③ 차동기   ④ 디젤 엔진 시동용 감속기

19 다음 그림과 같은 기구장치 중 구름운동을 할 수 없을 것으로 판단되는 것은 어느 것인가?

① 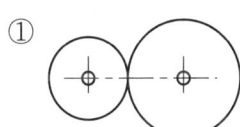   ②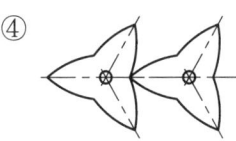
③ 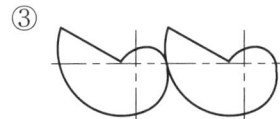   ④

Solution 구름운동 조건 : 접촉지점은 중심선상에 위치해야 하며, 이 지점에서 선속도는 같다.

Answer 16 ④ 17 ③ 18 ② 19 ②

20 두 축의 연장선이 한 점에서 만나는 마찰차는 다음 중 어느 것인가?
① 외접 원통 마찰차 ② 구면 마찰차
③ 원추 마찰차 ④ 원판 마찰차

21 엔진의 회전수가 1800[rpm]에서 변속기에 의해 2.5 : 1로 감속되었다가 최종 감속비는 5 : 1로 되었다. 타이어 직경이 60[cm]일 때 최종 자동차의 속도로 다음 중 맞는 것은?
① 4.52[m/sec] ② 5.65[m/sec]
③ 6.98[m/sec] ④ 7.48[m/sec]

Solution 감속된 최종 회전수를 결정하면
① 감속비가 2.5 : 1 일 때 ; $N = \frac{1800}{2.5} = 720$[rpm]
② 감속비가 5 : 1 일 때 : $N = \frac{720}{5} = 144$[rpm]
$V = \frac{\pi DN}{60 \times 100} = \frac{\pi \times 60 \times 144}{60 \times 100} = 4.52$[m/sec]

22 다음 설명은 홈붙이 마찰차에 관한 것이다. 거리가 먼 것은 어느 것인가?
① 원통 마찰차 보다 마찰 손실이 적다.
② 홈의 깊이는 동력 전달에 영향을 미치므로 깊게 할수록 좋다.
③ 밀어붙이는 힘이 작아도 큰 힘을 전달 할 수 있다.
④ 접촉면이 많아져 마찰계수가 크다.

23 다음 기구 중 구름 접촉으로 볼 수 없는 것은 어느 것인가?
① 기어전동 ② 롤러 베어링 기구
③ 볼 베어링 기구 ④ 캠 장치

24 축이 평행한 두 개의 원뿔을 서로 반대 방향으로 놓고 그 사이에 가죽 벨트를 끼워 놓고 좌우로 움직이며 변속하는 원추형 마찰차는 다음 중 어느 것인가?
① 크라운 마찰차 ② 크립 마찰차
③ 홈붙이 마찰차 ④ 에반스 마찰차

Answer 20 ③ 21 ① 22 ② 23 ④ 24 ④

25 원뿔의 꼭지각이 동일하고 축각이 90°인 원추 마찰차는 다음 중 어느 것인가?
① 구면차
② 원판차
③ 에반 스차
④ 마이터 휠

26 에반즈 마찰차란?
① 두 개의 원뿔 마찰차를 반대 방향으로 축을 평행하게 놓은 것이다.
② 두 개의 원뿔 마찰차를 동일 방향으로 축을 평행하게 놓은 것이다.
③ 두 개의 평마찰차를 반대 방향으로 축을 평행하게 놓은 것이다.
④ 두 개의 평마찰차를 동일 방향으로 축을 평행하게 놓은 것이다.

27 마찰차의 설명으로 바르지 못한 것은?
① 일정속도비를 얻을 수 있다.
② 큰 힘을 전달할 수 있다.
③ 주동절과 종동절의 회전을 단속할 필요가 있을 때 사용한다.
④ 정확한 속도비가 요구될 때 사용한다.

28 마찰차의 종류에 속하지 않는 것은?
① 원통 마찰차
② 원추 마찰차
③ 링크 마찰차
④ 홈붙이 마찰차

29 마찰차 전동시 원동차의 직경이 300[mm], 회전수가 300[rpm], 피동차의 직경이 400[mm]일 때 피동차의 회전수는?
① 100[rpm]
② 150[rpm]
③ 210[rpm]
④ 225[rpm]

Answer 25 ④ 26 ① 27 ④ 28 ③ 29 ④

chapter 4 기어 전동기구

 구름 접촉을 하는 물체들은 마찰력만으로 동력을 전달하기 때문에 하중이 증가하면 미끄럼이 발생한다. 이와 같이 발생된 미끄럼을 방지하고 동력을 확실히 전달시키기 위하여 접촉면에 이(齒)를 만든다. 이러한 기계 요소를 기어(齒車 ; gear)라 한다.

1 기어 전동기구의 특징★★★★★

(1) 동력전달 기계 요소 중 정확하게 큰 동력을 전달할 수 있다.
(2) 기어를 접촉시키는 힘은 작으나 전동 효율은 높다.
(3) 큰 감속을 얻을 수 있고 회전비도 정확하다.
(4) 충격 흡수가 곤란하여 소음과 진동을 수반한다.

2 기어 전동기구의 용어

 기어의 용어는 모든 형태의 기어에 공통적으로 사용할 수 있고, 기어들 중에서 형태가 가정 단순한 스퍼 기어(spur gear)를 기준으로 정의하면 다음과 같다.

(1) **피치원**(pitch circle) : 원통 마찰차로 가상할 때 마찰차가 접촉하고 있는 원에 상당하는 기어의 유효 지름으로 모든 계산의 기초가 된다.
(2) **피치면**(pitch surface) : 지름이 피치원과 동일한 원통이다.
(3) **원주 피치**(circular pitch) : 피치원 위에서 한 이와 이웃하는 이와의 원호 길이이다.
(4) **지름 피치**(diametral pitch) : 피치원 지름에 대한 기어 잇수의 비로 인치 단위를 사용한다.
(5) **이뿌리원**(이골원; dedendum circle) : 이의 뿌리 부분을 연결시켜 만든 원이다.
(6) **이끝원**(addendum circle) : 이의 끝을 연결하여 만든 원이다.
(7) **기초원**(base circle) : 이 모양이 시작되는 곡선부를 연결하여 만든 원이다.
(8) **이끝높이**(aedendum) : 피치원에서 이끝까지의 거리이다.
(9) **이뿌리높이**(dedendum) : 피치원에서 이뿌리까지의 거리이다.
(10) **총이높이**(height of tooth) : 이끝높이와 이뿌리높이의 합이다.

(11) **이두께**(tooth thickness) : 피치원에서 측정한 이의 두께이다.
(12) **이폭**(width of tooth space) : 피치원을 따라서 측정한 이 사이의 홈 폭이다.
(13) **이 틈새**(tooth clearance) : 한 기어의 이끝원에서부터 맞물리고 있는 기어의 이뿌리원까지의 거리이다.
(14) **유효 이높이**(working depth) : 서로 맞 물고 있는 한 쌍의 기어에서 두 기어의 어덴덤의 합이다.
(15) **기어와 피니언**(gear and Pinion) : 맞물린 기어 중 작은 것이 피니언이고 큰 것이 기어에 해당된다.
(16) **백래시**(backlash) : 한 기어의 이 폭에서 상대 기어의 이 두께를 뺀 틈새를 피치원 상에서 측정한 값이다.
(17) **압력각**(pressure angle) : 한 쌍의 이가 맞물고 돌아갈 때 접점이 이동한 궤적을 작용선이라 하고 이 작용선과 피치원의 공통 접선이 이루는 각이다. 압력각(α)는 14.5°와 20°를 사용한다.
(18) **법선 피치**(normal pitch) : 기어 잇수에 대한 기초원의 원주 길이이다.

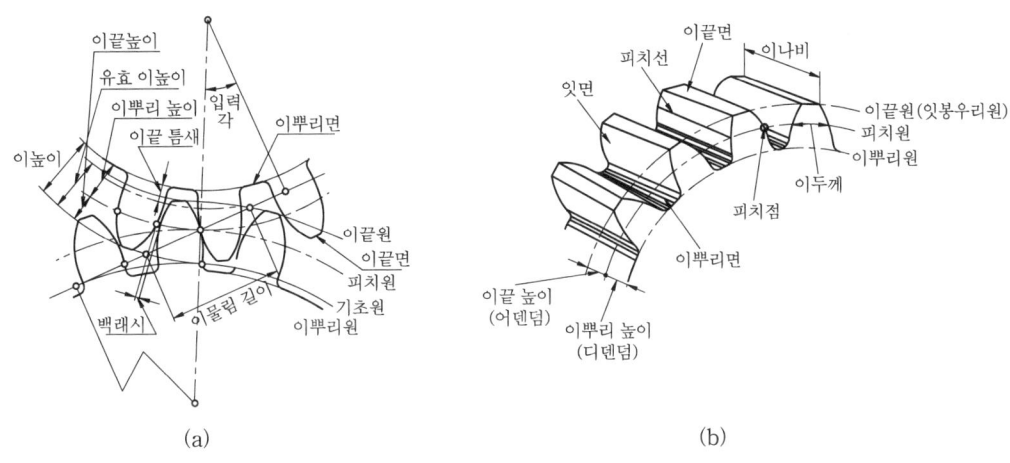

그림4-1 기어 전동장치의 용어

3 이의 크기와 속도비

1. 이의 크기 ★★★

원주 피치(p), 모듈(m), 지름 피치(DP) 등이 이의 크기를 나타내는 기준이 된다.

(1) **모듈**(m) : 기어의 잇수에 대한 피치원 지름으로 정의한다. 피치원 직경을 D[mm], 기어의 잇수를 Z[mm], 모듈을 m[mm]이라 하면

$$m = \frac{D}{Z} \quad\quad [4\text{-}1]$$

(2) **원주 피치**(p) : 기어 잇수에 대한 피치원의 원주 길이로 정의한다.

$$p = \pi \frac{D}{Z} = \pi m \qquad [4\text{-}2]$$

① 기초원 지름 D_g와 피치원 지름 D의 관계 : $D_g = D\cos\alpha$ [4-3]

② 기초원 지름 D_g와 법선 피치 p_n의 관계 : $p_n = \pi \dfrac{D_g}{Z}$ [4-4]

③ 법선 피치(p_n)과 원주 피치(p)의 관계 : $p_n = p\cos\alpha$ [4-5]

④ 바깥지름과 모듈과의 관계 : $D_k = D + 2a = mZ + 2m = m(Z+2)$ [4-6]

⑤ 축간거리(C) : $C = \dfrac{D_1 + D_2}{2} = \dfrac{m}{2}(Z_1 + Z_2)$ [4-7]

(3) **지름 피치**(DP) : 피치원 지름에 대한 기어의 잇수로 정의되고 인치 단위로 나타낸다.

$$DP = \frac{Z}{D} = \frac{25.4}{m} \qquad [4\text{-}8]$$

2. 속도비(i)

구름 조건에 의하여 두 기어의 선속도는 동일하다는 것을 이용하면 다음과 같이 정의된다.

$$i = \frac{N_2}{N_1} = \frac{\omega_2}{\omega_1} = \frac{D_1}{D_2} = \frac{Z_1}{Z_2} \qquad [4\text{-}9]$$

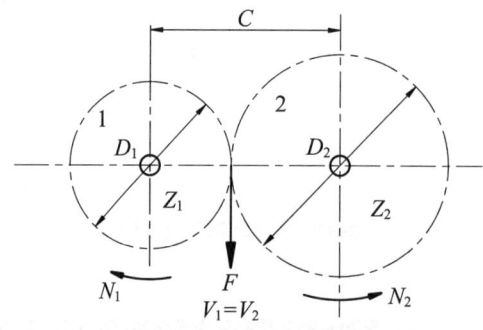

그림4-2 기어의 회전 속도비

4 치형곡선

1. 사이클로이드(cycloid) 곡선

구름 원주상의 한 점이 피치원 위를 구를 때 그리는 궤적을 사이클로이드 곡선이라 하고 특징은 다음과 같다.

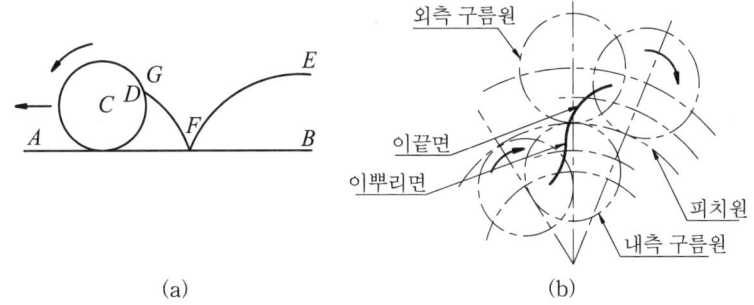

그림4-3 사이클로이드 치형

(1) 치형을 쉽게 가공할 수 없으며 호환성이 나쁘다.
(2) 피치원 상의 접촉 지점이 정확하게 맞지 않으면 물림상태는 좋지 않다.
(3) 이뿌리는 약한 편이지만 효율이 높다.
(4) 접촉면이 완전히 일치하면 미끄럼 발생이 적어 마멸이 적고 소음이 작다.
(5) 시계나 계기등과 같이 주로 소형 기어에 사용한다.

2. 인벌류트(involute) 곡선

원에 실을 감고 이 실의 끝을 팽팽하게 당기면서 풀어 나갈 때 실 끝의 한 점이 그리는 궤적을 인벌류트 곡선이라 하고 여기서 이용한 원에 상당하는 원을 기초원(base circle)이라 한다. 특징은 다음과 같다.

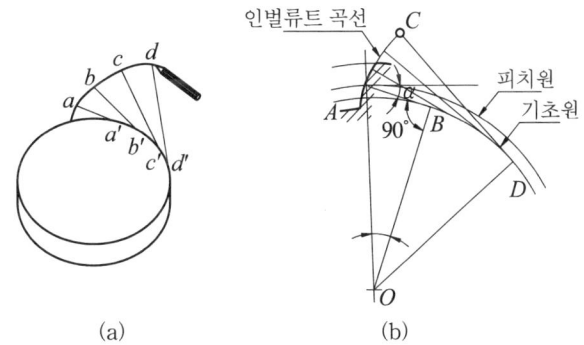

그림4-4 인벌류트 치형

(1) 치형 가공이 쉽고 호환성이 양호하다.
(2) 이뿌리 부분의 강도가 크다.
(3) 축간 거리가 다소 바뀌어 물고 돌아가더라도 속도비에 미치는 영향은 없다.
(4) 동력 전달용으로 공작기계와 같은 산업기계 전반에 널리 이용되고 있다.

5 인벌류트 표준 기어

이의 두께가 원주 피치의 절반인 호환성을 갖춘 기어로 계산시 기준 기어로써 모듈(m)의 크기가 이뿌리높이(dedendum) 크기와 같고 또한 이끝높이(addendum)의 크기와 같은 치형의 표준 스퍼 기어가 사용된다.

1. 랙과 피니언

인벌류트 랙은 무한 피치 지름을 갖는 기어이므로 인벌류트 치형은 직선이고 작용선에 수직이다.

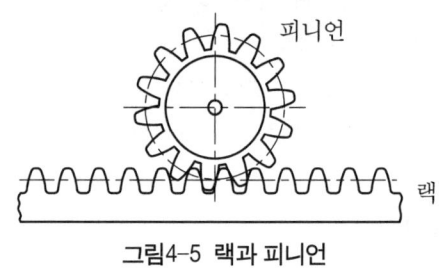

그림4-5 랙과 피니언

2. 물림률(contact ratio)

한 쌍의 기어가 맞물려 회전할 때 동시에 물릴 수 있는 이의 수로써 다음과 같이 정의된다.

$$물림률 = \frac{물림길이}{법선\ 피치} = \frac{접촉호의\ 길이}{원주피치의\ 길이}$$

(1) 접촉호의 길이

한 쌍의 이가 물렸다가 떨어질 때까지 접촉한 피치 원주상의 길이이다. 접촉호의 길이는 기어의 어덴덤을 크게 해서 증가시킬 수 있고 따라서 물림률도 증가한다.

(2) 특징

물림률은 압력각이 작을수록 좋고 물림률이 크면 클수록 기어는 더 원활하게 움직인다.

3. 이의 간섭과 언더 컷

(1) 이의 간섭(interference of tooth)

인벌류트 기어에서 한 쪽 기어의 이끝이 상대 기어의 이뿌리에 닿아서 회전하지 못하는 현상으로 발생 원인과 방지법은 다음과 같다.

① 발생 원인
  ㉠ 잇수비가 아주 클 때

   ⓒ 잇수가 작을 때
   ⓓ 유효 이 높이가 클 때
   ⓔ 압력각이 작을 때
 ② 방지법
   ㉠ 유효 이 높이를 줄인다.
   ㉡ 압력각을 20° 이상으로 크게 한다.
   ㉢ 피니언의 반지름 방향쪽의 이뿌리면을 파낸다.
   ㉣ 기어의 이끝면을 둥글게 깎아 낸다.

(2) 이의 언더 컷(under cut of tooth)

 랙 공구나 호브로 잇수가 적은 기어를 절삭하여 만들 경우에는 이의 간섭이 일어나기 쉽고, 이로 인하여 기어의 이뿌리 부분이 패여 가늘게 되는 현상이다. 물림률이 저하되는 결점이 있으나 낮은 이를 사용하거나 또는 전위 기어를 사용하여 언더 컷을 막을 수 있다.

 ① 한계잇수(Z_g) : $Z_g = \dfrac{2}{\sin^2 \alpha}$ [4-10]

표4-1 언더 컷의 한계잇수

압력각	한계잇수(Z_g)	
	이론치수	실용치수
14.5°	32	26
20°	17	14

(3) 전위 기어(shift gear)

 기준 랙형 공구의 기준 피치선과 피치원이 직접 접하지 않도록 하여 기준 피치 모듈의 X배만큼 자리를 옮겨 구름 접촉한 상태로 절삭한 기어이다.
- 정전위 : 기준 피치원에서 바깥쪽으로 전위시킨 경우
- 부전위 : 기준 피치원에서 안 쪽으로 전위시킨 경우

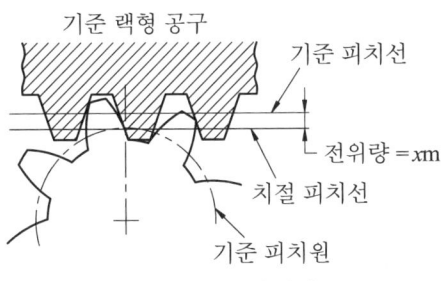

그림4-6 전위 기어

 ① 전위 기어의 용도
   ㉠ 언더 컷의 방지용
   ㉡ 중심거리를 이동시키려 할 때
   ㉢ 이의 강도를 바꿔주고자 할 때

② 전위계수 : $x \geq 1 - \dfrac{Z}{2}\sin^2\alpha$ [4-11]

(4) 전위 기어의 이끝원 지름

$$D_k = mZ + 2xm + 2m \qquad [4\text{-}12]$$

6 기어 전동기구의 종류와 설계

1. 두 축이 평행할 때 사용하는 기어★★★

(1) 스퍼 기어(평치차, spur gear)

한 쌍의 구름 원동면에 축과 평행한 직선의 이를 깎아 만든 기어로써 두 기어의 접촉시 충격으로 인하여 소음과 진동이 수반되는 특징이 있다.

① 강도 설계

㉠ 루이스(Lewis)의 굽힘강도식 : 굽힘강도 또는 회전력을 F[kg$_f$], 굽힘응력을 σ_b[kg$_f$/mm^2], 이 폭을 b[mm], 치형계수 또는 강도계수를 y, 속도계수를 f_v라 하면

$$F = f_v \, \sigma_b \, bmy \qquad [4\text{-}13]$$

여기서 속도계수 f_v는 다음과 같이 계산한다.

㉮ 원주속도 V=10[m/sec] 이하일 때 : $f_v = \dfrac{3.05}{3.05 + V}$ [4-14]

㉯ 원주속도 =10[m/sec] 이상일 때 : $f_v = \dfrac{6.01}{6.01 + V}$ [4-15]

㉡ 전달 동력(H) : 동력의 단위로는 [kg$_f$ m/sec], [PS] 그리고 [kW]를 사용함으로 다음과 같이 정리할 수 있다.

$H = FV$ [kg$_f$ m/sec] ★★★ [4-16]

$H_p = \dfrac{FV}{75}$ [PS] [4-17]

$H_{kw} = \dfrac{FV}{102}$ [kW] [4-18]

(2) 헬리컬 기어(helical gear)★★

기어의 이를 축선과 경사지도록 만들어 물리기 시작할 때 점 접촉이었다가 접촉 폭이 점점 증가하다가 감소되어 점 접촉을 하게 됨으로 다음과 같은 특징을 갖는다.

- 이의 물림이 원활하고 탄성 변형이 적어 진동이나 소음이 적다.
- 축 방향으로 밀리는 힘(추력, 트러스트 하중)이 생기게 되어 힘의 손실이 발생함으로 스러스트(thrust) 베어링을 사용한다.
- 발생된 추력을 서로 상쇄시킬 수 있는 더블 헬리컬 기어가 있다.

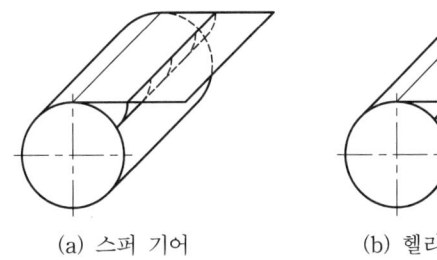

(a) 스퍼 기어　　　　(b) 헬리컬 기어

그림4-7 스퍼 기어와 헬리컬 기어의 비교

① **치형방식** : 헬리컬 기어는 이(齒)가 축에 경사져 있고 이 경사각을 비틀림각(helical angle)이라 한다.
　㉠ 축직각방식 : 축에 대하여 직각인 단면의 치형으로 나타내는 방법이다.
　㉡ 치직각방식 : 잇빨에 대하여 직각인 단면의 치형으로 나타내는 방법이다.
② **축직각과 치직각의 관계에 의한 이의 크기**
　㉠ 축직각 모듈(m_s) : 치직각 모듈을 m_n, 비틀림각을 β라 하면

$$m_s = \frac{m_n}{\cos\beta} \;\star\star \tag{4-19}$$

　㉡ 축직각 피치(p_s) : 치직각 피치를 p_n이라 하면

$$p_s = \frac{p_n}{\cos\beta} \;\star\star \tag{4-20}$$

　㉢ 피치원 지름(D_s) : 치직각 단면에서 피치원은 진원이 되지 못하므로 피 치점에서 반지름을 피치원의 반지름으로 하는 가상의 스퍼 기어를 상당 스퍼 기어라 하고 계산시 기준 기어로 삼는다.

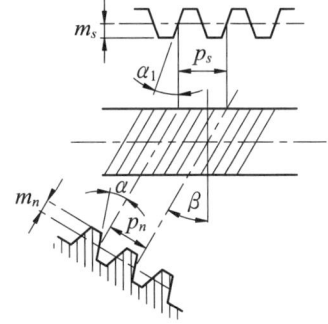

그림4-8 치형 방식

$$D_s = m_s Z = \frac{m_n Z}{\cos\beta} \;\star\star \tag{4-21}$$

　㉣ 바깥지름(D_k)

$$D_k = D_s + 2a = \frac{m_n Z}{\cos\beta} + 2m_n = m_n \left(\frac{Z}{\cos\beta} + 2\right) \;\star\star \tag{4-22}$$

ⓜ 중심거리(C)

$$C = \frac{D_1 + D_2}{2} = \frac{m_n(Z_1 + Z_2)}{2\cos\beta} \;\star\star$$ [4-23]

　　ⓗ 상당 평치차 잇수(Z_e) : 상당 스퍼 기어의 잇수에 대한 실제 잇수의 관계를 나타내기 위한 것이다.

$$Z_e = \frac{Z}{\cos^3\beta} \;\star\star$$ [4-24]

③ 강도 계산

　　㉠ 회전력(F) : 스퍼 기어의 강도 계산과 동일 방법으로 다음과 같이 결정한다. 상당 평치차 잇수에 대한 치형계수를 y_e라 하면

$$F = f_v\, \sigma_b\, b m_n y_e$$ [4-25]

　　㉡ 헬리컬 기어에 걸리는 하중
- 치면에 직각인 하중 : $F_n = \dfrac{F}{\cos\beta}$ [4-26]
- 추력(스러스트 하중) : $F_t = F\tan\beta$ [4-27]

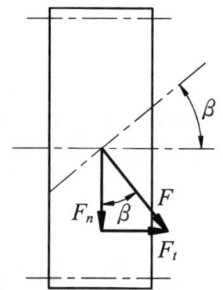

그림4-9 헬리컬 기어에 걸리는 하중

2. 두 축이 교차하는 경우에 사용하는 기어★★★

(1) 베벨 기어(bevel gear)

한 쌍의 원추 마찰면에 이를 절삭하여 만든 원뿔 기어이다. 두 뿔이 교차하는 각도는 임의적이지만 대부분은 직각인 경우가 많다.

① 베벨 기어의 종류★
　　㉠ 직선 베벨 기어(straight bevel gear) : 잇줄이 원뿔 꼭지각에 대하여 직선으로 이어진 기어이다.
　　㉡ 마이터 기어(miter gear) : 두 축의 교차각이 직각이고 피치 원추각이 45°인 기어이다.
　　㉢ 헬리컬 베벨 기어(helical bevel gear) : 잇줄이 헬리컬 곡선으로 된 기어이다.
　　㉣ 스파이럴 베벨 기어(spiral bevel gear) : 잇줄이 곡선으로 된 기어이다.

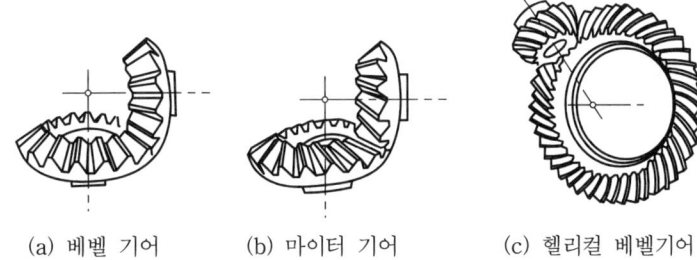

(a) 베벨 기어   (b) 마이터 기어   (c) 헬리컬 베벨기어

그림4-10 베벨 기어의 종류

② 베벨 기어의 속도비와 원추각

㉠ 속도비(i) : 원동차의 회전수 N_1, 각속도 ω_1, 피치원 직경 D_1, 잇수 Z_1, 원추각을 α라 하고, 종동차의 회전수 N_2, 각속도 ω_2, 피차원 직경 D_2, 잇수 Z_2, 원추각을 β라 한다.

$$i = \frac{\omega_2}{\omega_1} = \frac{N_2}{N_1} = \frac{D_1}{D_2} = \frac{Z_1}{Z_2} = \frac{\sin\alpha}{\sin\beta} \quad [4\text{-}28]$$

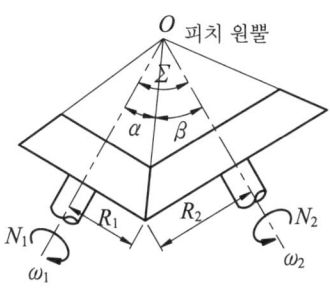

그림4-11 베벨 기어

㉡ 피치 원추각(α, β) : 축각을 Σ라 하면

$$\tan\alpha = \frac{\sin\Sigma}{\frac{1}{i}+\cos\Sigma} \quad , \quad \tan\beta = \frac{\sin\Sigma}{i+\cos\Sigma} \quad [4\text{-}29]$$

③ 베벨 기어의 원추길이와 바깥지름

㉠ 원추길이(L)

$$L = \frac{D_1}{2\sin\alpha} = \frac{D_2}{2\sin\beta} \quad [4\text{-}30]$$

㉡ 바깥지름(D_k)

- 상당 스퍼 기어 : 배원추 모선 길이를 피치원 반지름으로 하는 가상 스퍼 기어이다.
- 상당 스퍼 기어 잇수(Z_e) : 치형계수 y_e를 결정하는데 이용한다.

$$Z_{e1} = \frac{Z_1}{\cos\alpha}, \quad Z_{e2} = \frac{Z_2}{\cos\beta} \quad [4\text{-}31]$$

$$D_{k1} = mZ_1 + 2m\cos\alpha \quad [4\text{-}32]$$

$$D_{k2} = mZ_2 + 2m\cos\beta \quad [4\text{-}33]$$

④ 강도 계산 : 이폭 b, 원추길이 L, 베벨 기어 계수를 λ라 하면

$$\lambda = \frac{L-b}{L} \qquad [4\text{-}34]$$

3. 두 축이 평행하지도 교차하지도 않는 기어★★★

(1) 하이포이드 기어(hypoid gear)
두 축이 이루는 축각은 항상 90°이고 자동차의 뒷축 구동용으로 사용된다.

(2) 웜 기어(worm gear)
나사 기어와 비슷한 것으로 수나사 모양의 웜(worm) 기어와 웜 휠(worm wheel)로 구성되고 두 축은 직각을 이룬다.
① 특징★★★★★
　㉠ 큰 감속비를 얻을 수 있다.
　㉡ 회전이 정숙하여 소음과 진동이 적다.
　㉢ 역전을 방지한다.
② 웜 기어의 속도비와 효율
　㉠ 속도비(i) : 웜의 줄 수 Z_w, 회전수 N_w, 웜 휠의 잇수 Z_g, 회전수 N_g, 웜 리드 ℓ, 웜 휠의 피치원 지름을 D_g라 하면

$$i = \frac{Z_w}{Z_g} = \frac{N_g}{N_w} = \frac{\ell}{\pi D_g} \text{★★★★★} \qquad [4\text{-}35]$$

　㉡ 효율(η) : 리드 각 λ, 웜에 가해지는 토크 T, 축 방향의 피치 p, 축방향 하중 Q, 마찰각을 ρ라 하면

$$\eta = \frac{Qp}{2\pi T} = \frac{\tan\lambda}{\tan(\lambda + \rho)} \qquad [4\text{-}36]$$

여기서 $2\pi T$는 웜이 1회전하는 경우 가하여진 입력일이고 Qp는 웜 휠이 하게된 일이다.

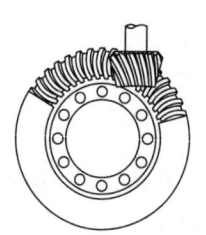 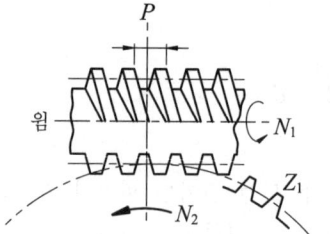 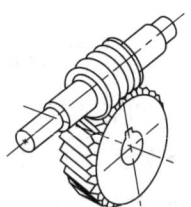

그림4-12 하이포이드 기어　　　　　그림4-13 웜 기어

7 기어열(gear train)

동력을 전달하려고 할 때, 축과 축간의 거리가 멀리 떨어져 있거나 또는 회전속도 비율이 크게 다른 경우에 여러개의 기어열을 조합하여 사용하는 기어열을 기어 트레인이라 한다.

1. 단식 기어열

그림9-13과 같이 원동 기어(A)와 종동 기어(C) 사이에 아이들러 기어(idler gear)를 사용할 수 있다. 이 아이들러 기어는 중간 기어를 의미하고, 이 기어는 회전방향에는 관계하지만 회전수에는 무관하다.

한 개의 축에 한 개의 기어가 있는 것을 단식 기어열이라 한다.

(1) 속도비

$$i = \frac{N_C}{N_A} = \frac{\omega_C}{\omega_A} = \frac{Z_A}{Z_C} \qquad [4\text{-}37]$$

2. 복식 기어열

그림4-14와 같이 B와 B′, 또는 C와 C′ 같이 한 쌍의 기어를 동일 축에 체결하고 있는 기어 장치를 복식 기어열이라 한다.

(1) 속도비

종동 기어의 잇수의 곱에 대한 구동 기어의 잇수의 곱으로 정리되고 식으로 표현하면 다음과 같다.

$$i = \frac{\omega_D}{\omega_A} = \frac{N_D}{N_A} = \frac{Z_A \, Z_B Z_C}{Z_D \, Z_{C'} Z_{B'}} \quad ★★★★ \qquad [4\text{-}38]$$

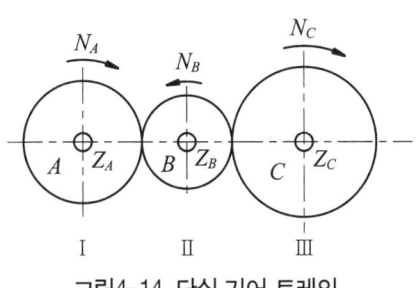

그림4-14 단식 기어 트레인

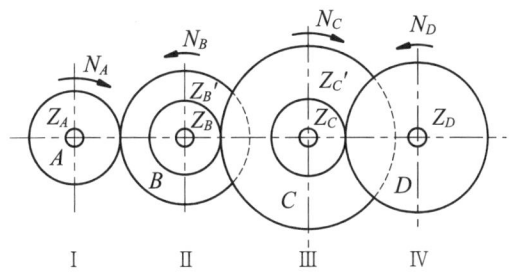

그림4-15 복식 기어 트레인

8 유성 기어 장치(planetary gear)

하나의 기어가 다른 기어의 주위를 회전하도록한 장치로, 그림4-16과 같이 기어 A와 B가 아암 H로 연결되어 각각 회전축 O_A와 O_B를 중심으로 회전하면서 동시에 기어 B가 기어 A주위를 공전하는 일종의 차동 기어 장치(differential gear)로 생각할 수 있다.

그림4-16과 같은 기어 장치에서 기어 A를 태양 기어(sun gear)라 하고 B기어를 유성 기어(planetary gear)라 한다. 이와 같은 기어 장치의 속도비를 계산 할 때 A기어와 B기어의 최종회전 결과는 암 H에 의해서 태양 기어 A는 자전 개념의 회전을, 유성 기어 B는 자전과 공전 개념의 회전을 하게 됨을 알 수 있다.

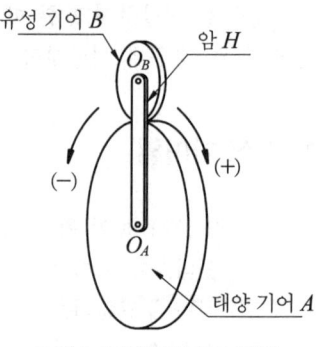

그림4-16 유성 기어 장치

계산 방법의 한 예로써 태양 기어 A를 고정하고 암 H를 유성 기어 B와 함께 축 O_A의 둘레를 회전시켰을 때 유성 기어 B의 회전수는 다음 표와 같은 방법으로 결정할 수 있다.

표4-2 유성 기어의 회전수 계산 방법

회전 상태 \ 기어 장치의 각 부재	태양 기어(A)	유성 기어(B)	암(H)
암 만 회 전	$+N_H$	$+N_H$	$+N_H$
암 만 고 정	$-N_H$	$-N_H \times (-1)\dfrac{Z_A}{Z_B}$	0
최 종 회 전	0	$(+N_H)+(-N_H)\times(-1)\times\dfrac{Z_A}{Z_B}$	$+N_H$

- 암만 회전 : 태양 기어(A)와 유성 기어(B)를 고정시킨 상태에서 암(H) 만을 회전시키는 경우이다. 이 경우에 암(H)이 회전하면 암의 회전 수 만큼 각각의 기어는 회전하게 되는데 이것은 마치 유성이 자전하고 있는 것과 같은 개념으로 생각할 수 있다.
- 암만 고정 : 기어 A와 B는 자유롭게 두고 암(H) 만 고정시킨 경우이다. 주어진 조건에서 태양 기어 A는 고정되어 있다고 하였으므로 $+N_H$의 회전을 하면 안 된다. 그러므로 자유로운 상태의 태양 기어 A는 $-N_H$ 회전을 해야만 한다. 결국 유성 기어 B는 A기어의 회전에 의해서 태양 기어 주위를 공전하게 된다.
- 최종회전 : 유성 기어 B의 최종회전수는 암의 회전에 의한 자전과 암 고정에 의한 공전의 합으로 결정한다.

chapter 4 실전연습문제

01 축각 90°, 잇수가 각각 23, 46인 베벨 기어의 상당 평기어 잇수는 다음 중 어느 것인가?

① 25.52, 102.84 ② 32.65, 98.9
③ 34.45, 106.09 ④ 40.09, 110.98

Solution

$$i = \frac{Z_1}{Z_2} = \frac{\sin\gamma_1}{\sin\gamma_2} = \frac{23}{46}$$

$$\tan\gamma_1 = \frac{\sin\Sigma}{\frac{1}{i} + \cos\Sigma} \quad ; \quad \tan\gamma_1 = \frac{\sin 90°}{\frac{46}{23} + \cos 90°}$$

$$\gamma_1 = 26.57°, \quad \gamma_2 = \Sigma - \gamma_1 = 90° - 26.57° = 63.43°$$

$$Z_{e1} = \frac{Z_1}{\cos\gamma_1} = \frac{23}{\cos 26.57°} = 25.52$$

$$Z_{e2} = \frac{Z_2}{\cos\gamma_2} = \frac{46}{\cos 63.43°} = 102.84$$

02 그림에서 A, B기어의 잇수를 각 140, 40 암 H를 +4회전 A를 +2회전시켰다. B기어의 회전수는?

① 11
② 12
③ 13
④ 14

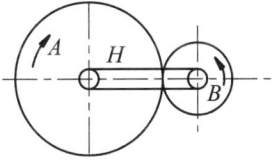

Solution 다음 표와 같이 계산할 수 있다.

	A 기어	B 기어	H 암
전체 고정	+4	+4	+4
암 고정	-2	A	0
합 계	+2	B	+4

$$A = [-N_A \times (-1) \times \frac{Z_A}{Z_B}] = -2 \times (-1) \times \frac{140}{40} = +7$$

$$B = 7 + 4 = +11$$

Answer 01 ① 02 ①

03 다음 중 기어의 두 축이 평행하지도 않고 교차하지도 않는 경우에 사용할 수 있는 것은?
① 스퍼 기어　　　　　　② 웜 나사 기어
③ 더블 헬리컬 기어　　　④ 스큐 베벨 기어

> **Solution** 스큐 베벨 기어 : 회전 쌍곡면의 일부를 피치면으로 하고, 평형이 아니면서 서로 교차되지 않는 그 축간에 회전을 전달하는 기어

04 다음은 지름 피치(diametral pitch) DP 에 대한 설명이다. 맞는 것은 어느 것인가?
① 지름 피치가 클수록 잇수가 적어지고 이는 작아진다.
② 지름 피치가 클수록 잇수는 많아지고 이는 작아진다.
③ 지름 피치가 클수록 잇수는 많아지고 이는 커진다.
④ 지름 피치가 커지는 것과 잇수 또는 이의 크기와는 관계가 없다.

05 다음은 모듈(module) m 에 대한 설명이다. 맞는 것은 어느 것인가?
① 모듈이 클수록 잇수가 적어지고 이는 커진다.
② 모듈이 클수록 잇수는 많아지고 이는 작아진다.
③ 모듈이 클수록 잇수는 많아지고 이는 커진다.
④ 모듈이 커지는 것과 잇수 또는 이의 크기와는 관계가 없다.

06 사이클로이드 치형에 대한 설명으로 다음 중 맞는 것은 어느 것인가?
① 치형의 이끝면과 이 밑면이 모두 연속된 하나의 곡선으로 되어 있다.
② 치형의 이끝면과 이 밑면은 모두 내전 사이클로이드 곡선으로 되어있다.
③ 치형의 이끝면은 내전 사이클로이드 곡선으로 되어 있다.
④ 치형의 이끝면은 외전 사이클로이드 곡선으로 되어 있다.

07 다음 설명은 인벌류트 치형 곡선에 대한 것으로 맞는 것은 어느 것인가?
① 원기둥에 감겨있는 실의 한 끝을 계속해서 풀어 나갈 때 이 실끝이 그리는 궤적을 인벌류트 치형이라 한다.
② 베이스 사이클의 안쪽면에서 굴러갈 때 발생하는 궤적을 인벌류트 치형이라 한다.
③ 한 개의 원이 직선 위를 굴러갈 때 일 점이 이동하며 그리는 궤적을 인벌류트 치형이라 한다.
④ 베이스 사이클의 바깥면에서 굴러갈 때 발생하는 궤적을 인벌 류트 치형이라 한다.

> **Solution** ③의 설명은 사이클로이드 치형이다.

Answer 03 ④　04 ②　05 ①　06 ④　07 ①

08 다음 중 유성 기어의 명칭이 아닌 것은 어느 것인가?

① Sun gear ② Planetary carryer
③ Helical gear ④ Ring gear

Solution 유성 기어를 구성하는 기어의 명칭
① Sun gear ② Planetary carryer
③ Planetary gear ④ Ring gear

09 스퍼 기어의 피치원 지름이 14[cm] 잇수가 28개 일 때, 원주 피치 P 는 다음 중 어느 것인가?

① 15.7[mm] ② 16.7[mm]
③ 17.7[mm] ④ 18.7[mm]

Solution $P = \dfrac{\pi D}{Z} = \dfrac{\pi \times 14}{28} = 1.57$[cm]

10 지름 피치(DP)가 4일 때 기어의 크기를 모듈(m)로 나타낸 것으로 다음 중 맞는 것은?

① 5.5[mm] ② 6.4[mm]
③ 7.7[mm] ④ 8.9[mm]

Solution $m = \dfrac{25.4}{DP} = \dfrac{25.4}{4} = 6.35$[mm]

11 스퍼 기어의 모듈을 m, 피치원 직경을 D, 바깥지름을 D_k, 잇수를 Z, 원주 피치를 p 라 할 때, 다음 관계식 중 잘못된 것은?

① $D = mZ$ ② $D_k = m(Z-2)$
③ $Z = \dfrac{\pi D}{p}$ ④ $p = \pi m$

12 외접 스퍼 기어의 지름 피치 $DP=2$, A 기어의 잇수 $Z_A=61$, B 기어의 잇수 $Z_B=28$일 때 축간거리 C 는 다음 중 어느 것인가?

① 565.2[mm] ② 516.4[mm]
③ 536.2[mm] ④ 546.6[mm]

Solution $m = \dfrac{25.4}{DP} = \dfrac{25.4}{2} = 12.7$[mm]

$C = \dfrac{m(Z_A + Z_B)}{2} = \dfrac{12.7(61+28)}{2} = 565.15$[mm]

Answer 08 ③ 09 ① 10 ② 11 ② 12 ①

13 원주 피치 26[mm], 잇수 52인 스퍼 기어의 피치원 지름은 다음 중 어느 것인가?

① 350.95[mm] ② 430.35[mm]
③ 580.78[mm] ④ 690.88[mm]

14 그림과 같은 유성 기어에서 A 기어의 잇수 Z_A=80, B 기어의 잇수 Z_B=16, C 기어의 잇수 Z_C=60에 −14회전을 하고 있고 D 기어의 잇수 Z_D=10, 암 H의 회전이 −4일 때 A 기어와 D 기어의 회전수는 다음 중 어느 것인가?

① N_A=2, N_D=−32
② N_A=−2, N_D=32
③ N_A=−2, N_D=−16
④ N_A=2, N_D=16

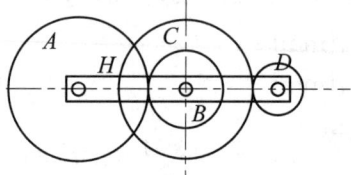

● Solution 유성 기어의 기어열 회전수 계산 문제는 다음과 같은 방법으로도 해결할 수 있다. 하첨자 i와 f는 각각 처음과 마지막 기어를 의미한다.

$$\frac{N_f - N_H}{N_i - N_H} = \pm \frac{Z_i}{Z_f}$$

$$\frac{N_B - N_H}{N_A - N_H} = -\frac{Z_A}{Z_B} \; ; \; \frac{(-14)-(-4)}{N_A-(-4)} = -\frac{80}{16}, \; N_A = -2$$

$$\frac{N_D - N_H}{N_C - N_H} = \frac{Z_C}{Z_D} \; ; \; \frac{N_D-(-4)}{-2-(-4)} = -\frac{60}{10}, \; N_D = -16$$

15 다음 기어들 중 축에 큰 작용 하중을 가하여 베어링의 손실이 가장 크게 발생하게 되는 것은 어느 것인가?

① 헬리컬 기어 ② 웜 기어
③ 스퍼 기어   ④ 인터널 기어

16 다음은 인벌류트 치형 곡선에 대한 설명이다. 틀린 것은 어느 것인가?

① 인벌류트 치형은 하나의 곡선으로 이루어져 있다.
② 인벌류트 치형 곡선의 압력각은 항상 일정하다.
③ 기어의 축간거리가 조금이라도 바뀌게 되면 기어는 파손된다.
④ 인벌류트 치형의 접점의 궤적은 직선이다.

17 기구들을 이용하는 자동차 조향장치는 작은 힘으로 큰 힘을 얻기 위한 것이다. 어떤 기구를 사용해야 하는가?

① 웜 장치   ② 복식 지레
③ 크랭크 기구 ④ 복식 크랭크 장치

Answer 13 ② 14 ③ 15 ① 16 ③ 17 ②

18 회전운동을 직선운동으로 바꿀 수 있는 기어는 다음 중 어느 것인가?

① 스큐 기어 ② 랙과 피니언
③ 웜과 웜 기어 ④ 인터널 기어

19 큰 감속이 필요할 때 사용하는 기어는 다음 중 어느 것인가?

① 스큐 베벨 기어 ② 웜과 웜 기어
③ 베벨 기어 ④ 헬리컬 기어

20 그림과 같은 복식 기어 트레인이 있다. 각 기어의 잇수가 Z_A=12, Z_B=48, Z_C=15, Z_D=84 이고, AB의 축간거리 L_1=110[mm], CD의 축간거리 L_2=181.67[mm]일 때 A 기어의 회전이 N_A=24[rpm] 이라면 D 기어의 회전수 N_D와 모듈 [m]은 얼마이겠는가?

① N_D=1.07[rpm], m=3.67
② N_D=1.33[rpm], m=2.34
③ N_D=1.57[rpm], m=1.78
④ N_D=1.71[rpm], m=0.93

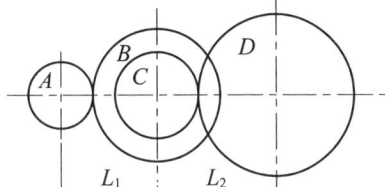

Solution
$L_1 = \dfrac{m(Z_A + Z_B)}{2}$; $110 = \dfrac{m(12+48)}{2}$; m=3.67

$\dfrac{N_D}{N_A} = \dfrac{Z_A \times Z_C}{Z_D \times Z_B}$; $\dfrac{N_D}{24} = \dfrac{12 \times 15}{84 \times 48}$; N_D=1.07[rpm]

21 A, B 기어의 속도비 i가 1 : 2 이고, 축간거리가 120[mm]인 경우 A 기어의 잇수로 다음 중 맞는 것은? (단, 모듈 m=4이다.)

① Z_A=30 ② Z_B=40
③ Z_C=60 ④ Z_D=70

Solution
$C = \dfrac{m(Z_A + Z_B)}{2} = \dfrac{mZ_A(1 + \frac{1}{i})}{2}$

$120 = \dfrac{4 \times Z_A(1 + 1.0/2.0)}{2}$; Z_A=40

Answer 18 ② 19 ② 20 ① 21 ②

22 그림과 같은 기어 트레인에서 A 기어의 잇수 Z_A=90에 –3회전을 하고 B 기어의 잇수 Z_B=50, C 기어의 잇수 Z_C=30, 이암 H 가 +5회전 할 때 B, C의 회전수를 결정한 것으로 맞는 것은?

① N_B=–9.4, N_C=+29
② N_B=–8.4, N_C=+27
③ N_B=–7.4, N_C=+25
④ N_B=–6.4, N_C=+23

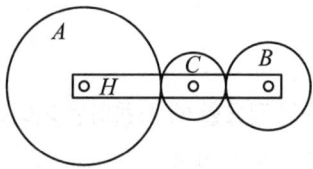

Solution 다음 표와 같이 계산할 수 있다.(문제 2번을 참고하여 계산하라.)

	A 기어	B 기어	C 기어	H 암
전체 고정	+5	+5	+5	+5
암 고정	–8	–14.4	24	0
합 계	–3	–9.4	29	+5

23 그림과 같은 단식 기어 트레인에서 모듈 m=3, N_A=300[rpm], N_C=600[rpm], Z_B=60일 때 C 기어의 잇수로 맞는 것은? (단, A 와 C, 축간거리 L=800[mm]이다.)

① Z_C=146
② Z_C=138
③ Z_C=124
④ Z_C=118

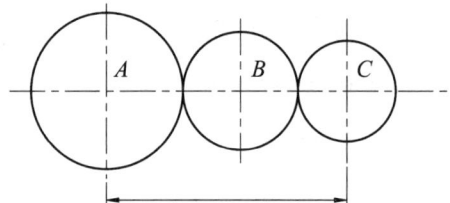

Solution
$$C=\frac{D_A}{2}+D_B+\frac{D_C}{2}\ ;\ C-D_B=\frac{D_A+D_C}{2}=\frac{m}{2}(Z_A+Z_C)$$
$800-3\times60=\frac{3}{2}\times Z_C(\frac{600}{300}+1)\ ;\ Z_C=138$ ▶ 속비 관계를 이용한다.

24 피치원의 지름이 300[mm]인 어떤 기어가 350[rpm]으로 회전하며 2.5[PS]의 동력을 전달하고 있다. 피치원상의 기어 이(齒)에 작용하는 회전력으로 맞는 것은 어느 것인가?

① 53.2[kgf]   ② 43.2[kgf]
③ 33.2[kgf]   ④ 27.3[kgf]

Solution $H_P=\frac{F\times\pi DN}{75\times60\times1000}\ ;\ 2.5=\frac{F\times\pi\times300\times350}{75\times60\times1000}\ ;\ F=27.3$[kgf]

Answer 22 ① 23 ② 24 ④

25 그림에서 A 기어의 잇수를 90, B 기어의 잇수를 50으로 할 경우, 암 C가 오른쪽으로 4회전하고 기어 A가 왼쪽으로 3회전하면 기어 B의 회전수는 얼마이겠는가?

① 22.3
② 19.7
③ 16.6
④ 13.5

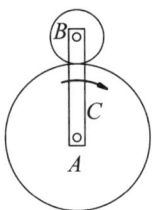

Solution 유성 기어의 회전수을 계산하는 표를 참고하여 계산한다.
(문제 2과 문제 22을 참고할 것.)
$$N_B = (+4) + [(-1) \times (-7) \times 90/50] = 16.6$$

26 모듈 $m=2$, 잇수 $Z=18$인 피니언이 랙(rack)과 맞물려 돌아가고 있다. 피니언이 2회전할 때 랙은 몇 [mm] 움직이는가?

① 226[mm]   ② 236[mm]
③ 246[mm]   ④ 256[mm]

Solution 랙의 이동 거리
$$l = n\pi D = n\pi m Z = 2 \times \pi \times 2 \times 18 = 226.2 [mm]$$

27 웜의 줄수가 2, 웜 기어의 잇수가 48인 웜과 웜 기어가 있다. 웜 기어를 8회전하려면 나사 웜을 몇 회전시켜야 되는가?

① 76   ② 86
③ 96   ④ 106

Solution 웜과 웜 기어의 속도비 관계로부터 계산하면 다음과 같다.
$$i = \frac{N_g}{N_w} = \frac{n}{Z} \ ; \ 여기서 \ n는 \ 웜의 \ 줄수$$
$$N_w = 8 \times \frac{24}{2} = 96$$

28 그림과 같이 모듈 $m=4$, 잇수 40인 기어가 1000[rpm]으로 회전하는 전동기 축(shaft)에 설치되어, 축간거리 $C=700$[mm] 떨어져 있는 기어의 축에 450[rpm]를 전하려고 한다. 이 조건에서 B기어의 피치원 지름은 얼마이겠는가?

① 1050[mm]
② 1100[mm]
③ 1120[mm]
④ 1150[mm]

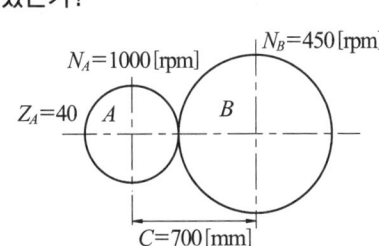

Answer 25 ③ 26 ① 27 ③ 28 ③

> **Solution** 속도비와 중심거리의 관계를 이용하면 다음과 같다.
>
> $$C = \frac{m(Z_A+Z_B)}{2} = \frac{mZ_B\left(\frac{N_B}{N_A}+1\right)}{2}, \quad D_B = mZ_B = \frac{2\times700}{\left(\frac{250}{1000}+1\right)} = 1120[mm]$$

29 윈치 기구를 사용하여 55000[kgf]의 화물을 속도 0.25[m/sec]로 감아올리려고 한다. 이 때 요구되는 동력[kW]을 결정하면 다음 중 어느 것인가?

① 75 ② 98
③ 120 ④ 135

> **Solution** $H_{kw} = \frac{WV}{102} = \frac{55000\times0.25}{102} = 135[kW]$

30 그림과 같은 윈치 기구를 사용하여 화물을 들어올리고자 한다. 핸들의 반지름 $R=350[mm]$이고 핸들에 $P=20[kgf]$의 힘을 가했을 때, 드럼 C의 지름은 110[mm]이며 A, B 기어의 잇수는 각각 $Z_A=30$, $Z_B=300$이라면 들어올릴 수 있는 화물의 무게[ton]는 얼마인가?

① 0.987[ton]
② 1.274[ton]
③ 2.136[ton]
④ 3.474[ton]

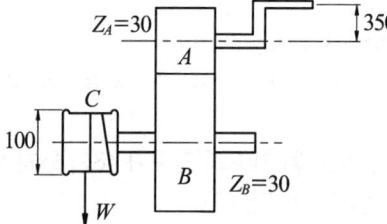

> **Solution** A 기어에 걸리는 torque T_A, B 기어에 걸리는 torque T_B
>
> $$T_A = F\times\left(\frac{mZ_A}{2}\right) = P\times R \;;\; mF = \frac{2\times20\times350}{30} = 467[kgf]$$
>
> $$T_B = mF\times\left(\frac{Z_B}{2}\right) = W\times\left(\frac{D}{2}\right) \;;\; W = 467\times\frac{300}{2}\times\frac{2}{110} = 1274[kgf]$$

31 원통안에 하나의 기어가 있고 축이 평행하며 같은 방향으로 회전하는 기어는?

① 외접 기어 ② 내접 기어
③ 헬리컬 기어 ④ 베벨 기어

32 압력각이 20° 인 기어의 피치원 지름이 300[mm]일 때 기초원 지름은 몇 mm 인가?

① 119.8[mm] ② 282[mm]
③ 319.8[mm] ④ 419.9[mm]

Answer 29 ④ 30 ② 31 ② 32 ②

33 기어 트레인의 속비로 맞는 것은?
① 구동 기어의 잇수의 곱/종동 기어의 잇수의 곱
② 구동 기어의 잇수의 합/종동 기어의 잇수의 합
③ 종동 기어의 잇수의 합/구동 기어의 잇수의 곱
④ 종동 기어의 잇수의 곱/구동 기어의 잇수의 곱

34 다음 중 두 축이 나란하지 않은 기어는?
① 스퍼 기어
② 헬리컬 기어
③ 베벨 기어
④ 랙과 피니언

35 기어의 구동축과 피구동축이 만나는 것은?
① 직선 베벨 기어(straight bevel gear)
② 헬리컬 기어(helical gear)
③ 평 기어(spur gear)
④ 핀 기어(pin gear)

36 전위 기어의 사용목적이 아닌 것은?
① 물림률 증가
② 중심거리 조절
③ 언더컷 방지
④ 이의 강도 개선

37 다음 중 두 축이 평행인 기어가 아닌 경우는?
① 스퍼 기어
② 내접 기어
③ 헬리컬 기어
④ 베벨 기어

38 스퍼 기어에서 전달마력 H[kW], 피치원상의 원주속도를 V[m/sec]라 할 때 기어를 회전시키는 힘 F[kgf]를 계산하는 식은?
① $F = \dfrac{HV}{102}$
② $F = \dfrac{102H}{V}$
③ $F = \dfrac{V}{102H}$
④ $F = \dfrac{102V}{H}$

Answer 33 ① 34 ③ 35 ① 36 ① 37 ④ 38 ②

chapter 5 캠 기구

캠 운동은 대부분 회전운동을 정규적 또는 비정규적 왕복운동으로 바꾸는데 사용되는 것으로서 적어도 3개 이상의 링크, 즉 캠, 종동절, 프레임으로 구성되고 종동절은 롤러, 레버 또는 다른 이동부재로 이루어진다. 일반적으로 인쇄기, 공작기계, 내연기관 그리고 기계식 계산기 등에 사용되고 있다.

1 캠의 종류★★★

1. 직동 캠(translation cam; 병진 캠)

보편적인 운동 형태를 살펴보면, 캠 A는 좌우로 직선운동을 하고 종동절 B는 상하로 직선운동 한다.

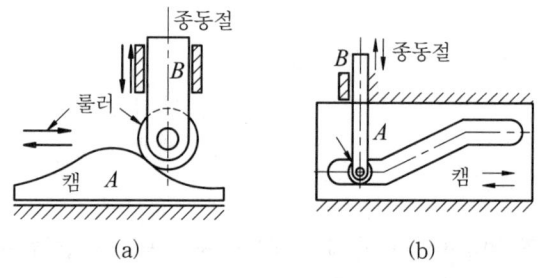

그림5-1 직동 캠

2. 판 캠(plate cam)

캠 A가 화살표 방향으로 회전하면서 종동절 B에 왕복운동을 전달하게 된다. 대표적인 캠은 원판 캠으로 항상 등속도 회전을 한다.

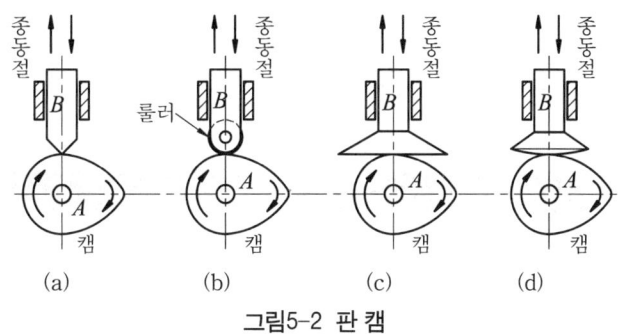

그림5-2 판 캠

3. 원통 캠(cylinderical cam)

캠은 축에 대해 완전 회전을 하며 종동절은 그 원호의 홈의 안내를 받아 운동을 한다. 즉, 캠 A가 회전하면 B는 좌우로 움직인다. 종동절에는 왕복형 또는 요동형이 있고, 공작기계, 릴낚시 등에 사용되고 있다.

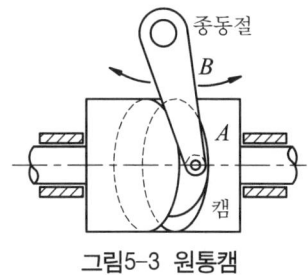

그림5-3 원통캠

4. 그 밖의 캠의 종류

(1) 원뿔 캠(conical cam)

원뿔형의 캠이 축을 중심으로 회전하면 종동절은 좌우 요동운동을 한다.

(2) 구면 캠(spherical cam)

캠이 축을 중심으로 회전하면 종동절은 종동절의 중심을 축으로 하여 각 운동을 하게 된다.

(3) 사면 캠(swash plate cam)

축에 대해서 비스듬히 부착시킨 평평한 원판을 사면(사판) 캠이라고 한다. 캠이 회전하면 종동절은 상하로 움직인다.

(4) 역 캠(inverse cam)

주동절이 회전하면 그 곳에 나와 있는 돌기 부분이 캠의 홈에 따라서 움직이며 캠이 상하 운동을 하도록 되어 있는 캠과 주동절이 좌우로 운동하면 캠이 상하운동을 하도록 되어 있는 캠이 있다.

(5) 확동 캠

확실하게 운동을 전달하는 캠을 의미하며 원통 캠, 원뿔 캠 등이 그 좋은 예이다.

2 캠의 설계

종동절의 운동은 주동절이 되는 캠의 형상에 의해서 결정된다. 따라서 캠의 형상을 결정하는 것이 캠의 설계에서 매우 중요하다.

1. 캠 선도(cam curve diagram, 변위선도) ★★★

종동절의 변위를 시간의 함수로써 나타낸 그래프이다. 즉, 선도의 가로 축은 캠의 회전각을 나타내고, 세로 축은 종동절의 변위를 나타낸다.

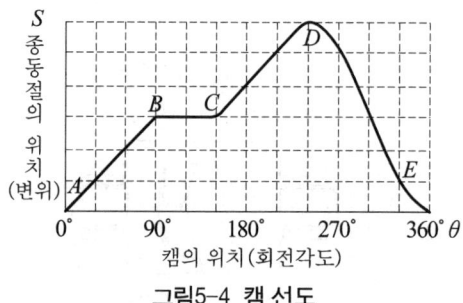

그림5-4 캠 선도

캠의 형성에 의해서 나타나는 종동절의 운동의 형태는 일반적으로 다음과 같이 4가지 이다.
① 등가속도 운동(constant acceleration motion)
② 수정속도 운동(modified velocity motion)
③ 단순조화 운동(simple harmonic motion)
④ 사이클로이드 운동(cycloidal motion)

(1) 등가속도운동

정지 상태에서 등가속도로 움직이는 물체의 변위는 다음 식과 같이 나타낼 수 있으며, 여기서 s는 종동절의 변위, a는 가속도, t는 시간이다.

$$s = \frac{1}{2}at^2 \qquad [5-1]$$

이 방정식은 포물선 운동 방정식으로 변위 선도로 나타내면 다음 그림과 같이 작도할 수 있다. AB 구간은 등가속구간이고 BC 구간은 등감속구간이 되며, B 지점에서는 최대속도가 발생한다. 캠의 회전각은 β 까지 변화하고 있고 종동절의 변위는 최대 h 까지 발생한다. 최대속도가 발생하는 B 점에서 캠의 회전각과 종동절의 변위량은 각각 0.5β 와 $0.5h$ 가 된다는 것을 알수 있다. 이 때 최대속도와 가속도에 대한 관계식은 표5-1에 정리하였다.

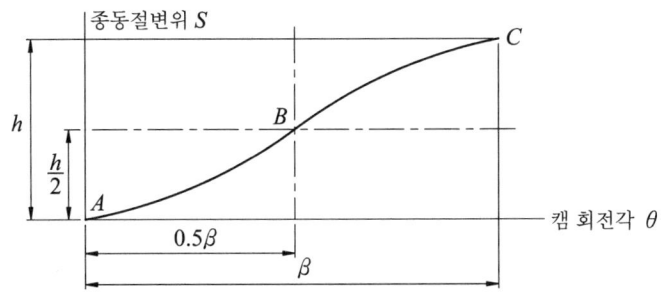

그림5-5 등가속도운동을 하는 캠의 변위 선도

(2) 수정등속도운동

그림5-6의 (a)는 변위 선도로 BC 구간에서 등속도 상승 운동을 하고 CD 구간에서는 일정 등속 운동을 하다가, DE 구간에서는 등속도로 하강하는 종동절의 변위를 나타낸다.

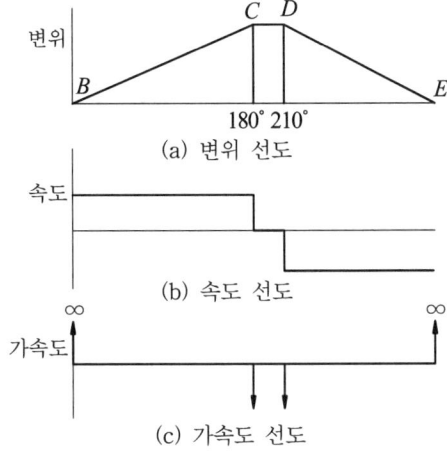

그림5-6 수정등속도운동의 캠 선도

이러한 형태의 운동은 그림5-6의 (b)와 (c)에서 보듯이 점 B, C, D, E에서 무한 가속도를 생기게 하여 캠과 종동절 사이에 충격하중을 발생시키므로, 실제 캠 기구에 이용된다면 캠이나 종동절은 탄성의 한계성 때문에 영구 변형이 초래됨으로 피해야 할 종동절의 운동 형태이다.

(3) 단순조화운동

종동절의 운동이 마치 시계의 추가 운동하는 듯한 단현(單弦)곡선을 그리며 움직이고 캠 선도는 그림5-7과 같으며 본서에서는 작도 방법을 생략하기로 한다.

단순조화운동의 변위, 속도, 가속도 관계식은 표5-1 캠의 운동에 따른 변위, 속도, 가속도 관계식에 정리하였다.

① 단순조화운동의 특징
 ㉠ 변위와 가속도는 cosine함수(여현곡선)이고 속도는 sine함수 (정현곡선)이다.
 ㉡ 최대속도는 행정의 중앙에서 발생하고 양끝에서는 0이다.
 ㉢ 속도곡선의 진폭은 $\dfrac{\pi h \omega}{2\beta}$ 이고 가속도곡선의 진폭은 $\dfrac{\pi^2 \omega^2 h}{2\beta^2}$ 이다.

제5장 캠 기구 _ 675

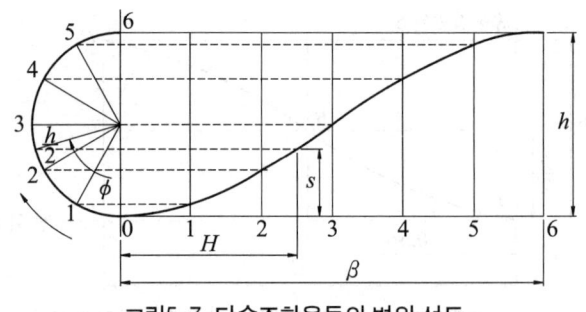

그림5-7 단순조화운동의 변위 선도

  ㉣ 적당한 캠기구 운전 속도는 중속이다.
  ㉤ 가장 매끄러운 가속곡선을 그리며 운동한다.
  ㉥ 최소의 요구 동력이 소요된다.
  ㉦ 가장 작은 최대 압력각을 갖는다.

(4) 사이클로이드 운동

  그림5-8에서 종동절의 변위량 h를 원주길이로 하는 원이 FE 구간을 구를 때 FHE의 연결곡선을 사이클로이드라 한다.
  이와 같은 캠의 회전각에 대한 종동절의 변위 선도는 원이 직선 위를 굴러갈 때, 원 위의 한 점이 그리는 궤적인 사이클로이드로부터 얻는다. 사이클로이드운동의 변위, 속도, 가속도 관계식은 표5-1에 정리하였다.

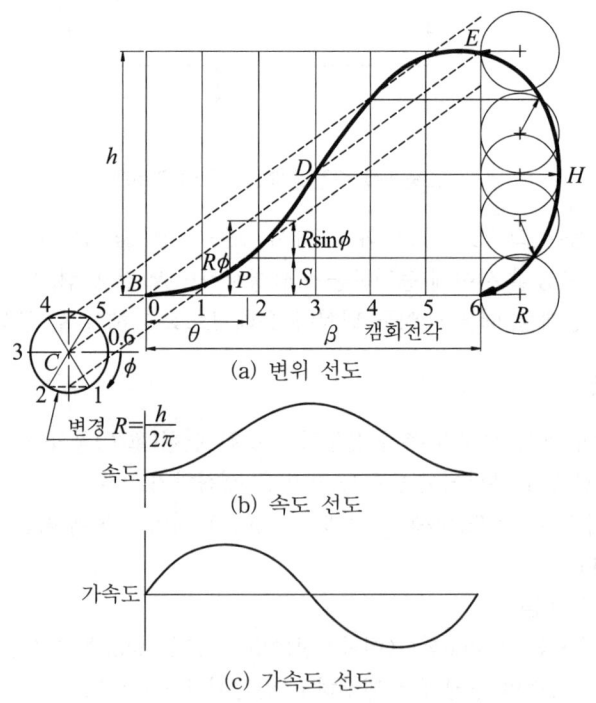

그림5-8 사이클로이드 운동의 캠 선도

2. 일반 종동절 운동의 방정식

표5-1의 방정식들은 임의의 캠 회전각 θ에 대한 종동절의 변위, 속도, 가속도를 나타낸다.

표5-1 캠의 운동에 따른 변위, 속도, 가속도 관계식

운동의 종류	변 위	속 도	가속도
등가속도 운동	$\dfrac{\theta}{\beta} \leq 0.5$일 때, $s = 2h \dfrac{\theta^2}{\beta^2}$ $\dfrac{\theta}{\beta} \geq 0.5$일 때, $s = h\left[1 - 2\left(1 - \dfrac{\theta}{\beta}\right)^2\right]$	$\dfrac{ds}{dt} = \dfrac{4h\omega\theta}{\beta^2}$ $\dfrac{ds}{dt} = \dfrac{4h\omega}{\beta}\left(1 - \dfrac{\theta}{\beta}\right)$	$\dfrac{d^2s}{dt^2} = \dfrac{4h\omega^2}{\beta^2}$ $\dfrac{d^2s}{dt^2} = -\dfrac{4h\omega^2}{\beta^2}$
단순조화 운동	$s = \dfrac{h}{2}\left(1 - \cos\dfrac{\pi\theta}{\beta}\right)$	$\dfrac{ds}{dt} = \dfrac{\pi h\omega}{2\beta}\sin\dfrac{\pi\theta}{\beta}$	$\dfrac{d^2s}{dt^2} = \dfrac{\pi^2\omega^2 h}{2\beta^2}\cos\dfrac{\pi\theta}{\beta}$
사이클 로이드운동	$s = h\left(\dfrac{\theta}{\beta} - \dfrac{1}{2\pi}\sin\dfrac{2\pi\theta}{\beta}\right)$	$\dfrac{ds}{dt} = \dfrac{h\omega}{\beta}\left(1 - \cos\dfrac{2\pi\theta}{\beta}\right)$	$\dfrac{d^2s}{dt^2} = \dfrac{2\pi h\omega^2}{\beta^2}\sin\dfrac{2\pi\theta}{\beta}$

▶ h : 캠이 각 β만큼 회전할 때 종동절이 운동하는 전체 상승거리
ω : 캠의 각속도

3. 캠의 압력각 ★★★★

캠과 종동절의 상대운동에 의하여 발생되는 힘을 표현하면 그림5-9와 같이 나타낼 수 있다.

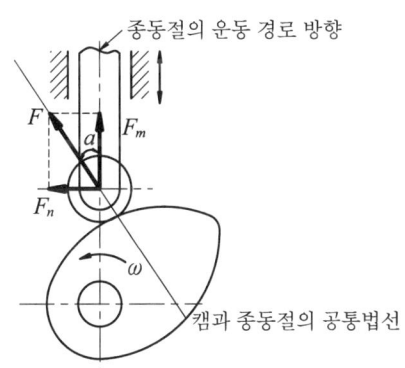

그림5-9 캠이 종동절에 주는 힘 F와 압력각 α

캠과 종동절의 접촉점을 통해 캠이 종동절에 가하는 힘을 F라고 하면 다음과 같이 벡터식으로 표현할 수 있다.

$$\vec{F} = \vec{F_m} + \vec{F_n} \qquad [5-2]$$

여기서 F_m은 종동절 운동 방향에 평행한 힘이고 F_n은 종동절의 운동 방향에 수직한 성분이다. 힘 F의 크기는 다음과 같이 결정된다.

$$F=\sqrt{F_m^2+F_n^2} \qquad [5\text{-}3]$$

그림5-9에서와 같이 캠이 종동절에 주는 힘 F와 종동절 운동의 경로에 대한 접선성분의 힘 F_m이 이루는 각을 압력각(壓力角) α라 한다.

$$\tan\alpha=\frac{F_n}{F_m} \qquad [5\text{-}4]$$

압력각은 일반적으로 30°를 초과하지 않게 하는 것이 좋다. 압력각을 줄일 수 있는 방법은 다음과 같다.
① 기초원의 반지름을 크게 한다.
② 종동절의 전체 상승량을 줄이고 변위량을 변화시킨다.
③ 종동절의 변위에 대해 캠의 회전량을 증가시켜 준다.
④ 종동절의 운동 형태를 변화시킨다.

chapter 5 ● 실전연습문제

01 캠 선도에서 직선 부분이 나타나면 종동절은 충격으로 인하여 튀어 오르게 된다. 이와 같이 튀는 것을 방지하기 위한 조건으로 다음 중 맞는 것은 어느 것인가?

① 지름이 캠 행정의 ½에 해당하는 원호로 수정한다.
② 지름이 캠 행정의 ⅔에 해당하는 원호로 수정한다.
③ 지름이 캠 행정의 ¼에 해당하는 원호로 수정한다.
④ 지름이 캠 행정에 해당하는 원호로 수정한다.

> **Solution** 캠의 변위 선도 시점과 종점을 지름이 캠 행정 길이의 ⅔에 해당하는 원호로 수정 조치하면 된다.

02 편심 롤러 종동절이 캠축 중심에서 1[cm]의 정도 편심된 캠의 변위선도를 나타내는 그림이다. 다음 중 0°~180° 사이에서 종동절의 운동을 올바르게 판단한 것은?

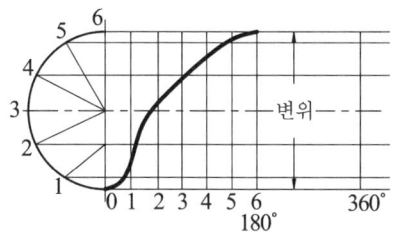

① 종동절은 상향운동을 하고 있다. ② 종동절이 급상승하고 있다.
③ 종동절이 급하강하고 있다. ④ 종동절이 정지하고 있다.

> **Solution** 0°~180° 사이는 단순조화운동으로 상향운동을 하고 있고 180°~360° 사이에서 종동절은 정지 상태이다.

03 캠의 종류 중 캠이 기준축에 대해 완전 회전운동을 함에 따라 종동절은 왕복운동 또는 요동운동을 하는 캠은 어느 것인가?

① plate cam ② cylinderical cam
③ spherical cam ④ translation cam

> **Solution** 직동 캠(translation cam) : 캠이 직선운동을 하면 종동절은 왕복운동
> 판 캠(plate cam) : 캠은 회전운동을 종동절은 왕복운동

Answer 01 ② 02 ① 03 ②

04 다음 중 캠의 왕복운동을 하면 종동절도 왕복운동을 하게 되는 캠은 어느 것인가?
① 사면 캠
② 끝면 캠
③ 직동 캠
④ 판 캠

05 다음 중 캠 기구를 사용한 것과 거리가 먼 것은 어느 것인가?
① 내연기관의 흡기 밸브
② 광석분쇄기
③ 내연기관의 배기 밸브
④ 셰이퍼 머신

06 다음 중 캠의 변위선도를 보고 알 수 없는 것은 어느 것인가?
① 종동절의 수명곡선
② 종동절의 운동 방향
③ 종동절의 속도
④ 종동절의 운동 형태

> **Solution** 캠의 변위선도를 보고 종동절의 운동 특성 및 성질에 대하여 알 수 있다.

07 다음과 같은 자동차 기관의 부속 장치 중 캠을 사용하지 않는 곳은?
① 밸브 장치
② 점화장치
③ 냉각장치
④ 연료장치

08 그림에서 캠이 회전운동을 함에 따라 종동절이 운동하는 거리로 맞는 것은 어느 것인가?
① d
② B
③ D
④ A

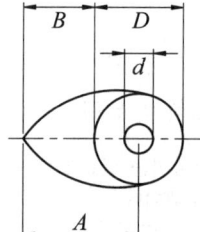

09 다음은 캠의 작동 운동에 대한 설명이다. 설명이 바르지 못한 것은 어느 것인가?
① 왕복운동을 왕복운동으로 변환한다.
② 회전운동을 왕복운동으로 변환한다.
③ 직선운동을 회전운동 또는 요동운동으로 변환한다.
④ 주동절을 회전운동시키면 종동절인 캠이 상하운동을 하는 형태의 역캠도 있다.

Answer 04 ③ 05 ④ 06 ① 07 ③ 08 ② 09 ③

10 캠의 변위선도가 직선으로 되었을 때(캠이 등속도 운동을 하는 경우)종동절의 변위가 캠의 변위에 비례하는 캠에 대한 설명으로 맞는 것은 어느 것인가?

① 행정의 시작과 끝날 때 충격이 존재한다.
② 고속 회전에 적합하다.
③ 행정 시작 초기에는 충격이 없고 끝날 때는 충격이 존재한다.
④ 행정 시작 초기에나 끝날 때 충격은 없다.

11 캠에서 종동절의 속도가 행정의 중앙에서 최대이고 행정의 처음과 끝에서 0이되는 종동절의 운동 형태는?

① 단순조화 운동　　② 등가속도 운동
③ 사이클로이드 운동　　④ 등속도 운동

12 다음 중 캠이 종동절이 되어 상하 왕복운동을 하는 것은 어느 것인가?

① translation cam　　② conical cam
③ inverse cam　　④ swash plate cam

13 다음 중 캠의 종동절의 운동 형태로 볼 수 없는 것은 어느 것인가?

① 수정등가속도 운동　　② 수정등속도 운동
③ 단현운동　　④ 사이클로이드 운동

14 다음의 캠의 종동절의 운동 형태 중 사용이 곤란한 것은 어느 것인가

① 등가속도 운동　　② 수정등속도 운동
③ 단현운동　　④ 사이클로이드 운동

> **Solution** 수정등속도운동의 경우, 무한 가속도의 발생으로 캠과 종동절에 영구 변형을 초래할 수 있으므로 가급적 피하는 것이 좋다.

15 다음은 캠의 등가속도운동에 대한 특성에 대해서 설명하고 있다. 잘못된 것은 어느 것인가?

① 종동절의 최대 변위량 안에 등가속 구간과 등감속 구간이 존재 한다.
② 최대 속도는 중앙 지점에서 발생한다.
③ 변위 선도는 포물선 형태로 작도된다.
④ 변위 선도를 이용하여 등가속도를 구할 수 없다.

Answer　10 ①　11 ①　12 ③　13 ①　14 ②　15 ④

16 다음 중 단순조화운동의 특징으로 볼 수 없는 것은?
 ① 변위는 여현곡선이고 속도는 정현곡선으로 볼 수 있다.
 ② 운동의 형태 중 가장 매끄러운 가속곡선을 발생시킨다.
 ③ 운동의 형태 중 최소의 동력이 사용된다.
 ④ 속도 곡선의 진폭은 $\frac{h\omega}{\beta}$ 이다.

 Solution 단순조화운동의 속도 곡선의 진폭은 $\frac{\pi h\omega}{2\beta}$ 이고, 가속도 곡선의 진폭은 $\frac{\pi^2\omega^2 h}{2\beta^2}$ 이다.

17 캠 기구의 운동 중 고속 운전이 가능한 종동절의 운동 형태로 다음 중 맞는 것은 어느 것인가?
 ① 등가속도 운동　　　　　　② 수정등속도 운동
 ③ 단현운동　　　　　　　　 ④ 사이클로이드 운동

 Solution 저속은 등가속도운동, 중속은 단순조화운동, 고속은 사이클로이드 운동

18 캠과 종동절의 접촉으로 발생하는 압력각이 작으면 종동절의 운동은 어떻게 되겠는가?
 ① 캠으로부터 받는 힘이 증가하여 큰 진동을 수반하게 된다.
 ② 종동절의 운동 방향으로 작용하는 힘이 적어져 비교적 매끄러운 운동을 할 수가 있다.
 ③ 종동절의 운동 방향으로 작용하는 힘이 증가하여 종동절의 움직임이 불가능해 진다.
 ④ 종동절의 운동과 압력각과는 아무런 관계가 없다.

19 가장 작은 최대 압력각을 갖는 종동절의 운동 형태는 다음 중 어느 것인가?
 ① 등가속도 운동　　　　　　② 수정등속도 운동
 ③ 단순조화 운동　　　　　　④ 사이클로이드 운동

20 캠과 종동절의 운동시 압력각은 일반적으로 몇도를 초과하지 않는 것이 좋은가?
 ① 10°　　　　　　　　　　② 20°
 ③ 30°　　　　　　　　　　④ 40°

21 다음 중 압력각을 줄일 수 있는 방법으로 틀린 것은 어느 것인가?
 ① 기초원의 지름을 가급적 작게 해준다.
 ② 종동절의 전체 상승량을 줄이고 변위량을 변화시킨다.
 ③ 종동절의 변위에 대해 캠의 회전량을 증가시킨다.
 ④ 종동절의 운동의 형태 즉 등속도, 등가속도, 단순조화운동을 변화시킨다.

Answer 16 ④　17 ④　18 ②　19 ③　20 ③　21 ①

22 캠 기구에서 압력이 커지면 일어나는 현상으로 맞는 것은?
① 종동절의 운동이 원활해진다.
② 종동절의 움직임이 원활하지 못하다.
③ 주동절의 움직임이 자연스럽다.
④ 주동절의 움직임이 활발해진다.

23 다음 중 종동절이 상·하로 움직이도록 하는 캠을 무엇이라 하는가?
① 확동 캠　　　　　　　　　② 직선 운동 캠
③ 직선·왕복 운동 캠　　　　④ 수직·수평운동 캠

24 캠 장치 설계상 주의할 점이 아닌 것은?
① 각 순간에 대한 종동절의 위치
② 종동절의 속도
③ 캠 윤곽곡선의 접선과 원동절의 운동 방향이 만드는 각
④ 종동절의 각도

25 캠의 운동형태를 해석하기 위한 가장 기본이 되는 운동선도로서 캠 운동의 1주기에 대응하는 종동절의 변위를 시간의 함수로써 나타내는 선도는?
① 등가속도선도　　　　　　② 가속도선도
③ 속도선도　　　　　　　　④ 변위선도

Answer　22 ②　23 ③　24 ③　25 ④

chapter 6 벨트 및 체인 전동기구

1 벨트 전동기구

가죽, 직물 또는 고무 등으로 만든 벨트를 벨트 풀리에 감아 벨트와 벨트 풀리 사이의 마찰이나 물림으로 주동축에서 종동축으로 동력을 전달하는 전동장치이다.

1. 벨트 전동기구의 특징★★★

(1) 전동장치들 중 비교적 구조가 간단하여 제작비가 저렴하다.
(2) 정확한 속도비를 결정하기 어렵지만, 전동 효율이 높다.
(3) 갑자기 하중이 증가하게 되면 미끄럼이 생겨 무리한 전동을 막아준다.
(4) 충격하중을 흡수하여 진동을 감소시킨다.

2. 평 벨트와 평 벨트 풀리

벨트가 벨트 풀리와 접촉하고 있는 부분의 접촉각을 각각 θ_A, θ_B, 축간거리를 C, 주동차의 직경을 D_A, 종동차의 직경을 D_B라 하면

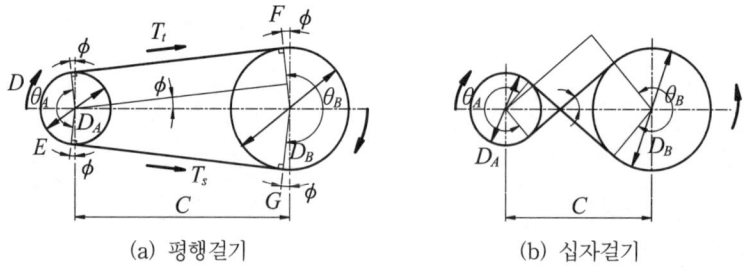

(a) 평행걸기 (b) 십자걸기

그림6-1 평 벨트 전동기구

(1) 벨트 길이(L)

$$l = \frac{(D_B \pm D_A)^2}{4C}, \quad \begin{array}{l} -: \text{평행걸기 또는 바로걸기} \\ +: \text{십자걸기 또는 엇걸기} \end{array}$$

$$L = 2C + \frac{\pi}{2}(D_A + D_B) + l \quad \bigstar\bigstar\bigstar \tag{6-1}$$

(2) 접촉각(θ) : 그림 6-1로부터 각 φ를 결정하면

$$\phi = \sin^{-1}\left[\frac{D_B \pm D_A}{2C}\right], \quad \begin{array}{l} -: \text{평행걸기 또는 바로걸기} \\ +: \text{십자걸기 또는 엇걸기} \end{array}$$

① 평행걸기(바로 걸기; open belting)

$$\theta\,[\deg] = 180° \pm 2\phi \tag{6-2}$$

$$-: \theta_A, \quad +: \theta_B,$$

② 십자걸기(엇걸기; cross belting)

$$\theta\,[\deg] = 180° + 2\phi, \quad \theta = \theta_A = \theta_B \tag{6-3}$$

(3) 벨트의 속도비(i)

벨트의 신축성, 벨트와 풀리 사이의 미끄럼과 벨트의 무게를 무시하면 다음과 같은 관계가 성립한다. 원동차의 회전수를 N_A, 각속도를 ω_A, 풀리의 반경을 R_A, 종동차의 회전수를 N_B, 각속도를 ω_B, 풀리의 반경을 R_B, 벨트의 속도를 V라 하면

$$V = R_A \omega_A = \frac{\pi D_A N_A}{60 \times 1000}$$

$$= R_B \omega_B = \frac{\pi D_B N_B}{60 \times 1000} \tag{6-4}$$

$$i = \frac{\omega_B}{\omega_A} = \frac{N_B}{N_A} = \frac{D_A}{D_B} \quad \bigstar\bigstar\bigstar \tag{6-5}$$

(4) 벨트의 장력

풀리가 회전을 하게 되면 벨트는 긴장되는 쪽과 이완되는 쪽이 생기게 되고, 이 때 팽팽한 쪽의 장력을 긴장측 장력 T_t, 느슨한 쪽의 장력을 이완측 장력 T_s라 하면

① 장력비 : 긴장측 장력과 이완측 장력의 비

$$e^{\mu\theta} = \frac{T_t}{T_s} \tag{6-6}$$

② 유효장력(P_e) : 긴장측의 장력과 이완측 장력의 차로 풀리를 회전시키는 회전력이 된다.

$$P_e = T_t - T_s \tag{6-7}$$

③ 초장력(T_0) : 벨트 전동은 벨트를 풀리에 감았을 때 발생되는 마찰에 의한 전동으로 이 때 벨트에 발생되는 장력을 초장력이라 한다.

$$T_0 = \frac{T_t + T_s}{2} \qquad [6-8]$$

④ 장력비와 유효장력에 의한 긴장측 장력과 이완측 장력

$$T_t = P_e \frac{e^{\mu\theta}}{e^{\mu\theta}-1} , \quad T_s = P_e \frac{1}{e^{\mu\theta}-1} \qquad [6-9]$$

(5) 벨트의 전달 동력

$$H = P_e V \ [\text{kg}_f \ \text{m/sec}] \qquad [6-10]$$

$$H_p = \frac{P_e V}{75} \ [\text{PS}] \qquad [6-11]$$

$$H_{kW} = \frac{P_e V}{102} \ [\text{kW}] \qquad [6-12]$$

(6) 벨트의 치수

벨트의 허용응력을 σ_a, 벨트의 두께를 t, 벨트의 이음효율을 η, 벨트의 폭을 b 라 하면

$$\sigma_a = \frac{T_t}{bt\eta} \qquad [6-13]$$

3. V 벨트 전동기구

벨트 풀리의 사다리꼴 단면에 V 형 벨트를 걸어 경사면에서 발생하는 마찰력을 이용하여 동력을 전달하는 전동장치이다.

(1) V 벨트 전동기구의 특징★★★

① 미끄럼이 적기 때문에 전동효율이 높은 편이다.
② 짧은 거리의 운전이 가능하며 고속운전을 시킬 수 있다.
③ 충격을 완화시켜 운전이 원활하고 정숙하다.
④ 베어링에 걸리는 부담이 적고 전동 속도비 크다.
⑤ 이음매가 사용 중 절단이 되면 연결이 불가능하다.
⑥ 중심거리 조정장치를 이용하여 초기장력을 준다.

(2) V 벨트 전동기구에 작용하는 힘

① V벨트의 마찰계수

$$\mu' = \frac{\mu}{\mu \cos\alpha + \sin\alpha} {}^{\bigstar\bigstar\bigstar} \qquad [6-14]$$

여기서 μ'는 V벨트의 맘찰계수, μ는 벨트와 홈사이의 마찰계수, α는 홈의 반각이다.

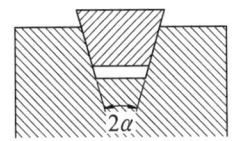

그림6-2 V벨트 전동기구의 벨트 및 홈

② 장력비

$$\frac{T_t}{T_s} = e^{\mu'\theta} \qquad [6\text{-}15]$$

③ 유효장력

$$P_e = T_t - T_s \qquad [6\text{-}16]$$

④ 긴장측 장력

$$T_t = P_e \cdot \frac{e^{\mu'\theta}}{e^{\mu'\theta}-1} \qquad [6\text{-}17]$$

⑤ 이완측 장력

$$T_s = P_e \cdot \frac{1}{e^{\mu'\theta}-1} \qquad [6\text{-}18]$$

4. 평 벨트에 의한 단차변속장치

단차를 사용하여 변속을 하는 경우, 각 단차의 속도비는 등비급수 배열의 형태를 갖는다. i개의 단차가 존재한다고 하면 각각 원동풀리의 회전수를 N이라 하고 종동 풀리의 회전수를 $n_1, n_2, n_3, n_4 \cdots$ 라 하면

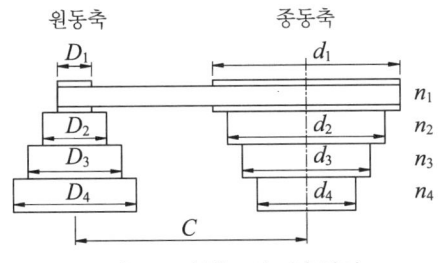

그림6-3 평 벨트의 변속장치

(1) 공비

각 단차의 속도비를 나타내는 등비급수 배열의 관계을 의미한다.

$$\phi = \sqrt[i-1]{\frac{n_i}{n_1}} \qquad [6\text{-}19]$$

(2) 각 단차의 회전수

종동 풀리의 회전수는 변화하므로 a번째 풀리의 회전수를 결정하려면

$$n_a = \phi n_{a-1} = \phi^2 n_{a-2} \qquad [6\text{-}20]$$

2 체인 전동기구

회전력은 크지만 비교적 저속인 경우나 확실한 운동을 전달할 필요성이 있을 때에만 벨트 대신에 체인과 스프라킷 휠(sprocket wheel)을 이용한다.

1. 체인 전동기구의 특징★★★★

(1) 미끄럼이 발생하지 않으므로 속도비가 일정하다.
(2) 유지보수(maintenance)가 간단하다.
(3) 접촉각이 90°이상이면 회전한다.
(4) 큰 동력을 전달할 수 있고 효율은 95[%] 이상이 된다.
(5) 내열성, 내습성, 내유성이 있다.
(6) 체인은 탄성체로 어느 정도의 충격하중에는 견딘다.

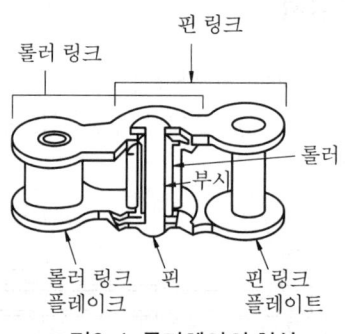

그림6-4 롤러체인의 형상

2. 롤러체인 및 스프로킷 휠의 치수

체인의 길이를 L, 링크의 수를 L_n, 피치를 p, 축간거리를 C, 스프로킷 휠의 잇수를 Z_1, Z_2라 하면

(1) **체인 개수**(링크 수)

$$L_n = \frac{L}{p} \quad ★★★ \qquad [6\text{-}21]$$

(2) 체인의 길이

$$L = L_n \times p = 2C + \frac{p}{2}(Z_1 + Z_2) + \frac{0.0257 \times p^2 \times (Z_2 - Z_1)^2}{C} \text{ [mm]} \quad \bigstar\bigstar\bigstar \qquad [6\text{-}22]$$

(3) 피치원 지름(D)

스프로킷 휠의 피치원 지름을 D[mm]라 하면

$$D = \frac{p}{\sin\frac{\pi}{Z}} = \frac{p}{\sin\frac{180°}{Z}} \quad \bigstar\bigstar\bigstar \qquad [6\text{-}23]$$

(4) 바깥지름

$$D_o = p\left(0.6 + \cot\frac{180°}{Z}\right) = p\left(0.6 + \frac{1}{\tan\frac{180°}{Z}}\right) \quad \bigstar\bigstar \qquad [6\text{-}24]$$

3. 롤러체인의 속도 및 속도비

스프로킷 휠의 회전수를 N_1, N_2라 하면

(1) 체인의 속도

$$V = \frac{pZ_1N_1}{60 \times 1000} = \frac{pZ_2N_2}{60 \times 1000} \text{ [m/sec]} \quad \bigstar\bigstar\bigstar \qquad [6\text{-}25]$$

(2) 속도비

$$i = \frac{\omega_2}{\omega_1} = \frac{N_2}{N_1} = \frac{Z_1}{Z_2} \quad \bigstar\bigstar\bigstar \qquad [6\text{-}26]$$

4. 전달 동력(H)

체인의 회전력은 긴장측 장력으로 체인의 허용장력 F_a[kg]로부터 구한다.

$$H_p = \frac{F_a V}{75} \text{ [PS]}, \quad H_{kw} = \frac{F_a V}{102} \text{ [kW]} \quad \bigstar\bigstar\bigstar \qquad [6\text{-}27]$$

chapter 6 실전연습문제

01 스프로킷 휠의 잇수, $Z_A = 12$, $Z_B = 24$ 피치 $p = 14$[mm]일 때 $N_A = 950$[rpm]으로 회전시키려면 롤러 체인의 평균속도는?

① 2.34[m/sec] ② 2.45[m/sec]
③ 2.66[m/sec] ④ 2.75[m/sec]

Solution $V = \dfrac{p \cdot Z_A \cdot N_A}{60 \times 1000} = \dfrac{14 \times 12 \times 950}{60 \times 1000} = 2.66$ [m/sec]

02 벨트를 거는 방법에는 바로걸기와 엇걸기가 있다. 벨트의 걸기에 따른 전동효율에 관한 설명으로 맞는 것은 어느 것인가?

① 바로걸기보다 엇걸기의 경우가 효율이 더 나쁘다.
② 엇걸기보다 바로걸기의 경우가 효율이 더 나쁘다.
③ 바로걸기와 엇걸기의 효율은 동일하다.
④ 바로걸기와 엇걸기의 효율은 알 수 없다.

03 그림과 같이 벨트가 설치되었을 때 주동차 A의 회전수는 2000[rpm]이다. 이 때 종동차 D의 회전수는 얼마이겠는가? (단, 풀리의 지름은 D_A=30[cm], D_B=35[cm], D_C=70[cm], D_D=60[cm]이다.)

① 300[rpm]
② 400[rpm]
③ 500[rpm]
④ 600[rpm]

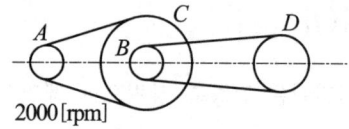

Solution 중간축의 회전수는 $N_B = N_C$ 이므로

$N_A \dfrac{D_A}{D_C} = N_D \dfrac{D_D}{D_B}$; $2000 \times \dfrac{30}{70} = N_D \times \dfrac{60}{35}$; $N_D = 500$[rpm]

Answer 01 ③ 02 ② 03 ③

04 벨트를 평행하게 걸었을 때 긴장측에 대한 설명으로 맞는 것은 다음 중 어느 것인가?
① 긴장측을 아래로 하는 것이 벨트의 미끄럼이 적다.
② 긴장측을 위로하는 것이 벨트의 미끄럼이 적다.
③ 긴장측을 위로 하였을 때 벨트가 풀리에 감기는 각도 θ가 커진다.
④ 긴장측을 위로 하든 아래로 하든 벨트의 미끄럼과는 전혀 관계가 없다.

05 다음과 같은 감아걸기 전동장치 중 축간거리가 짧을 때 사용하기에 적당한 것은 어느 것인가?
① 체인
② 평 벨트
③ V벨트
④ 로프

06 마력을 전달할 수 있는 벨트 전동장치의 속도는 다음 중 어느 것인가?
① 35[m/sec]
② 25[m/sec]
③ 10[m/sec]
④ 6[m/sec]

> **Solution** 10[m/sec] 이상의 속도에서는 원심력을 고려해 주어야 함으로 전달 마력이 작아진다.

07 벨트 전동장치의 풀리(pulley) 설계에서 다음 중 옳은 것은?
① 중앙부를 높게 한다.
② 중앙부를 낮게 한다.
③ 중앙부를 파이게 한다.
④ 중앙부를 평평하게 한다.

08 다음은 체인에 대한 설명이다. 이 중에서 가장 타당한 것은 어느 것인가?
① 피치의 길이가 늘어나면 소음의 발생이 적어진다.
② 링크 수는 홀수로 하는 것 보다 짝수로 하는 것이 바람직하다.
③ 속도비를 크게 할 수 있다.
④ 2[m] 이하의 축간거리에 가장 적당하다.

Answer 04 ① 05 ③ 06 ③ 07 ① 08 ③

09 다음 중 V 벨트의 특징으로 맞는 것은 어느 것인가?
① 축간거리 길수록 확실히 동력을 전달할 수 있다.
② 전동은 원활하고 정숙하나 효율이 낮다.
③ 양 풀리의 지름비가 작을수록 좋다.
④ 전동 효율이 높은 편이다.

10 전동 효율이 가장 좋은 기구는 다음 중 어느 것인가?
① Rope ② Gear
③ Chain ④ Belt

11 내연기관에서 체인으로 동력을 전달하는 것은 다음 중 어느 것인가?
① 발전기 ② 캠축
③ 물공급 펌프 ④ 연료 공급 펌프

12 벨트 전동장치에서 풀리의 지름이 D_A=250[mm], D_B=650[mm]이고 중심거리 C=900[mm]인 벨트의 길이는 얼마인가? (단, 벨트는 바로 걸기이다.)
① 3310[mm] ② 3313[mm]
③ 3317[mm] ④ 3320[mm]

Solution 평행걸기이므로 벨트 길이 L은
$$L = 2C + \frac{\pi}{2}(D_A + D_B) + \frac{(D_B^2 - D_A^2)}{4C}$$
$$= 2 \times 900 + \frac{\pi}{2}(250 + 650) + \frac{(650^2 - 250^2)}{4 \times 900} = 3313[mm]$$

13 벨트 전동장치에서 풀리의 지름이 D_A=250[mm], D_B=650[mm]이고 중심거리 C=600[cm]라 할 때 평행걸기 때 보다 십자걸기를 했을 때 벨트의 길이는 얼마나 차이가 나는가?
① 45.1[mm] ② 52.1[mm]
③ 55.1[mm] ④ 60.1[mm]

Solution 차이 $\Delta L = \frac{1}{4C}[(D_B^2 + D_A^2) - (D_B^2 - D_A^2)]$
$$= \frac{1}{4 \times 600} \times [(650^2 + 250^2) - (650^2 - 250^2)] = 52.08[mm]$$

Answer 09 ④ 10 ② 11 ② 12 ② 13 ②

14 동력 7[PS]의 모터축이 매분 350회전을 하며, 이 축에 설치되어 있는 지름 200[mm]의 풀리에 의하여 벨트를 구동할 때, 벨트에 작용하는 유효장력은 다음 중 어느 것인가? (단, 종동축 풀리의 지름은 200[mm], 마찰계수 μ=0.25, θ=180°이다.)

① 123.3[kg_f]
② 135.3[kg_f]
③ 143.3[kg_f]
④ 156.3[kg_f]

Solution
$$H_p = \frac{P_e V}{75} = \frac{P_e \pi DN}{75 \times 60 \times 1000}$$
$$7 = \frac{P_e \pi \times 200 \times 350}{75 \times 60 \times 1000} \ ; \ P_e = 143.3[kg_f]$$

15 V벨트에서 풀리의 회전속도가 35[m/sec]이고, 벨트 단위당의 무게 0.25 [kg/m], 긴장측의 장력이 35[kg]이라 할 때 회전력은? (단, $e^{\mu'\theta} = 3.5$이다.)

① 2.23[kg]
② 2.34[kg]
③ 2.45[kg]
④ 2.7[kg]

Solution V 벨트가 10[m/sec] 이상으로 회전하므로 원심력에 의한 부가장력을 고려해 주어야 한다. 유효장력 P_e는
$$T_t = P_e \frac{e^{\mu'\theta}}{e^{\mu'\theta}-1} + \frac{wv^2}{g} \ ; \ 35 = P_e \times \frac{3.5}{2.5} + \frac{0.25 \times 35^2}{9.81}$$
$$P_e = 2.7[kg_f]$$

16 감아걸기 전동에서 지름이 각각 330[mm], 1260[mm]의 풀리가 4300[mm] 떨어진 두 축 사이에 설치되어 동력을 전달할 때, 접촉각 θ는 몇 도인가? (단, 벨트는 십자걸기이다.)

① 180°18´
② 201°32´
③ 220°79´
④ 240°15´

Solution 먼저 각 ϕ를 결정하면
$$\phi = \sin^{-1}\left(\frac{D_B + D_A}{2C}\right) = \sin^{-1}\left(\frac{1260+330}{2 \times 4300}\right) = 10.66°$$
$$\theta = 180° + 2\phi = 180° + 2 \times 10.66 = 201.32°$$

17 V 벨트 전동장치의 마찰계수 μ=0.25, V홈의 단면 각도 2α가 40°이면 V 벨트의 마찰계수 μ'는 얼마이겠는가?

① 0.433
② 0.381
③ 0.233
④ 0.181

Solution
$$\mu' = \frac{\mu}{\mu\cos\alpha + \sin\alpha} = \frac{0.25}{0.25 \times \cos 20° + \sin 20°} = 0.433$$

Answer 14 ③ 15 ④ 16 ② 17 ①

18 평벨트 전동장치에서 벨트의 속도가 9[m/sec]이고, 긴장측의 장력 T_t=20[kg]일 때 V 벨트 1개 당 전달동력은 얼마인가? (단, $\dfrac{e^{\mu'\theta}-1}{e^{\mu'\theta}} = 0.69$이다.)

① 3.45[kW] ② 2.56[kW]
③ 1.22[kW] ④ 0.59[kW]

Solution 유효장력 P_e는 $T_t = P_e \dfrac{e^{\mu'\theta}}{e^{\mu'\theta}-1}$; $20 = P_e \times \dfrac{1}{0.69}$; $P_e = 13.8[\text{kg}_f]$

$H_{kw} = \dfrac{P_e V}{102} = \dfrac{13.8 \times 9}{102} = 1.22[\text{kW}]$

19 평벨트 전동장치에서 벨트가 4.5[m/sec]로 회전하고 이완측 장력이 80[kg], 긴장측의 장력이 285[kg]일 때 전달마력은 얼마인가?

① 16.5[PS] ② 14.7[PS]
③ 12.3[PS] ④ 10.9[PS]

Solution $H_{ps} = \dfrac{P_e V}{75} = \dfrac{(285-80) \times 4.5}{75} = 12.3[\text{PS}]$

20 이음 효율이 85[%]인 벨트 전동에서 유효장력이 145[kg]이고 긴장측 장력이 이완측 장력의 2.5배일 때 이 벨트의 폭은 얼마인가? (단, 벨트의 두께는 6[m] 허용인장응력은 0.52[kg/mm²]으로 한다.)

① 92[mm] ② 98[mm]
③ 105[mm] ④ 116[mm]

Solution 주어진 조건으로부터 긴장측장력 T_t를 결정하면

$T_t = (1 - \dfrac{1}{2.5})^{-1} \times P_e = (1 - \dfrac{1}{2.5})^{-1} \times 145 = 241.67[\text{kg}_f]$

$\sigma_a = \dfrac{T_t}{tb\eta}$; $0.52 = \dfrac{241.67}{6 \times 0.85 b}$; $b = 91.13[\text{mm}]$

21 체인 전동장치에서 피치 21.05[mm], 중심거리 800[mm], 잇수가 각각 20 및 52 일 때 링크수는 몇 개인가?

① 110 ② 111
③ 112 ④ 113

Solution 체인의 길이 L를 결정하면

$L = 2C + \dfrac{p}{2}(Z_A + Z_B) + \dfrac{0.0257 p^2 (Z_B - Z_A)^2}{C}$

$= 2 \times 800 + \dfrac{21.05}{2}(20+52) + \dfrac{0.0257 \times 21.05^2 (52-20)^2}{800} = 2372.38[\text{mm}]$

$L_n = \dfrac{L}{P} = \dfrac{2372.38}{21.05} = 112.7$

Answer 18 ③ 19 ③ 20 ① 21 ④

22 다음과 같은 벨트 중 고속회전용으로 큰 힘을 받을 때 사용하는 것은?
① V벨트　　　　　　　　　② 바로걸기 벨트
③ 엇걸기 벨트　　　　　　　④ 홈붙이 벨트

23 사일런트 체인의 목적은?
① 속도비를 일정하게 해준다.
② 체인의 늘음과 소음을 방지해준다.
③ 외부의 충격을 견디게 해준다.
④ 편의마모를 방지해준다.

24 V 벨트의 특징이 아닌 것은?
① 운전이 원활하고 정숙하다.
② 전동효율이 나쁘다.
③ 사용중 끊어지면 접합이 불가능하다.
④ 베어링 부담이 적다.

25 V 벨트의 호칭번호를 나타낸 것으로 맞는 것은?
① V벨트 홈의 모양과 크기　　② V벨트 홈의 각도
③ V벨트의 형상　　　　　　　④ V벨트의 길이

26 벨트에 장력을 가하는 방법이 아닌 것은?
① 벨트의 자중에 의한 방법　　② 탄성 변형에 의한 방법
③ 긴장 풀리를 이용하는 방법　④ 원심력에 의한 방법

27 체인(chain)의 전동장치는 다음 중 어느 것에 유리하나?
① 회전력이 클 때　　　　　　② 회전력이 작을 때
③ 미끄럼이 클 때　　　　　　④ 축간 거리가 클 때

28 V 벨트의 표준치수 중 가장 작은형은?
① E형　　　　　　　　　　　② D형
③ A형　　　　　　　　　　　④ M형

*Answer　22 ①　23 ②　24 ②　25 ①　26 ②　27 ③　28 ④

29 V 벨트의 단면은?

① 사각형　　　　　　　　② 사다리꼴
③ 원뿔　　　　　　　　　④ 원형

30 롤러 체인 전동에서 충격 없이 원활히 운전하려면 옳은 것은?

① 잇수도 적고 피치도 작을수록 좋다.
② 잇수는 적고 피치는 클수록 좋다.
③ 잇수가 많고 피치가 작을수록 좋다.
④ 잇수가 많고 피치가 클수록 좋다.

31 축간거리 $C=500$[mm], 벨트 풀리의 지름 $D_1=300$[mm], $D_2=600$[mm]이라 할 때 평행걸기때보다 십자걸기때가 벨트의 길이가 몇 mm가 길까?

① 300　　　　　　　　　② 360
③ 400　　　　　　　　　④ 460

Solution
$$4l = \frac{(D_2+D_1)^2}{4C} - \frac{(D_2-D_1)^2}{4C} = \frac{900^2-300^2}{4 \times 500} = 360 \,[\text{mm}]$$

Answer 29 ②　30 ③　31 ②

Part 06

컴퓨터응용설계 (CAD)

제1장 __ 그래픽의 입·출력장치
제2장 __ 컴퓨터 그래픽을 위한 수학적 표현과 도형의 생성
제3장 __ CAD system의 모델링
제4장 __ 곡선(curve)
제5장 __ 곡면
제6장 __ CAD 데이터 교환을 위한 표준 파일
제7장 __ 뷰잉, 데이터 구조, 시각적 현실감

chapter 1 그래픽의 입·출력장치

1 CAD(Computer Aided Design)

제품의 설계, 설계의 수정, 해석 및 최적 설계 등의 작업을 컴퓨터의 도움을 받아 수행하는 분야를 전산응용설계(CAD)라 한다.

1. 하드웨어(hardware)

컴퓨터, 그래픽 터미널, 키보드, 기타 주변장치 등이 컴퓨터를 구성하는 전자, 기계적 장치를 하드웨어라 한다.

(1) 중앙처리장치(CPU: Central Processing Unit)

① 제어장치, ② 주기억장치, ③ 연산장치

(2) 보조기억장치

① 자기테이프, ② 플로피 디스크, ③ 자기 디스크, ④ 광자기 디스크, ⑤ 자기드럼, ⑥ 콤펙트 디스크

(3) 입력장치

① 키보드, ② 마우스, ③ 라이트 펜, ④ 조이스틱, ⑤ 스캐너, ⑥ 3차원 측정기

(4) 출력장치

① 프린터, ② 플로터, ③ 하드카피, ④ 그래픽 디스플레이
▶ 컴퓨터의 3대 장치 : 입·출력장치, 중앙처리장치, 기억장치
▶ 컴퓨터의 5대 장치 : 입력장치, 출력장치, 제어장치, 기억장치, 연산장치

2. 소프트웨어(software)

컴퓨터 그래픽 프로그램, 응력해석, 구조해석, 기구해석, 열전달 계산, NC 파트프로그래밍 등

의 응용 프로그램을 소프트웨어라 한다.

(1) system software : ① DOS, ② Windows, ③ Windows NT, ④ 리눅스, ⑤ UNIX, ⑥ Windows Vista
(2) 응용 software : ① Auto CAD, ② Intellic CAD, ③ CATIA, ④ Pro-Engineer, ⑤ NASTRAN(Fluent 포함)
(3) back data : 도형 및 비도형의 각종 정보를 관리

3. CAD를 이용한 설계업무★★

(1) **기하학적 모델링**(geometric modeling) : 물체의 모양을 완전히 수학적으로 표현하는 과정이며, 선, 원, 원뿔, 사각형 등의 기본적 도형을 확대, 이동, 회전시켜 요소들을 결합하여 대상물을 만들어 내는 것을 의미한다.
(2) **공학적 해석**(engineering analysis) : 설계하고자 하는 system의 동적 특성, 응력상태, 열 전달 특성을 알아보기 위한 수치계산이다.
(3) **설계검사와 평가**(design review and evaluation) : 반자동 치수 기입 기능이나, 공차 기입 등을 이용하여 치수를 기입시 오류를 막고 도면상의 세부 내용을 부분 확대하여 확인할 수도 있으며 layer 기능을 이용하여 각 부분의 조립 상태를 화면상에서 미리 확인함으로써 실제 조립시 발생할 수 있는 간섭 현상을 예방할 수도 있다.
(4) **자동제도**(automatic drafting) : 완성된 물체를 포함한 정면도, 평면도, 투영도 등을 모든 시야에서 자유롭게 그릴 수 있다.

4. CAD system의 설계범위

(1) **개념설계**(기획구상) : 기본적으로 요구되는 설계물의 성능, 스케치도를 결정한다.
(2) **기본설계** : 설계물의 구조, 배치, 형상 등을 결정한다.
(3) **상세설계** : 상세도라고 불리며 해설, 작도, 중량 계산 등을 포함한 설계이다.
(4) **생산설계** : 생산작업에 관련되는 일련의 작업에 관련한 것이다.

2 출력장치(output devices)★★★

CAD system 내부에 저장되어 있는 수학적인 data의 정보를 사용자가 쉽게 파악할 수 있도록 표현해 주는 장치로 일시적인 표현장치와 영구적인 표현장치가 있다. 일시적인 출력장치로는 그래픽 디스플레이(graphic display)가 있고, 영구적인 표현장치로는 플로터(plotter), 프린터(printer), 하드 카피(hard copy)장치와 COM장치 등이 있다.

1. CRT 모니터의 원리와 특성

(1) 디스플레이 터미널(영상표시장치)

　브라운관에 형광 물질(인)을 입히고 여기에 전자빔을 주사하여 화면에 문자나 도형 등의 정보를 표시하는 장치로 현재 사용되고 있는 것은 대부분 음극선관(CRT : cathode ray tube)이다. 음극선관이란 고전압에 의해서 고속으로 진행하는 전자의 흐름을 이용하여 영상화시키는 출력 장치로 그림1-1과 같은 구조로 되어있다.

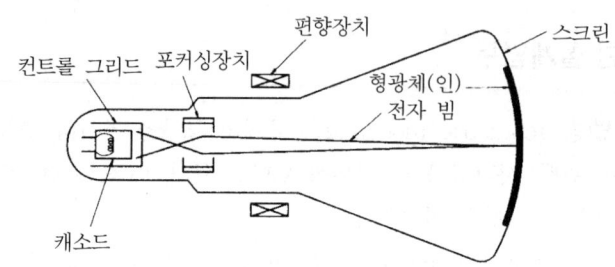

그림1-1 랜덤 스캔형 CRT 구조

　CRT는 스크린(screen), 전자총(electron), 포커싱(focusing) 장치, 편향장치로 구성되며 각각의 기능은 다음과 같다.
① 스크린(screen) : 앞면은 블록하거나 평평한 유리로 되어있고 뒷면은 형광물질 인을 입혀 알루미늄으로 둘러싸여 있다.
② 전자총(electron) : 연속적으로 전자 빔을 방출시키는 역할을 하는 캐소드(cathode)와 전자빔의 밝기를 조절하는 역할을 하는 그리드(grid)로 되어있다.
③ 포커싱(focusing)장치 : 두 양극판 사이에서 전자 빔의 강도(초점)를 조절한다.
④ 편향(deflection)장치 : 전자빔이 CRT의 형광면에 만나게 되는 지점을 조절하여 그림을 그리게 한다.

　CRT형 디스플레이 터미널에는 리플레시(refresh)형과 스토리지(storage)형이 있다. 리플레시형이란 한 번 화면의 표시가 끝나면 다시 화면의 처음으로 되돌아가 다시 그려나가는 화면 재표시 작업 형태로 랜덤 스캔형과 래스터 스캔형으로 구분된다. 스토리지형은 물체의 형상을 장시간(2~3시간) 유지시킬 수 있는 작업형태로 되어있다.

(2) 랜덤 스캔형(random scan type)

　도형을 segment buffer memory에서 차례로 읽어내는 순서에 따라서 영상이 그려지는 기법으로 전자빔을 연필처럼 사용하기 때문에 벡터스캔형이라고도 한다. 화면상에 도형을 표시해 나갈 때 화면의 깜박임(flickering)을 방지하기 위하여 초당 30회에서 60회정도 리프레시(refresh)를 해주어야 한다.
　플리커(깜박임-flicker)란 한 번 주사되어진 빛이 형광체와 접촉한 후 사라지기 전까지 다음 빛이 주사되어지지 않으면, 그 사이에 화면상에서 일어나는 현상이다. 랜덤 스캔형의 특징은 다음과 같다.

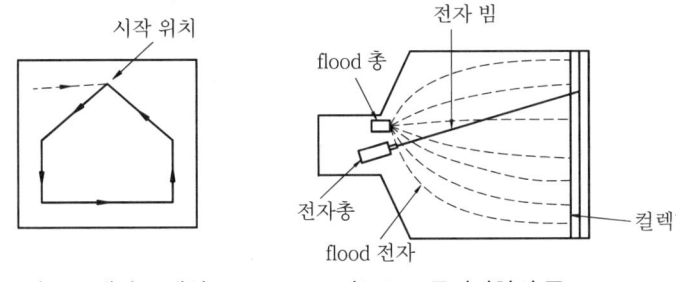
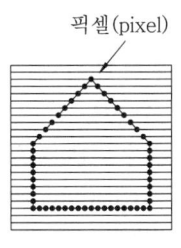

그림1-2 랜덤 스캔형   그림1-3 스토리지형의 구조   그림1-4 래스터 스캔형

① 아날로그 방식으로 선질이 양호하고 해상도가 우수한 고정밀도의 화면을 표시할 수 있다.
② 도형을 기억하고 있는 메모리의 내용이 바뀌면 즉시 그에 따라 수정이 가능하여 움직이는 영상을 처리할 수 있다.(애니메이션; animation)
③ 도형을 부분 삭제할 수 있다.(도형의 편집 가능)
④ 광선펜을 사용할 수 있다.
⑤ 전자빔을 연필처럼 사용하므로 도형의 표시량에는 한계가 있다.
⑥ 플리커가 발생하는 경우가 있으므로 매초 30~60회 이상 리프레시가 필요하다.

(3) 스토리지형(direct view storage tube type-DVST)

일정한 크기 이상의 전위를 받으면 발광성을 계속 유지하는 특수 형광물질을 이용한 축적관(storage tube)을 사용하여 형상을 한번만 표시하면 2~3시간 정도 유지할 수 있어 떨림도 없고 다시 그릴 필요도 없다. 스토리지형의 특징은 다음과 같다.
① 표시할 수 있는 도형의 양에 제한이 없다.
② 깜박거림(플리커)이 없다.
③ 해상도가 우수한 고정밀도이다.
④ 밝기와 선명도가 낮다.(저 contrast이다.)
⑤ 도형의 부분삭제가 어렵다.(애니메이션이 불가능하다.)
⑥ 단색 표현만 가능하다.

(4) 래스터 스캔형(raster scan type)

TV 화면과 같이 화면 전체를 빔으로 주사하여 도형의 유무에 따라 pixel (picture element; 화소)의 밝기를 변화시켜 도형을 표시하는 방식, 즉 전자빔이 화면상에서 수평선을 따라 왼쪽에서 오른쪽으로, 위에서 아래로 움직이면서 지그재그로 한 줄씩 그려가는 방식이다. 디지털 신호를 사용함으로 디지털 TV라고도 한다. 래스터 스캔형의 특징은 다음과 같다.
① 깜박거림(flicker)이 없다.
② 컬러(color)표시가 가능하다.
③ 표시할 수 있는 데이터의 양에 제한이 없다.
④ 화질이 빈약하여 해상도가 떨어진다.
⑤ 랜덤 스캔형보다 표시속도가 느리다.

(5) 컬러 디스플레이(color display)

컬러 CRT에는 섀도마스크 방식, 그리드 편향방식, 페니트레이션 방식의 3가지가 있다. 표현할 수 있는 색은 전자총 3개에 의해 빨강(red), 파랑(blue), 초록(green)색의 혼합비에 따라서 정해진다. PC CAD에서는 4~16가지, CAD/CAM에서는 16~4096가지 색의 표현이 가능하다.
① IRGB(intensity red green blue) 색상표 사용
② 빨강 + 녹색 = 노랑(yellow)
③ 빨강 + 파랑 = 자홍(magenta)
④ 녹색 + 파랑 = 청록(cyan)
⑤ 빨강 + 녹색 + 파랑 = 백색(white)

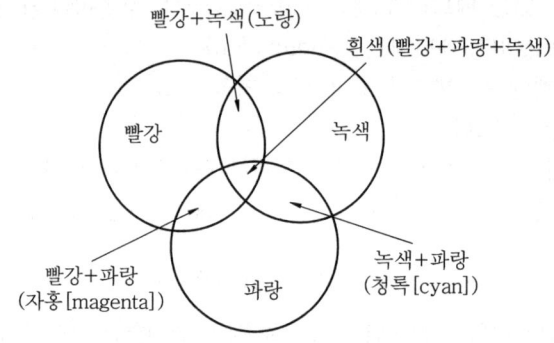

그림1-5 컬러 디스플레이의 색상

1) 섀도마스크 방식

0.2~0.3mm의 작은 구멍이 30만개 정도가 있도 얇은 금속판에 3개의 전자총에서 발사된 전자빔이 이 작은 구멍을 통해 형광면에 도달하여 3색의 발광이 시각적으로 합성되어 1점의 발광으로 복잡한 색채화상을 재현할 수 있는 방식이다.

2) 그리드 편향 방식
3) 페니트레이션 방식

2. CRT를 사용하지 않는 디스플레이(display)

(1) 플라즈마식(plasma display panel :PDP)

플라즈마는 이온상태의 가스로 세 개의 유리판으로 구성되어 있는데 중간판에는 네온 전구가 있고 다른 두 판에는 전도체의 띠가 수직 또는 수평으로 배열되어 있다. 네온 전구는 행렬 형식으로 구별되며 앞판과 뒷판의 해당되는 선에 전압을 조절함으로서 활성화 또는 비활성화되어 도형을 표시한다. 플라즈마 디스플레이의 특징은 다음과 같다.
① 저렴한 비용으로 화면의 대형화가 쉽다.
② 밝은 화면과 고화질의 화면을 보장할 수 있다.
③ 같은 크기의 화면에서 LCD 보다 가격이 저렴하다.
④ LCD보다 화질이 떨어진다.
⑤ 전력소모나 눈의 피로가 LCD보다 심하다.

⑥ 주로 TV 화면으로 사용되며 컴퓨터 모니터로 연결하여 사용이 가능하다.

(2) 전자발광 디스플레이(electraluminescent display)

망간이 함유된 황화아연의 전자 발광물질을 포함하고 있는 층이 두 개의 전극사이에 끼어져 전압을 조절함으로써 활성화 또는 비활성화되어 도형을 표시한다.
① 발광 다이오드(LED ; light emitting diode)

(3) 액정 디스플레이(liquid crystal display : LCD)

CRT의 대용으로 휴대용 컴퓨터에 사용하고 있으며 두 개의 편광기(polarizer, 수평과 수직), 두 개의 배열 구조의 전선(수평과 수직), 액정이 들어 있는 층과 하나의 반사층으로 되어있는 편광현상을 이용한 디스플레이 장치이다.
① 픽셀의 크기가 작아 해상도가 높다.
② 화질이 매우 선명하다.
③ 크기가 작고 무게가 가볍다.
④ 미관이 수려하다.
⑤ 대형화하기 어렵다.
⑥ 가격이 비싸다.

(4) CRT와 LCD의 비교

① 반응속도는 CRT가 LCD보다 빠르다.
② 화질의 정도는 CRT가 LCD보다 선명하다.
③ 화면의 밝기는 CRT보다 LCD가 밝다.

3. 플로터의 종류와 특성

플로터(plotter)는 종이와 펜을 기계적으로 움직여 도면을 그리는데 이용된다. 플로터로서 제도의 성능을 결정하는 3요소는 작화속도, 작화정밀도, 선질이며 기본 구성요소로는 그림을 그리는 플로팅 헤드, 종이나 필름을 부착시키는 장치인 플로팅 매체, 플로팅 헤드를 적절히 움직여 주는 장치인 제어장치 등으로 되어 있다. 플로터의 형식을 분류하면 펜을 사용하여 기록하는 펜식, 전자빔을 이용하여 기록하는 래스터식, pen 대신 텅스텐, 할로겐 또는 레이저 광선 투사기를 사용하여 기록하는 광전식 등이 있다.

(1) 플랫 베드형(flat bad type) 플로터

평평한 table 위에 bar가 있고 그 막대 위에 펜 헤드(pen head)가 놓여 있어 막대가 좌우로, 펜 헤드가 막대 위를 전후로 움직이며 펜이 상하로 움직이면서 테이블 위에 놓인 용지 위에 도형을 그린다. 플랫 베드형 플로터의 특징은 다음과 같다.
① 고밀도, 고정도의 작화가 가능하다.
② 작화중의 모니터가 용이하다.
③ 자유롭게 용지를 선정할 수 있다.

④ A1, A2 용지의 작화가 가능하므로 설치 면적이 크다.
⑤ 가격이 비싸고 정비 보수가 까다롭다.
⑥ 용지의 교환이 번거로우며, 테이블과 용지의 밀착성이 요구된다.

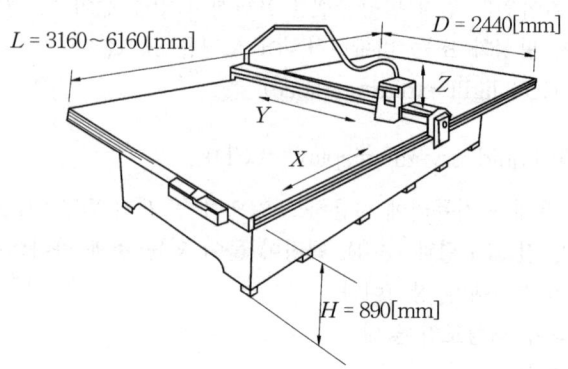

그림1-6 플랫 베드형 플로터

(2) 드럼형(drum type) 플로터

펜은 좌우로 직선운동만 하고 용지는 드럼에 부착되어 앞, 뒤로 회전하면서 그림을 그리는 방식으로 중간 단계의 체크용 도면작성에 널리 사용되고 있다. 드럼형 플로터의 특징은 다음과 같다.
① 간단한 기구로 되어 있으며 설치면적이 좁다.
② 고속 작화가 가능하지만 작화 중 모니터가 어렵다.
③ 용지의 길이에 제한이 없으며 연속 작화가 가능하다.
④ 저정밀도이며 가동 비용은 저렴하다.
⑤ 작화 후 도면을 1매씩 절단하여야만 한다.

(3) 벨트형(belt type) 플로터

플랫 베드형과 드럼형의 조합형이다. 벨트형 플로터의 특징은 다음과 같다.
① 설치면적이 적다.
② 연속용지나 규칙용지도 사용할 수 있다

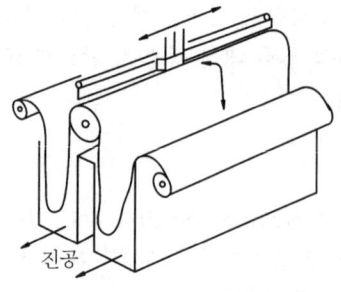

그림1-7 드럼형 플로터

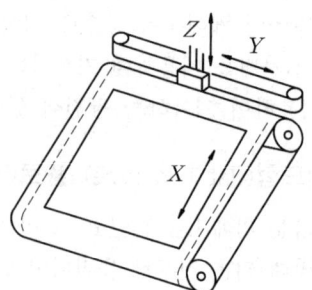

그림1-8 벨트형 플로터

(4) 리니어 모터형(linear motor type) 플로터

2축을 동시에 리니어 모터를 사용하여 제어하며, 1개의 모터를 이용하여 2차원 좌표를 설정하고 작화를 할 수 있다. 리니어 모터형 플로터의 특징은 다음과 같다.
① 작화속도가 빠르며 고정밀도이다.
② 작화중 모니터가 어렵지만 신뢰성이 높다.
③ 가동 부분은 경량이며 설치면적이 넓다.
④ 오버 셧(Over Shut)의 가능성이 높다.

(5) 잉크제트식(ink-jet type)

하드 카피(hard copy)라 부르는 기기로서 그래픽 디스플레이에 나타낸 화상을 그대로 받아 도면으로 표현하는 기기이다. 이것은 잉크를 품어내는 노즐(nozzle)을 갖고 있는 헤드(head)가 좌우로 움직여 소정의 위치에서 잉크를 불어 내어 도형을 그린다.
① 하드 카피 장치(hard copy unit) : 음극선관(CRT)의 화면상에 나타난 형상을 그대로 복사하는 기기로 작화속도는 표시된 도형의 복잡성에 관계없이 일정하게 유지되며 설계할 때 신속하게 변하는 결과를 그 때 그 때 관찰하는 데에는 편리하나 플로터에 비하여 해상도가 떨어짐으로 최종 도면 출력용으로는 적합하지 않다.

(6) 정전식(electrostatic type) 플로터

펜 대신 전극이 8본/mm의 간격으로 1열로 나란하게 구성되어 있는 종이에 음전하를 발생시키고 양 전하를 띤 검정색 토너를 흘러서 도면을 작성한다. 정전식 플로터의 특징은 다음과 같다.

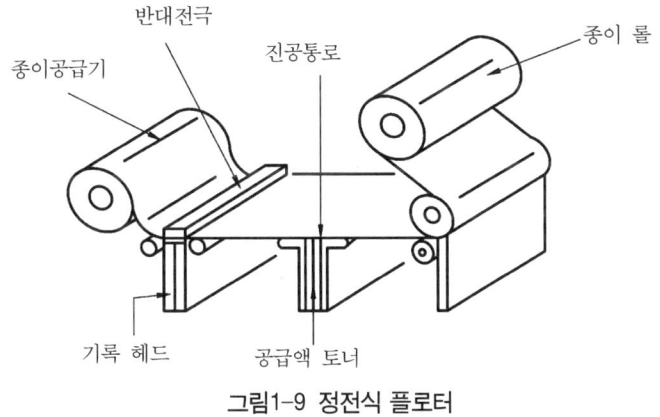

그림1-9 정전식 플로터

① 작화속도가 빠른 반면 소음은 작다.
② 펜 플로터용 작화 데이터를 변화시키지 않고 사용할 수 있다.
③ 토너와 기록 용지의 호환성은 낮다.
④ 고화질이다.
⑤ 벡터 데이터를 래스터 데이터로 변환해 주어야 한다.
⑥ 단색과 컬러형이 가능하다.

(7) 열전사식 플로터

필름에 도포한 잉크(color의 경우 yellow, cyan, magenta, black)를 발열 저항체로 배열한 서멀헤드로 녹여 기록지에 전사하는 방식으로 용융열 전사 방식과 승화열 전사 방식이 있다.

(8) 광전식 플로터(photo plotter)

pen 대신 텅스텐, 할로겐, 또는 레이저 광선 pro-jector를 사용하고 용지는 감광지로 대체함으로서 PCB의 art work 작업이나 필름 원판 제작 등을 위하여 사용한다.

① PCB(printed circuit board) : 인쇄 배선회로-전기, 전자 시스템에서 주로 사용하는 용어이다.

(9) 레이저 빔식 플로터

복사기와 같은 원리로 레이저광을 회전경으로 주사하고 감광 드럼에 비추면 레이저광의 ON/OFF에 의하여 감광 드럼상에 정전기의 잠상이 만들어지는데 여기에 토너를 흡착시켜 현상한다.

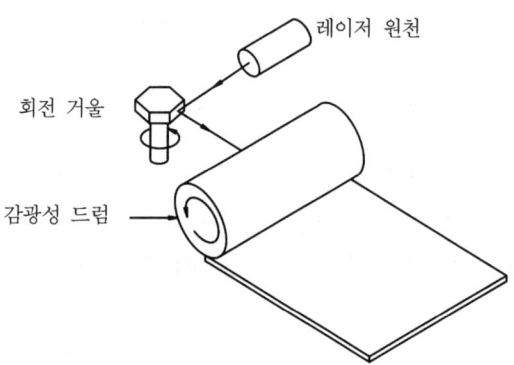

그림1-10 레이저 빔식 플로터

(10) 감열식 플로터(thermal plotter)

왁스형 잉크로 덮인 리본이 왁스가 녹을 수 있도록 충분히 가열되어 잉크를 종이에 부착시켜 인쇄하는 장치로 정전기식 플로터와 유사하며 또한 래스터 형태의 장치로 볼 수 있다.

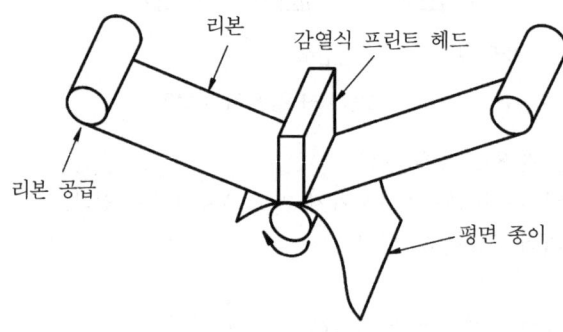

그림1-11 감열식 플로터

4. 프린터의 종류와 특성

프린터(printer)는 컴퓨터에서 처리된 정보를 용지에 인쇄하는 장치로 임팩트(impact)방식과 넌임팩트(non-impact)방식이 있다. 임팩트 방식은 힘을 바탕으로 한 기록장치이며 넌 임팩트 방식은 힘을 바탕으로 하지 않고 열, 유체, 전기, 광, 자기 등을 이용하여 기록하는 장치이다.

(1) 문자 프린터(시리얼 : serial printer)

출력정보가 적은 마이크로 컴퓨터나 단말기의 출력장치로 사용되며 도트행렬방식이다.

(2) 라인 프린터(line printer)

한 줄(120~136자)을 한번에 인쇄하는 고속출력장치로 드럼 방식과 체인 방식이 있다.
① 드럼 방식 : 문자가 배열되어 있는 드럼이 고속으로 회전하면서 원하는 활자가 인쇄 위치에 왔을 때 해머로 두들겨 인쇄하는 방식이다.
② 체인 방식 : 컴퓨터에서 사용하는 문자인 활자가 3~4번이 연결된 체인을 고석으로 회전시키면서 원하는 활자가 지정된 위치에 접근해 오면 해머로 쳐서 인쇄하는 방식이다.

(3) 페이지 프린터

전기, 열, 광선을 이용하므로 그 처리 속도가 너무 빨라서 한 번에 한 페이지씩 인쇄하는 것처럼 보이는 프린터이다.

5. COM(computer out put microfilm)

도면이나 문자 등을 마이크로 필름(microfilm)으로 출력하는 장치이다.

(1) COM 장치의 특징

① 종이처럼 필름에 수행할 수 없다.
② plotter보다 해상도가 뒤떨어진다.
③ 보관된 내용은 언제든지 확대해 볼 수 있다.
④ 크기가 작아 보관하기 쉽다.
⑤ 처리 속도가 매우 빠르다.

3 입력장치(input devices)★★★★

입력장치란 외부의 데이터를 컴퓨터 내부로 보내주는 역할 즉 데이터 입력, 커서의 제어, 기능의 선택 등을 수행 할 수 있는 장치로 물리적 입력 장치와 논리적 입력장치로 나눌 수 있다.

1. 물리적 입력장치(physical input devices)

(1) 키 보드(key board)

ASCII code을 이용하여 데이터 입력이나 프로그램을 입력하는 장치로 구성은 다음과 같다.

그림1-12 키 보드(Alphanumeric keyboard)

① 알파뉴메릭키(alphanumeric key) : 영문자, 숫자, 특수문자 등의 데이터를 입력하는 키
② 기능 키(function key) : 사용상의 정의를 위한 특수기능 키
③ 키패드(keypad) : 워드프로세서를 위한 키

(2) 태블릿(tablet)과 디지타이저(digitizer)

커서를 평판 표면상에 이동시켜 각각의 커서 위치를 감지하고 좌표입력, 메뉴의 선택, 커서 제어 등을 스타일러스 펜(stylus pen)과 퍽(puck)을 사용하여 작업한다.

① 태블릿 : 보통 50[cm] 이하의 소형으로 전자 유도식이 주로 사용된다.
② 디지타이저 : 50[cm] 이상의 대형으로 2차원 x, y 좌표 입력에만 사용된다.
③ 스타일러스 펜(stylus pen)과 퍽(puck) : 태블릿과 디지타이저 상에서 위치 정보를 검출하여 컴퓨터로 전달하는 커서제어기구이다.

그림1-13 디지타이저

(3) 마우스(mouse)

커서 제어 기구로 도형의 인식, 메뉴의 선택, 그래픽적인 좌표입력 등을 위해 사용된다.

(4) 라이트 펜(light pen : 광선 펜)

① 그래픽 스크린(CRT) 상에 접촉한 빛을 인식하는 장치에 의하여 위치나 도형을 지정하거나 자유로운 스케치, 메뉴의 명령 선택, 데이터의 입력 등을 제어한다.
② 빛을 인식하는 장치에는 광 다이오드, 광 트랜지스터, 광선 감지기 등이 사용된다.
③ 그래픽 디스플레이(CRT)의 종류 중 스토리지형에는 사용할 수 없다.

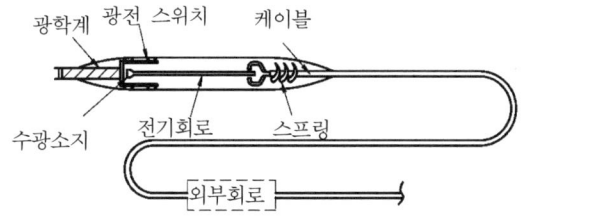 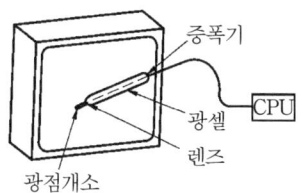

그림1-14 라이트 펜

(5) **접촉 민감성 화면**(touch-sensitive screen)

CRT와 직접 작동자의 손가락을 접촉시켜 작동시키는 입력 장치이다.

(6) **섬 휠**(thumb wheel)

키보드 상에 있으며 x, y 각 축 방향으로 커서를 이동시킬 수 있는 장치이다.

(7) **트랙 볼**(track ball)

마우스와 같은 기능을 갖고 있으며 조이스틱보다는 정확하게 커서 조정이 가능하다.

(8) **조이 스틱**(joy stick)

조이 스틱은 트랙볼과 마우스와 함께 사용자의 손과 눈의 적절한 조화에 의해 메뉴 선택과 도형의 인식에 사용되는 분압기형(potentio-metric) 입력장치이다. 조이스틱의 기능에는 다음 2가지가 있다.
① 확대·축소(zooming) 기능
② 화면 이동(scrolling) 기능

(9) **컨트롤 다이얼**(control dial)

도형을 확대·축소(zooming)하거나, 이동(panning)·회전(rotation)이 가능하지만 도형의 생성에는 사용할 수 없는 입력장치이다.

(10) **기능 키**(function key)

도형의 작성이나 이동·복사 등의 명령을 CAD 시스템에 적용할 수 있는 입력장치이다.

(11) **화상 스캐너**(image scanner)

필름이나 사진, 문서, 도면 등에 광선을 주사하여 그래픽스를 화상 데이터 베이스로 변환시키는 장치이다.

(12) **3차원 측정기**

실물을 도형이 없는 상태에서 필요한 자료를 얻을 때 사용한다. 즉 자동차, 항공기, 선박 등의 자유곡면을 측정하여 자료화하는데 사용된다.

(13) **음성 데이터 입력**(voice data entry)

음성 신호가 컴퓨터로 입력되어 디지털 코드로 변환하여 정보화된다.

2. 논리적 입력장치

(1) **셀렉터**(selector)

화면상의 특정 물체를 가리키는데 사용하는 장치로 light pen(광선펜)을 들 수 있다.

(2) **로케이터**(locator)

좌표를 지정하는 입력장치로 디지타이저(digitizer), 조이 스틱(joy stick), 스타일러스 펜(stylus pen), 퍽(puck), 테블릿(tablet), 마우스(mouse), 트랙 볼(track ball) 등이 있다.

(3) **벨류에이터**(valuator)

스크린 상에서 물체를 평행이동 또는 회전 등과 같이 파라미터 값을 변화시키는데 사용하는 장치이다.
① rotary potentiometer
② slide potentiometer

(4) **버튼**(button)

키보드와 조합된 형태로 각 버튼마다 프로그램된 기능에 의해 작동하는 장치이다.
① programed function keyboard

chapter 1 실전연습문제

01 음극관(CRT)은 형광체의 구성 성분에 따라 지속시간이 달라진다. 다음 보기 중 형광체와 지속시간의 연결이 잘못된 것은?
① P4 형광체-60μsec
② P7 형광체-300μsec
③ P31 형광체-40μsec
④ P39 형광체-170μsec

02 최근에는 CRT 디스플레이보다 평판 디스플레이가 사용되고 있다. 다음 중 이러한 이유로 볼 수 없는 것은?
① CRT는 부피가 크고 무겁다는 한계성 때문이다.
② 화질이 선명하기 때문이다.
③ 가격이 저렴하기 때문이다.
④ 사용하기 편리하기 때문이다.

03 다음 중 평판 디스플레이의 종류로 볼 수 없는 것은?
① 플라즈마판
② 전자 발광 디스플레이
③ 열전사 디스플레이
④ 액정 디스플레이

04 다음 보기 중 관계가 먼 장치는?
① 화상 스캐너
② 접촉민감성 화면
③ 음성 데이터 입력
④ 하드 카피 장치

05 미래에는 그래픽 기술과 컴퓨터와의 상호작용 방법이 극적으로 변화될 수 있는데 그 이유와 관계없는 것은 다음 중 어느 것인가?
① 가상현실(virtual reality)
② 레이저 프리젠테이션(razer presentation)
③ 인공현실(artificial reality)
④ 사이버 공간(cyberspace)

06 다음 중 색채 프린터의 해상도가 가장 좋은 것은?
① 정전식
② 잉크분사식
③ 사진식
④ 열전사식

Answer 01 ④ 02 ① 03 ③ 04 ④ 05 ② 06 ③

07 다음 중 입력장치가 아닌 것은?
① 스캐너　　　　　　　　② 키보드
③ 마우스　　　　　　　　④ 플로터

08 다음 컴퓨터 그래픽스의 용어에 대한 설명 중 틀린 것은?
① 알파값은 RGB 색상 정보와 더불어 픽셀단위로 할당되어 투명도를 표현한다.
② Z-buffer에 저장되는 z-value는 픽셀의 깊이 정보를 담고 있다.
③ Gouraud shading은 법선 벡터(normal vector)를 보간하는 방법이다.
④ CMYK 색상모델에서 K는 검은색을 의미한다.

09 다음 중 CRT형 그래픽 디스플레이의 종류가 아닌 것은?
① 스토레이지 디스플레이(storage display)
② LCD(liquid crystal display)
③ 랜덤 스캔 디스플레이(random scan display)
④ 래스터 스캔 디스플레이(raster scan display)

10 다음 출력장치 중 특수 처리된 종이에 부분적으로 음전기를 충전하여 이 종이 위에 양전기로 충전된 토너를 이용하여 인쇄하는 장치는?
① 잉크 분사식(ink-jet) 프린터　　　② 레이저(laser) 프린터
③ 정전기식(electrostatic) 프린터　　④ 감열식(thermal) 프린터

11 감광소자를 끝에 고정시킨 것으로서 이것을 대면 전자빔이 위치에 왔을 때 빛을 검출하고 전자 빔 편향시간에 좌표값을 컴퓨터가 인식하게 하여 선이나 문자를 CRT화면에 그리게 하는 것은?
① 조이스틱　　　　　　　　② 라이트 펜
③ 트랙 볼　　　　　　　　④ 디지타이저

12 CAD용 그래픽 터미널 스크린의 해상도(resolution)를 결정하는 요소는?
① 사용 전압　　　　　　　② 스크린의 크기
③ 픽셀(pixel) 수　　　　　　④ 색상의 수

Answer　07 ④　08 ③　09 ②　10 ③　11 ②　12 ③

13 다음 중 커서 콘트롤 장치가 아닌 것은?

① thumb wheel ② joystick
③ tracker ball ④ pen plotter

> **Solution** ① 입력장치 : 썸휠, 조이스틱, 트랙 볼
> ② 출력장치 : 플로터, 프린터, CRT, 그래픽 디스플레이

14 평판 디스플레이 장치 중에서 전기장의 원리가 빛을 발생하는 데에 이용되지 않고 단지 투과되는 빛의 양만을 조절하는 데에 이용되는 것은?

① electroluminescent display ② liquid crystal display
③ plasma panel ④ image scanner

15 회전형 가변저항기를 X축과 Y축 방향으로 회전시켜 커서를 이동시키는 기구로 정확한 위치 선택이 용이하며, 주로 키보드와 같이 부착되어 있는 입력장치는?

① 섬 휠(thumb wheel) ② 라이트 펜(light pen)
③ 디지타이저(digitizer) ④ 푸시 버튼(push button)

16 일반적인 컴퓨터 그래픽 하드웨어의 대표적인 구성요소로 보기 어려운 것은?

① 입력 ② 탐색
③ 저장 ④ 출력

17 컬러 래스터 스캔 화면 생성방식에서 3 bit lane 의 사용 가능한 색깔의 수는 모두 몇 개인가?

① 8 ② 32
③ 256 ④ 1024

> **Solution** $2^3 = 8$

18 다음 중 평판 디스플레이 장치 중 해상도가 가장 떨어져 주로 대형 화면으로 사용되는 기술적인 한계를 갖는 장치는?

① 플라즈마 판(plasma panel)
② 전자발광 디스플레이(electroluminescenc display)
③ 액정 디스플레이(liquid crystal display ; LCD)
④ 박판 필름 트랜지스터(thin-film transistor ; TFT)

Answer 13 ④ 14 ② 15 ① 16 ② 17 ① 18 ①

19 그래픽 터미널의 한 화면을 꾸미기 위해 소요되는 메모리들을 일명 무엇이라고 하는가?

① random access memory
② bit plane
③ basic memory
④ memory address

20 미국의 표준 코드로 컴퓨터와 주변장치간의 데이터 입출력에 주로 사용하는 데이터 표현방식은?

① DECIMAL
② BCD
③ EBCDIC
④ ASSCII

> **Solution**
> • ASCII 코드 특징
> ① 미국의 표준 코드
> ② 데이터 통신에 이용되는 정보교환용 코드
> ③ 존 비트 3개, 디짓 비트 4개로 구성되어 한 문자를 표시한다.
> ④ 패리티비트 1개를 사용

21 CAD에 쓰이는 그래픽 터미널 중 전자빔의 주사 방법은 텔레비전과 같으며 도형의 유무에 관계없이 항상 수평방향으로 주사시켜 상을 형성하는 방식은?

① raster-scan
② direct-view storage tube
③ reflesh-scan
④ random scan

22 래스터 스캔 디스플레이에 관련된 용어가 아닌 것은?

① flicker
② refresh
③ frame buffer
④ RISC

23 래스터 스캔 디스플레이 장치를 운영하기 위해서는 음극선을 브라운관 후면에 주사하여야 한다. 이러한 현상을 refresh 한다고 하는데, 이 refresh 현상으로 발생하는 또다른 현상은?

① flicker 현상
② shadow mask 현상
③ frame 현상
④ cache 현상

> **Solution**
> • flicker 현상 : 리프레시에 의해 화면이 깜빡거리는 현상으로 초당 30~60회의 리프레시가 이루어져야 깜빡거림 현상이 없다.

24 다음 출력장치 중 래스터 스캔(raster scan) 방식이 아닌 것은?

① 잉크젯 프린트(inkjet print)
② 레이저 프린터(laser printer)
③ 펜 플로터(X-Y plotter)
④ 정전식 플로터(electrostatic plotter)

> **Solution**
> • 펜 플로터 : 펜을 이용하여 지면에 직접 그려나가는 방식으로 벡터 스캔형(랜덤 스캔형)이다.

Answer 19 ② 20 ④ 21 ① 22 ④ 23 ① 24 ③

25 CAD 시스템의 입력장치 중 미리 작성된 문자나 도형의 이미지 입력에 적당한 장치는?
① 디지타이저(digitizer) ② 키보드(key-board)
③ 스캐너(scanner) ④ 섬 휠(thumb wheel)

26 CAD 시스템의 하드웨어 중에서 마이크로 필름에 출력할 수 있는 장치는?
① X-Y plotter ② COM plotter
③ 레이저 프린터 ④ scanner

27 512 × 512 픽셀로 구성된 래스터 스캔 디스플레이인 경우 픽셀당 1비트가 할당된다면 하나의 화면을 구성하는데 필요한 비트수는 얼마인가?
① 5120 ② 102,400
③ 131,072 ④ 262,144

> **Solution** 필요 비트수 = 512×512 = 262,144 bits

28 다음 중 입력장치가 아닌 것은?
① 라이트 펜 ② 마우스
③ 프린터 ④ 스캐너

29 다음 중에서 디스플레이 장치의 소재로 사용되는 내용이 아닌 것은?
① DED(digital equipment display)
② plasma display
③ TFT-LCD(thin film transistor-liquid crystal display)
④ CRT(cathode ray tube) plsplay

> **Solution** • 그래픽 디스플레이(graphic display)장치
> ① CRT(cathode ray tube)
> ② 액정식(LCD)
> ③ 플라즈마(plasma display)
> ④ 발광 다이오드(LED식)
> ⑤ 레이저 스크린식

30 CAD 시스템 출력장치 중 화소에 부여된 어드레스에 의하여 출력하는 hard copy unit 에 해당하지 않는 것은?
① dot matrix printer ② pen plotter
③ electrostatic plotter ④ laser printer

> **Solution** refresh type 의 디스플레이 장치와 연결된 영구출력장치이다.

Answer 25 ③ 26 ② 27 ④ 28 ③ 29 ① 30 ②

31 다음 중 CAD 시스템용 입력장치가 아닌 것은?

① 라이트 펜(light pen)　　② 섬 휠(thumb wheel)
③ 퍽(puck)　　　　　　　　④ 데이터 글로브(data glove)

32 CAD 시스템 출력장치가 아닌 것은 어느 것인가?

① 플로터(plotter)　　　　② 프린터(printer)
③ 디스플레이(display)　　④ 조이스틱(joystick)

> **Solution** 조이스틱(joystick)은 줌기능과 이동기능을 갖춘 입력장치이다.

33 21인치 1600×1200 픽셀 해상도 래스터 모니터를 지원하는 그래픽 보드가 트루칼라(24비트)를 지원하기 위해 필요한 최소 메모리는 얼마인가?

① 1MB　　② 4MB
③ 8MB　　④ 32MB

> **Solution** 2^{24} = 16MB
> 1개의 data를 표현하는데 2byte가 필요하므로 최소 8MB의 메모리가 필요하다.
> 24비트, 2^{24} = 16777216 = 16384 KB = 16 MB

34 컴퓨터 하드웨어의 기본적인 구성요소라고 할 수 없는 것은 어느 것인가?

① 중앙처리장치(C.P.U)
② 기억장치(memory unit)
③ 운영체제(operrating system)
④ 입·출력장치(input-output device)

35 다음 입·출력장치 중에서 사용방법상 다른 것과 구별되는 것은?

① thumbwheel　　② joystick
③ tracker ball　　　④ light pen

36 래스터 스캔형 디스플레이(raster scan type display)에 대한 설명이 아닌 것은?

① 깜박거림(flickering)을 방지하기 위해 refresh를 많이 해준다.
② 가정의 TV 수상기와 같은 원리를 갖고 있다.
③ 다양한 색상을 폭넓게 사용할 수 있다.
④ 표시속도가 매우 빠르다.

Answer 31 ④　32 ③　33 ③　34 ③　35 ④　36 ④

37 다음 설명 중 틀린 것은?

① 색상 선정 레지스터는 RGB 모니터를 통해서 만들어지는 색상을 제어하는데 사용된다.
② 화면에 나타나는 색상은 기본색인 빨강, 파랑, 노랑이 서로 혼합되어 만들어진다.
③ IBM-PC 시스템에서는 8비트를 사용하므로 256가지 문자를 분리할 수 있다.
④ ASCII 코드는 128가지 문자를 분리할 수 있다.

38 디지타이저의 설명으로 적합한 것은?

① CAD 프로그램에 의한 작업결과를 출력하기 위한 장치이다.
② 도형 등을 X-Y 좌표방식으로 하여 입력시키는 장치이다.
③ 도면이나 그림 등을 처리하는 입출력 공용의 장치이다.
④ X-Y 플로터의 일종이다.

39 그래픽 처리 디스플레이 장치에 의해서 화면을 구성하고자 할 경우 화면을 구성하는 가장 최소 단위는?

① 픽셀(pixel)　　　　② 스캔(scan)
③ 레벨(level)　　　　④ 음극관(cathode)

40 그래픽 터미널에서 컬러 표시능력이 가장 우수한 것은 어느 것인가?

① directed beam refresh 방식　　② DVST 방식
③ rester scan 방식　　④ dummy terminal 방식

41 래스터 스캔의 장점은 어느 것인가?

① 고정밀도를 내기가 어렵다.
② 표시속도가 느리다.
③ 다양한 색깔을 쉽게 얻을 수 있다.
④ 가격이 고가이다.

42 리니어 모터형(linear motor type) 플로터의 설명 중 바르게 표현한 것은?

① 가동부분이 중량(重量)이다.
② 고정밀도(高精密度)이다.
③ 설치하는 면적이 작다.
④ 작화중의 모니터가 용이하다.

Answer　37 ②　38 ②　39 ①　40 ③　41 ③　42 ②

43 디스플레이상의 도형을 입력장치와 연동시켜 움직일 때, 도형이 움직이는 상태를 무엇이라 하는가?

① 드래깅(dragging)　　② 트리밍(thimming)
③ 새딩(shading)　　④ 주밍(zooming)

44 다음의 스토리지형(storage) CRT의 특성을 설명한 것 중에서 관계없는 설명은 어느 것인가?

① flicker 현상이 없다.
② 라이트 펜(light pen)을 사용할 수 있다.
③ 영상의 질이 우수하다.
④ 부분수정이 어렵다.

45 컬러 잉크젯 프린터에 사용되는 색상이 아닌 것은?

① 노랑색(yellow)　　② 검정색(black)
③ 하늘색(cyan)　　④ 빨강색(red)

46 현재 CAD system의 화면표시장치(display unit)로 많이 사용되고 있는 래스터 스캔(raster scan)형 CRT의 특징을 설명한 것으로 잘못된 것은 무엇인가?

① 표시할 수 있는 도형의 양에 제한이 없고, 가격이 타 화면표시장치에 비해 상대적으로 저렴하다.
② 색상(color)의 표현이 거의 무제한이다.
③ 해상도가 좋으므로 표시되는 선의 질이 우수하다.
④ 부분적인 소거가 가능하여 편집작업이 용이하다.

47 다음 입력장치 중 평판 위에서 철필이나 퍽(puck)을 움직여 좌표의 위치를 입력하는 장치는?

① 광전 펜(light pen)　　② 마우스(mouse)
③ 조이 스틱(joy stick)　　④ 테블릿(tablet)

48 컨트롤 다이얼(control dial)은 주로 다음과 같은 작업에 편리하게 사용되는데 적당하지 않은 것은?

① 모델의 회전(rotation)　　② 모델의 패닝(panning)
③ 모델의 주밍(zoommng)　　④ 모델의 트리밍(trimming)

Answer　43 ①　44 ②　45 ④　46 ③　47 ④　48 ④

49 raster scan 형식의 CRT 스크린의 디스플레이 방식에 대하여 바르게 설명한 것은 어느 것인가?

① 전자 beam이 화면을 지그재그 형식을 주사하는 방식으로 디지털 신호로써 형상을 만든다.
② 스크린상에 형상을 만들기 위해 전자 beam이 형상을 따라 움직여서 형상을 만든다.
③ 작성된 그림을 스크린의 형광막에 영구적으로 디스플레이시킨다.
④ 전자 beam이 화면을 지그재그 형태로 주사하는 방식으로 아날로그 신호를 사용하여 형상을 만든다.

50 다음 CAD 시스템의 입력장치 중 십자 마크(커서)를 이동시켜 좌표를 지정하는 역할을 하는 장치가 아닌 것은?

① 마우스(mouse) ② 라이트 펜(light pen)
③ 조이 스틱(joy stick) ④ 트랙 볼(track ball)

51 입·출력 장치로부터 입·출력되기 위한 자료들을 임시로 저장하기 위한 장소를 무엇일 하는가?

① cache ② file ③ buffer ④ block

52 다음 그래픽스 작업 중 프린터의 해상도(resolution)를 나타내는 단위는?

① CPS ② BPI ③ DPI ④ LCD

53 스크린상에서 물체를 평행이동 또는 회전시킬 경우 그 양을 조절하는 등 parameter 값을 변화시키는데 사용되는 장치는?

① valuater ② scanner ③ tablet ④ trackball

54 커서 제어장비로서 CRT상의 특정 위치에서 방사되는 빛을 검출하여 위치나 점을 지시하는데 사용되는 입력장치는?

① 스타일러스 펜 ② 섬 휠
③ 트랙 볼 ④ 라이트 펜

55 다음은 그래픽 터미널에 대한 설명이다. 틀린 것은?

① 래스터 스캔형은 화상을 부분 소거할 수 있다.
② 스토리지형은 컬러표시가 곤란하다.
③ 랜덤 스캔형은 고정도이나 가격이 비싸다.
④ 스토리지형은 동화(animation)가 가능하다.

Answer 49 ① 50 ② 51 ③ 52 ③ 53 ① 54 ④ 55 ④

56 플랫 베드형 플로터의 설명 중 틀린 것은 어느 것인가?
① 작화중에 모니터가 쉽다.
② 정비, 보수가 까다롭고 설치면적이 크다.
③ 고밀도, 고정도의 작화가 가능하다.
④ 테이블과 용지의 밀착성이 요구되지 않는다.

57 컴퓨터 시스템의 구성요소의 일부분을 나열한 것 중에서 컴퓨터 외부에서 입출력 장치를 장착할 수 있는 부분의 명칭이 아닌 것은?
① parallel port
② pen holder
③ serial port
④ videl signal port

58 color monitor에 사용하는 빛의 3원색에 포함되지 않는 것은?
① 빨강
② 노랑
③ 파랑
④ 초록

59 CAD system의 논리적 입력장치에 속하는 것은?
① 로케이터(locator)
② 라이트 펜(light pen)
③ 트랙 볼(track ball)
④ 조이 스틱(joy stick)

60 다음 그래픽 출력장치 중 CRT 화면에 나타난 형상 그대로 복사하는 기기로 중간결과 검토용으로 쓰이는 출력기는?
① 하드 카피
② 플로터
③ 프린터
④ COM 장치

61 다음을 스토리지형(storage) CRT의 특성을 설명한 것 중에서 관계없는 설명은 어느 것인가?
① flicker가 발생하지 않는다.
② 라이트 펜을 사용할 수 없다.
③ 고정밀도이다.
④ 동화상 표시에 적합하다.

62 입력장치 중 화면에 직접 접촉하여 cursor를 조정할 수 있는 것은?
① 마우스(mouse)
② 썸 휠(thumb wheel)
③ 타블렛(tablet)
④ 라이트 펜(light pen)

Answer 56 ④ 57 ① 58 ② 59 ① 60 ① 61 ④ 62 ④

chapter 2 컴퓨터 그래픽을 위한 수학적 표현과 도형의 생성

1 CAD 시스템의 좌표계

(1) 좌표계의 종류★★★

CAD System에서 형상을 정의 내리기 위해서 사용하는 좌표계에는 다음과 같은 4가지가 있다. 각 좌표계에서 한 점의 표현 방법을 여기서 설명한다.

① 직교좌표계(cartesian coordinate system) : 직교 좌표계는 X, Y, Z 방향의 축에 따른 XY, YZ, ZX 면으로부터의 거리 x, y, z 값으로 한 점을 표현할 수 있는 좌표계이다.

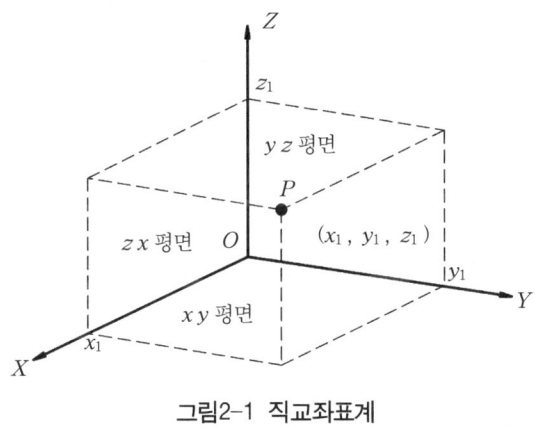

그림2-1 직교좌표계

② 극좌표계(polar coordinate system) : 한 점의 좌표를 중심거리와 각도로 표시할 수 있는 좌표계이다.
③ 원통좌표계(cylindrical coordinate system) : 극 좌표계에 공간의 개념을 적용하여 공간상의 한 점을 표기하기 위한 좌표계이다.
④ 구면좌표계(spherical coordinate system) : P 점에서 원점까지의 거리 D, 선분 OP와 Z 축의 양 방향이 이루는 각인 ϕ, X 축의 양의 방향과 선분 OP(XY 면에 선분 OP의 투영)가 이루는 사잇각 θ 등의 3개의 값(D, θ, ϕ)으로 한 점을 표현할 수 있는 좌표계이다.

(2) 직교좌표계와 원통좌표계(또는 극좌표계)★★

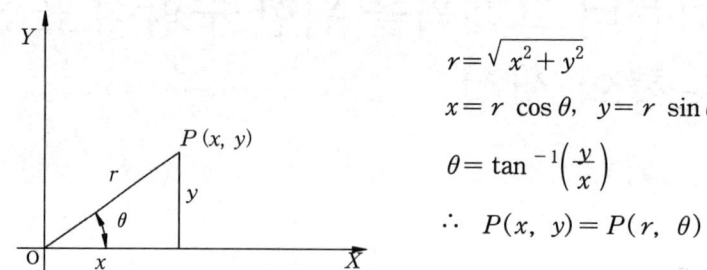

$$r = \sqrt{x^2 + y^2}$$
$$x = r \cos \theta, \quad y = r \sin \theta$$
$$\theta = \tan^{-1}\left(\frac{y}{x}\right)$$
$$\therefore P(x, y) = P(r, \theta) \qquad [2-1]$$

그림2-2 직교좌표계와 원통좌표계

(3) 직교좌표계와 구면좌표계★★

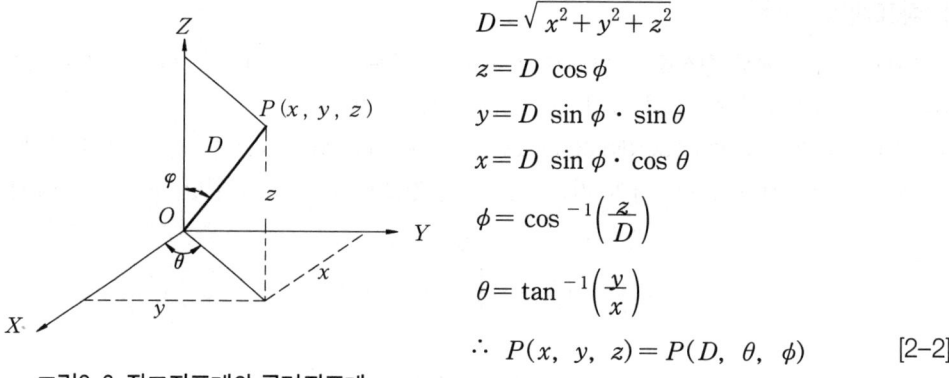

$$D = \sqrt{x^2 + y^2 + z^2}$$
$$z = D \cos \phi$$
$$y = D \sin \phi \cdot \sin \theta$$
$$x = D \sin \phi \cdot \cos \theta$$
$$\phi = \cos^{-1}\left(\frac{z}{D}\right)$$
$$\theta = \tan^{-1}\left(\frac{y}{x}\right)$$
$$\therefore P(x, y, z) = P(D, \theta, \phi) \qquad [2-2]$$

그림2-3 직교좌표계와 구면좌표계

2 도형의 방정식

1. 직선 방정식★

(1) 직선 방정식의 표현

① 기울기가 a 이고, y 절편이 b 인 직선의 방정식

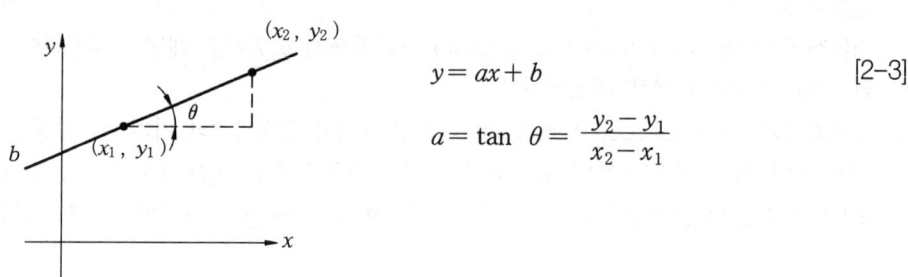

$$y = ax + b \qquad [2-3]$$
$$a = \tan \theta = \frac{y_2 - y_1}{x_2 - x_1}$$

그림2-4 직선의 방정식

② 기울기가 m이고 점(x_1, y_1)을 지나는 직선의 방정식

$$y - y_1 = m(x - x_1)$$ [2-4]

③ 두 점 (x_1, y_1), (x_2, y_2)를 지나는 직선의 방정식

$$x_1 \neq x_2 \text{일 때 } y - y_1 = \frac{y_2 - y_1}{x_2 - x_1}(x - x_1)$$

$$x_1 = x_2 \text{일 때 } x = x_1$$ [2-5]

④ x절편이 a이고 y절편이 b인 직선의 방정식

$$\frac{x}{a} + \frac{y}{b} = 1$$ [2-6]

(2) 일차함수

① 표준형 : $y = ax + b$
② 기울기와 y절편의 부호에 따른 유형
  ㉠ 직선 l : (기울기) < 0, (y절편) < 0
  ㉡ 직선 m : (기울기) < 0, (y절편) > 0
  ㉢ 직선 n : (기울기) > 0, (y절편) > 0

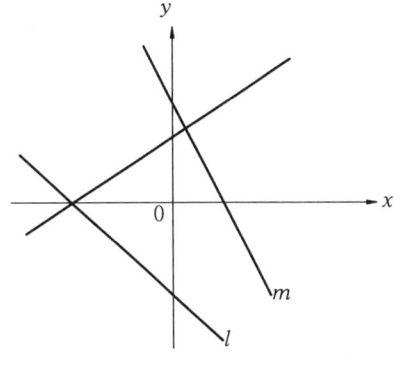

그림2-5 일차함수의 유형

2. 원의 방정식★★

(1) 원점이 원의 중심이고 반지름이 r인 원

$$x^2 + y^2 = r^2$$ [2-7]

(2) 중심이 (a, b)이고 반지름의 길이가 r인 원

$$(x - a)^2 + (y - b)^2 = r^2$$ [2-8]

(3) 원의 방정식의 일반형

$$x^2 + y^2 + Ax + By + C = 0$$ [2-9]

단, $A^2 + B^2 - 4C > 0$

3. 포물선의 방정식★★

(1) 포물선의 정의

평면 위의 한 정점과 이 점을 지나지 않는 한 점의 직선에 이르는 거리가 같은 점의 자취로 이루어진 곡선이다.

① x축의 방향으로 m, y축의 방향으로 n만큼 평행 이동한 포물선 방정식

$$(y-n)^2 = 4P(x-m) \qquad [2\text{-}10]$$

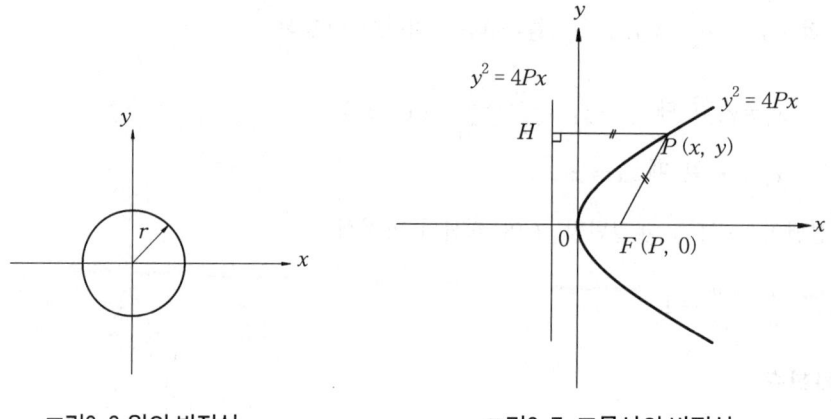

그림2-6 원의 방정식 　　　　　그림2-7 포물선의 방정식

4. 타원의 방정식*

(1) 타원의 정의

평면 위에서 두 정점 F, F'에서의 거리의 합이 일정한 점 P의 집합을 타원이라고 한다. 두 정점을 초점이라 한다.

(2) 타원의 방정식의 표준형

$$\frac{x^2}{a^2} + \frac{y^2}{b^2} = 1 \qquad [2\text{-}11]$$

(3) 타원의 평행이동

x축 방향으로 m, y축 방향으로 n만큼 평행 이동한 경우 타원의 방정식은 다음과 같다.

$$\frac{(x-m)^2}{a^2} + \frac{(y-n)^2}{b^2} = 1 \qquad [2\text{-}12]$$

5. 쌍곡선의 방정식*

(1) 쌍곡선의 정의

평면 위에서 두 정점 F, F'에서의 거리의 차가 일정한 점 P의 집합을 쌍곡선이라고 한다. 두 정점을 초점이라 한다.

(2) 쌍곡선 방정식의 표준형

$$\frac{x^2}{a^2} - \frac{y^2}{b^2} = \pm 1 \qquad [2\text{-}13]$$

(3) 쌍곡선의 평행 이동

x축의 방향으로 m, y축의 방향으로 n만큼 평행 이동한 쌍곡선은 다음과 같다.

$$\frac{(x-m)^2}{a^2} - \frac{(y-n)^2}{b^2} = 1 \tag{2-14}$$

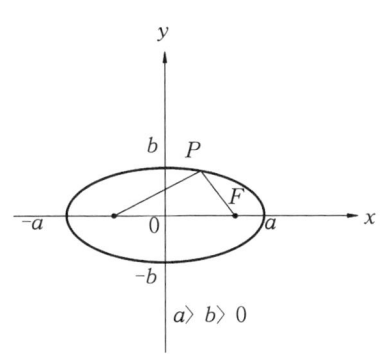

그림2-8 타원의 방정식

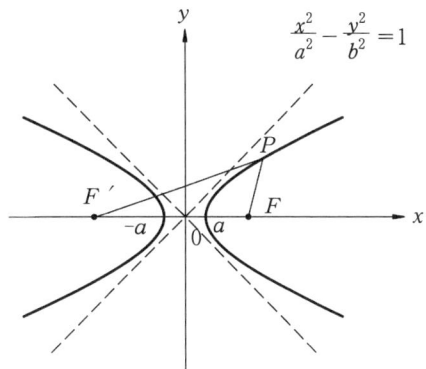

그림2-9 쌍곡선의 방정식

6. 구의 방정식★★

중심이 $c(a, b, c)$이고, 반지름의 길이가 r인 구의 방정식은 다음과 같다.

$$(x-a)^2 + (y-b)^2 + (z-c)^2 = r^2 \tag{2-15}$$

(1) 중심이 원점이고 반지름이 r인 구의 방정식

$$x^2 + y^2 + z^2 = r^2 \tag{2-16}$$

3 2차함수와 3차함수

1. 이차함수

(1) 이차함수의 표현

$$y = ax^2 + bx + c = a(x-m)^2 + n \tag{2-17}$$

(2) 이차함수 계수의 부호에 따른 그래프의 개형

① $a > 0$ 이면 아래로 볼록하고, $a < 0$ 이면 위로 볼록
② a, b가 같은 부호이면 대칭축이 y축의 왼쪽에 있고, a, b가 다른 부호이면 대칭축이 y축의 오른쪽에 있다.

③ 꼭지점(m, n) 대칭축

$$x = -\frac{b}{2a} \text{ (또는 } x = m)$$ [2-18]

2. 삼차함수

(1) $y = ax^3$ 의 그래프

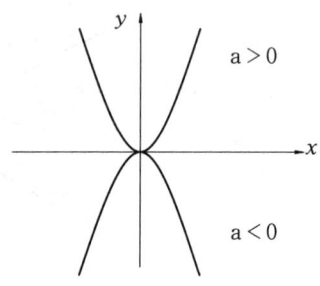

그림2-10 3차함수

① $a > 0$ 일 때, x 의 값이 증가하면 y 의 값도 증가한다.
② $a < 0$ 일 때, x 의 값이 증가하면 y 의 값은 감소한다.
③ 원점(0, 0)에 대하여 대칭인 그래프이다.

(2) $y = a(x-m)^3 + n$ 의 그래프

① $y = ax^3$ 의 그래프를 x축 방향으로 m, y축 방향으로 n 만큼 평행 이동한 그래프이다.
② 점(m, n)에 대하여 대칭인 그래프이다.

4 도형의 벡터와 행렬 표현

1. 도형의 벡터 표현

(1) 벡터의 정의와 상등

1) 벡터의 정의
 ① 벡터 : 크기와 방향을 동시에 가지는 양
 ② 스칼라 : 크기만 가지는 양

2) 벡터의 크기

$$|\overrightarrow{AB}| = |\vec{a}|$$ [2-19]

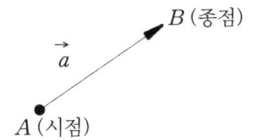 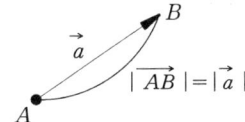

그림2-11 벡터의 크기

3) 벡터의 상등

두 벡터 $\vec{a}$, $\vec{b}$의 크기와 방향이 같다.

$$\vec{a} = \vec{b} \qquad [2\text{-}20]$$

4) 영벡터, 단위 벡터, 역 벡터
   ① 영 벡터 : 시점과 종점이 일치하는 벡터
   ② 단위 벡터 : 크기가 1인 벡터, 즉 $|\vec{AB}| = |\vec{a}| = 1$인 벡터
   ③ 역 벡터 : 크기가 같고 방향이 반대인 벡터

(2) 벡터의 덧셈과 뺄셈

1) 벡터의 덧셈 : $\vec{a} + \vec{b}$
   ① 삼각형법

$$\vec{a} = \vec{AB}, \quad \vec{b} = \vec{BC}$$
$$\vec{AC} = \vec{a} + \vec{b} = \vec{AB} + \vec{BC} \qquad [2\text{-}21]$$

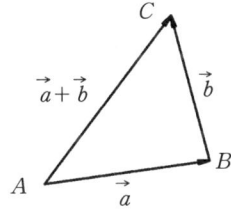 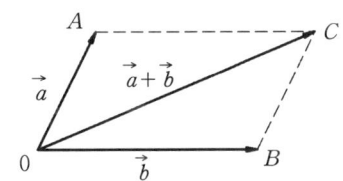

그림2-12 삼각형법 그림2-13 평행사변형법

   ② 평행사변형법

$$\vec{a} = \vec{OA}, \quad \vec{b} = \vec{OB}$$
$$\vec{OC} = \vec{a} + \vec{b} = \vec{OA} + \vec{OB} \qquad [2\text{-}22]$$

2) 벡터의 덧셈의 기본 성질
   ① $\vec{a} + \vec{b} = \vec{b} + \vec{a}$ [2-23]
   ② $\vec{a} + (\vec{b} + \vec{c}) = (\vec{a} + \vec{b}) + \vec{c}$ [2-24]
   ③ $\vec{a} + \vec{0} = \vec{0} + \vec{a} = \vec{a}$ [2-25]
   ④ $\vec{a} + (-\vec{a}) = (-\vec{a}) + \vec{a} = \vec{0}$ [2-26]

(3) 벡터의 스칼라 배

① $m>0$ 이면 $m\vec{a}$ 의 크기는 $m|\vec{a}|$ 이고 $\vec{a}$ 와 같은 방향이다.
② $m<0$ 이면 $m\vec{a}$ 의 크기는 $m|\vec{a}|$ 이고 $\vec{a}$ 와 반대 방향이다.
③ $m=0$ 이면 $m\vec{a}=\vec{0}$ 이다.
　실수 k, l 과 벡터 a, b 에 대하여 정리하면 다음과 같다.
④ $(kl)\vec{a}=k(l\vec{a})=l(k\vec{a})$ [2-27]
⑤ $(k+l)\vec{a}=k\vec{a}+l\vec{a}$ [2-28]
⑥ $k(\vec{a}+\vec{b})=k\vec{a}+k\vec{b}$ [2-29]

(4) 벡터의 평행

영 벡터가 아닌 두 벡터 $\vec{a}$, $\vec{b}$ 의 방향이 같거나 또는 반대일 때, $\vec{a}$ 와 $\vec{b}$ 는 서로 평행하다고 하고 $\vec{a}//\vec{b}$ 로 나타낸다.

$$\vec{a}//\vec{b} \Leftrightarrow \vec{a}=t\vec{b}\ (t \text{ 는 실수})$$ [2-30]

(5) 위치 벡터

그림2-14에서 $\vec{a}=\overrightarrow{OA}$ 를 점 O 에 대한 점 A 의 위치 벡터라 한다.

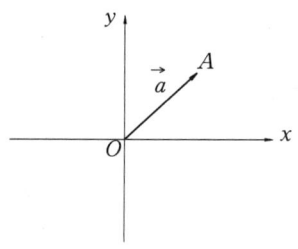

그림2-14 단위벡터

(6) 벡터의 성분

1) 평면 벡터의 성분 표시

　평면 벡터 $\vec{a}$ 에 대하여 $\vec{a}=\overrightarrow{OA}$ 이고 $A(a_1,\ a_2) \Leftrightarrow \vec{a}=(a_1,\ a_2)$ 이다.

2) 평면 벡터(2차원)의 기본 성질

　$\vec{a}(a_1,\ a_2)$, $\vec{b}(b_1,\ b_2)$ 이고 m 이 실수 일 때
① $\vec{a}=\vec{b} \Leftrightarrow a_1=b_1,\ a_2=b_2$ [2-31]
② $|\vec{a}|=\sqrt{a_1^2+a_2^2}$ [2-32]
③ $\vec{a}\pm\vec{b}=(a_1\pm b_1,\ a_2\pm b_2)$ [2-33]
④ $m\vec{a}=(ma_1,\ ma_2)$ [2-34]

3) 공간 벡터의 성분 표시 및 기본 성질

공간 벡터 $\vec{a}$ 에 대하여 $\vec{a} = \overrightarrow{OA}$ 이고 $A(a_1, a_2, a_3) \Leftrightarrow \vec{a}(a_1, a_2, a_3)$, $\vec{b}$ 에 대하여 $\vec{b} = \overrightarrow{OB}$ 이고 $B(b_1, b_2, b_3) \Leftrightarrow \vec{b}(b_1, b_2, b_3)$ 이고 m 이 실수 일 때,

① $\vec{a} = \vec{b} \Leftrightarrow a_1 = b_1, \ a_2 = b_2, \ a_3 = b_3$ [2-35]

② $|\vec{a}| = \sqrt{a_1^2 + a_2^2 + a_3^2}$ [2-36]

③ $\vec{a} \pm \vec{b} = (a_1 \pm b_1, \ a_2 \pm b_2, \ a_3 \pm b_3)$ [2-37]

④ $m\vec{a} = (ma_1, \ ma_2, \ ma_3)$ [2-38]

4) $\vec{a} = (a_1, a_2, a_3)$ 가 x 축, y 축 z 축의 양의 방향과 이루는 각의 크기를 각각 α, β, γ 라 하면

① $a_1 = |\vec{a}|\cos\alpha, \ a_2 = |\vec{a}|\cos\beta, \ a_3 = |\vec{a}|\cos\gamma$ [2-39]

② $\vec{a}$ 의 방향 코사인 : $\cos\alpha, \ \cos\beta, \ \cos\gamma$

③ $\cos^2\alpha + \cos^2\beta + \cos^2\gamma = 1$ [2-40]

(7) 벡터의 내적★★

1) 내적의 정의

두 벡터 $\vec{a}$, $\vec{b}$ 가 이루는 각의 크기가 θ 일 때

$$\vec{a} \cdot \vec{b} = |\vec{a}||\vec{b}|\cos\theta$$ [2-41]

2) 평면 벡터의 내적

$$\vec{a} = (a_1, a_2), \ \vec{b} = (b_1, b_2)$$
$$\vec{a} \cdot \vec{b} = a_1 b_1 + a_2 b_2$$ [2-42]

3) 공간 벡터의 내적

$$\vec{a} = (a_1, a_2, a_3), \ \vec{b} = (b_1, b_2, b_3)$$
$$\vec{a} \cdot \vec{b} = a_1 b_1 + a_2 b_2 + a_3 b_3$$ [2-43]

4) 두 벡터가 이루는 각

두 벡터 a, b 가 이루는 각의 크기를 θ 라 하면

$$\cos\theta = \frac{\vec{a} \cdot \vec{b}}{|\vec{a}||\vec{b}|}$$ [2-44]

① 평행 : $\vec{a} // \vec{b} \Leftrightarrow \vec{a} \cdot \vec{b} = \pm |\vec{a}||\vec{b}|$ [2-45]

② 수직 : $\vec{a} \perp \vec{b} \Leftrightarrow \vec{a} \cdot \vec{b} = 0$ [2-46]

5) 내적의 성질

① 교환법칙 : $\vec{a} \cdot \vec{b} = \vec{b} \cdot \vec{a}$ [2-47]

② 결합법칙 : $(m\vec{a}) \cdot \vec{b} = \vec{a} \cdot (m\vec{b}) = m(\vec{a} \cdot \vec{b})$, ($m$ 은 실수) [2-48]

③ 분배법칙 : $\vec{a}\cdot(\vec{b}+\vec{c})=\vec{a}\cdot\vec{b}+\vec{a}\cdot\vec{c}$ [2-49]

(8) 벡터의 외적(벡터 적)★★

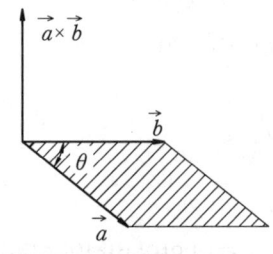

그림2-15 벡터의 외적

① $\vec{a}\times\vec{b}=|\vec{a}||\vec{b}|\sin\theta,\ (0\leq\theta\leq\pi)$ [2-50]

② 기본 성질

$$\vec{a}\times\vec{b}=-\vec{b}\times\vec{a}$$ [2-51]

$$(k\vec{a})\times\vec{b}=k(\vec{a}\times\vec{b})$$ [2-52]

$$\vec{a}\times(\vec{b}+\vec{c})=\vec{a}\times\vec{b}+\vec{a}\times\vec{c}$$ [2-53]

③ 성분항으로 표시

$$\hat{i}\times\hat{i}=0,\ \hat{j}\times\hat{j}=0,\ \hat{k}\times\hat{k}=0$$ [2-54]

$$\hat{j}\times\hat{k}=\hat{i},\ \hat{k}\times\hat{i}=\hat{j},\ \hat{i}\times\hat{j}=\hat{k}$$ [2-55]

$$\hat{k}\times\hat{j}=-\hat{i},\ \hat{i}\times\hat{k}=-\hat{j},\ \hat{j}\times\hat{i}=-\hat{k}$$ [2-56]

$$\vec{a}=a_x\hat{i}+a_y\hat{j}+a_z\hat{k}$$ [2-57]

$$\vec{b}=b_x\hat{i}+b_y\hat{j}+b_z\hat{k}$$ [2-58]

$$\vec{a}\times\vec{b}=\begin{vmatrix}\hat{i}&\hat{j}&\hat{k}\\a_x&a_y&a_z\\b_x&b_y&b_z\end{vmatrix}=(a_x\hat{i}+a_y\hat{j}+a_z\hat{k})\times(b_x\hat{i}+b_y\hat{j}+b_z\hat{k})$$

$$=(a_yb_z-a_zb_y)\hat{i}+(a_zb_x-a_xb_z)\hat{j}+(a_xb_y-a_yb_x)\hat{k}$$ [2-59]

④ 스칼라 삼중적(scalar triple product)

$$(\vec{a}\times\vec{b})\cdot\vec{c}$$ [2-60]

⑤ 벡터의 삼중적(vector triple product)

$$\vec{a}\times(\vec{b}\times\vec{c})=(\vec{a}\cdot\vec{c})\vec{b}-(\vec{a}\cdot\vec{b})\vec{c}$$ [2-61]

$$\vec{a}\times(\vec{b}\times\vec{c})=(\vec{a}\cdot\vec{c})\vec{b}-(\vec{b}\cdot\vec{c})\vec{a}$$ [2-62]

2. 행렬(matrix)의 표현

(1) 행렬의 정의

다음의 A 행렬은 (m, n) 행렬이다.

$$A = \begin{bmatrix} a_{11} & a_{12} & \cdots & a_{1n} \\ a_{21} & a_{22} & \cdots & a_{2n} \\ \cdot & \cdot & \cdots & \cdot \\ \cdot & \cdot & \cdots & \cdot \\ \cdot & \cdot & \cdots & \cdot \\ a_{mn} & a_{m2} & \cdots & a_{mn} \end{bmatrix}$$ [2-63]

여기서, 행(row)은 가로 줄, 열(column)은 세로 줄을 의미한다.
$a_{11}, a_{12}, a_{13}, \ldots, a_{mn}$ 은 원소(요소, 성분)이다.

(2) 행렬의 연산

① 덧셈

$$\begin{bmatrix} a & b & c \\ d & e & f \\ g & h & i \end{bmatrix} + \begin{bmatrix} A & B & C \\ D & E & F \\ G & H & I \end{bmatrix} = \begin{bmatrix} a+A & b+B & c+C \\ d+D & e+E & f+F \\ g+G & h+H & i+I \end{bmatrix}$$ [2-64]

② 곱셈

$$\begin{bmatrix} a & b \\ c & d \end{bmatrix} + \begin{bmatrix} p & r & u \\ q & s & v \end{bmatrix} = \begin{bmatrix} ap+bq & ar+bs & au+bv \\ cp+dq & cr+ds & cu+dv \end{bmatrix}$$ [2-65]

(3) transposition

행과 열을 바꾸는 작업이다. 예를 들면 다음과 같다.

$$A = \begin{bmatrix} 2 & 3 \\ 0 & -1 \end{bmatrix}, \ B = \begin{bmatrix} 1 & 5 \\ 2 & 4 \end{bmatrix}, \ (AB)^T = B^T A^T$$ [2-66]

$$AB = \begin{bmatrix} 2 & 3 \\ 0 & -1 \end{bmatrix}\begin{bmatrix} 1 & 5 \\ 2 & 4 \end{bmatrix} = \begin{bmatrix} 8 & 22 \\ -2 & -4 \end{bmatrix}$$ [2-67]

$$(AB)^T = \begin{bmatrix} 8 & -2 \\ 22 & -4 \end{bmatrix}$$ [2-68]

$$B^T A^T = \begin{bmatrix} 1 & 2 \\ 5 & 4 \end{bmatrix}\begin{bmatrix} 2 & 0 \\ 3 & -1 \end{bmatrix} = \begin{bmatrix} 8 & -2 \\ 22 & -4 \end{bmatrix}$$ [2-69]

(4) 행렬식의 정의

2차 행렬 $A = [a_{ij}]$ 에 있어서, 행렬의 함수를 행렬식(determination)이라 한다.

$$A = \begin{bmatrix} a_{11} & a_{12} \\ a_{21} & a_{22} \end{bmatrix}$$ [2-70]

① 행렬식의 값(value of determinant)

$$\det A = a_{11}a_{22} - a_{21}a_{12}$$ [2-71]

5 도형의 좌표변환 ★★★★

컴퓨터를 사용하여 그린 도면이나 형상 모델을 이동, 회전, 전단, 반사 그리고 확대·축소 등의 조작을 할 필요가 있는데 이것을 도형의 좌표변환이라 한다. 이와 같은 기하학적 변환 시 변환행렬(transformation matrix)이 요구됨으로 본 절에서는 변환행렬에 의한 도형의 좌표변환에 대하여 살펴본다.

1. 2차원 좌표변환

(1) 점의 변환

한 점을 기준으로 좌표변환 전(x, y)에서 좌표변환 후 (x', y')로의 변화를 2차원 개념에서 정리하기로 한다. 공간상에서 한 점에 대한 임의의 벡터 행렬식으로 표현하면 다음과 같다.

$$P' = PT = [x, \ y]\begin{bmatrix} A & B \\ C & D \end{bmatrix}$$
$$= [(Ax+Cy), \ (Bx+Dy)] = [x', \ y'] \qquad [2\text{-}72]$$

여기서, $P(x, y)$는 2차원 평면상의 한 점, $P'(x', y')$는 변환시킨 점이고 T는 2차원 변환행렬(2×2 transformation matrix)이다.

$$T = \begin{bmatrix} A & B \\ C & D \end{bmatrix} \qquad [2\text{-}73]$$

점의 변환에 쓰이는 기초적인 6종류의 변환행렬은 다음과 같다.

1) 확대 및 축소 변환(scaling transformation)

① 원래의 좌표를 x축 방향으로 늘리거나 줄이는 경우 원소 $B=C=0$, $D=1$을 갖도록 하여 벡터 행렬식으로 표현하면 다음과 같다.

$$[x', \ y'] = [x, \ y]\begin{bmatrix} A & 0 \\ 0 & 1 \end{bmatrix} = [Ax, \ y] \qquad [2\text{-}74]$$

② $A=1$, $B=C=0$이면서 Y방향으로 늘리거나 줄이는 경우 벡터 행렬식은 다음과 같다.

$$[x', \ y'] = [x, \ y]\begin{bmatrix} 1 & 0 \\ 0 & D \end{bmatrix} = [x, \ Dy] \quad [2\text{-}75]$$

③ $B=C=0$이면서 x축과 y축 방향으로 늘리거나 줄이는 경우 벡터 행력식은 다음과 같다.

$$[x', \ y'] = [x, \ y]\begin{bmatrix} A & 0 \\ 0 & D \end{bmatrix} = [Ax, \ Dy] \qquad [2\text{-}76]$$

여기서, A와 D는 x방향과 y방향의 확대·축소량이다.

2) 회전변환(rotation transformation)

원점을 기준으로 반시계 방향으로 θ 만큼 회전시킨 점 $P'(x', y')$는 다음과 같다.

$$[x' \ y'] = [x \ y] \begin{bmatrix} \cos\theta & \sin\theta \\ -\sin\theta & \cos\theta \end{bmatrix}$$
$$= [x\cos\theta - y\sin\theta, \ x\sin\theta + y\cos\theta] \qquad [2\text{-}77]$$

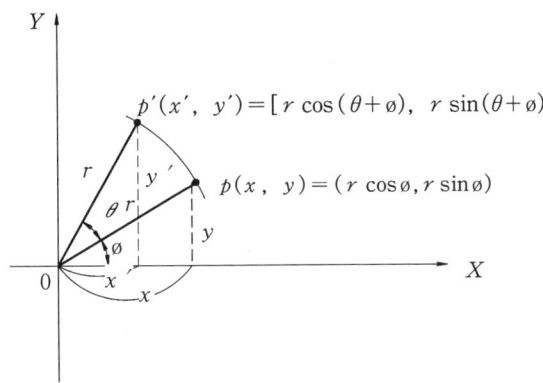

그림2-16 2차원상에서 점의 회전변환

$$x = r\cos\phi, \ y = r\sin\phi$$
$$x' = r\cos(\theta+\phi) = r\cos\phi\cos\theta - r\sin\phi\sin\theta$$
$$= x\cos\theta - y\sin\theta$$
$$y' = r\cos(\theta+\phi) = r\cos\phi\sin\theta + r\sin\phi\cos\theta$$
$$= x\sin\theta + y\cos\theta$$

시계방향으로 회전할 때는 다음과 같이 표현된다.

$$[x' \ y'] = [x \ y] \begin{bmatrix} \cos\theta & -\sin\theta \\ \sin\theta & \cos\theta \end{bmatrix}$$
$$= [x\cos\theta + y\sin\theta, \ -x\sin\theta + y\cos\theta] \qquad [2\text{-}78]$$

3) 대칭변환(mirror or reflection transformation)

① x축에 대칭인 경우 $B=C=0$, $A=1$, $D=-1$이며 벡터 행렬식은 다음과 같다.

$$[x' \ y'] = [x \ y] \begin{bmatrix} 1 & 0 \\ 0 & -1 \end{bmatrix} = [x \ -y] \qquad [2\text{-}79]$$

② y축에 대칭인 경우 $B=C=0$, $A=-1$, $D=1$이며 벡터 행렬식은 다음과 같다.

$$[x' \ y'] = [x \ y] \begin{bmatrix} -1 & 0 \\ 0 & 1 \end{bmatrix} = [-x \ y] \qquad [2\text{-}80]$$

③ 원점(0, 0)에 대칭인 경우 $A=D=-1$, $B=C=0$이며 벡터 행렬식은 다음과 같다.

$$[x' \ y'] = [x \ y] \begin{bmatrix} -1 & 0 \\ 0 & -1 \end{bmatrix} = [-x \ -y] \qquad [2\text{-}81]$$

4) 전단변환(shear transformation)

점의 전단변환시 벡터 행렬식은 다음과 같다.

$$[x'\ y'] = [x\ y]\begin{bmatrix} 1 & b \\ c & 1 \end{bmatrix} = [x+yc\ \ xb+y] \quad [2\text{-}82]$$

5) 이동변환(translation transformation)

점의 이동변환시 벡터 행렬식은 다음과 같다.

$$[x'\ y'] = [x\ y] + [m\ n] = [x+m,\ y+n] \quad [2\text{-}83]$$

6) 항등변환(identity transformation)

점의 위치가 변환 후에도 변화하지 않고 변환 행렬원소가 $B=C=0$, $A=D=1$일 때 벡터 행렬식은 다음과 같다.

$$[x'\ y'] = [x\ y]\begin{bmatrix} 1 & 0 \\ 0 & 1 \end{bmatrix} = [x\ y] \quad [2\text{-}84]$$

(2) 선과 물체의 변환

어떤 물체가 n개의 정점으로 이루어졌다고 하면 다음과 같은 식으로 표현된다. 여기서는 몇 가지 변환에 대해서 예를 들어 설명해 보기로 하자.

$$\begin{bmatrix} P_1' \\ P_2' \\ \cdot \\ \cdot \\ \cdot \\ P_m' \end{bmatrix} = \begin{bmatrix} x_1' & y_1' \\ x_2' & y_2' \\ \cdot & \cdot \\ \cdot & \cdot \\ \cdot & \cdot \\ x_n' & y_n' \end{bmatrix} = \begin{bmatrix} x_1 & y_1 \\ x_2 & y_2 \\ \cdot & \cdot \\ \cdot & \cdot \\ \cdot & \cdot \\ x_n & y_n \end{bmatrix} \begin{bmatrix} A & B \\ C & D \end{bmatrix} \quad [2\text{-}85]$$

① 확대·축소 변환(scaling transformation) : x와 y방향으로 2배 확대하는 경우를 생각해 보자. 삼각형의 각 꼭지점이 (0, 0), (40, 10), (20, 50)일 때 변환후의 꼭지점의 좌표 P_1', P_2', P_3'를 결정하면 다음과 같다.

$$\begin{bmatrix} P_1' \\ P_2' \\ P_3' \end{bmatrix} = \begin{bmatrix} 0 & 0 \\ 40 & 10 \\ 20 & 50 \end{bmatrix} \begin{bmatrix} 2 & 0 \\ 0 & 2 \end{bmatrix} = \begin{bmatrix} 0 & 0 \\ 80 & 20 \\ 40 & 100 \end{bmatrix} \quad [2\text{-}86]$$

② 회전변환(rotation transformation) : 변환 전 좌표점이 $P_1(0, 0)$, $P_2(60, 10)$, $P_3(20, 50)$일 때 반시계 방향으로 60° 만큼 회전하는 경우 변환 후의 좌표 P_1', P_2', P_3'를 결정하면 다음과 같다.

$$\begin{bmatrix} P_1' \\ P_2' \\ P_3' \end{bmatrix} = \begin{bmatrix} 0 & 0 \\ 60 & 10 \\ 20 & 50 \end{bmatrix} \begin{bmatrix} \cos 60° & \sin 60° \\ -\sin 60° & \cos 60° \end{bmatrix} = \begin{bmatrix} 0 & 0 \\ 21.34 & 56.96 \\ -33.3 & 42.32 \end{bmatrix} \quad [2\text{-}87]$$

③ 이동변환(translation transformation) : 이동변환에 대한 벡터 행렬방정식은 다음과 같다.

$$\begin{bmatrix} P_1' \\ P_2' \\ \cdot \\ \cdot \\ \cdot \\ P_m' \end{bmatrix} = \begin{bmatrix} x_1 & y_1 \\ x_2 & y_2 \\ \cdot & \cdot \\ \cdot & \cdot \\ \cdot & \cdot \\ x_n & y_n \end{bmatrix} + \begin{bmatrix} T_{x1} & T_{y1} \\ T_{x2} & T_{y2} \\ \cdot & \cdot \\ \cdot & \cdot \\ \cdot & \cdot \\ T_{xn} & T_{yn} \end{bmatrix} \qquad [2\text{-}88]$$

여기서, T_x와 T_y는 변환행렬 원소이며, 예를 들어 $T_x = 100$, $T_y = 70$일 때 좌표점이 (0, 0), (30, 52), (20, 40)이라면 변화 후의 좌표점 P_1', P_2', P_3'는 다음과 같다.

$$\begin{bmatrix} P_1' \\ P_2' \\ P_3' \end{bmatrix} = \begin{bmatrix} 0 & 0 \\ 30 & 52 \\ 20 & 40 \end{bmatrix} + \begin{bmatrix} 100 & 70 \\ 100 & 70 \\ 100 & 70 \end{bmatrix} = \begin{bmatrix} 100 & 70 \\ 130 & 122 \\ 120 & 110 \end{bmatrix} \qquad [2\text{-}89]$$

(3) 표준 좌표계의 제한성

지금까지 설명한 좌표변환은 표준 좌표계를 이용한 변환행렬이었다. 이와 같은 좌표계 변환 행렬에는 다음과 같은 2가지의 제한적 요소가 있다.

① 모든 변환은 원점(0, 0)을 중심으로 이루어지기 때문에 임의의 점을 중심으로 한 변환이 힘들다.

② 변환 행렬에 의한 수식 표현은 통일되어 있지 않다. 즉 확대·축소변환과 회전변환은 변환행렬과의 곱에 의한 것이고 이동변환은 변환행렬과의 합에 의한 것이다. 이러한 이유에서 CAD system의 좌표변환에서는 표준좌표계를 사용하지 않고 다음에 소개하는 동차좌표계를 사용한다.

(4) 동차좌표계(homogeneous coordinate system)

일반 표준 좌표변환에서는 항상 원점이 기준이고 식의 표현에 일관성이 없으므로 이것을 해결하기 위하여 동차좌표 개념을 도입한다. 동차좌표(homogeneous coordinates)란 n차원의 벡터 행렬식을 ($n+1$)차원의 벡터 행렬식으로 표현하는 것을 의미한다. 이것은 좌표변환을 체계적으로 설명하기 위한 좌표값 표시 방법이다. 2차원 좌표값(x, y)을 하나의 벡터로 간주하여 이 벡터를 3개의 성분을 갖는 벡터($x, y, 1$)와 동일하게 취급하는 것이고 (x, y, w)로 표시된 동차좌표는 ($x/w, y/w, 1$)과 동일한 의미를 갖는다.

$$[T] = \begin{bmatrix} a & b & p \\ c & d & q \\ \hline m & n & s \end{bmatrix} \begin{matrix} \text{I} & \text{II} \\ & \\ \text{III} & \text{IV} \end{matrix} \qquad [2\text{-}90]$$

여기서, T는 동차변환행렬(homogeneous transformation matrix)이며 I, II, III, IV 구역으로 나누어 정리하면

I-2×2행렬 구역 : 확대·축소, 회전, 대칭, 전단변환
II-2×1행렬 구역 : 투영(투사; projection)변환
III-1×2행렬 구역 : 이동변환
IV-1×1행렬 구역 : 전체 확대·축소 변환(총괄 스케일링 변환; overall scaling)이다. 계산

행렬식은 아래와 같다.

$$[x'\ y'\ 1] = [x\ y\ 1]\ [T] \quad\quad [2\text{-}91]$$

1) 스케일링 변환

scaling 변환을 나타내는 동차변환 행렬은 다음과 같다.

$$[x'\ y'\ 1] = [x\ y\ 1] \begin{bmatrix} S_x & 0 & 0 \\ 0 & S_y & 0 \\ 0 & 0 & 1 \end{bmatrix} \quad\quad [2\text{-}92]$$

2) 회전변환

rotation 변환을 나타내는 동차변환행렬은 다음과 같다.

① 원점 기준으로 반시계 방향으로 θ 만큼 회전

$$[x'\ y'\ 1] = [x\ y\ 1] \begin{bmatrix} \cos\theta & \sin\theta & 0 \\ -\sin\theta & \cos\theta & 0 \\ 0 & 0 & 1 \end{bmatrix} \quad\quad [2\text{-}93]$$

② 원점 기준으로 시계방향으로 θ 만큼 회전

$$[x'\ y'\ 1] = [x\ y\ 1] \begin{bmatrix} \cos\theta & -\sin\theta & 0 \\ \sin\theta & \cos\theta & 0 \\ 0 & 0 & 1 \end{bmatrix} \quad\quad [2\text{-}94]$$

3) 반전 또는 대칭 변환

reflection 변환을 나타내는 동차 변환행렬은 다음과 같다.

① x 축 대칭

$$[x'\ y'\ 1] = [x\ y\ 1] \begin{bmatrix} 1 & 0 & 0 \\ 0 & -1 & 0 \\ 0 & 0 & 1 \end{bmatrix} \quad\quad [2\text{-}95]$$

② y 축 대칭

$$[x'\ y'\ 1] = [x\ y\ 1] \begin{bmatrix} -1 & 0 & 0 \\ 0 & 1 & 0 \\ 0 & 0 & 1 \end{bmatrix} \quad\quad [2\text{-}96]$$

③ x 축 대칭

$$[x'\ y'\ 1] = [x\ y\ 1] \begin{bmatrix} -1 & 0 & 0 \\ 0 & -1 & 0 \\ 0 & 0 & 1 \end{bmatrix} \quad\quad [2\text{-}97]$$

4) 전단변환

shearing 변환을 나타내는 동차변환행렬은 다음과 같다.

$$[x'\ y'\ 1] = [x\ y\ 1] \begin{bmatrix} 1 & b & 0 \\ c & 1 & 0 \\ 0 & 0 & 1 \end{bmatrix} \quad\quad [2\text{-}98]$$

① x 방향으로의 전단변환(x 좌표에만 영향을 줌)

$$[x'\ y'\ 1] = [x\ y\ 1] \begin{bmatrix} 1 & 0 & 0 \\ C & 1 & 0 \\ 0 & 0 & 1 \end{bmatrix} \qquad [2\text{-}99]$$

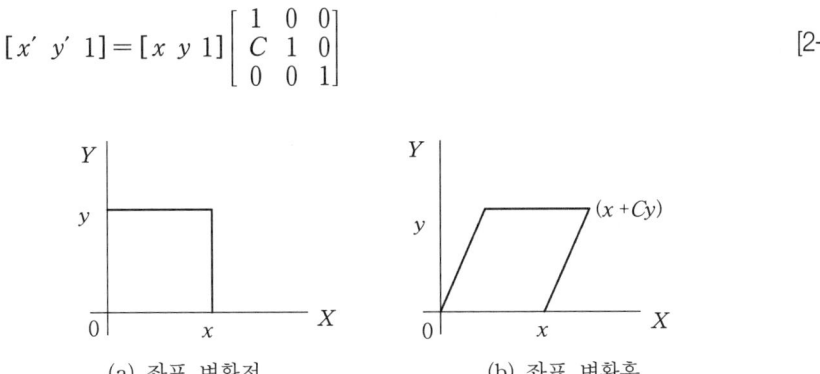

(a) 좌표 변환전   (b) 좌표 변환후

그림2-17 전단변환 I

② y 방향으로의 전단변환(y 좌표에만 영향을 줌)

$$[x'\ y'\ 1] = [x\ y\ 1] \begin{bmatrix} 1 & B & 0 \\ 0 & 1 & 0 \\ 0 & 0 & 1 \end{bmatrix} \qquad [2\text{-}100]$$

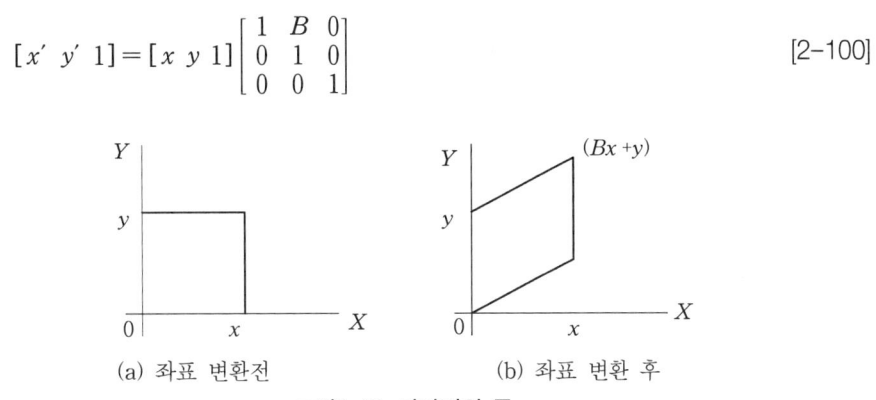

(a) 좌표 변환전   (b) 좌표 변환 후

그림2-18 전단변환 II

5) 이동변환

이동변환을 고려한 동차변환행렬은 다음과 같다.

$$[x'\ y'\ 1] = [x\ y\ 1] \begin{bmatrix} 1 & 0 & 0 \\ 0 & 1 & 0 \\ m & n & 1 \end{bmatrix} \qquad [2\text{-}101]$$

6) 역변환(inverse of transformation)

역변환 행렬을 찾기 위해서는 그 변환 행렬에 어떤 임의의 행렬을 곱하여 그 결과가 항등 행렬이 되는 경우를 찾으면 된다. 즉, 이동 행렬의 역은 이동 성분의 부호를 반대로 한 것이며 회전변환의 역은 회전하는 각도의 부호를 바꾸면 역 행렬이 된다. 다음과 같은 하나의 예를 들어 보기로 한다.

$$[T_1] \cdot [T_2] = \begin{bmatrix} 1 & 0 & 0 \\ 0 & 1 & 0 \\ m & n & 1 \end{bmatrix} \cdot \begin{bmatrix} 1 & 0 & 0 \\ 0 & 1 & 0 \\ -m & -n & 1 \end{bmatrix} = \begin{bmatrix} 1 & 0 & 0 \\ 0 & 1 & 0 \\ 0 & 0 & 1 \end{bmatrix} \qquad [2\text{-}102]$$

(5) 기본 좌표변환의 조합(접합 : concatenation)

이동, 축척, 회전의 각 행렬을 여러 가지 변환을 동시에 수행하기 위해 결합시켜 하나의 동차 좌표변환 행렬을 만들어 변환을 수행할 수 있도록 한 것이다.

2. 3차원 좌표변환

(1) 동차좌표에 의한 3차원 좌표변환행렬

3차원의 동차좌표 변환행렬은 4×4 행렬로 다음과 같이 표현된다.

$$T = \begin{bmatrix} a & b & c & p \\ d & e & f & q \\ g & h & i & r \\ l & m & n & s \end{bmatrix} \begin{matrix} \text{I} & \text{II} \\ & \\ & \\ \text{III} & \text{IV} \end{matrix}$$ [2-103]

여기서, T 는 변환행렬이며 I, II, III, IV 구역으로 나누어 정리하면
 I -3×3행렬 구역 : 확대·축소, 회전, 대칭, 전단변환
 II-3×1행렬 구역 : 투영변환
 III-1×3행렬 구역 : 이동변환
 IV-1×1행렬 구역 : 전체 확대·축소 변환이다. 계산을 위한 행렬식은 아래와 같다.

$$[x'\ y'\ z'\ 1] = [x\ y\ z\ 1]\ [T]$$ [2-104]

각각의 좌표변환 행렬은 다음과 같이 나타낼 수 있고 이것을 이용하여 좌표변환을 수행한다.

1) 이동(translation)변환

$$[x'\ y'\ z'\ H] = [x\ y\ z\ H] \begin{bmatrix} 1 & 0 & 0 & 0 \\ 0 & 1 & 0 & 0 \\ 0 & 0 & 1 & 0 \\ l & m & n & 1 \end{bmatrix}$$ [2-105]

2) 스케일링(scaling)변환

$$[x'\ y'\ z'\ H] = [x\ y\ z\ H] \begin{bmatrix} a & 0 & 0 & 0 \\ 0 & e & 0 & 0 \\ 0 & 0 & i & 0 \\ 0 & 0 & 0 & 1 \end{bmatrix}$$ [2-106]

① 총괄 scaling 변화

$$[x'\ y'\ z'\ H] = [x\ y\ z\ H] \begin{bmatrix} 1 & 0 & 0 & 0 \\ 0 & 1 & 0 & 0 \\ 0 & 0 & 1 & 0 \\ 0 & 0 & 0 & S \end{bmatrix}$$

$$= [x\ y\ z\ HS] = \left[\frac{x}{S}\ \frac{y}{S}\ \frac{z}{S}\ H \right]$$ [2-107]

3) 회전(rotation)변환

회전각 θ 는 양의 x 축 상의 한 점에서 원점을 볼 때 반시계 방향을 +, 시계방향을 −로 한다. x, y, z 축에 대하여 반시계 방향으로 변환행렬과 시계 방향의 변환행렬은 다음과 같다.

① x 축에 대한 반시계 방향 회전

$$[x'\ y'\ z'\ 1] = [x\ y\ z\ 1]\begin{bmatrix} 1 & 0 & 0 & 0 \\ 0 & \cos\theta & \sin\theta & 0 \\ 0 & -\sin\theta & \cos\theta & 0 \\ 0 & 0 & 0 & 1 \end{bmatrix} \qquad [2\text{-}108]$$

② y 축에 대한 반시계 방향 회전

$$[x'\ y'\ z'\ 1] = [x\ y\ z\ 1]\begin{bmatrix} \cos\theta & 0 & -\sin\theta & 0 \\ 0 & 1 & 0 & 0 \\ \sin\theta & 0 & \cos\theta & 0 \\ 0 & 0 & 0 & 1 \end{bmatrix} \qquad [2\text{-}109]$$

③ z 축에 대한 반시계 방향 회전

$$[x'\ y'\ z'\ 1] = [x\ y\ z\ 1]\begin{bmatrix} \cos\theta & \sin\theta & 0 & 0 \\ -\sin\theta & \cos\theta & 0 & 0 \\ 0 & 0 & 1 & 0 \\ 0 & 0 & 0 & 1 \end{bmatrix} \qquad [2\text{-}110]$$

④ x 축에 대한 시계 방향 회전

$$[x'\ y'\ z'\ 1] = [x\ y\ z\ 1]\begin{bmatrix} 1 & 0 & 0 & 0 \\ 0 & \cos\theta & -\sin\theta & 0 \\ 0 & \sin\theta & \cos\theta & 0 \\ 0 & 0 & 0 & 1 \end{bmatrix} \qquad [2\text{-}111]$$

⑤ y 축에 대한 시계 방향 회전

$$[x'\ y'\ z'\ 1] = [x\ y\ z\ 1]\begin{bmatrix} \cos\theta & 0 & \sin\theta & 0 \\ 0 & 1 & 0 & 0 \\ -\sin\theta & 0 & \cos\theta & 0 \\ 0 & 0 & 0 & 1 \end{bmatrix} \qquad [2\text{-}112]$$

⑥ z 축에 대한 시계 방향 회전

$$[x'\ y'\ z'\ 1] = [x\ y\ z\ 1]\begin{bmatrix} \cos\theta & -\sin\theta & 0 & 0 \\ \sin\theta & \cos\theta & 0 & 0 \\ 0 & 0 & 1 & 0 \\ 0 & 0 & 0 & 1 \end{bmatrix} \qquad [2\text{-}113]$$

4) 반전(대칭 : reflection) 변환

3차원 공간에서 평면에 대한 오브젝트의 반전을 동차좌표로 기술하면 xy 평면, yz 평면, zx 평면에 대한 그 변환 행렬은 다음과 같다.

① xy 평면에 대한 대칭

$$[x'\ y'\ z'\ 1] = [x\ y\ z\ 1]\begin{bmatrix} 1 & 0 & 0 & 0 \\ 0 & 1 & 0 & 0 \\ 0 & 0 & -1 & 0 \\ 0 & 0 & 0 & 1 \end{bmatrix} \qquad [2\text{-}114]$$

② yz 평면에 대한 대칭

$$[x'\ y'\ z'\ 1] = [x\ y\ z\ 1] \begin{bmatrix} -1 & 0 & 0 & 0 \\ 0 & 1 & 0 & 0 \\ 0 & 0 & 1 & 0 \\ 0 & 0 & 0 & 1 \end{bmatrix} \quad [2\text{-}115]$$

③ zx 평면에 대한 대칭

$$[x'\ y'\ z'\ 1] = [x\ y\ z\ 1] \begin{bmatrix} 1 & 0 & 0 & 0 \\ 0 & -1 & 0 & 0 \\ 0 & 0 & 1 & 0 \\ 0 & 0 & 0 & 1 \end{bmatrix} \quad [2\text{-}116]$$

5) 전단(shearing)변환

$$[x'\ y'\ z'\ 1] = [x\ y\ z\ 1] \begin{bmatrix} 1 & b & c & 0 \\ d & 1 & f & 0 \\ g & h & 1 & 0 \\ 0 & 0 & 0 & 1 \end{bmatrix} \quad [2\text{-}117]$$

6) 투영변환(projection transformation)

컴퓨터 그래픽스에서는 3차원에서 정의된 도형을 2차원 좌표계상(예를 들어 CRT)에 투영시킬 필요가 있는데, 이러한 좌표변환을 투영변환(projection transformation)이라 한다.

6 도형의 정의★★

(1) 2차원 도형의 정의

2차원 프리미티브(primitive)인 점(point), 직선(line), 원(circle)이나 원호(arc)를 사용하여 2차원 CAD에서는 도형을 정의한다.

① 점(point) : CAD 상에서 점을 정의하는 방법은 키보드에서 좌표값을 입력하거나 상대위치에 따라 두 직선의 교점, 원과 직선이 접하는 접점 등의 여러 가지 경우가 있다.

② 직선(line) : 직선을 나타내는 일반식은 다음과 같다.

$$y = ax + b$$

여기서, a는 기울기이고 b는 y축과 만나는 점을 나타낸다.

③ 원과 원호(circle & arc) : 원호를 정의하기 위해서는 원호의 중심, 반지름, 원호가 시작하는 각도 원호 구성이 끝나는 각도 그리고 원호의 중심이 요구된다. 원은 원호의 특별한 경우이다.

(2) 3차원 도형의 정의

실공간상에 존재하는 물체를 표현하기 위해 CAD 시스템 상에서는 다양한 수학적 표현을 사용하게 된다. 이 때 가장 일반적으로 많이 사용하는 수학적 표현의 가장 기본적인 형상을 프리미티브(primitive)라 한다. 이와 같은 3차원 형상을 정의하기 위해 필요한 원추, 실린더, 원뿔 등을 3차원 프리미티브라 한다.

7 도형의 작성

(1) 점의 작성(create of points)
기본적 도형의 발생조건으로부터 다음과 같은 방법으로 작성한다.
① 커서제어 방법(cursor control을 이용한 방법) : 스크린 상의 임의의 점을 제어하는 방법
② 문자입력 : key board에 의한 절대좌표, 증분좌표, 극좌표 입력하는 방법
  ㉠ 절대좌표 : 위치를 표현할 때 기준점을 원점으로 하여 나타내는 좌표이다.
  ㉡ 증분좌표 : 위치를 표현할 때 최종점으로부터 다음 점을 정의하는 좌표이다.
③ 끝점(end) 요소를 선택하는 방법
④ 중간점(cen) 요소를 선택하는 방법
⑤ 두 요소의 교차점(int)을 선택하는 방법
⑥ 가까운점(nea), 직교점(per), 사분점(qua), 접점(tan) 등의 요소을 선택하는 방법

(2) 직선의 작성(create of lines)
① 두 점(시작점과 끝점)을 지정하는 방법
② 길이(반경)와 각도를 지정하는 방법
③ 일정 간격의 평행선(offset line)을 그어 정의하는 방법
④ 한 점에서 만나도록 수평 또는 수직선을 그어 정의하는 방법
⑤ 두 요소가 이루는 각의 반을 선택하여 선을 지정하는 방법
⑥ 한 점으로부터 어떤 요소(원)의 접선을 지정하는 방법
⑦ 두 요소(두 원)의 접선을 지정하는 방법
⑧ 점들을 연결하여 연속선이 되도록 하는 방법

(3) 원호의 적성(create of arcs)
① 시작점, 중심점, 각도를 지정하는 방법
② 세 점의 통과점을 지정하는 방법
③ 시작점, 끝점, 반지름을 지정하는 방법
④ 시작점, 끝점, 협각을 지정하는 방법
⑤ 시작점, 끝점, 시작 방향을 지정하는 방법
⑥ 시작점, 중심점, 끝점을 지정하는 방법
⑦ 시작점, 중심점, 현의 길이를 지정하는 방법
⑧ 한 요소의 접선, 한 점, 반지름을 지정하는 방법
⑨ 두 점과 발생위치를 지정하는 방법
⑩ 필릿(fillet), 라운딩(rounding)에 의한 방법

(4) 원의 작성(create of circle)
① 중심점과 반지름 또는 지름을 입력시키는 방법
② 중심점과 통과점을 입력시키는 방법

③ 세 점의 통과점을 입력시키는 방법
④ 두 점의 통과점을 입력시키는 방법
⑤ 세 요소의 접선을 지정하는 방법
⑥ 두 요소의 접선과 반지름 또는 지름을 지정하는 방법
⑦ 한 요소의 접선과 중심점을 지정하는 방법
⑧ 반지름이면서 중심축인 두 점을 지정하는 방법
⑨ 한 요소의 접선과 한 요소의 중심점 및 반지름 지정에 의한 방법

(5) 연속선(string)의 작성

여러 개의 세그먼트(segment)가 모여 하나의 윤곽선을 구성하며 종류로는 개곡선(open line), 폐곡선(closed line, filled line or opaque line) 등이 있다.

① 개곡선(open line) : 시작점과 끝점이 일치하지 않는 연속선이다.
② 폐곡선(closed line) : 시작점과 끝점이 일치하며 이 때 곡선 내부에 관한 어떠한 정보도 없는 상태이다.
③ 폐곡선(opaque line) : 내부 면에 관한 정보를 가지고 있는 상태이다.

연속선을 작성하는 방법은 다음과 같다.
㉠ 화면상에 임의의 점을 입력하는 방법
㉡ 절대 좌표값을 입력하는 방법
㉢ 기존의 점을 인식시키는 방법
㉣ 증분 또는 극 좌표값을 입력시키는 방법
㉤ 직각(orthogonal)으로 한정되는 연속선에 의한 방법
㉥ 직사각형(rectangle)의 Δx 와 Δy 값을 입력시키는 방법
㉦ 다각형의 외접과 내접이 되도록 하는 방법

(6) 타원의 작성(create of ellipse)

① 축(axis)과 편심(eccentricity)에 의한 방법
② 중심(center)과 두 축(two axis)에 의한 방법
③ 아이소메트릭 상태에서 그리는 방법

(7) 평면의 작성

① $AX+BY+CZ+D=0$ 의 계수 방정식에 의한 방법
② 주어진 세 점을 포함하는 한 면에 의한 방법
③ 기존에 존재하는 평면에 $\angle a$ 로 경사지도록 하는 방법
④ 공간상에 한 점을 통과하는 선에 직각이 되도록 하는 방법
⑤ 두 평면에 직각이 되도록 하는 방법
⑥ 교차하고 있는 두 직선을 포함하도록 하는 방법
⑦ 한 평면에 평행이 되도록 한 점과 거리에 의한 방법

(8) 곡면의 작성

① 룰드 서피스(RULESURF; ruled surface) : 두 곡선 사이에서 만들어지는 선형 보간 표면을 작성하는 방법이다.
② 회전에 의한 서피스(REVSURF; surface of revolution) : 경선과 회전축을 지정함으로써 polygon mesh를 만드는데 이 때 회전을 시작할 각도와 회전할 각도를 입력하여 원하는 입체를 만드는 방법이다. 여기서, 경선(經線; meridian)이란 양극을 지나는 평면으로 잘났을 때 그 평면과 물체의 표면이 만나는 가상적인 선이다.
③ 경계선에 의한 서피스(surface of boundaries) : 3개 또는 4개의 경계선을 지정해 줌으로써 다각형 메쉬를 생성시키는 방법
④ 이동에 의한 서피스(projected surface) : 곡선과 벡터를 지정함으로써 다각형 메쉬를 생성시키는 방법
⑤ 경사진 서피스(tapered surface) : 선, 곡선, 원의 요소에 진행방향과 길이, 각도를 지정해 줌으로 다각형 메쉬를 생성시키는 방법
⑥ 방향벡터표면(TABSURF) : 곡선 경로와 방향벡터에 의해 정의되는 방법
⑦ 모서리 표면(EDGESURF) : 4변을 지정함으로써 $m \times n$ 개의 polygon mesh를 생성시키는 방법

(9) 솔리드의 작성(creat of solid)

3차원의 다각형 메쉬 생성을 통한 형상 작성을 의미한다.
① 육면체(box)
　㉠ 각 변의 길이에 해당하는 x, y, z의 한 점을 입력시키는 방법
　㉡ 대각선(diagonal)에 해당하는 두 점을 입력시키는 방법
　㉢ 밑변을 구성하는 세 점과 높이를 나타내는 한 점등의 4점을 입력시키는 방법
② 실린더(cylinder)
　㉠ 3점을 입력시키는 방법
　㉡ 하나의 원과 높이를 입력시키는 방법
　㉢ 원의 반지름과 축과 높이에 해당하는 두 점을 입력시키는 방법
③ 회전체(revolution) : 경선(meridian)과 회전축, 회전 각도를 입력시켜 입체를 형성시킨다.
④ 구(sphere) : 중심점과 반지름 또는 지름을 입력시켜 입체를 생성시킨다.
⑤ 원추체(cine)
　㉠ 3점을 입력시키는 방법
　㉡ 밑면과 높이를 입력시키는 방법
　㉢ 4점을 입력시키는 방법
　㉣ 윗면과 밑면 반지름과 높이를 입력시키는 방법
⑥ 원환체(torus)
　㉠ 하나의 원과 회전축을 입력시키는 방법
　㉡ 중심점과 튜브 및 토러스 반지름을 입력시키는 방법

chapter 2 ― 실전연습문제

01 두 점 $A(-1, -1)$과 $B(2, 1)$에 의해 형성된 선분을 $x=-3$ 인 축에 대하여 반사 변환하면 두 좌표치는 얼마인가?

① $\begin{pmatrix} -5 & 1 \\ -8 & 1 \end{pmatrix}$
② $\begin{pmatrix} -5 & 1 \\ 8 & 1 \end{pmatrix}$
③ $\begin{pmatrix} -5 & -1 \\ -8 & 1 \end{pmatrix}$
④ $\begin{pmatrix} 5 & 1 \\ 8 & 1 \end{pmatrix}$

Solution

$[T] = \begin{bmatrix} 1 & 0 & 0 \\ 0 & 1 & 0 \\ 3 & 0 & 1 \end{bmatrix} \begin{bmatrix} -1 & 0 & 0 \\ 0 & 1 & 0 \\ 0 & 0 & 1 \end{bmatrix} \begin{bmatrix} 1 & 0 & 0 \\ 0 & 1 & 0 \\ -3 & 0 & 1 \end{bmatrix} = \begin{bmatrix} -1 & 0 & 0 \\ 0 & 1 & 0 \\ -6 & 0 & 1 \end{bmatrix}$

$\begin{bmatrix} A' \\ B' \end{bmatrix} = \begin{bmatrix} -1 & -1 & 1 \\ 2 & 1 & 1 \end{bmatrix} \begin{bmatrix} -1 & 0 & 0 \\ 0 & 1 & 0 \\ -6 & 0 & 1 \end{bmatrix} = \begin{bmatrix} -5 & -1 \\ -8 & 1 \end{bmatrix}$

02 좌표변환 기능으로 볼 수 없는 것은?

① 그래픽 생성 기능
② 확대 · 축소 기능
③ 회전 및 이동 기능
④ 고유 좌표치가 변화지 않는다.

03 다음 중 원을 정의할 수 없는 것은?

① 세 개의 점이 주어졌을 때
② 원점과 반지름이 주어졌을 때
③ 삼각형의 내접원으로 정의
④ 원점과 두 개의 점이 주어졌을 때

04 점(4, 2)을 x 축으로 -2, y 축으로 -1 만큼 이동한 다음에 2배 확대하고 나서 x 방향으로 2, y 방향으로 1만큼 이동했을 때 좌표값은?

① (6, 3)
② (6, 4)
③ (3, 6)
④ (4, 6)

Solution

$[T] = \begin{bmatrix} 1 & 0 & 0 \\ 0 & 1 & 0 \\ -2 & -1 & 1 \end{bmatrix} \begin{bmatrix} 2 & 0 & 0 \\ 0 & 2 & 0 \\ 0 & 0 & 1 \end{bmatrix} \begin{bmatrix} 1 & 0 & 0 \\ 0 & 1 & 0 \\ 2 & 1 & 1 \end{bmatrix} = \begin{bmatrix} 2 & 0 & 0 \\ 0 & 2 & 0 \\ -2 & -1 & 1 \end{bmatrix}$

$[x' \ y' \ 1] = [4 \ 2 \ 1] \begin{bmatrix} 2 & 0 & 0 \\ 0 & 2 & 0 \\ -2 & -1 & 1 \end{bmatrix} = [6 \ 3 \ 1]$

Answer 01 ③ 02 ① 03 ③ 04 ①

05 2차원에서 x축 대칭 변환 동차 메트릭스로 맞는 것은?

① $\begin{bmatrix} -1 & 0 & 0 \\ 0 & 1 & 0 \\ 0 & 0 & 1 \end{bmatrix}$ ② $\begin{bmatrix} 1 & 0 & 0 \\ 0 & -1 & 0 \\ 0 & 0 & 1 \end{bmatrix}$

③ $\begin{bmatrix} -1 & 0 & 0 \\ 0 & -1 & 0 \\ 0 & 0 & 1 \end{bmatrix}$ ④ $\begin{bmatrix} 1 & 0 & 0 \\ 0 & 1 & 0 \\ 0 & 0 & 1 \end{bmatrix}$

06 다음 그림은 한 변의 길이가 1인 정육면체의 3변이 좌표축과 일치되어 있는 상태이다. 이것을 변환하여 정육면체의 무게중심이 원점에 놓이고 P_1, P_2가 각각 $+Y$축, $-Y$축 상에 놓이도록 하는 변환 matrix T를 구하는 것은?

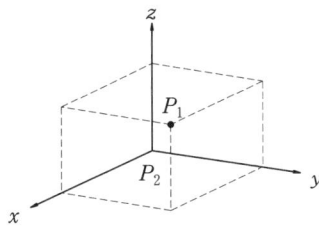

① ⅰ) x, y, z축으로 각각 −0.5씩 평행이동
  ⅱ) z축을 중심으로 45° 회전
  ⅲ) x축을 중심으로 $-\cos^{-1}\left(\dfrac{\sqrt{2}}{\sqrt{3}}\right)$도 회전

② ⅰ) x, y, z축으로 각각 −0.5씩 평행이동
  ⅱ) z축을 중심으로 45° 회전
  ⅲ) x축을 중심으로 −45° 회전

③ ⅰ) x, y, z축으로 각각 −0.5씩 평행이동
  ⅱ) y축을 중심으로 45° 회전
  ⅲ) x축을 중심으로 $-\cos^{-1}\left(\dfrac{\sqrt{2}}{\sqrt{3}}\right)$도 회전

④ ⅰ) x, y, z축으로 각각 −0.5씩 평행이동
  ⅱ) y축을 중심으로 45° 회전
  ⅲ) x축을 중심으로 −45° 회전

Solution ① 무게 중심을 원점으로 평행이동 : x, y, z축으로 각각 −0.5씩 평행이동
② P_1, P_2를 $+Y$축과 $-Y$축에 놓이도록 변환 : z축을 중심으로 +45° 회전
③ x축을 중심으로 −45° 회전

Answer 05 ② 06 ②

07 3차원(3D) 변환에 있어서는 X, Y, Z의 모든 축을 고려해야 한다. 3차원의 한 점 $P = [1\ 1\ 1]$을 원점을 향하여 볼때 X축에 대해 시계방향으로 45° 만큼 회전한 점은? (단, 오른손 좌표계이다.)

① [1 1.414 0] ② [1.414 1.414 1.414]
③ [0 1 1.414] ④ [1 0 1.414]

08 다음 중 그래픽에서 사용되는 기본적인 3가지 변환(transformation)에 해당되지 않는 것은?

① 회전(rotation) ② 평행이동(translation)
③ 스케일링(scaling) ④ 줌(zoom)

09 좌표계 1에서 (−1, 0, 3)으로 정의되는 점이 좌표계 2로 이동되었을 때의 좌표값은? (단, 좌표계 1의 원점은 좌표계 2에서 (0, −2, 4)로 표시되며 두 좌표계는 평행이동의 관계에 있다.)

① (−1, −2, 7) ② (4, 0, −1)
③ (−2, 2, 4) ④ (−1, 2, −1)

10 2차원에서 처음과 끝점의 좌표가 $A(3, 4)$, $B(8, 9)$로 주어졌을 때 회전각이 원점에 대해 반시계방향으로 45° 회전 후의 A'(A를 회전한 점)과 B'(B를 회전한 점)은?

① A'(−0.7071, 4.9497), B'(−0.7071, 12.0206)
② A'(12.0206, 4.9497), B'(−0.7071, −0.7071)
③ A'(12.0206, −0.7071), B'(4.9497, −0.7071)
④ A'(−0.7071, −0.7071), B'(4.9497, 12.0206)

11 다음 그림에서와 같이 2차원상의 점 $P(x, y)$가 $(x + SHx \cdot y, y) = PR$로 변형이 이루어지게 하는 변환 matrix R은?

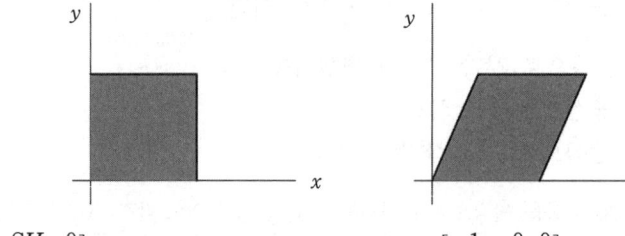

① $\begin{bmatrix} 1 & SH_x & 0 \\ 0 & 1 & 0 \\ 0 & 0 & 1 \end{bmatrix}$ ② $\begin{bmatrix} 1 & 0 & 0 \\ SH_x & 1 & 0 \\ 0 & 0 & 1 \end{bmatrix}$

③ $\begin{bmatrix} SH_x & 0 & 0 \\ 0 & 1 & 0 \\ 0 & 0 & 1 \end{bmatrix}$ ④ $\begin{bmatrix} 1 & 0 & 0 \\ 0 & SH_x & 0 \\ 0 & 0 & 1 \end{bmatrix}$

Answer 07 ① 08 ④ 9 ① 10 ① 11 ②

Solution x축으로 SH_x만큼 이동된 전단 변환이다

$$[x',\ y',\ 1]=[x,\ y,\ 1]\begin{bmatrix} 1 & 0 & 0 \\ SH_x & 1 & 0 \\ 0 & 0 & 1 \end{bmatrix}=[x_{SH_x}\cdot y,\ y, 1]$$

12 3차원 좌표계에서 임의의 점 $(x,\ y,\ z)$를 y축에 대하여 양의 값 θ만큼 시계방향으로 회전변환하여 $(x',\ y',\ z')$로 이동하는 회전변환식을 나타낸 아래 식에서 4×4행렬 $[S]$는?

$$[x'\ y'\ z'\ 1]=[x\ y\ z\ 1][S]$$

① $\begin{bmatrix} \cos\theta & 0 & -\sin\theta & 0 \\ 0 & 1 & 0 & 0 \\ \sin\theta & 0 & \cos\theta & 0 \\ 0 & 0 & 0 & 1 \end{bmatrix}$ ② $\begin{bmatrix} \cos\theta & 0 & \sin\theta & 0 \\ 0 & 1 & 0 & 0 \\ -\sin\theta & 0 & \cos\theta & 0 \\ 0 & 0 & 0 & 1 \end{bmatrix}$

③ $\begin{bmatrix} \cos\theta & 0 & \sin\theta & 0 \\ 0 & 1 & 0 & 0 \\ \cos\theta & 0 & -\sin\theta & 0 \\ 0 & 0 & 0 & 1 \end{bmatrix}$ ④ $\begin{bmatrix} -\sin\theta & 0 & \cos\theta & 0 \\ 0 & 1 & 0 & 0 \\ \cos\theta & 0 & \sin\theta & 0 \\ 0 & 0 & 0 & 1 \end{bmatrix}$

13 $X,\ Y$평면상의 점(5, 5)를 점(2, 3)을 중심으로 시계 반대방향으로 30° 회전시킬 때 새로운 점의 좌표를 구하기 위해 변환행렬을 어떤 순서로 적용하여야 하나?

① (−2, −3)만큼 직진이동 → Z축을 중심으로 30° 회전 → (2, 3)만큼 직진이동
② Z축을 중심으로 30° 회전 → (−2, −3)만큼 직진이동
③ (2, 3)만큼 직진이동 → Z축을 중심으로 30° 회전 → (−2, −3)만큼 직진이동
④ Z축을 중심으로 60° 회전 → (2, 3)만큼 직진이동

14 다음 중 $r(\theta)=5\cos\theta\ i+5\sin\theta\ j+(\theta/\pi)k$에 대하여 $\theta=0$에서의 접선의 방정식은?

① $t(u)=5i+5j+(u/\pi)k$ ② $t(u)=5i+5uj+(u/\pi)k$
③ $t(u)=5i+5j+(\theta/\pi)k$ ④ $t(u)=5i+5uj+(\theta/\pi)k$

15 3차원 동차좌표계에서 변환 행렬(matrix)의 크기는 얼마로 해야 일반성이 있는가?

① (2×2) ② (3×3)
③ (4×4) ④ (6×6)

Solution • 동차좌표 : n차원의 벡터를 $n+1$차원의 벡터로 표현한 좌표
① 2차원 동차좌표 변환행렬(3×3)
$$T=\begin{bmatrix} a & b & p \\ c & d & q \\ m & n & s \end{bmatrix}$$
② 3차원 동차좌표 변환행렬(4×4)
$$T=\begin{bmatrix} a & b & c & p \\ d & e & f & q \\ g & h & i & r \\ l & m & n & s \end{bmatrix}$$

Answer 12 ② 13 ① 14 ② 15 ③

16 $\begin{bmatrix} 2 & 6 \\ 6 & 8 \end{bmatrix}$인 직선을 x 방향으로 -5, y 방향으로 3만큼 이동시킬 때 결과는?

① $\begin{bmatrix} -3 & 1 \\ 1 & 10 \end{bmatrix}$ ② $\begin{bmatrix} -3 & 1 \\ 9 & 3 \end{bmatrix}$

③ $\begin{bmatrix} 8 & 11 \\ 1 & 9 \end{bmatrix}$ ④ $\begin{bmatrix} -3 & 9 \\ 1 & 11 \end{bmatrix}$

Solution • 동차좌표 변환행렬 이용

$$\begin{bmatrix} 2 & 6 & 1 \\ 6 & 8 & 1 \end{bmatrix} \begin{bmatrix} 1 & 0 & 0 \\ 0 & 1 & 0 \\ -5 & 3 & 1 \end{bmatrix} = \begin{bmatrix} -3 & 9 & 1 \\ 1 & 11 & 1 \end{bmatrix}$$

17 행렬 $[A] = \begin{bmatrix} 0 & 2 & 0 \\ 3 & 5 & 0 \end{bmatrix}$와 $[B] = \begin{bmatrix} 1 & 2 \\ 3 & 1 \\ 2 & 3 \end{bmatrix}$의 곱은?

① $\begin{bmatrix} 6 & 2 \\ 18 & 11 \end{bmatrix}$ ② $\begin{bmatrix} 3 & 6 \\ 11 & 18 \\ 2 & 6 \end{bmatrix}$

③ $\begin{bmatrix} 3 & 2 & 6 \\ 18 & 11 & 10 \end{bmatrix}$ ④ $\begin{bmatrix} 3 & 6 & 6 \\ 11 & 18 & 15 \\ 2 & 6 & 11 \end{bmatrix}$

Solution

$$\begin{bmatrix} 0 & 2 & 0 \\ 3 & 5 & 0 \end{bmatrix} \begin{bmatrix} 1 & 2 \\ 3 & 1 \\ 2 & 3 \end{bmatrix} = \begin{bmatrix} 6 & 2 \\ 18 & 11 \end{bmatrix}$$

0+2×3+0×2 = 6
0×2+2×1+0×3 = 2
3×1+5×3+0×2 = 18
3×2+5×1+0×3 = 11

18 기하학적으로 곡선형상을 표현하기 위해서는 기본적으로 점과 벡터에 의해서 구성된다. 이러한 벡터를 구성하기 위한 기본 요소가 아닌 것은?

① 벡터의 시작점 ② 벡터의 길이
③ 벡터의 방향 ④ 벡터의 굴절

Solution • 벡터 : 일정한 방향과 선분으로 도시된 일정한 길이(크기)를 화살표로 표시한다.

19 컴퓨터 그래픽에서 도형을 나타내는 그래픽 기본 요소가 아닌 것은?

① 점(dot) ② 선(line)
③ 원(circle) ④ 구(sphere)

Solution • 2차원 프리미티브(primitive) : 점, 선, 원

Answer 16 ④ 17 ① 18 ④ 19 ④

20 평면상의 한 점 $L = (2, 2)$를 원점을 중심으로 30° 만큼 반시계 방향으로 회전시킬 때 변환된 좌표값은?

① (2,866   2.5)
② (1.732   1)
③ (0.732   2.732)
④ (0.433   0.25)

Solution
$[x', y'] = [x, y]\begin{bmatrix} \cos\theta & \sin\theta \\ -\sin\theta & \cos\theta \end{bmatrix} = (2, 2)\begin{bmatrix} \cos 30° & \sin 30° \\ -\sin 30° & \cos 30° \end{bmatrix}$
$= (0.732, 2.732)$

21 점 $P_1(25, 50)$을 $\Delta x = 14$, $\Delta y = 6$ 만큼 이동시킨 후 원래의 위치로 되돌리기 위한 matrix에서 b_{31}은 얼마인가? (단, $[x' y' 1'] = [x\ y\ 1]\begin{bmatrix} b_{11} & b_{12} & b_{13} \\ b_{21} & b_{22} & b_{23} \\ b_{31} & b_{32} & b_{33} \end{bmatrix}$)

① −25
② −50
③ −14
④ −6

Solution
• 2차원 동차좌표계 : 이동변환행렬
$[T] = \begin{bmatrix} 1 & 0 & 0 \\ 0 & 1 & 0 \\ -14 & -6 & 1 \end{bmatrix}$
$b_{31} = -14, b_{32} = -6$

22 두 점 (1, 1), (3, 4)를 연결하는 선분을 원점을 기준으로 반시계 방향으로 60도 회전한 도형의 양 끝점의 좌표를 구한 것은?

① (−0.366, 4.598), (−1.964, 1.366)
② (−0.366, 1.366), (−1.964, 4.598)
③ (−0.866, 0.5), (0.5, 0.866)
④ (0.366, 1.366), (1.964, 4.598)

Solution
$\begin{bmatrix} x_1' & y_1' & 1 \\ x_2' & y_2' & 1 \end{bmatrix} = \begin{bmatrix} x_1 & y_1 & 1 \\ x_2 & y_2 & 1 \end{bmatrix} = \begin{bmatrix} \cos 60° & \sin 60° & 0 \\ -\sin 60° & \cos 60° & 0 \\ 0 & 0 & 1 \end{bmatrix}$
$x_1' = 1 \times \cos 60° - 1 \times \sin 60° = -0.366$
$y_1' = 1 \times \sin 60° + 1 \times \cos 60° = 1.366$
$x_2' = 3 \times \cos 60° - 4 \times \sin 60° = -1.964$
$y_2' = 3 \times \sin 60° + 4 \times \cos 60° = 4.598$

23 다음의 점들 중에서 점(100, 100)과 점(200, 150)을 지나는 직선 위에 있는 것은 어느 것인가?

① 점(150, 120)
② 점(250, 170)
③ 점(0, 50)
④ 점(300, 0)

Answer   20 ③   21 ③   22 ②   23 ③

> **Solution** 두 점 (x_1, y_1), (x_2, y_2)을 지나는 직선의 방정식
> $$y - y_1 = \frac{y_2 - y_1}{x_2 - x_1}(x - x_1)$$
> $y = \frac{1}{2}x + 50$
> $x = 0$ 이면 $y = 50$ 이다.

24 도형변환에 있어서 도형회전(rotation)의 수식이 맞는 것은?

① $[x'\ y'] = [x\ y]\begin{bmatrix} \cos\theta & \sin\theta \\ -\sin\theta & \cos\theta \end{bmatrix}$

② $[x'\ y'] = [x\ y]\begin{bmatrix} \sin\theta & \cos\theta \\ -\cos\theta & \sin\theta \end{bmatrix}$

③ $[x'\ y'] = [x\ y]\begin{bmatrix} -\sin\theta & \cos\theta \\ \cos\theta & \sin\theta \end{bmatrix}$

④ $[x'\ y'] = [x\ y]\begin{bmatrix} -\cos\theta & \sin\theta \\ \sin\theta & \cos\theta \end{bmatrix}$

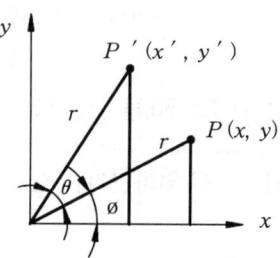

> **Solution** • 반시계 방향의 회전변환
> $[T] = \begin{bmatrix} \cos\theta & \sin\theta \\ -\sin\theta & \cos\theta \end{bmatrix}$

25 XY 평면 위의 점(10, 20)을 원점을 중심으로 시계 방향으로 $45°$ 회전시킬 때의 좌표값은?

① (21.2, 7.1)   ② (20, 40)
③ (7.1, 21.2)   ④ (10.2, 20.1)

> **Solution**
> $[x'\ y'] = [10\ 20]\begin{bmatrix} \cos 45° & -\sin 45° \\ \sin 45° & \cos 45° \end{bmatrix}$
> $x' = 10 \times \cos 45° + 20 \times \sin 45° = 21.21$
> $y' = -10 \times \sin 45° + 20 \times \cos 45° = 7.07$

26 2차원에서 반시계 방향으로 θ 각 만큼 회전시켰을 때의 회전 변환 행렬은?

① $\begin{bmatrix} \sin\theta & \cos\theta \\ \cos\theta & \sin\theta \end{bmatrix}$ ② $\begin{bmatrix} -\cos\theta & \sin\theta \\ \sin\theta & \cos\theta \end{bmatrix}$

③ $\begin{bmatrix} -\sin\theta & \cos\theta \\ \cos\theta & \sin\theta \end{bmatrix}$ ④ $\begin{bmatrix} \cos\theta & \sin\theta \\ -\sin\theta & \cos\theta \end{bmatrix}$

> **Solution** • 2차원 좌표변환
> ① 이동(thanslation) 변환의 변환 행렬 : $[T] = [m\ n]$
> ② 원점 대칭(reflection, mirror) 변환 행렬 : $[T] = \begin{bmatrix} -1 & 0 \\ 0 & -1 \end{bmatrix}$
> ③ 원점 기준 반시계 방향으로 θ만큼 회전했을 때 변환 행렬 :
> $[T] = \begin{bmatrix} \cos\theta & \sin\theta \\ -\sin\theta & \cos\theta \end{bmatrix}$
> ④ 확대·축소 변환 행렬 : $[T] = \begin{bmatrix} S_x & 0 \\ 0 & S_y \end{bmatrix}$
> ⑤ 전단 변환 행렬 : $[T] = \begin{bmatrix} 1 & b \\ c & 1 \end{bmatrix}$

Answer 24 ① 25 ① 26 ④

27 직사각형의 밑변을 고정시킨 상태에서 이를 찌그러트려 평행사변형으로 만들려고 할 때 사용되는 변환은?

① 전단 변환(shearing)   ② 반사 변환(reflection)
③ 회전 변환(rotation)   ④ 크기 변환(scaling)

28 다음 A, B 행렬의 곱 AB의 결과는? (단, $A = \begin{bmatrix} 1 & 2 & 3 \\ 4 & 5 & 6 \\ 7 & 8 & 9 \end{bmatrix}$, $B = \begin{bmatrix} 1 & 4 \\ 2 & 5 \\ 3 & 6 \end{bmatrix}$)

① 3행 3열   ② 2행 2열
③ 3행 2열   ④ 2행 3열

> **Solution**
> $$[A] \cdot [B] = \begin{bmatrix} 1 & 2 & 3 \\ 4 & 5 & 6 \\ 7 & 8 & 9 \end{bmatrix} \begin{bmatrix} 1 & 4 \\ 2 & 5 \\ 3 & 6 \end{bmatrix} = \begin{bmatrix} 14 & 32 \\ 32 & 65 \\ 50 & 122 \end{bmatrix}$$

29 대상물체를 x축으로 90° 회전시킨 후 x축으로 3, y축으로 2, z축으로 5만큼 이동시키면 물체 위의 점 (2, 3, 4)는 어느 점으로 옮겨 가는가?

① [5, 5, 9]   ② [5, 6, 2]
③ [5, −2, 8]   ④ [5, −5, 2]

> **Solution**
> $$[2\ 3\ 4\ 1] \begin{bmatrix} 1 & 0 & 0 & 0 \\ 0 & 0 & 1 & 0 \\ 0 & -1 & 0 & 0 \\ 0 & 0 & 0 & 1 \end{bmatrix} \begin{bmatrix} 1 & 0 & 0 & 0 \\ 0 & 1 & 0 & 0 \\ 0 & 0 & 1 & 0 \\ 3 & 2 & 5 & 1 \end{bmatrix} = [2\ 3\ 4\ 1] \begin{bmatrix} 1 & 0 & 0 & 0 \\ 0 & 0 & 1 & 0 \\ 0 & -1 & 0 & 0 \\ 3 & 2 & 5 & 1 \end{bmatrix} = [5\ -2\ 8\ 1]$$

30 벡터 i, j, k가 각각 x, y, z축 방향으로의 단위 벡터인 경우, 두 벡터 $p = p_x i + p_y j + p_z k$ 와 $q = q_x i + q_y j + q_z k$ 의 외적(cross-roduct) $p \times q$ 는?

① $p \times q = (p_x q_y - p_y q_x)i + (p_y q_z - p_z q_y)j + (p_z q_x - p_x q_z)k$
② $p \times q = (p_y q_z - p_z q_y)i + (p_z q_x - p_x q_z)j + (p_x q_y - p_y q_x)k$
③ $p \times q = (p_y q_z - p_z q_y)i + (p_x q_z - p_z q_x)j + (p_x q_y - p_y q_x)k$
④ $p \times q = (p_y q_x - p_x q_y)i + (p_z q_y - p_y q_z)j + (p_x q_z - p_z q_x)k$

31 도형변환 행렬 $[X, Y]\begin{bmatrix} a & 0 \\ 0 & 1 \end{bmatrix} = [X', Y']$에서 $a > 0$ 이면 어떤 변환을 하는가?

① X 방향 확대   ② Y 방향 확대
③ X 방향 평행이동   ④ Y 방향 평행이동

> **Solution**
> $[x\ y]\begin{bmatrix} a & 0 \\ 0 & 1 \end{bmatrix} = [ax\ y]$
> $a > 1$ 이면 x 방향 확대 변환이 이루어진다.

Answer 27 ① 28 ③ 29 ③ 30 ② 31 ①

32 원의 정의 방법 중 틀린 것은?

① 일직선 위에 있는 3점에 의한 방법 ② 중심과 반지름에 의한 방법
③ 3점을 지나는 원 ④ 반지름과 두 개의 직선에 접하는 원

33 다음 그림에서 점 P의 극좌표값이 $r=10$, $\theta=30°$ 일 때 이것을 직교 좌표계로 변환한 $P(x_1, y_1)$를 구하면?

① $P(8.66, 4.21)$
② $P(8.66, 5)$
③ $P(5, 8.66)$
④ $P(4.21, 8.66)$

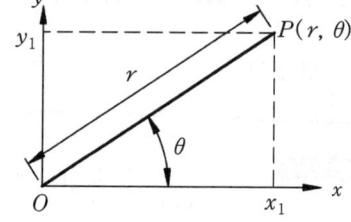

Solution $P(10, 30°)$
$x_1 = r\cos\theta = 10 \times \cos 30° = 8.67$
$y_1 = r\sin\theta = 10 \times \sin 30° = 5$

34 두 점 (1, 1)-(3, 4)를 잇는 선분을 원점을 기준으로 X 방향으로 5배 확대(축소)한 것의 양 끝점의 좌표를 구한 것은?

① (1, 1)-(1, 5, 2)   ② (1, 1)-(6, 2)
③ (2, 0.5)-(6, 2)   ④ (2, 2)-(1, 5, 2)

Solution • scaling 좌표변환
$$\begin{bmatrix} 1 & 1 \\ 3 & 4 \end{bmatrix} \begin{bmatrix} 2 & 0 \\ 0 & 0.5 \end{bmatrix} = \begin{bmatrix} 2 & 0.5 \\ 6 & 2 \end{bmatrix}$$

35 3차원 직교좌표계에서 두 점 $A(1, 2, 3)$, $B(3, 4, 1)$가 있을 때 다음 조건을 만족하는 점 $P(x, y, z)$의 좌표값은?

ⓐ 점 P는 X축 위에 존재한다.
ⓑ 점 P와 점 A, 점 P와 점 B 사이의 거리는 같다.
($\overline{PA} = \overline{PB}$)

① $P(1.5, 0, 0)$ ② $P(2, 0, 0)$
③ $P(2.5, 0, 0)$ ④ $P(3, 0, 0)$

Solution ① 점 P가 x축 위에 존재함으로 y와 z는 zero 이다.
② $\overline{PA} = \sqrt{(x-1)^2+(-2)^2+(-3)^2} = \sqrt{(x-1)^2+13}$
$\overline{Pb} = \sqrt{(x-3)^2+(-4)^2+(-1)^2} = \sqrt{(x-3)^2+17}$
$\overline{PA} = \overline{PB}$
$(x-1)^2+13 = (x-3)^2+17$
$x^2-2x+1+13 = x^2-6x+9+17$, $4x=12$, $x=3$

Answer 32 ① 33 ② 34 ③ 35 ④

36 3차원 공간상의 두 벡터 $\vec{A} = \vec{i} - 2\vec{j} + 2\vec{k}$ 와 $\vec{B} = 6\vec{i} + 3\vec{j}$ 사이의 각 θ 을 구하면 몇 도인가?

① 0 ② 45
③ 90 ④ 180

Solution (1) 벡터의 내적
$$\vec{A} \cdot \vec{B} = A_1B_1 + A_2B_2 + A_3B_3 = |A||B|\cos\theta$$
$$(\hat{i} - 2\hat{j} + 2\hat{k}) \cdot (6\hat{i} + 3\hat{k}) = 0$$
$$\theta = 90°$$
(2) 벡터의 외적
$$\vec{A} \times \vec{B} = |A||B|\sin\theta$$
$$(\hat{i} - 2\hat{j} + 2\hat{k}) \times (6\hat{i} + 3\hat{k}) = -6\hat{i} + 12\hat{j} + 15\hat{k} = 6.71 \times 3 \times \sin\theta$$
$$\theta = 90°$$

37 다음 매트릭스에서 $d = 0$ 인 경우 어떤 변환이 이루어지는가?

$$[x\ y]\begin{bmatrix} d & 0 \\ 0 & 1 \end{bmatrix} = [x'\ y']$$

① x 축 방향의 확대 ② x 축 방향의 축소
③ y 축에 대한 투영 ④ 변화가 없다.

38 다음 식으로 표현된 도형의 결과를 무엇이라고 하는가?

$$f_x = x_c + r\cos\theta$$
$$f_y = y_c + r\sin\theta$$

여기서 x_c 와 y_c 는 임의의 좌표값이다. (단, $r : x_c$ 와 y_c 에서 떨어진 직선거리, $0 \leq \theta \leq 2\pi$)

① 타원 ② 포물선
③ 쌍곡선 ④ 원

Solution • 매개변수로 표현한 원의 방정식
$$x = r\cos\theta,\ y = r\sin\theta$$
$$x^2 + y^2 = r^2\cos^2\theta + r^2\sin^2\theta = r^2$$

39 다음 중 좌표계에 관한 설명으로 잘못된 것은?
① 실세계에서 모든 점들은 3차원 좌표계로 표현된다.
② x, y, z 축의 방향에 따라 오른손좌표계와 왼손좌표계가 있다.
③ 모델링에서는 직교좌표계가 사용되지만, 원통좌표계나 구형좌표계가 사용되기도 한다.
④ 좌표계의 변환에는 행렬 계산의 편리성으로 동차좌표계 대신 직교좌표계가 주로 사용된다.

Answer 36 ③ 37 ③ 38 ④ 39 ④

40 다음 기능 중 변환 매트릭스를 사용했을 때의 편리함과 무관한 기능은?

① zooming ② rotation
③ mirror   ④ copy

Solution 복사(copy)는 편집기능이지 변환행렬을 나타내는 기능이 아니다.

41 그림에서 r_0 가 평면상의 한 점이고 n_1, n_2 가 평면상의 임의의 두 벡터라면 평면을 정의하는 매개변수식 $r(u, v)$ 는?

① $r(u, v) = r_0 + n_1 + n_2$
② $r(u, v) = r_0 + un_1 + vn_2$
③ $r(u, v) = r_0 + un_1 + n_2$
④ $r(u, v) = r_0 + n_1 + vn_2$

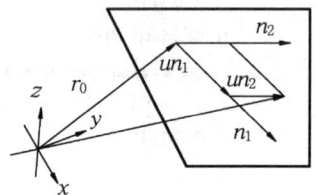

42 2차원 변환 행렬이 다음과 같을 때 좌표변환 H 는 무엇을 의미하는가?

① 확대
② 회전
③ 이동
④ 반전

$$H = \begin{bmatrix} 3 & 0 & 0 \\ 0 & 3 & 0 \\ 0 & 0 & 1 \end{bmatrix}$$

43 동차좌표(homogeneous coordinate)에 의한 표현을 바르게 설명한 것은?

① N 차원의 벡터를 $N-1$ 차원의 벡터로 표현한 것이다.
② N 차원의 벡터를 $N+1$ 차원의 벡터로 표현한 것이다
③ N 차원의 벡터를 $N^{(N-1)}$ 차원의 벡터로 표현한 것이다
④ N 차원의 벡터를 $N^{(N+1)}$ 차원의 벡터로 표현한 것이다

44 $(x+7)^2 + (y-4)^2 = 64$ 인 원의 중심과 반지름은?

① 중심 (-7, 4), 반지름 8   ② 중심 (7, 4), 반지름 8
③ 중심 (-7, 4), 반지름 64 ④ 중심 (-7, -4), 반지름 64

Solution
$(x+7)^2 + (y-4)^2 = 64$
$x^2 + 14x + 49 + y^2 - 8y + 16 = 64$
$x^2 + 14x + y^2 - 8y + 1 = 0$
① 표준형 : $X^2 + Y^2 + Ax + BY + C = 0$
② 원점과 반지름 r : $x^2 + y^2 = r^2$
③ (a, b) 가 원의 중심이고 반지름이 r 일 때 : $(x-a)^2 + (y-b)^2 = r^2$

Answer 40 ④ 41 ② 42 ① 43 ② 44 ①

45 2차원 좌표계에서 좌표를 $(x, y, 1)$과 같이 row vector 로 표시할 때
$\begin{bmatrix} \cos\theta & \sin\theta & 0 \\ -\sin\theta & \cos\theta & 0 \\ 0 & 0 & 1 \end{bmatrix}$ 변환행렬은 어느 축으로 회전시켰을 때의 회전인가?

① x 축
② y 축
③ z 축
④ x, z 축

46 그림과 같이 평면상의 두 벡터 $\vec{a}, \vec{b}$ 로 이루어진 평행사변형의 넓이를 구한 식으로 맞는 것은?

① $\vec{a} \cdot \vec{b}$
② $|\vec{a} \cdot \vec{b}|$
③ $\vec{a} \times \vec{b}$
④ $|\vec{a} \times \vec{b}|$

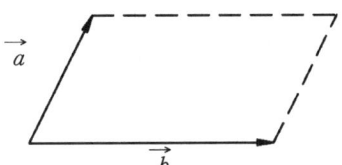

Solution 넓이는 벡터량이다. 크기만 표현할 때는 아래와 같다.
$|\vec{A}| = |\vec{a} \times \vec{b}|$

47 CAD 시스템에서 점의 작성 방법이 아닌 것은?

① 요소의 끝점을 선택하는 방법
② 교차하는 두 선을 선택하는 방법
③ 교차하는 두 평면을 선택하는 방법
④ 요소의 중간점을 선택하는 방법

Solution • 요소를 지정하는 점을 작성하는 방법
① 끝점 지정
② 중간점 지정
③ 중심점 지정
④ 교차점 지정
⑤ 가까운점 지점
⑥ 직교점 지정
⑦ 사분점 지정
⑧ 접점 지점

48 점 $P(3, 5)$를 원점을 중심으로 $90°$ 회전시킬 때 회전한 점의 좌표는? (단, 반시계방향을 양 $(+)$의 각으로 한다.)

① $(3, -5)$
② $(-5, 3)$
③ $(-3, 5)$
④ $(5, -3)$

Solution $[x'\ y'] = [3, 5]\begin{bmatrix} \cos 90° & +\sin 90° \\ -\sin 90° & \cos 90° \end{bmatrix} = [-5, 3]$

Answer 45 ③ 46 ④ 47 ③ 48 ②

49 3차원변환을 위한 동차좌표계의 변환행렬은 4×4 행렬로 표현되며 보기와 같이 4개의 소행렬로 분할할 수 있다. 이 중 좌상단의 3×3 소행렬에서 수행되는 역할이 아닌 것은?

$$[T] = \begin{bmatrix} [3(f)3] & [3(f)1] \\ [1(f)3] & [1(f)1] \end{bmatrix}$$

① 크기(scaling)   ② 이동(translation)
③ 회전(rotation)   ④ 전단(shearing)

Solution • 3차원 동차좌표

$$[T] = \begin{bmatrix} a & b & c & p \\ d & e & f & q \\ g & h & i & r \\ l & m & n & s \end{bmatrix}$$

① 3×3 소행렬 : 회전, 대칭, 크기, 전단 등
② 3×1 소행렬 : 투영(projection)
③ 1×3 소행렬 : 이동
④ 1×1 소행렬 : 전체 크기(over all scaling)

50 다음 그림과 같이 $x^2 + y^2 - 2 = 0$ 인 원이 있다. 점 $P(1, 1)$ 에서의 접선의 방정식은?

① $2(x-1) + 2(y-1) = 0$
② $(x-1) - (y-1) = 0$
③ $2(x+1) + 2(y-1) = 0$
④ $(x+1) + (y+1) = 0$

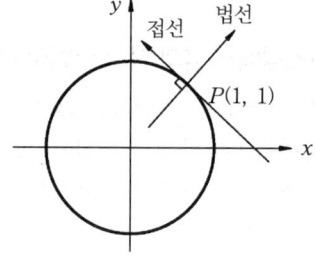

Solution
$m = -\tan\alpha = -\tan 45° = -1$
$y - y_1 = m(x - x_1)$
$y - 1 = -1(x - 1) = -x + 1$
∴ $y = -x + 2$
  $2y = -2x + 4$
  $2y - 2 = -2x + 2$
  $2(x-1) + 2(y-1) = 0$

51 임의 위치 점의 좌표를 표시할 때 점의 위치를 항상 원점(0, 0, 0)을 기준으로 위치를 표시하는 좌표계는 무엇인가?

① 상대좌표계   ② 절대좌표계
③ 증분좌표계   ④ 벡터좌표계

Answer   49 ②   50 ①   51 ②

52 $x^2+y^2+z^2-4x+6b-10z+2=0$ 인 방정식으로 표현되는 구의 중심점과 반지름은 얼마인가?

① 중심(-2, 3, -5), 반지름 : 6
② 중심(2, -3, 5), 반지름 : 6
③ 중심(-4, 6, -10), 반지름 : 2
④ 중심(4, -6, 10), 반지름 : 2

Solution (1) $x^2+y^2+z^2+Ax+By+Cz+D=0$
① 구의 중심점 : $\left(-\dfrac{A}{2}, -\dfrac{B}{2}, -\dfrac{Z}{2}\right)$
② 구의 반지름 : $\dfrac{\sqrt{A^2+B^2+C^2-4D}}{2}$
(2) $x^2+y^2+z^2-4x+6y-10z+2=0$
① 중심 : (2, -3, 5)
② 반지름 : $\dfrac{\sqrt{4^2+6^2+10^2-8}}{2}=6$

53 구면 좌표계로 표시되는 3차원 공간내의 점 $P(5.4, 27°, 56°)$를 직교좌표계로 변환하면 어떻게 되는가?

① (4, 2, 3)
② (3, 4, 5)
③ (6, 4, 5)
④ (4, 3, 2)

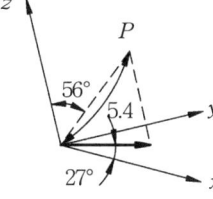

Solution
$z = D\cos\alpha = 5.4 \times \cos 56° = 3.02 ≒ 3.0$
$x = D \cdot \cos\alpha \cdot \cos\theta = 5.4 \times \sin 56° \times \cos 27° = 3.99 ≒ 4.0$
$y = D \cdot \cos\alpha \cdot \sin\theta = 5.4 \times \sin 56° \times \sin 27° = 2.03 ≒ 2.0$
$P(5.4, 27°, 56°) = P(4.0, 2.0, 3.0)$

54 2차원 좌표상에서의 기하학적 변환을 Homegeneous Coordinate(HC)로 표시하면 다음과 같다. a, b, c, d 와 관계가 없는 것은?

① shearing
② rotation
③ scaling
④ projection

$$T_H = \begin{bmatrix} a & b & p \\ c & d & q \\ m & n & s \end{bmatrix}$$

Answer 52 ② 53 ① 54 ④

55 그림과 같이 변환시키려면 d의 값은 얼마인가?

$$[X\ Y]\begin{bmatrix} a & 0 \\ 0 & d \end{bmatrix} = [X'\ Y']$$

① 1
② 2
③ -1
④ -2

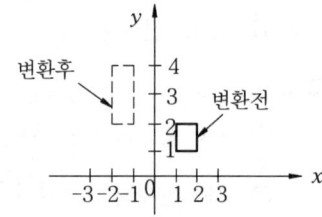

Solution x방향으로 이동 후 y방향으로 확대·변환한 것으로 동차좌표로 표현하면 다음과 같다.

$$T = \begin{bmatrix} 1 & 0 & 0 \\ 0 & 1 & 0 \\ -3 & 0 & 1 \end{bmatrix} \cdot \begin{bmatrix} 1 & 0 & 0 \\ 0 & 2 & 0 \\ 0 & 0 & 1 \end{bmatrix} = \begin{bmatrix} 1 & 0 & 0 \\ 0 & 2 & 0 \\ -3 & 0 & 1 \end{bmatrix}$$

∴ $a=1$, $b=2$, $m=-3$, $n=0$

56 반지름이 1인 원호를 parametric 함수로 표현한 것은?

① $x^2 + y^2 = 1$
② $y = \pm\sqrt{1-x^2}$
③ $x = \cos\theta$, $y = \sin\theta$
④ $x = t$, $y = t^2 + 1$

Solution 직교좌표계와 원통좌표계 관계로부터 다음과 같이 매개변수 θ를 도입하여 표현한다.
$x = r\cos\theta = \cos\theta$
$y = r\sin\theta = \sin\theta$

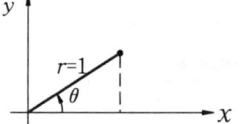

57 원호(arc)를 작성하는 방법 중 틀린 것은?

① 3점을 지정
② 시작점, 중심점, 각도를 지정
③ 중심점과 반지름을 지정
④ 1요소에 접하고, 1점과 반지름 지정

58 널리 사용되는 원뿔단면곡선에는 원, 타원, 포물선 및 쌍곡선 등이 있다. 포물선을 음함수 형태로 표시한 식은?

① $x^2 + y^2 - r^2 = 0$
② $y^2 - 4ax = 0$
③ $\dfrac{x^2}{a^2} - \dfrac{y^2}{b^2} - 1 = 0$
④ $\dfrac{x^2}{a^2} + \dfrac{y^2}{b^2} - 1 = 0$

59 벡터의 성질 중 틀린 것은? (단, a, b, c : 공간상의 벡터, λ, μ, ν : 스칼라 량)

① $a + (b + c) = (a + b) + c$
② $\lambda(\mu a) = \lambda\mu a$
③ $a \times b = b \times a$
④ $(\mu + \nu)a = \mu a + \nu a$

Answer 55 ② 56 ③ 57 ③ 58 ② 59 ③

60 하나의 원을 지정하는 방법으로 적합하지 않은 것은?

① 3개의 점의 위치 ② 중심점의 위치의 반지름의 크기
③ 지름이 되는 선분의 양끝점 ④ 한 점과 하나의 직선

61 CAD시스템 좌표계에 대한 설명 중 틀린 것은?

① 직교 좌표계 : 하나의 점을 표시할 때, 각 축에 대한 X, Y, Z 에 대응하는 좌표값으로 표기하는 방법
② 극 좌표계 : 한 쌍의 직교축과 단위 길이를 사용하여 평면상의 한 점의 위치를 표시하는 방법
③ 원통 좌표계 : 평면상에 있는 하나의 점을 나타내기 위해 사용한 극 좌표계에 공간의 개념을 적용하여 공간상의 한 점을 표기하기 위한 좌표계
④ 구면 좌표계 : 평면상에 구성되어 있는 하나의 점을 표현하는 방법 중 한 가지로 해당점에 좌표를 중심으로 구를 그리듯이 표현하는 방법

62 좌표(0, 0) (30, 0) (15, 30)인 3정점으로 이루어진 삼각형을 2배 확대하여 반시계방향으로 30° 만큼 원점을 중심으로 회전할 때 옳은 것은?

① $\begin{bmatrix} 0 & 0 \\ 52 & 30 \\ 4 & -67 \end{bmatrix}$ ② $\begin{bmatrix} 0 & 0 \\ 52 & -30 \\ 4 & 67 \end{bmatrix}$

③ $\begin{bmatrix} 0 & 0 \\ 52 & 30 \\ -4 & 67 \end{bmatrix}$ ④ $\begin{bmatrix} 52 & 30 \\ 0 & 0 \\ 4 & 67 \end{bmatrix}$

63 다음 변환 행렬식의 요소가 $a > 1, d < 1, b = c = 0$ 인 경우 나타나는 현상은?

$$T = \begin{bmatrix} a & b \\ c & d \end{bmatrix}$$

① x 방향으로 확대, y 방향으로 축소
② x, y 방향으로 확대
③ x 방향으로 축소, y 방향으로 확대
④ x, y 방향으로 축소

64 원호(arc)의 작성하는 방법 중 틀리다고 생각되는 것은?

① 2개의 교차선과 반지름이 주어질 때
② 3점이 주어질 때
③ 중심점, 끝점, 시작점이 주어질 때
④ 중심점, 반지름, 2개의 교차되는 선에 접하는 구속조건이 주어질 때

Answer 60 ④ 61 ④ 62 ③ 63 ① 64 ④

65 점의 x, y 좌표가 (1, 3)인 것을 척도(scale factor)를 2로 스케일링(scaling)하고, 원점을 중심으로 45° 만큼 회전시킬 때 좌표값은 어떻게 변하는가?

① 1.414, −2.829
② 2.828, −5.657
③ −1.414, 2.829
④ −2.828, 5.657

66 (5, 4)인 점을 원점을 중심으로 30° 회전시킨 점의 좌표를 구한 것은?

① (−2.33, 6.33)
② (2.33, 5.964)
③ (3.21, 5.964)
④ (3.21, −5.964)

67 다음 설명 중 틀린 것은?

① 중심과 원주상의 한 점을 주어 원을 정의할 수 있다.
② 세점을 지나는 호(arc)는 방향을 지정해 주어야 한다.
③ 서로 다른 3개의 직선에 접하는 원은 하나이다.
④ 두 점과 반지름에 의해 만들 수 있는 호는 2개이다.

68 3차원 변환행렬에서 XY 평면에 대한 대칭변환(reflection) 행렬은?

① $\begin{bmatrix} 1 & 0 & 0 & 0 \\ 0 & 1 & 0 & 0 \\ 0 & 0 & -1 & 0 \\ 0 & 0 & 0 & 1 \end{bmatrix}$
② $\begin{bmatrix} -1 & 0 & 0 & 0 \\ 0 & 1 & 0 & 0 \\ 0 & 0 & 1 & 0 \\ 0 & 0 & 0 & 1 \end{bmatrix}$

③ $\begin{bmatrix} 1 & 0 & 0 & 0 \\ 0 & -1 & 0 & 0 \\ 0 & 0 & -1 & 0 \\ 0 & 0 & 0 & 1 \end{bmatrix}$
④ $\begin{bmatrix} -1 & 0 & 0 & 0 \\ 0 & -1 & 0 & 0 \\ 0 & 0 & 1 & 0 \\ 0 & 0 & 0 & 1 \end{bmatrix}$

69 Transformation Matrix가 필요없는 작업은?

① COPY
② MIRROR
③ ROTATE
④ SCALE

70 다음은 공간상에서 한 평면을 기술하기 위하여 필요한 요소를 나타낸 것이다. 틀린 것은?

① 한 점과 그 점에서 평면에 수직인 벡터 1개
② 교차하는 두 선
③ 공간상에 놓인 3점
④ 하나의 평면에 평행하고 평면상의 한 점

Answer 65 ④ 66 ② 67 ② 68 ① 69 ① 70 ②

71 곡면의 2차원 좌표변환이라고 볼 수 없는 것은?

① 이동(translation) ② 축소·확대(scaling)
③ 회전(rotation) ④ 투영(projection)

72 CAD system에서 점의 위치지정 방법 중 정확한 방법이 아닌 것은?

① cursor를 이용한다.
② 끝점(end point)을 이용한다.
③ 교점(intersection point)을 이용한다.
④ 숫자를 입력(key-in)한다.

73 $2X-3Y+7=0$ 과 평행한 직선이 아닌 것은?

① $3X-5Y+9=0$ ② $Y=(2/3)X+1$
③ $4X-6Y+5=0$ ④ $9Y-6X+11=0$

74 직선 $L=\begin{bmatrix} 1 & 1 \\ 2 & 4 \end{bmatrix}$를 X 방향으로 2 만큼, Y 방향으로 3 만큼 이동하면 변환행렬은 어느 것인가?

① $\begin{bmatrix} 2 & 2 \\ 6 & 12 \end{bmatrix}$ ② $\begin{bmatrix} 2 & 3 \\ 2 & 4 \end{bmatrix}$
③ $\begin{bmatrix} 2 & 3 \\ 4 & 12 \end{bmatrix}$ ④ $\begin{bmatrix} 3 & 4 \\ 4 & 7 \end{bmatrix}$

Solution $L'=\begin{bmatrix} 1 & 1 \\ 2 & 4 \end{bmatrix}+[2,3]=\begin{bmatrix} 3 & 4 \\ 4 & 7 \end{bmatrix}$

75 다음 식은 무엇을 나타낸 방정식인가?

$$x^2+y^2+z^2=1$$

① 원(circle) ② 포물선(parabola)
③ 타원(ellipse) ④ 구(sphere)

Answer 71 ④ 72 ① 73 ① 74 ④ 75 ④

76 직선의 두 좌표 $P_1(2, 4)$, $P_2(4, 6)$를 시계방향으로 60° 회전시켰다면 그 때의 직선의 좌표 P_1'과 P_2'를 행렬식으로 맞게 표현한 것은?

① $\begin{bmatrix} 2\cos 60 + 4\sin 60 & -2\sin 60 + 4\cos 60 \\ 4\cos 60 + 6\sin 60 & -4\sin 60 + 6\cos 60 \end{bmatrix}$

② $\begin{bmatrix} 2\cos 60 - 4\sin 60 & 2\sin 60 + 4\cos 60 \\ 4\cos 60 - 6\sin 60 & 4\sin 60 + 6\cos 60 \end{bmatrix}$

③ $\begin{bmatrix} 2\sin 60 + 4\cos 60 & 2\cos 60 - 4\sin 60 \\ 4\sin 60 + 6\cos 60 & 4\cos 60 - 6\sin 60 \end{bmatrix}$

④ $\begin{bmatrix} 4\cos 60 - 6\sin 60 & 4\sin 60 + 6\cos 60 \\ 2\cos 60 - 4\sin 60 & 2\sin 60 + 6\cos 60 \end{bmatrix}$

Solution $\begin{bmatrix} 2 & 4 \\ 4 & 6 \end{bmatrix} \begin{bmatrix} \cos 60° & -\sin 60° \\ \sin 60° & \cos 60° \end{bmatrix} = \begin{bmatrix} 2\cos 60 + 4\sin 60 & -2\sin 60 + 4\cos 60 \\ 4\cos 60 + 6\sin 60 & -4\sin 60 + 6\cos 60 \end{bmatrix}$

77 다음 중 원 및 원호에 대한 정의에서 잘못된 것은?
① 중심과 원주상의 한 점으로 표시
② 원주상의 3개의 점으로 표시
③ 두 곡선에 의한 접선으로 표시
④ 3개의 직선에 접하는 점선으로 표시

78 다음 식에 의해서 표현할 수 없는 도형은?
$$f(x, y) = ax^2 + bxy + cy^2 + dx + ey + g = 0$$
① 원(circle)   ② 평면(plan)
③ 타원(ellipse)   ④ 쌍곡선(hyperbola)

79 일반적인 CAD 시스템에서 직선의 작성방법이 아닌 것은?
① 증분좌표값 지정에 의한 방법
② 곡면의 교차에 의한 방법
③ 수평면의 교차선으로 작성하는 방법
④ 극좌표값 지정에 의한 방법

80 $x = r\cos\theta$, $y = r\sin\theta$ 가 그리는 궤적의 모양은?
① 원   ② 타원
③ 쌍곡선   ④ 포물선

Answer 76 ① 77 ③ 78 ② 79 ② 80 ①

81 다음 보기 중에서 $y=-x$에 대칭인 결과를 얻는 matrix를 구한 것은?

① $\begin{bmatrix} 0 & 1 \\ -1 & 0 \end{bmatrix}$
② $\begin{bmatrix} 1 & 0 \\ 0 & 2 \end{bmatrix}$
③ $\begin{bmatrix} 1 & 0 \\ 0 & -1 \end{bmatrix}$
④ $\begin{bmatrix} 0 & -1 \\ -1 & 0 \end{bmatrix}$

82 점 $P_1(2, 2, 0)$이 좌표변환하여 점 $P_2(4, 6, 0)$이 되었다면 이는 어느 변환에 해당하는가?

① 이동 변환
② 회전 변환
③ 스케일링 변환
④ 전단 변환

83 3차원 좌표 변환 행렬에서 2배 확대 표현이 맞는 것은?

① $A=E=I=2$
② $A=B=C=2$
③ $L=M=N=2$
④ $F=I=N=2$

$T = \begin{bmatrix} A & B & C & 0 \\ D & E & F & 0 \\ G & H & I & 0 \\ L & M & N & 1 \end{bmatrix}$

84 직교 좌표계에서 절대좌표(100, 100)에서 상대 극좌표로 (60, 60)만큼 이동한 점의 절대 직교좌표값은? (단, 극좌표의 첫째 숫자는 반지름의 길이를 나타내고 두 번째 숫자는 반시계방향의 회전각도(°)를 나타낸다.)

① (130, 152)
② (152, 130)
③ (160, 130)
④ (160, 40)

85 면의 가시선을 판단할 때 임의의 점으로부터 관찰점까지 연결하는 뷰벡터 V와 이점에서 면의 외부로 향하는 법선벡터를 n이라 할 때 면의 관찰자로부터 보이기 위한 조건은? (단, 벡터의 내적은·, 외적은 ×이다.)

① $V \cdot n > 0$
② $V \cdot n < 0$
③ $V \times n > 0$
④ $V \times n < 0$

86 어떤 행렬이 m행과 n열을 가지면 $m \times n$ 행렬이라고 한다. 3×2 행렬과 2×3 행렬을 서로 곱했을 때 행(row)의 갯수는?

① 2
② 3
③ 4
④ 6

Answer 81 ③ 82 ① 83 ① 84 ① 85 ③ 86 ②

87 좌표(0, 0) (30, 0) (15, 30)의 3점으로 이루어진 삼각형을 원점을 중심으로 2배로 확대하는 경우에 값은 얼마인가?

① $\begin{bmatrix} 0 & 0 \\ 60 & 0 \\ 30 & 60 \end{bmatrix}$
② $\begin{bmatrix} 60 & 0 \\ 0 & 0 \\ 30 & 60 \end{bmatrix}$
③ $\begin{bmatrix} 30 & 60 \\ 60 & 0 \\ 0 & 0 \end{bmatrix}$
④ $\begin{bmatrix} 60 & 30 \\ 0 & 0 \\ 60 & 60 \end{bmatrix}$

88 다음 두 개의 직선식이 있다. 이 두식의 교차하는 점을 중심으로 하는 원의 방정식은?

$$[y = 3x + 4, \quad y = -(1/3)x + 4]$$

① $(x)^2 + (y-4)^2 - 9 = 0$
② $(x-3)^2 + (y-4)^2 = 25$
③ $(x-3)^2 + (y-4)^2 - 9 = 0$
④ $(y)^2 + (x-4)^2 = 9]$

89 내적(·)과 외적(×)을 혼합한 다음 계산 중 성립하는 것은?

① $(A \times B) \cdot C = A \cdot (B \times C)$
② $(A \cdot B) \times C = A \cdot (B \times C)$
③ $(A \times B) \cdot C = A \times (B \cdot C)$
④ $(A \cdot B) \times C = A \times (B \cdot C)$

90 3차원 변환에서 x 축을 중심으로 임의의 각도만큼 회전한 경우의 변환식은?

① $\begin{bmatrix} 1 & 0 & 0 \\ 0 & \cos\theta & \sin\theta \\ 0 & -\sin\theta & \cos\theta \end{bmatrix}$
② $\begin{bmatrix} \cos\theta & -\sin\theta & 0 \\ 0 & 1 & 0 \\ \sin\theta & 0 & \cos\theta \end{bmatrix}$
③ $\begin{bmatrix} \cos\theta & \sin\theta & 0 \\ -\sin\theta & \cos\theta & 0 \\ 0 & 0 & 1 \end{bmatrix}$
④ $\begin{bmatrix} 0 & \sin\theta & 0 \\ 0 & \cos\theta & 0 \\ \cos\theta & -\cos\theta & 1 \end{bmatrix}$

91 다음 두 점(-2, 0), (4, -6)을 지나는 직선의 방정식은 어느 것인가?

① $y = x - 2$
② $y = -x - 2$
③ $y = x - 4$
④ $y = -x - 3$

92 다음의 $P(r, \theta, z_1)$로써 표현되는 좌표계는 무엇인가? (단, r 는 직선거리, θ = 각도, $z_1 = z$ 축 거리이다.)

① 직교좌표계
② 극좌표계
③ 원통좌표계
④ 구면좌표계

Answer 87 ① 88 ① 89 ① 90 ① 91 ② 92 ③

93 다음 두 벡터의 내적(dot product)은 얼마인가? (단, $\vec{a}(2, 3, 4)$, $\vec{b}(5, 6, 7)$이다.)

① 33 ② 56
③ 63 ④ 78

> **Solution** $\vec{a} \cdot \vec{b} = 2 \times 5 + 3 \times 6 + 4 \times 7 = 56$

94 벡터 a, b 및 c가 공간상에서 많은 시작점을 가지고 서로 다른 방향으로 향한다고 할 때 세 벡터가 이루는 부피를 표현하는 식은?

① $a \cdot (b \times c)$ ② $a \cdot (b \cdot c)$
③ $a \times (b \times c)$ ④ $a \times (b \cdot c)$

95 도형 변환 행렬 $[x \ y]\begin{bmatrix} 1 & 0 \\ 0 & d \end{bmatrix} = [x' \ y']$에서 $0 < d < 1$이면 어떤 변환을 하는가?

① x 방향 확대 ② y 방향 확대
③ x 방향 축소 ④ y 방향 축소

96 타원은 고정된 후 점으로부터 거리의 합이 일정한 점들의 집합이다. X축의 반지름을 A, Y축의 반지름을 B, 타원의 중심을 (H, K)라 한다면 타원에 대한 대수학적인 표현으로 옳은 것은?

① $\dfrac{(X-H)^2}{B^2} + \dfrac{(Y-K)^2}{A^2} = 1$ ② $\dfrac{(X-H)^2}{A^2} + \dfrac{(Y-K)^2}{B^2} = 1$
③ $\dfrac{(X-H)^2}{A^2} - \dfrac{(Y-K)^2}{B^2} = 1$ ④ $\dfrac{(X-H)^2}{B^2} - \dfrac{(Y-K)^2}{A^2} = 1$

97 벡터 $a = (a_1, a_2, a_3)$가 존재한다. a_1, a_2, a_3는 x, y, z축 방향의 변위일 때 벡터의 크기(길이)는?

① $|a| = \sqrt{a_1^2 + a_2^2 + a_3^2}$ ② $|a| = \sqrt{a_1 + a_2 + a_3}$
③ $|a| = a_1 + a_2 + a_3$ ④ $|a| = a_1^2 + a_2^2 + a_3^2$

98 임의의 점 (l, m)에 대하여 25° 회전시키고자 할 때 몇 번을 좌표변환 해야 하는가?

① 2 ② 3
③ 4 ④ 5

> **Solution** (l, m)을 원점으로 이동 변환 → 25° 회전변환 → (l, m)으로 이동 변환

Answer 93 ② 94 ① 95 ④ 96 ② 97 ① 98 ②

99 3차원 좌표를 [*x*, *y*, *z*, 1]의 row vector 로 표기한다. 그림과 같은 좌표계에서 *Y* 축에 대하여 반시계방향으로 θ 만큼 회전하려고 할 때 사용할 메트릭스 *T*(4×4)의 옳게 표시된 요소는 어느 것인가? (단, *T*(1, 3)는 첫 번째 row 의 세 번째 요소를 의미한다.)

① *T*(1, 3) sin θ
② *T*(1, 3) −sin θ
③ *T*(1, 3) cos θ
④ *T*(1, 3) −cos θ

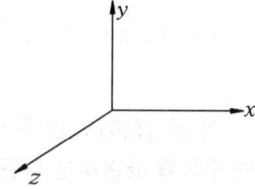

100 다음 그림과 같은 선분 *A* 를 원점을 기준으로 하여 *x*, *y* 방향으로 각각 3만큼 스케일링(scalling)할 때의 좌표값은?

① $\begin{bmatrix} 3 & 3 \\ 4 & 8 \end{bmatrix}$
② $\begin{bmatrix} 3 & 3 \\ 6 & 12 \end{bmatrix}$
③ $\begin{bmatrix} 4 & 4 \\ 4 & 8 \end{bmatrix}$
④ $\begin{bmatrix} 5 & 5 \\ 4 & 12 \end{bmatrix}$

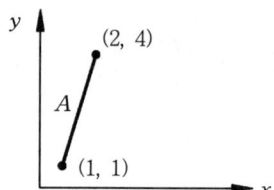

101 다음 방정식으로 표현하지 않는 형상은 어느 것인가?

$$ax^2 + bx + cy^2 + dy + e = 0$$
$$x^2 + y^2 + Ax + By + C = 0$$

① Eellipse(타원)
② Hyperbola(쌍곡선)
③ Parabola(포물선)
④ Hexagon(육각형)

102 원호(arc)를 정의하는 방법 중 틀린 것은?

① 원주상의 세 점을 알 때
② 원호의 중심점과 반지름을 알 때
③ 두 점이 이루는 각과 반지름을 알 때
④ 두 점의 좌표와 두 점이 이루는 각을 알 때

103 2차원 상에서 구성되는 원추곡선을 다음과 같은 일반식으로 표현할 때 *b* = 0, *a* = *c* 인 경우는 다음 원추곡선 중 어느 것을 나타내는가?

$$f(x, y) = ax^2 + bxy + cy^2 + dx + ey + o = 0$$

① 원
② 타원
③ 포물선
④ 쌍곡선

Answer   99 ②   100 ④   101 ④   102 ②   103 ①

chapter 3 CAD system의 모델링

1 기하학적 형상 모델링

물체의 기하학적 특성 또는 그 형상을 computer 내의 model로 정의하는 방법을 형상 모델링이라 한다. 모델링을 하기 위해서는 물체 또는 제품을 수학적으로 표현해야만 하고 이것을 스크린에 시각적으로 디스플레이 하는 과정을 거친다. 다시 말해서 모델의 형상화를 위한 그래픽 기법과 수학적인 매개함수 처리 능력이 요구되는 것이 바로 모델링이다.

1. 모델링의 종류★

(1) 2차원 모델링

xy 평면, yz 평면, zx 평면에 물체를 투상시켜 6면도, 단면도 등의 평면 형상을 취급하여 도면 제작에 많이 활용할 수 있는 모델링 방법이다.

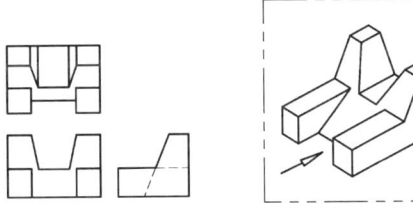

그림3-1 2차원 모델링

(2) 2½차원 모델링

2차원 평면 형상의 평행 또는 회전(스위프)에 의하여 3차원 형상으로 모델링하는 방법이다.

(3) 3차원 모델링

실제 공간상에 존재하는 물체와 똑같이 화면상에 입체감이 들어 나도록 모델링하는 방법이다. 2.5차원과 구별할 수 있는 방법은 물체를 회전시켜 봄으로써 구별할 수 있다. 3차원 모델링에는 다음과 같은 3가지가 있다.

① 와이어 프레임 모델링(wire frame modeling) : 점과 모서리(edges)선만으로 구성된 데이터

구조에 의한 모델링 방법이다.
② 서피스 모델링(surface modeling) : 점, 선 그리고 2개의 요소가 면을 이루는 데이터 구조에 의한 모델링 방법이다.
③ 솔리드 모델링(solid modeling) : 점, 선, 면 그리고 체적의 데이터 구조에 의한 모델링 방법으로 와이어 프레임 모델링과 서피스 모델링의 개념을 포함한다.

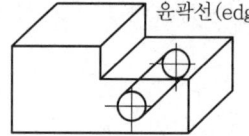
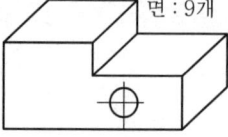
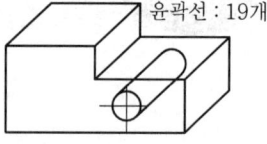

그림3-2 와이어 프레임 모델　　그림3-3 서피스 모델링　　그림3-4 솔리드 모델링

이와 같은 형상 모델링은 기계공학, 조선공학, 항공공학, 산업공학 등 광범위한 분야에 이용되고 있다.

2. 형상 모델링의 데이터 이용

형상모델에 관한 정보를 Database화하여 응용 소프트웨어에 적용함으로서 실용화 할 수 있다.

(1) 형상 모델링의 실용화

① 단면도, 3면도, 투시도 등의 도면작성에 이용된다. 여기서, 투시도(perspective)란 시점과 입체의 각 점을 연결하는 방사선에 의하여 그린 그림이다.
② 물리적 특성 즉, 형상의 중심, 중량, 관성 모멘트 등의 계산에 이용된다.
③ CL(cutter location) data file 생성을 위한 NC 공구 경로 계산에 이용된다.
④ 공정계획(process planning)에 이용된다.
⑤ robot에 의한 자동 조립 경로 설정 시 이용된다.
⑥ 기구의 운동성 해석을 위해 이용된다.
⑦ FEM에 의한 구조 해석에 이용된다.

3. 3차원적인 물체의 형상 표현 방법 ★

(1) 공간격자에 의한 방법

3차원 공간을 작은 단위 입체로 분할하고, 물체가 이단위 입체를 점하는가 점하지 않는가에 따라 대응하는 memory bit를 1 또는 0으로 표시하여 만들어진 매트릭스를 계산하여 형상 모델링을 완성하는 방법이다.

(2) 프리미티브에 의한 방법

평면과 원통면으로 된 물체의 형상에 한하여 6개의 프리미티브(기본입체)를 조합시켜 매우 복잡한 형상까지 표현이 가능한 모델링 방법이다.

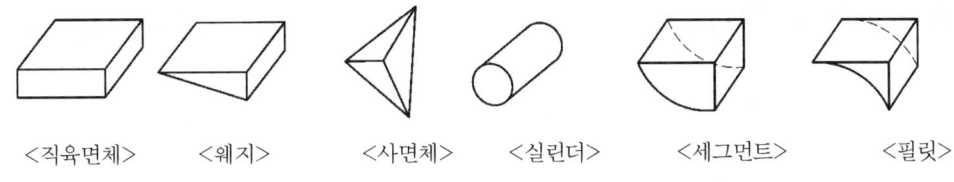

그림3-5 각종 프리미티브(primitive)

(3) 메시(mesh) 분할에 의한 방법

물체를 4면체 등과 같은 단순한 성질의 작은 물체로 세분화하고 이들 작은 물체의 논리합으로 표현하는 방법으로 FEM(유한요소법) 해석을 위한 형상 모델링이다.

(4) 반공간에 의한 방법

CSG(constructive solid geometry: 집합연산표현) 방식에 사용되는 프리미티브는 닫혀진 공간, 즉 입체인데 대하여 이 방법에서는 열린 공간에도 논리 연산을 적용하여 모델화하는 방법, 즉 몇 개의 반공간 누적 집합을 취함으로서 솔리드 형상을 정의한다. 따라서 최초의 논리곱 연산, 그 다음에 논리합 연산처럼 다음과 같은 2 단계로 나누어 형상을 정의한다.

① 열린 공간 몇 개를 모아 닫혀진 공간을 만든다.
② 이 닫혀진 공간을 모아서 형상을 정의한다.

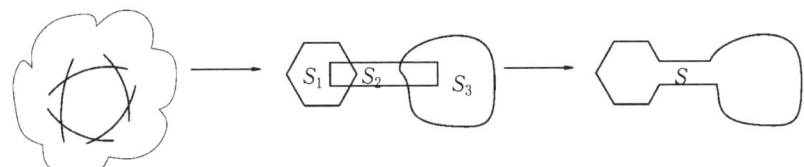

그림3-6 반공간에 의한 방법의 형상 표현

(5) 스위프(sweep)에 의한 방법(2.5차원 형상 모델링)

평면상의 윤곽선을 제3축 방향에 sweep함으로서 모델링하는 방법으로 2차원의 선을 어느 축 둘레에 회전시킴으로서 입체감을 주는 모델이다

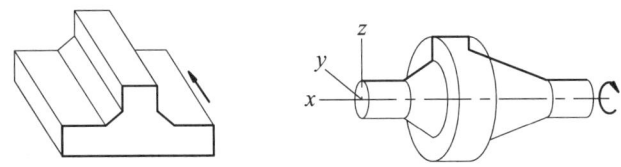

그림3-7 스위프에 의한 방법의 형상 표현

(6) 경계 표현에 의한 방법

3차원 물체의 형상을 그 경계면으로 표현하는 방법으로 와이어 프레임 모델링에 면, 입체 정보를 추가하여 일반화시킨 방법이다.

2 와이어 프레임 모델(wire frame model)★★★★

물체의 형상은 점과 선으로만 구성되기 때문에 3차원 형상을 나타내는데 있어 면과 면이 만나는 에지(edge)로 표현된다. 그래서 데이터 구조가 간단한 반면에 실린더나 구 형상과 같은 물체를 표현하는데 정확성이 떨어진다. 와이어 프레임 모델은 경우에 따라서 실체의 입체감이 나지 않기 때문에 보는 견지에 따라 서로 다른 해석이 될 수 있고 그림3-8은 실린더를 와이어 프레임 모델링 방법으로 표현한 것인데 곡면을 인식하지 못하는 관계로 실린더라는 형상의 이미지를 주지 못한다.

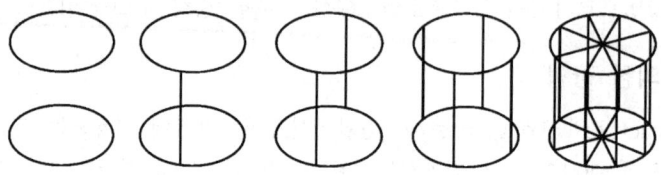

그림3-8 실린더의 모델

(1) 와이어 프레임 모델의 특징

① 모델 데이터의 구조가 간단하여 처리속도가 빠르다.
② 모델 생성을 쉽게 할 수 있고 3면 투시도의 작성이 용이하다.
③ 면을 인식하지 못하므로 체적 계산과 같은 물리적 성질의 계산이 불가능하다.
④ 은선 제거 및 단면도 작성이 불가능하다.
⑤ 실체감이 없어 형상을 정확하게 판단할 수 없다.
⑥ 다면체 솔리드라는 정보가 없어 해석용 모델로 사용할 수 없다.

3 서피스 모델(surface model)★★★★

에지(edge)로 둘러싸인 면을 정의함으로서 모델링하는 방법으로 입체감이 부여되어 시각적 효과가 와이어 프레임 모델보다 좋다.

(1) 서피스 모델의 특징

① 면에 관한 데이터 구조를 갖고 있으므로 은선 제거가 가능하다.
② 단면도를 작성할 수 있고 2개 면의 교선을 구할 수 있다.
③ NC 가공정보를 얻을 수 있으나 물리적 성질을 계산하기는 어렵다.
④ 입체 내부에 관한 정보는 없기 때문에 공학 해석을 위한 모델로는 부적당하다.
⑤ 간섭체크 및 복잡한 형상 표현이 가능하다.
⑥ 유한요소법 해석이 곤란하다.

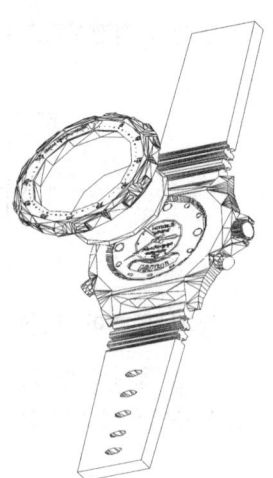

그림3-9 서피스 모델

4 솔리드 모델(solid model)★★★★

솔리드 모델링은 입체의 경계면을 평면에 근사시켜 면과 면이 만든 내부가 채워져 있는 다면체로서 모델을 구성하는 방식으로 컴퓨터에서는 변과 면, 꼭지점의 수를 관리하게 된다. 현실 공간상에 존재하는 물체를 3차원 형상으로 모델링하는 가장 상위의 모델링 기법이다.

1. 솔리드 표현

(1) 솔리드 모델은 실제 물체가 3차원 유틸리티 공간을 그 물체의 경계면에 의해서 서로 분리된 하나의 내부와 또 하나의 외부로 나눈다는 기본 개념을 이용한다.
(2) 솔리드는 내부 공간의 점에 의해서 형성되고 그것의 경계면에 의해서 기하학적으로 닫혀 있다는 기하학적 닫힘(geometric closure)의 개념을 내포한다.
(3) 솔리드 모델은 다음과 같은 성질을 만족하는 실세계 물체의 수학적 모델이다.
  ① 경계성(bounded) : 경계가 솔리드의 내부를 제한하고 포함하여야 한다.
  ② 등질 3차원성(homogeneous three dimensional) : 매달린 모서리나 면이 없어서 경계는 항상 솔리드의 내부와 접촉하고 있어야 한다.
  ③ 유한성(finite) : 솔리드는 크기가 무한하지 않고 제한된 양의 정보에 의해서 표현 가능하여야 한다.
(4) 솔리드 모델링의 표현 방식은 한 개의 물체 이상을 의미하지 않는 명확한 모델을 생성해야 하므로 다음의 공식적 특성을 만족해야한다.
  ① 표현범위(domain or coverage) : 표현될 수 있는 물체의 종류를 정의한다.
  ② 적합성(validity) : 각각의 표현은 합법적 솔리드(현실적으로 유효한 물체)를 생성해야 한다.
  ③ 완전성(completeness) : 각각의 표현은 모든 기하학적 계산을 수행 할 수 있는 충분한 데이터와 함께 완전한 솔리드를 생성해야 한다.
  ④ 유일성(uniqueness) : 주어진 솔리드를 나타내는 표현 방식은 단 하나의 표현만 있어야 한다.
(5) 솔리드 모델링의 표현 방식
  ① CSG(constructive solid geometry)
  ② 경계표현법(boundary representation) : B-Rep 방식
  ③ 스위핑(sweeping)
  ④ 공간분할법(spatial enumeration)

2. 솔리드 모델링의 기본 이론

(1) **기하와 위상**(geometry and topology)

모델링에 있어서 기하는 다면체 물체의 꼭지점 좌표 등과 같은 형상 정의 변수를 포함하는 정보를 의미하고, 인접 위상(adjacency topology)은 여러 가지 기하 요소들의 연결성을 나타내는 정보를 의미한다.

① 기하 : 꼭지점의 좌표
② 위상 : 연결 행렬

(2) 기하학적 닫힘(geometric closure)

(3) 집합이론(set theory)

솔리드 모델링에서 자주 사용하는 집합 연산자는 합집합(union), 교집합(intersection) 그리고 차집합(difference)이다. 이러한 연산은 벤다이아그램(van diagram)으로 간편하게 도식화할 수 있다.

(4) 정규집합연산(reqularized set operations)

합집합, 교집합, 차집합을 사용할 때 기하학적 닫힘의 결여 문제가 발생할 수 있는데 정규집합 연산(부울 연산 : bool operation)은 기하학적 모델의 타당성을 보장하여 비현실적 물체의 생성을 방지한다.

① 렌더링 : 부울 연산으로부터 얻어진 새로운 기본 형태에 은면 제거를 위한 과정이 적용된다. 조사 평면에 광선 추적(ray tracing) 기법을 적용하여 어떤 면으로 향하는 광선이 물체를 구성하는 다른 면과 만나면 고려 중인 면은 보이지 않게 된다.

(5) 집합 소속 분류(set membership classification)

주어진 두 집합 X 와 S 에 대해서 X 의 어느 부분의 S 의 내부, 외부 혹은 그 경계(X in S, X on S, X out S)에 해당되는 지를 검사한다. 직선 X 와 다각형 S 의 2차원 집합에서 집합 소속 분류를 보여주고 있고 검사 알고리즘은 다음과 같다.

① 교차점 계산 루틴이 X 와 S 의 모서리들 간의 교차점을 계산한다.
② 정렬 루틴에 의해서 경계 교차 리스트 P_0, P_1, P_2, P_3 를 작성한다.
③ 직선 X 를 S 에 대해서 분류한다.

3. 솔리드 모델링(solid modeling) 방법

(1) CSG(constructive solid geometry: 집합연산표현) 방식

입체를 구성하기 위하여 요소(primitive)들을 연산(합, 차, 적) 시키는 방식으로 data 구조는 이진 트리 구조를 갖는다.
CSG 방식의 특징은 다음과 같다.
① 부울연산 즉 도형의 합, 차, 적을 통해 모델링 함으로 정확한 모델이 가능하다.
② 데이터 구조가 간단하여 수정이 용이하며 저장 공간이 작다.
③ 3면도, 투시도, 전개도 작성이 어렵다.
④ 표면적 계산은 곤란하지만 중량 계산은 가능하다.
⑤ 모델을 화면에 나타내기 위한 체적 및 면적의 계산 시간이 오래 걸린다.

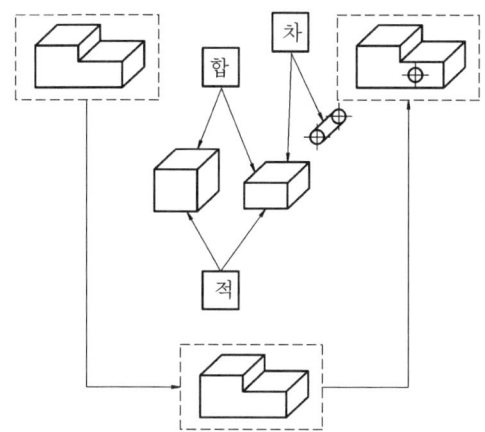

그림3-10 CSG 방식의 모델링 A

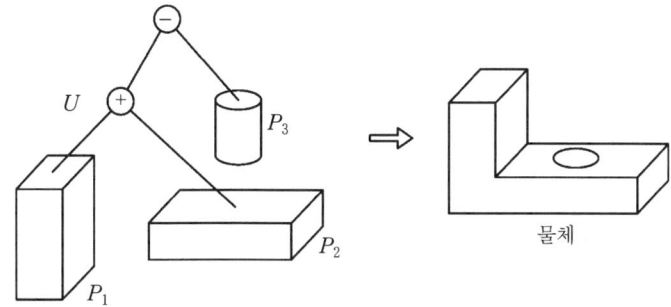

그림3-11 CSG 방식의 모델링 B

(2) 경계표현법(boundary representation : B-Rep)

정면, 측면, 평면 등의 여러 투상도의 상호 연결에 의해서 형상을 표현하는 방법으로 그래픽 화면상에 형상을 만들기 위해 여러 가지 변환과 편집 작업이 수행된다.

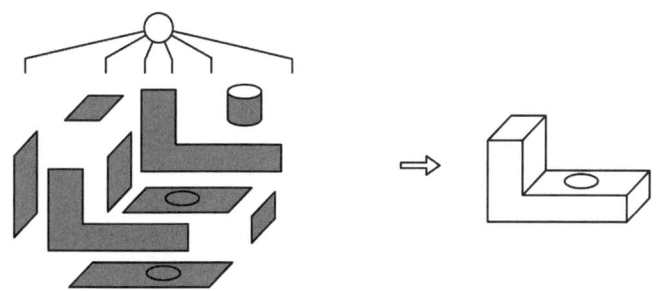

그림3-12 B-Rep 방법에 의한 모델링

1) B-Rep 방법의 성질

① 실제 물체가 면들의 집합에 의해 닫혀 있다는 개념에 기반을 두고 닫힌 면들은 방향성이 있는 곡면에 속한다.
② 점, 곡선, 곡면은 기하 요소라 하고 꼭지점, 모서리, 면은 위상요소라 한다.

③ 경계모델의 위상학적 모델의 유효성을 확보하기 위해 위상요소를 생성하고 조작하기 위해 특수한 연산자가 사용된다. 이것을 오일러 연산자(euler operation)라 한다.

$$F - E + V = 2 \tag{3-1}$$

여기서, F는 면(Face)의 수, E는 모서리선(edges)의 수, V는 꼭지점(vertices)의 수이다. 예를 들면 그림3-13과 같다.

④ 솔리드의 면, 모서리, 꼭지점, 면의 내부 루프, 바디(body), 혹은 관통 구멍(through hole) 간의 정량적인 관계를 제공하는 것을 Euler-Poincare 법칙이라 한다.

$$V - E + F - L = 2(S - H) \tag{3-2}$$

여기서, V는 꼭지점의 수, E는 모서리의 수, F는 면의 수, L은 면 내부루프의 수, S는 독립된 솔리드의 수, H는 솔리드를 관통하는 홀의 수이다. 예를 들면 그림3-13과 같다.

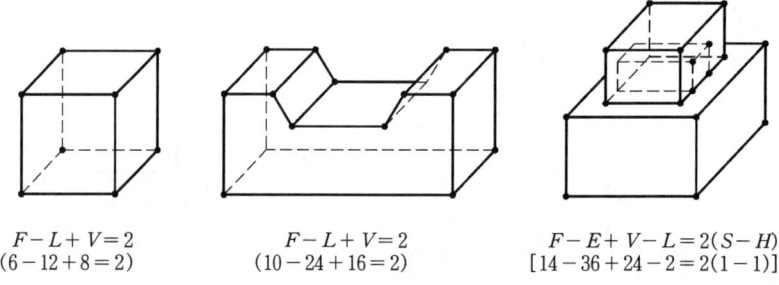

$F - L + V = 2$
$(6 - 12 + 8 = 2)$

$F - L + V = 2$
$(10 - 24 + 16 = 2)$

$F - E + V - L = 2(S - H)$
$[14 - 36 + 24 - 2 = 2(1 - 1)]$

그림3-13 솔리드 관리자

2) B-Rep 방법의 특징
① CSG 방법으로 모델링 할 수 없는 복잡한 물체를 모델링 할 수 있다.
② 화면 재쟁 시간이 짧고 데이터 상호교환이 쉽다.
③ 모델의 주위 배경을 함께 저장함으로 저장 메모리가 크다.
④ 3면도, 투시도, 전개도 작성이 용이하다.
⑤ 입체의 표면적 및 체적 계산은 가능하나 중량 계산은 곤란하다.
⑥ 입체 표면의 메시 생성이 쉽고, 입체의 내부까지 유한 요소법(FEM)을 적용한다.
⑦ 비행기의 동체와 날개, 자동차의 외형 구성시 사용하는 모델링 방법이다.

(3) 다면체 표현법(faceted B-Rep)

곡면은 평면 조각들로 근사화되고 곡선은 일련의 직선 세그먼트에 의해 형성된다.

다면체 표현법의 특징은 다음과 같다.
① 새로운 곡면을 첨가하기 쉽다.
② 적은 양의 매우 단순한 기하 데이터로 충분하다.
③ 곡면과 곡면간의 교선 계산 문제는 두 평면간의 교선 계산으로 단순화된다.
④ 만족스러운 모델의 정밀도를 얻기 위해서는 매우 많은 양의 데이터가 생성되어야 한다.

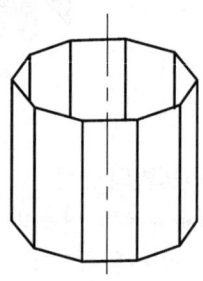

그림3-14 다면체 표현에 의한 모델링

(4) 스위프 표현법

① 한 방향으로 일정한 두께를 가지는 솔리드와 축 대칭 솔리드는 이동(transla- tion) 그리고 회전(rotational) 스위핑 방법이 있다.
② 이동될 곡면과 이동에 따라 일어나야 하는(식으로 정의된) 체적의 두 가지 성분을 필요로 한다.
③ 스위핑은 B-Rep이나 CSG 기반 시스템에 추가적인 도구로써 사용될 뿐 완벽한 솔리드 모델을 구현하기에는 표현 영역이 제한되어 불가능하다.
④ 공학 응용 분야에서 움직이는 부품간의 간섭탐지, 제조 분야에서 절색 작업을 모사하거나 해석하는데 사용될 수 있다.

(5) 공간분할 표현법

모든 실제 물체는 다수의 공간셀의 집합으로 모델링 되는데, 이 셀이 동일한 크기의 육면체이면 이 모델링 방법이 공간 분할법(spatial enumeration)이다. 이 공간 분할법의 특징은 다음과 같다.
① 모델을 구성하는 동일한 셀은 공간상의 고정된 격자내의 체심의 위치에 의해 표현 될 수 있다.
② 물체가 곡면 경계를 가지면 모델의 정확도는 셀의 크기에 의해 결정된다.
③ 셀이 작을수록 모델이 더 정확해진다.
④ 셀이 작아서 데이터의 양이 많아지면 계산 비용이 고가이다.
⑤ 어느 부분이라도 쉽게 접근(acess)할 수 있고 공간 유일성(spatial uniqueness)을 보장한다는 장점을 가지고 있다.

(6) 기타 공간분할에 의한 솔리드 표현법

① 솔리드 공간 분할 표현법은 8진 트리 시스템이다. 8진트리(octree)는 공간을 점점 작아지는 정육면체로 재귀적으로 분할하는 계층구조를 갖는다.
② 8진트리 표현법에서는 물체가 먼저 한 개의 정육면체 영역에 포함되고 다음에 재귀적으로 여덟 개의 옥탄트 8분면으로 분할된다.
③ 옥탄트가 완전히 차 있거나 비어 있으면 그 옥탄트는 더 이상 의 분할이 필요없다.
④ 부분적으로 차 있는 옥탄트에 대해서는 모든 영역이 완전히 차거나 빌 때까지, 혹은 미리 결정된 해상도에 이를 때까지 분할 과정이 계속된다.
⑤ 4진트리에 대한 데이터 구조는 정사각형 대신에 정육면체를 이용하여 8진트리 구조를 갖도록 할 수 있다.
⑥ 8진트리의 표현법은 화상표현과 질량특성 혹은 간섭 탐지의 빠른 계산에 적합하다.

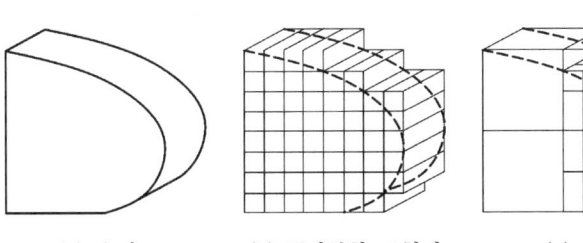

(a) 솔리드　　(b) 공간분할 표현법　　(c) 8진트리

그림3-15 공간분할에 의한 솔리드 표현

4. 솔리드 모델링의 동향

한가지의 표현법으로 다양한 곡선과 곡면 형태를 지원하여 모델러에서 필요한 기하계산 소프트웨어의 양을 최소화 할 수 있는 비균일 유리 B-spline (NURB)에 의해 모델링되고 있다.

5 parametric, feature-based solid modeling★★★

3D 모델링을 하기 위한 방법이다.

(1) featured 기반 modeling

feature의 기하학적, 치수적 구속조건을 정의하여 모델링 한다는 것을 의미한다.
① 기하학적 구속조건 : 예를 들어 사각형은 4개의 선이 필요하고, 각각 2개씩은 평행하게 놓여 있어야 하며, 그 양쪽 끝은 붙어 있어야 한다, 즉 기하학적으로 사각형이라는 모양이 갖추어져야 한다.
② 치수적 구속조건 : 정확한 작도를 위해 각각 가로와 세로의 길이가 필요하다.

(2) 피쳐기반 파라메트릭 modeling

대강의 형상을 잡고 정확하게 구속조건을 주어서 완벽한 형상을 만들어 모델링해 나가는 설계 방식이다.

(3) 구속조건과 파라미터를 이용한 모델링

구속조건식에 표현된 파라미터 값을 변경시켜 줌으로서 모델의 형상이 자동적으로 갱신되게 할 수 있는 모델링이다. 이것을 파라메트릭모델링(Parametric modeling)이라 한다. 프리미티브와 피쳐는 구속조건이 없는 파라메트릭 모델이다.

6 half-edge 데이터 구조★★★

half-edge 데이터 구조란 면과 면 사이의 변을 서로 다른 방향을 가지는 두 개의 변으로 나누어 데이터를 저장하는 구조이다. 면(edge)이 방향성을 가져서 특정한 방향의 반공간(half-space)만을 의미하게 되었기 때문에 half-edge라고 한다. 일반적으로 half-edge의 왼쪽이 유효한 half-space가 되고, 여러 개의 half-edge에 의해 정의되는 half-space의 교집합에 의해서 면(face)이 정의된다. 따라서, 그림3-16에서와 같이 한 면의 경계인 half-edge들은 항상 같은 방향으로 연결되어 있어야 한다. 또, 인접한 면과 이웃한 half-edge는 서로 방향이 반대인 것을 알 수 있다. 그렇게 해야만, 면들이 서로 같은 방향성을 가져서 안과 밖을 구분할 수 있기 때문이다.

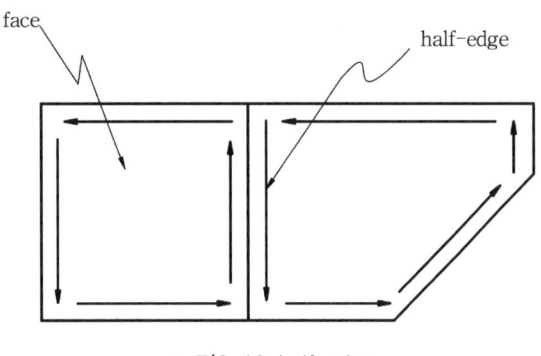

그림3-16 half-edge

① 반모서리(half edge) : 하나의 모서리를 둘로 쪼개 각각 방향성을 부여한 것으로 사면체의 경우 면의 수(F)는 4개, 모서리 수(E, L)는 6개, 점의 수(V)는 4개, 반모서리 수는 12개, 루프 수는 4개이다. 이것을 Euler 법칙에 적용하면 다음과 같다.

$$F - E + V = 2 \; ; \; 4 - 6 + 2 = 2$$

② 날개 모서리 구조(winged-edge data structure) : 반모서리 데이터 구조와 대조를 이루는 구조로 모서리를 둘로 쪼개지 않고 사용하는 구조이다.

7 특징 형상 모델링

(1) CAD와 CAM을 효과적으로 연결하기 위한 노력으로 특징 형상이라는 수단을 이용하여 부품의 제조 요구조건을 파악한다.
(2) 솔리드 모델링 시스템의 기하, 위상구조뿐 아니라 부품의 기하학적 특성과 같은 상위 레벨 정보를 지원, 잘 정의된 공학적 의미를 포함하는 특징형상의 종류를 제공한다.

(3) 접근 방법 3가지
① 사용자 보조 특징 형상 인식 : 부품의 기하학적 모델이 생성되고 결과가 그래픽 화면에 디스플레이 된다.
② 자동 특징 형상 인식 : 특징 형상 인식 프로그램이 솔리드 모델링 시스템에서 생성된 모델을 검색하여 미리 정의된 기하학적 패턴에 해당되는 특징 형상을 찾아내고 추출한다.
③ 특징 형상 설계 : 설계자가 미리 정의된 특징 형상을 이용하여 모델을 생성한다.

chapter 3 실전연습문제

01 다음 중 2.5차원으로 직선, 곡선, 세그먼트, 다각형 등이 정의된 경로를 따라서 혹은 그 주위를 움직임으로 인해서 곡면을 생성시키는 기법은?
① 경계표현법　　　　　　　② 스위핑
③ 반공간 모델링　　　　　　④ 솔리드 모델링

02 feature의 기하학적, 치수적 구속조건을 정의하여 모델링해 나가는 방법은?
① 솔리드 모델링　　　　　　② 피쳐 기반 모델링
③ 와이어 프레임 모델링　　　④ 서피스 모델링

03 대강의 형상을 잡고 정확하게 구속조건을 주어서 완벽한 형상을 만들어 모델링해 나가는 설계방식을 무엇이라 하는가?
① 솔리드 모델링　　　　　　② 서피스 모델링
③ 와이어 프레임 모델링　　　④ 피쳐 기반 파라메트릭 모델링

04 경계가 솔리드의 내부를 제한하고 포함하여야 한다는 솔리드 모델의 성질은?
① 경계성(bounded)　　　　② 균질 3차원성
③ 유한성(finite)　　　　　　④ 유일성(uniqueness)

05 매달린 모서리나 면이 없어서 경계는 항상 솔리드의 내부와 접촉하고 있어야 한다는 솔리드 모델의 성질은?
① 경계성(bounded)
② 균질 3차원성(homogeneously three-dimensional)
③ 유한성(finite)
④ 유일성(uniqueness)

06 솔리드는 크기가 무한하지 않고 제한된 양의 정보에 의해서 표현 가능하여야 한다는 솔리드 모델의 성질은?
① 경계성(bounded)
② 균질 3차원성(homogeneously three-dimensional)
③ 유한성(finite)
④ 유일성(uniqueness)

Answer　01 ②　02 ②　03 ④　04 ①　05 ②　06 ③

07 주어진 솔리드에 대해서 한 표현방식에서 단 하나의 표현만이 있어야 한다는 솔리드 모델링 표현 방식의 특성은 무엇인가?

① 경계성(bounded)
② 균질 3차원성(homogeneously three-dimensional)
③ 유한성(finite)
④ 유일성(uniqueness)

08 정사면체에서 half-edge의 수는 몇 개인가?

① 3
② 6
③ 9
④ 12

09 다음 중 오일러 법칙을 나타내는 식으로 맞는 것은 어느 것인가? (단, F는 면의 수, E는 모서리의 수, V는 꼭지점의 수이다.)

① $F-E+V=2$
② $E-V+F=2$
③ $V-F+E=2$
④ $F-E-V=2$

10 육면체에 대한 오일러 법칙을 나타낸 식으로 다음 중 맞는 것은?

① $6-12+8=2$
② $6+8-12=2$
③ $12-6-8=-2$
④ $8-6-12=10$

11 솔리드 모델의 경계가 내부와 접촉하고 고립된 경계를 허용하지 않는 것을 무엇이라 하는가?

① 견고성
② 완전성
③ 유연성
④ 경계결정주의

12 정사면체에서 꼭지점, 변, 면 그리고 half edge의 합의 개수로 맞는 것은?

① 17
② 20
③ 26
④ 36

Solution 면(Face) : 4
선(Edge) : 6
점(Vertices) : 4
반모서리선(Half Edge) : 12
면 + 선 + 점 + 반모서리선 = 4 + 6 + 4 + 12 = 26

Answer 07 ④ 08 ④ 09 ① 10 ① 11 ④ 12 ③

13 솔리드 모델의 관한 설명으로 틀린 것은?
① 솔리드 모델의 표현은 실제 물체가 3차원 유틸리티 공간을 그 물체의 경계면에 의해서 서로 분리된 하나의 내부와 또 하나의 외부로 나눈다는 개념을 이용한다.
② 형상 내부에 관한 정보가 없어 해석용 모델로 사용되지 못한다.
③ boolean 연산을 통하여 복잡한 형상 표현도 가능하다.
④ 이동·회전 등을 통하여 정확한 형상 파악이 가능하다.

14 물체의 단면 형상을 여러 개 입력함으로서 모델링하는 방법은?
① 불리안 작업　　② 리프팅
③ 라운딩　　　　 ④ 스키닝

15 CSG 모델링를 포함하는 모델은?
① wire frame model　　② surface model
③ solid model　　　　　④ inner surface model

16 피쳐 기반 모델링과 파라메트릭 모델링에 대한 설명으로 틀린 것은?
① 피쳐 기반 모델링은 기하학적·치수적 구속조건을 정의하여 모델링 한다.
② 파라메트릭 모델링은 피쳐 기반 모델링을 바탕으로 한다.
③ 현재 CNC 가공을 위한 모델링 기법에 반영되어 상용 소프트웨어가 나오고 있다.
④ CSG 에서만 가능하다.

17 B-Rep 모델링에서 위상학적 유효성을 위해 특별히 고안된 연산자를 무엇이라 하는가?
① Help 연산자　　　② Newton 연산자
③ Navier 연산자　　 ④ Euler 조작자

18 서피스 모델링에서 대응이동시 내부 모델에서 중간단면을 형성시켜나가는 과정은?
① shear 축적 → sweep 변환
② sweep 변환 → shear 축적
③ blooean 연산 → shear 축적 → sweep 변환
④ blooean 연산 → sweep 변환 → shear 축적

> **Solution** 대응이동(synchronized sweeping) : 두 개의 기준곡선을 서로 대응시켜 중간 단면을 결정하는 방식으로 sweep 변환 후 shear 변환이 이루어진다.

Answer　13 ②　14 ④　15 ③　16 ④　17 ④　18 ②

19 솔리드 모델링의 경계표현기법 중 면과 모서리의 연결에 필요한 것으로 다음 중 맞는 것은?
① solid edge
② surface edge
③ winged edge
④ wire edge

20 CSG(construction solid geometry) 솔리드 모델링 기법으로 설계된 형상을 트리 구조로 표현하였다. 사용할 수 있는 불리안 연산은 ∪(union), ∩(intersection), −의 세가지이다. ①과 ②원 안에 들어갈 불리안 연산의 조합은?

① ∪, −
② ∪, ∩
③ −, ∪
④ ∩, ∪

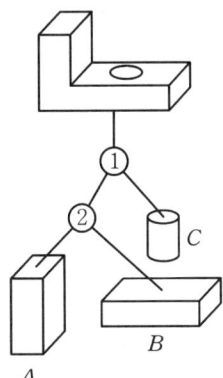

21 경계표현법(B-Rep)으로 만들어진 솔리드 모델을 검증하기 위한 오일러 공식은? (단, F: 면의 수, E: 모서리의 수, W: 꼭지점의 수이다.)
① $F - E + W = 2$
② $F - E + 2W = 2$
③ $F - E + W = 3$
④ $F - E + 2W = 3$

22 반모서리 데이터 구조를 이용하여 다음과 같은 입체를(직육면체 2개를 합친 형태) 모델링 할 경우 반모서리(half edge)의 개수는 몇 개인가?

① 24
② 20
③ 40
④ 48

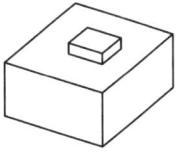

Solution half edge 수 : $4 \times 6 + 3 \times 4 + 4 = 40$

23 B-Rep 방식에 의한 솔리드 모델링 표현에서 오일러(Euler) 관계식을 적용하기가 불가능한 형상은?
① 직육면체
② 4면체 각뿔
③ 5각 기둥
④ 원환(Torus)

Answer 19 ③ 20 ③ 21 ① 22 ③ 23 ④

24 와이어 프레임(wire frame) 모델에 해당하는 사항은?
① 모델의 부피를 계산할 수 있다.
② NC 가공에 필요한 데이터를 추출할 수 있다.
③ 도면을 추출할 수 있다.
④ 불리언 연산이 가능하다.

25 다음 중에서 3차원 물체를 형상 처리하는데 있어서 실루엣(silhouette)이 나타나지 않아 복잡한 형상을 구성할 때 제약을 받는 모델은 다음 중 어느 것인가?
① 와이어 프레임 모델
② 서피스 모델
③ B-Rep(noundary representation) 모델
④ CSG(constructive solid geometry) 모델

26 다음 중 3차원 형상 모델링을 표현하는 방법에 관하여 올바르게 기술된 것은?
① 와이어프레임 모델(wireframe model)로부터 유일한 솔리드 모델(solid model)로의 변환은 항상 가능하다.
② 서피스 모델(surface model)을 이용하면 물체들 간에 boolean operator를 적용할 수 있다.
③ 와이어프레임 모델(wireframe model)은 3차원 모델러에서는 사용될 필요가 전혀 없다.
④ 솔리드 모델(solid model)에서는 물체의 내부와 외부를 판단할 수 있다.

27 B-Rep 방식에 의한 닫힌 솔리드 모델의 정점이 4개, 면이 4개이면 edge의 수는 몇 개인가?
① 4   ② 6
③ 8   ④ 10

28 입체형상의 표현방식 중의 하나인 C.S.G.(constructive solid geometry)의 특성에 대한 설명 중 잘못된 것은?
① 기본 입체요소를 이용한 연산관계를 통하여 형상을 표현한다.
② B-Rep 방식에 비해 데이터 구조가 간단하여 필요한 메모리의 용량이 적다.
③ B-Rep 방식에 비해 화면에 나타내거나 체적계산이 빠르다.
④ B-Rep 방식에 비해 데이터의 수정이 용이하다.

Answer   24 ③   25 ①   26 ④   27 ②   28 ③

29 형상 모델링 시스템이 아닌 것은?
① 와이어프레임 모델링 시스템　　② 곡면 모델링 시스템
③ 솔리드 모델링 시스템　　　　　④ 신속시작체계 시스템

30 CAD/CAM의 solid 모델의 B-Rep(boundary representation)은 모서리, 면 그리고 정점으로 구성된다. 이에는 일정한 상관관계 성립하는데 V(vertex)를 정점의 수, F(face)를 면의 수, E(edge)를 모서리의 수라 할 때 단순 물체의 오일러 관계식은?
① $V - F - E = 2$　　② $V - F + E = 2$
③ $V + F - E = 2$　　④ $-V + F + E = 2$

31 와이어프레임 모델에 관한 설명으로 틀린 것은?
① 가공정보의 계산이 가능하다.　② 데이터 구조가 간단하다.
③ 2차원 표시에 적합하다.　　　　④ 처리속도가 빠르다.

32 다음 형상 모델링에 대한 설명 중 틀린 것은?
① 와이어프레임 모델은 명확한 단면도 작성이 가능하다
② 3차원 모델링은 와이어 프레임 모델, 서피스 모델, 솔리드 모델로 구분된다.
③ 서피스 모델은 곡면을 정의한 모델이다.
④ 솔리드 모델은 FEM(finite element method)을 위한 메쉬 자동분할이 가능하다.

33 특징형상(feature based)모델링의 특징에 대한 설명으로 옳지 않은 것은?
① 밀링, 드릴링과 같은 생산정보를 설계단계에서 쉽게 포함시킬 수 있다.
② 특징형상은 대개의 경우 볼록(convex)한 모양의 3차원 물체로 표현된다.
③ 특징형상 모델링은 파라메트릭 모델링과 연결 가능하다.
④ 공정계획(process planning)이 자동으로 생성될 수 있도록 하는 기반을 마련해 준다.

34 CSG 방식으로 다음의 물체를 모델링 하고자 한다. ①, ② 및 ③에 들어갈 적절한 연산자를 차례대로 표시한 것은?
① +, +, +
② +, -, -
③ -, +, +
④ -, -, -

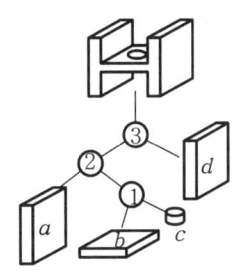

Answer　29 ④　30 ③　31 ①　32 ①　33 ②　34 ③

35 다음에서 기하학적 형상을 모델링한 CAD 모델이 적용될 수 없는 응용 분야는?
① 탄성해석　　② NC 가공
③ 디지털 목업(digital mock-up)　　④ 유한요소해석

36 기하학적 요소의 치수와 상호 관계를 변수 형식으로 입력하고 저장하는 모델링 방법을 뜻하는 용어는?
① 경계표현(B-Rep) 모델링
② CSG(constructive solid geometry) 모델링
③ 특징형상(feature based) 모델링
④ 파라메트릭(parametric) 모델링

> Solution　파라메트릭 모델링이란 치수나 상호 관계를 변경하는 것만으로 도면의 형상 및 수치를 자동으로 변경하거나 파트를 생성하는 것을 말한다.

37 다음 중 CSG모델링의 집합 연산이 아닌 것은?
① 합집합(union)　　② 차집합(difference)
③ 교집합(intersection)　　④ 여집합(complement)

38 형상 모델링 시스템에서 입체의 위상정보요소의 개수간의 관계식을 나타내는 오일러 식은? (단, V는 꼭지점의 개수, E는 모서리 개수, F는 면의 개수 혹은 외곽루프의 개수, H는 면상에 존재하는 내부 루프의 개수, P는 입체를 관통하는 구멍의 개수, S는 독립된 셀의 개수이다.)
① $V+E-F-H=2(S-P)$　　② $V-E+F-H=2(S-P)$
③ $V+E-F-H=2(S+P)$　　④ $V+E-F+H=2(S-P)$

39 근래의 CAD 모델러들은 기하학적 구속조건을 이용한 파라미터화 기능(parametric modeling)을 제공하는데 그 이유에 해당되지 않는 것은?
① 모델의 치수를 편리하게 수정할 수 있으므로
② 모델의 효용성을 높이기 위해
③ 모델의 시각적 변화를 편리하게 줄 수 있으므로
④ 관련된 알고리즘의 발전으로 인하여

40 두 개의 면들이 만나서 이루어진 형상부위를 수정하는 방법을 지칭하는 적당한 용어가 아닌 것은?
① 렌더링(rendering)　　② 필렛팅(filleting)
③ 챔퍼링(chamfering)　　④ 라운딩(rounding)

Answer　35 ①　36 ④　37 ④　38 ②　39 ③　40 ①

41 형상 모델에서 원하는 모양과 크기의 모델을 만들기 위하여 꼭 필요한 기본 요소가 아닌 것은?
① 크기
② 분석
③ 위치
④ 방향

42 boundary representation 솔리드 데이터는 geometry 데이터와 topology 데이터로 구분해서 생각할 수 있다. 다음 용어 중 toology 용어가 아닌 것은?
① face
② edge
③ loop
④ bridge

43 다음은 솔리드 모델의 데이터 저장 구조인 분해 모델의 하나인 복셀(voxel) 모델에 관한 설명으로 잘못된 것은?
① 사용하는 복셀의 크기 및 해상도에 따라 용량의 차이가 심하게 나타난다.
② 복셀 모델을 저장하기 위한 데이터 구조로 3차원 배열을 사용한다.
③ 어떠한 형상이건 정확한 형상으로 표현이 가능하다.
④ 질량 성질(mass property)이나 불리안 작업의 계산이 편리하다.

44 다음은 모델링과 연관된 용어에 관한 설명이다. 잘못된 것은?
① 스위핑(sweeping) : 하나의 2차원 단면형상을 입력하고 이를 안내곡선을 따라 이동시켜 입체를 생성
② 스키닝(skinning) : 여러 개의 단면형상을 입력하고 이를 덮어싸는 입체를 생성
③ 리프팅(lifting) : 주어진 물체의 특정면의 전부 또는 일부를 원하는 방향으로 움직여서 물체가 그 방향으로 늘어난 효과를 갖도록 하는 것.
④ 블렌딩(bleding) : 주어진 형상을 국부적으로 변화시키는 방법으로 접하는 곡면을 예리한 모서리로 처리하는 방법

> **Solution** ● 블렌딩(blending) : 떨어져 있는 두 곡면의 접선, 법선벡터를 일치시켜 곡면을 구성시키는 방법

45 3차원 CAD 시스템의 3가지 자료 구성의 종류가 옳게 나열된 것은?
① 점, 링크, 요소
② 점, 선, 원
③ 점, 면, 구
④ 점, 선, 링크

46 각 도형요소를 하나씩 지정하거나 하나의 폐다각형을 지정하여 안쪽이나 바깥쪽에 있는 모든 도형요소를 하나의 단위로 묶어 한 번에 조작할 수 있는 기능은?
① 다층구조(layer)
② 라이브러리(library)
③ data base
④ 그룹(group) 기법

Answer 41 ② 42 ④ 43 ③ 44 ④ 45 ① 46 ④

47 다음 중 일반적으로 3차원 CAD/CAM 시스템에서 사용되는 자료구성 요소가 아닌 것은?
① 점(point)
② 선(line)
③ 요소(element)
④ 링크(link)

48 CSG(constructive solid geometry)에서 다음 설명 중 맞지 않는 것은?
① 데이터의 기억 용량이 B-Rep 보다 커야 한다.
② 기본 도형을 직접 입력한다.
③ 윤곽, 교차선, 능선 등의 경계의 작성이 요구된다.
④ 데이터의 수정이 용이하다.

49 다음 모델링(modeling)에 대한 설명 중 틀린 것은?
① 솔리드 모델링은 3차원의 형상정보를 완비한 표현방식이다.
② 솔리드 모델에는 CSG(constructive solid geometry) 방식과 B-Rep (boundary representation) 방식이 있다.
③ CSG 방식은 형상을 구성하는 면과 공간의 토폴로지(topology)식 상관관계를 정의하는 방식이다.
④ 기하학적 모델링은 나타내고자 하는 형상에 따라 2, $2\frac{1}{2}$, 3차원 모델로 나눌 수 있다.

50 솔리드 모델링 방식에는 CSG 및 B-Rep 가 있는데 다음 중 CSG의 특징은?
① 데이터 구조가 간단하다.
② 데이터 수정이 약간 곤란하다.
③ 전개도 작성이 용이하다.
④ 표면적 계산이 용이하다.

51 점 데이터로 곡면을 형성할 때 측정오차 등으로 인한 굴곡이 있는 경우 이를 평평하게 하는 것은?
① 블렌딩(blending)
② 필렛팅(filleting)
③ 페어링(fairing)
④ 피팅(fitting)

52 솔리드 모델링 표현 중 CSG 와 비교한 B-Rep 방식의 특성이 아닌 것은?
① 전개도 작성이 용이
② 데이터 구조가 복잡
③ 표면적 계산이 용이
④ 중량계산이 용이

Answer 47 ② 48 ① 49 ③ 50 ① 51 ④ 52 ④

53 형상은 같으나 치수가 다른 도형 등을 작성할 때 가변되는 기본도형을 작성하여 놓고 필요에 따라 치수를 입력하여 비례되는 도형을 작성하는 기능을 무엇이라 하는가?

① 매크로화 기능　　　　　② 디스플레이 변형 기능
③ 도면화 기능　　　　　　④ 파라메트릭 도형 기능

54 물체가 구성될 때 정점(vertex), 면(face) 그리고 모서리(edge) 등이 서로 상관관계를 나타내는 것은?

① 토폴로지(topology)　　　② 프리미티브(primitive)
③ 다층구조(layer)　　　　　④ 유한요소법(fem)

55 다음은 서피스 모델링(surface modeling)의 특징을 설명한 것이다. 틀린 것은?

① 단면도 작성 및 숨은선 소거가 가능하다.
② NC 가공 정보를 얻을 수 있다.
③ FEM의 적용을 위한 요소분할이 어렵다.
④ 물리적 성질을 계산하기 쉽다.

Answer　53 ④　54 ①　55 ④

chapter 4 곡선(curve)

1 컴퓨터 기하학★★★

컴퓨터를 이용하여 도형(곡선과 곡면 포함)을 수치적으로 표현하고 다루어 나가는 학문분야를 컴퓨터 기하학이라 한다.

(1) 내삽법과 외삽법

① 내삽법 : 곡선과 곡면의 취급에 있어 지정된 점군을 모두 반드시 통과시키는 방법이다. 예로 3차스플라인 곡선·곡면이 있다.

② 외삽법 : 끝점 이외의 점은 통과하지 않고 주어진 점군이 표현하는 형상에 근사시켜 그리는 방법으로 근사법이라고도 한다. 예로는 베지에 곡선·곡면, B-spline 곡선·곡면, NURBS 곡선·곡면 등이 있다.

(2) 곡선(Curve)

① 자유곡선·곡면 : 3차원의 임의의 형상을 지나는 곡선·곡면을 의미한다. 직선과 평면, 원통면과 같이 3차원 형상의 곡면 중 직교 좌표계상의 해석 함수로 표시할 수 없는 곡선·곡면이 있다. 예를 들자면 자동차, 항공기, 선박 등의 외형과 곡면의 심미적 외형이 중요한 몰드 제품 및 일반 용기류 등이있다. 이와 같은 것들이 자유곡선·자유곡면의 예가 된다.

② 코닉 곡선(conic curve; 원뿔곡선) : 평면과 원추의 교차에 의해 얻어지는 곡선으로 원(circle), 타원(ellipse), 포물선(parabola), 쌍곡선(hyperbola) 등이 있다.

③ 유리곡선(rational curve) : 유리(rational)란 두 다항식의 비(ratio)를 나타내는 용어이고 자유곡선은 식 [4-1]과 같이 다항식 함수를 사용하여 표현한다. 그것은 계산이 편리하고 미분을 쉽게 수행할 수 있기 때문이다.

$$P(x) = a_n x^n + a_{n-1} x^{n-1} + \cdots + a_1 x + a_0 \qquad [4\text{-}1]$$

여기서, $a_n, \cdots, a_0$ 는 실수이다. 식 [4-1]과 같은 두 다항식 함수의 비에 의해서 표현된 곡선을 유리곡선이라 한다.

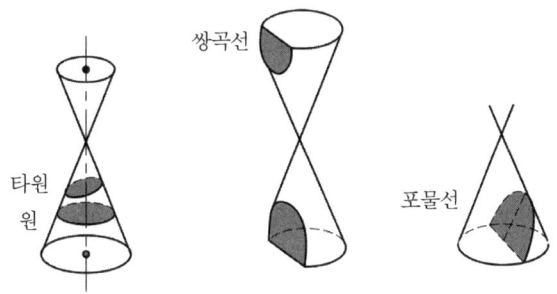

그림4-1 코닉 곡선(conic curve)

2 직교 좌표계 상의 곡선의 방정식★★

(1) 곡선을 나타내는 방법

① 음함수 형태(implicit form)

$$g(x, y) = 0 \qquad [4-2]$$

② 양함수 형태(explicit form)

$$y = f(x) \qquad [4-3]$$

③ 매개변수 형태(parametric form)

$$x = x(t), \quad y = y(t) \qquad [4-4]$$

여기서, t 는 매개변수이다. 매개변수식은 프로그래밍이 쉽고 계산성이 좋아서 곡선표현의 가장 일반적인 형태이다.

(2) 음함수의 형태

① 직선의 방정식 : x 및 y 에 대한 1차 함수
② 원추단면 곡선(conic section curve) : x 및 y 에 대한 2차 함수

(3) 음함수 형태로 표시된 곡선의 특징

① 곡선 상의 한 점에서 접선(tangent)과 법선(normal) 등을 구하기가 쉽다.
② xy 평면상의 임의의 한 점이 곡선의 어느 쪽에 위치하는가를 판정하기가 쉽다.
③ 곡선을 컴퓨터 그래픽스로 그리거나 NC기계로 곡선 형상을 가공하고자 하는 경우에 가공 순서에 맞추어 순차적으로 따라가기가 힘들다.

(4) 접선과 법선 방정식

음함수의 접선과 법선 방정식을 구하는 방법은 다음과 같다.

① 접선 방정식(tangential equation) : 곡선 $g(x,y)=0$ 상의 한 점 $P(x_1, y_1)$에 접하는 직선의 방정식은 다음과 같다.

$$g_x(x_1, y_1)(x-x_1) + g_y(x_1, y_1)(y-y_1) = 0 \qquad [4\text{-}5]$$

여기서, $g_x = \dfrac{\partial g}{\partial x}$ 이고, $g_y = \dfrac{\partial g}{\partial y}$ 이다.

② 법선 방정식(normal equation)

$$g_y(x_1, y_1)(x-x_1) - g_x(x_1, y_1)(y-y_1) = 0 \qquad [4\text{-}6]$$

(5) 양함수 형태의 다항식

$y = f(x)$의 형태로 표현되는 식으로 양함수식은 음함수식에 비하여 일정한 길이의 곡선을 컴퓨터 그래픽스로 그리기가 쉽다. 예를 들어 포물선의 음함수식을 양함수식으로 표현하면 다음과 같다.

① 포물선의 음함수식

$$y^2 - 4ax = 0 \qquad [4\text{-}7]$$

② 포물선의 양함수식

$$y = \pm 2\sqrt{ax} \qquad [4\text{-}8]$$

③ 한 점 (x_1, y_1)과 기울기를 알고 있을 때 접선의 방정식을 구하는 방법은 다음과 같다.

$$y = m(x - x_1) + y_1 \qquad [4\text{-}9]$$

(6) 매개변수식

곡선·곡면 모델링에 가장 유용하게 사용되는 수식 표현방법은 매개변수형태로 그 일반적 성질은 다음과 같다.
① 음함수 형태와 마찬가지로 방향성을 갖는다.
② 표준형이 없다.
③ 동일한 직선에 대하여 여러 형태로 취할 수 있다.
④ 양함수식과 마찬가지로 유한 구간의 곡선을 컴퓨터로 그리기 용이하다.
⑤ 하나의 식으로 복잡한 곡선 모양을 쉽게 나타낼 수 있는 장점이 있다.

표4-1 원추곡선의 음함수식과 매개변수식의 표현★★★

원추곡선의 형태	음함수식	매개변수식
원(Circle)	$x^2 + y^2 - r^2 = 0$	$x = r\cos\theta$ $y = r\sin\theta$
타원(Ellipse)	$\dfrac{x^2}{a^2} + \dfrac{y^2}{b^2} - 1 = 0$	$x = a\cos\theta$ $y = b\sin\theta$
포물선(Parabola)	$y^2 - 4ax = 0$	$x = a\theta^2$ $y = 2a\theta$
쌍곡선(Hyperbola)	$\dfrac{x^2}{a^2} - \dfrac{y^2}{b^2} - 1 = 0$	$x = a\cos h\theta$ $y = b\sin h\theta$

3 자유곡선(free formed curve)을 표현하는 다항식

다항식으로 표시된 매개변수식(parametric polynomial function)을 사용하는 것이 컴퓨터 그래픽에서는 유용하다. 그 대표적인 다항식이 매개변수 3차식이다.

(1) 3차 다항식

$$x(t) = a_0 + a_1 t + a_2 t^2 + a_3 t^3$$
$$y(t) = b_0 + b_1 t + b_2 t^2 + b_3 t^3 \qquad [4-10]$$

여기서, t 가 매개변수이다.

(2) 매개변수식의 접선과 법선을 구하는 식

곡선 $x = x(t)$, $y = y(t)$ 상의 한 점 $t = t_1$ 에서 접선과 법선의 방정식은 다음과 같다.

① 접선의 방정식

$$x = x(u) = x(t_1) + u\dot{x}(t_1)$$
$$y = y(u) = y(t_1) + u\dot{y}(t_1) \qquad [4-11]$$

② 법선의 방정식

$$x = x(u) = x(t_1) + u\dot{y}(t_1)$$
$$y = y(u) = y(t_1) - u\dot{x}(t_1) \qquad [4-12]$$

$$\dot{x} = \frac{dx(t)}{dt}, \quad \dot{y} = \frac{dy(t)}{dt}$$

4 평면상의 두 점을 잇는 매개변수 곡선의 방정식

(1) 주어진 두 점을 직선으로 연결하는 경우 사용할 수 있는 매개변수 1차식

$$x(t) = a_0 + a_1 t$$
$$y(t) = b_0 + b_1 t \qquad [4-13]$$

여기서, $0 \leq t \leq 1$ 이다. 그림4-2에서 두 점 P, Q 를 연결하는 직선의 식은 다음과 같다.

$$x(0) = x_0 = a_0, \quad x(1) = x_1 = a_0 + a_1$$
$$y(0) = y_0 = b_0, \quad y(1) = y_1 = b_0 + b_1$$
$$x(t) = x_0 + (x_1 - x_0)t$$
$$y(t) = y_0 + (y_1 - y_0)t \qquad [4-14]$$

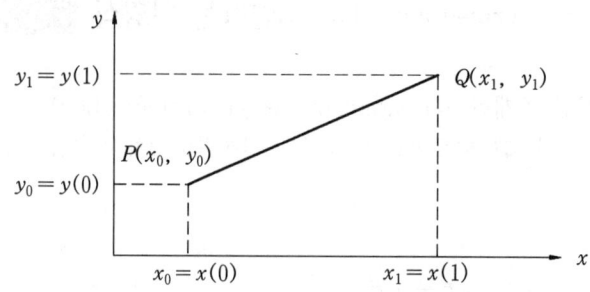

그림4-2 두 점 P, Q를 연결하는 직선의 식

(2) 3차의 매개변수 다항식

두 점에서 기울기가 지정되어 있는 경우, 두 점을 연결하는 3차 매개변수 식은 다음과 같다.

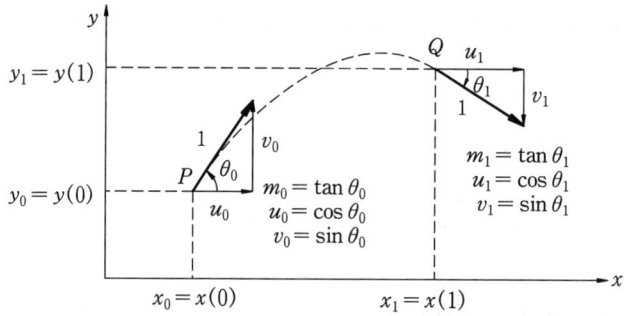

그림4-3 두 점 P, Q를 연결하는 3차 매개변수 다항식

$$x(t) = a_0 + a_1 t + a_2 t^2 + a_3 t^3$$
$$y(t) = b_0 + b_1 t + b_2 t^2 + b_3 t^3 \qquad [4-15]$$

여기서, $0 \leq t \leq 1$이다. 그림4-3에서 두 점 P, Q에서 기울기를 각각 m_0, m_1이라면

$$\dot{x} = \frac{dx}{dt}, \quad \dot{y} = \frac{dy}{dt}$$
$$m = \frac{dy}{dx} = \frac{\dot{y}dt}{\dot{x}dt}$$
$$m_0 = \frac{\dot{y}(0)}{\dot{x}(0)}, \quad m_1 = \frac{\dot{y}(1)}{\dot{x}(1)} \qquad [4-16]$$
$$\dot{x}(0) = \alpha_0 u_0, \quad \dot{y}(0) = \alpha_0 v_0,$$
$$\dot{x}(1) = \alpha_1 u_1, \quad \dot{y}(1) = \alpha_1 v_1 \qquad [4-17]$$

여기서, α_0, α_1은 임의의 상수로 $\alpha_0 = 1, \alpha_1 = 1$로 하면

$$m_0 = \tan\theta_0 = \frac{\dot{y}(0)}{\dot{x}(0)} = \frac{v_0}{u_0},$$
$$m_1 = \tan\theta_1 = \frac{\dot{y}(1)}{\dot{x}(1)} = \frac{v_1}{u_1} \qquad [4-18]$$

이다.

$$x(0) = x_0, \quad x(1) = x_1 \tag{4-19}$$

$$y(0) = y_0, \quad y(1) = y_1 \tag{4-20}$$

$$x(0) = a_0 + a_1 \times 0 + a_2 \times 0 + a_3 \times 0 = a_0 \tag{4-21}$$

$$x(1) = a_0 + a_1 + a_2 + a_3 \tag{4-22}$$

$$\dot{x}(0) = a_1 \tag{4-23}$$

$$\dot{x}(1) = a_1 + 2a_2 + 3a_3 \tag{4-24}$$

식 [4-17]과 식 [4-19]~[4-24]까지 비교하여 $x(t)$의 계수를 정리하면 다음과 같다.

$$a_0 = x_0 \tag{4-25}$$

$$a_1 = u_0 \tag{4-26}$$

$$a_2 = 3(x_1 - x_0) - 2u_0 - u_1 \tag{4-27}$$

$$a_3 = 2(x_0 - x_1) + u_0 + u_1 \tag{4-28}$$

식 [4-25]~[4-28]를 식 [4-15]에 대입시켜 행렬식으로 바꾸면 다음과 같다.

$$x(t) = \begin{bmatrix} 1 & t & t^2 & t^3 \end{bmatrix} \begin{bmatrix} 1 & 0 & 0 & 0 \\ 0 & 0 & 1 & 0 \\ -3 & 3 & -2 & -1 \\ 2 & -2 & 1 & 1 \end{bmatrix} \begin{bmatrix} x_0 \\ x_1 \\ u_0 \\ u_1 \end{bmatrix} \tag{4-29}$$

y 방향에 대해서 정리하면 다음과 같다.

$$y(0) = b_0 + b_1 \times 0 + b_2 \times 0 + b_3 \times 0 = b_0 \tag{4-30}$$

$$y(1) = b_0 + b_1 + b_2 + b_3 \tag{4-31}$$

$$\dot{y}(0) = b_1 \tag{4-32}$$

$$\dot{y}(1) = b_1 + 2b_2 + 3b_3 \tag{4-33}$$

식 [4-17]과 식 [4-19], [4-20] 그리고 [4-30]~[4-33]까지 비교하여 $y(t)$의 계수를 정리하면 다음과 같다.

$$b_0 = y_0 \tag{4-34}$$

$$b_1 = v_0 \tag{4-35}$$

$$b_2 = 3(y_1 - y_0) - 2v_0 - v_1 \tag{4-36}$$

$$b_3 = 2(y_0 - y_1) + v_0 + v_1 \tag{4-37}$$

식 [4-34]~[4-37]를 식 [4-15]에 대입시켜 행렬식으로 바꾸면 다음과 같다.

$$y(t) = \begin{bmatrix} 1 & t & t^2 & t^3 \end{bmatrix} \begin{bmatrix} 1 & 0 & 0 & 0 \\ 0 & 0 & 1 & 0 \\ -3 & 3 & -2 & -1 \\ 2 & -2 & 1 & 1 \end{bmatrix} \begin{bmatrix} y_0 \\ y_1 \\ v_0 \\ v_1 \end{bmatrix} \tag{4-38}$$

식 [4-29]와 [4-38]은 매개변수 3차 다항식의 행렬식으로 두 점 P, Q에서 좌표값

(x_0, y_0), (x_1, y_1)과 기울기의 방향여현 (u_0, v_0), (u_1, v_1)이 주어졌을 때 두 점을 부드럽게 연결할 수 있는 매개변수식이다. 여기서, $a_0 = 1$, $a_1 = 1$로 놓고 정리했지만 이 값을 변화시키면 여러 가지 상이한 곡선을 얻을 수 있다. a_0, a_1은 기울기의 길이(접선 벡터의 크기)로 두 점간의 거리(d)가 되도록 잡는다. 식 [4-29]와 [4-38]은 다음과 같이 표현할 수 있다.

$$x(t) = TCS_x, \quad y(t) = TCS_y \qquad [4-39]$$

$$T = [1 \ t \ t^2 \ t^3], \quad C = \begin{bmatrix} 1 & 0 & 0 & 0 \\ 0 & 0 & 1 & 0 \\ -3 & 3 & -2 & -1 \\ 2 & -2 & 1 & 1 \end{bmatrix},$$

$$S_x = \begin{bmatrix} x_0 \\ x_1 \\ u_0 \\ u_1 \end{bmatrix}, \quad S_y = \begin{bmatrix} y_0 \\ y_1 \\ v_0 \\ v_1 \end{bmatrix} \qquad [4-40]$$

S_x와 S_y는 다음과 같이 하여 매개변수 3차 다항식을 만들 수도 있다.

$$S_x = \begin{bmatrix} x_0 \\ x_1 \\ du_0 \\ du_1 \end{bmatrix}, \quad S_y = \begin{bmatrix} y_0 \\ y_1 \\ dv_0 \\ dv_1 \end{bmatrix} \qquad [4-41]$$

(3) 번스타인 다항식(Bernstein polynomial)

번스타인 3차 다항식을 이용하여 두 점을 잇는 곡선 설계방법은 다음과 같다.

$$x(t) = a_0(1-t)^3 + 3a_1 t(1-t)^2 + 3a_2 t^2(1-t) + a_3 t^3$$
$$y(t) = b_0(1-t)^3 + 3b_1 t(1-t)^2 + 3b_2 t^2(1-t) + b_3 t^3 \qquad [4-42]$$

여기서, t는 매개변수로 범위는 $0 \leq t \leq 1$이다.

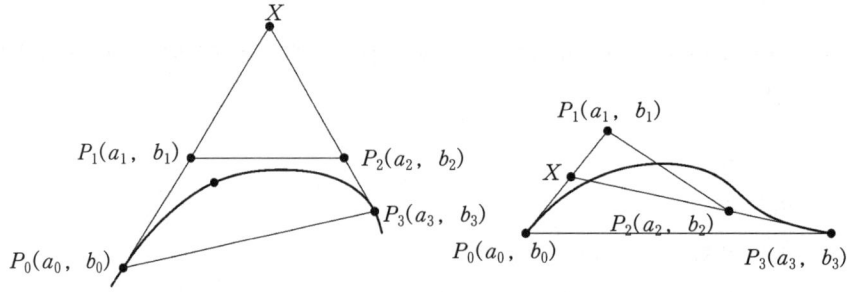

그림4-4 조정점에 의한 곡선의 정의

① 계수 a_i, b_i의 기하학적 의미 : 그림4-4에서 P_0, P_1, P_2, P_3는 조정점(control point)이고 이 조정점들을 연결하여 얻어지는 다각형을 특성다각형(characteristic polygon)이라 한다. 곡선은 점 (a_0, b_0)에서 출발하여 점 (a_1, b_1)에서 끝나므로 이것을 다음과 같은 수식으로 표현할 수 있다.

$$x(0) = a_0, \quad x(1) = a_3, \quad y(0) = b_0, \quad y(1) = b_3 \qquad [4-43]$$

그리고 점 (a_1, b_1)과 점 (a_2, b_2)는 각각 곡선의 시작점과 끝점에서 접선상에 위치하여 $t=0$에서 기울기의 길이 a_0는 조정점 $P_0(a_0, b_0)$와 $P_1(a_1, b_1)$ 간의 거리 (d_0)의 3배가 된다. 마찬가지로 a_1도 d_1(점 P_2, P_3 간의 거리)의 3배가 된다. 이것을 수식으로 표현하면 다음과 같다.

$$\dot{x}(0) = 3(a_1 - a_0), \quad \dot{x}(1) = 3(a_3 - a_2) \qquad [4\text{-}44]$$

$$\dot{y}(0) = 3(b_1 - b_0), \quad \dot{y}(1) = 3(b_3 - b_2) \qquad [4\text{-}45]$$

$$\dot{x}(0) = a_0 u_0, \quad \dot{x}(1) = a_1 u_1 \qquad [4\text{-}46]$$

$$\dot{y}(0) = a_0 v_0, \quad \dot{y}(1) = a_1 v_1 \qquad [4\text{-}47]$$

② 번스타인 다항식의 행렬식 : 식 [4-42]~[4-47]을 조합하여 행렬식으로 변화시키면 아래와 같다.

$$x(t) = TMR_x, \quad y(t) = TMR_y \qquad [4\text{-}48]$$

$$T = [1 \ t \ t^2 \ t^3], \quad M = \begin{bmatrix} 1 & 0 & 0 & 0 \\ -3 & 3 & 0 & 0 \\ 3 & -6 & 3 & 0 \\ -1 & 3 & -3 & 1 \end{bmatrix},$$

$$R_x = \begin{bmatrix} a_0 \\ a_1 \\ a_2 \\ a_3 \end{bmatrix}, \quad R_y = \begin{bmatrix} b_0 \\ b_1 \\ b_2 \\ b_3 \end{bmatrix} \qquad [4\text{-}49]$$

③ Ferguson 곡선 : 3차 매개변수 다항식으로 정의된 곡선

$x(t) = TCS_x, \ y(t) = TCS_y$ 식으로 정의된 곡선을 Ferguson 곡선이라 한다.

$$T = [1 \ t \ t^2 \ t^3], \quad C = \begin{bmatrix} 1 & 0 & 0 & 0 \\ 0 & 0 & 1 & 0 \\ -3 & 3 & -2 & -1 \\ 2 & -2 & 1 & 1 \end{bmatrix}, \quad S_x = \begin{bmatrix} x_0 \\ x_1 \\ u_0 \\ u_1 \end{bmatrix}, \quad S_y = \begin{bmatrix} y_0 \\ y_1 \\ v_0 \\ v_1 \end{bmatrix}$$

$$x(t) = a_0 + a_1 t + a_2 t^2 + a_3 t^3 \ ; \ 0 \le t \le 1$$

$$y(t) = b_0 + b_1 t + b_2 t^2 + b_3 t^3 \ ; \ 0 \le t \le 1$$

④ Bezier 곡선 : 번스타인 3차 다항식으로 정의된 곡선

$x(t) = TMR_x, \ y(t) = TMR_y$ 식으로 정의된 곡선을 Bezier 곡선이라 한다.

$$T = [1 \ t \ t^2 \ t^3], \quad M = \begin{bmatrix} 1 & 0 & 0 & 0 \\ -3 & 3 & 0 & 0 \\ 3 & -6 & 3 & 0 \\ -1 & 3 & -3 & 1 \end{bmatrix}, \quad R_x = \begin{bmatrix} a_0 \\ a_1 \\ a_2 \\ a_3 \end{bmatrix}, \quad R_y = \begin{bmatrix} b_0 \\ b_1 \\ b_2 \\ b_3 \end{bmatrix}$$

$$x(t) = a_0(1-t)^3 + 3a_1 t(1-t)^2 + 3a_2 t^2(1-t) + a_3 t^3 \ ; \ 0 \le t \le 1$$

$$y(t) = b_0(1-t)^3 + 3b_1 t(1-t)^2 + 3b_2 t^2(1-t) + b_3 t^3 \ ; \ 0 \le t \le 1$$

⑤ 아르키메데스 곡선(Archimedes curve) : 등속 원운동을 등속직선운동으로 변화시키는 캠(cam)의 윤곽곡선을 표현하기에 적합한 곡선으로 극좌표계의 표현방식으로 나타내면 다음

과 같다.

$$r = a + b\theta \tag{4-50}$$

여기서, r은 원점으로부터 거리이고 θ는 수평축과 이루는 각이다. 이 식을 이용하면 다양한 형상의 별설계에 이용하는 곡선표현을 할 수가 있는데 그것은 다음과 같다.

$$r = a + b\cos n\theta \tag{4-51}$$

5 3차원 공간 곡선의 정의★★★

(1) 3차원 공간 곡선의 표현 방법

① 평면 방정식과 구면 방정식

$$g_1(x, y, z) = ax + by + cz - d = 0 \tag{4-52}$$
$$g_2(x, y, z) = x^2 + y^2 + z^2 - r^2 = 0 \tag{4-53}$$

② 공간 곡선의 표현에는 매개변수 형태가 주로 사용된다.

$$x = x(t), \ y = y(t), \ z = z(t)$$
$$\vec{r} = \vec{r}(t) = x(t)\hat{i} + y(t)\hat{j} + z(t)\hat{k} \tag{4-54}$$

③ 자유곡선 : 공간상의 3차원 개념의 곡선으로 이것을 매개변수 다항식으로 표현하면

$$x(t) = a_0 + a_1 t + a_2 t^2 + \cdots$$
$$y(t) = b_0 + b_1 t + b_2 t^2 + \cdots$$
$$z(t) = c_0 + c_1 t + c_2 t^2 + \cdots$$
$$\vec{r}(t) = \begin{bmatrix} x(t) \\ y(t) \\ z(t) \end{bmatrix} = \begin{bmatrix} a_0 \\ b_0 \\ c_0 \end{bmatrix} + \begin{bmatrix} a_1 \\ b_1 \\ c_1 \end{bmatrix} t + \begin{bmatrix} a_2 \\ b_2 \\ c_2 \end{bmatrix} t^2 + \cdots \tag{4-55}$$

이다. $\vec{r}(t)$에 대한 $t = t_1$에서 접선의 방정식은

$$\vec{r}(u) = \vec{r}(t_1) + u\vec{r}(t_1) \tag{4-56}$$

이다. 여기서, $\vec{r}(t)$는 접선 벡터(tangential vector)이고 $\vec{r}(t_1)$을 지나고 접선에 수직인 평면을 법평면(normal plane)이라 한다.

(2) 공간상의 두 점을 잇는 ferguson곡선

① $\vec{r_0}$, $\vec{r_1}$을 잇는 선분의 방정식

$$\vec{r}(u) = \vec{r_0} + (\vec{r_1} - \vec{r_0})u \ ; \ 0 \leq u \leq 1 \tag{4-57}$$

② 점 r_0에서 기울기(접선 벡터) t_0, 점 r_1에서 접선 벡터 t_1

③ 두 점을 잇는 곡선의 매개변수 3차식을 표현하면

$$\vec{r}(u) = a_0 + a_1 u + a_2 u^2 + a_3 u^3; \quad 0 \leq u \leq 1 \qquad [4\text{-}58]$$

$$r_0 = r(0) = a_0 \qquad [4\text{-}59]$$

$$r_1 = r(1) = a_0 + a_1 + a_2 + a_3 \qquad [4\text{-}60]$$

$$t_0 = \dot{r}(0) = a_1 \qquad [4\text{-}61]$$

$$t_1 = \dot{r}(1) = a_1 + 2a_2 + 3a_3 \qquad [4\text{-}62]$$

이다. 식 [4-58]의 계수를 구하면

$$a_0 = r_0 \qquad [4\text{-}63]$$

$$a_1 = t_0 \qquad [4\text{-}64]$$

$$a_2 = 3(r_1 - r_0) - 2t_0 - t_1 \qquad [4\text{-}65]$$

$$a_3 = 2(r_0 - r_1) + t_0 + t_1 \qquad [4\text{-}66]$$

이다.

④ 식 [4-58]을 행렬식으로 표현하면

$$\vec{r}(u) = [1 \ u \ u^2 \ u^3] \begin{bmatrix} 1 & 0 & 0 & 0 \\ 0 & 0 & 1 & 0 \\ -3 & 3 & -2 & -1 \\ 2 & -2 & 1 & 1 \end{bmatrix} \begin{bmatrix} r_0 \\ r_1 \\ t_0 \\ t_1 \end{bmatrix} = \text{UCS} \qquad [4\text{-}67]$$

이다. 여기서, T_0, T_1을 $u=0$, $u=1$에서 단위 접선 벡터라면

$$t_0 = \alpha_0 T_0, \quad t_1 = \alpha_1 T_1 \qquad [4\text{-}68]$$

이고 법선 벡터의 크기 α_0 와 α_1은

$$\alpha_0 = \alpha_1 = |\vec{r}_1 - \vec{r}_0| \qquad [4\text{-}69]$$

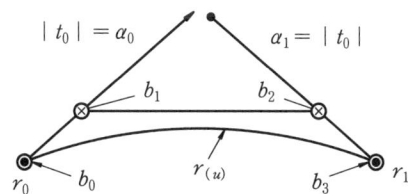

그림4-5 Ferguson과 Bezier 곡선

이다. α_0 와 α_1의 값에 따라 $\vec{r}(u)$은 여러 가지 곡선이 될 수 있다. 여기서, $\alpha_0 = 1$, $\alpha_1 = 1$ 이라면 식 [4-58]로 표현되는 곡선은 그림4-5와 같다.

여기서, r_0, r_1 t_0, t_1을 Ferguson 곡선의 끝점 조건이라 한다.

(3) 공간상의 두 점을 잇는 Bezier곡선

그림4-5의 그림에서 b_i 의 4개의 점을 Bezier 조정점이라 한다. 즉 b_0 는 곡선의 시작점, b_1

은 시작 접선 벡터 t_0 의 ⅓점, b_2 는 끝점 벡터 t_1 의 ⅓점, b_3 는 곡선의 끝점이다. Ferguson 곡선의 끝점 조건과 Bezier 곡선의 조정점간의 관계는 아래와 같다.

$$r_0 = b_0 \tag{4-70}$$

$$r_1 = b_3 \tag{4-71}$$

$$t_0 = 3(b_1 - b_0) \tag{4-72}$$

$$t_1 = 3(b_3 - b_2) \tag{4-73}$$

식 [4-70]~[4-73]을 행렬식으로 표현하면

$$S = \begin{bmatrix} r_0 \\ r_1 \\ t_0 \\ t_1 \end{bmatrix} = \begin{bmatrix} b_0 \\ b_3 \\ 3b_1 - 3b_0 \\ 3b_3 - 3b_2 \end{bmatrix} = \begin{bmatrix} 1 & 0 & 0 & 0 \\ 0 & 0 & 0 & 1 \\ -3 & 3 & 0 & 0 \\ 0 & 0 & -3 & 3 \end{bmatrix} \begin{bmatrix} b_0 \\ b_1 \\ b_2 \\ b_3 \end{bmatrix} \tag{4-74}$$

이다. 식 [4-74]를 식 [4-67]에 대입시켜 정리하면 아래와 같다.

$$\vec{r}(u) = UCS = \begin{bmatrix} 1 & u & u^2 & u^3 \end{bmatrix} \begin{bmatrix} 1 & 0 & 0 & 0 \\ 0 & 0 & 1 & 0 \\ -3 & 3 & -2 & -1 \\ 2 & -2 & 1 & 1 \end{bmatrix} \begin{bmatrix} 1 & 0 & 0 & 0 \\ 0 & 0 & 0 & 1 \\ -3 & 3 & 0 & 0 \\ 0 & 0 & -3 & 3 \end{bmatrix} \begin{bmatrix} b_0 \\ b_1 \\ b_2 \\ b_3 \end{bmatrix}$$

$$\tag{4-75}$$

식 [4-75]로 표현되는 곡선을 3차 Bezier 곡선이라 한다. 그 3차 베지에(Bezier) 곡선식을 행렬식으로 정리하면

$$\vec{r}(u) = UMR = \begin{bmatrix} 1 & u & u^2 & u^3 \end{bmatrix} \begin{bmatrix} 1 & 0 & 0 & 0 \\ -3 & 3 & 0 & 0 \\ 3 & -6 & 3 & 0 \\ -1 & 3 & -3 & 1 \end{bmatrix} \begin{bmatrix} b_0 \\ b_1 \\ b_2 \\ b_3 \end{bmatrix} \tag{4-76}$$

이다. 식 [4-76]을 전개하면

$$\vec{r}(u) = (1-u)^3 b_0 + 3u(1-u)^2 b_1 + 3u^2(1-u) b_2 + u^3 b_3$$

$$= \sum_{i=0}^{3} \frac{3!}{(3-i)! \, i!} u^i (1-u)^{3-i} b_i \tag{4-77}$$

이다. 식 [4-77]은 4개의 조정점을 갖는 Bezier곡선식이며 조정점 b_i 의 계수가 번스타인(Bernstein) 다항식으로 표현된다. 만약 $n+1$개의 조정점을 갖는 Bezier곡선식이라면 다음과 같이 표현되고 이것을 n차 Bezier곡선식이라 한다.

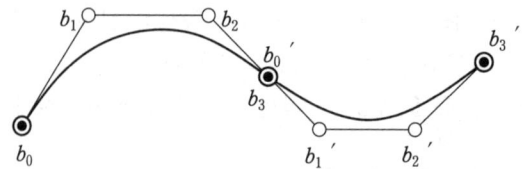

그림4-6 두 개의 3차 Bezier곡선 연결

$$\vec{r}(u) = \sum_{i=0}^{n} \frac{n!}{(n-i)!\, i!} u^i (1-u)^{n-i} b_i \qquad [4\text{-}78]$$

이 번에는 두 개의 3차 베지에(Bezier) 곡선을 연결하는 경우를 생각하자. 두 곡선이 부드럽게 연결되려면 그림4-6과 같이 $b_3 = b_0{}'$이고 b_2, b_3, $b_0{}'$, $b_1{}'$가 일직선상에 있어야 한다. 결과적으로 3차 Bezier곡선을 연결한 복합곡선을 정의하려면 7개의 조정점이 필요하고 3차 Bezier곡선 m개를 연결한 복합곡선에는 $3m+1$개의 조정점이 요구된다.

① $n+1$개의 조정점에 의해서 정의되는 n차 다항식이다.
② 정규화 특성(normalizing property) : 조정점에 의해서 생성된 다각형의 최외곽점에서 볼록폭(convex hull)이라고 불리는 볼록한 형상의 내부에 완전히 위치하도록 곡선을 생성하는 특성을 갖는다.
③ 첫 조정점과 마지막 조정점을 반드시 통과한다.
④ 중간 조정점들은 곡선을 자신들의 방향으로 당기는 역할을 하고 원하는 형상으로 곡선을 조정한다.
⑤ 조정점 한 개의 위치를 변화시키면 곡선 세그먼트 전체의 형상이 변화한다. 즉, 하나의 조정점을 움직임으로 곡선 전체에 미치는 영향이 크다.

(4) 3차 B-spline 곡선의 정의

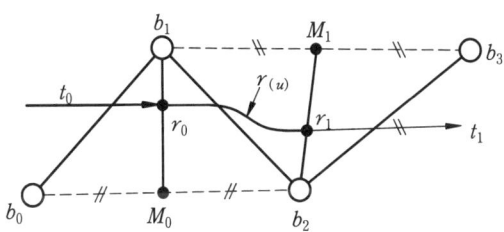

그림4-7 3차 B-Spline곡선

그림4-7과 같이 $r(u)$곡선은 4개의 B-spline 조정점 b_0, b_1, b_2, b_3에 의해 정의된다. 이 조정점과 Ferguson 곡선의 끝점 조건을 정리하면
① b_0와 b_2의 중간점을 M_0, b_1와 b_3의 중간점을 M_1으로 각각 정의
② b_1과 M_0을 잇는 선분의 ⅓ 점에 r_0(곡선의 시작점)를 정의
③ b_2와 M_1을 잇는 선분의 ⅓ 점에 r_1(곡선의 끝점)을 정의
④ 시작 접선벡터 t_0를 $\overline{b_0 M_0}$가 되도록 정의
⑤ 끝 접선벡터 t_1를 $\overline{M_1 b_3}$가 되도록 정의
이다. 이것을 수식으로 표현하면 다음과 같다.

$$\vec{r_0} = \frac{(2b_1 + M_0)}{3} = \frac{(2b_1 + (b_0 + b_2)/2)}{3}$$
$$= \frac{(b_0 + 4b_1 + b_2)}{6} \qquad [4\text{-}79]$$

$$\vec{r}_1 = \frac{(2b_2 + M_1)}{3} = \frac{(b_1 + 4b_2 + b_3)}{6} \qquad [4\text{-}80]$$

$$t_0 = \frac{(b_2 - b_0)}{2} = \frac{(3b_2 - 3b_0)}{6} \qquad [4\text{-}81]$$

$$t_1 = \frac{(b_3 - b_1)}{2} = \frac{(3b_3 - 3b_1)}{6} \qquad [4\text{-}82]$$

이것을 행렬식으로 표현하면 다음과 같다.

$$S = \begin{bmatrix} r_0 \\ r_1 \\ t_0 \\ t_1 \end{bmatrix} = \frac{1}{6} \begin{bmatrix} b_0 + 4b_1 + b_2 \\ b_1 + 4b_2 + b_3 \\ 3b_2 - 3b_0 \\ 3b_3 - 3b_1 \end{bmatrix}$$

$$= \frac{1}{6} \begin{bmatrix} 1 & 4 & 1 & 0 \\ 0 & 1 & 4 & 1 \\ -3 & 0 & 3 & 0 \\ 0 & -3 & 0 & 3 \end{bmatrix} \begin{bmatrix} b_0 \\ b_1 \\ b_2 \\ b_3 \end{bmatrix} \qquad [4\text{-}83]$$

식 [4-83]을 식 [4-67]에 대입시켜 정리하면

$$\vec{r}(u) = UCS = \begin{bmatrix} 1 & u & u^2 & u^3 \end{bmatrix} \frac{1}{6} \begin{bmatrix} 1 & 4 & 1 & 0 \\ -3 & 0 & 3 & 0 \\ -3 & -6 & 3 & 0 \\ -1 & 3 & -3 & 1 \end{bmatrix} \begin{bmatrix} b_0 \\ b_1 \\ b_2 \\ b_3 \end{bmatrix}$$

$$= UNR \qquad [4\text{-}84]$$

이다. 이식 [4-84]가 3차 B-spline 곡선을 나타내는 행렬식이다. 이 식을 $n+1$차 다항식의 형태로 표현하면

$$r(u) = \sum_{i=0}^{n} N_i(u) b_i \qquad [4\text{-}84\text{-}1]$$

이다. 여기서, $N_i(u)$는 블렌딩 함수 또는 기저함수(basis function)라 한다. B-spline 곡선의 특징은 다음과 같다.

① B-spline 곡선의 차수를 조정하는 것은 블렌딩 함수 혹은 기저함수의 차수이다.
② B-spline 곡선은 국부조정특성이 있다. 만일 한 개의 조정점이 움직이면 몇 개의 곡선 세그먼트만 영향을 받고 나머지는 변하지 않는다.
③ 베지에 곡선보다 연속성과 유연성이 우수하다.

6 NURBS 곡선★★★

Ferguson 곡선식은 끝점 조건 r_0, r_1, t_0, t_1에 의하여 정의되고 Bezier 곡선과 B-spline 곡선은 4개의 조정점 b_0, b_1, b_2, b_3에 의하여 정의된다. NURBS 곡선은 4개의 조정점, 4개의 가중치(weights)와 놋트벡터(knot vector)에 의하여 정의된 non-uniform rational B-spline 곡선이다.

(1) 놋트 벡터(knot vector)

그림4-8에서 가속, 주행, 감속의 경계가 되는 시점 t_0, t_1, t_2, t_3가 NURBS 곡선의 놋트 벡터이다. 즉 블렌딩 함수가 정의되는 매개변수 구간을 의미하며 절점 벡터라고도 한다.

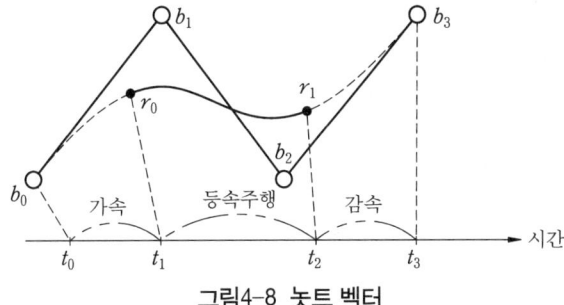

그림4-8 놋트 벡터

① $t_0 = t_1$, $t_2 = t_3$ 이면 Bezier 곡선이다.
② 놋트 간격(knot span)-놋트 점 t_i의 간격

$$\delta_i = t_{i+1} - t_i, \quad i = -1, 0, 1, \cdots, n \tag{4-85}$$

③ $t_1 - t_0 = t_2 - t_1 = t_3 - t_2$ 이면 uniform B-spline 곡선이다. 즉, 놋트 점들의 간격이 일정(uniform)한 경우이다.
④ 놋트 점들의 간격이 일정하지 않는 경우가 non uniform B-spline 곡선이다. 보통은 NUBS 곡선이고 특별한 경우에 해당하는 곡선이 Bezier 곡선과 uniform B-spline 곡선이다.

(2) 가중치(weights)

그림4-9와 같이 가중치 ω_i는 곡선을 해당 조정점으로 끌어당기는 역할을 하며 조정점 b_i 수만큼 존재한다.

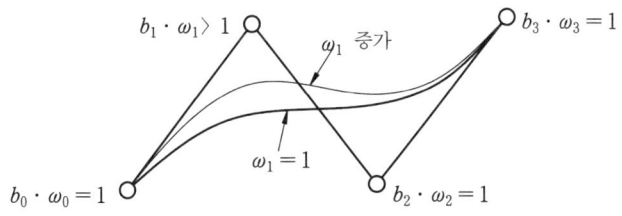

그림4-9 가중치에 따른 곡선의 변화

(3) NURBS 곡선

예를 들어 3차 Bezier곡선을 나타내는 식은

$$r(u) = \sum_{i=0}^{3} B_i(u) b_i \tag{4-86}$$

이다. 여기서, $B_i(u)$는 3차 Bernstenin 다항식(블렌딩 함수)으로 다음과 같이 표현된다.

$$B_i(u) = \frac{3!}{(3-i)! \; i!} u^i (1-u)^{3-i} \tag{4-87}$$

식 [4-85]에 가중치 ω_i를 도입하여 유리함수(rational function)로 표현하면

$$r(u) = \frac{\sum_{i=0}^{3} B_i(u)\omega_i b_i}{\sum_{i=0}^{3} B_i(u)\omega_i} \qquad [4\text{-}88]$$

이다. 식 [4-88]을 유리 베지에(rational Bezier) 곡선이라 한다. 이와 같은 식이 NURBS 곡선을 표현하고자 하는 식이 된다. NURBS 곡선을 이용하면 자유곡선뿐만 아니라 코닉 곡선까지 완벽하게 표현할 수 있기 때문에 현재 많이 선호하고 있는 방법이다.

표4-2 NURBS 곡선

	베지에르	B-스플라인
비유리	$r(u) = \sum_{i=0}^{n} B_i(u) b_i$	$r(u) = \sum_{i=0}^{n} N_i(u) b_i$
유 리	$r(u) = \dfrac{\sum_{i=0}^{n} B_i(u)\omega_i b_i}{\sum_{i=0}^{n} B_i(u)\omega_i}$	$r(u) = \dfrac{\sum_{i=0}^{n} N_i(u)\omega_i b_i}{\sum_{i=0}^{n} N_i(u)\omega_i}$

(4) m 개의 단위구간을 갖는 3차 NURBS 곡선

단위구간이란 각 구간에서 정의된 곡선이다.

① 조정점 : b_i, $i = 0, 1, 2, \cdots, m+2$
   여기서, 조정점의 수는 $m+3$ 이다.
② 가중치 : ω_i, $i = 0, 1, 2, \cdots, m+2$
   여기서, 가중치의 수는 $m+3$ 이다.
③ 놋트구간 : δ_i, $i = -1, 0, 1, 2, \cdots, m+2$
   여기서, 놋트구간의 수는 $m+4$ 이다.

(5) 비균일 3차 유리 B-spline(NURB: nonuniform rational B-spline)

① 베지에르와 모든 B-spline 곡선을 포함한다.
② 현재 사용 CAD 시스템에 사용이 증가하고 있는 추세이다.
③ 하나의 정형식(canonical form)을 이용하여 원추곡선을 포함하는 넓은 범위의 형상을 표현할 수 있다.
④ 곡선(또는 곡면) 정의를 위한 IGES(initial graphics exchange specification) 파일에 규정되어 있다.
⑤ 원추단면을 표현할 때 유리 B-spline은 원추곡선과 자유곡선을 표현할 수 있는 유일한 방법이다.

(6) 균일 2차 B-spline 곡선의 행렬식

$$r(u) = \begin{bmatrix} 1 & u & u^2 \end{bmatrix} \frac{1}{2} \begin{bmatrix} 1 & 1 & 0 \\ -2 & 2 & 0 \\ 1 & -2 & 1 \end{bmatrix} \begin{bmatrix} b_0 \\ b_1 \\ b_2 \end{bmatrix} \qquad [4\text{-}89]$$

chapter 4 ─ 실전연습문제

01 곡선을 나타내는 함수의 일반적인 표현 방정식은?
① 미분방정식　　　　　　　　② 다항식
③ 적분방정식　　　　　　　　④ 삼각함수

02 다음 중 원뿔곡선의 특징으로 볼 수 없는 것은?
① 컴퓨터 그래픽 및 형상 모델링에서 집중적으로 사용된다.
② 변곡점이 없다.
③ 이 곡선과 관련된 계산과 데이터 저장은 비교적 어렵다.
④ 음함수로부터 특정 원추곡선을 정의하기 위해서는 최소한 다섯 개의 서로 독립적인 상수 값을 결정해야 한다.

03 다음 중 원의 방정식을 나타내는 매개변수식은?
① $x = r\cos\theta,\ y = r\sin\theta$　　　　② $x^2 + y^2 = r^2$
③ $x = a\cos\theta,\ y = a\sin\theta$　　　　④ $\dfrac{x^2}{a^2} + \dfrac{y^2}{b^2} = r^2$

04 다음 중 쌍곡선을 나타내는 음함수식은?
① $x = a\theta^2,\ y = 2a\theta$　　　　② $y^2 = 4ax$
③ $x = a\cosh\theta,\ y = b\sin h\theta$　　　　④ $\dfrac{x^2}{a^2} - \dfrac{y^2}{b^2} = 1^2$

05 곡선의 보간기법 중 정밀도가 요구될 때 사용되는 것은?
① 선형보간　　　　　　　　② Lagrange 다항식
③ 매개변수 3차식　　　　　　④ 3차 스플라인

Answer　01 ②　02 ③　03 ①　04 ④　05 ①

06 다음 중 선형보간을 나타내는 식으로 맞는 것은?

① $f(x) = f(x_i) + \dfrac{f(x_{i+1}) - f(x_i)}{x_{i+1} - x_i}(x - x_i)$

② $f(x) = f(x_i) + \dfrac{x_{i+1} - x_i}{f(x_{i+1}) - f(x_i)}(x_i - x)$

③ $f(x) = f(x_{i+1}) + \dfrac{x_{i+1} - x_i}{f(x_{i+1}) - f(x_i)}(x_{i-1})$

④ $f(x) = f(x_{i-1}) + \dfrac{f(x_{i+1}) - f(x_i)}{x_{i+1} - x_i}(x_i - x)$

07 식 $f_n(x) = \sum_{i=0}^{n} y_i \, \Pi \left(\dfrac{x - x_j}{x_i - x_j} \right)$ 로 계산되는 곡선 정의를 위한 보간기법은?

① 선형보간
② Lagrange 다항식
③ 매개변수 3차식
④ 3차 스플라인

08 P_0, P_1, P_2, P_3 점을 지나는 B-spline 곡선의 P_3 점의 기울기를 표현하는 식은?

① $P_1 + P_3 - 2P_2$
② $P_1 + P_3 + 2P_2$
③ $\dfrac{P_3 - P_1}{2}$
④ $3P_2 - 3P_4$

Solution
$t_1 = \dfrac{(P_3 - P_1)}{2} = \dfrac{(3P_3 - 3P_1)}{6}$

09 베지에르 곡선에서 곡선을 근사화하는 순서적인 점들의 집합 $(V_0, \cdots, V_n)$을 무엇이라 하는가?

① 조정점
② 근사점
③ 고정점
④ 가변점

10 베지에르 곡선식을 나타내는 일반식은 $Q(t) = \sum_{i=0}^{n} V_i B_{i,n}(t)$ 이다. 이 식에서 블렌딩 함수는 어떤 것인가?

① $Q(t)$
② V_i
③ $B_{i,n}(t)$
④ 베지에르 곡선과 블렌딩함수는 관계없다.

Answer 06 ① 07 ② 08 ③ 09 ① 10 ③

11 베지에르 곡선에서는 곡선이 조정점에 의해서 생성된 다각형의 최외곽점에 의한 볼록폭(convex hull)이라 불리는 볼록한 형상의 내부에 완전히 위치하도록 하는데 이것을 무엇이라 하는가?

① normalizing property
② internal property
③ outer property
④ general property

12 B-spline 곡선의 특징이 아닌 것은?

① 차수를 조정하는 것은 기저함수(basis function)의 차수이다.
② 국부조정특성이 있다.
③ 베지에 곡선보다 연속성과 유연성이 우수하다.
④ 한 개의 조정점이 움직이면 몇 개의 곡선 세그먼트만 영향을 받는 것이 아니라 나머지도 모두 변화한다.

13 B-spline 곡선의 분류로 볼 수 없는 것은?

① 균일 B-spline 곡선
② 비주기적 B-spline 곡선
③ 비균일 B-spline 곡선
④ 절점 B-spline 곡선

14 다음 중 자유곡선과 원추곡선을 동시에 허용할 수 있는 다항식 함수에 의하여 생성된 곡선은 어느 것인가?

① 유리곡선
② 비유리곡선
③ 회전곡선
④ 비회전곡선

15 다음 중 NURB 곡선이라 함은 어느 것인가?

① 비주기 3차 유리 B-spline 곡선
② 주기 3차 유리 B-spline 곡선
③ 균일 3차 유리 B-spline 곡선
④ 비균일 3차 유리 B-spline 곡선

16 다음 유리곡선에 대한 설명으로 맞는 것은?

① 자유곡선과 원추곡선을 동시에 허용할 수 없도록 하는 다항식 함수로부터 생성된 곡선이다.
② 두 다항식 함수의 비(ratio)에 의해서 표현된 곡선이다.
③ 베지에르 곡선과 B-spline 곡선 모두 유리곡선 형태를 가질 수 없다.
④ 유리 곡선이란 Ferguson 곡선을 의미한다.

Answer 11 ① 12 ④ 13 ④ 14 ① 15 ④ 16 ②

17 다음은 비주기 3차 B-spline(NURB; non-uniform rational B-spline)에 대한 설명이다. 잘못된 것은 어느 것인가?

① 베지에르와 모든 B-spline(균일/주기적, 비주기 및 비균일)을 포함한다.
② 현재 사용 CAD 시스템에 사용이 증가하고 있는 추세이다.
③ 하나의 정형식(canonical form)을 이용하여 원추곡선을 포함하는 넓은 범위의 형상을 표현할 수 있다.
④ 원추단면을 표현할 때 비유리 B-spline은 원추곡선과 자유곡선을 표현할 수 있는 유일한 방법이다.

18 균일 2차 B-spline 곡선에서 세그먼트 사이의 조인트 위치는?

① 조정점의 중간에 위치한다.
② 조정점을 지난 ⅓지점에 위치한다.
③ 조정점을 지나기전 ⅔지점에 위치한다.
④ 조정점과 일치한다.

> **Solution** 세그먼트가 $t=0$에서 시작하여 $t=1$에서 끝나므로 다음과 같이 정리된다.
>
> $$P(i) = \frac{1}{2}[t^2\ t\ 1]\begin{bmatrix} 1 & -2 & 1 \\ -2 & 2 & 0 \\ 1 & 1 & 0 \end{bmatrix}\begin{bmatrix} V_{i-1} \\ V_i \\ V_{i+1} \end{bmatrix}$$
>
> ① $t=0$일 때: $P(i) = \frac{1}{2}[0\ 0\ 1]\begin{bmatrix} 1 & -2 & 1 \\ -2 & 2 & 0 \\ 1 & 1 & 0 \end{bmatrix}\begin{bmatrix} V_{i-1} \\ V_i \\ V_{i+1} \end{bmatrix} = \frac{V_{i-1}+V_i}{2}$
>
> ② $t=1$일 때: $P(i) = \frac{1}{2}[1\ 1\ 1]\begin{bmatrix} 1 & -2 & 1 \\ -2 & 2 & 0 \\ 1 & 1 & 0 \end{bmatrix}\begin{bmatrix} V_{i-1} \\ V_i \\ V_{i+1} \end{bmatrix} = \frac{V_i+V_{i+1}}{2}$

19 균일 2차 B-spline 곡선에서 조정점이 $V_1=2.0$, $V_2=4.5$, $V_3=6.8$ 이고 $i=1$일 때 세그먼트의 시작점과 끝점을 계산한 것으로 다음 중 맞는 것은?

① 3.25, 5.65 ② 2.17, 5.65
③ 3.25, 5.26 ④ 2.17, 5.26

> **Solution** 세그먼트가 $t=0$에서 시작하여 $t=1$에서 끝나므로
>
> $P_i(0) = \frac{V_{i-1}+V_i}{2}$, $P_i(1) = \frac{V_i+V_{i+1}}{2}$
>
> $P_2(0) = \frac{V_1+V_2}{2} = \frac{2.0+4.5}{2} = 3.25$
>
> $P_2(1) = \frac{V_2+V_3}{2} = \frac{4.5+6.8}{2} = 5.65$

Answer   17 ④   18 ①   19 ①

20 닫힌 균일 2차 B-spline에 의해서 원을 근사화하기 위하여 네 개의 조정점을 사용한다. 첫 세그먼트 $t = 0.5$에서의 근사오차는 얼마인가?

① 5.1[%] ② 6.1[%]
③ 7.1[%] ④ 8.1[%]

◉ Solution
$$P(i) = \frac{1}{2}[t^2 \ t \ 1]\begin{bmatrix} 1 & -2 & 1 \\ -2 & 2 & 0 \\ 1 & 1 & 0 \end{bmatrix}\begin{bmatrix} -r & -r \\ -r & r \\ r & r \end{bmatrix}$$

$t = \frac{1}{2}$일 때 $P\left(\frac{1}{2}\right) = \left[-\frac{3}{4}r, \ \frac{3}{4}r\right]$

$\phi = \frac{1.061r - r}{r} \times 100 = 6.1[\%]$

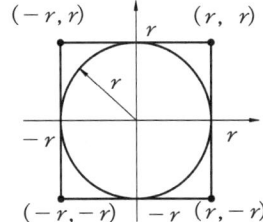

21 spline 곡선에 관한 설명으로 맞는 것은?
① 주어진 점을 모두 통과하는 곡선이다.
② 곡선은 정점을 통과시킬 수 있는 다각형의 내측에 존재한다.
③ 시점과 종점만으로 통과하는 곡선이다.
④ 외삽법으로 표현되는 자유곡선이다.

◉ Solution 스플라인(spline)곡선은 접촉점에서 (k-1)차 미분계수의 연속성을 가진 다항식으로 진폭이 큰 곡선을 몇 개의 구간으로 나누어 각 구간의 차수를 3차 정도로 하고 구간의 이음매를 되도록 부드럽게 연속되도록한 곡선이다. 선박제도에서 사용하던 spline 자에서 기인된다.

22 5개의 점을 갖는 베지에르 곡선의 차수는?
① 2 ② 3
③ 4 ④ 5

23 원추곡선이 아닌 것은?
① 인벌류트 곡선 ② 타원
③ 쌍곡선 ④ 포물선

24 B-spline 곡선의 설명에 해당되지 않는 것은?
① 곡선의 부분적인 수정(local modification)이 가능하다.
② 곡선의 차수(order)와 조절점(control point)들의 수는 독립적이다. (무관하다.)
③ 매듭값(knot value)이란 블렌딩 함수가 0이 되지 않는 범위의 경계가 되는 값이다.
④ 균일(uniform) B-spline 곡선이란 곡선의 모양이 일정하게 반복되는 것을 말한다.

◉ Solution 서로 이웃한 매듭값 간의 간격이 항상 1의 등간격을 이루며, 균일 매듭값을 이용한 B-spline 곡선을 균일 B-spline 곡선이라 한다.

Answer 20 ② 21 ① 22 ③ 23 ① 24 ④

25 아래의 곡선 중 보간을 위해 주어진 모든 점을 지나도록 고안된 곡선은 어느 것인가?

① Lagrange 곡선   ② Bezier 곡선
③ B-spline   ④ Q-spline

26 놋트 간격(knot span)이 {0, 1, 0}인 2차 rational B-spline curve $r(t) = \dfrac{\sum_{i=0}^{2} w_i P_i N_{i(t)}^2}{\sum_{i=0}^{2} w_i N_{i(t)}^2}$ 를 이용하여 반지름이 1인 4분원을 모델링하고자 한다. 조정점의 좌표는 각각 $P_0 = (1, 0)$, $P_1 = (1, 1)$, $P_2 = (0, 1)$이며, 양끝점의 가중치(weight)를 $w_0 = w_2 = 1$ 라 하자. 이 때 조정점 P_1의 가중치 w_1은 얼마인가?

① 1/2
② $1/\sqrt{2}$
③ 1
④ $\sqrt{2}$

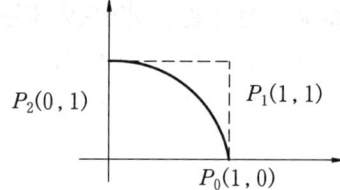

◎ Solution

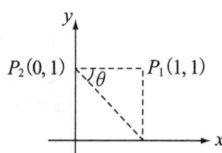

$w_0 = w_2 = 1$, $w_0 = \cos 45° = \dfrac{1}{\sqrt{2}}$ 이고 매듭값(절점벡터)은 0, 0, 0, 1, 1, 1 이다.

27 X, Y 평면상에서 조정점 $P_0 = (0, 0)$, $P_1 = (6, 8)$, $P_2 = (12, 8)$, $P_3 = (18, 0)$로 정의되는 베지에르 곡선의 끝점 P_3에서의 미분값은 어느 것인가?

① (6, -8)   ② (18, -24)
③ (6, 8)   ④ (18, 24)

◎ Solution $t_1 = 3(P_3 - P_2)$

28 다음의 곡선 표현 방법 중 Bernstein 다항식을 곡선의 블렌딩 함수로 사용하고 있는 것은?

① 원추곡선   ② Hermite 곡선
③ Bezier 곡선   ④ spline 곡선

29 NURBS 곡선이나 곡면의 형상조절 기능이 아닌 것은?

① 절점 벡터(knot vector)의 조정
② 조정점(control point)의 조정
③ 접선 벡터(tangent vector)의 조정
④ 가중치(weight)의 조정

Answer 25 ① 26 ② 27 ② 28 ③ 29 ③

30 다음에서 피치(pitch) 기반으로 형성된 곡선은?

① 나선형(helix) 곡선
② parallel 곡선
③ 실루엣(silhouette) 곡선
④ surface boundary 곡선

31 곡선의 모델링시 곡선의 표현방식에 이용되는 블렌딩 함수(blending functions) 가 번스타인 다항식(Bernstein polynomial)으로 표현되는 곡선표현 방식은?

① B-spline
② Cubic-spline
③ Bezier
④ NURBS

32 B-spline 곡선의 특징으로 맞지 않는 것은?

① control 포인트는 곡선의 형상과 전역특성을 갖는다.
② control 포인트의 개수와 곡선식의 차수가 무관한다.
③ control 포인트가 곡선의 형상에 영향을 준다.
④ Bezier 곡선은 B-spline 곡선의 특수한 경우이다

33 $P_0, P_1, \cdots, P_9$ 의 10개의 점으로 통과하는 B-spline을 정의하고자 한다. 블렌딩 함수를 3차식(오더는 4)으로 정의하였을 때 비주기적 매듭(knot)으로 정의되는 각 구간에서 정의되는 곡선의 개수는 몇 개인가?

① 7
② 8
③ 9
④ 10

Solution $n = m+3$
여기서, n은 조정점의 수, m은 각 구간에서 정의되는 곡선의 수이다.

34 네 점 P_0, P_1, P_2, P_3 조정점으로 하는 3차 Bezier곡선의 P_3 에서의 접선 벡터를 조정점의 함수로 표현하면?

① $P_1 + 2P_2 + P_3$
② $P_1 - 2P_2 + P_3$
③ $3P_3 - 3P_2$
④ $3P_2 - 3P_3$

Solution ① Bezier 곡선
$r_0 = P_0, \quad r_1 = P_3, \quad t_0 = 3P_1 - 3P_0, \quad t_1 = 3P_3 - 3P_2$
② B-Spline
$r_0 = \frac{1}{6}(P_0 + 4P_1 + P_2), \quad r_1 = \frac{1}{6}(P_1 + 4P_2 + P_3)$
$t_0 = \frac{1}{6}(3P_2 - 3P_0), \quad t_1 = \frac{1}{6}(3P_3 - 3P_1)$

Answer 30 ① 31 ③ 32 ① 33 ① 34 ③

35 차수가 n인 Bezier 곡선의 일차미분에 관한 아래의 설명 중 틀린 것은?

① 미분곡선의 차수는 n-1이다.
② 미분곡선은 다항식으로 표현될 수 있다.
③ 미분곡선은 Bezier 곡선으로 표현될 수 있다.
④ 미분곡선은 유리식이다.

36 오더가 3이고 조정점 $P_0(0, 0)$, $P_1(1, 2)$, $P_2(4, 2)$, $P_3(5, 3)$로 정의되는 비주기적 B-Spline 곡선의 절점 벡터(knot value)로서 적당한 것은?

① 0 0 1 2 3 3
② 0 0 0 1 2 2 2
③ 0 1 2 3 4 5 6
④ 0 1 2 3 4 5

> **Solution** 비주기적 매듭값은 다음과 같이 결정한다.
> $$t_i = \begin{cases} 0 & 0 \leq i < k \\ i-k+1 & k \leq i \leq n \\ n-k+2 & n < i \leq n+k \end{cases}$$
> $n=3$이고 $k=3$이므로 $t_0=0$, $t_1=0$, $t_2=0$, $t_3=1$, $t_4=2$, $t_5=2$, $t_6=2$이다.

37 평면상에 정의된 3차 Bezier 곡선 $r(t) = \sum_{i=0}^{3} P_i B_i^3(t)$가 갖는 특성으로 올바르게 기술된 것은?

① $r(t)$는 P_0, P_1, P_2, P_3를 반드시 지난다.
② 주어진 $t(0 \leq t \leq 1)$에서 번스타인 기저함수(Bernstein basis function)의 합 $\left(= \sum_{i=0}^{3} B_i^3(t)\right)$은 2이다.
③ $r(t)$는 P_0, P_1, P_2, P_3을 둘러싸는 볼록다각형(convex polygon)의 외부에는 존재하지 않는다.
④ 평면상에 정의된 4차원 Bezier 곡선이 주어지면, 동일한 궤적을 갖는 3차 Bezier 곡선이 항상 변환할 수 있다.

38 CAD 시스템에서 낮은 차수의 곡선을 선호하는 이유는?

① 차수가 낮을수록 곡선의 불필요한 진동이 덜하다.
② 차수가 낮을수록 곡선을 그리는데 계산시간이 많이 든다.
③ 차수가 낮을수록 곡선의 미(美)적인 효과가 크다.
④ 차수가 낮을수록 곡선을 수정하기 용이하다.

Answer 35 ④ 36 ② 37 ③ 38 ①

39 $x = r\cos\theta$, $y = r\sin\theta$가 그리는 궤적의 모양은?

① 원　　② 타원　　③ 쌍곡선　　④ 포물선

40 다음 중 곡률이 일정한 곡선들만의 쌍으로 묶은 것은?

① 포물선, 타원　② 원, 포물선　③ 직선, 원　④ 원, 타원

41 널리 사용되는 원뿔단면곡선에는 원, 타원, 포물선 및 쌍곡선 등이 있다. 포물선을 음함수 형태로 표시한 식은?

① $x^2 + y^2 - r^2 = 0$

② $y^2 - 4ax = 0$

③ $\dfrac{x^2}{a^2} - \dfrac{y^2}{b^2} - 1 = 0$

④ $\dfrac{x^2}{a^2} + \dfrac{y^2}{b^2} - 1 = 0$

> **Solution** • 표준 원뿔곡선들의 매개변수 형식과 음함수 형식

원뿔곡선 형태	매개변수식	음함수식
원	$x = r\cos\theta$ $y = r\sin\theta$	$y^2 - 4ax = 0$
타원	$x = a\cos\theta$ $y = b\sin\theta$	$\dfrac{x^2}{a^2} + \dfrac{y^2}{b^2} = r^2$
포물선	$x = a\theta^2$ $y = 2a\theta$	$y^2 = 4ax$
쌍곡선	$x = a\cos h\theta$ $y = b\sin h\theta$	$\dfrac{x^2}{a^2} - \dfrac{y^2}{b^2} = 1$

42 CAD 프로그램에서 주로 곡선을 표현할 때 많이 사용하는 방정식의 형태는?

① exlicit 형태　　② implicit 형태
③ hybrid 형태　　④ parametric 형태

> **Solution** 수식으로 표현되는 방정식 형태를 주로 음함수식과 매개변수식이다. 매개변수식은 프로그래밍이 쉽고 계산성이 좋아서 곡선표현의 가장 일반적인 형태이다.

43 다음 중 곡선의 2차 미분값을 필요로 하는 것은?

① 곡선의 기울기　　② 곡선의 곡률
③ 곡선 위의 특정점에서 접선　　④ 곡선의 길이

44 급커브 길은 운전대를 신속히 많이 꺾어야 하는 길이라고 가정하자, 만일 고속도로를 곡선으로 보았을 때 급커브 길을 수학적으로 가장 잘 설명하고 있는 것은?

① 곡률이 큰 길　　② 곡률 반지름이 큰 길
③ 노면의 경사가 심한 길　　④ 노면의 요철이 심한 길

Answer　39 ①　40 ③　41 ②　42 ④　43 ②　44 ①

> **Solution**
> ① 곡률은 곡률반지름의 역수이다.
> ② 급커브일수록 곡률반지름은 감소함으로 곡률은 증가한다.

45 바닥면이 없는 원뿔형 단면(conic section)에 의해 얻어질 수 없는 도형은?
① 타원(ellipse)   ② 쌍곡선(hyperbola)
③ 원호(arc)   ④ 포물선(parabola)

> **Solution** • 코닉 곡선(conic curve)의 종류 : 원, 타원, 쌍곡선, 포물선

46 아래에서 Bezier 곡선의 성질에 해당되지 않는 것은?
① 곡선의 차수는 (조정점의 개수 −1)이다.
② 곡선은 볼록포(convex hull) 안에 위치한다.
③ 한 개의 조정점을 움직이면 곡선 일부의 모양만이 변한다.
④ 곡선 시작점에서 접선은 처음 두 개의 조정점을 직선으로 연결한 것과 방향이 같다.

47 다음 중 2차 Bezier 곡선은?
① 직선   ② 원
③ 타원   ④ 포물선

48 필렛(fillet)을 형성하기 위하여는 필렛의 반지름과 필렛이 일어나는 두 가지 기하학적 요소가 필요하다. 다음 중 일반적으로 PC용 CAD 시스템에서 필렛을 형성하기 어려운 기하학적 요소의 쌍은?
① 직선(line)과 원호(arc)   ② 원호와 원호
③ 스플라인(spline)과 원호   ④ 직선과 직선

49 다음 중 곡선에 관한 설명 중 잘못된 것은?
① Bezier 와 곡선은 반드시 양단의 정점을 통과한다.
② B-spline 은 곡선 전체의 연속성이 기초 스플라인을 이용하므로 좋다.
③ Bezier 와 곡선은 정점을 통고시킬 수 있는 다각형의 내측에 존재한다.
④ B-spline 은 1개의 정점 변화에 의해 곡선 전체에 영향을 미친다.

50 CAD 작업에서 명령어를 실행시킬 때 가장 시간이 많이 걸리는 것은?
① 길이가 360인 사선   ② 한 변이 30인 사각형
③ 한 변의 길이가 50인 정삼각형   ④ 스플라인 곡선

Answer   45 ③   46 ③   47 ④   48 ③   49 ④   50 ④

chapter 5 곡면

1 3차원 곡면 기하학

(1) 음함수 형태로 표시된 평면방정식

평면방정식은 x, y, z에 관한 1차식으로 표현된다.

$$g(x,\ y,\ z) = ax + by + cz - d = 0 \qquad [5\text{-}1]$$

(2) 곡면의 방정식

2차원 정의역(domain) 상의 모든 점들을 3차원 곡면상의 점 $\vec{r} = (x,\ y,\ z)$로 옮겨 주는 함수(mapping function)가 존재한다. 즉 정의역상의 한 점을 곡면상의 한 점으로 대응시켜 주는 함수이다.

① 음함수식

$$g(x,\ y,\ z) = 0 \qquad [5\text{-}2]$$

음함수 표현식은 위와 같고 곡면의 법선 벡터는

$$\vec{n} = \frac{\partial g}{\partial x}\hat{i} + \frac{\partial g}{\partial y}\hat{j} + \frac{\partial g}{\partial z}\hat{k} \qquad [5\text{-}3]$$

이다. 곡면을 컴퓨터에서 그리거나 NC기계로 곡면을 가공하기에는 매우 불편하다.

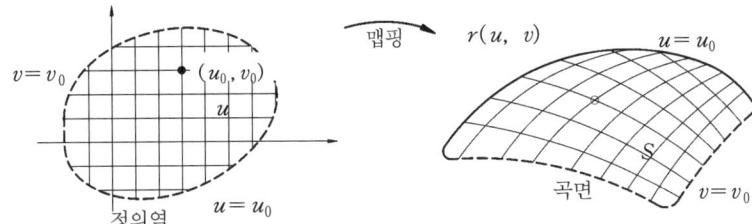

그림5-1 mapping

② 양함수식

$$z = f(x,\ y) \qquad [5\text{-}4]$$

식 [5-4]는 xy 평면상에서 z 값을 구하는 방법으로 비매개변수식이라고도 한다.

③ 매개변수식

$$x = x(u, v), \quad y = y(u, v), \quad z = z(u, v)$$
$$\vec{r}(u, v) = x(u, v)\hat{i} + y(u, v)\hat{j} + z(u, v)\hat{k} \tag{5-5}$$

여기서, u, v는 매개변수이다. 곡선은 오직 한 개의 매개변수 또는 한 개의 자유도 만으로 정의가 가능하지만 곡면은 두 개의 매개변수를 필요로 한다.

2 회전곡면

평면곡선을 어떤 축을 중심으로 회전시키면 매우 단순한 곡면의 집합이 얻어진다. 이때 회전곡면 상의 모든 점은 두 개의 매개변수 t와 θ의 함수이다. 그러므로 회전곡면 상의 한 점은 다음과 같이 나타낼 수 있다.

$$r(t, \theta) = [x(t)\cos\theta \ \ x(t)\sin\theta \ \ z(t)] \tag{5-6}$$

$$r(t, \theta) = [x(t) \ \ 0 \ \ z(t) \ \ 1] \begin{bmatrix} \cos\theta & \sin\theta & 0 & 0 \\ 0 & 0 & 0 & 0 \\ 0 & 0 & 1 & 0 \\ 0 & 0 & 0 & 1 \end{bmatrix} \tag{5-7}$$

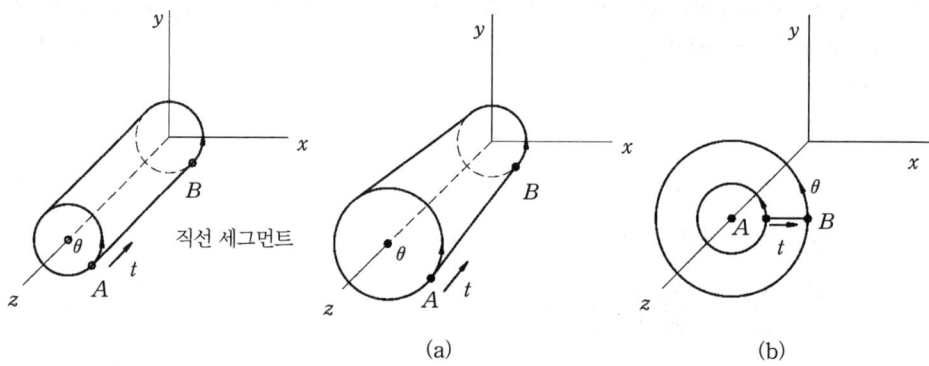

그림5-2 회전곡면

회전곡면은 베지에르나 B-스플라인과 같은 자유곡선을 축을 중심으로 회전시켜서도 얻을 수 있다. 3차곡선의 회적곡면은 다음과 같이 표현된다.

$$r(t, \theta) = [t][M][V][T_R] \tag{5-8}$$

여기서, $[t]$는 매개변수 행렬, $[M]$은 상수 행렬, $[V]$는 기하행렬(조정점 행렬), $[T_R]$은 회전축에 대한 회전 행렬이다.

$$[t] = [1\ t\ t^2\ t^3],\quad [M] = \begin{bmatrix} 1 & 0 & 0 & 0 \\ -3 & 3 & 0 & 0 \\ 3 & -6 & 3 & 0 \\ -1 & 3 & -3 & 1 \end{bmatrix},$$

$$[T_R] = \begin{bmatrix} 0 & 0 & 0 & 1 \\ 0 & 0 & 1 & 0 \\ 0 & 0 & 0 & 0 \\ \cos\theta & \sin\theta & 0 & 0 \end{bmatrix} \tag{5-9}$$

3 스위핑

직선, 곡선 세그먼트, 다각형 등이 정의된 경로를 따라서 또는 그 주위를 움직임으로 인해서 곡면이 생성되는 과정이다.

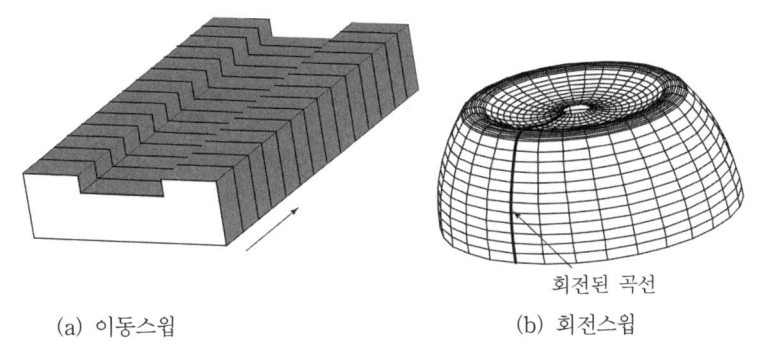

(a) 이동스윕   (b) 회전스윕

그림5-3 스위핑

(1) 매개변수 형태의 일반식

$$P(t,\ s) = Q(t)[T(s)] \tag{5-10}$$

여기서, $Q(t)$는 직선이나 곡선의 매개변수이고 $[T(s)]$는 경로 형상에 따른 스윕 변환 즉, 평행이동, 축적변환, 회전을 포함하는 행렬이다.

(2) 자유곡선의 스위핑시 곡면의 식

$$P(t,\ s) = [t][M][V][T(s)] \tag{5-11}$$

여기서, $[T(s)]$는 스윕 작업을 할 수 있는 행렬이다.

$$[M] = \frac{1}{6}\begin{bmatrix} 1 & 4 & 1 & 0 \\ -3 & 0 & 3 & 0 \\ 3 & -6 & 3 & 0 \\ -1 & 3 & -3 & 1 \end{bmatrix},\quad [T(s)] = \begin{bmatrix} a & b & c & 1 \\ 0 & 0 & 1 & 0 \\ 1 & 0 & 0 & 0 \\ 1 & 0 & 0 & 0 \end{bmatrix} \tag{5-12}$$

4 자유곡면★★★

자동차 차체, 선박의 선각, 항공기 날개 등은 해석적 방법으로 표현하기가 어려움으로 패치(Patch: 3차원 프리미티브의 개념)의 연속으로서 표현하는데 이것을 자유곡면이라 한다. 이 자유곡면을 생성하는데 곡선 파트에서 거론한 헤르밋, 베지에르, B-스플라인의 기본공식들을 사용할 수 있다. 자유곡면은 직선과 평면, 원통면과 같이 3차원 형상의 곡면 중 직교 좌표계상의 해석 함수로 표시되지 않는 곡면으로 자동차, 항공기, 선박 등의 외형과 곡면의 심미적 외형이 중요한 몰드 제품 및 일반 용기류 등에 널리 사용된다.

(1) 매개변수 3차 곡면

매개변수 3차 혹은 헤르밋 곡선을 경계곡선으로 하여 생성되고 내부는 블렌딩 함수에 의해서 정의된다.

(2) 베지에르(Bezier) 곡면

베지에르(Bezier) 곡선의 일반화에 의해서 결정된다.

$$Q(s,\ t) = \sum_{i=0}^{n} \sum_{j=0}^{m} V_{i,j} B_{i,n}(s) B_{i,m}(t),\quad 0 \le s,\ t \le 1 \qquad [5\text{-}13]$$

여기서, $V_{i,j}$는 조정점, $B_{i,n}(s)$와 $B_{i,m}(t)$는 s와 t방향으로의 번스타인 블렌딩 함수이다. 그리고 베지에르 곡면의 일반 성질은 다음과 같다.
① 블렌딩 함수의 차수는 다를 수도 있다.(예, s방향으로 3차, t방향으로 2차)
② 곡면은 블렌딩 함수에 의해서 결정된다.
③ 곡면은 조정점의 일반적인 형상을 따른다.
④ 곡면은 조정점들의 볼록폭 내부에 포함된다.

베지에르 곡면 행렬식은

$$Q(s,\ t) = [s][M]_B[V]_B[M]_B^T[t]^T \qquad [5\text{-}14]$$

이다. 3차 베지에르 곡면의 경우에는 다음과 같은 행렬식을 만들 수 있고 열여섯 개의 조정점이 요구되며 개수가 늘어나면 곡면의 차수가 증가한다.

$$Q(s,\ t) = [s^3\ s^2\ s\ 1] \begin{bmatrix} -1 & 3 & -3 & 1 \\ 3 & -6 & 3 & 0 \\ -3 & 3 & 0 & 0 \\ 1 & 0 & 0 & 0 \end{bmatrix} \begin{bmatrix} V_{0,0} & V_{0,1} & V_{0,2} & V_{0,3} \\ V_{1,0} & V_{1,1} & V_{1,2} & V_{1,3} \\ V_{2,0} & V_{2,1} & V_{2,2} & V_{2,3} \\ V_{3,0} & V_{3,1} & V_{3,2} & V_{3,3} \end{bmatrix}$$

$$\begin{bmatrix} -1 & 3 & -3 & 1 \\ 3 & -6 & 3 & 0 \\ -3 & 3 & 0 & 0 \\ 1 & 0 & 0 & 0 \end{bmatrix} \begin{bmatrix} t^3 \\ t^2 \\ t \\ 1 \end{bmatrix} \qquad [5\text{-}15]$$

베지에르 곡선 및 곡면은 주어진 다각형의 각을 평활화하여 얻어지는 곡선구간의 정의에 있어서 양 끝점의 위치 벡터와 내부 조정점을 이용하는 방법으로 다음과 같은 성질이다.
① 곡선은 양단의 정점을 통과한다.

② 곡선은 정점을 통과시킬 수 있는 다각형의 내측에 존재한다.
③ 곡선의 단에 있어서 접선 벡터는 단의 2점을 연결하는 변의 방향과 일치한다.
④ 1개의 정점 변화는 곡선 전체에 영향을 미친다.
⑤ n개의 정점에 의해서 정의되는 곡선은 $(n-1)$차 곡선이다.

(3) B-spline 곡면

베지에르 곡면과 같이 텐서곱의 형태로 일반식을 표현하면

$$P(s,\ t) = \sum_{i=0}^{n} \sum_{j=0}^{m} N_{i,n}(s) N_{j,m}(t) V_{i,j} \qquad [5\text{-}16]$$

이다. 여기서, $V_{i,j}$는 조종점, $N_{i,n}(s)$과 $N_{j,m}(t)$는 B-spline의 블렌딩 함수이다.

주기적 B-spline 곡면을 갖는 3차 곡면의 경우에 행렬 공식은 다음과 같이 표현되고 아래의 행렬을 식 [5-15]에 대입시켜 그와 같이 표현할 수는 있을 것이다.

$$P(s,\ t) = [s]\ [M]_{Bs}\ [M]_{Bs}^T\ [t]^T \qquad [5\text{-}17]$$

이다.

$$[M]_{Bs} = \frac{1}{6} \begin{bmatrix} -1 & 3 & -3 & 1 \\ 3 & -6 & 3 & 0 \\ -3 & 0 & 3 & 0 \\ 1 & 4 & 1 & 0 \end{bmatrix},\ [M]_{Bs}^T = \frac{1}{6} \begin{bmatrix} -1 & 3 & -3 & 1 \\ 3 & -6 & 0 & 4 \\ -3 & 3 & 3 & 1 \\ 1 & 0 & 0 & 0 \end{bmatrix} \qquad [5\text{-}18]$$

기초 스플라인을 이용하여 곡선과 곡면을 그린 것이 B-spline 곡선과 곡면이다. B-spline 곡선 및 곡면의 일반적 성질은 다음과 같다.
① 곡선 세그먼트는 그 근방의 정점의 위치 벡터에 의하여 형상이 결정
② 정점의 이동에 의한 형상의 변화는 곡선 전체에는 영향을 주지 않는다.
③ 형상의 조작성이 쉽다.

(4) coons의 곡면

곡면 패치의 4개점의 위치 벡터와 4개의 경계 곡선을 주어 그 경계 조건을 만족시킨 곡면이다. 여기서, 패치란 분할된 단위 구간의 곡면이다.

(5) 유리 곡면

유리곡선의 연장으로 간주할 수 있다. 다중 조정점은 유리, 비유리 곡면에서 동일한 효과를 갖는다. 한 개의 조정점 이동은 곡면에 국부적인 영향을 미친다.

유리곡면의 대표적인 것으로 비균일 절점 벡터를 가지고 얻어진 유리 B-spline 곡면(NURBS 곡면)이다. 이것은 공학 설계에서 가장 많이 사용되는 곡면 표현 방식으로 다른 모든 종류의 표현을 포용한다.

매개 변수 기하학의 사용은 곡면의 표현에 대한 체계적인 접근을 가능하게 하였고 베지에르와 B-spline 곡면은 그것들의 조정 다면체에 대한 모델링 작업을 통하여 조작이 가능하게 된다. 또한 이것은 임의의 점에서 곡면의 법선을 계산하여 랜더링 목적으로 사용한다. 면적 등과

같은 다른 기하학적 특성은 단순 적분에 의하여 계산된다.
① 한 가지 표현법으로 다양한 곡선과 곡면 형태를 지원한다.
② 2차 곡면을 정확하게 표현한다.
③ 곡면과 곡면간의 교선 계산과 같은 모델 내부 계산은 단일 알고리즘(algorithm)으로 처리가 가능하다.
④ NC 가공을 위한 곡면으로 우수한 Data를 제공한다.

5 곡면의 용도에 따른 곡면의 형태의 분류★★

(1) 심미적 곡면

곡면의 설계에 있어서 형상을 정확한 치수로 나타내는 것보다는 형상이 갖는 미적 표현이 중요시되는 곡면의 형태로 전화기나 TV 등의 가전제품의 외형이나 용기류 등의 플라스틱 제품에 널리 사용되고 있다. 심미적 곡면에는 다음의 4가지 형태가 있다.
① sweeping 곡면 : 단면이 기준곡선을 따라 이동하는 형태
② 2차 곡면 : 2차 곡면들의 조합으로 구성된 형태
③ proportional형 곡면 : 기준면으로부터 완만하게 부풀어 있는 형태
④ round/fillet형 곡면 : 각진 부위를 rounding한 곡면

(2) 유체역학적 곡면

유체 흐름의 방향성과 저항성에 관련된 곡면의 형태로 주로 자동차, 선박, 비행기 등의 자유곡면처리시 요구되는 곡면의 형태이다.

(3) 공학적 곡면

위에서 언급한 곡면을 제외한 기타 곡면으로 자동차의 반사경, TV 브라운관, 렌즈 등의 용도로 사용된다.

chapter 5 ─ 실전연습문제

01 다음 중 곡선과 곡면의 방정식의 설명으로 맞는 것은 어느 것인가?
　① 곡선과 곡면을 나타내는 방정식의 매개변수는 동일하다.
　② 곡면이 곡선을 나타내는 방정식의 매개변수보다 하나 많다.
　③ 곡면이 곡선을 나타내는 방정식의 매개변수보다 2개가 더 많다.
　④ 곡면이 곡선을 나타내는 방정식의 매개변수보다 3개가 더 많다.

02 $A = (2, 0, 2)$이고 $B = (8, 0, 8)$인 직선 세그먼트 AB를 Z축을 중심으로 회전시킨 원추곡면을 $t = 0.4$, $\theta = \frac{\pi}{2}$를 대입하여 계산한 것으로 맞는 것은?
　① [0, 4.4, 4.4]　　　　　　② [4.4, 0, 4.4]
　③ [4.4, 4.4, 0]　　　　　　④ [0, 4.4, 0]

> **Solution** 직선 AB를 매개변수 형식으로 표현하면
> $L(t) = [x(t),\ y(t),\ z(t)]$
> $x(t) = P + (Q-P)t = 2 + (8-2)t = 2 + 6t$
> $y(t) = P + (Q-P)t = 0$
> $z(t) = P + (Q-P)t = 2 + (8-2)t = 2 + 6t$
> 이다.
> $r\left(0.4,\ \frac{\pi}{2}\right) = \left[4.4\cos\frac{\pi}{2},\ 4.4\sin\frac{\pi}{2},\ 4.4\right] = [0,\ 4.4,\ 4.4]$

03 3차 곡선의 회전곡면 방정식을 구성하는 매트릭스로 다음 중 맞지 않는 것은?
　① 매개변수 행렬　　　　　② 상수행렬
　③ 기하행렬　　　　　　　④ 회전축에 대한 반사 행렬

04 다음 중 자유곡선의 스위핑시 곡면을 나타내는 식으로 맞는 것은?
　① $P(t,s) = [t][M][V][T(s)]$　　② $P(t,s) = [t][M][V][s]$
　③ $P(t,s) = [t][M][s][T(s)]$　　④ $P(t,s) = [t][s][V][T(s)]$

05 자동차 차체, 선박의 선각, 항공기 날개 등은 해석적 방법으로 표현하기가 어려움으로 패치(Patch)의 연속으로 표현하는데 이것을 무엇이라 하는가?
　① 자유곡면　　　　　　　② 회전곡면
　③ 반사곡면　　　　　　　④ 유선곡면

> **Answer**　01 ②　02 ①　03 ④　04 ①　05 ①

06 다음 중 자유곡면의 종류로 볼 수 없는 것은?
① Bezier
② B-spline 곡면
③ 유리곡면
④ 코닉곡면

07 다음 중 베지에르 곡면의 성질이 아닌 것은?
① 블렌딩 함수의 차수는 다를 수도 있다.
② 곡면은 번스타인 블렌딩 함수에 의해서 결정된다고 볼 수 있다.
③ 곡면은 조정점의 일반적인 형상을 따른다.
④ 곡면은 조정점들의 볼록폭 내부에 포함된다.

08 절점 벡터는 다음 중 어떤 곡면과 관계가 있는가?
① 베지에르 곡면
② B-spline 곡면
③ 유리곡면
④ 매개변수 3차 곡면

09 경계곡선이 같은 두 곡면이 있다. 인접곡면이 다른 두 곡면을 하나의 곡면으로 나타낼 수 없는 것은?
① 3차의 Bezier 곡면
② knot value가 다른 uniform B-spline 곡면
③ non-uniform B-spline 곡면
④ conic 곡면

10 비대칭 곡면을 정의 할 수 없는 것은?
① 3차 베지에 곡면
② 3차 균일 B-spline 곡면
③ 3차 비균일 B-spline 곡면
④ 3차 비주기 B-spline 곡면

11 두 개의 곡선 사이의 대응점들을 직선으로 연결하여 얻어지는 곡면의 일반적인 명칭은?
① 투영 곡면
② 룰(ruled) 곡면
③ 스윕(sweep) 곡면
④ 평행 곡면

12 다음의 CAD/CAM 시스템의 곡면 모델링 기능 중 하나의 polygonal line이나 곡선이 이동할 일정한 벡터를 줌으로써 그 벡터 방향으로 이들을 이동하면서 형성시키는 궤적을 면으로 구성시킨 것을 무엇이라 하는가?
① 룰드 패치(ruled surface)
② 회전곡면(revolved surface)
③ 경사곡면(tapered surface)
④ 투영곡면(projected surface)

Answer 06 ④ 07 ② 08 ② 09 ④ 10 ① 11 ② 12 ④

13 CAD/CAM 시스템에서 곡면은 곡면의 사용 용도에 따라서 심미적 곡면, 유체역학적 곡면, 공학적 곡 등으로 나눌 수 있다. 자동차 몸체의 외판용으로 모델링된 곡면의 예에 대하여 가장 알맞게 서술된 것은?

① 유체역학적 ＋공학적 용도가 강조되는 곡면이다.
② 심미적인 곡면의 용도로만 사용된다.
③ 공학적인 기능만이 중시되는 곡면이다.
④ 유체역학적＋심미적 용도가 강조되는 곡면이다.

14 다음 곡면 모델링 방법 중 직선, 곡선 세그먼트, 다각형 등이 별도로 정의된 임의의 경로를 따라 움직임으로 인해서 생성되는 것은?

① 스위핑(sweeping)　　② 회전면
③ 자유곡면　　④ 베지어(Bezier) 곡면

15 떨어져서 구성된 두 곡면의 접선, 법선 벡터를 일치시켜 곡면을 구성시키는 방법은?

① smoothing　　② blending
③ filleting　　④ stretching

 Solution
① 리메싱(remeshing) : 세로 방향의 정렬이 고르지 못한 데이터를 행과 열의 배열이 정현된 곡면의 입력점을 다시 계산하는 일련의 과정을 의미한다.
② 스무딩(smoothing ; fairness) : 울퉁불퉁하게 그려진 곡면을 평탄한 곡면으로 다시 구하여 표현하는 방법이다.
③ 필리팅(filleting) : 각을 갖고 연결되는 지점을 둥글게 라운딩 처리하는 방법이다.

16 다음 중 곡면을 만드는 방법이 아닌 것은?

① 스위핑(sweeping)　　② 로프팅(lofting)
③ Bezier 패치(patch)　　④ 셸(shell)

17 이차 곡면(quadric surface)의 일반적 표현 방식은 $F(x, y, z) = ax^2 + by^2 + cz^2 + dxy + eyz + fz + gx + hy + kz + i = 0$ 로 나타내며, 이를 $VDV' = 0$ 의 행렬식으로 표현할 수 있다.

$$V = [x\ y\ z\ 1], \quad C = \begin{bmatrix} a & d/2 & f/2 & g/2 \\ d/2 & b & e/2 & h/2 \\ f/2 & e/2 & c & k/2 \\ g/2 & h/2 & k/2 & q \end{bmatrix}$$

이 때 행렬식 C의 특성에 따라 4 라지 그룹으로 구분할 수 있는데 해당하지 않는 내용은?

① 일체형 쌍곡면　　② 원 타원, 분리형 쌍곡면
③ C가 2행인 원통　　④ C가 3행인 원통

Answer　13 ④　14 ①　15 ②　16 ④　17 ③

18 다음 그림과 같은 면의 작성기법은?

① 방향 벡터 표면(TABSURF)
② 선형 보간 표면(RULESURF)
③ 회전 표면(REVSURF)
④ 모서리 표면(EDGESURF)

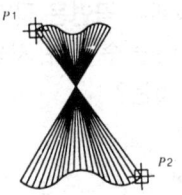

Solution ① 방향 벡터 표면(TABSURF) : 곡선경로와 방향벡터에 의해 정의
② 선형 보간 표면(RULESURF) : 두 곡선 사이에서 선형보간 면을 작성
③ 회전 표면(REVSURF) : path curve와 회전축을 지정함으로써 polygon mesh를 작성
④ 모서리 표면(EDGESURF) : 4변을 지정함으로써 $M \times N$ 개의 polygon mesh 작성

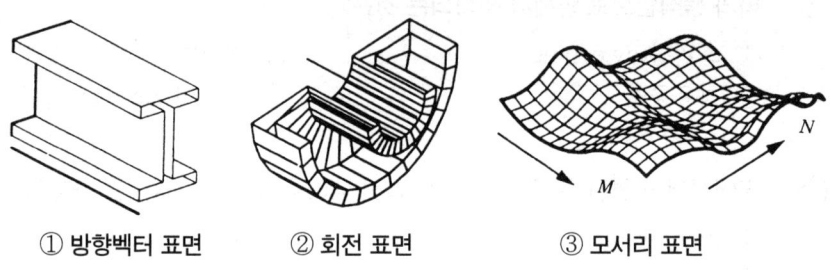

① 방향벡터 표면   ② 회전 표면   ③ 모서리 표면

19 두 개 이상의 곡면을 부드럽게 연결되게 하는 곡면 처리를 무엇이라 하는가?

① 블랜딩(blanding)   ② 셰이딩(shading)
③ 모델링(modeling)   ④ 리드로잉(redrawing)

Answer   18 ②   19 ①

chapter 6 CAD 데이터 교환을 위한 표준 파일

어떤 CAD 시스템에서 정의된 도형데이터는 어떤 이유에서든지 항상 다른 CAD 시스템과 연결할 필요성이 있게 된다. 이와 같이 여러 시스템 사이에서 도형데이터를 공유할 수 있게 하기 위한 것이 데이터 교환 파일이다. 즉 CAD date를 다른 소프트웨어와 교환하는데 필요한 데이터 교환 파일을 소프트웨어 인터페이스 파일이라 한다. 이러한 데이터 교환 파일의 국제 표준 규격으로 가장 널리 사용되고 있는 파일로는 IGES(intial graphics exchange specification), DXF(drawing interchange format) 그리고 STEP(standard for the exchange of product model data) 등이다.

1 GKS(graphical kernal system)★

2차원 그래픽 시스템(입·출력 표준화)을 위한 표준 규격이다. 그리고 GKS 표준 규격에 3차원 기능을 부여한 것이 GKS-3D이고 GKS와 유사한 규격은 CORE이다.

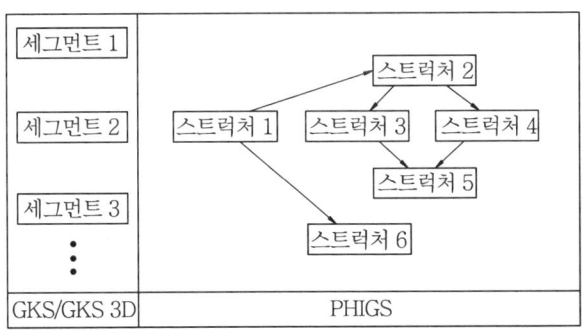

그림6-1 GKS와 PHIGS의 그래픽 데이터 구조의 비교

2 PHIGS(programer's hierachical interactive graphics system)★

PHIGS는 보다 강력한 3차원 그래픽 함수들과 복잡한 그래픽 데이터를 대화형으로 생성하고 3차원의 움직이는 물체를 나타내기 위한 표준 규격이다. PHIGS의 그래픽 데이터 베이스는 계층적 구조로 GKS와는 그래픽 데이터를 저장하는 방법이 다르다.

3 IGES(initial graphics exchange specification)★★★★★

CAD의 표준 형상 기술 소프트웨어로서 서로 다른 CAD system의 데이터 교환을 위한 ISO의 표준 규격이다. 도면 정보(제품의 정보 데이터)의 교환이 목적이며, 교환할 데이터의 종류를 확장시킬 수 있다.

(1) IGES 파일의 기초
① 미국의 표준 위원회(national insitute of standards and technology)에서 시작된 표준이다.
② 서로 다른 CAD/CAM/CAE 시스템 사이에서 제품의 정의 데이터를 교환하기 위한 최초의 표준 교환 파일이다.
③ 초기에는 CAD/CAM 시스템에서 주로 도면 정보의 교환을 위한 목적의 인터페이스 파일이었다.
④ 유한요소(FEM) 데이터와 프린터 회로기판 데이터의 교환을 지원한다.
⑤ 표준 부품 라이브러리를 교환하기 위한 기능이 포함된다.
⑥ 솔리드의 CSG트리와 B-Rep 데이터를 지원·취급한다.
⑦ 한 개의 IGES 파일은 여섯 개의 섹션으로 구성된다. 그러나 정규 ASCII 코드에서는 다섯 개의 섹션으로 구성된다.

(2) IGES 파일 구조

1) 플래그 섹션(flag section)-옵션
① 압축형 ASCII와 이진형식에서만 사용하는 것으로 데이터의 표현 형식에 따른 선택사항이다.
② 정규 ASCII 형식에서는 사용하지 않는다.

2) 개시 섹션(start section)
메시지 전송과 같은 커맨드 교환을 위한 것으로 IGES 파일을 소개하는 내용의 임의의 주석을 기록하는 부분이다.
① 파일이름
② 데이터 명
③ 작성자
④ 작성일시

3) 글로벌 섹션(global section)
IGES 파일을 만든 시스템 환경에 대한 정보, IGES 파일을 해독(정보와 파일을 번역)하는 포스트 프로세스의 정보를 갖고 있는 부분이다. 아래와 같은 총 24개의 데이터를 기록한다.
① IGES 파일의 이름
② IGES 파일 작성자의 이름과 소속 부서
③ 파일의 생성 날짜와 시간
④ 모델 공간의 배율
⑤ 모델 단위
⑥ 정수와 유효숫자의 개수

⑦ 쉼표와 세미콜론: 개별 요소를 구분하는 기호
⑧ 최소 해상도와 최대 좌표값
⑨ IGES 버전 번호
⑩ 프리프로세서(preprocessor) 버전 번호
⑪ 최대의 선폭

4) 디렉토리 엔트리 섹션(directory entry section)

IGES 파일에서 정의한 모든 요소(entity)의 목록을 저장한다. 즉, 도형 데이터의 디렉토리(모든 형상·비형상 엔티티에 대한 속성 정보를 기록)를 갖고 있는 부분이다. 아래와 같은 총 20개의 데이터를 기록한다.

① 엔티티의 종류(entity type number)
② PD 섹션(parameter data section)에 대한 포인터
③ 선의 종류(line font)
④ 선폭(line weight)
⑤ 색상

5) 파리미터 데이터 섹션(parameter data section)

도형 요소의 보조 데이터를 갖고 있는 부분이다. 즉, DE 섹션(parameter data section)에서 정의된 엔티티들에 대한 실제 데이터를 기록하는 부분이다. 아래와 같은 데이터를 기록한다.

① 2차원 좌표값
② 3차원 좌표값
③ 패러미터값
④ 다른 엔티티에 대한 포인터(DE 섹션의 일련번호)

6) 종결섹션(terminate section)

앞에서 언급한 개시 섹션, 글로벌 섹션, 디렉토리 섹션, 파라미터 섹션 등의 레코드 수(줄 수)를 나타내는 하나의 레코드로 구성되어 있다.

> **참고**
> ① 레코드(record)는 80개의 문자로 구성된 하나의 줄이다.
> ② 요소(entity-IGES파일에서 형상·비형상 정보의 기본 단위) : 요소란 모델을 구성하는 기본 단위이고 기하요소와 표기요소가 있다.
> ③ 기하요소 : 직선, 곡선, 평면, 곡면 등의 요소이다.
> ④ 표기요소 : 치수, 주기 등의 요소이다.

4 DXF(data exchange file)★★★

서로 다른 CAD 시스템을 사용하더라도 서로의 CAD 자료를 공통으로 사용할 수 있도록 하기 위한 데이터 교환 표준 규격으로 주로 도면 데이터 교환에 이용된다. 타 기종의 컴퓨터에서 수행하는 Auto CAD 사이에서, 또는 Auto CAD와 다른 CAD/CAM 시스템 사이에서 각각 작성된 도면의 변환을 지원하기 위해 도면 파일 서식의 ASCII 텍스트 형식으로 입·출력할 수

있는 활용범위가 넓은 소프트웨어 인터페이스 파일이다. DXF 파일의 구조는 다음과 같이 4개의 섹션과 EOF로 구성된다.

(1) 헤더 섹션(header section)

도면의 전반적인 정보가 입력되어 있는 부분, 도면전체에 관련된 변수값을 설정하는 부분이다. 버전 번호, 도면 크기, 작성시각, 거리단위 등과 같은 130여 개의 변수들의 값을 설정할 수 있다. DXF 파일이 생성될 때 Auto CAD 도면의 전반적인 정보를 기술한다.

(2) 테이블 섹션(table section)

이름을 가지는 형식의 정의가 포함되어 있는 부분이다. 도면에서 사용한 치수선의 종류 (DIMSTYLE), 선의 종류(LTYPE), 레이어(LAYER), 글자체(STYLE), view port(VPORT), 시점(view) 등이 있다.

(3) 블록 섹션(block section)

복잡한 도형의 정의 데이터가 포함되어 있는 부분이다. 블록(block)이란 반복적으로 사용되는 형상을 한 단위로 묶어서 반복 사용이 가능하도록 만든 단위이고 블록의 각 요소의 데이터는 블록 섹션의 다음에 나오는 해당 요소 섹션에 저장된다.

(4) 엔티티 섹션(entity section)

실제 도형의 정의 데이터가 포함되어 있는 부분, 도형의 모든 요소를 기술하는 DXF 파일의 주요부분이다. 대표적인 도형 정의를 위한 엔티티로는 LINE, POINT, CIRCLE, ARC, TEXT, POLYLINE, INSERT 등이 있다.

(5) END OF FILE

프로그램의 종료 파일이다.

5 STEP(standard for the exchange of product model data)★★★★

IGES 및 DXF와 같이 각각의 CAD 시스템간에 구성된 자료들을 서로 공동으로 활용할 수 있도록 한 ISO(international standard organization)의 국제 공인 표준 규격으로 단순한 도형 데이터, 설계, 해석, 제조(가공특성, 재료특성, 표면 정밀도), 품질보증, 검사 및 유지보수 등에 관한 정보 교환이 모두 가능하다. 현재 IGES 파일을 지원할 수 있는 CAD 시스템이라면 STEP 파일도 지원 가능하다.

> **참고**
> ① IGES 파일과 DXF 파일은 제품 데이터 대신 제품 정의 데이터를 교환하기 위한 것이다.
> ② 제품 데이터란 전품의 설계, 제조, 품질보증, 검사, 지원에 관련된 데이터를 뜻한다.
> ③ 제품 데이터 교환 규격 : PDES(product data exchange specification-미국), STEP(ISO-국제표준기구)

chapter 6 - 실전연습문제

01 다음 중 그래픽 환경의 표준화가 필요한 이유를 설명한 것으로 가장 타당성이 있는 것은 어느 것인가?
① 모든 물리적 장치와 접속이 가능한 응용 프로그램을 개발할 때 하드웨어를 염두에 두지 않게 하기 위해서이다.
② 모든 물리적 장치와 접속이 가능한 응용 프로그램을 개발할 때 하드웨어를 고려한 그래픽 소프트웨어를 개발하기 위해서이다.
③ 모든 물리적 장치와 접속이 가능한 응용 프로그램을 개발할 때 하드웨어를 반드시 고려하여 적용해야하기 때문이다.
④ 모든 물리적 장치와 접속이 가능한 응용 프로그램과 하드웨어는 아무런 연관성이 없으므로 관련하여 생각할 필요는 없다.

02 여러 종류의 CAD/CAM 시스템에서 사용된 설계와 가공 그리고 그래픽 정보를 교환하기 위한 표준 데이터 형식은 어느 것인가?
① PHIGS ② DXF
③ IGES ④ STEP

03 IGES에서 실질적인 데이터를 저장하는 section은?
① start section ② global section
③ geometric section ④ parametric section

> **Solution** directory section : 도형 데이터의 디렉토리(요소번호, 선의 종류, 선폭, 컬러표시, 비표시 등)를 저장한다.

04 IGES 파일의 섹션 중 global 섹션에 대한 것은?
① 임의의 주석을 기록
② 형상에 대한 속성정보 기록
③ 정의된 엔티티의 실제 데이터 기록
④ 파일을 만든 시스템 환경에 대한 기록

Answer 01 ① 02 ③ 03 ③ 04 ②

05 제품 모델 데이터 교환 표준으로 IGES의 데이터를 포함하여 제품의 사양, 기능, 구성, 구조해석 등 설계, 재고, 유지보수에 관련된 모든 데이터의 교환, 저장 및 공유를 위한 국제 데이터 표준은?

① DXF ② CALS
③ STEP ④ CGM

06 X-윈도우 시스템이란?

① 하드웨어에 관계없이 사용 가능하도록 제안된 그래픽 윈도우 환경
② 윈도우 95운영체계를 대신할 차세대 PC용 운영체계
③ 기존의 UNIX 운용체계를 대신할 새로운 운영체계
④ 모든 그래픽 소프트웨어를 제공하는 차세대 시스템

07 CAD데이타 표준으로 널리 쓰이는 STEP과 IGES와의 차이점은?

① STEP정보는 형상의 위상정보를 가지고 있으나 IGES는 위상정보를 가지고 있지 않다.
② STEP정보는 3차원형상 정보만을 가지나 IGES는 2차원 정보만을 가진다.
③ STEP정보는 UNIX용 CAD시스템에서만 사용가능하고 IGES는 UNIX용과 개인 PC용 CAD시스템 모두에서 사용 가능하다.
④ STEP정보는 미국에서 제안되었고 IGES는 유럽에서 제안되었다.

08 3차원 CAD 데이터 교환을 위하여 국제적으로 널리 사용하는 표준으로서 개발된 최초의 표준화일 형식은?

① DXF ② IGES
③ STEP ④ VDAFS

09 다음 중 DXF 파일형식의 구성요소가 아닌 것은?

① START 섹션 ② TABLES 섹션
③ BLOCKS 섹션 ④ ENTITIES 섹션

> **Solution** DXF 파일은 크게 header section, table section, blocks section, entities section으로 구성된다

Answer 05 ③ 06 ① 07 ① 08 ② 09 ①

10 3차원 제품 모델 데이터 교환을 위한 국제 표준인 STEP에서 형상 데이터를 정의할 때 사용되는 스키마(schema)가 아닌 것은?

① 형상 모델 스키마(geometric model schema)
② 위상 스키마(topology schema)
③ 기하 스키마(geometry schema)
④ 위상 엔티티 스키마(topology entity schema)

11 CAD/CAM 시스템에서 구성된 자료를 서로 다른 시스템에서 공유하기 위해서 사용하는 표준파일 시스템으로 섹션(section)과 엔티티(entity)로 구분된 표준파일은?

① PHIGS   ② DXF
③ IGES   ④ GKS

> Solution (1) IGES 파일의 구조
> ① 개시 섹션(start section)
> ② 글로벌 섹션(grobal section)
> ③ 디렉토리 섹션(directory section)
> ④ 파라미터 섹션(parameter section)
> ⑤ 종결 섹션(terminate section)
> (2) DXF 파일의 구성
> ① 헤더 섹션(header section)
> ② 테이블 섹션(table section)
> ③ 블록 섹션(block section)
> ④ 엔티티(entity)
> ⑤ End of file

12 CAD 소프트웨어의 가장 기본이 되는 그래픽 소프트웨어의 구성원칙에 맞지 않는 것은?

① 그래픽 패키지(graphic package)
② 응용 프로그램(aplication program)
③ 턴키 시스템(turnkey system)
④ 데이터 베이스(data base)

> Solution • 턴키 시스템(turn key system) : 하나의 공급자가 하드웨어와 소프트웨어의 설치, 시험 및 사용자 교육을 포함한 모든 자원을 제공하는 시스템 공급방식

13 제품의 모델(model)과 그에 관련된 데이터 교환에 관한 표준 데이터 형식이 아닌 것은?

① STEP   ② IGES
③ DXF   ④ SAT

> Solution • 소프트웨어 인터페이스 파일 : GKS3D, PHIGS, IGES, DXF, STEP

Answer 10 ④ 11 ② 12 ③ 13 ④

14 CAD의 표준 형상기술 소프트웨어로써 서로 다른 CAD system 의 데이터의 교환을 목적으로 하는 것은?

① GKS ② CORE
③ MAP ④ IGES

> **Solution** ① GKS : 2차원 그래픽 시스템을 위한 표준규격이다.
> ② IGES : 여러 종류의 CAD/CAM 시스템간의 도면 및 기하학적 형상 데이터를 교환하기 위한 파일로서 ISO의 표준규격이다.

15 IGES 파일의 구성 section 이 아닌 것은?

① directory entry section ② global section
③ local section ④ start section

> **Solution** • IGES 데이터 파일 구성
> ① start section
> ② grobal section
> ③ directory section
> ④ parameter
> ⑤ terminate section

16 서로 다른 CAD/CAM 시스템에 의해서 만들어진 자료를 서로 공유하여 설계와 가공 정보로서 활용하기 위한 표준 데이터 구성방식을 규정한 것은?

① PREPROCESSOR ② ISO
③ FEM ④ IGES

17 CAD/CAM 시스템의 자료를 호환하는 표준규격에 해당되지 않는 것은?

① STEP ② DXF
③ XLS ④ IGES

18 DXF 데이터 형식의 구조와 관계없는 것은?

① Header ② Tables
③ Directory ④ Blocks

19 DXF 데이터 교환 파일의 섹션 구성이 아닌 것은?

① block ② open
③ tables ④ header

Answer 14 ④ 15 ③ 16 ① 17 ③ 18 ③ 19 ②

chapter 7 뷰잉, 데이터 구조, 시각적 현실감

1 2차원 뷰잉 연산 ★★★

(1) 그래픽 화상을 위한 좌표계

디스플레이 화면상에 형상모델의 그래픽 화상을 얻기 위해서는 형상모델을 스크린에 알맞은 좌표계로 변환시키고 얼마만큼의 모델을 화면의 어느 위치에 나타낼 것인가에 대한 의사가 결정되어이어야 한다. 먼저 그래픽 화상을 위한 스크린에 알맞은 좌표계는 다음과 같이 3가지로 분류된다.

① 실세계 좌표계(word coordinate; WC) : 직교 좌표계로 물체의 실제 좌표를 나타낸다.
② 장치 좌표계(device coordinate; DC) : 실제 사용되는 장치에 상응하는 것으로 물체의 화상이 나타날 장치 표면과 연관되어 있다.
③ 가상적 정규 장치 좌표계(normalized device coordinate; NDC) : 이상적인 그래픽 장치를 위해 정의된다. 일반적으로 단위 정사각형으로 이루어지는데 이의 원점은 좌하단에 위치한다.

(2) 좌표 변환 과정

모델은 초기에 응용 프로그램에 의해 실세계 좌표상에 기술된 후, WC 공간으로부터 NDC 공간으로 좌표를 변경하는 뷰잉변환을 수행한다. NDC는 사용되는 디스플레이 장치의 형태와 무관하기 때문에 어떠한 디스플레이 장치에서도 보여질 수 있다.

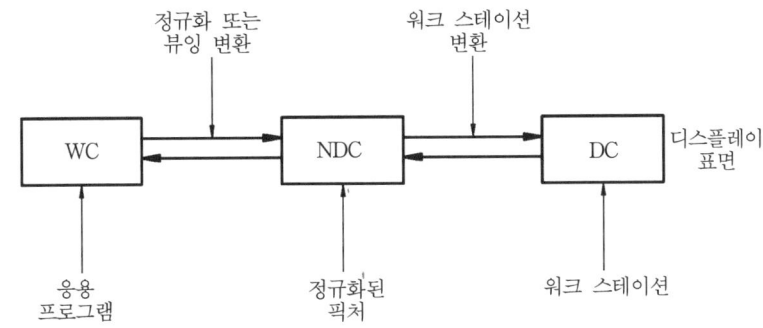

그림7-1 좌표계의 뷰잉 변환

(3) 윈도우-뷰포트 사상

물체의 어느 부분이 디스플레이 화면에 나타날 것인가와 화면의 어디에 나타낼 것인가에 대한 의사 결정은 두 개의 직사각형 모양의 영역을 선택함으로써 달성할 수 있다. 그것 중 하나는 실세계 좌표계(WC)의 윈도우이고 다른 하나는 가상적 정규 장치 좌표계(NDC)의 뷰포트라 하여 선택된다. 윈도우(window)는 그리고자하는 도형이 놓여 있는 영역이고 뷰포트(viewport)는 이 도형을 그리고자하는 스크린(CRT)상의 영역이다.

① 윈도우를 실세계 좌표계의 직사각형 영역으로 정의한다.
② 뷰포트는 정규장치 좌표계의 직사각형 영역으로 정의한다.
③ 정규화 또는 뷰잉변환은 다음 그림과 같은데 이와 같은 것을 윈도우-뷰포트 사상(window-to-viewport mapping)이라 한다. 즉 윈도우를 뷰포트로 사상한다.

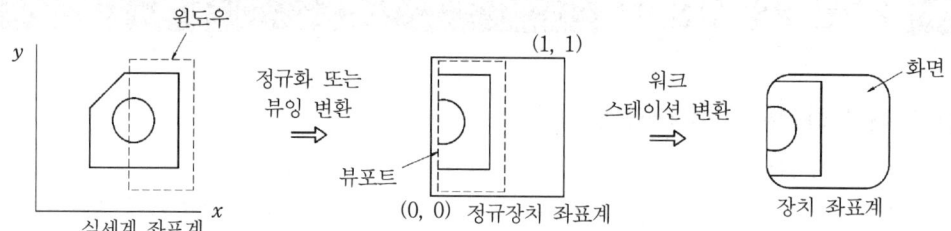

그림7-2 윈도우-뷰포트의 정의

그림7-3과 같은 윈도우-뷰포트 사상에서 그 기초 관계식은 다음과 같다.

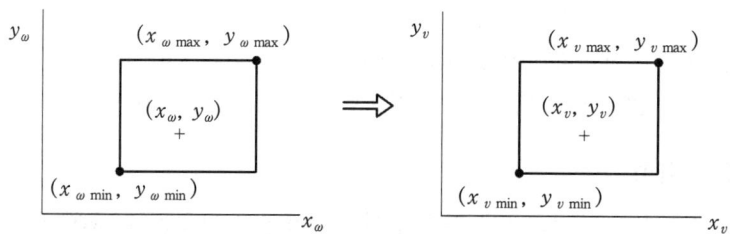

그림7-3 윈도우-뷰포트 사상

$$\frac{x_v - x_{vmin}}{x_{vmax} - x_{vmin}} = \frac{x_\omega - x_{\omega min}}{x_{\omega max} - x_{\omega min}} \qquad [7-1]$$

$$\frac{y_v - y_{vmin}}{y_{vmax} - y_{vmin}} = \frac{y_\omega - y_{\omega min}}{y_{\omega max} - y_{\omega min}} \qquad [7-2]$$

④ 뷰포트(viewport) 좌표

$$\therefore x_v = (x_\omega - x_{\omega min}) \cdot \left(\frac{x_{vmax} - x_{vmin}}{x_{\omega max} - x_{\omega min}} \right) + x_{vmin} \qquad [7-3]$$

$$\therefore y_v = (y_\omega - y_{\omega min}) \cdot \left(\frac{y_{vmax} - y_{vmin}}{y_{\omega max} - y_{\omega min}} \right) + y_{vmin} \qquad [7-4]$$

⑤ 크기변환 인수

$$S_x = \left(\frac{x_{v\max} - x_{v\min}}{x_{\omega\max} - x_{\omega\min}} \right), \quad S_y = \left(\frac{y_{v\max} - y_{x\min}}{y_{\omega\max} - y_{\omega\min}} \right) \qquad [7\text{-}5]$$

여기서, $S_x = S_y$ 일 경우 형상 모델(picture)에는 찌그러짐이 발생하지 않는다. 특히, 원형의 모양에 대하여는 특별히 주의하여야 한다. 그렇지 않으면 디스플레이 화면에 원이 타원형으로 나타날 수 있다.

⑥ 종횡비

$$AR = \frac{x_{\max} - x_{\min}}{y_{\max} - y_{\min}} \qquad [7\text{-}6]$$

(4) window/viewport 변환시 주어져야 할 것은 다음과 같다.

① window 중심점 좌표 (x_w, y_w)
② viewport 중심점 좌표 (x_v, y_v)
③ x 및 y 방향의 축척 (S_x, S_y)

viewport로 설정된 일정한 영역을 벗어나는 부분을 잘라버리는 것을 clipping이라 한다.

(5) 2차원 절단

절단은 기하학적 변환의 일종이라 볼 수 있으며 윈도우 경계와 만나는 모든 직선과 곡선을 잘라내는 작업이다.

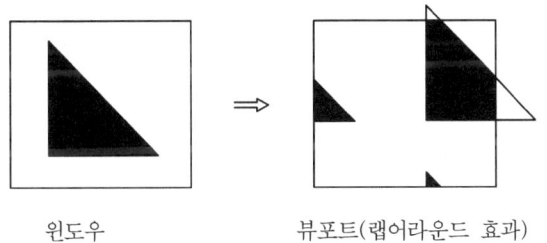

윈도우 　　　　　 뷰포트(랩어라운드 효과)

그림7-5 랩어라운드 효과

① 랩어라운드(wrap-around) 효과 : 절단은 픽쳐의 요소들을 가시 부분과 비가시(Invisid) 부분으로 나누어 비가시 부분을 제거한다. 만약 절단이 적용되지 않으면 디스플레이의 경계 외부에 놓인 화상부분이 다음 그림과 같이 반대편에 나타나게 되는 현상이다.
② 코헨-서더랜드 알고리즘 : 직선 절단에서 단순하고 효율적으로 직사각형 모양의 윈도우 경계에 대해 특정 선분이 어느 부류에 속하는가를 결정해 주는 알고리즘이다.

2 컴퓨터 그래픽스를 위한 데이터 구조 ★★

1. 데이터 베이스의 형태

형상 모델의 데이터(data)를 컴퓨터에 저장하는 일반적인 데이터 베이스의 형태는 다음과 같다.

(1) 관계형(relational) 데이터 베이스

점, 선, 면의 관계를 나타내는 자료를 포함하고 있으며, 이는 보통 순차적 형태로 처리되는 파일에 저장되어 있다.
① 데이터 베이스는 항상 일관성이 있으며 연관성과 데이터를 사용자가 조작할 때에 매우 융통성이 있다는 장점을 가지고 있다.
② 관계형 데이터 베이스를 구현하기 위해서는 상당히 많은 자료의 재배열 작업이 필요하다.

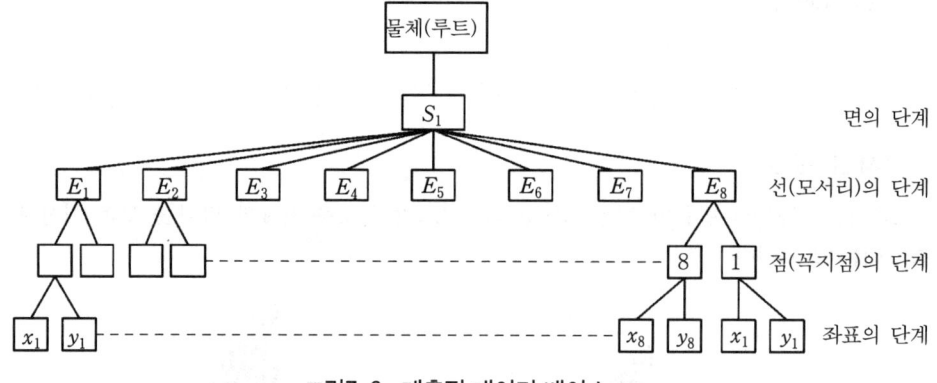

그림7-6 계층적 데이터 베이스

(2) 계층적(hierarchical) 데이터 베이스

노드라 부르는 요소들이 계층적으로 구성된 트리구조로 되어있다. 트리구조의 최상위는 루트 노드이다.
① 각 단계의 요소들은 단 하나의 상위단계의 요소와 연결된다.
② 계층구조로 이루어진 모델은 간결하고 처리가 신속하지만, 실제의 문제에 있어서 순수한 계층구조로 나타낼 수 있는 경우가 많지 않다.
③ 계층적 표현은 보통 정보가 중복되며 일관성이 없을 위험이 있다.

(3) 네트워크형(network) 데이터 베이스

각 단계의 요소들은 상위 단계의 여러 요소들과 연결 될 수 있다.
① 필요 이상으로 복잡하고 이를 구현하기 위한 프로그램의 양이 지나치게 많다.

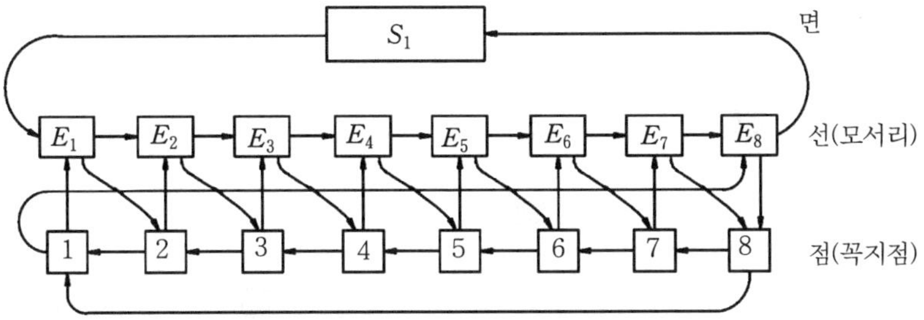

그림7-7 네트워크형 데이터 베이스

2. 데이터의 구조

(1) 기본적인 데이터 요소

① INTEGER
② TEAL
③ BOOLEAN(LOGICAL)
④ CHARACTER

(2) 일반적으로 데이터 구조

① 정적구조 : 일정하게 미리 정해진 값과 고정된 기억장소를 가지고 있어, 많은 문제에 있어서 계산도중 값들이 변하는 것은 물론 구조도 바뀌게 된다.
② 동적구조 : ①번의 이유로 동적 저장을 지원하는 자료구조가 필요하게 된다. 이러한 형태의 자료구조이다.

(3) 포인터(pointer)

특정 데이터가 저장되어 있는 곳의 주소나 참고값을 제공한다.
① 복잡한 데이터구조를 효과적으로 표현하는 데 사용된다.
② 배열을 간결하게 다루는 데에도 사용된다.
③ 포인터는 데이터의 요소가 아니라 어떤 데이터 요소의 속성이다.
④ 특정한 데이터 형은 포인터를 통하여 간접적으로 접근할 수 있다.

(4) 트리

계층적 관계를 갖는 데이터들을 표현하는데 사용되는 비선형 데이터 구조이다.
① 4진트리(quadtree) : 다음 그림에서 보는바와 같이 2차원 영역을 다양한 크기의 정사각형으로 재귀적으로 분할하는 것을 허용하는 절차라 할 수 있다.
② 8진트리(octree) : 공간을 점점 작아지는 정육면체로 재귀적으로 분할하는 계층적 구조이다.
  ㉠ 솔리드 모델의 공간분할 표현법은 8진트리 시스템과 동일한 개념이다.
  ㉡ 화상표현과 질량특성 혹은 간섭 탐지의 빠른 계산에 적합하다.

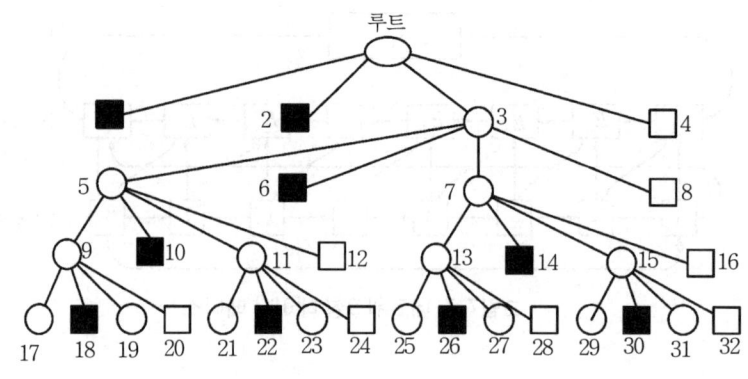

그림7-8 4진트리 구조

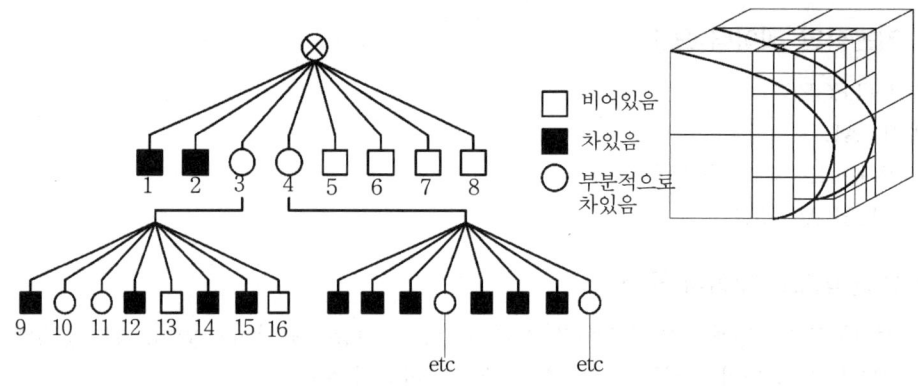

그림7-9 8진트리 구조

3 시각적 현실감 ★★

시각화란 컴퓨터 화면에 표현되는 화상을 보다 더 잘 이해 할 수 있도록 하는 도구이며 복잡한 다차원 데이터 집합을 도식적으로 표현하는 방법이다.

1. 시각적 현실감을 위한 접근 방법

(1) 은선/은면 제거(hidden line/surface removal)
(2) 음영 기법(shading)
(3) 색체 모델(color models)

2. 은선/은면 제거

(1) 정의

어떠한 모서리나 면들(또는 그들의 일부)을 제거할 것인가를 결정하는 작업이다.

① 은선 제거 : 벡터와 래스터 장치 방식에 적용
② 은면 제거 : 단지 래스터 디스플레이를 위해서만 개발

(2) 보이는 선과 면을 결정하는 방법

① 물체 공간(object space) : 공간적, 기하학적 단계를 사용 물체의 어느 부분이 보이는지를 결정 물체 데이터 베이스의 정확성에 의해 좌우된다.
② 화상 공간(image space) : 가시성을 결정하기 위해 최종 화상에서의 각 화소가 보이는지 결정, 사상의 해상도에 의해 좌우, 래스터 디스플레이를 사용 할 때 적합하다.
③ 혼합 방식(hybrid) : 위의 두 기술을 혼합한 방식, 정확성(물체공간)과 빠른 속도(화상공간)을 얻을 수 있다.

(3) 가시성 기법

① 후향면 제거기법(back-face culling) : 관찰자로부터 멀리 떨어진 물체의 뒤쪽 면을 제거하는 간단한 기법이다. 또한 면의 법선 벡터와 뷰벡터의 내적을 이용하여 면의 가시성을 조사하는 방법이다.
  ㉠ 볼록한 다면체에 제한
  ㉡ 복잡한 형상을 가진 물체의 많은 은선과 은면을 제거하는데 매우 강력한 첫 번째 작업단계
  ㉢ 물체의 각 면의 바깥쪽 법선 벡터를 사용한다.
② 경계상자(최소 최대 시험; minimax test) : 한 점이 주어진 경계곡면 또는 경계공간 내에 있는지를 조사하는 기법이다.
  ㉠ 물체 공간 또는 화상공간에 모두 적용.
  ㉡ 모서리 또는 면이 겹치는지를 확인하는 간단한 방법.
  ㉢ 만약 최소 최대 시험이 통과되면(두 곡면, 공간이 교차하지 않으면) 모서리와 면들은 자세히 조사하여도 교차하지 않는다.
③ 포함시험(containment test) : 한 다각형의 꼭지점이 다른 다각형에 포함되는지를 조사하는 기법이다.
  ㉠ 다각형의 각 꼭지점을 다른 다각형의 모든 꼭지점에 대해 반복하여 조사하는 것이다.
  ㉡ 임의의 점 P 의 포함 시험에서 각의 합이 0°인 경우에 점 P 는 다각형의 바깥쪽에, 각의 합이 360°인 경우에 점 P는 다각형의 안쪽에 위치
④ 실루엣(silhouettes) : 물체의 보이지 않는 면으로부터 보이는 면을 구분하는 모서리들로 구성된다.

(4) 은선/은면 제거 알고리즘의 예

① 우선적 그리기(priority fill) 알고리즘(화기 알고리즘) : 물체의 여러 부분의 깊이를 기준으로 우선 순위 목록을 작성, 관찰자로부터 가장 먼 부분부터 표현, 역순으로 그려 나간다.
② Z-버퍼 알고리즘 : 가장 간단한 은면 제거 알고리즘의 하나로 흔히 하드웨어의 수준에서 구현, 프레임 버퍼의 개념을 이용하나, 화상에서 화소의 명도를 저장하는 대신에 각 화소의 깊이나 Z 좌표값을 저장하는 알고리즘이다.

③ 광선추적(ray tracing) 알고리즘 : 억지(brute-force) 기법에 기초, 간편하고 신뢰성이 높아 많이 사용한다. 그 원리는 광원으로부터 빛이 물체에 반사되고 이것이 관찰자에게 가시화되어 되돌아오도록 한 것으로 이 알고리즘에서 가장 중요한 부분은 교차점을 찾는 것이다.

3. 음영기법

선 그리기로 전달할 수 있는 곡면의 질감 등과 같은 정보의 전달이 가능하도록 해 준다.

(1) 단면별 음영기법(faced shading; lambert)

램버트 법칙을 이용하는데 이는 완전한 산광기로부터 반사되는 빛의 강도와 입사각 θ 사이에 관계를 나타내고 있다.

(2) 구로드 음영기법(gourade shading; smooth shading)

다각형 펴면에 모든 꼭지점들을 포함한다. 구로드 음영에서 빛의 세기는 각 꼭지점에서 계산되고 각 꼭지점들의 빛의 세기는 면 전체에 걸쳐서 부드럽게 합성된다.

(3) 풍 음영기법(phong shading-법선보간기법)

음영의 세기 대신에 법선벡터를 보간한다는 점이 구로드 음영기법과 다르다.

4. 색채모델

(1) RGB모델

적색, 녹색, 청색의 세 RGB 기본 요소로부터 얻어지는 삼차원공간에서의 한 점으로 생채를 표현한다.

(2) CMY모델

청록색(cyan), 자홍색(magenta)과 황색(yellow)을 사용하며, 마이너스(subtractive)모델로 상용된다.

(3) HSV모델

채도(hue), 순도(satruation) 및 색채의 값(value)을 지정 할 수 있다.

4 3차원 컴퓨터 그래픽스

(1) 3차원 물체를 그림으로 표시하는 방법

① vector graphics : 3차원 물체의 특징을 나타내는 선분(edge)을 그리는 방식이다.
② raster graphics : 3차원 물체의 특징을 명암을 이용하여 물체의 면(surface)을 나타내는 방식이다.

(2) **물체좌표계**(object coordinate)

3차원 그래픽스에서 표현하고자하는 물체는 임의의 직교좌표계 상에 정의된다. 이 좌표계가 물체좌표계이다.

(3) **관측좌표계**(viewing coordinate)

물체좌표계 상에서 관측 방향을 지정했을 때의 좌표계이다.

(4) **관측변환**(viewing transformation)

물체좌표계 상에서 정의된 물체의 좌표값을 관측좌표계에 대한 좌표값으로 변환시키는 작업을 관측변환이라 한다.

chapter 7 ● 실전연습문제

01 다음 중 그래픽 화상을 위한 좌표계로 볼 수 없는 것은?
① Word Coordinate
② Device Coordinate
③ Normalized Device Coordinate
④ Word Device Coordinate

02 GKS파일로 이루어져 있으면 실세계 좌표계의 직사각형 영역으로 정의하는 것은?
① 윈도우 사상
② 뷰포트 사상
③ 윈도우 및 뷰포트 사상
④ CRT 표시

03 정규장치 좌표계의 직사각형 영역으로 정의 할 수 있는 것은?
① 윈도우 사상
② 뷰포트 사상
③ 윈도우 뷰포트 사상
④ 디스플레이 화면

04 물체를 디스플레이 표면에 보여 주기 위한 스크린에 알맞은 좌표계 변환 순서로 다음 중 맞는 것은?
① 실세계 좌표계 → 가상적 정규장치 좌표계 → 장치좌표계
② 실세계 좌표계 → 장치 좌표계 → 가상적 정규 장치 좌표계
③ 장치 좌표계 → 가상적 정규장치 좌표계 → 실세계 좌표계
④ 가상적 정규장치 좌표계 → 실세계 좌표계 → 장치좌표계

05 실제 사용되는 장치에 상응하는 것으로 물체의 화상이 나타날 장치 표면과 연관되는 그래픽 화상 좌표계는?
① word coordinate
② device coordinate
③ normalized device coordinate
④ word device coordinate

Answer   01 ④   02 ①   03 ②   04 ①   05 ②

06 다음 그림을 보고 종횡비 AR를 결정하면

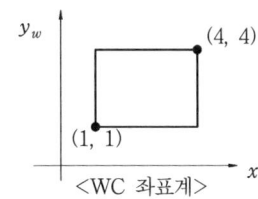
<WC 좌표계>

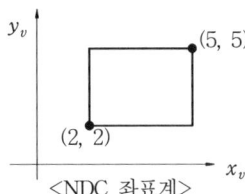
<NDC 좌표계>

① 0
② 1
③ 2
④ 3

Solution

$AR = \dfrac{x_{\max} - x_{\min}}{y_{\max} - y_{\min}}$

$AR = \dfrac{4-1}{4-1} = \dfrac{3}{3} = 1$, $AR = \dfrac{5-2}{5-2} = \dfrac{3}{3} = 1$

07 문제6에서 크기 변환 인수 S_x 와 S_y 를 구하면?

① $S_x = 0$, $S_y = 0$
② $S_x = 1$, $S_y = 1$
③ $S_x = 2$, $S_y = 2$
④ $S_x = 3$, $S_y = 3$

Solution

$S_x = \dfrac{x_{v,\max} - x_{v,\min}}{x_{w,\max} - x_{w,\min}} = \dfrac{5-2}{4-1} = \dfrac{3}{3} = 1$

$S_y = \dfrac{y_{v,\max} - y_{v,\min}}{y_{w,\max} - y_{w,\min}} = \dfrac{5-2}{4-1} = \dfrac{3}{3} = 1$

08 좌하단의 좌표가 (3, 3)이고 우상단이 (7, 6)인 윈도우에 포함된 점들을 좌하단의 좌표가 (1, 1)이고 우상단이 (2, 2)인 정규화된 뷰포트에 사상하는 변환행렬을 구하면?

① $\begin{bmatrix} \frac{1}{8} & 0 & 0 \\ 0 & \frac{1}{6} & 0 \\ \frac{1}{4} & \frac{1}{6} & 1 \end{bmatrix}$
② $\begin{bmatrix} \frac{1}{8} & 0 & 0 \\ 0 & \frac{1}{6} & 0 \\ \frac{1}{4} & 0 & 1 \end{bmatrix}$

③ $\begin{bmatrix} \frac{1}{4} & 0 & 0 \\ 0 & \frac{1}{3} & 0 \\ \frac{1}{4} & \frac{1}{6} & 1 \end{bmatrix}$
④ $\begin{bmatrix} \frac{1}{4} & 0 & 0 \\ 0 & \frac{1}{3} & 0 \\ \frac{1}{4} & 0 & 1 \end{bmatrix}$

Answer   06 ②   07 ②   08 ④

Solution 윈도우와 뷰포트의 매개변수들은 다음과 같다.

$x_{w,min}=3, \ x_{w,max}=7, \ y_{w,min}=3, \ y_{w,max}=6$
$x_{v,min}=1, \ x_{v,max}=2, \ y_{v,min}=1, \ y_{v,max}=2$

$S_x = \dfrac{x_{v,max}-x_{v,min}}{x_{w,max}-x_{w,min}} = \dfrac{2-1}{7-3} = \dfrac{1}{4},$

$S_y = \dfrac{y_{v,max}-y_{v,min}}{y_{w,max}-y_{w,min}} = \dfrac{2-1}{6-3} = \dfrac{1}{3}$

$x_v = (x_w - x_{w,min})S_x + x_{v,min}, \quad y_v = (y_w - y_{w,min})S_y + y_{v,min}$

$[x_v \ y_v \ 1] = [x_w \ y_w \ 1] \begin{bmatrix} S_x & 0 & 0 \\ 0 & S_y & 0 \\ (-S_x x_{w,min}+x_{v,min}) & (-S_y y_{w,min}+y_{v,min}) & 1 \end{bmatrix}$

$\begin{bmatrix} S_x & 0 & 0 \\ 0 & S_y & 0 \\ (-S_x x_{w,min}+x_{v,min}) & (-S_y y_{w,min}+y_{v,min}) & 1 \end{bmatrix} = \begin{bmatrix} \frac{1}{4} & 0 & 0 \\ 0 & \frac{1}{3} & 0 \\ \frac{1}{4} & 0 & 1 \end{bmatrix}$

09 절단이 적용되지 않으면 디스플레이의 경계 외부에 놓인 화상부분이 다음 그림과 같이 된다. 이것을 무엇이라 하는가?

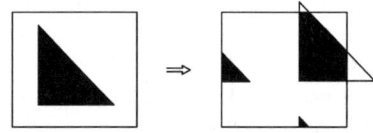

① 랩 어라운드(wrap-around)
② 랩 언더 어라운드(wrap-under around)
③ 랩 그라운드(wrap-ground)
④ 랩 라운드(wrap-gound)

10 직선 절단에서 단순하고 효율적으로 직사각형 모양의 윈도우 경계에 대해 특정선분이 어느 부류에 속하는가를 결정해주는 알고리즘을 무엇이라 하는가?

① 직선 절단 알고리즘 ② 코헨-서더랜드 알고리즘
③ 곡선 절단 알고리즘 ④ 직사각형-윈도우 알고리즘

11 다음 중 컴퓨터 그래픽스를 위한 데이터 구조의 형태가 아닌 것은?

① 관계형 데이터 베이스 ② 계층적 데이터 베이스
③ 네트워크형 데이터 베이스 ④ 연결형 데이터 베이스

Answer 09 ① 10 ② 11 ④

12 점, 선, 면의 관계를 나타내는 자료를 포함하고 있으며 순차적으로 처리할 수 있도록 파일에 저장되어 있는 데이터 베이스는?

① 관계형 데이터 베이스　　② 계층적 데이터 베이스
③ 네트워크형 데이터 베이스　　④ 연결형 데이터 베이스

13 다음 중 계층적 데이터 베이스와 관계가 없는 것은?

① 각 단계의 요소들은 단 하나의 상위단계의 요소와 연결된다.
② 간결하고 처리가 신속하지만, 실제의 문제에 있어서 순수한 계층구조로 나타낼 수 있는 경우가 많지 않다.
③ 정보가 중복되면 일관성이 없을 위험이 있다.
④ 노드라 부르는 요소들이 계층적으로 구성되어 있지만 트리 구조와는 관련이 없다.

14 기본적인 데이터 요소와 다음 중 관련이 없는 것은?

① boolean　　② character
③ real　　④ double

15 다음 중 데이터가 저장되어 있는 곳의 주소나 참고값을 제공하는 데이터 요소의 속성을 나타내는 것은?

① integer　　② character
③ real　　④ pointer

16 계층적 관계를 갖는 데이터를 표현하는데 사용되는 비선형 데이터 구조는?

① 트리 구조　　② 관계형 구조
③ 연결형 구조　　④ 네트워크형 구조

17 quadtree란 무엇을 말하는가?

① 2차원 영역을 다양한 크기의 정사각형으로 재귀적으로 분할하는 2진트리 구조이다.
② 2차원 영역을 다양한 크기의 정사각형으로 재귀적으로 분할하는 3진트리 구조이다.
③ 2차원 영역을 다양한 크기의 정사각형으로 재귀적으로 분할하는 4진트리 구조이다.
④ 2차원 영역을 다양한 크기의 정사각형으로 재귀적으로 분할하는 5진트리 구조이다.

Answer　12 ①　13 ④　14 ④　15 ④　16 ①　17 ③

18 octree란 다음 중 무엇을 의미하는가?
① 공간을 점점 작아지는 정육면체로 재귀적으로 분할하는 8진트리의 계층적 구조이다.
② 공간을 점점 작아지는 정육면체로 재귀적으로 분할하는 4진트리의 계층적 구조이다.
③ 다양한 크기의 정사각형으로 재귀적으로 분할하는 8진트리의 계층적 구조이다.
④ 다양한 크기의 정사각형으로 재귀적으로 분할하는 4진트리의 계층적 구조이다.

19 다음 중 시각적 현실감을 위한 접근 방법에 속하지 않는 것은?
① 은선/은면제거
② 음영기법
③ 색채 모델
④ 확대/축소기법

20 래스터 디스플레이를 위해서만 개발된 시각적 현실감을 위한 접근방법은?
① 은선/은면제거
② 은선제거
③ 은면제거
④ 음영기법

21 벡터와 래스터 장치 방식에 적용되는 시각적 현실감을 위한 접근 방법은?
① 은선/은면제거
② 은선제거
③ 은면제거
④ 음영기법

22 은선/은면 제거 알고리즘의 가시성 기법에 속하지 않는 것은?
① 후향면 제거기법(back-face culling)
② 경계 결정 주의기법(boundary containtest)
③ 포함시험(containment test)
④ 실루엣(silhouettes)

23 관찰자로부터 멀리 떨어진 물체의 뒤쪽 면을 제거하는 간단한 기법을 무엇이라 하는가?
① 후향면 제거기법
② 경계상자
③ 포함시험
④ 실루엣

24 한 다각형의 꼭지점이 다른 다각형에 포함되는 지를 조사하는 기법을 다음 중 무엇이라 하는가?
① 후향면 제거기법
② 경계상자
③ 포함시험
④ 실루엣

Answer 18 ① 19 ④ 20 ③ 21 ② 22 ② 23 ① 24 ③

25 은선/은면 제거 알고리즘의 예로서 다음 중 맞지 않는 것은?

① 우선적 그리기 알고리즘　　② Z-버퍼 알고리즘
③ 광선 추적 알고리즘　　　　④ 동질성 시험 알고리즘

26 가장 간단한 은면제거 알고리즘의 하나로 흔히 하드웨어의 수준에서 구현, 프레임 버퍼의 개념을 이용하거나, 화상에서 화소의 명도를 저장하는 대신에 각 화소의 깊이나 Z좌표값을 저장하는 알고리즘은?

① 화가 알고리즘　　　　　　② Z-버퍼 알고리즘
③ 광선 추적 알고리즘　　　　④ 동질성 알고리즘

27 다음 중 음영기법으로 볼 수 없는 것은?

① 단면별 음영기법(faced lambert shading)
② 구로드 음영기법(gourade smooth shading)
③ 퐁음영기법(phong shading)
④ 백 음영기법(back shading)

28 다음 중 색채 모델에 의한 시각적 기법에 속하지 않는 것은?

① RGB 모델　　　　　　　　② CMY 모델
③ HSV 모델　　　　　　　　④ RCH 모델

29 그래픽 해상도가 320×200인 모니터의 화면 배율 수정인자는 얼마인가? (단, 모니터 규격은 240mm×180mm이다.)

① 1.0　　　　　　　　　　　② 1.2
③ 1.4　　　　　　　　　　　④ 1.6

Solution
$$V = \frac{\text{수직방향의 길이}}{\text{수직방향 화소의 최대치}} = \frac{180}{200}$$
$$S = \frac{\text{수평방향의 길이}}{\text{수평방향 화소의 최대치}} = \frac{240}{320}, \quad SCF = \frac{V}{H} = 1.2$$

30 컴퓨터 그래픽에서 수평방향과 수직방향의 배율을 같게 하는 것이 중요한 이유로 다음 중 맞지 않는 것은?

① 원의 진원도를 정확하게 보이게 하기 위해서이다.
② 정사각형의 네 변의 길이가 정확하게 일치하여 보이게 하기 위해서이다.
③ 화면에 나타나는 물체가 찌그러져 보이지 않게 하기 위해서이다.
④ 도형의 찌그러짐과는 관련이 없다.

Answer 25 ④ 26 ② 27 ④ 28 ④ 29 ② 30 ④

31 해상도가 640×200인 모니터에서 SCF(화면 배율수정인자)는 얼마인가?

① 2.4 ② 3.4 ③ 4.4 ④ 5.4

> **Solution**
> $H = \dfrac{240}{640}$, $V = \dfrac{180}{200}$
> $SCF = \dfrac{V}{H} = \dfrac{640 \times 180}{240 \times 200} = 2.4$

32 다각형으로 구성되어 있는 모델에서 명암처리 방법으로 한 면의 모든 점에 대해 똑같은 광도가 부여되도록 하는 것에 대한 설명으로 맞는 것은?

① 램버트(Lambert) 기법
② 광선처리기법
③ 구로드 음영기법
④ 퐁음영기법

33 옥트리(octree) 표현법으로 맞는 것은?

① 솔리드 모델의 공간분할 표현법으로 선을 분리하면 8개가 된다.
② 계층적 관계를 갖는 데이터를 표현하는데 사용되는 비선형 데이터 구조의 표현방법이다.
③ 공간이 점점 작아지는 정육면체를 갖도록 한 재귀적 분할의 데이터 구조 표현방법이다.
④ 2차원 영역을 다양한 크기의 정사각형으로 분할하여 Data를 저장하는 표현방법이다.

34 은선/은면 제거 작업과 관련이 없는 것은?

① back face 기법
② painter 기법
③ 광선추적 기법
④ Z 버퍼

35 다음 중 화면상에 현실감 있게 3차원 형상을 나타나는데 사용하는 방법으로 적당하지 않는 것은?

① 원근투영변환(perspective transformation)
② 평행투영(parallel projection)
③ 은선, 은면 제거
④ 묘사법(rendering)

> **Solution** (1) 3차원 컴퓨터 그래픽스
> ① 원근투영변환
> ② 평행투영변환
> (2) 시각적 현실감
> ① 은선/은면 제거
> ② 음영기법
> ③ 색채 모델

Answer 31 ① 32 ① 33 ③ 34 ② 35 ④

36 컴퓨터 그래픽스에서는 최소한의 응용 프로그램의 변경만으로 프로그램이 장치와 무관하게 여러 입·출력장치와 연결이 가능하도록 장치독립성을 반드시 고려한다. 이를 위해 사용하는 좌표계는?

① 실세계 좌표계 (world coordinate system)
② 장치 좌표계 (device coordinate system)
③ 정규장치 좌표계 (normalized device coordinate system)
④ 오른손 좌표계 (right-handed coordinate system)

37 컴퓨터 화면에 물체의 음영효과를 나타내기 위한 방법으로 물체 표면을 작은 삼각형으로 근사화 한 후 각 삼각형 꼭지점에서의 반사빛의 강도를 계산하고 이로부터 삼각형 내부에서의 반사빛의 강도를 보간에 의해 구하는 방법은?

① Phong shading
② Gouraud shading
③ z-buffer method
④ Lambert shading

38 은선, 은면 제거 알고리즘이 아닌 것은?

① 뒷면(back face) 제거 알고리즘
② 코헨-서더랜드(cohen-sutherland) 알고리즘
③ 광선추적(ray tracing)
④ Z-버퍼 알고리즘

39 명암처리 방법 중 다각형으로 표현된 곡면의 각 꼭지점에서의 법선벡터를 보간한 후 렌더링에 사용하는 방법은?

① 상수(flat)방법
② Gouraud 방법
③ Phong 방법
④ 광선추적 방법

40 뷰포트의 위치 및 크기를 지정하기 위해 좌표값을 입력할 때 이 좌표값은 어느 좌표계를 기준으로 한 좌표값인가?

① 가상화면(screen) 좌표계
② 뷰잉(viewing) 좌표계
③ 월드(world) 좌표계
④ 물체(object) 좌표계

Solution 뷰 포트는 화면상에 나타낼 부분을 가리킨다

Answer   36 ③   37 ②   38 ②   39 ③   40 ①

41 다음 중 복잡한 물체를 시각적으로 보다 쉽게 사용자가 인식할 수 있도록 하기위한 알고리즘이 아닌 것은?

① 은선 제거(hidden line removal)
② 은면 제거(hidden surface removal)
③ 음영처리(shading)
④ 교선 계산(intersection)

42 다음 중 삼차원 물체를 컴퓨터 화면에 투영시켜 display 하기 위해 지정해야 할 값이 아닌 것은?

① 광원의 위치
② 시선벡터 방향
③ 삼차원 물체의 색깔
④ 삼차원 물체의 밀도

43 렌더링의 한 기법인 음영법(shading)에서의 난반사(diffuse reflection)에 대한 설명 중 적당하지 않은 것은?

① 난반사에 의하며 빛이 표면에 흡수되었다가 모든 방향으로 다시 흩어진다.
② 난반사의 입사각이란 반사면의 법선 벡터와 입사광 방향 벡터의 사잇각을 의미한다.
③ 난반사는 물체의 표면상태의 묘사에 이용된다.
④ 난반사는 물체표면이 거울면과 같이 매끈한 면의 반사형태를 표현할 대 가장 적합하다.

> **Solution** ① 난반사(diffuse reffection) : 빛이 모든 방향으로 똑같이 분산될 때 발생하므로, 다른 각도에서 보는 경우라도 곡면의 밝기는 같게 나타난다.
> ② 정반사(specular reffection) : 빛이 오직 한 방향으로만 반사되므로 거울과 같이 반짝이는 효과가 있다.

44 음영기법(shading) 방법에는 여러 가지가 있는데 다음 중 가장 현실감이 뛰어난 음영기법은?

① 퐁(Phong) 음영기법
② 구로드(Gouraud) 음영기법
③ 평활(smooth) 음영기법
④ 단면별(faceted) 음영기법

> **Solution** • 음영기법
> ① 단면별 음영기법 : 램버트 법칙 이용
> ② 구로드 음영기법(평활(smooth) 음영기법) : 단면별 습영기법을 개선
> ③ 퐁음영기법(법선보간 음영기법) : 구로드 음영기법의 문제를 해결하여 화상에 뛰어난 현실감을 부여할 수 있다.

Answer 41 ④ 42 ④ 43 ④ 44 ①

45 직선이나 곡선 등은 화소(pixel)들을 이용하여 컴퓨터 화면에 그려진다. 직선이나 곡선들을 화소들의 집합으로 나타내는 계산을 무엇이라고 부르는가?

① scan-conversion
② cliping
③ window-to-viewport transformation
④ hidden line removal

46 CAD 시스템에서 화면에 나타낼 수 있는 view 종류이다. 다음 중 3차원 형상의 물체를 나타내기 어려운 view는 어느 것인가?

① back view
② oblique view
③ isometric view
④ axonometric view

47 그림과 같이 왼쪽의 사각형을 오른쪽처럼 나타내는 기법을 무엇이라고 하는가?

① 윈도우(window)
② 회전(rotation)
③ 명암(shading)
④ 클리핑(clipping)

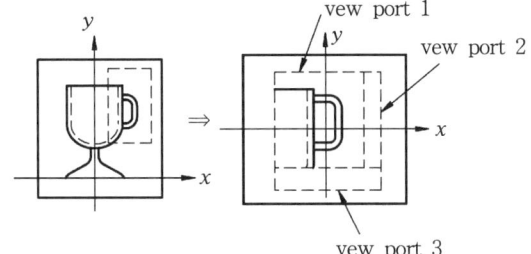

Answer 45 ③ 46 ① 47 ④

부 록

*독자분들의 요청으로 먼저 재료역학해설을 추가 하였습니다.
추후 전체적으로 해설을 추가하도록 하겠습니다.

*2006년에 기계설계기사 자격증이 신설되었습니다.

2010년 5월 9일 기출문제

제1과목 재료역학

01 밀도가 일정한 정육면체형 물체의 각 변의 길이가 처음의 3배로 되었을 때 이 정육면체의 바닥면에 발생되는 자중에 의한 수직 응력의 크기는 처음의 몇 배가 되겠는가?

① 1　　　　② 3
③ 9　　　　④ 27

Solution
$$\sigma = \frac{W}{A} = \frac{\rho g \cdot A \cdot L}{A} = \rho g \cdot L, \quad \sigma' = \frac{W''}{A'} = \frac{\rho g \cdot A' \cdot L'}{A'} = \rho g L' = \rho g(3L)$$
$$\therefore \sigma' = 3\sigma$$

02 균일분포하중 ω를 받고 있는 길이가 L인 단순보의 처짐을 δ로 제한한다면 균일 분포하중의 크기는 어떻게 표현되겠는가? (단, 보의 단면은 폭이 b이고 높이가 h인 직사각형이고 탄성계수는 E이다.)

① $\dfrac{32Ebh^3\delta}{5L^4}$　　　　② $\dfrac{32Ebh^3\delta}{7L^4}$

③ $\dfrac{16Ebh^3\delta}{5L^4}$　　　　④ $\dfrac{8Ebh^3\delta}{7L^4}$

Solution
$$\delta = \frac{5\omega L^4}{384EI} = \frac{12 \times 5 \cdot \omega L^4}{384E \cdot bh^3} \quad \omega = \frac{32Ebh^3 \cdot \delta}{5 \cdot L^4}$$

03 코일 스프링의 소선의 지름을 d, 코일의 평균 지름을 D, 코일 전체 길이가 L인 경우 인장하중 W를 작용시킬 때 전체의 처짐량(δ)을 나타내는 식은? (단, G는 전단 탄성계수이고, n은 코일의 감김 수이다.)

① $\delta = \dfrac{8nD^3W}{Gd^4}$　　　　② $\delta = \dfrac{16nD^3W}{Gd^4}$

③ $\delta = \dfrac{64nD^3W}{Gd^4}$　　　　④ $\delta = \dfrac{4nD^3W}{Gd^4}$

Solution
$$\delta = \frac{64nW \cdot R^3}{Gd^4} = \frac{8nW \cdot D^3}{Gd^4}$$

Answer　1 ②　2 ①　3 ①

04 아래 그림에서 모멘트의 최대값은 몇 kN·m인가? (단, B점은 고정이다.)

① 10
② 16
③ 26
④ 40

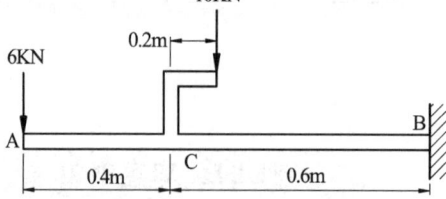

Solution $M_B = 6 \times 1 + 10 \times (0.6 - 0.2) = 10 \text{kN} \cdot \text{m}$

05 길이가 2m인 환봉에 인장하중을 가하였더니 길이 변화량이 0.14cm였다. 이 때의 변형률은?

① 70×10^{-6}
② 700×10^{-6}
③ 70
④ 700

Solution $\epsilon = \dfrac{\delta}{L} = \dfrac{0.14}{200} = 700 \times 10^{-6}$

06 지름 d인 원형단면 봉이 비틀림 모멘트 T를 받을 때, 발생되는 최대 전단응력 τ를 나타내는 식은? (단, I_P는 단면의 극단면 2차 모멘트이다.)

① $\dfrac{T \cdot d}{2 \cdot I_P}$
② $\dfrac{I_P \cdot d}{2 \cdot T}$
③ $\dfrac{T \cdot I_P}{2 \cdot d}$
④ $\dfrac{2 \cdot T}{I_P \cdot d}$

Solution $\tau = \dfrac{T}{Z_P} = \dfrac{T}{I_P / \dfrac{d}{2}} = \dfrac{T \cdot d}{2 \cdot I_P}$

07 그림과 같은 균일 원형단면을 갖는 양단 고정봉의 C점에 비틀림 모멘트 $T = 98\text{N} \cdot \text{m}$를 작용시킬 때, 하중점(C점)에서의 비틀림 각은 몇 rad인가? (단, 전단탄성계수 $G = 78.4\text{GPa}$, 극관성모멘트 $I_P = 600\text{cm}^4$ 이다.)

① 4×10^{-4}
② 4×10^{-5}
③ 5×10^{-4}
④ 5×10^{-5}

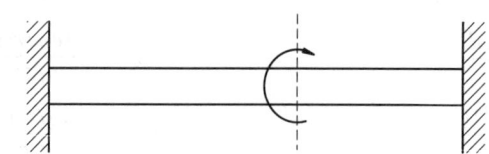

Solution $T_a = \dfrac{98 \times 40}{100} = 39.2 \text{N} \cdot \text{m}$

$\theta = \dfrac{T_a \cdot a}{G \cdot I_P} = \dfrac{39.2 \times 0.6}{78.4 \times 10^9 \times 600 \times 10^{-8}} = 0.00005 \text{rad}$

Answer 4 ① 5 ② 6 ① 7 ④

08 내부 반지름 1.25m, 압력 1200kPa, 두께 10mm인 원형 단면의 실린더형 압력 용기에서의 축방향 응력(σ_t : longitudinal stress)과 후프응력(σ_z : circumferential stress)를 구하면?

① $\sigma_t = 75\text{MPa}$, $\sigma_z = 150\text{MPa}$
② $\sigma_t = 150\text{MPa}$, $\sigma_z = 75\text{MPa}$
③ $\sigma_t = 37.5\text{MPa}$, $\sigma_z = 75\text{MPa}$
④ $\sigma_t = 75\text{MPa}$, $\sigma_z = 37.5\text{MPa}$

Solution
$$\sigma_z = \frac{p \cdot d}{2t} = \frac{1200 \times (2 \times 1.25)}{2 \times 0.01} \times 10^{-3} = 150\text{MPa}, \quad \sigma_t = \frac{\sigma_z}{2} = 75\text{MPa}$$

09 그림과 같은 복합 막대가 각각 단면적 $A_{AB} = 100\text{mm}^2$, $A_{BC} = 200\text{mm}^2$을 갖는 두 부분 AB와 BC로 되어 있다. 막대가 100kN의 인장하중을 받을 때 총 신장량을 구하면 몇 mm인가? (단, 재료의 탄성계수(E)는 200GPa이다.)

① 2
② 4
③ 6
④ 8

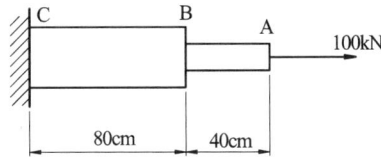

Solution
$$\delta = \frac{P \cdot L_1}{A_1 \cdot E} + \frac{P \cdot L_2}{A_2 \cdot E}$$
$$= \frac{100 \times 10^3}{200 \times 10^9} \times \left(\frac{0.4}{100 \times 10^{-6}} + \frac{0.8}{200 \times 10^{-6}} \right) = 0.004\text{m} = 4\text{mm}$$

10 그림과 같은 균일 단면의 돌출보(overhanging beam)에서 반력 R_A는? (단, 보의 자중은 무시한다.)

① ωL
② $\dfrac{\omega L}{4}$
③ $\dfrac{\omega L}{3}$
④ $\dfrac{\omega L}{2}$

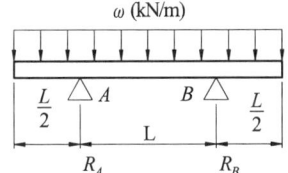

Solution
$$R_A = \frac{\omega L}{2} + \frac{\omega L}{2} = \omega L$$

11 어떤 재료의 탄성계수 E = 210GPa이고 전단 탄성계수 G = 83GPa이라면 이 재료의 포아송 비는? (단, 재료는 균일 및 균질하며, 선형 탄성거동을 한다.)

① 0.265
② 0.115
③ 1.0
④ 0.435

Solution
$$G = \frac{E}{2(1+\mu)}, \quad 83 = \frac{210}{2 \times (1+\mu)}, \quad \mu = 0.265$$

Answer 8 ① 9 ② 10 ① 11 ①

12 탄성계수 $E = 200\text{GPa}$, 좌굴응력 $\sigma_B = 320\text{MPa}$인 강재 기둥에 오일러(Euler) 공식을 적용할 수 있는 한계 세장비는? (단, n은 양단 지지 상태에 따른 좌굴 계수이다.)

① $62.5\sqrt{n}$
② $78.5\sqrt{n}$
③ $85.5\sqrt{n}$
④ $90.5\sqrt{n}$

Solution $\sigma_B = \dfrac{n\pi^2 E}{\lambda^2}$, $320 = \dfrac{n \times \pi^2 \times 200 \times 10^3}{\lambda^2}$, $\lambda = 78.5\sqrt{n}$

13 그림과 같이 균일 분포하중(ω)을 받는 균일 단면 외팔보의 자유단 B에서의 처짐량은? (단, 보의 굽힘 강성 EI는 일정하고, 자중은 무시한다.)

① $\dfrac{\omega L^4}{3EI}$
② $\dfrac{\omega L^4}{8EI}$
③ $\dfrac{\omega L^4}{48EI}$
④ $\dfrac{5\omega L^4}{38EI}$

14 지름 6mm인 곧은 강선을 지름 1.2m의 원통에 감았을 때 강선에 생기는 최대 굽힘 응력은 약 몇 MPa인가? (단, 탄성계수 $E = 200\text{GPa}$ 이다.)

① 500
② 800
③ 900
④ 1000

Solution $\dfrac{E}{\rho} = \dfrac{\sigma}{y}$, $\dfrac{200 \times 10^9}{1.2 + 0.006} = \dfrac{\sigma_b}{0.006}$, $\sigma_b = 995.02 \times 10^6 \text{Pa}$

15 그림과 같은 보는 균일단면 부정정보이다. 반력 R_B를 구하는 데 필요한 조건은?

① 지점 B에서의 반력에 의한 처짐
② 지점 A에서의 굽힘모멘트의 방향
③ 하중 작용점 P에서의 처짐
④ 하중 작용점 P에서의 굽힘응력

Solution 2개의 외팔보의 조합으로 변형하여 B점의 처짐을 0으로 놓고 정리한다.

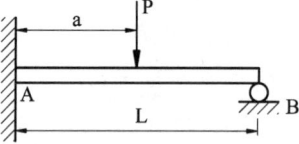

Answer 12 ② 13 ② 14 ④ 15 ①

16 5cm × 10cm 단면의 3개의 목재를 목재용 접착재로 접착하여 그림과 같은 10cm × 15cm의 사각 단면을 갖는 합성보를 만들었다. 접착부에 발생하는 전단응력은 약 몇 kPa인가? (단, 이 보의 길이는 2m이고, 양단은 단순지지이며 중앙에 $P=800N$의 집중하중을 받는다.)

① 77.6
② 35.5
③ 8
④ 160

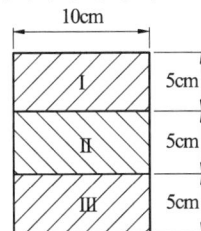

Solution
$b=10\text{cm}, \quad I_G=\dfrac{10\times 15^3}{12}=2812.5\text{cm}^4$
$F=400\text{N}, \quad Q=10\times 5\times 5=250\text{cm}^3$
$\tau=\dfrac{F\cdot Q}{b\cdot I_G}=\dfrac{400\times 250}{10\times 2812.5}\times 10=35.56\text{kPa}$

17 다음 그림과 같이 단면적인 A인 강봉의 축선을 따라 하중 P가 작용할 때, 임의의 경사 단면에서 전단응력이 최대가 될 때의 면의 각(α)과 이 경우에 해당하는 전단응력(τ_{max})은 얼마인가?

① $\alpha=45°, \quad \tau_{max}=\dfrac{P}{A}$
② $\alpha=45°, \quad \tau_{max}=\dfrac{P}{2A}$
③ $\alpha=90°, \quad \tau_{max}=\dfrac{P}{A}$
④ $\alpha=90°, \quad \tau_{max}=\dfrac{P}{2A}$

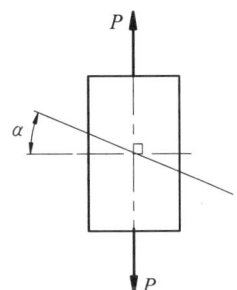

Solution
$\tau=\dfrac{\sigma_x}{2}\sin 2\alpha, \quad \alpha=45°, \quad \tau_{max}=\dfrac{P}{2\times A}$

18 그림과 같이 초기온도 20℃, 초기길이 19.95cm, 지름 5cm인 봉을 간격이 20cm인 두 벽면 사이에 넣고 봉의 온도를 220℃로 가열했을 때 봉에 발생되는 응력은 몇 MPa인가? (단, 균일 단면을 갖는 봉의 선팽창계수 $a=1.2\times 10^{-5}$/℃이고, 탄성계수 $E=210\text{GPa}$이다.)

① 0
② 25.2
③ 257
④ 504

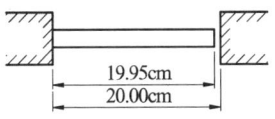

Solution
$\epsilon=\alpha\cdot\Delta t=\dfrac{\delta}{L}, \quad \delta=1.2\times 10^{-5}\times(220-20)\times 19.95=0.048\text{cm}$
0.05cm보다 작으므로 봉은 구속되지 않는다. 그러므로 응력은 발생하지 않는다.

Answer 16 ② 17 ② 18 ①

19 내부 반지름 Ri, 외부 반지름 Ro인 속이 빈 원형 단면의 극(polar)관성 모멘트는?

① $\dfrac{\pi}{2}(Ro^3 - Ri^3)$ ② $\dfrac{\pi}{2}(Ro^4 - Ri^4)$

③ $\dfrac{\pi}{4}(Ro^3 - Ri^3)$ ④ $\dfrac{\pi}{4}(Ro^4 - Ri^4)$

Solution $I_P = \dfrac{\pi}{32}(d_o^4 - d_i^4) = \dfrac{\pi}{2}(R_o^4 - R_i^4)$

20 그림에서 블록 A를 뽑아내는 데 필요한 힘 P는 몇 N이상인가? (단, 블록과 접촉면과의 마찰 계수 u = 0.4이다.)

① 4
② 8
③ 10
④ 12

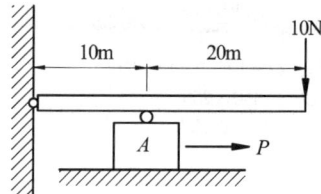

Solution
① R_A만 작용할 때 A점의 처짐
$$\delta_A = \dfrac{A_m}{E \cdot I}\bar{x} = \dfrac{100 R_A}{2EI} \times \left(\dfrac{2}{3} \times 10\right) = \dfrac{1000 R_A}{3EI}$$
② 10N만 작용할 때 A점의 처짐
$$\delta = \dfrac{P}{3EI}\left(\dfrac{x^3}{2} - \dfrac{3L^2}{2}x + L^3\right), \quad \delta_A = \dfrac{10}{3EI}\left(\dfrac{20^3}{2} - \dfrac{3 \times 30^2}{2} \times 20 + 30^3\right) = \dfrac{40000}{3EI}$$
③ $\delta_A = 0$, $\dfrac{1000 R_A}{3EI} = \dfrac{40000}{3EI}$, $R_A = 40N$
④ 블록 A를 뽑는데 필요한 힘 $P = \mu(R_A - 10) = 0.4 \times (40 - 10) = 12N$

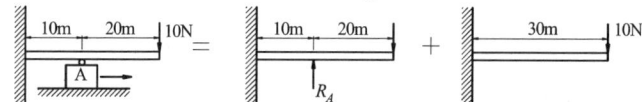

제2과목 기계제작법

21 아크 용접에 있어서 교류와 직류의 경우에 관한 설명 중 틀린 것은?
① 교류는 직류에 비해서 아크의 안정성이 떨어진다.
② 교류는 비피복봉 사용이 가능하고, 직류는 비피복봉 사용이 불가능하다.
③ 교류는 극성변화가 불가능하고, 직류는 극성변화가 가능하다.
④ 직류는 전격의 위험이 적고, 교류는 전격의 위험이 많다.

Answer 19 ② 20 ④ 21 ②

22 절삭과정에서 공구의 온도를 측정하는 방법으로서 열전대를 사용하는 경우가 많다. 공구에 열전대를 삽입하기 위한 가공법으로 다음 중 가장 적합한 것은?
① 화학 연마
② 전해 연마
③ 방전 가공
④ 버핑 가공

23 상하의 형에 문자나 무늬의 요철을 붙이고, 이 사이에 소재를 놓고 압축하여 문자나 무늬를 생성하는 가공 방법은?
① 압출 가공(extruding)
② 업세팅 가공(up setting)
③ 압인 가공(coining)
④ 블랭킹 가공(blanking)

24 아세틸렌가스는 매우 타기 쉬운 기체이다. 자연발화 온도는?
① 780~790℃
② 406~408℃
③ 505~515℃
④ 62~80℃

25 두께 2mm의 철판에 ϕ20mm의 구멍을 뚫을 때, 펀칭에 가하는 힘은 최소 몇 N 이상이어야 하는가? (단, 철판의 전단저항은 450MPa이다.)
① 42132
② 56559
③ 12561
④ 27867

Solution $P = \tau \cdot A = 450 \times \pi \times 20 \times 2 = 56548.67N$

26 소성 가공 방법이 아닌 것은?
① 컬링(curling)
② 엠보싱(embossing)
③ 카핑(copying)
④ 코이닝(coining)

27 얇은 판재로 된 목형은 변형되기 쉽고 주물의 두께가 균일하지 않으면 용융금속이 냉각 응고시에 내부 응력에 의해 변형 및 균열이 발생할 수 있으므로 이를 방지하기 위한 목적으로 쓰이고 사용한 후에 제거하는 것은?
① 구배
② 수축 여유
③ 코어 프린트
④ 덧붙임

28 열처리에서 강(鋼)을 청화물(CN)과 작용시켜 침탄과 질화가 동시에 일어나도록 하는 청화법(cyaniding)은 다음과 같은 장·단점이 있다. 틀린 것은?
① 균일한 가열이 이루어지므로 변형이 적다.
② 온도 조절이 용이하다.
③ 산화가 일어나기 쉽다.
④ 침탄층이 얇고 가스가 유독하다.

Answer 22 ③ 23 ③ 24 ② 25 ② 26 ③ 27 ④ 28 ③

29 커플링으로 연결된 CNC 공작기계의 볼 스크류 피치가 6[mm], 서보 모터의 회전 각도가 270°일 때 테이블의 이동 거리는?

① 1.5[mm]   ② 2.5[mm]
③ 3.5[mm]   ④ 4.5[mm]

Solution 1회전(360°)했을 때 6mm 움직이므로 270° 회전했을 때도 4.5mm 움직인다.

30 주물사의 구비조건이 아닌 것은?

① 통기성이 좋을 것   ② 성형성이 좋을 것
③ 열전도성이 높을 것   ④ 내열성이 높을 것

31 소성가공 시 열간가공과 냉간가공은 무엇으로 구별하는가?

① 재결정 온도   ② 변태점 온도
③ 담금질 온도   ④ 풀림 온도

32 방전가공시 전극(가공공구) 재질로 적당하지 않은 것은?

① 황동   ② 텅스텐
③ 구리   ④ 알루미늄

33 어미 치수를 알고 있는 표준 값과 편차를 구하여 치수를 알아내는 측정방법은?

① 절대 측정   ② 비교 측정
③ 간접 측정   ④ 직접 측정

34 하방잠김형, 압착형, 당기기형, 직선이동형과 같이 4가지 기본적인 클램핑 작용을 하며, 작용력에 비해 고정력이 매우 큰 클램프는?

① 토글 클램프   ② 캠 클램프
③ 후크 클램프   ④ 스트랩 클램프

35 다음 중 바이트의 마모와 관계없는 것은?

① Crater   ② Filing
③ Flank wear   ④ Chipping

Answer 29 ④ 30 ③ 31 ① 32 ④ 33 ② 34 ① 35 ②

36 저탄소강의 표면에 탄소를 침투시키는 고체 침탄법에 대한 일반적인 설명으로 틀린 것은?
① 침탄시간이 길어지면 침탄깊이가 깊어진다.
② 소량생산에 적합하다.
③ 큰 부품의 처리가 가능하다.
④ 보통 침탄 깊이는 5~10mm 이다.

37 프레스 작업(press working) 가공방식이 아닌 것은?
① 래핑(lapping) ② 벤딩(bending)
③ 드로잉(drawing) ④ 엠보싱(embossing)

> Solution 래핑은 정밀입자가공의 종류이다.

38 급속귀환 운동을 하는 기계는 다음 중 어느 것인가?
① 선반 ② 밀링
③ 셰이퍼 ④ 드릴링머신

> Solution 급속귀환 운동을 하는 공작기계는 셰이퍼, 슬로터, 플레이너 등이다.

39 3차원 측정기는 X, Y, Z의 3차원 공간상에서 측정점의 좌표점을 검출하여, 데이터를 컴퓨터로 처리하는 측정기이다. 3차원 측정기를 조작상으로 분류할 때 여기에 해당되지 않는 것은?
① 수동형(floating type) ② 조이스틱형(joystick type)
③ CNC형(CNC type) ④ 겐트리형(gantry type)

40 동시에 여러 개의 드릴을 설치하여 공작물에 여러 개의 구멍을 동시에 뚫는 구조의 드릴링머신은 무엇인가?
① 탁상드릴링머신(bench drilling machine)
② 레이디얼드릴링머신(radial drilling machine)
③ 직립드릴링머신(Upright drilling machine)
④ 다축드릴링머신(multi spindle drilling machine)

제3과목 기계설계 및 기계재료

41 세레이션(serration)에 대한 일반적인 설명 중 틀린 것은?
① 스플라인에 비하여 치수(齒數)가 많다.
② 삼각치 세레이션은 끼워맞춤 정밀도가 나쁘고 작업 공수가 많다.
③ 세레이션은 주로 정적인 이음에만 사용된다.
④ 측압 강도가 작아서 같은 바깥지름의 스플라인에 비해 큰 회전력을 전달할 수 없다.

Answer 36 ④ 37 ① 38 ③ 39 ④ 40 ④ 41 ④

42 그림과 같은 리벳이음에서 피치를 p, 리벳지름을 d, 판의 두께를 T, 판의 인장응력을 f_t라고 할 때 리벳효율 η를 구하면? (단, 리벳의 전단응력은 f_s이다.)

① $\eta = \dfrac{p-d}{p}$

② $\eta = \dfrac{p-d}{d}$

③ $\eta = \dfrac{\pi d^2 f_t}{4pTf_s}$

④ $\eta = \dfrac{\pi d^2 f_s}{4pTf_t}$

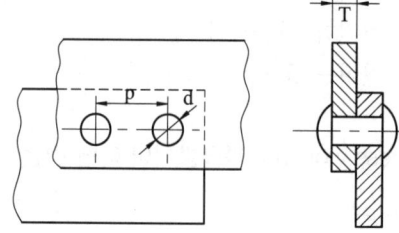

43 4각 나사에서 리드각 3.83°, 마찰계수 $\mu = 0.1$일 때, 이 나사의 효율을 구하면?

① 28.77% ② 32.75%
③ 39.83% ④ 42.56%

> **Solution** $\rho = \tan^{-1}(0.1) = 5.71°$, $\eta = \dfrac{\tan\alpha}{\tan(\alpha+\rho)} = \dfrac{\tan 3.83}{\tan(3.83+5.71)} \times 100 = 39.83\%$

44 지름 8cm의 중심 원형축과 비틀림 강도가 같은 중공축(바깥지름과 안지름의 비 $x = 0.6$)의 바깥지름은 몇 mm인가?

① 83.79mm ② 86.76mm
③ 85.75mm ④ 90.35mm

45 다음 중 전위기어의 특징으로 거리가 먼 것은?

① 두 축간 중심거리의 조절이 가능하다.
② 언더컷을 방지한다.
③ 이의 강도를 증가시킬 수 있다.
④ 베어링 압력을 작게 할 수 있다.

46 안지름 1500mm의 보일러 동체가 70N/cm^2의 내압을 받는다면 동체를 만든 강판의 인장강도가 350N/mm^2, 안전계수가 4, 이음효율이 65%, 부식여유가 1mm라고 할 때 이 동체의 두께는 약 몇 mm인가?

① 6.5 ② 8.3
③ 9.2 ④ 10.2

> **Solution** $t = \dfrac{PdS}{\sigma \times 2\eta} + C = \dfrac{70 \times 10^{-2} \times 1500 \times 4}{2 \times 350 \times 0.65} + 1 = 10.23\text{mm}$

Answer 42 ④ 43 ③ 44 ① 45 ④ 46 ④

47 평균지름이 55mm이고, 소선의 지름이 5mm인 코일 스프링에 하중이 1kN이 가해질 때 스프링에 발생하는 최대전단 응력은 몇 GPa인가? (단, Wahl 응력수정계수 K를 적용하며, 그 식은 $K = \dfrac{4C-1}{4C-4} + \dfrac{0.615}{C}$ 이고, 여기서 C는 스프링지수이다.)

① 3.148 ② 2.214 ③ 1.266 ④ 0.953

> **Solution** $C = \dfrac{D}{d} = \dfrac{55}{5} = 11$, $K = \dfrac{4 \times 11 - 1}{4 \times 11 - 4} + \dfrac{0.615}{11} = 1.13$, $\tau = K \cdot \dfrac{16PR}{\pi d^3}$
> $= 1.13 \times \dfrac{16 \times 10^3 \times 27.5}{\pi \times 5^3} = 1266.75 \text{N/mm}^2 = 1.27 \text{GPa}$

48 안지름 70mm, 길이 85mm의 놋쇠메탈의 저널 베어링을 400rpm으로 회전하는 전동축에 사용했을 때 몇 kN의 베어링 하중을 지지할 수 있는가? (단, 압력속도계수 $pv = 1\text{N/mm}^2 \cdot \text{m/s}$ 이다.)

① 약 1.53kN ② 약 2.05kN
③ 약 3.24kN ④ 약 4.06kN

> **Solution** $P \cdot V = \dfrac{\overline{w}}{d \times \ell} \times \dfrac{\pi DN}{60 \times 1000}$, $1 = \dfrac{\overline{w}}{70 \times 85} \times \dfrac{\pi \times 70 \times 400}{60 \times 1000}$, $\overline{w} = 4060.51\,N = 4.06\text{KN}$

49 굽힘 모멘트 M 과 비틀림 모멘트 T 가 동시에 작용하는 축의 설계에서 최대 전단 응력설에 의한 상당 비틀림 모멘트(equivalent twisting moment) T_e 를 구하는 식은?

① $T_e = \dfrac{1}{2}(M + \sqrt{M^2 + T^2})$ ② $T_e = \sqrt{M^2 + T^2}$
③ $T_e = \dfrac{1}{2}\sqrt{M^2 + 4T^2}$ ④ $T_e = M + \sqrt{M^2 + T^2}$

50 내연기관 실린더에서 폭발이 일어날 때 회전축에 큰 회전토크를 발생시키고, 또 다른 폭발이 있을 때까지 새로운 에너지의 공급 없이 회전하게 된다. 이와 같은 폭발간격으로 인하여 구동 토크의 크기 변동과 회전각속도가 변동될 때 각속도의 변동을 줄여주는 역할을 하는 것은?

① 관성차(fly wheel) ② 래칫 휠(rachet wheel)
③ 밴드 브레이크(band brake) ④ 원판 브레이크(disk brake)

51 다음 중 서브제로(sub-Zero)처리에 대한 설명으로 틀린 것은?

① 잔류오스테아니트를 마텐자이트화 한다.
② 공구강의 경도증가와 성능을 향상시킨다.
③ 스테인리스강에는 우수한 기계적 성질을 부여한다.
④ 충격값을 증가시키고 시효에 의한 치수변화가 생각한다.

Answer 47 ③ 48 ④ 49 ② 50 ① 51 ④

52 다음 중 스프링 강의 기호를 나타내는 것은?
① SCM4 ② SNCMB
③ SPS9 ④ STS3

53 다음 주강품에 대한 설명 중 틀린 것은?
① 주조한 것은 내부응력이 있다.
② 주조 후는 일반적으로 풀림(Annealling)을 한다.
③ 평균 주조 수축율은 약 2%이다.
④ 중탄소 주강은 0.1~0.2%C 범위이다.

54 게이지강이 갖추어야 할 조건으로 틀린 것은?
① 내마모성이 크고, HRC55 이상의 경도를 가질 것
② 담금질에 의한 변형 및 균열이 적을 것
③ 오랜 시간 경과하여도 치수의 변화가 적을 것
④ 열팽창계수는 구리와 유사하며 취성이 좋을 것

55 주조할 때 주물표면을 금속형 등으로 급냉하여 백선화시켜서 경도를 높이고 내마모성, 내압성을 향상시킨 주철은?
① 구상흑연주철 ② 칠드주철
③ 가단주철 ④ 규소주철

56 쾌삭강(Free cutting steel)에 절삭속도를 크게 하기 위하여 첨가하는 주된 원소는?
① Ni ② Mn
③ W ④ S

57 $Fe - Fe_3C$ 평형 상태도의 723℃(A_1)에서 일어나는 변태로부터 나타나는 조직은?
① 마텐자이트 ② 오스테나이트
③ 펄라이트 ④ 베이나이트

Answer 52 ③ 53 ④ 54 ④ 55 ② 56 ④ 57 ③

58 다음 중 가단주철을 설명한 것으로 가장 적합한 것은?

① 기계적 특성과 내식성, 내열성을 향상시키기 위해 Mn, Si, Ni, Cr, Mo, V, Al, Cu 등의 합금원소를 첨가한 것이다.
② 탄소량 2.5% 이상의 주철을 주형에 주입한 그 상태로 흑연을 구상화한 것이다.
③ 표면을 칠(chill) 상에서 경화시키고 내부조직은 펄라이트와 흑연인 회주철로 해서 전체적으로 인성을 확보한 것이다.
④ 백주철을 고온도로 장시간 풀림해서 시멘타이트를 분해 또는 감소시키고 인성이나 연성을 증가시킨 것이다.

59 탄소강을 풀림(Annealing)하는 목적과 관계없는 것은?

① 결정입도 조절
② 상온가공에서 생긴 내부능력 제거
③ 오스테나이트에서 탄소를 유리시킴
④ 재료에 취성과 경도부여

제4과목 기구학 및 CAD

60 40~50% Ni을 함유한 합금이며, 전기저항이 크고 저항온도 계수가 작으므로 전기저항선이나 열전쌍의 재료로 많이 쓰이는 Ni-Cu합금은?

① 엘린바
② 라우탈
③ 콘스탄탄
④ 인바

61 다음 중 곡면(surface) 모델에 해당하지 않는 사항은?

① NC 가공에 필요한 곡면정보를 가지고 있다.
② 체적을 계산할 수 있다.
③ 세이딩(shading) 처리를 하면 현실감 나는 모델을 화면에서 볼 수 있다.
④ 설계하고자 하는 부품의 일부 표면을 모델링할 때 적당하다.

62 2차원 CAD에서 원을 지정하는 일반적 방법이 아닌 것은?

① 원의 중심과 반경을 지정한다.
② 원의 중심과 원주상의 한 점을 지정한다.
③ 4개의 통과하는 점을 지정한다.
④ 원의 반경과 두 개의 접하는 직선을 지정한다.

Answer 58 ④ 59 ④ 60 ③ 61 ② 62 ③

63 하나의 pixel에 6bit를 저장할 수 있고 color look-up table에 12bit를 저장할 수 있는 color monitor에 대한 설명으로 잘못된 것은?

① Lookup table에 저장할 수 있는 색의 가지수는 2^{18}이다.
② 사용자가 선택할 수 있는 색의 가지수는 2^{12}이다.
③ Monitor상에서 동시에 display할 수 있는 색의 가지수는 2^6이다.
④ 색을 표현하는 데 빨강색, 초록색, 파랑색에 각각 4bit의 정보를 할당할 수 있다.

64 서로 다른 CAD/CAM 시스템 사이의 데이터 교환수단으로서 적당하지 않은 것은?
① DXF ② IGES
③ PHIGS ④ STEP

65 날개형 모서리(winged-edge) 데이터 구조에 대하여 틀린 것은?
① 면의 구멍 루프를 다룰 수 있다.
② 면이 아닌 모서리를 중심으로 한다.
③ 모서리에는 인접하는 2개의 면에 대한 정보가 포함되어 있다.
④ 모서리에는 양단의 꼭지점에 인접한 모든 모서리에 대한 정보가 있다.

66 곡선의 성질 중에서 접선벡터의 변화량과 가장 관련이 깊은 것은?
① 곡률(curvature) ② 곡선의 길이
③ 현의 길이 ④ 호의 길이

67 NURBS(Nonuniform rational B-spline)의 표현식은 다음과 같다. 이 식에 관련된 다음 설명 중 틀린 것은?

$$P(s) = \frac{\sum_{t=0}^{n} \omega_i \ p_i \ N_{i,k}(s)}{\sum_{t=0}^{n} \omega_i \ N_{i,k}(s)}$$

① ω : 가중치인자
② p : 조정점의 좌표
③ 구간내에서 기초함수 $N_{i,k}(s)$의 값은 0과 1 사이의 값을 가진다.
④ ω_i가 모두 1인 경우, $\sum_{t=o}^{n} p_i N_{i,k}(s) = 1$이다.

Answer 63 ① 64 ③ 65 ④ 66 ① 67 ④

68 솔리드 모델링 기법중의 하나로서 특정규칙에 의하여 여러 개의 빈공간의 교집합으로 표현되는 기본적인 형상들을 기하학적인 불리안 연산으로 조합하여 실제 물체를 생성하는 기법은?
① B-rep　　② CSG
③ Sweeping　　④ 피쳐기반모델링

69 점 (2, 1)을 중심으로 점 (x, y)를 2배 확대하여 점 (x', y')을 다음 식으로 구하고자 한다. A에 들어가야 할 내용은?

$$[x'\ y'\ 1]=[x\ y\ 1][A]$$

① $\begin{bmatrix} 2 & 0 & 0 \\ 0 & 2 & 0 \\ -2 & -1 & 1 \end{bmatrix}$　② $\begin{bmatrix} 1 & 0 & 0 \\ 0 & 1 & 0 \\ -2 & -1 & 1 \end{bmatrix}$

③ $\begin{bmatrix} 2 & 0 & 0 \\ 0 & 2 & 0 \\ 0 & 0 & 1 \end{bmatrix}$　④ $\begin{bmatrix} 1 & 0 & 0 \\ 0 & 1 & 0 \\ 2 & 1 & 1 \end{bmatrix}$

70 다음 중 파라메트릭 모델링의 일반적 특징이 아닌 것은?
① 도형에 대하여 구속조건의 부여가 가능하다.
② 변수 테이블을 사용한다.
③ 불리안(Boolean) 작업에 의해서 수행된다.
④ 유사한 형상들의 모델링에 유용하다.

71 동일한 기어에서 지름피치(D.P)가 클수록 잇수와 이의 크기와의 관계를 옳게 설명한 것은?
① D.P가 클수록 잇수가 많아지고, 이의 크기는 작아진다.
② D.P가 클수록 잇수가 적어지고, 이의 크기는 작아진다.
③ D.P가 클수록 잇수가 적어지고, 이의 크기는 커진다.
④ D.P와는 관계가 없다.

72 두 축의 연장선이 만나는 마찰차는?
① 홈붙이 마찰차　　② 원통 마찰차
③ 원뿔 마찰차　　④ 스큐우(skew) 마찰차

73 다음 운동 전달기구 중에서 원동절과 종동절의 각 속도비가 일정하지 않은 것은?
① 타원마찰차　　② 스퍼기어
③ 벨트전동기구　　④ 웜기어

Answer　68 ②　69 ①　70 ③　71 ①　72 ③　73 ①

74 벨트 전동 장치에서 전달동력에 대한 설명으로 틀린 것은?
① 접촉각이 클수록 큰 동력을 전달시킬 수 있다.
② 마찰계수의 값이 클수록 큰 동력을 전달시킬 수 있다.
③ 원심장력이 클수록 전달동력이 증가된다.
④ 장력비가 클수록 전달동력이 커진다.

75 다음 중에서 가장 정확한 속도비를 얻을 수 있는 전동장치는?
① 평 벨트 ② V 벨트 ③ 로프 ④ 체인

76 압력각이 20°이고, 모듈이 5, 잇수가 60개인 표준스퍼기어의 법선 피치는 약 얼마인가?
① 4.7mm ② 14.8mm ③ 20.7mm ④ 28.2mm

> Solution $P_g = P \cdot \cos x = \pi \times 5 \times \cos 20° = 14.8mm$

77 축이 구멍이 있는 기소(機素)에 끼워져 대우를 이루고 있는 경우의 자유도는?
① 1 ② 2 ③ 3 ④ 4

78 바로걸기 벨트전동기구에서 원동차의 직경(D_A)이 1000mm이고, 회전수(N_A)가 120rpm이며, 종동차의 직경(D_B)이 500mm일 때 종동차의 회전수(N_B)는 몇 rpm인가? (단, 벨트는 전동 중에 미끄럼 및 늘어나지 않는다고 가정하고 벨트 두께는 무시한다.)
① 280 ② 240 ③ 120 ④ 60

> Solution $i = \dfrac{N_B}{N_A} = \dfrac{D_A}{D_B}, \dfrac{N_B}{120} = \dfrac{1000}{500}, N_B = 240 \mathrm{rpm}$

79 그림과 같은 기어열을 만들어 속도비 12를 만들려 할 때 각 기어들의 잇수를 옳게 표시한 것은?
① $Z_A = 90, Z_B = 30, Z_C = 80, Z_D = 20$
② $Z_A = 30, Z_B = 40, Z_C = 50, Z_D = 60$
③ $Z_A = 20, Z_B = 50, Z_C = 70, Z_D = 80$
④ $Z_A = 30, Z_B = 60, Z_C = 20, Z_D = 100$

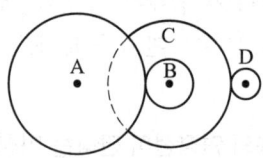

> Solution $\dfrac{Z_A \times Z_C}{Z_B \times Z_D} = 12$

80 자동차의 창 닦기 기구나 만능 제도기 등에 응용된 크랭크 기구는?
① 레버 크랭크 기구
② 이중 크랭크 기구(평행 크랭크 기구)
③ 이중 레버 기구(양 레버 기구)
④ 왕복 슬라이더 크랭크 기구

Answer 74 ③ 75 ④ 76 ② 77 ② 78 ② 79 ① 80 ②

2011년 6월 12일 기출문제

제1과목 재료역학

01 그림과 같이 길이 100cm의 외팔보에 2개의 집중하중이 작용할 때 C점에서의 굽힘모멘트는 몇 N·m인가?

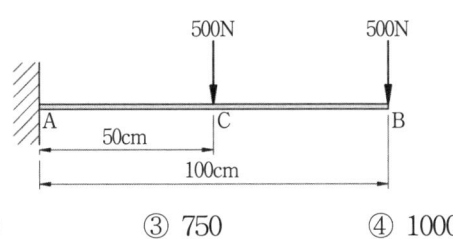

① 250　　② 500　　③ 750　　④ 1000

Solution $M_c = 500 \times 0.5 = 250 \text{N} \cdot \text{m}$

02 그림에서 A는 고압 증기 터빈, B는 저압 증기 터빈이고 내경 60cm, 외경 65cm인 파이프로 연결되어 있다. 20℃에서 연결하고 운전 중 300℃ 증기가 중공측 내에 흐른다. 이 때 파이프에 발생하는 평균 열응력은 약 몇 MPa인가? (단, $E=200\text{GPa}$, $\alpha = 1.2 \times 10^{-5}/℃$, A, B는 이동되지 않음)

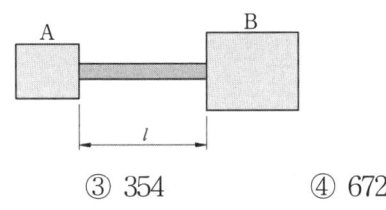

① 205　　② 230　　③ 354　　④ 672

Solution $\sigma = 200 \times 10^3 \times 1.2 \times 10^{-5} \times 280 = 672 \text{MPa}$
$= E \cdot \alpha \triangle t$

03 그림과 같이 길이 $2l$인 보에 균일분포 하중 w가 작용할 때 중앙 지지점을 δ만큼 낮추면 중앙점에서의 반력은?(단, 보의 굽힘강성 EI은 일정하다.)

① $\dfrac{10wl}{8} - \dfrac{6\delta EI}{l^3}$

② $\dfrac{10w^2l}{8} - \dfrac{6\delta EI}{l^3}$

③ $\dfrac{10wl}{8} - \dfrac{6\delta EI}{l^2}$

④ $\dfrac{10wl^2}{8} - \dfrac{6\delta EI}{l^3}$

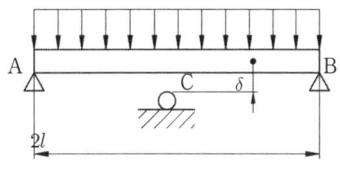

Answer　1 ①　2 ④　3 ①

Solution
$$\delta_{max} = \frac{5 \cdot w \cdot (2l)^4}{384 E \cdot I} = \frac{5 \cdot w \cdot l^4}{24 EI}$$
$$\delta_{max} - \delta = \frac{R_C (2l)^3}{48 E \cdot I} = \frac{R_B \cdot l^3}{6 EI}$$
$$R_B = \frac{5w\ell}{4} - \frac{6EI \cdot \delta}{\ell^3} = \frac{10w\ell}{8} - \frac{6EI \cdot \delta}{\ell^3}$$
$$R_C = \frac{5wl}{4} - \frac{6E \cdot I \cdot \delta}{l^3} = \frac{10w \cdot l}{8} - \frac{6E \cdot I \cdot \delta}{l^3}$$

04 보의 자중을 무시할 때 그림과 같이 자유단 C에 집중하중 P가 작용할 때 B점에서 처짐 곡선의 기울기각 θ을 탄성계수 E, 단면 2차모멘트 I로 나타내면?

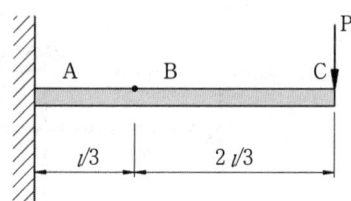

① $\dfrac{5}{9} \dfrac{Pl^2}{EI}$ ② $\dfrac{5}{18} \dfrac{Pl^2}{EI}$ ③ $\dfrac{5}{27} \dfrac{Pl^2}{EI}$ ④ $\dfrac{5}{36} \dfrac{Pl^2}{EI}$

Solution
$$\frac{d^2 y}{dx^2} = -\frac{M_x}{EI} = \frac{P \cdot x}{EI}$$
$$\frac{dy}{dx} = \frac{P \cdot x^2}{2EI} + C_1, \quad C_1 = -\frac{P \cdot l^2}{2EI}$$
$$\theta_x = \frac{P}{2EI}(x^2 - l^2)$$
$$x = \frac{2l}{3},$$
$$\theta_x = \frac{P}{2EI}\left(\frac{4l^2}{9} - l^2\right) = -\frac{5P \cdot l^2}{18 EI}$$

05 원형 단면의 길이가 2m인 장주가 양단 회전으로 지지되고 25kN의 압축하중을 받을 때 좌굴에 대한 안전계수를 5로 하면 기둥의 직경은 몇 cm로 해야 되겠는가?(단, Euler 공식을 적용하고, 탄성계수는 10GPa이다.)

① 10.08   ② 8.08   ③ 12.08   ④ 14.08

Solution $Pcr = 5 \times 25 \times 10^3 = \dfrac{1 \times \pi^2 \times 10 \times 10^9 \times \pi d^4}{2^2 \times 64}$
$d = 10.08 \text{cm}$

06 다음 그림에서 A지점의 반력 R_A는?

① $\dfrac{wl_2(l_2 + 3l_3)}{6(l_1 + l_2 + l_3)}$

② $\dfrac{wl_2(l_2 + 3l_3)}{3(l_1 + l_2 + l_3)}$

③ $\dfrac{wl_2(l_2 + l_3)}{6(l_1 + l_2 + l_3)}$

④ $\dfrac{wl_2(l_2 + l_3)}{3(l_1 + l_2 + l_3)}$

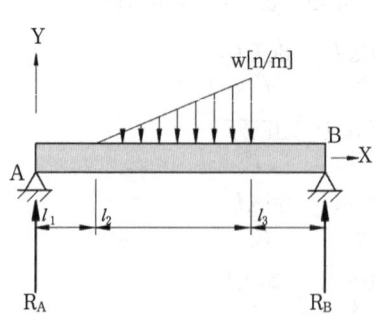

Answer 4 ② 5 ① 6 ①

> **Solution** $R_A = \dfrac{w \cdot \ell_2 \times \left(\dfrac{1}{3}l_2 + l_3\right)}{2(l_1+l_2+l_3)} = \dfrac{w \cdot l_2 \cdot (l_2+3l_3)}{6(l_1+l_2+l_3)}$

07 길이가 L이고 반경이 r_o인 원통형의 나사를 끼워 넣을 때 나사의 단위 길이 당 t_o의 토크가 필요하다. 나사 재질의 전단 탄성 계수가 G일 때 나사 끝단 간의 비틀림 회전향은 얼마인가?

① $\dfrac{t_0 L^2}{\pi r_o^4 G}$ ② $\dfrac{t_0^2}{\pi r_o^4 GL}$

③ $\dfrac{t_0^2 r_o^4}{\pi L}$ ④ $\dfrac{4L}{\pi r_o^2 t_o}$

> **Solution** $\theta = \dfrac{T \cdot l}{G \cdot Ip} = \dfrac{t_o \cdot l^2}{G \cdot \dfrac{\pi \cdot (2 \cdot r_o)^4}{32}} = \dfrac{2 \cdot t_o \cdot l^2}{\pi \cdot G \cdot r_o^4}$
>
> ∴ 나사 끝단 간의 비틀림 회전량 $\dfrac{\theta}{2} = \dfrac{t_o \cdot l^2}{\pi \cdot G \cdot r_o^4}$

08 지름 d=3cm의 환봉이 P=25kN의 전단하중을 받아서 0.00075의 전단 변형률을 발생시켰다. 이 때 재료의 전단탄성계수는 약 몇 GPa인가?

① 87.7   ② 97.7
③ 47.2   ④ 57.2

> **Solution** $\tau = G \cdot \gamma = \dfrac{P}{A}$
>
> $G = \dfrac{4 \times 25 \times 10^{-6}}{\pi \times 0.03^2 \times 0.00075} = 47.18 \text{GPa}$

09 폭이 2cm이고 높이가 3cm인 단면을 가진 길이 50cm의 외팔보의 고정단에서 40cm 되는 곳에 800N의 집중하중을 작용시킬 때 자유단의 처짐은 약 몇 mm인가?(단, 탄성계수는 E=2.1×107N/cm²이다.)

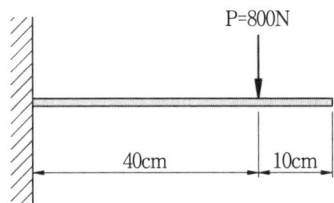

① 5.5   ② 4.5   ③ 3.5   ④ 2.5

> **Solution** $\delta = \dfrac{800 \times 40^2}{2EI} \times \left(10 + \dfrac{2}{3} \times 40\right) = \dfrac{12 \times 800 \times 40^2}{2 \times 2.1 \times 10^7 \times 2 \times 3^3} \times \left(10 + \dfrac{80}{3}\right) = 0.248\text{cm} = 2.48\text{mm}$

Answer 7 ①   8 ③   9 ④

10 원형 단면에 전단역 V가 그림과 같이 작용할 때 원주상에 작용하는 전단응력이 0이 되는 지점은?

① A, B
② A, B, C, D
③ A, C
④ B, D

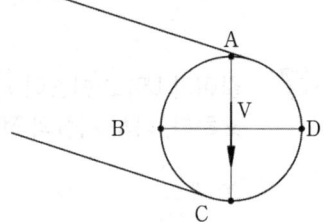

> **Solution** 전단력이 원형 단면의 접선방향으로 작용하고 있을 때 전단력 작용방향 축의 도형의 끝단에서는 전단응력이 0이고 도심에서는 최대값을 갖는다.

11 폭 90mm, 두께 18mm 강판에 세로(종) 방향으로 50kN 전단력이 작용할 때, 전단 탄성계수가 G=80GPa이면 전단 변형률은?

① 1.9×10^{-4}
② 2.6×10^{-4}
③ 3.8×10^{-4}
④ 4.8×10^{-4}

> **Solution** $\tau = G \cdot \gamma = \dfrac{P}{A}$
> $\gamma = \dfrac{50\times10^3}{0.09\times0.018\times80\times10^9} = 3.86\times10^{-4}$

12 바깥지름 40cm, 안지름 20cm의 속이 빈 축은 동일한 단면적을 가지며, 같은 재질의 원형축에 비하여 약 몇 배의 비틀림 모멘트에 견딜 수 있는가?

① 0.9배　② 1.2배　③ 1.4배　④ 1.6배

> **Solution** $T_1 = \tau_a \cdot Z_{P_1} = \tau_a \cdot \dfrac{\pi d^3}{16} = \tau_a \cdot \dfrac{d \cdot A}{4}$
> $\dfrac{\pi d^2}{4} = \dfrac{\pi d_2^2}{4}(1-x^2)$
> $d^2 = 40^2 \times (1-0.5^2) = 1200$
> $d \fallingdotseq 34.64\text{cm}$
> $T_2 = \tau_a \cdot \dfrac{\pi d_2^3}{16}(1-x^4) = \tau_a \cdot \dfrac{d_2 \cdot A}{4}(1+x^2)$
> $\dfrac{T_1}{T_2} = \dfrac{34.64}{(1+x^2)\times 40} = 0.6928$
> $T_2 = 1.44 T_1$

13 지름 3cm인 강축이 회전수 1590rpm으로 26.5kW의 동력을 전달하고 있다. 이 축에 발생하는 최대 전단응력은 약 몇 MPa인가?

① 30　② 40　③ 50　④ 60

> **Solution** $974000\times9.8\times\dfrac{26.5}{1590} = \tau\times\dfrac{\pi\times30^3}{16}$
> $\tau = 30.02\text{MPa}$

> **Answer**　10 ③　11 ③　12 ③　13 ①

14 평면 응력상태의 한 요소에 σ_x=100MPa, σ_y=50MPa, τ_{xy}=0을 받는 평판에서 평면 내에서 발생하는 최대 전단응력은 몇 MPa인가?

① 25 ② 50 ③ 75 ④ 0

Solution $\tau_{max} = \dfrac{100-50}{2} = \dfrac{50}{2} = 25\,\text{MPa}$

15 그림과 같이 W=200N의 강구가 판 사이에 끼여 있을 때, 접촉점 A에서의 반력 RA는 약 몇 N인가?(단, 접촉면에서의 마찰은 무시한다.)

① 231
② 323
③ 415
④ 502

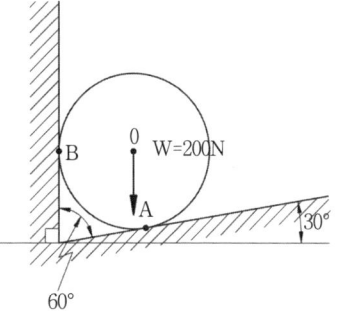

Solution $R_A = \dfrac{200}{\sin 120°} = 230.94\,\text{N}$

16 그림과 같은 단면의 중립축에 대한 단면 2차모멘트는?

① $21.76 \times 10^6 \text{mm}^4$
② $35.76 \times 10^6 \text{mm}^4$
③ $217.6 \times 10^6 \text{mm}^4$
④ $357.6 \times 10^6 \text{mm}^4$

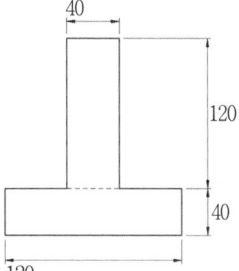

Solution $\bar{y} = \dfrac{(120 \times 40 \times 20) + (40 \times 120 \times 100)}{(120 \times 40) + (40 \times 120)} = 60\,\text{mm}$

$I_G = (\dfrac{120 \times 40^3}{12} + 40^2 \times 120 \times 40) + (\dfrac{40^3 \times 120}{12} + 40^2 \times 120 \times 40) = 21.76 \times 10^6 \text{mm}^4$

17 그림과 같은 외팔보에서 허용 굽힘응력 σ_a=50kN/cm²이라 할 때, 최대 하중 P는 약 몇 kN인가?(단, 보는 단면은 10cm×10cm이다.)

① 110.5
② 100.0
③ 95.6
④ 83.3

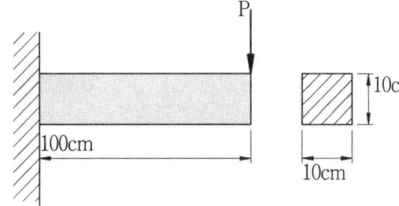

Solution $50 = \dfrac{6 \times P \times 100}{10^3}$
P=83.33kN

Answer 14 ① 15 ① 16 ① 17 ④

18 그림과 같이 단붙이 봉에 인장하중 P가 작용할 때, 축의 지름을 $d_1 : d_2 = 3 : 2$로 하면 d_1 부분에 발생하는 응력 σ_1과 d_2 부분에 발생하는 응력 σ_2의 비는?

① $\sigma_1 : \sigma_2 = 3 : 2$
② $\sigma_1 : \sigma_2 = 2 : 3$
③ $\sigma_1 : \sigma_2 = 9 : 4$
④ $\sigma_1 : \sigma_2 = 4 : 9$

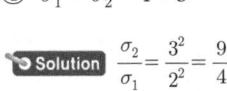

Solution $\dfrac{\sigma_2}{\sigma_1} = \dfrac{3^2}{2^2} = \dfrac{9}{4}$
$\sigma_1 : \sigma_2 = 4 : 9$

19 반경 r, 압력 P, 두께 t인 실린더형 압축용기에서 발생되는 절대 최대 전단응력(3차원 응력 상태에서의 최대 전단응력)의 크기는?

① $\dfrac{Pr}{2t}$ ② $\dfrac{Pr}{t}$ ③ $\dfrac{Pr}{4t}$ ④ $\dfrac{2Pr}{t}$

Solution 내부 반지름 r이고, 두께가 t인 얇은 벽의 구가 내부압력을 P를 받고 있을 때 주응력
$\sigma_r = 0,\ \sigma_\theta = \sigma_\phi = \dfrac{Pr}{2t}$
내부 반지름이 r이고, 두께가 t인 양 끝이 막혀 압력을 받고 있는 얇은 실린더 벽의 주응력성분
$\sigma_r = 0,\ \sigma_\theta = \dfrac{Pr}{t},\ \sigma_x = \dfrac{P \cdot r}{2t}$

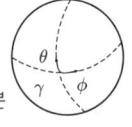

20 다음 그림에서 2kN의 힘을 전달하는 키(15×10×60mm)가 있다. 이 키(key)에 생기는 전단응력은 약 몇 MPa인가?

① 66.7
② 44.4
③ 22.2
④ 12.3

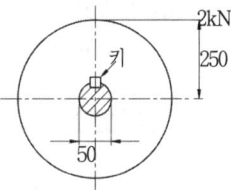
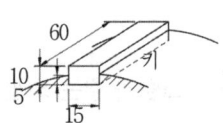

Solution $\tau_k = \dfrac{2 \times 2 \times 10^3 \times 250}{15 \times 60 \times 50} = 22.2\text{MPa}$

=====(제2과목 기계제작법)=====

21 두께 2mm인 연강판에서 지름 100mm의 원을 펀칭하는데 필요한 힘은 약 몇 kN 인가? (단, 연강판의 전단저항은 300MP이다.)

① 255.2 ② 468.4
③ 188.5 ④ 376.8

Solution $F = 300 \times \pi \times 100 \times 2 = 188.4\text{kN}$

Answer 18 ④ 19 ① 20 ③ 21 ③

22 압연가공에서 압하율을 나타낸 식은? (단, H_0=압연 전 두께, H_1=압연 후 두께이고, A_0=압연 전 단면적, A_1=압연 후 단면적이다.)

① $\dfrac{H_0 - H_1}{H_0} \times 100\%$
② $\dfrac{H_1}{H_0} \times 100\%$
③ $\dfrac{A_0 - A_1}{A_0} \times 100\%$
④ $\dfrac{A_1}{A_0} \times 100\%$

23 코어가 없이 원통형 주물을 제조할 수 있는 주조 방법은?
① 연속주조방법
② 원심주조방법
③ 저압주조방법
④ 다이캐스팅법

24 용접 결함에 있어서 언더컷(under cut)이 발생하는 원인으로 거리가 먼 것은?
① 아크 길이가 너무 길 때
② 전류가 너무 낮을 때
③ 용접속도가 적당하지 않을 때
④ 부적당한 용접봉을 사용했을 때

25 회전하는 상자에 공작물과 숫돌 입자, 공작액, 컴파운드 등을 함께 넣어 공작물이 입자와 충돌하는 동안에 그 표면의 요철을 제거하며, 매끈한 가공면을 얻는 가공법은?
① 숏 피닝
② 전해 가공
③ 초음파 가공
④ 배럴 가공

26 기어 가공법 중 인벌류트 치형을 정확하게 가공할 수 있는 방법으로 래크 커터 또는 호브를 이용한 가공방법은?
① 선반에 의한 방법
② 형판에 의한 방법
③ 총형커터에 의한 방법
④ 창성에 의한 방법

27 화염경화법의 장점이 아닌 것은?
① 국부 담금질이 가능하다.
② 가열 온도의 조절이 쉽다.
③ 일반 담금질에 비해 담금질 변형이 적다.
④ 설비비가 적게 든다.

Answer 22 ① 23 ② 24 ② 25 ④ 26 ④ 27 ②

28 연삭숫돌의 결합도 중 단단함(hard)에 해당되는 것은?

① F　　　② J　　　③ R　　　④ O

29 미터나사에서 삼침법으로 측정한 나사의 유효지름이 $d_1[\text{mm}]$이고 나사의 피치 $P[\text{mm}]$일 때 삼침 접촉 후 측정한 외측거리 $M[\text{mm}]$를 나타내는 식으로 옳은 것은? (단, 삼침의 지름은 $d[\text{mm}]$이다.)

① $M = d_1 + 3.16567d - 0.096049P$
② $M = d_1 + 3.16567d + 0.096049P$
③ $M = d_1 + 3d - 0.866025P$
④ $M = d_1 + 3d + 0.866025P$

30 다음 질화법에 관한 설명 중 틀린 것은?

① 경화층은 비교적 얇고, 경도는 침탄한 것보다 크다.
② 질화법의 효과를 높이기 위해 첨가되는 원소는 Al, Cr, Mo 등이 있다.
③ 질화법의 기본적인 화학반응식은 $2NH_3 \rightarrow 2N + 3H_2$이다.
④ 질화법은 재료 중심까지 경화하는데 그 목적이 있다.

31 축방향의 이송을 행하지 않는 플런지 컷 연삭(plunge cut grinding)이란 어떤 연삭 방법에 속하는가?

① 외경연삭　　② 내면연삭
③ 나사연삭　　④ 평면연삭

32 다음 중 숫돌을 사용하여 가공하는 방법은?

① 버니싱(Burnishing)
② 슈퍼피니싱(Super-finishing)
③ 방전 가공(Electric discharge machining)
④ 초음파 가공(Ultra-sonic machining)

33 제품 가공을 위한 성형 다이를 주축에 장착하고, 소재의 판을 밀어 부친 후 회전시키면서 롤, 스틱으로 가압하여 성형하는 가공법은?

① 스피닝(spinning)　　② 스탬핑(stamping)
③ 코이닝(coining)　　④ 하이드로포밍(hydrforming)

Answer　28 ③　29 ③　30 ④　31 ①　32 ②　33 ①

34 연삭 숫돌과 관련된 용어의 설명으로 틀린 것은?

① Loading : 칩과 마모된 입자가 경사면과 여유면 사이를 메우는 눈 메움 현상으로 진동이 생기기 쉬우므로 다듬면이 나빠지고 숫돌의 마모가 촉진된다.
② Glazing : 입자가 무디어져 매끈한 상태가 되었을 때 가공된 면의 표면 거칠기가 좋아진다.
③ Dressing : 숫돌표면의 입자, 결합제, 이물질 등을 탈락시켜 절삭작용을 원활하게 한다.
④ truing : 숫돌의 연삭면을 숫돌 측에 대하여 평행 또는 일정한 형태로 성형 시켜 주는 방법이다.

35 측정기를 직접 측정기와 비교 측정기로 구분할 때 비교 측정기에 해당되는 것은?

① 마이크로미터
② 공기 마이크로미터
③ 버니어캘리퍼스
④ 측장기

36 비교 측정기를 사용할 때는 길이의 기준이 되는 표준게이지가 필요하다. 다음 중 표준게이지로 적절한 것은?

① 금속제 곧은자
② 마이크로미터
③ 게이지블록
④ 버니어캘리퍼스

37 인발 가공에 있어서 역장력(back tesion)을 주는 이유로 틀린 것은?

① 인발 다이의 수명을 연장시킬 수 있다.
② 제품의 지름을 보다 정밀하게 인발할 수 있다.
③ 다이의 온도 상승을 적게 할 수 있다.
④ 인발력을 감소시킬 수 있다.

38 선반에서 공작물의 절삭속도(V)를 구하는 공식은? (단, d : 공작물의 지름(m), n : 공작물의 회전수(rpm), V : 절삭속도(m/min)라 한다.)

① $V = \dfrac{\pi \cdot d \cdot n}{1000}$
② $V = \dfrac{\pi \cdot d}{100 \cdot n}$
③ $V = \pi \cdot d \cdot n$
④ $V = 2(\pi \cdot d \cdot n)$

Answer 34 ② 35 ② 36 ③ 37 ④ 38 ③

39 단식분할법을 이용하여 밀링가공으로 원을 중심각 $5\frac{2}{3}°$씩 분할하고자 한다. 분할판 27구멍을 사용하면 가장 적합한 가공법은?

① 분할판 27구멍을 사용하여 17구멍씩 돌리면서 가공한다.
② 분할판 27구멍을 사용하여 20구멍씩 돌리면서 가공한다.
③ 분할판 27구멍을 사용하여 12구멍씩 돌리면서 가공한다.
④ 분할판 27구멍을 사용하여 8구멍씩 돌리면서 가공한다.

Solution $n = \frac{x°}{9} = \frac{5.67°}{9} = \frac{17}{27}$

40 가스용접에서 사용하는 용접용 가스의 종류가 아닌 것은?
① 수소 ② LPG
③ 아세틸렌 ④ 이산화탄소

제3과목 기계설계 및 기계재료

---

41 단판 클러치의 마찰면의 안지름이 80mm이고 바깥지름을 120mm일 때 1800rpm에서 전달할 수 있는 최대동력은 약 몇 kW인가? (단, 마찰면의 마찰계수는 0.3이고, 허용면압은 392.4kPa이다.)

① 3.56 ② 6.97
③ 9.84 ④ 14.86

Solution $T = 0.3 \times 392.4 \times 10^{-3} \times \frac{\pi \times (120^2 - 80^2)}{4} \times \frac{80+120}{4}$
$= 974000 \times 9.8 \times \frac{HkW}{1800}$
$HkW = 6.97kW$

42 원판 모양의 밸브 디스크가 회전하면서 관을 개폐하여서 유량을 조절하며, 보통 교축밸브(throttle valve)로 사용되는 것은?
① 나비형 밸브 ② 슬루스 밸브
③ 스톱 밸브 ④ 콕

Answer 39 ① 40 ④ 41 ② 42 ①

43 그림과 같은 블록브레이크에서 드럼이 우회전할 때, 레버를 누르는 힘 F를 구하는 식은? (단, f 는 브레이크의 제동력이고, μ는 블록 브레이크와 드럼사이의 마찰계수이다.)

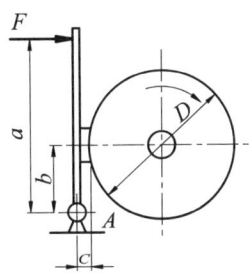

① $F = \dfrac{f(b+\mu c)}{a\mu}$ ② $F = \dfrac{f(b-\mu c)}{a\mu}$

③ $F = \dfrac{f(b+\dfrac{c}{\mu})}{a\mu}$ ④ $F = \dfrac{f(\mu b - c)}{a\mu}$

44 다음 중 헬리컬 기어와 같이 레이디얼 하중과 동시에 상당히 큰 스러스트 하중이 작용하는 장치에 사용하기 적합한 베어링은?

① 단열 깊은 홈 볼베어링
② 복렬 자동조심형 레이디얼 볼베어링
③ 원통 롤러 베어링
④ 테이퍼 롤러 베어링

45 기본부하 용량이 18000N인 볼베어링이 베어링 하중 2000N을 받고 150rpm으로 회전할 때, 이 베어링의 수명은 약 몇 시간인가?

① 9000시간   ② 81000시간
③ 168000시간   ④ 4860000시간

Solution $L_h = 500 \times \left(\dfrac{C}{P}\right)^r \times \dfrac{33.3}{N}$, $r = 3$

46 구동차의 지름이 300mm이고 600rpm의 회전수로 구동되는 외접 원통마찰차 접촉면 사이에 2000N의 힘으로 밀어붙이면 약 몇 kW의 동력을 전달할 수 있는가?(단, 접촉부의 마찰계수는 0.35이다.)

① 2.35   ② 6.60   ③ 8.81   ④ 18.83

Solution $HkW = \dfrac{\mu W \times \pi \cdot DN}{10_2 \times 60 \times 1000}$

Answer   43 ①   44 ④   45 ②   46 ②

47 스팬 $\ell = 1200$mm, 폭 100mm, 판의 두께 10mm의 양단(兩端)지지 겹판스프링에서 중앙에 10.44kN의 집중하중이 작용할 때 스프링의 판은 최소 몇 장 이상이어야 하는가?

(단, 재료의 허용 굽힘응력은 441.45MPa이고, 밴드의 폭 e=140mm이며, 유효스팬의 길이 ℓ_1은 $\ell_1 = \ell - 0.6e$)로 한다.)

① 6장 ② 5장 ③ 4장 ④ 3장

Solution $\ell_1 = 1200 - 0.6 \times 140 = 1,116$mm

$$\sigma = \frac{3\overline{w} \cdot \ell_1}{2nbh^2}$$

n≒4장

48 웜 기어 전동장치에서 웜 휠의 피치원 지름이 60mm, 웜의 리드가 4πmm일 때, 속도비 $i = N_2/N_1$의 값은 얼마인가? (단, N_1: 웜의 회전속도(rpm), N_2: 웜 휠의 회전속도(rpm)이다.)

① 15 ② $\frac{1}{15}$ ③ 24 ④ $\frac{1}{24}$

Solution $i = \frac{4\pi}{\pi \times 60} = \frac{1}{15}$

49 사각나사에서 효율(效率)이 최대로 되는 리드각 α는 다음 중 어느 것인가?

(단, 마찰계수는 $\mu = \tan\rho$이고, ρ는 마찰각이다.)

① $\alpha = 45° - \frac{\rho}{2}$ ② $\alpha = 45° + \frac{\rho}{2}$
③ $\alpha = 45° - \rho$ ④ $\alpha = 45° + \rho$

50 동일재료로 제작된 중실축과 중공축이 있다. 중실축의 외경(d)=40mm이고, 중공축의 $\frac{내경}{외경} = 0.6$일 때, 이들 두 축의 비틀림 강도가 동일하기 위한 중공축의 외경은 약 몇 mm 인가?

① 32 ② 42 ③ 52 ④ 62

Solution $40^3 = d_2^3 \times (1 - 0.6^4)$

$d_2 = 41.89$mm

Answer 47 ③ 48 ② 49 ① 50 ②

51 저 망간강으로 항복점과 인장강도가 큰 것을 무엇이라 하는가?

① 하드필드강　　② 쾌삭강　　③ 불변강　　④ 듀콜강

Solution 고망간강 : 히드필드강, 수인강

52 다음 중 KS 기호가 STD로 표기되는 강재는?

① 탄소공구강　　② 초경공구강
③ 다이스강　　　④ 고소도강

Solution ㉮ 탄소공구강 : STC
　　　　　㉯ 고속도공구강 : SKH

53 배빗메탈 이라고도 하는 베어링용 합금인 화이트 메탈의 주요성분으로 옳은 것은?

① Pb-W-Sn　　　② Fe-Sn-Cu
③ Sn-Sb-Cu　　　④ Zn-Sn-Cr

54 탄소강에서 템퍼링(tempering)을 하는 주된 목적으로 가장 적합한 것은?

① 조직을 조대화하기 위해서 행한다.
② 편석을 없애기 위해서 행한다.
③ 경도를 높이기 위해서 행한다.
④ 스트레인(strain)을 감소시키기 위해서 행한다.

Solution 뜨임(tempering) : 담금질 후 인성을 개선시키고 내부응력 제거를 위해 A_1 변태점 이하로 재가열후 냉각시키는 열처리이다.

55 하나의 액체에서 고체와 다른 종류의 액체를 동시에 형성하는 반응은?

① 초정반응　　② 포정반응　　③ 공정반응　　④ 편정반응

Solution ㉮ 공정반응 = 액체↔고체A+고체B
　　　　　㉯ 포정반응 = 고체A+액체↔고체B
　　　　　㉰ 편정반응 = 고체+액체A↔액체B

56 켈밋 합금(kelmet alloy)에 대한 사항 중 옳은 것은?

① Pb-Sn 합금, 저속 중하중용 베어링합금
② Cu-Pb 합금, 고속 고하중용 베어링합금
③ Sn-Sb 합금, 인쇄용 활자합금
④ Zn-Al-Cu 합금, 다이캐스팅용 합금

Solution Cu계 베어링합금으로 자동차·항공기 등에 사용한다.

Answer　51 ④　52 ③　53 ③　54 ④　55 ④　56 ②

57 합금 주철에서 강한 탈산제인 동시에 흑연화를 촉진하며 주철의 성장을 저지하고 내마모성을 향상시키는 원소는?
① 니켈
② 티탄
③ 몰리브덴
④ 바나듐

Solution
㉮ Mo : 흑연의 미세화, 내마모성 증가
㉯ Ni : 흑연화 촉진, 내식성 향상, 내마모성 증가
㉰ V : 흑연화 방지

58 선철의 파면 색깔이 백색을 나타낸 경우 함유된 탄소의 상태는?
① 대부분이 흑연상태로 존재
② 대부분이 산화탄소로 존재
③ 탄소함유량이 0.02%이하로 존재
④ 대부분이 Fe_3C 금속간 화합물로 존재

59 심냉(sub-zero)처리의 목적을 바르게 설명한 것은?
① 자경강에 인성을 부여하기 위함
② 담금질 후 시효변형을 방지하기 위해 잔류오스테나이트를 마텐자이트 조직으로 얻기 위함
③ 항온 담금질하여 베이나이트 조직을 얻기 위함
④ 급열·급냉시 온도 이력현상을 관찰하기 위함

60 일반적으로 합금의 석출 경화와 관계가 없는 것은?
① 냉각 속도
② 석출 온도
③ 괴냉도
④ 회복

제4과목 기구학 및 CAD

61 곡면 모델링 시스템(surlace modeling system)에서 곡면을 생성하기 위하여 주로 사용하는 방법과 가장 거리가 먼 것은?
① 곡면 상의 점들을 입력하여 보간 곡면을 생성
② 솔리드(solid)의 위상(lopology)정보를 사용하여 곡면을 생성
③ 주어진 곡선을 직선이동 또는 회전이동하여 곡면을 생성
④ 곡면 상의 곡선들을 그물 형태로 입력하여 보간 곡면을 생성

Answer 57 ② 58 ④ 59 ② 60 ④ 61 ②

62 구성되어 있는 곡면에서 곡면의 매개변수 u=0.5, v=0.7의 지정에 의해 얻어지는 도형 요소는?

① 점(point) ② 직선(line)
③ 곡선(curve) ④ 원(circle)

63 경계표현법(B-Rep)에 의하여 표현되는 단순다면체를 구성하는 면 개수(F), 모서리 개수(E), 꼭지점 개수(V) 간의 관계는 오일러-포앙카레(Euler-Poincare)공식으로 표현할 때 맞는 것은?

① 2F - E - V = 2
② F + E - V = 6
③ F + 2E -3V = 4
④ F - E + V =2

64 CAD 시스템에서 곡선의 표현방식으로 유리식을 사용하는 경우 그 주된 이유는?

① 수식이 간단하다.
② 2차 곡선들의 통합된 표현으로 가능하다.
③ 미분값을 구하기가 더 쉽다.
④ 적분값을 구하기가 더 쉽다.

65 CAD의 그래픽 장치로써 래스터 그래픽(raster display)장치와 벡터 그래픽(vwctor display)장치를 비교할 때 래스터 그래픽 장치의 장점이 될 수 있는 것은?

① 주사선이 도형의 형상을 따라 움직인다.
② 직선을 재그(jag)없이 항상 직선으로 쉽게 나타낼 수 있다.
③ 주사변환(scan conversion)이 필요하지 않다.
④ 이미지의 복잡성에 관계없이 일정한 속도로 화면리프레쉬(refresh)가 가능하다.

66 CAD 시스템간의 기하 데이터 교환 형식으로 볼 수 없는 것은?

① IGES ② STEP
③ DXF ④ SGML

Answer 62 ① 63 ④ 64 ② 65 ④ 66 ④

67 다음 조립체 모델링에 대한 설명 중 틀린 것은?
 ① 조립체 모델링(assembly modeling)은 개별 부품들을 조립체 또는 부조립체로 묶을 수 있는 논리적 구조를 제공하며, 사용자는 부품간의 연결과 관련해서 형상 정보를 다시 입력해야만 한다.
 ② 일반적으로 조립체 설계 시스템은 부품을 위치시키고, 부품 사이의 관계를 정의하고, 관련 데이터를 조회할 수 있는 탐색기를 가지고 있다.
 ③ 인스턴스(instance)는 볼트 등과 같이 많이 사용되는 부품을 하나의 모델만 저장해놓고 필요한 만큼 여러 곳에 개체를 만들어 위치시킴으로써 조립체를 상당히 단순화시킬 수 있게 한다.
 ④ 응축(agglomeration)은 전체 조립체 혹은 부조립체를 단일 모델로 그룹화시켜 놓는 것으로 부품끼리 맞닿고 있는 내부의 형상은 사라지고 단지 외곽의 상세부만 남게 된다.

68 다음 중 일반적으로 2차원 좌표계에서 수행되는 기하학적 변환이 아닌 것은?
 ① 이동(translation)   ② 축소확대(scaling)
 ③ 회전(rotation)   ④ 평행투영(parallel projection)

69 다음은 3차 B-spline 곡선과 3차 Bezier 곡선에 대한 설명이다. 올바른 것은?
 ① 두 곡선 모두 시작점과 끝점을 통과한다.
 ② 두 곡선 모두 다항함수를 기본 골격으로 하고 있다.
 ③ B-spline 곡선이 조건이 더 많아 Bezier 곡선보다 조정점 수가 많다.
 ④ m(m>1)개 곡선을 연결할 경우, 양 곡선의 조정점 수는 항상 같다.

70 다음 중 솔리드 모델에 관한 서술에 해당하지 않는 것은?
 ① 파라메트릭 모델링이 가능하다.
 ② 특징형상 모델링이 가능하다.
 ③ 모든 서피스 모델은 솔리드 모델로 전환할 수 없다.
 ④ 서피스 모델 정보 추출이 가능하다.

71 축간 거리를 가장 크게 할 수 있는 전달 장치는?
 ① 평 벨트   ② V 벨트
 ③ 롤러 체인   ④ 사일런트 체인

Answer 67 ① 68 ④ 69 ② 70 ③ 71 ①

72 인벌류트 치형에서 압력각을 크게할 때 생기는 현상이 아닌 것은?
① 이의 강도가 향상된다.
② 물림율이 증대된다.
③ 언더컷을 일으키는 최소잇수가 감소한다.
④ 미끄럼율이 작아진다.

73 교량이나 건축물의 구성체처럼 서로 운동도 없고 밀도하지 않는 것은?
① 기계　　　　　　　② 기구
③ 구조물　　　　　　④ 연장

74 다음 중 왕복 이종 슬라이더 기구의 대표적인 것으로 경사각이 90°로 만들어져 소형냉장고 등의 냉매 압축기로 쓰이는 것은?
① 진자 펌프(pendulum pump)
② 타원 컴퍼스(elliptic trammels)
③ 스코치 요크(scotch yoke)
④ 올덤 커플링(oldhams coupling)

75 마찰구등에서 두 축이 평행하지도 교차하지도 않으며 쌍곡선의 일부를 이용한 마찰자는?
① 원추차　　　　　　② 원통차
③ 스큐차　　　　　　④ 구면차

76 평벨트 바로 걸기에서 두 벨트 풀리의 직경을 D_1, D_2 축간 길이를 C라 하면 벨트 소요 길이 L을 구하는 식으로 맞는 것은? (단, $D_2 > D_1$이며, 벨트는 두께를 무시하고 두 풀리에 걸었을 때 정지 및 회전 상태에서 처짐 없이 직선으로 걸려 있다고 가정한다.)
① $L = (\pi/2)(D_1 + D_2) + [(D_2 - D_1)^2 / 4C] + 2C$
② $L = (\pi/2)(D_1 - D_2)^2 + [(D_2 - D_1)/4C] + 2C$
③ $L = (D_1 - D_2) + [(D_2 + D_1)^2 / 4C] + C$
④ $L = (D_1 + D_2)^2 + [(D_2 - D_1)^2 / 4C] + C$

Answer　72 ②　73 ③　74 ③　75 ③　76 ①

77 다음 그림에서 길이 60mm의 기소 $\overline{AB}$ 가 점 A를 중심으로 회전할 때, 기소의 각속도 $w = 10 \text{rad/s}$ 이라면 점 B의 속도 V_B는 몇 m/s인가?

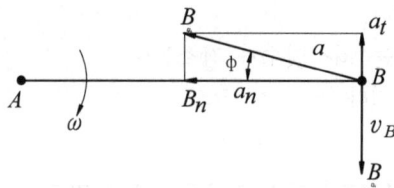

① 0.3　　　② 0.6　　　③ 3　　　④ 6

Solution $V_B = 0.06 \times 10 = 0.6 \text{m/sec}$

78 4절 크랭크 체인을 이용함으로써 작은 힘을 작용시켜 큰 힘을 내게 하는 것은?
① 크로스 슬라이더　　② 배력 장치
③ 쌍 레버 기구　　④ 래칫 휠

79 캠 선도에서 변위곡선이 직선으로 나타날 때 캠은 어떤 운동을 하는가?
① 등가속도 운동　　② 등속도 운동
③ 요동 운동　　④ 단순 조화 운동

80 다음 그림과 같은 기어열에서 속도비가 1/24일 때, 각 기어의 잇수로 적당한 것은?

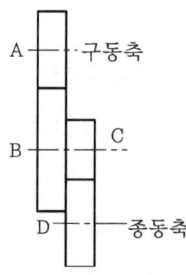

① $Z_A = 20$, $Z_B = 40$, $Z_C = 120$, $Z_D = 60$
② $Z_A = 20$, $Z_B = 80$, $Z_C = 20$, $Z_D = 120$
③ $Z_A = 20$, $Z_B = 60$, $Z_C = 120$, $Z_D = 20$
④ $Z_A = 20$, $Z_B = 70$, $Z_C = 60$, $Z_D = 120$

Solution $i = \dfrac{Z_A \times Z_C}{Z_B \times Z_D} = \dfrac{1}{24}$

$\dfrac{1}{24} = \dfrac{20 \times 20}{80 \times 120} = \dfrac{400}{9600}$

Answer 77 ②　78 ②　79 ②　80 ②

2012년 5월 20일 기출문제

제1과목 재료역학

01 그림과 같이 평면응력 조건하에 600kPa의 인장응력과 400kPa의 압축응력이 작용할 때 인장응력이 작용하는 면과 30°의 각도를 이루는 경사면에 생기는 수직응력은 몇 kPa인가?

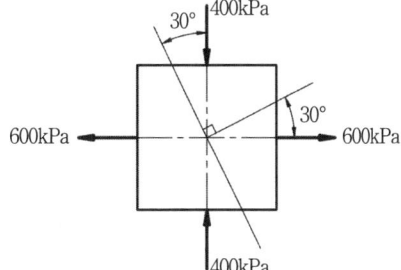

① 150
② 250
③ 350
④ 450

Solution
$\sigma_x + \sigma_y = \sigma_n + \sigma'$
$\sigma_n = \dfrac{\sigma_x + \sigma_y}{2} + \dfrac{\sigma_x - \sigma_y}{2}\cos 2\theta = \dfrac{600-400}{2} + \dfrac{600+400}{2}\cdot\cos 60° = 350\text{kPa}$
$\sigma'_n = 600 - 400 - 350 = -150\text{kPa}$

02 그림과 같이 지름 6mm 강선의 상단을 고정하고 하단에 지름 d_1=100mm의 추를 달고 접선방향에 F=10N의 힘을 작용시켜 비틀면 강선이 ϕ=6.2°로 비틀어졌다. 이 때 강선의 길이가 ℓ=2m라면 이 강선의 전단 탄성 계수는 약 몇 GPa인가?

① 12
② 84
③ 18
④ 73

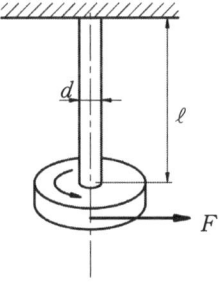

Solution
$\phi = \dfrac{T\cdot\ell}{G\cdot I_P}$
$6.2\times\dfrac{\pi}{180} = \dfrac{32\times 10\times 50\times 2000}{G\times\pi\times 6^4}\times 10^{-3}$
$G = 72.71\text{GPa}$

Answer 01 ③ 02 ④

03 지름 d인 원형 단면봉이 비틀림 모멘트 T를 받을 때, 봉의 표면에 발생하는 최대 전단응력은? (단, G는 전단 탄성계수, θ는 봉의 단위 길이마다의 비틀림 각이다.)

① $\frac{1}{2}G^2\theta d$
② $\frac{1}{2}G\theta^2 d$
③ $\frac{1}{2}G\theta d^2$
④ $\frac{1}{2}G\theta d$

Solution
$$\theta = \frac{\tau \cdot \frac{\pi d^3}{16}}{G \cdot \frac{\pi d^4}{32}}$$
$$\tau = \frac{1}{2} G \cdot \theta \cdot d$$

04 길이가 L이고 직경이 d인 축과 동일 재료로 만든 길이 $3L$인 축이 같은 크기의 비틀림모멘트를 받았을 때, 같은 각도만큼 비틀어지게 하려면 직경은 얼마가 되어야 하는가?

① $\sqrt{2}d$
② $\sqrt[4]{2}d$
③ $\sqrt{3}d$
④ $\sqrt[4]{3}d$

Solution
$$\theta = \frac{T \cdot \ell_1}{G \cdot Ip_1} = \frac{T \cdot \ell_2}{G \cdot Ip_2}$$
$$\frac{\ell}{d^4} = \frac{3 \cdot \ell}{d_2^4}$$
$$d_2 = \sqrt[4]{3}d$$

05 그림에서와 같이 지름이 50cm, 무게가 100N의 잔디밭용 롤러를 높이 5cm의 계단위로 밀어서 막 움직이게 하는데 필요한 힘 F는 몇 N인가?

① 200
② 87
③ 125
④ 153

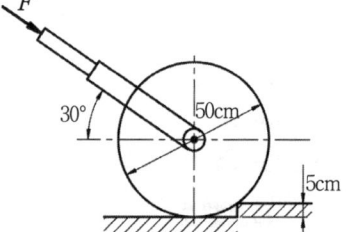

Solution $100 \times 15 - F \cdot \cos 30° \cdot (20 + 25 \cdot \sin 30°) + F \cdot \sin 30° \cdot (15 + 25\cos 30°) = 0$
∴ $F = 152.74N$

Answer 03 ④ 04 ④ 05 ④

06 단면적이 일정한 강봉이 인장하중 W를 받아 탄성 한계내에서 인장응력 σ가 발생하고, 이 때의 변형률이 ε이었다. 이 강봉의 단위체적 속에 저장되는 탄성에너지 U를 나타내는 식은?
(단, 강봉의 탄성계수는 E이다.)

① $U = \frac{1}{2} E\sigma^2$
② $U = \frac{1}{2} \sigma\varepsilon^2$
③ $U = \frac{1}{2} E\varepsilon^2$
④ $U = \frac{1}{2} E\varepsilon$

Solution
$U = \frac{1}{2} W \cdot \delta = \frac{1}{2} \sigma \cdot A \cdot \ell \cdot \varepsilon = \frac{1}{2} E \cdot \varepsilon^2 \cdot V$
$\frac{U}{V} = U = \frac{1}{2} E\varepsilon^2$

07 다음과 같은 부재에 축 하중 P=15kN이 가해졌을 때, x방향의 길이는 0.003mm 증가하고 z방향의 길이는 0.0002mm 감소하였다면 이 선형 탄성 재료의 포아송 비는?

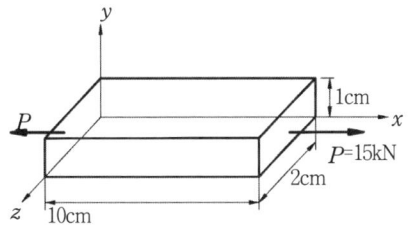

① 0.28
② 0.30
③ 0.33
④ 0.35

Solution
$\mu = \frac{\varepsilon'}{\varepsilon} = \frac{0.0002 \times 100}{20 \times 0.003} = 0.33$

08 그림과 같은 일단고정 타단 지지보에서 B점에서의 모멘트 M_B는 몇 kN · mm 인가? (단, 균일단면보이며, 굽힘강성(EI)은 일정하다.)

① 800
② 2000
③ 3200
④ 4000

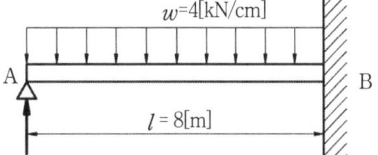

Solution
$M_B = \frac{w\ell^2}{8} = \frac{4 \times 800 \times 8}{8} = 3200$ kN · m

Answer   06 ③   07 ③   08 ③

09 길이 3m의 직사각형 단면을 가진 외팔보에 단위 길이당 ω의 등분포하중이 작용하여 최대 굽힘응력 50MPa이 발생할 경우 최대 전단응력은 약 몇 MPa인가? (단, 단면의 치수 폭×높이 (b×h) = 6cm×10cm이다.)

① 0.83 ② 1.25 ③ 0.63 ④ 1.45

Solution
$$\sigma_b = \frac{6 \cdot w\ell}{bh^2}$$
$$50 = \frac{6 \times w \times 3000^2}{60 \times 100^2 \times 2}, \quad w = 1.11 \text{N/mm}$$
$$\tau = \frac{3}{2}\frac{F}{A} = \frac{3 \times 1.11 \times 3000}{2 \times 60 \times 100} = 0.83 \text{MPa}$$

10 그림과 같이 10cm×10cm의 단면적을 갖고 양단이 회전단으로 된 부재가 중심축 방향으로 압축력 P가 작용하고 있을 때 장주의 길이가 2m라면 세장비는?

① 890
② 69
③ 49
④ 29

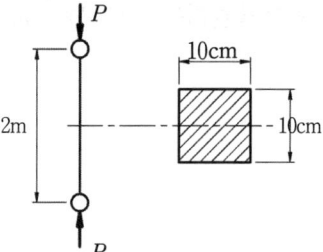

Solution
$$\lambda = \frac{\ell}{k} = \frac{2\sqrt{3} \cdot \ell}{a} = \frac{2\sqrt{3} \times 2}{0.1} = 69.28$$

11 그림과 같이 보가 집중하중 P를 받고 있다. 최대 굽힘모멘트의 크기는?

① PL
② $\dfrac{PL}{2}$
③ $\dfrac{PL}{4}$
④ $\dfrac{PL}{8}$

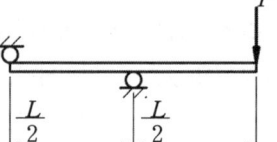

Solution
$$M_{max} = P \times \frac{\ell}{2} = \frac{P \cdot \ell}{2}$$

Answer 09 ① 10 ② 11 ②

12 그림과 같이 노치가 있는 둥근봉이 인장력 $P=10\text{kN}$을 받고 있다. 노치의 응력 집중계수가 $a=2.5$라면, 노치부의 최대응력은 약 몇 MPa 인가? (단위 : mm)

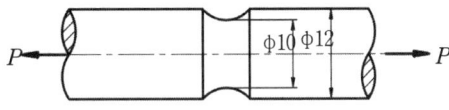

① 3180　　② 51　　③ 221　　④ 318

Solution
$$\alpha = \frac{\sigma_{max}}{\sigma_{meau}}$$
$$\sigma_{max} = 2.5 \times \frac{10 \times 10^3}{\frac{\pi}{4} \times 10^2} = 318.47 \text{MPa}$$

13 순수굽힘을 받는 선형 탄성 균일보의 전단력 F와 굽힘모멘트 M 및 분포하중 ω [N/m] 사이에 옳은 관계식은?

① $\omega = \dfrac{d^2F}{dx^2}$　　② $\omega = \dfrac{dM}{dx}$

③ $F = \dfrac{d^2x}{dM^2}$　　④ $\omega = \dfrac{dF}{dx}$

Solution
$$w = \frac{dF}{dx} = \frac{d^2M}{dx^2}$$

14 동일한 전단력이 작용할 때 원형 단면 보의 지름 D를 3D로 크게 하면 최대 전단응력 τ_{max}는 어떻게 되는가?

① $9\tau_{max}$　　② $3\tau_{max}$

③ $\dfrac{1}{3}\tau_{max}$　　④ $\dfrac{1}{9}\tau_{max}$

Solution
$$\tau_{max1} = \frac{4}{3}\frac{F}{A} = \frac{4}{3} \cdot \frac{F}{\frac{\pi}{4}D^2}$$
$$\tau_{max2} = \frac{4}{3} \cdot \frac{F}{\frac{\pi}{4}(3D)^2} = \frac{1}{9}\tau_{max}$$

Answer　12 ④　13 ④　14 ④

15 중앙에 집중 모멘트 M_0(kN · m)가 작용하는 길이 L의 단순 지지보 내의 최대 굽힘응력은?
(단, 보의 단면은 직경이 $2a$인 원이다.)

① $\dfrac{M_0}{2\pi a^3}$ ② $\dfrac{M_0}{\pi a^3}$

③ $\dfrac{2M_0}{\pi a^3}$ ④ $\dfrac{4M_0}{\pi a^3}$

Solution
$$\sigma_b = \frac{M}{Z} = \frac{32(\frac{M_0}{2})}{\pi d^3} = \frac{32 \cdot M_0}{\pi \cdot (2a)^3 \times 2} = \frac{2M_0}{\pi \cdot a^3}$$

16 두 변의 길이가 각각 b, h인 직사각형의 한 모서리 점에 관한 극관성 모멘트는?

① $\dfrac{bh}{3}(b^2+h^2)$ ② $\dfrac{bh}{6}(b^2+h^2)$

③ $\dfrac{bh}{12}(b^2+h^2)$ ④ $\dfrac{bh}{16}(b^2+h^2)$

Solution
$$I_{x'} = I_{G_x} + \overline{y^2} \cdot A = \frac{bh^3}{12} + \frac{bh^3}{4} = \frac{4bh^3}{12}$$
$$I_{y'} = I_{Gy} + \overline{x^2} \cdot A = \frac{4b^3h}{12}$$
$$I_P = I_{x'} + I_{y'} = \frac{4}{12}bh(b^2+h^2) = \frac{bh}{3}(b^2+h^2)$$

17 그림과 같이 재료와 단면적이 같고, 길이가 서로 다른 강봉에 지지되어 있는 보에 하중을 가해 수평으로 유지하기 위한 비 a/b는?

① $\dfrac{\ell_1}{\ell_2}$

② $\dfrac{\ell_2}{\ell_1}$

③ $\dfrac{\ell_1}{(\ell_1+\ell_2)}$

④ $\dfrac{\ell_2}{(\ell_1+\ell_2)}$

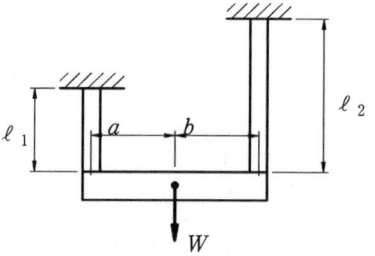

Solution $W_1 \cdot a = W_2 \cdot b$
$$E = \frac{\sigma_1}{\epsilon_1} = \frac{\sigma_2}{\epsilon_2}, \quad \delta_1 = \delta_2 = \delta$$
$$\frac{\ell_1 \cdot W_1}{\delta \cdot A} = \frac{\ell_2 \cdot W_2}{\delta \cdot A}$$
$$\frac{W_2}{W_1} = \frac{a}{b} = \frac{\ell_1}{\ell_2}$$

Answer 15 ③ 16 ① 17 ①

18 그림과 같이 외팔보의 중앙에 집중 하중 P가 작용하면 자유단의 처짐은? (단, 보의 굽힘강성는 EI일정하고, L은 보의 전체 길이이다.)

① $\dfrac{PL^3}{3EI}$

② $\dfrac{PL^3}{24EI}$

③ $\dfrac{PL^3}{8EI}$

④ $\dfrac{5PL^3}{48EI}$

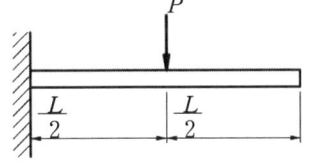

Solution $\delta = \dfrac{A_m}{EI} \cdot \bar{x} = \dfrac{P \cdot \ell^2}{8 \cdot E \cdot I} \cdot \left(\dfrac{\ell}{2} + \dfrac{\ell}{3}\right) = \dfrac{5P \cdot \ell^3}{48EI}$

19 길이 3m의 부재가 하중을 받아 1.2mm 늘어났다. 이때 선형 탄성 거동을 갖는 부재의 변형률은?

① 3.6×10^{-4} ② 3.6×10^{-3}

③ 4×10^{-4} ④ 4×10^{-3}

Solution $\epsilon = \dfrac{\delta}{\ell} = 4 \times 10^{-4}$

20 그림에서 클램프(clamp)의 압축력이 P= 5kN일 때 m-n 단면의 최소두께 h를 구하면 몇 cm인가? (단, 직사각형 단면의 폭 b= 10mm, 편심거리 e= 50mm, 재료의 허용응력 σ_w =150MPa이다.)

① 1.34

② 2.34

③ 3.34

④ 4.34

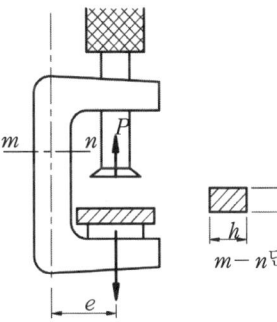

Solution $\sigma_w = \dfrac{P}{b \cdot h} + \dfrac{6 \cdot P \cdot e}{b \cdot h^2}$

$150 \times 10 \times h^2 = 5 \times 10^3 h + 6 \times 5 \times 10^3 \times 50$

$h^2 - 3.33h - 1000 = 0$

$h = \dfrac{-b \pm \sqrt{b^2 - 4ac}}{2a}$

∴ h=33.33mm=3.33cm

Answer 18 ④   19 ③   20 ③

제2과목 기계제작법

21 스플라인 구멍의 홈을 가공하거나 복잡한 형상의 구멍을 정밀하게 가공할 수 있고, 대량생산을 하기에 적합한 공작기계는?

① 보링머신
② 슬로팅 머신
③ 브로칭 머신
④ 펠로즈 기어 셰이퍼

Solution 슬로팅 머신 : 공작물을 테이블 위에 고정시켜 램에 의하여 절삭공구가 상하운동을 하면서 수직면을 절삭하는 수직형 셰이퍼이다.

22 일반적으로 저탄소강을 초경합금으로 선반가공 할 때, 힘의 크기가 가장 큰 것은?

① 이송분력(axial component cutting force)
② 배분력(radial component cutting force)
③ 주분력(vertical component cutting force)
④ 부분력(sub-component cutting force))

23 피측정물을 확대 관측하여 복잡한 모양의 윤곽, 좌표의 측정, 나사 요소의 측정 등과 같이 단독 요소의 측정기로는 측정할 수 없는 부분을 측정하기에 적합한 측정기는?

① 피치 게이지
② 나사 마이크로미터
③ 공구 현미경
④ 센터 게이지

Solution 공구현미경 : 바이트의 각, 나사산의 각도 및 피치, 나사의 지름, 유효지름 등 측정

24 연삭숫돌의 결합제(bond)중 주성분이 점토와 장석이며 연삭숫돌의 90% 이상을 차지할 만큼 많이 사용하는 결합체는?

① 비트리파이드(vitrified)
② 실리케이트(silicate)
③ 레지노이드(resinoid)
④ 셀락(shellac)

25 가스침탄법에서 침탄층의 깊이를 증가시킬 수 있는 첨가원소는?

① Si
② Mn
③ Al
④ N

Answer 21 ③ 22 ③ 23 ③ 24 ① 25 ②

26 프레스 가공에서 압축가공의 종류가 아닌 것은?
① 스웨이징 가공　　　② 코이닝 가공
③ 업셋팅 가공　　　　④ 드로밍 가공

27 용접 피복제의 역할로 틀린 것은?
① 아크의 연속성, 집중성, 안정성을 준다.
② 용접에 필요한 원소를 보충한다.
③ 전기 절연작용을 한다.
④ 모재 표면의 산화물을 생성해 준다.

28 내접 기어(internal gear)를 절삭하는 공작기계로 다음 중 가장 적합한 것은?
① 플레이너　　　　　　② 브로칭 머신
③ 글리슨 기어 제너레이터　④ 펠로즈 기어 셰이퍼

29 금속 산화물의 산소와 알루미늄 분말과의 화학반응에 의해 발생하는 열을 이용한 용접 방법은?
① 원자수소 용접법　　② 프로젝션 용접법
③ 테르밋 용접법　　　④ 플래시 용접법

30 두께 2mm, C=0.2% 의 경질 탄소 강판에 지름 25mm의 구멍을 펀치로 뚫을 때, 전단하중 P=30.80kN 라면 전단응력은 약 몇 MPa인가?
① 196　　② 212　　③ 246　　④ 288

Solution $\tau = \dfrac{30.80 \times 10^3}{\pi \times 25 \times 2} = 196.18 \text{N/mm}^2$

31 이음매 없는 강관을 제조하는 방법으로 적합하지 않은 가공법은?
① 만네스만 천공법　　② 인발
③ 압출　　　　　　　④ 맞대기 심 용접

32 인발가공에서 인발 조건의 인자(因子)로 거리가 먼 것은?
① 역장력(back tension)　　② 마찰력(friction force)
③ 다이각(die angle)　　　　④ 절곡력(folding force)

Answer　26 ④　27 ④　28 ④　29 ③　30 ①　31 ④　32 ④

33 선반의 전 소비동력은 다음 중 3가지 동력을 합한 것이다. 이 3가지에 해당하지 않는 것은?
① 손실동력
② 유효절삭동력
③ 이송동력
④ 회전동력

34 200mm의 사인바를 사용하여 각도를 측정하려고 한다. 사인바 양단에 설치된 게이지 블록의 높이차가 41.5mm일 때 사인바가 이루는 각도는 약 몇 °인가?
① 11.98°
② 20.04°
③ 46.67°
④ 78.02°

> **Solution**
> $\sin\alpha = \dfrac{41.5}{200}$
> $\alpha = 11.98°$

35 다음 중 다이아몬드, 수정 등 보석류 가공에 가장 적합한 것은?
① 초음파 가공
② 방전 가공
③ 수퍼피니싱 가공
④ 전해 가공

> **Solution** 방전가공도 가능하나 취성이 큰 재료 가공에 가장 적합한 가공법은 초음파 가공이다.

36 목형용 목재의 방부법이 아닌 것은?
① 도포법
② 야적법
③ 침투법
④ 충진법

> **Solution** 야적법 : 목재건조법이다.

37 프레스(press)가공에서 굽힘성형가공이 아닌 것은?
① 플랜징(flanging)
② 컬링(curling)
③ 브로칭(broaching)
④ 벤딩(bending)

> **Solution** 플랜징(flanging) : 제품을 보강하기 위하여 또는 성형 그 자체를 목적으로 해서 판금의 가장자리를 굽혀 플랜지를 만드는 작업이다.

38 코킹(Caulking)이란 어떤 작업인가?
① 강판의 가장자리를 굽히는 작업이다.
② 용기의 기밀을 유지하기 위하여, 리벳이음을 한 철판의 경계부를 공구로 타격하여 밀착시키는 것이다.
③ 강판을 롤러 가공을 할 때 끝을 굽히는 작업이다.
④ 제관이 끝난 후 기밀시험을 하기 위한 수압시험을 뜻한다.

Answer 33 ④ 34 ① 35 ① 36 ② 37 ③ 38 ②

39 다음 중 센터리스 연삭기에 사용하지 않는 부품은?
① 양 센터
② 조정 숫돌
③ 연삭 숫돌
④ 가공물 지지대

40 공기마이크로미터의 특징 설명으로 틀린 것은?
① 배율이 높고 정도가 좋다.
② 접촉 측정자를 사용하지 않을 때에는 측정력이 거의 0에 가깝다.
③ 측정물에 부착된 기름이나 먼지를 분출공기로 불어내므로 보다 정확한 측정이 가능하다.
④ 비교측정기로서 큰 치수(1개)와 작은 치수(2개)로 이루어진 미스터리가 최소 3개 필요하다.

제3과목 기계설계 및 기계재료

41 축은 가공하지 않고 회전체의 보스에만 키 홈을 내어 설치하는 키는?
① 반달키(woodruff key)
② 평키(flat key)
③ 접선키(tangential key)
④ 안장키(saddle key)

42 이론 적으로 기어의 압력각이 14.5°일 때 언더컷을 일으키지 않는 한계 잇수는?
① 35개
② 32개
③ 30개
④ 17개

43 베어링 번호 6312인 볼베어링에 그리스 윤활로 45000시간의 수명을 주고자 할 때, 최고 사용 회전수로 허용되어지는 베어링 하중의 최대 크기는 약 몇 N인가? (단, 한계속도지수값 ($d \cdot N$)은 180000mm · rpm이며, 기본동적부하용량은 81.9kN이고, 하중계수는 1.5이다.)
① 2148
② 2717
③ 3678
④ 4082

Solution
$N = \frac{180000}{12 \times 5} = 300 \, \text{rpm}$
$45000 = 500 \times \left(\frac{81.9 \times 10^3}{1.5P}\right)^3 \times \frac{33.3}{3000}$
$P = 2717.81 \, \text{N}$

Answer 39 ① 40 ④ 41 ④ 42 ② 43 ②

44 축 설계 시 일반적인 고려사항으로 거리가 먼 것은?
① 강성   ② 진동   ③ 마모   ④ 강도

45 원추 클러치에서 원추각이 마찰각 이하로 될 때 나타나는 현상으로 옳은 것은?
① 원추를 잡아 빼내는데 힘이 들어 불편하다.
② 축방향에 밀어 부치는 힘 P가 크게 된다.
③ 시동할 때 클러치의 물리는 상태가 아주 원활하기 때문에 충격이 일어나지 않는다.
④ 모양이 소형이 되므로 공작이 용이하다.

46 나사의 풀림방지 대책으로 적절하지 않은 것은?
① 스프링와셔 사용   ② 홈붙이너트와 분할핀 사용
③ 고정 너트(lock nut) 사용   ④ 캡너트(cap nut)사용

47 브레이크 압력이 490kPa, 브레이크 드럼의 원주속도가 8m/s일 때 이 브레이크의 브레이크 용량(N·m/s·mm^2)은 얼마인가? (단, 마찰계수는 0.2이다.)
① 2.984   ② 7.842   ③ 0.298   ④ 0.784

Solution $B_P = 0.2 \times 490 \times 10^{-3} \times 8 = 0.784 \, \text{N/mm}^4 \cdot \text{m/sec}$

48 볼트에 가해지는 충격하중에 대하여 충격 에너지 흡수 능력을 크게 하고자 할 때 다음 중 가장 적합한 방법은?
① 볼트의 길이를 길게 하고, 볼트의 단면적은 크게 한다.
② 볼트의 길이를 길게 하고, 볼트의 단면적은 작게 한다.
③ 볼트의 길이를 짧게 하고, 볼트의 단면적은 크게 한다.
④ 볼트의 길이를 짧게 하고, 볼트의 단면적은 작게 한다.

49 코일 스프링에서 하중을 P, 코일의 유효지름을 D, 소선의 지름을 d, 코일의 전단탄성계수를 G, 유효감김수를 n이라 할 때 코일 스프링의 처짐량(δ)을 구하는 식은?

① $\delta = \dfrac{Gd^4}{8nPD^3}$ ② $\delta = \dfrac{Gnd^4}{8PD^3}$

③ $\delta = \dfrac{8nPD^3}{Gd^4}$ ④ $\delta = \dfrac{8PD^3}{Gnd^4}$

Solution $\delta = \dfrac{64 \cdot n \cdot P \cdot R^3}{G \cdot d^4} = \dfrac{8 \cdot n \cdot P \cdot D^3}{G \cdot d^4}$

Answer 44 ③ 45 ① 46 ④ 47 ④ 48 ② 49 ③

50 1초당 50리터의 물을 수송하는 바깥지름 165mm, 두께 5mm인 강관에 대해 설계 검증하고자 할 때 다음 중 틀린 것은? (단, 관의 허용응력은 100MPa이며, 기타 사항은 무시한다.)

① 관 내부의 단면적은 약 $0.01887m^2$이다.
② 관 내부의 유속은 약 2.65m/s이다.
③ 시간당 유량은 약 $180m^3/h$이다.
④ 관에는 최대 3.226MPa의 내압을 가할 수 있다.

Solution $d = 155\,mm$

① $A = \dfrac{\pi \times 155^2}{4} = 18860\,mm^2$

② $V = \dfrac{50 \times 10^{-3}}{18860 \times 10^{-6}} = 2.65\,m/\sec$

③ $Q = 50 \times 10^{-3} \times 3600 = 180\,m^3/h$

④ $5 = \dfrac{P \times 155}{2 \times 100}$, $P = 6.45\,MPa$

51 강의 쾌삭성을 증가시키기 위하여 첨가하는 원소는?
① Pb, S   ② Mo, Ni   ③ Cr, W   ④ Si, Mn

Solution 쾌삭강 : Pb, S, 흑연

52 노 안에서 페로실리콘(Fe-Si), 알루미늄 등의 강력한 탈산제를 첨가하여 충분히 탈산시킨 강괴는?
① 세미킬드 강괴   ② 림드 강괴
③ 캡드 강괴   ④ 킬드 강괴

Solution ① 킬드강 : 페로실리콘, 알루미늄
② 세미킬드강 : 탈산을 적당히 한 것
③ 캡트강 : 페로망간으로 가볍게 탈산
④ 림드강 : 페로망간

53 주철의 성장을 방지하는 일반적인 방법이 아닌 것은?
① 흑연을 미세하게 조직을 치밀하게 한다.
② C, Si량을 감소시킨다.
③ 탄화물 안정원소인 Cr, Mn, Mo, V 등을 첨가한다.
④ 주철을 720℃ 정도에서 가열, 냉각시킨다.

Solution 주철의 성장 : 고온의 주철을 쓰면 부피가 크게 되어 불어나고 변형이나 균열이 일어나 강도나 수명을 저하시키는 현상

Answer 50 ④ 51 ① 52 ④ 53 ④

54 구사흑연 주철에서 흑연을 구상으로 만드는데 사용하는 원소는?

① Ni   ② Ti   ③ Mg   ④ Cu

> **Solution** 흑연을 구상화하는 사용되는 원소로는 Mg, Ce, Ca 등이 있다.

55 다음 재료 중 고강도 합금으로써 항공기용 재료에 사용되는 것은?

① Naval brass
② 알루미늄 청동
③ 베릴륨 동
④ Extra Super Duralumin(ESD)

> **Solution** 초강두랄루민(extra super duralumin)=Al-Zn-Mg계 합금, 주항공기재료로 사용

56 금형의 표면과 중심부 또는 얇은부분과 두꺼운부분 등에서 담금질할 때 균열이 발생하는 가장 큰 이유는?

① 마텐자이트 변태 발생 시간이 다르기 때문에
② 오스테나이트 변태 발생 시간이 다르기 때문에
③ 트루스타이트 변태 발생 시간이 늦기 때문에
④ 솔바이트 변태 발생 시간이 빠르기 때문에

> **Solution** 냉각속도의 차가 발생하면 조직이 균일하지 않게 된다. 얇은 부분은 급냉시 마텐자이트 조직을 갖게 될 것이며 그렇지 않은 부분은 마텐자이트 조직보다 연한 조직을 갖게 될 수 있다.

57 탄소공구강 재료의 구비 조건으로 틀린 것은?

① 상온 및 고온경도가 클 것
② 내마모성이 작을 것
③ 가공 및 열처리성이 양호할 것
④ 강인성 및 내충격성이 우수할 것

> **Solution** 공구강 구비조건
> ① 내충격성, 내마열성 등이 클 것
> ② 고온경도가 높을 것
> ③ 강인성이 우수하며 성형성이 좋을 것

Answer 54 ③   55 ④   56 ①   57 ②

58 담금질 조직 중 가장 경도가 높은 것은?

① 펄라이트　　　　② 마텐자이트
③ 솔바이트　　　　④ 트루스타이트

> Solution　A<M>T>S>P

59 순철(pure iron)에 없는 변태는?

① A_1　　② A_2　　③ A_3　　④ A_4

> Solution　순철의 변태 : A_2, A_3, A_4

60 고속도강의 제조에 사용되지 않는 원소는?

① 텅스텐(W)　　　　② 바나듐(V)
③ 알루미늄(Al)　　　④ 크롬(Cr)

> Solution
> ① $\overline{W}$계 고속도강 : $\overline{W}$18%+Cr4%+V1%
> ② Co계 고속도강
> ③ Mo계 고속도강 : Mo 5~8%

제4과목 기구학 및 CAD

61 B-rep 방식에 솔리드모델링 표현에서 오일러(Euler) 관계식을 적용하기 위하여 인위적인 경계요소(면, 모서리, 꼭지점)의 추가가 필요한 형상은?

① 직육면체　　　　② 사면체 각뿔
③ 오각기둥　　　　④ 원환(torus)

62 다양한 형상을 미리 라이브러리로 형성해 놓고 이를 이용하여 형상을 모델링하는 솔리드 모델링 방법은?

① 경계 표현법(Boundary representation)
② CSG(Constructive Solid Geometry)
③ 공간 분할법(Spatial decomposition)
④ 스윕 표현법(Sweep representation)

Answer　58 ②　59 ①　60 ③　61 ④　62 ②

63 다음 중 전자가 형광체를 여기(excitation)하여 발광을 하는 디스플레이 장치가 아닌 것은?
① CRT(Cathode Ray Tube)
② PDP(Plasma Display Panel)
③ VFD(Vacuum Fluorescent Display)
④ FED(Field Emission Display)

64 여러 가지 곡선을 모델링하는 경우의 일반적인 설명으로 틀린 것은?
① B-spline 곡선은 한 개의 조정점이 바뀌어도 몇 개의 곡선 segment만 영향을 받고 나머지는 변하지 않는다.
② Bezier 곡선은 n 차일 때 n+1 개의 조정점에 의하여 정의된다.
③ [0 0 0 1 1 1]은 NURBS 의 절점벡터(knots vector)로 볼 수 있다.
④ NURBS 곡선표현은 모든 B-spline과 Bezier 곡선 표현이 가능한 것이 아니다.

65 3차의 베지어 패치(Bezier Patch)를 정의하는데 필요한 제어점(conrol points)의 수는?
① 4개   ② 8개   ③ 12개   ④ 16개

66 CSG 방식을 이용하여 다음의 솔리드 모델을 생성하고자 한다. A, B, C에 들어갈 불리언(boolean) 연산자를 차례대로 표시한 것은? (∪ : 합집합, ∩ : 교집합, − : 차집합)
① ∪, ∩, ∩
② ∪, −, −
③ −, ∪, −
④ ∩, ∪, ∩

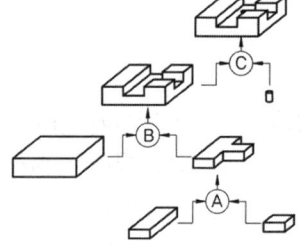

67 다음은 솔리드를 표현하는 여러 방법 중 CSG(Constructive Solid Geometry)와 B-Rep(Boundary Representation)을 비교한 것이다. 틀린 것은?
① 모따기와 라운딩같은 모델의 국부 수정은 B-Rep 빙식이 더 유리하다.
② CSG 모델에서는 모델의 생성과정에 관한 정보를 쉽게 알 수 있다.
③ 모델의 저장이 CSG가 명시적이라면 B-Rep은 묵시적이라 할 수 있다.
④ CSG 모델을 B-Rep으로 전환하는 것은 항상 가능한 일이다.

Answer   63 ②   64 ④   65 ④   66 ②   67 ③

68 3차원(3D) 변환에 있어서는 X, Y, Z의 모든 축을 고려해야 한다. 3차원상의 한 점 P=[1 1 1]을 X축에 대해 반시계방향으로 90° 회전한 후의 점 좌표로서 알맞은 것은?

① [1 0 1]
② [1 1 -1]
③ [1 - 1 1]
④ [-1 1 1]

Solution

$$[x', y', z', 1] = [1, 1, 1, 1] \begin{bmatrix} 1 & 0 & 0 & 0 \\ 0 & 0 & 1 & 0 \\ 0 & -1 & 0 & 0 \\ 0 & 0 & 0 & 1 \end{bmatrix}$$
$$= [1, -1, 1, 1]$$

* 동차좌표계로 계산하였음.

69 다음 그림은 어떤 형상의 와이어프레임(wire frame)모델이다. 이 모델은 그림에서와 같이 보는 관점에 따라서 여러 가지 모양으로 해석될 수 있는 문제점을 지닌다. 어떠한 정보가 추가되어야 정확한 형상을 표현할 수 있는가?

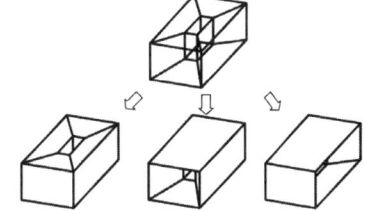

① Edge
② Surface
③ Curve
④ Vertex

70 곡선의 모델링시 주어진 데이터 점들의 양 끝점과 그 점에서의 접선벡터를 이용하여 3차 곡선을 정의하는 보간(interpolation)법은 무엇인가?

① Hermite interpolation
② Lagrange interpolation
③ Gaussian interpolation
④ Bezier interpolation

71 평마찰차와 홈마찰차가 같은 힘으로 밀어붙일 때 회전력은 어떻게 되겠는가?

① 어느 것이나 다 같다.
② 평마찰차가 1.5배 가량이 크다.
③ 평마찰차가 2배 가량이 크다.
④ 홈마찰차가 더 크다.

Answer 68 ③ 69 ② 70 ① 71 ④

72 원동차 지름 100mm, 회전수 500rpm이고, 종동차 지름 200mm인 벨트 전동장치에 종동차의 회전수는 몇 rpm인가? (단, 벨트 두께는 고려치 않는다.)

① 1000　　② 500　　③ 250　　④ 2500

Solution
$$i = \frac{N_2}{500} = \frac{100}{200}$$
$$N_2 = 250\,\text{rpm}$$

73 왕복 슬라이더 크랭크기구에서 구성요소가 아닌 것은?

① 크랭크　　② 슬라이더　　③ 벨트　　④ 커넥팅로드

74 다음 중 캠 기구를 응용한 장치는?

① 내연기관 밸브 개폐장치　　② 리프트 장치
③ 배력장치　　④ 제도기계

75 다음 평 벨트의 걸기 형태에서 접촉각이 가장 큰 것은?

① 이완측(slack side)을 위에 둔 바로걸기
② 이완측(slack side)을 아래에 둔 바로걸기
③ 엇 걸기(cross belting)
④ 긴장 풀리(tension pulley)를 사용한 바로걸기

76 기어 이(齒)의 크기를 표시하는 방법이 아닌 것은?

① 모듈　　② 원주 피치　　③ 이끝 높이　　④ 지름 피치

77 어떤 기구가 정지 상태에서 출발하여 1분 후에 시속 100km의 속도가 되었다. 이 기구의 가속도(m/s²)는?

① 0.463　　② 1.67　　③ 13.89　　④ 27.78

Solution
$$\frac{100 \times 10^3}{3600} = a \times 60$$
$$a = 0.463\,\text{m/sec}^2$$

Answer　72 ③　73 ③　74 ①　75 ③　76 ③　77 ①

78 사일런트 체인을 사용하는 주목적으로 가장 적합한 것은?
① 보다 정숙한 운전 ② 큰 동력전달
③ 자유로운 변속 ④ 체인 핀 마모방지

79 두 축이 만나지도 평행하지도 않는 경우에 사용된 기어로 바르게 짝지어진 것은?
① 하이포이드 기어, 웜 기어
② 웜 기어, 크라운 기어
③ 크라운 기어, 베벨 기어
④ 나사 기어, 헬리컬 기어

80 기소 중에서 캠, 기어 등이 접촉하고 있는 대우는?
① 미끄럼대우 ② 회전대우
③ 구면대우 ④ 점선대우

Answer 78 ① 79 ① 80 ④

2013년 6월 2일 기출문제

※ 2013년 기출문제 중 일부 문제는 복원하였음을 알려드립니다.

제1과목 재료역학

01 재료가 순수 전단력을 받아 선형 탄성적으로 거동할 때 변형 에너지밀도를 구하는 식이 아닌 것은? (단, τ : 전단응력, G : 전단 탄성계수, γ : 전단 변형률)

① $\dfrac{1}{2}\tau\gamma$　　　　② $\dfrac{\tau^2}{2G}$

③ $\dfrac{1}{2}G\gamma^2$　　　　④ $\dfrac{1}{2}\tau^2\gamma$

Solution　$u = \dfrac{U}{V} = \dfrac{\tau^2}{2G} = \dfrac{G\cdot\gamma^2}{2} = \dfrac{\tau\cdot\gamma}{2}$

02 피로 한도(fatigue limit)와 가장 관계가 깊은 하중은?

① 충격 하중　　② 정 하중
③ 반복 하중　　④ 수직 하중

03 평면 변형률 상태에서 변형률 ϵ_x, ϵ_y 그리고 γ_{xy}가 주어졌다면 이 때 주변형률 ϵ_1과 ϵ_2는 어떻게 주어지는가?

① $\epsilon_{1,2} = \dfrac{\epsilon_x+\epsilon_y}{2} \pm \sqrt{(\dfrac{\epsilon_x-\epsilon_y}{2})^2+(\dfrac{\gamma_{xy}}{2})^2}$　　② $\epsilon_{1,2} = \dfrac{\epsilon_x-\epsilon_y}{2} \pm \sqrt{(\dfrac{\epsilon_x+\epsilon_y}{2})^2+(\dfrac{\gamma_{xy}}{2})^2}$

③ $\epsilon_{1,2} = \dfrac{\epsilon_x+\epsilon_y}{2} \pm \sqrt{(\dfrac{\epsilon_x-\epsilon_y}{2})^2+(\gamma_{xy})^2}$　　④ $\epsilon_{1,2} = \dfrac{\epsilon_x-\epsilon_y}{2} \pm \sqrt{(\dfrac{\epsilon_x+\epsilon_y}{2})^2+(\gamma_{xy})^2}$

04 그림과 같은 직사각형 단면을 갖는 기둥이 단면의 도심에 길이 방향의 압축하중을 받고 있다. $x-x$축 중심의 좌굴과 $y-y$축 중심의 좌굴에 대한 임계하중의 비는? (단, 두 경우에 있어서의 지지조건은 동일하다.)

① 0.09
② 0.21
③ 0.18
④ 0.36

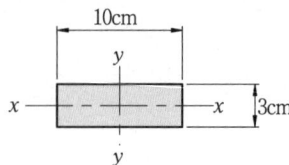

Solution　$\dfrac{P_{crx}}{P_{cry}} = \dfrac{I_{Gx}}{I_{Gy}} = \dfrac{h^2}{b^2} = \dfrac{3^2}{10^2} = 0.09$

Answer　1 ④　2 ③　3 ①　4 ①

05 100rpm으로 30kW를 전달시키는 길이 1m, 지름 7cm인 둥근 축단의 비틀림각은 약 몇 rad인가? (단, 전단 탄성계수 G=83GPa이다.)

① 0.26
② 0.30
③ 0.015
④ 0.009

Solution
$$\theta = \frac{T \cdot \ell}{GI_p} = \frac{32 \times 974 \times 9.8 \times 30 \times 1}{83 \times 10^9 \times \pi \times 0.07^4 \times 100} = 0.015 \text{rad}$$

06 길이가 L인 외팔보 AB가 오른쪽 끝 B가 고정되고 전 길이에 ω의 균일분포하중이 작용할 때 이 보의 최대 처짐은? (단, 보의 굽힘 강성 EI는 일정하고, 자중은 무시한다.)

① $\dfrac{\omega L^4}{4EI}$
② $\dfrac{2\omega L^4}{5EI}$
③ $\dfrac{\omega L^4}{8EI}$
④ $\dfrac{5\omega L^4}{2EI}$

Solution
$$\delta = \frac{A_m \bar{x}}{EI} = \frac{\omega \cdot \ell^4}{8EI}$$

07 바깥지름 do=40cm, 안지름 di=20cm의 중공축은 동일 단면적을 가진 중실축보다 몇 배의 토크를 견디는가?

① 1.24
② 1.44
③ 1.64
④ 1.84

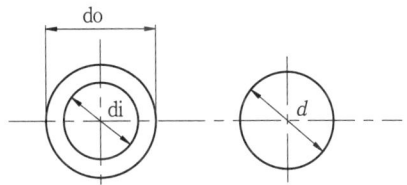

Solution
$$A = \frac{\pi \cdot (40^2 - 20^2)}{4} = \frac{\pi d^2}{4}, \ d = 34.64 \text{cm}$$
$$T_1 = \tau \cdot \frac{\pi d_2^3}{16}(1-x^4) = \tau \cdot \frac{\pi \times 40^3}{16} \times (1-0.5^4)$$
$$T_2 = \tau \cdot \frac{\pi d^3}{16} = \tau \cdot \frac{\pi \times 34.64^3}{16}$$
$$\frac{T_1}{T_2} = 1.44$$

Answer 5 ③　6 ③　7 ②

08 그림과 같은 평면 트러스에서 절점 A에 단일하중 P=80kN이 작용할 때, 부재 AB에 발생하는 부재력의 크기 및 방향을 구하면?

① 60kN, 압축
② 100kN, 압축
③ 60kN, 인장
④ 100kN, 인장

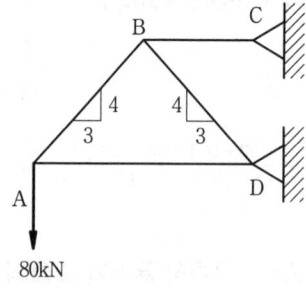

Solution $F_{AB} \cdot \sin\alpha = 80$
$F_{AB} = 80 \times \frac{5}{4} = 100\text{kN}$

09 회전반경 K, 단면 2차 모멘트 I, 단면적을 A라고 할 때 다음 중 맞는 것은?

① $K = \frac{A}{I}$
② $K = \sqrt{\frac{A}{I}}$
③ $K = \frac{I}{A}$
④ $K = \sqrt{\frac{I}{A}}$

10 지름 D인 두께가 얇은 링(ring)을 수평면 내에서 회전 시킬 때, 링에 생기는 인장응력을 나타내는 식은? (단, 링의 단위 길이에 대한 무게를 W, 링의 원주속도를 V, 링의 단면적을 A, 중력가속도를 g로 한다.)

① $\frac{WV^2}{DAg}$
② $\frac{WV^2}{Ag}$
③ $\frac{WDV^2}{Ag}$
④ $\frac{WV^2}{Dg}$

Solution $\sigma = \frac{\gamma \cdot V^2}{g} = \frac{W \cdot V^2}{g \cdot A}$

11 다음 그림과 같이 집중하중을 받는 일단 고정, 타단 지지된 보에서 고정단에서의 모멘트는?

① 0
② $\frac{PL}{2}$
③ $\frac{3PL}{8}$
④ $\frac{3PL}{16}$

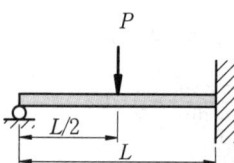

Answer 8 ④ 9 ④ 10 ② 11 ④

12 그림과 같이 두 외팔보가 롤러(Roller)를 사이에 두고 접촉되어 있을 때, 이 접촉점 C에서의 반력은? (단, 두 보의 굽힘강성 EI는 같다.)

① $\dfrac{P}{6}$

② $\dfrac{P}{24}$

③ $\dfrac{5}{16}\dfrac{P\ell^3}{(L^3+\ell^3)}$

④ $\dfrac{5}{32}\dfrac{P\ell^3}{(L^3+\ell^3)}$

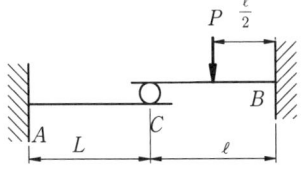

Solution
$$\dfrac{5P\cdot\ell^3}{48EI}-\dfrac{R\cdot\ell^3}{3EI}=\dfrac{R\cdot L^3}{3EI}$$
$$\dfrac{5P\cdot\ell^3}{48EI}=\dfrac{R(\ell^3+L^3)}{3EI}$$
$$R=\dfrac{5P\cdot\ell^3}{16(\ell^3+L^3)}$$

13 그림과 같은 구조물에서 단면 $m-n$상에 발생하는 최대 수직응력의 크기는 몇 MPa인가?

① 10
② 90
③ 100
④ 110

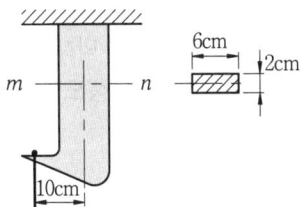

Solution
$$\sigma=\dfrac{P}{A}+\dfrac{P\cdot a}{Z}$$
$$=\left(\dfrac{12\times10^3}{0.02\times0.06}+\dfrac{6\times12\times10^3\times0.1}{0.02\times0.06^2}\right)\times10^{-6}$$
$$=110\text{MPa}$$

14 길이 $L=$ 2m이고 지름 ϕ25mm인 원형단면의 단순지지보의 중앙에 집중하중 400kN이 작용할 때 최대 굽힘응력은 약 몇 kN/mm²인가?

① 65　　② 100
③ 130　　④ 200

Solution
$$\sigma=\dfrac{32\times P\cdot\ell}{\pi d^3\times4}$$
$$=\dfrac{32\times400\times10^3\times2}{4\times\pi\times0.025^3}\times10^{-9}$$
$$=130.45\text{GPa}(\text{kN/mm}^2)$$

Answer 12 ③　13 ④　14 ③

15 단면이 정사각형인 외팔보에서 그림과 같은 하중을 받고 있을 때 허용응력이 σ_w이면 정사각형 단면의 한변의 길이 b는 얼마 이상이어야 하는가?

① $b = \left[\dfrac{3\omega\ell_2(2\ell_1+\ell_2)}{\sigma_w}\right]^{\frac{1}{3}}$

② $b = \left[\dfrac{8\omega\ell_2(2\ell_1+\ell_2)}{\sigma_w}\right]^{\frac{1}{3}}$

③ $b = \left[\dfrac{12\omega\ell_2(2\ell_1+\ell_2)}{\sigma_w}\right]^{\frac{1}{3}}$

④ $b = \left[\dfrac{18\omega\ell_2(2\ell_1+\ell_2)}{\sigma_w}\right]^{\frac{1}{3}}$

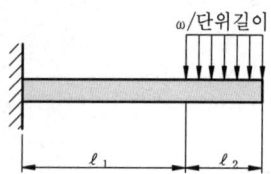

◎ Solution

$M_{\max} = \omega \cdot \ell_2 \cdot (\ell_1 + \dfrac{\ell_2}{2}), \quad z = \dfrac{b^3}{6}$

$\sigma_w = \dfrac{6 \cdot \omega\ell_2 \cdot (\ell_1 + \dfrac{\ell_2}{2})}{b^3}$

$b = \left\{\dfrac{3 \cdot \omega \cdot \ell_2 \cdot (2\ell_1 + \ell_2)}{\sigma_w}\right\}^{\frac{1}{3}}$

16 직경 20mm, 길이 50mm의 구리 막대의 양단을 고정하고 막대를 가열하여 40℃ 상승했을 때 고정단을 누르는 힘은 약 몇 kN 정도인가? (단, 구리의 선팽창계수 $\alpha = 0.16 \times 10^{-4}/℃$, 탄성계수 E=110GPa이다.)

① 52 ② 25
③ 30 ④ 22

◎ Solution

$P = \sigma \cdot A = E \cdot \alpha \cdot \Delta t \cdot \dfrac{\pi d^2}{4}$

$= \dfrac{110 \times 10^9 \times 0.16 \times 10^{-4} \times 40 \times \pi \times 0.02^2}{4} \times 10^{-3}$

$= 22.11\text{kN}$

17 길이 1m, 지름 50mm, 전단탄성계수 G=75GPa인 환봉축에 800N·m의 토크가 작용될 때 비틀림각은 약 몇 도인가?

① 1° ② 2°
③ 3° ④ 4°

◎ Solution

$\theta = T \cdot \dfrac{\ell}{G \cdot I_p}$

$= \dfrac{32 \times 800 \times 1}{75 \times 10^9 \times \pi \times 0.05^4} \times \dfrac{180}{\pi}$

$= 1°$

Answer 15 ① 16 ④ 17 ①

18 원형단면 보의 지름 D를 2 D로 2배 크게 하면, 동일한 전단력이 작용하는 경우 그 단면에서의 최대전단응력(τ_{max})는 어떻게 되는가?

① $\dfrac{1}{2}\tau_{max}$
② $\dfrac{1}{4}\tau_{max}$
③ $\dfrac{1}{6}\tau_{max}$
④ $\dfrac{1}{8}\tau_{max}$

Solution $\tau_{max\,1} = \dfrac{4}{3}\dfrac{F}{A_1}$, $A_2 = 4A_1$, $\tau_{max\,2} = \dfrac{4}{3}\dfrac{F}{A_2} = \dfrac{1}{4}\tau_{max\,1}$

19 두께 2mm, 폭 6mm, 길이 60m인 강대(steel band)가 매달려 있을 때 자중에 의해서 몇 cm가 늘어나는가? (단, 강대의 탄성계수 E =210GPa, 단위체적당 무게 γ =78kN/m³이다.)

① 0.067
② 0.093
③ 0.104
④ 0.127

Solution $\delta = \dfrac{\gamma \cdot \ell^2}{2E} = \dfrac{78 \times 10^3 \times 60^2}{2 \times 210 \times 10^9} \times 100 = 0.067\text{cm}$

20 그림과 같이 균일 분포하중을 받고 있는 돌출보의 굽힘 모멘트 선도(BMD)는?

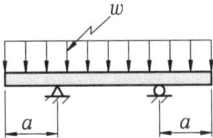

① ② ③ ④

Solution
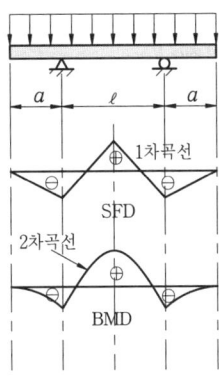

Answer 18 ② 19 ① 20 ②

제2과목 기계제작법

21 가공액은 물이나 경유를 사용하며 세라믹에 구멍을 가공할 수 있는 것은?
① 래핑 가공
② 전주 가공
③ 전해 가공
④ 초음파 가공

22 구성인선(built-up edge)의 방지 대책으로 옳은 것은?
① 절삭깊이를 많게 한다.
② 절삭속도를 느리게 한다.
③ 절삭공구 경사각을 작게 한다.
④ 절삭공구의 인선을 예리하게 한다.

23 금속의 표면을 단단하게 하기 위한 물리적인 표면 경화법은?
① 청화법
② 질화법
③ 침탄법
④ 화염 경화법

24 밀링작업의 단식 분할법으로 이(tooth)수 가 28개인 스퍼기어를 가공할 때 브라운샤프형 분할판 No2 21구멍열에서 분할 크랭크의 회전수와 구멍수는?
① 0회전시키고 6구멍씩 전진
② 0회전시키고 9구멍씩 전진
③ 1회전시키고 6구멍씩 전진
④ 1회전시키고 9구멍씩 전진

25 CNC 프로그래밍에서 G 기능이란?
① 보조기능
② 이송기능
③ 주축기능
④ 준비기능

26 초음파가공에서 나타나는 현상 및 작용에 대한 설명 중 틀린 것은?
① 공구의 해머링 작용에 의한 가공물의 미세한 파쇄
② 혼의 재료는 황동, 연강, 공구강 등을 사용
③ 가공물 표면에서의 증발현상
④ 가속된 연삭입자의 충격작용

27 납, 주석, 알루미늄 등의 연한 금속이나 얇은 판금의 가장자리를 다듬질 작업할 때 사용하는 줄 눈의 모양은?
① 귀목
② 단목
③ 복목
④ 파목

Answer 21 ④ 22 ④ 23 ④ 24 ④ 25 ④ 26 ③ 27 ②

28 다음 중 나사의 각도, 피치, 호칭지름의 측정이 가능한 측정기는?
① 사인바
② 정밀수준기
③ 공구현미경
④ 버니어캘리퍼스

29 표면이 서로 다른 모양으로 조각된 1쌍의 다이를 이용하여 메달, 주화 등을 가공하는 방법은?
① 벌징(bulging)
② 코이닝(coining)
③ 스피닝(spinning)
④ 엠보싱(embossing)

30 프레스 가공의 보조장치 중 판금재료 바깥둘레의 변형을 방지하기 위하여 사용하는 것은?
① 다이 세트
② 다이 홀더
③ 판 누르게
④ 금형 가이드

31 연강용 피복 아크 용접봉 중 고셀룰로오스계에 해당하는 용접봉으로 피복이 얇고 슬래그가 적어 배관공사에 적당한 것은?
① E 4301
② E 4303
③ E 4311
④ E 4316

32 게이지 블록(gauge block)의 취급방법으로 틀린 것은?
① 먼지가 적고 건조한 실내에서 사용할 것
② 신속한 측정을 위해 공작기계위에 놓고 계속 사용할 것
③ 측정면은 깨끗한 천이나 가죽으로 잘 닦아 사용할 것
④ 녹을 막기 위하여 사용한 뒤에는 잘 닦아 방청유를 칠해 둘 것

33 상하의 형에 문자나 무늬의 요철을 붙이고, 이 사이에 소재를 놓고 압축하여 문자나 무늬를 생성하는 가공 방법은?
① 압출 가공(extruding)
② 업세팅 가공(up setting)
③ 압인 가공(coining)
④ 블랭킹 가공(blanking)

34 주물사의 구비조건이 아닌 것은?
① 통기성이 좋을 것
② 성형성이 좋을 것
③ 열전도성이 높을 것
④ 내열성이 높을 것

Answer 28 ③ 29 ② 30 ③ 31 ③ 32 ② 33 ③ 34 ③

35 저탄소강의 표면에 탄소를 침투시키는 고체 침탄법에 대한 일반적인 설명으로 틀린 것은?
① 침탄시간이 길어지면 침탄깊이가 깊어진다.
② 소량생산에 적합하다.
③ 큰 부품의 처리가 가능하다.
④ 보통 침탄 깊이는 5~10mm 이다.

36 연삭숫돌의 결합도 중 단단함(hard)에 해당되는 것은?
① F   ② J
③ R   ④ O

37 인발 가공에 있어서 역장력(back tesion)을 주는 이유로 틀린 것은?
① 인발 다이의 수명을 연장시킬 수 있다.
② 제품의 지름을 보다 정밀하게 인발할 수 있다.
③ 다이의 온도 상승을 적게 할 수 있다.
④ 인발력을 감소시킬 수 있다.

38 다음 중 다이아몬드, 수정 등 보석류 가공에 가장 적합한 것은?
① 초음파 가공   ② 방전 가공
③ 수퍼피니싱 가공   ④ 전해 가공

39 코어가 없이 원통형 주물을 제조할 수 있는 주조 방법은?
① 연속주조방법   ② 원심주조방법
③ 저압주조방법   ④ 다이캐스팅법

40 1938년 미국의 Bruce에 의하여 발명된 다이캐스팅(die casting)의 특징으로 틀린 것은?
① 조직이 치밀하고, 강도가 높다.
② 다량생산에 적합하다.
③ die의 제작비가 고가이다.
④ 주물에 사용되는 합금은 주로 탄소강재를 사용한다.

> Answer   35 ④   36 ③   37 ④   38 ①   39 ②   40 ④

제3과목 기계설계 및 기계재료

41 표준 스퍼 기어의 잇수 48, 바깥지름이 200[mm]일 때, 이 기어의 원주피치는 몇 [mm]인가?
① 약 18.68　　② 약 9.67
③ 약 12.57　　④ 약 15.78

42 원판상(圓板狀)의 밸브를 흐름과 직각인 축의 둘레에 회전시켜서 유량을 조절하며, 교축 밸브(throttle valve)로 보통 사용되는 것은?
① 나비형 밸브　　② 슬루스 밸브
③ 스톱 밸브　　④ 콕

43 리벳 이음에서 피치를 P, 리벳으로써 졸라맨 후의 리벳 지름 또는 구멍지름을 d 라고 할 때, 강판의 파괴에 대한 효율을 나타내는 식으로 옳은 것은?
① $\dfrac{p-d}{p}$　　② $\dfrac{p+d}{p}$
③ $\dfrac{p}{p-d}$　　④ $\dfrac{p}{p+d}$

44 증기, 가스 등의 유체가 제한된 최고 압력을 초과했을 때 자동적으로 밸브가 열려서 유체를 외부로 배출하며, 배출이 끝난 후에는 압력이 정확하게 유지되고 제한 압력보다 너무 내려 가지 않아야 하는 것은?
① 릴리프 밸브(relief valve)　　② 정지 밸브(stop valve)
③ 첵 밸브(check valve)　　④ 나비형 밸브(butterfly valve)

45 이론 적으로 기어의 압력각이 14.5°일 때 언더컷을 일으키지 않는 한계 잇수는?
① 35개　　② 32개　　③ 30개　　④ 17개

46 원추 클러치에서 원추각이 마찰각 이하로 될 때 나타나는 현상으로 옳은 것은?
① 원추를 잡아 빼내는데 힘이 들어 불편하다.
② 축방향에 밀어 부치는 힘 P가 크게 된다.
③ 시동할 때 클러치의 물리는 상태가 아주 원활하기 때문에 충격이 일어나지 않는다.
④ 모양이 소형이 되므로 공작이 용이하다.

Answer　41 ③　42 ①　43 ①　44 ①　45 ②　46 ①

47 내부 확장식 브레이크에 있어서, 브레이크 슈(brake shoe)를 안쪽에서 바깥쪽으로 확장시키는 장치로서 다음 중 어느 것이 가장 좋은가?
① 전기 또는 압축공기
② 진공 또는 링크
③ 증기 또는 진공
④ 캠 또는 유압

48 모듈 m=3인 표준 스퍼기어에서 이끝 틈새를 0.25×모듈(m)으로 할 때 총 이 높이는 몇 mm 인가?
① 3.75
② 4.86
③ 6.75
④ 7.56

49 축 방향의 인장력이나 압축력을 전달하는 데 가장 적합한 축 이음은?
① 머프(muff coupling)
② 유니버설 조인트(universal joint)
③ 코터 이음(cotter joint)
④ 올덤 축이음(oldham's coupling)

50 세레이션(serration)에 대한 일반적인 설명 중 틀린 것은?
① 스플라인에 비하여 치수(齒數)가 많다.
② 삼각치 세레이션은 끼워맞춤 정밀도가 나쁘고 작업 공수가 많다.
③ 세레이션은 주로 정적인 이음에만 사용된다.
④ 측압 강도가 작아서 같은 바깥지름의 스플라인에 비해 큰 회전력을 전달할 수 없다.

51 금속을 소성가공 할 때에 냉간가공과 열간가공을 구분하는 온도는?
① 담금질온도
② 변태온도
③ 재결정온도
④ 단조온도

52 순철의 자기변태와 동소변태를 설명한 것으로 틀린 것은?
① 동소변태란 결정격자가 변하는 변태를 말한다.
② 자기변태도 결정격자가 변하는 변태이다.
③ 동소변태점은 A_3점과 A_4점이 있다.
④ 자기변태점은 약 768℃ 정도이며 일명 큐리(curie)점이라 한다.

53 탄소강을 풀림(Annealing)하는 목적과 관계없는 것은?
① 결정입도 조절
② 상온가공에서 생긴 내부응력 제거
③ 오스테나이트에서 탄소를 유리시킴
④ 재료에 취성과 경도부여

> Answer 47 ④ 48 ③ 49 ③ 50 ④ 51 ③ 52 ② 53 ④

54 베이나이트(bainite)조직을 얻기 위한 항온열처리 조작으로 가장 적합한 것은?
① 오스포밍
② 마아퀜칭
③ 오스템퍼링
④ 마템퍼링

55 다음의 탄소강 조직 중 일반적으로 경도가 가장 낮은 것은?
① 페라이트
② 트루스타이트
③ 마텐자이트
④ 시멘타이트

56 주철에서 쇳물의 유동성을 감소시키는 가장 주된 원소는?
① P
② Mn
③ S
④ Si

57 경도가 대단히 높아 압연이나 단조작업을 할 수 없는 조직은?
① 시멘타이트(cementite)
② 오스테나이트(austenite)
③ 페라이트(ferrite)
④ 펄라이트(pearlite)

58 같은 조건하에서 금속의 냉각속도가 빠르면 조직은 어떻게 변하는가?
① 결정입자가 미세해진다.
② 냉각속도와 금속의 조직과는 관계가 없다.
③ 금속의 조직이 조대해 진다.
④ 소수의 핵이 성장해서 응고 된다.

59 황(S) 성분이 적은 선철을 용해로, 전기로에서 용해한 후 주형에 주입 전 마그네슘, 세륨, 칼슘 등을 첨가시켜 흑연을 구상화한 것은?
① 합금주철
② 구상흑연주철
③ 칠드주철
④ 가단주철

60 특수강에 포함된 Ni원소의 영향이다. 틀린 것은?
① Martensite조직을 안정화시킨다.
② 담금질성이 증대된다.
③ 저온 취성을 방지한다.
④ 내식성이 증가한다.

Answer 54 ③ 55 ① 56 ③ 57 ① 58 ① 59 ② 60 ①

제4과목 기구학 및 CAD

61 B-spline 곡선의 특성이 아닌 것은?

① 중복된 조정점을 가질 수 있다.
② 중복된 매듭(knot)값을 가질 수 있다.
③ 조정점의 수가 증가하면, 곡선의 차수도 증가한다.
④ Bezier 곡선을 표현할 수 있다.

62 솔리드모델링 시스템에서 구멍(hole), 포켓(pocket), 모따기(chamfer), 필릿(fillet), 슬롯(slot) 등과 같이 모델링의 단위로서 공학적 의미를 담고 있는 것은?

① 구속조건(constraint)　② 특징형상(feature)
③ 파라미터(parameter)　④ 어셈블리(assembly)

63 IGES 파일의 아래 구성요소 중 각 형상에 대한 실제 데이터를 저장하는 부분은?

① Start section
② Global section
③ Terminate section
④ Parameter data section

64 원점이 중심이고 장축이 x축이고 그 길이가 a, 단축이 y축이고 그 길이가 b인 타원을 표현하는 매개변수식은?

① $x = (a-b)\cos\theta,\ y = (a-b)\sin\theta\ (0 \leq \theta \leq 2\pi)$
② $x = a\cos\theta,\ y = b\sin\theta\ (0 \leq \theta \leq 2\pi)$
③ $x = a\cosh\theta,\ y = (a-b)\sinh\theta\ (0 \leq \theta \leq 2\pi)$
④ $x = (a-b)\cosh\theta,\ y = (a-b)\sinh\theta\ (0 \leq \theta \leq 2\pi)$

65 다음 중 솔리드 모델을 위한 특징형상(feature) 기반 모델링 방법과 거리가 먼 것은?

① chamfering　② pocketing
③ skinning　④ filleting

Answer　61 ③　62 ②　63 ④　64 ②　65 ③

66 솔리드모델의 표현법 중 옥트리(Octree) 표현법에 대한 설명으로서 틀린 것은?
① 한 개의 노드가 다시 나누어진다면 8개의 자식(children)노드를 갖는다.
② 일단 이 표현법으로 표현된 솔리드끼리의 불리언(Boolean) 집합연산은 매우 빠르게 수행 될 수 있다.
③ 회전변환 후 역회전 변환을 수행하는 경우 수치 데이터들의 오류가 없다.
④ 같은 물체도 원하는 정밀도가 정확도에 따라서 트리의 깊이는 달라진다.

67 세피스 모델이나 솔리드 모델과 비교 할 때 와이어 프레임 모델에 관한 설명으로 틀린 것은?
① 가공정보의 계산이 가능하다.
② 데이터 구조가 간단하다.
③ 저장되는 정보의 양이 적다.
④ 처리속도가 빠르다.

68 그래픽 속도를 개선하기 위해, 물체가 정적일 때는 높은 상세도로, 물체가 움직일 때는 낮은 상세도로 화면에 표시하는 렌더링 품질 제어를 무엇이라 하는가?
① LOD (level of detail)
② Culling
③ HMD (head-mounted display)
④ CAVE

69 CAD의 그래픽 장치로써 래스터 그래픽(raster display)장치와 벡터 그래픽(vwctor display)장치를 비교할 때 래스터 그래픽 장치의 장점이 될 수 있는 것은?
① 주사선이 도형의 형상을 따라 움직인다.
② 직선을 재그(jag)없이 항상 직선으로 쉽게 나타낼 수 있다.
③ 주사변환(scan conversion)이 필요하지 않다.
④ 이미지의 복잡성에 관계없이 일정한 속도로 화면리프레쉬(refresh)가 가능하다.

70 곡면 모델링 시스템(surlace modeling system)에서 곡면을 생성하기 위하여 주로 사용하는 방법과 가장 거리가 먼 것은?
① 곡면 상의 점들을 입력하여 보간 곡면을 생성
② 솔리드(solid)의 위상(lopology)정보를 사용하여 곡면을 생성
③ 주어진 곡선을 직선이동 또는 회전이동하여 곡면을 생성
④ 곡면 상의 곡선들을 그물 형태로 입력하여 보간 곡면을 생성

71 4절 크랭크 체인을 이용함으로써 작은 힘을 작용시켜 큰 힘을 내게 하는 것은?
① 크로스 슬라이더
② 배력 장치
③ 쌍레버 기구
④ 래칫 휠

Answer 66 ③ 67 ① 68 ① 69 ④ 70 ② 71 ②

72 다음 중 전동용 기계요소에서 축간거리가 가장 길 때 사용되는 전동장치는?

① 벨트 전동 ② 마찰차 전동
③ 체인 전동 ④ 로프 전동

73 4절 회전 연쇄 기구에서 가장 짧은 링크를 고정했을 때의 기구를 말하는 것으로, 자동차의 창 닦기 기구 및 만능제도기 등에 광범위하게 이용되는 것으로 가장 적합한 것은?

① 레버 크랭크 기구
② 슬라이더 크랭크 기구
③ 2중 크랭크 기구
④ 2중 레버 기구

74 두 축이 만나지도 평행하지도 않는 경우에 사용된 기어로 바르게 짝 지어진 것은?

① 하이포이드 기어, 웜 기어
② 웜 기어, 크라운 기어
③ 크라운 기어, 베벨 기어
④ 나사 기어, 헬리컬 기어

75 다음 중 동력전달에 사용하는 마찰차의 사용 용도로 가장 적합한 것은?

① 회전력이 대단히 큰 경우
② 동력전달의 정확성이 요구되는 경우
③ 무단(無段)으로 변송이 가능하지 않는 경우
④ 전달 회전력이 적고, 정확성이 요구되지 않는 경우

76 축간거리 2m, 벨트 풀리의 직경이 400mm와 600mm일 때, 바로걸기에서 벨트의 길이는 약 몇 mm인가?

① 5696 ② 5576
③ 5966 ④ 6576

77 물체상의 모든 점이 어느 한 점을 중심으로 일정한 거리를 유지하면서 이동하는 운동을 무엇이라 하는가?

① 회전 운동 ② 직선 운동
③ 나선 운동 ④ 구면 운동

Answer 72 ④ 73 ③ 74 ① 75 ④ 76 ② 77 ④

78 캠 선도에서 변위곡선이 직선으로 나타날 때 캠은 어떤 운동을 하는가?
① 등가속도 운동　　② 등속도 운동
③ 요동 운동　　　　④ 단련 운동

79 다음 중 왕복 이종 슬라이더 기구의 대표적인 것으로 경사각이 90°로 만들어져 소형냉장고 등의 냉매 압축기로 쓰이는 것은?
① 진자 펌프(pendulum pump)
② 타원 컴퍼스(elliptic trammels)
③ 스코치 요크(scotch yoke)
④ 올덤 커플링(oldhams coupling)

80 4절 크랭크 체인을 이용함으로써 작은 힘을 작용시켜 큰 힘을 내게 하는 것은?
① 크로스 슬라이더　　② 배력 장치
③ 쌍 레버 기구　　　　④ 래칫 휠

Answer　78 ②　79 ③　80 ②

2014년 5월 25일 기출문제

제1과목 재료역학

01 그림과 같이 서로 다른 2개의 봉에 의하여 AB봉이 수평으로 있다. AB봉을 수평으로 유지하기 위한 하중 P의 작용점의 위치 x의 값은? (단, A단에 연결된 봉의 세로탄성계수는 210GPa, 길이는 3m, 단면적은 2cm³이고, B단에 연결된 봉의 세로탄성계수는 70GPa, 길이는 1.5m, 단면적은 4cm²이며, 봉의 자중은 무시한다.)

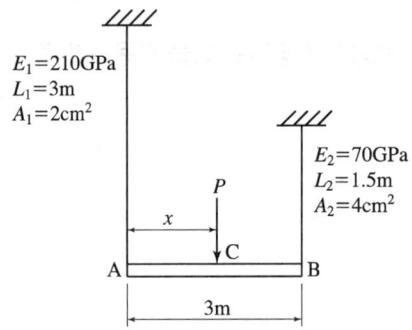

① 144.6cm ② 171.4cm
③ 191.5cm ④ 213.2cm

Solution
$P_1 = \dfrac{A_1 \cdot E_1 \cdot \delta_1}{\ell_1}$, $P_2 = \dfrac{A_2 \cdot E_2 \cdot \delta_2}{\ell_2}$
$P_1 \cdot x = P_2 \cdot (3-x)$, $\delta_1 = \delta_2 = \delta$
$(P_1 + P_2)x = 3P_2$
$\left(\dfrac{A_1 \cdot E_1}{\ell_1} + \dfrac{A_2 \cdot E_2}{\ell_2}\right)x \cdot \delta = 3 \cdot \dfrac{A_2 E_2}{\ell_2} \cdot \delta$
$\left(\dfrac{2 \times 210}{3} + \dfrac{4 \times 70}{1.5}\right)x = \dfrac{3 \times 4 \times 70}{1.5}$
$x = 1.714\text{m} = 171.4\text{cm}$

02 길이 L, 단면 2차 모멘트 I, 탄성계수 E인 긴 기둥의 좌굴 하중 공식은 $\dfrac{\pi^2 EI}{(kL)^2}$이다. 여기서 k의 값은 기둥의 지지 조건에 따른 유효 길이 계수라 한다. 양단 고정일 때 k의 값은?

① 2 ② 1
③ 0.7 ④ 0.5

Solution $n = \dfrac{1}{k^2} = 4$, $k = 0.5$

Answer 1 ② 2 ④

03 다음 금속재료의 거동에 대한 일반적인 설명으로 틀린 것은?

① 재료에 가해지는 응력이 일정하더라도 오랜 시간이 경과하면 변형률이 증가할 수 있다.
② 재료의 거동이 탄성한도로 국한된다고 하더라도 반복하중이 작용하면 재료의 강도가 저하될 수 있다.
③ 일반적으로 크리프는 고온보다 저온상태에서 더 잘 발생한다.
④ 응력-변형률 곡선에서 하중을 가할 때와 제거할 때의 경로가 다르게 되는 현상을 히스테리시스라 한다.

04 그림과 같은 형태로 분포하중을 받고 있는 단순지지보가 있다. 지지점 A에서의 반력 R_A는 얼마인가? (단, 분포하중 $\omega(x) = \omega_o \sin \frac{\pi x}{L}$)

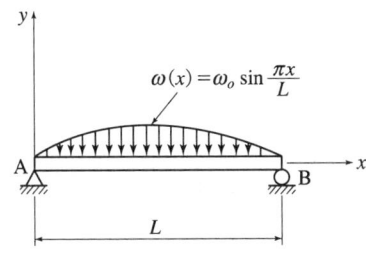

① $\dfrac{2\omega_o L}{\pi}$
② $\dfrac{\omega_o L}{\pi}$
③ $\dfrac{\omega_o L}{2\pi}$
④ $\dfrac{\omega_o L}{2}$

Solution $\int_0^\ell \omega(x)dx = \int_0^\ell \omega_o \cdot \sin\left(\dfrac{\pi x}{\ell}\right)dx = -\omega_o \cdot \dfrac{\ell}{\pi} \cdot \cos\left(\dfrac{\pi x}{\ell}\right)\Big|_o^\ell = \dfrac{\omega_o \cdot \ell}{\pi} + \dfrac{\omega_o \ell}{\pi} = \dfrac{2\omega_o \cdot \ell}{\pi}$

$R_A = R_B = \dfrac{\omega_o \cdot \ell}{\pi}$

05 단면계수가 0.01m³인 사각형 단면의 양단 고정보가 2m의 길이를 가지고 있다. 중앙에 최대 몇 kN의 집중하중을 가할 수 있는가? (단, 재료의 허용 굽힘응력은 80 MPa이다.)

① 800
② 1600
③ 2400
④ 3200

Solution $\sigma_a = \dfrac{M_{\max}}{Z} = \dfrac{P \cdot \ell}{Z \times 8}$

$80 \times 10^6 = \dfrac{P \times 2}{0.01 \times 8}$

$P = 3200$ kN

Answer 3 ③ 4 ② 5 ④

06 원통형 압력용기에 내압 P가 작용할 때, 원통부에 발생하는 축 방향의 변형률 ϵ_x 및 원주 방향 변형률 ϵ_y는? (단, 강판의 두께 t는 원통의 지름 D에 비하여 충분히 작고, 강판 재료의 탄성계수 및 포아송 비는 각각 E, ν이다.)

① $\epsilon_x = \dfrac{PD}{4tE}(1-2\nu), \quad \epsilon_y = \dfrac{PD}{4tE}(1-\nu)$

② $\epsilon_x = \dfrac{PD}{4tE}(1-2\nu), \quad \epsilon_y = \dfrac{PD}{4tE}(2-\nu)$

③ $\epsilon_x = \dfrac{PD}{4tE}(2-\nu), \quad \epsilon_y = \dfrac{PD}{4tE}(1-\nu)$

④ $\epsilon_x = \dfrac{PD}{4tE}(1-\nu), \quad \epsilon_y = \dfrac{PD}{4tE}(2-\nu)$

Solution $\epsilon_x = \dfrac{\sigma_x}{E} - \nu\dfrac{\sigma_y}{E} = \dfrac{P \cdot D}{E \times 4t} - \nu\dfrac{P \cdot D}{E \times 2t} = \dfrac{P \cdot D}{4tE}(1-2\nu)$

$\epsilon_y = \dfrac{\sigma_y}{E} - \nu\dfrac{\sigma_x}{E} = \dfrac{P \cdot D}{4tE}(2-\nu)$

07 길이가 L이고 직경이 d인 강봉을 벽 사이에 고정하였다. 그리고 온도를 $\triangle T$만큼 상승시켰다면 이때 벽에 작용하는 힘은 어떻게 표현되나? (단, 강봉의 탄성계수는 E이고, 선팽창계수는 α이다.)

① $\dfrac{\pi E \alpha \triangle T d^2}{2}$　　② $\dfrac{\pi E \alpha \triangle T d^2}{4}$

③ $\dfrac{\pi E \alpha \triangle T d^2 L}{2}$　　④ $\dfrac{\pi E \alpha \triangle T d^2 L}{16}$

Solution $\sigma = E \cdot \epsilon = E \cdot \alpha \cdot \triangle t = \dfrac{P}{A}$

$P = E \cdot \alpha \cdot \triangle t \cdot A = \dfrac{E\alpha\triangle t \cdot \pi d^2}{4}$

08 그림과 같이 사각형 단면을 가진 단순보에서 최대 굽힘응력은 약 몇 MPa인가?
(단, 보의 굽힘강성 EI는 일정하다.)

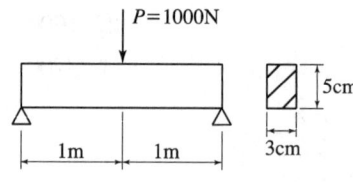

① 80　　② 74.5
③ 60　　④ 40

Solution $\sigma_{\max} = \dfrac{M_{\max}}{Z} = \dfrac{6 \times 1000 \times 2}{0.03 \times 0.05^2 \times 4} \times 10^{-6} = 40\text{MPa}$

Answer 6 ②　7 ②　8 ④

09 그림과 같이 등분포하중이 w가 가해지고 B점에 지지되어 있는 고정 지지보가 있다. A점에 존재하는 반력 중 모멘트는?

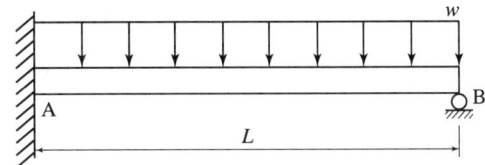

① $\dfrac{1}{8}\omega L^2$ (시계방향) ② $\dfrac{1}{8}\omega L^2$ (반시계방향)

③ $\dfrac{7}{8}\omega L^2$ (시계방향) ④ $\dfrac{7}{8}\omega L^2$ (반시계방향)

▶ Solution $M_A = \dfrac{\omega \ell^2}{2} - \dfrac{3\omega \ell^2}{8} = \dfrac{\omega \ell^2}{8}$ (반시계방향)

10 다음과 같은 단면에 대한 2차 모멘트 Iz는?

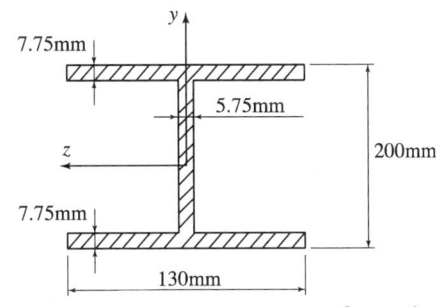

① $18.6 \times 10^6 \ mm^4$ ② $21.6 \times 10^6 \ mm^4$
③ $24.6 \times 10^6 \ mm^4$ ④ $27.6 \times 10^6 \ mm^4$

▶ Solution $I_Z = \dfrac{130 \times 200^3}{12} - \dfrac{(130-5.75) \times (200-7.75 \times 2)^3}{12} = 21.64 \times 10^6 mm^4$

11 그림과 같은 보에서 균일 분포하중(ω)과 집중하중(P)이 동시에 작용할 때 굽힘 모멘트의 최대값은?

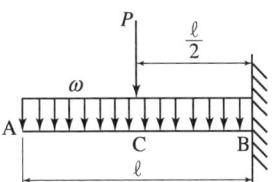

① $\ell(P-\omega\ell)$ ② $\dfrac{\ell}{2}(P-\omega\ell)$ ③ $\ell(P+\omega\ell)$ ④ $\dfrac{\ell}{2}(P+\omega\ell)$

▶ Solution $M_{\max} = \dfrac{P\ell}{2} + \dfrac{\omega\ell^2}{2} = \dfrac{\ell}{2}(P+\omega\ell)$

Answer 9 ② 10 ② 11 ④

12 단면적이 2cm²이고 길이가 4m인 환봉에 10kN의 축 방향 하중을 가하였다. 이 때 환봉에 발생한 응력은?

① 5000N/m^2
② 2500N/m^2
③ $5\times10^7\text{N/m}^2$
④ $5\times10^5\text{N/m}^2$

Solution $\sigma = \dfrac{10\times10^3}{2\times10^{-4}} = 5\times10^7\text{N/m}^2$

13 평면응력 상태에 있는 어떤 재료가 2축 방향에 응력 $\sigma_x > \sigma_y > 0$가 작용하고 있을 때 임의의 경사 단면에 발생하는 법선 응력 σ_n은?

① $\sigma_x\cos2\theta + \sigma_y\sin2\theta$
② $\sigma_x\sin2\theta + \sigma_y\cos2\theta$
③ $\sigma_x\cos\theta + \sigma_y\sin\theta$
④ $\sigma_x\cos^2\theta + \sigma_y\sin^2\theta$

Solution
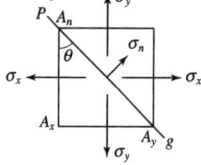

$\sum F_n = 0$
$\sigma_n \cdot A_n - \sigma_x \cdot A_x \cdot \cos\theta - \sigma_y \cdot A_y \cdot \sin\theta = 0$
$A_x = A_n \cdot \cos\theta,\ A_y = A_n \cdot \sin\theta$
$\sigma_n = \sigma_x \cdot \cos^2\theta + \sigma_y\sin^2\theta$

14 지름 10mm이고, 길이가 3m인 원형 축이 716rpm으로 회전하고 있다. 이 축의 허용 전단응력이 160MPa인 경우 전달할 수 있는 최대 응력은 약 몇 kW인가?

① 2.36
② 3.15
③ 6.28
④ 9.42

Solution $T = 974\dfrac{H_{kW}}{N} = \tau_a \cdot Z_P$

$974\times9.8\times\dfrac{H_{kW}}{716} = 160\times10^6\times\dfrac{\pi\times0.01^3}{16}$

$H_{kW} = 2.36\text{kW}$

Answer 12 ③ 13 ④ 14 ①

15 다음 그림과 같은 구조물에서 비틀림각은 θ는 약 몇 rad인가?

(단, 봉의 전단탄성계수 G=120GPa 이다.)

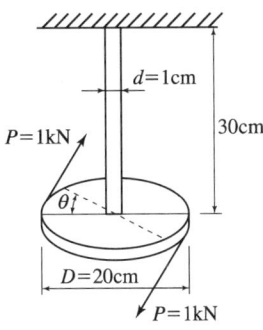

① 0.12   ② 0.5   ③ 0.05   ④ 0.032

Solution $\theta = \dfrac{T \cdot \ell}{G \cdot I_P} = \dfrac{32 \times 1 \times 10^3 \times 0.20 \times 0.3}{120 \times 10^9 \times \pi \times 0.01^4} = 0.51 \mathrm{rad}$

16 일정한 두께를 갖는 반원통이 핀에 의해서 A점에서 지지되고 있다. 이 때 B점에서 마찰이 존재하지 않는다고 가정할 때 A점에서의 반력은? (단, 원통 무게는 W, 반지름은 r이며, A, O, B점은 지구중심방향으로 일직선에 놓여있다.)

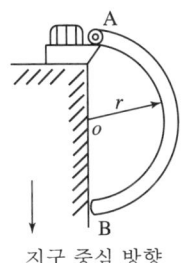

① 1.80W   ② 1.05W   ③ 0.80W   ④ 0.50W

17 그림과 같이 비틀림 하중을 받고 있는 중공축의 a-a단면에서 비틀림 모멘트에 의한 최대 전단응력은? (단, 축의 외경은 10cm, 내경은 6cm 이다.)

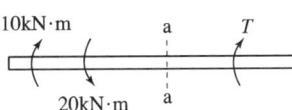

① 25.5MPa   ② 36.5MPa   ③ 47.5MPa   ④ 58.5MPa

Solution $\tau_{\max} = \dfrac{T}{Z_P} = \dfrac{16T}{\pi d_2^3(1-x^4)} = \dfrac{16 \times (20-10) \times 10^3}{\pi \times 0.1^3 \times \left\{1 - \left(\dfrac{6}{10}\right)^4\right\}} = 58.54\mathrm{MPa}$

Answer   15 ②   16 ②   17 ④

18 길이 3m이고, 지름이 16mm인 원형 단면봉에 30kN의 축하중을 작용시켰을 때 탄성 신장량 2.2mm가 생겼다. 이 재료의 탄성계수는 약 몇 GPa인가?

① 203   ② 20.3   ③ 136   ④ 13.7

Solution $E = \dfrac{\sigma}{\epsilon} = \dfrac{P \cdot \ell}{A \cdot \delta} = \dfrac{4 \times 30 \times 10^3 \times 3}{\pi \times 0.016^2 \times 0.0022} = 203.57 \text{GPa}$

19 다음과 같은 외팔보에 집중하중과 모멘트가 자유단 B에 작용할 때 B점의 처짐은 몇 mm인가? (단, 굽힘강성 EI=10MN·m2, 처짐 δ의 부호가 +이면 위로, -이면 아래로 처짐을 의미한다.)

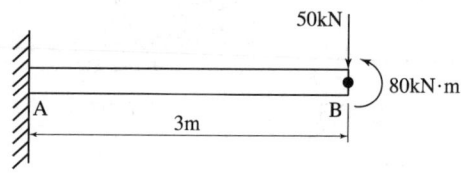

① +81   ② -81
③ +9   ④ -9

Solution $\delta_1 = \dfrac{50 \times 10^3 \times 3^3}{3 \times 10 \times 10^6} = 0.045 \text{m} \ominus$

$\delta_2 = \dfrac{M\ell^2}{2EI} = \dfrac{80 \times 10^3 \times 3^2}{2 \times 10 \times 10^6} = 0.036 \text{m} \oplus$

$\delta = \delta_1 + \delta_2 = -9 \times 10 - 3\text{m} = -9\text{mm}$

20 재료의 허용 전단응력이 150N/mm² 인 보에 굽힘 하중이 작용하여 전단력이 발생한다. 이 보의 단면은 정사각형으로 가로, 세로의 길이가 각각 5mm이다. 단면에 발생하는 최대 전단응력이 허용 전단응력보다 작게 되기 위한 전단력의 최대치는 몇 N인가?

① 2500   ② 3000
③ 3752   ④ 5625

Solution $\tau_{\max} = \dfrac{3}{2} \dfrac{F}{A}$

$150 \times 10^6 = \dfrac{3}{2} \times \dfrac{F}{0.005^2}$

$F = 2500\text{N}$

Answer 18 ① 19 ④ 20 ①

제2과목 기계제작법

21 프레스 가공에서 전단가공의 종류가 아닌 것은?
① 블랭킹(blanking) ② 스웨이징(swaging)
③ 트리밍(trimming) ④ 셰이빙(shaving)

22 경화된 작은 강철 볼(ball)을 공작물 표면에 분사하여 표면을 매끈하게 하는 동시에 피로강도와 그 밖의 기계적 성질을 향상시키는데 사용하는 가공방법은?
① 액체 호닝 ② 숏 피닝
③ 수퍼피니싱 ④ 래핑

23 선반 척 중에서 편심가공을 하기에 가장 적합한 것은?
① 연동척 ② 단동척
③ 유압척 ④ 콜릿척

24 판재의 판금작업에서 스프링 백(spring back)에 대한 설명으로 옳은 것은?
① 스프링에서 장력의 세기를 나타내는 척도이다.
② 굽힘가공에서 스프링을 사용하여 굽일 수 있는 성능이다.
③ 판재를 구부린 후 하중을 제거하면 잔류한 탄성에 의해 약간의 처음 상태로 되돌아오는 것이다.
④ 판재를 구부렸을 때 구부린 부분이 활 모양으로 되는 현상이다.

25 절삭공구로 공작물을 가공 시 유동형 칩이 발생하는 조건으로 틀린 것은?
① 절삭깊이가 클 때 ② 연성재료를 가공할 때
③ 경사각이 클 때 ④ 절삭속도가 빠를 때

26 래크 커터(rack cutter)로 기어를 가공하는 공작기계는?
① 기어 호빙 머신(gear hobbing machine)
② 펠로우즈 기어 셰이퍼(fellows gear shaper)
③ 마그 기어 셰이퍼(maag gear shaper)
④ 브로칭 머신(broaching machine)

Answer 21 ② 22 ② 23 ② 24 ③ 25 ① 26 ③

27 표준 고속도강의 함유량 표기에서 18-4-1 중 18의 의미는?
① 탄소의 함유량 ② 텅스텐의 함유량
③ 크롬의 함유량 ④ 바나듐의 함유량

28 주물에서 탕구계의 구성으로 틀린 것은?
① 탕류 ② 탕구
③ 주입구 ④ 코어

29 초음파 가공의 특징으로 틀린 것은?
① 납, 구리, 연강의 가공이 쉽다.
② 복잡한 형상도 쉽게 가공한다.
③ 공작물에 가공 변형이 남지 않는다.
④ 부도체도 가공이 가능하다.

30 프레스 가공에서 압축가공의 종류가 아닌 것은?
① 압인(coining) ② 엠보싱(embossing)
③ 스웨이징(swaging) ④ 블랭킹(blanking)

31 칠드주철제 롤러로 두께 25mm의 연강판을 두께 21mm로 압연한다면 압하율은?
① 4% ② 6.25%
③ 16% ④ 19%

> **Solution**
> $\phi = \dfrac{H_0 - H_1}{H_0} = \dfrac{(25-21)}{25} \times 100 = 16\%$

32 어미나사의 피치가 6mm인 선반에서 1인치당 4산의 나사를 가공할 때, A와 D의 기어의 잇수는 각각 얼마인가? (단, A는 주축 기어의 잇수이고, D는 어미나사 기어의 잇수이다.)
① A=60, D=40 ② A=40, D=60
③ A=127, D=120 ④ A=120, D=127

> **Solution**
> $i = \dfrac{\text{공작물의 피치}}{\text{어미나사의 피치}} = \dfrac{A}{D}$
> $\dfrac{25.4/4}{6} = \dfrac{A}{D} = \dfrac{120}{127}$

Answer 27 ② 28 ④ 29 ① 30 ④ 31 ③ 32 ③

33 호칭 치수 200mm인 사인바로 15°를 측정하려면, 사인바의 양단에 설치된 게이지 블록의 높이차를 약 몇 mm로 해야 하는가?

① 36.257
② 51.764
③ 72.573
④ 100.365

Solution
$$\sin\alpha = \frac{\triangle H}{L}$$
$$\triangle H = 200 \times \sin 15° = 51.764 mm$$

34 게이지 블록, 한계게이지 등 게이지류, 볼, 롤러, 렌즈, 프리즘을 다듬질하는 가공법은?

① 호닝
② 래핑
③ 샌드 블라스팅
④ 수퍼 피니싱

35 TIG 용접과 MIG 용접에 해당하는 용접은?

① 불활성 가스 아크 용접
② 직류 아크 일미나이트계 피복 용접
③ 교류 아크 셀룰로스계 피복 용접
④ 서브머지드 아크 용접

36 주물 결함에서 기공(blow hole)이 발생하는 원인으로 틀린 것은?

① 응고 전후의 수축 차이
② 용탕 속의 잔류 가스
③ 주형의 수분과다
④ 통기도 불량

37 표면경화법 중 질화법에 대한 설명으로 틀린 것은?

① 인장강도 및 항복점이 높다.
② 마멸 및 부식에 대한 저항성이 크다.
③ 경화층은 얇고 경도는 침탄한 것보다 작다.
④ 연신율과 내충격성이 낮다.

38 소재의 가장자리를 서로 겹치게 접은 다음 이 부분을 가압하여 이어주는 성형가공은?

① 엠보싱(embossing)
② 스웨이징(swaging)
③ 스피닝(spinnin/g)
④ 시밍(seaming)

Answer 33 ② 34 ② 35 ① 36 ① 37 ③ 38 ④

39 순철, 순동, 알루미늄과 같이 연성이 큰 재질의 공작물을 약간 큰 절삭 깊이로 가공할 때 많이 발행하는 칩은?

① 균열형 칩 ② 유동형 칩
③ 전단형 칩 ④ 열단형 칩

40 선반에서 공작물의 절삭속도(V)를 구하는 공식은? (단, d : 공작물의 지름(mm), n : 공작물의 회전수(rpm), V : 절삭속도(m/min))

① $V = \dfrac{\pi \cdot d \cdot n}{1000}$ ② $V = \dfrac{\pi \cdot d}{100 \cdot n}$
③ $V = \pi \cdot d \cdot n$ ④ $V = 2(\pi \cdot d \cdot n)$

제3과목 기계설계 및 기계재료

41 롤러 베어링에서 기본정격수명을 L(rev), 베어링의 기본동정격하중을 C(N), 베어링에 발생하는 동등가하중을 P(N)라 할 때 이에 대한 관계식으로 옳은 것은?

① $L = (\dfrac{P}{C})^3 \times 10^6$ ② $L = (\dfrac{C}{P})^3 \times 10^6$
③ $L = (\dfrac{P}{C})^{\frac{10}{3}} \times 10^6$ ④ $L = (\dfrac{C}{P})^{\frac{10}{3}} \times 10^6$

> **Solution**
> ① 롤러베어링 $r = \dfrac{10}{3}$
> ② 볼베어링 $r = 3$

42 마이터 기어(miter gear)의 모듈이 4, 잇수가 20일 때 바깥지름은 약 몇 mm인가?

① 62.8 ② 78.3
③ 85.7 ④ 96.5

> **Solution**
> $D = m(Z + 2\cos r)$
> $= 4 \times (20 + 2 \times \cos 45°)$
> $= 85.66 \text{mm}$

Answer 39 ④ 40 ① 41 ④ 42 ③

43 피치가 20mm인 2줄 나사를 두 바퀴 회전시키면 축 방향으로 움직이는 거리는 몇 mm인가?

① 10
② 20
③ 40
④ 80

Solution $\ell = np = 2 \times 20 = 40\text{mm}$

44 기어의 물림률을 높이기 위한 방법이 아닌 것은?

① 접촉호의 길이를 크게 한다.
② 이 끝의 높이를 크게 한다.
③ 사이클로이드 기어에서는 구름원의 지름을 크게 한다.
④ 인벌류트 기어에서는 압력각을 크게 한다.

45 축의 홈 속에서 자유로이 기울어 질수 있어 키가 자동적으로 축과 보스에 조정되며, 고속 저토크 축에 주로 사용되는 것으로 테이퍼진 축을 결합할 때 편리하게 사용되는 것은?

① 둥근 키
② 반달 키
③ 묻힘 키
④ 평행 키

46 판두께 14mm, 리벳 구멍의 지름 22mm, 피치 54mm의 1열 리벳 겹치기 이음이 있다. 1피치당의 하중을 13.24kN으로 하면 판에 생기는 인장응력은 약 몇 MPa인가?

① 23.57
② 25.68
③ 29.55
④ 33.79

Solution $\sigma_t = \dfrac{W}{(P-d)\cdot t} = \dfrac{13.24 \times 10^3}{(54-22) \times 14} = 29.55\text{MPa}$

47 블록 브레이크에서 브레이크에 발생하는 열의 소산과 관련된 브레이크 용량[$\dfrac{N}{\text{mm}^2} \cdot \dfrac{\text{m}}{\text{s}}$]을 표시하는 관계식으로 옳은 것은?

① 발열계수×압력계수
② 속도×압력×비열
③ 마찰계수×압력×속도
④ 안전계수×속도계수

48 코일 스프링에서 축방향 작용하중을 P, 코일의 유효지름을 D, 소선의 지름을 d, Wahl의 응력수정계수를 K라 할 때 최대전단응력 $\tau_{\max}$를 구하는 식으로 옳은 것은?

① $\tau_{\max} = K\dfrac{8PD}{\pi d^3}$
② $\tau_{\max} = K\dfrac{8PD}{\pi d^2}$
③ $\tau_{\max} = K\dfrac{4PD}{\pi d^3}$
④ $\tau_{\max} = K\dfrac{4PD}{\pi d^2}$

Answer 43 ④ 44 ④ 45 ② 46 ③ 47 ③ 48 ①

49 원동차의 지름이 300mm, 종동차의 지름이 450mm, 폭이 75mm인 외접 원통 마찰차가 있다. 원동차가 300rpm으로 회전할 때 최대 전달 동력은 약 몇 kW인가? (단, 접촉부의 허용 압력은 20N/mm, 마찰 계수는 0.217이다.)

① 1.41   ② 1.53
③ 1.68   ④ 1.89

Solution
$H = \mu \cdot fb \cdot V$
$= 0.217 \times 20 \times 75 \times \dfrac{\pi \times 300 \times 300}{60 \times 1000}$
$= 1.53 \times 10^3 \, W = 1.53 \, kW$

50 1초당 50리터의 물을 수송하는 바깥지름 200mm, 두께 6mm인 강관에 대해 설계 검증하고자 할 때 다음 중 틀린 것은? (단, 관의 허용응력은 100MPa이며, 기타 사항은 무시한다.)

① 관 내부의 단면적은 약 $0.027759 m^2$ 이다.
② 관 내부의 평균 유속은 약 3.2m/s 이다.
③ 시간당 유량은 약 $180 m^3/h$ 이다.
④ 관에는 최대 약 6MPa의 내압을 가할 수 있다.

Solution
$Q = 50 \ell/\sec = 50 \times 10^{-3} \times 3600 = 180 m^3/h$
$A = \dfrac{\pi \cdot D^2}{4} = \dfrac{\pi}{4} \times (200 - 2 \times 6)^2 \times 10^{-6}$
$V = \dfrac{180}{0.027759 \times 3600} = 1.8 m/\sec$

51 다음 중 불변강의 종류가 아닌 것은?

① 인바   ② 코엘린바
③ 쾌스테르바   ④ 엘린바

52 특수강에 첨가되는 특수원소의 효과가 아닌 것은?

① Ms, Mf점을 상승시킨다.
② 질량효과를 적게 한다.
③ 담금질성을 좋게 한다.
④ 상부 임계 냉각속도를 저하시킨다.

Answer 49 ② 50 ② 51 ③ 52 ①

53 다음 중 Ni-Fe계 합금인 인바(invar)를 바르게 설명한 것은?

① Ni 35~36%, C 0.1~0.3%, Mn 0.4%와 Fe의 합금으로 내식성이 우수하고, 상온부근에서 열팽창계수가 매우 작아 길이측정용 표준자, 시계의 추, 바이메탈 등에 사용된다.
② Ni 50%, Fe 50% 합금으로 초투자율, 포화 자기, 전기 저항이 크므로 저출력 변성기, 저주파 변성기 등의 자심으로 널리 사용된다.
③ Ni에 Cr 13~21%, Fe 6.5%를 함유한 강으로 내식성, 내열성 우수하여 다이얼게이지, 유량계 등에 사용된다.
④ Ni 40~45%, Mo 1.4%~2.0%에 나머지 Fe의 합금으로 내식성이 우수하여 조선에 사용되는 부품의 재료로 이용된다.

54 Fe-C 상태도에서 공석강의 탄소 함유량은 약 얼마인가?

① 0.5% ② 0.8%
③ 1.0% ④ 1.5%

55 다음 합금 중 다이캐스팅용 아연합금은?

① Zamak ② Y 합금
③ RR 50 ④ Lo-Ex

56 피아노선의 조직으로 가장 적당한 것은?

① austenite ② ferrite
③ sorbite ④ martensite

57 Mo 금속은 어떤 결정격자로 되어 있는가?

① 면심입방격자 ② 체심입방격자
③ 조밀육방격자 ④ 정방격자

58 재료의 표면을 경화시키기 위해 침탄을 하고자 한다. 침탄효과가 가장 좋은 재료는?

① 구상흑연주철 ② Ferrite형 스테인리스강
③ 피아노선 ④ 고탄소강

Answer 53 ① 54 ② 55 ① 56 ③ 57 ② 58 ②

59 산화알루미나(Al_2O_3) 등을 주성분으로 하며 철과 친화력이 없고, 열을 흡수하지 않으므로 공구를 과열시키지 않아 고속 정밀가공에 적합한 공구의 재질은?
① 세라믹
② 인코넬
③ 고속도강
④ 탄소공구강

60 편석의 균일화 및 황화물의 편석을 제거하는 열처리 방법으로 가장 적합한 것은?
① 노멀라이징
② 변태점 이하 풀림
③ 재결정 풀림
④ 확산 풀림

제4과목 기구학 및 CAD

61 일반적인 유한요소해석(finite element analysis)에서 전처리작업(pre-processing)에 해당하지 않는 것은?
① 모델 간단화(simplification)
② 솔리드 모델링 생성(make new features)
③ 유한요소망 생성(mesh generation)
④ 외부하중 조건입력(apply loads and constraints)

62 곡면을 표현하는 수식 중 B-spline 곡면에서 호모지니어스 좌표를 도입한 것은?
① 쿤스 패치
② Bezier 곡면
③ Bicubic patch
④ NURBS 곡면

63 평평한 판에 가로, 세로 방향으로 전류가 흘러 그 판 위에 놓여진 마우스 형태의 퍽의 x, y 방향의 절대위치를 입력할 수 있으며, 일반적으로 기존의 도면이나 도형을 직접 따라가면서 좌표값을 입력 시키는 용도로 사용되는 것은 무엇인가?
① 트랙볼
② 마우스
③ 디지타이저
④ 라이트펜

64 솔리드 모델 중 CSG 표현법과 비교한 경계표현법(B-rep)의 장점이 아닌 것은?
① 투영도나 투시도를 용이하게 표시할 수 있다.
② 부피나 면적을 빨리 계산할 수 있다.
③ 모따기, 라운딩 같은 모델의 국부변형이 쉽다.
④ 내부 데이터의 구조가 간단하다.

Answer 59 ① 60 ④ 61 ② 62 ④ 63 ③ 64 ④

65 다음 중 CSG 트리구조에 의한 솔리드 모델링의 장점이 아닌 것은?

① 라운딩과 같은 국부 변형기능을 쉽게 구현할 수 있다.
② 자료구조가 간단하다.
③ CSG 트리에 저장된 솔리드는 항상 구현이 가능한 유효한 솔리드이다.
④ 파라메트릭 모델링을 쉽게 구현할 수 있다.

66 렌더링 기법 중 하나의 물체가 멀리 떨어진 점 광원으로부터 조명을 받는 비교적 단순한 경우가 아닌 여러개의 물체가 있거나 특히 이들 중 일부가 투명하거나 굴절을 일으키는 복잡한 상황에서 적용하기 적합한 방법은?

① 고라드(Gouraud) 방법
② 퐁(Phong) 방법
③ 램버트(Lambert) 방법
④ 광선투사(ray tracing) 방법

67 아래 그림과 같은 파라메트릭 설계가 있다.(초기 L=150) 이때, 변수 L의 값이 300으로 바뀐다면, d의 값은? (단, 원의 반지름은 $\frac{1}{5}$L이다.)

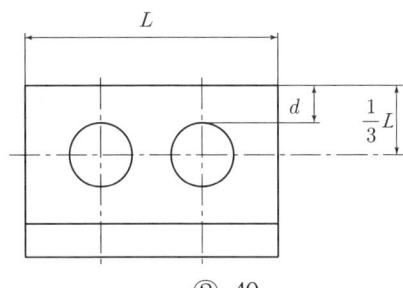

① 30
② 40
③ 50
④ 60

▶ Solution $d = \dfrac{L}{3} - \dfrac{L}{5} = \dfrac{300}{3} - \dfrac{300}{5} = 40\text{mm}$

68 다음 중 개별적인 생산 및 설계시스템 간 데이터 공유를 위해 생산정보모델에 대한 자료교환을 위한 표준으로 국제표준기구에서 설정된 것은?

① IGES
② DXF
③ STEP
④ STL

Answer 65 ① 66 ④ 67 ② 68 ③

69 다음 중 비다양체(non-manifold solid)를 가장 잘 설명한 것은?

① 솔리드 모델을 기반으로 불리안 연산(Boolean operation)의 결과로 나타나는 3차원 물체
② 솔리드 모델, 와이어프레임 모델, 서피스 모델을 동시에 적용하며 표현한 3차원 물체
③ 경계표현법(B-rep)으로 표현되며 곡면으로 둘러싸인 3차원 물체
④ 와이어 프레임모델과 서피스 모델을 동시에 적용하여 표현한 3차원 물체

70 그림과 같은 구면좌표계에서 ρ, θ, ϕ 는 점 P의 좌표를 나타낸다. ρ, θ, ϕ 에 관하여 3차원 직교좌표계(x,y,z)와 구면좌표계(ρ, θ, ϕ)의 관계를 올바르게 나타낸 것은?

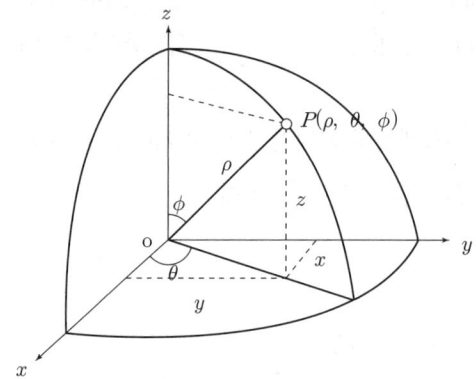

① $x = \rho \sin\phi \cos\theta$
  $y = \rho \sin\phi \sin\theta$
  $z = \rho \cos\phi$

② $x = \rho \cos\phi \cos\theta$
  $y = \rho \cos\phi \sin\theta$
  $z = \rho \sin\phi$

③ $x = \rho \sin\phi \sin\theta$
  $y = \rho \sin\phi \cos\theta$
  $z = \rho \cos\phi$

④ $x = \rho \cos\phi \sin\theta$
  $y = \rho \cos\phi \cos\theta$
  $z = \rho \sin\phi$

71 사일런트 체인 전동장치에서 스프로킷 휠 이의 양면이 이루는 축각(β)는? (단, α는 면각, Z는 잇수이다.)

① $\beta = \alpha + \dfrac{2\pi}{Z}$
② $\beta = \alpha - \dfrac{2\pi}{Z}$
③ $\beta = \alpha + \dfrac{4\pi}{Z}$
④ $\beta = \alpha - \dfrac{4\pi}{Z}$

72 케네디의 정리(Kennedy's theorem)는 무엇을 표현한 것인가?

① 자유도에 관한 정리
② 순간중심에 관한 정리
③ 병진운동과 회전운동의 관계
④ 속도의 도식적 해법에 관한 정리

Answer 69 ② 70 ① 71 ④ 72 ②

73 한 쌍의 스퍼기어가 맞물려 돌아갈 때 각 기어의 피치원지름을 D_1, D_2 잇수를 Z_1, Z_2, 회전수를 n_1, n_2라 하면 속도비(i)는?

① $n_2/n_1 = 4Z_1/Z_2$
② $n_2/n_1 = Z_2/4Z_1$
③ $n_2/n_1 = Z_1/Z_2$
④ $n_2/n_1 = Z_2/Z_1$

Solution $i = \dfrac{N_2}{N_1} = \dfrac{D_1}{D_2} = \dfrac{Z_1}{Z_2}$

74 모듈 m=20 이고 치수가 각각 15개, 20개인 한 쌍의 외접하는 평기어가 있다. 두 기어 간의 축간 거리(mm)는 얼마인가?

① 300
② 350
③ 400
④ 450

Solution $C = \dfrac{20 \times (15 + 20)}{2} = 350\text{mm}$

75 왕복 이중 슬라이더 기구의 대표적인 것으로 경사각이 90°로 만들어져 소형냉장고 등의 냉매 압축기로 쓰이는 것은?

① 진자 펌프(pendulum pump)
② 타원 컴퍼스(elliptic trammels)
③ 스코치 요크(scotch yoke)
④ 올덤 커플링(oldhams coupling)

76 평벨트 전동 기구에 대한 설명으로 틀린 것은?

① 평벨트 전동 기구는 두 축간 거리가 상당히 떨어져 있는 경우의 회전을 전달하는 데 편리하다.
② 벨트 구동에 있어서의 각속도비는 종동 바퀴의 반지름에 비례한다.
③ 동력 전달은 벨트와 벨트 바퀴의 접촉면에 있어서의 마찰력에 의존하기에 정확한 속도비를 얻기 어렵다.
④ 벨트의 감아 걸기 방식으로 엇걸기를 하면 두 축의 회전방향을 반대로 할 수 있다.

77 홈 마찰차에서 홈의 각도(α)=30°, 마찰계수(μ)=0.2일 때 유효 마찰계수(μ')는?

① 0.11
② 0.22
③ 0.33
④ 0.44

Solution $\mu' = \dfrac{0.2}{0.2 \times \cos 15° + \sin 15°} = 0.44$

Answer 73 ③ 74 ② 75 ③ 76 ② 77 ④

78 모듈(m)에 원주율(π)을 곱한 것을 무엇으로 표시하는가?

① 원주 피치　　　　　　　② 지름 피치
③ 이끝 높이　　　　　　　④ 피치원 지름

79 종동절의 상승·하강을 모두 캠으로 하는 것은 무엇인가?

① 확동 캠(positive motion cam)
② 접선 캠(tangent cam)
③ 편심원판 캠(circual disc cam)
④ 경사판 캠(swash plate cam)

80 캠 설계 시 입력각을 작게 하는 방법이 아닌 것은?

① 종동절의 전양정(全揚程)을 크게 한다.
② 기초원의 지름을 크게 한다.
③ 주어진 종동절의 변위에 대한 캠의 회전각을 크게 한다.
④ 종동절의 편심량을 변화시킨다.

Answer　78 ①　79 ①　80 ①

2015년 5월 31일 기출문제

제1과목 재료역학

01 재료가 전단 변형을 일으켰을 때, 이 재료의 단위 체적당 저장된 탄성에너지는? (단, τ는 전단응력, G는 전단 탄성계수이다.)

① $\dfrac{\tau^2}{2G}$
② $\dfrac{\tau}{2G}$
③ $\dfrac{\tau^4}{2G}$
④ $\dfrac{\tau^2}{4G}$

Solution $U = \dfrac{1}{2}P \cdot \delta = \dfrac{P}{2} \cdot \dfrac{P \cdot \ell}{AG} = \dfrac{\tau^2}{2G} A \cdot \ell$

$u = \dfrac{U}{V} = \dfrac{\tau^2}{2G}$

02 지름 3mm의 철사로 평균지름 75mm의 압축코일 스프링을 만들고 하중 10N에 대하여 3cm의 처짐량을 생기게 하려면 감은 횟수(n)는 대략 얼마로 해야 하는가? (단, 전단 탄성계수 $G=$ 88GPa이다.)

① $n = 8.9$
② $n = 8.5$
③ $n = 5.2$
④ $n = 6.3$

Solution $\delta = \dfrac{64nP \cdot R^3}{G \cdot d^4}$

$0.03 = \dfrac{64 \times n \times 10 \times (0.075/2)^3}{88 \times 10^9 \times 0.003^4}$

$n \fallingdotseq 6.336$

Answer　1 ①　2 ④

03 그림과 같은 외팔보가 집중 하중 P를 받고 있을 때, 자유단에서의 처짐 δ_A는? (단, 보의 굽힘 강성 EI는 일정하고, 자중은 무시한다.)

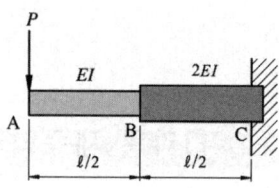

① $\dfrac{5P\ell^3}{16EI}$

② $\dfrac{7P\ell^3}{16EI}$

③ $\dfrac{9P\ell^3}{16EI}$

④ $\dfrac{3P\ell^3}{16EI}$

Solution ① AB 구간만 고려했을 때 처짐

$$\delta_{AB} = \frac{P(L/2)^3}{3EI} = \frac{PL^3}{24EI}$$

② BC 구간 부재에 발생하는 처짐

$$\delta_{BC} = \frac{1}{2EI}\left[\frac{PL}{2}\cdot\frac{L}{2}\cdot\left(\frac{L}{2}+\frac{L}{4}\right)+\frac{1}{2}\cdot\frac{PL}{2}\cdot\frac{L}{2}\left(\frac{L}{2}+\frac{L}{2}\cdot\frac{2L}{3}\right)\right] = \frac{14PL^3}{96EI}$$

③ A지점에서 최대 처짐

$$\delta = \delta_{AB} + \delta_{BC} = \frac{3PL^3}{16EI}$$

AB구간 : P의 전단력만 받을 때 처짐+ BC구간 : AB구간의 전단력은 Zero이고 BC구간만 전단력을 받음= 원 상태와 같음

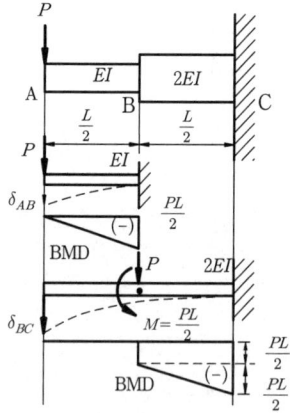

Answer 3 ④

04 σ_x = 400MPa, σ_y = 300MPa, τ_{xy} = 200MPa가 작용하는 재료 내에 발생하는 최대 주응력의 크기는?

① 206MPa
② 556MPa
③ 350MPa
④ 753MPa

Solution $\sigma_1 = \dfrac{\sigma_x + \sigma_y}{2} + \sqrt{\left(\dfrac{\sigma_x - \sigma_y}{2}\right)^2 + \tau_{xy}^2} = \dfrac{400+300}{2} + \sqrt{\left(\dfrac{400-300}{2}\right)^2 + 200^2} = 556.16\text{MPa}$

05 그림과 같은 단면에서 가로방향 중립축에 대한 단면 2차 모멘트는?

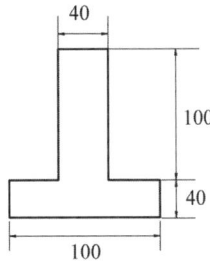

① $10.67 \times 10^6 \text{mm}^4$
② $13.67 \times 10^6 \text{mm}^4$
③ $20.67 \times 10^6 \text{mm}^4$
④ $23.67 \times 10^6 \text{mm}^4$

Solution $\bar{y} = \dfrac{100 \times 40 \times 20 + 40 \times 100 \times 90}{100 \times 40 + 40 \times 100} = 55\text{mm}$

$I_G = \left(\dfrac{100 \times 40^3}{12} + 35^2 \times 100 \times 40\right) + \left(\dfrac{40 \times 100^3}{12} + 35^2 \times 40 \times 100\right) = 13.67 \times 10^6 \text{mm}^4$

06 길이가 2m인 환봉에 인장하중을 가하여 변화된 길이가 0.14cm일 때 변형률은?

① 70×10^{-6}
② 700×10^{-6}
③ 70×10^{-3}
④ 700×10^{-3}

07 그림과 같이 단순보의 지점 B에 Mo의 모멘트가 작용할 때 최대 굽힘 모멘트가 발생되는 A 단에서부터 거리 x는?

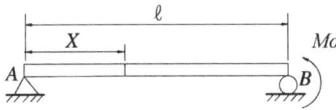

① $x = \dfrac{\ell}{5}$
② $x = \ell$
③ $x = \dfrac{\ell}{2}$
④ $x = \dfrac{3}{4}\ell$

Solution $M_{\max} = Mo$, $x = \ell$인 지점

Answer 4 ② 5 ② 6 ② 7 ②

08 원형 막대의 비틀림을 이용한 토션바(torsion bar) 스프링에서 길이과 지름을 모두 10%씩 증가시켰다면 토션바의 비틀림 스프링상수 ($\frac{비틀림 토크}{비틀림 각도}$)는 몇 배로 되겠는가?

① 1.1^{-2}배 ② 1.1^2배
③ 1.1^3배 ④ 1.1^4배

Solution $\theta = \dfrac{T \cdot \ell}{GI_P}$

$K_t = \dfrac{T}{\theta} = \dfrac{G \cdot I_P}{\ell} = \dfrac{G \cdot \pi \cdot d^4}{32\ell}$

$\dfrac{K_{t1}}{K_{t2}} = \dfrac{(d^4/\ell)}{1.1^3 \left(\dfrac{d^4}{\ell}\right)} = \dfrac{1}{1.1^3}$

$K_{t2} = 1.1^3 K_{t1}$

09 단면이 가로 100mm, 세로 150mm인 사각 단면보가 그림과 같이 하중(P)을 받고 있다. 전단응력에 의한 설계에서 P는 각각 100kN씩 작용할 때 안전계수를 2로 설계하였다고 하면, 이 재료의 허용전단응력은 약 몇 MPa인가?

① 10
② 15
③ 18
④ 20

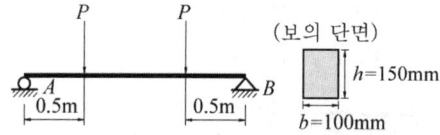

Solution $\tau = \dfrac{3}{2} \dfrac{F}{A} = \dfrac{3 \times 100 \times 10^3}{2 \times 0.1 \times 0.15} \times 10^{-6} = 10\text{MPa}$

$\tau_a = S\tau = 2 \times 10 = 20\text{MPa}$

10 무게가 각각 300N, 100N인 물체 A, B가 경사면 위에 놓여있다. 물체 B와 경사면과는 마찰이 없다고 할 때 미끄러지지 않을 물체 A와 경사면과의 최소 마찰 계수는 얼마인가?

① 0.19
② 0.58
③ 0.77
④ 0.94

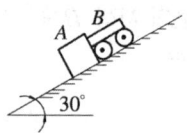

Solution $\mu \cdot W_A \cdot \cos\theta = W_B \cdot \sin\theta + W_A \cdot \sin\theta$

$\mu = \dfrac{(100+300) \times \sin 30°}{300 \times \cos 30°} = 0.77$

Answer 8 ③ 9 ④ 10 ③

11 두께 8mm의 강판으로 만든 안지름 40cm의 얇은 원통에 1MPa의 내압이 작용할 때 강판에 발생하는 후프 응력(원주 응력)은 몇 MPa인가?

① 25
② 37.5
③ 12.5
④ 50

Solution $\sigma_t = \dfrac{P \cdot d}{2t} = \dfrac{1 \times 400}{2 \times 8} = 25\text{MPa}$

12 그림과 같은 계단 단면의 중실 원형축의 양단을 고정하고 계단 단면부에 비틀림 모멘트 T가 작용할 경우 지름 D_1과 D_2의 축에 작용하는 비틀림 모멘트의 비 T_1/T_2은? (단, $D_1 = 8\text{cm}$, $D_2 = 4\text{cm}$, $\ell_1 = 40\text{m}$, $\ell_2 = 10\text{cm}$ 이다.)

① 2
② 4
③ 8
④ 16

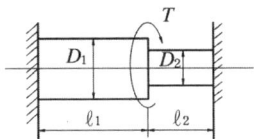

Solution
$$\dfrac{T_1 \cdot \ell_1}{G \cdot \dfrac{\pi D_1^4}{32}} = \dfrac{T_2 \cdot \ell_2}{G \cdot \dfrac{\pi D_2^4}{32}}$$

$$\dfrac{T_1}{T_2} = \dfrac{D_1^4 \cdot \ell_2}{D_2^4 \cdot \ell_1} = \dfrac{8^4 \times 10}{4^4 \times 40} = 4$$

13 왼쪽이 고정단인 길이 ℓ의 외팔보가 ω의 균일분포하중을 받을 때, 굽힘모멘트 선도(BMD)의 모양은?

①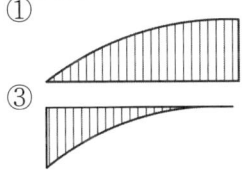
②
③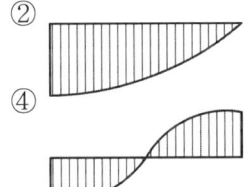
④

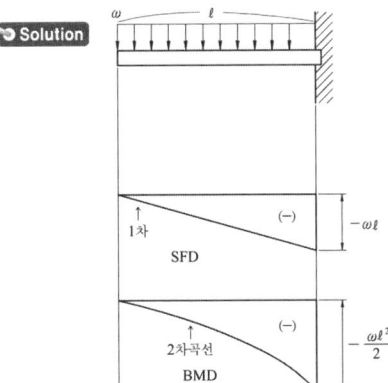

Answer 11 ① 12 ② 13 ③

14 그림과 같은 트러스가 점 B에서 그림과 같은 방향으로 5kN의 힘을 받을 때 트러스에 저장되는 탄성에너지는 몇 kJ인가? (단, 트러스의 단면적은 $1.2cm^2$, 탄성계수는 $10^6 Pa$이다.)

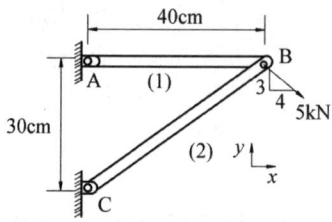

① 52.1 ② 106.7
③ 159.0 ④ 267.7

Solution $F_{AB} = \dfrac{5}{\sin 143.13°} \times \sin 73.74 = 8kN$

$F_{BC} = 5kN$

$U_{AB} = \dfrac{(8 \times 10^3)^2}{2 \times 10^6 \times (1.2 \times 10^{-4})^2} \times (1.2 \times 10^{-4}) \times 0.4 = 106.7 kJ$

$U_{BC} = \dfrac{(5 \times 10^3)^2 \times (1.2 \times 10^{-4})}{2 \times 10^6 \times (1.2 \times 10^{-4})^2} \times \sqrt{0.4^2 + 0.3^2} = 52.1 kJ$

$U = U_{AB} + U_{BC} = 106.7 + 52.1 = 158.8 kJ$

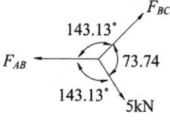

15 그림과 같은 가는 곡선보가 1/4 원 형태로 있다. 이 보의 B단에 M_o의 모멘트를 받을 때, 자유단의 기울기는? (단, 보의 굽힘 강성 EI는 일정하고, 자중은 무시한다.)

① $\dfrac{\pi M_o R}{2EI}$

② $\dfrac{\pi M_o}{2EI}$

③ $\dfrac{M_o R}{2EI}\left(\dfrac{\pi}{2} + 1\right)$

④ $\dfrac{\pi M_o R^2}{4EI}$

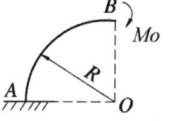

Solution 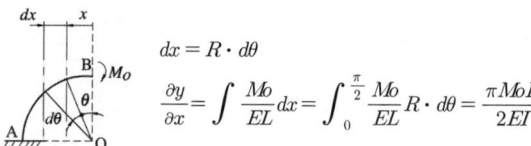 $dx = R \cdot d\theta$

$\dfrac{\partial y}{\partial x} = \int \dfrac{M_o}{EI} dx = \int_0^{\frac{\pi}{2}} \dfrac{M_o}{EI} R \cdot d\theta = \dfrac{\pi M_o R}{2EI}$

Answer 14 ③ 15 ①

16 길이가 L(m)이고, 일단 고정에 타단 지지인 그림과 같은 보에 자중에 의한 분포하중 w(N/m)가 보의 전체에 가해질 때 점 B에서의 반력의 크기는?

① $\dfrac{wL}{4}$

② $\dfrac{3}{8}wL$

③ $\dfrac{5}{16}wL$

④ $\dfrac{7}{16}wL$

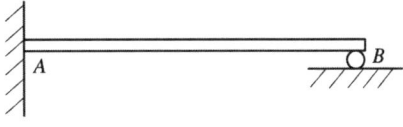

Solution $\theta_B = 0$

$$\dfrac{R_B \cdot \ell^3}{3EI} = \dfrac{W\ell^4}{8EI}$$

$$R_B = \dfrac{3W\ell}{8}$$

17 양단이 힌지인 기둥의 길이가 2m이고, 단면이 직사각형(30mm × 20mm)인 압축 부재의 좌굴하중을 오일러 공식으로 구하면 몇 kN인가? (단, 부재의 탄성의 계수는 200GPa이다.)

① 9.9kN ② 11.1kN
③ 19.7kN ④ 22.2kN

Solution $P_{cr} = \dfrac{n\pi^2 E \cdot I}{\ell^2} = \dfrac{1 \times \pi^2 \times 200 \times 10^9 \times 0.03 \times 0.02^3}{2^2 \times 12} \times 10^{-3} = 9.87\text{kN}$

18 그림과 같은 직사각형 단면의 단순보 AB에 하중이 작용할 때, A단에서 20cm 떨어진 곳의 굽힘 응력은 몇 MPa인가? (단, 보의 폭은 6cm이고, 높이는 12cm이다.)

① 2.3
② 1.9
③ 3.7
④ 2.9

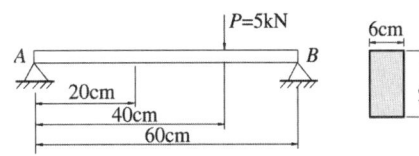

Solution $R_A = \dfrac{5 \times 20}{60} = 1.67\text{kN}$

$$\sigma_b = \dfrac{6 \times 1.67 \times 10^3 \times 0.2}{0.06 \times 0.12^2} \times 10^{-6} = 2.32\text{MPa}$$

Answer   16 ②   17 ①   18 ①

19 강체로 된 봉 CD가 그림과 같이 같은 단면적과 재료가 같은 케이블 ①, ②와 C점에서 힌지로 지지되어 있다. 힘 P에 의해 케이블 ①에 발생하는 응력(σ)은 어떻게 표현되는가? (단, A는 케이블의 단면적이며 자중은 무시하고, a는 각 지점간의 거리이고 케이블 ①, ②의 길이 ℓ은 같다.)

① $\dfrac{2P}{3A}$

② $\dfrac{P}{3A}$

③ $\dfrac{4P}{5A}$

④ $\dfrac{P}{5A}$

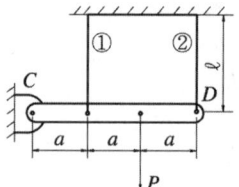

Solution $\delta_1 : \delta_2 = \sigma_1 : \sigma_2 = a : 3a$
$\sigma_2 = 3\sigma_1$
$P \times (2a) = \sigma_1 \cdot A \cdot a + \sigma_2 \cdot A \cdot 3a = 10\sigma_1 \cdot A \cdot a = 10A \cdot a \cdot \sigma$
$\therefore \sigma = \dfrac{P}{5A}$

20 바깥지름 50cm, 안지름 40cm의 중공원통에 500kN의 압축하중이 작용했을 때 발생하는 압축응력은 약 몇 MPa인가?

① 5.6

② 7.1

③ 8.4

④ 10.8

Solution $\sigma_c = \dfrac{4 \times 500 \times 10^3}{\pi \times (0.5^2 - 0.4^2)} \times 10^{-6} = 7.07 \text{MPa}$

Answer 19 ④ 20 ②

제2과목 기계제작법

21 조직을 균일하게 하고 내부응력을 제거하며 재질을 연하게 하는 열처리는?
① 담금질(quenching)
② 뜨임(tempering)
③ 풀림(annealing)
④ 불림(normalizing)

22 열처리의 종류에 해당되지 않는 것은?
① 오스템퍼링(austempering)
② 스웨이징(swaging)
③ 마템퍼링(martempering)
④ 노멀라이징(normalizing)

23 다음의 단조 양식 중 자유단조에 속하지 않는 것은?
① 굽히기(bending)
② 구멍뚫기(punching)
③ 블랭킹(blanking)
④ 늘리기(drawing)

24 스프링(spring)과 같이 반복하중을 받는 기계부품의 가공으로 적합한 것은?
① 버핑(buffing)
② 연삭(grinding)
③ 숏 피닝(shot peening)
④ 전해 연마(electrolytic polishing)

25 드릴부시(drill bushing)에서 일반부시로는 공구안내를 할 수 없을 경우 사용되며 테이퍼핀을 이용하여 부착시키는 것은?
① 삽입 부시
② 탬플릿 부시
③ 기름홈 부시
④ 브래킷 부시

26 압출기의 주요 부분이 아닌 것은?
① 램(ram)
② 다이(die)
③ 하우징(housing)
④ 컨테이너(container)

27 가스용접에서 사용하는 가스의 종류 중 조연성 가스에 해당하는 것은?
① 산소
② 수소
③ 프로판
④ 아세틸렌

Answer 21 ③ 22 ② 23 ③ 24 ③ 25 ④ 26 ③ 27 ①

28 정밀 입자 가공을 한 공작물의 특징으로 옳은 것은?

① 고정밀도를 얻을 수 없다.
② 가공면에 내식성과 내마멸성을 가진다.
③ 내마모성이 증가하나 내식성이 나빠진다.
④ 내식성이 증가하나 내마모성이 나빠진다.

29 주형은 주탕 시 주형에서 발생하는 가스, 쇳물에서 나오는 가스, 주형 공동부에 있었던 공기 등이 빠져 나올 수 있어야 기공의 발생을 방지할 수 있다. 이를 만족하기 위한 주물사의 통기도 계산식으로 옳은 것은? (단, K : 주물사의 통기도, V : 통과 공기량, h : 시편의 높이, P : 공기압력, A : 시편의 단면적, t : 통과시간이다.)

① $K = \dfrac{V \times h}{P \times A \times t}$ ② $K = \dfrac{P \times A \times t}{V \times h}$

③ $K = \dfrac{2V \times h}{P \times A \times t}$ ④ $K = \dfrac{V \times h}{2P \times A \times t}$

30 미터나사를 3침법으로 유효지름을 측정하려고 할 때 산출방법으로 옳은 것은? (단, E : 유효지름, M : 3침 삽입 후 바깥지름, d : 3침의 자료, P : 피치이다.)

① $E = M + 3d + 0.86603 \times P$ ② $E = M - 3d + 0.86603 \times P$
③ $E = M + 3d + 0.96049 \times P$ ④ $E = M - 3d + 0.96049 \times P$

31 프레스 전단가공에서 두께 5mm인 SM40C 강판에 지름 50mm의 구멍을 펀칭할 때 최대 전단력은 약 얼마인가? (단, 전단강도 $\tau = 45\text{kg/mm}^2$이다.)

① 10831kg ② 17663kg
③ 35343kg ④ 70686kg

Solution $F = 45 \times \pi \times 50 \times 5 = 35342.92\text{kg}$

32 다음 중 탄소강의 열처리에 영향을 가장 적게 주는 요소는?

① 가공시간 ② 가열방법
③ 가열온도 ④ 탄소함유량

33 상하의 형에 문자나 무늬의 요철을 붙이고, 이 사이에 소재를 놓고 압축하여 문자나 무늬를 생성하는 가공 방법은?

① 압인 가공(coining) ② 압출 가공(extruding)
③ 블랭킹 가공(blanking) ④ 업세팅 가공(up setting)

Answer 28 ② 29 ① 30 ② 31 ③ 32 ① 33 ①

34 드로잉(drawing) 가공의 설명 중 틀린 것은?
① 펀치의 최소 곡률 반지름은 펀치의 지름보다 1/3 작게 한다.
② 다이의 모서리 둥글기 반지름이 크면 주름이 쉽게 나타나지 않는다.
③ 펀치와 다이 사이의 간격은 재료 두께와 다이 벽과의 마찰을 피하기 위한 것이다.
④ 드로잉 작업이 진행되는 동안 소재 누름판으로 다이 상면에 접하고 있는 소재를 눌러 주어야 한다.

35 밀링머신에서 커터의 지름이 150mm이고, 한 날당 이송이 0.2mm, 커터의 날수를 8개, 회전수를 2000rpm으로 할 때 절삭속도는 약 얼마인가?
① 922.48m/min
② 942.48m/min
③ 962.48m/min
④ 982.48m/min

Solution $V = \dfrac{\pi \times 150 \times 2000}{1000} = 942.48\text{m/min}$

36 공작기계의 구비조건으로 틀린 것은?
① 가공능력이 클 것
② 내구력이 적을 것
③ 높은 정밀도를 가질 것
④ 고장이 적고 효율이 좋을 것

37 전해연마(Electrolytic polishing)의 단점에 해당되는 것은?
① 가공면에는 방향성이 있다.
② 내마멸성, 내부식성이 저하된다.
③ 연마량이 적으므로 깊은 홈이 제거되지 않는다.
④ 복잡한 형상의 공작물, 선, 박편(薄片)등의 연삭은 불가능하다.

38 다이캐스팅(die casting)의 일반적인 설명 중 틀린 것은?
① 다량생산에 적합하다.
② 치수의 정밀도가 높다.
③ 기계 가공여유가 필요하다.
④ 복잡한 형상의 주조가 가능하다.

Answer 34 ② 35 ② 36 ② 37 ③ 38 ③

39 2차원 절삭모델에서 절삭깊이를 t_1, 칩 두께를 t_2라고 할 때 절삭비 γ_c는?

① $\gamma_c = t_1 \times t_2$
② $\gamma_c = 2(t_1 \times t_2)$
③ $\gamma_c = \dfrac{t_2}{t_1}$
④ $\gamma_c = \dfrac{t_1}{t_2}$

40 NC 서보기구(servo system)의 형식은 피드백장치의 유무와 검출위치에 따라 분류되는데 그 형식이 아닌 것은?

① 개방 회로 방식
② 폐쇄 회로 방식
③ 반개방 회로 방식
④ 반폐쇄 회로 방식

제3과목 기계설계 및 기계재료

41 사각나사에서 리드각 $3.00°$, 마찰계수 $\mu = 0.2$일 때, 이 나사의 효율을 구하면?

① 20.55%
② 25.55%
③ 30.55%
④ 35.55%

Solution $\rho = \tan^{-1}(0.2) = 11.31°$
$$\eta = \dfrac{\tan 3.0 \times 100}{\tan(3.0 + 11.31)} = 20.55\%$$

42 다음 중 미끄럼 베어링 재료의 요구조건으로 틀린 것은?

① 열전도율이 낮을 것
② 내부식성이 강할 것
③ 유막의 형성이 용이할 것
④ 주조와 다듬질 등의 공작이 용이할 것

43 지름이 d인 중실축이 비틀림 모멘트 T만을 받았을 때 생기는 최대전단응력을 τ_1라 하면, 이 축에 비틀림 모멘트 T와 굽힘 모멘트 $M(M=3T)$을 동시에 작용시켰을 때, 생기는 최대 전단응력은 τ_1의 몇 배가 되는가?

① $\sqrt{3}$ 배
② 2배
③ $\sqrt{10}$ 배
④ 5배

Solution $Te = \sqrt{(3T)^2 + T^2} = \sqrt{10}\,T$
$$\tau = \dfrac{Te}{Zp} = \dfrac{\sqrt{10}\,T}{Zp} = \sqrt{10}\,\tau_1$$

Answer 39 ④ 40 ③ 41 ① 42 ① 43 ③

44 브레이크 드럼의 지름은 500mm, 허용브레이크의 압력은 0.9MPa, 브레이크 용량은 1MPa · m/s이고, 접촉부 마찰계수는 0.25인 주철제 브레이크가 있다. 이 브레이크를 허용브레이크 압력으로 브레이크 용량까지 사용할 경우 드럼의 회전수는 약 몇 rpm인가?

① 148
② 170
③ 198
④ 210

Solution
$$\mu q V = \mu q \cdot \frac{\pi D N}{60 \times 1000}$$
$$1 = 0.25 \times 0.9 \times \frac{\pi \times 500 \times N}{60 \times 1000}, \quad N = 169.77 \text{rpm}$$

45 겹판 스프링의 일반적인 특징에 관한 설명으로 틀린 것은?

① 판 사이의 마찰에 의해 진동을 감쇠한다.
② 내구성이 좋고, 유지보수가 용이하다.
③ 트럭 및 철도차량의 현가장치로 이용된다.
④ 판 사이의 마찰작용에 의해 특히 미소진동의 흡수에 유리하다.

46 비틀림 각이 30°인 표준 헬리컬 기어에서 피치원 지름이 160mm, 이직각 모듈이 4일 때, 이 기어의 바깥지름은 몇 mm인가?

① 156
② 168
③ 172
④ 178

Solution $D_c = D + 2m_n = 160 + 2 \times 4 = 168 \text{mm}$

47 코터이음에서 20kN의 인장력이 작용하고 있을 때, 코터가 받는 전단응력은 약 몇 MPa인가?
(단, 코터의 폭은 100mm, 두께는 50mm이다.)

① 1
② 2
③ 10
④ 20

Solution $\tau_c = \dfrac{20 \times 10^3}{2 \times 100 \times 50} = 2 \text{MPa}$

48 증기, 가스 등의 유체가 제한된 최고 압력을 초과했을 때, 자동적으로 밸브가 열려서 유체를 외부로 배출하며 배출이 끝난 후에는 압력이 정확하게 유지되고 제한 압력보다 너무 내려가지 않아야 하는 것은?

① 릴리프 밸브(relief valve)
② 정지 밸브(stop valve)
③ 체크 밸브(check valve)
④ 나비형 밸브(butterfly valve)

Answer 44 ② 45 ④ 46 ② 47 ② 48 ①

49 벨트 전동에서 유효장력 P를 나타내는 식으로 옳은 것은? (단, T_t는 긴장측 장력이고, T_s는 이완측 장력을 나타낸다.)

① $P = \dfrac{T_t - T_s}{2}$ ② $P = \dfrac{T_s}{T_t}$

③ $P = T_s \cdot T_t$ ④ $P = T_t - T_s$

50 리벳작업 중 보일러 및 압력용기 등에서 기밀을 유지하기 위하여 하는 작업은?
① 구멍뚫기 ② 다듬질
③ 펀칭 ④ 코킹

51 철강재료의 열처리에서 많이 이용되는 S곡선이란 어떤 것을 의미하는가?
① T.T.L 곡선 ② S.C.C 곡선
③ T.T.T 곡선 ④ S.T.S 곡선

52 고속도강의 특징을 설명한 것 중 틀린 것은?
① 열처리에 의하여 경화하는 성질이 있다.
② 내마모성이 크다.
③ 마텐자이트(martensite)가 안정되어, 600℃까지는 고속으로 절삭이 가능하다.
④ 고Mn강, 칠드주철, 경질유리 등의 절삭에 적합하다.

53 특수강인 Elinvar의 성질은 어느 것인가?
① 열팽창계수가 크다.
② 온도에 따른 탄성률의 변화가 적다.
③ 소결합금이다.
④ 전기전도도가 아주 좋다.

54 베빗메탈이라고도 하는 베어링용 합금인 화이트 메탈의 주요성분으로 옳은 것은?
① Pb-W-Sn ② Fe-Sn-Cu
③ Sn-Sb-Cu ④ Zn-Sn-Cr

Answer 49 ④ 50 ④ 51 ③ 52 ④ 53 ② 54 ③

55 탄소강을 경화 열처리 할 때 균열을 일으키지 않게 하는 가장 안전한 방법은?
① M_s점까지는 급냉하고 M_s, M_f사이는 서냉한다.
② M_f점 이하까지 급냉한 후 저온도로 뜨임한다.
③ M_s점까지 서냉하여 내·외부가 동일온도가 된 후 급냉한다.
④ M_s, M_f 사이의 온도까지 서냉한 후 급냉한다.

56 백주철을 열처리로에서 가열한 후 탈탄시켜, 인성을 증가시킨 주철은?
① 가단주철   ② 회주철
③ 보통주철   ④ 구상흑연주철

57 쾌삭강(Free cutting steel)에 절삭속도를 크게 하기 위하여 첨가하는 주된 원소는?
① Ni   ② Mn
③ W   ④ S

58 오일리스 베어링과 관계가 없는 것은?
① 구리와 납의 합금이다.
② 기름보급이 곤란한 곳에 적당하다.
③ 너무 큰 하중이나 고속회전부에는 부적당하다.
④ 구리, 주석, 흑연의 분말을 혼합 성형한 것이다.

59 탄소강에 함유되어 있는 원소 중 많이 함유되면 적열 취성의 원인이 되는 것은?
① 인   ② 규소
③ 구리 ④ 황

60 충격에는 약하나, 압축강도는 크므로 공작기계의 베드, 프레임, 기계 구조물의 몸체 등에 가장 적합한 재질은?
① 합금공구강   ② 탄소강
③ 고속도강   ④ 주철

Answer 55 ① 56 ① 57 ④ 58 ① 59 ④ 60 ④

제4과목 기구학 및 CAD

61 다음의 2차원 동차 변환 행렬(homogeneous transformation matrix)이 뜻하는 것은?

$$\begin{bmatrix} -1 & 0 & 0 \\ 0 & -1 & 0 \\ 0 & 0 & 1 \end{bmatrix}$$

① 원점에 대한 시계방향 90°회전
② 원점에 대한 반시계방향 90°회전
③ 원점에 대한 확대 변환
④ 원점에 대한 반사 변환

62 다음 중 매개변수 곡면에 사용되는 아이소파라메트릭(isoparametric) 곡선의 성질로 가장 거리가 먼 것은?

① 곡면의 굴곡을 시각적으로 나타낼 때 자주 사용될 수 있다.
② 곡면정의에 사용되는 두 개의 매개변수 중 한 개의 매개변수 값을 고정시켜 생성된 곡선이다.
③ 이웃한 아이소파라메트릭 곡선끼리의 거리는 항상 일정하다.
④ 지구본의 경도선과 위도선이 한 예이다.

63 솔리드 모델의 자료구조 중 CSG 트리구조에 관한 설명으로 틀린 것은?

① 솔리드 모델이 불리안 작업에 의해 모델링된 과정을 저장하는 구조이다.
② CSG 표현은 항상 대응되는 B-rep 모델로 치환 가능하다.
③ CSG 트리구조는 리프팅이나 라운딩과 같은 국부 변형기능들을 구현하기 힘들다.
④ 물체의 경계면, 경계 모서리, 그리고 이들 간의 연결 관계 등을 쉽게 유도해 낼 수 있다.

64 CSG(Constructive Solid Geometry) 모델에서 Primitive란 기본 형상을 의미하며 이들은 불리안 연산이 가능하다. 다음 중 CSG의 Primitive로 보기 어려운 것은?

①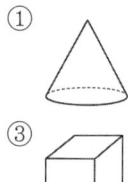
②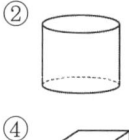
③ ④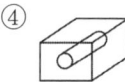

Answer 61 ④ 62 ③ 63 ④ 64 ④

65 베지어(Bezier) 곡선과 B-Spline 곡선이 가지는 공통적인 성질이 아닌 것은?

① 조정점(control point)을 가진다.
② 곡선은 블록포체(convex hull) 내에 포함된다.
③ 국부적 조정(local modification)이 가능하다.
④ 조정점을 근사하는 곡선이다.

66 상이한 CAD 시스템간의 형상 데이터 교환을 위한 중립 파일의 형식(neutral file format)이 아닌 것은?

① IGES(Initial Graphics Exchange Specification)
② STEP(STandard for the Exchange of Product model data)
③ DXF(Drawing eXchange Format)
④ GIF(Graphics Interchange Format)

67 3차원 물체의 기하학적 변환은 일반적으로 4 × 4 변환 행렬로 다음과 같이 정의될 때, x축에 대한 회전할 경우 관계되는 것은?

$$\begin{bmatrix} x \\ y \\ z \\ 1 \end{bmatrix} = \begin{bmatrix} a & b & c & p \\ d & e & f & q \\ h & i & j & r \\ l & m & n & s \end{bmatrix} \begin{bmatrix} x \\ y \\ z \\ 1 \end{bmatrix}$$

① a, b, d, e
② e, f, i, j
③ a, d, h, l
④ p, q, r, s

68 래스터 그래픽(raster display) 장치에서 24-bit plane(빨강, 초록, 파랑을 각각의 색깔에 8-bit plane씩을 사용)을 사용한다면 한 화면에 동시에 사용할 수 있는 전체 색깔 수는?

① 2^3
② 2^8
③ 2^{12}
④ 2^{24}

Solution $2^{3 \times 8} = 2^{24}$

Answer 65 ③ 66 ④ 67 ② 68 ④

69 솔리드 모델(solid model)의 입력방법에 대한 설명 중 틀린 것은?
① 불리언 작업(Boolean operations)은 기본입체를 덧붙이거나 빼면서 원하는 솔리드를 만드는 방법이다.
② 리프팅(lifting)은 미리 정해진 연속된 단면을 덮는 표면곡면을 생성시켜 솔리드를 생성하는 방법이다.
③ 라운딩(rounding)은 만들어진 모델은 수정하는 기능의 하나로 모서리나 꼭지점에서 기존면에 법선 벡터가 연속되는 부드러운 곡면을 생성할 때 이용된다.
④ 경계모델링(boundary modeling)은 입체의 형성 요소인 꼭지점, 모서리, 면 등을 생성, 삭제, 수정하면서 모델링을 수행하는 방법이다.

70 경계표현법(B-rep)으로 만들어진 단순다면체 솔리드 모델을 검증하기 위한 오일러 공식은?
(단, F : 면의 수, E : 모서리의 수, V : 꼭지점의 수)
① $F-E+V=2$
② $F-E+2V=2$
③ $F-E+V=3$
④ $F-E+2V=3$

71 마찰차의 적용에 대한 설명 중 틀린 것은?
① 무단 변속이 필요한 경우
② 동력 전달력이 크지 않을 경우
③ 각 속도비를 중요시 하지 않을 경우
④ 비교적 저속회전으로 정숙한 운전이 요구될 경우

72 4링크 기구에서 고정 링크에 연결되어 있는 두 개의 링크가 왕복운동을 할 수 있는 것은?
① 이중 레버 기구
② 고정 링크 기구
③ 레버 크랭크 기구
④ 회전 슬라이더 기구

73 선풍기의 날개나 벨트 풀리의 움직임은 기계운동의 종류 중에서 어느 운동이라 할 수 있는가?
① 회전 운동
② 구면 운동
③ 나선 운동
④ 가속도 운동

Answer 69 ② 70 ① 71 ④ 72 ① 73 ①

74 등가속도 운동을 하는 캠 변위선도가 포물선인 경우 속도선도와 가속도선도의 함수식은 어떤 형태인가?

① 속도선도는 1차식, 가속도 선도는 상수
② 속도선도는 2차식, 가속도 선도는 1차식
③ 속도선도는 1차식, 가속도 선도는 1차식
④ 속도선도는 1차식, 가속도 선도는 2차식

75 기어 인벌류트 치형에서 압력각이 커졌을 때에 생기는 현상이 아닌 것은?

① 물림률이 증대된다. ② 이의 강도가 커진다.
③ 언더컷을 방지할 수 있다. ④ 잇면의 미끄럼률이 작아진다.

76 기어의 잇수 Z_1 = 20개, Z_2 = 30개, 모듈 m = 3인 한 쌍의 스퍼 기어의 중심거리를 구하면 몇 mm인가?

① 90 ② 45
③ 75 ④ 105

Solution $C = \dfrac{3 \times (20+30)}{2} = 75\text{mm}$

77 기구를 구성하는 링크(link)운동에서 링크의 형상과는 관계없이 물체 상호간의 조합 상태만을 도시하는 스켈리톤(skeleton) 표시법의 기호와 설명이 틀린 것은?

① ○ : 회전대우 ② □ : 미끄럼대우
③ △ : 점선대우 ④ ◇ : 그라운드대우

78 엇걸기 벨트 전동에서 속도비가 4일 때 양쪽폴리의 접촉각 θ_1과 θ_2 사이의 관계는? (단, θ_1 : 원동폴리, θ_2 : 종동폴리이다.)

① $\theta_1 = \dfrac{1}{2}\theta_2$ ② $\theta_1 = \theta_2$
③ $\theta_1 = 2\theta_2$ ④ $\theta_1 = 3\theta_2$

Answer 74 ① 75 ① 76 ③ 77 ④ 78 ②

79 다음 그림에서 길이 60mm의 기소 $\overline{AB}$가 점 A를 중심으로 회전할 때, 기소의 각속도 ω = 10rad/s이라면 점 B의 속도 V_B는 몇 m/s인가?

① 0.3
② 0.6
③ 3
④ 6

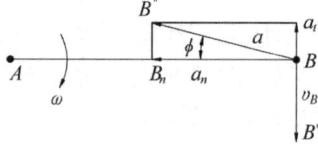

Solution $V_B = r_{AB} \cdot \omega = 0.06 \times 10 = 0.6 \text{m/sec}$

80 사일런트 체인을 사용하는 주목적으로 가장 적합한 것은?

① 보다 정숙한 운전
② 큰 동력 전달
③ 자유로운 변속
④ 체인 핀 마모방지

2016년 5월 8일 기출문제

제1과목 재료역학

01 그림과 같이 하중을 받는 보에서 전단력의 최대값은 약 몇 kN인가?

① 11kN
② 25kN
③ 27kN
④ 35kN

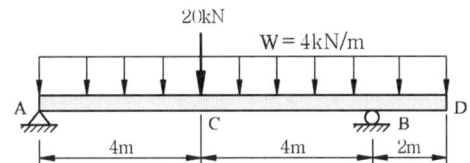

Solution $\Sigma M_A = 0$
$20 \times 4 + (4 \times 8) \times 4 - 8 \times R_B + (4 \times 2) \times 9 = 0$
$R_B = 35\text{kN}, \ R_A = 25\text{kN}$

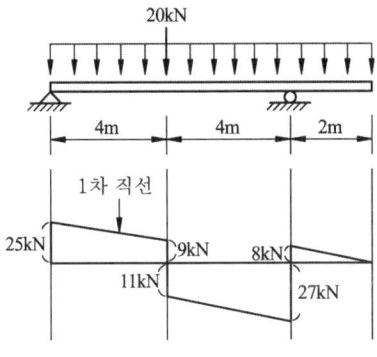

∴ $F_{\max} = 27\text{kN}$

02 지름이 동일한 봉에 위 그림과 같이 하중이 작용할 때 단면에 발생하는 축 하중 선도는 아래 그림과 같다. 단면 C에 작용하는 하중(F)는 얼마인가?

① 150
② 250
③ 350
④ 450

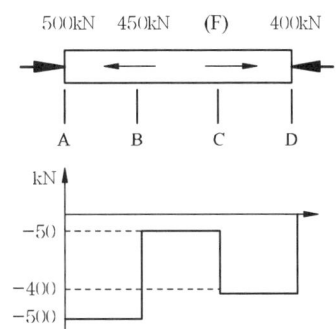

Solution $\Sigma F_x = 0$
$500 + = 450 + 400$
$F = 350\text{kN}$

Answer 1 ③ 2 ③

03 길이가 L이고 지름이 d_0인 원통형의 나사를 끼워 넣을 때 나사의 단위 길이 당 t_0의 토크가 필요하다. 나사 재질의 전단탄성계수가 G일 때 나사 끝단 간의 비틀림 회전량(rad)은 얼마인가?

① $\dfrac{16t_o L^2}{\pi d_0^4 G}$ ② $\dfrac{32t_o L^2}{\pi d_0^4 G}$

③ $\dfrac{t_o L^2}{16\pi d_0^4 G}$ ④ $\dfrac{t_o L^2}{32\pi d_0^4 G}$

Solution 나사 끝단 간의 비틀림 회전량(rad)이므로 나사의 길이 $\dfrac{L}{2}$를 적용시킨다.

$$\theta = \dfrac{(t_o \cdot L) \cdot \dfrac{L}{2}}{G \cdot \dfrac{\pi d_o^4}{32}} = \dfrac{16 \cdot t_o \cdot L^2}{G \cdot \pi \cdot d_o^4}$$

04 지름이 d인 짧은 환봉의 축 중심으로부터 a만큼 떨어진 지점에 편심압축하중이 P가 작용할 때 단면상에서 인장응력이 일어나지 않는 a범위는?

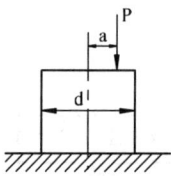

① $\dfrac{d}{8}$ 이내   ② $\dfrac{d}{6}$ 이내

③ $\dfrac{d}{4}$ 이내   ④ $\dfrac{d}{2}$ 이내

Solution $a \leq \pm \dfrac{k^2}{y}$

$k^2 = \left(\dfrac{d}{4}\right)^2 = \dfrac{d^2}{16}$

$y = \dfrac{d}{2}$

$-\dfrac{d}{8} \leq a \leq \dfrac{d}{8}$

Answer 3 ① 4 ①

05 그림과 같이 단붙이 원형축(Stepped Circular Shaft)의 풀리에 토크가 작용하여 평형상태에 있다. 이 축에 발생하는 최대 전단응력은 몇 MPa인가?

① 18.2
② 22.9
③ 41.3
④ 147.4

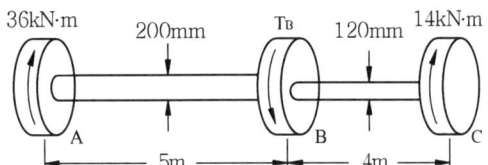

Solution
$$\tau_{AB} = \frac{T_{AB}}{Z_{AB}} = \frac{36 \times 10^3 \times 10^{-6}}{\frac{\pi \times 0.2^3}{16}} = 22.91$$

$$\tau_{BC} = \frac{T_{BC}}{Z_{BC}} = \frac{14 \times 10^3 \times 10^{-6}}{\frac{\pi \times 0.12^3}{16}} = 41.26$$

∴ $\tau_{max} = 41.26 \text{MPa}$

06 그림과 같이 순수 전단을 받는 요소에서 발생하는 전단응력 τ=70MPa, 재료의 세로탄성계수는 200GPa, 포아송의 비는 0.25일 때 전단 변형률은 약 몇 rad인가?

① 8.75×10^{-4}
② 8.75×10^{-3}
③ 4.38×10^{-4}
④ 4.38×10^{-3}

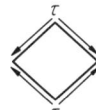

Solution
$$\tau = G \cdot \gamma = \frac{E}{2(1+\mu)} \cdot \gamma$$
$$70 \times 10^6 = \frac{200 \times 10^9}{2 \times (1+0.25)} \times \gamma$$
$$\gamma = 8.75 \times 10^{-4} \text{rad}$$

07 전단력 10kN이 작용하는 지름 10cm인 원형단면의 보에서 그 중립축 위에 발생하는 최대 전단응력은 약 몇 MPa인가?

① 1.3   ② 1.7
③ 130   ④ 170

Solution $\tau_{max} = \frac{4}{3} \cdot \frac{F}{A} = \frac{4}{3} \times \frac{4 \times 10 \times 10^3}{\pi \times 0.1^2} \times 10^{-6} = 1.7 \text{MPa}$

08 두께 1.0mm의 강판에 한 변의 길이가 25mm인 정사각형 구멍을 펀칭하려고 한다. 이 강판의 전단 파괴응력이 250MPa일 때 필요한 압축력은 몇 kN인가?

① 6.25   ② 12.5
③ 25.0   ④ 156.2

Solution $F = \tau \cdot A = 250 \times 10^3 \times 4 \times 0.025 \times 0.001 = 25 \text{kN}$

Answer 5 ③ 6 ① 7 ② 8 ③

09 지름 35cm의 차축이 0.2°만큼 비틀렸다. 이때 최대 전단응력이 49MPa이고, 재료의 전단탄성계수가 80GPa이라고 하면 이 차축의 길이는 약 몇 m인가?

① 2.0 ② 2.5
③ 1.5 ④ 1.0

Solution
$\tau_{max} = \dfrac{16 \times T}{\pi \times 0.35^3} = 49 \times 10^6$

$T = 412,505.84 \text{N} \cdot \text{m}$

$\theta = \dfrac{T \cdot \ell}{G \cdot \dfrac{\pi d^4}{32}}$

$0.2 \times \dfrac{\pi}{180} = \dfrac{32 \times 412,505.84 \times \ell}{80 \times 10^9 \times \pi \times 0.35^4}$

$\ell = 0.99 \text{m} \fallingdotseq 1.0 \text{m}$

10 정육면체 형상의 짧은 기둥에 그림과 같이 측면에 홈이 파여져 있다. 도심에 작용하는 하중 P로 인하여 단면 m-n에 발생하는 최대 압축응력은 홈이 없을 때 압축응력의 몇 배인가?

① 2
② 4
③ 8
④ 12

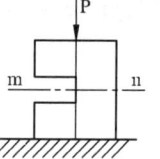 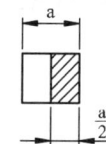

Solution
① 홈이 없을 때 : $\sigma_1 = \dfrac{P}{a^2}$

② 홈이 있을 때 : $\sigma_2 = \dfrac{P}{A} + \dfrac{M}{Z}$

$\sigma_2 = \dfrac{P}{\dfrac{a^2}{2}} + \dfrac{P \times \dfrac{a}{4}}{\dfrac{a \times \left(\dfrac{a}{2}\right)^2}{6}} = \dfrac{2P}{a^2} + \dfrac{6P}{a^2}$

$\sigma_2 = \dfrac{8P}{a^2}$

• 홈이 있을 때 압축응력은 홈이 없을 때 응력의 8배

11 그림과 같이 단순 지지보의 중앙에 집중하중 P가 작용할 때 단면이 (가)일 경우의 처짐은 y_1은 단면이 (나)일 경우의 처짐 y_2의 몇 배인가? (단, 보의 전체 길이 및 보의 굽힘 강성은 일정하며 자중은 무시한다.)

① 4
② 8
③ 16
④ 32

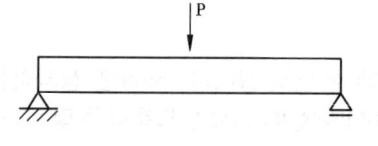 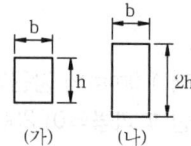

Solution
$\delta_{가} = \dfrac{P \cdot \ell^3}{48E \cdot I_{가}}$, $\delta_{나} = \dfrac{P \cdot \ell^3}{48E \cdot I_{나}}$

$\dfrac{y_1}{y_2} = \dfrac{I_2}{I_1} = \dfrac{(2h)^3}{h^3} = 8$

$y_1 = 8y_2$

Answer 9 ④ 10 ③ 11 ②

12 그림과 같은 일단 고정 타단 롤러로 지지된 등분포하중을 받는 부정정보의 B단에서 반력은 얼마인가?

① $\dfrac{W\ell}{3}$

② $\dfrac{5}{8}W\ell$

③ $\dfrac{2}{3}W\ell$

④ $\dfrac{3}{8}W\ell$

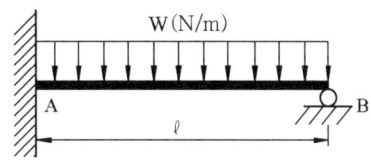

Solution 2개의 외팔보로 가정

$$\dfrac{R_B \cdot \ell^3}{3EI} = \dfrac{w\ell^4}{8EI}$$

$$R_B = \dfrac{3w\ell}{8}$$

13 그림과 같이 벽돌을 쌓아 올릴 때 최하단 벽돌의 안전계수를 20으로 하면 벽돌의 높이 h를 얼마만큼 높이 쌓을 수 있는가? (단, 벽돌의 비중량은 16kN/m³, 파괴 압축응력을 11MPa로 한다.)

① 34.3m

② 25.5m

③ 45.0m

④ 23.8m

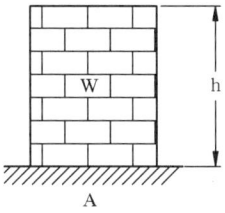

Solution $\sigma_{ca} = \dfrac{\sigma_{cmax}}{S} = \dfrac{r \cdot A \cdot h}{A}$

$$\dfrac{11 \times 10^6}{20} = 16 \times 10^3 \times h, \quad h = 34.38\text{m}$$

14 그림의 구조물이 수직하중 $2P$를 받을 때 구조물 속에 저장되는 탄성변형에너지는? (단, 단면적 A, 탄성계수 E는 모두 같다.).

① $\dfrac{P^2h}{4AE}(1+\sqrt{3})$

② $\dfrac{P^2h}{2AE}(1+\sqrt{3})$

③ $\dfrac{P^2h}{AE}(1+\sqrt{3})$

④ $\dfrac{2P^2h}{AE}(1+\sqrt{3})$

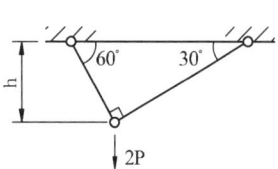

Answer 12 ④ 13 ① 14 ③

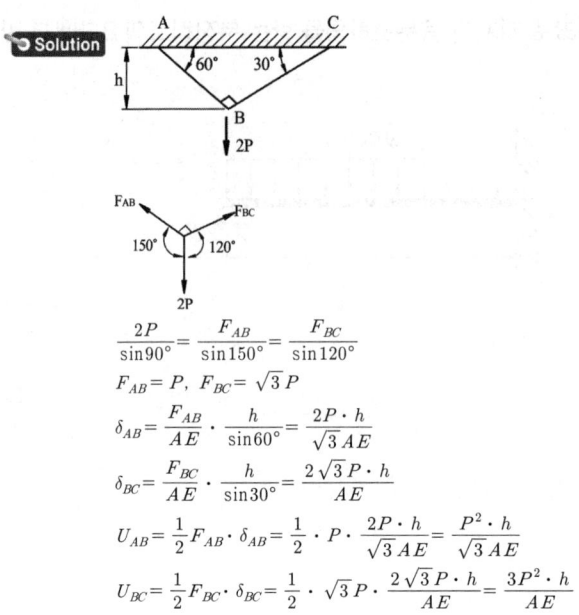

$$\frac{2P}{\sin 90°} = \frac{F_{AB}}{\sin 150°} = \frac{F_{BC}}{\sin 120°}$$

$$F_{AB} = P, \ F_{BC} = \sqrt{3}\,P$$

$$\delta_{AB} = \frac{F_{AB}}{AE} \cdot \frac{h}{\sin 60°} = \frac{2P \cdot h}{\sqrt{3}\,AE}$$

$$\delta_{BC} = \frac{F_{BC}}{AE} \cdot \frac{h}{\sin 30°} = \frac{2\sqrt{3}\,P \cdot h}{AE}$$

$$U_{AB} = \frac{1}{2} F_{AB} \cdot \delta_{AB} = \frac{1}{2} \cdot P \cdot \frac{2P \cdot h}{\sqrt{3}\,AE} = \frac{P^2 \cdot h}{\sqrt{3}\,AE}$$

$$U_{BC} = \frac{1}{2} F_{BC} \cdot \delta_{BC} = \frac{1}{2} \cdot \sqrt{3}\,P \cdot \frac{2\sqrt{3}\,P \cdot h}{AE} = \frac{3P^2 \cdot h}{AE}$$

15 그림과 같이 균일분포 하중 w를 받는 보에서 굽힘 모멘트 선도는?

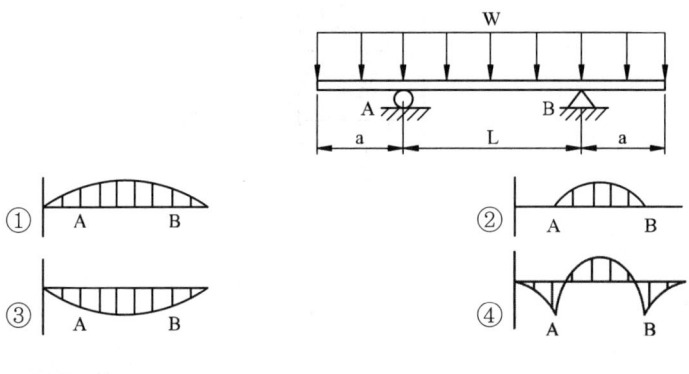

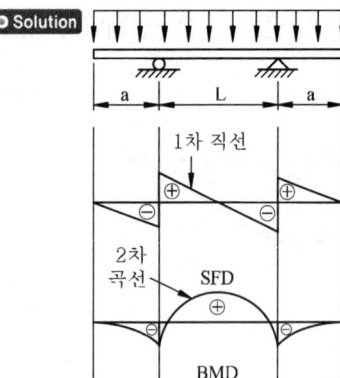

Answer 15 ④

16 바깥지름 30cm, 안지름 10cm인 중공 원형단면의 단면계수는 약 몇 cm^3인가?

① 2618
② 3927
③ 6584
④ 1309

Solution $Z = \dfrac{\pi d_2^3}{32}(1-x^4) = \dfrac{\pi \times 30^3}{32} \times \left\{1-\left(\dfrac{1}{3}\right)^4\right\} = 2618 cm^3$

17 일단 고정 타단 롤러 지지된 부정정보의 중앙에 집중하중 P를 받고 있을 때, 롤러 지지점의 반력은 얼마인가?

① $\dfrac{3}{16}P$
② $\dfrac{5}{16}P$
③ $\dfrac{7}{16}P$
④ $\dfrac{9}{16}P$

Solution 2개의 외팔보로 가정

$\dfrac{R_A \cdot \ell^3}{3EI} = \dfrac{5P \cdot \ell^3}{48EI}$

$R_A = \dfrac{5P}{16}$

18 평면 응력상태에서 σ_x와 σ_y만이 작용하는 2축 응력에서 모어원의 반지름이 되는 것은? (단, $\sigma_x > \sigma_y$이다.)

① $(\sigma_x + \sigma_y)$
② $(\sigma_x - \sigma_y)$
③ $\dfrac{1}{2}(\sigma_x + \sigma_y)$
④ $\dfrac{1}{2}(\sigma_x - \sigma_y)$

19 강재의 인장시험 후 얻어진 응력-변형률 선도로부터 구할 수 없는 것은?

① 안전계수
② 탄성계수
③ 인장강도
④ 비례한도

20 지름 100mm의 양단 지지보의 중앙에 2kN의 집중하중이 작용할 때 보 속의 최대굽힘응력이 16MPa일 경우 보의 길이는 약 몇 m인가?

① 1.51
② 3.14
③ 4.22
④ 5.86

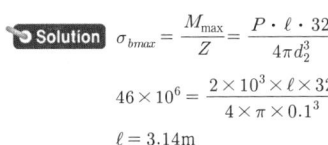

$\sigma_{bmax} = \dfrac{M_{max}}{Z} = \dfrac{P \cdot \ell \cdot 32}{4\pi d_2^3}$

$46 \times 10^6 = \dfrac{2 \times 10^3 \times \ell \times 32}{4 \times \pi \times 0.1^3}$

$\ell = 3.14 m$

Answer 16 ① 17 ② 18 ④ 19 ① 20 ②

제2과목 기계제작법

21 플라즈마 젯 가공의 특징으로 틀린 것은?
① 플라즈마 젯 절단은 수중에서도 할 수 있다.
② 플라즈마 젯 절단은 절단폭이 좁고, 절단면이 곱다.
③ 플라즈마 젯은 절삭가공도 가능하며 절삭성이 좋은 재료에만 응용된다.
④ 플라즈마 젯은 스테인리스강, 알루미늄, 콘크리트, 내화벽돌 등을 고속으로 절단할 수 있다.

22 주물의 결함 중 기공(blow hole)의 방지대책으로 가장 거리가 먼 것은?
① 주형 내의 수분을 적게 할 것
② 주형의 통기성을 향상시킬 것
③ 용탕에 가스함유량을 높게 할 것
④ 쇳물의 주입온도를 필요이상으로 높게 하지 말 것

23 선반가공에서 구성인선(built-up edge)의 방지대책으로 적절하지 않은 것은?
① 절삭 깊이를 크게 한다.
② 절삭 속도를 빠르게 한다.
③ 바이트 윗면 경사각을 크게 한다.
④ 윤활성이 좋은 절삭유를 사용한다.

24 프레스가공에서 딥 드로잉(deep drawing)으로 제품(용기)의 높이가 40mm, 용기 밑부분의 지름이 30mm인 제품을 가공하려고 할 때 필요한 소재의 지름은 약 몇 mm이어야 하는가? (단, 제품과 소재의 두께는 고려하지 않는다.)
① 55
② 65
③ 75
④ 85

> **Solution** $d_o = \sqrt{d^2 + 4dh} = \sqrt{30^2 + 4 \times 30 \times 40} = 75.5 mm$

25 바이트의 전방 여유각에 대한 설명으로 옳은 것은?
① 절삭 칩 제거를 용이하게 한다.
② 바이트와 가공물간에 마찰을 적게 한다.
③ 설치각(setting angle)과 같은 효과를 나타낸다.
④ 여유각이 클수록 날 끝이 잘 부러지지 않는다.

Answer 21 ③ 22 ③ 23 ① 24 ③ 25 ②

26 래핑(lapping)가공의 특징으로 틀린 것은?
① 기하학적 정밀도가 높은 제품을 만들 수 있다.
② 미끄럼면이 원활하게 되고 마찰계수가 높아진다.
③ 제품을 사용할 때 남아있는 랩제에 의하여 마모를 촉진시킨다.
④ 비산하는 랩제가 다른 기계나 제품에 부착하면 마모시키는 원인이 된다.

27 길이가 긴 게이지 블록에서 굽힘이 발생할 경우에도 양 단면이 항상 평행을 유지하기 위한 지지점인 에어리 점(Airy Point)의 위치는? (단, L은 게이지 블록의 길이이다.)
① 0.2113L ② 0.2203L
③ 0.2232L ④ 0.2386L

28 밀링가공에서 플레인 커터를 고정시키기 위해 사용하는 공구는?
① 아버(arbor) ② 돌리개
③ 맨드릴 ④ 센터드릴

29 다음 중 슈퍼 피니싱 유닛을 설치하여 사용하기 가장 적합한 공작기계는?
① 선반 ② 셰이퍼
③ 슬로터 ④ 플레이너

30 절삭가공에서 공구를 교환하기 위한 공구수명의 판정기준과 가장 거리가 먼 것은?
① 공구 인선의 마모가 없을 때
② 절삭저항의 변화가 급격히 증가될 때
③ 완성 가공물의 치수변화가 일정량에 달할 때
④ 가공면에 광택이 있는 색조 또는 반점이 생길 때

31 전기저항용접과 관계되는 법칙은?
① 줄(Joule)의 법칙 ② 뉴턴의 법칙
③ 암페어의 법칙 ④ 플레밍의 법칙

32 프레스 기계에서 두께 5mm인 연강판에 지름을 30mm로 펀칭하려고 한다. 슬라이드 평균속도를 5m/min, 기계효율을 72%라 한다면 소요 동력은 약 몇 kW인가? (단, 판의 전단 저항은 245N/mm²이다.)
① 11.62 ② 13.35 ③ 16.54 ④ 17.27

Solution $H_{kw} = \dfrac{245 \times \pi \times 30 \times 5 \times 5}{0.72 \times 102 \times 9.8 \times 60} = 13.37 \text{kW}$

Answer 26 ② 27 ① 28 ① 29 ① 30 ① 31 ① 32 ②

33 머시닝센터(Machining Center)에서 이송기능(F)과 함께 사용하는 준비기능으로 옳은 것은?

① G01　　　　　　　② G03
③ G017　　　　　　 ④ G95

34 주형에 용탕을 주입할 때 걸리는 시간인 주입시간에 대한 실험식으로 옳은 것은? (단, T는 주입시간(s), W는 주물의 중량(kg), S는 주물의 살두께에 따른 상수이다.)

① $T = SW$　　　　　② $T = S\sqrt{W}$
③ $T + W\sqrt{S}$　　　 ④ $T = \dfrac{W}{S}$

35 방전가공(Electro Discharge Machining)에서 전극재료의 구비조건으로 적절하지 않은 것은?

① 기계가공이 쉬울 것　　② 가공 속도가 빠를 것
③ 전극소모량이 많을 것　④ 가공 정밀도가 높을 것

36 연삭 작업에서 연삭숫돌의 파괴원인으로 볼 수 없는 것은?

① 균열이 있는 숫돌차를 사용할 때
② 고정 시 플랜지를 너무 세게 조였을 때
③ 회전수가 규정 이상으로 고속일 때
④ 연삭숫돌의 옆에 붙은 종이를 떼지 않았을 때

37 표면경화법인 액체 침탄법에서 액체 침탄질화제의 주성분은?

① C_2H_6　　　　　　② NaCN
③ $BaCO_3$　　　　　 ④ Na_2CO_3

38 드릴(drill) 가공 후 구멍이 정확한 진원가공과 구멍내면의 표면 거칠기를 우수하게 하기 위한 가공은?

① 리밍(reaming)　　　　　② 스폿 페이싱(spot facing)
③ 카운터 보링(counter boring)　④ 카운터 싱킹(counter sinking)

Answer　33 ④　34 ②　35 ③　36 ④　37 ②　38 ①

39 각도측정기인 사인바에 대한 설명 중 틀린 것은?

① 호칭치수는 양 롤러 간의 중심거리로 나타낸다.
② 45°를 초과하여 측정할 때, 오차가 급격히 커진다.
③ 사인바를 삼각함수를 이용하여 각도 측정을 한다.
④ 하이트 게이지와 함께 사용해 오차를 보정할 수 있다.

40 열처리에서 심냉 처리(sub-zero treatment)에 관한 설명으로 옳은 것은?

① 처음 기름으로 냉각 후 계속하여 물 속에 담그고 냉각하는 것
② 강철을 담금질하기 전 표면에 붙은 불순물을 화학적으로 제거하는 것
③ 담금질 직후 바로 뜨임하기 전에 일정시간 동안 약 450℃ 부근에서 뜨임하는 것
④ 담금질한 제품을 0℃ 이하의 온도까지 냉각시켜 잔류 오스테나이트를 마르텐자이트화 시키는 것

제3과목 기계설계 및 기계재료

41 19.6kN의 하중을 나사잭으로 들어올리기 위하여 나사잭을 작동시키기 위한 토크를 구하고자 한다. 나사의 유효지름은 41mm, 피치는 8mm, 나사 접촉부의 유효마찰계수(effective coefficient of friction)는 0.13이라고 할 때 필요한 토크는 약 몇 N·m인가? (단, 와셔 접촉 면 마찰의 영향을 무시한다.)

① 77.82
② 84.55
③ 90.41
④ 98.88

Solution $T = Q \cdot \dfrac{\mu \pi d_2 + P}{\pi d_2 - \mu P} \times \dfrac{d_2}{2}$
$= 19.6 \times \dfrac{0.13 \times \pi \times 41 + 8}{\pi \times 41 - 0.13 \times 8} \times \dfrac{41}{2} = 77.82 \text{N} \cdot \text{m}$

42 그림과 같은 블록 브레이크가 제동할 수 있는 토크는 약 몇 N·m인가? (단, a는 500mm, b는 100mm, D는 200mm이며, 레버를 누르는 힘(P)는 250N, 접촉부 마찰계수는 0.2이다.)

① 500
② 250
③ 100
④ 25

Solution $250 \times 500 - R \times 100 = 0$, $R = 1250 \text{N}$
$T = \mu R \cdot \dfrac{D}{2} = 0.2 \times 1250 \times \dfrac{0.2}{2} = 25 \text{N} \cdot \text{m}$

Answer 39 ④ 40 ④ 41 ① 42 ④

43 평행한 두 축 사이의 거리가 약간 떨어진 경우 사용되는 커플링으로 두 축 사이에 중간 원판을 끼워서 동력전달을 하게 되며, 윤활문제와 원심력 때문에 고속회전에는 부적당한 커플링은?
  ① 플렉시블(flexible) 커플링
  ② 셀러(selller) 커플링
  ③ 올덤(oldham) 커플링
  ④ 유니버설(universal) 커플링

44 표준 인벌류트 기어에서 물림률(contact ratio)이란?
  ① 접촉각을 물림 길이로 나눈 값
  ② 접촉각을 원주 피치로 나눈 값
  ③ 물림 길이를 법선 피치로 나눈 값
  ④ 원주 피치를 물림 길이로 나눈 값

45 온도변화에 따른 관의 열응력 발생이 우려될 때는 이를 흡수하기 위한 신축 관이음을 사용하게 되는데 다음 중 신축 관이음에 속하지 않는 것은?
  ① 플랜지(flange) 이음
  ② 주름관 이음
  ③ 미끄럼 이음
  ④ 시웰(siwel) 이음

46 강판의 두께 16mm, 리벳 구멍의 지름 18mm, 리벳의 피치 68mm인 1줄 리벳 겹치기 이음에서 1피치마다 16kN의 하중이 작용할 때, 판의 효율은 약 얼마인가?
  ① 74%
  ② 81%
  ③ 66%
  ④ 59%

  Solution $\eta_P = 1 - \frac{18}{68} = 0.735$

47 지름 70mm, 길이 85mm의 저널 베어링을 400rpm으로 회전하는 전동축에 사용했을 때 약 몇 kN의 베어링 하중을 지지할 수 있는가? (단, 압력속도계수 pv=1N/mm² · m/s이다.)
  ① 1.53
  ② 2.05
  ③ 3.24
  ④ 4.06

  Solution $P \cdot V = \frac{P}{70 \times 85} \times \frac{\pi \times 70 \times 400}{60 \times 1000} = 1$
  $P = 4.058 \text{kN}$

48 홈 마찰차에서 홈의 각도가 2α이고 접촉부 마찰계수가 μ일 때 동가마찰계수(혹은 상당마찰계수)를 나타내는 식은?
  ① $\dfrac{\mu}{\sin\alpha + \cos\alpha}$
  ② $\dfrac{\mu}{\sin\alpha + \mu\cos\alpha}$
  ③ $\dfrac{\mu}{\cos\alpha + \mu\sin\alpha}$
  ④ $\dfrac{\mu}{1 + \mu\tan\alpha}$

Answer 43 ③ 44 ③ 45 ① 46 ① 47 ④ 48 ②

49 지름이 d인 전동축에 묻힘키를 사용하여 키의 전단 저항으로 토크를 전달하고자 할 때 키의 폭 b는? (단, 키와 축에서 발생한 전단응력은 같다고 하고 키의 길이는 축 지름의 1.5배로 한다.)

① $b = \dfrac{\pi d}{4}$ ② $b = \dfrac{\pi d}{6}$ ③ $b = \dfrac{\pi d}{8}$ ④ $b = \dfrac{\pi d}{12}$

Solution $\ell = 1.5d$

$$\tau_k = \dfrac{2T}{b\ell d} = \dfrac{16 \cdot T}{\pi d^3}$$

$$b = \dfrac{\pi d}{12}$$

50 공기 스프링에 대한 일반적인 특징 설명으로 옳지 않은 것은?
① 하중과 변형의 관계가 비선형적이다.
② 측면 하중에 대한 강성이 강하다.
③ 공기의 압축성에 따른 감쇠 특성이 있어서 미소 진동의 흡수가 가능하다.
④ 공기탱크 등의 부대 장치가 필요하여 구조가 복잡하고 제작비가 비싸다.

51 강의 열처리 방법 중 표면경화법에 해당하는 것은?
① 마퀜칭   ② 오스포밍
③ 침탄질화법   ④ 오스템퍼링

52 C와 Si의 함량에 따른 주철의 조직을 나타낸 조직 분포도는?
① Gueiner, Klingenstein 조직도   ② 마우러(Maurer) 조직도
③ Fe-C 복평형 조직도   ④ Guilet 조직도

53 고 망간강에 관한 설명으로 틀린 것은?
① 오스테나이트 조직을 갖는다.
② 광석·암석의 파쇄기의 부품 등에 사용된다.
③ 열처리에 수인법(water toughening)이 이용된다.
④ 열전도성이 좋고 팽창계수가 작아 열변형을 일으키지 않는다.

54 서브 제로(sub-Zero)처리 관한 설명으로 틀린 것은?
① 마모성 및 피로성이 향상된다.
② 잔류오스테나이트를 마텐자이트화 한다.
③ 담금질을 한 강의 조직이 안정화 된다.
④ 시효변화가 적으며 부품의 치수 및 형상이 안정된다.

Answer   49 ④   50 ②   51 ③   52 ②   53 ④   54 ①

55 강의 5대 원소만을 나열한 것은?

① Fe, C, Ni, Si, Au
② Ag, C, Si, Co, P
③ C, Si, Mn, P, S
④ Ni, C, Si, Cu, S

56 다음 중 비중이 가장 큰 금속은?

① Fr
② Al
③ Pb
④ Cu

57 과공석강의 탄소함유량(%)으로 옳은 것은?

① 약 0.01~0.02%
② 약 0.02~0.80%
③ 약 0.80~2.0%
④ 약 2.0~4.3%

58 두랄루민의 합금 조성으로 옳은 것은?

① Al-Cu-Zn-Pb
② Al-Cu-Mg-Mn
③ Al-Zn-Si-Sn
④ Al-Zn-Ni-Mn

59 고속도공구강(SKH2)의 표준조성에 해당되지 않는 것은?

① W
② V
③ Al
④ Cr

60 대표적인 주조경질 합금으로 코발트를 주성분으로 한 Co-Cr-W-Cr계 합금은?

① 라우탈(lutal)
② 실루민(silumin)
③ 세라믹(ceramic)
④ 스텔라이트(stellite)

Answer 55 ③ 56 ③ 57 ③ 58 ② 59 ③ 60 ④

제4과목 기구학 및 CAD

61 임의의 2차원 좌표점을 30° 시계방향으로 회전 후 x축으로 2만큼, y축으로 3만큼 평행이동하기 위한 식이 [P]=[P][T]일 때, 동차 변환행렬 [T]는?

① $\begin{bmatrix} \frac{1}{2} & -\frac{\sqrt{3}}{2} & 0 \\ \frac{\sqrt{3}}{2} & \frac{1}{2} & 0 \\ 2 & 3 & 1 \end{bmatrix}$

② $\begin{bmatrix} \frac{\sqrt{3}}{2} & \frac{1}{2} & 0 \\ -\frac{1}{2} & \frac{\sqrt{3}}{2} & 0 \\ 2 & 3 & 1 \end{bmatrix}$

③ $\begin{bmatrix} \frac{1}{2} & \frac{\sqrt{3}}{2} & 0 \\ -\frac{\sqrt{3}}{2} & \frac{1}{2} & 0 \\ 2 & 3 & 1 \end{bmatrix}$

④ $\begin{bmatrix} \frac{\sqrt{3}}{2} & -\frac{1}{2} & 0 \\ \frac{1}{2} & \frac{\sqrt{3}}{2} & 0 \\ 2 & 3 & 1 \end{bmatrix}$

Solution $[T] = \begin{bmatrix} \cos 30° & -\sin 30° & 0 \\ \sin 30° & \cos 30° & 0 \\ 2 & 3 & 1 \end{bmatrix}$

62 곡면 모델링 시스템에 의해 만들어진 곡면을 불러들여 기존 모델의 평면을 바꾸기도 하는데 이러한 모델링 기능을 무엇이라고 하는가?

① 필렛팅(filleting)   ② 트위킹(tweaking)
③ 리프팅(lifting)   ④ 스키닝(skinning)

63 다음 중 CAD 입력장치가 아닌 것은?

① 키보드(key board)   ② 트랙 볼(track ball)
③ 플로터(plotter)   ④ 마우스(mouse)

Answer 61 ④ 62 ② 63 ③

64 은선 혹은 은면 제거를 위한 방법이 아닌 것은?
① Cohen-Sutherland 알고리즘
② z-버퍼에 의한 방법
③ 화가(painter's) 알고리즘
④ back-face 알고리즘

65 제품 설계에서 CAD 시스템을 이용하는 데 대한 장점으로 거리가 먼 것은?
① 시간과 오류를 줄일 수 있다.
② 설계자의 능력을 배양할 수 있다.
③ CAM 작업을 위한 기초 데이터를 생성할 수 있다.
④ CAE 작업을 위한 기초 데이터를 생성할 수 있다.

66 원점이 중심이고 장축이 x축이고, 그 길이가 a, 단축이 y축이고 그 길이가 b인 타원을 표현하는 매개변수식은?
① $x=(a-b)\cos\theta$, $y=(a-b)\sin\theta$ $[0 \le \theta \le 2\pi]$
② $x=a\cos\theta$, $y=b\sin\theta$ $[0 \le \theta \le 2\pi]$
③ $x=a\cosh\theta$, $y=b\sinh\theta$ $[0 \le \theta \le 2\pi]$
④ $x=(a-b)\cosh\theta$, $y=(a-b)\sinh\theta$ $[0 \le \theta \le 2\pi]$

67 형상모델링에서 기본입체(primtive)의 조합을 이용하여 복잡한 형상을 표현하는 기능과 관계있는 기능은?
① 리프팅 작업(lifting operation)
② 스위핑 작업(sweeping operation)
③ 불리안 작업(Boolean operation)
④ 스키닝 작업(skinning operation)

68 그림과 같이 4개의 경계곡선(C1~C4)을 선형 보간하여 얻어지는 곡면을 무엇이라고 하는가?
① Ruled 곡면
② Loft 곡면
③ Sweep 곡면
④ Coon's 곡면

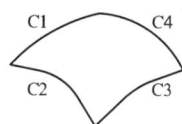

Answer 64 ① 65 ② 66 ② 67 ③ 68 ④

69 다음 설명 중 비다양체(nonmanifold) 상황에 해당하지 않는 것은?

① 꼭지점을 공유하는 두 개의 솔리드

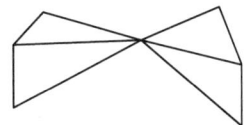

② 공통 모서리를 갖는 두 개의 솔리드

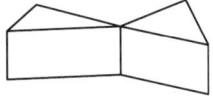

③ 솔리드 위의 한 점에서 뻗어나온 와이어

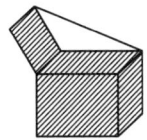

④ 솔리드에서 작은 솔리드 2개를 뺀 형상

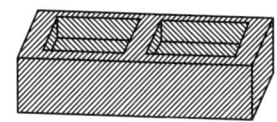

70 컴퓨터그래픽에서 적용되는 전형적인 두 가지 투영방식인 원근투영방식과 평행투영방식에 관한 설명 중 틀린 것은?

① 시각점(viewpoint)은 물체 위의 한 점을 말한다.
② 스크린은 시각점과 관측위치 사이에 놓인다.
③ 원근투영(perspective projection)에서 관심대상 물체의 모든 점은 대개 관측위치로부터 시각점(viewpoint)에 이르는 선을 따라 위치하는 투영중심에 연결되고, 이 선들과 스크린의 교차점들이 투영되는 이미지를 만든다.
④ 평행투영(parallel projection)에서 관측 위치와 시각점에 의해서 정의된 시각 방향으로 물체의 모든 점에서 평행하는 선들이 주사되며, 이 선들과 스크린의 교차점들이 이미지를 만든다.

71 다음 전동장치 중 가장 정확한 속도비를 얻을 수 있는 것은?

① 평 벨트   ② V 벨트
③ 로프   ④ 체인

Answer 69 ④ 70 ① 71 ④

72 베벨기어의 종류 중 두 축이 90°로 만나면서 두 기어의 크기와 속도가 서로 같은 것은?
① 크라운 기어   ② 스파이럴 베벨 기어
③ 마이터 기어   ④ 제롤 베벨 기어

73 그림과 같이 작동하는 피스톤-크랭크 기구에서 피스톤의 가장 오른쪽 끝(C_1)으로부터 이동거리 x를 구하는 식으로 옳은 것은?
(단, 크랭크의 반지름은 r이며, 식에서 λ는 $\lambda = \dfrac{\text{크랭크 반지름}}{\text{커넥팅로드 길이}}$ 이다.)

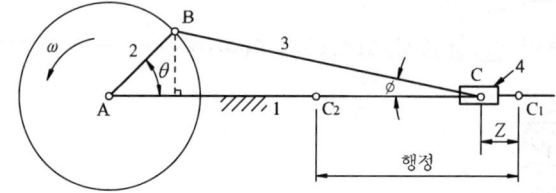

① $x = r(1-\cos\theta) + \dfrac{1}{\lambda}(1-\sqrt{1-\lambda^2\sin^2\theta}\,)$

② $x = r(1-\cos\theta) + \dfrac{1}{\lambda}(1-\sqrt{1+\lambda^2\sin^2\theta}\,)$

③ $x = r(1-\cos\theta) + \dfrac{1}{\lambda}(1+\sqrt{1-\lambda^2\sin^2\theta}\,)$

④ $x = r(1-\cos\theta) + \dfrac{1}{\lambda}(1+\sqrt{1+\lambda^2\sin^2\theta}\,)$

74 그림과 같이 4링크 회전 기구에서 순간 중심의 수는 몇 개인가?
① 4
② 6
③ 8
④ 12

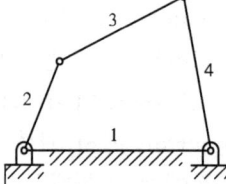

Solution $n = \dfrac{4 \times (4-1)}{2} = 6$

Answer 72 ③ 73 ① 74 ②

75 그림과 같이 운동기에서 B요소가 AB 위를 직선운동 할 때 P점의 운동에 관한 설명으로 옳은 것은?

① 직선 AB에 직각 방향으로 직선 운동한다.
② A점을 중심으로 한 회전 운동을 한다.
③ A점과 B점을 지나는 포물선을 따라 운동한다.
④ A점과 B점을 지나는 쌍곡선을 따라 운동한다.

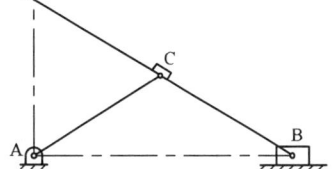

76 캠과 종동절이 그리는 접촉면의 궤적에 따라 평면 캠과 입체 캠으로 구분하는데 다음 중 입체 캠의 종류가 아닌 것은?

① 원통 캠　　　　　　　　② 구면 캠
③ 정면 캠　　　　　　　　④ 단면 캠

77 평기어 장치에 비해 웜기어 장치의 특징이 아닌 것은?

① 큰 감속비를 얻을 수 있다.　　② 소음과 진동이 크다.
③ 치면의 미끄럼이 크고 효율이 낮다.　④ 역회전 방지를 할 수 있다.

78 지름이 3cm인 회전체가 2000rpm으로 회전할 때 원주 속도는 약 몇 m/s인가?

① 1.14　　② 3.14　　③ 4.14　　④ 6.14

Solution $V = \dfrac{0.03}{2} \times \dfrac{2\pi \times 2000}{60} = 3.14 \text{m/sec}$

79 다음 중 간헐운동기구가 아닌 것은?

① 래칫(ratchet) 기구
② 로네-넬슨(Hrone-Nelson)의 종합기구
③ 제네바(geneva) 기구
④ 포리셀리에(Peaucellier) 기구

80 그림과 같이 크랭크 기구에서 크랭크의 길이가 100mm이고, 300rpm으로 회전하고 있다. 크랭크의 위치가 수평위치로부터 60°의 위치에 왔을 때 슬라이더(4번 부품)의 선속도는 약 몇 m/s인가?

① 1.4　　　　　　　　② 1.8
③ 2.3　　　　　　　　④ 2.7

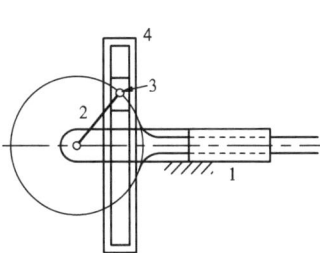

Solution $V = 0.1 \times \sin 60° \times \dfrac{2\pi \times 300}{60} = 2.72 \text{m/sec}$

Answer　75 ①　76 ③　77 ②　78 ②　79 ④　80 ④

2017년 5월 7일 기출문제

제1과목 재료역학

01 공칭응력(nominal stress : σ_n)과 진응력(true stress : σ_t)사이의 관계식으로 옳은 것은? (단, ϵ_n은 공칭변형율(nominal strain), ϵ_t는 진변형율(true stain)이다.)

① $\sigma_t = \sigma_n(1+\epsilon_t)$
② $\sigma_t = \sigma_n(1+\epsilon_n)$
③ $\sigma_t = \ln(1+\sigma_n)$
④ $\sigma_t = \ln(\sigma_n+\epsilon_n)$

02 그림과 같은 일단고정 타단지지보의 중앙에 $P=4800\text{N}$의 하중이 작용하면 지지점의 반력 (R_B)은 약 몇 kN인가?

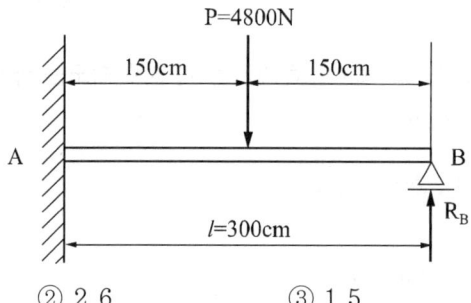

① 3.2   ② 2.6   ③ 1.5   ④ 1.2

Solution $R_B = \dfrac{5P}{16} = \dfrac{5}{16} \times 4800 \times 10^{-3} = 1.5\,\text{kN}$

03 그림과 같은 직사각형 단면을 갖는 단순지지보에 3kN/m의 균일 분포하중과 축방향으로 50kN의 인장력이 작용할 때 단면에 발생하는 최대 인장 응력은 약 몇 MPa인가?

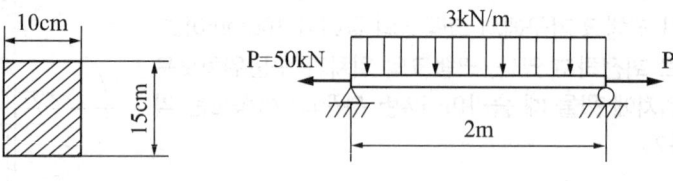

① 0.67   ② 3.33   ③ 4   ④ 7.33

Solution $\sigma_t = \dfrac{50 \times 10^3}{0.1 \times 0.15} = 3.33 \times 10^6\,\text{Pa}$
$\sigma_b = \dfrac{6 \times 3 \times 10^3 \times 2^2}{0.1 \times 0.15^2 \times 8} = 4 \times 10^6\,\text{Pa}$
$\sigma_{tmax} = \sigma_t + \sigma_b = 7.33\,\text{MPa}$

Answer 1 ② 2 ③ 3 ④

04 두께가 1cm, 지름 25cm의 원통형 보일러에 내압이 작용하고 잇을 때, 면내 최대 전단응력이 -62.5MPa이었다면 내압 P는 몇 MPa인가?

① 5
② 10
③ 15
④ 20

05 그림과 같은 부정정보의 전 길이에 균일 분포하중이 작용할 때 전단력이 0이 되고 최대 굽힘모멘트가 작용하는 단면은 B단에서 얼마나 떨어져 있는가?

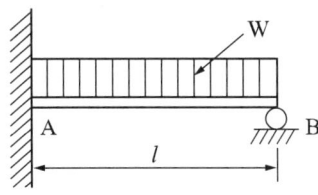

① $\dfrac{2}{3}\ell$
② $\dfrac{3}{8}\ell$
③ $\dfrac{5}{8}\ell$
④ $\dfrac{3}{4}\ell$

> **Solution** $R_B = \dfrac{3\ell \cdot w}{8}$
> $F = 0$인 지점, $R_B = wx$, $x = \dfrac{3}{8}\ell$

06 그림과 같은 단순보에서 전단력이 0이 되는 위치는 A지점에서 몇 m 거리에 있는가?

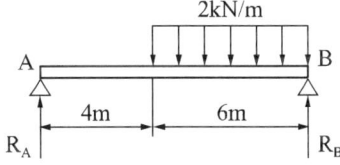

① 4.8
② 5.8
③ 6.8
④ 7.8

> **Solution** $R_B = \dfrac{2 \times 10^3 \times 6 \times 7}{10} = 8400\,\text{N}$
> $R_B = w \cdot x_B$, $x_B = \dfrac{8400}{2 \times 10^3} = 4.2\,\text{m}$
> $\therefore x = x_A = 5.8\,\text{m}$

Answer 4 ④ 5 ② 6 ②

07 다음 막대의 z방향으로 80kN의 인장력이 작용할 때 x방향의 변형량은 몇 μm인가? (단, 탄성계수 $E=200\text{GPa}$, 포아송비 $v=0.32$, 막대크기 $X=100\text{mm}$, $y=50\text{mm}$, $z=1.5\text{m}$이다.)

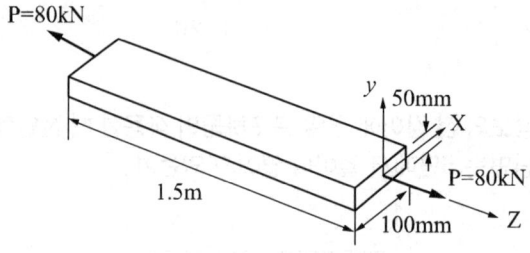

① 2.56
② 25.6
③ -2.56
④ -25.6

Solution $\epsilon' = \mu\epsilon = \nu \cdot \epsilon$

$$\frac{\delta'}{0.1} = 0.32 \times \frac{80 \times 10^3}{0.1 \times 0.05 \times 200 \times 10^9}$$

$\delta' = 2.56 \times 10^{-6}\text{m} = 2.56\mu m\,(\ominus)$

08 그림과 같은 단순보(단면 8cm×6cm)에 작용하는 최대 전단응력은 몇 kPa인가?

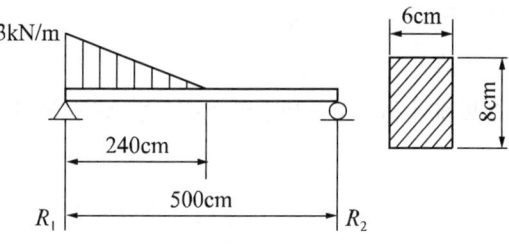

① 315
② 630
③ 945
④ 1260

Solution $R_1 = \frac{3 \times 10^3 \times 2.4 \times 0.5}{500} \times (260 + \frac{2}{3} \times 240) = 3024\,\text{N}$

$\tau_{max} = \frac{3}{2}\tau_{mean} = \frac{3}{2} \times \frac{3024 \times 10^{-3}}{0.08 \times 0.06} = 945\,\text{kPa}$

09 길이 15m, 봉의 지름 10mm인 강봉에 $P=8\text{kN}$을 작용시킬 때 이 봉의 길이방향 변형량은 약 몇 cm인가? (단, 이 재료의 세로 탄성계수는 210GPa이다.)

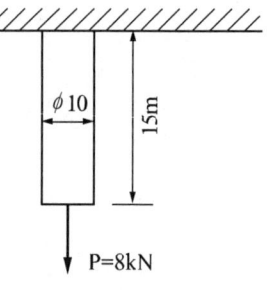

① 0.52
② 0.64
③ 0.73
④ 0.85

Solution $\delta = \frac{P \cdot \ell}{AE} = \frac{8 \times 10^3 \times 15 \times 100}{\frac{\pi}{4} \times 0.01^2 \times 210 \times 10^9} = 0.73\,\text{cm}$

Answer 7 ③ 8 ③ 9 ③

10 그림과 같이 강선이 천정에 매달려 100kN의 무게를 지탱하고 있을 때, AC 강선이 받고 있는 힘은 약 몇 kN인가?

① 30 ② 40
③ 50 ④ 60

Solution $\dfrac{100}{\sin 90°} = \dfrac{T_{AC}}{\sin 150°}$
$T_{AC} = 50\,\text{kN}$

11 직경 d, 길이 ℓ인 봉의 양단을 고정하고 단면 m-n의 위치에 비틀림모멘트 T를 작용시킬 때 봉의 A부분에 작용하는 비틀림모멘트는?

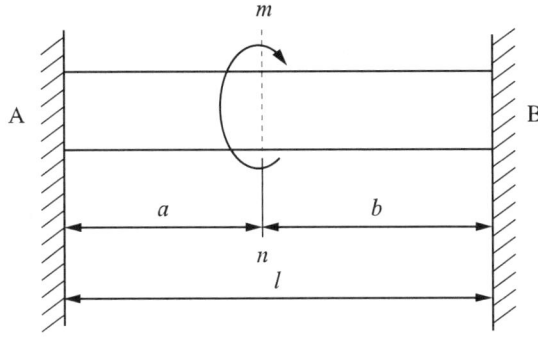

① $T_A = \dfrac{a}{\ell + a} T$ ② $T_A = \dfrac{a}{a+b} T$

③ $T_A = \dfrac{b}{a+b} T$ ④ $T_A = \dfrac{a}{\ell + b} T$

Solution $T = T_A + T_B$, $\theta_A = \theta_B$ 식을 적용
$T_A = \dfrac{T \cdot b}{\ell} = \dfrac{T \cdot b}{a+b}$
$T_B = \dfrac{T \cdot a}{\ell}$

12 그림과 같은 직사각형 단면의 보에 $P = 4\text{kN}$의 하중이 10° 경사진 방향으로 작용한다. A점에서의 길이 방향의 수직응력을 구하면 약 몇 MPa인가?

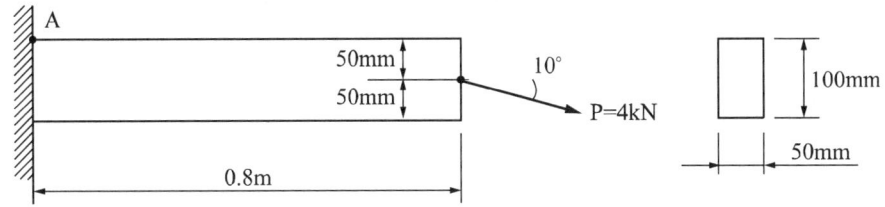

① 3.89 ② 5.67 ③ 0.79 ④ 7.46

Solution
$\sigma_{At} = \dfrac{4 \times 10^3 \times \cos 10°}{0.05 \times 0.1} = 0.79 \times 10^6 \text{Pa}$
$\sigma_b = \dfrac{6 \times 4 \times 10^3 \times \sin 10° \times 0.8}{0.05 \times 0.1^2} = 6.67 \times 10^6 \text{Pa}$
$\sigma_A = \sigma_{At} + \sigma_b = 7.46 \text{MPa}$

Answer 10 ③ 11 ③ 12 ④

13 그림과 같이 단순화한 길이 1m의 차축 중심에 집중하중 100kN이 작용하고, 100rpm으로 400kW의 동력을 전달할 때 필요한 차축의 지름은 최소 몇 cm인가? (단, 축의 허용 굽힘응력은 85MPa로 한다.)

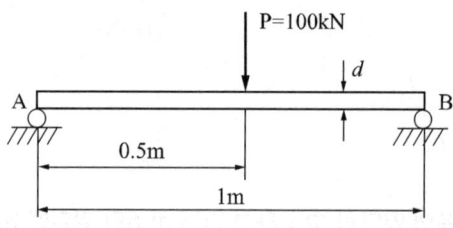

① 4.1   ② 8.1   ③ 12.3   ④ 16.3

Solution
$$M = \frac{P \cdot \ell}{4} = \frac{100 \times 1}{4} = 25\,\text{kJ}$$
$$T = 974 \times 9.8 \times \frac{400 \times 10^{-3}}{400} = 38.2\,\text{kJ}$$
$$Me = \frac{1}{2}(M + \sqrt{M^2 + T^2}) = 35.33\,\text{kJ}$$
$$\sigma_a = \frac{Me}{Z} = \frac{32Me}{\pi d^3}$$
$$85 \times 10^6 = \frac{32 \times 35.33 \times 10^3}{\pi d^3}$$
$$d = 0.162\,\text{m} = 16.2\,\text{cm}$$

14 그림과 같이 한변의 길이가 d인 정사각형 단면의 Z-Z축에 관한 단면계수는?

① $\frac{\sqrt{2}}{6}d^3$ ② $\frac{\sqrt{2}}{12}d^3$

③ $\frac{d^3}{24}$ ④ $\frac{\sqrt{2}}{24}d^3$

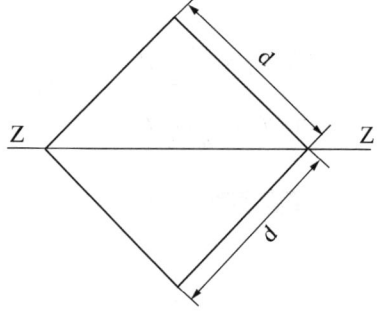

Solution $Z = \frac{d^4 \times \sqrt{2}}{12 \times d} = \frac{\sqrt{2}}{12}d$

15 오일러의 좌굴 응력에 대한 설명으로 틀린 것은?

① 단면의 회전반경의 제곱에 비례한다. ② 길이의 제곱에 반비례한다.
③ 세장비의 제곱에 반비례한다. ④ 탄성계수에 비례한다.

Solution $\sigma_{cr} = \frac{n\pi^2 E}{\lambda^2} = \frac{n\pi^2 \cdot E \cdot K^2}{\ell^2}$

16 동일한 전단력이 작용할 때 원형 단면 보의 지름을 d에서 $3d$로 하면 최대 전단응력의 크기는? (단, τ_{max}는 지름이 d일 때의 최대전단응력이다.)

① $9\tau_{max}$ ② $3\tau_{max}$
③ $\frac{1}{3}\tau_{max}$ ④ $\frac{1}{9}\tau_{max}$

Answer 13 ④ 14 ② 15 ③ 16 ④

Solution $\tau_{max_1} = \dfrac{4}{3} \cdot \dfrac{F_{max}}{\dfrac{\pi d^2}{4}}$

$\tau_{max_2} = \dfrac{4}{3} \cdot \dfrac{F_{max}}{\dfrac{3}{4}(3d)^2} = \dfrac{1}{9}\tau_{max_1}$

17 세로탄성계수가 210GPa인 재료에 200MPa의 인장응력을 가했을 때 재료 내부에 저장되는 단위 체적당 탄성변형에너지는 약 몇 N · m/m3인가?

① 95.238
② 95238
③ 18.538
④ 185380

Solution $u = \dfrac{\sigma^2}{2E} = \dfrac{(200 \times 10^6)^2}{2 \times 210 \times 10^9} = 95238.1\,\text{N/m}^2$

18 그림과 같이 전체 길이가 $3L$인 외팔보에 하중 P가 B점과 C점에 작용할 때 자유단 B에서의 처짐량은? (단, 보의 굽힘강성 EI는 일정하고, 자중은 무시한다.)

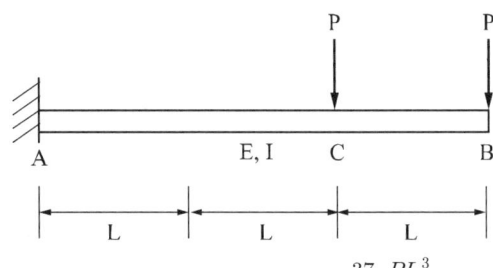

① $\dfrac{35}{3}\dfrac{PL^3}{EI}$
② $\dfrac{37}{3}\dfrac{PL^3}{EI}$
③ $\dfrac{41}{3}\dfrac{PL^3}{EI}$
④ $\dfrac{44}{3}\dfrac{PL^3}{EI}$

Solution 재료역학 7장 실전연습문제 33번

19 정사각형의 단면을 가진 기둥에 $P = 80\text{kN}$의 압축하중이 작용할 때 6MPa의 압축응력이 발생하였다면 단면의 한 변의 길이는 몇 cm인가?

① 11.5
② 15.4
③ 20.1
④ 23.1

Solution $A = a^2 = \dfrac{80 \times 10^3}{6 \times 10^6}$, $a = 0.115\text{m} = 11.5\text{cm}$

20 J를 극단면 2차 모멘트, G를 전단탄성계수, ℓ을 축의 길이, T를 비틀림모멘트라 할 때 비틀림각을 나타내는 식은?

① $\dfrac{\ell}{GT}$
② $\dfrac{TJ}{G\ell}$
③ $\dfrac{J\ell}{GT}$
④ $\dfrac{T\ell}{GJ}$

Answer 17 ② 18 ③ 19 ① 20 ④

제2과목 기계제작법

21 일반적으로 화학적 가공공정 순서가 가장 적절한 것은?
① 청정 - 마스킹(masking) - 에칭(etching) - 피막제거 - 수세
② 청정 - 수세 - 마스킹(masking) - 피막제거 - 에칭(etching)
③ 마스킹(masking) - 에칭(etching) - 피막제거 - 청정 - 수세
④ 에칭(etching) - 마스킹(masking) - 청정 - 피막제거 - 수세

22 다음 중 각도 측정 게이지가 아닌 것은?
① 하이트 게이지
② 오토 콜리메이터
③ 수준기
④ 사인바

23 다음 중 목형제작 시 주형이 손상되지 않고 목형을 주형으로부터 뽑아내기 위한 것은?
① 코어 상자
② 다웰 핀
③ 목형 구배
④ 코어

24 연삭숫돌에서 눈메움(loading)의 발생 원인으로 가장 거리가 먼 것은?
① 연삭숫돌 입도가 너무 적거나 연삭 깊이가 클 경우
② 숫돌의 조직이 너무 치밀한 경우
③ 연한 금속을 연삭할 경우
④ 숫돌의 원주 속도가 너무 클 경우

25 다음 중 심냉 처리의 목적으로 가장 적절한 것은?
① 잔류 오스테나이트를 마르텐자이트화 시키는 것
② 잔류 마르텐자이트를 오스테나이트화 시키는 것
③ 잔류 펄라이트를 오스테나이트화 시키는 것
④ 잔류 솔바이트를 마르텐자이트화 시키는 것

26 절삭공구로 공작물을 가공 시 유동형 칩이 발생하는 조건으로 틀린 것은?
① 절삭깊이가 클 때
② 연성재료를 가공할 때
③ 경사각이 클 때
④ 절삭속도가 빠를 때

Answer 21 ① 22 ① 23 ③ 24 ④ 25 ① 26 ①

27 주물을 제작할 때 생사형 주형의 경우, 주물 중량 500kg, 주물의 두께에 따른 계수를 2.2라 할 때 주입시간은 약 몇 초인가?

① 33. ② 49.2
③ 52.8 ④ 56.4

> Solution $t = s\sqrt{W} = 2.2 \times \sqrt{500} = 49.2\text{sec}$

28 공작기계의 회전 속도열에서 다음 중 가장 많이 사용되는 것은?

① 등차급수 속도열 ② 등비급수 속도열
③ 대수급수 속도열 ④ 조화급수 속도열

29 주철을 저속으로 절삭할 때 나타나는 것으로 순간적인 균열이 발생하여 생기는 칩의 형태는?

① 유동형(flow type) ② 전단형(shear type)
③ 열단형(tear type) ④ 균열형(crack type)

30 다음 연삭숫돌의 표시방식에서 V가 나타내는 것은?

WA46KmV

① 무기질 입도 ② 무기질 결합제
③ 유기질 입도 ④ 유기질 결합제

31 두께 2mm의 연강판에 지름 20mm의 구멍을 뚫을 때 필요한 전단력의 크기는 약 몇 kN인가? (단, 판의 전단저항은 250N/mm²이다.)

① 18.24 ② 26.87
③ 31.42 ④ 42.55

> Solution $F = \tau \cdot A = \tau \cdot \pi dt$
> $\qquad = 250 \times \pi \times 20 \times 2 \times 10^{-3} = 31.42\text{kN}$

32 가공의 영향으로 생긴 스트레인이나 내부 응력을 제거하고 미세한 표준조직으로 기계적 성질을 향상 시키는 열처리법은?

① 소프트닝 ② 보로나이징
③ 하드 페이싱 ④ 노멀라이징

Answer 27 ② 28 ② 29 ④ 30 ② 31 ③ 32 ④

33 다음 연삭입자를 사용하지 않는 가공법은?
① 버핑
② 호닝
③ 버니싱
④ 래핑

34 테르밋 용접(thermit welding)에 대한 설명으로 옳은 것은?
① 피복 아크 용접법 중의 한 가지 방법이다.
② 산화철과 알루미늄의 반응열을 이용한 방법이다.
③ 원자수소의 발열을 이용한 방법이다.
④ 액체산소를 사용한 가스용접법의 일종이다.

35 다음 중 고속회전 및 정밀한 이송기구를 갖추고 있으며, 다이아몬드 또는 초경합금의 절삭공구로 가공하는 보링 머신으로 정밀도가 높고 표면거칠기가 우수한 내연기관 실린더나 베어링 면을 가공하기에 가장 적합한 것은?
① 보통 보링 머신
② 코어 보링 머신
③ 정밀 보링 머신
④ 드릴 보링 머신

36 진공 중에서 용접하는 방법으로 일반 금속의 접합뿐만 아니라 내화성 금속, 매우 산화되기 쉬운 금속에 적합한 용접법은?
① 레이저용접
② 전자빔용접
③ 초음파용접
④ TIG 용접

37 다음 중 보석, 유리, 자기 등을 정밀 가공하는데 가장 적합한 가공 방법은?
① 전해 연삭
② 방전 가공
③ 전해 연마
④ 초음파 가공

38 일반적으로 봉재의 지름이나 판재의 두께를 측정하는 게이지는?
① 와이어 게이지
② 틈새게이지
③ 반지름 게이지
④ 센터 게이지10

39 숏피닝(shot peening)에 대한 설명으로 틀린 것은?
① 숏피닝은 얇은 공작물일수록 효과가 크다.
② 가공물 표면에 작은 해머와 같은 작용을 하는 형태로 일종의 열간 가공법이다.
③ 가공물 표면에 가공경화 된 잔류압축응력층이 형성된다.
④ 반복하중에 대한 피로파괴에 큰 저항을 갖고 있기 때문에 각종 스프링에 널리 이용된다.

Answer 33 ③ 34 ② 35 ③ 36 ② 37 ④ 38 ① 39 ②

40 다음 중 냉간 가공의 특징이 아닌 것은?

① 결정 조직의 미세화 효과가 있다.
② 정밀한 가공으로 치수가 정확하다.
③ 가공면이 깨끗하고 아름답다.
④ 강도증가와 같은 기계적 성질을 개선할 수 있다.

제3과목 기계설계 및 기계재료

41 허용전단응력 20.60MPa인 축에 회전수 200rpm으로 7.36kW의 동력을 전달한다. 이 축의 지름은 약 몇 mm 이상이어야 하는가?

① 39.5
② 44.3
③ 48.7
④ 55.6

Solution
$$\tau_a \cdot \frac{\pi d^3}{16} = 974000 \times 9.8 \times \frac{H_{kW}}{N}$$
$$20.60 \times \frac{\pi \times d^3}{16} = 974000 \times 9.8 \times \frac{7.36}{200}$$
$$d = 44.3 mm$$

42 표준 스퍼 기어에서 모듈을 m이라고 하면 지름피치 P_d를 구하는 식으로 옳은 것은?

① $P_d = \dfrac{25.4}{m}$
② $P_d = 25.4m$
③ $P_d = \dfrac{\pi}{m}$
④ $P_d = \pi m$

43 전달동력 2kW, 회전수 250rpm, 축 지름 30mm, 보스의 길이(=키의 길이) 40mm, 키의 허용전단응력 19.6N/mm²일 때 키의 폭 b는 약 몇 mm이상으로 설계해야 하는가?

① 3.5
② 4.5
③ 5.5
④ 6.5

Solution
$$\tau_k = \frac{2T}{b\ell d} = \frac{2 \times 974000 \times 9.8 \times H_{kW}}{b\ell d \times N}$$
$$19.6 = \frac{2 \times 974000 \times 9.8 \times 2}{b \times 40 \times 30 \times 250}$$
$$b = 6.5mm$$

Answer 40 ① 41 ② 42 ① 43 ④

44 베어링 번호 6310의 단열 깊은 홈 볼 베어링에 30000시간의 수명을 주려고 한다. 한계속도지수(dN)=200000[mm · rpm]이라면, 이 베어링의 최고사용 회전수에 있어서의 베어링 하중은 약 몇 N인가? (단, 이 베어링의 기본 동정격하중은 48kN이다.)

① 1328.32
② 1814.20
③ 2485.79
④ 3342.27

Solution
$$N = \frac{200,000}{10 \times 5} = 4000\text{rpm}$$
$$L_h = 500\left(\frac{C}{P}\right)^r \cdot \frac{33.3}{N}$$
$$30,000 = 500 \times \left(\frac{48 \times 10^3}{P}\right)^3 \times \frac{33.3}{4000}$$
$$P = 2485.79\text{N}$$

45 2개의 키를 조합하여 축의 키 홈에 때려 박을 수 있도록 그 단면을 직사각형으로 만든 키로서 면압력만을 받기 때문에 일반적으로 묻힘키보다 큰 토크를 전달할 수 있는 키(key)는?

① 반달키
② 납작키
③ 안장키
④ 접선키

46 지름 8mm의 스프링 강으로 코일의 평균 지름 80mm, 스프링상수 10N/mm의 코일 스프링을 만들려고 하면 유효 감김수는 약 얼마인가? (단, 선재의 전단탄성계수 80GPa이다.)

① 10
② 8
③ 6
④ 4

Solution
$$P = k \cdot \delta = k \cdot \frac{64nP \cdot R^3}{Gd^4}$$
$$80 \times 10^3 \times 8^4 = 10 \times 64 \times 7 \times 40^3$$
$$n = 8$$

47 볼트의 허용전단응력이 40MPa이고, 6개의 볼트로 체결된 플랜지 커플링에 2.6kN · m의 토크가 작용하고 있다. 볼트 조립부의 피치원 지름은 160mm일 때 볼트 골지름은 약 몇 mm 이상이어야 하는가?

① 8.4
② 10.8
③ 13.2
④ 16.9

Solution
$$T = \tau_B \cdot \frac{\pi d^2}{4} \cdot Z \cdot \frac{D_B}{2}$$
$$2.6 \times 10^3 \times 10^3 = 40 \times \frac{\pi \delta^2}{4} \times 6 \times \frac{160}{2}$$
$$\delta = 13.13\text{mm}$$

Answer 44 ③ 45 ④ 46 ② 47 ③

48 강판의 두께 12mm, 리벳 구멍의 지름 16mm로 하여 1줄 겹치기 이음으로 할 대 리벳의 전단하중과 판의 인장하중이 같을 경우 피치는 약 몇 mm인가? (단, 강판의 발생하는 인장응력은 40MPa, 리벳에 발생하는 전단응력은 32MPa이다. 또한 리벳 지름은 리벳 구멍의 지름과 같다고 본다.)

① 24.5 ② 29.4
③ 33.6 ④ 42.7

Solution
$$\tau \cdot \frac{\pi d^2}{4} = \sigma \cdot (P-d) \cdot t$$
$$32 \times \frac{\pi \times 16^2}{4} = 40 \times (P-16) \times 12$$
$$P = 29.4 \text{mm}$$

49 브레이크에서 접촉면압력을 q, 드럼의 원주속도를 v, 마찰계수를 μ라 할 때, 브레이크 용량(brake capaity)을 나타내는 식은?

① $\mu q v$ ② $\dfrac{\mu q}{v}$
③ $\dfrac{q v}{\mu}$ ④ $\dfrac{\mu}{q v}$

50 관의 안지름 D[cm], 평균유속을 v[m/s]라 하면 평균유량 Q[m³/s]은?

① $D^2 v$ ② $\pi D^2 v$
③ $\dfrac{\pi D^2 v}{400}$ ④ $\dfrac{\pi D^2 v}{40000}$

51 피아노선재의 조직으로 가장 적당한 것은?

① 페라이트(ferrite) ② 소르바이트(sorbite)
③ 오스테나이트(austenite) ④ 마텐자이트(martensite)

52 마텐자이트(martensite) 변태의 특징에 대한 설명으로 틀린 것은?

① 마텐자이트는 고용체의 단일상이다.
② 마텐자이트 변태는 확산 변태이다.
③ 마텐자이트 변태는 협동적 원자운동에 의한 변태이다.
④ 마텐자이트의 결정 내에는 격자결함이 존재한다.

Answer 48 ② 49 ① 50 ④ 51 ② 52 ②

53 빗금으로 표시한 입방격자면의 밀러지수는?
① (100)
② (010)
③ (110)
④ (111)

54 6:4황동에 Pb을 약 1.5~3.0%를 첨가한 합금으로 정밀가공을 필요로 하는 부품 등에 사용되는 합금은?
① 쾌삭황동
② 강력황동
③ 델타메탈
④ 애드미럴티 황동

55 순철($\alpha-Fe$)의 자기변태 온도는 약 몇 ℃인가?
① 210℃
② 768℃
③ 910℃
④ 1410℃

56 고속도 공구강재를 나타내는 한국산업표준 기호로 옳은 것은?
① SM20C
② STC
③ STD
④ SKH

57 스테인리스강을 조직에 따라 분류한 것 중 틀린 것은?
① 페라이트계
② 마텐자이트계
③ 시멘타이트계
④ 오스테나이트계

58 황동 가공재 특히 관·봉 등에서 잔류응력에 기인하여 균열이 발생하는 현상은?
① 자연균열
② 시효경화
③ 탈아연부식
④ 저온풀림경화

59 경도가 매우 큰 담금질한 강에 적당한 강인성을 부여한 목적으로 A_1변태점 이하의 일정온도로 가열 조작하는 열처리법은?
① 퀜칭(quenching)
② 템퍼링(tempering)
③ 노멀라이징(normalizing)
④ 마퀜칭(marquenching)

Answer 53 ④ 54 ① 55 ② 56 ④ 57 ③ 58 ① 59 ②

60 Fe-C 평형상태도에서 나타나는 철강의 기본조직이 아닌 것은?
① 페라이트
② 펄라이트
③ 시멘타이트
④ 마텐자이트

제4과목 기구학 및 CAD

61 좌표계 1에서 (-1, 0, 3)으로 정의되는 점이 좌표계 2로 이동되었을 대의 좌표값은? (단, 좌표계 1의 원점은 좌표계 2에서 (0, -2, 4)로 표시되며 두 좌표계는 평행이동의 관계에 있다.)
① (-1, -2, 7)
② (4, 0, -1)
③ (-2, 2, 4)
④ (-1, 2, -1)

Solution [-1, 0, 3]+[0, -2, 4]=[-1, -2, 7]

62 다음 중 숨은선 및 숨은면을 화면상에서 나타나지 않도록 제거하는 방법에 속하지 않는 것은?
① 후향면 제거 알고리즘
② z-버퍼 방법
③ 화가 알고리즘
④ 레빈슨 알고리즘

63 STEP에서 부품의 기하 정보를 나타내는 데이터 항목이 아닌 것은?
① 형상 모델 스키마
② 구성 모델 스키마
③ 위상 스키마
④ 기하 스키마

64 다음 곡면들 중 곡면 생성 방법이 나머지 세가지와 근본적으로 다른 하나는?
① B-스플라인 곡면
② Bezier 곡면
③ NURBS 곡면
④ Coon's 곡면

65 서로 다른 컴퓨터 이용 제도시스템에서 생성된 도면 데이터를 교환하는 수단으로서 옳지 않은 것은?
① ASCII
② IGES
③ DXF
④ STEP

66 와이어프레임(wireframe) 모델링의 일반적인 특징이 아닌 것은?
① point와 line으로 형상을 표현한다.
② 자료구조가 상대적으로 단순하다.
③ 형생의 내/외부 판별이 가능하다.
④ 3차원 형상 표현이 명확하지 않을 수 있다.

Answer 60 ④ 61 ① 62 ④ 63 ② 64 ④ 65 ① 66 ③

67 3차원 컴퓨터 그래픽에서 모델 좌표계에 정의한 그래픽 요소를 장치 좌표계로 변환하여 그릴 때의 변환 행렬 순서로 옳은 것은?

① 시각 변환 → 모델 변환 → 투영 변환
② 모델 변환 → 시각 변환 → 투영 변환
③ 투영 변환 → 시각 변환 → 모델 변환
④ 모델 변환 → 투영 변환 → 시각 변환

68 다음 B-spline 곡선에 대한 내용 중 ( )안의 알맞은 말로 짝지어진 것은?

> 곡선의 모델링시 일반적인 B-sline 곡선이 Bezier 곡선으로 간주되기 위해서는 조정점의 개수가 B-sline 기저함수(basis)의 오더(order)와 (A), 동시에 (B) 절점벡터를 가진다.

① A : 같고, B : 비주기적
② A : 같고, B : 주기적
③ A : 다르고, B : 주기적
④ A : 다르고, B : 비주기적

69 3차원 모델링 방법 중 3차원 기본 형상(primitives)을 불리언 연산()에 의해서 형상을 완성시키며 그 과정을 기록하여 모델을 표현하는 기법을 무엇이라고 하는가?

① Wire frame model법
② Boundary representation법
③ Constructive solid geometry법
④ Surface model법

70 다음 중 파라메트릭 모델링의 일반적 특징이 아닌 것은?

① 도형에 대하여 구속조건의 부여가 가능하다.
② 치수 조건 수정만으로 쉽게 형상을 바꿀 수 있다.
③ 불리언(Boolean) 작업에 의해서 주로 수행된다.
④ 유사한 형상들의 모델링에 유용하다.

71 기계요소에 대한 설명 중 옳은 것은?

① 1점을 중심으로 일정 각도로 요동운동을 하는 것을 레버(lever)라고 한다.
② 1점의 주위를 회전운동 하는 것을 슬라이더(slider)라 한다.
③ 2점 주위를 직선운동 하는 것을 크랭크(crank)라 한다.
④ 나사 대우(pair)는 회전운동으로만 구성된다.

Answer   67 ②   68 ①   69 ③   70 ③   71 ①

72 그림과 같이 평면 운동하는 5개의 링크로 된 연쇄에서 순간 중심의 수는 몇 개 인가?

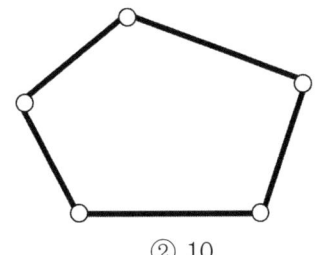

① 5
② 10
③ 15
④ 20

Solution $n = \dfrac{N \cdot (N-1)}{2} = \dfrac{5 \times (5-1)}{2} = 10$

73 어떤 물체를 정지 상태로부터 20000rpm까지 상승시키는데 5분이 소요된다고 한다. 일정한 각가속도로 상승한다고 볼 때 각가속도는 약 몇 rad/sec²인가?

① 31
② 23
③ 14
④ 7

Solution $w = w_o + \alpha \cdot t$

$\alpha = \dfrac{2\pi \times 20{,}000}{5 \times 60 \times 60} = 6.98 \text{rad/sec}^2$

74 평벨트 풀리 림의 중앙부를 높게 만들어 주는 가장 큰 이유는?
① 벨트가 풀리에서 이탈하는 것을 방지하기 위하여
② 벨트를 걸기에 편리하도록 하기 위하여
③ 벨트를 상하지 않게 하기 위하여
④ 주조할 때 편리하기 위하여

75 평 기어와 비교하여 헬리컬 기어에 발생하는 단점은?
① 기어의 물림 길이가 작다.
② 소음이 크게 발생한다.
③ 동력 전달 효율이 떨어진다.
④ 축 방향으로 스러스트가 발생한다.

Answer 72 ② 73 ④ 74 ① 75 ④

76 그림과 같이 평판 A 위에서 평면 운동을 하는 B 물체의 자유도는?

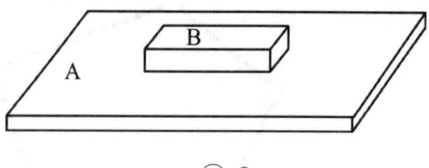

① 1　　　　　　　　　② 2
③ 3　　　　　　　　　④ 4

77 기계를 구성하고 있는 부분에서 서로 한정된 상대운동을 할 수 있는 기계구성요소의 조합관계를 대우(pair)라고 한다. 다음 중 대우의 예가 아닌 것은?
① 볼트와 너트　　　　② 핀과 키
③ 축과 베어링　　　　④ 한 쌍의 기어

78 그림과 같이 장축이 2a, 단축이 2b인 타원형 마찰자 2개가 구름접촉에 의해 회전력을 전달하고 있다. 여기서 A마찰자가 일정한 각속도로 회전한다고 볼 때 B 마찰자의 최대 회전비값 $\left(\dfrac{B \text{의 최대 각속도}}{A \text{의 평균 각속도}}\right)$ 은? (단, 회전축간 거리는 2a이다.)

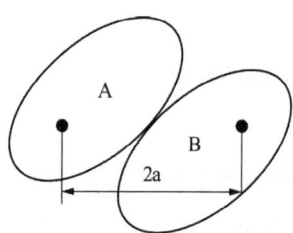

① $\dfrac{a^2 + \sqrt{a^2 - b^2}}{a^2 - \sqrt{a^2 - b^2}}$　　② $\dfrac{a + \sqrt{a^2 - b^2}}{a - \sqrt{a^2 - b^2}}$

③ $\dfrac{a^2 + \sqrt{a^2 + b^2}}{a^2 - \sqrt{a^2 + b^2}}$　　④ $\dfrac{a + \sqrt{a^2 + b^2}}{a - \sqrt{a^2 + b^2}}$

79 기어에서 이의 간섭을 막기 위한 방법으로 틀린 것은?
① 이의 높이를 낮게 한다.　　② 전위기어로 제작한다.
③ 잇수비를 크게 한다.　　　　④ 압력각을 크게 한다.

80 캠(cam)의 종류 중 평면 캠에 속하지 않는 것은?
① plate cam　　　　　　② face cam
③ translation cam　　　 ④ spherical cam

Answer　76 ③　77 ②　78 ②　79 ③　80 ④

2018년 4월 28일 기출문제

제1과목 재료역학

01 그림의 H형 단면의 도심축인 Z축에 관한 회전반경(radius of gyration)은 얼마인가?

① $K_z = \sqrt{\dfrac{Hb^3 - (b-t)^3 b}{12(bH - bh + th)}}$

② $K_z = \sqrt{\dfrac{12Hb^3 + (b-t)^3 b}{(bH + bh + th)}}$

③ $K_z = \sqrt{\dfrac{ht^3 + Hb^3 - hb^3}{12(bH - bh + th)}}$

④ $K_z = \sqrt{\dfrac{12Hb^3 + (b+t)^3 b}{(bH + bh - th)}}$

Solution
$$I_G = \dfrac{H \cdot b^3 - hb^3 + ht^3}{12}$$
$$K = \sqrt{\dfrac{I_G}{A}} = \sqrt{\dfrac{Hb^3 - hb^3 + h \cdot t^3}{12(bH - bh + th)}}$$

02 그림과 같이 A, B의 원형 단면봉은 길이가 같고 지름이 다르며, 양단에서 같은 압축하중 P를 받고 있다. 응력은 각 단면에서 균일하게 분포된다고 할 때 저장되는 탄성 변형 에너지의 비 $\dfrac{U_B}{U_A}$는 얼마가 되겠는가?

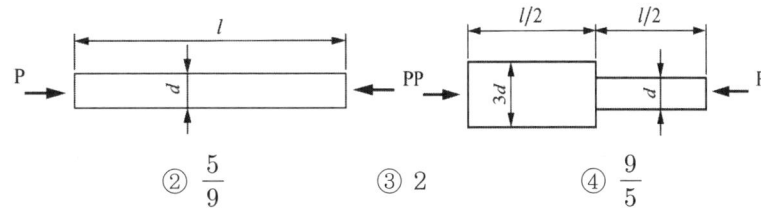

① $\dfrac{1}{3}$ ② $\dfrac{5}{9}$ ③ 2   ④ $\dfrac{9}{5}$

Solution
$$U_A = \dfrac{P^2}{2} \times \dfrac{\ell}{\dfrac{\pi d^2}{4} \cdot E}$$

$$U_B = \dfrac{P^2}{2} \times \dfrac{\dfrac{\ell}{2}}{\dfrac{\pi d^2}{4} \cdot E} + \dfrac{P^2}{2} \times \dfrac{\dfrac{\ell}{2}}{\dfrac{\pi}{4}(3d)^2 \cdot E} = \dfrac{P^2}{2} \times \dfrac{\ell}{\dfrac{\pi d^2}{4} \times E} \times \left(\dfrac{1}{2} + \dfrac{1}{18}\right)$$

$$\dfrac{U_B}{U_A} = \dfrac{10}{18} = \dfrac{5}{9}$$

Answer 01 ③ 02 ②

03 길이 6m인 단순 지지보에 등분포하중 q가 작용할 때 단면에 발생하는 최대 굽힘응력이 337.5MPa이라면 등분포하중 q는 약 몇 kN/m인가? (단, 보의 단면은 폭×높이=40mm×100mm 이다.)

① 4 ② 5
③ 6 ④ 7

Solution $\sigma_{bmax} = \dfrac{M_{\max}}{Z} = \dfrac{6 \times q \cdot \ell^2}{b \cdot h^2 \times 8}$

$337.5 = \dfrac{6 \times q \times 6000^2}{40 \times 100^2 \times 8}$, $q = 5\text{kN/m} = 5\text{N/mm}$

04 지름 20mm, 길이 1000mm의 연강봉이 50kN의 인장하중을 받을 때 발생하는 신장량은 약 몇 mm인가? (단, 탄성계수 E=210GPa이다.)

① 7.58 ② 0.758
③ 0.0758 ④ 0.00758

Solution $\delta = \dfrac{P \cdot \ell}{AE} = \dfrac{4 \times 50 \times 10^3 \times 1000}{\pi \times 20^2 \times 210 \times 10^3} = 0.758\text{mm}$

05 다음과 같이 3개의 링크를 핀을 이용하여 연결하였다. 2000N의 하중 P가 작용할 경우 핀에 작용되는 전단응력은 약 몇 MPa인가? (단, 핀의 직경은 1cm이다.)

① 12.73
② 13.24
③ 15.63
④ 16.56

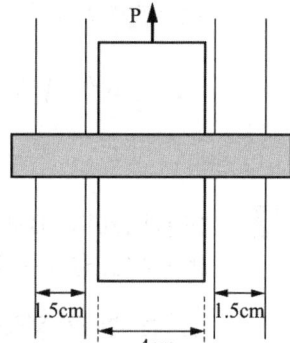

Solution $\tau_p = \dfrac{P}{\dfrac{\pi d^2}{4} \times 2} = \dfrac{2000}{\dfrac{\pi}{4} \times 10^2 \times 2} = 12.73\text{N/mm}^2\,(\text{MPa})$

06 지름이 60mm인 연강축이 있다. 이 축의 허용 전단응력은 40MPa이며 단위 길이 1m당 허용 회전각도는 1.5°이다. 연강의 전단 탄성계수를 80GPa이라 할 때 이 축의 최대 허용 토크는 약 몇 N·m인가?

① 696 ② 1696
③ 2664 ④ 3664

Solution $\theta = \dfrac{T \cdot \ell}{G \cdot I_p}$, $1.5 \times \dfrac{\pi}{180} = \dfrac{32 \times T \times 1}{80 \times 10^9 \times \pi \times 0.06^4}$, $T = 2664.79\text{N} \cdot \text{m}$

Answer 03 ② 04 ② 05 ① 06 ③

07 평면 응력 상태에서 $\epsilon_x = -150 \times 10^{-6}$, $\epsilon_y = -280 \times 10^{-6}$, $\gamma_{xy} = 850 \times 10^{-6}$일 때, 최대주변형률($\epsilon_1$)과 최소주변형률($\epsilon_2$)은 각각 약 얼마인가?

① $\epsilon_1 = 215 \times 10^{-6}$, $\epsilon_2 = -645 \times 10^{-6}$
② $\epsilon_1 = 645 \times 10^{-6}$, $\epsilon_2 = 215 \times 10^{-6}$
③ $\epsilon_1 = 315 \times 10^{-6}$, $\epsilon_2 = -645 \times 10^{-6}$
④ $\epsilon_1 = -545 \times 10^{-6}$, $\epsilon_2 = 315 \times 10^{-6}$

Solution
$$\epsilon_1 = \frac{\epsilon_x + \epsilon_y}{2} + \sqrt{\left(\frac{\epsilon_x - \epsilon_y}{2}\right)^2 + \left(\frac{\gamma_{xy}}{2}\right)^2}$$
$$= \frac{-150 \times 10^{-6} + (-280 \times 10^{-6})}{2} + \sqrt{\left(\frac{-150 \times 10^{-6} + 280 \times 10^{-6}}{2}\right) + \left(\frac{850 \times 10^{-6}}{2}\right)^2}$$
$$= 214.94 \times 10^{-6}$$
$$\epsilon_2 = \frac{\epsilon_x + \epsilon_y}{2} - \sqrt{\left(\frac{\epsilon_x - \epsilon_y}{2}\right)^2 + \left(\frac{\gamma_{xy}}{2}\right)^2}$$
$$= \frac{(-150 - 280) \times 10^6}{2} - \sqrt{\left(\frac{-150 \times 10^{-6} + 280 \times 10^{-6}}{2}\right) + \left(\frac{850 \times 10^{-6}}{2}\right)^2}$$
$$= -644.94 \times 10^{-6}$$

08 지름 3cm인 강축이 26.5rev/s의 각속도로 26.5kW의 동력을 전달하고 있다. 이 축에 발생하는 최대 전단응력은 약 몇 MPa인가?

① 30   ② 40
③ 50   ④ 60

Solution $\tau = \dfrac{T}{Z_p} = \dfrac{16 \times 974000 \times 9.8 \times H_{kw}}{\pi d^3 \times N} = \dfrac{16 \times 974000 \times 9.8 \times 26.5}{\pi \times 30^3 \times (26.5 \times 60)} = 30\text{MPa}$

09 폭 3cm, 높이 4cm의 직사각형 단면을 갖는 외팔보가 자유단에 그림에서와 같이 집중하중을 받을 때 보 속에 발생하는 최대전단응력은 몇 N/cm²인가?

① 12.5
② 13.5
③ 14.5
④ 15.5

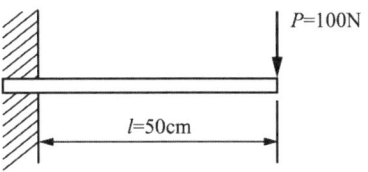

Solution $\tau_{max} = \dfrac{3}{2} \dfrac{F_{max}}{A} = \dfrac{3}{2} \times \dfrac{100}{3 \times 4} = 12.5\text{N/cm}^2$

Answer 07 ①   08 ①   09 ①

10 그림과 같은 보에서 발생하는 최대굽힘 모멘트는 몇 kN · m인가?

① 2
② 5
③ 7
④ 10

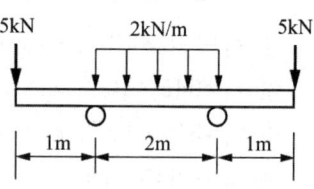

Solution 돌출보를 지지하는 양쪽지점에서 발생
$M_{max} = 5 \times 1 = 5 \text{kN} \cdot \text{m}$

11 그림과 같은 외팔보에 대한 전단력 선도로 옳은 것은? (단, 아랫방향을 양(+)으로 본다.)

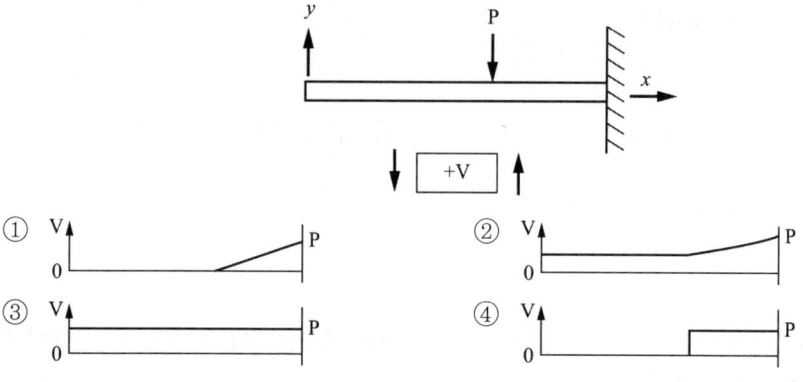

Solution 집중하중 P가 누르는 점에서 고정지점까지 전단력 변화없음

12 보의 자중을 무시할 때 그림과 같이 자유단 C에 집중하중 2P가 작용할 때 B점에서 처짐 곡선의 기울기각은? (단, 세로탄성계수 E, 단면 2차모멘트를 I라고 한다.)

① $\dfrac{5}{9}\dfrac{Pl^2}{EI}$

② $\dfrac{5}{18}\dfrac{Pl^2}{EI}$

③ $\dfrac{5}{27}\dfrac{Pl^2}{EI}$

④ $\dfrac{5}{36}\dfrac{Pl^2}{EI}$

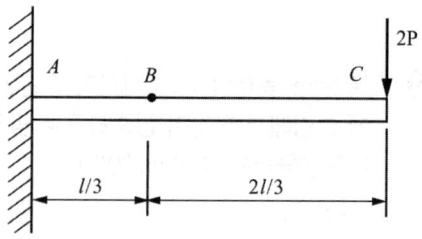

Solution $\dfrac{\partial^2 y}{\partial x^2} = \dfrac{2P \cdot x}{E \cdot I}$

$\dfrac{\partial y}{\partial x} = \theta_x = \dfrac{P \cdot x^2}{E \cdot I} - \dfrac{P \cdot \ell^2}{E \cdot I}$, $x = \dfrac{2}{3}\ell$ 대입하면 $\theta_B = \dfrac{5P \cdot \ell^2}{9EI}$

Answer 10 ② 11 ④ 12 ①

13 원형 단면축이 비틀림을 받을 때, 그 속에 저장되는 탄성 변형에너지 U는 얼마인가? (단, T: 토크, L: 길이, G: 가로탄성계수, I_P: 극관성모멘트, I: 관성모멘트, E: 세로탄성계수이다.)

① $U = \dfrac{T^2 L}{2GI}$ ② $U = \dfrac{T^2 L}{2EI}$

③ $U = \dfrac{T^2 L}{2EI_P}$ ④ $U = \dfrac{T^2 L}{2GI_P}$

Solution $U = \dfrac{1}{2} \cdot T \cdot \dfrac{T \cdot L}{G \cdot I_P} = \dfrac{1}{2} \cdot T \cdot \theta$

14 그림에 표시한 단순 지지보에서의 최대 처짐량은? (단, 보의 굽힘 강성은 EI 이고, 자중은 무시한다.)

① $\dfrac{\omega \ell^3}{48EI}$

② $\dfrac{\omega \ell^4}{24EI}$

③ $\dfrac{5\omega \ell^3}{253EI}$

④ $\dfrac{5\omega \ell^4}{384EI}$

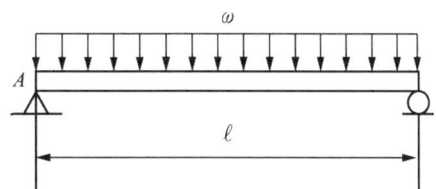

Solution 면적모멘트법으로 정리하면 $\dfrac{5\omega \ell^4}{384EI}$, 공식으로 암기하세요.

15 원통형 압력용기에 내압 P가 작용할 때, 원통부에 발생하는 축 방향의 변형률 ϵ_x 및 원주 방향 변형률 ϵ_y는? (단, 강판의 두께 t는 원통의 지름 D에 비하여 충분히 작고, 강판 재료의 탄성계수 및 포아송 비는 각각 E, ν 이다.)

① $\epsilon_x = \dfrac{PD}{4tE}(1-2\nu)$, $\epsilon_y = \dfrac{PD}{4tE}(1-\nu)$

② $\epsilon_x = \dfrac{PD}{4tE}(1-2\nu)$, $\epsilon_y = \dfrac{PD}{4tE}(2-\nu)$

③ $\epsilon_x = \dfrac{PD}{4tE}(2-\nu)$, $\epsilon_y = \dfrac{PD}{4tE}(1-\nu)$

④ $\epsilon_x = \dfrac{PD}{4tE}(1-\nu)$, $\epsilon_y = \dfrac{PD}{4tE}(2-\nu)$

Solution $\sigma_x = \dfrac{P \cdot D}{4t}$, $\sigma_y = \dfrac{P \cdot D}{2t} = 2\sigma_x$

$\epsilon_x = \dfrac{\sigma_x}{E} - \nu \cdot \dfrac{\sigma_y}{E} = \dfrac{\sigma_x}{E}(1-2\nu)$, $\epsilon_y = \dfrac{\sigma_y}{E} - \nu \cdot \dfrac{\sigma_x}{E} = \dfrac{\sigma_x}{E}(2-\nu)$

Answer 13 ④ 14 ④ 15 ②

16 그림에서 784.8N과 평형을 유지하기 위한 힘 F_1과 F_2는?

① F_1=395.2N, F_2=632.4N
② F_1=790.4N, F_2=632.4N
③ F_1=790.4N, F_2=395.2N
④ F_1=632.4N, F_2=395.2N

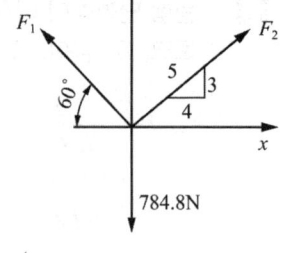

Solution $\dfrac{784.8}{\sin 83.13} = \dfrac{F_1}{\sin 126.87} = \dfrac{F_2}{\sin 150°}$
$F_1 = 632.4N, \ F_2 = 395.24N$

17 최대 사용강도 400MPa의 연강봉에 30kN의 축방향의 인장하중이 가해질 경우 강봉의 최소지름은 몇 cm까지 가능한가? (단, 안전율은 5이다.)

① 2.69   ② 2.99
③ 2.19   ④ 3.02

Solution $\sigma_w \leq \sigma_a = \dfrac{\sigma_{tmax}}{S}, \ \dfrac{30 \times 1000}{\dfrac{\pi d^2}{4}} = \dfrac{400}{5}, \ d = 21.85mm = 2.185cm$

18 지름이 0.1m이고 길이가 15m인 양단힌지인 원형강 장주의 좌굴임계하중은 약 몇 kN인가? (단, 장주의 탄성계수는 200GPa이다.)

① 43   ② 55
③ 67   ④ 79

Solution $P_{cr} = \dfrac{n\pi^2 E \cdot I}{\ell^2} = \dfrac{1 \times \pi^2 \times 200 \times 10^9 \times \pi \times 0.1^4}{15^2 \times 64} \fallingdotseq 43 \times 10^3 N$

19 그림과 같이 길이가 동일한 2개의 기둥 상단에 중심 압축 하중 2500N이 작용할 경우 전체 수축량은 약 몇 mm 인가? (단, 단면적 A_1=1000mm², A_2=2000mm², 길이 L=300mm, 재료의 탄성계수 E=90GPa이다.)

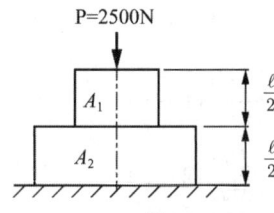

① 0.625   ② 0.0625
③ 0.00625   ④ 0.000625

Solution $\delta = \dfrac{P \cdot \left(\dfrac{L}{2}\right)}{A_1 \cdot E} + \dfrac{P \cdot \left(\dfrac{L}{2}\right)}{A_2 \cdot E}$
$= \dfrac{2500 \times 150}{90 \times 10^3} \times \left(\dfrac{1}{1000} + \dfrac{1}{2000}\right) = 0.00625mm$

Answer 16 ④ 17 ③ 18 ① 19 ③

20 그림과 같이 전길이에 걸쳐 균일 분포하중 ω를 받는 보에서 최대처짐 δ_{max}를 나타내는 식은?
(단, 보의 굽힘 강성계수는 EI이다.)

① $\dfrac{\omega L^4}{64EI}$

② $\dfrac{\omega L^4}{128.5EI}$

③ $\dfrac{\omega L^4}{184.6EI}$

④ $\dfrac{\omega L^4}{192EI}$

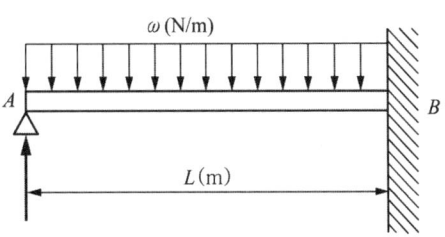

Solution 공식으로 암기

① 중앙처짐 : $\dfrac{w \cdot L^4}{192EI}$

② 최대처짐 : $\dfrac{w \cdot L^4}{184.6EI}$

제2과목 기계제작법

21 너트를 조정하여 점접촉이 이루어지므로 마찰이 적고 백래쉬를 "0"에 가깝게 할 수 있는 나사는?

① 볼 나사
② 삼각 나사
③ 사다리꼴 나사
④ 관용테이퍼 나사

22 가공물, 미디어(media), 가공액 등을 통속에 혼합하여 회전시킴으로써 깨끗한 가공면을 얻을 수 있는 특수 가공법은?

① 배럴가공(barrel finishing)
② 롤 다듬질(roll finishing)
③ 버니싱(buenishing)
④ 블라스팅(blasting)

23 프로젝션 용접(projection welding)의 특징에 관한 설명으로 틀린 것은?

① 전극수명이 짧다.
② 작업능률이 높다.
③ 작업속도가 빠르다.
④ 수 개의 용접이 동시에 가능하다.

Answer   20 ③   21 ①   22 ①   23 ①

24 지그의 종류 중 공작물의 전체 면이 지그로 둘러싸인 것으로써 공작물을 한번 고정한 후 지그를 회전시키면서 전면을 가공할 수 있는 것은?

① 템플릿지그(template jig)   ② 채널지그(channel jig)
③ 박스지그(box jig)   ④ 리프지그(leaf jig)

25 방전가공에 사용되는 가공액 중 절연유로 사용할 수 없는 것은?

① 석유   ② 머신유
③ 휘발유   ④ 스핀들유

26 주조에서 탕구계의 기능이 아닌 것은?

① 부유 불순물을 분리시켜 모으는 기능
② 주형의 공간에 용탕을 주입시키는 기능
③ 주형의 침식과 가스의 혼입을 방지할 수 있는 기능
④ 용탕이 주입될 때 가급적 난류를 일으켜 주형 내에 유입되도록 하는 기능

27 다음 용접 결함의 검사 방법 중 파괴검사에 속하는 것은?

① 자분검사   ② 피로검사
③ 방사선검사   ④ 초음파검사

28 다음 중 밀링머신의 부속장치가 아닌 것은?

① 분할대(indexing head)
② 회전 테이블(rotary table)
③ 컬럼 장치(column attachment)
④ 슬로팅 장치(slotting attachment)

29 재료를 재결정온도 이상에서 가공하는 열간가공의 특징으로 틀린 것은?

① 동력소모가 많다.
② 방향성을 갖는 주조조직이 제거된다.
③ 파괴되었던 결정립이 다시 생성되어 재질이 균일해진다.
④ 변형저항이 적어 짧은 시간 내에 강력한 가공이 가능하다.

30 금속의 표면을 경화시키기 위한 물리적인 표면 경화법은?

① 질화법   ② 청화법
③ 침탄법   ④ 화염 경화법

Answer   24 ③   25 ③   26 ④   27 ②   28 ③   29 ①   30 ④

31 마찰용접의 특징으로 옳지 않은 것은?
① 치수정밀도가 높고 재료가 절약된다.
② 용접시간이 짧고 변형의 발생이 적다.
③ 조작이 간단하고 이종 금속의 접합이 가능하다.
④ 피용접물의 형상치수, 길이, 무게 등에 제한이 없다.

32 절삭공구의 여유각이 작아 측면과 공작물과의 마찰에 의해 발생되는 마모는?
① 치핑(chipping) ② 구성인선(built-up edge)
③ 플랭크 마모(flank wear) ④ 크레이터 마모(crater wear)

33 주철과 같이 취성이 큰 재질의 공작물을 절삭할 때 발생하기 쉬운 칩의 형태는?
① 유동형 ② 전단형
③ 열단형 ④ 균열형

34 선반에서 지름 100mm의 탄소강재를 회전수 200rpm, 이송속도 0.25mm/rev, 길이 50mm를 1회 가공할 때 소요되는 시간은 몇 분인가?
① 0.01 ② 0.1 ③ 1 ④ 10

> Solution $\tau = \dfrac{\ell}{N \cdot s} = \dfrac{50}{200 \times 0.25} = 1.0\,\text{min}$

35 프레스작업에서 전단가공의 종류가 아닌 것은?
① 블랭킹 ② 딤플링
③ 트리밍 ④ 다이 커팅

36 주입 중량이 256kg이고 주물의 살 두께가 56mm인 경우에 소요되는 주입시간은 약 몇 초인가? (단, 주물 살 두께 계수 S=4.45 이다.)
① 31.8 ② 43.6 ③ 64.5 ④ 71.2

> Solution $t = S\sqrt{W} = 4.45 \times \sqrt{256} = 71.2\,\text{sec}$

37 용접재를 강하게 맞대어 대전류를 통하게 하면 이음부 부근의 접촉 저항열에 의해 용접부가 적당한 온도에 도달한다. 이 때 축방향으로 큰 압력을 주어 용접하는 방법은?
① 심 용접
② 업셋 용접
③ 퍼커션 용접
④ 프로젝션 용접

Answer 31 ④ 32 ③ 33 ④ 34 ③ 35 ② 36 ④ 37 ②

38 광유에 비눗물을 첨가한 것으로 원액과 물을 혼합하여 냉각과 윤활성이 좋고 값이 저렴하여 널리 사용되는 절삭유는?

① 석유　　　　　　　　　② 유화유
③ 극압유　　　　　　　　④ 지방유

39 방전가공용 전극재료의 구비조건으로 틀린 것은?

① 전기 저항값이 높고 전기 전도도가 낮을 것
② 융점이 높아 방전 시 소모가 적을 것
③ 성형이 용이하고 가격이 저렴할 것
④ 방전가공성이 우수할 것

40 머시닝센터에서 로터리 테이블을 추가할 때 그 상부의 팰릿을 자동으로 교환시켜 기계정지 시간을 단축시킬 수 있는 장치는?

① APC　　　　　　　　　② ATC
③ HSM　　　　　　　　　④ FA

제3과목 기계설계 및 기계재료

41 회전수가 1500rpm, 베어링 하중이 2500N, 기본 동정격하중이 35000N인 롤러 베어링의 수명은 약 몇 시간인가?

① 30460　　　　　　　　② 52530
③ 73480　　　　　　　　④ 95320

Solution
$$L_n = 500 \left(\frac{C}{P}\right)^r \cdot \frac{33.3}{N}$$
$$= 500 \times \left(\frac{35000}{2500}\right)^{\frac{10}{3}} \times \frac{33.3}{1500}$$
$$= 73409.77 \text{hr}$$

42 핀(pin)이 주로 사용되는 용도에 해당하지 않는 것은?

① 너트의 풀림 방지　　　② 핸들과 축의 고정
③ 조립 부품의 위치 결정　④ 진동의 흡수

Answer　38 ②　39 ①　40 ①　41 ③　42 ④

43 코일 스프링에서 축방향 작용하중을 P, 코일의 유효지름을 D, 소선의 지름을 d, Wahl의 응력 수정계수를 K라 할 때 최대전단응력 $\tau_{\max}$를 구하는 식으로 옳은 것은?

① $\tau_{\max} = K\dfrac{8PD}{\pi d^3}$ ② $\tau_{\max} = K\dfrac{8PD}{\pi d^2}$

③ $\tau_{\max} = K\dfrac{4PD}{\pi d^3}$ ④ $\tau_{\max} = K\dfrac{4PD}{\pi d^2}$

44 V-벨트 전동장치에서 벨트의 마찰계수 μ, V 홈의 각도는 2α 라고 할 때, 벨트의 유효마찰계수 μ'를 구하는 식으로 옳은 것은?

① $\mu' = \dfrac{\mu}{\sin\alpha + \mu\cos\alpha}$ ② $\mu' = \dfrac{\mu}{\cos\alpha + \mu\sin\alpha}$

③ $\mu' = \mu(\sin\alpha + \mu\cos\alpha)$ ④ $\mu' = \mu(\cos\alpha + \mu\sin\alpha)$

45 용접이음의 일반적인 장·단점에 대한 설명으로 옳지 않은 것은?
① 이음 효율이 비교적 높은 편이다.
② 조립 공정의 자동화를 구현하기 어렵다.
③ 열 영향으로 재료가 변질되기 쉽다.
④ 볼트나 리벳에 비해 중량 증가가 거의 없다.

46 단식 블록 브레이크에서 드럼의 원주속도는 8m/s, 제동 동력은 1.9kW일 때, 브레이크 용량(μpv, MPa·m/s)은? (단, 블록의 마찰면적은 50cm^{2}이고, 마찰계수는 0.30이다.)

① 0.95   ② 0.71   ③ 0.55   ④ 0.38

Solution $\mu pv = \dfrac{H_{kW}}{A} = \dfrac{1.9 \times 10^3}{50 \times 10^{-4}} \times 10^{-6} = 0.38 \text{MPa}\cdot\text{m/sec}$

47 벨트방식의 무단변속기에서 구동축의 회전수 2400rpm, 토크 150N·m이고 벨트 구동 풀리의 반지름은 60mm이다. 여기서 피동 풀리의 반지름이 180mm라고 할 때 피동축에서의 회전수 (N)와 토크(T)는?

① N = 800rpm, T = 30N·m ② N = 800rpm, T = 450N·m
③ N = 2400rpm, T = 150N·m ④ N = 7200rpm, T = 30N·m

Solution $i = \dfrac{N_2}{N_1} = \dfrac{D_1}{D_2}$

$\dfrac{60}{180} = \dfrac{N_2}{2400}$, $N_2 = 800\text{rpm}$

$T_1 = 974 \times 9.8 \dfrac{H}{N}$, $150 = 974 \times 9.8 \times \dfrac{H}{2400}$

$H = 37.72\text{kW}$, $T_2 = 974 \times 9.8 \times \dfrac{37.72}{800} = 448.61\text{N·m}$

Answer 43 ① 44 ① 45 ② 46 ④ 47 ②

48 모듈이 3인 인벌류트 치형의 표준 스퍼기어에서 이 뿌리 틈새를 0.25×모듈(m)으로 할 때 총 이 높이는 몇 mm인가?

① 3.75　　　　　　　　　② 4.50
③ 6.75　　　　　　　　　④ 7.50

49 그림과 같이 탄성체인 볼트, 너트, 와셔, 두 평판이 체결되어 있다. 두 평판은 동일 재질로서 이들 스프링 상수는 K이며, 볼트의 스프링 상수는 K_b라고 할 때 $K = 8K_b$가 성립한다. 볼트의 초기 체결력이 5000N, 두 평판 사이에 걸리는 외부하중(P)이 9000N이고 볼트의 단면에서의 허용인장응력이 70MPa일 때, 볼트의 최소 골지름은 약 몇 mm인가? (단, 와셔의 영향은 무시한다.)

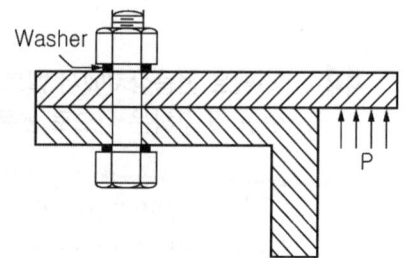

① 8.5mm　　　　　　　② 9.5mm
③ 10.5mm　　　　　　　④ 11.5mm

50 역류를 방지하고 유체를 한쪽 방향으로만 흐르게 하는 밸브는?

① 스톱 밸브　　　　　　② 나비형 밸브
③ 감압 밸브　　　　　　④ 체크 밸브

51 표점거리가 100mm, 시험편의 평행부 지름이 14mm인 시험편을 최대하중 6400kgf로 인장한 후 표점거리가 120mm로 변화되었을 때 인장강도는 약 몇 kgf/mm²인가?

① 10.4　　② 32.7　　③ 41.6　　④ 61.4

Solution $\sigma = \dfrac{6400}{\dfrac{\pi}{4} \times 14^2} = 41.6 \text{kg/mm}^2$

52 상온에서 순철의 결정격자는?

① 체심입방격자　　　　② 면심입방격자
③ 조밀육방격자　　　　④ 정방격자

53 탄소함유량이 0.8%가 넘는 고탄소강의 담금질 온도로 가장 적당한 것은?

① A_1 온도보다 30~50℃ 정도 높은 온도
② A_2 온도보다 30~50℃ 정도 높은 온도
③ A_3 온도보다 30~50℃ 정도 높은 온도
④ A_4 온도보다 30~50℃ 정도 높은 온도

Answer　48 ③　49 ③　50 ④　51 ③　52 ①　53 ①

54 다음은 일반적으로 수지에 나타나는 배향 특성에 대한 설명으로 틀린 것은?
① 금형온도가 높을수록 배향은 커진다.
② 수지의 온도가 높을수록 배향이 작아진다.
③ 사출 시간이 증가할수록 배향이 증대된다.
④ 성형품의 살두께가 얇아질수록 배향이 커진다.

55 금속침투법 중 Zn을 강 표면에 침투 확산시키는 표면처리법은?
① 크로마이징
② 세라다이징
③ 칼로라이징
④ 보로나이징

56 다음 합금 중 베어링용 합금이 아닌 것은?
① 화이트메탈
② 켈밋합금
③ 배빗메탈
④ 문쯔메탈

57 다음 그림과 같은 상태도의 명칭은?
① 편정형 고용체 상태도
② 전율 고용체 상태도
③ 공정형 한율 상태도
④ 부분 고용체 상태도

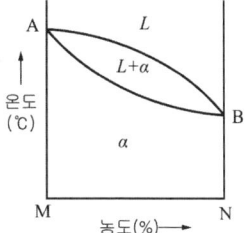

58 황(S) 성분이 적은 선철을 용해로에서 용해한 후 주형에 주입 전 Mg, Ca 등을 첨가시켜 흑연을 구상화한 주철은?
① 합금주철
② 칠드주철
③ 가단주철
④ 구상흑연주철

59 금속나트륨 또는 플루오르화 알칼리 등의 첨가에 의해 조직이 미세화 되어 기계적 성질의 개선 및 가공성이 증대되는 합금은?
① Al – Si
② Cu – Sn
③ Ti – Zr
④ Cu – Zn

60 영구 자석강이 갖추어야 할 조건으로 가장 적당한 것은?
① 잔류자속 밀도 및 보자력이 모두 클 것
② 잔류자속 밀도 및 보자력이 모두 작을 것
③ 잔류자속 밀도가 작고 보자력이 클 것
④ 잔류자속 밀도가 크고 보자력이 작을 것

Answer 54 ① 55 ② 56 ④ 57 ② 58 ④ 59 ① 60 ①

제4과목 기구학 및 CAD

61 CAD 시스템에 의하여 수행되어지는 설계와 관련된 업무가 아닌 것은?
① 형상 모델링
② 설계 평가
③ 자동 도면 작성
④ 제품 검사

62 다음 중 특징형상 모델링(feature-based modeling)에 대한 설명으로 거리가 먼 것은?
① 자주 설계되는 형상을 라이브러리에 저장해둔다.
② 특징형상의 예로는 구멍(hole), 챔퍼(chamfer), 필릿(fillet) 등이 있다.
③ 특징형상의 주요 치수는 주로 변하지 않게 되어 있다.
④ 가공에 필요한 정보도 포함할 수 있다.

63 다음 중 RP(쾌속조형장치)에 관한 설명으로 가장 옳은 것은?
① 일반적으로 절삭공구를 사용한다.
② 얇은 판을 적층시키는 방법으로 시제품을 제작한다.
③ 2차원 도면으로부터 3차원 실물을 직접 제작할 수 있다.
④ 유한요소법을 활용한다.

64 다음은 경도(u)와 위도(v)를 매개변수로 한 지구표면의 곡면식이다. 이와 관련된 설명 중 틀린 것은?

$$r(u,v) = (R\cos u \cos v, R\sin u \cos v, R\sin v)$$

① 이 곡면은 반경이 R인 구면이다.
② 적도 위의 한 점(v=0)에서 극점 방향으로의 곡률반경은 $1/R$이다.
③ 적도 위의 한 점(v=0)에서 적도를 따라가는 방향으로의 tangent 벡터는 $(-R\sin u, R\cos u, 0)$이다.
④ 적도 위의 한 점(v=0)에서 극점방향으로의 tangent 벡터는 $(0, 0, R)$이다.

Answer 61 ④ 62 ③ 63 ② 64 ②

65 다음 형상 모델링에 대한 설명 중 틀린 것은?

① 와이어프레임 모델은 명확한 단면도 작성이 가능하다.
② 솔리드 모델링에 의해 생성된 모델은 어떤 지점이 모델의 내부인지 외부인지 구별할 수 있는 수학적 표현이 포함되어 있다.
③ 서피스 모델은 점과 선의 정보와 더불어 면에 대한 정보를 포함하는 모델이다.
④ 솔리드 모델은 FEM(Finite Element Method)을 위한 메쉬 자동분할이 가능하다.

66 다음 중 컴퓨터 그래픽에서 3차원 공간 위의 한 점을 정의하는 기본적인 3차원 좌표계가 아닌 것은?

① 작업물 좌표계(work coordinate system)
② 모델 좌표계(model coordinate system)
③ 시각 좌표계(viewing coordinate system)
④ 세계 좌표계(world coordinate system)

67 다음 중 직사각형을 평행사변형으로 만들려고 할 때 사용되는 변환은?

① 전단(shearing) 변환
② 회전(rotation) 변환
③ 반사(reflection) 변환
④ 크기(scaling) 변환

68 다음 은선, 은면 제거 알고리즘에 대한 설명 중 옳은 것은?

① 후향면(back-face) 제거 알고리즘은 물체의 안쪽 방향에 있는 법선벡터가 관찰자쪽으로 향하고 있다면 물체의 면이 가시적이고, 그렇지 않으면 비가시적이라는 기본 개념을 이용한다.
② 깊이 분류(depth-sorting) 알고리즘에서는 물체의 면들이 관찰자로부터의 거리로 정렬되며, 가장 먼 면부터 가장 가까운 면으로 각각의 색깔로 채워진다.
③ 후향면 제거 알고리즘은 특히 오목한 물체의 숨은 면을 제거하는 데 적합하다.
④ z-버퍼 방법에서는 법선벡터가 관찰자 앞쪽을 향하는 면들이 관찰자로부터의 거리 순서로 스크린에 투영된다.

69 다음 중 Bezier 곡선에 해당하지 않는 사항은?

① 곡선은 다각형의 시작점과 끝점을 통과하여야 한다.
② 다각형의 꼭지점 순서가 거꾸로 되어도 같은 곡선이 생성되어야 한다.
③ 다각형 양끝의 선분은 시작점과 끝점의 접선벡터와 같은 방향이다.
④ 첫 번째 조정점을 움직여도 마지막 조정점 근처의 곡선 부분은 영향을 받지 않는다.

Answer 65 ① 66 ① 67 ① 68 ② 69 ④

70 의료용 영상자료를 3차원으로 모델링하기 위해서 자주 사용되는 방법으로서 일정한 간격의 부피를 차지하는 기본적인 입체요소들의 집합으로 임의의 형상을 표현하는 형상모델을 지칭하는 용어는?

① 날개 모서리 모델(winged edge model)
② 특징 형상 모델(feature-based model)
③ 분해 모델(decomposition model)
④ 오일러 모델(Euler model)

71 다음 그림에서 OP가 정지상태에서 출발하여 O를 중심으로 하여 각 가속도 10rad/s²으로 화살표 방향으로 회전했을 때, 0.6초 후의 P점의 속도(v')는 약 몇 cm/s인가? (단, 의 길이는 20cm이다.)

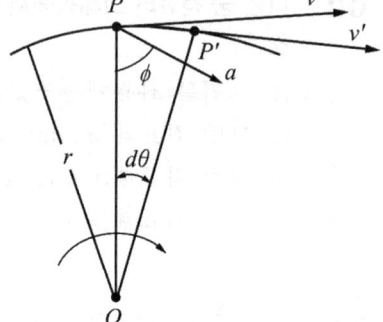

① 36
② 72
③ 60
④ 120

72 마찰차에서 운전 중에 운전자가 원하는 대로 속도비를 변경할 수 있는 무단변속기구가 아닌 것은?

① 타원 마찰차식 무단변속기구
② 원판 마찰차식 무단변속기구
③ 원추 마찰차식 무단변속기구
④ 구면 마찰차식 무단변속기구

73 잇수 Z개, 피치가 $p$mm인 체인 스프로킷이 n rpm으로 회전할 때 체인의 평균속도(v, m/s)를 구하는 식은?

① $v = 1000 \times npZ$
② $v = \dfrac{npZ}{1000}$
③ $v = 60000 \times npZ$
④ $v = \dfrac{npZ}{60000}$

74 그림과 같은 링크 구조의 자유도는 얼마인가?

① 0
② 1
③ 2
④ 3

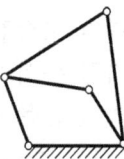

Answer   70 ③   71 ④   72 ①   73 ④   74 ②

75 연쇄의 종류 중 연쇄를 구성하는 1개의 링크에 운동을 주면 다른 링크는 모두 제한된 일정한 운동만을 하는 연쇄는?

① 고정 연쇄
② 한정 연쇄
③ 불한정 연쇄
④ 불구속 연쇄

76 캠 설계를 잘못했을 때 나타나는 경우 중 변위 함수의 차수를 작게 할 경우 가속도 함수가 무한대로 나타날 수가 있다. 이 때 무한대로 나타난 함수를 무엇이라고 하는가?

① 저크 함수(Jerk function)
② 구간 함수(Piecewise function)
③ 디락 델타 함수(Dirac delta function)
④ 조화 함수(Harmonic function)

77 압력 각이 20°인 표준 스퍼 기어에서 언더컷을 일으키지 않는 이론 한계 잇수는 몇 개인가?

① 15개
② 17개
③ 19개
④ 21개

78 다음 전동용 기계요소 중 가장 정확한 속도비를 얻을 수 있는 전동방식은?

① 평벨트
② V벨트
③ 체인
④ 로프

79 직선운동기구에는 크게 엄밀직선운동기구(exact straight line motion mechanism)와 근사직선운동기구(approximate straight line motion mechanism)로 나눌 수 있는데 다음 중 엄밀직선운동기구에 속하는 것은?

① 와트 기구(Watt's mechanism)
② 로버트 기구(Robert's mechanism)
③ 체비셰프 기구(Tschebyscheff's mechanism)
④ 포슬리어 기구(Peaucellier's mechanism)

80 지름 2m의 바퀴가 130rpm으로 회전할 때, 각속도(w) 및 원주 속도(v)는 약 얼마인가?

① w=13.6rad/s, v=13.6m/s
② w=13.6rad/s, v=17m/s
③ w=15rad/s, v=13.6m/s
④ w=20rad/s, v=20m/s

Solution $w = \dfrac{2\pi \times 130}{60} = 13.61 \text{rad/sec}$
$V = R \cdot w = l \times 13.6 = 13.6 \text{m/sec}$

Answer 75 ② 76 ③ 77 ② 78 ③ 79 ④ 80 ①

2019년 4월 27일 기출문제

제1과목 재료역학

1 원형축(바깥지름 d)을 재질이 같은 속이 빈 원형축(바깥지름 d, 안지름 d/2)으로 교체하였을 경우 받을 수 있는 비틀림 모멘트는 몇 % 감소하는가?

① 6.25
② 8.25
③ 25.6
④ 52.6

Solution $\dfrac{T_2 - T_1}{T_1} = \dfrac{d^3(1-x^4) - d^3}{d^3} = -0.0625$

∴ 6.25%

2 포아송의 비 0.3, 길이 3m인 원형단면의 막대에 축방향의 하중이 가해진다. 이 막대의 표면에 원주방향으로 부착된 스트레인 게이지가 -1.5×10^{-4}의 변형률을 나타낼 때, 이 막대의 길이 변화로 옳은 것은?

① 0.135mm 압축
② 0.135mm 인장
③ 1.5mm 압축
④ 1.5mm 인장

Solution $\epsilon = \dfrac{\epsilon'}{\mu} = \dfrac{\delta}{\ell}$

$\dfrac{1.5 \times 10^{-4}}{0.3} = \dfrac{\delta}{3000}$, $\delta = 1.5\text{mm}$

3 안지름이 80mm, 바깥지름이 90mm이고 길이가 3m인 좌굴 하중을 받는 파이프 압축 부재의 세장비는 얼마 정도인가?

① 100
② 110
③ 120
④ 130

Solution $K = \sqrt{\dfrac{d_2^2(1+x^2)}{16}} = \dfrac{90}{4} \times \sqrt{1 + \left(\dfrac{80}{90}\right)^2} = 30.1\text{mm}$

$\alpha = \dfrac{\ell}{K} = \dfrac{3 \times 10^3}{30.1} = 99.67 ≒ 100$

Answer 1. ① 2. ④ 3. ①

4 지름 30mm의 환봉 시험편에서 표점거리를 10mm로 하고 스트레인 게이지를 부착하여 신장을 측정한 결과 인장하중 25kN에서 신장 0.0418mm가 측정되었다. 이때의 지름은 29.97mm이었다. 이 재료의 포아송 비(ν)는?

① 0.239
② 0.287
③ 0.0239
④ 0.0287

Solution
$$\epsilon = \frac{\delta}{\ell} = \frac{0.0418}{10}$$
$$\epsilon' = \frac{\delta'}{d} = \frac{(30-29.97)}{30}$$
$$\nu = \frac{\epsilon'}{\epsilon} = \frac{10 \times (30-29.97)}{0.0418 \times 30} = 0.239$$

5 다음과 같은 단면에 대한 2차 모멘트 I_z는 약 몇 mm⁴인가?

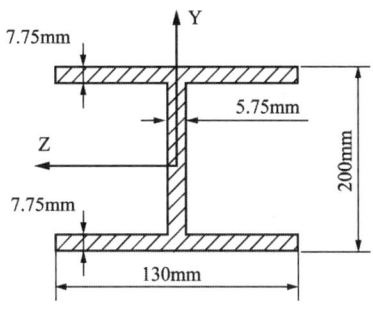

① 18.6×10^6
② 21.6×10^6
③ 24.6×10^6
④ 27.6×10^6

Solution
$$I_Z = \frac{130 \times 200^3}{12} - 2 \times \frac{(62.125 \times 184.5^3)}{12} = 21.64 \times 10^6 \text{mm}^4$$

6 지름 4cm, 길이 3m인 선형 탄성 원형 축이 800rpm으로 3.6kW를 전달할 때 비틀림 각은 약 몇 도(°)인가? (단, 전단 탄성계수는 84GPa이다.)

① 0.0085°
② 0.35°
③ 0.48°
④ 5.08°

Solution
$$\theta = \frac{T \cdot \ell}{G \cdot I_p} \times \frac{180}{\pi} = \frac{32 \times 974 \times 9.8 \times 3.6 \times 3 \times 180}{84 \times 10^9 \times \pi \times 0.04^4 \times 800 \times \pi} = 0.35°$$

Answer 4. ① 5. ② 6. ②

7 그림과 같이 한쪽 끝을 지지하고 다른 쪽을 고정한 보가 있다. 보의 단면은 직경 10cm의 원형이고 보의 길이는 L이며, 보의 중앙에 2094N의 집중하중 P가 작용하고 있다. 이 때 보에 작용하는 최대굽힘응력이 8MPa라고 한다면, 보의 길이 L은 약 몇 m인가?

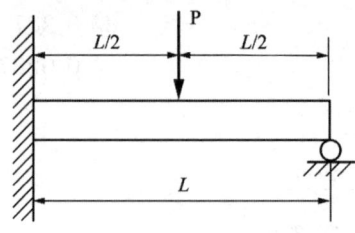

① 2.0　　　　　　　　　　② 1.5
③ 1.0　　　　　　　　　　④ 0.7

Solution
$M_{\max} = \dfrac{3PL}{16}$
$\sigma_{b\max} = \dfrac{32 \times 3P \cdot L}{\pi d^3 \times 16}$
$8 \times 10^6 = \dfrac{32 \times 3 \times 2094 \times L}{\pi \times 0.1^3 \times 16}$
$L = 2\text{m}$

8 다음과 같이 길이 L인 일단고정, 타단지지보에 등분포 하중 ω가 작용할 때, 고정단 A로부터 전단력이 0이 되는 거리(X)는 얼마인가?

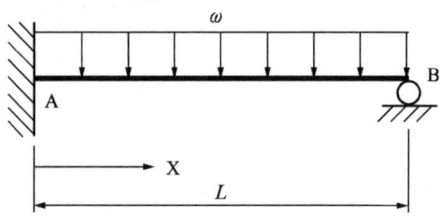

① $\dfrac{2}{3}L$　　　　　　　　② $\dfrac{3}{4}L$
③ $\dfrac{5}{8}L$　　　　　　　　④ $\dfrac{3}{8}L$

Solution
$R_A = \dfrac{5\omega L}{8}$
$F_x = R_A - w \cdot x = 0$
$\dfrac{5\omega L}{8} = wx,\ x = \dfrac{5L}{8}$

Answer　7. ①　8. ③

9 두께 10mm의 강판에 지름 23mm의 구멍을 만드는데 필요한 하중은 약 몇 kN인가? (단, 강판의 전단응력 τ = 750MPa이다.)

① 243　　　　　② 352
③ 473　　　　　④ 542

Solution $\tau = \dfrac{P}{\pi d t}$
$P = 750 \times \pi \times 23 \times 10 \times 10^{-3} = 541.92 \text{kN}$

10 그림과 같은 구조물에서 점 A에 하중 P = 50kN이 작용하고 A점에서 오른편으로 F = 10kN이 작용할 때 평형위치의 변위 x는 몇 cm인가? (단, 스프링탄성계수(k) = 5kN/cm이다.)

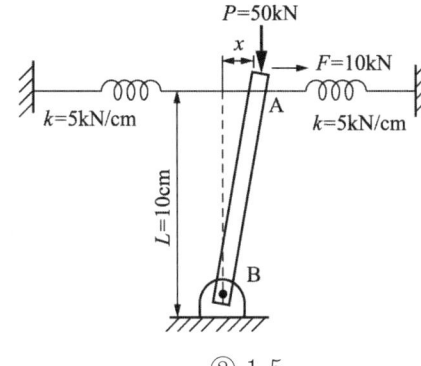

① 1　　　　　② 1.5
③ 2　　　　　④ 3

Solution $50x + 100 = 2kx \times 10$
$100 = 50x, \ x = 2$

11 직육면체가 일반적인 3축 응력 $\sigma_x, \sigma_y, \sigma_z$를 받고 있을 때 체적 변형률 ϵ_v는 대략 어떻게 표현되는가?

① $\epsilon_v \simeq \dfrac{1}{3}(\epsilon_x + \epsilon_y + \epsilon_z)$　　② $\epsilon_v \simeq \epsilon_x + \epsilon_y + \epsilon_z$

③ $\epsilon_v \simeq \epsilon_x \epsilon_y + \epsilon_y \epsilon_z + \epsilon_z \epsilon_x$　　④ $\epsilon_v \simeq \dfrac{1}{3}(\epsilon_x \epsilon_y + \epsilon_y \epsilon_z + \epsilon_z \epsilon_x)$

Answer 9. ④　10. ③　11. ②

12 다음 그림과 같이 C점에 집중하중 P가 작용하고 있는 외팔보의 자유단에서 경사각 θ를 구하는 식은? (단, 보의 굽힘 강성 EI는 일정하고, 자중은 무시한다.)

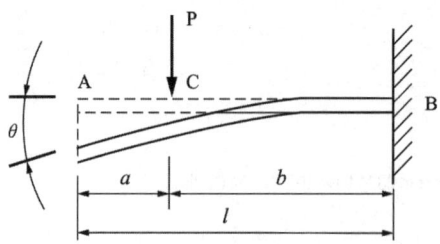

① $\theta = \dfrac{P\ell^2}{2EI}$ ② $\theta = \dfrac{3P\ell^2}{2EI}$

③ $\theta = \dfrac{Pa^2}{2EI}$ ④ $\theta = \dfrac{Pb^2}{2EI}$

> **Solution** $\theta = \dfrac{A_m}{EI} = \dfrac{\frac{1}{2} \times P \cdot b \times b}{EI} = \dfrac{P \cdot b^2}{2EI}$

13 단면적이 7cm²이고, 길이가 10m인 환봉의 온도를 10℃ 올렸더니 길이가 1mm 증가했다. 이 환봉의 열팽창계수는?

① 10^{-2}/℃   ② 10^{-3}/℃
③ 10^{-4}/℃   ④ 10^{-5}/℃

> **Solution** $\epsilon = \alpha \cdot \Delta t = \dfrac{\delta}{\ell}$
> $\alpha \times 10 = \dfrac{0.001}{10}$, $\alpha = 10^{-5}$/℃

14 단면 20cm×30cm, 길이 6m의 목재로 된 단순보의 중앙에 20kN의 집중하중이 작용할 때, 최대 처짐은 약 몇 cm인가? (단, 세로탄성계수 E = 10GPa이다.)

① 1.0
② 1.5
③ 2.0
④ 2.5

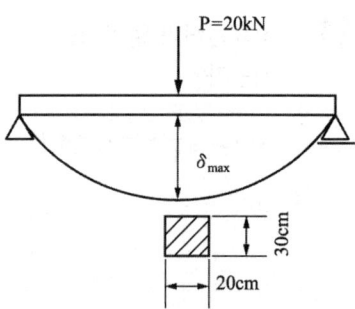

> **Solution** $\delta = \dfrac{P \cdot \ell^3}{48EI} = \dfrac{12 \times 6^3 \times 20 \times 10^3}{48 \times 10 \times 10^9 \times 0.2 \times 0.3^3} \times 10^2$
> $= 2.0$cm

Answer 12. ④ 13. ④ 14. ③

15 끝이 닫혀있는 얇은 벽의 둥근 원통형 압력 용기에 내압 p가 작용한다. 용기의 벽의 안쪽 표면 응력상태에서 일어나는 절대 최대 전단응력을 구하면? (단, 탱크의 반경 = r, 벽 두께 = t 이다.)

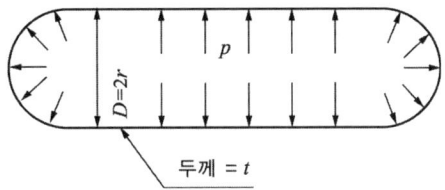

① $\dfrac{pr}{2t} - \dfrac{p}{2}$ ② $\dfrac{pr}{4t} - \dfrac{p}{2}$

③ $\dfrac{pr}{4t} + \dfrac{p}{2}$ ④ $\dfrac{pr}{2t} + \dfrac{p}{2}$

Solution
① 원주방향과 축방향을 고려(몸통부분+양쪽반구)
$$\sigma_t = \dfrac{Pd}{4t} + \dfrac{Pd}{2t} = \dfrac{3Pd}{4t}$$
$$\sigma_Z = \dfrac{Pd}{4t}$$
$$\tau = \dfrac{\sigma_t - \sigma_Z}{2} = \dfrac{Pd}{4t} = \dfrac{P \cdot r}{2t}$$
② 반구 제3의 축 방향
$$\tau = \dfrac{\sigma}{2} = \dfrac{P \cdot A}{2 \cdot A} = \dfrac{P}{2}$$
③ $\tau = \dfrac{Pr}{2t} + \dfrac{P}{2}$

16 길이 3m의 직사각형 단면 b×h = 5cm×10cm 을 가진 외팔보에 ω의 균일분포하중이 작용하여 최대굽힘응력 500N/cm²이 발생할 때, 최대전단응력은 약 몇 N/cm²인가?

① 20.2   ② 16.5
③ 8.3   ④ 5.4

Solution $\sigma_{b\max} = \dfrac{6wl^2}{bh^2 \times 2}$

$500 = \dfrac{6 \times w \times 300^2}{5 \times 10^2 \times 2}$, $w = 0.93\text{N/cm}$

$\tau_{\max} = \dfrac{3F_{\max}}{2A} = \dfrac{3}{2} \times \dfrac{0.93 \times 300}{5 \times 10} = 8.37\text{N/cm}^2$

Answer 15. ④ 16. ③

17 그림에서 C 점에서 작용하는 굽힘모멘트는 몇 N · m인가?

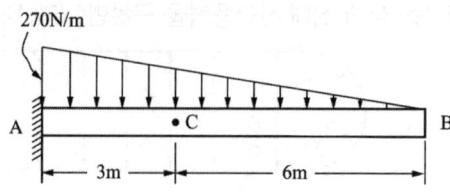

① 270
② 810
③ 540
④ 1080

> **Solution** $w_C = \dfrac{6}{9} \times 270 = 180 \text{N/m}$
> $M_C = \dfrac{180 \times 6}{2} \times 6 \times \dfrac{1}{3} = 1080 \text{N} \cdot \text{m}$

18 그림과 같은 형태로 분포하중을 받고 있는 단순지지보가 있다. 지지점 A에서의 반력 R_A는 얼마인가?
(단, 분포하중 $\omega(x) = \omega_o \sin \dfrac{\pi x}{L}$ 이다.)

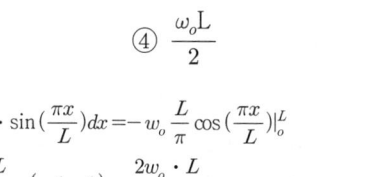

① $\dfrac{2\omega_o L}{\pi}$
② $\dfrac{\omega_o L}{\pi}$
③ $\dfrac{\omega_o L}{2\pi}$
④ $\dfrac{\omega_o L}{2}$

> **Solution** $P = \int w(x)dx = \int_o^L w_o \cdot \sin(\dfrac{\pi x}{L})dx = -w_o \dfrac{L}{\pi} \cos(\dfrac{\pi x}{L})|_o^L$
> $= -\dfrac{w_o \cdot L}{\pi} \cdot (-1-1) = \dfrac{2w_o \cdot L}{\pi}$
> $R_A = \dfrac{P}{2} = \dfrac{w_o \cdot L}{\pi}$

19 그림과 같은 평면 응력 상태에서 최대 주응력은 약 몇 MPa인가? (단, σ_x = 500MPa, σ_y = -300MPa, τ_{xy} = -300MPa이다.)

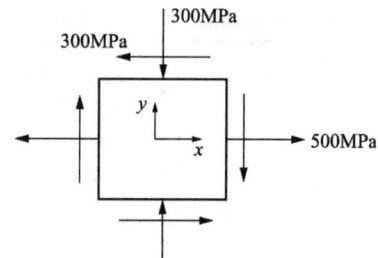

① 500
② 600
③ 700
④ 800

> **Solution** $\sigma_1 = \dfrac{\sigma_x + \sigma_y}{2} + \sqrt{\left(\dfrac{\sigma_x - \sigma_y}{2}\right)^2 + \tau_{xy}^2} = \dfrac{500-300}{2} + \sqrt{\left(\dfrac{500+300}{2}\right)^2 + (-300)^2} = 600 \text{MPa}$

Answer 17. ④ 18. ② 19. ②

20 강재 중공축이 25kN · m의 토크를 전달한다. 중공축의 길이가 3m이고, 이 때 축에 발생하는 최대전단응력이 90MPa 이며, 축에 발생된 비틀림각이 2.5°라고 할 때 축의 외경과 내경을 구하면 각각 약 몇 mm인가? (단, 축 재료의 전단탄성계수는 85GPa이다.)

① 146, 124
② 136, 114
③ 140, 132
④ 133, 112

Solution
① $T = \tau \cdot Z_p = \tau \cdot \dfrac{\pi d_2^3}{16}(1-x^4)$

② $\theta = \dfrac{T \cdot \ell}{GI_P} = \dfrac{T \cdot \ell}{G \cdot \dfrac{\pi d_2^4}{32}(1-x^4)} \times \dfrac{180}{\pi}$

$\theta \cdot GI_P = T \cdot \ell = \tau \cdot Z_P \cdot \ell$

$\theta \cdot G \cdot \dfrac{\pi d_2^4}{32}(1-x^4) = \tau \cdot \dfrac{\pi d_2^3}{16}(1-x^4) \cdot \ell$

$\theta \cdot G \cdot \dfrac{d_2}{2} = \tau \cdot \ell$

$2.5 \times \dfrac{\pi}{180} \times 85 \times 10^3 \times \dfrac{d_2}{2} = 90 \times 3000$

$d_2 = 146\,\text{mm}$

$T = \tau \cdot \dfrac{\pi d_2^3}{16}(1-x^4)$

$25 \times 10^6 = 90 \times \dfrac{\pi \times 146^3}{16} \times (1-x^4)$

$x^4 = 0.545,\ d_1 = d_2 \cdot x = 125\,\text{mm}$

제2과목 기계제작법

21 CNC 프로그래밍에서 기능과 주소(address)의 연결이 잘못 짝지어진 것은?

① 보조기능 – A
② 준비기능 – G
③ 주축기능 – S
④ 이송기능 – F

Solution 보조기능 – M

22 표면경화법 중 질화법의 특징에 관한 설명으로 틀린 것은?

① 마모 및 부식에 대한 저항이 크다.
② 담금질할 필요가 없다.
③ 경화층이 두껍다.
④ 변형이 적다.

Answer 20. ① 21. ① 22. ③

23 다음 중 전해액 안에서 공작물을 양극으로 하고 구리, 아연 등을 음극으로 하여 전류를 통함으로서 소재의 경면작업이 가능한 가공방법은?

① 전해연삭　　　　　　　　② 화학연마
③ 배럴연마　　　　　　　　④ 전해연마

24 주조에서 원형제작 시 고려사항으로 얇은 판재로 제작된 목형은 변형이 쉽고 용융 금속의 응고 시 내부 응력에 의한 변형 및 균열을 초래할 수 있는데 이를 방지하기 위한 목적으로 옳은 것은?

① 덧붙임(stop-off)　　　　② 라운딩(rounding)
③ 목형구배(pattern draft)　④ 코어 프린트(core print)

25 다음 드로잉(drawing) 가공에 대한 설명 중 옳지 않은 것은?

① 다이의 모서리 둥글기 반지름이 크면 주름이 나타나지 않는다.
② 펀치의 최소 곡률 반지름은 펀치의 지름보다 1/3 작게 한다.
③ 펀치와 다이 사이의 간격은 재료 두께와 다이 벽과의 마찰을 피하기 위한 것이다.
④ 드로잉률이 작을수록 드로잉력은 증가한다.

26 센터리스 연삭(centerless grinding)의 장점에 대한 설명으로 틀린 것은?

① 연삭작업은 숙련된 작업자가 필요하다.
② 중공의 가공물은 연삭할 때 편리하다.
③ 연삭 여유가 작아도 된다.
④ 가늘고 긴 가공물의 연삭에 적합하다.

27 롤러의 중심거리가 300mm의 사인바(sine bar)를 이용하여 측정한 결과 각도가 24°이었다. 사인바 양단의 게이지 블록 높이 차는 약 몇 mm인가?

① 134　　　　　　　　　② 129
③ 122　　　　　　　　　④ 118

Solution $\sin\alpha = \dfrac{\Delta H}{L}$, $\Delta H = \sin 24° \times 300 = 122.02\,\text{mm}$

28 강판에 M10×1.5의 탭(tap)을 가공하려면 구멍을 몇 mm 가공해야 하는가?

① 7.5　　　　　　　　　② 8
③ 8.5　　　　　　　　　④ 9

Solution $d = D - p = 10 - 1.5 = 8.5$

Answer 23. ④　24. ①　25. ①　26. ①　27. ③　28. ③

29 다음 중 항온 열처리의 종류로 가장 거리가 먼 것은?

① 오스템퍼링(austempering)　② 마템퍼링(martempering)
③ 오스퀜칭(ausquenching)　④ 마퀜칭(marquenching)

30 다음 굽힘 가공 시 스프링 백 변화에 관한 설명으로 옳지 않은 것은?

① 소재의 경도가 클수록 커진다.
② 동일 두께의 판재에서 스프링 백 변화가 클수록 좋다.
③ 동일 두께의 판재에서는 구부림 각도가 작을수록 커진다.
④ 동일 판재에서 구부림 반지름이 같을 때에는 두께가 얇을수록 커진다.

31 마이크로미터 나사의 피치가 0.5mm이고 딤블의 원주눈금이 50 등분으로 나누어져 있다. 딤블을 두 눈금 움직였다면 스핀들의 이동 거리는 몇 mm인가?

① 0.01　② 0.02
③ 0.04　④ 0.05

Solution $\dfrac{0.5}{50} = 0.01mm$

32 주물사의 주된 성분으로 틀린 것은?

① 석영　② 장석
③ 운모　④ 산화철

33 거친 원통의 내면 및 외면을 강구(steel ball)나 롤러로 눌러 매끈한 면으로 다듬질하는 일종의 소성가공으로 옳은 것은?

① 배럴가공(barrel finishing)　② 래핑(lapping)
③ 숏 피닝(shot peening)　④ 버니싱(burnishing)

34 다음 중 연삭 숫돌의 3요소는?

① 결합도, 숫돌 지름, 조직　② 결합체, 숫돌 두께, 입도
③ 조직, 결합도, 기공　④ 결합체, 숫돌입자, 기공

Answer　29. ③　30. ②　31. ②　32. ④　33. ④　34. ④

35 구성인선(built-up edge)의 방지대책으로 틀린 것은?

① 절삭속도를 크게 한다.
② 경사각(rake angle)을 작게 한다.
③ 절삭공구의 인선을 날카롭게 한다.
④ 절삭 깊이(depth of cut)를 작게 한다.

▶ Solution 공구의 윗면 경사각은 크게 한다.

36 래핑(lapping)의 특징으로 틀린 것은?

① 기하학적 정밀도를 높일 수 있다.
② 래핑 가공면은 내식성과 내마멸성이 좋다.
③ 경면과 같은 매끈한 가공면을 얻을 수 있다.
④ 가공면에 랩제가 잔류하여 제품의 부식을 막아준다.

37 절삭가공 시 유동형 칩이 발생하는 조건으로 옳지 않은 것은?

① 절삭 깊이가 적을 때
② 절삭속도가 느릴 때
③ 바이트 인선의 경사각이 클 때
④ 연성 재료(구리, 알루미늄 등)를 가공할 때

▶ Solution 절삭속도는 고속으로 해야한다.

38 용접 공급관을 통하여 입상의 용제를 쌓아 놓고 그 속에 송급되는 와이어와 모재를 용융시켜 접합되는 용접방법은?

① 서브머지드 아크 용접법
② 불활성가스 금속 아크 용접법
③ 플라스마 아크 용접법
④ 금속 아크 용접법

39 다음 중 초음파 가공의 특징으로 가장 거리가 먼 것은?

① 가공물체에 가공변형이 남지 않는다.
② 공구 이외에는 마모부품이 거의 없다.
③ 가공면적이 넓고, 가공 깊이도 제한받지 않는다.
④ 다이아몬드, 초경합금, 열처리 강 등의 가공이 가능하다.

40 아세틸렌 가스의 자연발화 온도는 몇 ℃인가?

① 780~790
② 505~515
③ 406~408
④ 62~80

> Answer   35. ② 36. ④ 37. ② 38. ① 39. ③ 40. ③

제3과목 기계설계 및 기계재료

41 기어에 있어서 사이클로이드(cycloid) 치형의 일반적인 특징에 대한 설명으로 틀린 것은?
① 미끄럼률이 일정하여 마모면에서 유리하다.
② 중심거리가 맞지 않으면 원활한 물림이 되지 않는다.
③ 치형을 가공하기가 어렵다.
④ 일반 동력전달용 산업기계에 사용하기 적합하다.

42 구름 베어링에서 기본 동정격하중(basic dynamic load rating)의 의미는?
① 25rpm으로 500시간의 수명을 유지할 수 있는 하중이다.
② 33.3rpm으로 500시간의 수명을 유지할 수 있는 하중이다.
③ 25rpm으로 1000시간의 수명을 유지할 수 있는 하중이다.
④ 33.3rpm으로 1000시간의 수명을 유지할 수 있는 하중이다.

43 일반적인 평 벨트 전동장치에서 전달동력을 높이기 위한 방법으로 틀린 것은?
① 초기장력을 높여준다.
② 아이들러를 적용한다.
③ 십자걸기보다는 바로걸기를 한다.
④ 바로걸기의 경우 이완측이 위가 되도록 한다.

44 코일 스프링에서 스프링 코일의 평균지름을 1.5배, 소선의 지름 역시 1.5배로 크게 하면 같은 축방향 하중에 의해 선재에 생기는 최대 전단응력은 변경 전의 최대전단응력(τ_{max})의 약 몇 배로 되는가? (단, 응력수정계수는 변하지 않는다고 가정한다.)
① $0.125 \times \tau_{max}$
② $0.444 \times \tau_{max}$
③ $1.5 \times \tau_{max}$
④ $2.25 \times \tau_{max}$

◎ Solution $\tau_{max} = K \cdot \dfrac{16 \cdot P \cdot R}{\pi d^3}$, $\tau'_{max} = K \cdot \dfrac{16 \cdot P \cdot (1.5R)}{\pi \cdot (1.5d)^3} = \dfrac{1}{1.5^2}\ \tau_{max} = 0.444 \tau_{max}$

45 나사산과 골의 반지름이 같은 원호로 이은 모양을 하고 있으며, 전구의 결합부와 같이 박판의 원통을 전조하여 만드는 것 등에 사용되는 나사는?
① 둥근나사
② 미타나사
③ 유니파이나사
④ 관용나사

Answer 41. ④ 42. ② 43. ③ 44. ② 45. ①

46 원판 모양의 밸브 디스크가 회전하면서 관을 개폐하여서 유량을 조절하며, 스로틀 밸브(throttle valve)라고도 부르는 것은?

① 버터플라이 밸브
② 슬루스 밸브
③ 스톱 밸브
④ 콕

47 1줄 겹치기 리벳이음에서 리벳의 효율을 나타내는 식은? (단, p : 피치, d : 리벳 지름, τ : 리벳의 전단응력, σ : 판의 인장응력, t : 판의 두께이다.)

① $\dfrac{p-d}{p}$
② $\dfrac{p}{d}-1$
③ $\dfrac{4tp\sigma}{\pi d^2 \tau}$
④ $\dfrac{\pi d^2 \tau}{4tp\sigma}$

48 지름이 d인 축에 조립한 묻힘 키에 작용하는 최대 토크를 키의 측면의 압축저항으로 받는다면 필요한 키의 측면적은? (단, 키 홈의 깊이는 키 높이의 1/2이고, 키에 작용하는 압축응력을 σ_c, 축에 작용하는 전단응력을 τ라고 할 때, $\sigma_c = 2.5\tau$이다.)

① $\pi d^2/3$
② $\pi d^2/6$
③ $\pi d^2/10$
④ $\pi d^2/12$

Solution $\dfrac{4T}{A \cdot d} = 2.5 \times \dfrac{16 \cdot T}{\pi d^3}$, $A = \dfrac{\pi d^2}{10}$

49 축 방향의 인장력이나 압축력을 전달하는 데 가장 적합한 축 이음은?

① 머프 축이음(muff coupling)
② 유니버설 조인트(universal joint)
③ 코터 이음(cotter joint)
④ 올덤 축이음(Oldham's coupling)

Answer 46. ① 47. ④ 48. ③ 49. ③

50 그림과 같은 블록 브레이크에서 드럼축이 우회전 할 때와 좌회전 할 때의 제동을 비교하고자 한다. 우회전할 때 레버 끝단에 가해지는 힘을 F_1이라고 하고, 좌회전할 때 레버 끝단에 가해지는 힘을 F_2라고 할 때 두 경우에 대하여 제동토크가 동일하기 위해서는 F_1/F_2의 값은 약 얼마이어야 하는가? (단, 그림에서 a = 3b = 3D이며, 레버힌지점과 블록 접촉부는 동일한 높이에 있다.)

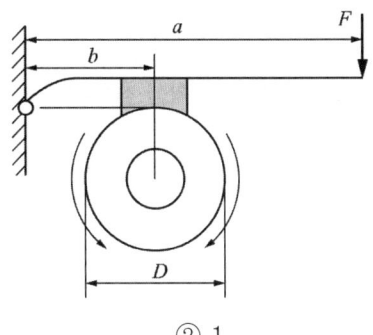

① 0.5　　　　　　　　② 1
③ 0.33　　　　　　　　④ 3

Solution $F_1 = F_2 = \dfrac{W \cdot b}{a} = \dfrac{Q \cdot b}{\mu a}$, Q : 제동력

51 다음 중 비중이 가장 작고, 항공기 부품이나 전자 및 전기용 제품의 케이스 용도로 사용되고 있는 합금 재료는?

① Ni 합금　　　　　　② Cu 합금
③ Pb 합금　　　　　　④ Mg 합금

Solution Ni : 8.85, Cu : 8.96, Pb : 11.34, Mg : 1.74

52 다음의 조직 중 경도가 가장 높은 것은?

① 펄라이트(pearlite)　　② 페라이트(ferrite)
③ 마텐자이트(martensite)　④ 오스테나이트(austenite)

Solution 마텐자이트 조직은 담금질 조직 중 경도가 가장 높다.

Answer　50. ②　51. ④　52. ③

53 강의 열처리 방법 중 표면경화법에 해당하는 것은?
① 마퀜칭
② 오스포밍
③ 침탄질화법
④ 오스템퍼링

Solution 마퀜칭, 오스포밍, 오스템퍼링 등은 항온 열처리 작업이다.

54 칼로라이징은 어떤 원소를 금속표면에 확산 침투시키는 방법인가?
① Zn
② Si
③ Al
④ Cr

Solution
- Zn : 세라다이징
- Si : 실리콘나이징
- Cr : 크로마이징

55 Fe-C 평형상태도에서 온도가 가장 낮은 것은?
① 공석점
② 포정점
③ 공정점
④ Fe의 자기변태점

Solution
- 공석점 : 723℃
- 공정점 : 1145℃
- 포정점 : 1492℃
- Fe의 자기변태점 : 768℃

56 열경화성 수지에 해당하는 것은?
① ABS수지
② 에폭시수지
③ 폴리아미드
④ 염화비닐수지

Solution 열가소성수지
① ABS수지 : 스타이렌수지
② 폴리아미드수지
③ 염화비닐수지

57 다음 중 반발을 이용하여 경도를 측정하는 시험법은?
① 쇼어경도시험
② 마이어경도시험
③ 비커즈경도시험
④ 로크웰경도시험

Solution 쇼어경도 : 시편에 낙하체를 떨어뜨려 튀어 올라온 높이를 이용하여 경도측정

Answer 53. ③ 54. ③ 55. ① 56. ② 57. ①

58 구리(Cu)합금에 대한 설명 중 옳은 것은?

① 청동은 Cu+Zn 합금이다.
② 베릴륨 청동은 시효경화성이 강력한 Cu 합금이다.
③ 애드미럴티 황동은 6-4황동에 Sb을 첨가한 합금이다.
④ 네이벌 황동은 7-3황동에 Ti을 첨가한 합금이다.

> **Solution** ① 청동 : Cu+Sn
> ② 애드미럴티 황동 : 7-4 황동+Sn 1%
> ③ 네이벌 황동 : 6-4 황동+Sn 1%

59 면심입방격자(FCC)의 단위격자 내에 원자수는 몇 개인가?

① 2개 ② 4개
③ 6개 ④ 8개

> **Solution** 면심입방격자 : 소속원자수 4개, 배위수 12개로 구성

60 합금주철에서 특수합금 원소의 영향을 설명한 것 중 틀린 것은?

① Ni은 흑연화를 방지한다.
② Ti은 강한 탈산제이다.
③ V은 강한 흑연화 방지 원소이다.
④ Cr은 흑연화를 방지하고, 탄화물을 안정화한다.

> **Solution** Ni : 흑연화 촉진

제4과목 기구학 및 CAD

61 형상모델링에서 기본입체(primitive)의 조합을 이용하여 복잡한 형상을 표현하는 기능과 관계 있는 기능은?

① 리프팅 작업 ② 불리안 작업
③ 스키닝 작업 ④ 스위핑 작업

Answer 58. ② 59. ② 60. ① 61. ②

62 CAD 모델의 기하학적 형상 정보에 직접적인 영향을 미치는 것은?

① 레이어(layer)
② 쉐이딩(shading)
③ 회전 스위핑(sweeping) 시 회전축의 위치
④ 아이소파라메트릭(isoparametric) 곡선의 출력

63 피쳐기반(feature based) 모델링 방식의 특징으로 틀린 것은?

① 피쳐 단위로 설계하므로 형상의 정의가 쉽고 빠르다.
② 내재된 피쳐 간의 관계가 설계 변경 시에 자동 갱신된다.
③ 설계피쳐와 가공방식은 일대일로 대응하므로 가공정보 추출이 용이하다.
④ 설계단계에서 가공방식을 고려해야 할 경우에 설계효율이 떨어질 수 있다.

64 네 점 P_0, P_1, P_2, P_3을 조정점으로 하는 3차 Bezier 곡선의 P_3에서의 접선벡터를 조정점의 함수로 표현한 결과로 옳은 것은?

① $3P_2 - P_3$
② $3P_3 - 3P_2$
③ $P_1 + 2P_2 + P_3$
④ $P_1 - 2P_2 - P_3$

65 복잡한 물체를 시각적으로 보다 쉽게 사용자가 인식할 수 있도록 하기 위한 알고리즘이 아닌 것은?

① 음영 처리(shading)
② 교선 계산(intersection)
③ 은선 제거(hidden line removal)
④ 은면 제거(hidden surface removal)

66 3차원 와이어 프레임으로 나타낸 CAD 모델에 관한 설명 중 틀린 것은?

① 질량에 관한 성질을 계산할 수 있다.
② 꼭지점과 모서리에 대한 정보를 가지고 있다.
③ 2차원 도면 생성에 필요한 정보를 가지고 있다.
④ 때로는 나타내고자 하는 물체의 모양이 모호한 경우도 있다.

Answer 62. ③ 63. ③ 64. ② 65. ② 66. ①

67 제품의 기획에서 폐기까지 제품 수명 주기 동안 제품정보를 생성, 관리, 배포 및 활용될 수 있도록 일관성 있게 지원하는 기업의 비즈니스 솔루션을 무엇이라 하는가?

① CE(Concurrent Engineering)
② PLM(Product Lifecycle Management)
③ CAPP(Computer Aided Process Planning)
④ CIM(Computer Integrated Manufacturing)

68 작업장에 놓인 여러 대의 가공기계를 동시에 제어하여 생산성을 높이고자 한다. 다음 중 이를 위해 가장 적합한 생산시스템은?

① CNC
② DNC
③ machining center
④ GT(Group Technology)

69 그래픽 장치의 하드웨어 구성에 대한 설명으로 틀린 것은?

① 대형 컴퓨터에 여러 대의 그래픽 장치와 출력 장치를 연결하는 방식은 초기 투자비가 많이 들지만, 유지 관리비는 매우 저렴하다.
② 워크스테이션과 분산 계산 기술의 발전으로 엔지니어링 워크스테이션과 출력 장치를 네트워크 환경 하에 연결하는 방식이 폭넓게 사용되고 있다.
③ 최근 개인용 컴퓨터와 엔지니어링 워크스테이션의 구분이 모호해지고 있어서 개인용 컴퓨터와 출력장치를 네트워크 환경 하에 연결하는 방식도 많이 사용되고 있다.
④ 컴퓨터와 그래픽 장치가 일체화된 엔지니어링 워크스테이션과 출력 장치를 네트워크 환경 하에 연결하는 방식은 과도한 초기 투자를 피할 수 있다는 장점이 있다.

70 시각 좌표계(viewing coordinate system)를 정의하기 위해 지정해야할 값이 아닌 것은?

① 상향 벡터(up vector)
② 관측 대상 위치(viewsite)
③ 눈 또는 카메라의 위치(viewpoint)
④ 눈과 스크린과의 거리(screen distance)

Answer 67. ② 68. ② 69. ① 70. ④

71 그림과 같은 왕복 슬라이더 크랭크 기구에서 C_1점으로부터 슬라이더 중심점까지의 거리(x)를 크랭크의 회전각(θ)에 관한 식으로 옳게 나타낸 것은? (단, C_1은 슬라이더가 크랭크의 회전중심점(A)으로부터 가장 멀리 있을 때의 슬라이더 중심점이다.)

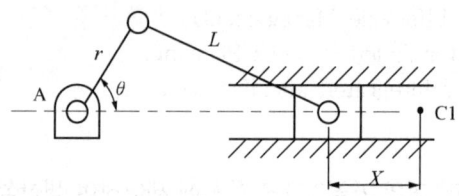

① $x = r(1-\cos\theta) + L(1-\sqrt{1-(\frac{r}{L})^2 \sin\theta})$

② $x = r(1-\cos\theta) + L(1-\sqrt{1-(\frac{r}{L})^2 \cos\theta})$

③ $x = r(1-\cos\theta) + L(1-\sqrt{1-(\frac{r}{L})^2 \sin^2\theta})$

④ $x = r(1-\cos\theta) + L(1-\sqrt{1-(\frac{r}{L})^2 \cos^2\theta})$

72 어떤 기구가 정지 상태에서 일정한 가속도로 출발하여 1분 후에 100km/h의 속도가 되었다. 이때 가속도의 크기는 약 몇 m/s²인가?

① 0.463　　② 1.67
③ 13.89　　④ 27.78

Solution $a = \dfrac{100 \times 10^3}{60 \times 3600} = 0.463$

73 다음 중 스퍼 기어와 비교할 때, 헬리컬 기어를 사용하여 큰 동력을 전달할 수 있는 이유로 가장 적합한 것은?

① 기어의 탄성변형이 크기 때문에
② 물림길이 및 물림률이 크기 때문에
③ 이의 두께가 스퍼기어보다 크기 때문에
④ 헬리컬 기어의 재질은 스퍼기어보다 좋은 재료를 쓰기 때문에

Answer 71. ③　72. ①　73. ②

74 그림과 같은 유성기어열에서 태양기어(1)를 시계방향으로 100rpm, 암을 시계방향으로 200rpm으로 회전시켰을 때 링기어(3)의 회전수와 방향은? (단, 태양기어(1)의 잇수는 40개, 유성기어(2)의 잇수는 20개, 링기어(3)의 잇수는 80개 이다.)

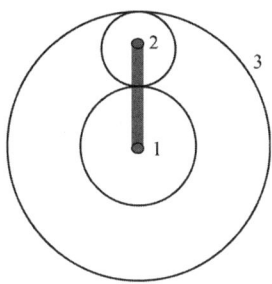

① 시계방향으로 250rpm 회전한다.　② 시계방향으로 500rpm 회전한다.
③ 반시계방향으로 250rpm 회전한다.　④ 반시계방향으로 500rpm 회전한다.

Solution $\dfrac{N_3 - N_H}{N_1 - N_H} = -\dfrac{Z_1}{Z_3}$, $\dfrac{N_3 - 200}{100 - 200} = -\dfrac{40}{80}$, $N_3 = 250 \mathrm{rpm}$ (반시계)

75 감기전동기구(wrapping driving mechanism) 중 축 사이의 거리가 가장 먼 경우에 사용하기 적합한 것은?
① 체인 전동기구
② 로프 전동기구
③ V벨트 전동기구
④ 평벨트 전동기구

76 운전 중에 속도비가 변화하는 마찰차가 아닌 것은?
① 타원차
② 쌍곡선차
③ 대수나선차
④ 나뭇잎형차

77 벨트 전동장치의 동력전달방식에 대한 설명으로 틀린 것은?
① 벨트와 풀리 사이의 마찰력으로 동력을 전달한다.
② 운전 중의 유효장력은 긴장측 장력에서 이완측 장력을 뺀 값이다.
③ 벨트가 회전하기 시작하면 이완측의 장력은 커지고 긴장측의 장력은 작아진다.
④ 벨트 조립 시에는 초기장력 주어 조립해야 하기 때문에 운전 중이 아닐 때도 벨트는 장력이 존재한다.

78 캠의 종류를 크게 평면캠과 입체캠으로 분류할 때, 입체캠에 속하는 것은?
① end cam
② heart cam
③ face cam
④ tangential cam

Answer　74. ①　75. ②　76. ②　77. ③　78. ①

79 간헐운동기구의 일종으로 래칫 휠에 2개의 폴이 각각 정지작용과 이송작용을 번갈아 가면서 필요한 간헐운동을 확실히 이행하는 기구는?

① 탈진 기구
② 제네바 기구
③ 캠 래칫 기구
④ 마찰 래칫 기구

80 케네디의 정리(Kennedy's theorem)는 무엇을 표현한 것인가?

① 자유도에 관한 정리
② 순간중심에 관한 정리
③ 속도의 도식적 해법에 관한 정리
④ 병진운동과 회전운동의 관계성에 관한 정리

Answer 79. ① 80. ②

2020년 6월 21일 기출 복원문제

제1과목 재료역학

01 직사각형 단면의 단주에 150kN하중이 중심에서 1m만큼 편심되어 작용할 때 이 부재 BD에서 생기는 최대 압축응력은 약 몇 kPa인가?

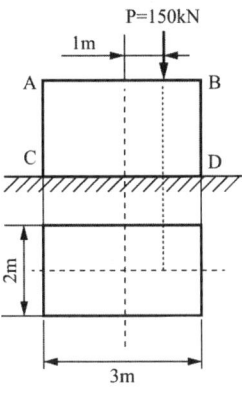

① 25　　② 50
③ 75　　④ 100

Solution $\sigma_{c\max} = \dfrac{P}{A} + \dfrac{M}{Z} = \dfrac{150 \times 10^3}{2 \times 3} + \dfrac{6 \times 150 \times 10^3 \times 1}{2 \times 3^2} = 25 \times 10^3 + 50 \times 10^3 = 75 \times 10^3 \text{Pa} = 75\,\text{kPa}$

02 오일러 공식이 세장비 $\dfrac{\ell}{k} > 100$에 대해 성립한다고 할 때, 양단이 힌지인 원형단면기둥에서 오일러 공식이 성립하기 위한 길이 "ℓ"과 지름 "d"와의 관계가 옳은 것은? (단, 단면의 회전반경을 k라 한다.)

① $\ell > 4d$　　② $\ell > 25d$
③ $\ell > 50d$　　④ $\ell > 100d$

Solution 원형단면 $K = \dfrac{d}{4}$
$\ell > 100K = 100 \times \dfrac{d}{4} = 25d$
∴ $\ell > 25\,d$

Answer　1. ③　2. ②

03 원형 봉에 축방향 인장하중 P = 88kN이 작용할 때, 직경의 감소량은 약 몇 mm인가? (단, 봉은 길이 L = 2m, 직경 d = 40mm, 세로탄성계수는 70GPa, 포아송비 μ = 0.3이다.)

① 0.006 ② 0.012
③ 0.018 ④ 0.036

Solution $\delta' = \dfrac{d\sigma}{mE} = \dfrac{0.3 \times 0.04 \times 4 \times 88 \times 10^3}{70 \times 10^9 \times \pi \times 0.04^2} = 0.012 \times 10^{-3}\,\text{m} = 0.012\,\text{mm}$

04 원형단면 축에 147kW의 동력을 회전수 2000rpm으로 전달시키고자 한다. 축 지름은 약 몇 cm로 해야 하는가? (단, 허용전단응력은 τ_w = 50MPa이다.)

① 4.2 ② 4.6
③ 8.5 ④ 9.9

Solution $T = 974000 \dfrac{H_{kW}}{N} = \tau_a \cdot \dfrac{\pi d^3}{16}$

$974000 \times \dfrac{147}{2000} \times 9.8 = 50 \times \dfrac{\pi d^2}{16}$

$d = 41.505\,\text{mm} = 4.1505\,\text{cm}$

05 양단이 고정된 축을 그림과 같이 m-n단면에서 T만큼 비틀면 고정단 AB에서 생기는 저항 비틀림 모멘트의 비 T_A/T_B는?

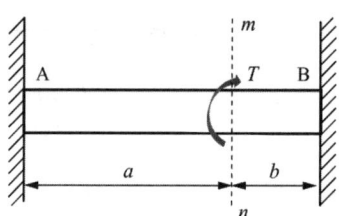

① $\dfrac{b^2}{a^2}$ ② $\dfrac{b}{a}$
③ $\dfrac{a}{b}$ ④ $\dfrac{a^2}{b^2}$

Solution $T_A = \dfrac{T \cdot b}{a+b}$, $T_B = \dfrac{T \cdot a}{a+b}$

$\dfrac{T_A}{T_B} = \dfrac{b}{a}$

06 외팔보의 자유단에 연직 방향으로 10kN의 집중 하중이 작용하면 고정단에 생기는 굽힘응력은 약 몇 MPa인가? (단, 단면(폭×높이) $b \times h$ = 10cm×15cm, 길이 1.5m이다.)

① 0.9 ② 5.3
③ 40   ④ 100

Solution $\sigma_{bmax} = \dfrac{6P \cdot \ell}{bh^2} = \dfrac{6 \times 10 \times 10^3 \times 1.5}{0.1 \times 0.15^2} = 40 \times 10^6\,Pa = 40\,\text{MPa}$

Answer 3. ② 4. ① 5. ② 6. ③

07 지름 300mm의 단면을 가진 속이 찬 원형보가 굽힘을 받아 최대 굽힘 응력이 100MPa이 되었다. 이 단면에 작용한 굽힘모멘트는 약 몇 kN · m인가?

① 265
② 315
③ 360
④ 425

Solution $M = \sigma_{b\max} \cdot Z = \sigma_{b\max} \times \dfrac{\pi d^3}{32} = 100 \times 10^6 \times \dfrac{\pi \times 0.3^3}{32} = 294937.5\,\text{N}\cdot\text{m} = 264.94\,\text{kJ}$

08 철도 레일의 온도가 50℃에서 15℃로 떨어졌을 때 레일에 생기는 열응력은 약 몇 MPa인가? (단, 선팽창계수는 0.000012/℃, 세로탄성계수는 210GPa이다.)

① 4.41
② 8.82
③ 44.1
④ 88.2

Solution $\sigma = E \cdot \alpha \cdot \Delta t = 210 \times 10^9 \times 0.000012 \times (15 - 50) = -88200000\,\text{Pa} = -88.2\,\text{MPa}$

09 그림과 같은 트러스 구조물에서 B점에서 10kN의 수직 하중을 받으면 BC에 작용하는 힘은 몇 kN인가?

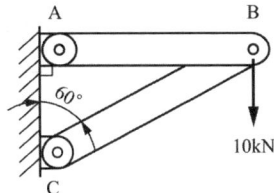

① 20
② 17.32
③ 10
④ 8.66

Solution $F_{BC} \cdot \sin 30° = 10$, $F_{BC} = 20\,\text{kN}$

10 지름 D인 두께가 얇은 링(ring)을 수평면내에서 회전 시킬 때, 링에 생기는 인장응력을 나타내는 식은? (단, 링의 단위 길이에 대한 무게를 W, 링의 원주속도를 V, 링의 단면적을 A, 중력가속도를 g로 한다.)

① $\dfrac{WV^2}{DAg}$
② $\dfrac{WDV^2}{Ag}$
③ $\dfrac{WV^2}{Ag}$
④ $\dfrac{WV^2}{Dg}$

Solution $\sigma_t = \dfrac{\gamma \cdot V^2}{g} = \dfrac{W \cdot V^2}{Ag}$
γ : 비중량(N/m³)
W : 단위길이당 무게(N/m)

Answer 7. ① 8. ④ 9. ① 10. ③

11 그림의 평면응력상태에서 최대 주응력을 약 몇 MPa인가? (단, σ_x = 175MPa, σ_y = 35MPa, τ_{xy} = 60MPa이다.)

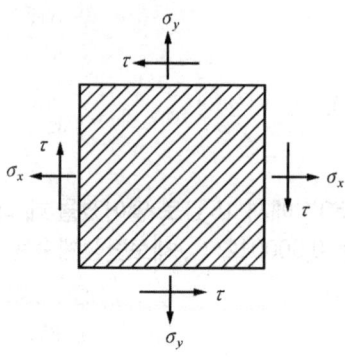

① 92
② 105
③ 163
④ 197

Solution $\sigma_{max} = \dfrac{\sigma_x + \sigma_y}{2} + \sqrt{(\dfrac{\sigma_x - \sigma_y}{2})^2 + \tau_{xy}^2} = \dfrac{175 + 35}{2} + \sqrt{(\dfrac{175 - 35}{2})^2 + 60^2} = 197\,\text{MPa}$

12 그림과 같이 외팔보의 중앙에 집중하중 P가 작용하는 경우 집중하중 P가 작용하는 지점에서의 처짐은? (단, 보의 굽힘강성 EI는 일정하고, L은 보의 전체의 길이이다.)

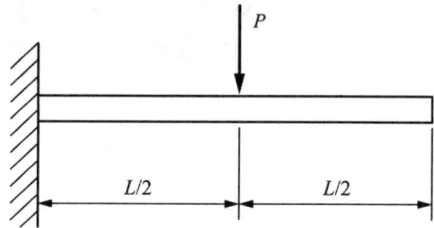

① $\dfrac{PL^3}{3EI}$
② $\dfrac{PL^3}{24EI}$
③ $\dfrac{PL^3}{8EI}$
④ $\dfrac{5PL^3}{48EI}$

Solution $\delta = \dfrac{P \cdot (\frac{L}{2})^3}{3EI} = \dfrac{P \cdot L^3}{24EI}$

Answer 11. ④ 12. ②

13 전체 길이가 L이고, 일단 지지 및 타단 고정보에서 삼각형 분포 하중이 작용할 때, 지지점 A에서의 반력은? (단, 보의 굽힘강성 EI는 일정하다.)

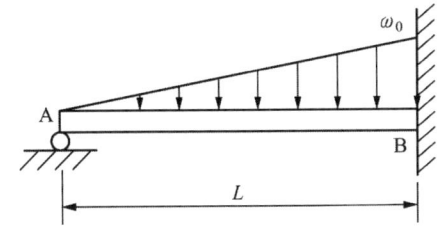

① $\dfrac{1}{2}w_0 L$ ② $\dfrac{1}{3}w_0 L$

③ $\dfrac{1}{5}w_0 L$ ④ $\dfrac{1}{10}w_0 L$

Solution

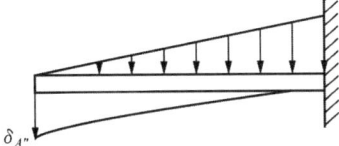

$\delta_{A''} = \dfrac{\dfrac{w_o \cdot L}{2} \times \dfrac{L}{3} \times L \times \dfrac{1}{4}}{EI} \times \dfrac{4}{5}L = \dfrac{w_o \cdot L^4}{30EI}$, $\delta_{A'} = \delta_{A''}$

$\dfrac{R_A \cdot L^3}{3EI} = \dfrac{w_o \cdot L^4}{30EI}$, $R_A = \dfrac{w_o \cdot L}{10}$

14 동일한 길이와 재질로 만들어진 두 개의 원형단면 축이 있다. 각각의 지름이 d_1, d_2 때 각 축에 저장되는 변형에너지 u_1, u_2 비는? (단, 두 축은 모두 비틀림 모멘트 T를 받고 있다.)

① $\dfrac{u_1}{u_2} = \left(\dfrac{d_2}{d_1}\right)^4$ ② $\dfrac{u_2}{u_1} = \left(\dfrac{d_2}{d_1}\right)^3$

③ $\dfrac{u_1}{u_2} = \left(\dfrac{d_2}{d_1}\right)^3$ ④ $\dfrac{u_2}{u_1} = \left(\dfrac{d_2}{d_1}\right)^4$

Solution $u = \dfrac{T^2 \cdot A \cdot L}{4G \cdot Z_P^2} \propto \dfrac{1}{d^4}$

$\dfrac{u_1}{u_2} = \dfrac{d_2^4}{d_1^4}$

Answer 13. ④ 14. ①

15 그림과 같은 균일 단면의 돌출보에서 반력 R_A는? (단, 보의 자중은 무시한다.)

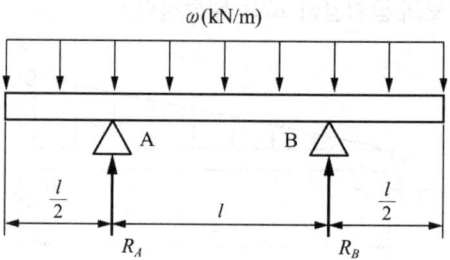

① ωl
② $\dfrac{\omega l}{4}$
③ $\dfrac{\omega l}{3}$
④ $\dfrac{\omega l}{2}$

Solution $R_A = \dfrac{\omega l}{2} + \omega l \times \dfrac{1}{2} = \omega l$

16 그림과 같이 양단에서 모멘트가 작용할 경우 A지점의 처짐각 θ_A는? (단, 보의 굽힘 강성 EI는 일정하고, 자중은 무시한다.)

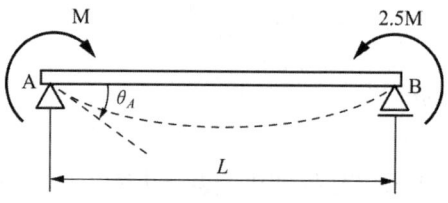

① $\dfrac{ML}{2EI}$
② $\dfrac{2ML}{5EI}$
③ $\dfrac{ML}{6EI}$
④ $\dfrac{3ML}{4EI}$

Solution 공액보의 A'점의 반력
$R_{A'} = \dfrac{ML}{2} + \dfrac{ML}{4} = \dfrac{3ML}{4}$
$\theta_A = \dfrac{R_{A'}}{EI} = \dfrac{3ML}{4EI}$

Answer 15. ① 16. ④

17 그림과 같은 빗금 친 단면을 갖는 중공축이 있다. 이 단면의 O점에 관한 극단면 2차모멘트는?

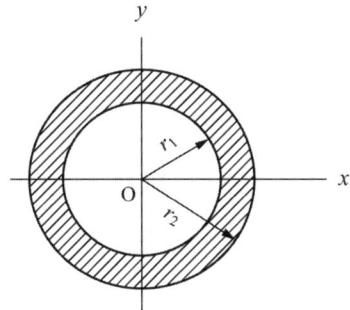

① $\pi(r_2^4 - r_1^4)$
② $\dfrac{\pi}{2}(r_2^4 - r_1^4)$
③ $\dfrac{\pi}{4}(r_2^4 - r_1^4)$
④ $\dfrac{\pi}{16}(r_2^4 - r_1^4)$

Solution $I_P = \dfrac{\pi}{32}(d_2^4 - d_1^4) = \dfrac{\pi}{32} \times 2^4 \times (r_2^4 - r_1^4) = \dfrac{\pi}{2}(r_2^4 - r_1^4)$

18 그림과 같이 길고 얇은 평판이 평면 변형률 상태로 σ_x를 받고 있을 때, ϵ_x는?

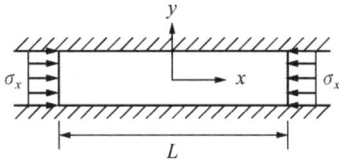

① $\epsilon_x = \dfrac{1-\nu}{E}\sigma_x$
② $\epsilon_x = \dfrac{1+\nu}{E}\sigma_x$
③ $\epsilon_x = \left(\dfrac{1-\nu^2}{E}\right)\sigma_x$
④ $\epsilon_x = \left(\dfrac{1+\nu^2}{E}\right)\sigma_x$

Solution $\epsilon_y = 0$, $\sigma_y = \nu\sigma_x$
$\epsilon_x = \dfrac{\sigma_x}{E} - \nu \cdot \dfrac{\sigma_y}{E} = \dfrac{\sigma_x}{E}(1 - \nu^2)$

Answer 17. ② 18. ③

19 그림과 같은 단면을 가진 외팔보가 있다. 그 단면의 자유단에 전단력 V = 40kN이 발생한다면 단면 a-b 위에 발생하는 전단응력은 약 몇 MPa인가?

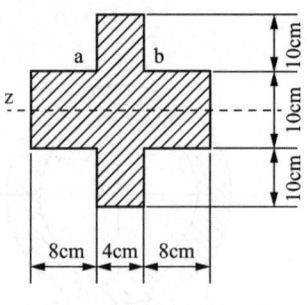

① 4.57　　　　　　　　　　② 4.22
③ 3.87　　　　　　　　　　④ 3.14

Solution $\tau_{ab} = \dfrac{V \cdot Q}{b \cdot I} = \dfrac{40 \times 10^3 \times (40 \times 100 \times 100)}{40 \times \left(\dfrac{40 \times 300^3}{12} + \dfrac{80 \times 100^3}{12} \times 2\right)} = 3.87\,\text{MPa(N/mm}^2\text{)}$

20 단면적이 4cm²인 강봉에 그림과 같은 하중이 작용하고 있다. W = 60kN, P = 25kN, ℓ = 20cm일 때 BC 부분의 변형률 ε은 약 얼마인가? (단, 세로탄성계수는 200GPa이다.)

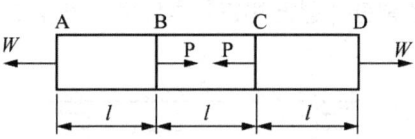

① 0.00043　　　　　　　　② 0.0043
③ 0.043　　　　　　　　　④ 0.43

Solution $\delta_{BC} = \dfrac{(60-25) \times 10^3 \times 0.2 \times 10^3}{40 \times 10^{-4} \times 200 \times 10^9} = 0.0875\,\text{mm}$

$\epsilon = \dfrac{0.0875}{200} = 0.0004375$

Answer　19. ③　20. ①

제2과목 기계제작법

21 전기 도금의 반대현상으로 가공물을 양극, 전기저항이 적은 구리, 아연을 음극에 연결한 후 용액에 침지하고 통전하여 금속표면의 미소 돌기부분을 용해하여 거울면과 같이 광택이 있는 면을 가공할 수 있는 특수가공은?
① 방전가공
② 전주가공
③ 전해연마
④ 슈퍼피니싱

22 주물사에서 가스 및 공기에 해당하는 기체가 통과하여 빠져나가는 성질은?
① 보온성
② 반복성
③ 내구성
④ 통기성

23 프레스가공에서 전단가공의 종류가 아닌 것은?
① 블랭킹
② 트리밍
③ 스웨이징
④ 셰이빙

24 침탄법에 비하여 경화층은 얇으나, 경도가 크고, 담금질이 필요 없으며, 내식성 및 내마모성이 커서 고온에도 변화되지 않지만 처리시간이 길고 생산비가 많이 드는 표면 경화법은?
① 마퀜칭
② 질화법
③ 화염 경화법
④ 고주파 경화법

25 두께 50mm의 연강판을 압연 롤러를 통과시켜 40mm가 되었을 때 압하율은 몇 %인가?
① 10
② 15
③ 20
④ 25

Solution $\frac{50-40}{50} \times 100 = 20\%$

26 숏피닝(shot peening)에 대한 설명으로 틀린 것은?
① 숏피닝은 얇은 공작물일수록 효과가 크다.
② 가공물 표면에 작은 해머와 같은 작용을 하는 형태로 일종의 열간 가공법이다.
③ 가공물 표면에 가공경화 된 잔류 압축응력층이 형성된다.
④ 반복하중에 대한 피로파괴에 큰 저항을 갖고 있기 때문에 각종 스프링에 널리 이용된다.

27 오스테나이트 조직을 굳은 조직인 베이나이트로 변환시키는 항온 변태 열처리법은?
① 서브제로
② 마템퍼링
③ 오스포밍
④ 오스템퍼링

Answer 21. ③ 22. ④ 23. ③ 24. ② 25. ③ 26. ② 27. ④

28 주철과 같은 강하고 깨지기 쉬운 재료(메진 재료)를 저속으로 절삭할 때 생기는 칩의 형태는?

① 균열형 칩
② 유동형 칩
③ 열단형 칩
④ 전단형 칩

29 선반가공에서 직경 60mm, 길이 100mm의 탄소강 재료 환봉을 초경바이트를 사용하여 1회 절삭 시 가공시간은 약 몇 초인가? (단, 절삭 깊이 1.5mm, 절삭속도 150m/min, 이송은 0.2mm/rev이다.)

① 38
② 42
③ 48
④ 52

> Solution $V = \dfrac{\pi d N}{1000}$
> $N = \dfrac{1000 \times 150}{\pi \times 60} = 795.77 \, \text{rpm}$
> $T = \dfrac{\ell}{NS} = \dfrac{100}{795.77 \times 0.2} = 0.63 \, \text{mm} = 37.7 \, \text{sec}$

30 용접의 일반적인 장점으로 틀린 것은?

① 품질검사가 쉽고 잔류응력이 발생하지 않는다.
② 재료가 절약되고 중량이 가벼워진다.
③ 작업 공정수가 감소한다.
④ 기밀성이 우수하며 이음 효율이 향상된다.

31 밀링머신에서 사용하는 부속품 또는 부속장치가 아닌 것은?

① vise
② slotting attachment
③ indexing head
④ dresser

32 어미 치수를 알고 있는 표준 값과 편차를 구하여 치수를 알아내는 측정방법은?

① 절대 측정
② 비교 측정
③ 간접 측정
④ 직접 측정

33 미터나사에서 삼침법으로 측정한 나사의 유효지름이 $d_1[\text{mm}]$이고 나사의 피치 $P[\text{mm}]$일 때 삼침 접촉 후 측정한 외측거리 $M[\text{mm}]$를 나타내는 식으로 옳은 것은? (단, 삼침의 지름은 $d[\text{mm}]$이다.)

① $M = d_1 + 3.16567d - 0.096049P$
② $M = d_1 + 3.16567d + 0.096049P$
③ $M = d_1 + 3d - 0.866025P$
④ $M = d_1 + 3d + 0.866025P$

Answer   28. ①   29. ①   30. ①   31. ④   32. ②   33. ③

34 스플라인 구멍의 홈을 가공하거나 복잡한 형상의 구멍을 정밀하게 가공할 수 있고, 대량생산을 하기에 적합한 공작기계는?

① 보링머신 ② 슬로팅 머신
③ 브로칭 머신 ④ 펠로즈 기어 셰이퍼

Solution 슬로팅 머신 : 공작물을 테이블 위에 고정시켜 램에 의하여 절삭공구가 상하운동을 하면서 수직면을 절삭하는 수직형 셰이퍼이다.

35 피측정물을 확대 관측하여 복잡한 모양의 윤곽, 좌표의 측정, 나사 요소의 측정 등과 같이 단독 요소의 측정기로는 측정할 수 없는 부분을 측정하기에 적합한 측정기는?

① 피치 게이지 ② 나사 마이크로미터
③ 공구 현미경 ④ 센터 게이지

Solution 공구현미경 : 바이트의 각, 나사산의 각도 및 피치, 나사의 지름, 유효지름 등 측정

36 밀링작업의 단식 분할법으로 이(tooth)수 가 28개인 스퍼기어를 가공할 때 브라운샤프형 분할판 No2 21구멍열에서 분할 크랭크의 회전수와 구멍수는?

① 0회전시키고 6구멍씩 전진 ② 0회전시키고 9구멍씩 전진
③ 1회전시키고 6구멍씩 전진 ④ 1회전시키고 9구멍씩 전진

37 어미나사의 피치가 6mm인 선반에서 1인치당 4산의 나사를 가공할 때, A와 D의 기어의 잇수는 각각 얼마인가? (단, A는 주축 기어의 잇수이고, D는 어미나사 기어의 잇수이다.)

① A=60, D=40 ② A=40, D=60
③ A=127, D=120 ④ A=120, D=127

Solution $i = \dfrac{\text{공작물의 피치}}{\text{어미나사의 피치}} = \dfrac{A}{D}$

$\dfrac{25.4/4}{6} = \dfrac{A}{D} = \dfrac{120}{127}$

38 조직을 균일하게 하고 내부응력을 제거하며 재질을 연하게 하는 열처리는?

① 담금질(quenching) ② 뜨임(tempering)
③ 풀림(annealing) ④ 불림(normalizing)

Answer 34. ③ 35. ③ 36. ④ 37. ③ 38. ③

39 선반가공에서 구성인선(built-up edge)의 방지대책으로 적절하지 않은 것은?

① 절삭 깊이를 크게 한다.
② 절삭 속도를 빠르게 한다.
③ 바이트 윗면 경사각을 크게 한다.
④ 윤활성이 좋은 절삭유를 사용한다.

40 다음 중 고속회전 및 정밀한 이송기구를 갖추고 있으며, 다이아몬드 또는 초경합금의 절삭공구로 가공하는 보링 머신으로 정밀도가 높고 표면거칠기가 우수한 내연기관 실린더나 베어링 면을 가공하기에 가장 적합한 것은?

① 보통 보링 머신
② 코어 보링 머신
③ 정밀 보링 머신
④ 드릴 보링 머신

제3과목 기계설계 및 기계재료

41 배빗메탈(babbit metal)에 관한 설명으로 옳은 것은?

① Sn-Sb-Cu계 합금으로서 베어링재료로 사용된다.
② Cu-Ni-Si계 합금으로서 도전율이 좋으므로 강력 도전 재료로 이용된다.
③ Zn-Cu-Ti계 합금으로서 강도가 현저히 개선된 경화형 합금이다.
④ Al-Cu-Mg계 합금으로서 상온시효처리하여 기계적 성질을 개선시킨 합금이다.

42 담금질한 공석강의 냉각 곡선에서 시편을 20℃의 물 속에 넣었을 때 ㉮와 같은 곡선을 나타낼 대의 조직은?

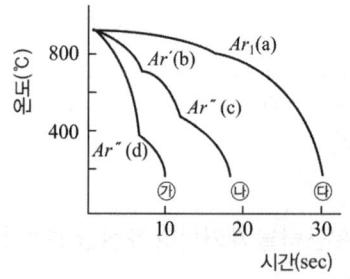

① 펄라이트
② 오스테나이트
③ 마텐자이트
④ 베이나이트+펄라이트

43 고강도 합금으로써 항공기용 재료에 사용되는 것은?

① 베릴륨 동
② Naval brass
③ 알루미늄 청동
④ Extra Super Duralumin

Answer 39. ① 40. ③ 41. ① 42. ③ 43. ④

44 플라스틱 재료의 일반적인 특징으로 옳은 것은?
① 내구성이 매우 높다.
② 완충성이 매우 낮다.
③ 자기 윤활성이 거의 없다.
④ 복합화에 의한 재질의 개량이 가능하다.

45 고 Mn 강(hadfield steel)에 대한 설명으로 옳은 것은?
① 고온에서 서냉하면 M_3C가 석출하여 취약해진다.
② 소성 변형 중 가공경화성이 없으며, 인장강도가 낮다.
③ 1200℃ 부근에서 급랭하여 마텐자이트 단상으로 하는 수인법을 이용한다.
④ 열전도성이 좋고 팽창계수가 작아 열변형을 일으키지 않는다.

46 현미경 조직 검사를 실시하기 위한 철강용 부식제로 옳은 것은?
① 왕수
② 질산 용액
③ 나이탈 용액
④ 염화제2철 용액

47 고용체합금의 시효경화를 위한 조건으로서 옳은 것은?
① 급냉에 의해 제2상의 석출이 잘 이루어져야 한다.
② 고용체의 용해도 한계가 온도가 낮아짐에 따라 증가해야만 한다.
③ 기지상은 단단하여야 하며, 석출물은 연한상이어야 한다.
④ 최대 강도 및 경도를 얻기 위해서는 기지 조직과 정합상태를 이루어야만 한다.

48 상온의 금속(Fe)을 가열 하였을 때 체심입방격자에서 면심입방격자로 변하는 점은?
① A_0변태점
② A_2변태점
③ A_3변태점
④ A_4변태점

49 스테인리스강을 조직에 따라 분류할 때의 기준 조직이 아닌 것은?
① 페라이트계
② 마텐자이트계
③ 시멘타이트계
④ 오스테나이트계

50 항온 열처리 방법에 해당하는 것은?
① 뜨임(tempering)
② 어닐링(annealing)
③ 마퀜칭(marquenching)
④ 노멀라이징(normalizing)

Answer 44. ④ 45. ① 46. ③ 47. ④ 48. ③ 49. ③ 50. ③

51 나사의 풀림방지 대책으로 적절하지 않은 것은?

① 스프링 와셔 사용
② 홈붙이너트와 분할핀 사용
③ 고정너트(lock nut) 사용
④ 캡너트(cap nut) 사용

52 축 방향의 인장력이나 압축력을 전달하는 데 가장 적합한 축 이음은?

① 머프(muff coupling)
② 유니버설 조인트(universal joint)
③ 코터 이음(cotter joint)
④ 올덤 축이음(oldham's coupling)

53 평균지름이 55mm이고, 소선의 지름이 5mm인 코일 스프링에 하중이 1kN이 가해질 때 스프링에 발생하는 최대전단 응력은 몇 GPa인가? (단, Wahl 응력수정계수 K를 적용하며, 그 식은 $K = \frac{4C-1}{4C-4} + \frac{0.615}{C}$ 이고, 여기서 C는 스프링지수이다.)

① 3.148　　② 2.214　　③ 1.266　　④ 0.953

Solution $C = \frac{D}{d} = \frac{55}{5} = 11$, $K = \frac{4 \times 11 - 1}{4 \times 11 - 4} + \frac{0.615}{11} = 1.13$, $\tau = K \cdot \frac{16P \cdot R}{\pi d^3}$
$= 1.13 \times \frac{16 \times 10^3 \times 27.5}{\pi \times 5^3} = 1266.75 \text{N/mm}^2 = 1.27 \text{GPa}$

54 기본부하 용량이 18000N인 볼베어링이 베어링 하중 2000N을 받고 150rpm으로 회전할 때, 이 베어링의 수명은 약 몇 시간인가?

① 9000시간
② 81000시간
③ 168000시간
④ 4860000시간

Solution $L_h = 500 \times \left(\frac{C}{P}\right)^r \times \frac{33.3}{N}$, $r = 3$

55 브레이크 압력이 490kPa, 브레이크 드럼의 원주속도가 8m/s일 때 이 브레이크의 브레이크 용량(N · m/s · mm²)은 얼마인가? (단, 마찰계수는 0.2이다.)

① 2.984　　② 7.842　　③ 0.298　　④ 0.784

Solution $B_P = 0.2 \times 490 \times 10^{-3} \times 8 = 0.784 \text{N/mm}^4 \cdot \text{m/sec}$

56 원판상(圓板狀)의 밸브를 흐름과 직각인 축의 둘레에 회전시켜서 유량을 조절하며, 교축 밸브(throttle valve)로 보통 사용되는 것은?

① 나비형 밸브
② 슬루스 밸브
③ 스톱 밸브
④ 콕

Answer　51. ④　52. ③　53. ③　54. ②　55. ④　56. ①

57 1초당 50리터의 물을 수송하는 바깥지름 200mm, 두께 6mm인 강관에 대해 설계 검증하고자 할 때 다음 중 틀린 것은? (단, 관의 허용응력은 100MPa이며, 기타 사항은 무시한다.)

① 관 내부의 단면적은 약 $0.027759m^2$ 이다.
② 관 내부의 평균 유속은 약 3.2m/s 이다.
③ 시간당 유량은 약 $180m^3/h$ 이다.
④ 관에는 최대 약 6MPa의 내압을 가할 수 있다.

Solution $Q = 50\ell/\sec = 50 \times 10^{-3} \times 3600 = 180m^3/h$

$$A = \frac{\pi \cdot D^2}{4} = \frac{\pi}{4} \times (200-2\times 6)^2 \times 10^{-6}$$

$$V = \frac{180}{0.027759 \times 3600} = 1.8m/\sec$$

58 비틀림 각이 30°인 표준 헬리컬 기어에서 피치원 지름이 160mm, 이직각 모듈이 4일 때, 이 기어의 바깥지름은 몇 mm인가?

① 156   ② 168   ③ 172   ④ 178

Solution $D_c = D + 2m_n = 160 + 2\times 4 = 168mm$

59 표준 인벌류트 기어에서 물림률(contact ratio)이란?

① 접촉각을 물림 길이로 나눈 값
② 접촉각을 원주 피치로 나눈 값
③ 물림 길이를 법선 피치로 나눈 값
④ 원주 피치를 물림 길이로 나눈 값

60 2개의 키를 조합하여 축의 키 홈에 때려 박을 수 있도록 그 단면을 직사각형으로 만든 키로서 면압력만을 받기 때문에 일반적으로 묻힘키보다 큰 토크를 전달할 수 있는 키(key)는?

① 반달키   ② 납작키
③ 안장키   ④ 접선키

제4과목 기구학 및 CAD

61 CAD시스템 간의 데이터 교환 파일 형식인 IGES는 6개의 섹션으로 구성되어 있다. 관련이 없는 것은?

① 스타트 섹션(start section)
② 글로벌 섹션(global section)
③ 파라미터 데이터 섹션(parameter data section)
④ 프로토콜 섹션(protocol section)

Answer   57. ②   58. ②   59. ③   60. ④   61. ④

62 특징형상 모델링(feature based modeling)에 관한 설명이 아닌 것은?

① 꼭지점, 모서리 및 면 등의 기본적인 형상 구성 요소에 관한 정보뿐만 아니라 형상 단위에 관한 정보도 포함한다.
② 전형적인 특징 형상은 모따기, 구멍, 필릿(filet), 슬롯(slot), 포켓(poket)등이 있으면, 이들을 가공특징 형상이라 부른다.
③ 특징 형상의 존재 여부, 크기 및 위치에 대한 정보다 있으므로 솔리드 모델로부터 공정계획을 자동으로 생성시키는 것이 시도될 수 있다.
④ 솔리드 모델을 구성하는 하위 요소들 즉 꼭짓점, 모서리, 그리고 면 등을 직접 조작하는 방법이다.

63 솔리드 모델링 기법중의 하나로서 특정규칙에 의하여 여러 개의 빈공간의 교집합으로 표현되는 기본적인 형상들을 기하학적인 불리안 연산으로 조합하여 실제 물체를 생성하는 기법은?

① B-rep   ② CSG
③ Sweeping   ④ 피쳐기반모델링

64 다음 조립체 모델링에 대한 설명 중 틀린 것은?

① 조립체 모델링(assembly modeling)은 개별 부품들을 조립체 또는 부조립체로 묶을 수 있는 논리적 구조를 제공하며, 사용자는 부품간의 연결과 관련해서 형상 정보를 다시 입력해야만 한다.
② 일반적으로 조립체 설계 시스템은 부품을 위치시키고, 부품 사이의 관계를 정의하고, 관련 데이터를 조회할 수 있는 탐색기를 가지고 있다.
③ 인스턴스(instance)는 볼트 등과 같이 많이 사용되는 부품을 하나의 모델만 저장해놓고 필요한 만큼 여러 곳에 개체를 만들어 위치시킴으로써 조립체를 상당히 단순화시킬 수 있게 한다.
④ 응축(agglomeration)은 전체 조립체 혹은 부조립체를 단일 모델로 그룹화시켜 놓는 것으로 부품끼리 맞닿고 있는 내부의 형상은 사라지고 단지 외곽의 상세부만 남게 된다.

65 CSG 방식을 이용하여 다음의 솔리드 모델을 생성하고자 한다. A, B, C에 들어갈 불리언(boolean) 연산자를 차례대로 표시한 것은? (∪ : 합집합, ∩ : 교집합, - : 차집합)

① ∪, ∩, ∩
② ∪, -, -
③ -, ∪, -
④ ∩, ∪, ∩

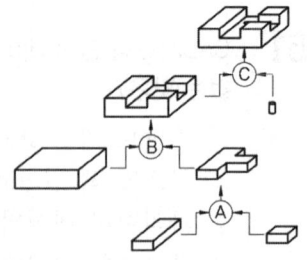

Answer 62. ④ 63. ② 64. ① 65. ②

66 다음 중 솔리드 모델을 위한 특징형상(feature) 기반 모델링 방법과 거리가 먼 것은?

① chamfering ② pocketing
③ skinning   ④ filleting

67 솔리드 모델 중 CSG 표현법과 비교한 경계표현법(B-rep)의 장점이 아닌 것은?

① 투영도나 투시도를 용이하게 표시할 수 있다.
② 부피나 면적을 빨리 계산할 수 있다.
③ 모따기, 라운딩 같은 모델의 국부변형이 쉽다.
④ 내부 데이터의 구조가 간단하다.

68 솔리드 모델의 자료구조 중 CSG 트리구조에 관한 설명으로 틀린 것은?

① 솔리드 모델이 불리안 작업에 의해 모델링된 과정을 저장하는 구조이다.
② CSG 표현은 항상 대응되는 B-rep 모델로 치환 가능하다.
③ CSG 트리구조는 리프팅이나 라운딩과 같은 국부 변형기능들을 구현하기 힘들다.
④ 물체의 경계면, 경계 모서리, 그리고 이들 간의 연결 관계 등을 쉽게 유도해 낼 수 있다.

69 곡면 모델링 시스템에 의해 만들어진 곡면을 불러들여 기존 모델의 평면을 바꾸기도 하는데 이러한 모델링 기능을 무엇이라고 하는가?

① 필렛팅(filleting)   ② 트위킹(tweaking)
③ 리프팅(lifting)   ④ 스키닝(skinning)

70 좌표계 1에서 (-1, 0, 3)으로 정의되는 점이 좌표계 2로 이동되었을 때의 좌표값은? (단, 좌표계 1의 원점은 좌표계 2에서 (0, -2, 4)로 표시되며 두 좌표계는 평행이동의 관계에 있다.)

① (-1, -2, 7)   ② (4, 0, -1)
③ (-2, 2, 4)   ④ (-1, 2, -1)

Solution [-1, 0, 3]+[0, -2, 4]=[-1, -2, 7]

Answer 66. ③ 67. ④ 68. ④ 69. ② 70. ①

71 벨트 전동에서 바로걸기와 엇걸기를 할 때 접촉각에 대한 설명이 맞는 것은?(단, 속도비는 1:1 이다.)
① 엇걸기가 항상 크다. ② 바로걸기가 항상 크다.
③ 두 가지 모두 같다. ④ 일정하지 않다.

72 다음 중 마찰차의 전동방법은?
① 매개 전동 ② 구름접촉 전동
③ 감아 걸기 전동 ④ 미끄럼 접촉 전동

73 바로걸기 벨트전동기구에서 원동차의 직경(D_A)이 1000mm이고, 회전수(N_A)가 120rpm 이며, 종동차의 직경(D_B)이 500mm일 때 종동차의 회전수(N_B)는 몇 rpm인가? (단, 벨트는 전동 중에 미끄럼 및 늘어나지 않는다고 가정하고 벨트 두께는 무시한다.)
① 280 ② 240 ③ 120 ④ 60

> **Solution** $i = \dfrac{N_B}{N_B} = \dfrac{D_A}{D_B}$, $\dfrac{N_B}{120} = \dfrac{1000}{500}$, $N_B = 240$ rpm

74 다음 그림에서 길이 60mm의 기소 $\overline{AB}$ 가 점 A를 중심으로 회전할 때, 기소의 각속도 $w = 10\,\text{rad/s}$ 이라면 점 B의 속도 V_B는 몇 m/s인가?

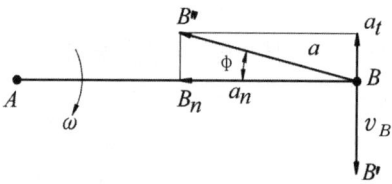

① 0.3 ② 0.6 ③ 3 ④ 6

> **Solution** $V_B = 0.06 \times 10 = 0.6$ m/sec

75 기어 이(齒)의 크기를 표시하는 방법이 아닌 것은?
① 모듈 ② 원주 피치 ③ 이끝 높이 ④ 지름 피치

Answer 71. ① 72. ② 73. ② 74. ② 75. ③

76 다음 중 동력전달에 사용하는 마찰차의 사용 용도로 가장 적합한 것은?
① 회전력이 대단히 큰 경우
② 동력전달의 정확성이 요구되는 경우
③ 무단(無段)으로 변송이 가능하지 않는 경우
④ 전달 회전력이 적고, 정확성이 요구되지 않는 경우

77 모듈 m=20 이고 치수가 각각 15개, 20개인 한 쌍의 외접하는 평기어가 있다. 두 기어 간의 축간 거리(mm)는 얼마인가?
① 300
② 350
③ 400
④ 450

Solution $C = \dfrac{20 \times (15+20)}{2} = 350 \text{mm}$

78 선풍기의 날개나 벨트 풀리의 움직임은 기계운동의 종류 중에서 어느 운동이라 할 수 있는가?
① 회전 운동
② 구면 운동
③ 나선 운동
④ 가속도 운동

79 베벨기어의 종류 중 두 축이 90°로 만나면서 두 기어의 크기와 속도가 서로 같은 것은?
① 크라운 기어
② 스파이럴 베벨 기어
③ 마이터 기어
④ 제롤 베벨 기어

80 기계요소에 대한 설명 중 옳은 것은?
① 1점을 중심으로 일정 각도로 요동운동을 하는 것을 레버(lever)라고 한다.
② 1점의 주위를 회전운동 하는 것을 슬라이더(slider)라 한다.
③ 2점 주위를 직선운동 하는 것을 크랭크(crank)라 한다.
④ 나사 대우(pair)는 회전운동으로만 구성된다.

Answer   76. ④   77. ②   78. ①   79. ③   80. ①

제1과목 재료역학

01 그림과 같이 길이가 $2L$인 양단고정보의 중앙에 집중하중이 아래로 가해지고 있다. 이 때 중앙에서 모멘트 M이 발생하였다면 이 집중하중(P)의 크기는 어떻게 표현되는가?

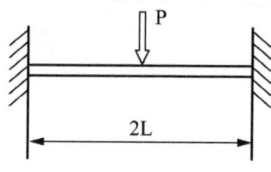

① $\dfrac{M}{L}$
② $\dfrac{8M}{L}$
③ $\dfrac{2M}{L}$
④ $\dfrac{4M}{L}$

Solution 양단고정보 중앙집중하중 작용시 중앙에서

굽힘모멘트 $M = \dfrac{P \cdot (2L)}{8} = \dfrac{P \cdot L}{4}$

$P = \dfrac{4M}{L}$

02 인장강도가 400MPa인 연강봉에 30kN의 축방향 인장하중이 가해질 경우 이 강봉의 지름은 약 몇 cm인가? (단, 안전율은 5이다.)

① 2.69
② 2.93
③ 2.19
④ 3.33

Solution $\sigma_a = \dfrac{P}{A} = \dfrac{\sigma_{tmax}}{S}$

$\dfrac{P}{\dfrac{\pi d^2}{4}} = \dfrac{\sigma_{tmax}}{S}$, $\dfrac{4 \times 30 \times 10^3}{\pi d^2} = \dfrac{400}{5}$

$d = 21.85\,\text{mm} = 2.185\,\text{cm}$

Answer 1. ④ 2. ③

03 전체 길이에 걸쳐서 균일 분포하중 200N/m가 작용하는 단순 지지보의 최대 굽힘응력은 몇 MPa인가? (단, 폭×높이 = 3cm×4cm인 직사각형 단면이고, 보의 길이는 2m이다. 또한 보의 지점은 양 끝단에 있다.)

① 12.5
② 25.0
③ 14.9
④ 29.8

Solution $M_{max} = \dfrac{w \cdot \ell^2}{8} = \dfrac{200 \times 2^2}{8} = 100 \,\text{N} \cdot \text{m}$

$\sigma_b = \dfrac{M_{max}}{Z} = \dfrac{6 \times 100 \times 10^3}{30 \times 40^2} = 12.5 \,\text{MPa}$

04 지름 50mm인 중실축 ABC가 A에서 모터에 의해 구동된다. 모터는 600rpm으로 50kW의 동력을 전달한다. 기계를 구동하기 위해서 기어 B는 35kW, 기어 C는 15kW를 필요로 한다. 축 ABC에 발생하는 최대 전단응력은 몇 MPa인가?

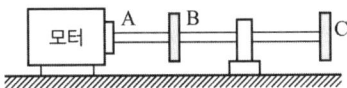

① 9.73
② 22.7
③ 32.4
④ 64.8

Solution $\tau_{max} = \dfrac{T}{Z_P} = \dfrac{974000 \times 9.8 \times 50 \times 16}{600 \times \pi \times 50^3} = 32.41 \,\text{MPa}$

05 다음과 같이 3개의 링크를 핀을 이용하여 연결하였다. 2000N의 하중 P가 적용할 경우 핀에 적용되는 전단응력은 약 몇 MPa인가? (단, 핀의 지름은 1cm이다.)

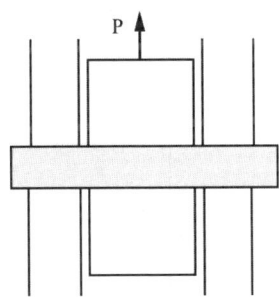

① 12.73
② 13.24
③ 15.63
④ 16.56

Solution $\tau = \dfrac{P}{A} = \dfrac{2000}{\dfrac{\pi \times 10^2}{4} \times 2} = 12.73 \,\text{MPa}$

Answer 3. ① 4. ③ 5. ①

06 그림과 같은 단순보의 중앙점(C)에서 굽힘모멘트는?

① $\dfrac{P\ell}{2} + \dfrac{w\ell^2}{8}$

② $\dfrac{P\ell}{2} + \dfrac{w\ell^2}{48}$

③ $\dfrac{P\ell}{4} + \dfrac{5w\ell^2}{48}$

④ $\dfrac{P\ell}{4} + \dfrac{w\ell^2}{16}$

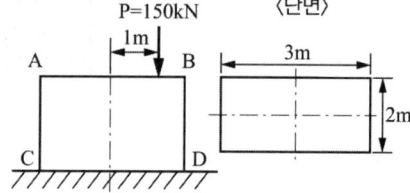

Solution $M_C = \left(\dfrac{P}{2} + \dfrac{w\ell}{6}\right) \times \dfrac{\ell}{2} - \dfrac{w\ell}{8} \times \dfrac{\ell}{6} = \dfrac{P\ell}{4} + \dfrac{w\ell^2}{16}$

07 직사각형 단면의 단주에 150kN 하중이 중심에서 1m만큼 편심되어 작용할 때 이 부재 AC에서 생기는 최대 인장응력은 몇 kPa인가?

① 25
② 50
③ 87.5
④ 100

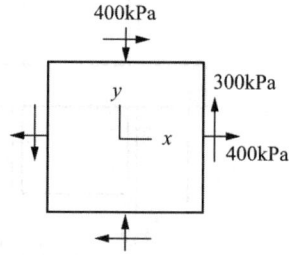

Solution $\sigma_{tmax} = \dfrac{P}{A} - \dfrac{M}{Z} = \dfrac{150 \times 10^3}{3 \times 2} - \dfrac{6 \times 150 \times 10^3 \times 1}{2 \times 3^2}$

$\sigma_{tmax} = -25 \times 10^3 \text{Pa} = -25 \text{kPa}$

08 그림과 같이 평면응력 조건하에 최대 주응력은 몇 kPa인가? (단, σ_x = 400kPa, σ_y = -400kPa, τ_{xy} = 300kPa이다.)

① 400
② 500
③ 600
④ 700

Solution $\sigma_1 = \dfrac{\sigma_x + \sigma_y}{2} + \sqrt{\left(\dfrac{\sigma_x - \sigma_y}{2}\right)^2 + \tau_{xy}^2} = \dfrac{400 - 400}{2} + \sqrt{\left(\dfrac{400 + 400}{2}\right)^2 + (-300)^2} = 500 \text{kPa}$

Answer 6. ④ 7. ① 8. ②

09 다음 보에 발생하는 최대 굽힘 모멘트는?

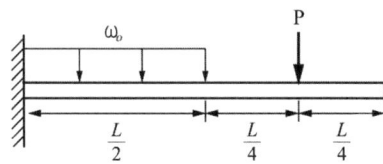

① $\dfrac{L}{4}(\omega_o L - 2P)$ ② $\dfrac{L}{4}(\omega_o L + 2P)$

③ $\dfrac{L}{8}(\omega_o L - 2P)$ ④ $\dfrac{L}{8}(\omega_o L + 2P)$

Solution $M_{max} = \dfrac{w_o \cdot L^2}{8} + \dfrac{3P \cdot L}{4} - \dfrac{P \cdot L}{2} = \dfrac{L}{8}(w_o \cdot L + 2P)$

10 그림과 같이 균일분포 하중을 받는 외팔보에 대해 굽힘에 의한 탄성변형에너지는? (단, 굽힘강성 EI는 일정하다.)

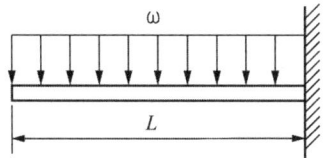

① $\dfrac{w^2 L^5}{80 EI}$ ② $\dfrac{w^2 L^5}{160 EI}$

③ $\dfrac{w^2 L^5}{20 EI}$ ④ $\dfrac{w^2 L^5}{40 EI}$

Solution $U = \int \dfrac{M_x^2}{2EI} dx = \dfrac{1}{2EI} \int_o^L \left(\dfrac{w \cdot x^2}{2}\right)^2 dx = \dfrac{w^2}{8EI} \cdot \dfrac{x^5}{5}\bigg|_o^L = \dfrac{w^2 \cdot L^5}{40EI}$

11 그림과 같이 전체 길이가 $3L$인 외팔보에 하중 P가 B점과 C점에 작용할 때 자유단 B에서의 처짐량은? (단, 보의 굽힘강성 EI는 일정하고, 자중은 무시한다.)

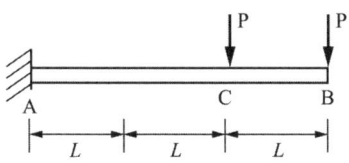

① $\dfrac{44}{3}\dfrac{PL^3}{EI}$ ② $\dfrac{35}{3}\dfrac{PL^3}{EI}$

③ $\dfrac{37}{3}\dfrac{PL^3}{EI}$ ④ $\dfrac{41}{3}\dfrac{PL^3}{EI}$

Answer 9. ④ 10. ④ 11. ④

Solution ① C점에 집중하중 작용시 B점의 처짐
$$\delta_{B'} = \frac{2P \cdot L^2}{EI} \cdot (L + \frac{2}{3} \times 2L) = \frac{14P \cdot L^3}{3EI}$$
② B점에 집중하중 작용시 B점의 처짐
$$\delta_{B''} = \frac{P \cdot (3L)^3}{3EI} = \frac{9P \cdot L^3}{EI}$$
③ $\delta_B = \delta_{B'} + \delta_{B''} = \frac{41P \cdot L^3}{3EI}$

12 그림과 같은 직사각형 단면의 목재 외팔보에 집중하중 P가 C점에 작용하고 있다. 목재의 허용압축응력을 8MPa, 끝단 B점에서의 허용처짐량을 23.9mm이라 할 때 허용압축응력과 허용 처짐량을 모두 고려하여 이 목재에 가할 수 있는 집중하중 P의 최대값은 약 몇 kN인가? (단, 목재의 세로탄성계수는 12GPa, 단면2차모멘트는 $1022 \times 10^{-6} m^4$, 단면계수는 $4.601 \times 10^{-2} m^3$이다.)

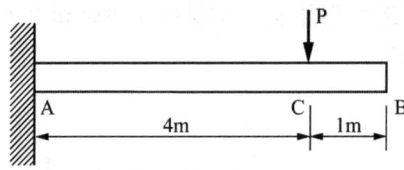

① 7.8   ② 8.5
③ 9.2   ④ 10.0

Solution ① $\sigma_b = \frac{M}{Z} = \frac{4P}{4.601 \times 10^{-3}} = 8 \times 10^6$
  $P = 9202 N$
② $\delta = \frac{8P}{EI} \times (1 + 4 \times \frac{2}{3})$
  $23.9 \times 10^{-3} = \frac{8P \times 3.67}{1022 \times 10^{-6} \times 12 \times 10^9}$, $P = 9,983.3 N$
③ 안전상 최대하중 $P = 9,202 kN$

13 그림과 같은 단면에서 가로방향 도심축에 대한 단면 2차 모멘트는 약 몇 mm^4인가?

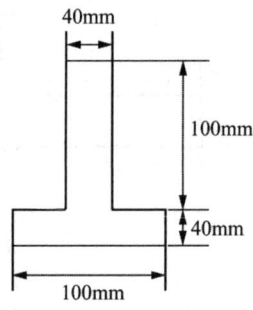

① 10.67×10^6 ② 13.67×10^6
③ 20.67×10^6 ④ 23.67×10^6

Answer 12. ③ 13. ②

Solution $\bar{y} = \dfrac{A_1 \cdot y_1 + A_2 \cdot y_2}{A_1 + A_2} = \dfrac{100 \times 40 \times 20 + 40 \times 100 \times 90}{100 \times 40 + 40 \times 100}$

$\therefore \bar{y} = 55\,\text{mm}$

$I_G = \dfrac{100 \times 40^3}{12} + (35^2 \times 100 \times 40) + \dfrac{40 \times 100^3}{12} + (35^2 \times 40 \times 100)$

$\therefore I_{Gx} = 13.67 \times 10^6\,\text{mm}^4$

14 반경 r, 내압 P, 두께 t인 얇은 원통형 압력용기의 면내에서 발생되는 최대 전단응력(2차원 응력 상태에서의 최대 전단응력)의 크기는?

① $\dfrac{Pr}{2t}$ ② $\dfrac{Pr}{t}$

③ $\dfrac{Pr}{4t}$ ④ $\dfrac{2Pr}{t}$

Solution $\tau_{\max} = \dfrac{\sigma_t - \sigma_Z}{2} = \dfrac{\sigma_Z}{2} = \dfrac{P \cdot d}{8t} = \dfrac{P \cdot r}{4t}$

15 길이 15m, 봉의 지름 10mm인 강봉에 $P = 8\,\text{kN}$을 작용시킬 때 이 봉의 길이방향 변형량은 약 몇 mm인가? (단, 이 재료의 세로탄성계수는 210GPa이다.)

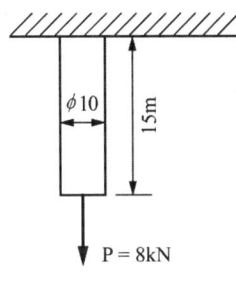

① 5.2   ② 6.4
③ 7.3   ④ 8.5

Solution $\delta = \dfrac{P \cdot \ell}{AE} = \dfrac{8 \times 10^3 \times 15 \times 10^3}{\dfrac{\pi \times 10^2}{4} \times 210 \times 10^3} = 7.28\,\text{mm}$

16 지름 200mm인 축이 120rpm으로 회전하고 있다. 2m 떨어진 두 단면에서 측정한 비틀림각이 $\dfrac{1}{15}$rad이었다면 이 축에 작용하고 있는 비틀림 모멘트는 약 몇 kN · m인가? (단, 가로탄성계수는 80GPa이다.)

① 418.9   ② 356.6
③ 305.7   ④ 286.8

Solution $\theta = \dfrac{T \cdot \ell}{G \cdot I_P}$

$\dfrac{1}{15} = \dfrac{32 \times T \times 2}{80 \times 10^9 \times \pi \times 0.2^4}$, $T = 418.88\,\text{kN·m}$

Answer 14. ③ 15. ③ 16. ①

17 5cm×4cm블록이 x축을 따라 0.05cm만큼 인장되었다. y방향으로 수축되는 변형률(ϵ_y)은? (단, 포아송 비(ν)는 0.3이다.)

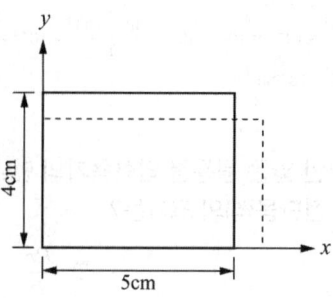

① 0.00015　　② 0.0015
③ 0.003　　④ 0.03

Solution $\nu = \dfrac{e'}{e} = \dfrac{\epsilon_y}{\epsilon_x}$

$\epsilon_y = 0.3 \times \dfrac{0.05}{5} = 0.003$

18 단면적이 5cm², 길이가 60cm인 연강봉을 천장에 매달고 30℃에서 0℃로 냉각시킬 때 길이의 변화를 없게 하려면 봉의 끝에 몇 kN의 추를 달아야 하는가? (단, 세로탄성계수 200GPa, 열팽창계수 $a = 12 \times 10^{-6}$/℃이고, 봉의 자중은 무시한다.)

① 60　　② 36
③ 30　　④ 24

Solution $\sigma = E \cdot \alpha \cdot \Delta t = \dfrac{W}{A}$

$W = 200 \times 10^9 \times 12 \times 10^{-6} \times (30-0) \times 5 \times 10^{-4} = 36000\text{N} = 36\text{kN}$

19 바깥지름이 46mm인 속이 빈 축이 120kW의 동력을 전달하는데 이 때의 각속도는 40rev/s이다. 이 축의 허용비틀림응력이 80MPa일 때, 안지름은 약 몇 mm 이하이어야 하는가?

① 29.8　　② 41.8
③ 36.8　　④ 48.8

Solution $T = \tau_a \cdot Z_P$

$974 \times 9.8 \times \dfrac{120}{40 \times 60} = 80 \times 10^6 \times \dfrac{\pi \times 0.046^3}{16}(1 - x^4)$

$x = 0.911, \ d_1 = x \cdot d_2 = 0.911 \times 46 = 41.906\text{mm}$

Answer　17. ③　18. ②　19. ②

20 알루미늄봉이 그림과 같이 축하중을 받고 있다. BC간에 작용하고 있는 하중의 크기는?

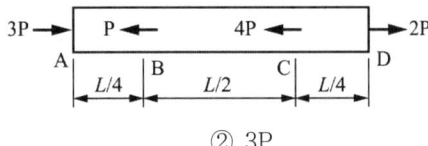

① 2P   ② 3P
③ 4P   ④ 8P

Solution 압축하중 : $P-3P=-2P$, $-4P+2P=-2P$

제2과목 기계제작법

21 바이트의 노즈 반지름 $r=0.2$mm, 이송 $S=0.05$mm/rev로 선삭을 할 때 이론적인 표면거칠기는 약 몇 mm인가?

① 0.15   ② 0.015
③ 0.0015 ④ 0.00015

Solution $H=\dfrac{S^2}{8r}=\dfrac{0.05^2}{8\times 0.2}=0.00156$ mm

22 센터리스 연삭의 특징으로 틀린 것은?

① 가늘고 긴 가공물의 연삭에 적합하다.
② 연속작업을 할 수 있어 대량 생산이 용이하다.
③ 키 홈과 같은 긴 홈이 있는 가공물은 연삭이 어렵다.
④ 축 방향의 추력이 있으므로 연삭 여유가 커야 한다.

23 회전하는 상자 속에 공작물과 숫돌입자, 공작액, 콤파운드 등을 넣고 서로 충돌시켜 표면의 요철을 제거하며 매끈한 가공면을 얻는 가공법은?

① 호닝(honing)   ② 배럴(barrel) 가공
③ 숏 피닝(shot peening) ④ 슈퍼 피니싱(super finishing)

24 일반열처리 중 풀림의 종류에 포함되지 않는 것은?

① 가압 풀림   ② 완전 풀림
③ 항온 풀림   ④ 구상화 풀림

Answer 20. ① 21. ③ 22. ④ 23. ② 24. ①

25 강관의 두께가 2mm, 최대 전단 강도가 440MPa인 재료에 지름이 24mm인 구멍을 뚫을 때 펀치에 작용되어야 하는 힘은 약 몇 N인가?

① 44766　　② 51734
③ 66350　　④ 72197

> **Solution**　$F = 440 \times \pi \times 24 \times 2 = 66316.8\,\mathrm{N}$

26 전단가공의 종류에 해당하지 않는 것은?

① 비딩(beading)　　② 펀칭(punching)
③ 트리밍(trimming)　　④ 블랭킹(blanking)

27 공기마이크로미터의 특징을 설명한 것으로 틀린 것은?

① 배율이 높고 정도가 좋다.
② 접촉 측정자를 사용하지 않을 때에는 측정력이 거의 0에 가깝다.
③ 측정물에 부착된 기름이나 먼지를 분출공기로 불어내므로 보다 정확한 측정이 가능하다.
④ 직접측정기로서 큰 치수(1개)와 작은 치수(2개)로 이루어진 마스터가 최소 3개 필요하다.

> **Solution**　공기 마이크로미터는 압축기를 사용하여 발생한 공기압으로 확대기구를 움직여 길이를 측정하는 비교 측정기이다.

28 주물을 제작할 때 생사형 주형의 경우, 주물 500kg, 주물의 두께에 따른 계수를 2.2라 할 때 주입시간은 약 몇 초인가?

① 33.8　　② 49.2
③ 52.8　　④ 56.4

> **Solution**　$t = S\sqrt{W} = 2.5 \times \sqrt{500} = 49.2\,\mathrm{sec}$

29 다음 중 방전가공의 전극 재질로 가장 적절한 것은?

① S　　② Cu
③ Si　　④ Al_2O_3

30 모재의 용접부에 용제공급관을 통하여 입상의 용제를 쌓아놓고 그 속에 와이어전극을 송급하면 모재 사이에서 아크가 발생하며 그 열에 의하여 와이어 자체가 용융되어 접합되는 용접방법은?

① MIG 용접　　② 원자수소 아크용접
③ 탄산가스 아크용접　　④ 서브머지드 아크용접

> **Answer**　25. ③　26. ①　27. ④　28. ②　29. ②　30. ④

31 아크 용접에 있어서 교류와 직류의 경우에 관한 설명 중 틀린 것은?
① 교류는 직류에 비해서 아크의 안정성이 떨어진다.
② 교류는 비피복봉 사용이 가능하고, 직류는 비피복봉 사용이 불가능하다.
③ 교류는 극성변화가 불가능하고, 직류는 극성변화가 가능하다.
④ 직류는 전격의 위험이 적고, 교류는 전격의 위험이 많다.

32 미터나사에서 삼침법으로 측정한 나사의 유효지름이 d_1[mm]이고 나사의 피치 P[mm]일 때 삼침 접촉 후 측정한 외측거리 M[mm]를 나타내는 식으로 옳은 것은? (단, 삼침의 지름은 d[mm]이다.)
① $M = d_1 + 3.16567d - 0.096049P$
② $M = d_1 + 3.16567d + 0.096049P$
③ $M = d_1 + 3d - 0.866025P$
④ $M = d_1 + 3d + 0.866025P$

33 인발가공에서 인발 조건의 인자(因子)로 거리가 먼 것은?
① 역장력(back tension)
② 마찰력(friction force)
③ 다이각(die angle)
④ 절곡력(folding force)

34 코어가 없이 원통형 주물을 제조할 수 있는 주조 방법은?
① 연속주조방법
② 원심주조방법
③ 저압주조방법
④ 다이캐스팅법

35 표준 고속도강의 함유량 표기에서 18-4-14 중 18의 의미는?
① 탄소의 함유량
② 텅스텐의 함유량
③ 크롬의 함유량
④ 바나듐의 함유량

36 밀링머신에서 커터의 지름이 150mm이고, 한 날당 이송이 0.2mm, 커터의 날수를 8개, 회전수를 2000rpm으로 할 때 절삭속도는 약 얼마인가?
① 922.8m/min
② 942.48m/min
③ 962.48m/min
④ 982.48m/min

Solution $V = \dfrac{\pi \times 150 \times 2000}{1000} = 942.48 \text{m/min}$

Answer   31. ②   32. ③   33. ④   34. ②   35. ②   36. ②

37 표면경화법인 액체 침탄법에서 액체 침탄질화제의 주성분은?

① C_2H_6 ② NaCN ③ $BaCO_3$ ④ Na_2CO_3

38 다음 중 고속회전 및 정밀한 이송기구를 갖추고 있으며, 다이아몬드 또는 초경합금의 절삭 공구로 가공하는 보링 머신으로 정밀도가 높고 표면거칠기가 우수한 내연기관 실린더나 베어링면을 가공하기에 가장 적합한 것은?

① 보통 보링 머신 ② 코어 보링 머신
③ 정밀 보링 머신 ④ 드릴 보링 머신

39 방전가공에 사용되는 가공액 중 절연유로 사용할 수 없는 것은?

① 석유 ② 머신유
③ 휘발유 ④ 스핀들유

40 CNC 프로그래밍에서 기능과 주소(address)의 연결이 잘못 짝지어진 것은?

① 보조기능 $-A$ ② 준비기능 $-G$
③ 주축기능 $-S$ ④ 이송기능 $-F$

▶ Solution 보조기능 $-M$

제3과목 기계설계 및 기계재료

41 4각 나사에서 리드각 $3.83°$, 마찰계수 $\mu = 0.1$일 때, 이 나사의 효율을 구하면?

① 28.77% ② 32.75%
③ 39.83% ④ 42.56%

▶ Solution $\rho = \tan^{-1}(0.1) = 5.71°$, $\eta = \dfrac{\tan\alpha}{\tan(\alpha+\rho)} = \dfrac{\tan 3.83}{\tan(3.83+5.71)} \times 100 = 39.83\%$

42 동일재료로 제작된 중실축과 중공축이 있다. 중실축의 외경(d)=40mm이고, 중공축의 $\dfrac{내경}{외경} = 0.6$일 때, 이들 두 축의 비틀림 강도가 동일하기 위한 중공축의 외경은 약 몇 mm인가?

① 32 ② 42 ③ 52 ④ 62

▶ Solution $40^3 = d_2^3 \times (1-0.6^4)$
$d_2 = 41.89\text{mm}$

| Answer | 37. ② | 38. ③ | 39. ③ | 40. ① | 41. ③ | 42. ② |

43 축은 가공하지 않고 회전체의 보스에만 키 홈을 내어 설치하는 키는?

① 반달키(woodruff key)   ② 평키(flat key)
③ 접선키(tangential key)   ④ 안장키(saddle key)

44 리벳 이음에서 피치를 P, 리벳으로써 졸라맨 후의 리벳 지름 또는 구멍지름을 d 라고 할 때, 강판의 파괴에 대한 효율을 나타내는 식으로 옳은 것은?

① $\dfrac{p-d}{p}$ ② $\dfrac{p+d}{p}$
③ $\dfrac{p}{p-d}$ ④ $\dfrac{p}{p+d}$

45 롤러 베어링에서 기본정격수명을 L(rev), 베어링의 기본동정격하중을 C(N), 베어링에 발생하는 동등가하중을 P(N)라 할 때 이에 대한 관계식으로 옳은 것은?

① $L = (\dfrac{P}{C})^3 \times 10^6$ ② $L = (\dfrac{C}{P})^3 \times 10^6$
③ $L = (\dfrac{P}{C})^{\frac{10}{3}} \times 10^6$ ④ $L = (\dfrac{C}{P})^{\frac{10}{3}} \times 10^6$

Solution
① 롤러베어링 $r = \dfrac{10}{3}$
② 볼베어링 $r = 3$

46 벨트 전동에서 유효장력 P를 나타내는 식으로 옳은 것은? (단, T_t는 긴장측 장력이고, T_s는 이완측 장력을 나타낸다.)

① 보통 보링 머신   ② 코어 보링 머신
③ 정밀 보링 머신   ④ 드릴 보링 머신

47 홈 마찰차에서 홈의 각도가 2α이고 접촉부 마찰계수가 μ일 때 동가마찰계수(혹은 상당마찰계수)를 나타내는 식은?

① $\dfrac{\mu}{\sin\alpha + \cos\alpha}$ ② $\dfrac{\mu}{\sin\alpha + \mu\cos\alpha}$
③ $\dfrac{\mu}{\cos\alpha + \mu\sin\alpha}$ ④ $\dfrac{\mu}{1 + \mu\tan\alpha}$

Answer   43. ④   44. ①   45. ④   46. ④   47. ②

48 볼트의 허용전단응력이 40MPa이고, 6개의 볼트로 체결된 플랜지 커플링에 2.6kN·m의 토크가 작용하고 있다. 볼트 조립부의 피치원 지름은 160mm일 때 볼트 골지름은 약 몇 mm 이상이어야 하는가?

① 8.4　　　② 10.8　　　③ 13.2　　　④ 16.9

Solution
$$T = \tau_B \cdot \frac{\pi d^2}{4} \cdot Z \cdot \frac{D_B}{2}$$
$$2.6 \times 10^3 \times 10^3 = 40 \times \frac{\pi \delta^2}{4} \times 6 \times \frac{160}{2}$$
$$\delta = 13.13 \text{mm}$$

49 단식 블록 브레이크에서 드럼의 원주속도는 8m/s, 제동 동력은 1.9kW일 때, 브레이크 용량(μpv, MPa·m/s)은? (단, 블록의 마찰면적은 50cm²이고, 마찰계수는 0.3이다.)

① 0.95　　　② 0.71　　　③ 0.55　　　④ 0.38

Solution
$$\mu pv = \frac{H_{kW}}{A} = \frac{1.9 \times 10^3}{50 \times 10^{-4}} \times 10^{-6} = 0.38 \text{MPa·m/sec}$$

50 코일 스프링에서 스프링 코일의 평균지름을 1.5배, 소선의 지름 역시 1.5배로 크게 하면 같은 축방향 하중에 의해 선재에 생기는 최대 전단응력은 변경 전의 최대전단응력(τ_{max})의 약 몇 배로 되는가? (단, 응력수정계수는 변하지 않는다고 가정한다.)

① $\dfrac{\mu}{\sin\alpha + \cos\alpha}$　　　② $\dfrac{\mu}{\sin\alpha + \mu\cos\alpha}$

③ $\dfrac{\mu}{\cos\alpha + \mu\sin\alpha}$　　　④ $\dfrac{\mu}{1 + \mu\tan\alpha}$

Solution
$$\tau_{max} = K \cdot \frac{16 \cdot P \cdot R}{\pi d^3}, \quad \tau'_{max} = K \cdot \frac{16 \cdot P(1.5R)}{\pi \cdot (1.5d)^3} = \frac{1}{1.5^2} \tau_{max} = 0.444 \tau_{max}$$

51 강을 담금질하면 경도가 크고 메지므로, 인성을 부여하기 위하여 A_1 변태점 이하의 온도에서 일정 시간 유지하였다가 냉각하는 열처리 방법은?

① 퀜칭(Quenching)　　　② 템퍼링(Tempering)
③ 어닐링(Annealing)　　　④ 노멀라이징(Normalizing)

Solution ① 퀜칭(Queching) : 담금질-강도·경도 증가　　② (Annealing) : 풀림-연화
③ (Normalizing) : 불림-미세화

52 열경화성 수지나 충전 강화수지(FRTP) 등에 사용되는 것으로 내열성, 내마모성, 내식성이 필요한 열간 금형용 재료는?

① STC3　　　② STS5
③ STD61　　　④ SM45C

Solution ① STC : 탄소공구강

Answer　48. ③　49. ④　50. ②　51. ②　52. ③

② STS : 합금공구강
③ SM45C : 기계구조용 탄소강

53 탄소강에 함유된 인(P)의 영향을 옳게 설명한 것은?

① 경도를 감소시킨다.
② 결정립을 미세화시킨다.
③ 연신율을 증가시킨다.
④ 상온 취성의 원인이 된다.

Solution 인(P) : 경도 증가, 연산율 감소, 결정립 조대화, 상온취성의 원인 등

54 구리판, 알루미늄판 등 기타 연성의 판재를 가압 성형하여 변형 능력을 시험하는 시험법은?

① 커핑 시험
② 마멸 시험
③ 압축 시험
④ 크리프 시험

Solution 압출시험 : 얇은 금속판의 변형 테스트
① 에릭센 : 압출깊이로 변형 test
② 커핑 : 압출깊이와 압출에 필요한 하중도 측정하는 시험

55 라우탈(Lautal) 합금의 주성분으로 옳은 것은?

① Al-Si
② Al-Mg
③ Al-Cu-Si
④ Al-Cu-Ni-Mg

Solution 라우탈= 실루민(Al-Si계)+Cu

56 스테인리스강의 조직계에 해당되지 않는 것은?

① 펄라이트계
② 페라이트계
③ 마텐자이트계
④ 오스테나이트계

Solution • 크롬계 스테인리스강 : 마텐자이트계, 페라이트계
• 니켈·크롬계 스테인리스강 : 오스테나이트계

57 금속을 냉간 가공하였을 때의 기계적·물리적 성질의 변화에 대한 설명으로 틀린 것은?

① 냉간 가공도가 증가할수록 강도는 증가한다.
② 냉간 가공도가 증가할수록 연신율은 증가한다.
③ 냉간 가공이 진행됨에 따라 전기 전도율은 낮아진다.
④ 냉간 가공이 진행됨에 따라 전기적 성질인 투자율은 감소한다.

Solution ① 냉간 가공시 가공경화로 인하여 강도·경도가 증가한다.
② 항자력이 낮고 투자늘이 높을수록 전기적 성질이 양호하다.

Answer 53. ④ 54. ① 55. ③ 56. ① 57. ②

58 켈밋 합금(Kelmet alloy)의 주요 성분으로 옳은 것은?
① Pb-Sn
② Cu-Pb
③ Sn-Sb
④ Zn-Al

> **Solution** 켈밋(kelmet) : Cu-Pb으로 구성된 베어링 합금 고속·고하중용으로 자동차·항공기 등에 사용

59 그림과 같은 항온 열처리하여 마텐자이트와 베이나이트의 혼합조직을 얻은 열처리는?

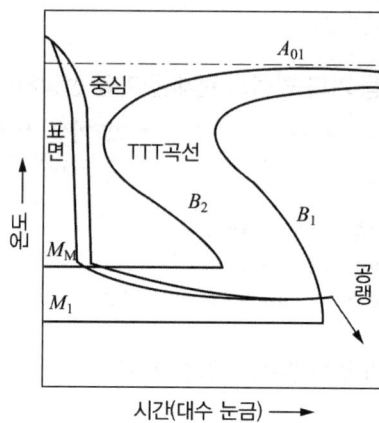

① 담금질
② 패턴팅
③ 마템퍼링
④ 오스템퍼링

> **Solution**
> ① 패턴팅 : 소르바이트
> ② 마템퍼링 : 베이나이트+마텐자이트
> ③ 오스템퍼링 : 베이나이트

60 Fe-C평형상태도에 대한 설명으로 틀린 것은?
① 강의 A_1변태선은 약 768℃이다.
② A_1변태선을 공석선이라 하며, 약 723℃이다.
③ A_0변태점을 시멘타이트의 자기변태점이라 하며, 약 210℃이다.
④ 공정점에서의 공정물을 펄라이트라 하며, 약 1490℃이다.

> **Solution** 공정점 : 4.3%C, 1147℃, 레테뷰라이트

Answer 58. ② 59. ③ 60. ④

제4과목 기구학 및 CAD

61 다음 운동 전달기구 중에서 원동절과 종동절의 각 속도비가 일정하지 않은 것은?
① 타원마찰차 ② 스퍼기어
③ 벨트전동기구 ④ 웜기어

62 마찰구등에서 두 축이 평행하지도 교차하지도 않으며 쌍곡선의 일부를 이용한 마찰자는?
① 원추차 ② 원통차
③ 스큐차 ④ 구면차

63 원동차 지름 100mm, 회전수 500rpm이고, 종동차 지름 200mm인 벨트 전동장치에 종동차의 회전수는 몇 rpm인가? (단, 벨트 두께는 고려치 않는다.)
① 1000 ② 500 ③ 250 ④ 2500

Solution
$$i = \frac{N_2}{500} = \frac{100}{200}$$
$$N_2 = 250 rpm$$

64 물체상의 모든 점이 어느 한 점을 중심으로 일정한 거리를 유지하면서 이동하는 운동을 무엇이라 하는가?
① 회전 운동 ② 직선 운동
③ 나선 운동 ④ 구면 운동

65 종동절의 상승·하강을 모두 캠으로 하는 것은 무엇인가?
① 확동 캠(positive motion cam)
② 접선 캠(tangent cam)
③ 편심원판 캠(circual disc cam)
④ 경사판 캠(swash plate cam)

66 선풍기의 날개나 벨트 풀리의 움직임은 기계운동의 종류 중에서 어느 운동이라 할 수 있는가?
① 회전 운동 ② 구면 운동
③ 나선 운동 ④ 가속도 운동

Answer 61. ① 62. ③ 63. ③ 64. ④ 65. ① 66. ①

67 그림과 같이 크랭크 기구에서 크랭크의 길이가 100mm이고, 300rpm으로 회전하고 있다. 크랭크의 위치가 수평위치로부터 60°의 위치에 왔을 때 슬라이더(4번 부품)의 선속도는 약 몇 m/s인가?

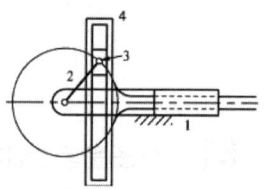

① 1.4　　　　　　② 1.8
③ 2.3　　　　　　④ 2.7

Solution $V = 0.1 \times \sin 60° \times \dfrac{2\pi \times 300}{60} = 2.72 \text{m/sec}$

68 평 기어와 비교하여 헬리컬 기어에 발생하는 단점은?
① 기어의 물림 길이가 작다.
② 소음이 크게 발생한다.
③ 동력 전달 효율이 떨어진다.
④ 축 방향으로 스러스트가 발생한다.

69 지름 2m의 바퀴가 13rpm으로 회전할 때, 각속도(w) 및 원주 속도(v)는 약 얼마인가?
① $w = 13.6 \text{rad/s}$, $v = 13.6 \text{m/s}$　　② $w = 13.6 \text{rad/s}$, $v = 17 \text{m/s}$
③ $w = 15 \text{rad/s}$, $v = 13.6 \text{m/s}$　　④ $w = 20 \text{rad/s}$, $v = 20 \text{m/s}$

Solution $w = \dfrac{2\pi \times 130}{60} = 13.61 \text{rad/sec}$
$V = R \cdot w = l \times 13.6 = 13.6 \text{m/sec}$

70 압력각이 20°이고, 모듈이 5, 잇수가 60개인 표준스퍼기어의 법선 피치는 약 얼마인가?
① 4.7mm　　　　　② 14.8mm
③ 20.7mm　　　　　④ 28.2mm

Solution $P_g = P \cdot \cos x = \pi \times 5 \times \cos 20° = 14.8 \text{mm}$

71 곡선의 성질 중에서 접선벡터의 변화량과 가장 관련이 깊은 것은?
① 곡률(curvature)　　② 곡선의 길이
③ 현의 길이　　　　　④ 호의 길이

Answer 67. ④　68. ④　69. ①　70. ②　71. ①

72 CAD 시스템에서 곡선의 표현방식으로 유리식을 사용하는 경우 그 주된 이유는?

① 수식이 간단하다.
② 2차 곡선들의 통합된 표현으로 가능하다.
③ 미분값을 구하기가 더 쉽다.
④ 적분값을 구하기가 더 쉽다.

73 3차원(3D) 변환에 있어서는 X, Y, Z의 모든 축을 고려해야 한다. 3차원상의 한 점 P=[1 1 1] 을 X축에 대해 반시계방향으로 90° 회전한 후의 점 좌표로서 알맞은 것은?

① [1 0 1]
② [1 1 −1]
③ [1 − 1 1]
④ [−1 1 1]

Solution

$$[x', y', z', 1] = [1, 1, 1, 1] \begin{bmatrix} 1 & 0 & 0 & 0 \\ 0 & 0 & 1 & 0 \\ 0 & -1 & 0 & 0 \\ 0 & 0 & 0 & 1 \end{bmatrix}$$
$$= [1, -1, 1, 1]$$

* 동차좌표계로 계산하였음.

74 다음 중 솔리드 모델을 위한 특징형상(feature) 기반 모델링 방법과 거리가 먼 것은?

① chamfering
② pocketing
③ skinning
④ filleting

75 평평한 판에 가로, 세로 방향으로 전류가 흘러 그 판 위에 놓여진 마우스 형태의 퍽의 x, y 방향의 절대위치를 입력할 수 있으며, 일반적으로 기존의 도면이나 도형을 직접 따라가면서 좌표값을 입력 시키는 용도로 사용되는 것은 무엇인가?

① 트랙볼
② 마우스
③ 디지타이저
④ 라이트펜

76 CSG(Constructive Solid Geometry) 모델에서 Primitive란 기본 형상을 의미하며 이들은 불리안 연산이 가능하다. 다음 중 CSG의 Primitive로 보기 어려운 것은?

①
②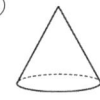
③
④

Answer 72. ② 73. ③ 74. ③ 75. ③ 76. ④

77 그림과 같이 4개의 경계곡선(C1-C4)을 선형 보간하여 얻어지는 곡면을 무엇이라고 하는가?

① Ruled 곡면
② Loft 곡면
③ Sweep 곡면
④ Coon's 곡면

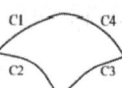

78 다음 중 파라메트릭 모델링의 일반적 특징이 아닌 것은?

① 도형에 대하여 구속조건의 부여가 가능하다.
② 변수 테이블을 사용한다.
③ 불리안(Boolean) 작업에 의해서 수행된다.
④ 유사한 형상들의 모델링에 유용하다.

79 다음 은선, 은면 제거 알고리즘에 대한 설명 중 옳은 것은?

① 후향면(back-face) 제거 알고리즘은 물체의 안쪽 방향에 있는 법선벡터가 관찰자쪽으로 향하고 있다면 물체의 면이 가시적이고, 그렇지 않으면 비가시적이라는 기본 개념을 이용한다.
② 깊이 분류(depth-sorting) 알고리즘에서는 물체의 면들이 관찰자로부터의 거리로 정렬되며, 가장 먼 면부터 가장 가까운 면으로 각각의 색깔로 채워진다.
③ 후향면 제거 알고리즘은 특히 오목한 물체의 숨은 면을 제거하는 데 적합하다.
④ z-버퍼 방법에서는 법선벡터가 관찰자 앞쪽을 향하는 면들이 관차자로부터의 거리 순서로 스크린에 투영된다.

80 솔리드 모델링 기법중의 하나로서 특정규칙에 의하여 여러 개의 빈공간의 교집합으로 표현되는 기본적인 형상들을 기하학적인 불리안 연산으로 조합하여 실제 물체를 생성하는 기법은?

① B-rep
② CSG
③ Sweeping
④ 피쳐기반모델링

Answer   77. ④   78. ③   79. ②   80. ②

제1과목 재료역학

01 그림과 같은 부정정보가 등분포 하중(ω)을 받고 있을 때 B점의 반력 R_b는?

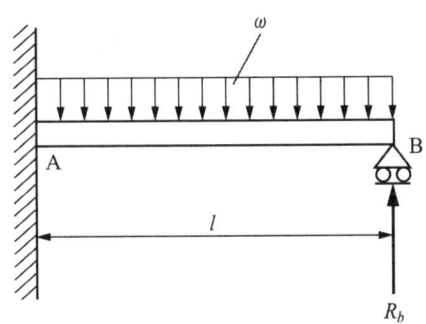

① $\dfrac{1}{8}\omega l$ ② $\dfrac{1}{3}\omega l$ ③ $\dfrac{3}{8}\omega l$ ④ $\dfrac{5}{8}\omega l$

Solution $\dfrac{R_b l^3}{3EI} = \dfrac{\omega l^4}{8EI}$, $R_b = \dfrac{3}{8}\omega l$

02 안지름 1m, 두께 5mm의 구형 압력 용기에 길이 15mm 스트레인 게이지를 그림과 같이 부착하고, 압력을 가하였더니 게이지의 길이가 0.009mm 만큼 증가했을 때, 내압 p의 값은 약 몇 MPa인가? (단, 세로탄성계수는 200GPa, 포아송 비는 0.3이다.)

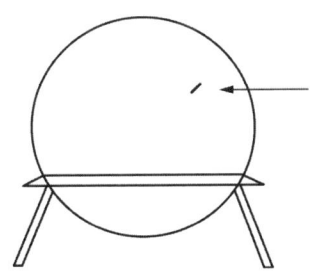

① 3.43MPa   ② 6.43MPa
③ 13.4MPa   ④ 16.4MPa

Solution $\sigma = \dfrac{pd}{4t} = K\epsilon_V = \dfrac{E}{3(1-2\nu)}\dfrac{\Delta V}{V}$ 적용

Answer 1. ③ 2. ①

03 비례한도까지 응력을 가할 때 재료의 변형에너지 밀도(탄력계수, modulus of resilience)를 옳게 나타낸 식은? (단, E는 세로탄성계수, σ_{pl}은 비례한도를 나타낸다.)

① $\dfrac{E^2}{2\sigma_{pl}}$
② $\dfrac{\sigma_{pl}}{2E^2}$
③ $\dfrac{\sigma_{pl}^2}{2E}$
④ $\dfrac{E}{2\sigma_{pl}^2}$

Solution $u = \dfrac{U}{V} = \dfrac{\sigma_{pl}^2}{2E}$

04 지름이 d인 중실 환봉에 비틀림 모멘트가 작용하고 있고 환봉의 표면에서 봉의 축에 대하여 45°방향으로 측정한 최대수직변형률이 ϵ이었다. 환봉의 전단탄성계수를 G라고 한다면 이때 가해진 비틀림 모멘트 T의 식으로 가장 옳은 것은? (단, 발생하는 수직변형률 및 전단변형률은 다른 값에 비해 매우 작은 값으로 가정한다.)

① $\dfrac{\pi G\epsilon d^3}{2}$
② $\dfrac{\pi G\epsilon d^3}{4}$
③ $\dfrac{\pi G\epsilon d^3}{8}$
④ $\dfrac{\pi G\epsilon d^3}{16}$

Solution $\tau = G\gamma = G(2\epsilon) = \dfrac{16T}{\pi d^3}$, $T = \dfrac{\pi d^3 G\epsilon}{8}$

05 굽힘 모멘트 20.5kN·m의 굽힘을 받는 보의 단면은 폭 120mm, 높이 160mm의 사각단면이다. 이 단면이 받는 최대굽힘응력은 약 몇 MPa인가?

① 10MPa
② 20MPa
③ 30MPa
④ 40MPa

Solution $\sigma_b = \dfrac{M}{Z} = \dfrac{M}{bh^2/6} = 40.04\,\text{MPa}$

06 비틀림 모멘트 T를 받는 평균반지름이 r_m이고 두께가 t인 원형의 박판 튜브에서 발생하는 평균 전단응력의 근사식으로 가장 옳은 것은?

① $\dfrac{2T}{\pi t r_m^2}$
② $\dfrac{4T}{\pi t r_m^2}$
③ $\dfrac{T}{2\pi t r_m^2}$
④ $\dfrac{T}{4\pi t r_m^2}$

Solution $T = Fr_m = \tau A r_m$, $\tau = \dfrac{T}{2\pi r_m^2 t}$

Answer 3. ③ 4. ③ 5. ④ 6. ③

07 한 쪽을 고정한 L형 보에 그림과 같이 분포하중(w)과 집중하중(50N)이 작용할 때 고정단 A 점에서의 모멘트는 얼마인가?

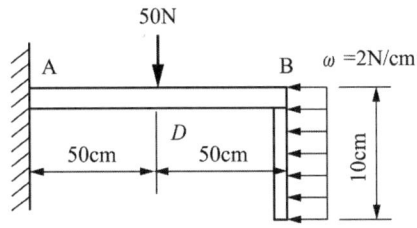

① 2600N·cm
② 2900N·cm
③ 3200N·cm
④ 3500N·cm

Solution $M = 50 \times 50 + (10 \times 2) \times 5 = 2600$ Ncm

08 한 변의 길이가 10mm인 정사각형 단면의 막대가 있다. 온도를 초기온도로부터 60℃만큼 상승시켜서 길이가 늘어나지 않게 하기 위해 8kN의 힘이 필요할 때 막대의 선팽창계수(α)는 약 몇 ℃$^{-1}$인가? (단, 세로탄성계수 E = 200GPa이다.)

① $\dfrac{5}{3} \times 10^{-6}$
② $\dfrac{10}{3} \times 10^{-6}$
③ $\dfrac{15}{3} \times 10^{-6}$
④ $\dfrac{20}{3} \times 10^{-6}$

Solution $\sigma = \dfrac{P}{A} = E\alpha \Delta t$, $\alpha = 6.67 \times 10^{-6}/℃$

09 다음 단면에서 도심의 y측 좌표는 얼마인가? (단, 길이 단위는 mm이다.)

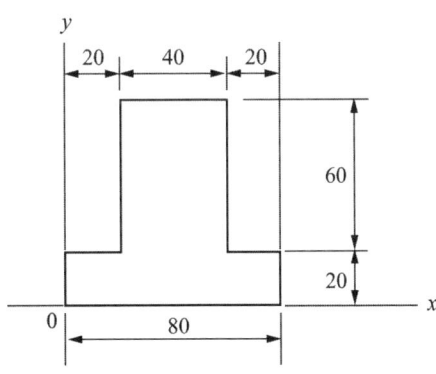

① 32mm
② 34mm
③ 36mm
④ 38mm

Solution $\bar{y} = \dfrac{80 \times 20 \times 10 + 40 \times 60 \times 50}{80 \times 20 + 40 \times 60} = 34$ mm

Answer 7. ① 8. ④ 9. ②

10 다음과 같은 평면응력상태에서 최대전단응력은 약 몇 MPa인가?

- x방향 인장응력 : 175MPa
- y방향 인장응력 : 35MPa
- xy방향 인장응력 : 60MPa

① 127　　　　　　　② 104
③ 76　　　　　　　④ 92

Solution $\tau_{\max} = \sqrt{\left(\dfrac{\sigma_x - \sigma_y}{2}\right)^2 + \tau_{xy}^2} = 92.2\text{N/mm}^2$

11 그림과 같은 사각단면보에서 100kN의 인장력이 작용하고 있다. 이때 부재에 걸리는 인장응력은 약 얼마인가?

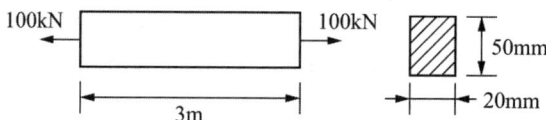

① 100Pa　　　　　　② 100kPa
③ 100MPa　　　　　　④ 100GPa

Solution $\sigma_t = \dfrac{100 \times 10^3}{20 \times 50} = 100\text{MPa}$

12 그림과 같이 강선이 천정에 매달려 100kN의 무게를 지탱하고 있을 때, AC 강선이 받고 있는 힘은 약 몇 kN인가?

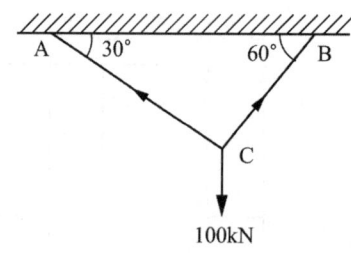

① 50　　　　　　　② 25
③ 86.6　　　　　　④ 13.3

Solution $F_{Ac} = 100 \times \sin 150° = 50\text{kN}$

Answer 10. ④　11. ③　12. ①

13 양단이 고정된 막대의 한 점(B점)에 그림과 같이 축방향 하중 P가 작용하고 있다. 막대의 단면적이 A이고 탄성계수가 E일 때, 하중 작용점(B)의 변위 발생량은?

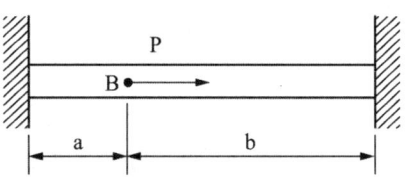

① $\dfrac{abP}{EA(a+b)}$

② $\dfrac{abP}{2EA(a+b)}$

③ $\dfrac{abP}{EA(a-b)}$

④ $\dfrac{abP}{2EA(a-b)}$

Solution 좌측끝고정단반력 $R_a = \dfrac{Pb}{a+b}$

a길이에 대한 변형량 $\delta = \dfrac{R_a a}{AE} = \dfrac{Pba}{AE(a+b)}$

14 그림과 같은 분포 하중을 받는 단순보의 반력 R_A, R_B는 각각 몇 kN인가?

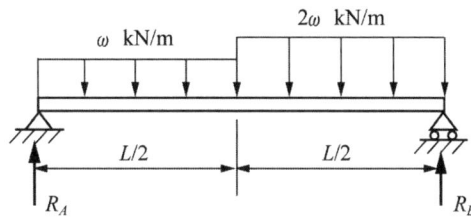

① $R_A = \dfrac{3}{8}\omega L$, $R_B = \dfrac{9}{8}\omega L$

② $R_A = \dfrac{5}{8}\omega L$, $R_B = \dfrac{7}{8}\omega L$

③ $R_A = \dfrac{9}{8}\omega L$, $R_B = \dfrac{3}{8}\omega L$

④ $R_A = \dfrac{7}{8}\omega L$, $R_B = \dfrac{5}{8}\omega L$

Solution $R_A = \left(\omega\dfrac{L}{2}\cdot\dfrac{3}{4}L + \omega L\dfrac{L}{4}\right)/L = \dfrac{5}{8}\omega L$, $R_B = \left(\dfrac{\omega L}{2} + \omega L\right) - R_A = \dfrac{7\omega L}{8}$

Answer 13. ① 14. ②

15 그림과 같이 크기가 같은 집중하중 P를 받고 있는 외팔보에서 자유단의 처짐값을 구한 식으로 옳은 것은?
(단, 보의 전체 길이는 ℓ이며, 세로탄성계수는 E, 보의 단면 2차모멘트는 I이다.)

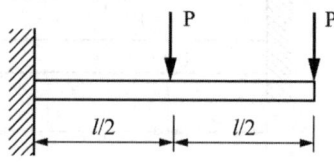

① $\dfrac{2P\ell^2}{3EI}$ ② $\dfrac{5P\ell^2}{8EI}$

③ $\dfrac{7P\ell^2}{16EI}$ ④ $\dfrac{5P\ell^2}{24EI}$

Solution $\delta = \dfrac{5Pl^3}{48EI} + \dfrac{Pl^3}{3EI} = \dfrac{7Pl^3}{16EI}$

16 가로탄성계수가 5GPa인 재료로 된 봉의 지름이 4cm이고, 길이가 1m이다. 이 봉의 비틀림 강성(단위 회전각을 일으키는데 필요한 토크, torsional stiffness)은 약 몇 kN·m인가?

① 1.26   ② 1.008
③ 0.74   ④ 0.53

Solution $\dfrac{T}{\theta} = \dfrac{GI_P}{l} = \dfrac{G}{l} \dfrac{\pi d^4}{32} = 1.26 \, \text{kJ/rad}$

17 직사각형 단면을 가진 단순지지보의 중앙에 집중하중 W를 받을 때, 보의 길이 ℓ이 단면의 높이 h의 10배라 하면 보에 생기는 최대굽힘응력 σ_{max}와 최대전단응력 τ_{max}의 비($\dfrac{\sigma_{max}}{\tau_{max}}$)는?

① 4   ② 8
③ 16   ④ 20

Solution $l = 10h$

$\dfrac{\sigma_{max}}{\tau_{max}} = \dfrac{W\dfrac{l}{4} \Big/ \dfrac{bh^2}{6}}{\dfrac{3}{2}\dfrac{W/2}{bh}} = 20$

Answer 15. ③ 16. ① 17. ④

18 그림과 같은 단순보에 w의 등분포하중이 작용하고 있을 때 보의 양단에서의 처짐각(θ)은 얼마인가? (단, E는 세로탄성계수, I는 단면2차모멘트이다.)

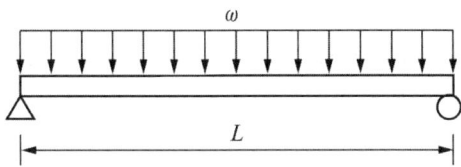

① $\theta = \dfrac{wL^3}{16EI}$ ② $\theta = \dfrac{wL^3}{24EI}$

③ $\theta = \dfrac{wL^3}{48EI}$ ④ $\theta = \dfrac{wL^3}{128EI}$

Solution $\theta = \dfrac{\omega L^3}{24EI},\ \delta = \dfrac{5\omega l^4}{384EI}$

19 단면적이 같은 원형과 정사각형의 도심축을 기준으로 한 단면 계수의 비는? (단, 원형 : 정사각형의 비율이다.)

① 1 : 0.509   ② 1 : 1.18
③ 1 : 2.36   ④ 1 : 4.68

Solution $\dfrac{\pi d^2}{4} = a^2,\ \dfrac{a^3/6}{\pi d^3/32} = \dfrac{4\sqrt{\pi}}{6} = 1.18$

20 그림과 같이 일단 고정 타단 자유인 기둥이 축방향으로 압축력을 받고 있다. 단면은 한쪽 길이가 10cm의 정사각형이고 길이(ℓ)는 5m, 세로탄성계수는 10GPa이다. Euler 공식에 따라 좌굴에 안전하기 위한 하중은 약 몇 kN인가? (단, 안전계수를 10으로 적용한다.)

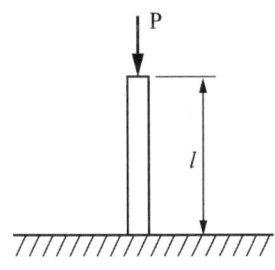

① 0.72   ② 0.82
③ 0.92   ④ 1.02

Solution $P_{cr} = \dfrac{n\pi^2 EI}{l^2},\ P_a = \dfrac{P_{cr}}{S} = 0.82\text{kN}$

Answer 18. ② 19. ② 20. ②

제2과목 기계제작법

21 주철과 같이 메진 재료를 저속으로 절삭할 때 일반적인 칩의 모양은?
① 경작형 ② 균열형
③ 유동형 ④ 전단형

> **Solution** 칩의 종류 : 유동형, 전단형, 경작형, 균열형 등이 있다. 균열형은 취성이 큰 주철과 같은 재료 가공시 발생, 절삭유는 사용하지 않는 특징도 있다.

22 펀치와 다이를 프레스에 설치하여 판금재료로부터 목적하는 형상의 제품을 뽑아내는 전단가공은?
① 스웨이징 ② 엠보싱
③ 블랭킹   ④ 브로칭

> **Solution** 블랭킹과 브로우칭은 프레스 전단가공으로 분류되고 스웨이징과 엠보싱은 프레스의 압축가공으로 분류된다.

23 래핑 다듬질에 대한 특징 중 틀린 것은?
① 게이지류나 광학렌즈의 표면 다듬질에 사용된다.
② 가공면에 랩제가 잔류하여 표면의 부식과 마모 촉진을 막아준다.
③ 평면도, 진원도, 직선도 등의 이상적인 기하학적 형상을 얻을 수 있다.
④ 가공면의 윤활성 및 내마모성이 좋아진다.

> **Solution** 래핑은 가장 정밀한 입자가공에 해당된다.

24 밀링가공에서 지름이 50mm인 밀링커터를 사용하여 60m/min의 절삭속도로 절삭하는 경우 밀링커터의 회전수는 약 몇 rpm인가?
① 284 ② 382
③ 468 ④ 681

> **Solution** $V = \dfrac{\pi DN}{1000} = \dfrac{\pi \times 50 \times N}{1000} = 60$, $N = 382\,\mathrm{rpm}$

25 다이에 아연, 납, 주석 등의 연질금속을 넣고 제품 형상의 펀치로 타격을 가하여 길이가 짧은 치약튜브, 약품튜브 등을 제작하는 압출방법은?
① 간접 압출 ② 열간 압출
③ 직접 압출 ④ 충격 압출

> **Solution** 압출가공의 종류 : 전방압출, 후방압출, 충격압출 등, 전방압출은 직접압출, 후방압출은 간접압출이라 한다.

Answer 21. ② 22. ③ 23. ② 24. ② 25. ④

26 300mm×500mm인 주철 주물을 만들 때, 필요한 주입 추는 약 몇 kg인가? (단, 쇳물 아궁이 높이가 120mm, 주물 밀도는 7200kg/m³이다.)

① 129.6
② 149.6
③ 169.6
④ 189.6

Solution $P = 7200 \times 9.8 \times 0.12 \times (0.3 \times 0.5) = 1270.08 N = 129.6 kg_f$

27 초음파 가공에 대한 설명으로 틀린 것은?

① 가공물 표면에서의 증발 현상을 이용한다.
② 전기 에너지를 기계적 진동 에너지로 변화시켜 가공한다.
③ 혼의 재료는 황동, 연강 등을 사용한다.
④ 입자는 가공물에 연속적인 해머 작용으로 가공한다.

Solution 초음파가공은 연삭입자+가공액 속에 일감을 넣고 공구를 초음파로 진동시킨 메진재료를 가공하는 방법이다.

28 다음 중 나사의 주요 측정 요소가 아닌 것은?

① 피치
② 유효지름
③ 나사의 길이
④ 나사산의 각도

Solution 나사의 중요 측정 부위 : 유효지름, 피치, 나사산의 각도 등

29 전기저항용접과 관계되는 법칙은?

① 줄(Joule)의 법칙
② 뉴턴의 법칙
③ 암페어의 법칙
④ 플레밍의 법칙

Solution 줄의 법칙 : 열에너지=전류의 제곱×도체의 저항, 발열에 의해 발생된 열에너지를 구할 수 있다.

30 강재의 표면에 Si를 침투시키는 방법으로 내식성, 내열성 등을 향상시키는 방법은?

① 브로나이징
② 칼로라이징
③ 크로마이징
④ 실리코나이징

Solution B-브로나이징, Cr-크로마이징, Al-칼로라이징

Answer 26. ① 27. ① 28. ③ 29. ① 30. ④

31 3차원 측정기는 X, Y, Z의 3차원 공간상에서 측정점의 좌표점을 검출하여, 데이터를 컴퓨터로 처리하는 측정기이다. 3차원 측정기를 조작상으로 분류할 때 여기에 해당되지 않는 것은?

① 수동형(floating type)
② 조이스틱형(joystick type)
③ CNC형(CNC type)
④ 겐트리형(gantry type)

32 가스용접에서 사용하는 용접용 가스의 종류가 아닌 것은?

① 수소
② LPG
③ 아세틸렌
④ 이산화탄소

33 공기마이크로미터의 특징을 설명한 것으로 틀린 것은?

① 배율이 높고 정도가 좋다.
② 접촉 측정자를 사용하지 않을 때에는 측정력이 거의 0에 가깝다.
③ 측정물에 부착된 기름이나 먼지를 분출공기로 불어내므로 보다 정확한 측정이 가능하다.
④ 직접측정기로서 큰 치수(1개)와 작은 치수(2개)로 이루어진 마스터가 최소 3개 필요하다.

> **Solution** 공기 마이크로미터는 압축기를 사용하여 발생한 공기압으로 확대기구를 움직여 길이를 측정하는 비교 측정기이다.

34 1938년 미국의 Bruce에 의하여 발명된 다이캐스팅(die casting)의 특징으로 틀린 것은?

① 조직이 치밀하고, 강도가 높다.
② 다량생산에 적합하다.
③ die의 제작비가 고가이다.
④ 주물에 사용되는 합금은 주로 탄소강재를 사용한다.

35 선반에서 공작물의 절삭속도(V)를 구하는 공식은? (단, d : 공작물의 지름(m), n : 공작물의 회전수(rpm), V : 절삭속도(m/min)라 한다.)

① $V = \dfrac{\pi \cdot d \cdot n}{1000}$
② $V = \dfrac{\pi \cdot d}{100 \cdot n}$
③ $V = \pi \cdot d \cdot n$
④ $V = 2(\pi \cdot d \cdot n)$

36 NC 서보기구(servo system)의 형식은 피드백장치의 유무와 검출위치에 따라 분류되는데 그 형식이 아닌 것은?

① 개방 회로 방식
② 폐쇄 회로 방식
③ 반개방 회로 방식
④ 반폐쇄 회로 방식

> **Answer** 31. ④ 32. ④ 33. ④ 34. ④ 35. ① 36. ③

37 열처리에서 심냉 처리(sub-zero treatment)에 관한 설명으로 옳은 것은?
① 처음 기름으로 냉각 후 계속하여 물 속에 담그고 냉각하는 것
② 강철을 담금질하기 전 표면에 붙은 불순물을 화학적으로 제거하는 것
③ 담금질 직후 바로 뜨임하기 전에 일정시간 동안 약 450℃ 부근에서 뜨임하는 것
④ 담금질한 제품을 0℃ 이하의 온도까지 냉각시켜 잔류 오스테나이트를 마르텐자이트화 시키는 것

38 다음 중 냉간 가공의 특징이 아닌 것은?
① 결정 조직의 미세화 효과가 있다.
② 정밀한 가공으로 치수가 정확하다.
③ 가공면이 깨끗하고 아름답다.
④ 강도증가와 같은 기계적 성질을 개선할 수 있다.

39 머시닝센터에서 로터리 테이블을 추가할 때 그 상부의 팰릿을 자동으로 교환시켜 기계정지 시간을 단축시킬 수 있는 장치는?
① APC
② ATC
③ HSM
④ FA

40 다음 중 초음파 가공의 특징으로 가장 거리가 먼 것은?
① 가공물체에 가공변형이 남지 않는다.
② 공구 이외에는 마모부품이 거의 없다.
③ 가공면적이 넓고, 가공 깊이도 제한받지 않는다.
④ 다이아몬드, 초경합금, 열처리 강 등의 가공이 가능하다.

Answer 37. ④ 38. ① 39. ① 40. ④

제3과목 기계재료 및 기계설계

41 내연기관 실린더에서 폭발이 일어날 때 회전축에 큰 회전토크를 발생시키고, 또 다른 폭발이 있을 때까지 새로운 에너지의 공급 없이 회전하게 된다. 이와 같은 폭발간격으로 인하여 구동토크의 크기 변동과 회전각속도가 변동될 때 각속도의 변동을 줄여주는 역할을 하는 것은?

① 관성차(fly wheel)
② 래칫 휠(rachet wheel)
③ 밴드 브레이크(band brake)
④ 원판 브레이크(disk brake)

42 볼트에 가해지는 충격하중에 대하여 충격 에너지 흡수 능력을 크게 하고자 할 때 다음 중 가장 적합한 방법은?

① 볼트의 길이를 길게 하고, 볼트의 단면적은 크게 한다.
② 볼트의 길이를 길게 하고, 볼트의 단면적은 작게 한다.
③ 볼트의 길이를 짧게 하고, 볼트의 단면적은 크게 한다.
④ 볼트의 길이를 짧게 하고, 볼트의 단면적은 작게 한다.

43 동일재료로 제작된 중실축과 중공축이 있다. 중실축의 외경(d)=40mm이고, 중공축의 $\frac{내경}{외경}=0.6$일 때, 이들 두 축의 비틀림 강도가 동일하기 위한 중공축의 외경은 약 몇 mm 인가?

① 32 ② 42 ③ 52 ④ 62

Solution $40^3 = d_2^3 \times (1 - 0.6^4)$
$d_2 = 41.89mm$

44 세레이션(serration)에 대한 일반적인 설명 중 틀린 것은?

① 스플라인에 비하여 치수(齒數)가 많다.
② 삼각치 세레이션은 끼워맞춤 정밀도가 나쁘고 작업 공수가 많다.
③ 세레이션은 주로 정적인 이음에만 사용된다.
④ 측압 강도가 작아서 같은 바깥지름의 스플라인에 비해 큰 회전력을 전달할 수 없다.

Answer 41. ① 42. ② 43. ② 44. ④

45 1초당 50리터의 물을 수송하는 바깥지름 200mm, 두께 6mm인 강관에 대해 설계 검증하고자 할 때 다음 중 틀린 것은? (단, 관의 허용응력은 100MPa이며, 기타 사항은 무시한다.)

① 관 내부의 단면적은 약 $0.027759 m^2$ 이다.
② 관 내부의 평균 유속은 약 3.2m/s 이다.
③ 시간당 유량은 약 $180 m^3/h$ 이다.
④ 관에는 최대 약 6MPa의 내압을 가할 수 있다.

Solution $Q = 50 \ell/\sec = 50 \times 10^{-3} \times 3600 = 180 m^3/h$

$$A = \frac{\pi \cdot D^2}{4} = \frac{\pi}{4} \times (200 - 2 \times 6)^2 \times 10^{-6}$$

$$V = \frac{180}{0.027759 \times 3600} = 1.8 m/\sec$$

46 리벳작업 중 보일러 및 압력용기 등에서 기밀을 유지하기 위하여 하는 작업은?
① 구멍뚫기 ② 다듬질
③ 펀칭 ④ 코킹

47 공기 스프링에 대한 일반적인 특징 설명으로 옳지 않은 것은?
① 하중과 변형의 관계가 비선형적이다.
② 측면 하중에 대한 강성이 강하다.
③ 공기의 압축성에 따른 감쇠 특성이 있어서 미소 진동의 흡수가 가능하다.
④ 공기탱크 등의 부대 장치가 필요하여 구조가 복잡하고 제작비가 비싸다.

48 브레이크에서 접촉면압력을 q, 드럼의 원주속도를 v, 마찰계수를 μ라 할 때, 브레이크 용량(brake capaity)을 나타내는 식은?

① $\mu q v$ ② $\dfrac{\mu q}{v}$
③ $\dfrac{q v}{\mu}$ ④ $\dfrac{\mu}{q v}$

49 모듈이 3인 인벌류트 치형의 표준 스퍼기어에서 이 뿌리 틈새를 0.25×모듈(m)으로 할 때 총 이 높이는 몇 mm인가?
① 3.75 ② 4.50
③ 6.75 ④ 7.50

Answer 45. ② 46. ④ 47. ② 48. ① 49. ③

50 축 방향의 인장력이나 압축력을 전달하는 데 가장 적합한 축 이음은?

① 머프 축이음(muff coupling)
② 유니버설 조인트(universal joint)
③ 코터 이음(cotter joint)
④ 올덤 축이음(Oldham's coupling)

51 피로 한도에 대한 설명 중 틀린 것은?

① 지름이 크면 피로 한도는 작아진다.
② 노치가 있는 시험편의 피로 한도는 작다.
③ 표면이 거친 것이 고운 것보다 피로 한도가 높아진다.
④ 노치가 없을 때와 있을 때의 피로 한도비를 노치계수라 한다.

> **Solution** 피로한도란 재료가 영구히 파괴되지 않는 한계응력이며 한계응력 이하에서는 반복횟수에 관계없이 파괴가 일어나지 않는다. 피로한도에 영향을 주는 요소로는 노치, 두께(스케일), 거칠기, 잔류응력 등 두께가 두꺼울수록 피로한도는 작아진다.

52 알루미늄 합금 중 개량처리(modification)한 Al-Si 합금은?

① 라우탈 ② 실루민
③ 두랄루민 ④ 하이드로날륨

> **Solution** 라우탈 : Al-Si-Cu, 하이드로날륨 : Al-Mg, 듀랄루민 : Al-Cu 4.0%-Mg 0.5%-Mn 0.5%

53 서브제로(sub-zero)처리에 관한 설명으로 틀린 것은?

① 내마모성 및 내피로성이 감소한다.
② 잔류오스테나이트를 마텐자이트화한다.
③ 담금질을 한 강의 조직이 안정화된다.
④ 시효변화가 적으며 부품의 치수 및 형상이 안정된다.

> **Solution** 심냉처리(Sub zero treatment) : 담금질 처리 후 잔류 오스테나이트를 마텐자이트화하는 열처리, 경도 증가로 조직이 미세화 되어 내마모성, 내마멸성, 내피로성 등이 증가 한다.

54 플라스틱의 성형 가동성을 좋게 하는 방법이 아닌 것은?

① 가공온도를 높여준다.
② 폴리머의 중합도를 내린다.
③ 성형기의 표면 미끄럼 정도를 좋게 한다.
④ 폴리머의 극성을 높게 하여 분자간 응집력을 크게 한다.

> **Solution** 플라스틱은 가공온도를 높이면 성형가공성이 좋아지며 폴리머 분자간의 응집력이 증가하게 되며 성형 가공성이 떨어진다. 폴리머란 한 종류 또는 수 종류의 구성단위가 서로에게 많은 수의 화학 결합으로 중합되어 연결된 분자로 되어 있는 화합물이라 할 수 있다.

Answer 50. ③ 51. ③ 52. ② 53. ① 54. ④

55 5~20%의 Zn의 황동을 말하며, 강도는 낮으나 전연성이 좋고 색깔이 금색에 가까우므로, 모조금이나 판 및 선 등에 사용되는 구리합금은?

① 톰백
② 문쯔메탈
③ 네이벌황동
④ 애드미럴티 메탈

> **Solution** 문쯔메탈 : 6-4황동, 네이벌황동 : 6-4황동 + 1% Sn, 애드미럴티메탈 : 7-3황동 + 1% Sn

56 고망간(Mn)강에 관한 설명으로 틀린 것은?

① 오스테나이트 조직을 갖는다.
② 광석·암석의 파쇄기 부품 등에 사용된다.
③ 열처리에 수인법(water toughening)이 이용된다.
④ 열전도성이 좋고 팽창계수가 작아 열변형을 일으키지 않는다.

> **Solution** 고망간강 : C 1.2%, Mn 13%, Si 0.1% 미만을 표준으로 하는 하드필드(수인)강이다. 내마멸성이 양호하고 경도가 높아 광산기계, 기차레일, 불도저 등에 사용된다.

57 강의 표면경화처리에서 침탄법과 비교하였을 때 질화법의 특징으로 틀린 것은?

① 침탄 한 것보다 경도가 높다.
② 질화 후에 열처리가 필요없다.
③ 침탄법보다 경화에 의한 변형이 적다.
④ 침탄법보다 단시간 내에 같은 경화 깊이를 얻을 수 있다.

> **Solution** 질화법은 침탄법보다 오래 걸리며 경화깊이는 침탄법보다 깊지 않다.

58 아공정주철의 탄소함유량은 약 몇 %인가?

① 약 0.025~0.80%C
② 약 0.80~2.0%C
③ 약 2.0~4.3%C
④ 약 4.3~6.67%C

> **Solution** 아공정주철 : 2.0~4.3%C, 공정주철 : 4.3%C, 과공정주철 : 4.3~6.67%C

59 순철(α-Fe)의 자기변태 온도는 약 몇 ℃인가?

① 210℃
② 768℃
③ 910℃
④ 1410℃

> **Solution**
> • 순철의 A_2변태점 : 768℃-자기변태점
> • 순철의 A_3변태점 : 910℃-동소변태점
> • 순철의 A_4변태점 : 1400℃-동소변태점

Answer   55. ①   56. ④   57. ④   58. ③   59. ②

60 고속도공구강에 대한 설명으로 틀린 것은?

① 2차 경화 현상을 나타낸다.
② 500~600℃까지 가열하여도 뜨임에 의해 연화되지 않는다.
③ SKH 2는 Mo가 함유되어 있는 Mo계 고속도공구강 강재이다.
④ 내마모성 및 인성을 가지므로 바이트, 드릴 등의 절삭공구에 사용된다.

Solution SKH2 : 텅스텐계, C 0.73~0.83, W 17.0~19.0, Cr 3.8~4.5, V 0.8~1.2 함유, 일반절삭용, 기타 각종 공구재료로 사용

제4과목 기구학 및 CAD

61 자동차의 창 닦기 기구나 만능 제도기 등에 응용된 크랭크 기구는?

① 레버 크랭크 기구
② 이중 크랭크 기구(평행 크랭크 기구)
③ 이중 레버 기구(양 레버 기구)
④ 왕복 슬라이더 크랭크 기구

62 다음 그림과 같은 기어열에서 속도비가 1/24일 때, 각 기어의 잇수로 적당한 것은?

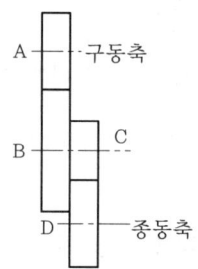

① $Z_A = 20$, $Z_B = 40$, $Z_C = 120$, $Z_D = 60$
② $Z_A = 20$, $Z_B = 80$, $Z_C = 20$, $Z_D = 120$
③ $Z_A = 20$, $Z_B = 60$, $Z_C = 120$, $Z_D = 20$
④ $Z_A = 20$, $Z_B = 70$, $Z_C = 60$, $Z_D = 120$

Solution $i = \dfrac{Z_A \times Z_C}{Z_B \times Z_D} = \dfrac{1}{24}$

$\dfrac{1}{24} = \dfrac{20 \times 20}{80 \times 120} = \dfrac{400}{9600}$

63 기소 중에서 캠, 기어 등이 접촉하고 있는 대우는?

① 미끄럼대우
② 회전대우
③ 구면대우
④ 점선대우

Answer 60. ③ 61. ② 62. ② 63. ④

64 4절 크랭크 체인을 이용함으로써 작은 힘을 작용시켜 큰 힘을 내게 하는 것은?
① 크로스 슬라이더 ② 배력 장치
③ 쌍레버 기구 ④ 래칫 휠

65 캠 설계 시 입력각을 작게 하는 방법이 아닌 것은?
① 종동절의 전양정(全揚程)을 크게 한다.
② 기초원의 지름을 크게 한다.
③ 주어진 종동절의 변위에 대한 캠의 회전각을 크게 한다.
④ 종동절의 편심량을 변화시킨다.

66 사일런트 체인을 사용하는 주목적으로 가장 적합한 것은?
① 보다 정숙한 운전 ② 큰 동력 전달
③ 자유로운 변속 ④ 체인 핀 마모방지

67 지름이 3cm인 회전체가 2000rpm으로 회전할 때 원주 속도는 약 몇 m/s인가?
① 1.14 ② 3.14 ③ 4.14 ④ 6.14

Solution $V = \dfrac{0.03}{2} \times \dfrac{2\pi \times 2000}{60} = 3.14 \text{m/sec}$

68 캠(cam)의 종류 중 평면 캠에 속하지 않는 것은?
① plate cam ② face cam
③ translation cam ④ spherical cam

69 직선운동기구에는 크게 엄밀직선운동기구(exact straight line motion mechanism)와 근사직선운동기구(approximate straight line motion mechanism)로 나눌 수 있는데 다음 중 엄밀직선운동기구에 속하는 것은?
① 와트 기구(Watt's mechanism)
② 로버트 기구(Robert's mechanism)
③ 체비셰프 기구(Tschebyscheff's mechanism)
④ 포슬리어 기구(Peaucellier's mechanism)

Answer 64. ② 65. ① 66. ① 67. ② 68. ④ 69. ④

70 간헐운동기구의 일종으로 래칫 휠에 2개의 폴이 각각 정지작용과 이송작용을 번갈아 가면서 필요한 간헐운동을 확실히 이행하는 기구는?

① 탈진 기구
② 제네바 기구
③ 캠 래칫 기구
④ 마찰 래칫 기구

71 NURBS(Nonuniform rational B-spline)의 표현식은 다음과 같다. 이 식에 관련된 다음 설명 중 틀린 것은?

$$P(s) = \frac{\sum_{t=0}^{n} \omega_i \, p_i \, N_{i,k}(s)}{\sum_{t=0}^{n} \omega_i \, N_{i,k}(s)}$$

① ω : 가중치인자
② p : 조정점의 좌표
③ 구간내에서 기초함수 $N_{i,k}(s)$의 값은 0과 1 사이의 값을 가진다.
④ ω_i가 모두 1인 경우, $\sum_{t=o}^{n} p_i \, N_{i,k}(s) = 1$ 이다.

72 다음은 3차 B-spline 곡선과 3차 Bezier 곡선에 대한 설명이다. 올바른 것은?

① 두 곡선 모두 시작점과 끝점을 통과한다.
② 두 곡선 모두 다항함수를 기본 골격으로 하고 있다.
③ B-spline 곡선이 조건이 더 많아 Bezier 곡선보다 조정점 수가 많다.
④ m(m〉1)개 곡선을 연결할 경우, 양 곡선의 조정점 수는 항상 같다.

73 곡선의 모델링시 주어진 데이터 점들의 양 끝점과 그 점에서의 접선벡터를 이용하여 3차 곡선을 정의하는 보간(interpolation)법은 무엇인가?

① Hermite interpolation
② Lagrange interpolation
③ Gaussian interpolation
④ Bezier interpolation

Answer 70. ① 71. ④ 72. ② 73. ①

74 곡면 모델링 시스템(surlace modeling system)에서 곡면을 생성하기 위하여 주로 사용하는 방법과 가장 거리가 먼 것은?

① 곡면 상의 점들을 입력하여 보간 곡면을 생성
② 솔리드(solid)의 위상(lopology)정보를 사용하여 곡면을 생성
③ 주어진 곡선을 직선이동 또는 회전이동하여 곡면을 생성
④ 곡면 상의 곡선들을 그물 형태로 입력하여 보간 곡면을 생성

75 다음 중 개별적인 생산 및 설계시스템 간 데이터 공유를 위해 생산정보모델에 대한 자료교환을 위한 표준으로 국제표준기구에서 설정된 것은?

① IGES
② DXF
③ STEP
④ STL

76 경계표현법(B-rep)으로 만들어진 단순다면체 솔리드 모델을 검증하기 위한 오일러 공식은?
(단, F : 면의 수, E : 모서리의 수, V : 꼭지점의 수)

① $F - E + V = 2$
② $F - E + 2V = 2$
③ $F - E + V = 3$
④ $F - E + 2V = 3$

77 제품 설계에서 CAD 시스템을 이용하는 데 대한 장점으로 거리가 먼 것은?

① 시간과 오류를 줄일 수 있다.
② 설계자의 능력을 배양할 수 있다.
③ CAM 작업을 위한 기초 데이터를 생성할 수 있다.
④ CAE 작업을 위한 기초 데이터를 생성할 수 있다.

78 다음 중 파라메트릭 모델링의 일반적 특징이 아닌 것은?

① 도형에 대하여 구속조건의 부여가 가능하다.
② 변수 테이블을 사용한다.
③ 불리안(Boolean) 작업에 의해서 수행된다.
④ 유사한 형상들의 모델링에 유용하다.

Answer 74. ② 75. ③ 76. ① 77. ② 78. ③

79 의료용 영상자료를 3차원으로 모델링하기 위해서 자주 사용되는 방법으로서 일정한 간격의 부피를 차지하는 기본적인 입체요소들의 집합으로 임의의 형상을 표현하는 형상모델을 지칭하는 용어는?

① 날개 모서리 모델(winged edge model)
② 특징 형상 모델(feature-based model)
③ 분해 모델(decomposition model)
④ 오일러 모델(Euler model)

80 2차원 CAD에서 원을 지정하는 일반적 방법이 아닌 것은?

① 원의 중심과 반경을 지정한다.
② 원의 중심과 원주상의 한 점을 지정한다.
③ 4개의 통과하는 점을 지정한다.
④ 원의 반경과 두 개의 접하는 직선을 지정한다.

Answer 79. ③ 80. ③

기계설계기사 필기

2008년 3월 10일 초   판 인쇄
2008년 3월 15일 초   판 발행
2021년 2월 10일 개정14판 2쇄 발행
2022년 1월 25일 개정15판 발행
2023년 1월 10일 개정16판 발행

저　　자 ∥ 김영기
발 행 자 ∥ 조규백
발 행 처 ∥ 도서출판 구민사
신고번호 ∥ 제2012-000055호(1980년 2월 4일)

　ISBN ∥ 979-11-6875-159-0 13500
　가격 ∥ 42,000원

TEL (02) 701-7421, 2   FAX (02) 3273-9642   http://www.kuhminsa.co.kr
(07293) 서울특별시 영등포구 문래북로 116 604호(문래동3가, 트리플렉스)

▶ 낙장 및 파본은 구입하신 서점에서 바꿔드립니다.
▶ 본 서를 허락없이 부분 또는 전부를 무단복제, 게재행위는 저작권법에 저촉됩니다.